Kammerer/Oberthür/Piegsa/Siedler

Elektronik III Grundschaltungen Lehrbuch

HPI-Fachbuchreihe ELEKTRONIK
Projektleitung: W. Oberthür, Hannover

ELEKTRONIK III
Grundschaltungen

Lehrbuch

Autoren
JOSEF KAMMERER · WOLFGANG OBERTHÜR
JOHANNES PIEGSA · HANS-JOBST SIEDLER

Leiter des Arbeitskreises III
WOLFGANG OBERTHÜR

mit 688 Abbildungen

5. Auflage

Richard Pflaum Verlag · München

CIP-Titelaufnahme der Deutschen Bibliothek

Elektronik. – München: Pflaum
(HPI-Fachbuchreihe Elektronik)
III. **Grundschaltungen.**
Lehrbuch. – 5. Aufl. – 1988

Grundschaltungen / Leiter d. Arbeitskreises III Wolfgang
Oberthür. – München: Pflaum
(Elektronik; III)
(HPI-Fachbuchreihe Elektronik)
NE: Oberthür, Wolfgang [Hrsg.]
Lehrbuch. Autoren Josef Kammerer ... – 5. Aufl. – 1988
NE: Kammerer, Josef [Mitverf.]

ISBN 3-7905-0538-2

Satz: Hermann Hagedorn GmbH, Berlin
Druck: Richard Pflaum Verlag, München
Aufbindung: Pustet, Regensburg.

Vorwort zur 5. Auflage

Die bundeseinheitliche, praxisorientierte Elektronikschulung nach dem Schulungsprogramm und den Richtlinien des Heinz-Piest-Instituts ist seit ihrer Einführung im Herbst 1969 zu einem festen Begriff im Bereich der beruflichen Erwachsenenbildung geworden. Auf freiwilliger Basis arbeiten inzwischen über 200 anerkannte Elektronik-Schulungsstätten nach diesem Programm. Es besteht aus drei Grundlehrgängen, sowie einer Reihe von Fachlehrgängen, und dient zur Anpassung an die schnelle technische Entwicklung auf dem Gebiet der Elektronik.

Der Elektronik-Paß, als zugehöriger Qualifikationsnachweis, hat bereits eine weitgehende Anerkennung in Wirtschaft und Verwaltung gefunden. In jedem Jahr verlassen etwa 20000 bis 22000 weitere erfolgreiche Teilnehmer an den HPI-Lehrgängen die Schulungsstätten. Sie können die erworbenen Kenntnisse und Fertigkeiten dann unmittelbar an ihrem Arbeitsplatz nachweisen und nutzbringend einsetzen.

Um sicherzustellen, daß bei diesen umfangreichen Schulungsmaßnahmen auch voll auf Inhalt und Zielsetzung der einzelnen Lehrgänge ausgerichtete Lehrbücher und Lernmittel zur Verfügung stehen, erschien es unbedingt notwendig, eine eigene Fachbuchreihe herauszugeben. Hierzu wurden Arbeitskreise gebildet, in denen zusammen mit langjährigen und in der HPI-Elektronikschulung erfahrenen Praktikern Lehrbücher, Prüfungsaufgaben und Arbeitsblätter entwickelt worden sind.

Der hier vorliegende Band wurde primär für den Einsatz in dem Elektronik-Lehrgang III „Grundschaltungen der Elektronik" konzipiert. Er bildet zusammen mit den weiteren Bänden III „Prüfungsaufgaben" und „Arbeitsblätter" das Lehrmaterial für diesen Lehrgang. Darüber hinaus sind alle Bände aber auch bestens für vertiefende Übungen, selbständige Wiederholung oder Erarbeitung des Lehrstoffes, sowie als übersichtliches Nachschlagewerk für die tägliche Arbeit geeignet.

Die im März 1980 erschienene 1. Auflage sowie die nachfolgenden Auflagen dieses Bandes III „Grundschaltungen-Lehrbuch" wurde inzwischen in über 2300 Lehrgängen eingesetzt und erprobt. Dabei zeigte sich, daß die didaktische und methodische Aufbereitung des Lehrstoffes für den Einsatz in den HPI-Lehrgängen sowie für die selbständige Erarbeitung auch in der 5. Auflage unverändert beibehalten werden kann. Die Überarbeitung für diese 5. Auflage beschränkte sich daher nur auf einige kleine Korrekturen und Verbesserungen.

Unser besonderer Dank gilt den Autoren, die sich mit fundierter Sachkenntnis und großem Einsatz der Aktualisierung des Lehrganges III „Grundschaltungen der Elektronik" sowie der Entwicklung der zugehörigen Fachbücher und Übungsschaltungen gewidmet haben. Auch dem Verlag und seinen Mitarbeitern sei Dank gesagt für die sorgfältige Bearbeitung und Produktion dieser Fachbücher.

Hannover, Mai 1988

Heinz-Piest-Institut für Handwerkstechnik an der Universität Hannover

Dr.-Ing. Delventhal
Institutsleiter

Dipl.-Ing. Oberthür
Projektleiter

Die Autoren

Ing. (grad.) **JOSEF KAMMERER,** Jahrgang 1932, studierte nach seiner Ausbildung als Radio- und Fernsehtechniker am Oskar-von-Miller-Polytechnikum München (heute Fachhochschule München) Elektrotechnik. Im Anschluß daran war er als Kundendienst- und Entwicklungsingenieur in zwei Industriebetrieben der Elektro-, Fernseh- und Elektronikbranche tätig. Nebenberuflich leitete er von 1957 bis 1965 die Vorbereitungskurse zur Meisterprüfung im Radio- und Fernsehtechniker-Handwerk bei der Elektro-Innung München. 1965 wurde Herrn Kammerer in München die Leitung des Technischen Büros im Geschäftsbereich Elektronik, eines Großbetriebes der Fernseh- und Elektronikindustrie, übertragen. Ab 1969 übernahm er die Elektronik-Schulung am Elektronik-Zentrum München (EZM) und war von 1972 bis Ende 1980 Direktor des Elektronik-Zentrums. Seit Anfang 1981 ist Herr Kammerer Geschäftsführer eines Ingenieurbüros für Industrie-Elektronik und Datentechnik.

Dipl.-Ing. **WOLFGANG OBERTHÜR,** Jahrgang 1930, absolvierte nach dem Abitur eine Lehre als Radio- und Fernsehtechniker und war anschließend mehrere Jahre als Servicetechniker in einem Handwerksbetrieb sowie im Technischen Büro eines Geräteherstellers tätig. 1955 begann er das Studium der HF- und Nachrichtentechnik an der Technischen Hochschule Braunschweig, das mit einer Diplomarbeit auf dem Gebiet der Elektronischen Meßtechnik abgeschlossen wurde. Nach einer Tätigkeit als Entwicklungsingenieur bei einem Elektrokonzern trat Herr Oberthür als Wissenschaftlicher Mitarbeiter in das Heinz-Piest-Institut ein und befaßte sich dort u. a. auch mit aktuellen Fragen praxisnaher Aus- und Weiterbildung zur Anpassung an den technischen Fortschritt. In diesem Zusammenhang entwickelte er die technischen und organisatorischen Konzepte der HPI-Elektronikschulung mit dem Elektronik-Paß als Qualifikationsnachweis. 1970 übernahm Herr Oberthür die Leitung der Abteilung Elektrotechnik/Elektronik, von der aus dann das System der bundeseinheitlichen, praxisorientierten Elektronikschulung nach den Richtlinien des HPI aufgebaut wurde. Seit 1979 ist er gleichzeitig auch Leiter der Hauptabteilung II des HPI und einer der beiden Vertreter des Institutsleiters.

Dipl.-Ing. **JOHANNES PIEGSA,** Jahrgang 1950, studierte Elektrotechnik an der Technischen Universität München und diplomierte mit einer Arbeit über Inhomogenitäten dotierter Halbleitermaterialien. Nach dem Studium folgte eine zweijährige Entwicklungstätigkeit auf dem Gebiet der Meß- und Regelungstechnik in einem Industriebetrieb. Seit April 1978 ist Herr Piegsa am Elektronik-Zentrum München tätig. Er ist hier mit der Durchführung der HPI-Lehrgänge in Analog-, Digital- und Mikroprozessortechnik, sowie insbesondere der Meß- und Regelungstechnik betraut.

Dipl.-Ing. **HANS-JOBST SIEDLER,** Jahrgang 1941, studierte Physik an den Universitäten Würzburg und Marburg sowie Hochfrequenztechnik an der Technischen Universität Hannover. Eine praktische Ausbildung auf dem Gebiet der Feinmechanik und der Werkstoffprüfung erfolgte in verschiedenen Großfirmen. Neben dem Studium war Herr Siedler mehrere Jahre an Hochschulinstituten auf dem Gebiet der physikalischen Meßtechnik tätig. Seit 1972 ist er Wissenschaftlicher Mitarbeiter in der Abteilung Elektrotechnik/Elektronik des Heinz-Piest-Institutes für Handwerkstechnik an der Universität Hannover und dort im Rahmen des HPI-Schulungsprogrammes maßgeblich mit an Entwicklungen auf dem Gebiet der Meß- und Regelungstechnik, der Digital- und Mikroprozessortechnik beteiligt.

Inhaltsverzeichnis

1 Gleichrichterschaltungen

1.1 Allgemeines

Zum Betrieb elektronischer Baugruppen und Geräte sind in der Regel Gleichspannungen bzw. Gleichströme erforderlich. Sie werden meistens mit Hilfe eines Netzteiles aus dem 50 Hz-Netz gewonnen. **Bild 1.1** zeigt das Blockschaltbild eines solchen Netzteiles. Es besteht aus Überlastschutz, Transformator, Gleichrichterschaltung und Siebglied, das heute jedoch oft durch eine Spannungsstabilisierungsschaltung ersetzt wird.

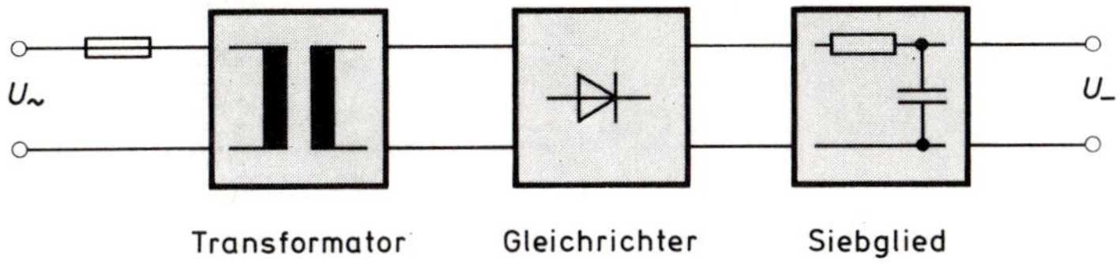

Bild 1.1 Blockschaltbild eines Netzteiles

Als Überlastschutz werden Feinsicherungen eingesetzt. Im Transformator erfolgt die Umsetzung auf die erforderliche, meist niedrigere Sekundärspannung. Leistungen bis etwa 2 kW werden überwiegend dem 50 Hz-Einphasen-Wechselstromnetz, größere Leistungen dann dem Drehstromnetz entnommen. In allen Fällen wird durch den Transformator auch eine Potentialtrennung zwischen dem Netz und der erzeugten Gleichspannung erreicht.

Die Sekundärspannung ist die Betriebsspannung für die nachfolgende Gleichrichterschaltung. Als Gleichrichter werden heute fast nur noch Si-Dioden eingesetzt, die in Einweg-, Mittelpunkt- oder Brückenschaltung betrieben werden. Ihnen ist in jedem Fall ein Ladekondensator nachgeschaltet. Das Grundprinzip dieser Gleichrichterschaltungen ist bereits im Band II „Bauelemente", behandelt worden. **Bild 1.2** gibt noch einmal einen Überblick über die wichtigsten Gleichrichterschaltungen.

Am Ausgang der Gleichrichterschaltung tritt eine pulsierende Gleichspannung auf, die durch den Ladekondensator und ein Siebglied geglättet wird. Bei kleineren Lastströmen werden RC-Siebglieder, bei größeren Lastströmen dagegen auch LC-Siebglieder eingesetzt, weil dadurch dann die Verlustleistung im Siebglied kleiner gehalten werden kann.

Brummfreiheit und Konstanz der am Ausgang eines optimal dimensionierten Siebgliedes vorhandenen Gleichspannung reichen in vielen Fällen zum störungsfreien Betrieb elektronischer Schaltungen aus. Höhere Anforderungen an die Konstanz und Restwelligkeit der Betriebsspannung können jedoch noch durch eine nachgeschaltete Spannungsstabilisierungsschaltung erfüllt werden. Auf diese Schaltungen wird in Kapitel 4 noch näher eingegangen.

Vereinzelt werden zum Betrieb elektronischer Bauelemente oder Schaltungen hohe Gleichspannungen benötigt. Auch sie können mit Hilfe von Gleichrichterschaltungen aus dem Netz gewonnen werden. Bei diesen Spannungsverdoppler- und Verviel-

Bezeichnung	Schaltbild
Einwegschaltung (E)	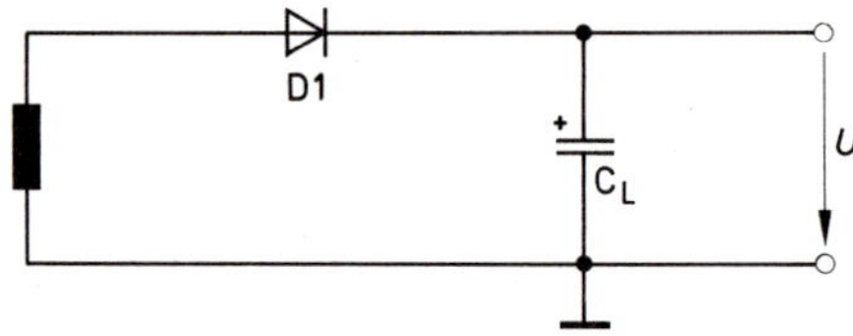
Mittelpunkt-schaltung (M)	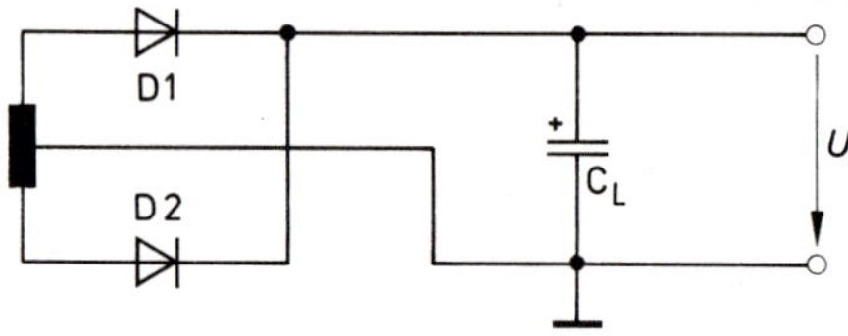
Brückenschaltung (B)	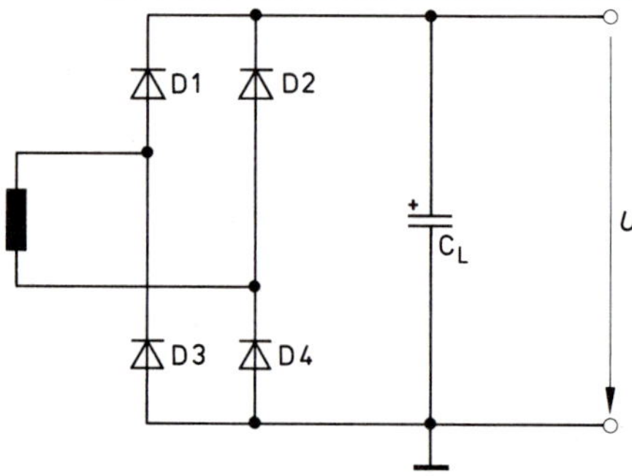
Mittelpunkt-schaltung für symmetrische Spannungen	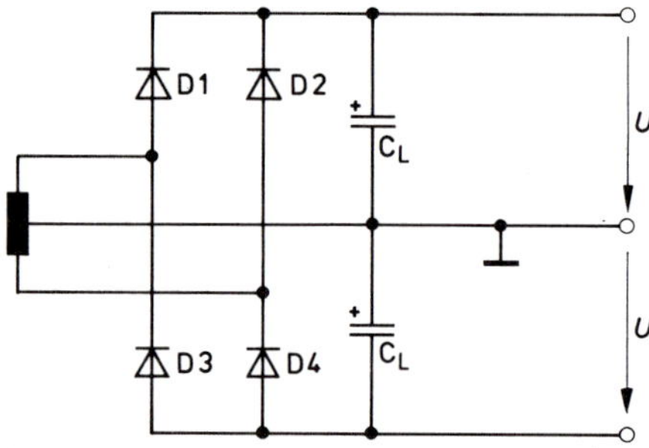
Drehstrom-Brückenschaltung (DB)	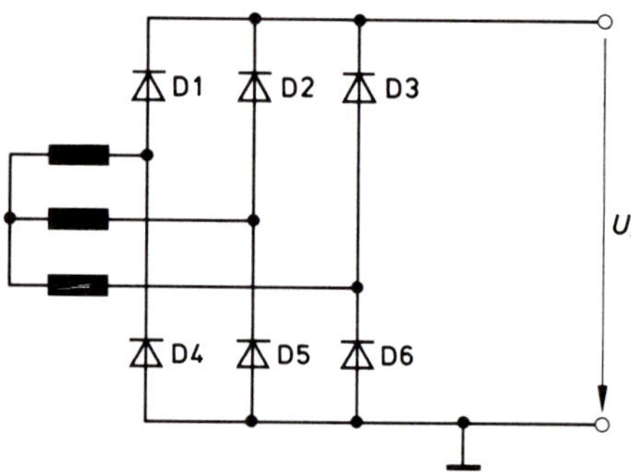

Bild 1.2 Gleichrichterschaltungen

facherschaltungen arbeiten die einzelnen Gleichrichter und Ladekondensatoren dann aber in einer etwas anderen Weise, als bei den eigentlichen Gleichrichterschaltungen, zusammen. Nachteilig ist bei diesen Schaltungen jedoch, daß sie nur relativ kleine Lastströme liefern können.

1.2 Grundprinzip und Kennwerte

1.2.1 Die Einwegschaltung (E)

Die Einwegschaltung ist die einfachste Schaltung zur Erzeugung einer Gleichspannung aus einer Wechselspannung. Ihr Einsatz ist aber nur dann vertretbar, wenn kleine Lastströme bis zu etwa 50 mA auftreten. Die beiden möglichen Schaltungen sind in **Bild 1.3** dargestellt. Bei der Schaltung nach Bild 1.3 a wird nur die positive Halbwelle ausgenutzt und daher auch eine positive Gleichspannung erzeugt. Bild 1.3 b zeigt die entsprechende Schaltung zur Erzeugung einer negativen Gleichspannung.

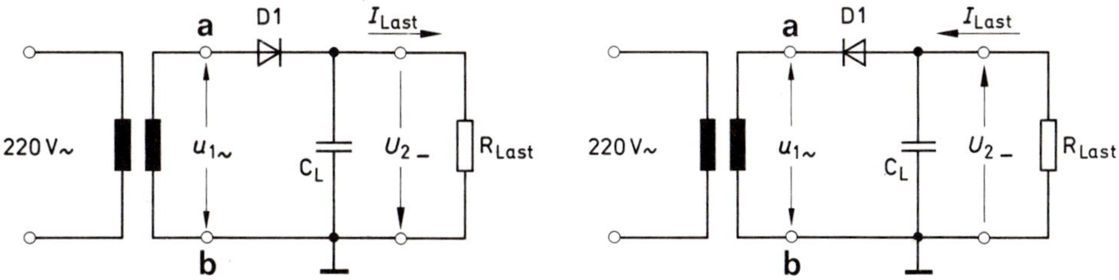

a

Bild 1.3 Einweggleichrichterschaltungen (E)

Ist der Ausgang nicht belastet, d.h. $R_{Last} = \infty\ \Omega$, so wird der Ladekondensator bei der Schaltung nach Bild 1.3a auf den Scheitelwert der positiven Halbwelle aufgeladen. Sinkt die Eingangswechselspannung $u_{1\sim}$ wieder ab, so sperrt die Diode. Im unbelasteten Fall beträgt daher die Ausgangsgleichspannung

$$U_{2-} = \hat{u}_1 = \sqrt{2} \cdot U_{1\text{eff}}.$$

Die größte Sperrspannung für die Diode tritt auf, wenn die Eingangswechselspannung den negativen Scheitelwert erreicht hat. Sie ergibt sich aus der Addition der Amplitude der negativen Halbwelle und der Ladespannung des Kondensators. Sie beträgt demnach

$$U_{\text{Sperr max}} = 2 \cdot \sqrt{2} \cdot U_{1\text{eff}}.$$

Bei Belastung der Gleichrichterschaltung mit einem Lastwiderstand R_{Last} kann der Ladekondensator wegen des gleichzeitig abfließenden Laststromes I_{Last} nicht mehr auf den Scheitelwert der Wechselspannung aufgeladen werden, sondern nur noch bis zu einem kleineren Wert $\hat{u}_{2\sim}$. Der Ladevorgang endet nämlich, sobald die Eingangswechselspannung diesen Wert $\hat{u}_{2\sim}$ unterschreitet, weil dann die Diode nicht mehr in Durchlaßrichtung betrieben wird. In **Bild 1.4** ist der Verlauf der Eingangsspannung sowie der Ausgangsspannung für eine bestimmte Belastung dargestellt.

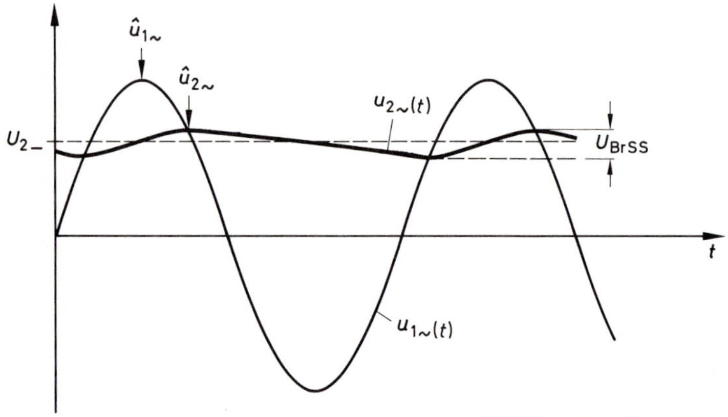

Bild 1.4 Spannungsverläufe bei der Einweggleichrichterschaltung nach Bild 1.3a

Solange nach Ende der Ladezeit die Eingangswechselspannung kleiner als die Kondensatorspannung ist, also $u_{1\sim}(t) < u_{2\sim}(t)$, ist die Diode weiter gesperrt und der Kondensator wird durch den Laststrom entladen. Überschreitet in der nächsten positiven Halbwelle die Eingangswechselspannung dann wieder die Kondensatorspannung, so beginnt ein neuer Aufladevorgang des Kondensators. Übertragen auf die negativen Halbwellen gelten die gleichen Vorgänge und Spannungsverläufe auch für die Gleichrichterschaltung nach Bild 1.3b.

Die Größe der bei Belastung der Gleichrichterschaltung auftretenden mittleren Ausgangsgleichspannung U_{2-} wird von mehreren, sehr verschiedenartigen Faktoren beeinflußt. So hängt der Wert von U_{2-} ab vom Innenwiderstand R_i des Transformators, vom Durchlaßwiderstand R_D der Diode, vom Stromflußwinkel θ, während dem der Kondensator aufgeladen wird, von der Kapazität C_L des Ladekondensators, vom Laststrom I_{Last} und nicht zuletzt auch vom sinusförmigen Verlauf der Eingangswechselspannung. Diese verschiedenartigen Abhängigkeiten von U_{2-} sind so verwickelt, daß sie auch mit Hilfe der Höheren Mathematik nur näherungsweise erfaßt und ermittelt werden können.

Bei üblichen Netzgeräten wird deshalb oft als mittlerer Wert für den Ladekondensator eine *Kapazität von 1 µF je mA Laststrom* eingesetzt. Unter dieser Voraussetzung läßt sich zur überschlägigen Berechnung ein festes Verhältnis zwischen der Ausgangsgleichspannung und der Eingangswechselspannung angeben. Für die Einwegschaltung gilt dann nämlich

$$U_{2-} \approx 1{,}2 \cdot U_{1\text{eff}}.$$

Diese Gleichung kann aber nur als Näherungsgleichung angesehen werden. Sind genaue Werte erforderlich, so wird zweckmäßigerweise die Lastkennlinie der Gleichrichterschaltung aufgenommen, also der Zusammenhang zwischen Ausgangsgleichspannung und Laststrom $U_{2-} = f(I_{Last})$. In dieser Kennlinie sind dann alle oben genannten Einflüsse und Faktoren konkret erfaßt, ohne sie gegebenenfalls als Einzelfaktoren messen oder in einer Formel berücksichtigen zu müssen.

Infolge der fortlaufenden Aufladung und Entladung des Ladekondensators ist der mittleren Ausgangsgleichspannung U_{2-} eine Brummspannung U_{Br} überlagert. Sie hat bei der Einweggleichrichterschaltung zwar eine Frequenz $f = 50$ Hz, aber keinen sinusförmigen Verlauf mehr. Als wichtige Kenngröße einer Gleichrichterschaltung ist U_{Brss} zusätzlich in das Bild 1.4 eingetragen.

Die Größe der Brummspannung hängt im wesentlichen von der Kapazität C_L des Ladekondensators, der Größe des Laststromes sowie von einer schaltungsspezifischen Konstanten K der Gleichrichterschaltung ab. Bei der Einweggleichrichterschaltung hat diese Konstante den Wert $K \approx 4{,}8 \cdot 10^{-3}$ s.

Für die Brummspannung gilt daher:

$$U_{Br} \approx 4{,}8 \cdot 10^{-3}\ \text{s} \cdot \frac{I_{Last}}{C_L}.$$

Der mittlere Durchlaßstrom I_{DM}, der durch die Diode fließt, ist gleich dem Laststrom I_{Last}. Hiernach ist in der Regel die Diode auszuwählen. Die während des Nachladens des Ladekondensators periodisch auftretenden Spitzenströme I_{DS} können aber um ein mehrfaches größer als der mittlere Durchlaßstrom I_{DM} sein. Die Größe des periodischen Spitzenstromes hängt im wesentlichen vom Innenwiderstand des Transformators R_i, dem Lastwiderstand R_{Last} und dem Effektivwert der Eingangsspannung ab.

Zu beachten ist auch noch der Einschalt-Spitzenstrom I_{DE}. Er tritt im Augenblick des Einschaltens auf, weil der Ladekondensator dann noch ungeladen ist und einen Kurzschluß für die Gleichrichterschaltung darstellt. Die Größe des Einschalt-Spitzenstromes hängt im wesentlichen vom Innenwiderstand R_i des Transformators und der Größe der Sekundärspannung ab. Er ist um ein Vielfaches größer als der mittlere Durchlaßstrom.

Abweichend von den DIN- bzw. IEC-Normen wurden zur besseren Einprägung im Text auch folgende Spannungs-, Strom- und Widerstandsgrößen durch in der Umgangssprache geläufige Abkürzungen ersetzt:

U_{Sperr}	(Sperrspannung Diode) = Nach Norm U_R (engl.: reverse voltage)
$U_{Sperr\,max}$	(max. Sperrspannung) = Nach Norm U_{RM} (engl.: reverse peak voltage)
U_D	(Durchlaßspannung Diode) = Nach Norm U_F (engl.: forward voltage)
I_{Sperr}	(Sperrstrom Diode) = Nach Norm I_R (engl.: reverse [inverse] current)
I_D	(Durchlaßstrom Diode = Nach Norm I_F (engl.: forward current)
I_{DM}	(mittl. Durchlaßstrom Diode) = Nach Norm I_{FAV} (engl.: average forward current)
I_{DS}	(period. auftret. Spitzendurchlaßstrom) = Nach Norm I_{FRM} (engl.: repetitive peak forward current)
I_{DE}	(Einschaltspitzenstrom) = Nach Norm I_{FM} (Spitzendurchlaßstrom, engl.: forward peak current)
R_D	(Durchlaßwiderstand Diode) = Nach Norm R_F (engl.: forward resistance)

Effektivwerte werden in der Norm ohne den Index „eff", lediglich in Großbuchstaben, geschrieben (z.B. U_1, I_1). Zur besseren Unterscheidung der verschiedenen Größen wurde bei einigen Symbolen der Index „eff" jedoch hinzugefügt.

1.2.2 Die Mittelpunktschaltung (M)

Bei der Mittelpunktschaltung werden beide Halbwellen ausgenutzt. Erforderlich sind zwei Dioden sowie ein Transformator, der eine Mittelanzapfung besitzen muß. **Bild 1.5** zeigt noch einmal das Grundprinzip der Mittelpunktschaltung.

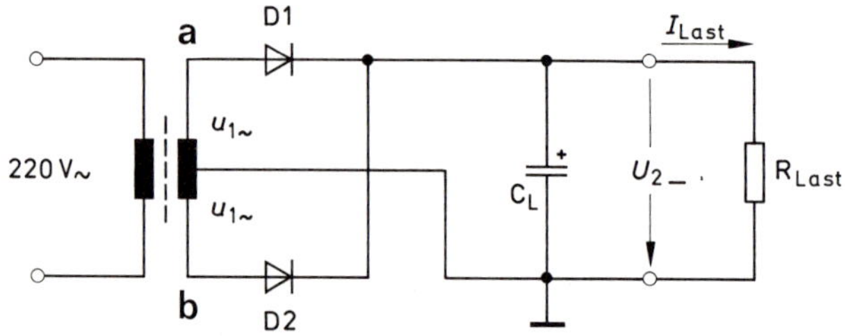

Bild 1.5 Mittelpunktschaltung

Bei der Mittelpunktschaltung liegt der Mittelpunkt der Sekundärwicklung an Masse. Die obere Trafowicklung, die Diode D1 sowie der Ladekondensator C_L bilden eine Einwegschaltung; die untere Trafowicklung, die Diode D2 sowie der Ladekondensator C_L bilden eine zweite Einwegschaltung für positive Ausgangsspannung. Ist während einer Halbwelle der Punkt a positiv gegenüber Punkt b, so wird während der möglichen Ladezeit der Kondensator C_L über die Diode D1 aufgeladen. Die Diode D2 ist dann gesperrt. In der nächsten Halbwelle ist der Punkt b positiv gegenüber Punkt a und der Kondensator wird über die Diode D2 aufgeladen, während D1 gesperrt ist.

Lade- und Entladevorgang des Ladekondensators verlaufen bei der Mittelpunktschaltung in jeder Halbwelle wie bei der positiven Halbwelle in Bild 1.4. Der Ausgangsgleichspannung U_{2-} ist daher eine Brummspannung U_{Br} mit einer Frequenz $f = 100$ Hz überlagert. Die Schaltungskonstante der Mittelpunktschaltung ist kleiner als die der Einwegschaltung und beträgt $K \approx 1{,}8 \cdot 10^{-3}$ s.

Daher läßt sich die Brummspannung bei der Mittelpunktschaltung mit Hilfe der Gleichung

$$U_{Br} \approx 1{,}8 \cdot 10^{-3}\,\mathrm{s} \cdot \frac{I_{Last}}{C_L}$$

ermitteln.

Unter der Voraussetzung, daß je mA Laststrom eine Kapazität von 1 µF eingesetzt wird, kann als Näherungsgleichung für die Ausgangsgleichspannung U_{2-} angegeben werden:

$$U_{2-} \approx 1{,}3 \cdot U_{1eff}.$$

Für den mittleren Durchlaßstrom der beiden Dioden gilt:

$$I_{DM} = \frac{1}{2} \cdot I_{Last}.$$

Hierfür müssen auch die beiden Teilwicklungen ausgelegt sein. Der Transformator muß aber – im Gegensatz zur Einwegschaltung – die doppelte Sekundärspannung und eine Mittelanzapfung haben. Die damit verbundene Verteuerung hat dazu geführt, daß die Mittelpunktschaltung entsprechend Bild 1.5 nur relativ wenig eingesetzt wird.

1.2.3 Die Mittelpunktschaltung für massesymmetrische Ausgangsspannungen

Insbesondere zum Betrieb von Operationsverstärkern werden meistens zwei gleich große Betriebsspannungen benötigt, die aber auf Masse bezogen eine unterschiedliche Polarität haben müssen. **Bild 1.6** zeigt eine hierfür geeignete Mittelpunktschaltung für massesymmetrische Ausgangsspannungen.

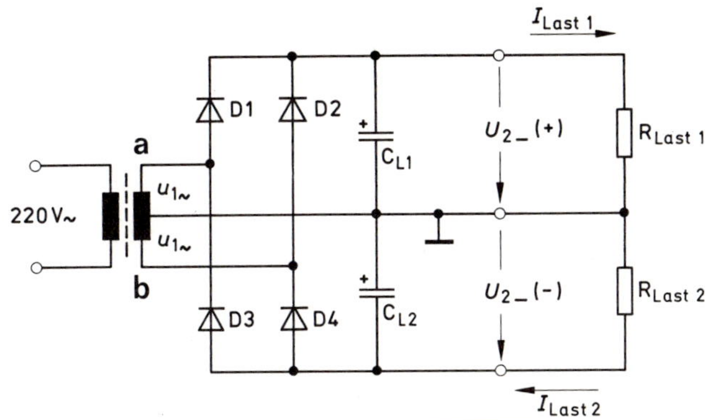

Bild 1.6 Mittelpunktschaltung für massesymmetrische Ausgangsspannungen

Die Gleichrichterschaltung nach Bild 1.6 ergibt sich, wenn eine Mittelpunktschaltung für positive Ausgangsspannungen entsprechend Bild 1.5 mit einer gleichartig aufgebauten Schaltung für negative Ausgangsspannungen kombiniert wird. Ist der Punkt a positiv gegenüber Punkt b, so wird der Kondensator C_{L1} über die Diode D1 und der Kondensator C_{L2} über die Diode D4 aufgeladen. In der nächsten Halbwelle ist der Punkt b positiv gegenüber Punkt a. Dann wird der Kondensator C_{L1} über die Diode D2 und der Kondensator C_{L2} über die Diode D3 mit der angegebenen Polarität aufgeladen.

Für die beiden Gleichrichter-Schaltungsteile gelten die gleichen Kennwerte wie bei der Mittelpunktschaltung nach Bild 1.5. Bei etwa gleichen Lastströmen kann anstelle von vier Einzeldioden auch ein fertig geschalteter Brückengleichrichter verwendet werden.

1.2.4 Die Brückenschaltung (B)

Die am häufigsten verwendete Gleichrichterschaltung ist die Brückenschaltung. Auch hier werden beide Halbwellen ausgenutzt. Der besondere Vorteil gegenüber der Mittelpunktschaltung liegt aber darin, daß bei der Sekundärwicklung des Transformators keine Mittelanzapfung erforderlich ist. In **Bild 1.7** ist die Brückenschaltung dargestellt.

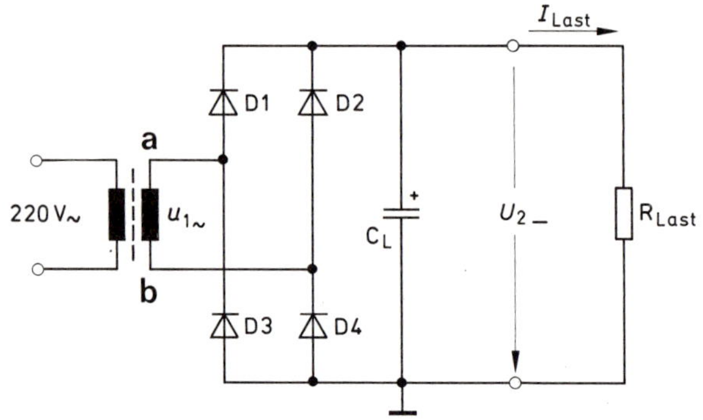

Bild 1.7 Brückenschaltung

Wenn bei der Brückenschaltung nach Bild 1.7 der Punkt a positiv gegenüber Punkt b ist, so kann der Ladekondensator C_L über die Dioden D1 und D4 mit der angegebenen Polarität aufgeladen werden. Die Dioden D2 und D3 sind bei dieser Halbwelle gesperrt. In der nächsten Halbwelle sind dann die Dioden D1 und D4 gesperrt und die Aufladung des Kondensators kann über die Dioden D2 und D3 erfolgen. Ihre Anordnung ist dabei so, daß der Ladekondensator mit der gleichen Polarität wie in der anderen Halbwelle nachgeladen wird.

Da bei der Brückenschaltung beide Halbwellen ausgenutzt werden, hat die der Ausgangsspannung U_{2-} überlagerte Brummspannung die Frequenz $f = 100$ Hz. Auch die Schaltungskonstante hat wie bei der Mittelpunktschaltung den Wert $K \approx 1{,}8 \cdot 10^{-3}$ s, so daß die Brummspannung mit der Gleichung

$$U_{Br} \approx 1{,}8 \cdot 10^{-3}\,\mathrm{s} \cdot \frac{I_{Last}}{C_L}$$

ermittelt werden kann. Die maximale Sperrspannung für die Dioden tritt wie bei den anderen Schaltungen bei Leerlauf auf. Weil bei der Brückenschaltung aber stets zwei Dioden in Reihe geschaltet sind, beträgt die maximale Sperrspannung je Diode aber nur

$$U_{Sperr\,max} = \sqrt{2} \cdot U_{1eff}.$$

Für die Auflade- und Entladevorgänge bei Belastung des Ausganges ergeben sich ähnliche Verhältnisse wie bei der Mittelpunktschaltung, die unter Berücksichtigung der Nachladung in jeder Halbwelle den in Bild 1.4 dargestellten Spannungsverläufen entsprechen.

Wiederum unter der Voraussetzung, daß je mA Laststrom eine Kapazität von etwa 1 µF eingesetzt wird, kann die Ausgangsspannung mit Hilfe der Näherungsgleichung ermittelt werden:

$$U_{2-} \approx 1{,}3 \cdot U_{1eff}$$

1.2.5 Die Drehstrom-Brückenschaltung (DB)

Bei den bisher beschriebenen Einphasen-Gleichrichterschaltungen muß der Ladekondensator den gesamten Laststrom liefern, sobald die Dioden, über die jeweils die Nachladung erfolgen kann, gesperrt sind. In allen Fällen ist die Entladezeit relativ groß gegenüber der Nachladezeit. Damit die Brummspannung nicht unzulässig groß wird, sind bei größeren Lastströmen bereits sehr große Kapazitätswerte für die Ladekondensatoren erforderlich. Leistungen größer etwa 2 kW werden daher meistens dem Drehstromnetz entnommen. Bei einer Drehstrom-Brückenschaltung entsprechend **Bild 1.8** erfolgt die Nachladung des Kondensators nämlich nicht mit einer Frequenz von 100 Hz, wie bei der Einphasen-Mittelpunktschaltung oder der Einphasen-Brückenschaltung, sondern mit einer Frequenz von 300 Hz. Diese Frequenz ergibt sich aus der Vollwellengleichrichtung der drei um 120° verschobenen Phasenspannungen.

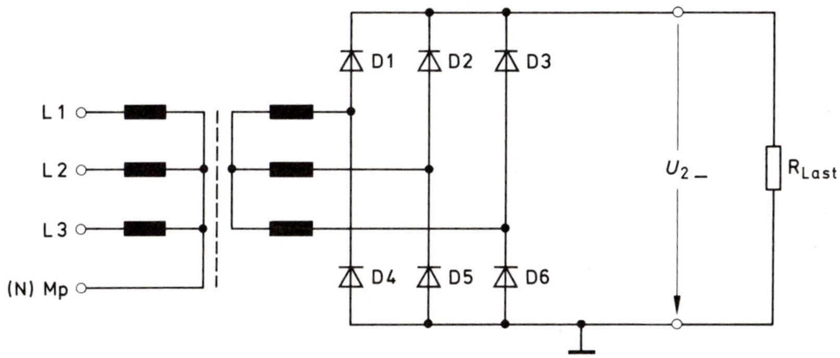

Bild 1.8 Drehstrom-Brückenschaltung

Die Drehstrom-Brückenschaltung liefert eine relativ hohe Ausgangsgleichspannung U_{2-}, der auch ohne Ladekondensator bei Belastung nur eine kleine Brummspannung überlagert ist. Auf die Kennwerte und die besonderen Eigenschaften dieser Gleichrichterschaltung wird jedoch erst in dem Band IVA „Leistungselektronik“ näher eingegangen.

1.2.6 Kennwerte und Dimensionierungshinweise

In der Tabelle nach **Bild 1.9** sind die wichtigsten Kennwerte der Einphasen-Gleichrichterschaltungen noch einmal übersichtlich zusammengefaßt. Die Ausgangsspannung U_{2-} ist dabei für ein mittleres Verhältnis von 1 µF je mA Laststrom angegeben.

Ein Vergleich der Kennwerte in Bild 1.9 zeigt, daß die Mittelpunktschaltung und die Brückenschaltung gleichwertig sind. Die Einwegschaltung hat demgegenüber in allen Fällen ungünstigere Kennwerte. So ist die erzeugte Gleichspannung kleiner und die Brummspannung bei gleichen Kapazitätswerten etwa 2,6fach größer als bei der Mittelpunkt- und Brückenschaltung. Das Einsatzgebiet der Einwegschaltung ist daher beschränkt auf Lastströme bis zu höchstens 50 mA.

	Einwegschaltung	M-Schaltung	Brückenschaltung
Leerlaufspannung $U_{2-} = \hat{u}_{1\sim}$	$\sqrt{2} \cdot U_{1\text{eff}}$	$\sqrt{2} \cdot U_{1\text{eff}}$	$\sqrt{2} \cdot U_{1\text{eff}}$
Ausgangsspannung U_{2-} bei Belastung	$1{,}2 \cdot U_{1\text{eff}}$	$1{,}3 \cdot U_{1\text{eff}}$	$1{,}3 \cdot U_{1\text{eff}}$
Mittl. Durchlaßstrom I_{DM}	I_{Last}	$0{,}5 \cdot I_{\text{Last}}$	$0{,}5 \cdot I_{\text{Last}}$
Max. Sperrspannung $U_{\text{Sperr max}}$	$2 \cdot \sqrt{2} \cdot U_{1\text{eff}}$	$2 \cdot \sqrt{2} \cdot U_{1\text{eff}}$	$\sqrt{2} \cdot U_{1\text{eff}}$
Brummspannung U_{Br}	$4{,}8 \cdot 10^{-3}\,\text{s} \cdot \frac{I_{\text{Last}}}{C_{\text{L}}}$	$1{,}8 \cdot 10^{-3}\,\text{s} \cdot \frac{I_{\text{Last}}}{C_{\text{L}}}$	$1{,}8 \cdot 10^{-3}\,\text{s} \cdot \frac{I_{\text{Last}}}{C_{\text{L}}}$
Frequenz von U_{Br}	50 Hz	100 Hz	100 Hz

Bild 1.9 Kennwerte von Einphasen-Gleichrichterschaltungen

Bei der Dimensionierung einer Gleichrichterschaltung sind meistens die Ausgangsgleichspannung U_{2-} und der mittlere Laststrom I_{Last} vorgegeben. Unter der Annahme, daß als Ladekondensator eine Kapazität von 1 µF je mA Laststrom eingesetzt werden kann, kann die bei einer Brückenschaltung erforderliche Sekundärspannung des Transformators mit Hilfe der Gleichung $U_{1\text{eff}} \approx \frac{U_{2-}}{1{,}3}$ ermittelt werden.

Die Auswahl der Dioden erfolgt dann zunächst nach dem mittleren Durchlaßstrom I_{DM}, der bei der Brückenschaltung $0{,}5 \cdot I_{\text{Last}}$ beträgt und der maximalen Sperrspannung $U_{\text{Sperr max}} = \sqrt{2} \cdot U_{1\text{eff}}$. Es ist aber bei Netzgeräten in den meisten Fällen zweckmäßig, nicht Einzeldioden sondern komplette Brückengleichrichter zu verwenden, die in verschiedenen Baureihen angeboten werden. Als Beispiel sind in **Bild 1.10** die wichtigsten Daten der Baureihe B 40 C xxxx zusammengestellt.

Typ	$U_{1\sim}$	$I_{\text{DM max}}$	Strombegrenzungswiderstand (R_{i})	$C_{\text{L max}}$
B 40 C 800	40 V_{eff}	0,8 A	1 Ω	2500 µF
B 40 C 1000	40 V_{eff}	1,0 A	1 Ω	2500 µF
B 40 C 1500/1000	40 V_{eff}	1,5 A	1 Ω	2500 µF
B 40 C 3200/2200	40 V_{eff}	3,2 A/2,2 A	0,6 Ω	5000 µF
B 40 C 5000/3300	40 V_{eff}	5,0 A/3,3 A	0,5 Ω	10000 µF

Bild 1.10 Technische Daten der Baureihe B 40Cxxxx

Der Einsatzbereich kann bei diesen Baureihen von Brückengleichrichtern direkt aus der Typenbezeichnung abgelesen werden. So bedeutet B = Brückenschaltung. Die nachfolgende Zahl gibt die empfohlene Anschlußspannung in V_{eff}, also die Eingangsspannung $U_{1\sim}$ an. Der Buchstabe C bedeutet, daß der Gleichrichter für eine kapazitive Last, d.h. für den Betrieb mit einem Ladekondensator vorgesehen ist. Die letzte Zahl weist auf den zulässigen mittleren Laststrom I_{Last} in mA hin. Bei Doppelwerten gilt der erste Wert für eine Chassismontage des Gleichrichters, der zweite Wert für eine freistehende Montage.

Zwar nicht in der Typenbezeichnung, sondern nur in zugehörigen Datenblättern wird von den Herstellern dann noch der maximal zulässige Wert für den Ladekondensator angegeben. Bei Einhaltung dieses Wertes ist sichergestellt, daß der zulässige periodische Spitzenstrom I_{DS} der einzelnen Dioden nicht überschritten wird. Im Datenblatt ist weiterhin oft noch ein Strombegrenzungswiderstand angegeben. Bei Einhaltung dieses Wertes ist u.a. gewährleistet, daß der sehr große Einschaltstrom I_{DE} in den für den Brückengleichrichter zulässigen Grenzen bleibt. Ein zusätzlicher Strombegrenzungswiderstand zwischen Sekundärspannungsanschluß des Trafos und der Gleichrichterbrücke ist aber meistens nicht erforderlich, weil der Widerstand der Transformatorwicklung in der angegebenen Größenordnung liegt, sofern ein dem Laststrom leistungsmäßig entsprechender Transformator verwendet wird.

Es ist heute für den Praktiker wenig sinnvoll, bei einer Einzel- oder Kleinserienfertigung von Netzgeräten genaue Berechnungen z.B. der Sekundärspannung oder der Trafoleistung vorzunehmen und danach spezielle Transformatoren anzufertigen. Die Hersteller liefern inzwischen eine so große Auswahl von Standardtransformatoren, daß sich mit ihnen die meisten Forderungen bezüglich Leistung und Sekundärspannungen erfüllen lassen. Dazu gehören z.B. auch die speziell zur Stromversorgung von elektronischen Schaltungen entwickelten Transformatoren der ET-Reihe, die leistungsmäßig entsprechend abgestuft sind und die durch Ausnutzen oder Zusammenschalten der verschiedenen Sekundärwicklungen die unterschiedlichsten Sekundärspannungen liefern können. Die Transformatoren der ET-Reihe sind weiterhin so ausgelegt, daß die dazu passenden Brückengleichrichter im allgemeinen ohne zusätzliche Schutzmaßnahmen angeschlossen werden können.

Lassen sich bei Verwendung von Standardtransformatoren die gewünschten Ausgangsgleichspannungen und die zulässigen Brummspannungen nicht genau erreichen, so wird die Sekundärspannung etwas größer gewählt und der Gleichrichterschaltung noch eine Siebschaltung oder Stabilisierungsschaltung mit einem etwas größeren Spannungsabfall nachgeschaltet. Die dann insgesamt etwas größere Verlustleistung ist dabei oft nur von untergeordneter Bedeutung.

In **Bild 1.11** ist für eine Brückengleichrichterschaltung die meßtechnisch ermittelte Lastkennlinie angegeben.

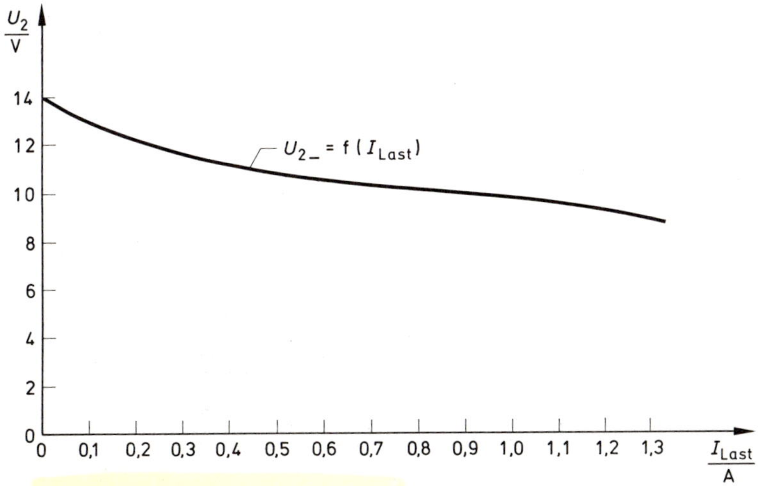

Bild 1.11 Lastkennlinie $U_{2-} = f(I_{Last})$

Für die Schaltung wurde ein ET-3-Transformator mit einer Leistung von $S = 30$ VA, ein Brückengleichrichter B 40 C 5000/3300 sowie ein Ladekondensator mit $C_L = 1000$ µF verwendet.

In **Bild 1.12** ist für die gleiche Schaltung die Abhängigkeit der Brummspannung vom Laststrom $U_{Br} = f(I_{Last})$ aufgetragen.

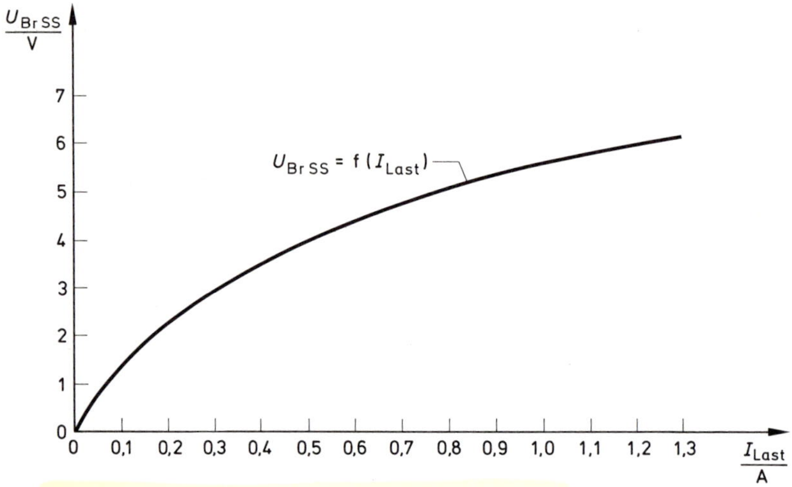

Bild 1.12 $U_{Br} = f(I_{Last})$ für eine Brückenschaltung

Die beiden Kennlinien in den Bildern 1.11 und 1.12 gelten nur für die angegebene Brücken-Gleichrichterschaltung. Die Lastkennlinien anderer Gleichrichterschaltungen haben einen ähnlichen charakteristischen Verlauf, können aber auch durchaus von der dargestellten Kennlinie abweichen.

1.3 Siebglieder

Bei Belastung einer Gleichrichterschaltung tritt am Ladekondensator eine Brummspannung auf. Ihre Größe hängt im wesentlichen von der Größe des Laststromes, vom Kapazitätswert des Ladekondensators sowie von einer Schaltungskonstanten K ab. Diese Brummspannung läßt sich bei vorgegebenem Laststrom nicht beliebig verringern, weil aus schaltungstechnischen Gründen und wegen der Kosten nicht beliebig große Ladekondensatoren eingesetzt werden können.

Eine zu große Brummspannung kann aber die Funktion der angeschlossenen elektronischen Schaltung gegebenenfalls erheblich stören. Es ist daher in den meisten Fällen erforderlich, der Gleichrichterschaltung noch eine Schaltung zur Reduzierung der Brummspannung nachzuschalten. Für diese Aufgabe können Siebglieder eingesetzt werden. Sie sollen den Brummspannungsanteil möglichst stark, den Gleichspannungsanteil der am Ladekondensator liegenden Mischspannung dagegen möglichst wenig reduzieren. Siebglieder müssen daher die Eigenschaften eines Tiefpasses haben.

Die Wirkung eines Siebgliedes wird durch den Glättungsfaktor G beschrieben. Er gibt das Verhältnis der Brummspannung am Eingang des Siebgliedes U_{Br1} zur Brummspannung am Ausgang des Siebgliedes U_{Br2} an. Die Brummspannung am Ausgang des Siebgliedes wird oft auch als Restwelligkeit bezeichnet:

$$G = \frac{U_{Br1}}{U_{Br2}}$$

Wichtig ist hierbei, daß für U_{Br1} und U_{Br2} gemeinsam entweder Spitzenwerte, doppelte Spitzenwerte oder auch die Effektivwerte eingesetzt werden.

Werden mehrere Siebglieder hintereinander geschaltet, so ergibt sich der Gesamtglättungsfaktor aus dem Produkt der einzelnen Glättungsfaktoren, also

$$G_{ges} = G_1 \cdot G_2 \cdot G_3 \cdot \ldots$$

Oft wird der Glättungsfaktor G auch als Siebfaktor S bezeichnet. Dann können aber leicht Verwechselungen mit der im Kapitel 4 angegebenen Relativen Stabilität S auftreten, für die eine andere Definition gilt.

Als Siebglieder werden RC-Glieder, LC-Glieder oder auch RZ-Glieder eingesetzt. Es handelt sich dabei um Vierpole, die als Spannungsteiler wirken.

1.3.1 Das RC-Siebglied

Bild 1.13 zeigt ein RC-Siebglied. Am Eingang liegt die Ausgangsspannung des Gleichrichters, also die Spannung am Ladekondensator. Es handelt sich dabei um eine Mischspannung mit dem Gleichspannungsanteil U_{2-} und dem Wechselspannungsanteil U_{Br1}. Die Frequenz der Brummspannung hängt von der vorgeschalteten Gleichrichterschaltung ab. Sie beträgt bei Einwegschaltung $f = 50$ Hz und bei Mittelpunkt- sowie Brückenschaltung $f = 100$ Hz, wenn die Netzfrequenz 50 Hz beträgt.

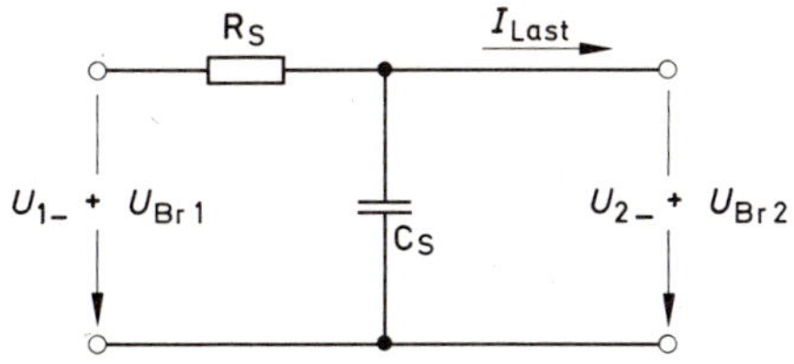

Bild 1.13 RC-Siebglied

Die Eingangsspannung des Siebgliedes liegt an einer Reihenschaltung von R_S und dem kapazitiven Widerstand X_C des Siebkondensators. Die Ausgangsspannung liegt dagegen nur an X_C. Da sich die Brummspannung U_{Br1} zu U_{Br2} wie der Gesamtwiderstand zum kapazitiven Widerstand verhält, kann für den Glättungsfaktor geschrieben werden:

$$G = \frac{U_{Br1}}{U_{Br2}} = \frac{\sqrt{R_S^2 + X_C^2}}{X_C} = \sqrt{\frac{R_S^2}{X_C^2} + 1}.$$

Unter der Voraussetzung, daß bei einem Siebglied R_s groß gegenüber X_C ist, kann die Gleichung vereinfacht werden zu

$$G \approx \frac{R_S}{X_C}.$$

Mit $X_C = \dfrac{1}{\omega_{Br} \cdot C}$ ergibt sich für den Glättungsfaktor:

$$G \approx \omega_{Br} \cdot R_S \cdot C_S.$$

Mit RC-Siebgliedern lassen sich Glättungsfaktoren von etwa 10 bis 20 erreichen, d.h. die Brummspannung U_{Br2} erniedrigt sich auf

$$U_{Br2} \approx 0{,}05\ U_{Br1} \ldots 0{,}1\ U_{Br1}.$$

Aus der Gleichung $G \approx \omega_{Br} \cdot R_S \cdot C_S$ ist zu erkennen, daß der Glättungsfaktor G direkt proportional der Frequenz der Brummspannung, der Größe des Siebwiderstandes und der Kapazität des Siebkondensators ist. Die Frequenz ist durch die Art der Gleichrichterschaltung vorgegeben. Je größer also R_s und C_s sind, desto größer ist auch der Glättungsfaktor G.

Bei der Dimensionierung eines Siebgliedes muß bezüglich der Größe des Siebwiderstandes R_s stets ein Kompromiß getroffen werden. Um einen großen Glättungsfaktor G zu erreichen, soll R_s nämlich möglichst groß sein. Andererseits soll R_s aber auch möglichst klein sein, damit durch den Spannungsabfall an R_s die Gleichspannung so wenig wie möglich reduziert wird, denn hierfür gilt

$$U_{2-} = U_{1-} - R_S \cdot I_{Last}.$$

Ein in der Praxis brauchbarer Kompromiß liegt vor, wenn R_s so gewählt wird, daß an R_s etwa 1/10 der Ausgangsgleichspannung U_{2-} abfällt, d.h.

$$U_{RS} \approx 0{,}1 \cdot U_{2-}.$$

Die Größe des Widerstandes R_s kann also nicht frei gewählt werden. Wegen der Kosten und des Bauvolumens des Siebkondensators kann dieser aber auch nicht auf beliebige Werte vergrößert werden.

Aus diesen Gründen kann das RC-Siebglied nur bei relativ kleinen Lastströmen eingesetzt werden. Sind dagegen kleine Brummspannungen gefordert, so ist es heute bereits in vielen Fällen günstiger, auf ein RC-Siebglied zu verzichten und an den Ausgang der Gleichrichterschaltung einen integrierten Spannungsregler, wie in Kapitel 4 beschrieben, anzuschließen.

1.3.2 Das LC-Siebglied

Die Nachteile des RC-Siebgliedes lassen sich vermeiden, wenn anstelle des Siebwiderstandes R_s eine Siebdrossel L_s eingesetzt wird. Ihr ohmscher Widerstand R_L ist dann so klein, daß auch der Gleichspannungsabfall an der Siebdrossel klein bleibt und meistens vernachlässigt werden kann. **Bild 1.14** zeigt ein LC-Siebglied.

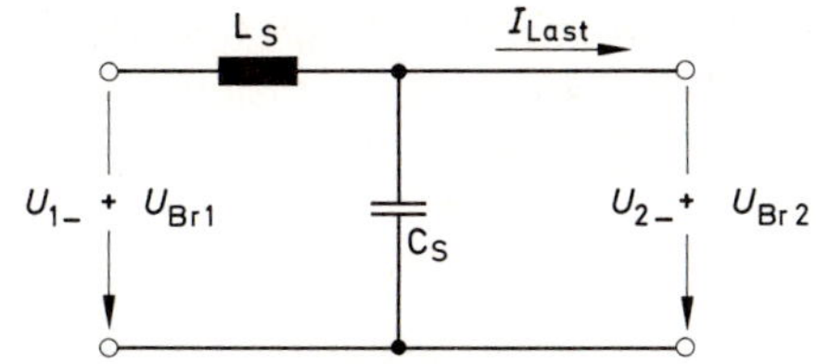

Bild 1.14 LC-Siebglied

Bei Vernachlässigung von R_L gilt für das LC-Siebglied:

$$G = \frac{U_{Br1}}{U_{Br2}} = \frac{X_L - X_C}{X_C} = \frac{X_L}{X_C} - 1.$$

Da X_L/X_C bei einem Siebglied viel größer als 1 ist, kann die Gleichung vereinfacht werden zu

$$G \approx \frac{X_L}{X_C}.$$

Mit $X_L = \omega \cdot L$ und $X_C = 1/\omega \cdot C$ ergibt sich:

$$G \approx \omega_{Br}^2 \cdot L_S \cdot C_S.$$

Wegen des vernachlässigbar kleinen ohmschen Widerstandes der Siebdrossel kann bei gleichem Glättungsfaktor der Laststrom I_{Last} bei einem LC-Siebglied wesentlich größer als bei einem RC-Siebglied sein. LC-Siebglieder haben aber andererseits den Nachteil, daß eine Drossel mit entsprechender Induktivität bereits ein großes Gewicht und Volumen hat und gegenüber dem Siebwiderstand sehr viel teurer ist. Außerdem sind Drosseln mit den gewünschten technischen Daten meistens serienmäßig nicht lieferbar. Aus diesen Gründen ist auch hier der Einsatz von integrierten Spannungsreglern anstelle von LC-Siebgliedern heute meistens viel günstiger.

1.3.3 Das RZ-Siebglied

Bild 1.15 zeigt ein RZ-Siebglied. Es handelt sich dabei um eine übliche Spannungsstabilisierungsschaltung mit einem Vorwiderstand R_s und einer Z-Diode.

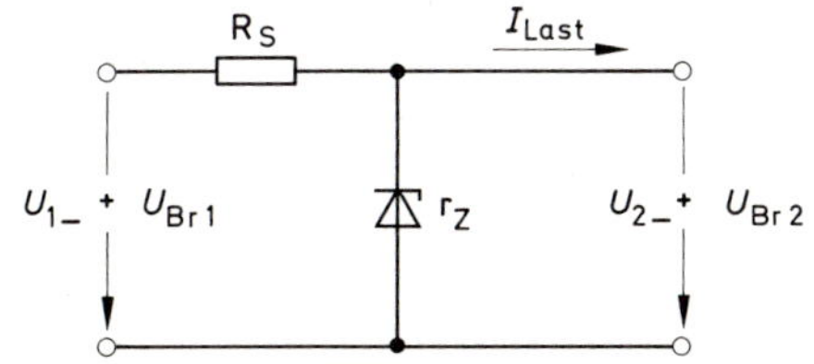

Bild 1.15 RZ-Siebglied

Z-Dioden haben in einer Schaltung nach Bild 1.15 die Eigenschaft, Spannungen konstant zu halten. Die Konstanthaltung von Spannungen beschränkt sich aber nicht nur auf Gleichspannungen, sondern auch auf die einer Gleichspannung überlagerte Brummspannung. Daher kann die Z-Diode in einem RZ-Siebglied von ihrer

Wirkung her mit einem Siebkondensator verglichen werden. Die vergleichbare Kapazität C_z hängt von der Frequenz der Brummspannung und vom differentiellen Widerstand r_z der Z-Diode ab und es gilt:

$$C_z \approx \frac{1}{\omega_{Br} \cdot r_z}.$$

Entsprechend dem RC-Siebglied ergibt sich dann für den Glättungsfaktor:

$$G \approx \omega_{Br} \cdot R_s \cdot C_z.$$

Bezüglich des Vorwiderstandes R_s gelten sinngemäß die gleichen Einschränkungen wie beim RC-Siebglied. Zusätzlich muß beim RZ-Siebglied aber noch berücksichtigt werden, daß die Z-Diode nur in ihrem zulässigen Arbeitsbereich betrieben werden darf. Für den Strom durch die Z-Diode, den Laststrom I_{Last} und die Größe des Vorwiderstandes sind daher zusätzliche Bedingungen zu beachten. Auf sie wird aber erst in Kapitel 4 näher eingegangen.

1.4 Spannungsverdoppler- und Spannungsvervielfacherschaltungen

Zum Betrieb von Oszilloskopen und Bildröhren oder Geiger-Müller-Zählrohren werden Gleichspannungen benötigt, die erheblich größer als die Netzspannung sind und damit auch bereits im Bereich der Hochspannung liegen. Da diese Spannungsquellen meistens nur sehr geringe Lastströme liefern müssen, ist es in der Regel günstiger, keine speziellen Hochspannungstransformatoren einzusetzen, sondern die hohen Gleichspannungen mit Hilfe von Spannungsverdoppler- oder Spannungsvervielfacherschaltungen zu erzeugen. Es handelt sich hierbei um Gleichrichterschaltungen, bei denen aber Dioden und Ladekondensatoren in anderer Weise als bei den bisher behandelten Gleichrichterschaltungen zusammenwirken. Als Spannungsverdopplerschaltungen werden die *Delon-* und die *Villard-Schaltung* eingesetzt. Die Villard-Schaltung läßt sich zur Vervielfacherschaltung erweitern. Sie wird dann auch als Hochspannungskaskade bezeichnet.

1.4.1 Die Delon-Schaltung

Die Delon-Schaltung besteht aus zwei Einweg-Gleichrichterschaltungen, die entsprechend **Bild 1.16** zusammengeschaltet sind.

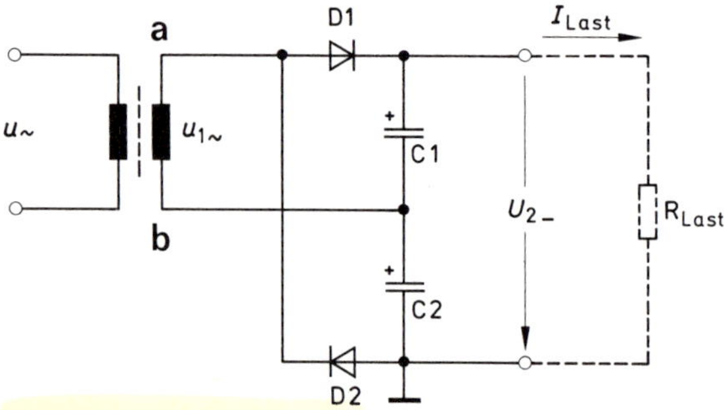

Bild 1.16 Delon-Schaltung

Ist bei der Schaltung nach Bild 1.16 der Punkt a positiv gegenüber Punkt b, so wird der Kondensator C 1 über die Diode D 1 auf den Scheitelwert der Wechselspannung $\hat{u}_{1\sim}$ aufgeladen, wenn kein Lastwiderstand angeschlossen ist. In der folgenden Halbwelle ist der Punkt b positiv gegenüber Punkt a. Die Diode D2 wird daher in Durchlaßrichtung betrieben und der Kondensator C2 mit der angegebenen Polarität aufgeladen. Die Ladespannungen beider Kondensatoren liegen in Reihe, so daß sie sich zur Gesamtspannung U_{2-} addieren. Bei unbelasteter Schaltung gilt daher:

$$U_{2-} = U_{C1} + U_{C2} = 2 \cdot \hat{u}_1$$

Die Delon-Schaltung ist also eine Spannungsverdoppler-Schaltung.

Bei Belastung der Schaltung durch einen Laststrom sinkt die Ausgangsspannung ab. Die Dimensionierung der Schaltung erfolgt meistens so, daß die Ausgangsspannung bei mittlerem Laststrom etwa

$$U_{2-} \approx 0{,}8\ldots 0{,}9 \cdot (2 \cdot \hat{u}_1)$$

beträgt. Je größer der Laststrom, desto größer müssen zur Einhaltung dieser Bedingung die Ladekondensatoren gewählt werden. Zu bedenken ist hierbei, daß die Ladekondensatoren für eine hohe Betriebsspannung ausgelegt sein müssen.

Bei einer Netzfrequenz von $f = 50\,\text{Hz}$ beträgt die Frequenz der Brummspannung $f = 100\,\text{Hz}$. Die Dioden müssen eine Sperrspannung von $2 \cdot \hat{u}_1$ haben. Der mittlere Durchlaßstrom für die Dioden beträgt $I_D = I_{Last}$. Aus Sicherheitsgründen werden hier aber meist Dioden eingesetzt, die für $I_0 \approx 1{,}5 \cdot I_{Last}$ ausgelegt sind.

1.4.2 Die Villard-Schaltung

Eine weitere Spannungsverdopplerschaltung ist die Villard-Schaltung. Auch sie beruht auf dem Grundprinzip der Einweggleichrichterschaltung. In **Bild 1.17** ist eine Villard-Schaltung dargestellt.

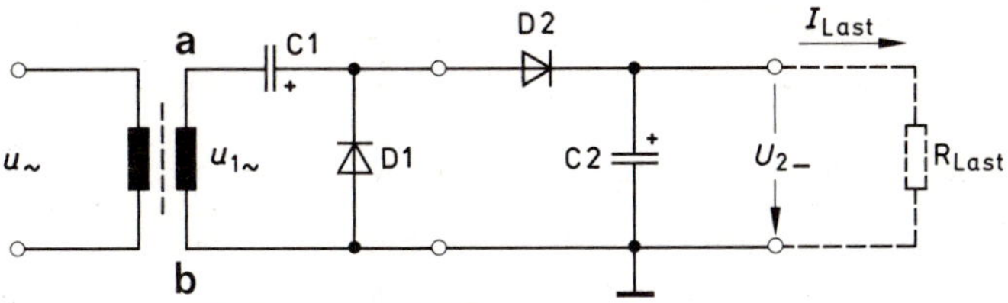

Bild 1.17 Villard-Schaltung

Ist bei der Villard-Schaltung nach Bild 1.17 der Punkt a negativ gegenüber Punkt b, so wird über D1 der Kondensator C1 mit der angegebenen Polarität auf $\hat{u}_1$ aufgeladen. Wenn dann in der nächsten Halbwelle der Punkt a positiv gegenüber Punkt b ist, so wird D1 in Sperrichtung betrieben. An der Diode D1 liegt dann als Sperrspannung die Summenspannung von $\hat{u}_1 + U_{C1} = 2 \cdot \hat{u}_1$. Diese Spannung ist jetzt die Speisespannung für die nachgeschaltete Gleichrichterschaltung. Über D2 wird der Kondensator C2 dann auf die Spannung $2 \cdot \hat{u}_1$ aufgeladen. Auch hier müssen die Dioden eine maximale Sperrspannung von mindestens $2 \cdot \hat{u}_1$ haben, während der

Strom $I_D = I_{Last}$ beträgt. Die Brummspannung hat eine Frequenz $f = 50$ Hz bei 50 Hz Netzfrequenz und entspricht damit der Einwegschaltung. Für die beiden Kondensatoren werden stets gleiche Kapazitätswerte gewählt.

Die Belastung der Villard-Schaltung erfolgt in der Praxis nur so, daß die Ausgangsspannung auf höchstens

$$U_{2-} \approx 0{,}8\ldots 0{,}9 \cdot (2 \cdot \hat{u}_1)$$

absinkt. Auch der Villard-Schaltung können nur kleine Lastströme entnommen werden.

1.4.3 Die Kaskadenschaltung

Werden zwei oder auch mehrere Villard-Schaltungen hintereinandergeschaltet, so entsteht eine Kaskadenschaltung. Sie wird auch als Spannungsvervielfacherschaltung bezeichnet. **Bild 1.18** zeigt eine Kaskadenschaltung für eine Ausgangsspannung von $6 \cdot \hat{u}_1$.

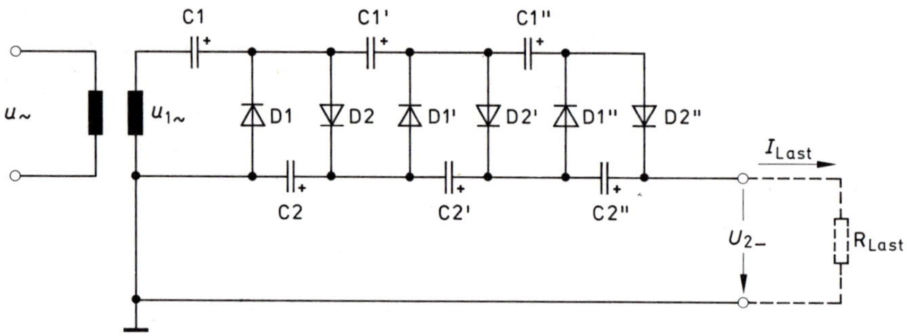

Bild 1.18 Kaskadenschaltung für $6 \cdot \hat{u}_1$

Für die Ausgangsspannung einer unbelasteten Kaskadenschaltung gilt

$$U_{2-} \approx n \cdot 2 \cdot \hat{u}_1,$$

wobei n die Anzahl der aneinandergereihten Villard-Schaltungen bedeutet. Da fast beliebig viele Villard-Schaltungen aneinandergesetzt werden können, wird diese Kaskadenschaltung meistens zur Hochspannungserzeugung eingesetzt. Sie kann aber – wie auch die Spannungsverdopplerschaltungen – nur mit sehr geringen Lastströmen belastet werden.

Hochspannungskaskaden werden meistens nicht wie in Bild 1.18, sondern wie in **Bild 1.19** dargestellt.

Kaskadenschaltungen mit vielen Stufen zeigen deutlich ein Hochlaufen der Ausgangsspannung, weil die einzelnen Kondensatoren nacheinander aufgeladen und die Ladungen von einem Kondensator auf den nächsten verschoben werden. Alle Kondensatoren müssen eine Spannungsfestigkeit von mindestens $2 \cdot \hat{u}_1$ haben. Dieser Wert gilt auch für die Sperrspannung jeder Diode.

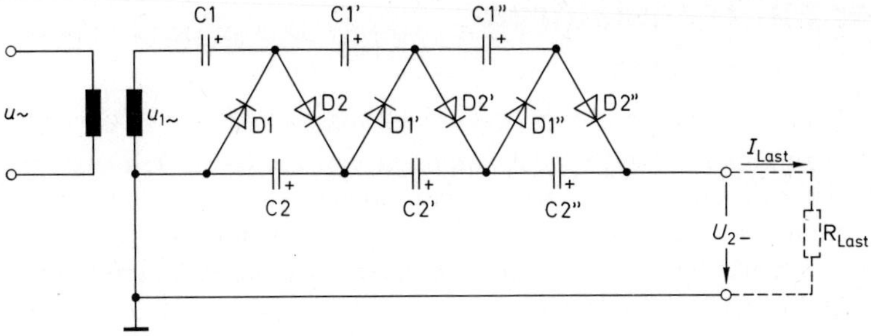

Bild 1.19 Kaskadenschaltung für $6 \cdot \hat{u}_1$

Der Innenwiderstand der Kaskade steigt mit der Anzahl der Stufen, d.h. je mehr Stufen vorhanden sind, desto größer wird die Lastabhängigkeit der Ausgangsspannung.

Hochspannungskaskaden werden heute aber nur noch in Ausnahmefällen mit einzelnen Dioden und Kondensatoren aufgebaut. Sie sind in vergossener Ausführung in mehreren Typenreihen für verschiedene Ausgangsspannungen lieferbar.

2 Verstärker mit Transistoren

2.1 Allgemeines

Im Band II „Bauelemente" sind die *Grundschaltungen* von bipolaren Transistoren und Feldeffekttransistoren sowie ihre wichtigsten Verstärkereigenschaften bereits eingehend behandelt. Diese Grundschaltungen werden jeweils nach derjenigen Elektrode benannt, die für ein eingespeistes Wechselspannungssignal als gemeinsamer Pol für den Eingang und den Ausgang der Verstärkerstufe wirksam ist. Dementsprechend gibt es bei den bipolaren Transistoren die Emitterschaltung, die Kollektorschaltung und die Basisschaltung. Sie sind in **Bild 2.1** noch einmal in ihrem Grundprinzip dargestellt.

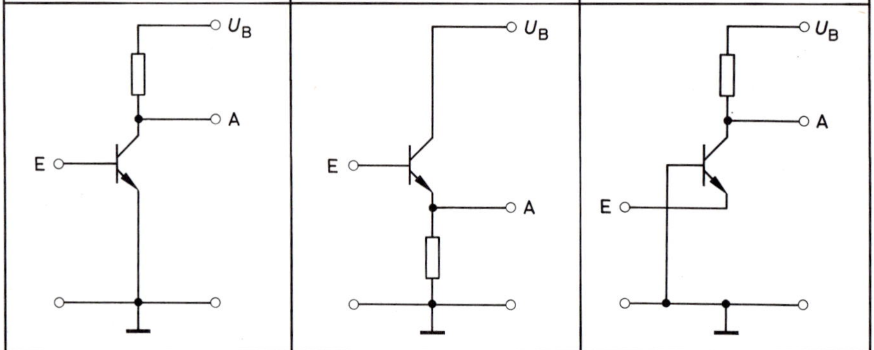

	Emitterschaltung	Kollektorschaltung	Basisschaltung
V_u	groß	< 1	groß
V_i	mittel	mittel	< 1
V_p	sehr groß	mittel	mittel
r_e	klein	groß	sehr klein
r_a	groß	sehr klein	sehr groß
φ	180°	0°	0°

Bild 2.1 Grundschaltungen bipolarer Transistoren

Bei den Feldeffekttransistoren werden die drei Grundschaltungen als Sourceschaltung, Drainschaltung und Gateschaltung bezeichnet. **Bild 2.2** zeigt das Grundprinzip der drei FET-Grundschaltungen.

In den Bildern 2.1 und 2.2 sind zusätzlich relative Größenordnungen für die wichtigsten Kennwerte der sechs Grundschaltungen angegeben. Es handelt sich dabei um Bereiche, die sich bei praktisch ausgeführten Schaltungen durchaus um eine oder mehrere Zehnerpotenzen unterscheiden können.

Bei der Emitterschaltung wird die Signalspannung zwischen Basis und Emitter eingespeist und zwischen Kollektor und Emitter abgenommen. Gemeinsamer Pol für die Signalspannung ist hier der Emitter. Die Sourceschaltung arbeitet nach dem gleichen

	Sourceschaltung	Drainschaltung	Gateschaltung
	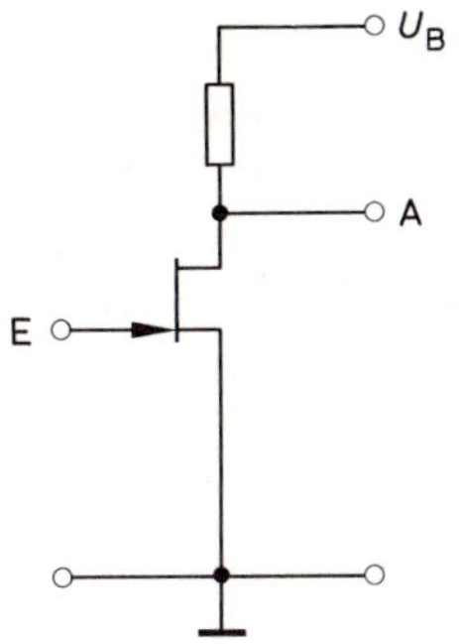	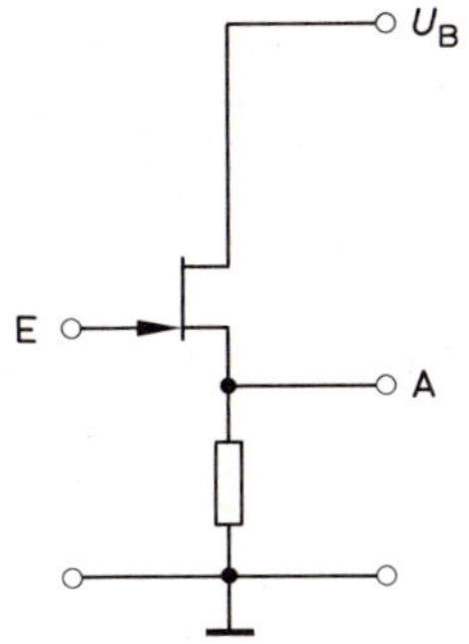	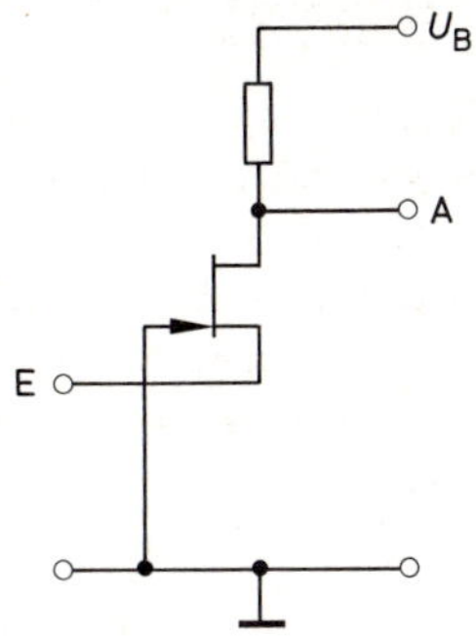
V_u	groß	<1	groß
r_e	groß	sehr groß	klein
r_a	groß	klein	groß
φ	180°	0°	0°

Bild 2.2 Grundschaltungen von FETs

Prinzip. Eingespeist wird hier die Signalspannung zwischen Gate und Source, während die Abnahme des Signals zwischen Drain und Source erfolgt. Emitter- und Sourceschaltungen sind die in der Elektronik weitaus am häufigsten verwendeten Grundschaltungen. Sie haben beide eine hohe Spannungsverstärkung und als weitere gemeinsame Eigenschaft eine Phasendrehung von $\varphi = 180°$ zwischen Eingang und Ausgang.

Bei der Kollektorschaltung wird das Signal zwischen Kollektor und Basis eingespeist und zwischen Kollektor und Emitter abgenommen. Auch im Schaltbild in Bild 2.1 ist dieser Zusammenhang erkennbar, wenn berücksichtigt wird, daß die Spannungsquelle für U_B in der Regel einen Kurzschluß für die Signalspannung darstellt. Das gleiche gilt auch für die Drainschaltung, bei der die Signalspannung zwischen Drain und Gate zugeführt und zwischen Drain und Source abgenommen wird. Wegen des hohen Eingangswiderstandes und des niedrigen Ausgangswiderstandes wird die Kollektorschaltung häufig zur Impedanzwandlung eingesetzt. Sie ist aber auch in den Endstufen von Leistungsverstärkern (Kapitel 2.4) oder als Längstransistor in geregelten Netzgeräten (Kapitel 4.4) zu finden. Die Spannungsverstärkung der Kollektorschaltung und der Drainschaltung ist stets kleiner 1, wobei eine Phasendrehung der Signalspannung nicht auftritt.

Bei der Basisschaltung wird die Signalspannung zwischen Basis und Emitter zugeführt und zwischen Basis und Kollektor abgenommen. Bei der Gateschaltung erfolgt die Signalzuführung dann zwischen Gate und Source und die Signalabnahme zwischen Gate und Drain. Basisschaltung und Gateschaltung werden fast ausschließlich in der HF-Technik eingesetzt und haben in der NF-Technik oder der Regelungs- und Steuerungstechnik nur eine geringe Bedeutung. Aus diesen Gründen wird in Kapitel 2 auch nicht weiter auf ihre Eigenschaften und Einsatzgebiete eingegangen.

Die in den Bildern 2.1 und 2.2 dargestellten Grundschaltungen sind als Prinzipschaltungen für die Verstärkung von Wechselspannungssignalen zu betrachten. Bei den praktisch ausgeführten Schaltungen muß in jedem Fall noch die Versorgung mit den erforderlichen Betriebsspannungen berücksichtigt werden. So sind z. B. Basis- oder Gatespannungen erforderlich, die meistens durch Spannungsabfälle an Widerständen erzeugt werden. Die hierfür erforderlichen Widerstände können dann auch einen Einfluß auf die Verstärkung der Stufe oder auf die Eingangs- und Ausgangswiderstände haben. Bei der Emitterschaltung und der Sourceschaltung ist es darüber hinaus erforderlich, den *Arbeitspunkt* der Schaltung gegenüber Temperatureinflüssen zu stabilisieren. Dies erfolgt dann durch eine Spannungs- oder Stromgegenkopplung.

Kleinsignal- oder Eingangsverstärker werden in der Regel im A-Betrieb betrieben. Der Arbeitspunkt des Transistors liegt dabei in der Höhe von $^1/_2\ U_B$. Diese Verstärker haben im wesentlichen die Aufgabe, kleine Signalspannungen möglichst unverzerrt zu verstärken. Reicht die Verstärkung einer Stufe nicht aus, so werden zwei oder mehrere Verstärkerstufen hintereinandergeschaltet. Die Ankopplung der einzelnen Stufen kann dabei gleichspannungsmäßig oder wechselspannungsmäßig erfolgen. Die Art der Ankopplung hat auch einen Einfluß auf Verstärkereigenschaften, Aufbau und Dimensionierung der Verstärker.

Zur Verbesserung bestimmter Verstärkereigenschaften werden sehr oft *Gegenkopplungen* eingesetzt. Dabei wird ein Teil der Ausgangsspannung oder des Ausgangsstromes über eine oder mehrere Stufen so auf den Eingang zurückgeführt, daß er der anliegenden Eingangsspannung bzw. dem Eingangsstrom entgegenwirkt. Je nach Ausführung der Gegenkopplung ist dann zwischen einer Spannungsgegenkopplung oder einer Stromgegenkopplung zu unterscheiden. Es gibt hier eine Vielzahl von Schaltungsvarianten, deren jeweilige Einflüsse auf die Verstärkung und den Frequenzgang des Verstärkers oft nur noch meßtechnisch erfaßt werden können.

Einfachere einstufige oder mehrstufige Kleinsignalverstärker sind heute noch überwiegend in diskreter Schaltungstechnik, d. h. aus einzelnen Transistoren, Widerständen und Kondensatoren, aufgebaut. Eingesetzt werden auch hier immer mehr integrierte Schaltungen, in denen dann mehrere Verstärkerstufen in einem Baustein zusammengefaßt sind. Sie werden jedoch meistens nur für spezielle Einsatzgebiete gefertigt. Durch eine entsprechende äußere Beschaltung lassen sich ihre Verstärkereigenschaften, insbesondere auch der Frequenzgang verändern und damit auch unterschiedlichen Forderungen anpassen.

Während die Aufgabe eines Kleinleistungsverstärkers im wesentlichen darin besteht, eine große Signalspannung am Verbraucherwiderstand zu erzeugen, soll bei einem *Leistungsverstärker* das Produkt aus Signalspannung und Signalstrom im Verbraucherwiderstand groß sein. Transistoren in Leistungsverstärkern werden daher leistungsmäßig, d. h. auch temperaturmäßig besonders stark beansprucht und ihre zulässige Verlustleistung darf nicht überschritten werden. Leistungsverstärker sollen einen möglichst hohen Wirkungsgrad haben.

Bei den Leistungsverstärkern wird grundsätzlich zwischen dem Eintaktbetrieb und dem Gegentaktbetrieb unterschieden. Eintaktverstärker arbeiten im A-Betrieb und basieren in ihrem schaltungstechnischen Grundkonzept weitgehend auf der Emitterschaltung oder der Kollektorschaltung. Wegen ihres schlechten Wirkungsgrades werden Eintakt-Leistungsverstärker heute nur noch als Endverstärker für sehr kleine Ausgangsleistungen eingesetzt.

Gegentakt-Leistungsverstärker haben zwei Endstufentransistoren. Eingesetzt werden hier meistens zwei komplementäre Transistoren. **Bild 2.3** zeigt das Grundprinzip einer Gegentakt-Endstufe mit zwei komplementären Transistoren.

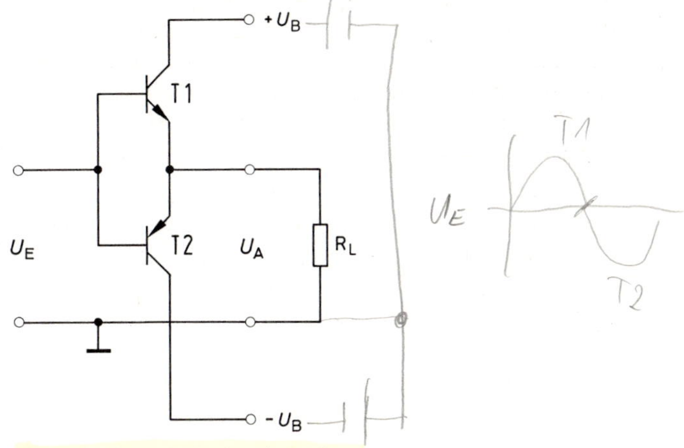

Bild 2.3 Grundprinzip einer Gegentakt-Endstufe mit Komplementärtransistoren

Durch entsprechende Vorspannungen kann ein Gegentaktverstärker nach Bild 2.3 im B-Betrieb oder AB-Betrieb betrieben werden. Beim B-Betrieb verstärkt der eine Transistor nur die positive Halbwelle und der andere nur die negative Halbwelle. Im Arbeitswiderstand werden die beiden verstärkten Halbwellen dann wieder zu einer Vollwelle zusammengesetzt. Nachteilig ist beim B-Betrieb jedoch, daß im Bereich des Nulldurchganges Übernahmeverzerrungen auftreten. Sie lassen sich weitgehend vermeiden, wenn durch eine entsprechende Einstellung der Arbeitspunkte der Gegentaktverstärker im AB-Betrieb betrieben wird. Der Verstärker arbeitet dann so, daß kleine Signalamplituden wie bei A-Betrieb, große Signalamplituden dagegen wie bei B-Betrieb verstärkt werden. Von den drei Betriebsarten hat der A-Betrieb den kleinsten und der B-Betrieb den größten Wirkungsgrad. Der Wirkungsgrad bei AB-Betrieb liegt dazwischen.

Dimensionierung und Aufbau von Leistungsverstärkern für Gegentaktbetrieb in diskreter Schaltungstechnik erfordern in der Regel einen erheblichen Aufwand und eine sorgfältige Einstellung der Arbeitspunkte, wenn großer Wert auf möglichst geringe Verzerrungen gelegt wird. Daher wurden in den letzten Jahren immer mehr Leistungsverstärker in integrierter Schaltungstechnik entwickelt und eingesetzt. Die erforderliche äußere Beschaltung besteht dann meistens nur noch aus einigen Widerständen und Kondensatoren, durch die sich der Frequenzgang noch beeinflussen läßt. Integrierte Leistungsverstärker werden heute bereits preisgünstig bis zu 50 W oder 100 W angeboten.

Eine weitere wichtige Verstärkerschaltung mit Transistoren ist der *Differenzverstärker*. Beim Differenzverstärker sind zwei möglichst gleichartige Transistoren oder

FETs über einen gemeinsamen Emitter- bzw. Sourcewiderstand verkoppelt. In **Bild 2.4** ist das Grundprinzip eines Differenzverstärkers dargestellt. Differenzverstärker werden insbesondere zur Verstärkung von Gleichspannungen und Wechselspannungen niedriger Frequenz eingesetzt.

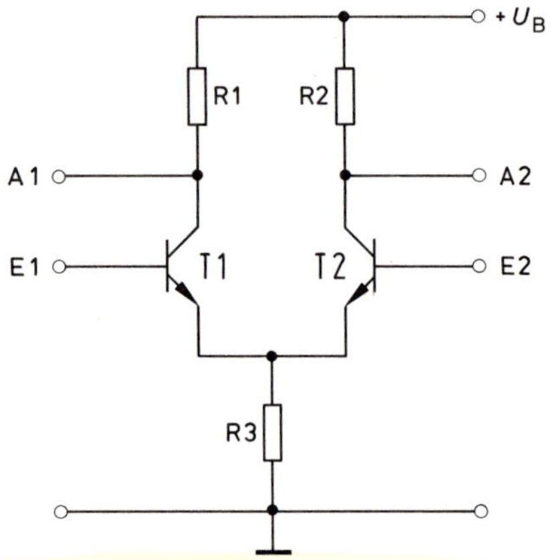

Bild 2.4 Differenzverstärker mit Transistoren

Beim Differenzverstärker muß zwischen einem Gleichtaktbetrieb und einem Differenzbetrieb unterschieden werden. Beim Gleichtaktbetrieb ändern sich die Signalspannungen an den beiden Eingängen stets gleichartig und es tritt keine Spannungsdifferenz zwischen den beiden Ausgängen A1 und A2 auf. Werden die beiden Eingänge E1 und E2 jedoch mit unterschiedlichen Signalen angesteuert, so ändert sich die Differenzspannung zwischen den Ausgängen A1 und A2 entsprechend der Differenz der Signalspannungen an den Eingängen. Differenzverstärker in diskreter Schaltungstechnik werden heute immer mehr von den in Kapitel 3 behandelten Operationsverstärkern (OP) verdrängt. Diese haben in ihrer Eingangsstufe grundsätzlich einen Differenzverstärker und zeigen daher auch ein im Prinzip gleichartiges Verhalten wie ein mit zwei Transistoren aufgebauter Differenzverstärker.

2.2 Einstufige Kleinsignalverstärker

Kleinsignalverstärker werden oft auch als Eingangsverstärker bezeichnet. Sie haben die Aufgabe, kleine Signalamplituden zu verstärken. Dabei soll dann die Signalquelle möglichst wenig belastet und das verstärkte Eingangssignal möglichst unverzerrt an eine nachfolgende Verstärkerstufe abgegeben werden. Für diese Aufgabe eignet sich am besten die Emitterschaltung oder die Sourceschaltung, bei der der Transistor bzw. FET im A-Betrieb betrieben wird. A-Betrieb bedeutet, daß der Arbeitspunkt in der Nähe der halben Betriebsspannung liegt.

Bild 2.5 zeigt das idealisierte Kennlinienfeld eines Transistors. Eingetragen ist die Arbeitsgerade, deren Steigung von der Größe des Kollektorwiderstandes und der Größe des meistens auch vorhandenen Emitterwiderstandes abhängt. Auf der Arbeitsgeraden ist der Arbeitspunkt A bei $U_{CE} = {}^1/_2\, U_B = +6$ V gekennzeichnet. Ein Kennlinienfeld entsprechend Bild 2.5 gilt auch für eine Sourceschaltung mit FET.

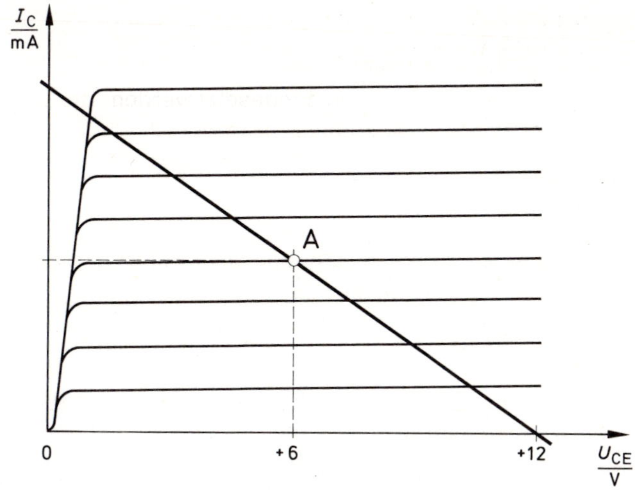

Bild 2.5 Lage des Arbeitspunktes beim Kleinsignalverstärker

Der Transistor wird beim Kleinsignalverstärker nur wenig ausgesteuert, d. h. die Signalamplitude ist klein gegenüber den Spannungen und Strömen im Arbeitspunkt.

2.2.1 Vierpolparameter der Transistoren

Die Auswahl von Transistoren für den Einsatz in Verstärkerschaltungen erfolgt in der Regel anhand von Kennwerten, die von den Herstellern in Datenblättern oder Datenbüchern zu jedem Transistortyp veröffentlicht werden. Die Verstärkereigenschaften der einzelnen Transistoren sind dabei meistens als Vierpolparameter angegeben. Entsprechend der Vierpoltheorie wird hier der Transistor lediglich als eine „Black Box", also als ein „Schwarzer Kasten" betrachtet, der nur zwei Eingangsanschlüsse und zwei Ausgangsanschlüsse hat. Meßtechnisch kann er nur von außen untersucht werden. **Bild 2.6** zeigt die Prinzipschaltung eines solchen Transistor-Vierpols.

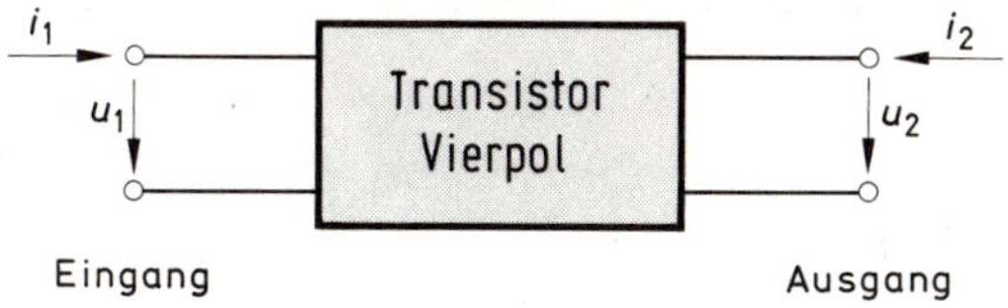

Bild 2.6 Prinzipschaltung eines Transistor-Vierpols

Die für Transistoren üblichen Vierpolparameter werden als h-Parameter bezeichnet. Sie werden ermittelt, indem am Vierpol entsprechend Bild 2.6 nur Wechselstromgrößen, also Wechselströme oder Wechselspannungen eingespeist und dabei jeweils ganz bestimmte Meßbedingungen eingehalten werden. Bei den h-Parametern handelt es sich also um dynamische Kennwerte von Transistoren.

Eingangswiderstand h_{11}:

Zur Bestimmung des Eingangswiderstandes h_{11} ist der Ausgang kurzgeschlossen; in den Eingang wird der Strom i_1 eingespeist und dabei die Eingangsspannung u_1 gemessen. Für den Eingangswiderstand gilt daher:

$$h_{11} = \frac{u_1}{i_1}; \quad u_2 = 0\ \text{V}$$

Der Parameter h_{11} entspricht dem „Dynamischen Eingangswiderstand r_{BE}", der aus dem Ersatzschaltbild des Transistors abgeleitet ist.

Spannungsrückwirkung h_{12}:

Weil der Sperrschichtwiderstand zwischen Kollektor und Basis nicht unendlich groß ist, wirkt die Ausgangsspannung geringfügig auf die Eingangsspannung zurück. Diese Spannungsrückwirkung läßt sich ermitteln, indem bei offenem Eingang, also bei $i_1 = 0$ A, eine Spannung u_2 an den Ausgang gelegt wird. Dabei wird am Eingang die Spannung u_1 gemessen, die von der am Ausgang liegenden Spannung u_2 herrührt. Für die Spannungsrückwirkung gilt:

$$h_{12} = \frac{u_1}{u_2}; \quad i_1 = 0\ \text{A}.$$

Stromverstärkung h_{21}:

Bei der Ermittlung der Stromverstärkung ist der Ausgang des Transistors kurzgeschlossen, d. h. $u_2 = 0$ V. In den Eingang wird dann der Strom i_1 eingespeist und am Ausgang der Strom i_2 gemessen. Für die Stromverstärkung gilt:

$$h_{21} = \frac{i_2}{i_1}; \quad u_2 = 0\ \text{V}.$$

Der Parameter h_{21} wird oft auch als Kurzschluß-Stromverstärkung bezeichnet und ist der größtmögliche Verstärkungsfaktor eines Transistors. Er entspricht der aus dem Ersatzschaltbild abgeleiteten „Dynamischen Stromverstärkung β".

Ausgangsleitwert h_{22}:

Bei der Ermittlung des Ausgangsleitwertes bleibt der Eingang offen und somit ist $i_1 = 0$ A. An den Ausgang wird dann eine Spannung u_2 angelegt und der Strom i_2 gemessen. Für den Ausgangsleitwert gilt:

$$h_{22} = \frac{i_2}{u_2}; \quad i_1 = 0\ \text{A}.$$

Dieser Parameter entspricht dem Kehrwert des „Dynamischen Ausgangswiderstandes r_{CE}", der aus dem Ersatzschaltbild des Transistors abgeleitet ist.

In Abhängigkeit von der Grundschaltung, in der ein Transistor als Vierpol eingesetzt ist, können seine h-Parameter unterschiedliche Werte haben. Durch einen zusätzlichen Index – e für Emitterschaltung, b für Basisschaltung oder c für Kollektorschaltung – wird zusätzlich gekennzeichnet, für welche Grundschaltung die angegebenen Kennwerte gelten. **Bild 2.7** zeigt die Vierpoldarstellung eines Transistors in Emitterschaltung.

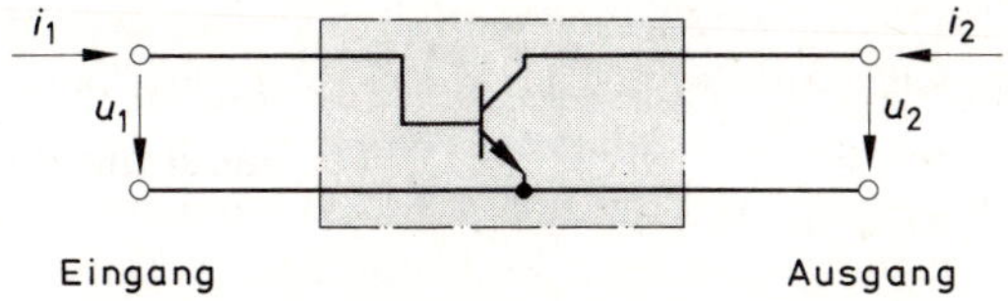

Bild 2.7 Vierpoldarstellung eines Transistors in Emitterschaltung

Bei einer Emitterschaltung entsprechend Bild 2.7 werden die h-Parameter dann als h_{11e}, h_{12e}, h_{21e} und h_{22e} bezeichnet. Für den npn-Transistor BC 107 B sind z. B. folgende h-Parameter als Mittelwerte zu finden:

$$h_{11e} = r_{BE} = 4{,}5\ \mathrm{k\Omega}$$
$$h_{12e} = 2 \cdot 10^{-4}$$
$$h_{21e} = \beta = 330$$
$$h_{22e} = \frac{1}{r_{CE}} = 30 \cdot 10^{-6}\ \mathrm{S}$$
$$r_{CE} = 33{,}3 \cdot 10^{3}\ \Omega.$$

Diese Parameter gelten für eine Umgebungstemperatur $t_U = 25\,°C$, einen Kollektorstrom $I_C = 2$ mA, eine Kollektorspannung $U_{CE} = 5$ V und eine Frequenz $f = 1$ kHz.

Vierpolparameter können grundsätzlich auch für FETs ermittelt und verwendet werden. Im Gegensatz zu den h-Parametern bei den bipolaren Transistoren werden bei FETs dann y-Parameter angegeben. So sind in Datenblättern vereinzelt die Angaben y_{21} als Vorwärtssteilheit und y_{22} als Ausgangsleitwert zu finden. Sie werden aber zur Beschreibung von Verstärkereigenschaften oder bei der Berechnung von Verstärkerschaltungen kaum angewandt.

2.2.2 Stabilisierung des Arbeitspunktes

Von einem idealen Verstärker wird verlangt, daß sich seine Verstärkung infolge Schwankungen der Umgebungstemperatur nicht ändert. Dies bedeutet für den einzelnen Transistor als Verstärkerelement, daß der einmal eingestellte Arbeitspunkt eine temperaturstabile Lage auf der Arbeitsgeraden haben muß. Ohne schaltungstechnische Gegenmaßnahmen tritt jedoch stets eine Verschiebung des Arbeitspunktes infolge von Temperaturschwankungen auf. Wesentliche Ursache hierfür ist die Temperaturabhängigkeit des Kollektor-Reststromes I_{CBO}.

Bild 2.8 zeigt einen einfachen Transistorverstärker in Emitterschaltung. Er ist so ausgelegt, daß die Ausgangsspannung U_A mit dem Trimmer Tr 1 bei Zimmertemperatur auf $U_A = \frac{1}{2}\,U_B = +6$ V eingestellt werden kann, und zwar auch bei den unterschiedlichen statischen Stromverstärkungen B der einzelnen Transistoren vom Typ BC 107 B. Eine Einstellung des Arbeitspunktes auf $U_A = \frac{1}{2}\,U_B$ wird als A-Betrieb bezeichnet.

Bei der Einstellung des Arbeitspunktes auf $U_A = \frac{1}{2}\,U_B$ beträgt $U_{BE} \approx +0{,}7$ V und $U_{CB} \approx +5{,}3$ V. Die Spannung U_{CB} tritt an der Kollektor-Basis-Grenzschicht des Transistors als Sperrspannung auf. Der durch die Kollektor-Basis-Grenzschicht fließende Sperrstrom wird als Kollektor-Reststrom I_{CBO} bezeichnet. Er hängt genau wie der

Sperrstrom in einer Halbleiterdiode exponentiell, d. h. also sehr stark von der Temperatur ab. Dieser I_{CBO} wirkt auf den Basisstrom I_B aber wie ein zusätzlicher Steuerstrom und bewirkt, daß mit zunehmender Temperatur auch der Kollektorstrom I_C größer wird. Mit steigender Temperatur wandert also der Arbeitspunkt auf der Arbeitsgeraden in Richtung größerer Kollektorströme. Dabei kann durch immer größere Eigenerwärmung auch der Fall eintreten, daß der Transistor thermisch immer mehr überlastet wird und dann eventuell einen „Wärmetod stirbt". Unabhängig davon ändert sich bei einer Arbeitspunktverschiebung infolge der gekrümmten Kennlinie auch die Verstärkung der Stufe und es können Verzerrungen auftreten.

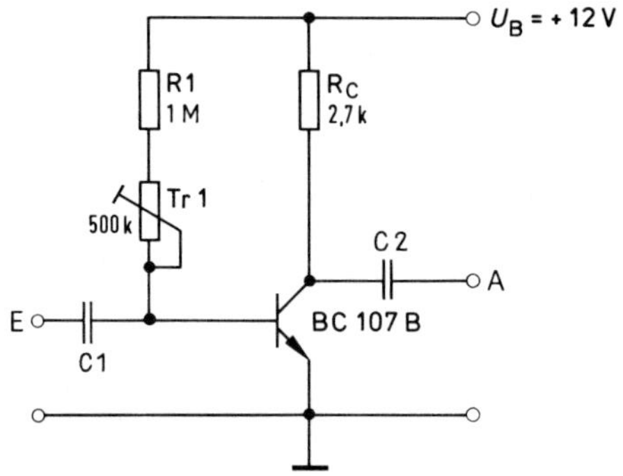

Bild 2.8 Einfacher Transistorverstärker

Eine Beschaltung des Transistors entsprechend Bild 2.8 hat keinen wesentlichen stabilisierenden Einfluß auf die Arbeitspunktverschiebung durch den Kollektorreststrom. Eine solch einfache Verstärkerstufe darf daher nur bei nahezu konstanter Umgebungstemperatur betrieben werden. Aber auch dann ist es noch erforderlich, einen Si-Transistor zu verwenden, weil beim Ge-Transistor der Kollektor-Reststrom 100 bis 1000fach größer ist. Der Temperatureinfluß auf den Arbeitspunkt macht sich daher bei einem Ge-Transistor wesentlich stärker bemerkbar.

Der Einfluß der Temperaturabhängigkeit von I_{CBO} auf die Lage des Arbeitspunktes läßt sich auch dann nicht wesentlich verringern, wenn mit Hilfe eines Spannungsteilers eine feste Basisspannung erzeugt wird. **Bild 2.9** zeigt eine derartige Schaltung.

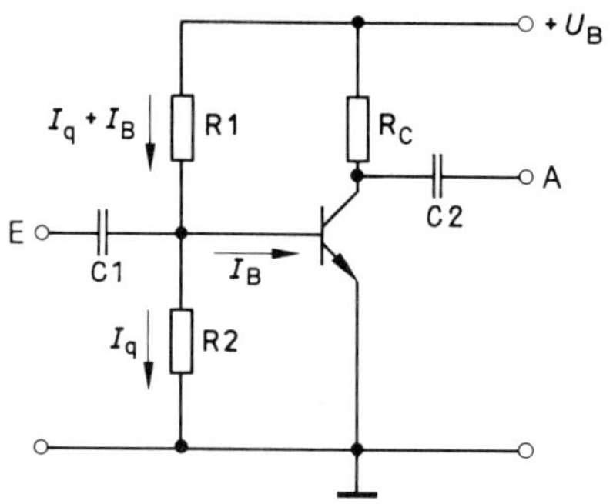

Bild 2.9 Verstärkerschaltung mit Basisspannungsteiler

Bei der Schaltung nach Bild 2.9 wird die Basis-Emitterspannung U_{BE} im wesentlichen durch den Spannungsabfall an R2 bestimmt. In der Praxis wird meistens ein Querstrom gewählt, der etwa 2 bis 10 mal größer als der Basisstrom ist:

$$I_q = 2 \cdot I_B \text{ bis } 10 \cdot I_B.$$

Von Nachteil ist dabei jedoch, daß durch die relativ niederohmigen Spannungsteilerwiderstände der Eingangswiderstand des Verstärkers kleiner und damit die Signalquelle stärker belastet wird.

Die temperaturstabilisierende Wirkung auf den Arbeitspunkt reicht auch bei der Schaltung mit Basis-Spannungsteiler entsprechend Bild 2.9 nur dann aus, wenn lediglich sehr geringe Temperaturänderungen auftreten können oder zugelassen werden.

Wenn also eine Verstärkerschaltung in einem größeren Temperaturbereich ohne nachteilige Verschiebung des eingestellten Arbeitspunktes betrieben werden soll, sind schaltungstechnische Maßnahmen erforderlich, die den unerwünschten Temperatureinfluß des Kollektorreststromes I_{CBO} kompensieren oder möglichst gering halten.

2.2.2.1 Stabilisierung des Arbeitspunktes durch Stromgegenkopplung

Bild 2.10 zeigt eine Verstärkerschaltung entsprechend Bild 2.9, jedoch mit einem zusätzlichen Emitter-Widerstand R_E. Er bewirkt eine Stromgegenkopplung. Wenn nämlich mit zunehmender Temperatur I_{CBO} größer wird, so steigt als Folge davon auch I_C und I_E. Mit I_E wird dann aber auch der Spannungsabfall an R_E größer. Dieser verringert die Spannung U_{BE} bei steigender Temperatur und verhindert somit ein Ansteigen des Kollektorstromes bei Temperaturerhöhung und damit auch eine Verschiebung des eingestellten Arbeitspunktes. Die Stabilisierung des Arbeitspunktes ist um so besser, je größer R_E ist. Dabei ist zu beachten, daß mit größerem R_E der Aussteuerbereich von U_{CE} kleiner wird. Es muß also stets ein Kompromiß zwischen der Stabilisierung des Arbeitspunktes gegenüber Temperaturschwankungen und dem Aussteuerbereich gefunden werden.

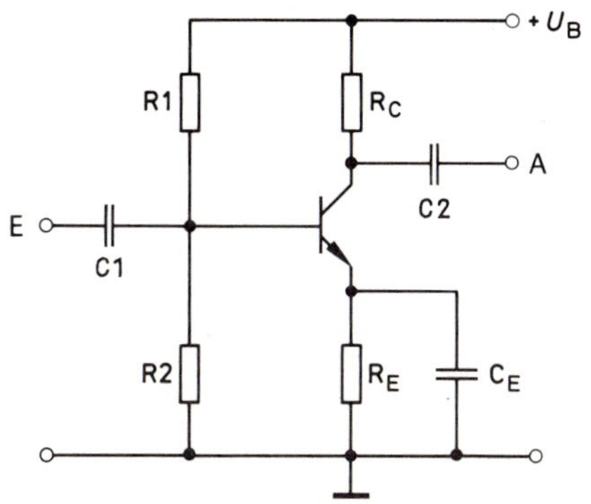

Bild 2.10 Verstärkerstufe mit Stromgegenkopplung

In der Praxis wird R_E in der Regel so gewählt, daß gilt:

$$R_E \approx 0{,}1 \cdot R_C \text{ bis } 0{,}3 \cdot R_C.$$

Bei $U_B = +12$ V liegt dann der Spannungsabfall an R_E in der Größenordnung von 1 V bis 3 V, denn es gilt:

$$U_{RE} = I_E \cdot R_E \approx I_C \cdot R_E.$$

Sofern keine besonders hohen Anforderungen an die Stabilität des Arbeitspunktes gestellt werden, reicht die angegebene Gleichung zur Festlegung von R_E in einem weiten Temperaturbereich völlig aus.

Der Emitterwiderstand R_E erzeugt aber nicht nur eine Stromgegenkopplung für den Kollektor-Gleichstrom, sondern auch für den Kollektor-Wechselstrom. Diese Wechselstrom-Gegenkopplung ist hier meistens nicht erwünscht und wird dann durch einen Emitter-Kondensator C_E verringert. Der Blindwiderstand X_C dieses Emitter-Kondensators C_E bewirkt eine Verringerung des bei Wechselströmen wirksamen Emitterwiderstandes.

Eine Stromgegenkopplung durch R_E ist die am häufigsten verwendete schaltungstechnische Maßnahme zur Temperaturstabilisierung des Arbeitspunktes.

2.2.2.2 Stabilisierung des Arbeitspunktes durch Spannungsgegenkopplung

Eine weitere Möglichkeit zur Stabilisierung des Arbeitspunktes gegenüber Temperaturänderungen bietet die Spannungsgegenkopplung. **Bild 2.11** zeigt eine solche Beschaltung.

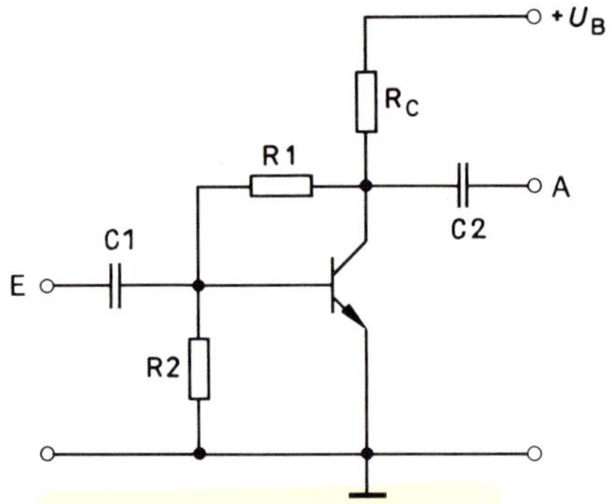

Bild 2.11 Verstärkerstufe mit Spannungsgegenkopplung

Bei der Schaltung nach Bild 2.11 ist der Spannungsteilerwiderstand R 1 nicht an U_B, sondern an die Kollektorspannung U_C angeschlossen. Steigt der Kollektor-Reststrom infolge einer Temperaturerhöhung, so steigt auch der Kollektorstrom I_C. Damit aber wird U_C kleiner und über den Spannungsteiler R 1–R 2 auch die Steuerspannung U_{BE}. Sie wirkt damit dem temperaturabhängigen Ansteigen von I_C entgegen. Die stabilisierende Wirkung der Spannungsgegenkopplung ist wesentlich geringer als die der in Kapitel 2.2.2.1 beschriebenen Stromgegenkopplung. Aus diesem Grunde wird die

Spannungsgegenkopplung zur Temperaturstabilisierung des Arbeitspunktes auch nicht so häufig angewandt.

2.2.2.3 Stabilisierung des Arbeitspunktes beim Feldeffekttransistor

Feldeffekttransistoren (FETs) haben eine wesentlich bessere thermische Stabilität als bipolare Transistoren. Aus diesem Grund sind in der Regel keine zusätzlichen Maßnahmen zur Stabilisierung des Arbeitspunktes gegenüber Temperatureinflüssen erforderlich. Da bei der Sourceschaltung die erforderliche Gatespannung meistens mit Hilfe eines Sourcewiderstandes erzeugt wird, ergibt sich dabei durch die Stromgegenkopplung jedoch automatisch auch eine Temperaturstabilisierung des Arbeitspunktes. In **Bild 2.12** ist das Prinzip eines einstufigen Verstärkers in Sourceschaltung dargestellt.

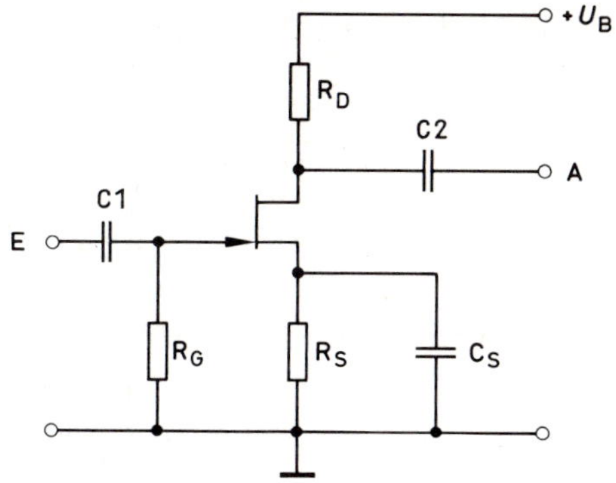

Bild 2.12 Einstufiger Verstärker in Sourceschaltung

Will z. B. infolge Erwärmung des FETs der Drainstrom I_D ansteigen, so wird dadurch die Gatespannung U_{GS} vergrößert und der Drainstrom daher wieder kleiner. Durch den Sourcewiderstand wird bei der Schaltung nach Bild 2.12 der Arbeitspunkt also nicht nur eingestellt, sondern auch gleichzeitig gegenüber Temperatureinflüssen stabilisiert. Weitere Maßnahmen sind in der Regel nicht erforderlich.

2.2.3 Kenngrößen von Verstärkern

Die technischen Eigenschaften von Verstärkern werden durch eine Reihe von Kenngrößen näher beschrieben. Die wichtigsten dieser Verstärker-Kenngrößen sind:

die Spannungsverstärkung	V_u,
die Stromverstärkung	V_i,
die Leistungsverstärkung	V_p,
die Phasendrehung	φ,
der dynamische Eingangswiderstand	r_e,
der dynamische Ausgangswiderstand	r_a,
die untere Grenzfrequenz	f_u,
die obere Grenzfrequenz	f_{ob},
die Bandbreite	b,
der Frequenzgang	V, $U_A = f(f)$; $U_E = \text{const.}$

Über die genannten Kenngrößen hinaus gibt es aber noch verschiedene weitere Kenngrößen, die aber meistens nur für bestimmte Einsatzgebiete der Verstärker von besonderer Bedeutung sind.

Bei einem vorgegebenen Verstärker hängen die Werte der einzelnen Kenngrößen von der verwendeten Grundschaltung und der Schaltungsdimensionierung ab. Sie können sich daher auch bei einstufigen Verstärkern erheblich untereinander unterscheiden. Andererseits werden aber auch für den Entwurf von Verstärkern Kenngrößen vorgegeben, die bei der Dimensionierung entsprechend berücksichtigt werden müssen. Es ist daher erforderlich, die wichtigsten schaltungstechnischen und mathematischen Zusammenhänge der Verstärker-Kenngrößen zu kennen.

Wenig sinnvoll ist es jedoch, bei der Schaltungsberechnung oder bei der Ermittlung der Kennwerte die sich aus den Ersatzschaltbildern ergebenden genauen Gleichungen anzuwenden. Infolge der Bauteiltoleranzen, insbesondere auch der technischen Daten der Transistoren und FETs, weichen die durch Messungen an einem aufgebauten Verstärker ermittelten Kennwerte oft erheblich von den berechneten Kennwerten ab. In der Praxis reicht es daher meistens aus, Überschlagswerte mit Hilfe von Näherungsgleichungen zu ermitteln.

2.2.3.1 Kenngrößen der einstufigen Emitterschaltung

Bild 2.13 zeigt einen einstufigen Wechselspannungsverstärker in Emitterschaltung.

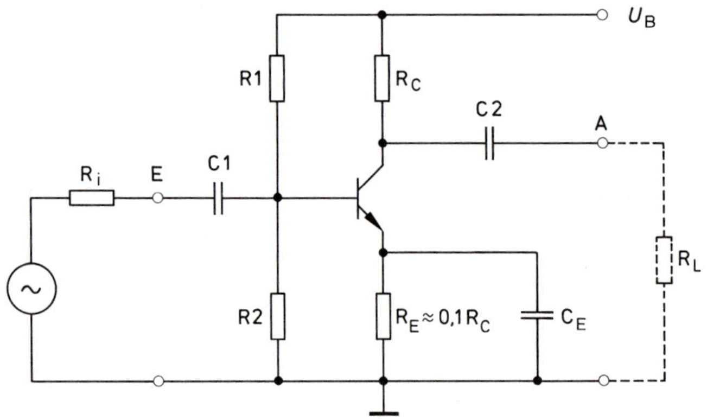

Bild 2.13 Einstufiger Wechselspannungsverstärker in Emitterschaltung

Bei der Schaltung nach Bild 2.13 wird die Basisspannung durch den Spannungsteiler aus R1 und R2 erzeugt und der Arbeitspunkt durch den Emitterwiderstand R_E thermisch stabilisiert. Wechselstrommäßig ist der Emitterwiderstand durch den Kondensator C_E überbrückt.

In **Bild 2.14** ist das Wechselstromersatzschaltbild der Verstärkerschaltung nach Bild 2.13, also einer Emitterschaltung mit Basisspannungsteiler dargestellt. Da die Spannungsquelle für die Betriebsspannung U_B einen Kurzschluß für die Signalspannung darstellt, können in diesem Ersatzschaltbild der Basisspannungsteiler-Widerstand R1 und der Kollektorwiderstand R_C auch als direkt an Masse angeschlossen betrachtet werden. Der Emitterwiderstand kann bei dieser Ersatzschaltung entfallen, da er durch den Emitterkondensator wechselspannungsmäßig überbrückt und damit kurzgeschlossen ist.

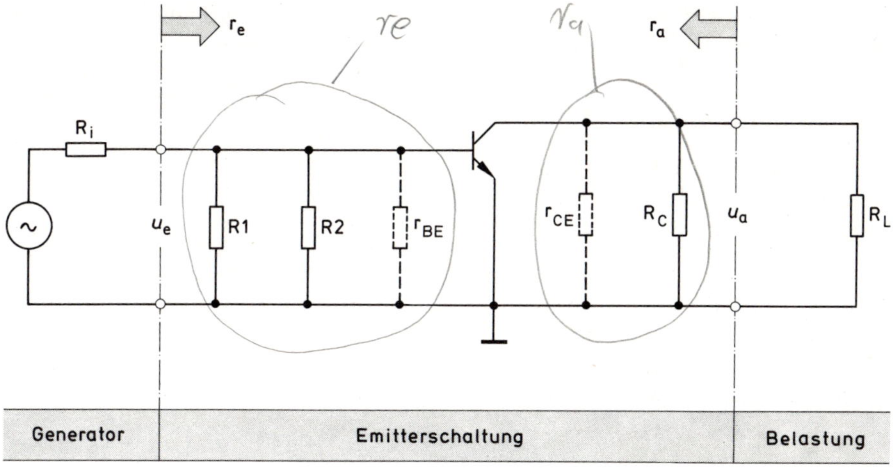

Bild 2.14 Wechselstromersatzschaltbild für die Emitterschaltung

In das Ersatzschaltbild sind zusätzlich noch mit aufgenommen der die Signalspannung liefernde Generator mit seinem Innenwiderstand R_i und ein Lastwiderstand R_L, mit dem die Verstärkerstufe am Ausgang belastet sein kann.

Aus dem Wechselstromersatzschaltbild (Bild 2.14) lassen sich eine Reihe von Kennwerten der Verstärkerstufe ermitteln.

Der dynamische Eingangswiderstand r_e:

Der dynamische Eingangswiderstand r_e ist derjenige Widerstand, mit dem die Verstärkerstufe die Signalquelle belastet. Er setzt sich zusammen aus der Parallelschaltung der Widerstände R 1, R 2 und r_{BE}:

$$r_e = R_1 \parallel R_2 \parallel r_{BE}.$$

Da R 1 und R 2 in der Regel sehr viel größer als r_{BE} sind, kann in Näherung gesetzt werden:

$$r_e \approx r_{BE}.$$

Der Eingangswiderstand r_e wird also bei einer Verstärkerstufe in Emitterschaltung im wesentlichen durch den dynamischen Eingangswiderstand r_{BE} des verwendeten Transistors bestimmt.

Der dynamische Ausgangswiderstand r_a:

Der dynamische Ausgangswiderstand r_a ist derjenige Widerstand, der als Innenwiderstand der Verstärkerstufe für einen Lastwiderstand wirksam ist. Er setzt sich zusammen aus der Parallelschaltung von R_C und r_{CE}:

$$r_a = R_C \parallel r_{CE}.$$

Da in der Regel r_{CE} groß gegenüber R_C ist, gilt näherungsweise:

$$r_a \approx R_C.$$

Der dynamische Ausgangswiderstand einer Verstärkerstufe in Emitterschaltung wird also im wesentlichen durch den Kollektorwiderstand R_C bestimmt.

Ist ein Lastwiderstand R_L vorhanden, so kann dieser mit einbezogen werden. Damit ergibt sich dann:

$$r'_a = R_C \| r_{CE} \| R_L \approx R_C \| R_L \text{ und somit}$$

$$r'_a \approx \frac{R_C \cdot R_L}{R_C + R_L}.$$

Die Spannungsverstärkung V_u:

Die Spannungsverstärkung V_u ist das Verhältnis der Wechselspannung am Ausgang u_a zur Wechselspannung am Eingang u_e:

$$V_u = \frac{u_a}{u_e} = \frac{i_C \cdot r_a}{i_B \cdot r_e} = \beta \cdot \frac{r_a}{r_e}.$$

Werden in diese Gleichung die Näherungswerte für r_a und r_e eingesetzt, so ergibt sich:

$$V_u \approx \beta \cdot \frac{R_C}{r_{BE}}.$$

Wird die Verstärkerstufe noch mit einem Lastwiderstand belastet, so muß dieser entsprechend berücksichtigt werden. Es gilt dann:

$$V_u \approx \beta \cdot \frac{R_C \| R_L}{r_{BE}}$$

$$V_u \approx \frac{\beta}{r_{BE}} \cdot \frac{R_C \cdot R_L}{R_C + R_L}.$$

Die Stromverstärkung V_i

Die Stromverstärkung V_i ist das Verhältnis des Ausgangsstromes i_a zum Eingangsstrom i_e der Verstärkerschaltung:

$$V_i = \frac{i_a}{i_e} = \frac{\frac{u_a}{r_a}}{\frac{u_e}{r_e}} = \frac{u_a}{u_e} \cdot \frac{r_e}{r_a}$$

$$V_i \approx \beta \cdot \frac{r_a}{r_e} \cdot \frac{r_e}{r_a}$$

$$V_i \approx \beta.$$

Ist ein Lastwiderstand vorhanden, so muß dieser entsprechend berücksichtigt werden.

Es gilt dann:

$$V_i \approx \frac{\beta}{r_{BE}} \cdot \frac{R_C \cdot R_L}{R_C + R_L} \cdot \frac{r_e}{r_a'}$$

$$V_i \approx \frac{\beta}{r_{BE}} \cdot \frac{R_C \cdot R_L}{R_C + R_L} \cdot \frac{r_{BE}}{\frac{R_C \cdot R_L}{R_C + R_L}}$$

$$V_i \approx \beta$$

Die Leistungsverstärkung V_p

Die Leistungsverstärkung ergibt sich aus dem Produkt der Spannungsverstärkung V_u und der Stromverstärkung V_i:

$$V_p = V_u \cdot V_i$$

$$V_p \approx \beta^2 \cdot \frac{R_C}{r_{BE}}.$$

Ist ein Lastwiderstand zu berücksichtigen, so ergibt sich mit den entsprechenden Gleichungen:

$$V_p \approx \frac{\beta}{r_{BE}} \cdot \frac{R_C \cdot R_L}{R_C + R_L} \cdot \beta$$

$$V_p \approx \frac{\beta^2}{r_{BE}} \cdot \frac{R_C \cdot R_L}{R_C + R_L}$$

2.2.3.2 Kenngrößen der einstufigen Sourceschaltung

Bild 2.15 zeigt einen einstufigen Wechselspannungsverstärker in Sourceschaltung. Die Gatespannung $-U_G$ wird bei diesem selbstleitenden n-Kanal-FET durch Spannungsabfall an R_S erzeugt.

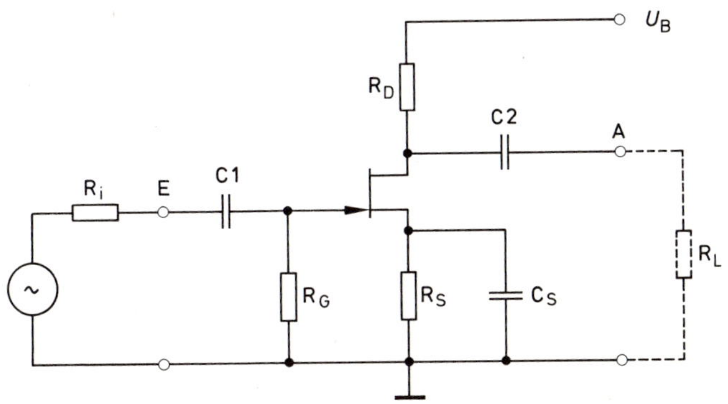

Bild 2.15 Einstufiger Wechselspannungsverstärker in Sourceschaltung

Da auch bei dieser Schaltung der Sourcewiderstand R_s durch einen Sourcekondensator C_s wechselspannungsmäßig kurzgeschlossen ist, ergibt sich für diesen einstufigen Verstärker in Sourceschaltung ein Ersatzschaltbild entsprechend **Bild 2.16.**

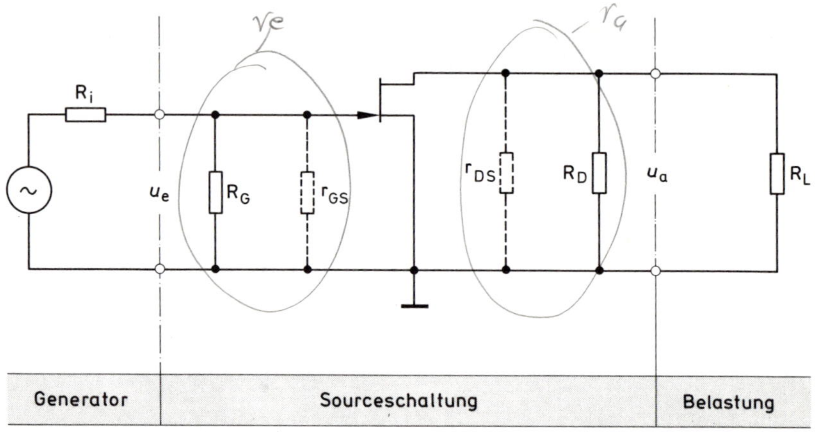

Bild 2.16 Wechselstromersatzschaltbild für die Sourceschaltung

Aus dem Ersatzschaltbild (Bild 2.16) lassen sich auch für die Sourceschaltung die wichtigsten Kennwerte der Verstärkerstufe ermitteln.

Der dynamische Eingangswiderstand r_e:

Für den dynamischen Eingangswiderstand gilt:

$$r_e = R_G \parallel r_{GS}.$$

Da r_{GS} stets groß gegenüber R_G ist, gilt in Näherung:

$$r_e \approx R_G.$$

Der dynamische Ausgangswiderstand r_a:

Aus dem Ersatzschaltbild läßt sich ablesen, daß

$$r_a = r_{DS} \parallel R_D$$

ist. Da r_{DS} wiederum groß gegenüber R_D ist, kann als Näherungsgleichung angegeben werden:

$$r_a \approx R_D.$$

Ist ein Lastwiderstand vorhanden, so gilt:

$$r'_a \approx R_D \parallel R_L \approx \frac{R_D \cdot R_L}{R_D + R_L}.$$

Die Spannungsverstärkung V_u:

Ist kein zusätzlicher Lastwiderstand R_L vorhanden, so gilt:

$$V_u \approx S \cdot r_a \approx S \cdot R_D; \qquad \left(S = \frac{\Delta I_D}{\Delta U_{GS}}\right).$$

Mit zusätzlichem R_L lautet die Gleichung dann:

$$V_u \approx S \cdot r_a \| R_L \approx S \cdot \frac{R_D \cdot R_L}{R_D + R_L}.$$

Da der FET leistungslos gesteuert wird, kann für die Sourceschaltung keine Stromverstärkung V_i oder Leistungsverstärkung V_p angegeben werden.

2.2.3.3 Kenngrößen der einstufigen Kollektorschaltung

In **Bild 2.17** ist ein einstufiger Verstärker in Kollektorschaltung dargestellt. Die Einstellung des Arbeitspunktes erfolgt wieder mit einem Basisspannungsteiler. Der Emitterwiderstand R_E darf auf keinen Fall mit einem Emitterkondensator überbrückt werden, da R_E hier der Arbeitswiderstand der Schaltung ist.

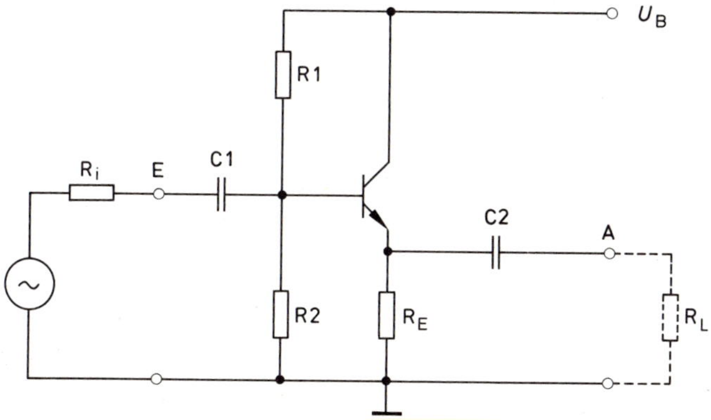

Bild 2.17 Einstufiger Wechselspannungsverstärker in Kollektorschaltung

Die Kennwerte dieses Verstärkers in Kollektorschaltung können wieder aus dem Ersatzschaltbild abgeleitet werden, das in **Bild 2.18** dargestellt ist.

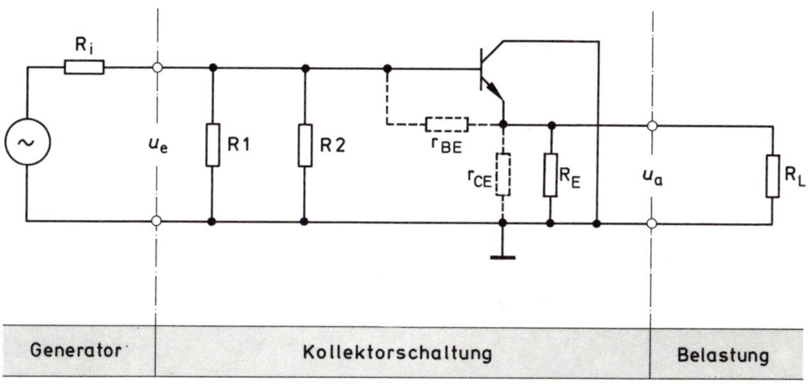

Bild 2.18 Wechselstromersatzschaltbild für die Kollektorschaltung

Der dynamische Eingangswiderstand r_e:

Der dynamische Eingangswiderstand r_e setzt sich zusammen aus r_{BE} und dem um den Faktor β vergrößerten Emitterwiderstand R_E, denen die Basisspannungsteilerwiderstände R1 und R2 parallelgeschaltet sind:

$$r_e \approx (r_{BE} + \beta \cdot R_E) \parallel (R_1 \parallel R_2). \qquad (r_{CE} \text{ vernachlässigt, da } r_{CE} \gg R_E)$$

Bei vorhandenem Lastwiderstand R_L lautet die Gleichung dann:

$$r_e \approx \left(r_{BE} + \beta \cdot \frac{R_E \cdot R_L}{R_E + R_L}\right) \Bigg\| \frac{R_1 \cdot R_2}{R_1 + R_2}.$$

Der dynamische Ausgangswiderstand r_a:

Der dynamische Ausgangswiderstand r_a der Kollektorschaltung besteht aus dem Emitterwiderstand, dem der um den Faktor β verkleinerte gesamte Eingangswiderstand parallelgeschaltet ist:

$$r_a \approx R_E \Bigg\| \frac{r_e + R_i}{\beta}.$$

In der Gleichung ist r_e der dynamische Eingangswiderstand der Schaltung und R_i der Innenwiderstand der Signalspannungsquelle.

Ist ein Lastwiderstand vorhanden, so liegt dieser parallel zu R_E. Daher muß die Gleichung dann erweitert werden zu:

$$r'_a \approx (R_E \parallel R_L) \Bigg\| \frac{r_e + R_i}{\beta}$$

$$r'_a \approx \frac{R_E \cdot R_L}{R_E + R_L} \Bigg\| \frac{r_e + R_i}{\beta}$$

Die Spannungsverstärkung V_u:

Die Eingangsspannung u_e und die Ausgangsspannung u_a unterscheiden sich nur um den kleinen Betrag der Basis-Emitterspannung. Sie sind daher angenähert gleich groß, so daß in Näherung gilt:

$$V_u \approx 1.$$

Die aus dem Ersatzschaltbild ermittelbare genauere Gleichung für V_u ist bereits so umfangreich, daß hier nicht mehr näher darauf eingegangen wird.

Die Stromverstärkung V_i:

Für die Stromverstärkung V_i gilt in Näherung:

$$V_i \approx \beta.$$

Die Leistungsverstärkung V_p:

Die Leistungsverstärkung V_p ergibt sich aus dem Produkt von V_u und V_i. Daher gilt mit den Näherungswerten:

$$V_p = V_u \cdot V_i \approx 1 \cdot \beta$$
$$V_p \approx \beta.$$

2.2.3.4 Kenngrößen der einstufigen Drainschaltung

Bild 2.19 zeigt einen einstufigen Verstärker in Drainschaltung. Die Gatespannung wird durch einen Spannungsteiler aus R 1 und R 2 erzeugt.

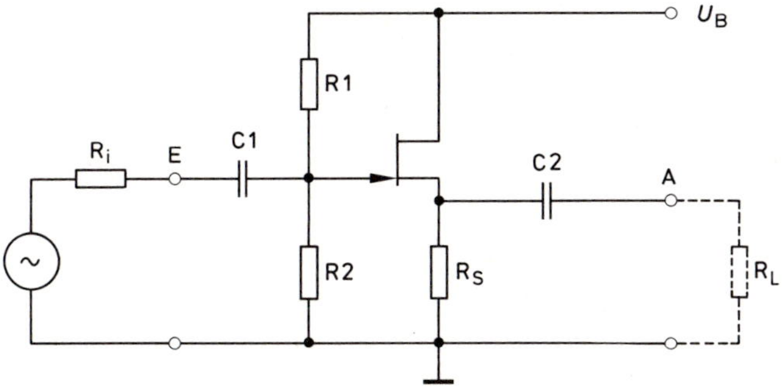

Bild 2.19 Einstufiger Wechselspannungsverstärker in Drainschaltung

Das zum Wechselspannungsverstärker in Drainschaltung gehörende Ersatzschaltbild gleicht dem Ersatzschaltbild der Kollektorschaltung. Daraus lassen sich dann wieder eine Reihe von Kennwerten der Schaltung unmittelbar ermitteln.

Der dynamische Eingangswiderstand r_e:

Für die Drainschaltung gilt in Näherung:

$$r_e \approx (1 + S \cdot R_S) \cdot r_{GS} \parallel (R_1 \parallel R_2).$$

Der dynamische Ausgangswiderstand r_a:

Für die Drainschaltung gilt in Näherung:

$$r_a \approx \frac{1}{S}.$$

Die Spannungsverstärkung V_u:

Für die Spannungsverstärkung kann wie bei der Kollektorschaltung in Näherung gesetzt werden:

$$V_u \approx 1.$$

2.2.3.5 Bandbreite einstufiger Verstärker

Wechselspannungsverstärker sollen in der Regel nicht nur eine einzelne Frequenz, sondern einen größeren Frequenzbereich übertragen. Der Übertragungs- oder Arbeitsbereich eines Verstärkers muß daher alle Frequenzen zwischen einer unteren Grenzfrequenz f_u und einer oberen Grenzfrequenz f_{ob} umfassen. Die Verstärkung in diesem Übertragungsbereich soll dabei möglichst gleichmäßig sein.

Bei NF-Verstärkern wird die mittlere Spannungsverstärkung V_{mittel} meistens nicht für eine Frequenz angegeben, die in der Mitte zwischen f_u und f_{ob} liegt, sondern für die Frequenz $f = 1$ kHz. Als Grenzfrequenzen sind ganz allgemein die Frequenzen festgelegt, bei denen die Verstärkung von $V = V_{mittel}$ auf $V = (1/\sqrt{2}) \cdot V_{mittel} \approx 0{,}7 \cdot V_{mittel}$ abgesunken ist. Diese Werte sind in **Bild 2.20** besonders gekennzeichnet.

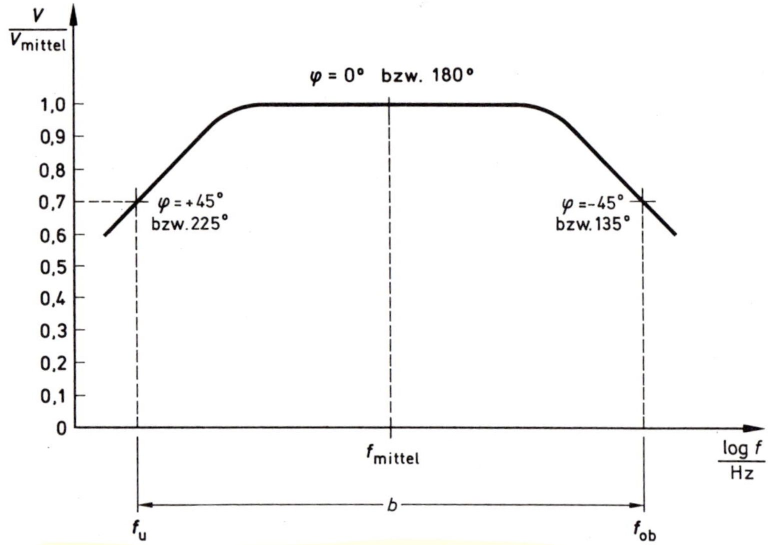

Bild 2.20 Idealisierter Frequenzgang eines Verstärkers

Der Frequenzbereich zwischen f_u und f_{ob} wird als Bandbreite b eines Verstärkers bezeichnet:

$$b = f_{ob} - f_u.$$

Der Verstärkungsabfall an den Grenzen des Übertragungsbereiches wird durch die Verstärkerschaltung bewirkt. Der Verstärkungsabfall bei tiefen Frequenzen wird im wesentlichen durch die Koppelkondensatoren am Eingang hervorgerufen, die zusammen mit dem Eingangswiderstand r_e der Verstärkerstufe Hochpässe für die Signalfrequenz bilden. Durch entsprechende Werte der Koppelkondensatoren kann die untere Grenzfrequenz in gewissen Grenzen verändert werden.

Die untere Grenzfrequenz eines einstufigen Wechselspannungsverstärkers läßt sich mit Hilfe der Gleichung

$$f_u \approx \frac{1}{2\pi \cdot r_e \cdot C_1}$$

ermitteln. Als C1 ist hier der Koppelkondensator am Eingang der Stufe einzusetzen. Die Gleichung gilt für die Emitter-, Kollektor-, Source- und Drainschaltung in gleicher Weise. Bei der Berechnung muß nur jeweils der entsprechende dynamische Eingangswiderstand r_e der Schaltung eingesetzt werden.

Bei der Emitterschaltung (Bild 2.13) hat der Kondensator C_E die Aufgabe, den Emitterwiderstand R_E wechselstrommäßig zu überbrücken, um die Gegenkopplung für die Signalfrequenzen unwirksam zu machen. Es reicht dabei für die Praxis aus, wenn der Wechselstromwiderstand X_{CE} einen Wert von etwa

$$X_{CE} \approx 0{,}1 \ldots 0{,}2 \cdot R_E$$

bei der unteren Grenzfrequenz f_u hat. Die Ermittlung des Wertes von C_E kann daher nach folgender Gleichung erfolgen:

$$C_E \approx \frac{1}{2\pi \cdot f_u \cdot (0{,}1 \ldots 0{,}2) \cdot R_E}.$$

Die obere Grenzfrequenz hängt im wesentlichen von zwei Einflußfaktoren ab. So wird die Stromverstärkung β bei den Transistoren mit zunehmender Frequenz kleiner. Damit wird auch die Spannungsverstärkung V_u kleiner, da sie auch von β abhängt. Weiterhin bilden die Transistor- und Schaltkapazitäten zusammen mit den Widerständen der Schaltung Tiefpässe und diese bewirken dann einen Verstärkungsabfall bei höheren Frequenzen.

Eine Berechnung der oberen Grenzfrequenz ist wegen der nicht erfaßbaren Transistor- und Streukapazitäten kaum möglich. Aus diesem Grunde wird hier auch nicht weiter auf die Zusammenhänge eingegangen. Die obere Grenzfrequenz einer vorgegebenen Schaltung läßt sich dagegen ohne besondere Schwierigkeiten meßtechnisch ermitteln. Bei der meßtechnischen Untersuchung einer dimensionierten Schaltung zeigt sich aber auch meistens noch, daß zum Teil erhebliche Abweichungen zwischen den gemessenen und den berechneten Kenngrößen der Schaltung auftreten.

In Bild 2.20 ist der Frequenzgang eines Verstärkers idealisiert dargestellt. Bei einem realen Verstärker ist die Verstärkung im Übertragungsbereich jedoch nicht völlig gleichmäßig. Auch unterscheidet sich der Verlauf der Verstärkung an der unteren Bandgrenze oft erheblich vom Verlauf an der oberen Bandgrenze.

Der genaue Frequenzgang eines Verstärkers kann nur meßtechnisch ermittelt werden. Hierbei wird dann bei konstanter Amplitude der Eingangsspannung die Frequenz in möglichst gleichen Schritten verändert und dabei die Amplitude der Ausgangsspannung gemessen und in ein Diagramm eingetragen. Aus diesem Spannungsfrequenzgang läßt sich dann leicht der Verstärkungsfrequenzgang entsprechend Bild 2.20 ermitteln und als Diagramm auftragen. Um einen möglichst großen Frequenzbereich erfassen zu können, wird für die Frequenzachse dann oft ein logarithmischer Maßstab gewählt.

Bei einem einstufigen Verstärker in Emitterschaltung oder Sourceschaltung soll im Arbeitsbereich die Phasenverschiebung zwischen Ausgangs- und Eingangsspannung $\varphi = 180°$ betragen. Da aber ein Zusammenhang zwischen der Verstärkung und der Phasenlage besteht, ändert sich auch die Phasenlage an der unteren und oberen Bandgrenze. So beträgt die Phasenverschiebung bei der unteren Grenzfrequenz $\varphi_u = 180° + 45° = 225°$ und bei der oberen Grenzfrequenz $\varphi_{ob} = 180° - 45° = 135°$. Für den einstufigen Verstärker in Kollektor- oder Drainschaltung mit $= 0°$ im Übertragungsbereich ergibt sich dann entsprechend $\varphi_u = 0° + 45° = +45°$ und $\varphi_{ob} = 0° - 45° = -45°$. Im Bild 2.20 sind diese Werte bereits eingetragen.

2.2.4 Anwendungsbeispiele

2.2.4.1 NF-Verstärker in Emitterschaltung

Bild 2.21 zeigt einen einstufigen NF-Verstärker in Emitterschaltung. Mit dem Trimmer R2 kann die Basisspannung so eingestellt werden, daß die Kollektorspannung

$U_C \approx {}^1/_2\, U_B \approx +6$ V beträgt und damit die Stufe im A-Betrieb betrieben wird. Durch den Koppelkondensator C 1 wird verhindert, daß der eingestellte Arbeitspunkt nicht durch Gleichspannungsanteile der Signalspannung verschoben wird. Das verstärkte NF-Signal kann gleichspannungsfrei über den Kondensator C 2 ausgekoppelt werden.

Der Arbeitspunkt wird durch den Emitterwiderstand $R_E = 0{,}1 \cdot R_C = 330\ \Omega$ temperaturstabilisiert. R_E ist durch den Emitterkondensator C_E wechselstrommäßig überbrückt. Dadurch ist die durch R_E bewirkte Gegenkopplung nur für den Ruhestrom, nicht aber für den Wechselstrom wirksam.

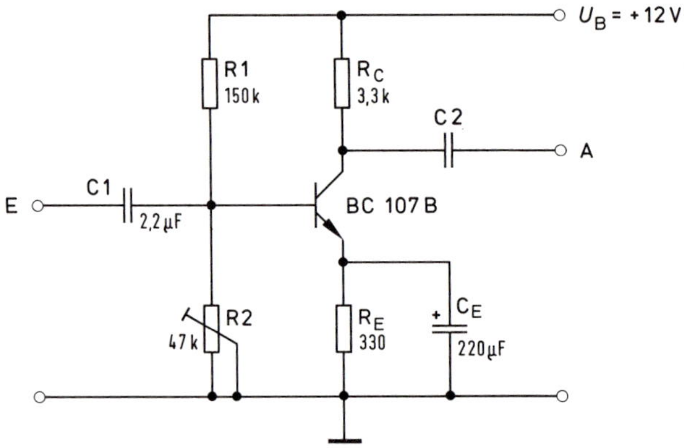

Bild 2.21 NF-Verstärker in Emitterschaltung

Die Kenngrößen der Verstärkerstufe lassen sich entsprechend dem vorhergehenden Kapitel 2.2.3 ermitteln.

$r_e \approx r_{BE}$ $\qquad$ ($r_{BE} \triangleq h_{11} \approx 4{,}5 \cdot 10^3\ \Omega$

$r_e \approx 4{,}5\ \text{k}\Omega$ $\qquad$ für BC 107 B)

Bei der Schaltung nach Bild 2.21 muß aber berücksichtigt werden, daß der Trimmer auf $R_2 \approx 15\ \text{k}\Omega$ eingestellt und R 2 damit nicht mehr groß gegenüber r_{BE} ist. Daher ist zu setzen:

$$r_e \approx r_{BE} \parallel R_2 = \frac{r_{BE} \cdot R_2}{r_{BE} + R_2} \qquad (R_2 \approx 15\ \text{k}\Omega)$$

$r_e \approx 3{,}5\ \text{k}\Omega.$

Der Eingangswiderstand des Verstärkers ist relativ klein und belastet die Signalquelle entsprechend.

Für den dynamischen Ausgangswiderstand gilt:

$r_a \approx R_C$

$r_a \approx 3{,}3\ \text{k}\Omega.$

Da der dynamische Ausgangswiderstand des BC 107 B mit $r_{CE} \approx 33\ \text{k}\Omega$ groß gegenüber R_C ist, kann r_{CE} hier vernachlässigt werden. r_a kann als relativ groß angesehen werden.

Die Spannungsverstärkung der Stufe läßt sich mit der Gleichung

$$V_u \approx \beta \cdot \frac{R_C}{r_{BE}} \qquad (\beta \approx 330 \text{ für BC 107 B})$$

ermitteln.

$$V_u \approx 242$$

Wird der Ausgang des Verstärkers noch mit einem Lastwiderstand R_L belastet, z. B. dem Eingangswiderstand $r_e \approx 3{,}5\ \text{k}\Omega$ einer nachgeschalteten Verstärkerstufe, so muß dieser Lastwiderstand entsprechend berücksichtigt werden:

$$V_u \approx \frac{\beta}{r_{BE}} \cdot \frac{R_C \cdot R_L}{R_C + R_L} \qquad (\text{Annahme: } R_L = 3{,}3\ \text{k}\Omega)$$

$$V_u \approx 121.$$

Die Spannungsverstärkung sinkt also auf die Hälfte ab, wenn z. B. eine gleichartige Verstärkerstufe mit $r_e \approx 3{,}3\ \text{k}\Omega$ den Ausgang belastet.

Ist der Emitterkondensator C_E nicht ausreichend groß ($X_{CE} \approx 0{,}1 \ldots 0{,}2 \cdot R_E$ für f_u), so tritt auch eine Gegenkopplung für die Signalspannung auf. Fehlt C_E, so gilt:

$$V_u \approx \frac{R_C}{R_E} \approx \frac{3{,}3 \cdot 10^3\ \Omega}{330\ \Omega}$$

$$V_u \approx 10. \qquad (\text{bei fehlendem } C_E)$$

Ohne ausreichend großen Emitterkondensator C_E liefert die Stufe nur eine 10fache Verstärkung der Signal-Wechselspannung.

Für die Stromverstärkung gilt:

$$V_i \approx \beta \approx 330.$$

Die Leistungsverstärkung ergibt sich aus dem Produkt von V_u und V_i:

$$V_P \approx V_u \cdot V_i \approx 242 \cdot 330$$

$$V_p \approx 80\,000.$$

Die Leistungsverstärkung der Stufe ist groß.
Die untere Grenzfrequenz f_u beträgt

$$f_u \approx \frac{1}{2\pi \cdot r_e \cdot C_1} = \frac{1}{2\pi \cdot 3{,}5 \cdot 10^3\ \Omega \cdot 2{,}2 \cdot 10^{-6}\ \text{F}}$$

$$f_u \approx 20\ \text{Hz}.$$

Durch Wahl eines größeren Wertes für C 1 kann die untere Grenzfrequenz noch weiter herabgesetzt werden.

Da die RC-Kombination am Emitter auch einen Einfluß auf die Grenzfrequenz hat, muß überprüft werden, ob der Wert von C_E genügend groß ist. Gefordert wird, daß $X_{CE} \approx (0{,}1 \ldots 0{,}2) \cdot R_E$ bei der unteren Grenzfrequenz f_u ist. Mit

$$X_{CE} \approx \frac{1}{2\pi \cdot f_u \cdot C_E}$$

$$X_{CE} \approx 36\ \Omega \approx 0{,}1 \cdot R_E.$$

hat der gewählte Emitterkondensator einen ausreichend großen Wert.

2.2.4.2 NF-Verstärker in Kollektorschaltung

In **Bild 2.22** ist ein einstufiger NF-Verstärker in Kollektorschaltung dargestellt. Die Basisspannung wird hier durch einen festen Spannungsteiler aus $R_1 = R_2 = 150\ \text{k}\Omega$ erzeugt. Damit wird auch diese Stufe im A-Betrieb betrieben. Als Arbeitswiderstand ist wie bei der Emitterschaltung ein Wert $R_E = 3{,}3\ \text{k}\Omega$ gewählt worden.

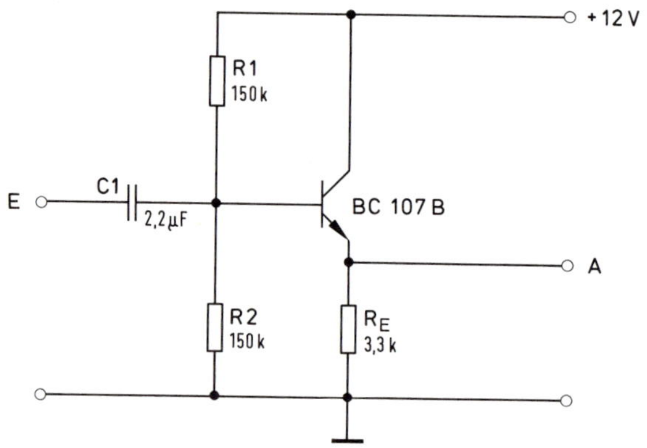

Bild 2.22 NF-Verstärker in Kollektorschaltung

Für die Kollektorschaltung lassen sich die Kenngrößen mit Hilfe der in Kap. 2.2.3.3 angegebenen Gleichungen ermitteln:

$$r_e \approx (r_{BE} + \beta \cdot R_E) \parallel (R_1 \parallel R_2)$$
$$r_e \approx 70\ \text{k}\Omega.$$

Der dynamische Eingangswiderstand der Kollektorschaltung ist damit groß.

$$r_a \approx R_E \left\| \frac{r_e + R_i}{\beta} \right. \qquad \text{(Annahme: } R_i = 3{,}3\ \text{k}\Omega\text{)}$$
$$r_a \approx 210\ \Omega.$$

Der dynamische Ausgangswiderstand der Kollektorschaltung ist dagegen relativ klein.

Aus den Werten für r_e und r_a ist zu erkennen, daß die Kollektorschaltung einen großen Eingangswiderstand r_e und einen kleinen Ausgangswiderstand r_a hat. Die Kollektorschaltung wird daher überwiegend als Impedanzwandler eingesetzt. Ihr Einsatz erfolgt dann, wenn z. B. eine Signalquelle nur wenig belastet werden darf. Die Kollektorschaltung wird oft auch als Emitterfolger bezeichnet.

Für V_u gilt:

$$V_u \approx 1,$$

d. h. eine Spannungsverstärkung erfolgt nicht.

$$V_i \approx \beta \approx 330$$
$$V_p \approx V_u \cdot V_i \approx \beta \approx 330.$$

2.2.4.3 NF-Verstärker in Sourceschaltung

Verstärker mit FETs haben den großen Vorteil, daß die Ansteuerung leistungslos erfolgt. **Bild 2.23** zeigt einen einfachen NF-Verstärker in Sourceschaltung. Die erforderliche Gatespannung wird hier durch einen Sourcewiderstand erzeugt. Die Schaltung ist so dimensioniert, daß sie im A-Betrieb betrieben wird.

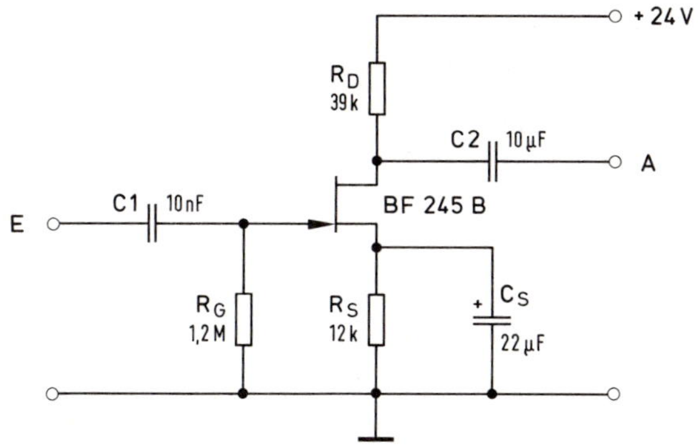

Bild 2.23 NF-Verstärker in Sourceschaltung

Für den Verstärker in Sourceschaltung lassen sich folgende Werte ermitteln:

$$r_e \approx R_G \approx 1{,}2\ \mathrm{M\Omega}.$$

Der Eingangswiderstand ist also relativ groß:

$$r_a \approx R_D \approx 39\ \mathrm{k\Omega}.$$

Der Ausgangswiderstand r_a ist ebenfalls relativ groß.

$$V_u \approx S \cdot r_a \qquad \left(S \approx 3\frac{\mathrm{mA}}{\mathrm{V}} \text{ für BF 245 B}\right)$$

$$V_u \approx 117$$

$$f_u \approx \frac{1}{2\pi \cdot r_e \cdot C_1} \approx \frac{1}{2\pi \cdot 1{,}2 \cdot 10^6\,\Omega \cdot 0{,}01 \cdot 10^{-6}\,\mathrm{F}}$$

$$f_u \approx 13\ \mathrm{Hz}$$

$$X_{CS} \approx 1{,}2\ \mathrm{k\Omega} \approx 0{,}1 \cdot R_S.$$

Aus den Kenngrößen ist zu ersehen, daß der Eingangs- und Ausgangswiderstand bei einer Sourceschaltung viel größer als bei einer Emitterschaltung ist und daß bei etwa gleicher unterer Grenzfrequenz der Koppelkondensator C1 und der Sourcekondensator erheblich kleinere Werte haben können. Als Nachteil tritt aber auf, daß der Ausgang einer Verstärkerstufe in Sourceschaltung wegen des relativ großen Ausgangswiderstandes r_a nur wenig belastet werden darf.

2.2.4.4 NF-Verstärker in Drainschaltung

Die Drainschaltung ist vergleichbar mit der Kollektorschaltung. So hat auch die Drainschaltung einen hohen Eingangswiderstand r_e und einen relativ kleinen Ausgangswiderstand r_a. Da FETs aber ohnehin gegenüber bipolaren Transistoren sehr große Eingangswiderstände haben, wären Verstärker in Drainschaltung kaum erforderlich. Sie werden daher auch fast nur dann eingesetzt, wenn der Ausgang eines Verstärkers mit FETs stärker belastbar sein muß.

Bild 2.24 zeigt einen NF-Verstärker in Drainschaltung.

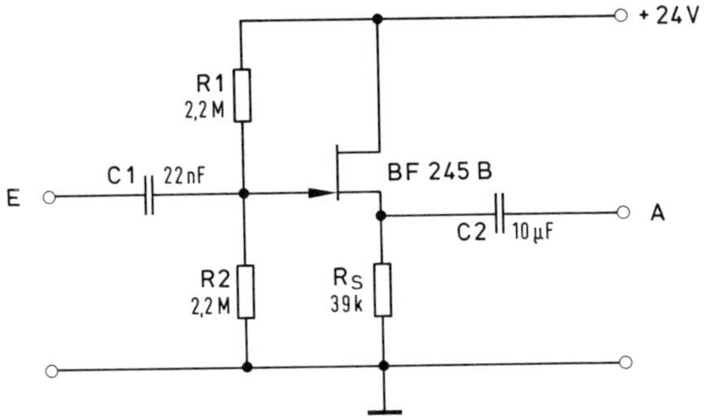

Bild 2.24 NF-Verstärker in Drainschaltung

Entsprechend Kapitel 2.2.3.4 lassen sich für die Schaltung nach Bild 2.24 folgenden Kenngrößen ermitteln:

$$r_e \approx (1 + S \cdot R_S) \cdot r_{GS} \parallel (R_1 \parallel R_2) \qquad (r_{GS} \approx 10^{12}\,\Omega \text{ und } S \approx 3\frac{\text{mA}}{\text{V}} \text{ für BF 245 B})$$

$$r_e \approx 1{,}1\,\text{M}\Omega$$

$$r_a \approx \frac{1}{S} \approx \frac{1}{3 \cdot 10^{-3}}\,\frac{\text{V}}{\text{A}}$$

$$r_a \approx 333\,\Omega.$$

Bei der Drainschaltung ist das Verhältnis von r_a/r_e besonders klein.
Für die Spannungsverstärkung gilt:

$$V_u \approx 1.$$

2.2.4.5 Gegenüberstellung der vier NF-Verstärker

In der Tabelle nach **Bild 2.25** sind die rechnerisch ermittelten Kenngrößen der vier NF-Verstärker noch einmal zusammengefaßt und gegenübergestellt.

	Emitterschaltung	Sourceschaltung	Kollektorschaltung	Drainschaltung
r_e	3,5 kΩ	1,2 MΩ	70 kΩ	1,1 MΩ
r_a	3,3 kΩ	39 kΩ	210 Ω	330 Ω
V_u	242	117	< 1	< 1

Bild 2.25 Gegenüberstellung der Kenngrößen

In der Tabelle ist zu erkennen, daß die berechneten Werte für r_e, r_a und V_u sich zum Teil erheblich unterscheiden. Diese grundsätzlichen Unterschiede ergeben sich im wesentlichen aufgrund der verwendeten Schaltung und nur zu einem geringen Anteil aufgrund der gewählten Werte für die Arbeits- und Spannungsteilerwiderstände.

Die Emitterschaltung und die Sourceschaltung werden in der Regel für einstufige Wechselspannungsverstärker eingesetzt, die Kollektorschaltung und die Drainschaltung wegen der hohen Eingangswiderstände und der niedrigen Ausgangswiderstände dagegen fast ausschließlich als Impedanzwandler.

2.3 Mehrstufige Kleinsignalverstärker

Reicht die verzerrungsfreie Verstärkung eines einstufigen Verstärkers nicht aus, so lassen sich zwei oder mehr Verstärkerstufen hintereinanderschalten. **Bild 2.26** zeigt das Grundprinzip eines mehrstufigen Verstärkers.

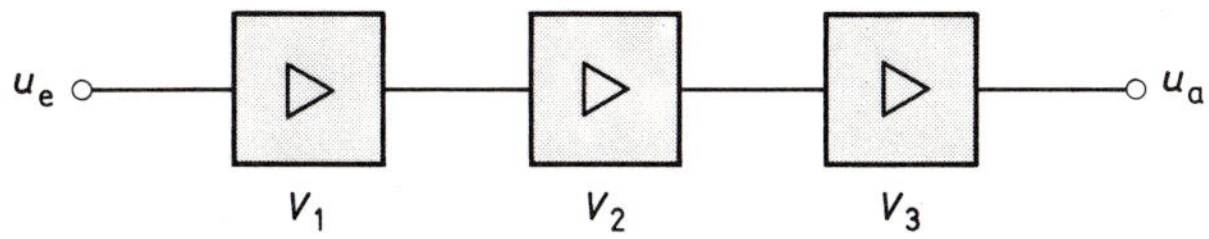

Bild 2.26 Grundprinzip mehrstufiger Verstärker

Bei mehrstufigen Verstärkern ergibt sich die Gesamtverstärkung aus dem Produkt der Verstärkung der einzelnen Stufen. Hierbei ist aber stets zu beachten, daß der Ausgang einer vorhergehenden Stufe stets durch den Eingangswiderstand r_e der nachfolgenden Stufe belastet ist.

Für den 3-stufigen Verstärker nach Bild 2.26 gilt:

$$V_{ges} = \frac{u_a}{u_e} = V_1 \cdot V_2 \cdot V_3.$$

Die Verbindung zwischen zwei Verstärkerstufen wird als Kopplung bezeichnet. Die Kopplung hat die Aufgabe, Signalspannungen vom Ausgang der einen Stufe möglichst unverändert auf den Eingang der nachfolgenden Stufe zu übertragen. Hierbei wird zwischen drei Kopplungsarten unterschieden

der galvanischen Kopplung oder Gleichstromkopplung,
der kapazitiven Kopplung oder RC-Kopplung und
der Übertragerkopplung.

In **Bild 2.27** ist das schaltungstechnische Grundprinzip der drei Kopplungsarten dargestellt.

Die Übertragerkopplung hat in der Elektronik heute fast keine Bedeutung mehr. Auch die Bedeutung der Gleichstromkopplung in der diskreten Schaltungstechnik wird immer geringer, da sich Gleichspannungsverstärker inzwischen viel einfacher und kostengünstiger mit den in Kapitel 3 behandelten Operationsverstärkern aufbauen lassen. In großem Umfang wird dagegen die RC-Kopplung in den Wechselspannungsverstärkern verwendet.

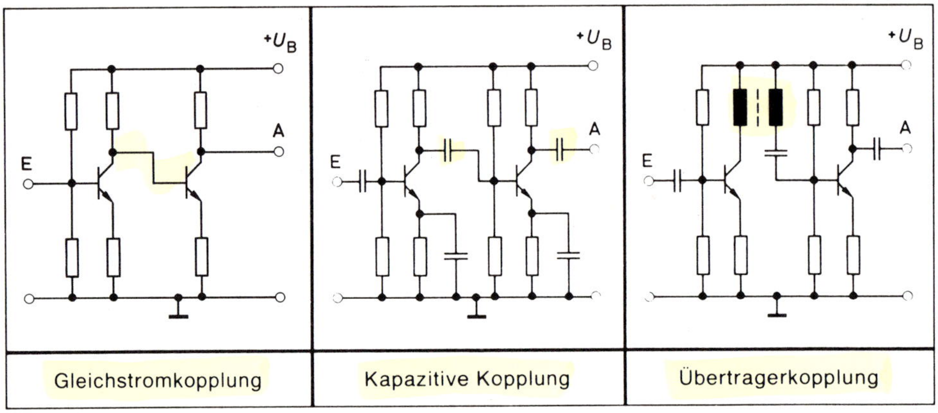

Bild 2.27 Kopplungsarten

Bei einer galvanischen Kopplung zwischen zwei Verstärkerstufen werden sowohl Gleichspannungs- als auch Wechselspannungssignale übertragen. Die untere Grenzfrequenz kann hier also bei $f_u = 0$ Hz liegen. Bei einer RC-Kopplung können nur Wechselspannungen übertragen werden. Die untere Grenzfrequenz des Verstärkers hängt dann ganz wesentlich auch von dem RC-Glied ab, das durch den Koppelkondensator und den Eingangswiderstand r_e der nachfolgenden Stufe gebildet wird.

2.3.1 Verstärker mit galvanischer Kopplung

Verstärker mit galvanischer Kopplung haben den Vorteil, daß auch sehr tiefe Frequenzen sowie Gleichspannungssignale gut übertragen, d. h. verstärkt werden. Dies ist z. B. bei Meßverstärkern von großer Bedeutung. Nachteilig bei einem Verstärker mit Gleichstromkopplung entsprechend Bild 2.27 ist jedoch, daß die Basisspannung von Stufe zu Stufe größer werden muß und damit die für eine Aussteuerung zur Verfügung stehende Kollektor-Emitterspannung von Stufe zu Stufe kleiner wird. Da die Basisvorspannung durch einen Emitterwiderstand erzeugt wird, muß dieser bei jeder folgenden Stufe größer werden und das für die Verstärkung wichtige Verhältnis R_C/R_E wird immer ungünstiger.

Ein weiterer grundsätzlicher Nachteil bei der Gleichstromkopplung liegt darin, daß eine Verschiebung des Arbeitspunktes einer Stufe, z. B. infolge Temperatureinflüssen, unmittelbar auf die nachfolgende Stufe übertragen wird. Dadurch kann der Fall eintreten, daß ein Wandern des Arbeitspunktes der 1. Stufe eine starke Verschiebung des Arbeitspunktes der letzten Stufe und damit eine Verkleinerung des Aussteuerungsbereiches des gesamten Verstärkers bewirkt. Ein Verstärker mit Gleichstromkopplung muß daher immer sehr gut temperaturstabilisiert sein. Weiterhin sind zur exakten Einstellung der Arbeitspunkte der einzelnen Stufen meistens Trimmer erforderlich.

Den Nachteil des mit jeder Stufe kleineren Aussteuerbereiches vermeidet die Schaltung nach **Bild 2.28.**

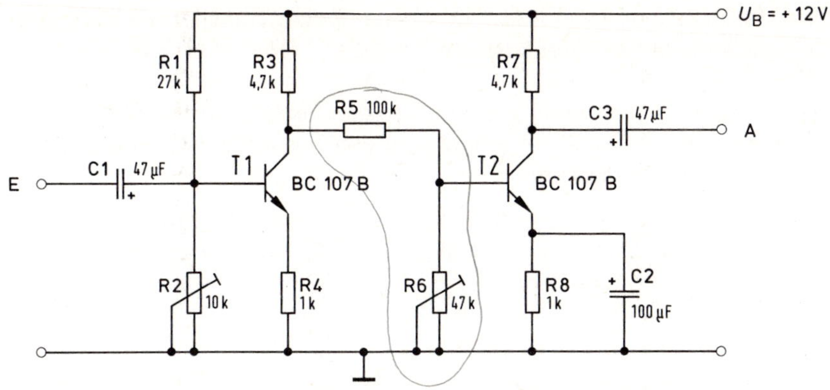

Bild 2.28 Zweistufiger NF-Verstärker mit Gleichstromkopplung

Der Verstärker nach Bild 2.28 ist mit zwei npn-Transistoren aufgebaut. Der Arbeitspunkt der 1. Stufe wird mit Hilfe des Trimmers R2 so eingestellt, daß der Transistor im A-Betrieb betrieben wird, d. h. $U_{C(T1)} \approx 7$ V. Eine Arbeitspunktstabilisierung erfolgt durch eine Stromgegenkopplung mit Hilfe des Emitterwiderstandes R4, der nicht durch einen Kondensator überbrückt ist. Zur Verbesserung der Aussteuerbarkeit der 2. Stufe wird deren Arbeitspunkt durch den Spannungsteiler aus R5 und R6 so eingestellt, daß auch $U_{C(T2)} \approx 7$ V beträgt, T2 also auch im A-Betrieb betrieben wird. Die dabei auftretende Herabsetzung der Signalspannung zwischen dem Ausgang der 1. Stufe und dem Eingang der 2. Stufe ist dann jedoch nicht zu vermeiden.

Der Verstärker nach Bild 2.28 liefert eine Gesamtverstärkung von $V_{ges} \approx 50$. Sie ist relativ klein, weil die am Ausgang der Stufe 1 liegende Signalspannung durch den Spannungsteiler und den kleinen Eingangswiderstand r_e der 2. Stufe wieder stark herabgesetzt wird.

Die Nachteile bei der galvanischen Kopplung von zwei npn-Transistoren lassen sich weitgehend vermeiden, wenn zwei komplementäre Transistoren verwendet werden. **Bild 2.29** zeigt eine derartige Schaltung.

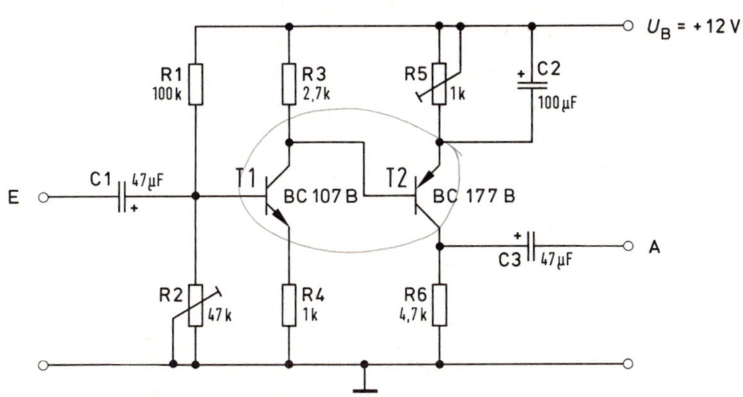

Bild 2.29 Zweistufiger NF-Verstärker mit komplementären Transistoren

Auch bei der Schaltung nach Bild 2.29 arbeiten beide Transistoren in Emitterschaltung. Mit R2 wird der Arbeitspunkt von T1 und mit R5 der Arbeitspunkt von T2 so eingestellt, daß beide Verstärkerstufen annähernd im A-Betrieb betrieben werden und damit jeweils ein größtmöglicher Aussteuerbereich vorhanden ist. Mit einer Schaltung nach Bild 2.29 läßt sich gegenüber der Schaltung nach Bild 2.28 aber eine größere Verstärkung erreichen.

Eine weitere Variante einer Gleichstromkopplung ist in **Bild 2.30** dargestellt. Hier wird als 1. Stufe ein FET in Drainschaltung eingesetzt, der ein bipolarer Transistor in Emitterschaltung als 2. Stufe folgt.

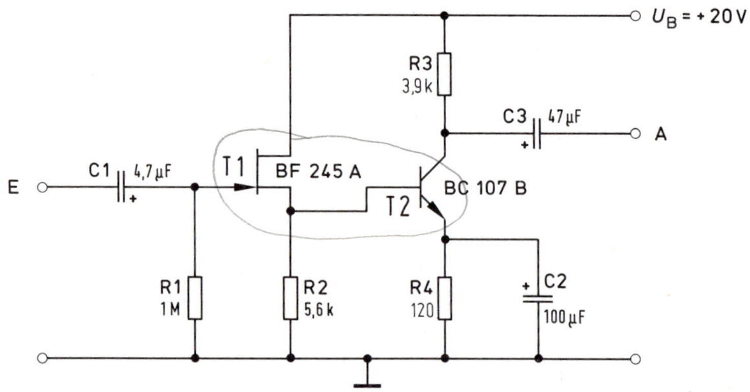

Bild 2.30 Gleichstromgekoppelter NF-Verstärker mit FET und bipolarem Transistor

Der zweistufige Verstärker nach Bild 2.30 hat durch die Drainschaltung einen sehr großen Eingangswiderstand. Der Verstärker läßt sich daher besonders gut einsetzen, wenn die Signalquelle zwar eine ausreichend große Signalspannung liefern kann, aber dabei nur wenig belastet werden darf. Da die Spannungsverstärkung der Drainschaltung nur $V_u \approx 1$ beträgt, hängt die Gesamtverstärkung der Schaltung hier nur von der Verstärkung der 2. Stufe, also der Emitterschaltung ab.

2.3.2 Verstärker mit kapazitiver Kopplung

Bei der kapazitiven Kopplung erfolgt die Kopplung entsprechend Bild 2.27 durch einen Koppelkondensator. Die einzelnen Stufen sind also gleichstrommäßig unabhängig voneinander. Sie können daher auch jeweils im A-Betrieb, d. h. mit dem größtmöglichen Aussteuerbereich betrieben werden. Übertragen werden nur Wechselspannungssignale. Wegen der gleichstrommäßigen Trennung können sich Arbeitspunktverschiebungen einer Stufe nicht auf nachfolgende Stufen auswirken.

Diesen Vorteilen der kapazitiven Kopplung stehen jedoch auch einige Nachteile gegenüber. So bildet der Koppelkondensator zusammen mit dem Eingangswiderstand r_e der nachfolgenden Stufe ein CR-Glied. Dieses CR-Glied stellt dann einen Hochpaß dar, der im Bereich seiner unteren Grenze eine Frequenzabhängigkeit der Verstärkung bewirkt. **Bild 2.31** zeigt noch einmal die Grundschaltung eines zweistufigen NF-Verstärkers mit kapazitiver Kopplung.

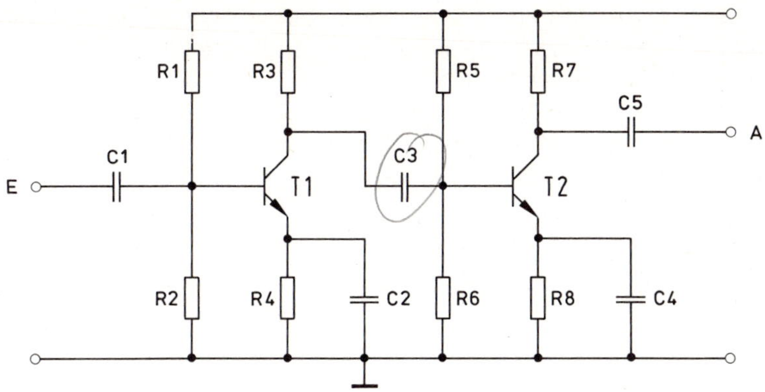

Bild 2.31 Grundschaltung eines zweistufigen NF-Verstärkers mit kapazitiver Kopplung

Der NF-Verstärker entsprechend Bild 2.31 hat zwei CR-Glieder, die bezüglich der Signalspannungen hintereinandergeschaltet sind. Das CR-Glied der 1. Stufe wird aus C1 und $r_{e(T1)}$, das der 2. Stufe aus C3 und $r_{e(T2)}$ gebildet. Haben beide Glieder die gleiche Zeitkonstante, also $C_1 \cdot r_{e(T1)} = C_3 \cdot r_{e(T2)}$, so hat jeder der beiden Teilverstärker auch die gleiche untere Grenzfrequenz f_u und damit auch einen gleichen Spannungsabfall auf $1/\sqrt{2} \cdot V_{Nenn} \approx 0{,}7 \cdot V_{Nenn}$ bei dieser unteren Grenzfrequenz f_u.

Bei dieser unteren Grenzfrequenz f_u der Einzelverstärker ergibt sich also für den Gesamtverstärker nur noch ein Verstärkungsfaktor:

$$V'_{f_u} \approx 0{,}7 \cdot V_1 \cdot 0{,}7 \cdot V_2 \approx 0{,}5 \cdot V_1 \cdot V_2.$$

Die untere Grenzfrequenz f'_u eines mehrstufigen Verstärkers ist also nicht mehr identisch mit der unteren Grenzfrequenz f_u der gleichartigen Teilverstärkerstufe. Für den Verstärkungsabfall des Gesamtverstärkers bei der unteren Grenzfrequenz f_u der gleichartig aufgebauten Einzelverstärker gilt ganz allgemein:

$$V'_{f_u} = \left(\frac{1}{\sqrt{2}}\right)^n \cdot (V_1 \cdot V_2 \ldots V_n) \qquad n = \text{Anzahl der Verstärkerstufen}$$

$$V'_{f_u} \approx (0{,}7)^n \cdot (V_1 \cdot V_2 \ldots V_n).$$

Eine gleiche Absenkung der Verstärkung tritt durch die Hintereinanderschaltung mehrerer Verstärkerstufen auch bei der oberen Grenzfrequenz f'_{ob} auf. Daraus ergibt sich insgesamt, daß die Bandbreite b' eines Gesamtverstärkers stets kleiner ist als die Bandbreite b der Teilverstärker. In **Bild 2.32** sind die Zusammenhänge mit idealisierten Kennlinien dargestellt.

Die Kennlinie a) zeigt den Frequenzgang eines 1-stufigen Verstärkers. Wird ein Gesamtverstärker aus zwei gleichartigen 1-stufigen Verstärkern aufgebaut, so gilt die Kennlinie a) sowohl für die 1. Stufe als auch für die 2. Stufe. Für den 2-stufigen Verstärker ergibt sich dann die Kennlinie b). Je mehr Verstärkerstufen also hintereinandergeschaltet sind, desto kleiner wird die Bandbreite des Gesamtverstärkers.

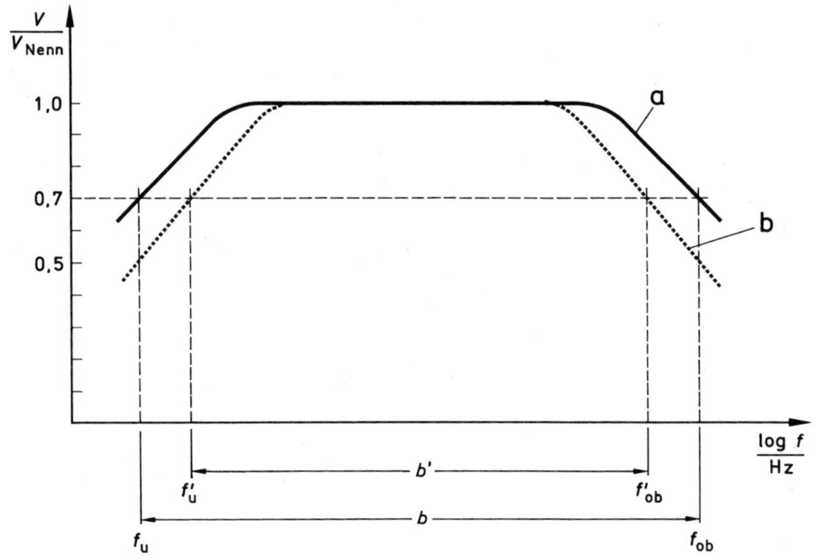

Bild 2.32 Idealisierter Frequenzgang von 1-stufigen und 2-stufigen Verstärker

Für die untere Grenzfrequenz eines mehrstufigen Verstärkers, der aus gleichartigen Einzelstufen aufgebaut ist, gilt:

$$f'_u \approx \sqrt{n} \cdot f_u.$$

n = Zahl der Verstärkerstufen
f_u = untere Grenzfrequenz der Einzelstufe
f'_u = untere Grenzfrequenz des Gesamtverstärkers

Sinngemäß gilt auch für die obere Grenzfrequenz:

$$f'_{ob} \approx \frac{1}{\sqrt{n}} \cdot f_{ob}.$$

Werden zwei 1-stufige NF-Verstärker entsprechend Bild 2.21 ($f_u \approx 22\,\text{Hz}$; $f_{ob} \approx 50\,\text{kHz}$) zu einem 2-stufigen Verstärker zusammengeschaltet, so hat dieser Verstärker eine untere Grenzfrequenz $f'_u \approx 31\,\text{Hz}$ und $f'_{ob} \approx 35\,\text{kHz}$. Seine Bandbreite ist dann von $b \approx 50\,\text{kHz}$ auf $b' \approx 35\,\text{kHz}$ verringert.

Diese Änderungen der Grenzfrequenzen und der Bandbreite sind auch zu beachten, wenn ein mehrstufiger Verstärker eine bestimmte Bandbreite b' und eine bestimmte untere Grenzfrequenz f'_u erhalten soll. Die Teilverstärker müssen dann so dimensioniert sein, daß

$$f_u \approx \frac{1}{\sqrt{n}} \cdot f'_u \quad \text{und}$$

$$f_{ob} \approx \sqrt{n} \cdot f'_{ob}$$

ist.

Soll z. B. ein 3-stufiger Verstärker eine untere Grenzfrequenz $f'_u \approx 30$ Hz und eine obere Grenzfrequenz $f'_{ob} \approx 30$ kHz erhalten, so muß jeder Einzelverstärker für

$$f_u \approx \frac{1}{\sqrt{3}} \cdot 30\ \text{Hz} \approx 17\ \text{Hz} \quad \text{und}$$

$$f_{ob} \approx \sqrt{3} \cdot 30\ \text{kHz} \approx 52\ \text{kHz}$$

ausgelegt sein. Jeder der drei Einzelverstärker muß daher auch eine Bandbreite $b \approx 52$ kHz haben, wenn die Bandbreite des Gesamtverstärkers $b' \approx 30$ kHz betragen soll.

2.3.3 Verstärker mit Signalgegenkopplungen

In den Kapiteln 2.2.2.2 und 2.2.2.3 ist bereits das Prinzip der Stromgegenkopplung und der Spannungsgegenkopplung beschrieben worden. Beide Arten von Gegenkopplungen hatten hier die Aufgabe, den Arbeitspunkt eines Transistorverstärkers gegenüber Temperatureinflüssen zu stabilisieren. In beiden Fällen hatten die Gegenkopplungen nur einen Einfluß auf Gleichspannungen oder Gleichströme. Charakteristisch dabei war, daß durch die Gegenkopplung die Gleichstromverstärkung der Stufe herabgesetzt wurde.

Insbesondere bei mehrstufigen Verstärkern wird neben der gleichstrommäßigen Gegenkopplung auch eine wechselstrommäßige Gegenkopplung verwendet. Diese Art von Gegenkopplung wirkt dann nur auf die Verstärkung von Wechselspannungssignalen ein. In **Bild 2.33** ist das Grundprinzip einer Spannungsgegenkopplung dargestellt.

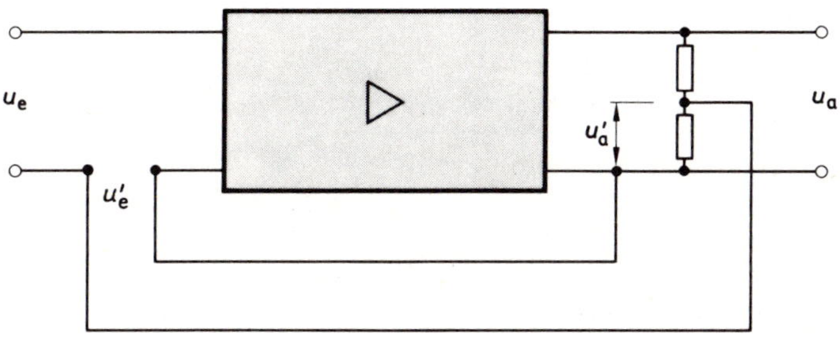

Bild 2.33 Grundprinzip einer Spannungsgegenkopplung

Eine Gegenkopplung liegt vor, wenn ein Teil der Signalspannung am Ausgang des Verstärkers gegenphasig, d. h. mit einer Phasenverschiebung von $\varphi = 180°$ auf den Eingang des Verstärkers zurückgeführt wird. Solange diese Phasenbedingung eingehalten wird, kann diese Rückführung über eine Stufe oder auch über mehrere Stufen erfolgen.

Das Verhältnis der rückgeführten Ausgangsspannung u'_a zur gesamten Ausgangsspannung u_a wird als Gegenkopplungsfaktor K bezeichnet:

$$K = \frac{u'_a}{u_a}.$$

Durch die Gegenkopplung wird der Verstärkungsfaktor V_u des Verstärkers verkleinert und es gilt:

$$V'_u = \frac{V_u}{1 + K \cdot V_u}.$$

Ist der Verstärkungsfaktor V_u eines Verstärkers groß, so gilt in Näherung:

$$V'_u \approx \frac{1}{K}.$$

Der Verstärkungsfaktor des gegengekoppelten Verstärkers hängt dann also nur noch vom Gegenkopplungsfaktor K ab. Dies hat dann u. a. den Vorteil, daß die Verstärkung eines gegengekoppelten Verstärkers im wesentlichen nur noch von einem Teilerverhältnis $K = u'_a/u_a$ abhängt, also von einem Widerstandsverhältnis. Streuungen bei den Transistordaten, die Abhängigkeit der Verstärkung von der Temperatur oder ähnliche Einflüsse auf die Verstärkung werden daher durch die Gegenkopplung weitgehend ausgeschaltet, so daß bei einem gegengekoppelten Verstärker immer eindeutigere und stabilere Verhältnisse vorliegen als bei einem Verstärker ohne Gegenkopplung.

Dem Nachteil einer geringeren Verstärkung infolge einer Gegenkopplung stehen aber noch einige weitere Vorteile gegenüber. So wird die Verstärkerkennlinie linearisiert und dadurch werden die sonst auftretenden Verzerrungen verringert. Die Gegenkopplung hat aber auch einen wesentlichen Einfluß auf die Bandbreite des Verstärkers. So wird die Bandbreite umso größer, je stärker die Verstärkung V_u durch die Gegenkopplung auf V'_u verkleinert wird. Dies ist insbesondere bei Breitbandverstärkern von Bedeutung. In **Bild 2.34** ist der Zusammenhang zwischen Verstärkung und Bandbreite idealisiert dargestellt.

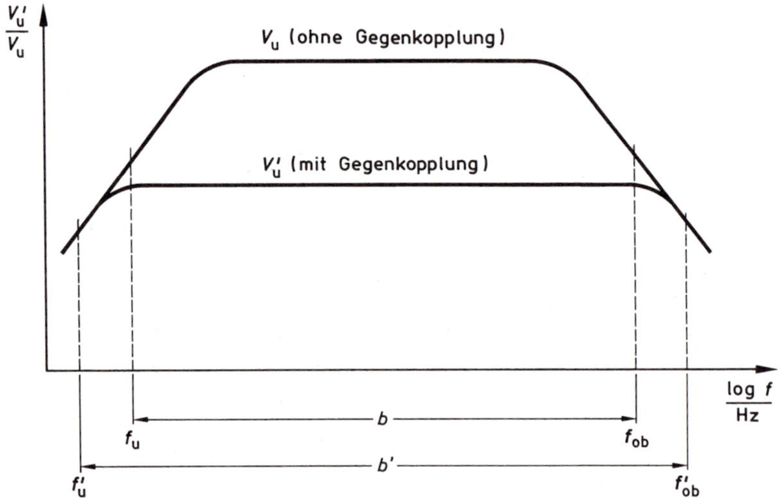

Bild 2.34 Zusammenhang zwischen Gegenkopplung und Bandbreite

In Bild 2.34 ist zu erkennen, daß bei Gegenkopplung die untere Grenzfrequenz f'_u niedriger und die obere Grenzfrequenz f'_{ob} größer und dadurch auch die Bandbreite b größer wird. Ganz allgemein gilt hier für den Zusammenhang zwischen Bandbreite und Verstärkung die Gleichung:

$$b \cdot V = b' \cdot V' = \text{const.}$$

Bei der Realisierung von Gegenkopplungen gibt es eine Vielzahl von Möglichkeiten. So kann die Rückführung der Spannung über eine oder mehrere Stufen erfolgen. Weiterhin kann die Gegenkopplung frequenzabhängig oder frequenzunabhängig sein. Bei größeren Verstärkern, z. B. den Hifi-Verstärkern gibt es meistens mehrere frequenzabhängige Gegenkopplungen. Ihr Einfluß auf den Frequenzgang läßt sich mathematisch kaum noch erfassen oder beschreiben. Dies gilt auch bereits für einfachere Verstärker und einfache Gegenkopplungszweige. Eine genaue Aussage über den Frequenzgang eines Verstärkers oder die Wirksamkeit der Gegenkopplung kann daher nur eine Messung des Frequenzganges und die Auftragung der Meßwerte in einem Diagramm bringen.

2.3.4 Anwendungsbeispiele

Die folgende Auswahl von Anwendungsbeispielen ist beschränkt auf 4 zweistufige NF-Verstärker und zwei NF-Verstärker in integrierter Schaltungstechnik, wobei zur besseren Übersicht besonderer Wert auf jeweils relativ einfache Gegenkopplungszweige gelegt wurde.

2.3.4.1 Zweistufige NF-Verstärker mit kapazitiver Kopplung

Bild 2.35 zeigt einen 2-stufigen NF-Verstärker mit kapazitiver Kopplung.

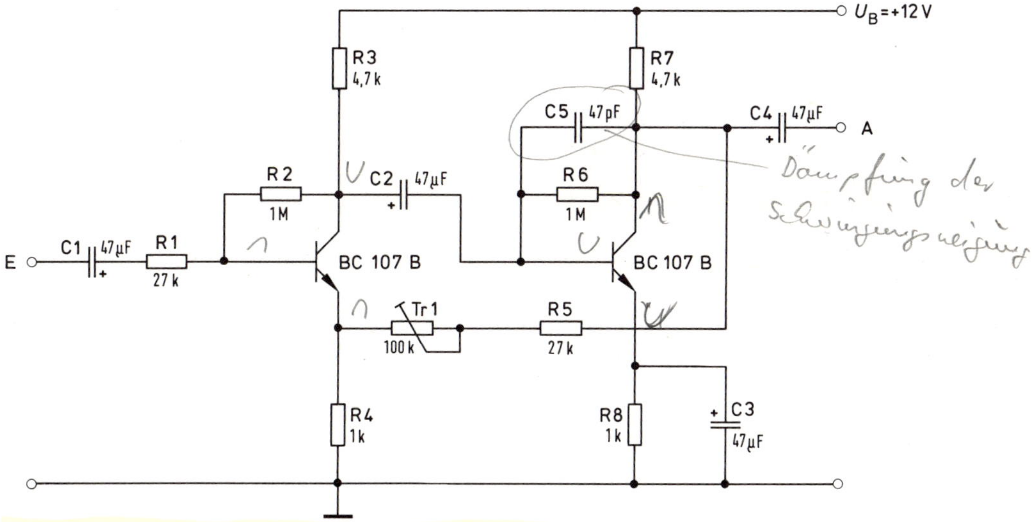

Bild 2.35 2-stufiger NF-Verstärker mit kapazitiver Kopplung

In der Schaltung nach Bild 2.35 wird der Arbeitspunkt des ersten Transistors durch R4 (Stromgegenkopplung) und R2 (Spannungsgegenkopplung) gegen Temperatureinflüsse stabilisiert. R4 ist hier nicht durch einen Kondensator überbrückt, so daß R4 hier gleichzeitig auch als Stromgegenkopplung für die Signalfrequenzen wirkt.

Die Ankopplung der zweiten Stufe erfolgt durch C2. Der Arbeitspunkt des zweiten Transistors wird durch R8 und R6 stabilisiert. R8 ist in dieser Stufe durch C3 wechselstrommäßig überbrückt. C5 hat hier im wesentlichen die Aufgabe, durch eine Spannungsgegenkopplung eine Schwingneigung bei hohen Frequenzen zu unterdrücken. Der Gegenkopplungszweig besteht aus R5 und Tr1. Die Gegenkopplung ist hier also frequenzunabhängig und der Einfluß kann durch Tr1 verändert werden.

Bei Tr1 = 0 Ω und $u_e = 10$ mV hat der Verstärker folgende technische Daten:

$V_{ges} \approx 20$; $f_u \approx 50$ Hz; $f_{ob} \approx 350$ kHz.

Bei Tr1 = 100 kΩ und $u_e = 10$ mV werden dagegen folgende Werte gemessen:

$V_{ges} \approx 100$; $f_u \approx 50$ Hz; $f_{ob} \approx 170$ kHz.

Einen weiteren kapazitiv gekoppelten Verstärker zeigt **Bild 2.36.**

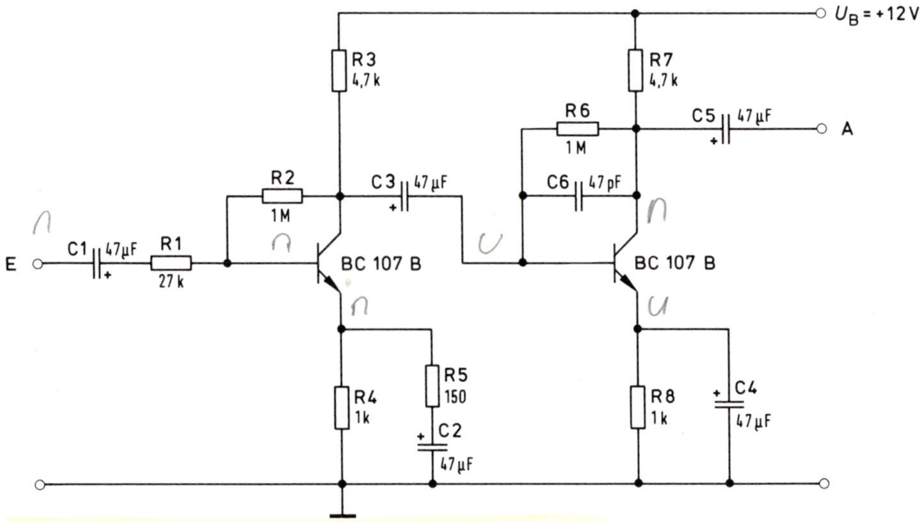

Bild 2.36 2-stufiger NF-Verstärker mit kapazitiver Kopplung

Bei der Schaltung nach Bild 2.36 erfolgt die Arbeitspunktstabilisierung wie bei der Schaltung nach Bild 2.35. Auch der Kondensator $C_6 = 47$ pF hat die Aufgabe, die Schwingneigung bei hohen Frequenzen zu unterdrücken. Eine frequenzabhängige Gegenkopplung erfolgt durch die Reihenschaltung von R5 und C2 parallel zum Emitterwiderstand R4.

Für den NF-Verstärker nach Bild 2.36 wurden folgende technischen Daten ermittelt:

$V_{ges} \approx 200$ (bei $u_e = 5$ mV)
$f_u \approx 40$ Hz; $f_{ob} \approx 75$ kHz; B ≈ 75 kHz.

2.3.4.2 Zweistufige NF-Verstärker mit galvanischer Kopplung

In **Bild 2.37** ist ein 2-stufiger NF-Verstärker mit galvanischer Kopplung und komplementären Transistoren dargestellt. Bei beiden Transistoren erfolgt die Arbeitspunktstabilisierung durch Emitterwiderstände. Der Arbeitspunkt des ersten Transistors wird mit Tr 1 auf einen optimalen Wert, d. h. auf einen größtmöglichen Aussteuerbereich eingestellt. Die frequenzabhängige Gegenkopplung erfolgt durch die Reihenschaltung von R 4, Tr 2 und C 1.

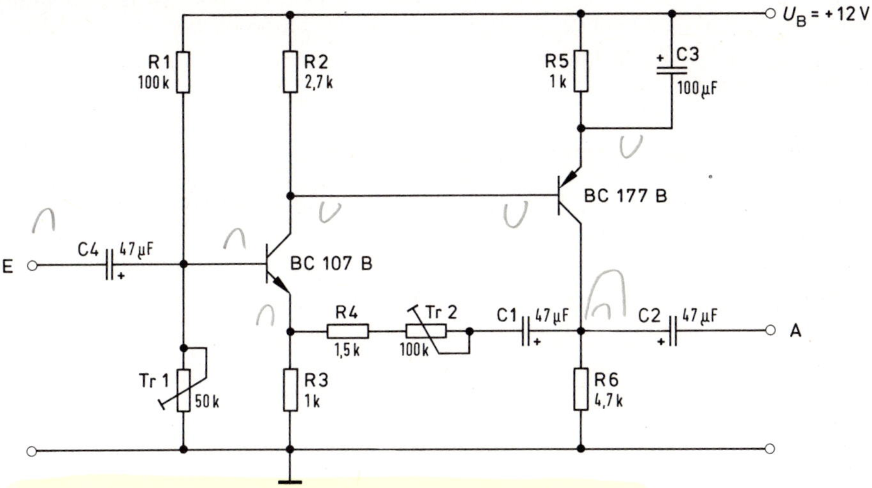

Bild 2.37 2-stufiger NF-Verstärker mit galvanischer Kopplung

Bei dem Verstärker nach Bild 2.37 werden bei $u_e = 20$ mV folgende Werte gemessen:

Tr2 = 0 Ω;	$V_{ges} \approx 2$;	$f_u \approx 5$ Hz;	$f_{ob} \approx 3$ MHz;
Tr2 = 100 kΩ;	$V_{ges} \approx 50$;	$f_u \approx 15$ Hz;	$f_{ob} \approx 120$ kHz.

In der Schaltung nach **Bild 2.38** wird als Eingangstransistor ein FET in Sourceschaltung verwendet. Der Eingangswiderstand ist mit $r_e \approx 1$ MΩ daher sehr groß, so daß dieser Verstärker besonders gut als Vorverstärker bei hochohmigen Signalspannungsquellen eingesetzt werden kann.

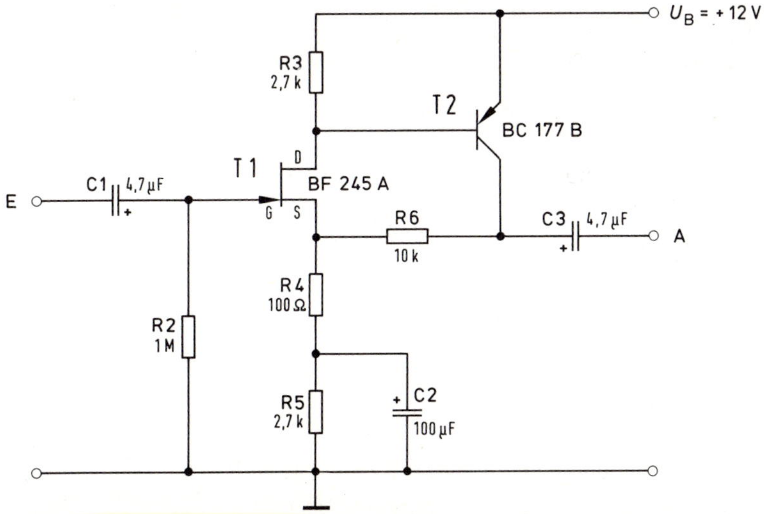

Bild 2.38 2-stufiger NF-Verstärker mit galvanischer Kopplung

Dem FET nachgeschaltet ist ein pnp-Transistor BC 177 B in Emitterschaltung, dessen Kollektorwiderstand aus R6, R4 und R5 besteht, wobei die Widerstände R4 und R5 gleichzeitig als Sourcewiderstand für den FET wirksam sind. Die Gegenkopplung für die Signalspannung wird gebildet aus den Widerständen R6 und R4. R5 ist wechselstrommäßig durch C2 überbrückt. Die Spannungsverstärkung beträgt $V_u \approx 100$ bei $u_e \approx 10$ mV. Wegen der galvanischen Kopplung ist die untere Grenzfrequenz sehr klein und liegt bei $f_u \approx 10$ Hz.

2.3.4.3 NF-Verstärker in integrierter Schaltungstechnik

NF-Verstärker werden auch in integrierter Schaltungstechnik hergestellt. Es handelt sich dabei um galvanisch gekoppelte Verstärkerstufen, wobei die Gesamtverstärkung und der Frequenzgang meistens noch durch eine äußere Beschaltung beeinflußt werden kann.

Der Baustein TAA 370 wurde speziell für Hörgeräte entworfen und er kann bereits mit einer Betriebsspannung $U_B = +1{,}3$ V betrieben werden. **Bild 2.39** zeigt die Innenschaltung dieses integrierten Verstärkers.

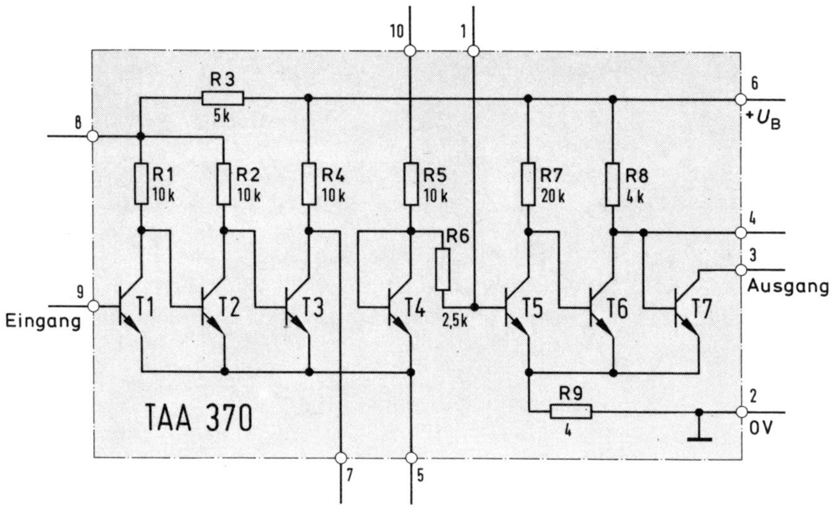

Bild 2.39 Innenschaltung des Bausteins TAA 370

Als Beispiel für eine externe Beschaltung ist der Schaltplan für ein Hörgerät in **Bild 2.40** angegeben.

Die Ausgangsleistung beträgt bei der Schaltung nach Bild 2.40 etwa 1,5 mW. Die Verstärkung und damit die Lautstärke läßt sich mit dem Potentiometer $R_1 = 25$ kΩ verändern. Der Baustein TAA 370 hat nur die Maße 6,6 × 3,8 × 1,8 mm, so daß sich die gesamte Verstärkerschaltung auch in einem Brillengestell unterbringen läßt.

Bild 2.41 zeigt einen weiteren NF-Verstärker in integrierter Schaltungstechnik. Der Baustein TAA 263 enthält drei galvanisch gekoppelte Transistorstufen, die einen gemeinsamen äußeren Emitterwiderstand haben.

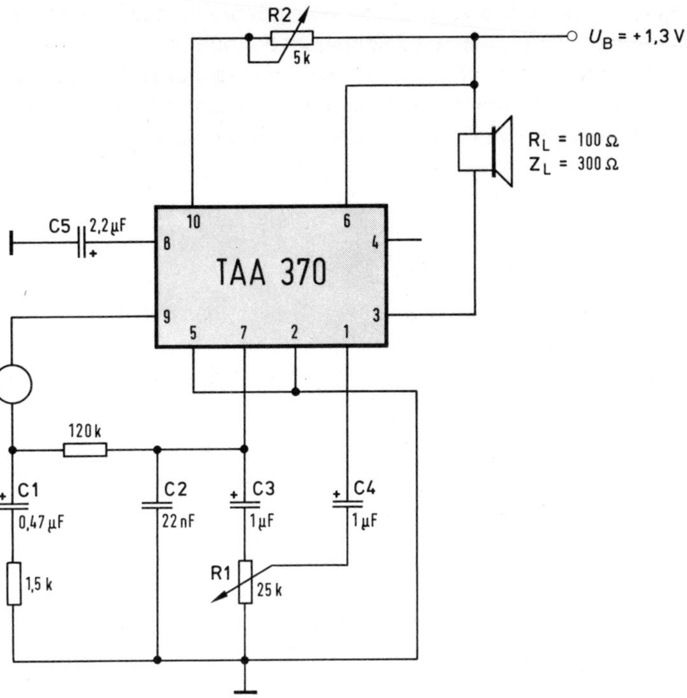

Bild 2.40 Baustein TAA 370 als Hörgeräteverstärker

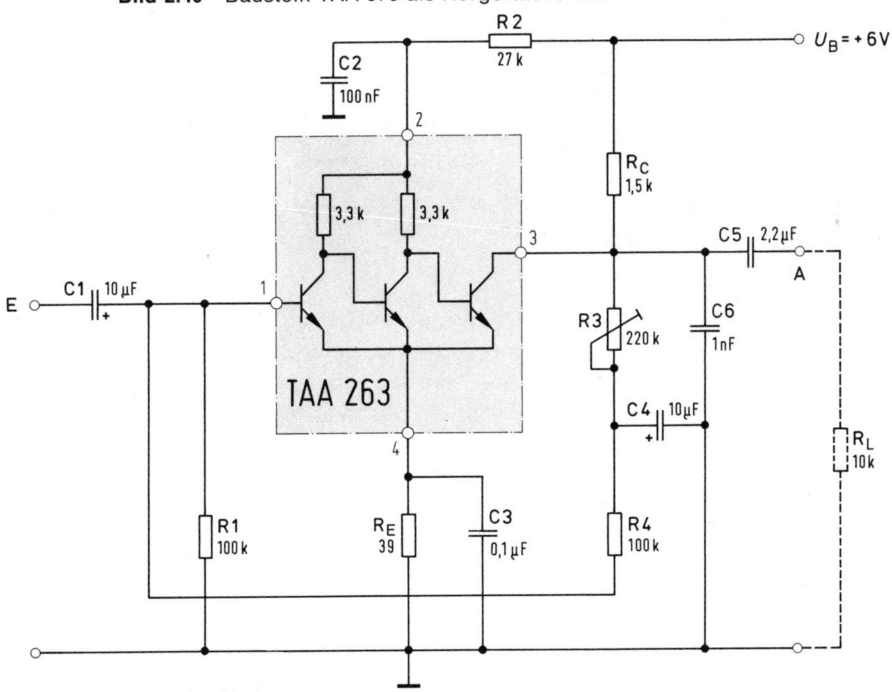

Bild 2.41 NF-Verstärker mit Baustein TAA 263

Eine Stromgegenkopplung erfolgt durch den gemeinsamen Emitterwiderstand R_E. Gleichzeitig ist auch noch eine Spannungsgegenkopplung durch die Widerstände R3 und R4 wirksam. Sie wird durch C4 für das Signal unwirksam gemacht. Der Arbeitspunkt wird mit dem Trimmer R3 auf $U_3 \approx 1/2\ U_B \approx 3$ V eingestellt. Die Gesamtverstärkung wird im wesentlichen bestimmt durch das Verhältnis R_C/R_E, so daß $V_u \approx 39$ beträgt.

2.4 Leistungsverstärker

Wesentliche Aufgabe von Kleinsignalverstärkern ist es, die Amplitude von kleinen oder auch sehr kleinen Signalspannungen zu erhöhen. Die Hauptaufgabe von Leistungsverstärkern besteht dagegen darin, das Signal mit einer möglichst großen Leistung an den Verbraucher zu liefern. Das Produkt aus Signalspannung und Signalstrom soll daher bei Leistungsverstärkern möglichst groß sein.

Aus diesem Grund ist der Wirkungsgrad bei Leistungsverstärkern von besonderer Bedeutung. Als Wirkungsgrad η ist hier festgelegt:

$$\eta = \frac{P_{ab}}{P_{zu}} = \frac{\text{an den Verbraucher abgegebene Leistung}}{\text{der Gleichstromquelle entnommene Leistung}}.$$

Gute Leistungsverstärker erreichen heute einen Wirkungsgrad bis $\eta \approx 0{,}7$, also bis zu 70%. Die im Transistor auftretende Verlustleistung beträgt

$$P_V = P_{zu} - P_{ab}.$$

Diese Verlustleistung wird im Transistor in Wärme umgesetzt und muß an die Umgebungsluft abgeführt werden. Die Leistungstransistoren sind daher meistens auf Kühlkörper montiert oder mit aufgesteckten Kühlfahnen versehen.

Bei den Leistungsverstärkern gibt es zwei verschiedene Betriebsarten;

die Eintaktverstärker und
die Gegentaktverstärker.

Die Eintaktverstärker werden im Arbeitspunkt A betrieben und arbeiten daher im Prinzip wie die Kleinsignalverstärker. Die positiven und die negativen Halbwellen des Wechselspannungssignals werden von dem gleichen Transistor verstärkt. Bei den Gegentaktverstärkern ist dagegen für die positiven und die negativen Halbwellen jeweils ein Transistor vorhanden. Die getrennt verstärkten Halbwellen werden dann im Verbraucher wieder zu dem Gesamtsignal zusammengesetzt. Bei den Gegentaktverstärkern sind heute immer stärker Bausteine in integrierter oder Hybrid-Schaltungstechnik zu finden.

2.4.1 Eintaktverstärker

Eintaktverstärker werden im Arbeitspunkt A betrieben. Die Lage dieses Arbeitspunktes im Kennlinienfeld ist bereits in Bild 2.5 dargestellt. Die größte Verlustleistung P_{Vmax}

tritt auf, wenn der Verstärker nicht angesteuert wird. Bei $U_{CE} = {}^1/_2\, U_B$ fließt dann ein Ruhestrom $I_C = {}^1/_2\, I_{Cmax}$. Es gilt daher:

$$P_{Vmax} = \frac{1}{2}\, U_B \cdot \frac{1}{2}\, I_{Cmax} = \frac{1}{4}\, U_B \cdot I_{Cmax}.$$

Obwohl die Verlustleistung bei Ansteuerung geringer wird, bleibt der Wirkungsgrad des Eintaktverstärkers insgesamt gering. Er wird daher nur für kleine Ausgangsleistungen bis etwa 1 W eingesetzt.

Eintaktverstärker können sowohl in Emitterschaltung als auch in Kollektorschaltung betrieben werden. Die Kollektorschaltung hat den Vorteil, daß der Eingangswiderstand r_e größer ist und die Signalquelle daher nicht so stark belastet wird. **Bild 2.42** zeigt einen einfachen Eintaktverstärker in Kollektorschaltung.

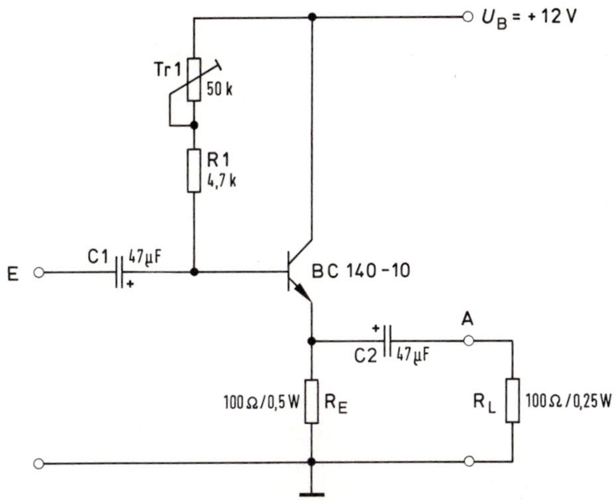

Bild 2.42 Eintaktverstärker in Kollektorschaltung

Bei der Schaltung nach Bild 2.42 wird der Arbeitspunkt mit dem Trimmer Tr1 auf $U_{CE} \approx 6$ V eingestellt. Die maximale Verlustleistung beträgt $P_{Vmax} \approx 360$ mW.

Da heute bereits eine große Zahl von integrierten Gegentaktverstärkern mit wesentlich besserem Wirkungsgrad lieferbar sind, haben die Eintaktverstärker inzwischen nur noch eine untergeordnete Bedeutung.

2.4.2 Gegentaktverstärker

Werden zwei komplementäre Transistoren entsprechend **Bild 2.43** zusammengeschaltet, so entsteht ein Gegentaktverstärker. Beide Transistoren werden dabei in Kollektorschaltung betrieben. Bei fehlender Ansteuerung sind beide Transistoren gesperrt, so daß kein Ruhestrom fließt. Eine solche Betriebsart wird als B-Betrieb bezeichnet.

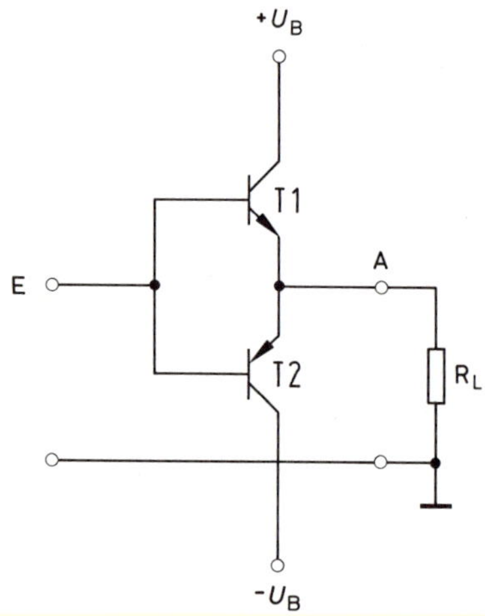

Bild 2.43 Prinzipschaltung eines Gegentaktverstärkers für B-Betrieb

Bei einem Gegentaktverstärker entsprechend Bild 2.43 wird die positive Halbwelle nur vom npn-Transistor T1 verstärkt. Der pnp-Transistor T2 ist während dieser Zeit voll gesperrt. Bei der negativen Halbwelle ist dagegen T1 voll gesperrt und nur T2 ist als Verstärkerelement wirksam. Die beiden einzelnen verstärkten Halbwellen werden dann im Verbraucherwiderstand R_L wieder zu dem Gesamtsignal zusammengefügt. **Bild 2.44** zeigt das Kennlinienfeld für den Transistor T1, in dem die Lage des Arbeitspunktes B besonders gekennzeichnet ist. Mit anderer Polarität für I_C und U_{CE} gilt das Kennlinienfeld auch für T2.

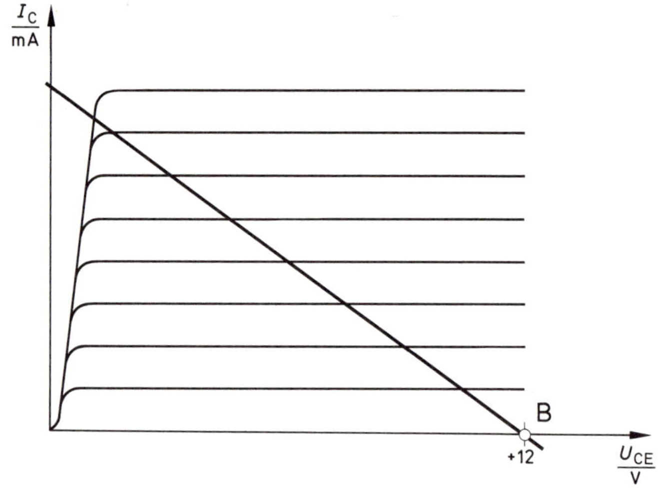

Bild 2.44 Ausgangskennlinienfeld für T1 bei einem Gegentaktverstärker im B-Betrieb

Bei der Schaltung nach Bild 2.43 muß die Amplitude der Signalspannung nach einem Nulldurchgang immer erst wieder den Schwellwert der Basis-Emitterdiode (ca. 0,6 V) überschritten haben, bevor ein Emitterstrom fließen kann. Dadurch wird die Signalspannung bei einem Gegentakt-B-Verstärker im Bereich des Nulldurchganges verzerrt. Ein Gegentakt-B-Verstärker verfälscht daher bei kleinen Signalamplituden das

Signal relativ stark. Bei größeren Signalamplituden sind diese Übernahmeverzerrungen dann jedoch relativ klein.

Leistungsmäßig betrachtet ist der B-Betrieb sehr günstig. Ohne Signal ist die Verlustleistung $P_V \approx 0\,W$ und bei Vollaussteuerung ergibt sich für jeden Transistor $P_V \approx 0{,}1 \cdot U_B \cdot I_{C\,max}$. Die maximale Leistung, die bei einem Gegentakt-B-Verstärker nach Bild 2.43 erzeugt werden kann, beträgt

$$P_{RL\,max} \approx \frac{1}{2} \cdot \frac{U_B^2}{R_L}.$$

Für einen Gegentakt-B-Verstärker nach **Bild 2.45** gilt dagegen wegen der unsymmetrischen Spannungsversorgung

$$P_{RL\,max} \approx \frac{1}{8} \cdot \frac{U_B^2}{R_L}.$$

Bild 2.45 zeigt einen einfachen Gegentakt-B-Verstärker mit den komplementären Transistoren BC 140-10 und BC 160-10. Er wird mit $U_B = +12\,V$ betrieben.

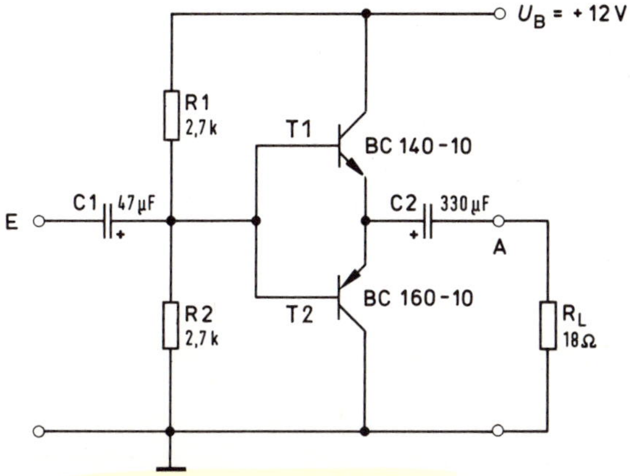

Bild 2.45 Gegentakt-B-Verstärker

Der Kondensator C2 erspart eine Spannungsquelle mit Mittelanzapfung, weil sich an ihm eine Spannung $U_B/2$ aufbaut, die als Speisespannung für den Transistor T2 wirkt. Während der positiven Halbwelle ist T1 leitend und C2 wird über T1 und R_L zusätzlich etwas aufgeladen. Während der negativen Halbwelle ist dann T2 leitend und der Kondensator C2 wird über T2 und R_L wieder etwas entladen. Die hierdurch bedingten Änderungen dieser Kondensatorspannung müssen durch Wahl eines Kondensators mit genügend großer Kapazität so klein gehalten werden, daß keine merklichen Verzerrungen entstehen. Bei vorgegebener unterer Grenzfrequenz f_u läßt sich der Mindestwert des Kondensators C2 mit der Gleichung

$$C2 \approx \frac{1}{2\pi \cdot f_u \cdot R_L}$$

ermitteln. Für die angegebene Schaltung ergibt sich bei $C2 = 330 \cdot 10^{-6}\,F$ eine untere Grenzfrequenz $f_u \approx 50\,Hz$.

Um den wesentlichen Nachteil des B-Verstärkers – starke Verzerrungen bei kleinen Signalamplituden – zu vermeiden, werden die Gegentaktverstärker meistens nicht im B-Betrieb, sondern im AB-Betrieb betrieben. Bei dieser Betriebsart liegen die Arbeitspunkte der beiden Transistoren auf der Arbeitskennlinie zwischen dem Arbeitspunkt A ($U_{CE} \approx 1/2\ U_B$) und dem Arbeitspunkt B ($U_{CE} = U_B$). Durch die Transistoren fließt dann ein relativ kleiner Ruhestrom. Dadurch wird dann erreicht, daß kleine Signalamplituden unverzerrt wie bei einem A-Verstärker, große Signalamplituden dann wie bei einem B-Verstärker verstärkt werden. Durch den Ruhestrom bedingt, ist aber der Wirkungsgrad des AB-Verstärkers nicht so günstig wie der des reinen B-Verstärkers. **Bild 2.46** zeigt einen Gegentakt-AB-Verstärker.

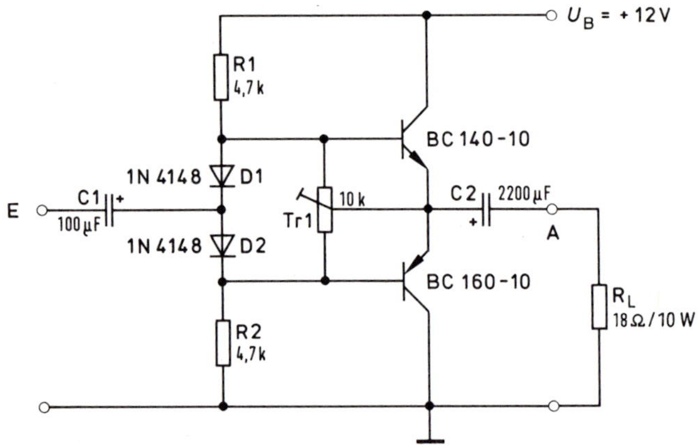

Bild 2.46 Gegentaktverstärker für AB-Betrieb

Die Festlegung der Arbeitspunkte erfolgt mit Hilfe des Spannungsteilers aus R 1, D 1, R2 und D2, und zwar wird an den Dioden eine Vorspannung von ungefähr 0,6 V erzeugt. Mit dem Trimmer Tr 1 lassen sich noch Unsymmetrien der Basis-Emitterspannungen ausgleichen. Bei gutem thermischen Kontakt der beiden Dioden mit den Transistoren tritt eine zusätzliche Temperaturkompensation des Verstärkers ein.

Nachteilig bei dem Verstärker nach Bild 2.46 ist jedoch die starke Belastung der ansteuernden Signalquelle. Sie kann herabgesetzt werden, wenn Darlington-Schaltungen verwendet werden. **Bild 2.47** zeigt einen Gegentakt-AB-Verstärker mit Darlington-Schaltung.

Die erforderliche Vorspannung von jeweils $2 \times 0{,}6$ V wird durch jeweils 2 in Reihe geschaltete Dioden erzeugt. Durch die Transistoren T3 und T4 wird der zur Aussteuerung erforderliche Basisstrom um den Stromverstärkungsfaktor $\beta_{(T3)}$ bzw. $\beta_{(T4)}$ herabgesetzt, so daß die Signalquelle weniger stark als bei der Schaltung nach Bild 2.46 belastet wird.

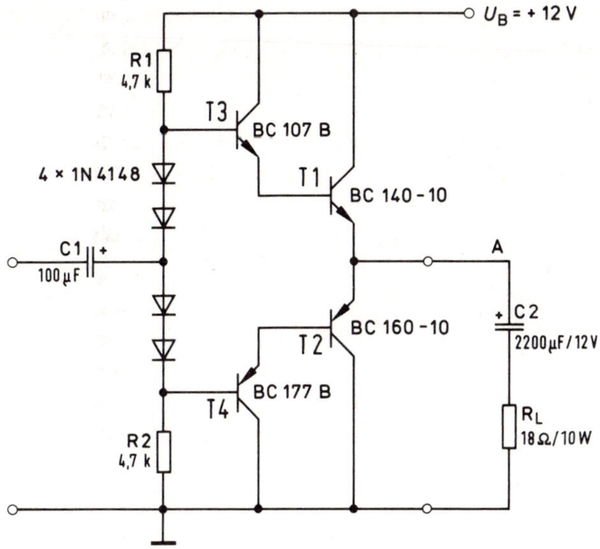

Bild 2.47 Gegentakt-AB-Verstärker mit Darlington-Schaltung

Um Gegentaktverstärker leistungsmäßig optimal und für möglichst geringe Verzerrungen auszulegen, sind zusätzliche Symmetrierbedingungen einzuhalten. Dies erfordert dann eine sehr sorgfältige Auswahl der einzelnen Bauelemente und weitere schaltungstechnische Maßnahmen, um Einstell- bzw. Symmetriermöglichkeiten zu schaffen. Gegentakt-AB-Verstärker größerer Leistung und höherer Ansprüche bezüglich möglichst kleiner Verzerrungen sind daher bereits sehr aufwendig. Aus diesem Grunde haben sich inzwischen Gegentaktverstärker in integrierter Schaltungstechnik sehr stark durchgesetzt.

2.4.3 Leistungsverstärker in integrierter Schaltungstechnik

Es gibt heute bereits eine Vielzahl verschiedener Typen von Leistungsverstärkern in integrierter Schaltungstechnik. Ausgewählt sind hier nur vier charakteristische Bausteine, bei denen nur eine recht einfache externe Beschaltung erforderlich ist. Auf die interne Schaltungstechnik wird nicht näher eingegangen. Angegeben werden nur einige wichtige Kenndaten. Weitere Angaben zu den einzelnen Bausteinen können den Datenblättern der Hersteller entnommen werden.

NF-Leistungsverstärker TCA 940/TBA 810 AS

Zwei in den technischen Daten weitgehend übereinstimmende NF-Leistungsverstärker werden unter den Bezeichnungen TCA 940 (Fa. Thomson-CSF) und TBA 810 AS (Fa. Telefunken) angeboten. Sie sind für Betriebsspannungen zwischen $U_{Bmin} = +9$ V und $U_{Bmax} = +20$ V ausgelegt. Der Arbeitswiderstand soll $R_L = 4\ \Omega$ betragen. Der Eingangswiderstand der Bausteine liegt mit $r_e = 5\ \text{M}\Omega$ so hoch, daß die Belastung der Signalquelle vernachlässigbar gering ist. Die Bandbreite wird mit $B \approx 20$ kHz und die untere Grenzfrequenz mit $f_u \approx 40$ Hz angegeben. **Bild 2.48** zeigt ein Schaltungsbeispiel für den integrierten Leistungsverstärker TCA 940.

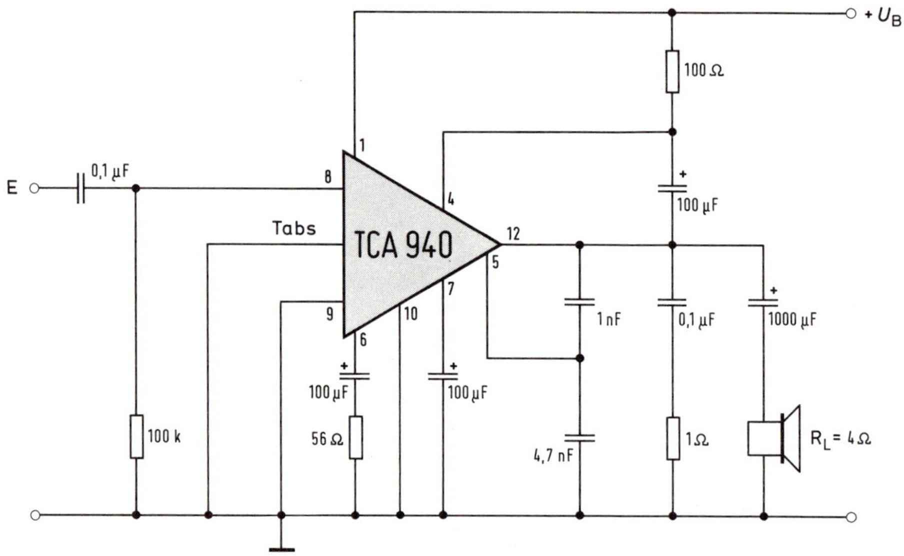

Bild 2.48 Schaltungsbeispiel für den Baustein TCA 940

Der Baustein TCA 940 ist intern gegen Überhitzung, zu hohe Betriebsspannung und Kurzschluß am Ausgang geschützt. Bei $U_B = +9$ V beträgt die Ausgangsleistung $P = 2{,}5$ W und bei $U_B = +20$ V wird eine Ausgangsleistung $P = 10$ W angegeben. Soll die maximale Leistung erbracht werden, so ist die Montage auf einen Kühlkörper mit $R_{thK} \leqq 30$ K/W erforderlich.

Durch die externe Beschaltung wird eine Anpassung an den jeweiligen Einsatz vorgenommen. So wird z.B. durch Wahl eines Widerstandes von 100 kΩ im CR-Glied am Eingang der Schaltung eine Herabsetzung des Eingangswiderstandes auf einen für NF-Leistungsverstärker häufigen Wert von $r_e \approx 100$ kΩ erreicht.

Stereo-NF-Leistungsverstärker TDA 1009

Bei dem Stereo-NF-Verstärker TDA 1009 (Fa. Valvo) sind zwei Gegentaktverstärker in einem Gehäuse zusammengefaßt. **Bild 2.49** zeigt die sehr einfache externe Beschaltung.

Die Betriebsspannung kann bei diesem Baustein zwischen $U_{Bmin} = +9$ V und $U_{Bmax} = +20$ V liegen. Der Eingangswiderstand beträgt $r_e \approx 45$ kΩ. Bei $U_B = +16$ V und $R_L = 4$ Ω wird die Ausgangsleistung mit 6 W pro Kanal und bei $R_L = 8$ Ω mit 3,4 W angegeben. Geliefert wird der Baustein in einem 16-poligen Dual-in-Line-Gehäuse mit metallischer Montagefläche für einen Kühlkörper mit $R_{thK} \leqq 8$ K/W. Ein Überlastschutz durch eine Thermosicherung ist vorhanden.

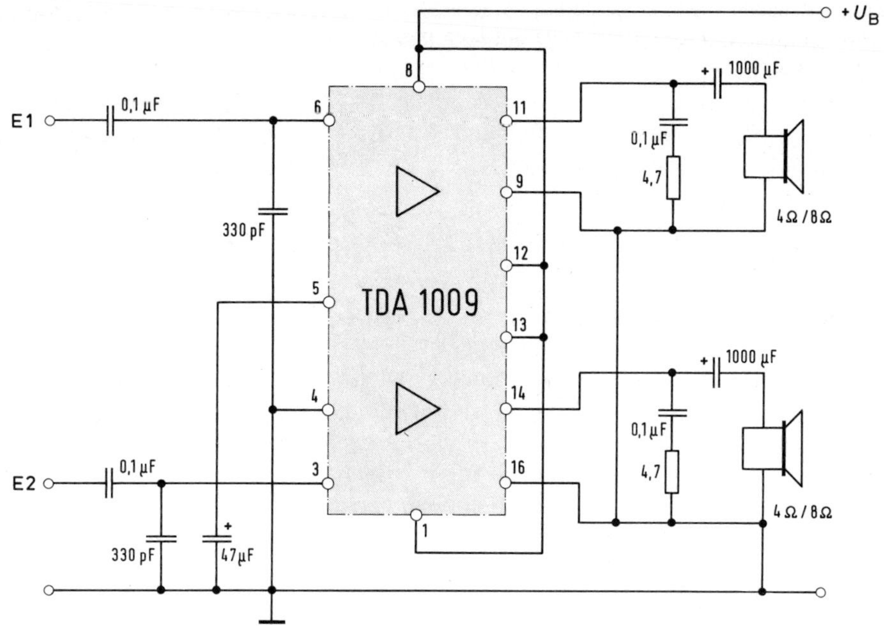

Bild 2.49 Stereo-NF-Leistungsverstärker mit TDA 1009

NF-Leistungsverstärker TDA 2002

Der integrierte NF-Leistungsverstärker TDA 2002 (SGS-Ates/Telefunken) hat eine Ausgangsleistung von maximal 10 W. Er ist besonders ausgelegt für einen Einsatz in Autoradios. Die Zuverlässigkeit dieses Bausteins wird durch mehrere integrierte Schutzmaßnahmen wie thermischer Überlastungsschutz, Kurzschlußschutz, Verpolungsschutz, Überspannungsschutz und Schutz gegen eine fehlende Masseverbindung gewährleistet. **Bild 2.50** zeigt eine typische Schaltung mit dem Baustein TDA 2002.

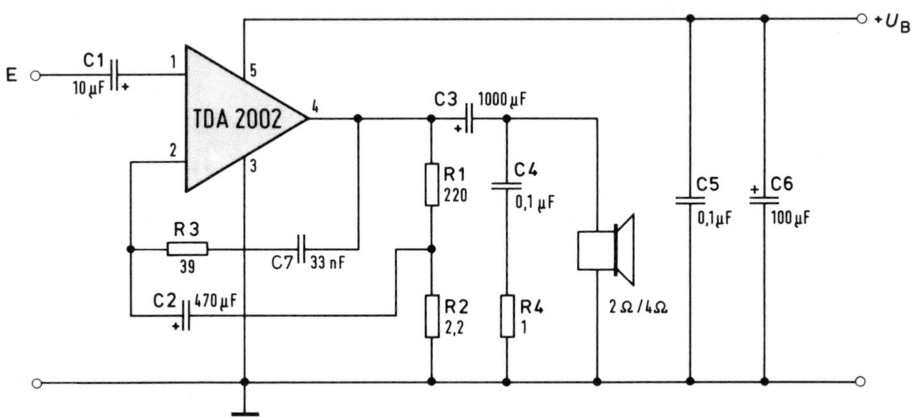

Bild 2.50 NF-Leistungsverstärker mit TDA 2002

Der Eingangswiderstand beträgt $r_e \approx 150\ \mathrm{k\Omega}$. Die Bandbreite ist durch Auslegung der Gegenkopplung mit 33 nF und 39 Ω auf eine Bandbreite von $B \approx 15$ kHz und $f_u \approx 40$ Hz optimiert. Bei $U_B = +16$ V und $R_L = 4\ \Omega$ beträgt die Ausgangsleistung $P = 6{,}5$ W. Die Verstärkung hängt vom Widerstandsverhältnis R1/R2 ab und läßt sich in Grenzen ändern. Der Gegenkopplungswiderstand R3 soll etwa $R_3 \approx 20 \cdot R_2$ betragen. Als Wärmewiderstand der Kühlbleche ist $R_{thK} \leqq 7$ K/W erforderlich.

Höhere Ausgangsleistungen können mit dem Baustein TDA 2003 erreicht werden, der eine gleiche interne Schaltung wie der Baustein TDA 2002, aber ein anderes Gehäuse hat.

NF-Leistungsverstärker STK 050

Die drei vorher beschriebenen Leistungsverstärker hatten relativ kleine Ausgangsleistungen. Lieferbar sind heute aber auch schon integrierte Leistungsverstärker mit Ausgangsleistungen von 50 W oder bis 100 W. Ein Leistungsverstärker mit $P = 50$ W ist der Baustein STK 050 (Fa. Sanyo). Er wird auch als Hybrid-Baustein bezeichnet, weil er in einem vergossenen Gehäuse außer Transistoren, Dioden und Widerständen in integrierter Schaltungstechnik auch noch einige Widerstände und Kondensatoren in diskreter Schaltungstechnik enthält. Das Gehäuse hat die Maße L ≈ 87 mm, H ≈ 52 mm und B ≈ 11 mm und ist mit Steckanschlüssen versehen.

Der Baustein STK 050 ist ausgelegt für symmetrische Betriebsspannungen $U_B = \pm 30$ V bei $R_L = 4\ \Omega$ und $U_B = \pm 35$ V bei $R_L = 8\ \Omega$. Der Eingangswiderstand beträgt $r_e \approx 30\ \mathrm{k\Omega}$. Zur Vollaussteuerung reicht eine Eingangsspannung $u_e \approx 500$ mV...700 mV aus. **Bild 2.51** zeigt ein Schaltungsbeispiel.

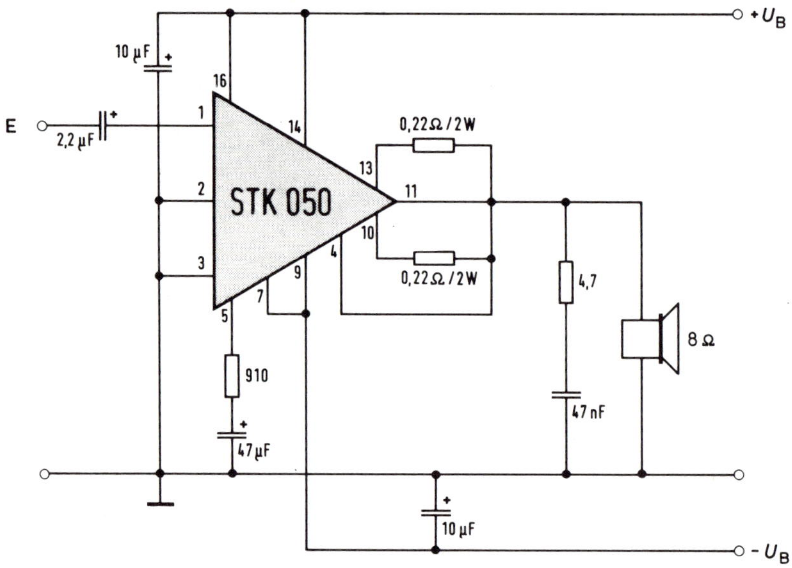

Bild 2.51 Schaltungsbeispiel mit STK 050

Zum Schutz des Bausteins ist eine Begrenzung des maximalen Ausgangsstromes erforderlich. Sie spricht bei einer externen Spannung von etwa 0,66 V an und wird für jeden der beiden Gegentaktzweige durch zwei extern anzuschließende Widerstände erreicht. Bei der Schaltung nach Bild 2.51 erfolgt durch die beiden Widerstände $R = 0{,}22\ \Omega/2$ W eine Strombegrenzung auf 3 A.

Von besonderer Bedeutung ist wegen der großen Ausgangsleistung die Kühlung des Bausteins. Bei $P = 20$ W ist ein Kühlkörper mit $R_{thK} \leqq 1{,}5$ K/W, bei $P = 50$ W ein Kühlkörper mit $R_{thK} \leqq 1$ K/W erforderlich.

2.5 Differenzverstärker

Ein Differenzverstärker besteht aus zwei Verstärkerstufen in Emitterschaltung, die aber nur einen gemeinsamen Emitterwiderstand haben. Die Kopplung der beiden Transistorverstärker erfolgt über diesen gemeinsamen Emitterwiderstand. Die Prinzipschaltung eines Differenzverstärkers ist bereits in Bild 2.4 dargestellt. Zu unterscheiden ist beim Differenzverstärker zwischen einem Gleichtaktbetrieb und einem Differenzbetrieb.

2.5.1 Differenzbetrieb

Bild 2.52 zeigt noch einmal die Grundschaltung eines Differenzverstärkers. Die Eingangsspannungen U_{E1} und U_{E2} werden bei dieser Schaltung durch gleichartig dimensionierte Spannungsteiler direkt aus der Betriebsspannung gewonnen.

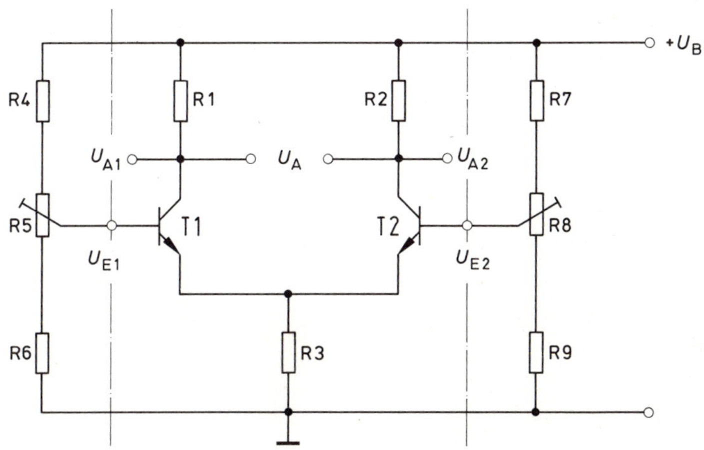

Bild 2.52 Grundschaltung eines Differenzverstärkers

Die Trimmer R5 und R8 seien zunächst so eingestellt, daß $U_{E1} = U_{E2}$ ist. Damit sind dann auch die beiden wirksamen Steuerspannungen $U_{BE(T1)}$ und $U_{BE(T2)}$ gleich groß. Unter der Voraussetzung, daß die beiden Transistoren völlig gleiche technische Daten haben, sind auch die beiden Kollektorströme $I_{C(T1)}$ und $I_{C(T2)}$ gleich groß, also $I_{C(T1)} = I_{C(T2)}$. Ist auch $R_1 = R_2$, so wird $U_{A1} = U_{A2}$ und damit die Differenz $U_A = U_{A1} - U_{A2} = 0$ V.

Wird nun R5 z. B. so verändert, daß U_{E1} geringfügig kleiner wird, dann wird auch $U_{BE(T1)}$ geringfügig kleiner und damit auch der Kollektorstrom $I_{C(T1)}$. Der Spannungsabfall an R1 sinkt und U_{A1} steigt. Zwischen ΔU_{E1} und ΔU_{A1} besteht also eine Phasenverschiebung von $\varphi = 180°$.

Infolge der kleineren Eingangsspannung U_{E1} will aber auch der Emitterstrom $I_{E(T1)}$ kleiner werden und somit ebenfalls der Spannungsabfall am gemeinsamen Emitterwiderstand R3. Dadurch wird aber gleichzeitig $U_{BE[T2]}$ größer. Es fließt ein größerer Kollektorstrom $I_{C(T2)}$, der zu einem größeren Spannungsabfall an R2 führt. U_{A2} wird somit kleiner. Zwischen ΔU_{E1} und ΔU_{A2} tritt demnach keine Phasenverschiebung, also $\varphi = 0°$, auf.

Die Arbeitsweise des Differenzverstärkers beruht im wesentlichen darauf, daß der Strom durch den gemeinsamen Emitterwiderstand R3 konstant bleibt.

Es gilt also:

$$I_{E(T1)} + I_{E(T2)} = \text{const.}$$

Wird also z. B. wegen einer Änderung von U_{E1} der Strom $I_{E(T1)}$ um einen bestimmten Betrag größer, so sinkt der Strom $I_{E(T2)}$ um den gleichen Betrag. Als Folge davon ergibt sich, daß die Änderungen der Ausgangsspannungen ΔU_{A1} und ΔU_{A2} stets gleich groß sind, aber entgegengesetzt laufen. Die Ausgangsspannung U_A setzt sich dann zusammen aus beiden Spannungsänderungen ΔU_{A1} und ΔU_{A2} und es ergibt sich:

$$U_A = 2 \cdot \Delta U_{A1} = 2 \cdot \Delta U_{A2}.$$

Genau das gleiche Verhalten tritt auf, wenn bei einem Differenzverstärker U_{E1} konstant gehalten und U_{E2} verändert wird. Dann besteht jedoch zwischen U_{E2} und U_{A2} eine Phasenverschiebung von $\varphi = 180°$ und zwischen U_{E2} und U_{A1} eine Phasenverschiebung von $\varphi = 0°$.

Die Betriebsart, bei der eine der beiden Eingangsspannungen konstant gehalten und die andere verändert wird, wird als unsymmetrischer Betrieb bezeichnet. Wird z. B. U_{E2} konstant gehalten und U_{E1} geändert, so gilt für die Spannungsverstärkung:

$$V = \frac{\Delta U_A}{\Delta U_{E1}} = \frac{2 \cdot \Delta U_{A1}}{\Delta U_{E1}} = \frac{2 \cdot \Delta U_{A2}}{\Delta U_{E1}}$$

Wird dagegen U_{E1} konstant gehalten und U_{E2} verändert, so ergibt sich für die Spannungsverstärkung:

$$V = \frac{\Delta U_A}{\Delta U_{E2}} = \frac{2 \cdot \Delta U_{A1}}{\Delta U_{E2}} = \frac{2 \cdot \Delta U_{A2}}{\Delta U_{E2}}.$$

Beim Differenzverstärker dürfen aber durchaus auch beide Eingangsspannungen gleichzeitig verändert werden. Wirksam ist jedoch nur jeweils die Differenz U_D dieser beiden Eingangsspannungen:

$$U_D = U_{E1} - U_{E2}.$$

Für die Verstärkung des Differenzverstärkers gilt daher ganz allgemein:

$$V_D = \frac{\Delta U_A}{\Delta U_D} \quad \text{(Differenzverstärkung).}$$

Der Verstärkungsfaktor V_D eines Differenzverstärkers ist groß und liegt etwa in der gleichen Größenordnung wie bei einer Emitterschaltung. Er gilt sowohl für die Verstärkung von Gleichspannung als auch für die Verstärkung von Wechselspannungen.

Bild 2.53 zeigt eine einfache Versuchsschaltung für einen Differenzverstärker.

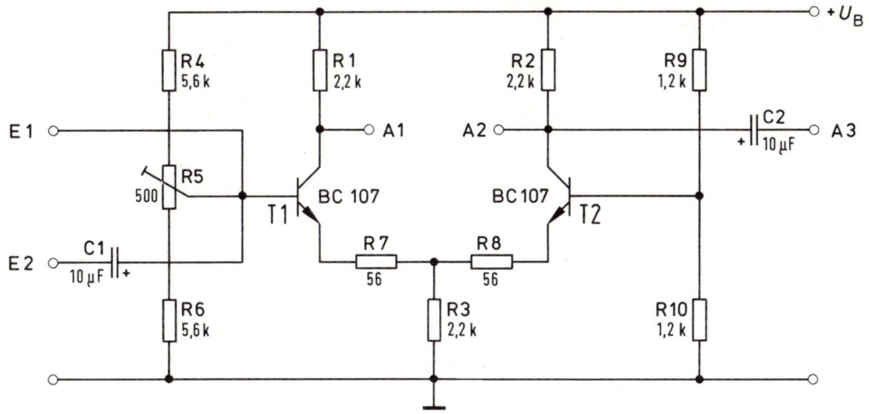

Bild 2.53 Differenzverstärker

Die Basisspannung des Transistors T2 wird in der Schaltung nach Bild 2.53 durch den Spannungsteiler auf $U_{E2} = {}^1/_2\ U_B$ konstant gehalten. Die Widerstände $R_7 = R_8 = 56\ \Omega$ dienen zur Symmetrierung der Schaltung. Mit dem Trimmer R5 läßt sich die Eingangsspannung U_{E1} verändern und damit auch der Arbeitspunkt des Differenzverstärkers so einstellen, daß $U_{A1} = U_{A2}$ ist. Über den Kondensator C1 kann eine Wechselspannung u_E eingespeist werden. Sie wird mit dem gleichen Verstärkungsfaktor wie die Gleichspannung ΔU_{E1} verstärkt und steht dann am Ausgang A1 mit einer Phasenverschiebung $\varphi = 180°$ und am Ausgang A2 mit einer Phasenverschiebung von $\varphi = 0°$ zur Verfügung. Die verstärkte Wechselspannung kann bei dieser Schaltung auch über den Kondensator C2 gleichspannungsfrei ausgekoppelt werden.

2.5.2 Gleichtaktbetrieb

Werden bei einem Differenzverstärker die beiden Eingangsspannungen U_{E1} und U_{E2} immer nur so verändert, daß $U_{E1} = U_{E2}$, dann liegt Gleichtaktbetrieb vor. Bei dieser Betriebsart ist die Differenz zwischen den Ausgängen $U_A = 0$ V, und zwar unabhängig von der Größe der beiden Eingangsspannungen. Für die Gleichtaktverstärkung gilt:

$$V_{Gl} = \frac{\Delta U_A}{\Delta U_{Gl}} \quad \text{(Gleichtaktverstärkung)},$$

mit $\Delta U_{Gl} = \Delta U_{E1} = \Delta U_{E2}$.

Da $\Delta U_A = 0$ V, ist auch $V_{Gl} = 0$, d. h. Änderungen der Eingangsspannungen werden bei Gleichtaktbetrieb nicht verstärkt. Diese Eigenschaft wird beim Differenzverstärker ausgenutzt.

Ändert sich nämlich die Umgebungstemperatur eines Transistors, so ändert sich die Basis-Emitter-Spannung U_{BE} um etwa 2 bis 3 mV/K. Dadurch ändert sich auch bei fester Basisvorspannung der Kollektorstrom und damit der Arbeitspunkt.

Diese Wanderung des Arbeitspunktes wird als Temperaturdrift bezeichnet. Sind bei einem Differenzverstärker die beiden Transistoren völlig gleich und räumlich eng benachbart, so ist auch die Temperaturdrift gleich. Selbst wenn sich nun infolge der Temperaturdrift die Arbeitspunkte der beiden Transistoren verschieben, so bleibt die Differenz der Ausgangsspannung $U_A = 0$ V, d. h. aber, die Umgebungstemperatur hat keinen Einfluß mehr auf die Ausgangsspannung U_A. Dies ist einer der wesentlichen Vorteile des Differenzverstärkers gegenüber anderen Verstärkerstufen.

In der Praxis gibt es aber keine zwei Transistoren mit völlig gleichen technischen Daten und damit auch völlig gleichem Temperaturverhalten. Dies hat zur Folge, daß bei einem realen Differenzverstärker auch bei Gleichtaktbetrieb eine kleine Differenzspannung zwischen den Ausgängen A1 und A2 auftritt und damit U_A ungleich 0 V wird. Die Gleichtaktverstärkung hat damit aber ebenfalls einen von Null verschiedenen Wert, der dem Betrage nach größer als 0 ist.

Ein Maß für die Güte eines Differenzverstärkers ist daher die Gleichtaktunterdrückung G. Sie ist festgelegt als Verhältnis der Differenzverstärkung V_D zur Gleichtaktverstärkung V_{Gl}:

$$G = \frac{V_D}{V_{Gl}} \quad \text{(Gleichtaktunterdrückung).}$$

Je größer die Gleichtaktunterdrückung G, desto besser ist der Differenzverstärker. Ein typischer Wert für gute Differenzverstärker liegt bei $G \approx 10000$. Er wird oft auch in dB angegeben ($G = 10000 \mathrel{\hat{=}} 80$ dB). $G = 10000$ bedeutet, daß z. B. eine Gleichtaktspannung $U_{Gl} = 2$ V nur die gleiche Ausgangsspannung verursacht wie eine Eingangsdifferenzspannung $U_D = 2\,\text{V}/G = 0{,}2$ mV.

Die Gleichtaktunterdrückung ist umso besser, je größer der gemeinsame Emitterwiderstand gegenüber den Kollektorwiderständen ist. Der Emitterwiderstand kann aber nicht beliebig vergrößert werden, da durch ihn der Emitterstrom bestimmt wird und dieser bei einer vorgegebenen Betriebsspannung nicht beliebig kleine Werte haben kann. Auf die Gleichtaktunterdrückung wird im Kapitel 3.2.1 nochmals kurz eingegangen.

Die Bedeutung von Differenzverstärkern in diskreter Schaltungstechnik ist durch das Vordringen von Operationsverstärkern immer geringer geworden. Diese Operationsverstärker enthalten außer in den Eingangsstufen meistens auch noch eine Reihe weiterer Differenzverstärker in integrierter Schaltungstechnik.

3 Verstärker mit OP

3.1 Allgemeines

Bei den Operationsverstärkern handelt es sich um integrierte Verstärkerschaltungen mit sehr großer Verstärkung. Sie sind aus einer Vielzahl von Transistoren, Dioden und Widerständen aufgebaut. Eine detaillierte Kenntnis der internen Schaltung und ihrer Funktion ist für den Praktiker jedoch nicht erforderlich, da sich die Verstärkereigenschaften von Operationsverstärkern allein durch die äußere Beschaltung wesentlich beeinflussen und verändern lassen. Es reicht daher auch aus, den Operationsverstärker in einer Verstärkerschaltung nur durch sein Schaltsymbol anzugeben. **Bild 3.1** zeigt das Schaltsymbol für Operationsverstärker.

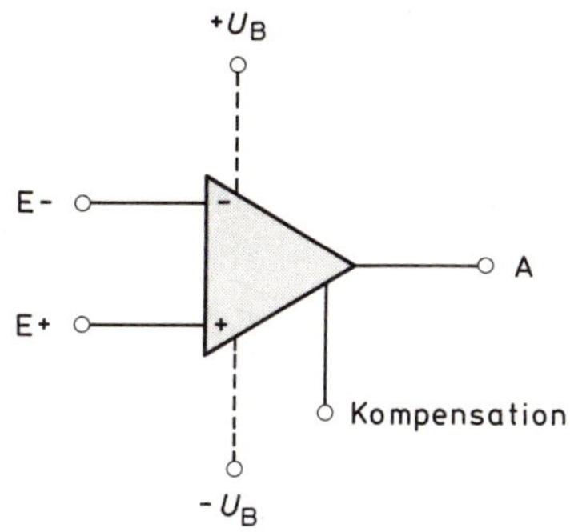

Bild 3.1 Schaltsymbol für einen Operationsverstärker

Operationsverstärker haben stets einen Ausgang A sowie die zwei Eingänge E+ und E−. Diese beiden Eingänge sind im Schaltsymbol durch ein Pluszeichen und ein Minuszeichen gekennzeichnet. Der Eingang E+ wird oft auch als P-Eingang (P = Positiv) oder „nicht-invertierender Eingang" bezeichnet. Der Begriff „nicht-invertierender Eingang" weist darauf hin, daß eine Spannung an diesem Eingang ohne Phasendrehung verstärkt wird. Abgeleitet aus der amerikanischen Literatur wird für den Eingang E+ auch die Kennzeichnung I_1 verwendet (I = Input = Eingang). Der Eingang E− wird dagegen auch als N-Eingang (N = Negativ) oder „invertierender Eingang" bezeichnet. Der Begriff „invertierender Eingang" weist darauf hin, daß eine Spannung an diesem Eingang mit einer Phasendrehung von 180° verstärkt wird. Für den Eingang E− ist auch die Bezeichnung I_2 und für den Ausgang A die Bezeichnung Q (Q = O „Output = Ausgang") üblich.

Operationsverstärker werden in der Regel mit zwei symmetrischen Betriebsspannungen $\pm U_B$ betrieben. Aus Gründen einer besseren Übersichtlichkeit werden sowohl beim Schaltsymbol als auch in den Schaltbildern von Verstärkern die Anschlüsse für die Betriebsspannung meistens weggelassen. Sie sind daher in Bild 3.1 auch nur gestrichelt dargestellt. Je nach Ausführung oder Typ haben die Operationsverstärker auch noch einen oder mehrere weitere Anschlüsse für die externe Kompensation, auf die in Kapitel 3.4 noch näher eingegangen wird.

Operationsverstärker werden in der Elektronik schon seit vielen Jahren verwendet. Ihre Bezeichnung stammt noch aus der Zeit, als diese Art von Verstärkern fast ausschließlich als Rechenverstärker, also für Rechen-Operationen, in Analog-Rechnern eingesetzt wurden. Mit der Fertigung dieser Verstärker als integrierte Bausteine haben sich Operationsverstärker aber schnell auch außerhalb der analogen Rechentechnik viele andere Einsatzgebiete erschlossen. In Kurzform werden sie meistens nur noch als OP oder OpAmp (**Op**erations-**Amp**lifier) bezeichnet.

Der unbeschaltete OP hat eine sehr große Leerlaufverstärkung V_0, die je nach Typ in der Größenordnung von 20000 bis 100000 liegt. Diese hohe Verstärkung wird nur in einer Grundschaltung des OP-Verstärkers, dem Komparator ausgenutzt. Beim Komparator ist es nämlich erwünscht, daß bereits die kleinste Änderung der Eingangsspannung zu einer Übersteuerung des Verstärkers und damit in die Begrenzung führt.

Ohne zusätzliche Maßnahmen würde die hohe Leerlaufverstärkung V_0 des OP bei allen anderen Einsatzgebieten sofort zu erheblichen Schwierigkeiten führen. So könnte z. B. eine kleine Störspannung von nur 0,1 mV bei $V_0 = 30000$ eine Änderung der Ausgangsspannung von 3 V bewirken. Eine so hohe Verstärkung wird in der Praxis aber auch nicht benötigt.

Der besondere Vorteil des OP-Verstärkers liegt insbesondere darin, daß durch eine sehr einfache äußere Beschaltung der Verstärkungsfaktor auf jeden gewünschten Wert herabgesetzt werden kann. Dies geschieht durch eine Gegenkopplung, bei der ein Teil der Ausgangsspannung gegenphasig auf die Eingangsspannung zurückgeführt wird. **Bild 3.2** zeigt das Grundprinzip des gegengekoppelten OP-Verstärkers.

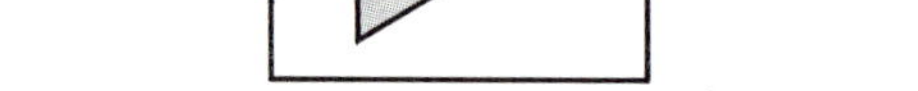

Bild 3.2 Grundprinzip eines gegengekoppelten OP-Verstärkers

Bedingt durch die zwei Eingänge ergeben sich bei Beschaltung des OP mit einer Gegenkopplung zwei verschiedene Grundschaltungen, die als „Invertierender OP-Verstärker" und „Nicht-invertierender OP-Verstärker" bezeichnet werden. Auf diese beiden Grundschaltungen lassen sich alle praktisch eingesetzten OP-Verstärkerschaltungen zurückführen.

Die an den Eingängen E+ und E− liegenden Eingangsspannungen U_{E+} und U_{E-} werden auf Masse bezogen. Der Operationsverstärker verstärkt die Differenzspannung U_D, die zwischen den Eingängen liegt, mit dem Verstärkerfaktor V zur Ausgangsspannung U_A. In **Bild 3.3** sind die Zusammenhänge noch einmal grafisch dargestellt.

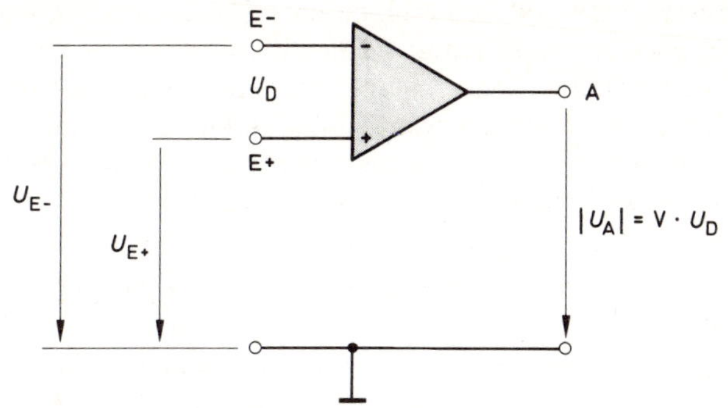

Bild 3.3 Eingangsspannungen und Ausgangsspannungen des Operationsverstärkers

Ist z. B. $U_{E-} = 0$ V, so tritt eine Ausgangsspannung $U_A = V \cdot U_{E+}$ auf, d. h. die Eingangsspannung wird ohne Phasendrehung verstärkt. Ist dagegen z. B. $U_{E+} = 0$ V, so tritt eine Ausgangsspannung $U_A = -V \cdot U_{E-}$ auf, d. h. die Verstärkung der Eingangsspannung erfolgt mit einer Phasendrehung von 180°. Die technischen Eigenschaften eines realen OPs kommen den Eigenschaften eines idealen OPs bereits recht nahe. Diesem fiktiven OP werden ideale Verstärkereigenschaften zugeschrieben. So sollen seine Verstärkung, sein Eingangswiderstand und seine Bandbreite unendlich groß, sein Ausgangswiderstand dagegen Null sein. Weiterhin soll der ideale OP keine Temperaturabhängigkeit haben und eine unbegrenzte Aussteuerung möglich sein. Diese idealen Eigenschaften lassen sich mit realen, also tatsächlich herstellbaren OPs nur angenähert erreichen. In **Bild 3.4** sind einige charakteristische Eigenschaften des idealen und der realen OP-Verstärkers gegenüber gestellt.

Charakteristische Eigenschaft	Idealer OP-Verstärker	Realer OP-Verstärker
Leerlaufverstärkung $V_0 = \frac{U_A}{U_E}$	$V_0 = \infty$	$V_0 = 20 \cdot 10^3 \ldots 100 \cdot 10^3$
Eingangswiderstand $r_e = \frac{\Delta U_E}{\Delta I_E}$	$r_e = \infty\,\Omega$	$r_e = 10^6\,\Omega \ldots 10^{14}\,\Omega$
Ausgangswiderstand $r_a = \frac{\Delta U_A}{\Delta I_A}$	$r_a = 0\,\Omega$	$r_a = 30\,\Omega \ldots 100\,\Omega$
Temperatureinfluß $\Delta U = f(T)$	nicht vorhanden	Im Bereich von $-50\,°C \ldots +75\,°C$ vernachlässigbar gering
Übertragungsbandbreite	$B = \infty$ Hz	Von V abhängig, $10^4 \ldots 10^7$ Hz
Aussteuerbereich $U_A = f(U_E)$	$-\infty \cdots +\infty$	$-U_B \cdots +U_B$

Bild 3.4 Charakteristische Eigenschaften des idealen und des realen Operationsverstärkers

Von den Herstellern werden heute eine Vielzahl verschiedener Typen von OP-Verstärkern angeboten. Sie lassen sich nach den unterschiedlichsten technischen Gesichtspunkten einteilen. Alle OP-Verstärker haben aber eine Eingangsschaltung mit Differenzverstärker. Bei den Ausgangsstufen ist im wesentlichen zu unterscheiden zwischen Gegentaktendstufen und den Schaltungen mit „offenem Kollektor“.

Obwohl die integrierten Operationsverstärker dem idealen Verstärker in einigen technischen Daten bereits recht nahe kommen, haben die OPs auch einige unerwünschte und nachteilige Eigenschaften. Sie lassen sich jedoch durch äußere Kompensationsbeschaltungen und gegebenenfalls deren Abgleich in jedem Einzelfall weitgehend beseitigen. So werden in der Regel durch äußere Beschaltung die Einflüsse unterschiedlicher Eingangsströme und der Eingangs-Offsetspannung beseitigt. Weiterhin muß oft auch durch eine äußere Beschaltung der Frequenzgang des OP korrigiert werden. Insbesondere die Kompensation der Eingangs-Offsetspannung kann je nach OP-Typ bereits recht aufwendig werden.

Basierend auf den beiden Grundschaltungen „Invertierender Verstärker" und „Nichtinvertierender Verstärker" sind eine große Zahl charakteristischer Verstärkerschaltungen mit OP entwickelt worden. Sie lassen sich grob einteilen in eine Gruppe von Verstärkerschaltungen, bei denen in der wirksamen Gegenkopplung ausschließlich ohmsche Widerstände verwendet werden. Hierzu gehören die Umkehrverstärker, die Elektrometerverstärker, die Addierer und Subtrahierer und deren zahlreiche Variationen für bestimmte Einsatzgebiete. Bei der zweiten Gruppe sind in der wirksamen Gegenkopplung außer ohmschen Widerständen auch noch kapazitive Widerstände eingesetzt. Hierzu gehören die Differenzierer oder Differentiatoren, die Integratoren und die aktiven Filter, bei denen in Ausnahmefällen dann auch induktive Widerstände eingesetzt werden.

3.2 Grundprinzip und Kennwerte von Operationsverstärkern

3.2.1 Schaltungstechnisches Grundprinzip von Operationsverstärkern

Operationsverstärker sind stets aus einer größeren Zahl direkt gekoppelter Transistor-Verstärkerstufen in integrierter Schaltungstechnik aufgebaut. Diese Verstärkerstufen lassen sich bei jedem OP zu drei Funktionsgruppen zusammenfassen, und zwar in

eine Eingangsstufe,
eine Spannungsverstärkerstufe und
eine Leistungsendstufe.

In **Bild 3.5** ist ein Blockschaltbild vom internen Aufbau der OPs dargestellt.

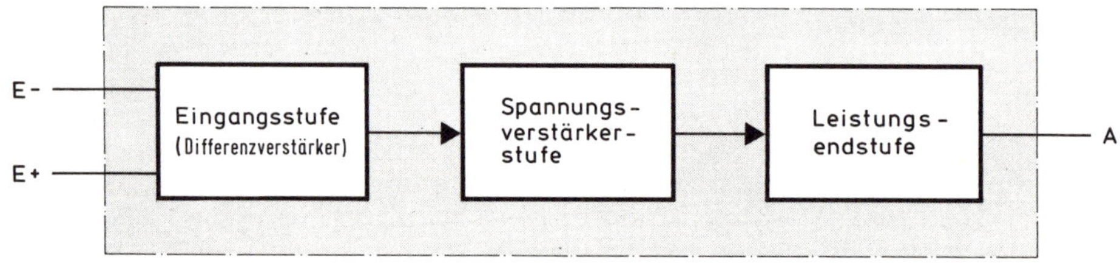

Bild 3.5 Blockschaltbild vom internen Aufbau der Operationsverstärker

Die Zahl der integrierten Transistorstufen, Dioden und Widerstände sowie die Schaltungstechnik ist bei den einzelnen Typen teilweise sehr unterschiedlich. Wie bei der integrierten Schaltungstechnik üblich, wird mit einer Vielzahl von Transistorfunktionen gearbeitet, wodurch gegenüber der diskreten Schaltungstechnik viele Schaltungsfeinheiten und -verbesserungen ausgenutzt werden können. Für den Praktiker reicht es aber völlig aus, nur das Grundprinzip der Arbeitsweise der Eingangsstufen und der Leistungsendstufen zu kennen.

Als Beispiel für die Schaltungstechnik zeigt **Bild 3.6** den internen Aufbau eines OPs vom Typ 709. Deutlich zu erkennen ist die Trennung in die drei Funktionsgruppen entsprechend Bild 3.5.

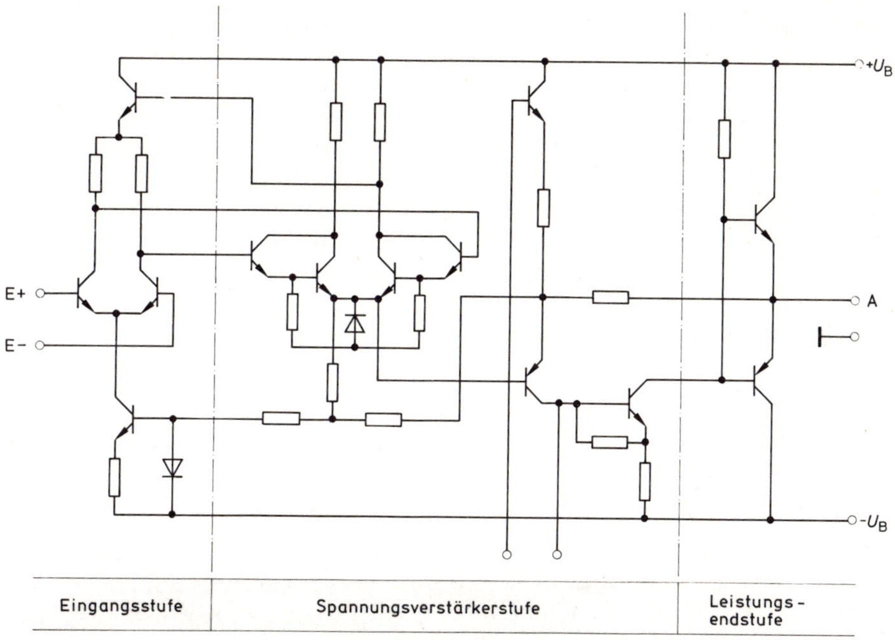

Bild 3.6 Interner Aufbau eines Operationsverstärkers vom Typ 709

Die Eingangsstufe eines OP-Verstärkers enthält grundsätzlich einen Differenzverstärker. In **Bild 3.7** ist die Prinzipschaltung einer solchen Eingangsstufe nochmals dargestellt.

Wie bereits in Kapitel 2.5 erläutert, gilt für die Differenz der Eingangsspannungen

$$U_D = U_{E+} - U_{E-} = U_{BE\,(T1)} - U_{BE\,(T2)}.$$

Die Ausgangsspannung ΔU_A beträgt dann

$$\Delta U_A = V \cdot U_D.$$

Sind die beiden Eingangsspannungen U_{E+} und U_{E-} gleich groß, so tritt auch keine Änderung der Ausgangsspannung U_A auf. Daher ist

$$\Delta U_A = 0\,\text{V} \quad \text{für} \quad U_{E+} = U_{E-} = U_{GL}.$$

Man bezeichnet den Betrieb eines OPs, bei dem die Eingänge E+ und E− mit den gleichen Spannungen angesteuert werden, als Gleichtaktansteuerung.

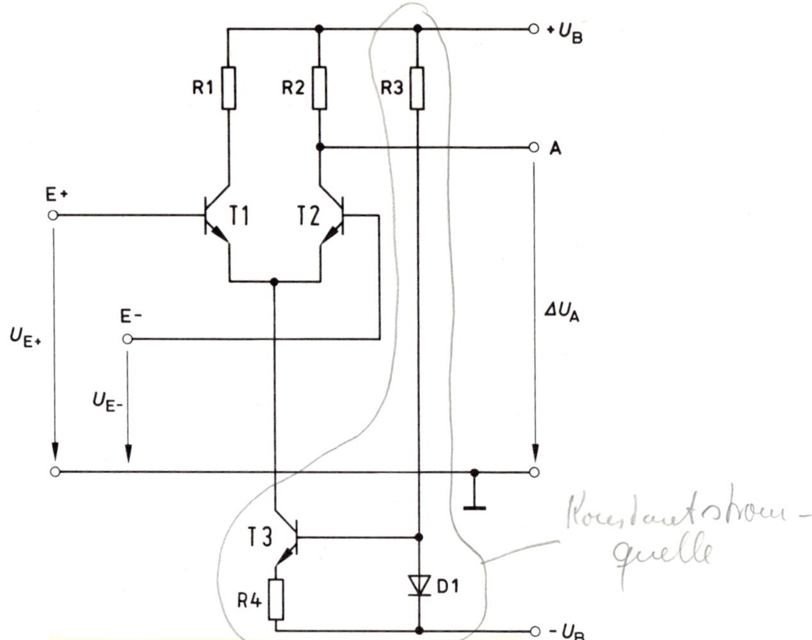

Bild 3.7 Prinzipschaltung einer Eingangsstufe

Ändern sich die beiden Eingangsspannungen U_{E+} und U_{E-} gleichzeitig und gleichsinnig, so soll bei dem idealen OP keine Änderung der Ausgangsspannung U_A auftreten. Diese Forderung wird von einem realen OP nicht erfüllt, da der Differenzverstärker in der Eingangsstufe noch eine Gleichtaktverstärkung aufweist. In **Bild 3.8** sind die Zusammenhänge bei Gleichtaktsteuerung dargestellt. Aus der Steilheit $\Delta U_A/\Delta U_{GL}$ des Kennlinienverlaufs kann jeweils die Gleichtaktverstärkung ermittelt werden. Sie soll auch beim realen OP möglichst klein sein, da sie unerwünscht ist. Die Gleichtaktverstärkung wird um so kleiner, je größer bei einem Differenzverstärker der gemeinsame Emitterwiderstand ist.

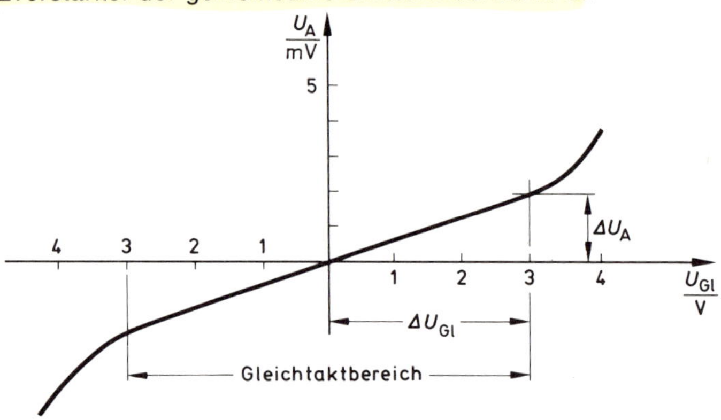

Bild 3.8 Übertragungskennlinie bei Gleichtaktsteuerung

Durch die Zusammenschaltung von T3, R3, R4 und D1 in Bild 3.7 entsteht eine Konstantstromquelle. Ihre genaue Funktion wird jedoch erst in Kapitel 4.2 beschrieben. Diese Konstantstromquelle hat aber einen sehr großen Innenwiderstand, der als Emitterwiderstand und damit als Gegenkopplungswiderstand für die Transistoren T1 und T2 wirkt. Dadurch wird erreicht, daß die Gleichtaktverstärkung für den OP-Verstärker insgesamt recht klein wird. Sie wird in den Datenblättern von Operationsverstärkern auch als

Gleichtaktunterdrückung $G = \frac{V_0}{V_{GL}}$ angegeben.

Der große Innenwiderstand der Konstantstromquelle in Bild 3.7 bewirkt aber als Gegenkopplungswiderstand auch gleichzeitig, daß die Temperaturabhängigkeit der Ausgangsspannung des gesamten OP-Verstärkers in einem großen Temperaturbereich von etwa $-55\,°C$ bis $+75\,°C$ nur noch äußerst gering ist.

Wird bei der Schaltung entsprechend Bild 3.7 die Eingangsspannung U_{E-} konstant gehalten und an den Eingang E+ eine Wechselspannung ΔU_{E+} mit geringer Amplitude gelegt, so ist die Ausgangsspannung ΔU_A gleichphasig mit ΔU_{E+}. Der Transistor T1 arbeitet hierbei in Kollektorschaltung und steuert mit seinem Emitterausgang den Transistor T2 an. Dieser wird dabei gewissermaßen in Basisschaltung betrieben. Wird dagegen die Eingangsspannung U_{E+} konstant gehalten und an den Eingang E− eine Wechselspannung ΔU_{E-} mit geringer Amplitude gelegt, so ist die Ausgangsspannung ΔU_A gegenphasig zur Eingangsspannung ΔU_{E-}. Bei dieser Art von Ansteuerung arbeitet der Transistor T2 in Emitterschaltung.

In Bild 3.7 entsteht aus den symmetrischen Eingängen E+ und E− ein asymmetrischer Ausgang A. Bei den integrierten OP-Schaltungen hat die Eingangsstufe, wie in Bild 3.6 angegeben, meistens jedoch auch zwei symmetrische Ausgänge und die nachfolgende Verstärkung erfolgt in dem Block „Spannungsverstärkung" mit weiteren Differenzverstärkern. Jeder Typ von OP-Verstärker hat hier teilweise recht unterschiedliche und aufwendige Schaltungsvarianten.

Vom Ausgang des Blocks „Spannungsverstärkung" wird dann die Leistungsstufe angesteuert. Bei den Leistungsendstufen sind im wesentlichen zwei Ausführungen zu unterscheiden, und zwar eine Schaltung mit Gegentakt-Endstufe und eine Schaltung mit „Offenem Kollektor". **Bild 3.9** zeigt das Grundprinzip dieser beiden Leistungsendstufen.

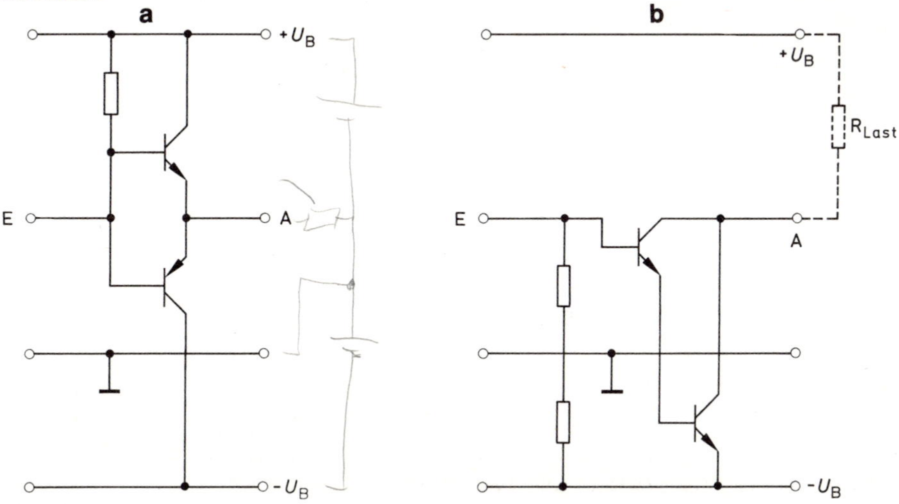

Bild 3.9 Gegentakt-Endstufe und Endstufe mit „Offenem Kollektor"

Die Ausgangswiderstände liegen bei der Ausführung a) mit Gegentaktendstufe in der Größenordnung von $r_A \approx 30\ \Omega$ bis $100\ \Omega$ und die maximalen Lastströme betragen je nach OP-Typ 10 mA bis 25 mA. Diese maximalen Lastströme reichen für einige wichtige Einsatzgebiete des OP-Verstärkers jedoch nicht aus. Für höhere Lastströme gibt es daher auch OP-Verstärker mit einem Eintakt-Ausgang in Darlington-Schaltung. Bei dieser in Bild 3.9 mit b) bezeichneten Version ist dann der extern anzuschließende Verbraucher der Arbeitswiderstand der Eintakt-Endstufe. Diese Ausführungen mit „Open Collector" können je nach Typ, Lastströme bis etwa $I_A = 70$ mA liefern.

Eine Reihe von OP-Typen haben durch zusätzliche interne schaltungstechnische Maßnahmen einen kurzschlußfesten Ausgang. Dies kann in vielen Fällen von erheblichem Vorteil sein. Weiterhin sind zur Begrenzung der Differenzspannung U_D zwischen den Eingängen E+ und E− bei einigen Typen bereits antiparallelgeschaltete Dioden integriert. Ist dies nicht der Fall, so kann es bei bestimmten Anwendungen erforderlich sein, die Eingangsstufen des OPs durch antiparallel geschaltete externe Dioden vor einer unzulässig großen Differenzspannung am Eingang zu schützen.

3.2.2 Kennwerte und Anschlußbelegungen von Operationsverstärkern

Von den Herstellern werden heute eine Vielzahl verschiedener Typen von OP-Verstärkern angeboten. Sie lassen sich nach den verschiedensten technischen Merkmalen einteilen. In der Tabelle nach **Bild 3.10** sind die für den Praktiker wichtigsten

Typ / Kennwerte	709 TAA 522 LM 709	741 TAA 221 µA 741	761 TAA 761	LH 0042
Betriebsspannung $U_{B\,max}$	±18 V	±18 V	±18 V	±15 V
Leerlaufverstärkung V_0	$25 \cdot 10^3 \ldots 45 \cdot 10^3$	$20 \cdot 10^3 \ldots 100 \cdot 10^3$	$32 \cdot 10^3$	$100 \cdot 10^3$
Eingangswiderstand r_e	$150 \cdot 10^3\ \Omega$ bis $400 \cdot 10^3\ \Omega$	$300 \cdot 10^3\ \Omega$ bis $2 \cdot 10^6\ \Omega$	$200 \cdot 10^3\ \Omega$	$1 \cdot 10^{12}\ \Omega$
Offset-Spannung U_0	±5 mV	±6 mV	±6 mV	±20 mV
Ausgangswiderstand r_a	150 Ω	75 Ω	wird durch R_L bestimmt	75 Ω
Ausgangsstrom $I_{A\,max}$	10 mA	20 mA	70 mA	20 mA
Endstufe	Gegentakt	Gegentakt	open collector	Gegentakt
Kurzschlußfest	nein	ja	nein	ja
Frequenzkompensation	extern	intern	extern	intern
Eingangsschutzbeschaltung	nein	ja	ja	nein

Bild 3.10 Wichtige Kennwerte für die Typen 709, 741, 761 und LH 0042

Kennwerte und Daten von vier charakteristischen und weit verbreiteten OP-Typen aufgeführt. Es handelt sich dabei um die Typen 709, 741, 761 und LH 0042, die jeweils mit identischen technischen Daten auch unter anderen Bezeichnungen gefertigt und geliefert werden.

Außer der unterschiedlichen Bezeichnung für Typen mit gleichen technischen Daten werden diese auch in unterschiedlichen Gehäuseausführungen geliefert. In **Bild 3.11** ist die Anschlußbelegung für jeweils eine Gehäuseausführung angegeben.

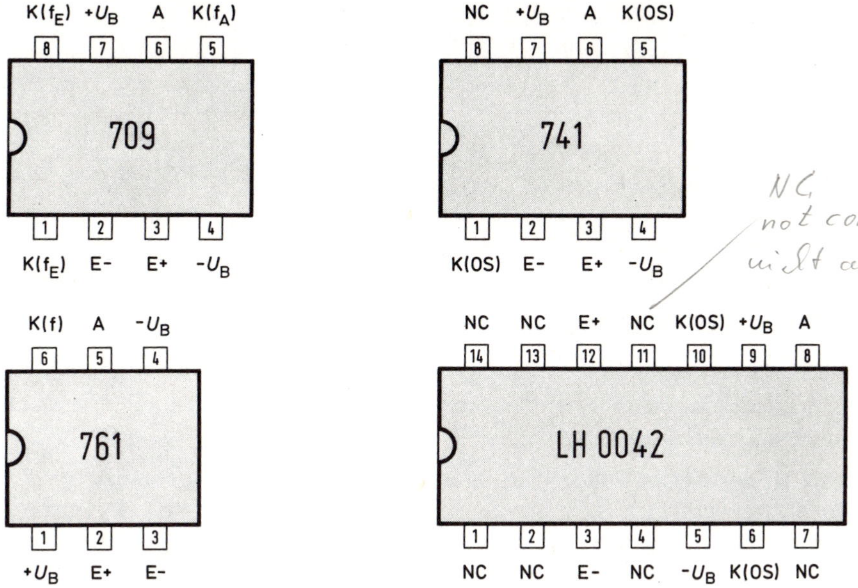

Bild 3.11 Anschlußbelegung für die Typen 709, 741, 761 und LH 0042

Bei den Anschlüssen bedeuten die Kurzbezeichnungen: NC = no connection = nicht belegt, K (f) = Frequenzkompensation, K (f_E) = Eingangsfrequenzkompensation, K (f_A) = Ausgangsfrequenzkompensation. Auf die Bedeutung dieser Anschlüsse für die Kompensation wird noch in Kapitel 3.4 näher eingegangen.

Auffallend in der Tabelle 3.10 ist der sehr große Eingangswiderstand des OPs vom Typ LH 0042 (National Semiconductor) mit $r_e = 1 \cdot 10^{12}\ \Omega$. Er wird erreicht, indem bei dieser Type anstelle von bipolaren Transistoren zwei FETs im Eingangsdifferenzverstärker integriert sind.

3.3 Grundschaltungen von Operationsverstärkern

Operationsverstärker haben eine hohe Leerlaufverstärkung V_0, die in der Größenordnung von 20000 bis 100000 liegt. Nur in einer Grundschaltung des OPs, dem Komparator, wird diese hohe Verstärkung voll ausgenutzt. Bei den beiden weiteren Grundschaltungen des OPs – dem Invertierenden Verstärker und dem Nichtinvertierenden Verstärker – wird der OP dagegen mit einer Gegenkopplung betrieben.

3.3.1 Der Komparator

Die Komparator-Schaltung des OPs besitzt keine Gegenkopplung. Daher ist die hohe Leerlaufverstärkung V_0 voll wirksam. **Bild 3.12** zeigt die beiden Komparator-Schaltungen des OPs.

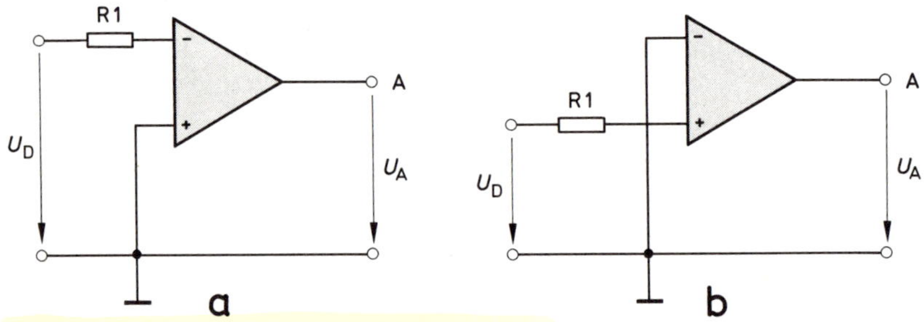

Bild 3.12 Operationsverstärker als Komparator

Wegen der sehr hohen Verstärkung reicht bereits eine sehr kleine Differenzspannung U_D an den Eingängen aus, um den OP-Verstärker zu übersteuern und in die Begrenzung zu bringen. So ist z.B. bei $V_0 = 30\,000$ und $U_B = \pm 12\,V$ nur eine Differenzspannung von $U_D = 0{,}4$ mV erforderlich, damit $U_A \approx U_B$ wird. Da der Komparator bereits auf so kleine Spannungsdifferenzen anspricht, wird diese Grundschaltung auch als Spannungsvergleicher-Schaltung bezeichnet und vorwiegend zum Vergleich zweier Spannungen eingesetzt.

Ist z.B. bei der Ausführung a) in Bild 3.12 die Eingangsspannung U_E geringfügig positiv, so wird $U_A \approx -U_B$. Ist dagegen U_E geringfügig negativ, so wird $U_A \approx +U_B$. Bei der Ausführung b) in Bild 3.12 sind die Verhältnisse genau umgekehrt. In **Bild 3.13** sind die Übertragungskennlinien beider Komparatorausführungen dargestellt.

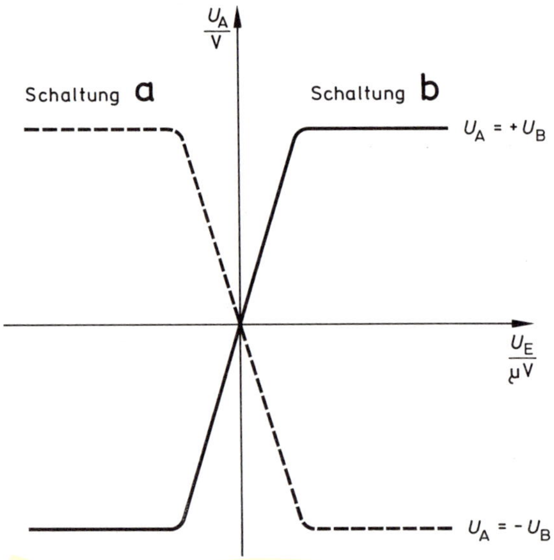

Bild 3.13 Übertragungskennlinien für die Komparator-Schaltungen nach Bild 3.12

Wird bei einem Komparator die Eingangsspannung z.B. von einem kleinen negativen Wert auf einen kleinen positiven Wert sprunghaft verändert, so ändert sich die Ausgangsspannung U_A nicht sprunghaft, sondern mit einer gewissen Verzögerung in den Grenzen von $\pm U_B$. Die Anstiegsgeschwindigkeit von U_A liegt bei den OP-Verstärkern in der Größenordnung von etwa 1 V/µs. Ein Anstieg von −18 V auf +18 V dauert demnach ca. 36 µs. Darüber hinaus hat der OP-Verstärker aber auch noch eine Erholzeit, die nach einer Übersteuerung eine weitere Verzögerung bewirkt. Um auch einen schnelleren Anstieg von U_A bei einem langsamen Anstieg der Eingangsspannung U_E zu erreichen, kann beim Komparator eine Mitkopplung eingeführt werden. **Bild 3.14** zeigt einen solchen Komparator mit Mitkopplung.

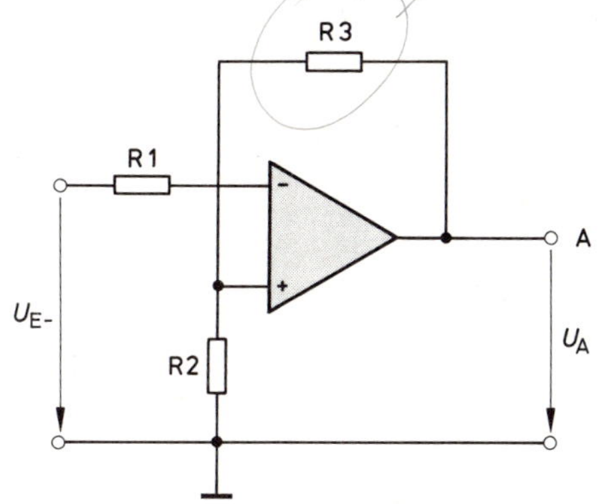

Bild 3.14 Komparator mit Mitkopplung

Bei der Schaltung nach Bild 3.14 erfolgt die Mitkopplung durch den Widerstand R3, über den eine phasengleiche Spannung auf den P-Eingang zurückgeführt wird. Der Komparator erhält dadurch den Charakter eines elektronischen Schalters, der als Schmitt-Trigger bezeichnet und in Kapitel 7.6.2 ausführlich behandelt wird.

3.3.2 Der invertierende Verstärker

Beim Komparator wird die hohe Leerlaufverstärkung des OP-Verstärkers voll ausgenutzt. Bei jeder anderen Verstärkerschaltung mit OP würde eine so große Verstärkung sofort zu erheblichen Schwierigkeiten beim praktischen Einsatz führen. So würde z.B. bei $V_0 = 30000$ eine Störspannung von nur 0,1 mV bereits eine Änderung der Ausgangsspannung von 3 V bewirken. In der Praxis sind daher Schaltungen mit einer so hohen Verstärkung wenig brauchbar. Verstärkungen von 20000 bis 100000 werden bei den üblichen Schaltungen aber auch gar nicht benötigt.

Der besondere Vorteil des OP-Verstärkers liegt nur darin, daß durch eine sehr einfache äußere Beschaltung die Verstärkung des OPs auf jeden gewünschten Wert herabgesetzt werden kann. Dies geschieht durch eine Gegenkopplung, bei der ein Teil der Ausgangsspannung gegenphasig auf den Eingang zurückgeführt wird.

Bild 3.15 zeigt eine Möglichkeit der Gegenkopplung bei einem OP-Verstärker.

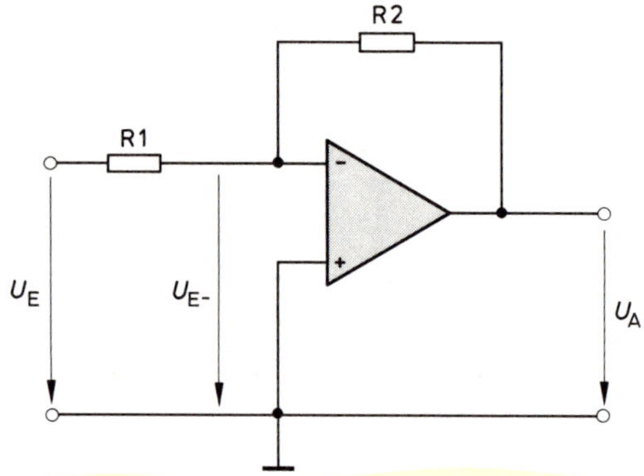

Bild 3.15 Der invertierende Operationsverstärker

Die Arbeitsweise des invertierenden OP-Verstärkers läßt sich am einfachsten verstehen, wenn der Ablauf eines Einschwingvorganges betrachtet wird. Wird z. B. eine positive Spannung an den Eingang U_E gelegt, so springt die Spannung am Eingang E− des OPs auf den Wert

$$U_{E-} = \frac{R_2}{R_1 + R_2} \cdot U_E.$$

Die Ausgangsspannung beträgt nämlich zunächst noch $U_A = 0\,V$ und damit tritt infolge der Widerstande R1 und R2 eine Spannungsteilung zwischen U_E und $U_A = 0\,V$ auf. Die Spannung U_{E-} wird aber verstärkt. U_A wird wegen der Invertierung negativ und damit U_{E-} kleiner. Dieser Vorgang setzt sich so lange fort, bis $U_{E-} \approx 0\,V$ geworden ist und damit dann ein statischer Zustand vorliegt. Wegen $U_{E-} \approx 0\,V$ wird der Eingang E− in dieser Schaltung auch als virtueller Nullpunkt bezeichnet.

Bei Vernachlässigung des sehr kleinen Eingangsstromes I_N, der in den OP-Verstärker fließt, gilt bei $U_{E-} \approx 0\,V$ die Gleichung:

$$\frac{U_E}{R_1} + \frac{U_A}{R_2} = 0.$$

Wird diese Gleichung nach U_A aufgelöst, so ergibt sich:

$$U_A = -\frac{R_2}{R_1} \cdot U_E.$$

Da für einen Verstärker mit 180°-Phasendrehung aber auch ganz allgemein $U_A = -V \cdot U_E$ gilt, ergibt sich, daß die Verstärkung des invertierenden OP-Verstärkers nur noch durch das Verhältnis R2/R1 bestimmt wird. Für den invertierenden OP-Verstärker gilt daher:

$$V = \frac{R_2}{R_1}.$$

Die Verstärkung eines invertierenden OP-Verstärkers hängt also nur von seiner äußeren Beschaltung, d.h. der Wahl eines Widerstandsverhältnisses ab und kann daher in weiten Grenzen unabhängig von der Leerlaufverstärkung V_0 des OP-Verstärkers frei festgelegt bzw. eingestellt werden. Dieses ist ein ganz erheblicher Vorteil für den Einsatz von OPs in Verstärkerschaltungen.

Infolge der Gegenkopplung unterscheiden sich auch der Eingangs- und Ausgangswiderstand eines invertierenden OP-Verstärkers von denen eines OP-Verstärkers ohne Gegenkopplung. In **Bild 3.16** sind die wichtigsten Werte für den invertierenden OP-Verstärker angegeben.

Spannungsverstärkung	$V = \frac{R_2}{R_1}$
Eingangswiderstand	$r'_e = R_1$
Ausgangswiderstand	$r'_a \approx r_a \cdot \frac{V}{V_0}$

Bild 3.16 Kennwerte für den invertierenden Operationsverstärker

3.3.3 Der nicht-invertierende Verstärker

Bild 3.17 zeigt eine weitere Möglichkeit der Gegenkopplung bei einem OP-Verstärker. Die Ansteuerung erfolgt hier über den P-Eingang.

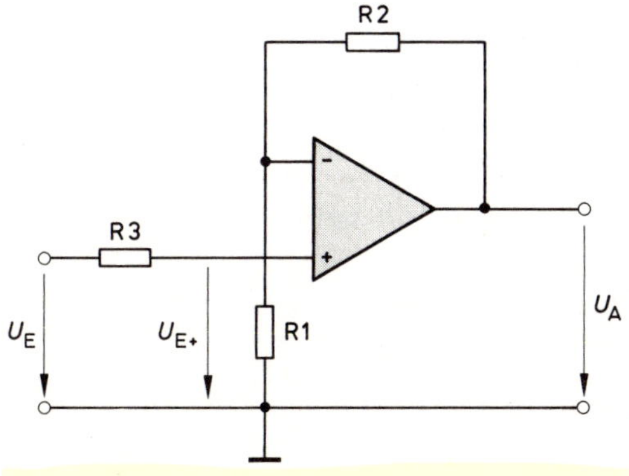

Bild 3.17 Der nicht-invertierende Operationsverstärker

Auch bei der Schaltung nach Bild 3.17 wird ein Teil der Ausgangsspannung U_A gegenphasig auf den N-Eingang zurückgeführt. Für U_{E-} gilt:

$$U_{E-} = \frac{R_1}{R_1 + R_2} \cdot U_A .$$

Aus dieser Gleichung kann abgeleitet werden, daß $U_{E-} = 0\,V$ ist, wenn $U_A = 0\,V$. Dies ist aber nur der Fall, wenn gleichzeitig auch $U_{E+} = 0\,V$ ist. Wird z.B. U_{E+} positiv, so steigt auch U_A und damit über die Spannungsteilung auch U_{E-}. Bei der Schaltung nach Bild 3.17 stellt sich dabei infolge der Gegenkopplung die Ausgangsspannung U_A stets so ein, daß die Differenzspannung an den Eingängen $U_D = 0\,V$ wird.

Unter Vernachlässigung des sehr kleinen Eingangsstromes kann dann geschrieben werden:

$$U_E = U_{E+} = U_{E-} = \frac{R_1}{R_1 + R_2} \cdot U_A .$$

Wird diese Gleichung nach U_A aufgelöst, so gilt:

$$U_A = \frac{R_1 + R_2}{R_1} \cdot U_E \quad \text{oder}$$

$$U_A = \left(1 + \frac{R_2}{R_1}\right) \cdot U_E .$$

Für den nicht-invertierenden OP-Verstärker gilt daher:

$$V = \left(1 + \frac{R_2}{R_1}\right).$$

Die Verstärkung des nicht-invertierenden OP-Verstärkers hängt daher ebenfalls nur von der äußeren Beschaltung ab und kann in weiten Grenzen unabhängig von der Leerlaufverstärkung frei festgelegt bzw. eingestellt werden.

Da bei Vernachlässigung eines Eingangsstromes $U_E = U_{E+}$ ist und die Schaltung sich stets so einstellt, daß $U_{E-} = U_{E+}$ ist, tritt als Eingangswiderstand r_e beim nicht-invertierenden OP-Verstärker der sehr hohe Gleichtaktwiderstand r_{GL} des OPs auf. In **Bild 3.18** sind die wichtigsten Kennwerte des nicht-invertierenden OP-Verstärkers angegeben.

Spannungsverstärkung	$V = 1 + \frac{R_2}{R_1}$
Eingangswiderstand	$r'_e \approx r_{GL}$
Ausgangswiderstand	$r'_a = r_a \cdot \frac{V}{V_0}$

Bild 3.18 Kennwerte für den nicht-invertierenden Operationsverstärker

Charakteristisch für den nicht-invertierenden OP-Verstärker ist der sehr hohe Eingangswiderstand. Wenn das Verhältnis R2/R1 > 10 wird, so kann die Gleichung $V = 1 + R_2/R_1$ zu $V \approx R_2/R_1$ vereinfacht werden. Dann gelten für den invertierenden OP-Verstärker und den nicht-invertierenden OP-Verstärker dieselben Gleichungen für den Verstärkungsfaktor. Zu beachten ist dabei aber noch, daß bei dem invertierenden OP-Verstärker durch entsprechende Wahl von R 2 und R 1 der Verstärkungsfaktor auch kleiner 1 werden kann. Bei dem nicht invertierenden OP-Verstärker ist dieser Fall aufgrund der Gleichung für die Spannungsverstärkung jedoch nicht möglich.

3.4 Kompensation von Störgrößen

In einigen wichtigen technischen Daten kommen die integrierten OP-Verstärker dem idealen Verstärker bereits sehr nahe. Es treten aber doch einige unerwünschte und nachteilige Eigenschaften auf, die noch durch äußere Kompensationsschaltungen beseitigt oder verringert werden müssen. Dabei handelt es sich im wesentlichen um die Kompensation von drei Störeinflüssen, und zwar um

die Kompensation der Eingangsruheströme,
die Kompensation der Eingangs-Offset-Spannung und
die Kompensation des Frequenzganges.

3.4.1 Kompensation der Eingangsruheströme

Bei den bisherigen Betrachtungen wurden die Eingangsruheströme I_N und I_P der OPs stets vernachlässigt. Die beiden Eingänge E+ und E− bilden aber die Basisanschlüsse der Eingangstransistoren des Differenzverstärkers in der Eingangsstufe. Es fließt daher ein Basisstrom, der je nach Größe der äußeren Widerstände unterschiedliche Spannungsabfälle an diesen Widerständen hervorruft. Obwohl diese Basisströme als Eingangsruheströme sehr klein sind und nur in der Größenordnung von 10^{-6} A bis 10^{-9} A liegen, können sie infolge der unterschiedlichen Spannungsabfälle eine Differenzspannung an den Eingängen des OPs bewirken. Diese Differenzspannung würde dann verstärkt und als Störgröße am Ausgang des OPs auftreten.

Bei den OP-Verstärkern gibt es aber eine einfache Möglichkeit, die durch die Eingangsruheströme hervorgerufene Spannungsdifferenz an den Eingängen möglichst klein zu halten, d.h. sie weitgehend zu kompensieren. **Bild 3.19** zeigt die Kompensation der Eingangsruheströme bei einem invertierenden OP-Verstärker.

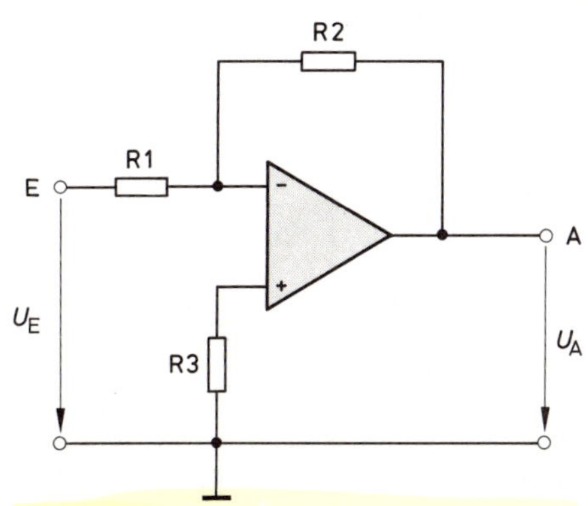

Bild 3.19 Kompensation der Eingangsruheströme bei einem invertierenden Operationsverstärker

Die Schaltung nach Bild 3.19 unterscheidet sich von der Schaltung nach Bild 3.15 nur durch den zusätzlichen Widerstand R3, der zwischen dem Eingang E+ und Masse liegt. Seine Größe wird so gewählt, daß gilt:

$$R_3 \approx R_1 \| R_2 = \frac{R_1 \cdot R_2}{R_1 + R_2}.$$

Damit wird erreicht, daß die meistens nur geringfügig unterschiedlichen Eingangsruheströme an R3 und R1‖R2 etwa gleiche Spannungsabfälle hervorrufen und damit die als Störgröße auftretende Differenzspannung an den beiden Eingängen weitgehend kompensiert wird.

Bei Verstärkungsfaktoren $V > 10$ kann in Näherung auch $R_1 \| R_2 \approx R_1$ gesetzt werden. In diesen Fällen reicht es dann auch aus, wenn $R_3 = R_1$ gewählt wird.

Eine schaltungstechnisch gleichartige Kompensation der Eingangsruheströme ist auch beim nicht-invertierenden OP-Verstärker möglich. **Bild 3.20** zeigt diese Schaltung noch einmal.

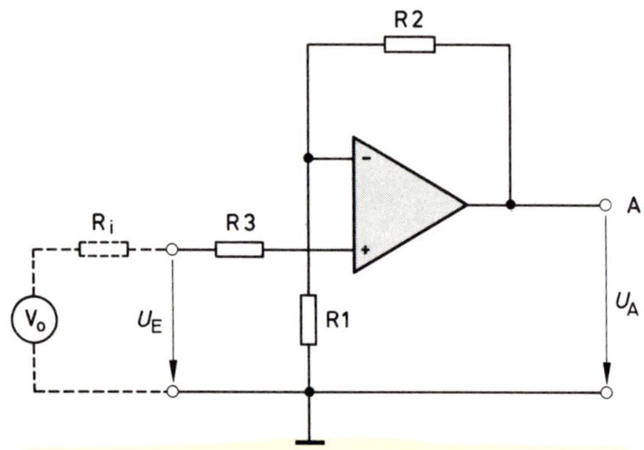

Bild 3.20 Kompensation der Eingangsruheströme

Die Schaltung nach Bild 3.20 unterscheidet sich nicht von der Grundschaltung des nicht-invertierenden OP-Verstärkers entsprechend Bild 3.17. Hier ist der Minus-Eingang ohnehin über R1 an Masse gelegt. Bei $V > 10$ kann dann wieder gewählt werden $R_1 = R_3$.

Bei den Schaltungen nach Bild 3.19 und 3.20 wird davon ausgegangen, daß der Innenwiderstand der Steuerspannungsquelle $R_i = 0\ \Omega$ ist oder doch so klein, daß er vernachlässigt werden kann. Ist dies nicht der Fall, so muß der Innenwiderstand bei der Festlegung des Kompensationswiderstandes R3 in Bild 3.19 und R1 in Bild 3.20 mit berücksichtigt werden.

Dies führt aber insbesondere bei dem nicht-invertierenden Verstärker oft zu Schwierigkeiten. Dieser Verstärker wird wegen seines großen Eingangswiderstandes nämlich häufig eingesetzt, wenn eine Steuerspannungsquelle mit sehr großem Innenwiderstand vorliegt. Es müßten dann zwangsläufig auch sehr große Widerstandswerte für R1 und R2 gewählt werden, wenn eine wirksame Kompensation der Eingangsströme erreicht werden soll. In der Praxis verwendet man in solchen Fällen dann lieber einen OP-Verstärker mit FET-Eingang. Bei diesem Typ können die Eingangsruheströme stets vernachlässigt werden, so daß auch eine Kompensation der Eingangsruheströme überhaupt nicht mehr erforderlich ist.

3.4.2 Kompensation der Offset-Spannung

Werden bei einem OP die Eingänge E+ und E− direkt verbunden und an Masse gelegt, so liegt keine äußere Differenzspannung U_D an den Eingängen und die Ausgangsspannung müßte $U_A = 0$ V betragen. Dies ist aber bei einem realen OP nicht der Fall, weil die beiden Eingangstransistoren des OP nicht mit absolut gleichartigen technischen Werten hergestellt werden können. Die interne Differenzspannung zwischen U_{BE1} und U_{BE2} wird als Offset-Spannung bezeichnet.

Soll jedoch $U_A = 0$ V bei $U_{E+} = 0$ V und $U_{E-} = 0$ V erreicht werden, so kann an einen der beiden Eingänge E+ oder E− eine Hilfsspannung angelegt werden. Sie muß in ihrem Spannungswert und ihrer Polarität so beschaffen sein, daß sie die interne Differenzspannung als Störgröße kompensiert und somit dann $U_A = 0$ V wird. Die Spannung am Eingang des OPs, die erforderlich ist, damit die Ausgangsspannung $U_A = 0$ V wird, wird als Eingangsnullspannung oder Offsetspannung U_0 bezeichnet. Sie liegt in Abhängigkeit vom OP-Typ und Einzelexemplar in der Größenordnung von etwa ±5 mV bis ±20 mV und ist in der Tabelle 3.10 für die vier OP-Typen angegeben. **Bild 3.21** zeigt die Prinzipschaltung zur Kompensation der Offset-Spannung beim Operationsverstärker.

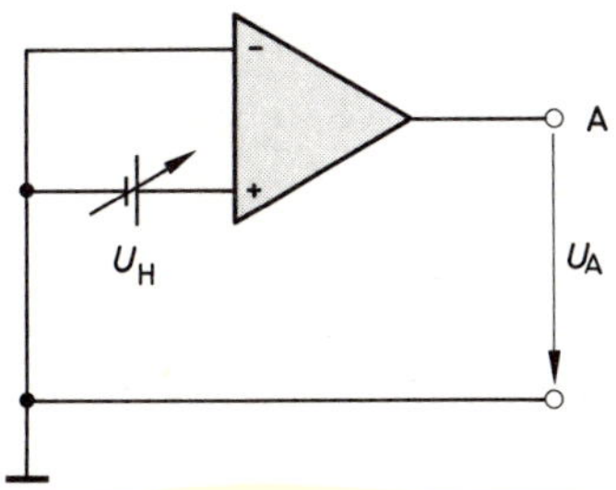

Bild 3.21 Prinzipschaltung zur Kompensation der Offset-Spannung

In der Praxis wäre eine zusätzliche Batterie als Hilfsspannung viel zu aufwendig. Man erzeugt daher diese Hilfsspannung durch einen Spannungsteiler direkt aus der Betriebsspannung $\pm U_B$ des OP-Verstärkers. Hierfür gibt es eine Reihe von Schaltungsmöglichkeiten. Sie hängen vom OP-Typ ab und werden in der Regel vom Hersteller auch in ihrer Dimensionierung vorgegeben.

Besonders einfach ist die äußere Beschaltung für die Offset-Spannungskompensation beim Typ 741. Hier ist lediglich ein Trimmer mit $R = 10$ kΩ zwischen Pin 1 und Pin 5 anzuschließen. **Bild 3.22** zeigt die Beschaltung.

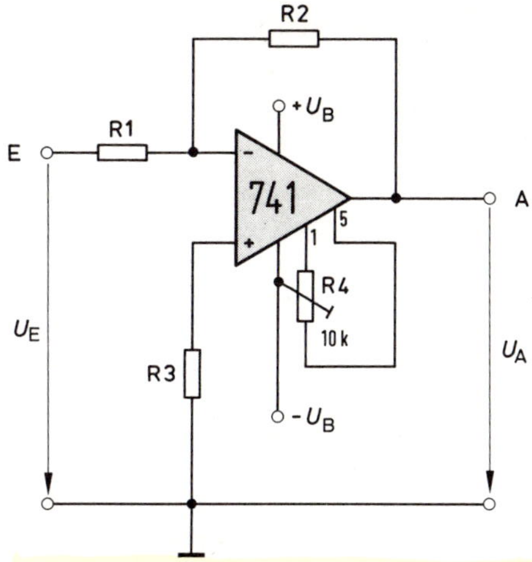

Bild 3.22 Offset-Kompensation beim Operationsverstärker-Typ 741

Eine Kompensation erfolgt, indem der Eingang E an Masse gelegt und dann R4 so eingestellt wird, daß $U_A = 0\,V$.

Eine etwas aufwendigere Kompensationsschaltung ist beim OP-Typ 709 erforderlich. **Bild 3.23** zeigt diese Schaltung.

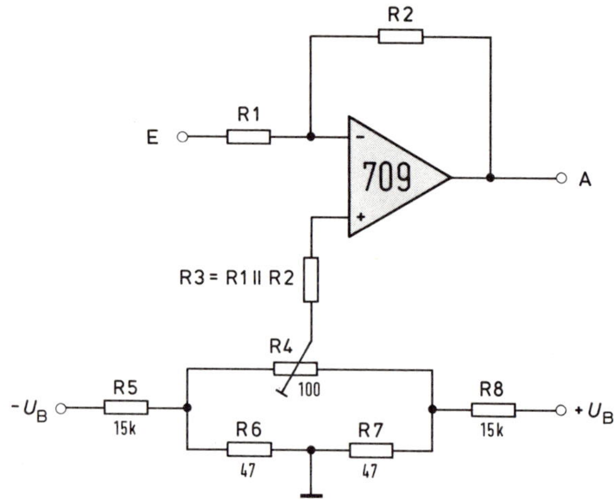

Bild 3.23 Offset-Kompensation beim Operationsverstärker-Typ 709

Mit dem Trimmer R4 kann eine Spannung von etwa $\pm 25\,mV$ abgegriffen werden. Sie reicht sicher aus, um die Offset-Spannung U_0 zu kompensieren. Die Kompensation wird auch hier wieder so vorgenommen, daß bei an Masse gelegtem Eingang E die Ausgangsspannung mit dem Trimmer R4 auf $U_A = 0\,V$ abgeglichen wird.

Von Nachteil bei der Kompensationsschaltung entsprechend Bild 3.23 ist jedoch die Abhängigkeit der eingestellten Kompensationsspannung U_0 von der Betriebsspannung $\pm U_B$. Jede Änderung der Betriebsspannung $+U_B$ und $-U_B$ bewirkt hier nämlich eine Änderung des einmal abgeglichenen Zustandes und würde damit die Kompensation wieder verschlechtern. Aus diesem Grunde wird oft eine Schaltung mit stabilisierter Eingangsnullspannung verwendet. In **Bild 3.24** ist eine solche Kompensationsschaltung für den OP-Typ 761 dargestellt.

Die Schaltung nach Bild 3.24 hat den Vorteil, daß Schwankungen von $\pm U_B$ sich kaum noch auf die einmal eingestellte Offset-Spannung auswirken können, weil die Spannung an R4 durch die beiden Dioden konstant gehalten wird. Die Kompensationsschaltung mit Dioden wird oft auch beim OP-Typ 709 verwendet. Für genaue Untersuchungen der Offset-Spannungen und deren Kompensation werden auch noch umfangreichere Schaltungen eingesetzt. Für den Normalfall reichen aber die angegebenen Kompensationsschaltungen völlig aus. Ihr Grundprinzip wird auch bei der Kompensation anderer OP-Typen verwendet.

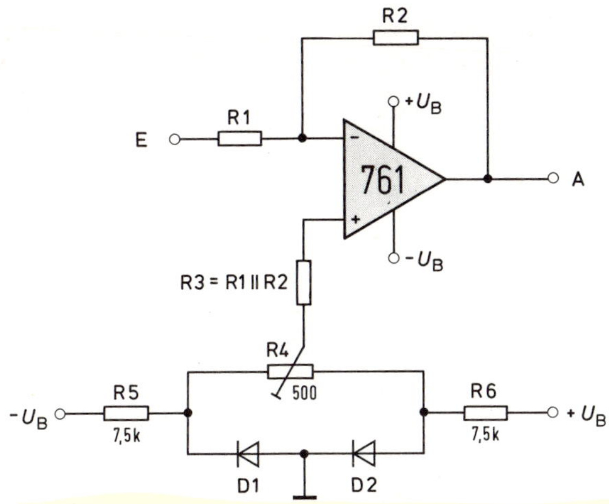

Bild 3.24 Offset-Kompensation beim Operationsverstärker-Typ 761

3.4.3 Kompensation des Frequenzganges

Jeder OP-Verstärker hat unerwünschte interne Schalt- und Transistor-Kapazitäten. Diese Kapazitäten ergeben zusammen mit den integrierten Widerständen der einzelnen Verstärkerstufen Tiefpässe. Sie bewirken, daß die Leerlaufverstärkung V_0 des OP-Verstärkers nicht bis zu höchsten Frequenzen konstant bleibt, sondern ab einer Grenzfrequenz zunehmend kleiner wird. Aber auch bis zu dieser Grenzfrequenz ist der Frequenzgang nicht völlig linear. Es treten vielmehr auch Frequenzbereiche auf, in denen V_0 den Mittelwert für den unteren Frequenzbereich überschreitet. Durch eine äußere Kompensation mit einem Kondensator oder mit einer RC-Kompensation kann beim OP dieser Frequenzgang linearisiert und damit verbessert werden. **Bild 3.25** zeigt den Frequenzgang eines OP-Verstärkers mit und ohne Frequenzkompensation.

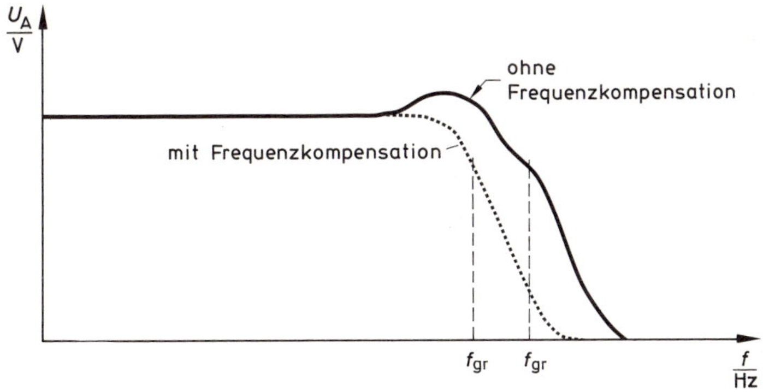

Bild 3.25 Frequenzgang eines Operationsverstärkers mit und ohne Frequenzkompensation

Durch die zwangsläufig im OP-Verstärker vorhandenen Tiefpässe ändert sich aber nicht nur die Verstärkung, d.h. die Amplitude in Abhängigkeit von der Frequenz, sondern auch die Phasendrehung zwischen Eingangs- und Ausgangsspannung. Dabei kann dann für bestimmte Frequenzen der Fall eintreten, daß infolge der auftretenden Phasendrehung aus der Gegenkopplung eine Mitkopplung wird. Der OP-Verstärker „schwingt" dann auf diesen Frequenzen, d. h. er wirkt als Generator und erzeugt eine sinusförmige Spannung. Die Frequenz dieser erzeugten Spannung liegt im Bereich von etwa 0,5 MHz bis 3 MHz. Auf die Arbeitsweise von Generatoren wird noch in Kapitel 9 „Signalgeneratoren" näher eingegangen.

Dieses unerwünschte und für den Betrieb des OPs störende Schwingen wird ebenfalls durch die äußere Beschaltung mit einem Kondensator oder einem RC-Glied unterdrückt. Art und Umfang der Kompensation hängen bei den einzelnen OP-Typen von ihrem internen Aufbau ab. Von den Herstellern wird jeweils vorgegeben, welche Werte die anzuschließenden Kondensatoren und Widerstände haben müssen, damit der Frequenzgang linearisiert und die Schwingneigung unterdrückt wird.

Recht einfach ist die erforderliche Frequenzkompensation bei dem OP-Typ 761. Hier ist lediglich ein Kondensator mit $C_K = 22\,\text{pF}$ bis $C_K = 47\,\text{pF}$ an die Anschlüsse 5 und 6 anzuschließen. **Bild 3.26** zeigt die erforderliche Beschaltung.

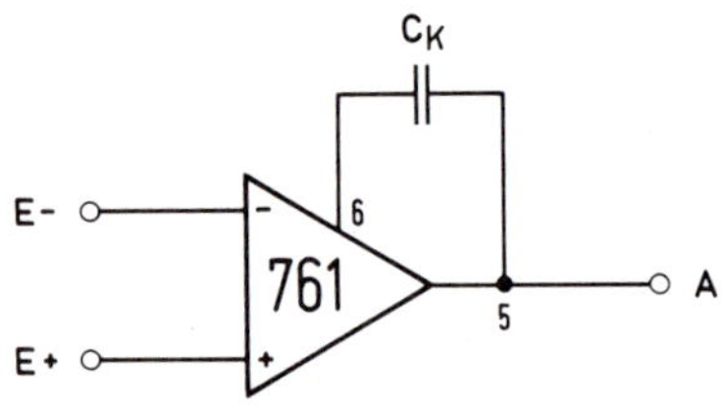

Bild 3.26 Frequenzkompensation beim Operationsverstärker-Typ 761

Etwas aufwendiger ist die Frequenzkompensation beim OP-Typ 709. Hier ist ein RC-Kompensationsglied für die Eingangsstufe und ein Kondensator für die Ausgangsstufe erforderlich. In **Bild 3.27** ist die notwendige Beschaltung angegeben.

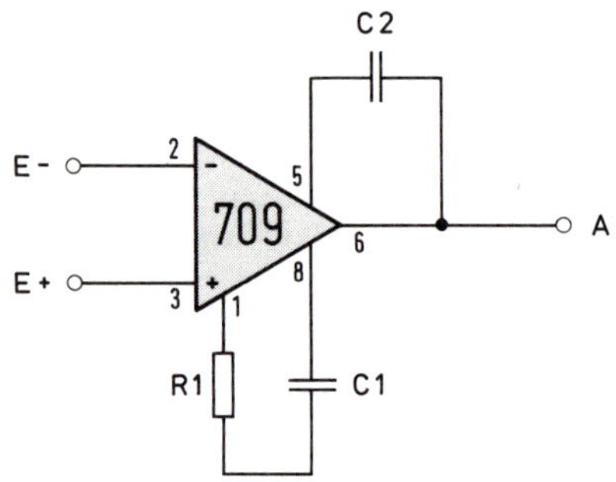

Bild 3.27 Frequenzkompensation beim Operationsverstärker-Typ 709

Die erforderlichen Werte für R1, C1 und C2 hängen vom Verstärkungsfaktor des OP-Verstärkers ab. In **Bild 3.28** sind die Zusammenhänge in einem Diagramm dargestellt.

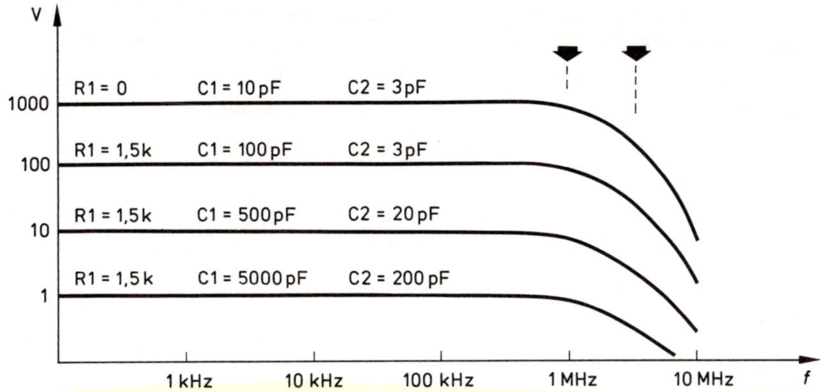

Bild 3.28 Frequenzgang des Operationsverstärker-Typs 709 als Funktion der Verstärkung

Zu beachten ist in dem Diagramm nach Bild 3.28 der doppelt-logarithmische Maßstab. Alle Kennlinien können aber nur als Näherungswerte angesehen werden. Erkennbar ist aber, daß bei den jeweils angegebenen Werten für die Kompensationsglieder die Grenzfrequenz unabhängig von dem Verstärkungsfaktor etwa bei 1 MHz bis 3 MHz liegt.

Grundsätzlich gilt aber für den OP-Verstärker genauso wie bei allen anderen gegengekoppelten Verstärkern, daß ein fester Zusammenhang zwischen der Verstärkung V und der Bandbreite b besteht, und zwar gilt

$$b \cdot V = \text{const.}$$

Je größer also bei einem OP-Verstärker der Verstärkungsfaktor V gewählt wird, desto geringer wird die Bandbreite dieses Verstärkers und umgekehrt.

In **Bild 3.29** ist dieser Zusammenhang in vereinfachter und idealisierter Form dargestellt. Auch hier ist wieder ein doppelt-logarithmischer Maßstab gewählt.

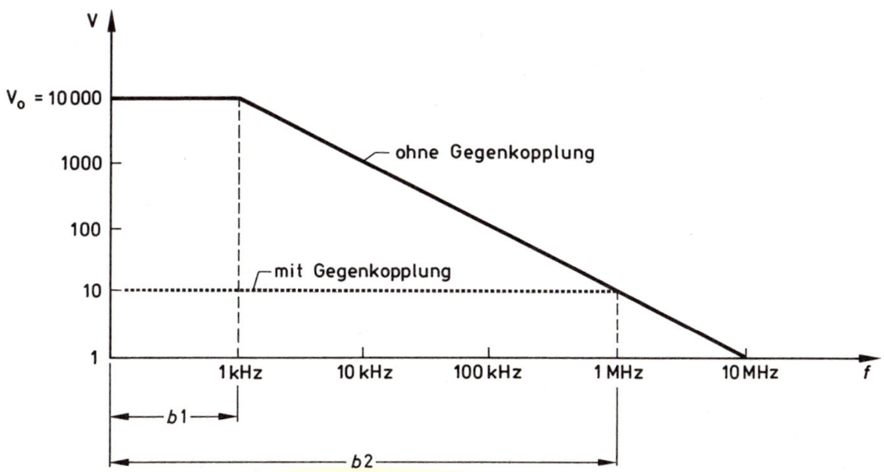

Bild 3.29 Zusammenhang zwischen Verstärkungsfaktor und Bandbreite

Das Diagramm Bild 3.29 zeigt die Zusammenhänge für $b \cdot V = \text{const.} = 10 \cdot 10^6$ Hz. Als Beispiel ist die Kennlinie für $V = 10$ besonders eingezeichnet. Hierbei ergibt sich dann eine Bandbreite $b = 1$ MHz. Bei $V = 10000$ würde sie dagegen nur noch $b = 1$ kHz betragen.

Die von den Herstellern und in Bild 3.28 angegebenen Werte für die externe Beschaltung zur Frequenzkompensation sind so gewählt, daß bei den einzelnen Verstärkungsfaktoren 1, 10, 100 und 1000 jeweils etwa die gleiche Bandbreite von ca. 1 MHz bis 3 MHz erreicht wird.

Von den vier genannten OP-Typen ist eine externe Frequenzkompensation nur bei den Typen 709 und 761 erforderlich. Die beiden anderen OP-Typen 741 und 0042 haben bereits eine integrierte Frequenzkompensation, so daß hier eine externe Beschaltung entfallen kann. Bei allen hier nicht genannten OP-Typen muß jeweils aus dem Datenblatt ermittelt werden, ob und welche Frequenzkompensation erforderlich ist.

Eine weitere nachteilige Eigenschaft des OP-Verstärkers, die jedoch nicht kompensiert werden kann, ist die Abhängigkeit der maximalen Amplitude der Ausgangsspannung von der Frequenz. In **Bild 3.30** ist als Beispiel dieser Zusammenhang für den OP-Typ 741 dargestellt.

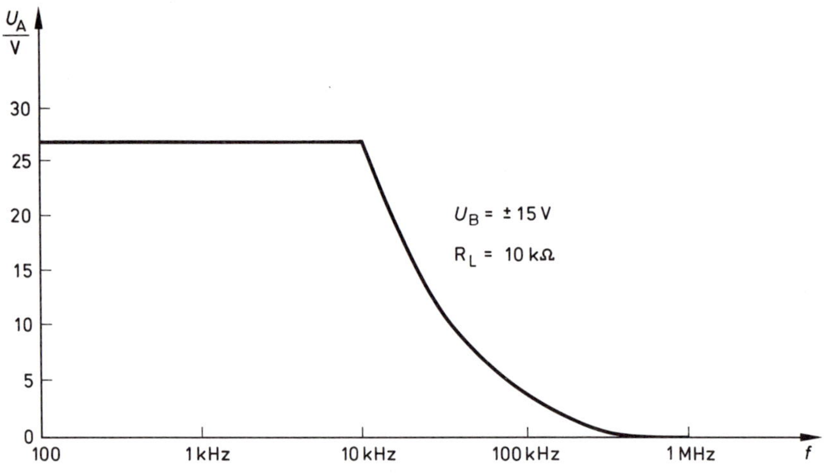

Bild 3.30 Amplitude von U_A in Abhängigkeit von der Frequenz beim Operationsverstärker-Typ 741

Aus dem Diagramm ist abzulesen, daß die maximal mögliche Signalamplitude am Ausgang bis etwa 10 kHz konstant bleibt. Sie beträgt in diesem Bereich und bei $U_B = \pm 15$ V etwa $U_{A(SS)} \approx 27$ V. Ab $f > 10$ kHz wird dann die maximal mögliche Amplitude kleiner. Sie beträgt dann z.B. bei $f = 100$ kHz $U_{A(SS)} = 4$ V.

Diese Abhängigkeit der Amplitude von U_A von der Frequenz wird hervorgerufen durch die begrenzte Anstiegsgeschwindigkeit von U_A. Diese Anstiegsgeschwindigkeit wird auch als „slew-rate" bezeichnet und beträgt beim OP-Verstärker 741 etwa 0,5 V/µs. Diese slew-rate ist eine charakteristische Eigenschaft von OP-Verstärkern und sagt aus, daß sich auch bei einem Spannungssprung am Eingang des OPs die Ausgangsspannung U_A nur mit der angegebenen Anstiegsgeschwindigkeit von 0,5 V/µs ändern kann. Bei höherer Eingangsfrequenz, z. B. einer Sinusspannung, ist die Anstiegsgeschwindigkeit bereits so groß, daß U_A nicht mehr folgen kann.

U_A wird dann zunächst verzerrt und aus einer sinusförmigen Spannung wird eine dreieckförmige Spannung. Bei weiter steigender Frequenz besteht dann für U_A wegen der begrenzten Anstiegsgeschwindigkeit nicht mehr genügend Zeit, die Amplitude zu erreichen, die sich aufgrund des Verstärkungsfaktors eigentlich einstellen müßte. Als Folge davon wird die maximal mögliche Amplitude von U_A mit zunehmender Frequenz immer kleiner.

Diese durch den Aufbau des OP-Verstärkers bedingte Eigenschaft läßt sich nicht durch äußere Beschaltung kompensieren. Beim OP-Typ 709 hängen die Eckfrequenzen – das sind die Frequenzen, bei denen der Abfall von U_A beginnt – zusätzlich noch von den eingesetzten Werten der Frequenzkompensation ab.

3.5 Operationsverstärker mit frequenzunabhängiger Gegenkopplung

Wenn bei OP-Verstärkern im Gegenkopplungszweig nur ohmsche Widerstände auftreten, so ist die Gegenkopplung frequenzunabhängig. Dadurch ist im zulässigen Arbeitsbereich des Verstärkers der Verstärkerfaktor V konstant und unabhängig von der Signalfrequenz. Auf die in Kapitel 3.4 beschriebenen Störgrößen, die den Verstärkungsfaktor V bei höheren Frequenzen beeinflussen, wird in Kapitel 3.5 nicht weiter eingegangen.

Weiterhin können alle beschriebenen Verstärkerschaltungen mit den vier bereits genannten OP-Typen 709, 741, 761 und 0042 sowie vergleichbaren anderen Typen aufgebaut werden. Zu berücksichtigen sind dann aber die entsprechenden technischen Daten und die unterschiedlichen Kompensationsschaltungen.

3.5.1 Der Umkehrverstärker

3.5.1.1 Grundprinzip des Umkehrverstärkers

Der bereits in Kapitel 3.3.2 behandelte invertierende Verstärker wird häufig auch als Umkehrverstärker bezeichnet. In **Bild 3.31** ist ein Umkehrverstärker mit dem OP 741 dargestellt. Durch R3 erfolgt die Kompensation des Eingangsruhestromes und mit R4 die Kompensation der Eingangs-Offset-Spannung. Eine äußere Frequenzkompensation ist beim OP-Typ 741 nicht erforderlich.

Für den Umkehrverstärker gilt entsprechend Kapitel 3.3.2:

$$U_A = -\frac{R_2}{R_1} \cdot U_E; \quad V = \frac{R_2}{R_1}; \quad r'_e = R_1; \quad r'_a = r_a \cdot \frac{V}{V_0}.$$

Die Kompensation des Eingangsruhestromes erfolgt durch Wahl $R_3 = R_1 \| R_2$. Eine Änderung des Verstärkungsfaktors V kann erfolgen, wenn anstelle eines Festwiderstandes R2 ein Trimmer eingesetzt wird. Es reicht dann aus, $R_3 = R_1$ zu wählen. Wird

$R_2 < R_1$, so wird auch $V < 1$, d.h. die Eingangsspannung U_E wird nicht verstärkt, sondern abgeschwächt.

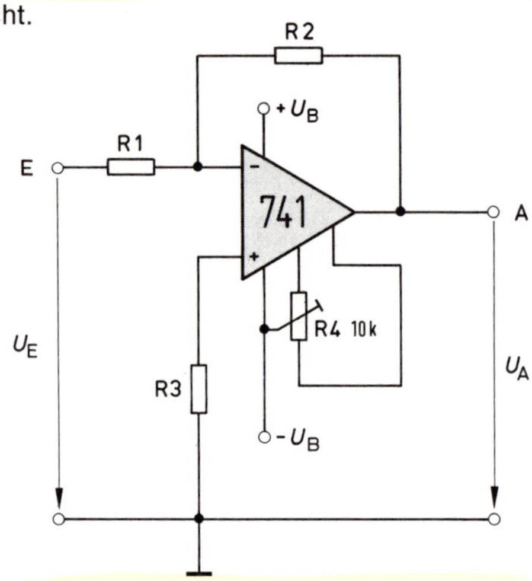

Bild 3.31 Umkehrverstärker mit Operationsverstärker-Typ 741

3.5.1.2 Anwendungsbeispiele

Bild 3.32 zeigt einen Umkehrverstärker mit umschaltbarer Verstärkung.

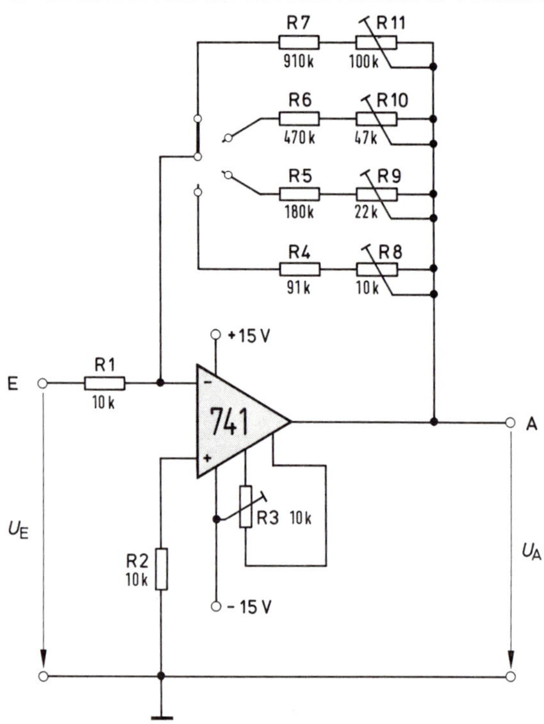

Bild 3.32 Umkehrverstärker mit umschaltbarer Verstärkung

Verwendet wird in der Schaltung nach Bild 3.32 ein OP-Typ 741. Die Kompensation der Offset-Spannung wird mit dem Trimmer R3 bei kurzgeschlossenen und an Masse gelegten Eingängen E+ und E— vorgenommen. Durch Wahl von $R_1 = 10\ \text{k}\Omega$ ergibt sich für den Verstärker ein Eingangswiderstand $r_e' = 10\ \text{k}\Omega$. Zur Kompensation des Eingangsruhestromes ist $R_2 = R_1$ gesetzt.

Die Verstärkung läßt sich umschalten in den Stufen $V = 10$; 20; 50 und 100. In jeder Stufe ist mit einem zusätzlichen Trimmer ein Feinabgleich möglich.

Der Ausgangswiderstand r_a' ist sehr klein und hängt von der jeweils eingestellten Verstärkung ab. Der maximale Laststrom beträgt bei dem angegebenen OP-Verstärker $I_{L\max} = 20$ mA.

Einen Umkehrverstärker mit kontinuierlicher Einstellung des Verstärkungsfaktors zeigt **Bild 3.33**. Verwendet wird in dieser Schaltung ein OP-Typ 761 mit open-collector-Ausgang.

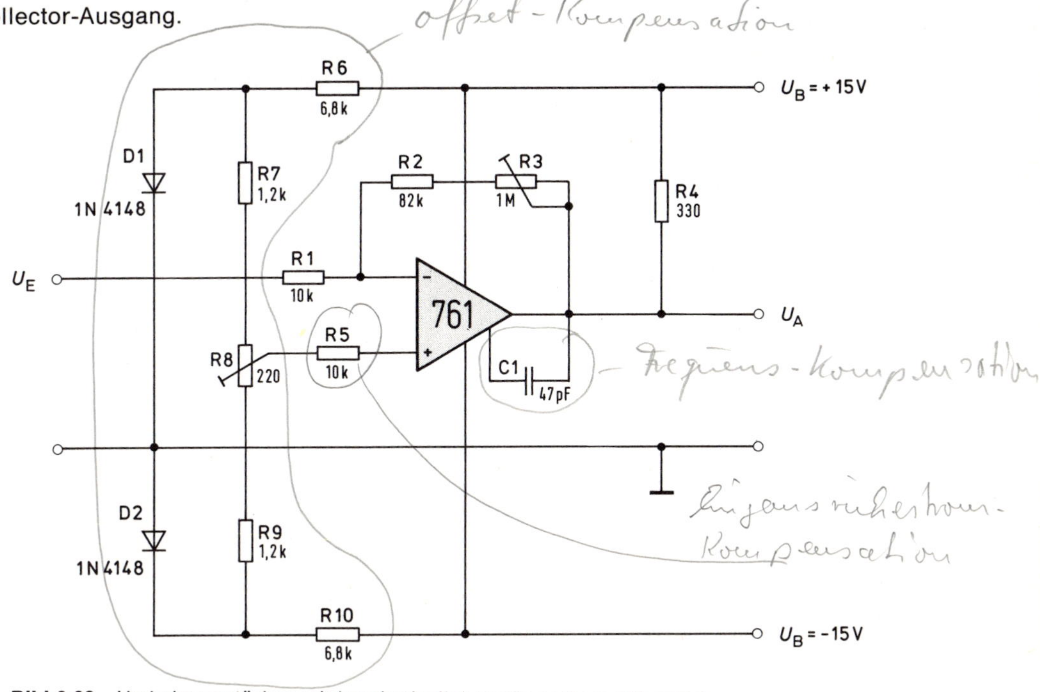

Bild 3.33 Umkehrverstärker mit kontinuierlich veränderbarer Verstärkung

Bei der Schaltung nach Bild 3.33 läßt sich mit R3 die Verstärkung im Bereich von etwa $V \approx 8$ bis $V \approx 108$ kontinuierlich einstellen. Zur Kompensation des Eingangsruhestromes ist $R_5 = R_1 = 10\ \text{k}\Omega$ gewählt. Die Kompensation der Offset-Spannung erfolgt mit der Spannungsteilerschaltung aus R6, R7, R8, R9, R10, D1 und D2. Die an R8 abgreifbare Spannung reicht zur Kompensation der für den OP-Typ 761 angegebenen Offset-Spannung von maximal ±6 mV aus.

Einen weiteren Umkehrverstärker mit kontinuierlicher Einstellung des Verstärkungsfaktors zeigt **Bild 3.34**. Er ist als Versuchsschaltung ausgelegt und wird nicht mit einer symmetrischen Betriebsspannung $\pm U_B$, sondern mit einer unsymmetrischen

Betriebsspannung $U_B = +30$ V betrieben. Über den Spannungsteiler aus R5 und R6 erhält der OP-Eingang E+ ein Potential $U_{E+} = \frac{1}{2} U_B = 15$ V. Mit dem Spannungsteiler aus R7, R8 und R9 wird aus der Betriebsspannung $+U_B$ eine einstellbare Eingangsspannung U_E für die Versuchsschaltung gewonnen. Durch Verändern von R8 läßt sich das Gleichspannungspotential an A1 einstellen.

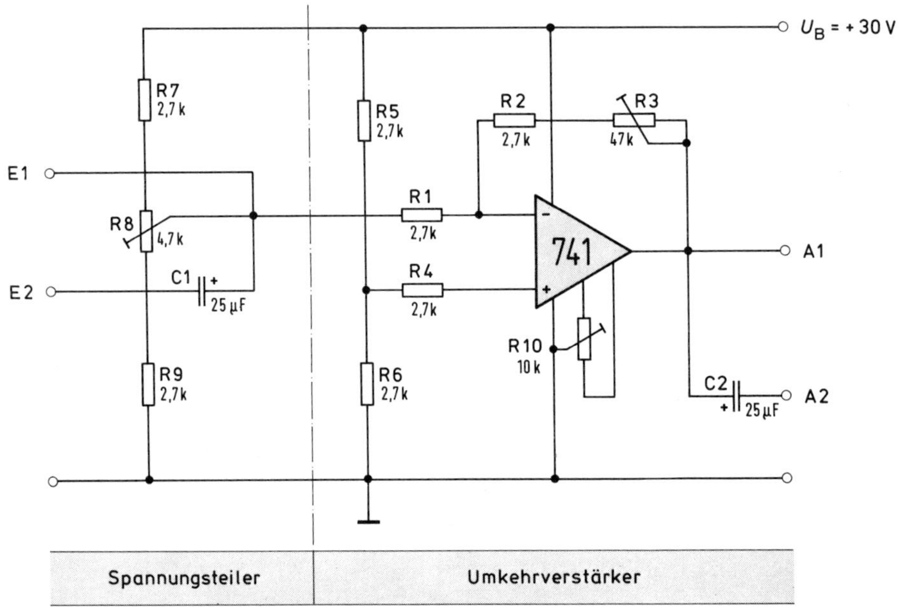

Bild 3.34 Umkehrverstärker als Versuchsschaltung

Die Verstärkung kann mit dem Trimmer in den Grenzen von etwa $V = 1$ bis $V = 18$ eingestellt werden. Über den Eingang E2 läßt sich eine Signalspannung potentialfrei einkoppeln und am Ausgang A2 auch wieder auskoppeln. Mit dieser einfachen Versuchsschaltung kann recht gut die Übersteuerung eines Verstärkers oder die Begrenzung der positiven oder negativen Halbwelle von U_A in Abhängigkeit vom Gleichspannungspotential U_{E-} gezeigt und untersucht werden.

Als weiteres Beispiel für einen Umkehrverstärker ist in **Bild 3.35** ein Mikrofonverstärker dargestellt.

Die symmetrische Betriebsspannung für den OP wird aus der unsymmetrischen Betriebsspannung $U_B = +20$ V mit Hilfe eines Spannungsteilers aus R4, D1 und D2 gewonnen. Der Masse-Bezugspunkt ist bei dieser Schaltung nicht mehr identisch mit dem Minuspol der Spannungsquelle. Eine Kompensation der Offset-Spannung ist bei diesem Wechselspannungsverstärker nicht unbedingt erforderlich, da ein durch die Offset-Spannung bewirktes Gleichspannungs-Potential am Ausgang des OPs nicht weiter stört.

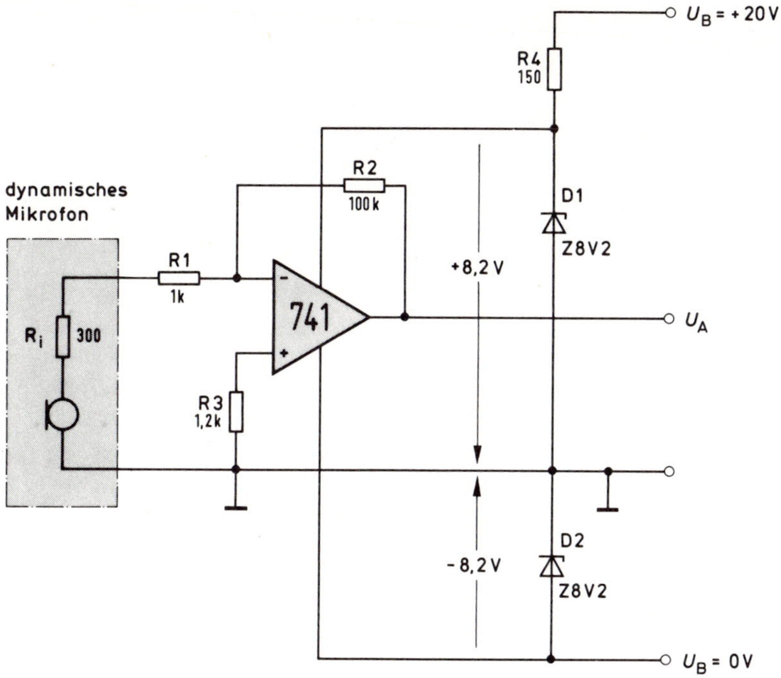

Bild 3.35 Mikrofonverstärker mit Operationsverstärker-Typ 741

Die Verstärkung dieses Mikrofonverstärkers ergibt sich bei Vernachlässigung von R_i zu $V = R_2/R_1 = 100$. Wird jedoch auch der Innenwiderstand des dynamischen Mikrofons, der bei etwa 200 Ω bis 500 Ω liegt, mit berücksichtigt, so hat die Schaltung nach Bild 3.35 einen tatsächlichen Verstärkungsfaktor, der bei

$$V = \frac{R_2}{R_1 + R_i} = \frac{100 \cdot 10^3\,\Omega}{1{,}3 \cdot 10^3\,\Omega} = 77$$

liegt. Hieraus ist zu erkennen, welchen Einfluß der Innenwiderstand der Steuerspannungsquelle auf die Verstärkung haben kann.

3.5.2 Der Elektrometerverstärker

3.5.2.1 Grundprinzip des Elektrometerverstärkers

In Kapitel 3.3.3 ist die Arbeitsweise des nicht-invertierenden OP-Verstärkers bereits behandelt worden. Dieser OP-Verstärker wird auch als Elektrometerverstärker bezeichnet. In **Bild 3.36** ist ein Elektrometerverstärker mit dem OP-Typ 741 dargestellt.

Für den Elektrometerverstärker gilt entsprechend Kapitel 3.3.3:

$$U_A = \left(1 + \frac{R_2}{R_1}\right) \cdot U_E; \quad V = 1 + \frac{R_2}{R_1}; \quad r'_e = r_{Gl}; \quad r'_a = r_a \cdot \frac{V}{V_0};$$

Die Eingangs-Offset-Spannung wird wie vorgeschrieben mit dem Trimmer R4 kompensiert.

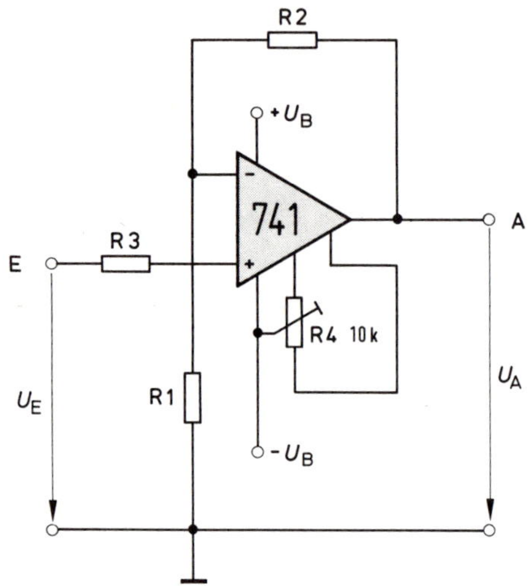

Bild 3.36 Elektrometerverstärker mit Operationsverstärker-Typ 741

3.5.2.2 Der Spannungsfolger

Ein Sonderfall des Elektrometerverstärkers ist der Spannungsfolger, der auch als Impedanzwandler bezeichnet wird. Bei einem Spannungsfolger ist der Widerstand vom N-Eingang gegen Masse $R_1 = \infty\ \Omega$ und der Gegenkopplungswiderstand vom Ausgang A zum N-Eingang $R_2 = 0\ \Omega$ **Bild 3.37** zeigt das Schaltbild des Spannungsfolgers.

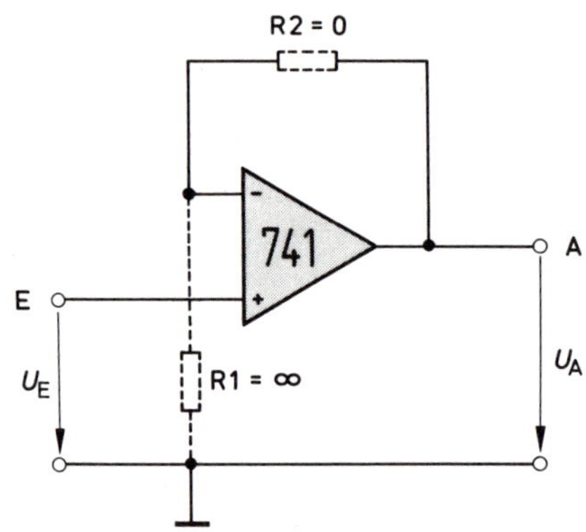

Bild 3.37 Spannungsfolger mit dem Operationsverstärker-Typ 741

Wird $R_1 = \infty\ \Omega$ und $R_2 = 0\ \Omega$ gesetzt, so lautet die Gleichung für den Spannungsfolger:

$$U_A = \left(1 + \frac{R_2}{R_1}\right) \cdot U_E = \left(1 + \frac{0}{\infty}\right) \cdot U_E \quad \text{d.h. aber}$$

$U_A = U_E$.

Die Spannungsverstärkung des Spannungsfolgers beträgt also $V = 1$. Es erfolgt also keine Verstärkung der Eingangsspannung. Von wesentlicher Bedeutung ist aber beim Spannungsfolger die Impedanzwandlung. Die Schaltung hat nämlich einen sehr großen Eingangswiderstand und einen sehr kleinen Ausgangswiderstand, denn es gilt:

$$r'_e = r_{Gl} \quad \text{und} \quad r'_a = r_a \cdot \frac{1}{V_0}.$$

Da $V = 1$ beträgt, kann der Einfluß der Offset-Spannung vernachlässigt werden. Eine Kompensation der Offset-Spannung ist daher beim Spannungsfolger nicht erforderlich.

3.5.2.3 Anwendungsbeispiele

Bild 3.38 zeigt eine Anwendung des Impedanzwandlers zur Realisierung einer sehr niederohmigen Referenzspannungsquelle.

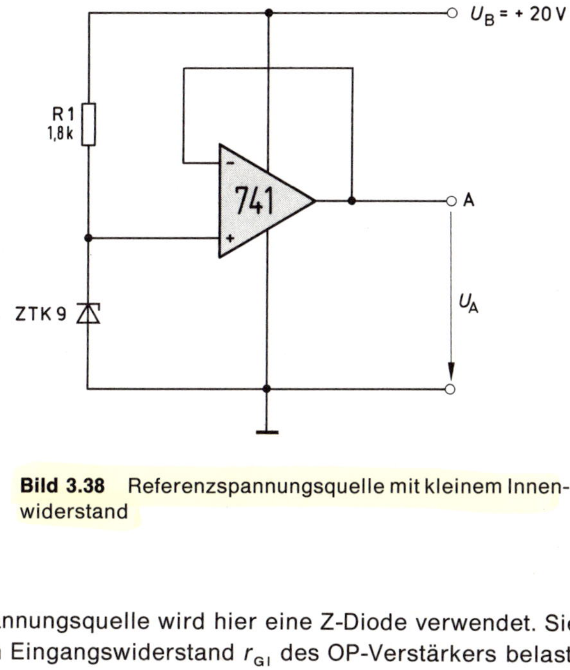

Bild 3.38 Referenzspannungsquelle mit kleinem Innenwiderstand

Als Referenzspannungsquelle wird hier eine Z-Diode verwendet. Sie wird nur durch den sehr großen Eingangswiderstand r_{Gl} des OP-Verstärkers belastet. Am Ausgang des Impedanzwandlers steht die Referenzspannung dagegen mit dem sehr kleinen Ausgangswiderstand des Impedanzwandlers $r'_a = r_a \cdot 1/V_0 \approx 3\ \text{m}\Omega$ zur Verfügung.

Bei der Z-Diode handelt es sich um eine temperaturkompensierte Ausführung mit einem Temperaturkoeffizient $\alpha = 2 \cdot 10^{-5}$/K und $r_z \approx 10\ \Omega$. Dieser dynamische Innenwiderstand $r_z \approx 10\ \Omega$ wird durch den Impedanzwandler in einen dynamischen Ausgangswiderstand $r'_a \approx 3\ \text{m}\Omega$ umgewandelt. Daher kann der Ausgang der Schaltung erheblich stärker belastet werden als bei einer Stabilisierungsschaltung mit Z-Diode. In Kapitel 4 wird aber noch näher auf Konstantspannungsquellen und deren Belastungsmöglichkeit eingegangen.

In **Bild 3.39** ist ein einfacher NF-Verstärker in Elektrometerschaltung dargestellt.

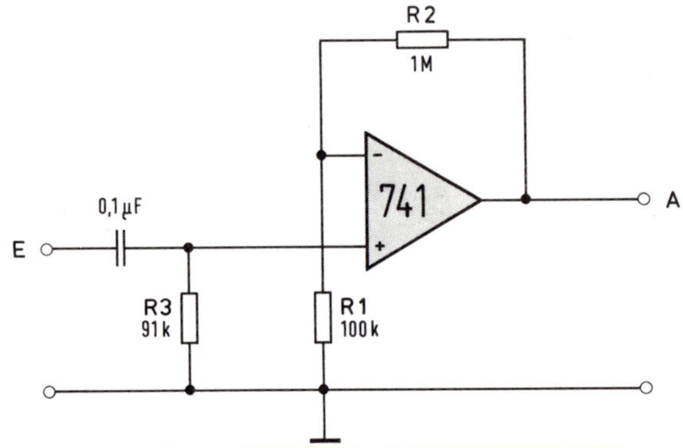

Bild 3.39 NF-Verstärker in Elektrometerschaltung

Der Eingangswiderstand dieses OP-Verstärkers wird im wesentlichen durch $R_3 = 91\ \mathrm{k\Omega}$ bestimmt. R 3 wurde hier so gewählt, daß auch bei diesem nicht-invertierenden Verstärker eine Kompensation der Eingangsruheströme erfolgt. Der Eingangskondensator C 1 bildet zusammen mit dem Widerstand R 3 einen Hochpaß, durch den die untere Grenzfrequenz auf etwa 20 Hz festgelegt ist. Die Verstärkung dieses NF-Verstärkers beträgt $V = 11$.

Bei dem Regelverstärker nach **Bild 3.40** wird insbesondere der Vorteil ausgenutzt, daß beim Elektrometerverstärker eine Änderung der Rückkopplungswiderstände keinen Einfluß auf den Eingangswiderstand der Schaltung hat. Die Änderung des Verstärkungsfaktors erfolgt bei diesem Regelverstärker durch die Änderung des Drain-Source-Widerstandes des FET.

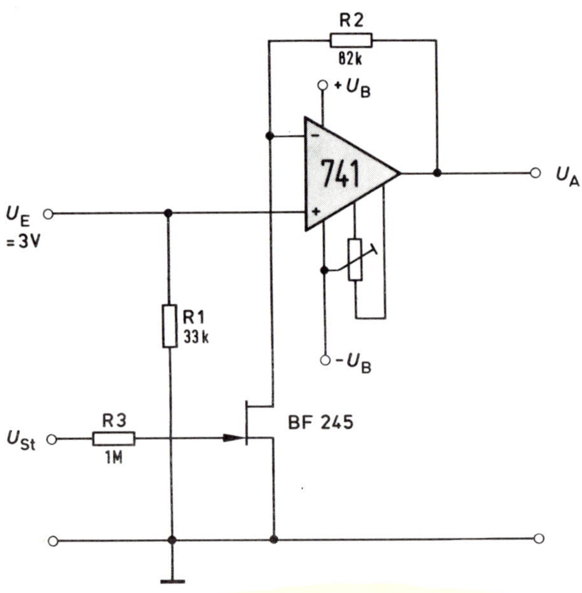

Bild 3.40 Regelverstärker in Elektrometerschaltung

Der Eingangswiderstand der Schaltung nach Bild 3.40 wird durch $R_1 = 33\,\mathrm{k\Omega}$ bestimmt. Der hohe Eingangswiderstand des Elektrometerverstärkers wird hier also nicht ausgenutzt. Die Verstärkungseinstellung erfolgt hier durch Änderung des Drain-Source-Widerstandes R_{DS} des FET, der in bestimmten Grenzen durch eine Steuergleichspannung U_{St} variiert werden kann. So läßt sich die Verstärkung dieses Regelverstärkers etwa im Bereich von $V = 1$ bis $V = 150$ verändern.

Ein weiteres Beispiel für die Anwendung des Elektrometerverstärkers ist sein Einsatz in sehr hochohmigen Spannungsmessern. **Bild 3.41** zeigt eine derartige Schaltung.

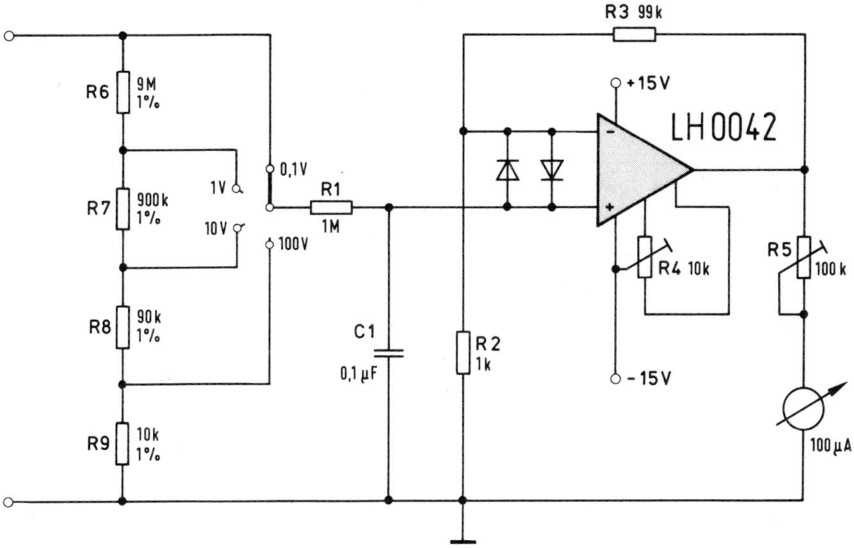

Bild 3.41 Hochohmiger Spannungsmesser in Elektrometerschaltung

Der Eingang dieser Meßschaltung wird durch einen Spannungsteiler aus Meßwiderständen gebildet. Er ist so dimensioniert, daß sich die Meßbereiche 100 mV, 1 V, 10 V und 100 V ergeben. Das Meßsignal gelangt über ein Tiefpaßfilter aus R1 und C1 auf den P-Eingang des OP-Verstärkers, der in Elektrometerschaltung mit einer Verstärkung $V = 100$ betrieben wird. Durch Einstellen des Trimmers R5 wird der Strom durch das Meßinstrument auf einen Vollausschlag von 100 µA abgeglichen. Die Nullpunktkorrektur erfolgt durch die Offset-Spannungskompensation mit R4.

Der Spannungsmesser hat einen konstanten Eingangswiderstand $R_E = 10\,\mathrm{M\Omega}$, der die Spannungsquelle beim Meßvorgang nur sehr geringfügig belastet. Auftretende Meßfehler können daher in der Regel vernachlässigt werden.

Wird ein Elektrometerverstärker von einer hochohmigen Spannungsquelle angesteuert, so können durch die Eingangsruheströme bereits erhebliche Fehler entstehen. Beim OP-Typ 741 liegen diese Eingangsruheströme in der Größenordnung von etwa 200 nA. Bei einem Innenwiderstand der Spannungsquelle von z.B. $R_i = 1\,\mathrm{M\Omega}$ würde durch den fließenden Eingangsruhestrom dann bereits ein Spannungsabfall von 200 mV an R_i auftreten. Zur Kompensation dieses Einflusses müßte daher auch für den Kompensationswiderstand (in Bild 3.41 der Widerstand R 2) ebenfalls ein Widerstand mit $R = 1\ \mathrm{M\Omega}$ gewählt werden. Dies hätte dann zur Folge, daß z.B. bei $V = 100$ ein Gegenkopplungswiderstand $R_3 = 100\ \mathrm{M\Omega}$ eingesetzt werden müßte, was jedoch völlig unrealistisch wäre.

Um diese durch hochohmige Spannungsquellen bedingten Schwierigkeiten zu vermeiden, ist es zweckmäßig, in solchen Fällen grundsätzlich OP-Verstärker mit FET-Eingang einzusetzen. Das ist auch in der Schaltung nach Bild 3.41 erfolgt. Die Eingangsruheströme sind bei diesem Typ mit FET-Eingang so gering, daß keine Kompensation erforderlich ist. Daher kann der Widerstand R 2 in der Schaltung nach Bild 3.41 so gewählt werden, daß auch R 3 in einer brauchbaren Größenordnung liegt.

3.5.3 Der Addierer

3.5.3.1 Grundprinzip des Addierers

Invertierende OP-Verstärker lassen sich so beschalten, daß mehrere Eingangsspannungen elektrisch addiert und verstärkt werden. **Bild 3.42** zeigt einen Umkehrverstärker mit einer Beschaltung als Addierer für 2 Eingangsspannungen. Erweiterungsmöglichkeiten sind gestrichelt angedeutet.

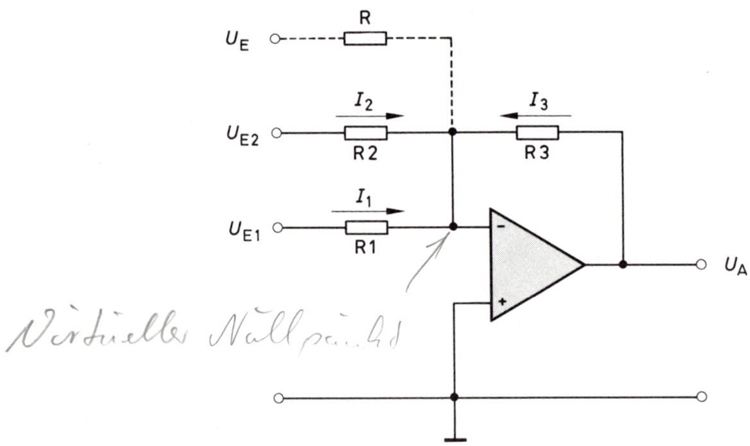

Bild 3.42 Prinzipschaltung des Addierers

Bei einem Umkehrverstärker stellt sich U_A stets so ein, daß der Eingang E− als virtueller Nullpunkt auf Massepotential liegt. In diesem virtuellen Nullpunkt gilt für die drei Ströme die Gleichung

$$I_1 + I_2 = -I_3.$$

Daher kann auch eingesetzt werden:

$$\frac{U_{E1}}{R_1} + \frac{U_{E2}}{R_2} = -\frac{U_A}{R_3}.$$

Wird diese Gleichung nach U_A aufgelöst, so ergibt sich:

$$-U_A = \left(\frac{R_3}{R_1} \cdot U_{E1}\right) + \left(\frac{R_3}{R_2} \cdot U_{E2}\right).$$

Für den Fall, daß $R_1 = R_2 = R$ gewählt wird, kann geschrieben werden:

$$-U_A = \frac{R_3}{R} \cdot (U_{E1} + U_{E2}).$$

Aus dieser Gleichung ist zu erkennen, daß die Eingangsspannungen U_{E1} und U_{E2} addiert und dann mit dem Verstärkungsfaktor $V = R_3/R$ zur Ausgangsspannung U_A verstärkt werden. Das Minuszeichen (−) in der Gleichung weist lediglich auf die Phasendrehung von 180° des Umkehrverstärkers hin.

Der Addierer nach Bild 3.42 kann auf eine beliebige Zahl von Eingängen erweitert werden. Durch entsprechende Wahl der Widerstandsverhältnisse R3/R1, R3/R2, R3/Rn usw. lassen sich auch entsprechende Vielfache der Eingangsspannungen addieren. Es gilt dann ganz allgemein:

$$-U_A = \frac{R_3}{R_1} \cdot U_{E1} + \frac{R_3}{R_2} \cdot U_{E2} + \cdots \frac{R_3}{R_n} \cdot U_{En}.$$

3.5.3.2 Anwendungsbeispiele

Bild 3.43 zeigt einen Addierer, der die Schwellspannungen zweier Dioden addiert und sie mit unterschiedlichen Verstärkungsfaktoren zur Ausgangsspannung U_A verstärkt.

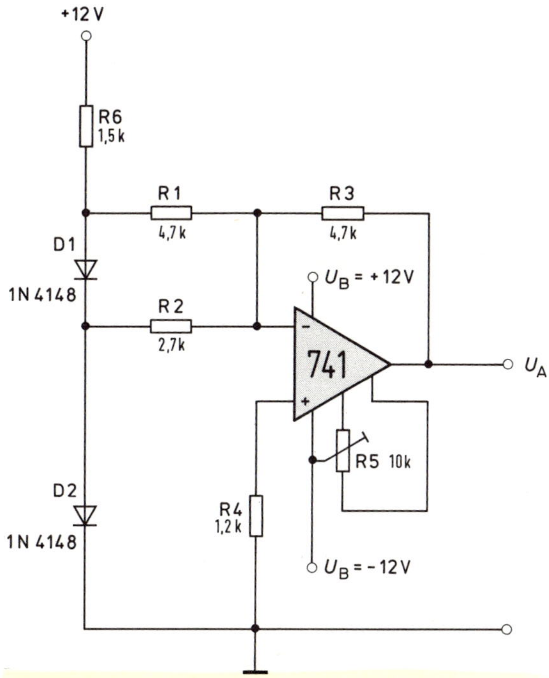

Bild 3.43 Addierer für die Schwellspannungen von zwei Dioden

Die Ausgangsspannung ergibt sich bei dieser Schaltung zu:

$$-U_A = \frac{R_3}{R_1} \cdot (U_{D1} + U_{D2}) + \frac{R_3}{R_2} \cdot U_{D2} = 1 \cdot 1{,}4\,\text{V} + 1{,}7 \cdot 0{,}7\,\text{V}$$

$$-U_A = 2{,}6\,\text{V}.$$

Zur Kompensation der Eingangsruheströme ist hier $R_4 = R_1 \| R_2 \| R_3 \approx 1{,}2\,\text{k}\Omega$ gewählt worden. Die Offset-Spannung wird die üblich durch Abgleich von R5 kompensiert.

Ein universell einsetzbarer Addierer ist in **Bild 3.44** dargestellt. Die Verstärkungsfaktoren für die einzelnen Eingangsspannungen können hier jeweils im Bereich von $V = 2$ bis $V = 10$ eingestellt werden.

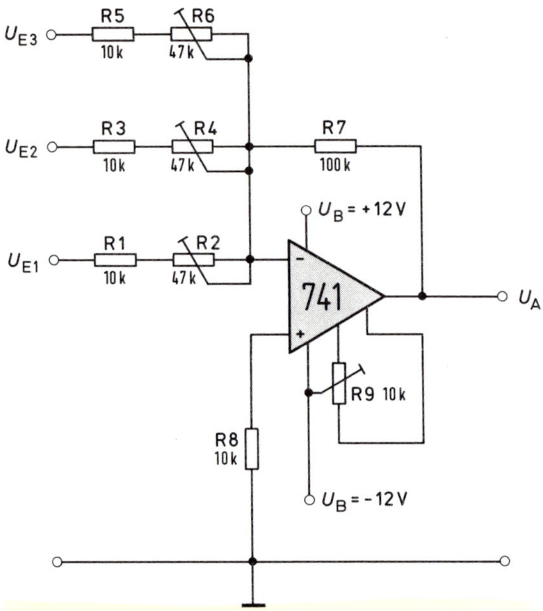

Bild 3.44 Addierer mit einstellbarem Verstärkungsfaktor für die Eingangsspannungen

Für die Ausgangsspannung des Addierers nach Bild 3.44 gilt:

$$-U_A = \frac{R_7}{R_1 + R_2} \cdot U_{E1} + \frac{R_7}{R_3 + R_4} \cdot U_{E2} + \frac{R_7}{R_5 + R_6} \cdot U_{E3}.$$

Diese Ausgangsspannung kann jedoch durch einige Störfaktoren beeinflußt werden. So ändert sich jeweils der Eingangswiderstand für die Eingangsspannungen mit der Einstellung der Trimmer R2, R4 und R6. Damit dadurch keine nicht mehr vernachlässigbaren Fehler auftreten, müssen die speisenden Spannungsquellen U_{E1}, U_{E2} und U_{E3} sehr niederohmig sein. Ist diese Bedingung nicht erfüllt, so müssen vor die einzelnen Eingänge Spannungsfolger geschaltet werden. Diese haben wie in Kapitel 3.5.2.2 beschrieben, einen sehr niederohmigen Ausgang, so daß die Einstellung der Trimmer keinen Einfluß mehr auf die Genauigkeit der Addition hat.

Die Eingangs-Offset-Spannung wird wie üblich mit dem Trimmer R9 kompensiert. Zur Kompensation der Eingangsruheströme ist für R8 ein Mittelwert gewählt worden.

3.5.4 Der Subtrahierer

3.5.4.1 Grundprinzip des Subtrahierers

Ein Subtrahierer entsteht durch Kombination eines Umkehrverstärkers mit einem Elektrometerverstärker. **Bild 3.45** zeigt die Prinzipschaltung eines Subtrahierers.

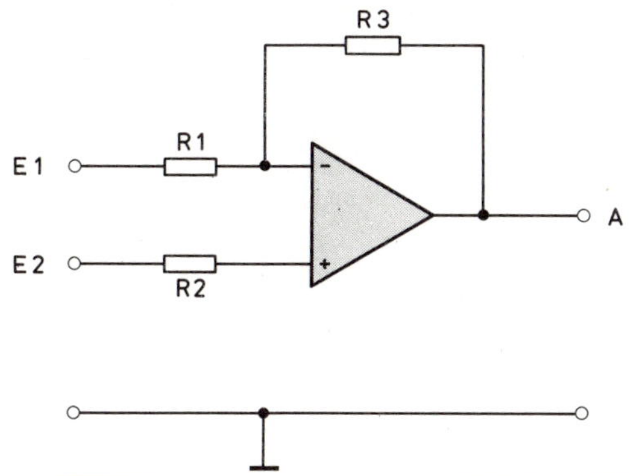

Bild 3.45 Prinzipschaltung des Subtrahierers

Wird bei der Schaltung nach Bild 3.45 der Eingang E2 an Masse gelegt und E1 angesteuert, so liegt ein Umkehrverstärker vor. Hierfür gilt die Gleichung:

$$U_A = -\frac{R_3}{R_1} \cdot U_{E1}.$$

Wird dagegen der Eingang E1 an Masse gelegt und der Eingang E2 angesteuert, so arbeitet die Schaltung als Elektrometerverstärker. Hierfür lautet die entsprechende Gleichung:

$$U_A = \left(1 + \frac{R_3}{R_1}\right) \cdot U_{E2}.$$

Werden beide Eingänge jedoch gleichzeitig angesteuert, so überlagern sich beide Betriebsarten des OPs und es entsteht eine Ausgangsspannung entsprechend der Gleichung:

$$U_A = \left(1 + \frac{R_3}{R_1}\right) \cdot U_{E2} - \frac{R_3}{R_1} \cdot U_{E1}.$$

Aus dieser Gleichung ist zu erkennen, daß durch die Schaltung nach Bild 3.45 eine Differenz der beiden verstärkten Eingangsspannungen gebildet wird, d.h. in dem angegebenen Fall wird die verstärkte Eingangsspannung U_{E1} von der verstärkten Eingangsspannung U_{E2} subtrahiert. Zu erkennen ist aber aus der Gleichung auch, daß es sich noch nicht um eine korrekte Subtraktion der Eingangsspannungen handelt. Dies wäre nur der Fall, wenn beide Eingangsspannungen mit dem gleichen Verstärkungsfaktor V verstärkt würden.

Da der Widerstand R3 bei beiden Betriebsarten den Verstärkungsfaktor mitbestimmt, lassen sich auch durch eine bestimmte Wahl von R1 und R2 keine gleich großen Verstärkungsfaktoren für den Umkehrverstärker und den Elektrometerverstärker erreichen. Eine korrekte Subtraktion der Eingangsspannungen ist daher nur möglich, wenn die Eingangsspannung U_{E2} durch einen Spannungsteiler so verringert wird, daß am Eingang E+ eine entsprechend kleinere Steuerspannung wirksam wird. **Bild 3.46** zeigt die verbesserte Subtraktionsschaltung.

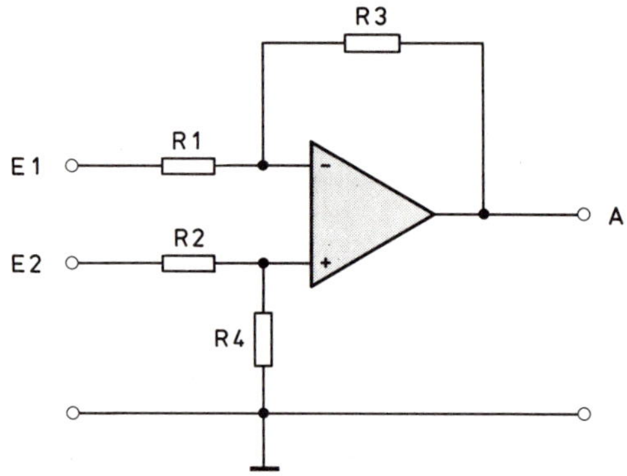

Bild 3.46 Verbesserte Subtraktionsschaltung

Für die am Eingang E+ des OP-Verstärkers wirksam werdende Spannung gilt jetzt:

$$U_{E+} = U_{E2} \cdot \frac{R_4}{R_2 + R_4}.$$

Damit ergibt sich für U_A:

$$U_A = \left(1 + \frac{R_3}{R_1}\right) \cdot \left(\frac{R_4}{R_2 + R_4}\right) \cdot U_{E2} - \frac{R_3}{R_1} \cdot U_{E1}.$$

Werden nun die Widerstände so gewählt, daß $R_2 = R_1$ und $R_4 = R_3$ ist, verbleibt nach Einsetzen und Kürzen anstelle der beiden Klammerausdrücke nur noch der Faktor R_3/R_1. Beide Eingangsspannungen werden also mit dem gleichen Verstärkungsfaktor verstärkt. Daher kann für den Subtrahierer nach Bild 3.46 geschrieben werden:

$$U_A = \frac{R_3}{R_1} \cdot U_{E2} - \frac{R_3}{R_1} \cdot U_{E1} \quad \text{oder}$$

$$U_A = \frac{R_3}{R_1} \cdot (U_{E2} - U_{E1}).$$

Unter der Voraussetzung, daß $R_2 = R_1$ und $R_4 = R_3$ gewählt wird, arbeitet der Subtrahierer nach Bild 3.46 korrekt. Beide Eingangsspannungen U_{E1} und U_{E2} werden mit dem gleichen Verstärkungsfaktor verstärkt und subtrahiert. Nach diesem Prinzip arbeiten alle Subtrahierer.

3.5.4.2 Anwendungsbeispiele

Bild 3.47 zeigt einen Subtrahierer. Er bildet die Differenz aus den Spannungen an den Punkten B und C und verstärkt diese Differenz zur Ausgangsspannung U_A.

Mit der Schaltung nach Bild 3.47 ist es z.B. möglich, anstelle der massefreien Spannung U_{BC} die Ausgangsspannung U_A als Subtraktion gegen Masse zu messen.

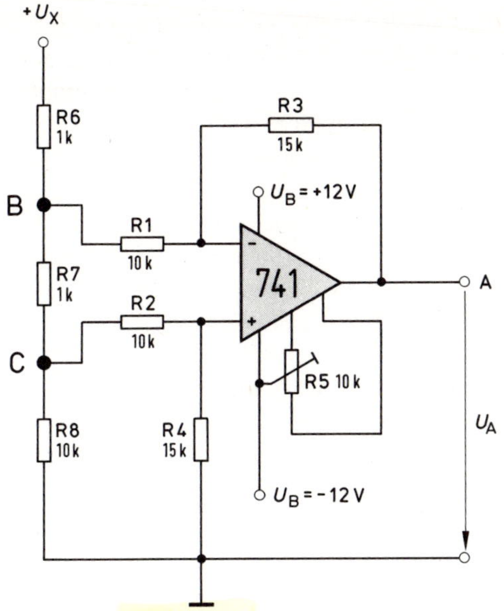

Bild 3.47 Subtrahierer

Sehr häufig wird der Subtrahierer in Zusammenhang mit Brückenschaltungen eingesetzt. Auch hier bietet er die Möglichkeit, die massefreie Brückenspannung in eine massebezogene Spannung umzusetzen, die dann besser weiterverarbeitet werden kann. **Bild 3.48** zeigt einen solchen Subtrahierer als Brückenspannungsverstärker.

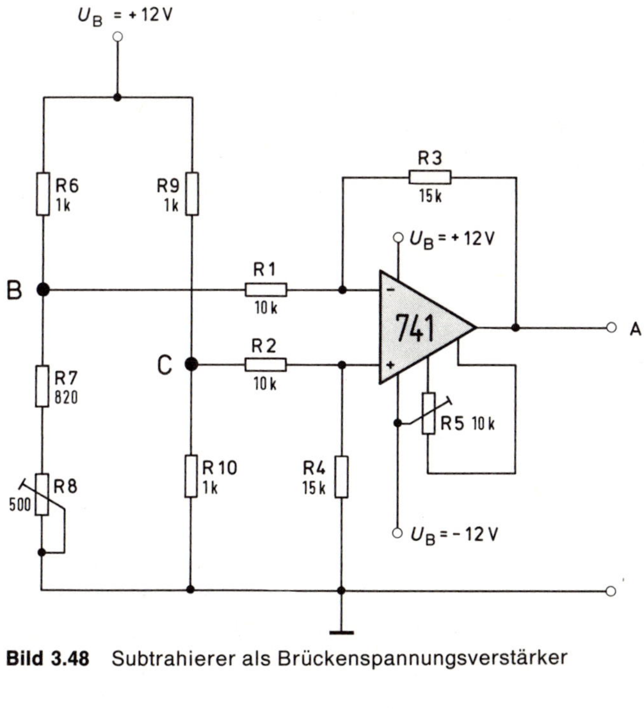

Bild 3.48 Subtrahierer als Brückenspannungsverstärker

Die Schaltung nach Bild 3.48 ist so dimensioniert, daß die Brückenspannung U_{BC} als Differenzspannung um den Faktor $V = 1{,}5$ verstärkt am Ausgang A gemessen werden kann. Eine derartige Schaltung wird oft als Brückenspannungsverstärker oder auch als Differenzspannungsverstärker bezeichnet.

Wird in der Brückenschaltung einer der Widerstände z.B. durch einen temperaturabhängigen Widerstand ersetzt, so ist die Ausgangsspannung U_A eine Funktion der Temperatur. Die Brückenschaltung bietet hier eine weitaus größere Empfindlichkeit gegenüber einer einfachen Reihenschaltung von Vorwiderstand und temperaturabhängigem Widerstand. In **Bild 3.49** ist eine Brückenschaltung zur Erfassung von Temperaturänderungen dargestellt. Verwendet wird hier ein PTC-Widerstand TSP 102 (Texas Instruments), der eine sehr lineare Widerstandsänderung in Abhängigkeit von der Temperatur hat. Derartige Brückenschaltungen werden z.B. zur Erfassung von Temperaturänderungen in Waschmaschinen, Herden, Kühlschränken, in Klimaanlagen usw. eingesetzt.

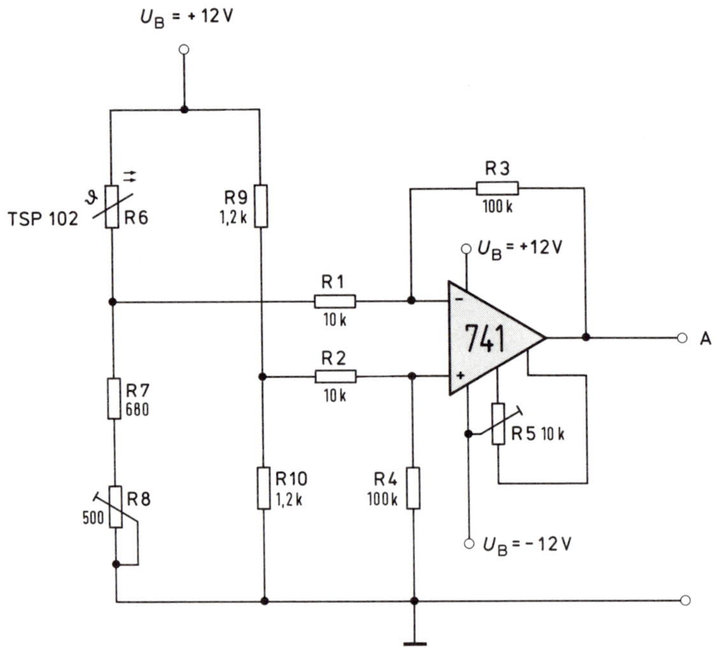

Bild 3.49 Brückenspannungsverstärker

Mit dem Trimmer R8 kann die Brücke z.B. so abgeglichen werden, daß bei $T = 20\,°C$ die Brückenspannung $U_{BC} = 0\,V$ und damit auch $U_A = 0\,V$ wird. Bei jeder Abweichung von der Temperatur $T = 20\,°C$ tritt dann eine positive oder negative Ausgangsspannung auf, deren Größe ein Maß für die Temperaturabweichung ist. Selbstverständlich kann die Brückenschaltung auch mit einem NTC-Widerstand zur Temperaturmessung, einem Fotowiderstand zur Lichtmessung oder einer Feldplatte zur Messung der magnetischen Flußdichte aufgebaut werden. Die Brückenwiderstände sind dann entsprechend zu dimensionieren und gegebenenfalls ein anderer Verstärkungsfaktor V des Subtrahierers festzulegen.

3.6 Operationsverstärker mit frequenzabhängiger Gegenkopplung

Eine frequenzabhängige Gegenkopplung entsteht, wenn im Gegenkopplungszweig neben ohmschen Widerständen auch kapazitive oder induktive Widerstände wirksam sind. Zu unterscheiden sind dabei im wesentlichen zwei verschiedenartige Einsatzgebiete, und zwar die Analogrechentechnik sowie Verstärker, von denen ein bestimmtes Frequenzübertragungsverhalten verlangt wird.

In der Analogrechentechnik werden mathematische Operationen elektrisch nachgebildet und durchgeführt. In Kapitel 3.5 sind bereits die Addierer und Subtrahierer behandelt, die die beiden einfachsten Rechenoperationen durchführen. Durch entsprechende Beschaltung von OP-Verstärkern sind aber auch Rechenoperationen höheren Grades wie Integrieren und Differenzieren möglich. Auf die mathematischen Zusammenhänge bei diesen beiden Rechenoperationen wird hier nicht näher eingegangen, da sie sich nur mit Hilfe der Höheren Mathematik beschreiben lassen. Zur zweiten Gruppe der OP-Verstärker mit frequenzabhängiger Gegenkopplung gehören die Wechselspannungsverstärker. Bei ihnen wird der Frequenzgang durch die Wirkung der Gegenkopplung in unterschiedlichster Weise beeinflußt.

3.6.1 Der Integrator

Bild 3.50 zeigt die Grundschaltung eines Integrators.

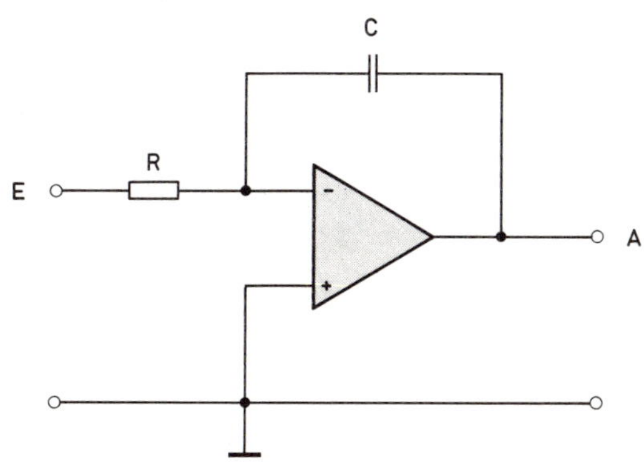

Bild 3.50 Integrator mit Operationsverstärker

Beim Integrator wird ein Teil der Ausgangsspannung über einen Kondensator auf den N-Eingang des OPs zurückgekoppelt. Der exakte Zusammenhang zwischen der Ausgangsspannung und der Eingangsspannung läßt sich nur mit Hilfe der Integralrechnung beschreiben. Für den Praktiker reicht es aber auch aus, nur die wichtigsten Eigenschaften und das Verhalten des Integrators zu kennen.

Wird auf den Eingang eines Integrators ein Spannungssprung gegeben, so kann sich die Spannung am Ausgang A infolge des Kondensators im Gegenkopplungszweig nicht mehr sprunghaft ändern. Sie kann je nach Polarität der Eingangsspannung nur noch kontinuierlich ansteigen oder abfallen. Wie schnell dieser Anstieg oder Abfall erfolgt, hängt dabei von zwei Faktoren ab, und zwar von der Zeitkonstanten $R \cdot C$ sowie von der Größe der Eingangsspannung U_E.

Zwischen der Größe von U_E und dem Anstieg bzw. dem Abfall von U_A besteht ein linearer Zusammenhang. Je größer also U_E, desto schneller steigt oder fällt U_A ab und je kleiner U_E, desto langsamer ändert sich U_A.

Zwischen der Zeitkonstante und dem Anstieg bzw. dem Abfall von U_A besteht dagegen ein reziproker Zusammenhang, d.h. je größer die Zeitkonstante $R \cdot C$,desto langsamer erfolgt die Änderung von U_A. Durch entsprechende Wahl der Zeitkonstanten kann also die Steigung von U_A ebenfalls beeinflußt werden. Da bei einer konkreten Schaltung mit der Zeitkonstanten der Widerstand und der Kondensator fest vorgegeben sind, wird bei einem Integrator der Anstieg oder Abfall von U_A in der Regel durch eine Änderung von U_E beeinflußt. Begrenzt wird der Anstieg oder Abfall von U_A aber zwangsläufig immer dann, wenn $U_A = \pm U_B$.

Bei einem Integrator ändert sich im Arbeitsbereich die Ausgangsspannung auch dann, wenn U_E konstant ist. Es ist daher erforderlich, für den Integrationsvorgang einen Anfangszustand festzulegen, ihn also jeweils bei $U_E = 0\,V$ auch auf $U_A = 0\,V$ zurückzusetzen. **Bild 3.51** zeigt einen Integrator mit Rücksetzmöglichkeit.

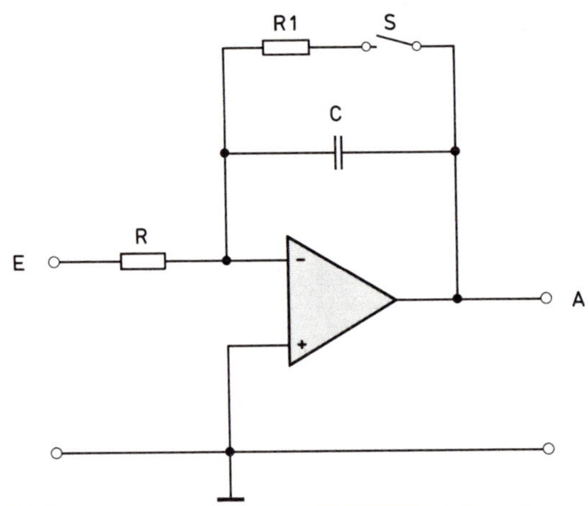

Bild 3.51 Integrator mit Rücksetzmöglichkeit

Durch Schließen des Schalters S wird der Kondensator überbrückt und schnell entladen. Durch den geschlossenen Schalter entsteht aus dem Integrator dann ein invertierender Verstärker. Für ihn gilt, daß $U_A = 0\,V$ wenn $U_E = 0\,V$. Auf diese Weise kann immer eine definierte Anfangsbedingung $U_A = 0\,V$ für den Integrationsvorgang erreicht werden. Bei einem realisierten Integrator ist der in Bild 3.51 angegebene mechanische Schalter S aber stets durch einen elektronischen Schalter ersetzt.

In Kapitel 9.3.1.2 wird der Integrator noch ausführlicher beschrieben und als Anwendungsbeispiel sein Einsatz zur Erzeugung von dreieckförmigem Spannungsverläufen gezeigt. Das Haupteinsatzgebiet des Integrators liegt aber in der Analogrechentechnik und damit auch in der Meß- und Regelungstechnik, die in BAND IV B behandelt wird.

3.6.2 Der Differenzierer

Wird bei dem Integrator nach Bild 3.50 die Anordnung von Widerstand und Kondensator vertauscht, so entsteht ein Differenzierer. In **Bild 3.52** ist die Grundschaltung des Differenzierers dargestellt.

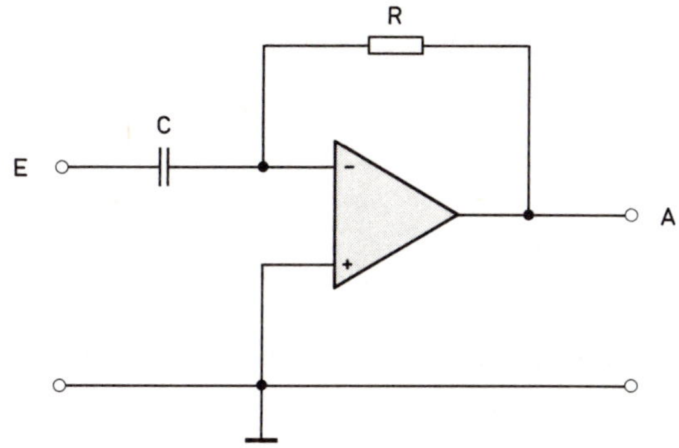

Bild 3.52 Differenzierer mit Operationsverstärker

Der Differenzierer hat ähnliche Eigenschaften wie ein Differenzierglied mit Widerstand und Kondensator. Er hat aber einige nachteilige Eigenschaften und wird daher auch in der Analogrechentechnik nur verhältnismäßig wenig eingesetzt. Aus diesen Gründen wird hier auch auf die Arbeitsweise und die speziellen Eigenschaften des Differenzierers nicht näher eingegangen.

3.6.3 Wechselspannungsverstärker mit frequenzabhängiger Gegenkopplung

In ähnlicher Weise wie bei Wechselspannungsverstärkern mit Transistoren kann auch bei Wechselspannungsverstärkern mit OP der Frequenzgang durch eine frequenzabhängige Gegenkopplung beeinflußt werden. So erfolgt z. B. die Klangregelung in NF-Verstärkern oder die Entzerrung bei Vorverstärkern für magnetische Tonabnehmersysteme häufig durch eine frequenzabhängige Gegenkopplung. Das Gegenkopplungsnetzwerk ist dann aber bereits sehr umfangreich und die Berechnungsmethoden sind äußerst kompliziert.

3.6.3.1 Grundprinzip des Wechselspannungsverstärkers mit frequenzabhängiger Gegenkopplung

Bild 3.53 zeigt die Grundschaltung, die in vielfältiger Weise abgewandelt und erweitert werden kann.

Der OP wird in der Grundschaltung nach Bild 3.53 als Elektrometerverstärker betrieben, also am P-Eingang angesteuert. Die Schaltung hat einen großen Eingangswiderstand und die Verstärkung ist stets $V \geqq 1$.

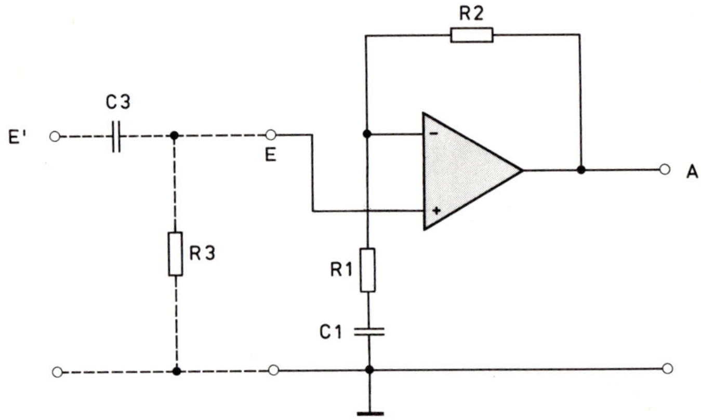

Bild 3.53 Grundschaltung eines Wechselspannungsverstärkers mit frequenzabhängiger Gegenkopplung

Der Gegenkopplungszweig besteht aus dem Gegenkopplungswiderstand R 2 und der Reihenschaltung von R 1 und C 1 zwischen dem N-Eingang und Masse. Der Widerstand dieser Reihenschaltung ist frequenzabhängig und damit auch der Verstärkungsfaktor *V*. Unter Vernachlässigung der auftretenden Phasendrehung gilt ganz allgemein:

$$U_A = \left(1 + \frac{R_2}{\sqrt{R_1^2 + X_{C1}^2}}\right) \cdot U_E.$$

Bei niedrigen Frequenzen ist der kapazitive Widerstand X_{C1} sehr groß gegenüber R 1 und der Verstärkungsfaktor ist nur wenig größer als 1. Mit zunehmender Frequenz wird X_{C1} aber immer kleiner und daher *V* immer größer. Die untere Grenzfrequenz f_u ist bei dieser Schaltung genau wie bei einem Hochpaß nur mit Widerstand und Kondensator festgelegt als

$$f_u = \frac{1}{2\pi \cdot R_1 \cdot C_1}.$$

Mit weiter zunehmender Frequenz wird dann der Einfluß von X_{C1} immer kleiner und kann schließlich gegenüber R 1 vernachlässigt werden. Dann gilt für den Verstärker:

$$U_A \approx \left(1 + \frac{R_2}{R_1}\right) \cdot U_E.$$

Die obere Grenzfrequenz des Verstärkers wird dann im wesentlichen nur noch durch die internen Eigenschaften des OPs bestimmt. Ihre Einflüsse wurden bereits in Kapitel 3.4.3 behandelt.

In der Regel ist zur Ankopplung des Verstärkers an die Spannungsquelle für die Signalfrequenz noch ein CR-Glied vorgeschaltet. Es wird so dimensioniert, daß dieser Hochpaß die gleiche untere Grenzfrequenz wie der OP-Verstärker hat. Durch gleiche Widerstandswerte von R 1 und R 3 kann zusätzlich eine Kompensation der Eingangsruheströme erreicht werden.

Die einfache Reihenschaltung von R1 und C1 in der Grundschaltung nach Bild 3.53 ist bei praktisch ausgeführten NF-Verstärkern in vielfältiger Weise erweitert und variiert. Dadurch ist es dann möglich, dem Verstärker fast jeden beliebigen Frequenzgang zu geben. Die Berechnungsmethoden sind aber so kompliziert und langwierig, daß der gewünschte Verlauf meistens nur durch praktische Versuche angenähert und erreicht wird. Dies gilt ganz besonders auch für die umfangreichen Klangregelnetzwerke in hochwertigen NF-Verstärkern.

3.6.3.2 Anwendungsbeispiele

Bild 3.54 zeigt einen einfachen Wechselspannungsverstärker, der entsprechend der Grundschaltung nach Bild 3.53 aufgebaut ist.

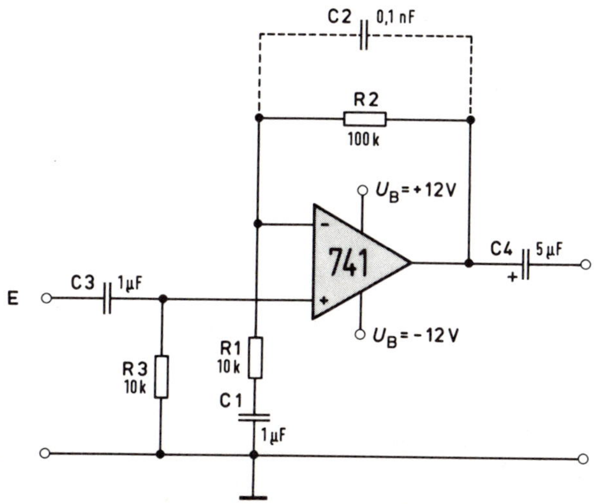

Bild 3.54 NF-Verstärker mit OP

Die untere Grenzfrequenz liegt bei diesem NF-Verstärker bei $f_u \approx 16$ Hz. Oberhalb f_u ist $V \approx 11$. Der Hochpaß am Eingang ist ebenfalls für $f_u \approx 16$ Hz ausgelegt, so daß die untere Grenzfrequenz für die gesamte Schaltung etwa 22 Hz beträgt. Der Eingangswiderstand wird im wesentlichen durch R3 bestimmt. Zur Unterdrückung einer Schwingneigung bei höheren Frequenzen wird dem Gegenkopplungswiderstand R2 oft noch ein Kondensator parallelgeschaltet. Durch ihn wird dann jedoch die obere Grenzfrequenz beeinflußt, denn es gilt:

$$f_{ob} \approx \frac{1}{2\pi \cdot C_2 \cdot R_2}.$$

Bei $C_2 = 0{,}1$ nF liegt die obere Grenzfrequenz dieses Verstärkers dann bei $f_{ob} \approx 16$ kHz.

Ein weiteres Anwendungsbeispiel ist in **Bild 3.55** dargestellt. Es handelt sich um einen Mikrofonverstärker mit asymmetrischer Spannungsversorgung.

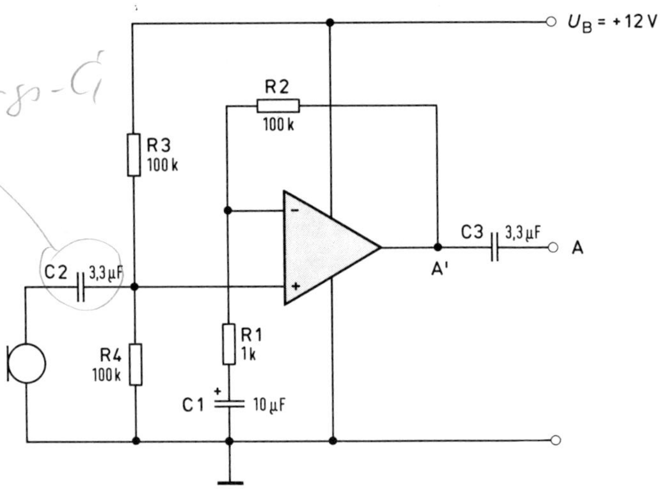

Bild 3.55 Mikrofonverstärker mit asymmetrischer Spannungsversorgung

Durch den Spannungsteiler aus R 3 und R 4 wird der P-Eingang auf $U_B/2 = +6\,\text{V}$ gelegt. Der Verstärkungsfaktor ermittelt sich zu

$$V = \left(1 + \frac{R_2}{\sqrt{R_1^2 + X_{C1}^2}}\right).$$

Für die Gleichspannung ist X_{C1} sehr groß, so daß wegen $V_{GL} = 1$ am Ausgang A′ des OPs eine Spannung $U_B/2$ liegt. C 1 ist so gewählt, daß die untere Grenzfrequenz bei $f_u \approx 15$ Hz liegt. Der Eingangswiderstand der Schaltung wird im wesentlichen durch den Spannungsteiler aus R 3 und R 4 bestimmt und es gilt

$$R_E \approx R_3 \| R_4 = 50\ \text{k}\Omega.$$

Bild 3.56 zeigt eine weitere Schaltung mit OP, wie sie zur Vorverstärkung der vom Wiedergabekopf eines Tonbandgerätes gelieferten Signalspannung eingesetzt wird. Diese vom Wiedergabekopf erzeugte Spannung ist stark frequenzabhängig, und zwar ist sie bei niedrigen Frequenzen sehr klein und wächst mit steigender Frequenz je nach Ausführung des Tonkopfes bis ca. 10 kHz an. Zur Entzerrung dieses Frequenzganges wird dann ein Vorverstärker eingesetzt, dessen Frequenzgang einen etwa umgekehrten Verlauf haben muß.

Der Gegenkopplungszweig besteht hier aus einem bereits umfangreichen Netzwerk von Widerständen und Kondensatoren. Eine Berechnung des Frequenzganges wäre hier nur noch mit ganz erheblichem mathematischen Aufwand möglich. Der Verstärkungsfaktor V dieses Vorverstärkers ist in **Bild 3.57** in doppelt-logarithmischem Maßstab dargestellt.

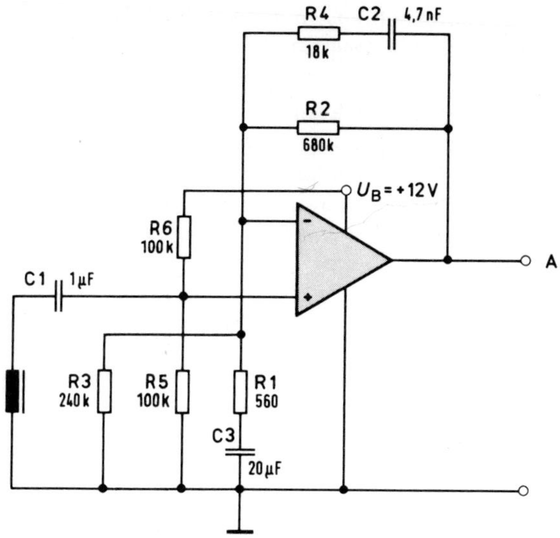

Bild 3.56 Vorverstärker für einen TB-Wiedergabekopf

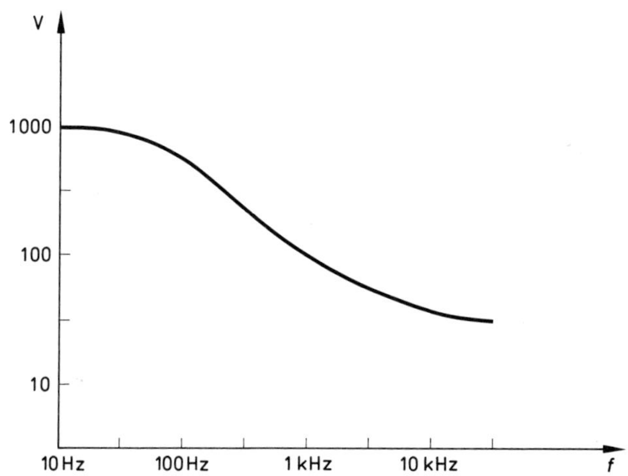

Bild 3.57 Verstärkungsfaktor *V* in Abhängigkeit von der Frequenz

Durch den Frequenzgang des Vorverstärkers wird der Frequenzgang des Tonkopfes weitgehend kompensiert, so daß für die Baueinheit von Tonkopf und Vorverstärker ein nahezu linearer Frequenzgang im NF-Bereich erreicht wird.

3.6.4 Aktive Filter

Als Filter werden Netzwerke aus ohmschen, kapazitiven und induktiven Widerständen bezeichnet. Sie werden eingesetzt, um den Frequenzgang einer Schaltung in gewünschter Weise zu beeinflussen. Einfachste Filter sind die aus einem Widerstand und einem Kondensator aufgebauten RC-Glieder, die als Hoch- oder Tiefpässe wirken. Nachteilig ist bei diesen Filtern aber, daß sie auch im Durchlaßbereich eine Dämpfung haben, U_A also stets kleiner als U_E ist. Durch Einbeziehung eines Verstärkerelements in Filterschaltungen entsteht ein aktives Filter. Sie haben dann anstelle einer Dämpfung eine Verstärkung $V \geqq 1$. Die mathematische Behandlung, d.h. die Dimensionierung von aktiven Filtern ist außerordentlich aufwendig. Aus diesem Grunde werden bei den folgenden Beispielen nur einige dimensionierte Schaltungen angegeben, die durch Variation der frequenzgangbestimmenden Werte auf andere Grenzfrequenzen umgestellt werden können.

3.6.4.1 Aktiver Tiefpaß

Bild 3.58 zeigt einen aktiven Tiefpaß, der an der oberen Grenzfrequenz bereits einen sehr steilen Abfall hat.

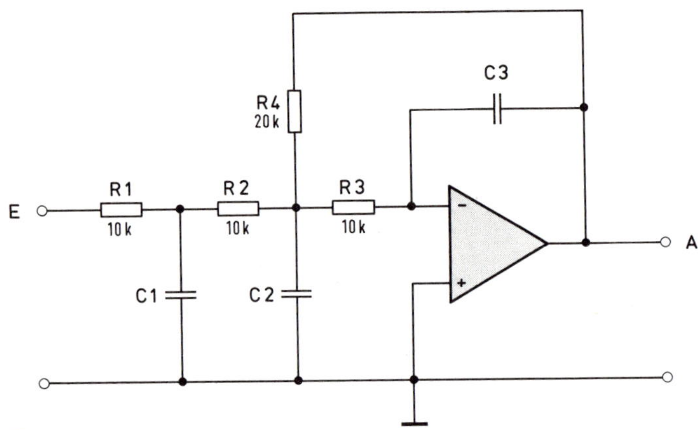

Bild 3.58 Aktiver Tiefpaß

Die Verstärkung dieses aktiven Tiefpasses beträgt $V = 1$. Die eigentliche Filterkette besteht aus einem Doppel-T-Filter. Die Ausgangsspannung wird sowohl über den Kondensator C3 als auch über R4 auf den N-Eingang zurückgeführt. Bei $R_1 = R_2 = R_3 = 10\ \text{k}\Omega$ und $R_4 = 20\ \text{k}\Omega$ kann die obere Grenzfrequenz f_{ob} durch entsprechende Wahl der Kondensatoren C1, C2 und C3 variiert werden. Die erforderlichen Werte für 6 verschiedene Grenzfrequenzen können in der Tabelle nach **Bild 3.59** entnommen werden.

f_{ob}	C1	C2	C3
100 Hz	0,39 µF	0,33 µF	33 nF
300 Hz	0,12 µF	0,1 µF	10 nF
500 Hz	82 nF	68 nF	6,8 nF
1000 Hz	39 nF	33 nF	3,3 nF
3000 Hz	12 nF	10 nF	1 nF
5000 Hz	8,2 nF	6,8 nF	680 pF

Bild 3.59 Wertetabelle für verschiedene Grenzfrequenzen

3.6.4.2 Aktiver Hochpaß

Ein aktiver Hochpaß (**Bild 3.60**) entsteht, wenn in der Schaltung nach Bild 3.58 die Anordnung der Widerstände und Kondensatoren vertauscht wird.

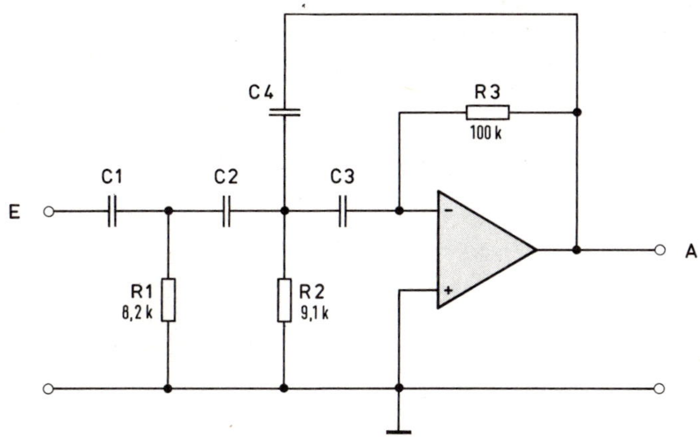

Bild 3.60 Aktiver Hochpaß

Die Verstärkung beträgt auch bei dieser Schaltung $V = 1$. Bei $R_1 = 8{,}2\ \text{k}\Omega$, $R_2 = 9{,}1\ \text{k}\Omega$ und $R_3 = 100\ \text{k}\Omega$ kann die untere Grenzfrequenz f_u durch andere Wahl von C1 = C2 = C3 und C4 variiert werden. Die erforderlichen Werte für sechs verschiedene Grenzfrequenzen sind in der Tabelle nach **Bild 3.61** angegeben.

f_u	C1 = C2 = C3	C4
100 Hz	82 nF	47 nF
300 Hz	27 nF	12 nF
500 Hz	16 nF	8,2 nF
1000 Hz	8,2 nF	4,7 nF
3000 Hz	2,7 nF	1,2 nF
5000 Hz	1,5 nF	680 pF

Bild 3.61 Wertetabelle für verschiedene Grenzfrequenzen

Andere Grenzfrequenzen können durch entsprechende Zwischenwerte der Kondensatoren erreicht werden. Zur Anpassung des Eingangswiderstandes wird diesen aktiven Filtern oft noch ein Umkehrverstärker mit $V = 1$ vorgeschaltet.

3.6.4.3 Aktiver Bandpaß

In der Übertragungstechnik soll oft nur ein relativ schmaler Bereich aus einem Frequenzband herausgefiltert und verstärkt werden. Ein solches Filter wird als Bandpaß bezeichnet. Im Prinzip läßt sich ein Bandpaß durch Hintereinanderschalten eines

Hochpasses, der die untere Grenzfrequenz bestimmt und eines Tiefpasses, der die obere Grenzfrequenz festlegt, realisieren. Ein aktiver Bandpaß läßt sich jedoch auch mit einem OP-Verstärker und entsprechender Beschaltung aufbauen. **Bild 3.62** zeigt die Grundschaltung für einen aktiven Bandpaß.

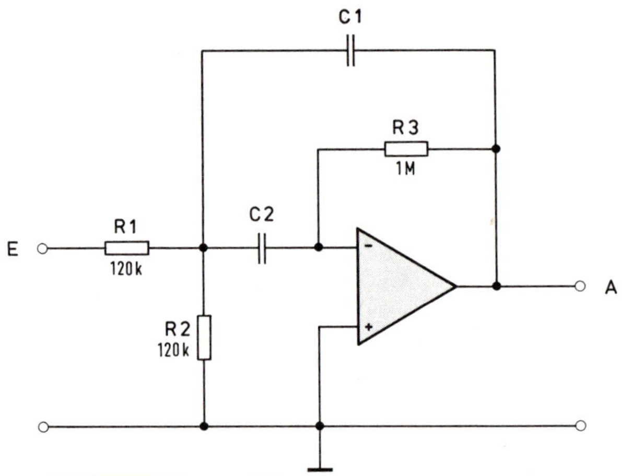

Bild 3.62 Aktiver Bandpaß

Für eine Verstärkung $V = 4$ und für eine Bandbreite, die die Hälfte der Mittenfrequenzen f_m beträgt, können die erforderlichen Werte für sechs verschiedene Mittenfrequenzen aus der Tabelle nach **Bild 3.63** abgelesen werden.

f_m (Hz)	64	125	250	500	1000	2000	4000	8000	16000
b (Hz)	32	62,5	125	250	500	1000	2000	4000	8000
$C_1 = C_2$ (nF)	11	5,6	2,7	1,5	0,68	0,33	0,16	0,082	0,043

Bild 3.63 Wertetabelle für verschiedene Mittenfrequenzen

Andere Mittenfrequenzen können durch entsprechende Zwischenwerte der angegebenen Kondensatoren $C_1 = C_2$ erreicht werden.

3.6.4.4 Aktive Bandsperre

In **Bild 3.64** ist eine aktive Bandsperre dargestellt. Sie arbeitet mit einem Doppel-T-Glied. Außerdem wird ein Teil der Ausgangsspannung U_A auf den P-Eingang zurückgeführt, es liegt also eine Mitkopplung vor. Dadurch wird ein sehr steiler Abfall an den Bandgrenzen erreicht und damit auch eine kleine Bandbreite. Die Filterkurve läßt sich in gewissen Grenzen durch R4 verändern.

Die in der Schaltung nach Bild 3.64 angegebenen Werte ergeben eine Mittenfrequenz $f_m \approx 50$ Hz. Es ist daher mit der angegebenen Bandsperre z.B. möglich, einen störenden Netzbrumm von 50 Hz bei der Verstärkung kleiner Gleichspannungen zu unterdrücken. Um die größte Dämpfung für $f = 50$ Hz zu erreichen, müssen die Widerstände R1, R2 und R3 gegebenenfalls genau abgeglichen werden. Dazu muß dann zu einem jeweils kleineren Widerstandswert ein Trimmer in Reihe geschaltet werden.

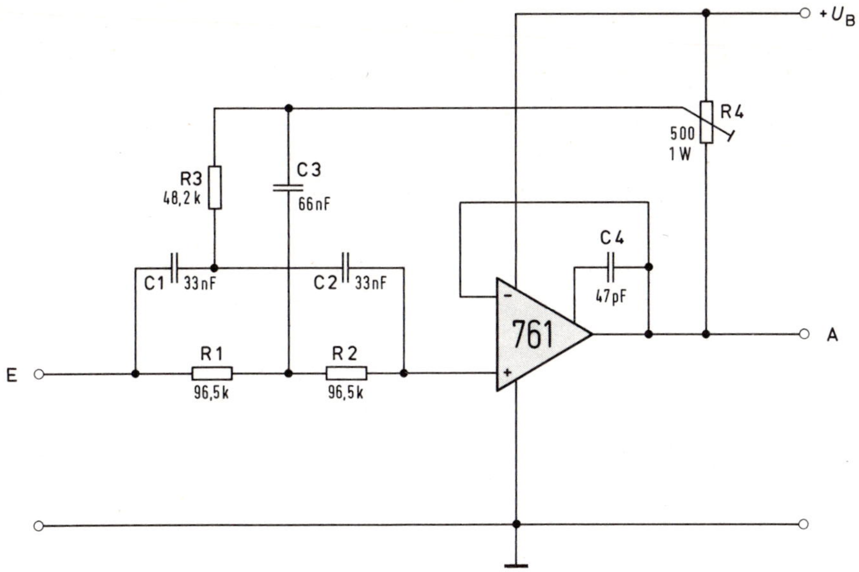

Bild 3.64 Aktive Bandsperre

Von der aktiven Bandsperre nach Bild 3.64 ausgehend läßt sich die Dimensionierung für eine andere Mittenfrequenz mit Hilfe folgender Gleichungen vornehmen

$$f_m = \frac{1}{2\pi \cdot R_1 \cdot C_1}; \quad R_2 = R_1; \quad R_3 = \frac{1}{2} \cdot R_1; \quad C_2 = C_1; \quad C_3 = 2 \cdot C_2.$$

3.7 Operationsverstärker mit Leistungsendstufe

Bei den Operationsverstärkern mit Gegentaktausgang liegen die zulässigen Ausgangsströme mit 10 mA beim Typ 709 sowie 20 mA bei den Typen 741 und 0042 relativ niedrig. Beim Typ 761 mit seinem offenen Kollektorausgang beträgt der maximal zulässige Wert 70 mA. Insbesondere in der Steuerungstechnik und der Regelungstechnik werden aber oft noch größere Lastströme benötigt. Sie lassen sich erreichen, wenn dem OP eine Gegentakt-Leistungsendstufe nachgeschaltet wird. Diese Endstufen sind dann meistens mit externen Leistungstransistoren aufgebaut. Lieferbar sind inzwischen aber auch OP-Verstärker mit integrierter Leistungsendstufe.

3.7.1 Leistungsendstufe mit Transistoren

Bild 3.65 zeigt die Grundschaltung für einen OP-Verstärker mit seiner nachgeschalteten Leistungsendstufe mit Transistoren. Bei der Leistungsendstufe handelt es sich um einen komplementären Emitterfolger für B-Betrieb. Der OP wird als Umkehrverstärker betrieben. Zu beachten ist dabei, daß der Gegenkopplungswiderstand R2 jetzt auch an dem Ausgang der Endstufe und nicht am Ausgang des OPs angeschlossen werden muß.

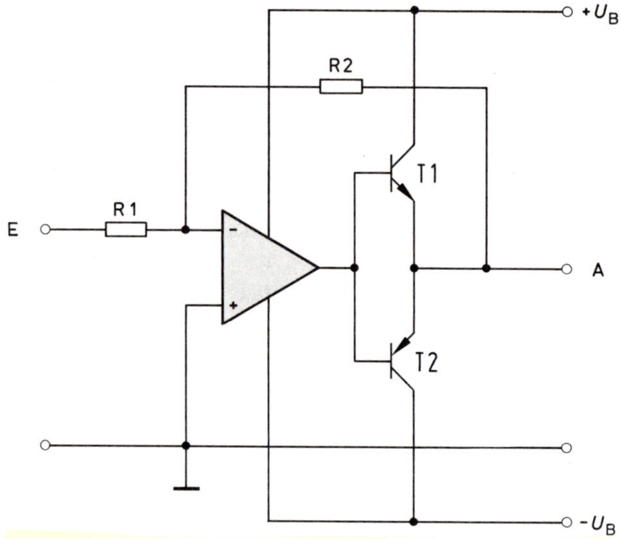

Bild 3.65 Operationsverstärker mit komplementärem Emitterfolger

Liegt bei der Schaltung nach Bild 3.65 eine positive Spannung am Ausgang des OPs, so ist T1 leitend und T2 gesperrt. Bei einer negativen Spannung am Ausgang ist dagegen T1 gesperrt und T2 leitend. Diese einfache Schaltung hat aber noch den Nachteil, daß im Bereich $U_A \approx \pm 0{,}7\,V$ Übernahmeverzerrungen auftreten. Sie lassen sich jedoch erheblich reduzieren, wenn zwischen dem Ausgang des OP-Verstärkers und dem Ausgang der Endstufe ein kleiner Widerstand geschaltet wird. Er überbrückt in Nullpunktnähe die beiden gesperrten Transistoren. Der Ausgangsstrom fließt in diesem Bereich dann über den Widerstand. **Bild 3.66** zeigt eine entsprechend aufgebaute Schaltung mit den komplementären Kleinleistungstransistoren BC 140 und BC 160.

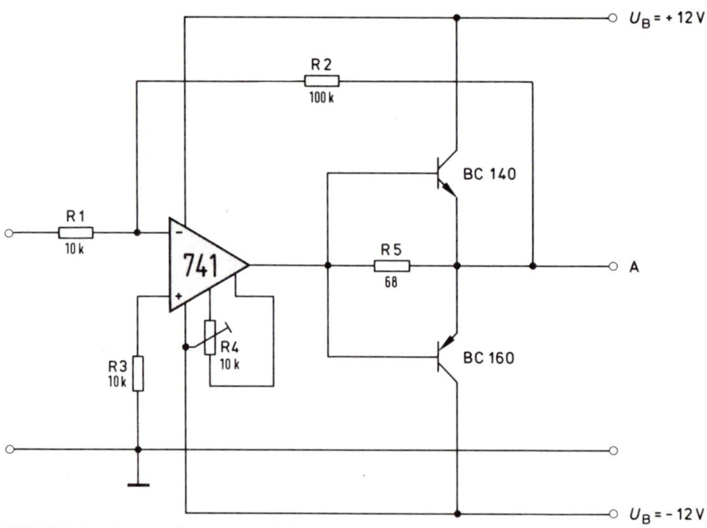

Bild 3.66 Operationsverstärker mit Leistungsendstufe

Durch den nachgeschalteten Gegentakt-Emitterfolger wird erreicht, daß der zulässige Laststrom bei einer Schaltung nach Bild 3.66 etwa 200 mA betragen kann.

Werden höhere Anforderungen bezüglich möglichst kleiner Übernahmeverzerrungen gestellt, so muß der Gegentakt-Emitterfolger im AB-Betrieb betrieben werden. Die dann erforderliche Basisvorspannung für die Transistoren kann z.B., wie bereits in Kapitel 2 behandelt, mit Hilfe von zwei Dioden erzeugt werden. Eingesetzt werden können als Endstufen aber auch komplementäre Emitterfolger in Darlington-Schaltung, wie sie ebenfalls bereits in Kapitel 2 behandelt worden sind. Auf die verschiedenartigen Schaltungseinzelheiten dieser Gegentakt-Endverstärker wird hier nicht weiter eingegangen.

3.7.2 Leistungsendstufe mit integrierter Ansteuerschaltung

Je größer die verlangten Ausgangsströme sind, desto sorgfältiger und umfangreicher muß die Ansteuerschaltung ausgelegt und dimensioniert werden. Aus diesem Grunde wurden Ansteuerschaltungen in integrierter Schaltungstechnik entwickelt, durch die die auftretenden Probleme erheblich vereinfacht werden. Ein Beispiel hierfür ist die Ansteuerschaltung ICL 8063 (Fa. Intersil). Sie ist ausgelegt für eine Ansteuerung mit dem OP-Typ 741 und kann ihrerseits zwei komplementäre Leistungstransistoren z.B. vom Typ 2N 3055 und 2N 2955 ansteuern. In **Bild 3.67** ist die entsprechende Schaltung angegeben.

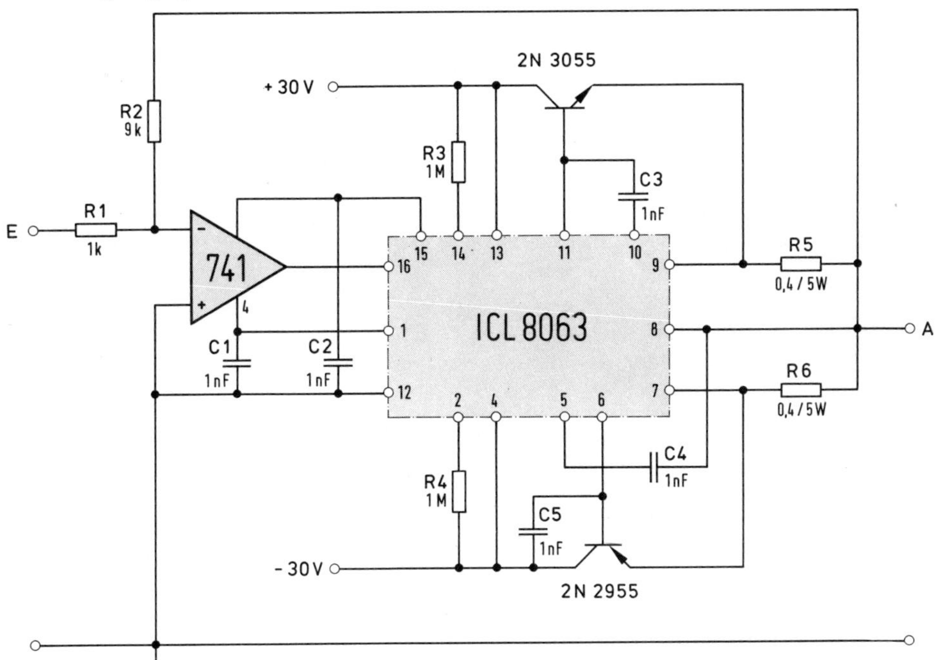

Bild 3.67 Leistungsendstufe mit integrierter Ansteuerschaltung ICL 8063

Dem Ausgang dieser Schaltung nach Bild 3.67 können Lastströme bis zu $I_{Lmax} = 3$ A entnommen werden. Ein Kurzschlußschutz für die beiden Leistungstransistoren

2N 3055 und 2N 2955 ist im Baustein ICL 8063 mit integriert. Bei einer Betriebsspannung $U_B > \pm 15\,V$ liefert der IC auch die Betriebsspannung $U_B = \pm 15\,V$ für den vorgeschalteten OP. In dem Schaltbild ist die Sockelbeschaltung des 16poligen DIL-Gehäuses des ICs mit angegeben.

Die Ansteuerschaltung ICL 8063 enthält 15 Transistorfunktionen, 2 Dioden, 2 Z-Dioden sowie eine größere Zahl von Widerständen. Eine Kenntnis über Einzelheiten der internen Schaltung ist für den Anwender nicht erforderlich.

3.7.3 Operationsverstärker mit integrierter Leistungsendstufe

Inzwischen sind auch OP-Verstärker entwickelt worden, die vereint in einem Gehäuse eine integrierte Leistungsendstufe enthalten. Als Beispiel hierfür wird die Serie ICH 8510/8520/8530 (Fa. Intersil) genannt.

Die Betriebsspannung beträgt bei allen drei Typen $U_B = \pm 30\,V$. Bei $U_A = 24\,V$ kann der Typ 8510 einen Ausgangsstrom $I_{Lmax} = 1\,A$, der Typ 8520 einen Ausgangsstrom $I_{Lmax} = 2\,A$ und der Typ 8530 einen Ausgangsstrom $I_{Lmax} = 2{,}7\,A$ liefern.

Die ICs enthalten einen OP-Verstärker vom Typ 741, dem eine Ansteuerschaltung sowie eine Gegentaktleistungsendstufe nachgeschaltet ist. **Bild 3.68** zeigt die Anschlußbelegung der drei OP-Verstärker mit integrierter Leistungsendstufe, die im TO 3-Gehäuse geliefert werden.

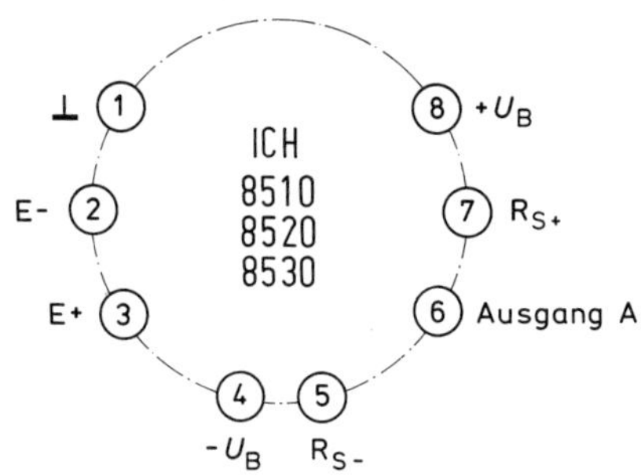

Bild 3.68 Anschlußbelegung der IC 8510/8520 und 8530

Die drei Bausteine können durch jeweils zwei externe Widerstände kurzschlußfest gegen Masse gemacht werden. Hierzu sind zwei gleich große Schutzwiderstände von den Anschlüssen 5 und 7 nach Anschluß 6 (Ausgang A) anzuschließen. Sie müssen beim Typ 8510 $R_S = 1{,}2\,\Omega$, beim Typ 8520 $R_S = 0{,}6\,\Omega$ und beim Typ 8530 $R_S = 0{,}4\,\Omega$ betragen, damit bei $U_B = \pm 30\,V$ eine Begrenzung des Laststromes auf 1 A beim 8510, auf 2 A beim 8520 und auf 2,7 A beim 8530 erfolgt.

Eingesetzt wird diese Serie von OP-Verstärkern mit Leistungsausgang vorwiegend zur Ansteuerung von Magnetventilen, Relais sowie Gleich- und Wechselspannungsmotoren.

4 Konstantstromquellen und Konstantspannungsquellen

4.1 Allgemeines

Rein theoretisch betrachtet unterscheiden sich Konstantstromquellen von Konstantspannungsquellen nur durch die Größe ihrer Innenwiderstände. Die ideale Konstantstromquelle hat einen Innenwiderstand $R_i = \infty\ \Omega$. Die Größe des fließenden Laststromes I_L wäre dann völlig unabhängig von der Größe des Lastwiderstandes R_L. Die ideale Konstantspannungsquelle hat dagegen den Innenwiderstand $R_i = 0\ \Omega$. Hier wäre die Spannung am Lastwiderstand U_L unabhängig von der Größe des Lastwiderstandes R_L. Aus **Bild 4.1** lassen sich diese Zusammenhänge ableiten.

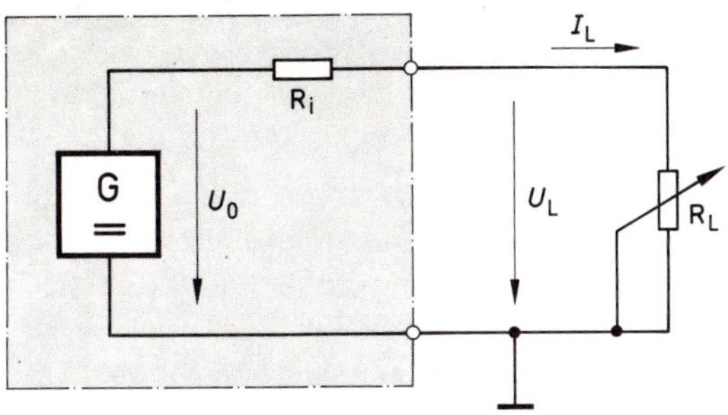

Bild 4.1 Prinzipschaltbild für Konstantstrom- und Konstantspannungsquellen

Mit realen Schaltungen können die Idealwerte $R_i = \infty\ \Omega$ und $R_i = 0\ \Omega$ nur angenähert erreicht werden. Bei den in Kapitel 4 beschriebenen Konstantstromquellen lassen sich aber durchaus Innenwiderstände verwirklichen, die je nach Schaltungsaufwand und Dimensionierung in der Größenordnung von etwa $R_i \approx 1\ \text{M}\Omega$ bis $R_i \approx 20\ \text{M}\Omega$ liegen. Bei den Konstantspannungsquellen liegen dagegen die erreichbaren Werte in der Größenordnung von $R_i \approx 10\ \text{m}\Omega$ bis $R_i \approx 1\ \Omega$.

Zu beachten ist jedoch, daß die Lastwiderstände nicht beliebige Werte annehmen dürfen. So gilt grundsätzlich die Einschränkung, daß bei den

Konstantstromquellen $R_L \ll R_i$ und bei den
Konstantspannungsquellen $R_L \gg R_i$

eingehalten werden muß.

Meßtechnisch kann der Innenwiderstand einer Konstantstrom- oder Konstantspannungsquelle ermittelt werden, indem bei mindestens zwei verschiedenen Werten von R_L die zugehörigen Spannungs- und Stromwerte U_L und I_L ermittelt werden, denn es gilt grundsätzlich

$$R_i = \frac{\Delta U_L}{\Delta I_L}.$$

Bei Innenwiderständen im MΩ-Bereich bzw. im mΩ-Bereich stoßen Messungen des Innenwiderstandes mit betriebsüblichen Meßgeräten und Meßmethoden jedoch auf erhebliche Schwierigkeiten, weil die im Arbeitsbereich der Strom- oder Spannungskonstanter auftretenden Änderungen von U_L bzw. I_L nur noch äußerst gering sind.

Wegen der vielen, nicht genau erfaßbaren Einflußfaktoren führen aber auch Berechnungsmethoden bei den teilweise sehr aufwendigen Halbleiterschaltungen nur zu vagen Anhaltswerten. Man ist daher in der Praxis meistens darauf angewiesen, von einer bekannten, bereits dimensionierten Schaltung auszugehen und sie durch sinnvolle schaltungstechnische Änderungen anderen Forderungen anzupassen oder zu optimieren. Nach diesen Gesichtspunkten wurden die in Kapitel 4 behandelten Schaltungen ausgewählt und erläutert.

Konstantstromquellen werden überwiegend zur Verbesserung bestimmter Eigenschaften anderer Schaltungen eingesetzt. So steigt z.B. die Spannung an einem Kondensator nicht mehr nach einer e-Funktion, sondern linear an, wenn er mit einem konstanten Strom aufgeladen wird. Konstante Ströme werden häufig auch in der Meß- und Steuerungstechnik benötigt. Konstantstromquellen bestehen in der Regel nur aus einem Transistor, Feldeffekttransistor oder OP-Verstärker mit entsprechender Beschaltung. Sie liefern konstante Ströme im mA-Bereich.

Konstantspannungen werden in der Elektronik häufig benötigt. Als Referenzspannungen sind sie z.B. auch gegen Temperatureinflüsse stabilisiert. Haupteinsatzgebiet von Konstantspannungsquellen sind aber die Netzgeräte, mit denen konstante Betriebsspannungen für elektronische Schaltungen und Geräte aus der Netzspannung gewonnen werden. Hier werden konstante Spannungen gefordert, die z.B. im Bereich von 0V bis 30V einstellbar sind. Die Lastströme können dabei mehrere Ampere betragen. Der schaltungstechnische Aufwand kann dann schon erheblich sein.

4.2 Konstantstromquellen

Eine Konstantstromquelle läßt sich in einfacher Weise realisieren, indem zu einer Gleichspannungsquelle z.B. einer Batterie, ein großer Widerstand R_i in Reihe geschaltet wird. **Bild 4.2** zeigt eine derartige Schaltung. Der sehr kleine Innenwiderstand der Batterie kann dabei gegenüber dem zugeschalteten Innenwiderstand R_i völlig vernachlässigt werden. Von den Anschlußklemmen aus betrachtet wirkt R_i wie ein sehr großer Innenwiderstand der Spannungsquelle.

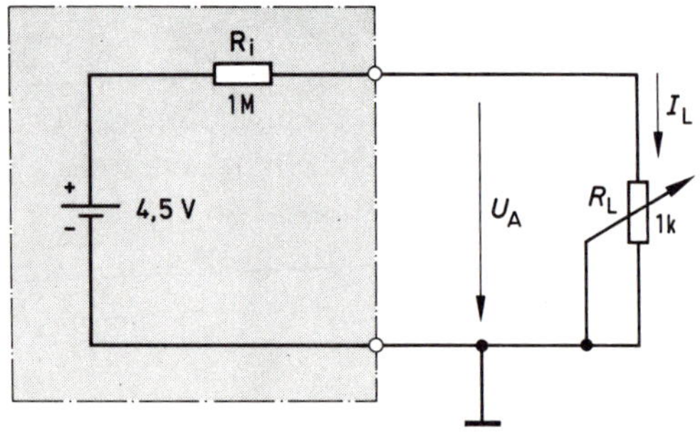

Bild 4.2 Konstantstromquelle mit Batterie

Bei $R_L = 1\ \text{k}\Omega$ fließt in der Schaltung nach Bild 4.2 ein Strom

$$I_L = \frac{U_0}{R_i + R_L} = \frac{4{,}5\,\text{V}}{1000 \cdot 10^3\ \Omega + 1 \cdot 10^3\ \Omega} = 4{,}495 \cdot 10^{-6}\,\text{A}.$$

Dieser Strom steigt z. B. im Kurzschlußfall, also bei $R_L = 0\ \Omega$, lediglich um $0{,}005 \cdot 10^{-6}$ A, also nur um den Faktor von etwa 1/1000 an.

Für einen praktischen Einsatz sind Konstantstromquellen entsprechend Bild 4.2 kaum geeignet. Würde z.B. ein konstanter Laststrom $I_L = 1$ mA verlangt, so müßte bei $R_i = 1\ \text{M}\Omega$ die Batteriespannung auf $U_0 = 1000\,\text{V}$ erhöht werden. Konstantstromquellen werden daher mit Halbleiterbauelementen aufgebaut. Hierfür gibt es eine Reihe unterschiedlicher Schaltungen. Ausgenutzt wird dabei der als Innenwiderstand sehr große dynamische Ausgangswiderstand der Schaltungen.

4.2.1 Konstantstromquellen mit Transistoren

Bild 4.3 zeigt zwei Prinzipschaltungen von Konstantstromquellen mit Transistoren. Bei der einen Schaltung liegt der Lastwiderstand R_L an Betriebsspannung, bei der anderen dagegen an Masse, was in den meisten Anwendungsbereichen von wesentlichem Vorteil ist. Beide Konstantstromquellen arbeiten aber nach dem gleichen Grundprinzip. Ausgenutzt wird hier nicht der relativ kleine statische Ausgangswiderstand R_{CE}, sondern der viel größere dynamische Ausgangswiderstand r_{CE} der Transistoren.

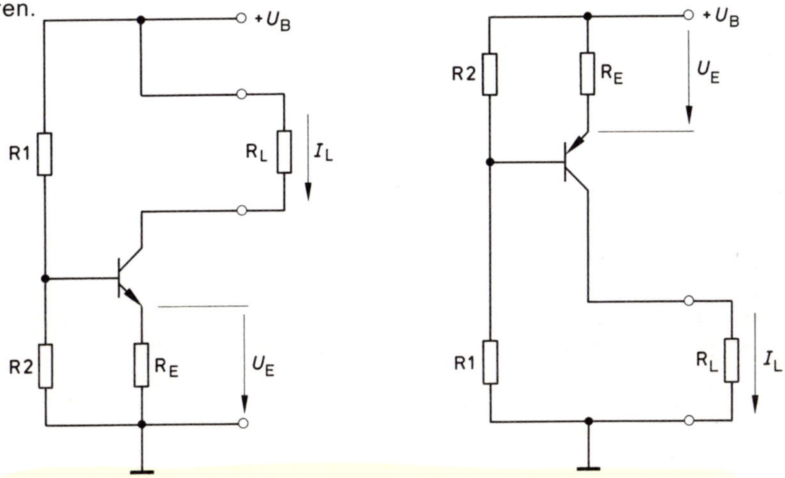

Bild 4.3 Prinzipschaltungen von Konstantstromquellen mit Transistoren

In beiden Schaltungen nach Bild 4.3 wird durch den Spannungsteiler aus R1 und R2 eine feste Basisspannung U_{R2} erzeugt. Unter der Voraussetzung, daß die Transistoren nicht im Sättigungsbereich betrieben werden, stellt sich der Emitterstrom so ein, daß gilt:

$$U_E = U_{R2} - U_{BE}.$$

Mit der Basisspannung U_{R2} ist also auch U_E festgelegt und damit auch I_E, denn für I_E gilt

$$I_E = \frac{U_E}{R_E}.$$

Bei Stromverstärkungen ab etwa $B > 50$ kann in guter Näherung $I_C = I_E$ gesetzt werden. Damit ergibt sich als Näherungsgleichung:

$$I_L = I_C \approx I_E = \frac{U_E}{R_E} = \frac{U_{R2} - U_{BE}}{R_E}.$$

Will bei einer Schaltung nach Bild 4.3 der Laststrom I_L aus irgendeinem Grund z.B. geringfügig ansteigen, so muß zwangsläufig auch die Emitterspannung U_E ansteigen. Da U_{R2} aber durch den Spannungsteiler festgehalten wird, wird U_{BE} kleiner. Dies hat jedoch zur Folge, daß I_C und damit auch I_L wieder kleiner wird und der Laststrom sich wieder auf den ursprünglichen Wert einstellt. Ein entsprechend gegenläufiger Regelvorgang tritt auf, wenn I_L aus irgendeinem Grund kleiner werden will. Durch R_E liegt also eine Stromgegenkopplung genau wie bei einer Verstärkerstufe mit Emitterwiderstand vor.

Auch wenn R_L von seinem Ausgangswert ausgehend vergrößert oder verkleinert wird, will der Laststrom, d.h. der Kollektorstrom sich ändern. Aufgrund des Regelvorganges in der Schaltung ist dies jedoch nicht möglich. Damit liegt dann aber der Fall vor, daß bei dieser Schaltung der Laststrom I_L weitestgehend unabhängig von der Größe des Lastwiderstandes R_L ist. Dies ist jedoch die charakteristische Eigenschaft einer Konstantstromquelle. Für den dynamischen Innenwiderstand gilt in Näherung:

$$r_i \approx k \cdot r_{CE} = k \cdot \frac{\Delta U_{CE}}{\Delta I_C}.$$

Der Faktor k liegt in der Größenordnung von etwa 50 bis 200 und hängt vom Transistor und der Stromgegenkopplung ab.

In **Bild 4.4** sind die Zusammenhänge noch einmal in einem idealisierten Ausgangskennlinienfeld dargestellt.

Bei $R_L = 0\ \Omega$ wird der Transistor im Arbeitspunkt A1 betrieben, der auf der Arbeitsgeraden $R_E = 1\ \text{k}\Omega$ liegt. Wird nun R_L von $R_L = 0\ \Omega$ ausgehend z. B. auf $R_L = 1\ \text{k}\Omega$ vergrößert, so wird die Steigung der Arbeitsgeraden geringer. Da durch den Spannungsteiler U_{R2} konstant gehalten wird, kann der Arbeitspunkt des Transistors nur auf der Kennlinie $U_{BE} = \text{const}$ in Richtung A2 wandern. Von ihrer Steigung hängt der Ausgangswiderstand und damit der Innenwiderstand der Konstantstromquelle ab. Dieser dynamische Innenwiderstand wird umso größer, je größer die Stromverstärkung β des Transistors und je größer R_E ist. Mit den in Bild 4.3 angegebenen Schaltungen lassen sich mit handelsüblichen Kleinsignaltransistoren wie z.B. BC 107, BC 108, BC 178, BC 182 oder BC 212 dynamische Innenwiderstände erreichen, die in der Größenordnung von $r_i \approx 10\ \text{M}\Omega$ bis $r_i \approx 25\ \text{M}\Omega$ liegen. Sie sind aber weder meßtechnisch noch mathematisch mit genügender Genauigkeit zu ermitteln.

Aus dem Kennlinienfeld nach Bild 4.4 ist aber auch zu entnehmen, wodurch der Arbeitsbereich derartiger Konstantstromquellen begrenzt wird. Bei jedem möglichen, durch U_{R2} und R_E festgelegten Laststrom darf der Lastwiderstand auf keinen Fall so groß werden, daß der Arbeitspunkt sich in die Nähe des Kennlinienknicks verlagert. Dann nämlich wird der Innenwiderstand sehr viel kleiner und I_L ist nicht mehr weitgehend unabhängig von R_L.

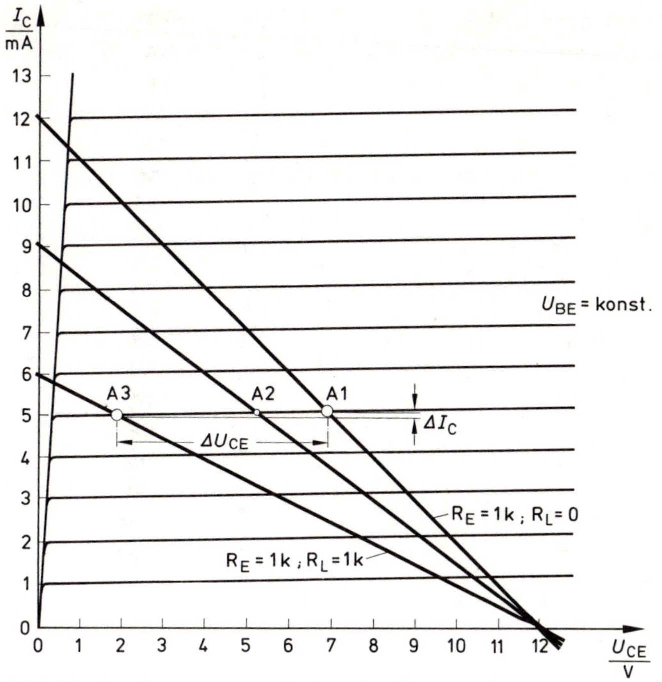

Bild 4.4 Idealisiertes Kennlinienfeld für die Grundschaltungen nach Bild 4.3

In der Praxis wird der Widerstand R2, an dem die Basisspannung abfällt, meistens durch eine Z-Diode ersetzt. Damit wird dann zusätzlich noch erreicht, daß der eingestellte Konstantstrom sich auch dann nicht ändert, wenn die Betriebsspannung im zulässigen Bereich schwankt.

Die Einstellung des konstanten Stromes erfolgt in der Regel durch einen veränderlichen Emitterwiderstand R_E. **Bild 4.5** zeigt eine dimensionierte Konstantstromquelle mit Z-Diode und einstellbarem Emitterwiderstand.

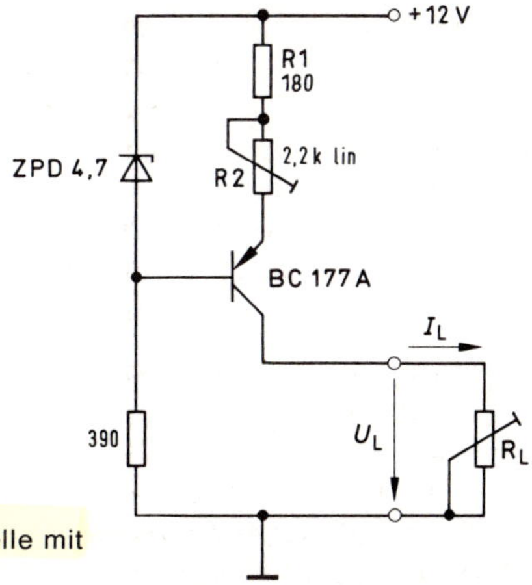

Bild 4.5 Konstantstromquelle mit Transistor

Die Konstantstromquelle nach Bild 4.5 ist für eine Betriebsspannung $U_B = +12$ V ausgelegt. Der Konstantstrom kann bei $R_L = 0\ \Omega$ im Bereich von etwa $I_L \approx 2$ mA bis $I_L \approx 25$ mA eingestellt werden. Der maximal zulässige Lastwiderstand R_L, d.h. also der Arbeitsbereich der Schaltung hängt dabei vom eingestellten Strom ab.

4.2.2 Konstantstromquellen mit Feldeffekttransistoren

Besonders einfach lassen sich Konstantstromquellen mit selbstleitenden Feldeffekttransistoren (FETs) aufbauen. Benötigt wird hier außer dem FET lediglich noch ein Sourcewiderstand R_S. **Bild 4.6** zeigt eine solche Konstantstromquelle.

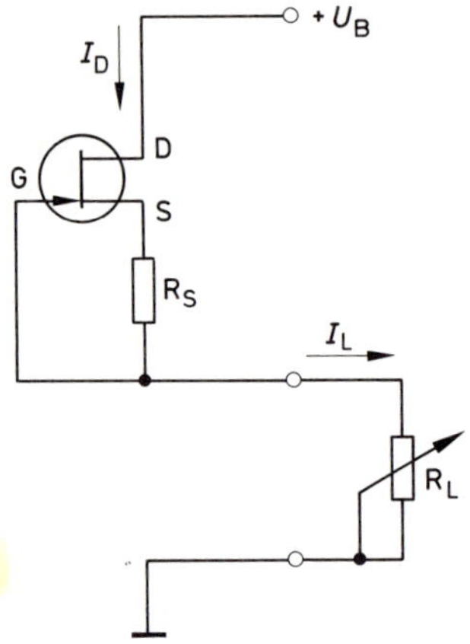

Bild 4.6 Konstantstromquelle mit FET

Bei der Schaltung nach Bild 4.6 wird die Gatespannung U_{GS} durch den Widerstand R_S erzeugt:

$$-U_{GS} = I_D \cdot R_S.$$

Die Spannung $-U_{GS}$ wird meistens so gewählt, daß der Arbeitspunkt in der Mitte des Kennlinienfeldes liegt. Aus dem Kennlinienfeld kann dann auch ermittelt werden, wie groß der Sourcewiderstand sein muß, wenn ein bestimmter Laststrom I_L verlangt wird.

$$I_L = I_D = \frac{-U_{GS}}{R_S}.$$

Die Arbeitsweise der Schaltung gleicht der einer Konstantstromquelle mit Transistoren. Steigt z.B. der konstant zu haltende Laststrom geringfügig an, so steigt auch der Spannungsabfall an R_S. Dadurch wird sofort der Widerstand des Drain-Source-Strecke größer und damit I_L kleiner, so daß sich der ursprüngliche Stromwert wieder einstellt. Ein entsprechender Regelvorgang läuft auch ab, wenn I_L geringfügig kleiner wird.

Für den dynamischen Innenwiderstand gilt in Näherung

$$r_i \approx k \cdot \frac{\Delta U_{DS}}{\Delta I_D}.$$

Der Faktor k liegt hier in der Größenordnung von etwa 20 bis 100 und hängt von R_S und der Steilheit des FET ab.

Soll der Laststrom I_L einstellbar sein, so wird R_S als Trimmer ausgebildet. Der zulässige Arbeitsbereich für R_L hängt wieder vom eingestellten Konstantstrom und der Wahl des Arbeitspunktes ab. **Bild 4.7** zeigt eine Konstantstromquelle für eine Betriebsspannung $U_B = 12\,V$.

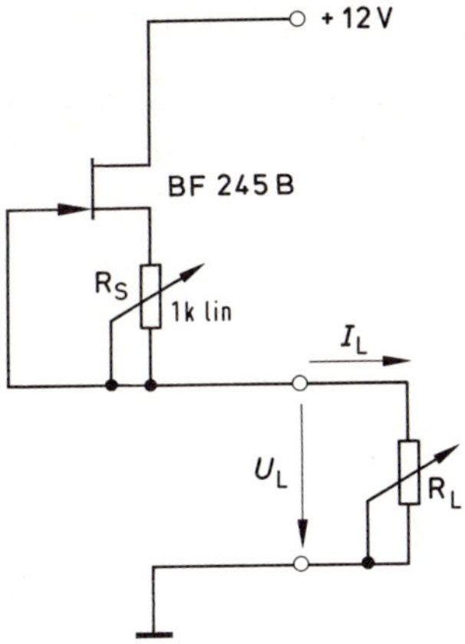

Bild 4.7 Konstantstromquelle mit FET

Der Konstantstrom kann bei der Schaltung nach Bild 4.7 im Bereich von etwa $I_L \approx 2{,}5$ mA bis etwa $I_L \approx 12$ mA eingestellt werden. Die Größe des zulässigen Lastwiderstandes R_L hängt vom eingestellten Konstantstrom ab.

Für den praktischen Einsatz einer Konstantstromquelle mit FET ist aber die Tatsache von besonderer Bedeutung, daß es sich hier um einen Zweipol handelt. Er arbeitet ohne zusätzliche Hilfsspannung und kann daher in eine andere Schaltung wie ein beliebiger ohmscher Widerstand eingesetzt werden. Hiervon wird z.B. in den nachfolgenden Konstantspannungsquellen und in der Meßtechnik häufig Gebrauch gemacht.

4.2.3 Konstantstromquellen mit Operationsverstärkern

Konstantstromquellen mit OP werden oft in der Meßtechnik eingesetzt. Es gibt mehrere unterschiedliche Schaltungen, die dann jeweils bestimmte zusätzliche Eigenschaften haben. **Bild 4.8** zeigt zwei Konstantstromquellen mit OP-Verstärker, die jedoch den Nachteil haben, daß der Lastwiderstand R_L nicht an Masse gelegt werden kann.

Bei beiden Schaltungen in Bild 4.8 tritt der Lastwiderstand R_L als Gegenkopplungswiderstand auf. Durch R1 fließt jeweils ein konstanter Strom I_1, der sich mit der Näherungsgleichung

$$I_1 \approx \frac{U_Z}{R_1}$$

ermitteln läßt. Die Ausgangsspannung U_A stellt sich in beiden Schaltungen stets so ein, daß für den Strom durch den Lastwiderstand gilt:

$$I_L = I_1 \approx \frac{U_Z}{R_1}.$$

Der Innenwiderstand beider Konstantstromquellen kann mit der Näherungsgleichung

$$r_i \approx V \cdot R_1$$

ermittelt werden, wobei V die Schleifenverstärkung des OP-Verstärkers ist.

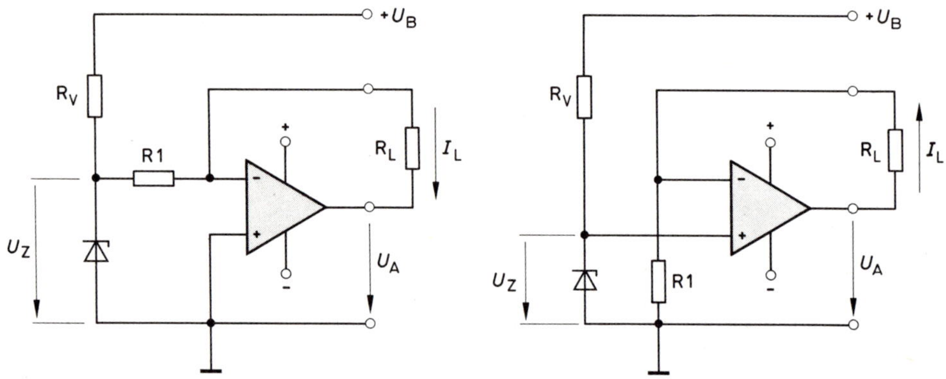

Bild 4.8 Konstantstromquellen mit Operationsverstärker und massefreiem Lastwiderstand R_L

Bei der Schaltung b wird die Z-Diode nicht belastet. Daher ist diese Schaltung auch für größere Ströme geeignet.

Beide Konstantstromquellen haben für den praktischen Einsatz den wesentlichen Nachteil, daß R_L nicht an Masse liegt. Dieser Nachteil tritt bei der etwas aufwendigeren Schaltung nach **Bild 4.9** nicht auf.

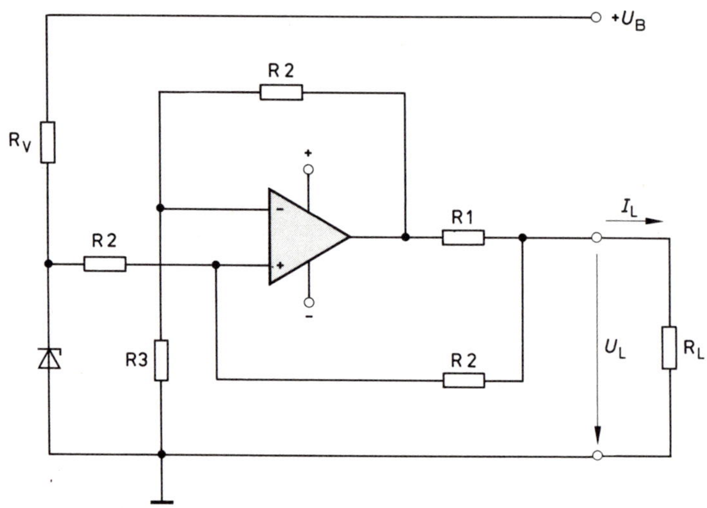

Bild 4.9 Konstantstromquelle mit Operationsverstärker und Lastwiderstand an Masse

Bei der Konstantstromquelle nach Bild 4.9 stellt sich der Spannungsabfall an R1 stets so ein, daß $U_{R1} \approx U_Z$. Damit wird

$$I_L \approx \frac{U_Z}{R_1}.$$

R1 wird so gewählt, daß der Spannungsabfall nur einige Volt beträgt. Die Widerstände R2 sind sehr viel größer als R1 anzusetzen. Der Widerstand R3 hat etwa den gleichen Wert wie R2. Durch Feinabgleich von R3 ist es zusätzlich möglich, für jeweils einen bestimmten Laststrom den Innenwiderstand dieses Stromkonstanters auf $r_i \approx \infty\ \Omega$ einzustellen.

4.2.4 Anwendungsbeispiele

4.2.4.1 Ladung von Kondensatoren mit Konstantstrom

Für Kondensatoren gilt die Gleichung

$$C = \frac{Q}{U} = \frac{I \cdot t}{U}.$$

Wird bei der Ladung eines Kondensators I konstant gehalten, so steigt die Kondensatorspannung nicht mehr nach einer e-Funktion, sondern linear an. Dieser Zusammenhang wird zur Erzeugung linearer Spannungsanstiege, z.B. von Sägezahnspannungen ausgenutzt. Die jeweils erforderliche schnelle Entladung des Kondensators erfolgt dann mit einem Unijunction-Transistor (UJT) als elektronischem Schalter. **Bild 4.10** zeigt einen Sägezahngenerator, bei dem der Kondensator C1 von der Konstantstromquelle mit Transistor aufgeladen wird.

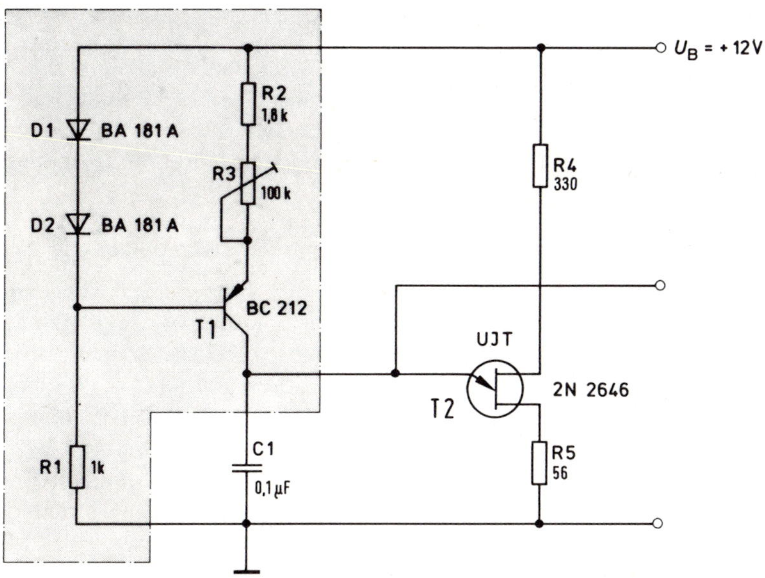

Bild 4.10 Sägezahngenerator mit Transistor-Konstantstromquelle und UJT

Die Spannung am Kondensator C1 steigt linear an. Erreicht U_{C1} die Höckerspannung U_H des UJT, so wird dieser leitend und C1 wird schnell über R5 entladen. Der Aufladevorgang beginnt dann von neuem.

Die Frequenz der Sägezahnspannung kann mit R3 verändert werden. Sie läßt sich bei den in der Schaltung Bild 4.10 angegebenen Werten zwischen $f_{min} \approx 16$ Hz und $f_{max} \approx 830$ Hz einstellen.

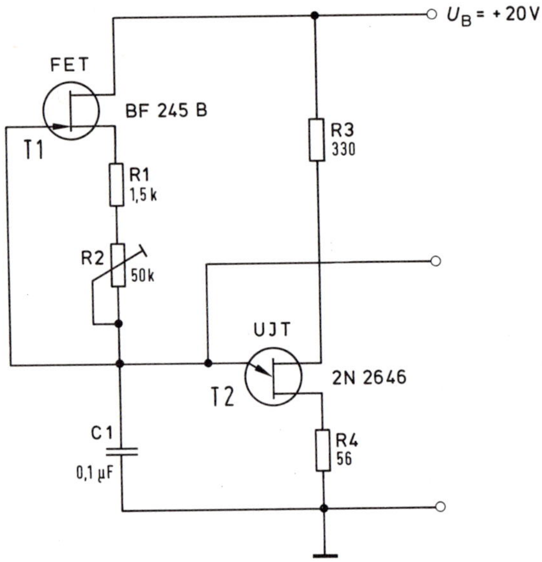

Bild 4.11 Sägezahngenerator mit FET-Konstantstromquelle und UJT

Bild 4.11 zeigt einen Sägezahngenerator mit FET-Konstantstromquelle und UJT. Mit R2 kann die Frequenz zwischen $f_{min} \approx 175$ Hz und $f_{max} \approx 2$ kHz eingestellt werden. Der schaltungstechnische Vorteil gegenüber dem Generator nach Bild 4.10 ist deutlich erkennbar. In Kapitel 9.3.2 werden Sägezahngeneratoren eingehender behandelt.

4.2.4.2 Erzeugung einer konstanten Spannung mit Konstantstromquelle

Wird ein ohmscher Widerstand von einem konstanten Strom durchflossen, so ist auch die an dem Widerstand abfallende Spannung konstant. **Bild 4.12** zeigt eine Schaltung zur Erzeugung einer konstanten Spannung mit einer Transistor-Konstantstromquelle. Bei der Schaltung nach Bild 4.12 kann mit R5 ein Konstantstrom $I_C \approx 1$ mA bis $I_C \approx 1{,}2$ mA eingestellt werden. Er fließt durch den einstellbaren Widerstand R2 und ruft daran einen Spannungsabfall U_A hervor. Bei $I_C = 1$ mA läßt sich U_A zwischen $U_A = 0$ V und $U_A = 10$ V verändern. Sofern die für Konstantspannungsquellen geltende Bedingung $R_L \gg R_i$ eingehalten wird, kann die „Spannungsquelle" U_A belastet werden, ohne daß eine Änderung von U_A eintritt.

Die Schaltung nach Bild 4.12 wird oft zur Erzeugung von Referenzspannungen eingesetzt. Es lassen sich dabei auch Referenzspannungen kleiner 2 V einstellen, für die Z-Dioden nicht zur Verfügung stehen. Selbstverständlich kann auch eine auf Masse bezogene Spannung erzeugt werden, wenn entsprechend der Grundschaltung nach Bild 4.3 ein pnp-Transistor verwendet wird.

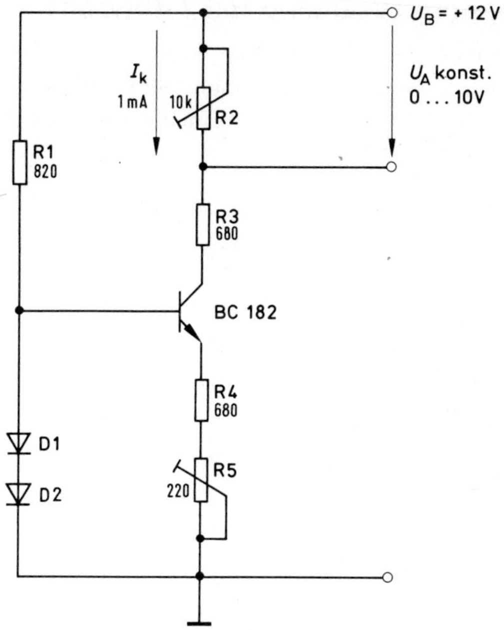

Bild 4.12 Erzeugung einer konstanten Spannung mit Transistor-Konstantstromquelle

Eine weitere Schaltung zur Umwandlung eines konstanten Stromes in eine konstante Spannung zeigt **Bild 4.13**. Sie ist entsprechend der Schaltung nach Bild 4.8 mit einem OP-Verstärker aufgebaut.

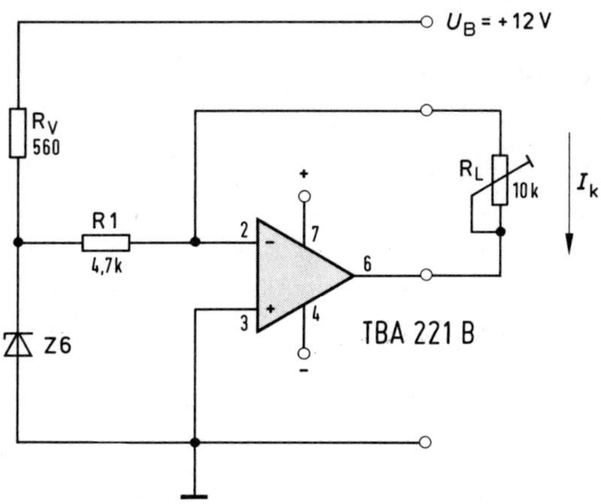

Bild 4.13 Erzeugung einer konstanten Spannung mit Operationsverstärker-Konstantstromquelle

In der Schaltung nach Bild 4.13 wird ein konstanter Strom $I_K = 1{,}2$ mA erzeugt. Er durchfließt den einstellbaren Widerstand $R_L = 10$ kΩ, so daß eine konstante, einstellbare Spannung von $U_A = 0$ V bis $U_A = 12$ V abgegriffen werden kann.

4.3 Konstantspannungsquellen mit Z-Dioden

Einfache Konstantspannungsquellen mit Z-Dioden sind bereits in Band II „Bauelemente der Elektronik“ eingehend behandelt. **Bild 4.14** zeigt noch einmal das Grundprinzip. Eine derartige Konstantspannungsquelle wird meistens als Spannungsstabilisierungsschaltung bezeichnet.

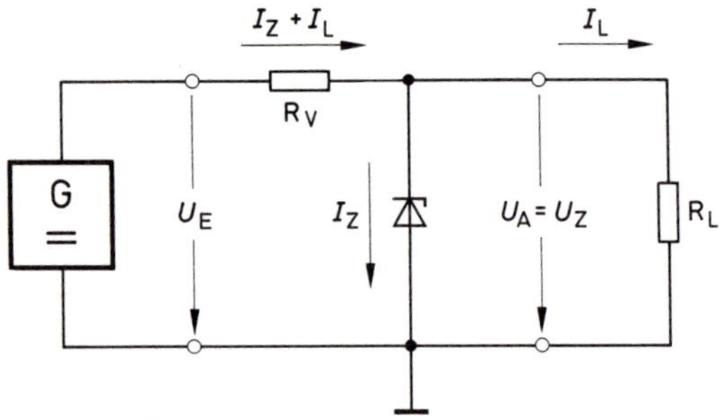

Bild 4.14 Konstantspannungsquelle mit Z-Diode

4.3.1 Kennwerte von Konstantspannungsquellen

Zur Beschreibung der Güte und bestimmter Eigenschaften von Konstantspannungsquellen wurden einige Kennwerte eingeführt. Sie machen eine Aussage über den Einfluß von Schwankungen der Eingangsspannung oder über den Einfluß von Laständerungen auf die Ausgangsspannung.

Wird bei der Schaltung nach Bild 4.14 die Eingangsspannung U_E um ΔU_E geändert, so ändert sich auch die Ausgangsspannung U_A, aber nur um einen wesentlich kleineren Wert ΔU_A. Das Verhältnis von ΔU_E zu ΔU_A wird als Glättungsfaktor G bezeichnet:

$$G = \frac{\Delta U_E}{\Delta U_A} \quad \text{(Glättungsfaktor).}$$

Ein weiterer Kennwert ist der Relative Stabilisierungsfaktor S, der das Verhältnis der relativen Änderung der Eingangsspannung zur relativen Änderung der Ausgangsspannung angibt:

$$S = \frac{\Delta U_E / U_E}{\Delta U_A / U_A} = \frac{\Delta U_E \cdot U_A}{\Delta U_A \cdot U_E} \quad \text{(Relativer Stabilisierungsfaktor).}$$

Je größer der Faktor S ist, desto wirksamer ist die Spannungsstabilisierungsschaltung. In den Datenblättern der Hersteller von Konstantspannungsquellen wird jedoch zunehmend nicht mehr der Relative Stabilisierungsfaktor S, sondern der Kehrwert als Stabilität $1/S$ angegeben:

$$\frac{1}{S} = \frac{\Delta U_A / U_A}{\Delta U_E / U_E} = \frac{\Delta U_A \cdot U_E}{\Delta U_E \cdot U_A} \quad \text{(Stabilität).}$$

Je kleiner dieser Faktor $1/S$ ist, desto besser ist die Konstantspannungsquelle.

Die Lastabhängigkeit der Konstantspannungsquelle wird durch den Innenwiderstand r_i angegeben:

$$r_i = \frac{\Delta U_A}{\Delta I_A} \quad \text{(Dynamischer Innenwiderstand).}$$

Konstantspannungsquellen müssen einen möglichst kleinen Innenwiderstand haben. Je kleiner r_i, desto geringer ist die Abhängigkeit der Ausgangsspannung vom Laststrom. Je nach Schaltungsaufwand lassen sich Innenwiderstände von etwa $r_i \approx 1\,\Omega$ bis $r_i \approx 10\,m\Omega$ erreichen.

Die Abhängigkeit der Ausgangsspannung U_A von der Temperatur wird durch den Temperaturkoeffizient α in % je Grad Temperaturänderung angegeben:

$$\alpha = \frac{100 \cdot \Delta U_A}{U_A \cdot \Delta T} \text{ in } \frac{\%}{K} \quad \text{(Temperaturkoeffizient).}$$

Dieser Temperaturkoeffizient liegt bei Z-Dioden in der Größenordnung von 0,1 %/K, bei Referenzdioden in der Größenordnung von 0,0001 %/K und bei kompletten Netzgeräten je nach Schaltungsaufwand in der Größenordnung von etwa 0,02 %/K.

Bei Netzgeräten wird meistens noch der Effektivwert der Störspannung angegeben. Es handelt sich bei dieser Störspannung dann um die der Ausgangsgleichspannung überlagerte Wechselspannung. Bei aufwendigen Netzgeräten werden Störspannungen von $U_{Stör} \leqq 1$ mV erreicht.

4.3.2 Stabilisierungsschaltung mit Emitterfolger

Die praktische Einsatzmöglichkeit von einfachen Konstantspannungsquellen entsprechend Bild 4.14 ist erheblich eingeschränkt. So ist der Innenwiderstand r_i der Schaltung gleich dem differentiellen Widerstand r_z der Z-Diode und liegt damit in der Größenordnung von etwa 1 Ω bis ca. 100 Ω. Weiterhin sind selbst beim Einsatz von Leistungs-Z-Dioden nur relativ kleine Lastströme möglich. Dieser Nachteil kann jedoch beseitigt werden, wenn einer Stabilisierungsschaltung mit Z-Dioden ein Emitterfolger entsprechend **Bild 4.15** nachgeschaltet wird. Der Emitterfolger wird hier oft auch als Längstransistor bezeichnet.

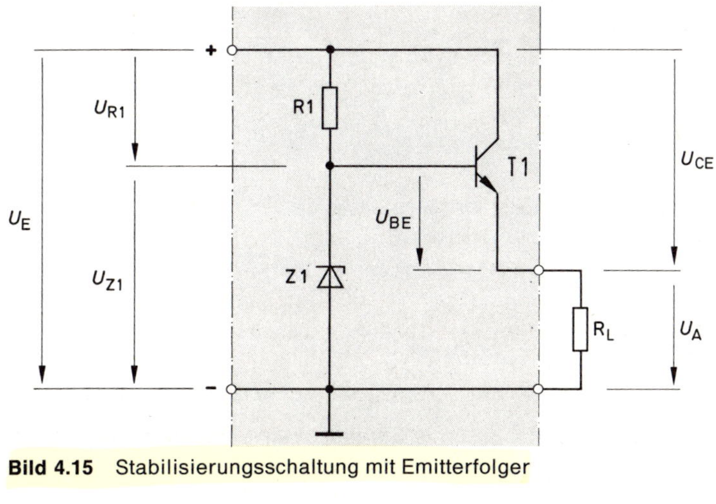

Bild 4.15 Stabilisierungsschaltung mit Emitterfolger

Bei der Schaltung nach Bild 4.15 wird eine feste Basisspannung durch den Spannungsteiler aus R1 und der Z-Diode Z1 erzeugt. Die Spannung U_A am Lastwiderstand R_L stellt sich bei dem Emitterfolger stets so ein, daß

$$U_A = U_Z - U_{BE}.$$

Für die Ausgangsspannung U_A gilt gleichzeitig aber auch

$$U_A = U_E - U_{CE}.$$

Bei der Betrachtung der Arbeitsweise der Schaltung ist wieder zu unterscheiden zwischen dem Einfluß einer Laständerung auf die Ausgangsspannung und dem Einfluß einer Änderung der Eingangsspannung auf die Ausgangsspannung. Dabei wird zunächst die vereinfachende Annahme gemacht, daß die Z-Spannung bei einer Änderung von U_E oder R_L konstant bleibt.

Wird R_L z.B. kleiner, so will auch die Ausgangsspannung U_A als Spannungsabfall an R_L kleiner werden. Da aber U_Z konstant bleibt, wird U_{BE} größer und es fließt ein größerer Strom $I_C = I_L$, so daß sich U_A wieder auf den ursprünglichen Wert einstellt. Ein entgegengesetzter Vorgang liegt vor, wenn R_L größer wird. Unter der Annahme, daß $U_Z = \text{const.}$, bleibt daher im zulässigen Laststrombereich auch die Ausgangsspannung konstant.

Ein anderer Vorgang läuft ab, wenn die Eingangsspannung U_E z.B. größer wird. Bei konstantem U_Z wird dann lediglich die Kollektor-Emitterspannung U_{CE} des Transistors größer, U_A aber bleibt konstant.

Die vereinfachende Annahme, daß U_Z in jedem Fall konstant bleibt, kann jedoch bei genauerer Betrachtungsweise nicht aufrecht erhalten werden. Bei jeder Änderung der Eingangsspannung ändert sich nämlich auch U_Z geringfügig. Diese gegenüber ΔU_E kleinere Änderung ΔU_Z wird durch den Emitterfolger auch auf die Ausgangsspannung U_A übertragen. Daher gilt für die Schaltung nach Bild 4.15:

$$\Delta U_A \approx \Delta U_Z.$$

Diese Näherungsgleichung besagt, daß durch einen nachgeschalteten Emitterfolger der Glättungs- und Stabilisierungsfaktor der einfachen Stabilisierungsschaltung mit Z-Diode nicht verbessert wird.

Eine wesentliche Verbesserung wird durch den nachgeschalteten Emitterfolger jedoch für den Innenwiderstand r_i erreicht, und zwar gilt in Näherung

$$r_i = \frac{\Delta U_A}{\Delta I_A} \approx \frac{r_Z}{\beta}.$$

Je größer also der Stromverstärkungsfaktor des Transistors, desto kleiner wird der Innenwiderstand der Stabilisierungsschaltung. Soll daher bei einer vorgegebenen Laststromänderung ΔI_A die Änderung der Ausgangsspannung ΔU_A möglichst gering sein, so muß ein Transistor mit möglichst großem Stromverstärkungsfaktor eingesetzt werden. Andererseits kann der Schaltung aber bei einer bestimmten maximalen Änderung der Ausgangsspannung ΔU_A auch ein um so größerer Laststrom entnommen werden, je größer der Stromverstärkungsfaktor des Transistors ist.

Wird z.B. ein Transistor 2N 3055 als Emitterfolger eingesetzt, so wird entsprechend seines Stromverstärkungsfaktors der differentielle Widerstand der Z-Diode r_z um den

Faktor von etwa 40 reduziert. Eingesetzt wird als Längstransistor in Konstantspannungsquellen häufig jedoch eine Darlington-Schaltung. **Bild 4.16** zeigt die Zusammenschaltung zweier Transistoren zu einer Darlington-Schaltung, die auch Kaskadenschaltung genannt wird.

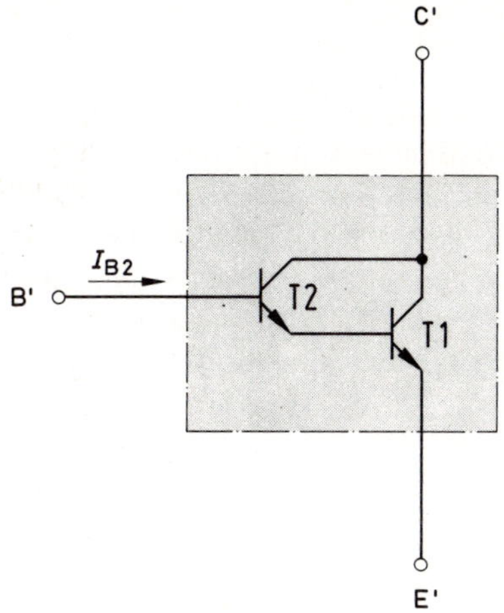

Bild 4.16 Darlington-Schaltung mit npn-Transistoren

Für eine Darlington-Schaltung nach Bild 4.16 gilt:

$$B_{ges} = B_{T1} \cdot B_{T2}.$$

Wird als T1 ein Transistor 2N 3055 und als T2 ein Transistor BC 140 verwendet, so kann mit einer derartigen Schaltung r_z etwa um den Faktor 3000 reduziert werden. Angeboten werden heute auch bereits integrierte Darlington-Leistungstransistoren, die intern nach dem Prinzip entsprechend Bild 4.16 aufgebaut sind.

Eine Darlingtonschaltung mit pnp-Transistoren zeigt **Bild 4.17.**

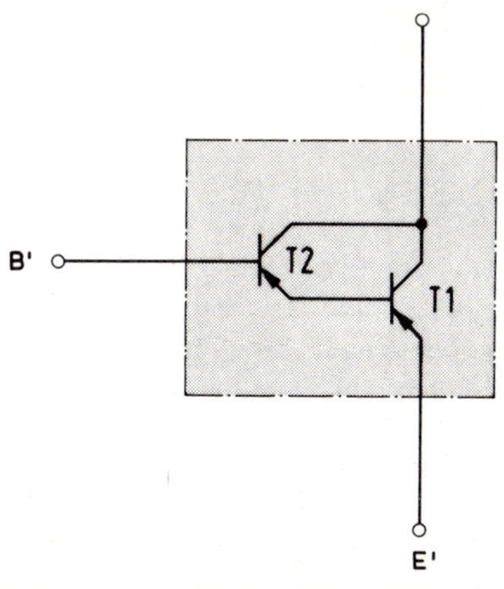

Bild 4.17 Darlington-Schaltung mit pnp-Transistoren

Bei der Schaltung nach Bild 4.17 ist der Emitterstrom von T2 gleich dem Basisstrom von T1. Durch T1 fließt ein Strom

$$I_{C1} = B_1 \cdot B_2 \cdot I_{B2}.$$

Daher gilt auch hier:

$$B_{ges} = B_1 \cdot B_2.$$

Seit kurzen stehen auch Transistoren zur Verfügung, die einen besonders großen Stromverstärkungsfaktor haben. Sie werden vom Hersteller als Super-Beta-Transistoren bezeichnet. So hat z.B. der 40 W-Super-Beta-Transistor 2 SC 1664 (Ditratherm) bei $I_C = 3$ A noch einen Kurzschlußstromverstärkungsfaktor $\beta \approx 500$. Bei großen Lastströmen können daher Super-Beta-Transistoren anstelle von Darlington-Schaltungen eingesetzt werden. Sie haben gegenüber einer Darlington-Schaltung auch noch den Vorteil, daß ihre Kollektor-Emitter-Sättigungsspannung U_{CEsat} geringer ist.

4.3.3 Anwendungsbeispiel

Bild 4.18 zeigt eine Spannungsstabilisierungsschaltung mit Längstransistor. Sie liefert eine Ausgangsspannung $U_A \approx +12$ V.

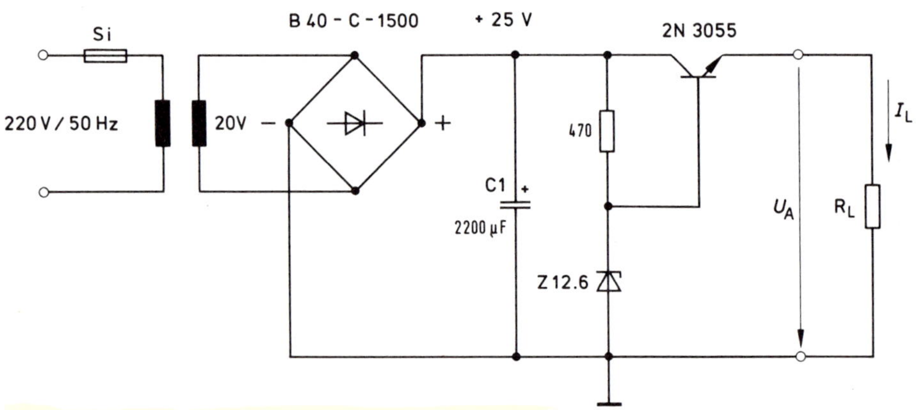

Bild 4.18 Stabilisierungsschaltung mit Längstransistor

Der Innenwiderstand der Konstantspannungsquelle nach Bild 4.18 liegt bei $r_i \approx 0{,}5\ \Omega$. Der Laststrom I_L kann im Bereich von $I_{Lmin} \approx 0{,}05$ A bis $I_{Lmax} \approx 0{,}8$ A geändert werden, ohne daß der Stabilisierungsbereich der Schaltung verlassen oder der Transistor überlastet wird. Um jedoch auch eine ausreichende Wärmeableitung auch bei Vollast zu erreichen, muß der Transistor 2N 3055 auf ein Kühlblech montiert werden. Bei $I_A = 0{,}5$ A beträgt die Störspannung $U_{Breff} \approx 10$ mV.

Die Schaltung nach Bild 4.18 erfüllt insgesamt nur geringe Ansprüche. Mit nur geringem zusätzlichem Aufwand können durch Einführung einer Regelung wesentlich bessere Werte erreicht werden.

4.4 Geregelte Netzgeräte mit Transistoren

Bei den bisher behandelten Konstantspannungsquellen handelte es sich um relativ einfache Stabilisierungsschaltungen, die nur eine nicht veränderbare Ausgangsspannung lieferten. Wesentlich vorteilhafter sind geregelte Netzgeräte. Sie haben einen geschlossenen Wirkungsablauf und die Ausgangsspannung läßt sich ohne großen zusätzlichen schaltungstechnischen Aufwand in einem größeren Arbeitsbereich auf beliebige Werte einstellen.

4.4.1 Grundprinzip einer Spannungsregelung

Bild 4.19 zeigt das Grundprinzip einer Spannungsregelung bei Konstantspannungsquellen.

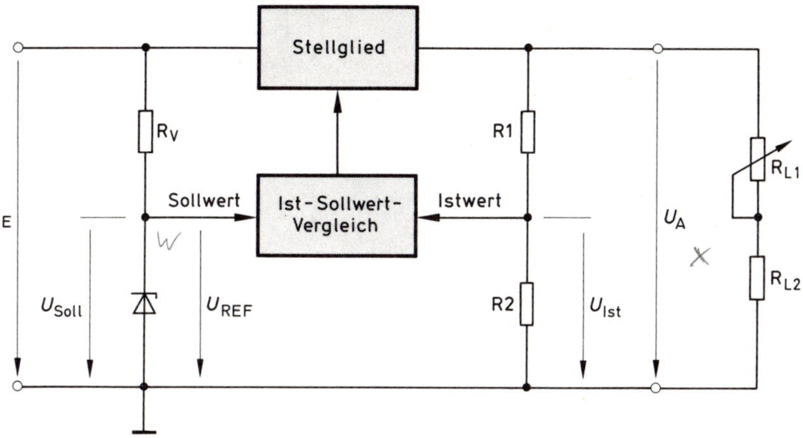

Bild 4.19 Grundprinzip einer Spannungsregelung

Aufgabe der Spannungsregelung entsprechend Bild 4.19 ist es, die Ausgangsspannung U_A konstant zu halten. Diese Ausgangsspannung U_A wird in dem Regelkreis ganz allgemein als Ausgangsgröße x_A bezeichnet. Auf die konstant zu haltende Ausgangsgröße x_A wirken Störgrößen z ein. Als Störgröße z können in dieser Schaltung Änderungen des Lastwiderstandes R_L, Änderungen der Eingangsspannung U_E und Änderungen der Umgebungstemperatur einzeln oder auch gleichzeitig auftreten.

Ein Teil der Ausgangsspannung U_A wird als Regelgröße x, dem „Istwert", mit einer Referenzspannung w, dem „Sollwert" verglichen. Bei den Netzgeräten wird zur Erzeugung der Referenzspannung meistens eine Z-Diode eingesetzt.

Die Differenz zwischen dem Istwert und dem Sollwert wird als Regelabweichung x_w bezeichnet. Für x_w gilt:

$$x_w = x - w.$$

Diese Regelabweichung x_w steuert einen Transistor, dessen Kollektorstrom auf das Stellglied einwirkt. Als Stellglied ist bei einer Konstantspannungsquelle ein Leistungstransistor bzw. eine Darlington-Schaltung dem Lastwiderstand vorgeschaltet. Bei einer Abweichung des Istwertes vom Sollwert wird das Stellglied so verändert, daß der ursprüngliche Spannungswert von U_A wieder erreicht wird.

Häufig wird gefordert, die Ausgangsspannung U_A, also die Ausgangsgröße x_A zu verändern. Dies kann erfolgen, indem das Verhältnis zwischen der Ausgangsgröße x_A und der Regelgröße x, dem Istwert, verändert wird. Bei der Konstantspannungsquelle nach Bild 4.19 wird dieses durch Änderung des Teilerverhältnisses von R 1 zu R 2 erreicht.

4.4.2 Geregelte Netzgeräte mit Regeltransistor

Jedes geregelte Netzgerät besteht aus einem Gleichrichterteil und der nachgeschalteten Konstantspannungsquelle. Der Gleichrichterteil ist in der Regel mit Transformator, Brückengleichrichter und Ladekondensator aufgebaut. Die dann meistens noch mit einer Störspannung überlagerte Spannung am Ladekondensator ist die Eingangsspannung für die geregelte Konstantspannungsquelle. **Bild 4.20** zeigt die Prinzipschaltung einer Konstantspannungsquelle mit Regeltransistor.

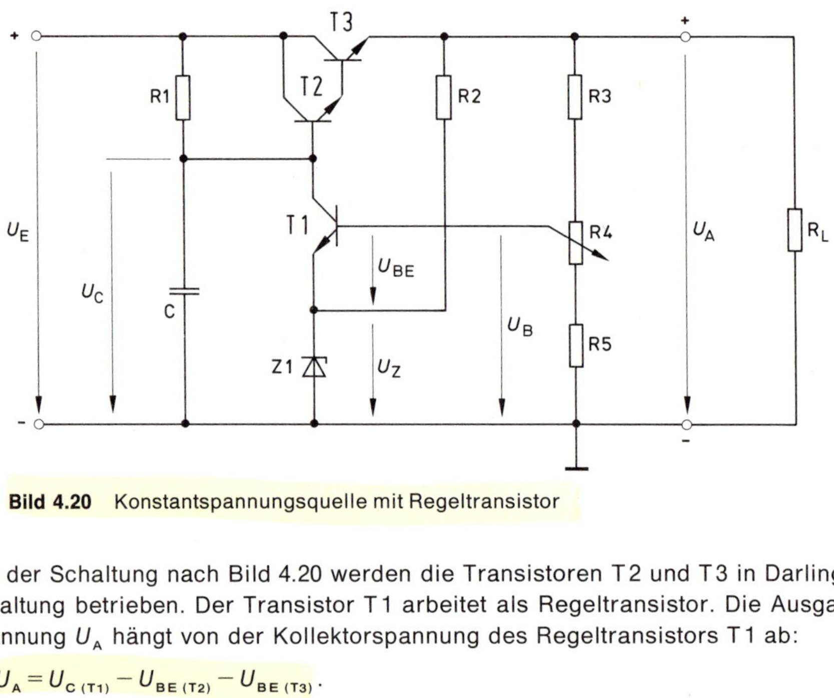

Bild 4.20 Konstantspannungsquelle mit Regeltransistor

Bei der Schaltung nach Bild 4.20 werden die Transistoren T 2 und T 3 in Darlingtonschaltung betrieben. Der Transistor T 1 arbeitet als Regeltransistor. Die Ausgangsspannung U_A hängt von der Kollektorspannung des Regeltransistors T 1 ab:

$$U_A = U_{C\,(T1)} - U_{BE\,(T2)} - U_{BE\,(T3)}\,.$$

Für die Kollektorspannung T 1 gilt:

$$U_{C\,(T1)} = U_{CE\,(T1)} + U_Z\,.$$

Die Ausgangsspannung U_A läßt sich mit dem Potentiometer R 4 im Arbeitsbereich der Schaltung auf einen beliebigen Wert fest einstellen. Wird $U_{B\,(T1)}$ z.B. auf einen positiveren Wert eingestellt, so steigt der Kollektorstrom $I_{C\,(T1)}$. Dieser größere Strom bewirkt einen größeren Spannungsabfall an R 1, so daß $U_{C\,(T1)}$ kleiner wird. Dadurch stellt sich dann eine kleinere Ausgangsspannung U_A ein. Wird dagegen $U_{B\,(T1)}$ auf einen negativeren Wert eingestellt, so sinkt $I_{C\,(T1)}$ und der Spannungsabfall an R 1 wird kleiner. Dadurch steigt $U_{C\,(T1)}$ und es stellt sich eine größere Ausgangsspannung

U_A ein. Diese Regelungsvorgänge können vereinfacht durch Pfeile dargestellt werden.

$$\overset{\uparrow}{U_{B(T1)}} \rightarrow \overset{\uparrow}{I_{C(T1)}} \rightarrow \overset{\downarrow}{U_{C(T1)}} \rightarrow \overset{\downarrow}{U_A}$$ oder

$$\overset{\downarrow}{U_{B(T1)}} \rightarrow \overset{\downarrow}{I_{C(T1)}} \rightarrow \overset{\uparrow}{U_{C(T1)}} \rightarrow \overset{\uparrow}{U_A}$$

Darüber hinaus wird aber auch bei unveränderter Einstellung von R 4 und damit auch fest eingestellter Ausgangsspannung U_A jede Schwankung der Ausgangsspannung durch den Regeltransistor T 1 ausgeregelt und U_A damit konstant gehalten. Wird der Laststrom I_L z. B. etwas kleiner, so möchte U_A etwas ansteigen. Als Folge davon wird auch $U_{B(T1)}$ größer und damit auch $I_{C(T1)}$. $U_{C(T1)}$ wird dadurch kleiner und die Ausgangsspannung U_A wird wieder auf den durch R 4 fest eingestellten Wert herabgeregelt. Ein umgekehrter Regelvorgang läuft dagegen ab, wenn I_L etwas größer werden will.

Da der Regeltransistor T 1 eine hohe Verstärkung hat, wird jede kleinste Schwankung von U_A sofort ausgeregelt. U_A ist daher nahezu unabhängig von Lastschwankungen. Das heißt aber, daß der dynamische Innenwiderstand r_i dieser Konstantspannungsquelle infolge der Arbeitsweise des Regeltransistors sehr klein ist.

Die Schaltung nach Bild 4.20 hat jedoch noch den Nachteil, daß durch den Regeltransistor zwar der Innenwiderstand gegenüber einer ungeregelten Schaltung wesentlich verkleinert, nicht aber der Stabilisierungsfaktor vergrößert wird. Änderungen der Eingangsspannung U_E wirken sich daher auf die Ausgangsspannung U_A fast genau so stark aus wie bei einer Stabilisierung nur mit Z-Diode. Dieser Nachteil wird jedoch beseitigt, wenn R 1 in Bild 4.20 durch eine Konstantstromquelle ersetzt wird. **Bild 4.21** zeigt eine derartige Schaltung.

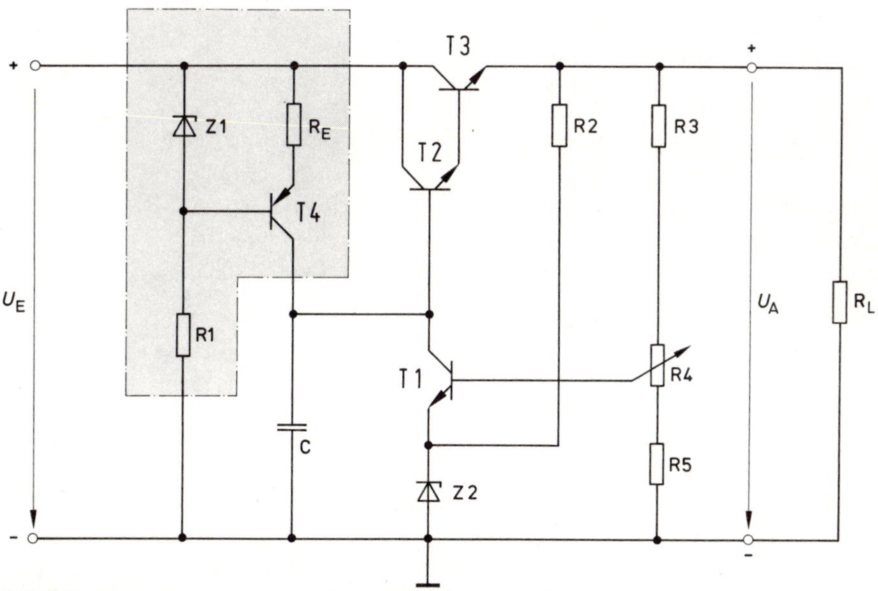

Bild 4.21 Konstantspannungsquelle mit Regeltransistor und zusätzlicher Konstantstromquelle

Bei der Konstantstromquelle in Bild 4.21 kann selbstverständlich auch die Transistorschaltung durch eine FET-Schaltung ersetzt werden. Schwankungen der Eingangsspannung U_E können wegen der Konstantstromquelle keine Änderung des Kollektorstromes, der ja auch durch die Z-Diode Z2 fließt, mehr bewirken. Dadurch wird der Stabilisierungsfaktor der Schaltung nach Bild 4.21 etwa 100 bis 500fach größer gegenüber der Schaltung ohne Konstantstromquelle und es lassen sich Werte in der Größenordnung von $S \approx 1000$ bis $S \approx 10000$ erreichen.

4.4.3 Geregelte Netzgeräte mit Differenzverstärker

Bei der Konstantspannungsquelle entsprechend Bild 4.21 sind die Einflüsse der auf die Ausgangsspannung U_A einwirkenden Störgrößen „Schwankungen von R_L" und „Schwankungen von U_E" weitgehend beseitigt. Aber auch die dritte mögliche Störgröße „Schwankungen der Umgebungstemperatur" kann noch einen erheblichen Einfluß auf die Konstanz der Ausgangsspannung haben, weil sich bei Temperaturänderung auch einige Parameter der Halbleiter ändern. So geht bei der Schaltung mit Regeltransistor eine Änderung von U_Z und von $U_{BE\,(T1)}$ infolge einer Temperaturänderung voll auf die Ausgangsspannung U_A ein.

Die Temperaturabhängigkeit der Z-Diode kann durch Verwendung von temperaturkompensierten Referenzdioden erheblich verringert werden. Die Temperaturabhängigkeit von U_{BE} (T1) läßt sich dagegen weitgehend beseitigen, wenn anstelle des Regelverstärkers ein Differenzverstärker eingesetzt wird. **Bild 4.22** zeigt eine Schaltung, bei der der Regeltransistor durch einen Differenzverstärker ersetzt wurde.

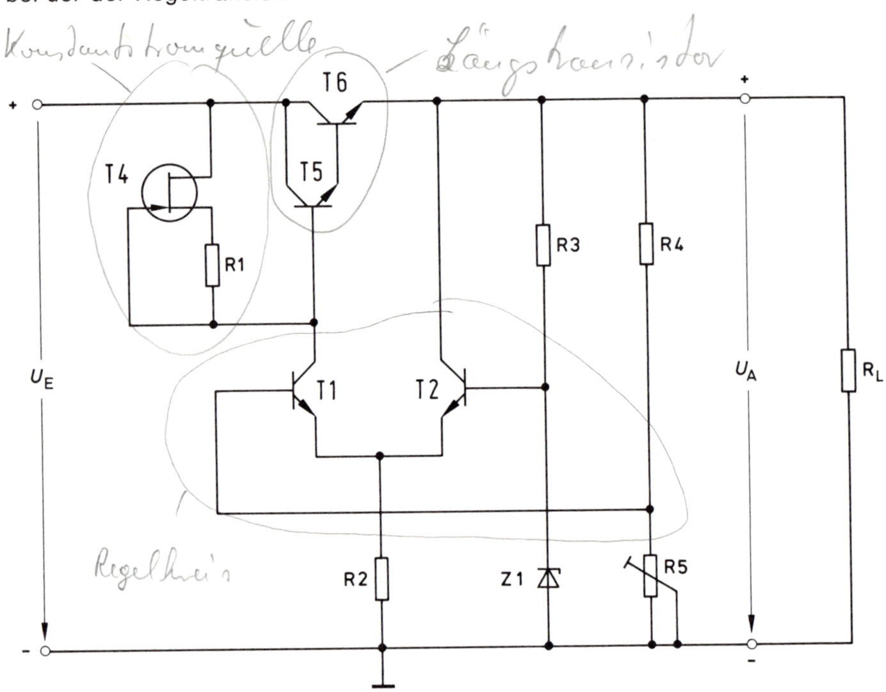

Bild 4.22 Konstantspannungsquelle mit Differenzverstärker

Der Differenzverstärker vergleicht die Z-Spannung mit einem Teil der Ausgangsspannung. Durch den hohen dynamischen Innenwiderstand der FET-Konstantstromquelle im Kollektorkreis wird eine besonders hohe Verstärkung erreicht. Die Ausgangsspannung U_A stellt sich bei der Schaltung nach Bild 4.22 so ein, daß

$$U_A = \left(1 + \frac{R_4}{R_5}\right) \cdot U_Z$$

ist.

Die Z-Diode Z1 ist an die bereits stabilisierte Ausgangsspannung angeschlossen. Damit sich der Z-Strom nicht zu stark ändert und die Diode nicht aus ihrem Arbeitsbereich kommt, darf U_A nicht zu stark geändert werden. Der Einstellbereich von R5 muß daher entsprechend klein gehalten werden.

Bei dem Netzgerät mit Differenzverstärker entsprechend Bild 4.22 kann die Ausgangsspannung nicht kleiner als U_Z eingestellt werden, weil die Z-Diode dann nicht mehr im steilen Teil ihrer Kennlinie betrieben wird. Es ist daher mit dieser Schaltung nicht möglich, kleine Konstantspannungen zu erzeugen. **Bild 4.23** zeigt ein Schaltungsprinzip, bei dem die Ausgangsspannung bei entsprechender Dimensionierung der Schaltung bis herab zu $U_A = 0\,\text{V}$ eingestellt werden kann.

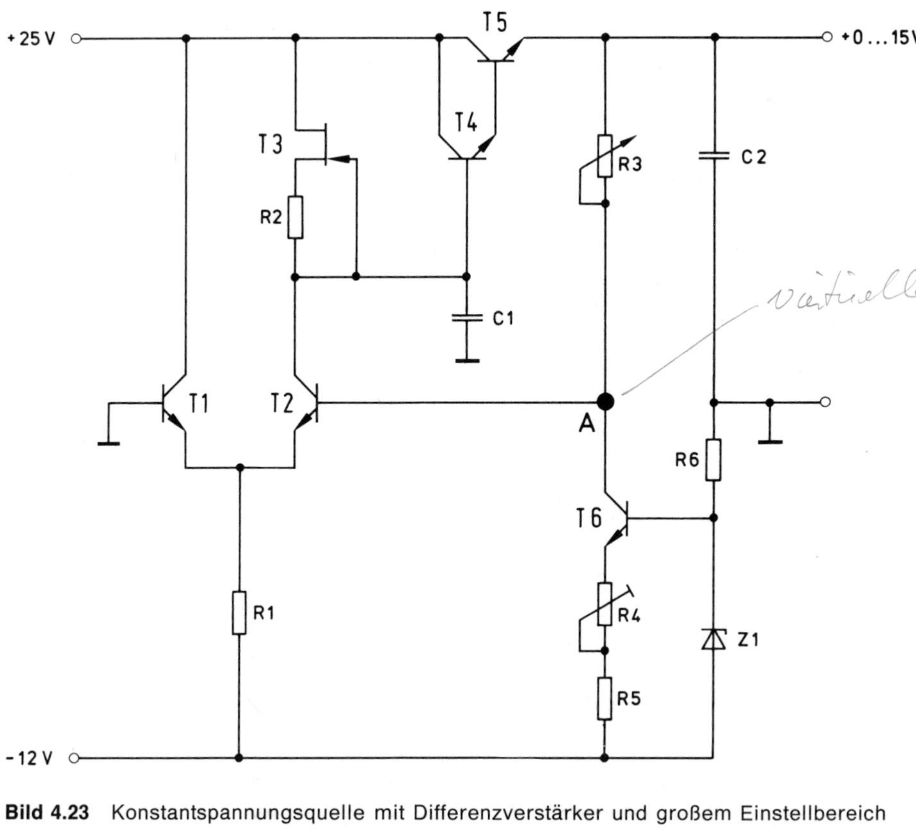

Bild 4.23 Konstantspannungsquelle mit Differenzverstärker und großem Einstellbereich

Bei der Konstantspannungsquelle nach Bild 4.23 wird die Ausgangsspannung mit dem Potentiometer R 3 eingestellt. Durch R 3 fließt ein Strom, der durch die Konstantstromquelle mit dem Transistor T 6 konstant gehalten und mit R 4 einstellbar ist. Die Konstantstromquelle mit T 6 wird so dimensioniert, daß der gekennzeichnete Punkt A, also die Kollektorspannung von T 6 auf Massepotential liegt. Auf diese Weise wird ein künstliches Massepotential erzeugt. Punkt A wird dann auch als „schwimmender" oder „virtueller" Massepunkt bezeichnet. Zum besseren Verständnis sind in Bild 4.23 die beiden Eingangsspannungen mit den Spannungswerten +25 V und −12 V angegeben. Die Ausgangsspannung ist durch den Spannungsabfall an R 3 bestimmt und kann dann z. B. von $U_A = 0\,V$ bis $U_A = +15\,V$ eingestellt werden.

Die durch R 3 fest eingestellte Ausgangsspannung U_A wird wieder durch einen Regelvorgang konstant gehalten. Wenn I_L z. B. etwas kleiner wird, so möchte U_A ansteigen. Da aber wegen des konstanten Stromes durch R 3 sich der Spannungsabfall an R 3 nicht ändert, kann nur die Kollektor-Emitter-Spannung U_{CE} des Transistors T 6 ansteigen und der Punkt A erhält ein positives Potential gegenüber der festen Masse als Bezugspunkt. Die auftretende Differenzspannung steuert den Differenzverstärker. $I_{C\,(T2)}$ wird größer und daher $U_{C\,(T2)}$ kleiner. Als Folge davon wird U_A wieder auf den eingestellten Wert heruntergeregelt. Steigt I_L etwas an, so läuft ein entgegengesetzter Regelvorgang ab.

Die Schaltung nach Bild 4.23 erfüllt von allen bisher behandelten Konstantspannungsquellen die an ein geregeltes Netzgerät gestellten Forderungen am besten. Der Innenwiderstand r_i ist durch den Regelvorgang sehr klein. Durch den Einbau von Konstantstromquellen wird der Stabilisierungsfaktor S sehr groß bzw. die Stabilität $1/S$ sehr klein. Durch den Differenzverstärker ist auch die Änderung der Ausgangsspannung infolge Temperaturänderungen nur noch sehr gering. Darüber hinaus hat die Schaltung aber auch noch einen großen Einstellbereich für U_A und läßt sich sogar bis auf $U_A \approx 0\,V$ herab einstellen.

Es gibt eine fast unüberschaubare Vielzahl an Schaltungsvarianten von geregelten Netzgeräten mit diskreten Bauelementen, auf die hier nicht weiter eingegangen werden kann. Jede dieser Schaltungen hat dann meistens eine spezielle Eigenschaft, indem z. B. ein bestimmter charakteristischer Wert von Konstantspannungsquellen soweit wie möglich optimiert ist.

Eine Dimensionierung derartiger Konstantspannungsquellen aufgrund von Berechnungen einzelner Ströme, Spannungen und Widerstände ist für den Praktiker nicht mehr möglich. Man kann daher nur noch von einer bekannten funktionsfähigen Schaltung ausgehen und z. B. einzelne Bauteile so verändern, daß die speziellen Forderungen von dieser Konstantspannungsquelle erfüllt werden. Mit Einzeltransistoren im Regelteil aufgebaute Konstantspannungsquellen haben heute ganz erheblich an Bedeutung verloren, weil bereits eine Vielzahl kompletter Schaltungen in integrierter Form zur Verfügung stehen.

4.4.4 Überstrombegrenzung bei Konstantspannungsquellen

Bei Konstantspannungsquellen ist der Längstransistor bei Kurzschluß an den Ausgangsklemmen stark gefährdet. Durch ihn fließt dann ein sehr hoher Strom, der nur durch eine Sicherung oder durch den Innenwiderstand des Gleichrichterteils begrenzt wird. Gleichzeitig liegt bei Kurzschluß aber an der Kollektor-Emitter-Strecke auch die gesamte Eingangsspannung U_E. Da auch superflinke Sicherungen oft noch nicht schnell genug das Netzgerät abschalten, ist ein zusätzlicher elektronischer Kurzschlußschutz erforderlich. Dieser zwingt im Kurzschlußfall entweder die Eingangsspannung der Darlington-Schaltung auf Nullpotential, so daß auch $U_A = 0\,V$ wird oder es erfolgt eine Begrenzung des Laststromes auf einen maximal zulässigen Wert.

Zum Abschalten der Basisspannung des Längstransistors oder der Darlington-Schaltung sind Kippglieder erforderlich, wie sie erst in Kapitel 7 behandelt werden. Weitaus einfacher und ausreichend wirksam ist jedoch ein Kurzschlußschutz durch eine Überstrombegrenzung. **Bild 4.24** zeigt als Schaltungsausschnitt das Prinzip einer Überstrombegrenzung.

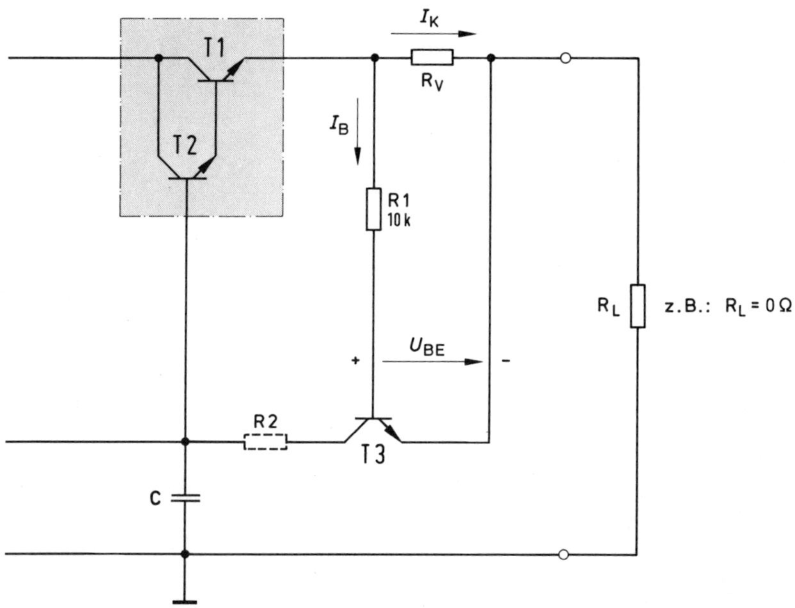

Bild 4.24 Grundprinzip einer festen Überstrombegrenzung

Bei der Schaltung nach Bild 4.24 handelt es sich um eine fest eingestellte Überstrombegrenzung. Überschreitet der Laststrom I_L einen durch R_v und R 1 festgelegten Wert, so wird T3 leitend und begrenzt den Basisstrom des Darlington-Transistors.

Der Widerstand R_v wird vom Laststrom durchflossen und an ihm fällt eine dem Laststrom proportionale Spannung ab. Sie wirkt als Steuerspannung U_{BE} des Transistors T3. Solange $U_{BE\,(T3)} \leqq +0{,}5\,V$ ist, ist T3 sicher gesperrt. Wird $U_{BE\,(T3)}$ jedoch $\geqq +0{,}65\,V$, so steigt I_B stark an und T3 wird schnell in die Sättigung gesteuert, weil der Übergang vom Sperrbereich in den leitenden Bereich der Eingangskennlinie $I_B = f(U_{BE})$ sehr steil verläuft.

Da die Transistoren erhebliche Streuungen aufweisen, kann durch Feinabgleich von R 1 die Überstrombegrenzung jeweils genau auf den gewünschten Wert eingestellt werden. Der Wert von R_v hängt von I_{Lmax} ab und müßte z.B. bei $I_{Lmax} = 1$ A etwa $R_v \approx 0{,}68\ \Omega$ betragen. Der Wert von R1 kann bei $R \approx 10$ kΩ liegen. Der Widerstand R2 muß so gewählt werden, daß der Transistor T3 nicht überlastet werden kann. Bei entsprechender Schaltungsauslegung kann R2 gegebenenfalls auch entfallen.

In einfacher Weise kann die fest eingestellte Überstrombegrenzung entsprechend Bild 4.24 zu einer veränderbaren Überstrombegrenzung erweitert werden (**Bild 4.25**).

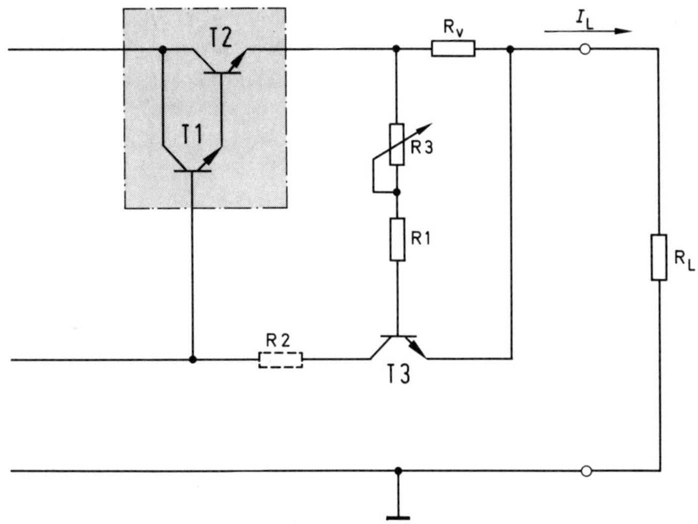

Bild 4.25 Grundprinzip einer veränderbaren Strombegrenzung

Durch R3 wird der Spannungsabfall infolge des Basisstroms verändert und damit auch die wirksame Basis-Emitter-Spannung $U_{BE(T3)}$. R_v muß so gewählt werden, daß bereits bei dem kleinsten einstellbaren I_{Lmax} die Steuerspannung $U_{BE(T)} \geqq 0{,}65$ V wird und die Strombegrenzung einsetzt. Auch bei den Schaltungen zur Strombegrenzung gibt es eine Reihe von Variationen, die aber meistens auf dem Grundprinzip der Schaltungen entsprechend Bild 4.24 und 4.25 beruhen.

4.4.5 Anwendungsbeispiele

4.4.5.1 Geregeltes Netzgerät mit $U_A \approx 7$ V bis $U_A \approx 12$ V und $I_{Lmax} \approx 100$ mA

Bild 4.26 zeigt ein kleines geregeltes Netzgerät mit Regeltransistor. Die Ausgangsspannung läßt sich in den Grenzen von $U_A \approx 7$ V bis $U_A \approx 12$ V einstellen.

Der zulässige Laststrom beträgt $I_{Lmax} \approx 100$ mA. Eine Strombegrenzung ist nicht vorgesehen. Sie kann aber in einfachster Weise erfolgen, indem der Innenwiderstand der Gleichrichterschaltung durch einen kleinen Widerstand vergrößert wird. Wird I_L zu groß, so sinkt die Eingangsspannung auf einen so kleinen Wert, daß eine Überlastung des Längstransistors nicht mehr auftreten kann. Dann allerdings kann der Regelverstärker nicht mehr einwandfrei arbeiten und der Innenwiderstand der Schaltung wird wesentlich größer.

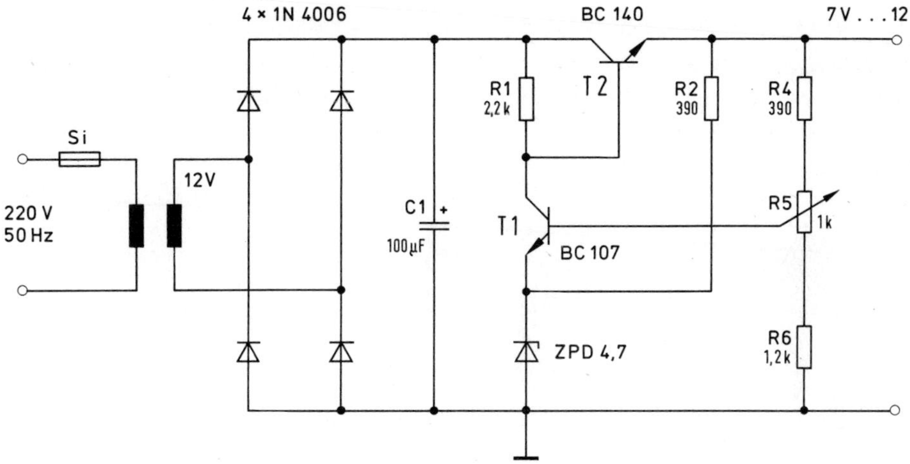

Bild 4.26 Kleines geregeltes Netzgerät mit Regeltransistor

4.4.5.2 Geregeltes Netzgerät mit $U_A \approx 6{,}5$ V bis $U_A \approx 14$ V und $I_{Lmax} = 0{,}5$ A

Bei dem geregelten Netzgerät nach **Bild 4.27** läßt sich die Ausgangsspannung von $U_A \approx 6{,}5$ V bis $U_A \approx 14$ V einstellen. Soll das Gerät z.B. zur Stromversorgung von TTL-Schaltkreisen benutzt werden, so kann anstelle der Z 5,6 eine Z 4,3 eingesetzt werden. Dann liegt der Einstellbereich zwischen 4,8 V und 12,5 V.

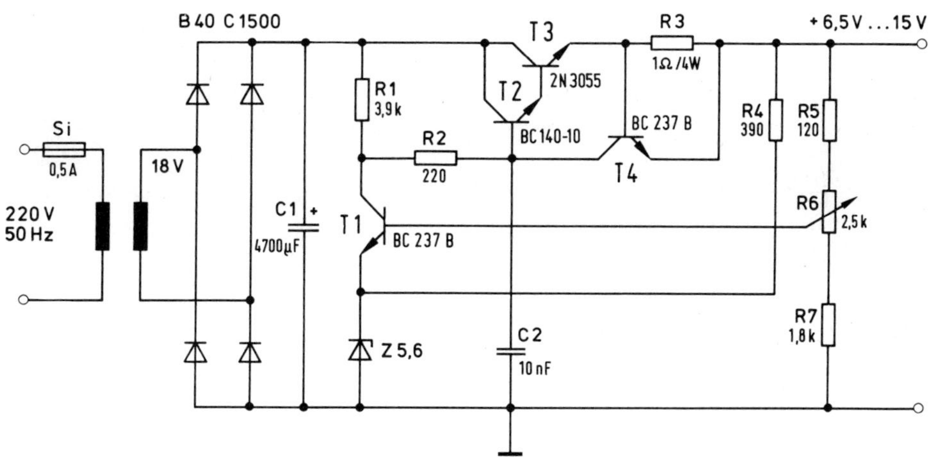

Bild 4.27 Geregeltes Netzgerät mit Regeltransistor

Wegen der hohen Verstärkung des Regeltransistors hat das Netzgerät nur einen Innenwiderstand $r_i \approx 75$ mΩ. Es kann ein Laststrom $I_{Lmax} = 0{,}5$ A entnommen werden. Dabei beträgt die Störspannung $U_{stör} \approx 10$ mV. Die Überstrombegrenzung setzt bei $I_L \approx 0{,}6$ A ein.

4.4.5.3 Geregeltes Netzgerät mit $U_A \approx 0\,V$ bis $U_A \approx 15\,V$ und $I_{L\max} = 1\,A$

Bild 4.28 zeigt ein Netzgerät, das nach dem Grundprinzip der in Bild 4.23 angegebenen Konstantspannungsquelle aufgebaut ist.

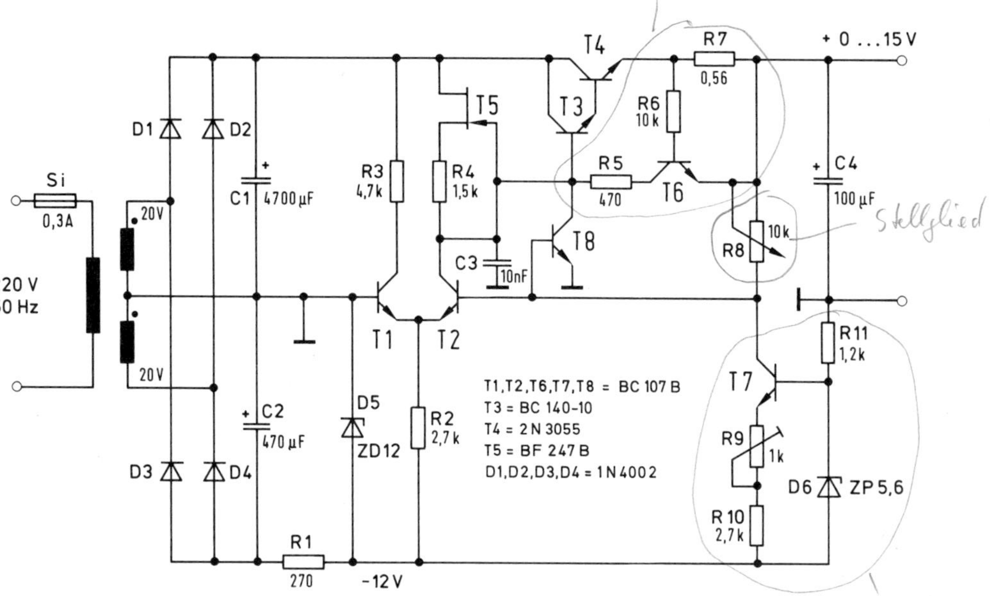

Bild 4.28 Geregeltes Netzgerät mit Differenzverstärker

Die Ausgangsspannung U_A kann mit Hilfe des Potentiometers R8 zwischen $U_A \approx 0\,V$ und $U_A \approx +15\,V$ eingestellt werden. Der Innenwiderstand dieses Netzgerätes liegt bei $r_i \approx 40\,m\Omega$. Die Überstrombegrenzung (R5, R6, R7 und T6) setzt bei $I_L \approx 1{,}1\,A$ ein.

Die Versorgungsspannung $U_B = -12\,V$ wird durch die Z-Diode D5 zusätzlich stabilisiert. Die Transistor-Konstantstromquelle (R9, R10, R11, T7, D6) wird so eingestellt, daß ein konstanter Strom $I_{R8} = 1{,}5\,mA$ durch R8 fließt. Damit steht dann eine Referenzspannung von 0V bis +15V zur Verfügung. Da die beiden Ladekondensatoren C1 und C2 unterschiedlich groß sind, würde ohne zusätzliche Maßnahme die Ausgangsspannung beim Abschalten des Netzgerätes wegen der schnellen Entladung von C2 zunächst ansteigen. Der Transistor T8 verhindert dieses, indem er U_A beim Abschalten auf U_{BE} begrenzt.

4.5 Geregelte Netzgeräte mit Operationsverstärkern

Bei Konstantspannungsquellen kann anstelle des Regeltransistors oder des Differenzverstärker auch ein OP-Verstärker eingesetzt werden. Wegen seiner hohen Verstärkung läßt sich dadurch der Innenwiderstand der Konstantspannungsquelle noch weiter verringern.

4.5.1 Grundprinzip von Konstantspannungsquellen mit Operationsverstärkern

Bild 4.29 zeigt die beiden Möglichkeiten, OP-Verstärker als Konstantspannungsquellen einzusetzen.

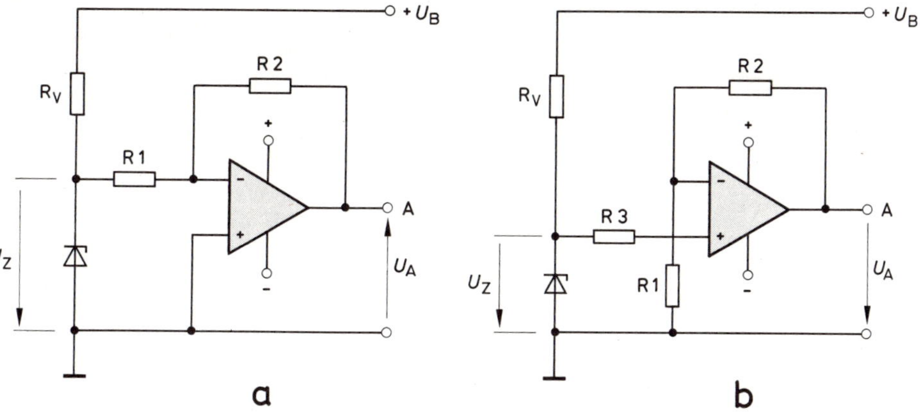

Bild 4.29 Grundprinzip von Konstantspannungsquellen mit Operationsverstärker

Bei der Schaltung 4.29a handelt es sich um einen invertierenden OP-Verstärker. Die Ausgangsspannung U_A, bezogen auf Masse ist negativ. Es stellt sich eine Ausgangsspannung entsprechend der Gleichung

$$U_A = -\frac{R_2}{R_1} \cdot U_Z$$

ein.

Bei der Schaltung nach Bild 4.29b handelt es sich dagegen um einen nichtinvertierenden OP-Verstärker. Die Ausgangsspannung U_A, bezogen auf Masse, ist positiv. Es stellt sich hier eine Ausgangsspannung entsprechend der Gleichung

$$U_A = \left(1 + \frac{R_2}{R_1}\right) \cdot U_Z$$

ein.

Durch die hohe Verstärkung des OP-Verstärkers wird der Innenwiderstand r_i sehr klein. Der Stabilisierungsfaktor wird jedoch nicht verbessert und entspricht dem Stabilisierungsfaktor der Z-Dioden-Schaltung.

Da die OP-Verstärker nur einen relativ kleinen Laststrom liefern können, ist es meistens erforderlich, noch einen Emitterfolger oder eine Darlington-Schaltung nachzuschalten.

4.5.2 Konstantspannungsquellen mit Operationsverstärker und Längstransistor

Bild 4.30 zeigt eine Konstantspannungsquelle mit OP, dem ein Längstransistor zur Erhöhung des zulässigen Laststromes nachgeschaltet ist.

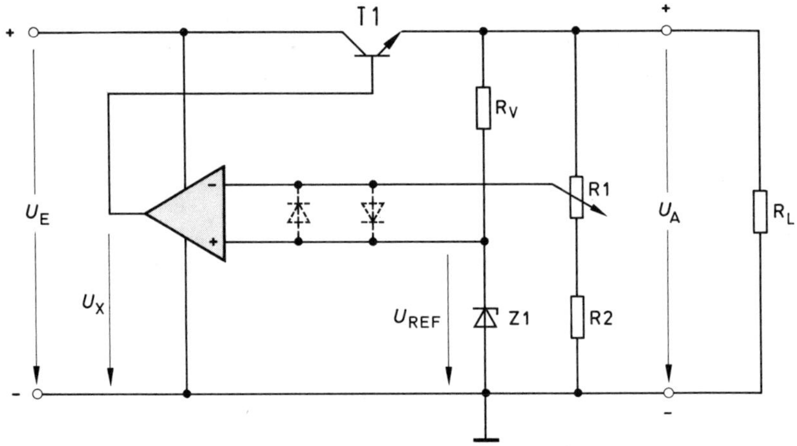

Bild 4.30 Konstantspannungsquelle mit Operationsverstärker und Längstransistor

Bei der Schaltung nach Bild 4.30 erfolgt die Spannungsversorgung des OP-Verstärkers unmittelbar mit der nicht stabilisierten Eingangsspannung. Der OP-Verstärker vergleicht einen Teil der Ausgangsspannung U_A mit der Referenzspannung U_{REF}. Sinkt z. B. U_A infolge Belastung des Ausganges etwas ab, so erhöht der OP-Verstärker die Spannung U_X soweit, daß wieder der ursprüngliche Wert von U_A erreicht wird. Mit R1 läßt sich die Ausgangsspannung in gewissen Grenzen einstellen. Unterste Grenze ist aber in jedem Fall U_{REF}.

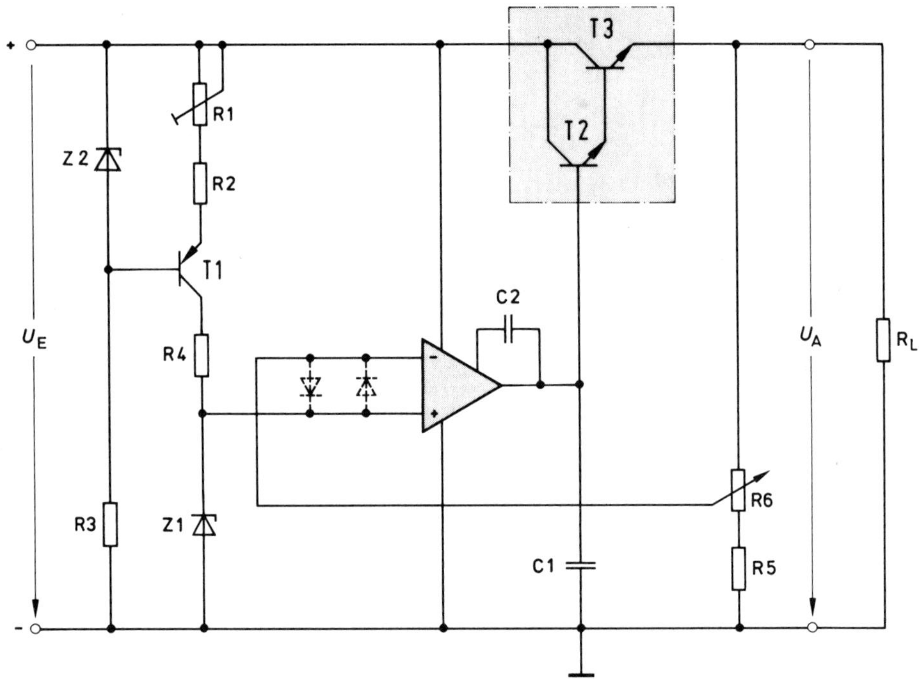

Bild 4.31 Konstantspannungsquelle mit Operationsverstärker, Längstransistor und zusätzlicher Konstantstromquelle

Nachteilig bei der Schaltung nach Bild 4.30 ist, daß sich bei einer Änderung von U_A auch der Strom durch die Z-Diode ändert. Dieses läßt sich vermeiden, wenn die Z-Diode als Referenzspannungselement mit Konstantstrom betrieben wird. **Bild 4.31** zeigt eine derartige Schaltung.

Die Spannungsversorgung der Konstantstromquelle und damit der Z-Diode erfolgt bei der Schaltung nach Bild 4.31 durch die unstabilisierte Eingangsspannung U_E. Auch der OP-Verstärker ist unsymmetrisch an U_E angeschlossen.

Soll jedoch die Ausgangsspannung U_A bis auf $U_A = 0\,V$ herabgeregelt werden können, so muß der OP-Verstärker symmetrisch mit positiver und negativer Betriebsspannung betrieben werden. Zur Ansteuerung des Darlington-Transistors wird dann oft noch ein zusätzlicher Regeltransistor eingesetzt.

4.5.3 Anwendungsbeispiel: $U_A = +5\,V$, $I_{Lmax} = 2{,}5\,A$

Bild 4.32 zeigt eine Konstantspannungsquelle, die nach dem Prinzip der in Bild 4.31 angegebenen Schaltung arbeitet. Sie ist ausgelegt für eine Festspannung $U_A = +5\,V$ und einen maximalen Laststrom $I_{Lmax} = 2{,}5\,A$.

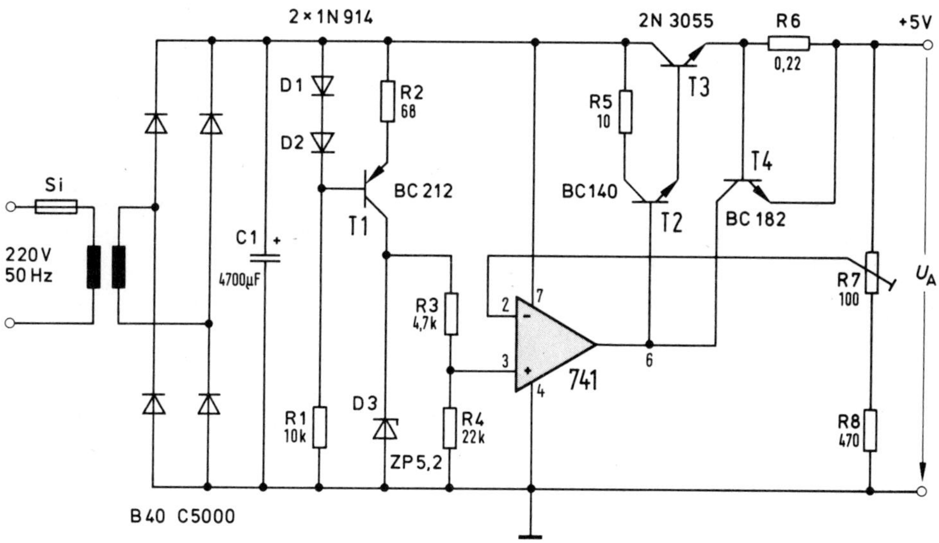

Bild 4.32 Konstantspannungsquelle mit Operationsverstärker für $U_A = +5\,V$ und $I_{Lmax} = 2{,}5\,A$

Mit R7 kann U_A auf den gewünschten Wert $U_A = +5\,V$ abgeglichen werden. Die Schaltung enthält eine zusätzliche Strombegrenzung (T4; R6). Sie ist so ausgelegt, daß die Begrenzung bei $I_L = 3\,A$ einsetzt.

4.6 Integrierte Festspannungsregler

Unter der Bezeichnung „Festspannungsregler“ werden von verschiedenen Herstellern komplette Konstantspannungsquellen in integrierter Schaltungstechnik angeboten. Sie enthalten etwa 20 Transistorfunktionen, mehrere Z-Dioden sowie ca. 20 integrierte Widerstände und arbeiten nach dem Grundprinzip von Konstantspannungsquellen mit Differenzverstärker. Die Kenntnis der internen Schaltungstechnik und der Funktion der einzelnen Transistoren ist für den Praktiker nicht erforderlich.

Diese integrierten Festspannungsregler haben nur noch drei Anschlüsse und zwar für die Eingangsspannung U_E, die Ausgangsspannung U_A sowie für die Masse. Sie werden daher oft auch als Dreibeinregler bezeichnet. Da eine Strombegrenzung und eine thermische Sicherung ebenfalls integriert ist, sind diese Regler weitgehend unempfindlich gegenüber Kurzschlüssen oder Überlastungen. Sie werden inzwischen so preisgünstig angeboten, daß sie in absehbarer Zeit die mit diskreten Bauelementen aufgebauten Konstantspannungsquellen immer mehr verdrängen werden.

4.6.1 Festspannungsregler der Serie 78xx und 79xx

Neben einer größeren Zahl einzelner Typen von Festspannungsreglern sind heute zwei Serien von Festspannungsreglern sehr verbreitet. Sie werden mit gleichen Daten von mehreren Herstellern produziert und als Serie 78xx und Serie 79xx angeboten. Die Serie 78xx ist für positive Ausgangsspannungen mit Festwerten zwischen +5 V und +24 V, der Serie 79xx dagegen für negative Ausgangsspannungen mit Festwerten zwischen −5 V und −24 V ausgelegt.

Die jeweilige Ausgangsspannung kann aus der in der Seriennummer als xx bezeichneten Stelle abgelesen werden. So weist z.B. die Seriennummer 7805 auf eine Ausgangsspannung von +5 V, die Seriennummer 7915 auf eine Ausgangsspannung von −15 V hin. In der Tabelle nach **Bild 4.33** sind die wichtigsten Kenndaten der Festspannungsregler-Serie 78xx angegeben. Einzelne Hersteller liefern jedoch auch noch weitere Zwischenwerte. Die Serie 79xx ist identisch aufgebaut. Für sie gelten die gleichen Spannungs- und Stromwerte, jedoch mit negativen Vorzeichen.

Typ	U_A	U_{Amin}; U_{Amax}	I_{Lmax}	U_{Emin} U_{Emax}
7805	+ 5 V	4,8 V... 5,2 V	0,1; 0,5; 1,5 A	7 V...25 V
7806	+ 6 V	5,75 V...6,25 V	0,1; 0,5; 1,5 A	8 V...25 V
7808	+ 8 V	7,7 V... 8,3 V	0,1; 0,5; 1,5 A	10,5 V...25 V
7812	+12 V	11,5 V...12,5 V	0,1; 0,5; 1,5 A	14,5 V...30 V
7815	+15 V	14,4 V...15,6 V	0,1; 0,5; 1,5 A	17,5 V...30 V
7818	+18 V	17,3 V...18,7 V	0,1; 0,5; 1,5 A	21 V...33 V
7824	+24 V	23 V...25 V	0,1; 0,5; 1,5 A	27 V...33 V

Bild 4.33 Wichtige Kenndaten der Serie 78xx

In der Spalte „I_{Lmax}“ sind in der Tabelle 4.33 drei Werte angegeben. Sie gelten für die unterschiedlichen Gehäuseausführungen, durch die die zulässige Verlustleistung bei Montage auf einen entsprechenden Kühlkörper bestimmt wird. Die Kennzeichnung des zulässigen Laststromes in der Seriennummer erfolgt meistens durch einen zusätzlichen Buchstaben, z.B. durch ein C für 1,5 A, M für 0,5 A oder L für 0,1 A. Diese Bezeichnungen werden von den verschiedenen Herstellern aber nicht einheitlich angewendet, so daß zur genaueren Identifizierung das jeweilige Datenblatt erforderlich ist. In **Bild 4.34** sind drei Gehäuseausführungen für Festspannungsregler mit $I_{Lmax} = 1{,}5$ A dargestellt.

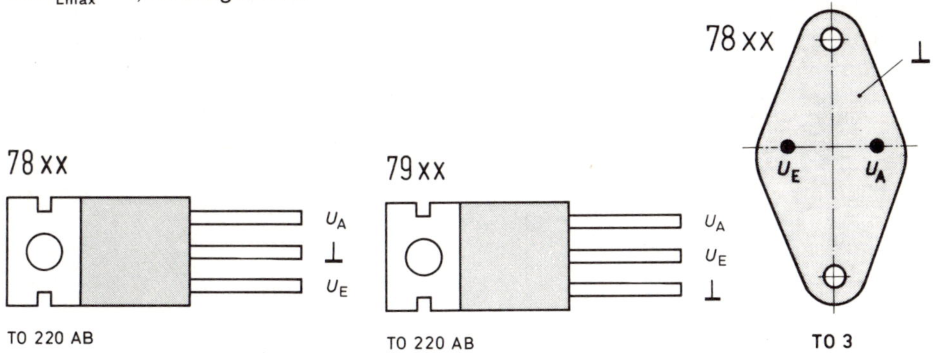

Bild 4.34 3 Gehäuseausführungen für Festspannungsregler der Serien 78xx und 79xx

Für $I_{Lmax} = 0{,}5$ A werden Gehäuseausführungen TO 220 AB und TO 39 und für $I_{Lmax} = 0{,}1$ A Gehäuseausführungen TO 92 und DIL-8-polig geliefert. Zu beachten ist noch, daß die Anschlußbelegung der Regler aus den Serien 78xx und 79xx bei den TO 220 AB-Gehäusen unterschiedlich ist.

Der dynamische Innenwiderstand von Festspannungsreglern der Serien 78xx und 79xx liegt in der Größenordnung von $r_i \approx 20$ mΩ. Als Glättungsfaktor lassen sich Werte in der Größenordnung von $G \approx 500$ bis $G \approx 5000$ je nach Typ innerhalb der Serie ermitteln.

Alle Regler beider Serien werden unabhängig von ihrer Nennspannung oder ihrem zulässigen Laststrom in sehr einfachen Grundschaltungen eingesetzt. **Bild 4.35** zeigt die Grundschaltungen für die beiden Regler-Serien.

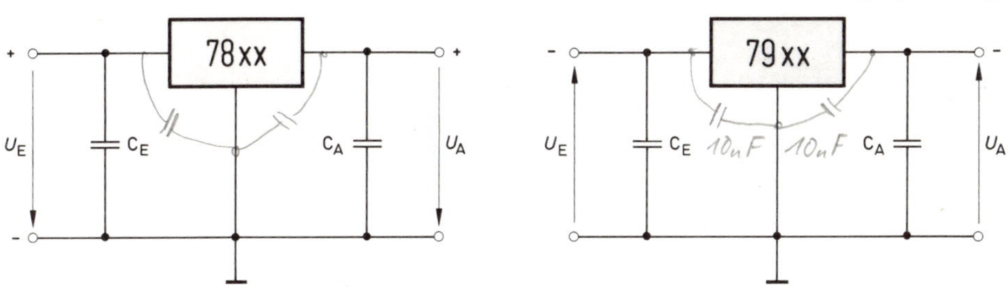

Bild 4.35 Grundschaltungen für die Festspannungsregler der Serien 78xx und 79xx

Die Eingangsspannung U_E muß bei allen Reglern um mindestens 2 V größer als die Ausgangsspannung U_A sein. Extern anzuschließen sind lediglich noch die beiden Kondensatoren C_E und C_A. Für den Kondensator C_E sind Werte zwischen 470 µF und 2200 µF gebräuchlich. Bei räumlich größerer Entfernung des Reglers vom Kondensator C_E muß unmittelbar am Regleranschluß U_E noch ein weiterer Kondensator von ca. 0,33 µF angeschlossen werden. Für den Ausgangskondensator C_A werden Werte zwischen 1 µF und 10 µF eingesetzt.

4.6.2 Festspannungsregler für symmetrische Ausgangsspannungen

Insbesondere zur Spannungsversorgung von OP-Verstärkern werden möglichst konstante, symmetrische Spannungen benötigt. Sie lassen sich ohne Schwierigkeiten aus je einem Regler der Serie 78xx und 79xx aufbauen. Zur Erzeugung symmetrischer Betriebsspannungen sind aber auch integrierte Schaltungen entwickelt worden. Ein typischer Baustein hierfür ist z.B. der symmetrische Festspannungsregler MC 1468 (Fa. Motorola). Er ist für $U_A = \pm 15\,V$ und $I_{Lmax} = 0{,}1\,A$ ausgelegt. **Bild 4.36** zeigt die Prinzipschaltung und die Anschlußbelegung des Reglers MC 1468.

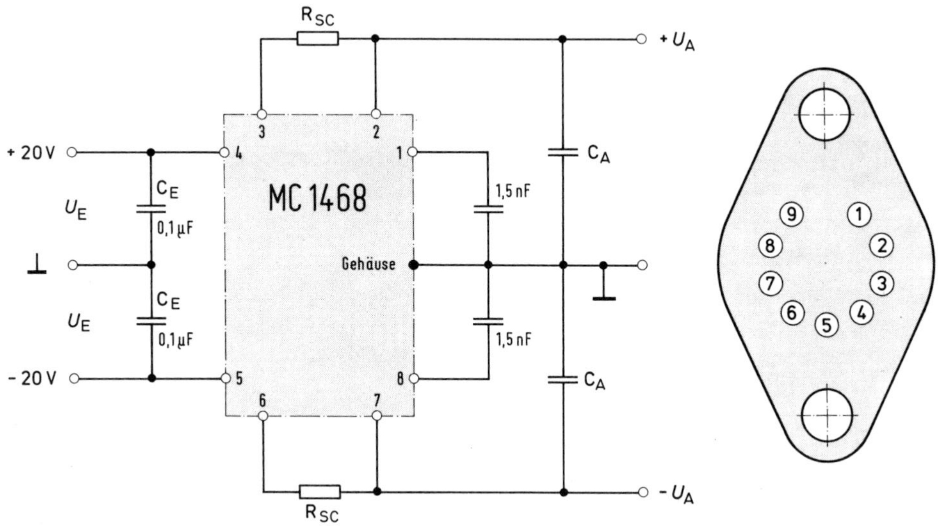

Bild 4.36 Prinzipschaltung und Anschlußbelegung des Reglers MC 1468

Die beiden Kondensatoren C_E haben die Werte 0,1 µF. Zur Kompensation der Schaltung sind weiterhin zwei kleine Kondensatoren mit 1,5 nF an den Anschlüssen 1 und 8 erforderlich. Die Ausgangskondensatoren C_A können zur Anpassung an die Last weitgehend frei gewählt werden. Die üblichen Werte liegen zwischen 1 µF und 10 µF. Die Widerstände R_{sc} bestimmen die Strombegrenzung. Der erforderliche Wert für R_{sc} läßt sich bei vorgegebenen Laststrom I_{Lmax} mit der Gleichung

$$R_{sc} \approx \frac{0{,}6\,V}{I_{Lmax}}$$

ermitteln. Soll z.B. bei dem Baustein MC 1468 die Begrenzung bei $I_{Lmax} = 0{,}1\,A$ einsetzen, so muß $R_{sc} = 6\,\Omega$ betragen.

Bei $U_E = \pm 30\,V$ kann die Ausgangsspannung U_A in den Grenzen zwischen 14,5 V und 15,5 V liegen. U_E muß mindestens 17,5 V betragen.

4.6.3 Anwendungsbeispiele

4.6.3.1 Geregeltes Netzgerät mit Festspannungsregler 7805 C

In der Digitalen Steuerungstechnik wird für die Spannungsversorgung von TTL-Schaltungen eine möglichst konstante Betriebsspannung $U_B = +5\,V$ benötigt. **Bild 4.37** zeigt, wie einfach ein solches geregeltes Netzgerät mit dem Festspannungsregler 7805 C aufzubauen ist.

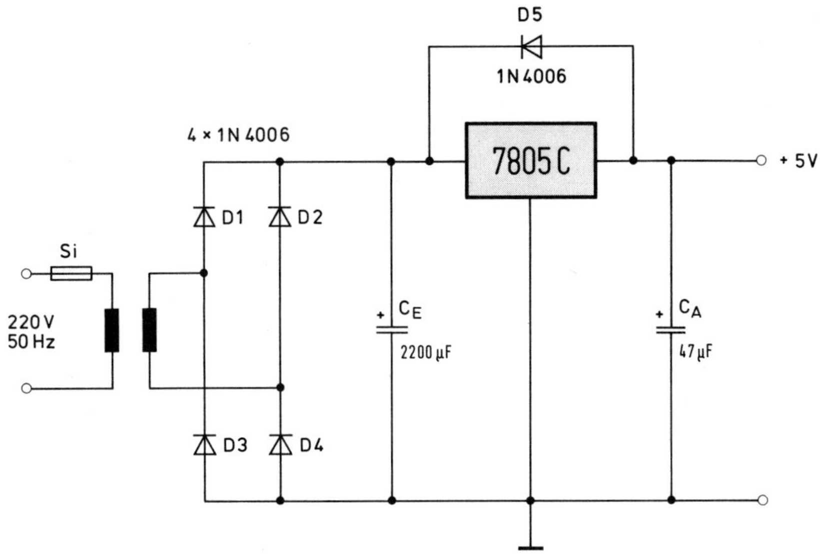

Bild 4.37 Geregeltes Netzgerät mit Festspannungsregler 7805 C

Das Netzgerät nach Bild 4.37 kann bis zu $I_L \approx 1{,}5\,A$ belastet werden. Als Ladekondensator wurde $C_E = 2200\,\mu F$ gewählt. Da bei Schaltungen der Digitalen Steuerungstechnik meistens stoßartige Lastschwankungen auftreten, wurde als Ausgangskondensator C_A mit 47 µF ein relativ großer Wert eingesetzt. Bei $C_A > 10\,\mu F$ ist es laut Herstellerangaben erforderlich, den Festspannungsregler gegen Rückströme zu schützen. Dies geschieht mit der Diode D 5. Damit der volle Laststrom entnommen werden kann, muß der Baustein 7805 C auf einen Kühlkörper montiert sein.

4.6.3.2 Geregeltes Netzgerät mit Festspannungsreglern 7812 C und 7912 C

Operationsverstärker werden meistens mit symmetrischer Betriebsspannung betrieben. Durch Kombination von je einem Festregler 78xx und 79xx läßt sich ein geregeltes Netzgerät mit positiver und negativer Ausgangsspannung recht einfach aufbauen. **Bild 4.38** zeigt eine derartige Schaltung mit $U_A = \pm 12\,V$ und $I_{Lmax} \approx 1{,}5\,A$.

Der symmetrische Aufbau des Netzgerätes ist im Schaltbild deutlich erkennbar. Soll der maximale Laststrom lieferbar sein, so müssen beide Regler auf Kühlkörper montiert sein. Der Transformator muß bei dieser Schaltung eine Mittelanzapfung besitzen.

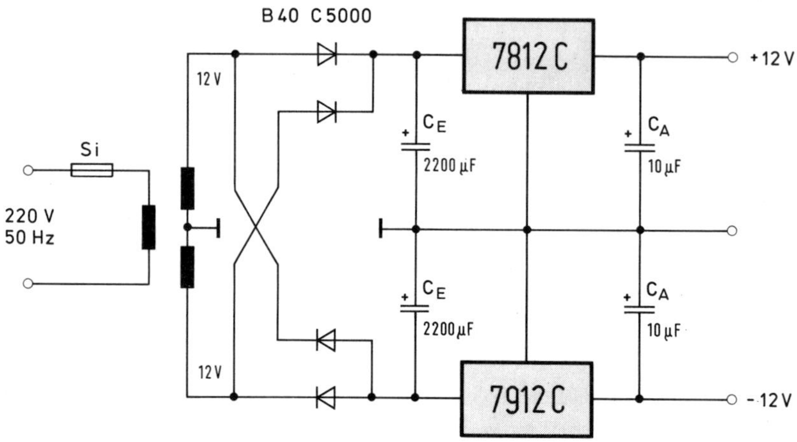

Bild 4.38 Geregeltes Netzgerät mit Festspannungsreglern 7812 C und 7912 C

4.6.3.3 Geregeltes Netzgerät mit Festspannungsregler MC 1468 und zusätzlichen Längstransistoren

Der Festspannungsregler MC 1468 kann nur einen Laststrom von $I_L \leqq 0{,}1$ A je Ausgang liefern. Er läßt sich aber auf einfache Weise zur Ansteuerung von Längstransistoren einsetzen. Damit ist es dann möglich, die maximalen Lastströme erheblich heraufzusetzen. **Bild 4.39** zeigt eine derartige Schaltung für $U_A = \pm 15$ V/2 A.

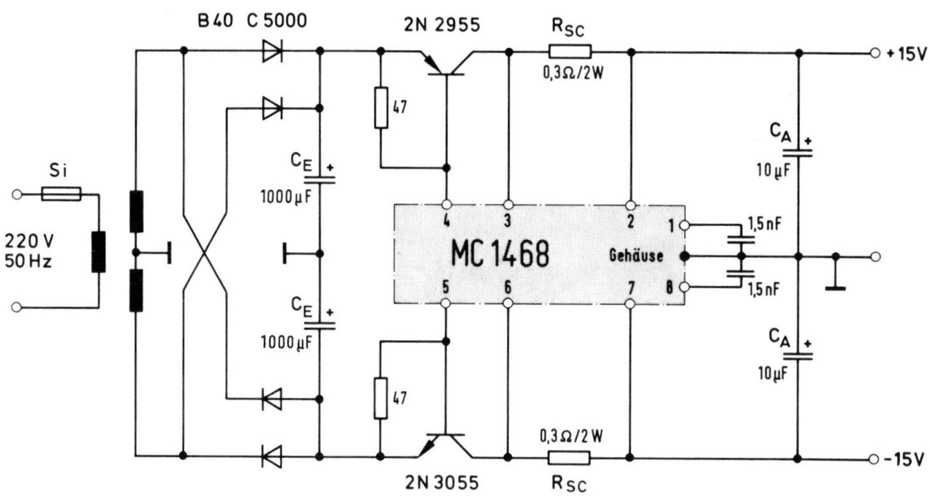

Bild 4.39 Geregeltes Netzgerät mit Festspannungsregler MC 1468 und zusätzlichen Längstransistoren

Als Längstransistoren sind hier die komplementären Typen 2 N 3055 und 2 N 2955 eingesetzt. Sie müssen hier – bedingt durch die interne Schaltung des Bausteins MC 1468 – in anderer Weise als bei allen bisher behandelten Netzgeräten betrieben werden, und zwar liegt hier jeweils der Kollektor am Ausgang.

Mit $R_{SC} = 0{,}3\,\Omega$ wird der Strom auf $I_{Lmax} \approx 2\,A$ begrenzt. Die Ladekondensatoren C_E können bei Bedarf noch weiter vergrößert werden. Damit der volle Laststrom entnommen werden kann, sind der IC und die Längstransistoren auf Kühlkörper zu montieren.

4.7 Integrierte einstellbare Spannungsregler

Die im Kapitel 4.6 behandelten Festspannungsregler liefern eine feste Ausgangsspannung. Sie hängt vom gewählten Typ ab und läßt sich nicht mehr verändern oder genau auf einen gewünschten Wert abgleichen. Inzwischen werden aber auch eine Reihe integrierter Spannungsregler hergestellt, bei denen die Ausgangsspannung durch eine äußere Beschaltung eingestellt werden kann. Typische Vertreter derartiger einstellbarer Spannungsregler sind z.B. die integrierten Bausteine LM317, LM337 und L200.

4.7.1 Einstellbare Spannungsregler LM317, LM337 und L200

Der Baustein LM317 liefert eine positive Ausgangsspannung, der Baustein LM337 dagegen eine negative Ausgangsspannung. Bei einer Eingangsspannung $U_E = 40\,V$ kann durch Verändern eines Spannungsteilers die Ausgangsspannung zwischen $U_A = 1{,}25\,V$ und $U_A = 37\,V$ auf jeden beliebigen Wert eingestellt werden. Für einen einwandfreien Betrieb des Spannungsreglers muß aber die Eingangsspannung jeweils um mindestens 3V größer als die Ausgangsspannung sein. **Bild 4.40** zeigt die Grundschaltungen für die beiden Spannungsregler.

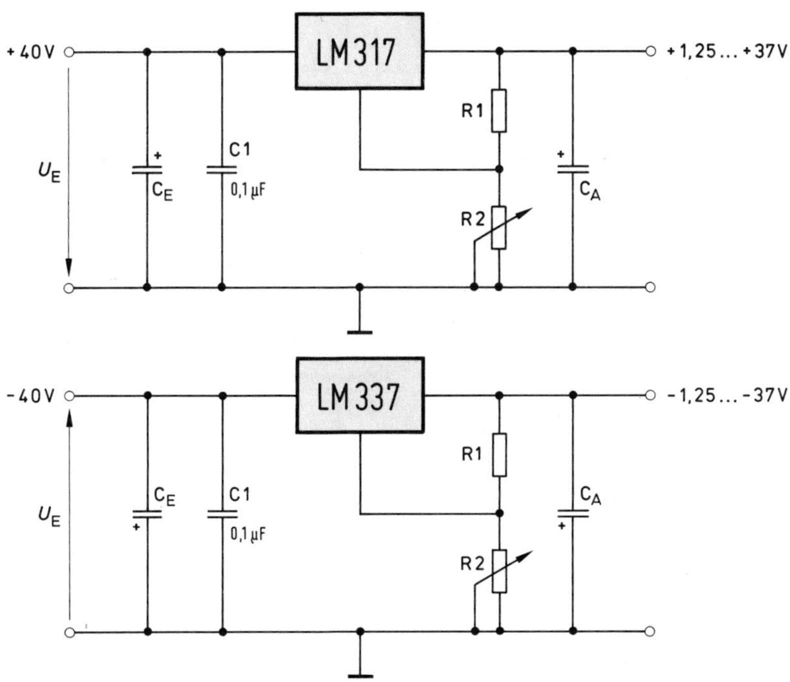

Bild 4.40 Grundschaltungen für die einstellbaren Spannungsregler LM 317 und LM 337

Die Einstellung der Ausgangsspannung erfolgt mit dem Potentiometer R2. Der Widerstand R1 wird von den Herstellern mit einem Minimalwert von $R_1 \geqq 120\,\Omega$ vorgegeben. Um den Querstrom durch den Spannungsteiler jedoch klein zu halten, wird meistens ein größerer Wert gewählt.

Die Ausgangsspannung hängt vom Verhältnis von R2 zu R1 ab. Sie kann angenähert nach der Gleichung

$$U_A \approx 1{,}25 \cdot \left(1 + \frac{R_2}{R_1}\right) \text{V}$$

ermittelt werden. Für eine optimale Funktion des Reglers ist es zweckmäßig, die Widerstände R1 und R2 in einer möglichst kleinen Entfernung vom Reglerbaustein anzuordnen.

Als zusätzlicher Eingangskondensator unmittelbar am Baustein wird ein Wert $C_1 = 0{,}1\,\mu\text{F}$ erforderlich.

Der zulässige Laststrom liegt bei beiden Bausteinen bei $I_{Lmax} = 1{,}5$ A. Eine integrierte Strombegrenzung begrenzt den Laststrom auf $I_L = 2{,}2$ A. Die zulässige Verlustleistung beträgt $P_{max} = 20$ W. Durch diese zulässige Verlustleistung ist der jeweils zulässige Laststrom I_{Lmax} in Abhängigkeit von U_E und U_A festgelegt. Die integrierte Strombegrenzung auf 2,2 A bewirkt also nicht in jedem Fall auch einen Schutz der

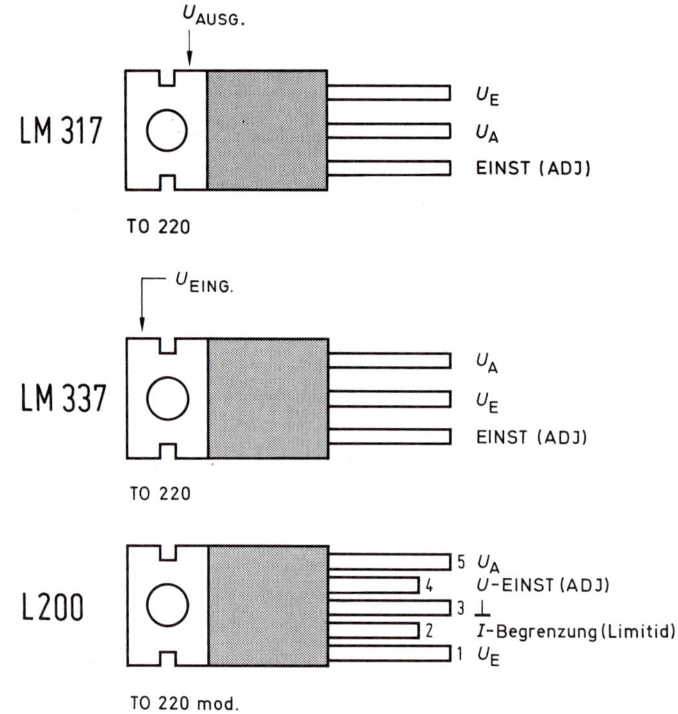

Bild 4.41 Anschlußbelegungen der Spannungsregler LM317, LM337 und L200

Bausteine bei Kurzschluß des Ausganges. Dies ist insbesondere auch bei der Schaltung nach Bild 4.43 zu beachten.

Die Bausteine werden in TO 220-Gehäusen geliefert. Die Anschlußbelegungen sind in **Bild 4.41** angegeben.

Zu beachten ist bei diesen Reglern noch, daß sie zwar eine interne Überstrombegrenzung haben, aber kein thermischer Überlastschutz vorhanden ist. Lieferbar sind die Bausteine auch noch in anderen Gehäuseausführungen, wobei die Anschlußbelegung dann aus dem zugehörigen Datenblatt entnommen werden muß. Der Innenwiderstand dieser Spannungsregler ist sehr klein und liegt bei $r_i \approx 20\ \text{m}\Omega$.

Zunehmend Verwendung findet auch der integrierte Spannungsregler L 200 (Fa. SGS-ATES), bei dem es sich um eine Weiterentwicklung der einstellbaren Spannungsregler handelt. Er hat noch eine einstellbare Strombegrenzung für den Bereich von 0 bis 2 A. Zu ihrer Einstellung ist lediglich ein Stellwiderstand zwischen den Anschlüssen 2 und 5 erforderlich. Darüber hinaus besitzt der Spannungsregler vom Typ L 200 aber auch noch eine zusätzliche Schutzmaßnahme bei ausgangsseitigem Kurzschluß, indem bei Erwärmung über 150°C eine thermische Abschaltung des Ausgangstransistors erfolgt.

4.7.2 Anwendungsbeispiele

4.7.2.1 Geregeltes Netzbaugerät $U_A = +3\,\text{V} \ldots +20\,\text{V}$

Bild 4.42 zeigt ein geregeltes Netzgerät mit dem Spannungsregler L 200. Auch hier hängt die Ausgangsspannung vom Verhältnis der Widerstände R1 zu R2 ab. Sie kann angenähert nach der Gleichung

$$U_A \approx 2{,}75 \cdot \left(1 + \frac{R_2}{R_1}\right) \cdot V$$

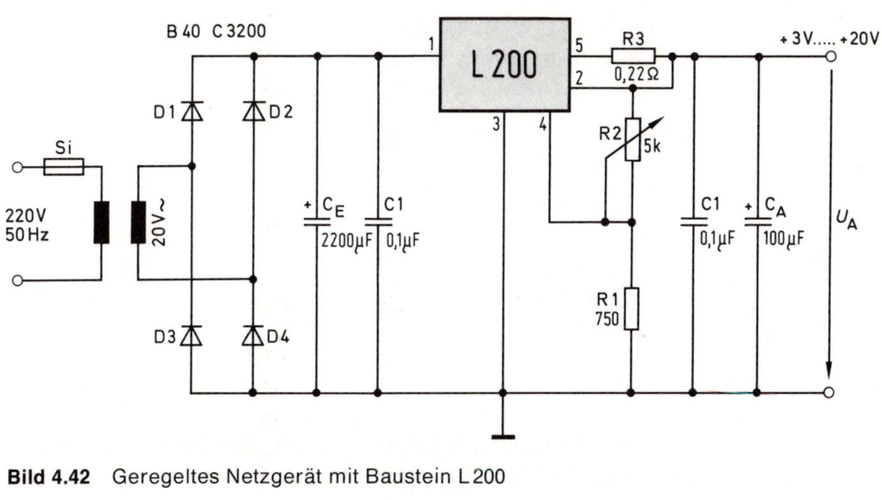

Bild 4.42 Geregeltes Netzgerät mit Baustein L 200

ermittelt werden. Der Spannungsteiler ist so ausgelegt, daß sich die Ausgangsspannung etwa zwischen +3V und +20V einstellen läßt. Bei $R3 = 0{,}22\,\Omega$ tritt eine Begrenzung des Ausgangsstromes bei $I_A \approx 1{,}6$ A ein.

4.7.2.2 Geregeltes Netzgerät $U_A = \pm 1{,}25$ V ... ± 24 V

Durch Verwendung von je einem Baustein LM 317 und LM 337 läßt sich in einfacher Weise ein geregeltes Netzgerät mit einstellbarer positiver und negativer Ausgangsspannung aufbauen. **Bild 4.43** zeigt eine derartige Schaltung.

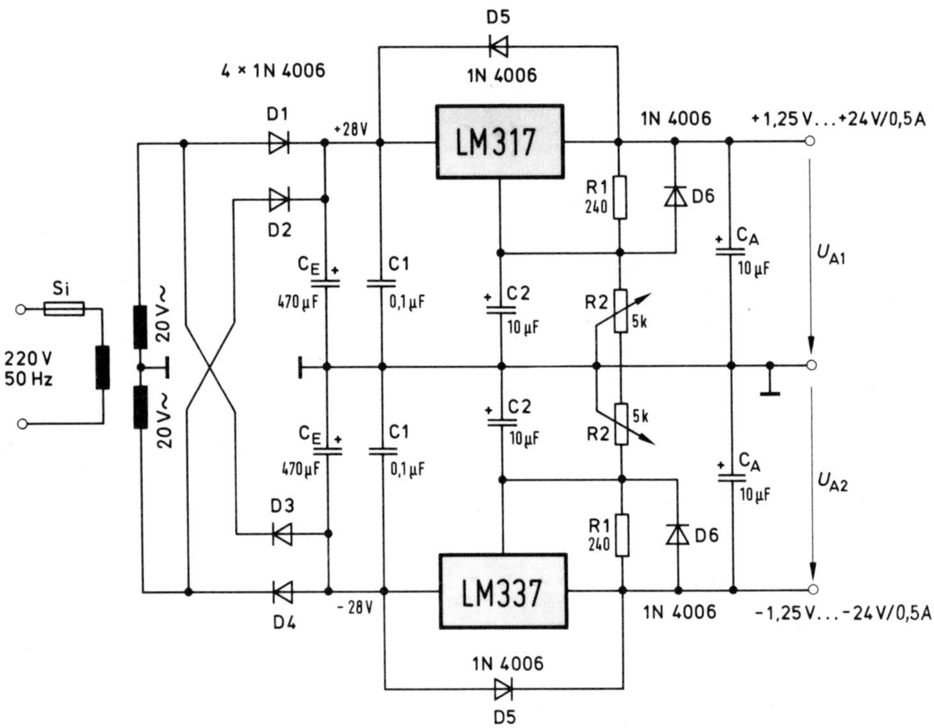

Bild 4.43 Geregeltes Netzgerät $U_A = \pm 1{,}25$V... ± 24V

Die positiven und die negativen Ausgangsspannungen können bei der Schaltung nach Bild 4.43 unabhängig voneinander eingestellt werden. Damit der maximal mögliche Laststrom von $I_{Lmax} = 0{,}5$ A entnommen werden kann, müssen die Regler auf Kühlkörpern montiert sein.

Die Schaltung nach Bild 4.43 enthält gegenüber der Grundschaltung entsprechend Bild 4.40 zusätzliche Kondensatoren C2 zur Verringerung der Störspannung (Brummspannung). Die zusätzlichen Dioden D5 und D6 verhindern, daß der Reglerbaustein beim Abschalten des Gerätes durch den Entladevorgang von C2 beschädigt wird.

5 Elektronische Schalter in der Signalverarbeitung

5.1 Allgemeines

Schalter haben in der Elektrotechnik die Aufgabe, Stromkreise zu schließen oder zu unterbrechen. Um diese Aufgabe erfüllen zu können, müssen Schalter stets ein binäres Verhalten haben, d.h. sie dürfen nur zwei eindeutige, unterschiedliche Schaltstellungen besitzen. Es sind dies die beiden Schaltstellungen „Schalter geschlossen“ und „Schalter offen“.

Der ideale Schalter hat in seiner Stellung „Schalter geschlossen“ den Durchlaßwiderstand $R_D \approx 0\,\Omega$ und in seiner Stellung „Schalter offen“ den Sperrwiderstand $R_S \approx \infty\,\Omega$. Mit realen mechanischen, elektromechanischen oder elektronischen Schaltern lassen sich diese idealen Werte für R_D und R_S jedoch nur näherungsweise erreichen.

Hauptaufgabe eines Schalters in der klassischen Elektrotechnik und der Leistungselektronik – auf die jedoch erst in einem späteren Kapitel eingegangen wird – ist das Ein- und Ausschalten eines Arbeitswiderstandes, in dem in der Regel elektrische Energie in eine andere Energieart umgewandelt wird. Derartige Arbeitswiderstände für einen Schalter sind z.B. Glühlampen, Heizwiderstände, Elektromagnete oder Motoren. Charakteristisch hierfür ist, daß die Schalter dabei stets in Reihe mit den Arbeitswiderständen liegen (**Bild 5.1**).

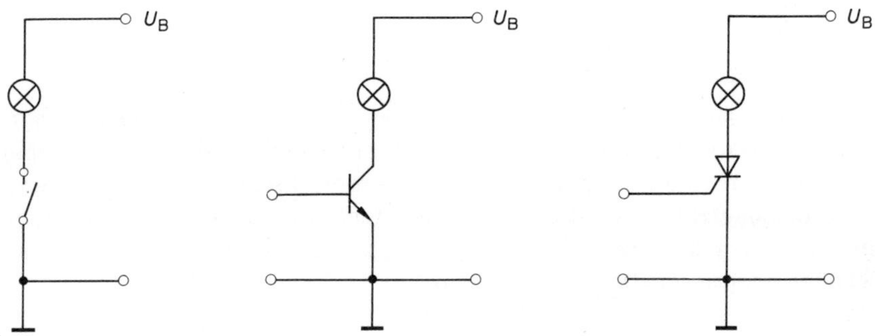

Bild 5.1 Ein- und Ausschalten eines Arbeitswiderstandes mit mechanischem oder elektronischem Schalter

Hauptaufgabe eines Schalters in der Signalverarbeitung ist aber nicht primär das Ein- und Ausschalten eines Arbeitswiderstandes, sondern die Weitergabe einer eindeutigen Information über den eigenen Schaltzustand an nachfolgende weitere elektronische Schalter oder Signaleinrichtungen. Eine solche Information über den jeweiligen Schaltzustand liefert die am Schalter liegende Spannung. Sie ist 0 V bzw. sehr klein, wenn der Schaltzustand „geschlossen“ vorliegt und sie ist groß bzw. hat den Wert der Betriebsspannung U_B, wenn der Schaltzustand „offen“ vorliegt.

In der Signalverarbeitung ist es üblich, die Ausgangsspannung eines Schalters oder einer Schaltstufe – also die Signalspannung am Ausgang – als U_Q zu bezeichnen.

Die Bezeichnung U_Q ist abgeleitet aus U_{Output}. Um jedoch eine Verwechslung mit der Zahl 0 zu vermeiden, wurde der Anfangsbuchstabe O mit einem kleinen Strich versehen und damit zum Buchstaben Q abgewandelt. Die Steuerspannung – also die Signalspannung am Eingang eines Schalters – wird dagegen mit $U_I = U_{Input}$ gekennzeichnet (**Bild 5.2**).

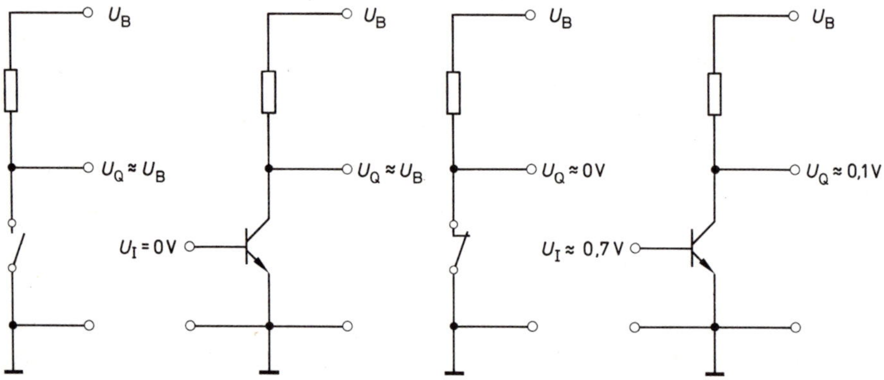

Bild 5.2 Ausgangssignale von Schaltern

5.2 Prinzipschaltungen

Alle Halbleiter-Bauelemente, die sich durch entsprechende Steuerspannungen so beeinflussen lassen, daß entweder ein kleiner Durchlaßwiderstand oder aber ein hoher Sperrwiderstand auftritt, können als elektronische Schalter für die Signalverarbeitung eingesetzt werden. Besonders geeignet sind für diesen Anwendungsfall jedoch Dioden, Transistoren und FETs sowie die aus diesen Halbleiter-Bauelementen entwickelten integrierten Schaltungen (**Bild 5.3**). Thyristoren und Triacs, die ebenfalls Schaltereigenschaften haben, werden dagegen als Leistungsschalter, nicht aber als Schalter in der Signalverarbeitung eingesetzt.

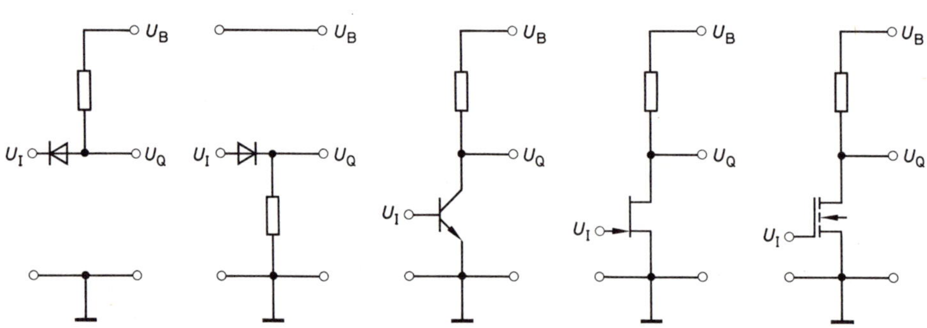

Bild 5.3 Elektronische Schalter mit diskreten Halbleiter-Bauelementen

In **Bild 5.4** sind die elektronischen Schalter mit digitalen und linearen ICs bereits mit den üblichen Symbolen dargestellt, weil hier in den meisten Fällen ein Schaltbild mit Angabe aller Einzelfunktionen zu unübersichtlich und auch nicht erforderlich ist.

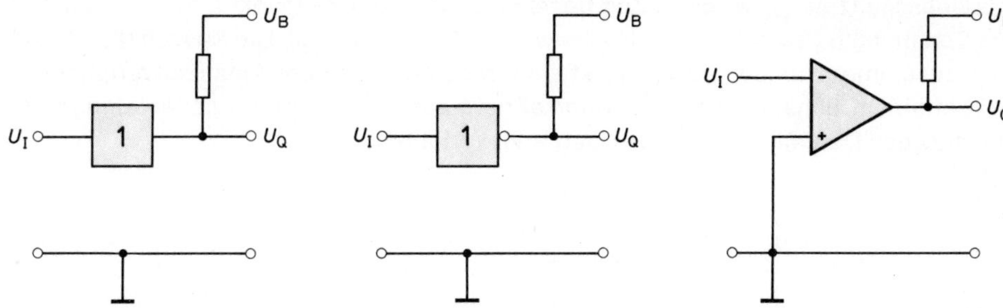

Bild 5.4 Elektronische Schalter mit digitalen und linearen ICs

Aus den Bildern 5.3 und 5.4 ist zu erkennen, daß bei allen in der Signalverarbeitung eingesetzten elektronischen Schaltern ein gleiches Grundprinzip vorliegt. Die Ausgangsspannung U_Q, d. h. das Ausgangssignal, hat in dem einen Schaltzustand des Schalters den Wert $U_Q \approx U_B$ und im anderen Schaltzustand den Wert $U_Q \approx 0\,V$. Welcher dieser beiden Werte auftritt, hängt von den gerade anliegenden Werten der Eingangsspannung U_I, also vom Eingangssignal ab.

Eine sprunghafte Änderung der Ausgangsspannung U_Q ist aber eine ganz wesentliche Forderung, die an jeden Schalter in der Signalverarbeitung gestellt werden muß. Sie kann bei den in der Signalverarbeitung verwendeten Halbleiter-Bauelementen jedoch nur erreicht werden, wenn sich auch die Eingangsspannung U_I jeweils sprunghaft zwischen zwei Spannungswerten ändert. Aus diesem Grunde sind in der Signalverarbeitung stets Steuerspannungen erforderlich, die einen rechteckförmigen Verlauf haben, sich also zwischen zwei Spannungswerten jeweils sprunghaft ändern. Welche Polarität und welche Spannungswerte U_I bei den einzelnen Bauelementen dann jeweils erforderlich sind, hängt dagegen im wesentlichen vom Steuermechanismus der eingesetzten Schalter ab.

5.3 Schaltzeiten

Auch bei elektronischen Schaltern treten Schaltzeiten auf, die gegebenenfalls berücksichtigt werden müssen. So benötigt jeder elektronische Schalter immer eine bestimmte Zeit, um von einem Schaltzustand in den anderen zu gelangen, selbst wenn man annimmt, daß die steuernde rechteckförmige Spannung U_I eine unendlich kurze Anstiegs- und Abfallzeit hat.

In **Bild 5.5** ist das Übergangsverhalten eines Schalters dargestellt. Als Einschaltzeit t_{ein} wird die Zeit bezeichnet, die vom Zeitpunkt t_0 aus vergeht, bis die Spannung U_Q 90% ihres Höchstwertes erreicht hat. Diese Einschaltzeit t_{ein} setzt sich zusammen aus der Verzögerungszeit t_d (delay time) und der Anstiegszeit t_r (rise time).

Als Ausschaltzeit t_{aus} wird die Zeit bezeichnet, die vom Zeitpunkt t_1 aus vergeht, bis die Spannung U_Q auf 10% ihres Höchstwertes abgesunken ist. Die Ausschaltzeit setzt sich zusammen aus der Speicherzeit t_s (storage time) und der Abfallzeit t_f (fall time). Tritt in einem Schalter eine Signalumkehrung auf (Inversion), so gelten sinngemäß die gleichen Definitionen für das Übergangsverhalten.

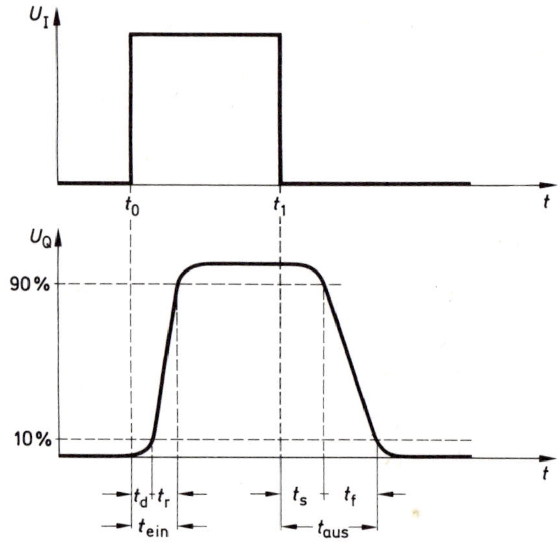

Bild 5.5 Übergangsverhalten eines Schalters

Die Schaltzeiten von elektronischen Schaltern, insbesondere von ICs, liegen nur im Bereich von wenigen Nanosekunden. Da aber in der digitalen Steuerungstechnik häufig eine große Zahl von Schaltern hintereinander geschaltet sind, summieren sich die einzelnen Schaltzeiten und dürfen dann oft nicht mehr vernachlässigt werden.

Die höchste Frequenz, mit der ein Schalter betrieben werden kann, muß eine Periodendauer haben, die größer ist als die Summe aus Einschalt- und Ausschaltzeit. Für die maximale Frequenz der Eingangsspannung U_I gilt daher:

$$f_{max} \leq \frac{1}{t_{ein} + t_{aus}} .$$

Insbesondere bei integrierten Schaltern wird auch als charakteristischer Kennwert die Signallaufzeit t_p angegeben (p = propagation = Ausbreitung). Hierbei ist der Halbwert des Spannungssprunges für den Beginn oder das Ende des Signals festgelegt (**Bild 5.6**).

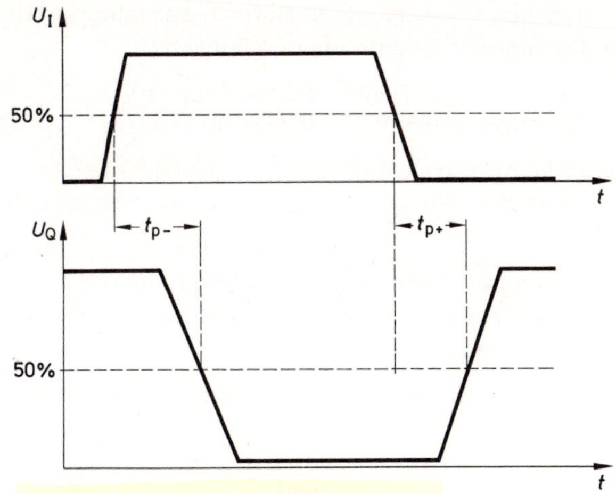

Bild 5.6 Festlegung der Signallaufzeit

Als Signallaufzeit wird das Zeitintervall zwischen dem Halbwert des Eingangssignals U_I und dem zugeordneten Halbwert des Ausgangssignals U_Q gewertet. Durch einen weiteren Index wird angegeben, ob das Ausgangssignal ansteigend (+) oder abfallend (−) ist.

5.4 Signalpegel

Elektronische Schalter dürfen in der Signalverarbeitung nicht gesondert, d.h. als Einzelstück betrachtet werden. Sie werden nämlich in der Regel von der Ausgangsspannung U_Q eines vorhergehenden elektronischen Schalters angesteuert und steuern ihrerseits wiederum eine Reihe nachfolgender elektronischer Schalter an. Dadurch kann für den einzelnen Schalter sowohl eine Belastung des Einganges als auch des Ausganges auftreten. Diese Belastungen lassen sich als äußere Lastwiderstände darstellen und berücksichtigen. Als besondere Eigenart tritt dabei aber noch auf, daß die Belastung der Ein- und Ausgänge nicht nur gegen Masse, sondern auch gegen die Betriebsspannung erfolgt. Darüber hinaus hängen diese Belastungen aber auch noch von den jeweiligen Betriebszuständen ab. Als Folge dieser unterschiedlichen Belastungen tritt der Fall ein, daß innerhalb eines Signalverarbeitungssystems die jeweiligen Ausgangsspannungen U_Q auch bei gleichartigen Schaltern nicht mehr die Werte $U_Q \approx U_B$ oder $U_Q \approx 0\,V$ haben, sondern hiervon unter Umständen sehr stark abweichen können.

In der Signalverarbeitung ist es aber auch nicht erforderlich, daß die Ein- und Ausgangsspannungen stets nur zwischen zwei ganz bestimmten, festliegenden Spannungswerten springen. Man kann daher zur Signalkennzeichnung durchaus auch zwei Spannungsbereiche, also Signalpegel zulassen. Diese Spannungspegel werden dann als 0-Pegel und 1-Pegel bezeichnet. Bei integrierten Schaltern werden sie auch als L-Pegel (L = Low) und H-Pegel (H = High) angegeben.

Als Folge der technischen Entwicklung im Bereich der integrierten Schaltungen hat sich immer mehr die folgende Zuordnung durchgesetzt:

0-Pegel ≙ L-Pegel = niedriger Pegel (näher bei $-\infty$),
1-Pegel ≙ H-Pegel = hoher Pegel (näher bei $+\infty$).

Eine derartige Zuordnung bezeichnet man als „Positive Logik". In den folgenden Kapiteln wird grundsätzlich nur eine Signalzuordnung entsprechend der Positiven Logik vorgenommen.

Bei der „Negativen Logik" liegt eine umgekehrte Zuordnung vor, d.h. 1-Pegel = niedriger Pegel und 0-Pegel = hoher Pegel. Mit der Negativen Logik wird heute nur noch in wenigen Ausnahmefällen gearbeitet.

Im **Bild 5.7** sind drei mögliche Fälle für Signalpegel dargestellt.

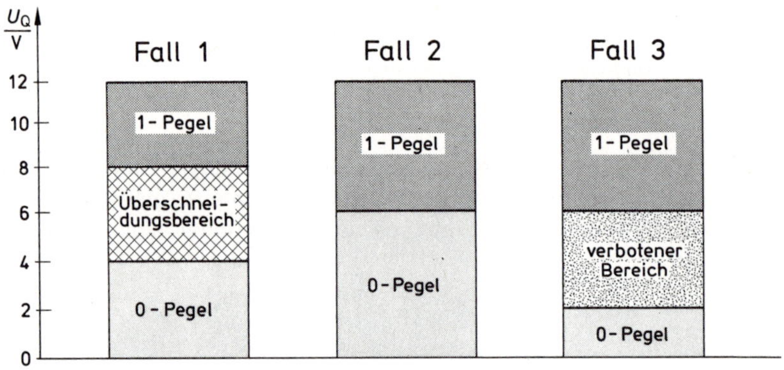

Bild 5.7 Signalpegel

Im Fall 1 gibt es einen Überschneidungsbereich der Pegel. Durch den nachfolgenden Schalter kann der Schaltzustand des vorhergehenden Schalters dann nicht mehr eindeutig identifiziert werden.

Im Fall 2 berühren sich die Pegel gerade. In dem Grenzbereich ($U_Q = 6$ V) ist durch den nachfolgenden Schalter praktisch auch keine eindeutige Zuordnung mehr möglich. Technisch bedingt würden auch hier häufig falsche Informationen über den Schaltzustand des vorhergehenden Schalters auftreten.

Dies läßt sich vermeiden, wenn zwischen der größten zulässigen Spannung des 0-Pegels und der kleinsten zulässigen Spannung des 1-Pegels ein genügend großer Sicherheitsabstand – ein sogenannter verbotener Bereich – liegt.

Der Fall 3 zeigt eine solche mögliche Zuordnung bzw. Festlegung. Spannungen zwischen 0 Volt und +2 Volt gelten als 0-Pegel, Spannungen zwischen +6 Volt und +12 Volt als 1-Pegel. Bei einer solchen Festlegung muß dann durch eine entsprechende Schaltungstechnik strikt vermieden werden, daß als Eingangs- oder Ausgangsspannungen statische Spannungswerte zwischen +2 V und +6 V auftreten können.

Die beiden Pegel und damit auch der verbotene Bereich können an sich frei gewählt werden. Es ist aber doch stets erforderlich, von der Arbeitsweise der als Schalter eingesetzten elektronischen Bauelemente auszugehen. Bei den heute überwiegend verwendeten ICs sind die Pegel und der verbotene Bereich jedoch in der Regel vom Hersteller fest vorgegeben.

Zu beachten ist, daß es sich bei Pegelangaben grundsätzlich um die Angabe von Spannungswerten handelt. Sie können sich nur auf konkrete Schaltungen beziehen.

5.5 Elektronische Schalter mit Dioden

In der Signalverarbeitung werden 2 unterschiedliche Arten von Diodenschaltern eingesetzt, die man z.B. als Diodenschalter Typ I (**Bild 5.8**) und Diodenschalter Typ II (**Bild 5.9**) bezeichnen kann.

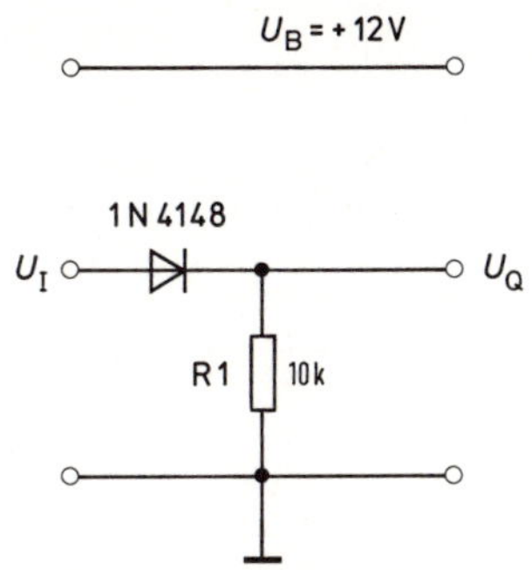

Bild 5.8 Diodenschalter Typ I

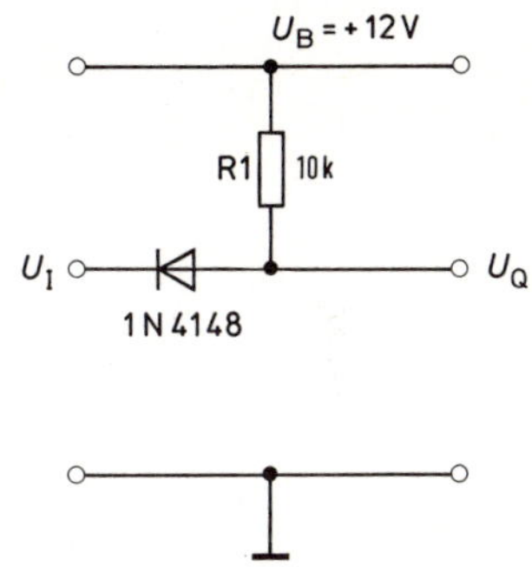

Bild 5.9 Diodenschalter Typ II

Die Übertragungskennlinien beider Schalter, d.h. jeweils die Abhängigkeit der Ausgangsspannung U_Q von der Eingangsspannung U_I, lassen sich sowohl statisch als auch dynamisch ermitteln und im Diagramm anschaulich darstellen.

5.5.1 Diodenschalter Typ I

Beim unbelasteten Diodenschalter Typ I wird die Diode im gesamten Bereich der Eingangsspannung $0 \leqq U_I \leqq +U_B$ in Durchlaßrichtung betrieben. Es fließt ein Strom I_I in den Eingang hinein. Er muß von der Spannungsquelle, die das Eingangssignal U_I liefert, aufgebracht werden. Die Größe dieses Stromes I_I hängt von der Größe der Eingangsspannung U_I, dem Innenwiderstand R_i dieser Spannungsquelle, des Durchlaßwiderstandes R_F der Diode und des Arbeitswiderstandes R1 ab.

Bild 5.10 zeigt die Übertragungskennlinie des unbelasteten Diodenschalters Typ I. Im Bereich $0 \leqq U_I \leqq +0{,}6\,V$ (A – B) wird die Diode zwar in Durchlaßrichtung betrieben, sie hat aber noch einen großen Durchlaßwiderstand. Daher ist $U_Q \approx 0\,V$. Erst wenn die Schwellspannung U_F der Diode überschritten wird, d.h. $U_I \geqq +0{,}6\,V$, wird der Durchlaßwiderstand R_D klein gegenüber R1. Im gesamten weiteren Teil der Kennlinie (B – C) gilt dann:

$$U_Q = U_I - U_F \approx U_I - 0{,}6\,V.$$

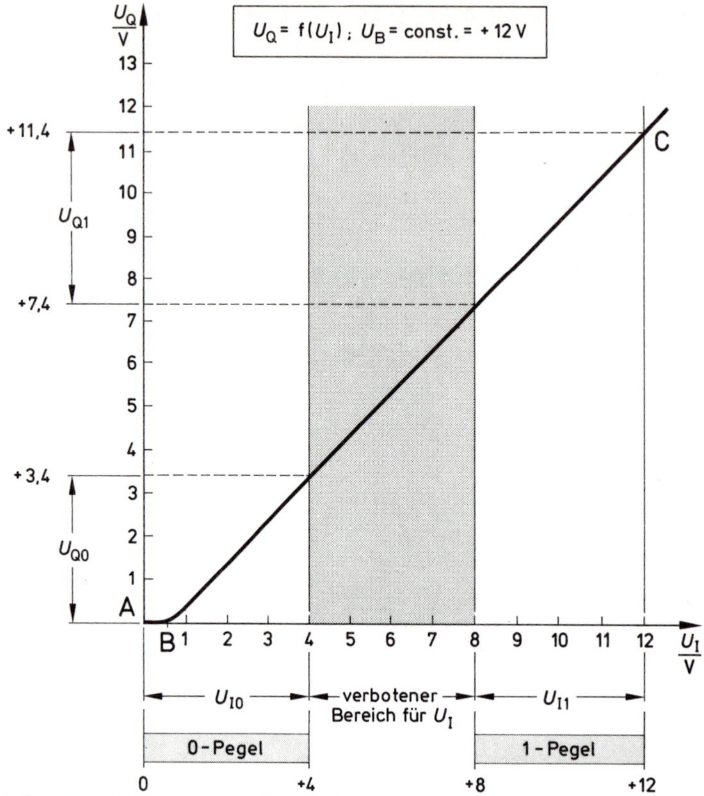

Bild 5.10 Übertragungskennlinie des unbelasteten Diodenschalters Typ I

In das Diagramm Bild 5.10 sind außer der Übertragungskennlinie auch 0-Pegel, 1-Pegel und verbotener Bereich für die Eingangsspannung U_I eingetragen, und zwar

0-Pegel ≙ 0 V bis +4 V ≙ U_{I_0},
1-Pegel ≙ +8 V bis +12 V ≙ U_{I_1}.

Damit liegen alle Eingangsspannungen $+4\,V \leqq U_I \leqq +8\,V$ im verbotenen Bereich und dürfen laut Festlegung der Signalpegel nicht als statische Eingangsspannungen auftreten. Dieser verbotene Bereich ist in dem Diagramm Bild 5.10 gerastert gekennzeichnet.

Aus den Schnittstellen der Übertragungskennlinie mit den Pegelgrenzen der Eingangsspannung U_I lassen sich die Pegelgrenzen der Ausgangsspannungen U_Q ermitteln. Es ist zu ersehen, daß die Eingangspegel und die sich daraus zwangsläufig ergebenden Ausgangspegel in ihren Spannungswerten nicht mehr voll übereinstimmen. Als Ausgangspegel treten auf

0-Signal ≙ 0 V bis +3,4 V ≙ U_{Q0},
1-Signal ≙ +7,4 V bis +11,4 V ≙ U_{Q1}.

Man kann bei diesem Diodenschalter also nicht mehr von gleichen Signalpegeln sprechen, sondern muß zwangsläufig unterscheiden zwischen den Pegeln der Eingangsspannung U_{I_0} und U_{I_1} und den sich daraus ergebenden Pegeln der Ausgangsspannung U_{Q0} und U_{Q1}.

Aus dem Diagramm ist aber auch zu erkennen, daß der Betriebszustand der Diode – Durchlaßwiderstand klein und Durchlaßwiderstand groß – in keinem direkten Zusammenhang mit den am Ausgang auftretenden Signalpegeln gebracht werden darf. So hat die Diode im Bereich $0 \leqq U_I \leqq +0{,}6\,V$ zwar einen großen Durchlaßwiderstand, in dem weitaus größten Bereich des 0-Pegels aber den gleichen kleinen Durchlaßwiderstand wie im gesamten Bereich des 1-Pegels.

In der Signalverarbeitung wird der Ausgang Q eines Diodenschalters aber in der Regel durch die Eingangswiderstände nachfolgender elektronischer Schalter belastet. Diese Belastung kann sowohl gegen Masse als auch gegen die Betriebsspannung U_B auftreten. Zu unterscheiden ist dabei ferner zwischen einer Belastung des Ausganges bei 0-Pegel und bei 1-Pegel. Daraus ergeben sich insgesamt vier verschiedene, unterschiedliche Belastungsfälle, wobei jedoch vereinfachend davon ausgegangen werden kann, daß die Eingangswiderstände der nachfolgenden Schalter konstant sind und durch ohmsche Widerstände dargestellt werden können.

Fall 1:

Eingang: 0-Pegel
Ausgang: 0-Pegel
$R_{Last} = R_2$

Fall 2:

Eingang: 1-Pegel
Ausgang: 1-Pegel
$R_{Last} = R_2$

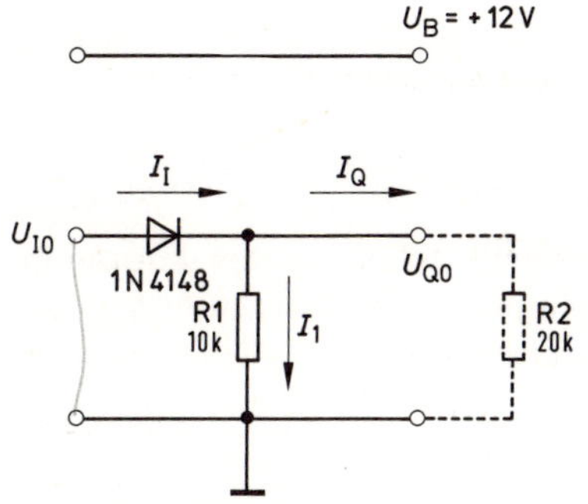

Bild 5.11 Belasteter Diodenschalter Typ I, Betriebsfall 1

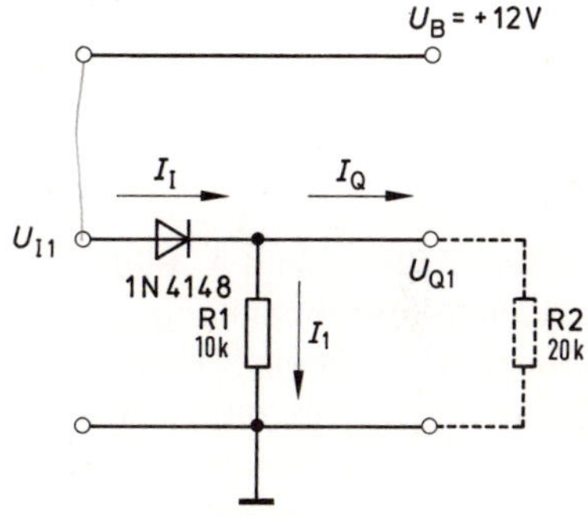

Bild 5.12 Belasteter Diodenschalter Typ I, Betriebsfall 2

In beiden Fällen 1 und 2 (**Bild 5.11** und **Bild 5.12**) liegt eine Belastung des Ausganges gegen Masse vor. Unabhängig davon, ob am Eingang 0-Pegel oder 1-Pegel liegt, fließt ein Strom I_I in den Eingang des Schalters „hinein“ und ein Strom I_Q aus dem Ausgang des Schalters „heraus“. Die Aufteilung des Stromes I_I in I_1 und I_Q hängt vom Verhältnis der Widerstände R1 zu R2 ab. Die Änderung der Ausgangsspannung U_Q infolge der Belastung des Ausganges mit R2 ist sowohl bei 0-Pegel als auch bei 1-Pegel gering und kann vernachlässigt werden.

Die Übertragungskennlinie des mit R2 gegen Masse belasteten Diodenschalters Typ I unterscheidet sich daher nicht von der Übertragungskennlinie des unbelasteten Diodenschalters Typ I.

Bei den Fällen 1 und 2 fließt der größte Strom I_I, wenn $U_I = +U_B = +12\,V$. Hierfür muß dann gewährleistet sein, daß I_Q einen bestimmten Wert nicht überschreitet, damit der zulässige Durchlaßstrom der Diode nicht überschritten wird. Der Lastwiderstand darf also nicht kleiner als ein sich aus diesen Strömen ergebender Mindestwert werden.

Fall 3:

Eingang: 0-Pegel
Ausgang: 0-Pegel
$R_{Last} = R_3$

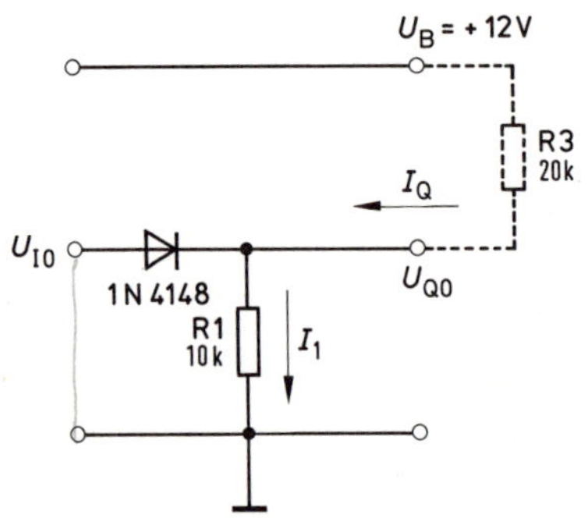

Bild 5.13 Belasteter Diodenschalter Typ I, Betriebsfall 3

Fall 4:

Eingang: 1-Pegel
Ausgang: 1-Pegel
$R_{Last} = R_3$

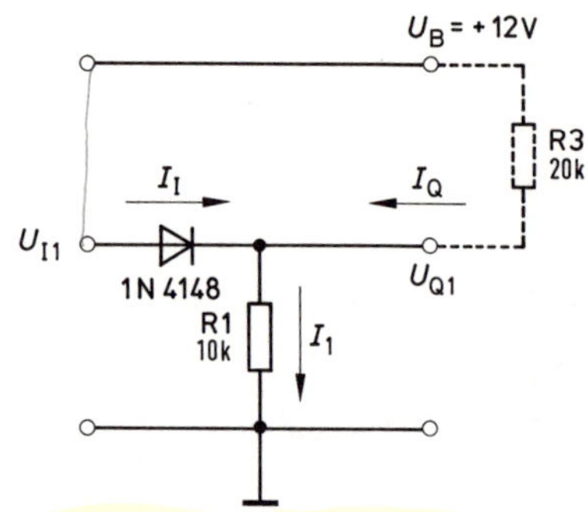

Bild 5.14 Belasteter Diodenschalter Typ I, Betriebsfall 4

In den Fällen 3 und 4 (**Bild 5.13** und **Bild 5.14**) liegt eine Belastung des Ausganges gegen Betriebsspannung vor. Unabhängig vom Signalpegel fließt ein Strom I_Q in den Ausgang Q „hinein". Im Fall 3 stellt sich auch bereits bei $U_I = 0\,V$ eine Ausgangsspannung U_Q ein, die ausschließlich vom Widerstandsverhältnis R3 zu R1 abhängt. Mit den angegebenen Widerstandswerten beträgt $U_Q = +4\,V$.

Solange wie im Fall 3 der 0-Pegel am Eingang liegt, d. h. $0\,V \leqq U_{I_0} \leqq +4\,V$, wird die Diode in Sperrichtung betrieben, $U_Q = \text{const.} = +4\,V$ sowie $I_I = 0$ mA.

Sobald U_I größer als die sich aufgrund der Spannungsteilung zwischen R3 und R1 einstellenden Ausgangsspannung U_Q wird, wird die Diode in Durchlaßrichtung betrieben. Nach Überschreiten der Schwellspannung U_F gilt dann für den weiteren Verlauf der Übertragungskennlinie wie beim unbelasteten Schalter:

$$U_Q = U_I - U_F \approx U_I - 0{,}6\,V.$$

Im Fall 4 liegt der 1-Pegel am Eingang, d. h. $+8\,V \leqq U_{I_1} \leqq +12\,V$. Die Diode wird im gesamten Pegelbereich in Durchlaßrichtung betrieben und es gilt:

$$U_{Q1} = U_{I_1} - U_F$$

Bild 5.15 zeigt die Übertragungskennlinie des belasteten Diodenschalters Typ I für 4 verschieden große Lastwiderstände R3 als Belastung des Ausganges gegen die Betriebsspannung. Der Einfluß unterschiedlich großer Lastwiderstände R2 als Belastung des Ausganges gegen Masse auf die Übertragungskennlinie ist dagegen vernachlässigbar gering. Hier muß lediglich beachtet werden, daß der zulässige Diodenstrom nicht überschritten wird.

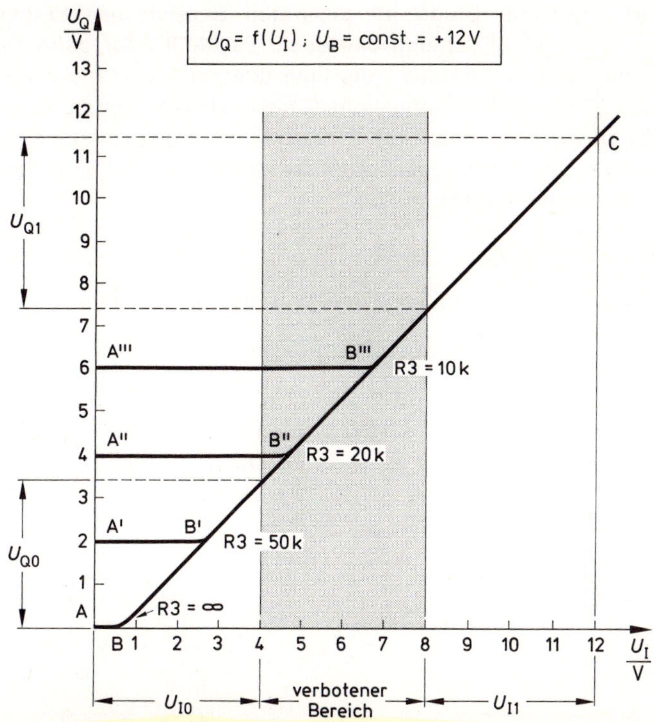

Bild 5.15 Übertragungskennlinie des Diodenschalters Typ I für verschieden große Belastungswiderstände R3 als Belastung gegen die Betriebsspannung

Bei einer Belastung des Ausganges gegen Betriebsspannung mit $R_3 = \infty\,\Omega$, d.h. also unbelastet, verläuft die Übertragungskennlinie zwischen den Punkten A – B – C. Dies ist die Übertragungskennlinie des unbelasteten Diodenschalters Typ I wie in Bild 5.10.

Bei $R_3 = 50\,\text{k}\Omega$ verläuft die Kennlinie zwischen den Punkten A′ – B′ – C. Innerhalb des 0-Pegels wird die Diode im Bereich $0\,\text{V} \leqq U_{I0} \leqq +2\,\text{V}$ in Sperrichtung und im Bereich $+2\,\text{V} \leqq U_{I0} \leqq +4\,\text{V}$ dagegen bereits in Durchlaßrichtung betrieben. Eine Zuordnung des Betriebszustandes der Diode zu einem der beiden Pegel ist hier nicht möglich.

Bei $R_3 = 20\,\text{k}\Omega$ verläuft die Kennlinie zwischen den Punkten A″ – B″ – C. Bei U_{I0} ist die Diode gesperrt und bei U_{I1} leitend.

Bei $R_3 = 10\,\text{k}\Omega$ verläuft die Kennlinie zwischen den Punkten A‴ – B‴ – C. Bei U_{I0} ist die Diode gesperrt, weil sich infolge der Spannungsteilung zwischen R3 und R1 eine feste Ausgangsspannung $U_Q = +6\,V$ einstellt. Ein 0-Pegel kann daher am Ausgang überhaupt nicht mehr auftreten, weil der Ausgang mit $R_3 = 10\ k\Omega$ zu stark belastet ist. Bei U_{I_1} ist die Diode leitend und es gilt $U_{Q1} = U_{I_1} - U_F$.

5.5.2 Diodenschalter Typ II

Bei dem unbelasteten Diodenschalter Typ II wird genau wie bei dem unbelasteten Diodenschalter Typ I die Diode im gesamten Bereich der Eingangsspannung $0\,V \leqq U_I \leqq +U_B$ in Durchlaßrichtung betrieben. Es fließt aber beim Typ II stets ein Strom I_I aus dem Eingang „heraus", der über den Innenwiderstand der Spannungsquelle, die die Eingangsspannung liefert, nach Masse fließen können muß. Die Größe des Stromes I_I hängt dabei von der Größe der Eingangsspannung, des Durchlaßwiderstandes R_F der Diode, des Arbeitswiderstandes R1 und des Innenwiderstandes der Steuerspannungsquelle ab.

$$U_Q = U_I + U_F \approx U_I + 0{,}6\,V$$

Bei dem belasteten Diodenschalter Typ II sind ebenfalls 4 Belastungsfälle zu unterscheiden

Fall 1:

Eingang: 0-Pegel
Ausgang: 0-Pegel
$R_{Last} = R_2$

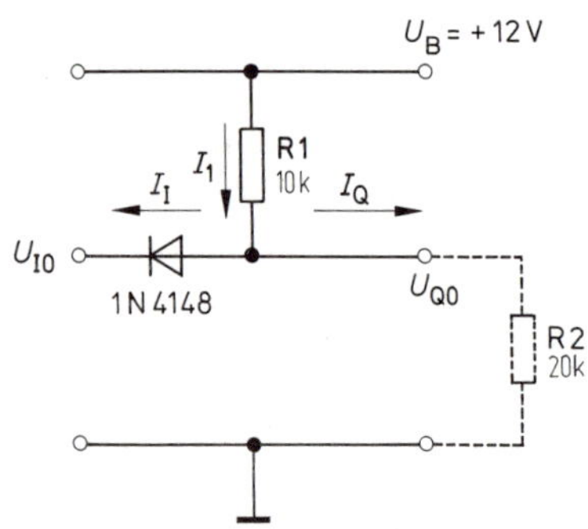

Bild 5.16 Belasteter Diodenschalter Typ II, Betriebsfall 1

Fall 2:

Eingang: 1-Pegel
Ausgang: 1-Pegel
$R_{Last} = R_2$

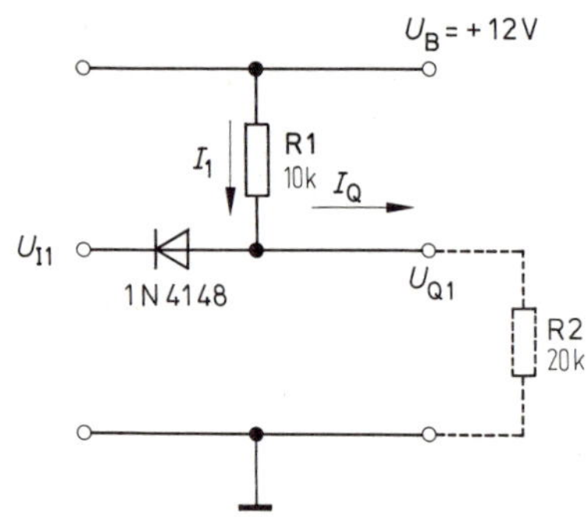

Bild 5.17 Belasteter Diodenschalter Typ II, Betriebsfall 2

In den Fällen 1 und 2 (**Bild 5.16** und **Bild 5.17**) liegt jeweils eine Belastung des Ausganges gegen Masse vor. Im Fall 1 ist dabei die Diode leitend und ein Strom I_I fließt aus dem Eingang „heraus". Ein solcher aus dem Eingang herausfließender Strom wird als „Sinkstrom" bezeichnet.

Im Fall 2 wird die Diode in Sperrichtung betrieben, weil sich infolge der festen Spannungsteilung zwischen R1 und R2 eine konstante Ausgangsspannung $U_Q = +8\,V$ einstellt.

Fall 3:

Eingang: 0-Pegel
Ausgang: 0-Pegel
$R_{Last} = R_3$

Fall 4:

Eingang: 1-Pegel
Ausgang: 1-Pegel
$R_{Last} = R_3$

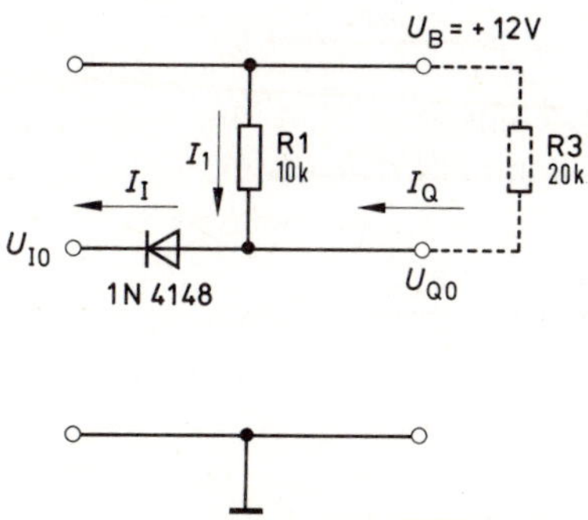

Bild 5.18 Belasteter Diodenschalter Typ II, Betriebsfall 3

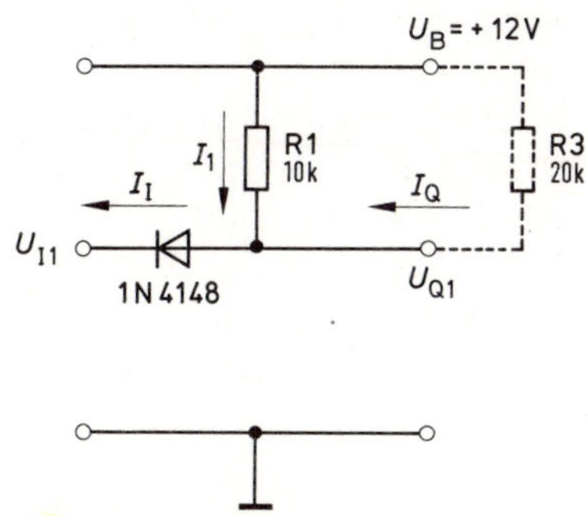

Bild 5.19 Belasteter Diodenschalter Typ II, Betriebsfall 4

In den Fällen 3 und 4 (**Bild 5.18** und **Bild 5.19**) liegt jeweils eine Belastung des Ausganges gegen die Betriebsspannung vor. Unabhängig vom Signalpegel fließt auch hier ein Strom I_I aus dem Eingang „heraus" und ein Strom I_Q in den Ausgang „hinein". Die Aufteilung des Stromes I_I in I_1 und I_Q hängt vom Verhältnis der Widerstände R 1 zu R3 ab. Der größte Strom fließt, wenn $U_{I_0} = 0$ V ist. Für diesen Fall muß sichergestellt sein, daß die Diode nicht überlastet wird.

Eine Änderung der Ausgangsspannung U_Q infolge der Belastung des Ausganges mit R3 ist sowohl bei Ansteuerung mit 0-Pegel oder 1-Pegel gering und kann in der Regel vernachlässigt werden.

Bild 5.20 zeigt die Übertragungskennlinie des belasteten Diodenschalters vom Typ II für 4 verschieden große Lastwiderstände R2 als Belastung des Ausganges gegen Masse. Da Lastwiderstände R3 als Belastung des Ausganges gegen die Betriebsspannung nur einen vernachlässigbaren Einfluß auf die Übertragungskennlinie haben, gilt die Übertragungskennlinie ($R_2 = \infty$) in Bild 5.20 auch für alle Belastungsfälle des Ausganges gegen Betriebsspannung, sofern die zulässigen Belastungsgrenzen der Diode nicht überschritten werden.

Bei $R_2 = 10$ kΩ verläuft die Übertragungskennlinie zwischen den Punkten A – B‴ – C‴. Bei U_{I_0} ist die Diode leitend und bei U_{I_1} gesperrt. Infolge der Spannungsteilung zwischen R1 und R2 kann am Ausgang kein 1-Pegel mehr auftreten.

Bei $R_2 = 20$ kΩ verläuft die Kennlinie zwischen den Punkten A – B″ – C″. Bei U_{I_0} ist die Diode leitend, bei U_{I_1} gesperrt. Dieser Fall stellt bei einem Arbeitswiderstand $R_1 = 10$ kΩ die Grenzbelastung dar.

Bei $R_2 = 50$ kΩ verläuft die Kennlinie zwischen den Punkten A – B′ – C′. Bei U_{I_0} ist die Diode leitend. Im Bereich $+8\,V \leqq U_{I_1} \leqq +9{,}4\,V$ ist sie ebenfalls noch leitend, bei $U_{I_1} > +10\,V$ dagegen vollgesperrt.

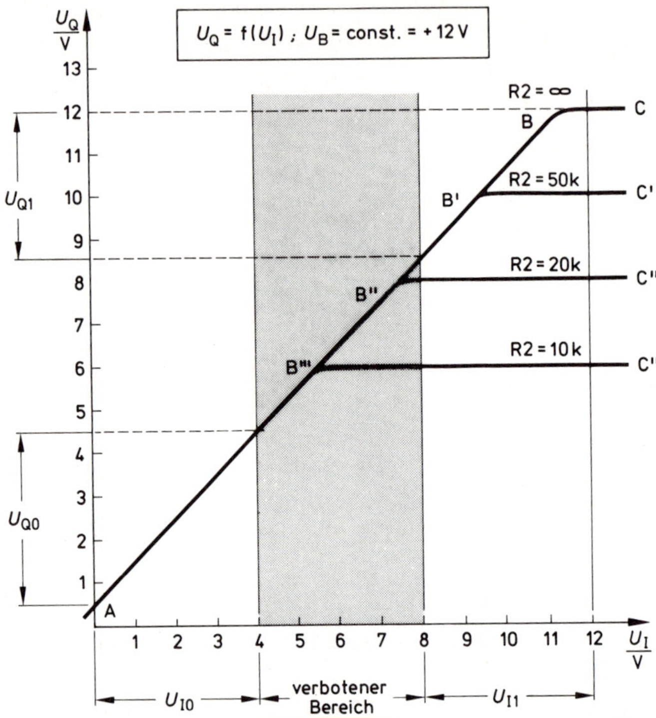

Bild 5.20 Übertragungskennlinie des Diodenschalters Typ II für verschieden große Belastungswiderstände R2 als Belastung gegen die Masse

Bei $R_2 = \infty\,\Omega$ verläuft die Kennlinie zwischen den Punkten A – B – C. Es ist die Kennlinie des unbelasteten Diodenschalters Typ II. Die Diode wird im gesamten Bereich $0 \leqq U_I \leqq +12\,V$ in Durchlaßrichtung betrieben. Bei $U_I > +11{,}4\,V$ hat sie aber schon einen hohen Durchlaßwiderstand.

5.5.3 Zusammenfassung

Für den unbelasteten Diodenschalter Typ I gilt jeweils bis auf kleine Randbereiche die Gleichung:

$$U_Q = U_I - U_F\,,$$

und für den unbelasteten Diodenschalter Typ II, ebenfalls bis auf kleine Randbereiche, die Gleichung:

$$U_Q = U_I + U_F\,.$$

Es besteht also ein weitgehend linearer Zusammenhang zwischen der Ausgangsspannung U_Q und der Eingangsspannung U_I. Bei beiden Schaltertypen wird die Diode im gesamten Arbeitsbereich in Durchlaßrichtung betrieben, solange der Ausgang unbelastet ist. Ein Zusammenhang zwischen dem Schaltzustand der Dioden und dem 0-Pegel oder dem 1-Pegel besteht nicht.

Wird der Ausgang des Diodenschalters Typ I gegen Betriebsspannung belastet, so kann in Abhängigkeit von dieser Belastung eine bestimmte Ausgangsspannung U_Q nicht mehr unterschritten werden. Der Einfluß einer Belastung des Ausganges gegen Masse auf die Ausgangsspannung U_Q kann dagegen beim Diodenschalter Typ I vernachlässigt werden.

Wird der Ausgang des Diodenschalters Typ II gegen Masse belastet, so kann in Abhängigkeit von dieser Belastung eine bestimmte Ausgangsspannung U_Q nicht mehr überschritten werden. Beim Typ II ist dagegen aber eine Belastung des Ausganges gegen die Betriebsspannung vernachlässigbar, weil der Einfluß auf die Ausgangsspannung nur gering ist.

Ob bei belastetem Ausgang die Diode in Durchlaßrichtung oder in Sperrichtung betrieben wird, hängt bei beiden Schaltertypen sowohl von der Größe der Eingangsspannung als auch von der Belastung ab. Eine grundsätzliche und eindeutige Zuordnung des Betriebszustandes „Diode leitend" bzw. „Diode gesperrt" zu einem 0-Pegel oder einem 1-Pegel ist nicht möglich.

Von Bedeutung ist weiterhin, daß bei der Ansteuerung des Diodenschaltertyps I Eingangsströme I_I in den Eingang „hineinfließen". Sie müssen von der Spannungsquelle, die die Eingangsspannung U_I liefert, aufgebracht werden.

Bei der Ansteuerung des Diodenschalters Typ II fließen dagegen Eingangsströme I_I aus dem Eingang „heraus". Sie müssen über den Innenwiderstand der Spannungsquelle, die die Eingangsspannung U_I liefert, nach Masse abgeleitet werden.

Weiterhin ist noch zu beachten, daß bei beiden Schaltertypen Ströme aus dem Ausgang Q „herausfließen", wenn der Ausgang gegen Masse belastet wird. Dagegen fließen Ausgangsströme I_Q in den Ausgang „hinein", wenn eine Belastung des Ausganges gegen Betriebsspannung vorliegt.

Eine genaue Kenntnis der Arbeitsweise der Diodenschalter vom Typ I und vom Typ II ist für das Verständnis der Arbeitsweise von Logischen Schaltungen, die im folgenden Kapitel 6 behandelt werden, von erheblicher Bedeutung. Logische Schaltungen in ihrer einfachsten Form entstehen nämlich durch Zusammenschalten von zwei oder mehreren Diodenschaltern jeweils des Typs I oder des Typs II.

5.6 Elektronische Schalter mit Transistoren

Bei Transistoren unterscheidet man zwischen zwei grundsätzlich verschiedenen Betriebsarten, und zwar dem Verstärkerbetrieb und dem Schalterbetrieb. Beim Verstärkerbetrieb wird der Transistor in einem festen Arbeitspunkt betrieben. Am Ausgang soll ein Spannungsverlauf auftreten, der in der Regel eine möglichst lineare Vergrößerung der Eingangsspannung darstellt. Damit keine Verzerrungen auftreten, darf das Eingangssignal eine bestimmte Größe nicht überschreiten.

Als Schalter wird der Transistor dagegen in zwei sehr unterschiedlichen Arbeitspunkten betrieben. Der Übergang von einem Arbeitspunkt zum anderen Arbeitspunkt wird durch ein entsprechendes Steuersignal am Eingang erreicht. Damit dieser Übergang sprunghaft erfolgt, muß das Steuersignal einen möglichst rechteckförmigen Verlauf haben.

5.6.1 Der unbelastete Transistorschalter

Beim Schalterbetrieb eines Transistors wird zwischen drei verschiedenen Betriebsbereichen unterschieden, und zwar zwischen dem Sperrbereich I, dem Übergangsbereich II und dem Sättigungs- oder Übersteuerungsbereich III.

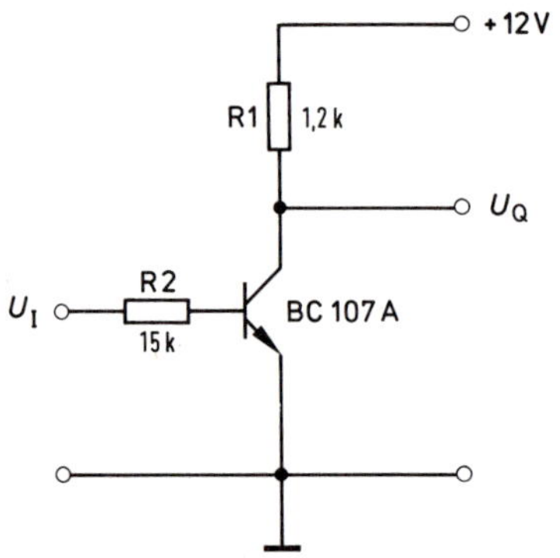

Bild 5.21 Transistorschalter

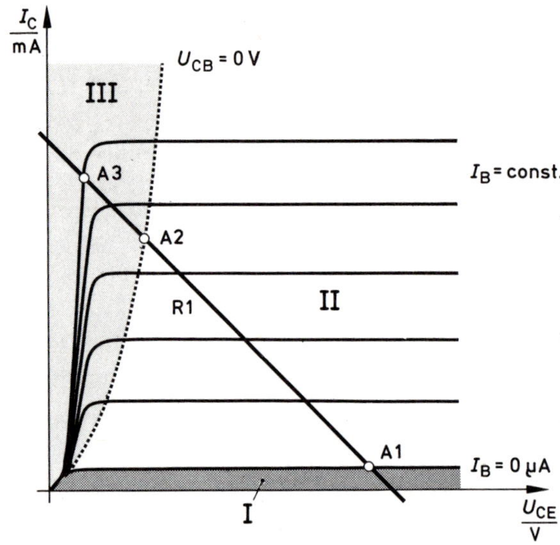

Bild 5.22 Kennlinienfeld eines Transistorschalters

Bild 5.21 zeigt einen dimensionierten Transistorschalter und **Bild 5.22** das zugehörige, idealisierte Kennlinienfeld.

Sperrbereich I

Im Bereich I ist der Transistor gesperrt. Es kann kein Kollektorstrom fließen und die Ausgangsspannung beträgt $U_Q \approx U_B = +12\,V$. Nach oben ist der Sperrbereich begrenzt durch die Kennlinien für den Basisstrom $I_B = 0\,\mu A$. Der Transistor wird im Arbeitspunkt A 1 betrieben.

Übergangsbereich II

Der Betriebsbereich II, d. h. die Strecke zwischen den beiden Arbeitspunkten A 1 und A 2 muß beim Transistorschalter in möglichst kurzer Zeit durchlaufen werden. Als obere Grenze für diesen Bereich gilt die Kurve für $U_{CB} = 0\,V$. Die Kollektor-Basisspannung U_{CB} ist dann gleich 0 V, wenn die Restspannung des Transistors U_{CE} die gleiche Größe wie die Basis-Steuerspannung U_{BE} hat. Die Größe dieser Restspannung ist abhängig vom Transistortyp, von der Größe des Kollektorstromes und der Ansteuerung des Transistors.

Sättigungs- oder Übersteuerungsbereich III

Der Transistor kann als Schalter durchaus im Arbeitspunkt A 2 betrieben werden. Er ist dann bereits voll leitend und befindet sich damit in dem zweiten möglichen Schaltzustand. Von Nachteil ist bei diesem Arbeitspunkt jedoch, daß die Restspannung U_{CEsat} doch noch bei etwa +0,7 V liegt und damit noch recht groß ist. Diese unerwünschte Restspannung läßt sich aber noch weiter verringern, wenn der Transistor übersteuert wird. Man versteht hierunter einen Betriebszustand, bei dem ein Basisstrom fließt, der größer ist als es eigentlich zum Erreichen des maximalen Kollektorstromes erforderlich wäre.

Je größer die Übersteuerung, desto mehr wandert der Arbeitspunkt von A 2 in Richtung A 3. Als Folge davon wird die Kollektor-Restspannung U_{CEsat} kleiner und erreicht Werte von etwa +0,1 V. Den Grad der Übersteuerung gibt man als Übersteuerungsfaktor ü an. Er ist das Verhältnis zwischen dem tatsächlich eingespeisten Basisstrom I_B und dem Basisstrom I'_B, der erforderlich wäre, um den Transistor bis zur Grenze $U_{CB} = 0$ V durchzusteuern:

$$ü = \frac{I_B}{I'_B}$$

In der Praxis wird der Transistor im Schaltbetrieb meistens übersteuert. Je stärker die Übersteuerung, desto kleiner wird die Einschaltzeit t_{ein}. Nachteilig ist dabei jedoch, daß damit gleichzeitig die Ausschaltzeit t_{aus} größer wird. Man arbeitet in der Regel mit einer Übersteuerung im Bereich $ü \approx 2$ bis $ü \approx 10$.

Die Übertragungskennlinie $U_Q = f(U_I)$ eines Transistorschalters läßt sich als statische Kennlinie ermitteln, wenn bei konstanter Betriebsspannung U_B die Eingangsspannung U_I von $U_I = 0$ V bis $U_I = U_B$ stufenweise erhöht wird und die dabei ermittelten Meßwerte dann in ein Diagramm eingetragen werden.

Viel einfacher ist es jedoch, die Übertragungskennlinie dynamisch zu ermitteln und auf dem Oszilloskop darzustellen.

Als Steuerspannung wird dabei zweckmäßigerweise eine sinusförmige oder dreieckförmige Spannung angelegt, weil dann die Kennlinie im gesamten Bereich eine fast gleichmäßige Helligkeit hat (**Bild 5.23**).

Aus dieser Übertragungskennlinie ist zunächst einmal zu erkennen, daß eine Signalumkehr erfolgt. Im Bereich $0\,V \leqq U_I \leqq +0{,}6\,V$ ist der Transistor gesperrt und am Ausgang liegt $U_Q = +12$ V, also 1-Signal.

Im Bereich $+0{,}6\,V \leqq U_I \leqq +2{,}5\,V$ fällt die Kennlinie fast linear ab. Ihre Steilheit hängt sowohl von der Größe der Widerstände R 1 und R 2 als auch von der Stromverstärkung des Transistors ab. Ab $U_I \geqq +2{,}5$ V ist der Transistor dann voll leitend und die Ausgangsspannung beträgt wegen der Übersteuerung $U_Q \approx 0{,}1$ V, d. h. also 0-Signal.

Aufgrund dieser Kennlinie ist es nicht mehr möglich, die gleichen Signalpegel wie bei den Diodenschaltern in Kapitel 5.5 zu wählen, nämlich für den 0-Pegel die Spannungswerte von 0 V bis +4 V und für den 1-Pegel Spannungswerte von +8 V bis +12 V. Dann würde nämlich auch bereits beim unbelasteten Transistorschalter bei 0-Pegel am Eingang sowohl ein 0-Pegel als auch ein 1-Pegel am Ausgang auftreten können.

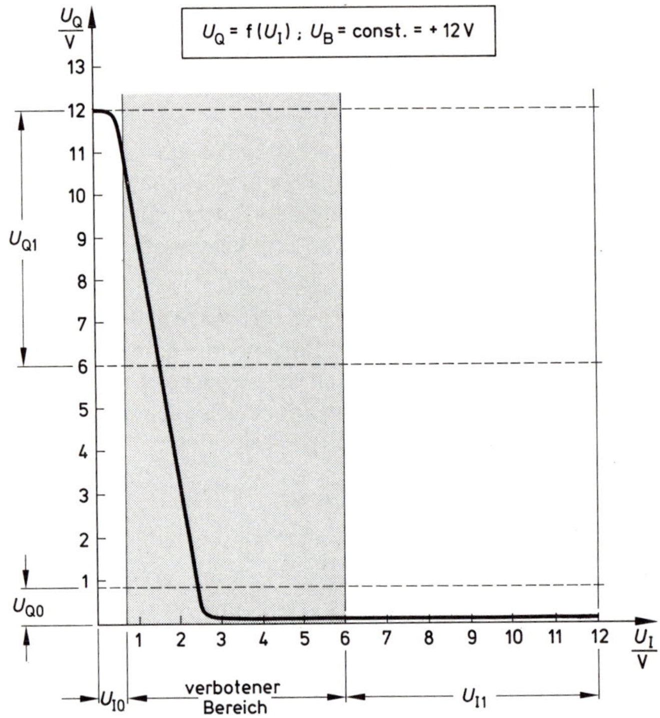

Bild 5.23 Übertragungskennlinie eines unbelasteten Transistorschalters nach Bild 5.21

Für den Transistorschalter mit einer Betriebsspannung $U_B = +12\,V$ werden daher z.B. folgende Signalpegel festgelegt:

0-Pegel ≙ 0 V bis +0,8 V,
1-Pegel ≙ +6 V bis +12 V.

Damit ergibt sich bei einer Betriebsspannung $U_B = 12\,V$ ein relativ großer verbotener Bereich von $U_I = +0{,}8\,V$ bis $U_I = +6\,V$. Diese Pegel sind bereits in das Diagramm Bild 5.23 eingezeichnet.

Der Zusammenhang zwischen den Eingangspegeln und den Ausgangspegeln läßt sich für den Transistorschalter in anschaulicher Weise in Form von *Wertetabellen* (**Bild 5.24**) angeben.

Eingang	Ausgang
0-Pegel	1-Pegel
1-Pegel	0-Pegel

oder

Eingang	Ausgang
U_{I_0}	U_{Q1}
U_{I_1}	U_{Q0}

oder

Eingang	Ausgang
L	H
H	L

Bild 5.24 Wertetabelle für den Transistorschalter

Ohne Bezug auf eine vorliegende konkrete Schaltung kann die gleiche Aussage aber auch noch mit Hilfe der „Logischen Zustände" 0 und 1 in Form einer *Wahrheitstabelle* gemacht werden (**Bild 5.25**). Damit ist dann eine allgemein gültige Aussage möglich.

Eingang	Ausgang		Eingang	Ausgang
0-Signal	1-Signal	oder	0	1
1-Signal	0-Signal		1	0

Bild 5.25 Wahrheitstabelle für den Transistorschalter

5.6.2 Berechnungsbeispiel für einen Transistorschalter

Aufgabe: Es ist ein Transistorschalter nach **Bild 5.26** mit einem Transistor BC 107 A und einer Betriebsspannung $U_B = +12\,V$ zu berechnen. Die Ansteuerung soll mit Signalpegeln erfolgen, die folgendermaßen festgelegt sind:

0-Pegel ≙ 0 V bis +0,8 V; 1-Pegel ≙ +6 V bis +12 V.

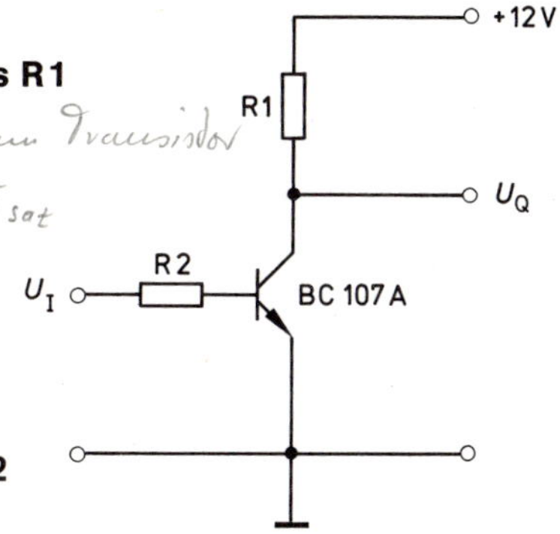

Bild 5.26 Transistorschalter zum Berechnungsbeispiel

1. Schritt: Berechnung des Kollektorwiderstandes R1

gewählt: $I_C = 10\,mA$ (Datenblatt)

$$R_1 \approx \frac{U_B}{I_C} = \frac{12\,V}{10 \cdot 10^{-3}\,A} = 1{,}2 \cdot 10^3\,\Omega$$

gewählt: $R_1 = 1{,}2\,k\Omega$ (Normreihe E 12)

2. Schritt: Berechnung des Basiswiderstandes R2

gewählt: $B_{min} = 120$ (Datenblatt)

$$I'_B = \frac{I_C}{B_{min}} = \frac{10 \cdot 10^{-3}\,A}{120} = 0{,}083 \cdot 10^{-3}\,A$$

gewählt: $ü_{min} = 4$

$$I_B = ü \cdot I'_B = 4 \cdot 0{,}083 \cdot 10^{-3}\,A = 0{,}33 \cdot 10^{-3}\,A$$

$$R_2 = \frac{U_{I1min} - U_{BE}}{I_B} = \frac{+6\,V - 0{,}7\,V}{0{,}33 \cdot 10^{-3}\,A} = \frac{5{,}3\,V}{0{,}33 \cdot 10^{-3}\,A} = 16 \cdot 10^3\,\Omega$$

gewählt: $R_2 = 15\,k\Omega$ (Normreihe E 12)

Kontrolle: $$I_{Bmin} = \frac{U_{I1min} - U_{BE}}{R_2} = \frac{5{,}3\,V}{15 \cdot 10^3\,\Omega} = 0{,}354 \cdot 10^{-3}\,A$$

$$ü_{min} = \frac{I_{Bmin}}{I'_B} = \frac{0{,}354 \cdot 10^{-3}\,A}{0{,}083 \cdot 10^{-3}\,A} = 4{,}26$$

$$I_{Bmax} = \frac{U_{I1max} - U_{BE}}{R_2} = \frac{11{,}3\,V}{15 \cdot 10^3\,\Omega} = 0{,}753 \cdot 10^{-3}\,A$$

$$ü_{max} = \frac{I_{Bmax}}{I'_B} = \frac{0{,}753 \cdot 10^{-3}\,A}{0{,}083 \cdot 10^{-3}\,A} = 9{,}07$$

5.6.3 Der belastete Transistorschalter

Auch der Transistorschalter wird in der Signalverarbeitung in der Regel an seinem Ausgang durch die Eingangswiderstände nachfolgender Transistorschalter belastet. Diese Belastung kann genau wie bei dem Diodenschalter sowohl gegen Masse als auch gegen die Betriebsspannung U_B auftreten. Da auch hier jeweils zwischen einer Belastung bei 0-Pegel oder 1-Pegel am Ausgang zu unterscheiden ist, ergeben sich wieder 4 verschiedene Belastungsfälle.

Fall 1:

Eingang: 0-Pegel
Ausgang: 1-Pegel
$R_{Last} = R_3$

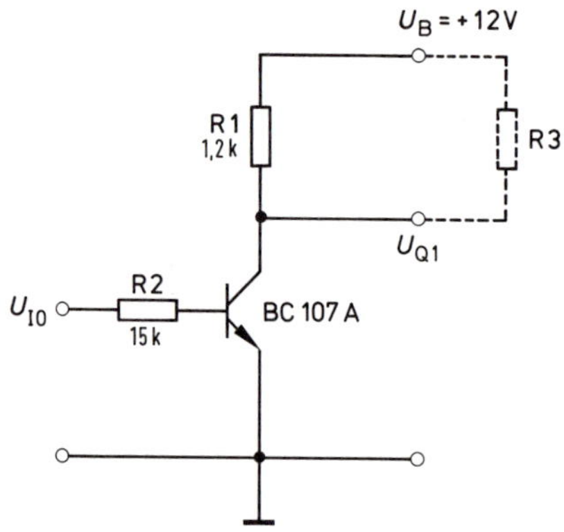

Bild 5.27 Belasteter Transistorschalter, Betriebsfall 1

Fall 2:

Eingang: 1-Pegel
Ausgang: 0-Pegel
$R_{Last} = R_3$

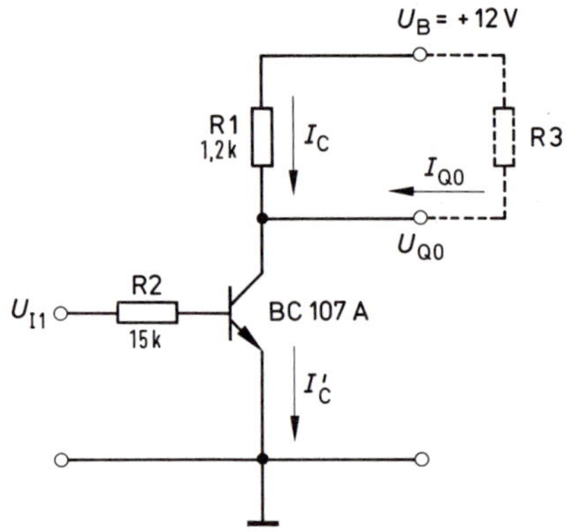

Bild 5.28 Belasteter Transistorschalter, Betriebsfall 2

Im Fall 1 (**Bild 5.27**) ist der Transistor gesperrt. Weder durch den Arbeitswiderstand R1 noch durch den Lastwiderstand R3 fließt ein Strom. Es tritt daher keine Änderung der Ausgangsspannung U_Q gegenüber dem unbelasteten Fall ein.

Im Fall 2 (**Bild 5.28**) ist der Transistor leitend. Über den Lastwiderstand R3 fließt ein Strom I_{Q0} in den Ausgang „hinein". Dieser Strom I_{Q0} darf einen bestimmten Wert nicht überschreiten, d.h. der Lastwiderstand darf einen bestimmten Wert nicht unterschreiten, weil der Transistor sonst strom- und leistungsmäßig überlastet werden kann. Für den durch den Transistor fließenden Strom gilt:

$$I'_C = I_C + I_{Q0}.$$

Aber auch bereits ohne eine strom- oder leistungsmäßige Überlastung kann der Fall eintreten, daß der Transistor infolge des in den Ausgang hineinfließenden Stromes I_{Q0} nicht mehr übersteuert wird und damit seine Restspannung ansteigt. Im Zusammenhang mit dem Berechnungsbeispiel nach Kapitel 5.6.2 läßt sich der zulässige Laststrom I_{Q0max} für den Fall ermitteln, daß der Transistor z.B. noch mindestens mit dem Faktor $ü = 2$ übersteuert bleibt.

$$I_{Bmin} = \frac{U_{I1min} - U_{BE}}{R_2} = \frac{6\,V - 0{,}7\,V}{15 \cdot 10^3\,\Omega} = \frac{5{,}3\,V}{15 \cdot 10^3\,\Omega} = 0{,}354 \cdot 10^{-3}\,A$$

$$I'_{Bmin} = \frac{I_{Bmin}}{\ddot{u}_{min}} = \frac{0{,}354 \cdot 10^{-3}\,A}{2} = 0{,}177 \cdot 10^{-3}\,A$$

$$I'_C = I'_{Bmin} \cdot B = 0{,}177 \cdot 10^{-3}\,A \cdot 120 = 21{,}2 \cdot 10^{-3}\,A$$

$$I'_C = I_C + I_{Q0max}$$

$$I_{Q0max} = I'_C - I_C = 21{,}2 \cdot 10^{-3}\,A - 10 \cdot 10^{-3}\,A$$

$$I_{Q0max} = 11{,}2 \cdot 10^{-3}\,A$$

Daraus ergibt sich, daß

$$R_{3min} \approx \frac{U_B}{I_{Q0max}} = \frac{12\,V}{11{,}2 \cdot 10^{-3}\,A} = 1{,}07 \cdot 10^3\,\Omega$$

$$R_{3min} \approx 1{,}2\,k\Omega \text{ (Normreihe E 12)}$$

Fall 3:

Eingang: 0-Pegel
Ausgang: 1-Pegel
$R_{Last} = R_4$

Fall 4:

Eingang: 1-Pegel
Ausgang: 0-Pegel
$R_{Last} = R_4$

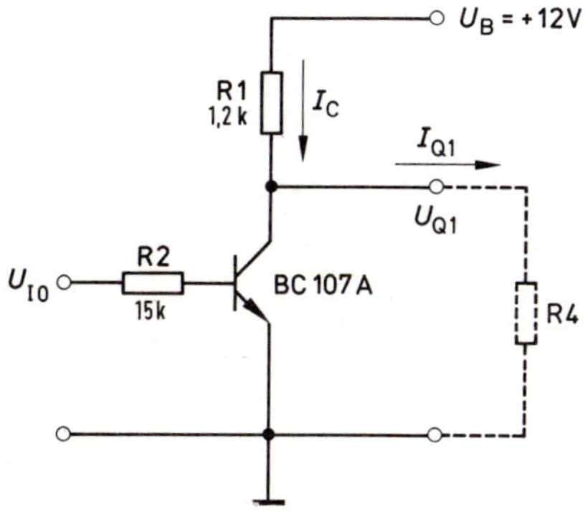

Bild 5.29 Belasteter Transistorschalter, Betriebsfall 3

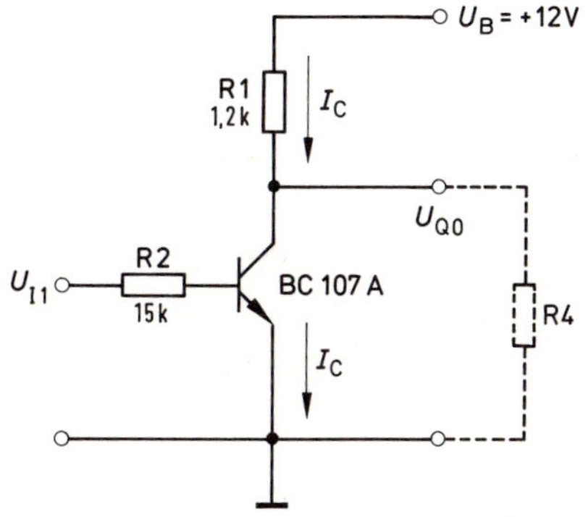

Bild 5.30 Belasteter Transistorschalter, Betriebsfall 4

Im Fall 3 (**Bild 5.29**) ist der Transistor gesperrt. Es fließt ein Strom I_{Q1} aus dem Ausgang „heraus", dessen Größe lediglich vom Gesamtwiderstand R1 + R4 abhängt. Die infolge der Belastung mit R4 auftretende Ausgangsspannung läßt sich mit Hilfe der Gleichung

$$U_Q = U_B \cdot \frac{R_4}{R_1 + R_4}$$

ermitteln.

Der Strom I_{Q1} darf einen bestimmten Wert nicht überschreiten, damit durch den Spannungsabfall an R1 die Ausgangsspannung U_{Q1} nicht unter den durch die Pegelfestlegung vorgegebenen Wert $U_{Q1min} = +6\,V$ absinkt. Löst man die angegebene Gleichung nach R4 auf und setzt die Pegelgrenzen ein, so ergibt sich

$$R_{4min} = \frac{U_{Q1min} \cdot R_1}{U_B - U_{Q1min}} = \frac{6\,V \cdot 1{,}2 \cdot 10^3\,\Omega}{12\,V - 6\,V}$$

$$R_{4min} = 1{,}2\,k\Omega\ .$$

Damit bei 1-Pegel am Ausgang der Spannungswert $U_{Q1min} = +6\,V$ nicht unterschritten wird, darf der Laststrom also den Wert

$$I_{Q1max} = \frac{U_{Q1min}}{R_{4min}} = \frac{6\,V}{1{,}2 \cdot 10^3\,\Omega} = 5 \cdot 10^{-3}\,A$$

$$I_{Q1max} = 5 \cdot 10^{-3}\,A$$

nicht überschreiten.

Im Fall 4 (**Bild 5.30**) ist der Transistor leitend und damit $U_{Q0} \approx +0{,}1\,V$. Da der Durchlaßwiderstand des Transistors dann sehr viel kleiner als der zulässige Lastwiderstand $R_{4min} = 1{,}2\,k\Omega$ ist, kann der in diesem Fall aus dem Ausgang herausfließende Strom I_{Q0} gegenüber dem Kollektorstrom vernachlässigt werden.

Damit ergeben sich insgesamt als Grenzwerte der Belastung für den angegebenen Transistorschalter (**Bild 5.31**):

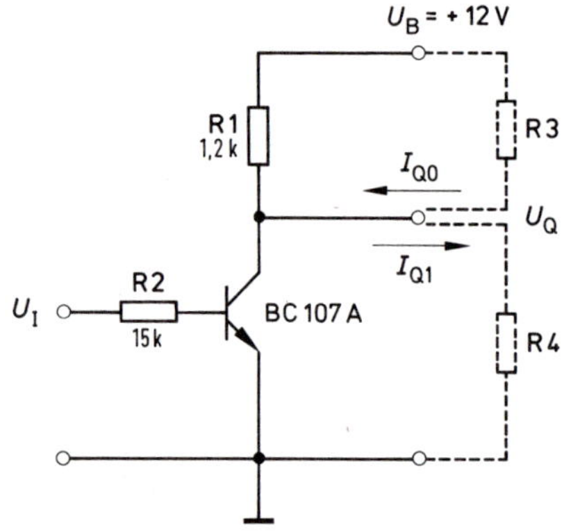

$R_3 \geqq 1{,}2\,k\Omega$
$I_{Q0} \leqq 10 \cdot 10^{-3}\,A$

$R_4 \geqq 1{,}2\,k\Omega$
$I_{Q1} \leqq 5 \cdot 10^{-3}\,A$

Bild 5.31 Grenzwerte der Belastung des Transistorschalters

Auch die Übertragungskennlinie eines belasteten Transistorschalters läßt sich sowohl statisch als auch dynamisch ermitteln. Eine solche Übertragungskennlinie des belasteten Transistorschalters nach Bild 5.21 ist in **Bild 5.32** dargestellt.

Bei Belastung des Ausganges gegen Masse (mit R4) tritt eine Verringerung der Ausgangsspannung U_{Q1} bei 1-Pegel auf. Es fließt ein Strom I_{Q1} aus dem Ausgang heraus.

Bei Belastung des Ausganges gegen Betriebsspannung (mit R3) tritt dagegen eine Erhöhung der Ausgangsspannung U_{Q0} bei 0-Pegel auf. Es fließt ein Strom I_{Q0} in den Ausgang hinein.

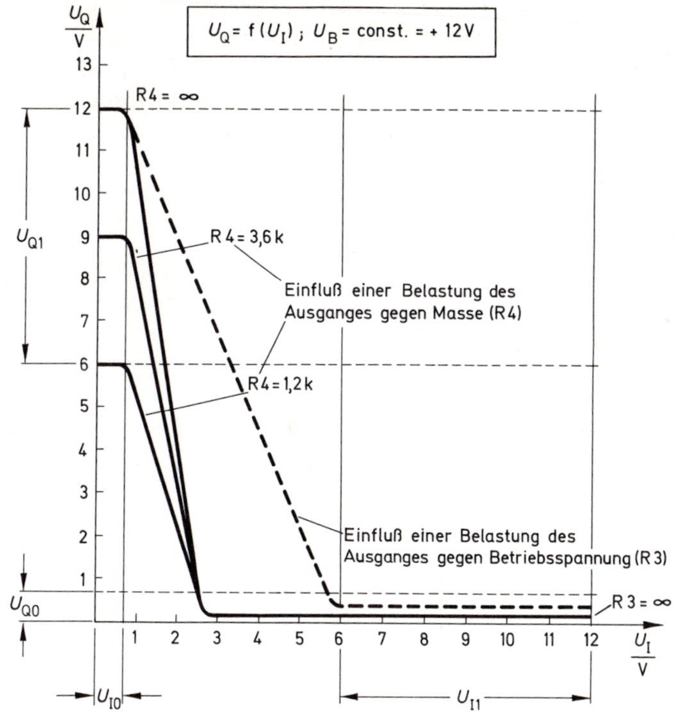

Bild 5.32 Übertragungskennlinien des belasteten Transistorschalters

5.6.4 Anwendungsbeispiele

An einen Transistorschalter nach **Bild 5.33**, der innerhalb einer Gesamtschaltung schaltungstechnisch nicht mehr verändert werden kann, soll eine Signalanzeige mit einer Leuchtdiode CQY 26 wahlweise für 0-Signal oder für 1-Signal angeschlossen werden. Die vorgegebenen Pegelgrenzen $0\,V \leqq U_{Q0} \leqq +0{,}8\,V$ und $+6\,V \leqq U_{Q1} \leqq +12\,V$ dürfen durch die Belastung des Schalters mit der Signalanzeige nicht überschritten werden.

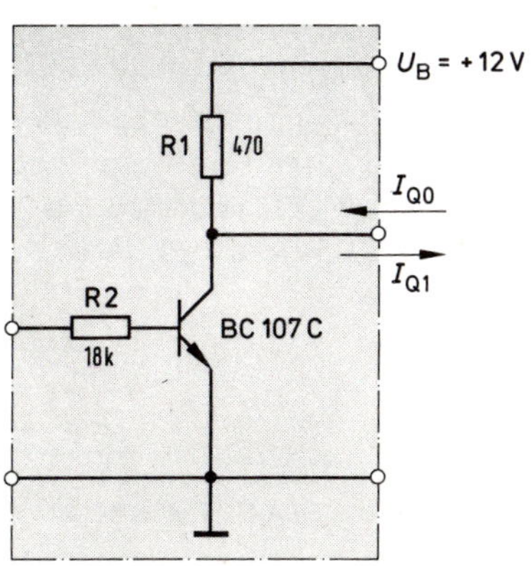

Bild 5.33 Transistorschalter

Für den unbelasteten Transistorschalter lassen sich entsprechend Kapitel 5.6.2 folgende Werte ermitteln:

$I_C \approx 25{,}6$ mA
$B_{min} = 400$
$I'_B \approx 64\,\mu A$
$\ddot{u}_{min} \approx 4{,}5$
$\ddot{u}_{max} \approx 10$

Weiterhin ergibt sich aus Kapitel 5.6.3, daß dieser Schalter bei 0-Signal am Ausgang mit einem hineinfließenden Strom $I_{Q0} \leqq 33{,}3$ mA belastet werden darf, wenn $\ddot{u}_{min} = 2$ nicht unterschritten werden soll. Bei 1-Signal am Ausgang darf der Schalter dagegen nur mit einem herausfließenden Strom $I_{Q1} \leqq 12{,}7$ mA belastet werden, wenn $U_{Q1min} = +6$ V nicht unterschritten werden soll.

Fall 1: LED-Schaltung zur Anzeige des 0-Signals am Ausgang (**Bild 5.34**).

Betriebsdaten der CQY26: $I_F \approx 25$ mA; $U_F \approx 1{,}6$ V

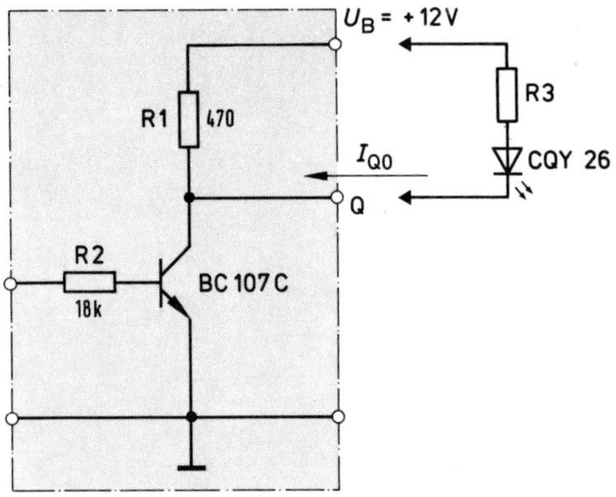

Da $I_F \leqq I_{Q0zul}$, kann die LED in der angegebenen Weise an den Ausgang Q angeschlossen werden.

Bild 5.34 Signalanzeige für 0-Signal

Berechnung von R3: $R_3 \approx \frac{U_B - U_F}{I_F} = \frac{12\,V - 1{,}6\,V}{25 \cdot 10^{-3}\,A} = 416\,\Omega$

gewählt: $R_3 = 470\,\Omega$

Kontrolle: $I_F = I_{Q0} = \frac{U_B - U_F}{R_3} = 22$ mA

$I_F = 22\text{ mA} \leqq I_{Q0zul} = 33{,}3$ mA

Die Leuchtdiode leuchtet, wenn am Ausgang des Schalters 0-Signal liegt. Bei 1-Signal am Ausgang ist der Transistor gesperrt und es kann kein Strom I_F über den Transistor nach Masse fließen.

Fall 2: LED-Schaltung zur Anzeige des 1-Signals am Ausgang (**Bild 5.35**).

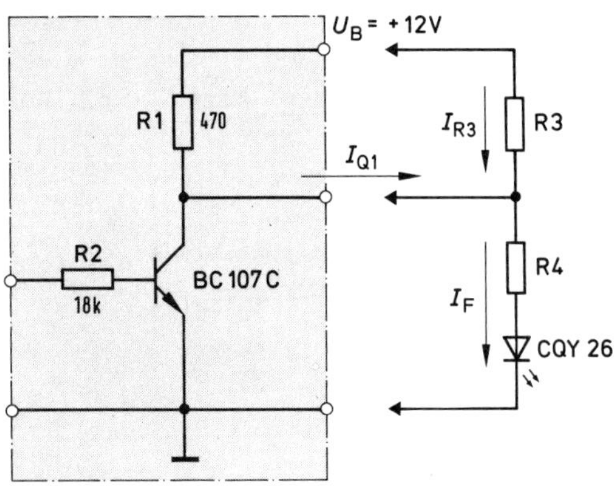

Da $I_F > I_{Q1zul}$, muß noch ein sog. „Pull-up"-Widerstand R3 angeschlossen werden, damit der zum vollen Leuchten der LED erforderliche Strom I_F erreicht wird.

Bild 5.35 Signalanzeige für 1-Signal

Berechnung von R3:

$$I_{R3} = I_F - I_{Q1zul} = 25 \cdot 10^{-3}\,A - 12{,}7 \cdot 10^{-3}\,A$$

$$I_{R3} = 12{,}3\,mA$$

$$R_3 = \frac{U_B - U_{Q1min}}{I_{R3}} = \frac{12\,V - 6\,V}{12{,}3 \cdot 10^{-3}\,A} = 487\,\Omega$$

gewählt: $R_3 = 560\,\Omega$

Kontrolle: $I_{R3} = \frac{6\,V}{560\,\Omega} = 10{,}7\,mA$

Berechnung von R4:

$$I_F = I_{Q1zul} + I_{R3} = 12{,}7 \cdot 10^{-3}\,A + 10{,}7 \cdot 10^{-3}\,A$$

$$I_F = 23{,}4\,mA$$

$$R_4 = \frac{U_{Q1min} - U_F}{I_F} = \frac{6\,V - 1{,}6\,V}{23{,}4 \cdot 10^{-3}\,A} = 188\,\Omega$$

gewählt: $R_4 = 220\,\Omega$

Kontrolle: $I_F = \frac{U_B - U_F}{R_{ges}} = \frac{12\,V - 1{,}6\,V}{R_1 \| R_3 + R_4} = \frac{10{,}4\,V}{255\,\Omega + 220\,\Omega}$

$$I_F = 21{,}8\,mA$$

$$U_{Q1} = U_F + R_4 \cdot I_F = 1{,}6\,V + 220\,\Omega \cdot 21{,}8 \cdot 10^{-3}\,A$$

$$U_{Q1} = 6{,}4\,V > U_{Q1min} = 6\,V$$

$$I_{Q1} = \frac{U_B - U_{Q1}}{R_1} = \frac{12\,V - 6{,}4\,V}{470\,\Omega} = \frac{5{,}6\,V}{470\,\Omega}$$

$$I_{Q1} = 11{,}9\,mA \leqq I_{Q1zul} = 12{,}7\,mA$$

$$I_{Q0} = \frac{U_B}{R_3} = \frac{12\,V}{560\,\Omega} = 21{,}4\,mA$$

$$I_{Q0} = 21{,}4\,mA \leqq I_{Q0zul} = 33{,}3\,mA$$

Mit den Widerständen $R_3 = 560\,\Omega$ und $R_4 = 220\,\Omega$ werden alle geforderten bzw. zulässigen Werte eingehalten.

Die LED leuchtet, wenn am Ausgang des Schalters 1-Signal liegt. Bei 0-Signal am Ausgang ist durch den leitenden Transistor die Reihenschaltung R4-LED praktisch kurzgeschlossen.

5.7 Elektronische Schalter der TTL-Serie 74xx

5.7.1 Allgemeines

Elektronische Schalter mit diskreten Bauelementen lassen sich durch eine entsprechende Dimensionierung den unterschiedlichsten Arbeitsbedingungen und Anforderungen optimal anpassen. So können z.B. bestimmte Betriebsspannungen, unterschiedliche Belastungen der Ausgänge oder selbst festgelegte Signalpegel berücksichtigt werden. Bei elektronischen Schaltern in integrierter Schaltungstechnik sind aber alle wesentlichen Daten fest vorgegeben. Bei der technischen Lösung eines Problems muß daher in allen Fällen auf die vorgegebenen Daten eines Schalters in IC-Technik Rücksicht genommen werden.

Elektronische Schalter in integrierter Schaltungstechnik werden von vielen Herstellern angeboten. Die Schalter sind in sog. „Familien" zusammengefaßt. Innerhalb einer solchen Familie ist u.a. dann auch gewährleistet, daß jeder nachfolgende Schalter die Ausgangssignale der vorhergehenden Schalter eindeutig erkennen und verarbeiten kann.

Innerhalb der TTL-Serie 74xx gibt es mehrere unterschiedliche Ausführungen von Schaltern. So stehen Schalter in Standard-Ausführung und Schalter mit „offenem Kollektor" zur Verfügung. Erfolgt durch den Schalter eine Signalumkehrung, d.h. ein 0-Signal am Eingang bewirkt ein 1-Signal am Ausgang und 1-Signal am Eingang bewirkt ein 0-Signal am Ausgang, so spricht man von einem Inverter (invertieren = umkehren). Bewirkt ein Schalter keine Signalumkehrung, so wird er in der Regel als Schaltverstärker bezeichnet. Kann der Ausgang eines Schalters erheblich stärker als bei der Standard-Ausführung belastet werden, so spricht man von einem „Treiber" oder „Buffer".

Da für den Anwender von integrierten Schaltern der innere Aufbau und die Schaltungstechnik nur von geringer Bedeutung ist, werden zur Darstellung von IC-Schaltern meistens genormte Schaltsymbole verwendet (**Bild 5.36** und **Bild 5.37**).

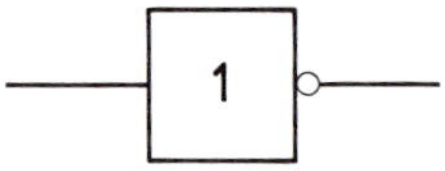

Bild 5.36 Schaltsymbol für einen Inverter

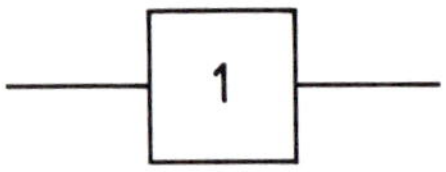

Bild 5.37 Schaltsymbol für einen Schaltverstärker

Bei den integrierten Schaltern werden als Kurzzeichen für die Pegel die Buchstaben L und H verwendet. Für die TTL-Serie gilt dabei die Zuordnung zwischen Pegel und Logischem Zustand:

$$L \triangleq 0\text{-Signal}; \qquad H \triangleq 1\text{-Signal}.$$

Bild 5.38 zeigt die Wertetabelle für einen Inverter, **Bild 5.39** für einen Schaltverstärker.

I	Q
L	H
H	L

Bild 5.38 Wertetabelle für einen Inverter

I	Q
L	L
H	H

Bild 5.39 Wertetabelle für einen Schaltverstärker

Betriebsspannung und Signalpegel sind für alle Standard-Bausteine der TTL-Serie einheitlich festgelegt.

Betriebsspannung: $U_B = +5\,V \pm 5\%$
$= +5\,V \pm 0{,}25\,V$

Signalpegel: $L \mathrel{\hat{=}} 0\,V \leqq U_L \leqq +0{,}8\,V$
$H \mathrel{\hat{=}} +2\,V \leqq U_H \leqq +5\,V$

Die einzelnen Schalter sind von den Herstellern aber so dimensioniert, daß auch bei ungünstigsten Betriebsfällen (Worst-case-Fall) auf den Verbindungsleitungen zwischen zwei Schaltern noch Störspannungen auftreten können, ohne daß diese zu einer Falscherkennung des Signals führen.

Aus diesem Grunde wird für die einzelnen Schalter die Einhaltung unterschiedlicher Eingangs- und Ausgangspegel garantiert (**Bild 5.40**).

Ausgang Q		
	U_{Qmin}	U_{Qmax}
L	0 V	+0,4 V
H	+2,4 V	+5 V

Eingang I		
	U_{Imin}	U_{Imax}
L	0 V	+0,8 V
H	+2 V	+5 V

Bild 5.40 Ausgangs- und Eingangspegel der TTL-Serie 74xx

So unterscheiden sich für das L-Signal die Werte U_{Qmax} und U_{Imax} um +0,4 V und für das H-Signal die Werte U_{Qmin} und U_{Imin} ebenfalls um +0,4 V. Diese Differenz bezeichnet man als Störspannungsabstand. Es ist die Spannung, die dem Signal L oder H auf einer Leitung zwischen zwei Schaltern noch überlagert sein darf, ohne daß der angesteuerte Eingang infolge der Störspannung ein falsches Signal registriert (**Bild 5.41**).

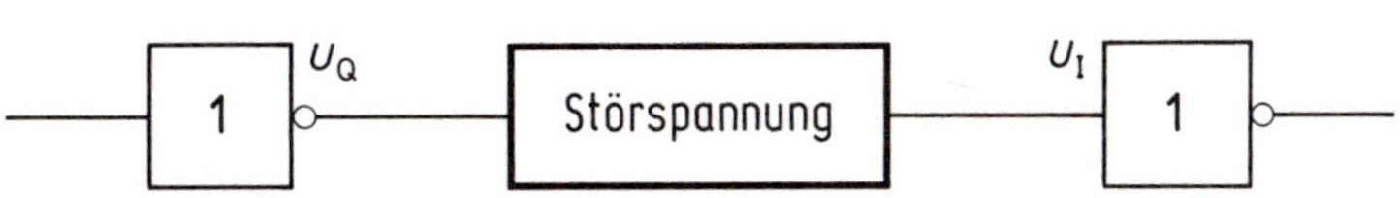

Bild 5.41 Prinzipschaltbild für Störspannungsabstand

Im ungünstigsten Fall (Worst-case-Fall) beträgt der Störspannungsabstand bei allen Bausteinen der TTL-Serie 74xx noch 0,4 V.

In **Bild 5.42** sind die von den Herstellern garantierten Eingangs- und Ausgangspegel noch einmal grafisch dargestellt. Die Unterschiede zwischen dem Eingangs- und Ausgangspegel müssen berücksichtigt werden, wenn z. B. der Ausgang eines Schalters belastet wird und der Störspannungsabstand erhalten bleiben soll.

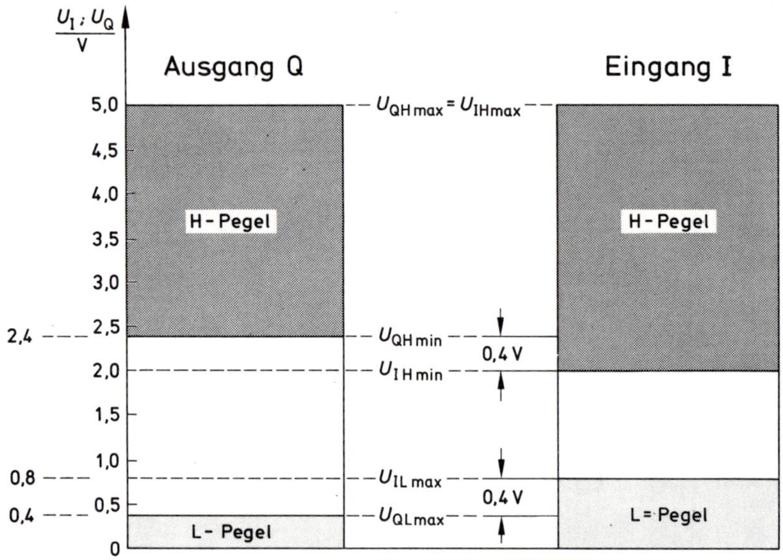

Bild 5.42 Garantierte Eingangs- und Ausgangspegel der TTL-Serie 74xx

5.7.2 Standard-Inverter 7404

Innerhalb der TTL-Serie 74xx werden unter der Typenbezeichnung 7404 integrierte Schalter als Inverter in Standard-Ausführung angeboten, und zwar sind hier 6 gleichartige Inverter in einem Dual-in-Line-Gehäuse (TO 116) zusammengefaßt (**Bild 5.43**).

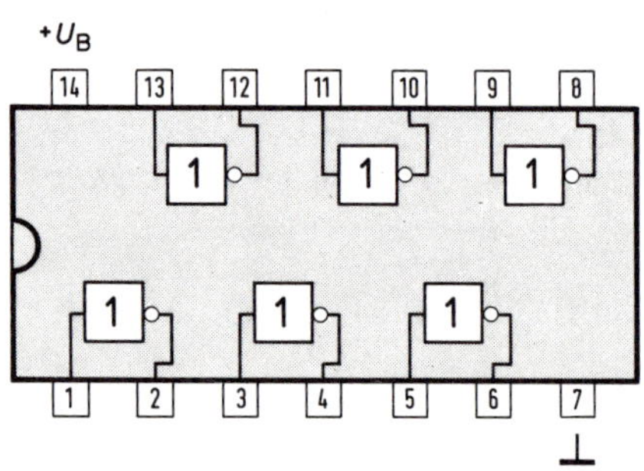

Bild 5.43 Anschlußbild (Draufsicht) Inverter 7404

Jeder einzelne dieser 6 Inverter ist in integrierter Schaltungstechnik völlig gleichartig aufgebaut (**Bild 5.44**).

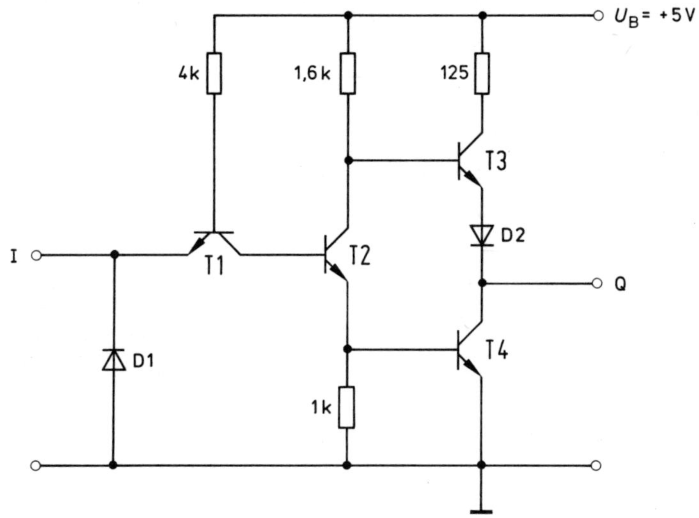

Bild 5.44 Schaltbild eines Inverters 7404

Für die Arbeitsweise eines solchen Inverters sind wieder 2 Schaltzustände zu unterscheiden.

L-Signal am Eingang: $0\,V \leqq U_{IL} \leqq +0{,}8\,V$

Der Transistor T1 erhält über den Widerstand 4 kΩ einen Basisstrom, der die Emitter-Kollektorstrecke niederohmig macht. Die Spannung am Kollektor von T1 ist daher nur geringfügig höher als seine Emitterspannung, d.h. als die Eingangsspannung. Diese Kollektorspannung von T1 reicht nicht aus, um den Transistor T2 leitend werden zu lassen. Daher erhält der Transistor T3 einen ausreichend großen Basisstrom und ist voll leitend. Der Transistor T4 bleibt dagegen gesperrt, weil an dem Widerstand 1 kΩ kein Spannungsabfall auftritt. Da T4 gesperrt und T3 leitend ist, liegt der Ausgang Q auf hohem Potential, also auf H-Pegel. Wird die zulässige Belastung des Ausganges nicht überschritten, liegt die Ausgangsspannung innerhalb der Pegelgrenzen $+2{,}4\,V \leqq U_{QH} \leqq +5\,V$.

Von Bedeutung ist die Tatsache, daß bei diesem Schaltzustand ein Strom I_{IL} aus dem Eingang herausfließt und über den Innenwiderstand der Signalquelle nach Masse geleitet werden muß.

H-Signal am Eingang: $+2\,V \leqq U_{IH} \leqq +5\,V$

Der Transistor T1 wird jetzt invers betrieben. Daher fließt durch die in Durchlaßrichtung gepolte Kollektor-Basis-Diode von T1 ein Strom, der den Transistor T2 durchsteuert. Dadurch wird T3 gesperrt und T4 leitend. Die Ausgangsspannung liegt dann innerhalb der Pegelgrenzen $0\,V \leqq U_{QL} \leqq +0{,}4\,V$.

Bei diesem Schaltzustand fließt ein Strom I_{IH} in den Eingang I des Inverters hinein. Er muß von der Signalquelle aufgebracht werden.

Bild 5.45 zeigt die typische Übergangskennlinie eines Inverters 7404. Sie verläuft bei jedem Exemplar zwischen den eingezeichneten kennlinienfreien Gebieten.

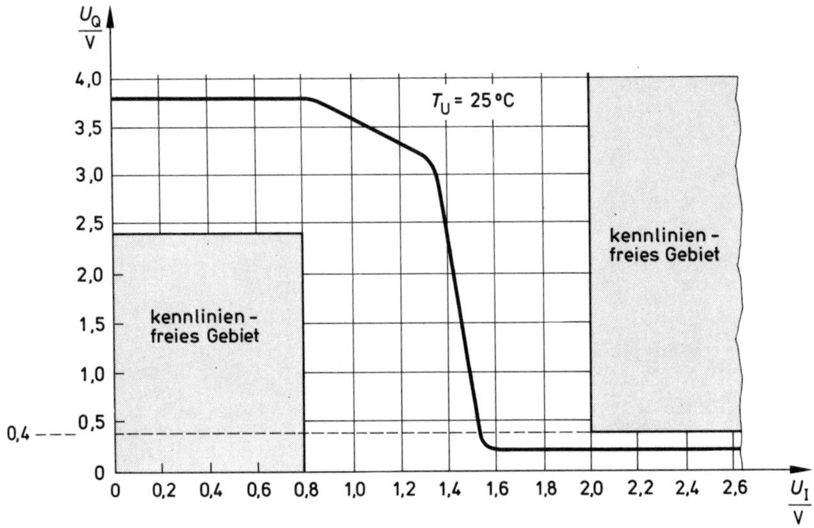

Bild 5.45 Übertragungskennlinie eines Inverters 7404

Beim praktischen Einsatz eines integrierten Schalters müssen auf jeden Fall außer den Signalpegeln auch die auftretenden oder zulässigen Eingangsströme und Ausgangsströme berücksichtigt werden. Sie werden in den Datenblättern der Hersteller für die verschiedenen Betriebsfälle angegeben.

5.7.2.1 Betriebsfälle für Eingang und Ausgang

Für den praktischen Einsatz der IC-Schalter reicht die Kenntnis nur weniger wichtiger charakteristischer Daten aus. Zu ihnen gehören u.a. die auftretenden Eingangsströme bei den beiden Signalpegeln. Sie sind – im Gegensatz zum Transistorschalter nach Kapitel 5.6 – unabhängig von der Ausgangsbelastung des IC-Schalters.

Die zulässige Belastung des Ausganges bei den beiden Signalpegeln wird ebenfalls vom Hersteller angegeben, und zwar nicht als Lastwiderstand, sondern als zulässiger Laststrom.

Betriebsfälle am Eingang

Fall 1: L-Signal am Eingang $\triangleq 0\,V \leqq U_{IL} \leqq +0{,}8\,V$ (**Bild 5.46**)

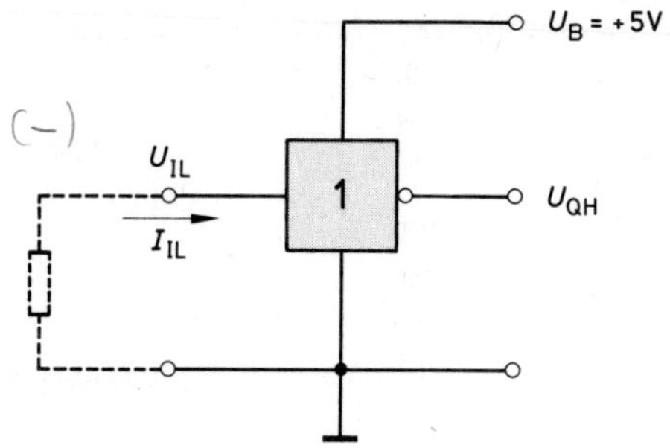

Eingangsstrom:

$-I_{IL} \leqq 1{,}6\,mA$ Garantiewert

bei $U_{IL} = +0{,}4\,V$

Bild 5.46 Betriebsfall 1 für den Eingang

Die Angabe $-I_{IL}$ weist darauf hin, daß der Strom I_{IL} nicht wie in Bild 5.46 angegeben, in den Eingang hineinfließt, sondern aus dem Eingang herausfließt. Die Festlegung, grundsätzlich die in eine Schaltung hineinfließenden Ströme positiv und die aus einer Schaltung herausfließenden Ströme negativ zu bezeichnen, wurde aus der Theorie der Vierpole übernommen.

Fall 2: H-Signal am Eingang $\hat{=} +2\,V \leqq U_{IH} \leqq +5\,V$ (**Bild 5.47**)

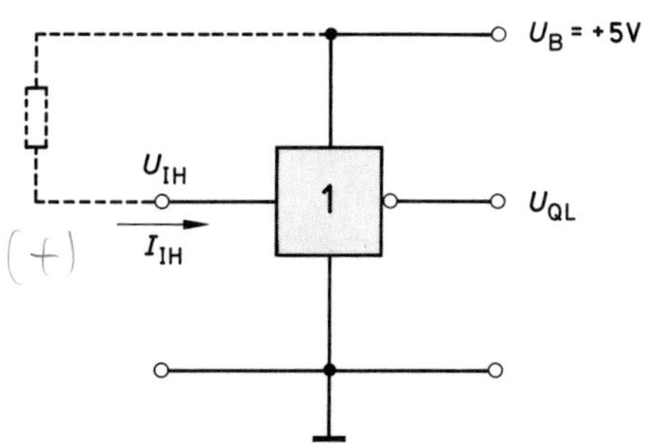

Eingangsstrom:

$I_{IH} \leqq 0{,}04\,mA$ Garantiewert

bei $U_{IH} = +2{,}4\,V$

Bild 5.47 Betriebsfall 2 für den Eingang

Betriebsfälle am Ausgang

Fall 1: L-Signal am Ausgang $\hat{=} 0\,V \leqq U_{QL} \leqq +0{,}4\,V$ (**Bild 5.48**)

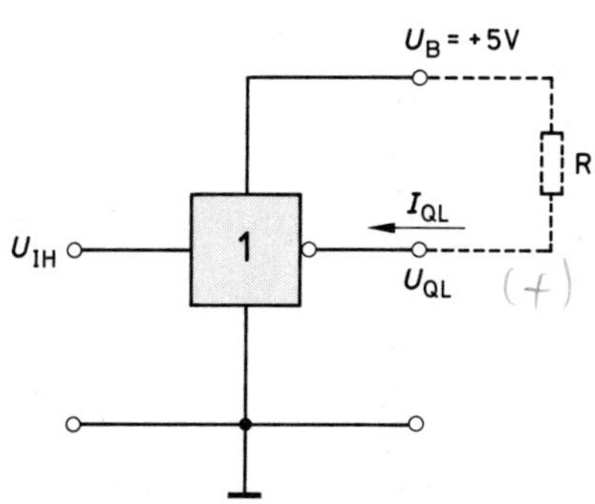

zulässiger Laststrom:

$I_{QL} \leqq 16\,mA$ Garantiewert

bei $U_{QL} < +0{,}4\,V$

Bild 5.48 Betriebsfall 1 (Ausgang)

Bei L-Signal am Ausgang darf ein maximaler Laststrom $I_{QL} = 16$ mA in den Ausgang hineinfließen.

Fall 2: H-Signal am Ausgang $\hat{=}$ $+2{,}4\,V \leqq U_{QH} \leqq +5\,V$ (**Bild 5.49**)

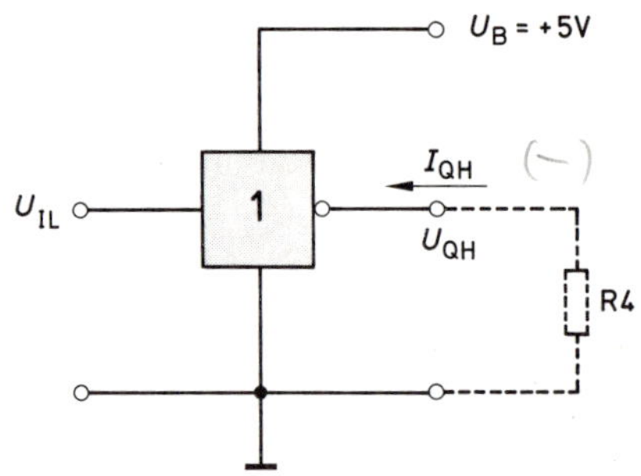

zulässiger Laststrom:

$-I_{QH} \leqq 0{,}4$ mA Garantiewert

bei $U_{QH} > +2{,}4$ V

Bild 5.49 Betriebsfall 2 (Ausgang)

Die Angabe $-I_{QH}$ weist darauf hin, daß der Strom aus dem Ausgang heraus fließt. Diese Festlegung ist ebenfalls aus der Theorie der Vierpole übernommen.

Bei H-Signal am Ausgang darf ein maximaler Laststrom $I_{QH} = 0{,}4$ mA aus dem Ausgang herausfließen.

Die beiden weiterhin möglichen Belastungsfälle –

Fall 3: Belastung des Ausganges gegen Betriebsspannung (R3) bei H-Signal,

Fall 4: Belastung des Ausganges gegen Masse (R4) bei 0-Signal –

sind praktisch ohne Bedeutung. Es kann kein Ausgangsstrom fließen, da jeweils ein gesperrter Transistor (T3 bzw. T4 in Bild 5.44) in dem möglichen Stromweg liegt. Außerdem liegen die Lastwiderstände jeweils parallel zu einem leitenden Transistor.

5.7.2.2 Anwendungsbeispiele

1. Ausgangsbelastung eines Inverters 7404 durch die Eingangsströme angesteuerter Inverter 7404 (Bild 5.50)

Fall 1: L-Signal am Ausgang Q = L-Signal an den Eingängen I1...In

Laut Kapitel 5.7.2.1 gilt für den Betriebsfall:

$I_{QL} \leqq 16$ mA und $-I_{IL} \leqq 1{,}6$ mA.

Aus jedem Eingang eines angesteuerten Inverters fließt ein Strom $\leqq 1{,}6$ mA heraus, während ein in den Ausgang des ansteuernden Inverters hineinfließender Strom $\leqq$ 16 mA zulässig ist. Daraus ist zu erkennen, daß in diesem Betriebsfall bis zu 10 Inverter 7404 von einem Inverter 7404 angesteuert werden können.

Fall 2: H-Signal am Ausgang Q = H-Signal an den Eingängen I1...In

Laut Kapitel 5.7.2.1 gilt für diesen Betriebsfall:

$-I_{QH} \leqq 0{,}4$ mA und $I_{IH} \leqq 0{,}04$ mA.

In den Eingang eines jeden angesteuerten Inverters fließt ein Strom $\leqq 0{,}04$ mA hinein, während ein aus dem Ausgang des Inverters herausfließender Strom $\leqq 0{,}4$ mA zulässig ist. Daraus ergibt sich, daß auch in diesem Betriebsfall bis zu 10 Inverter 7404 von einem Inverter 7404 angesteuert werden können (**Bild 5.50**).

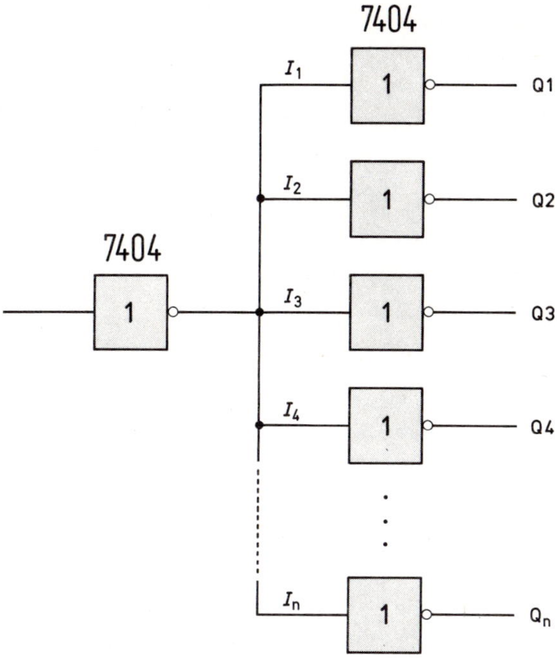

Bild 5.50 Ausgangsbelastung eines Inverters 7404

Dieser Faktor 10 gilt für alle Bausteine der TTL-Serie 74xx mit Standard-Ausgang. Er wird auch als Ausgangs-Lastfaktor $F_Q = 10$ (F_Q = **F**an **out**) bezeichnet. Angegeben wird für den Inverter 7404 auch ein Eingangs-Lastfaktor $F_I = 1$ (F_I = **F**an **in**). Damit ist es auf einfache Weise und ohne Berechnung von Lastströmen möglich, eine zu große Belastung des Ausganges zu vermeiden und die Signalpegel sicher einzuhalten.

2. Direktansteuerung von LEDs zur Signalanzeige

Schaltung zur Anzeige eines 1-Signals am Ausgang (**Bild 5.51**):

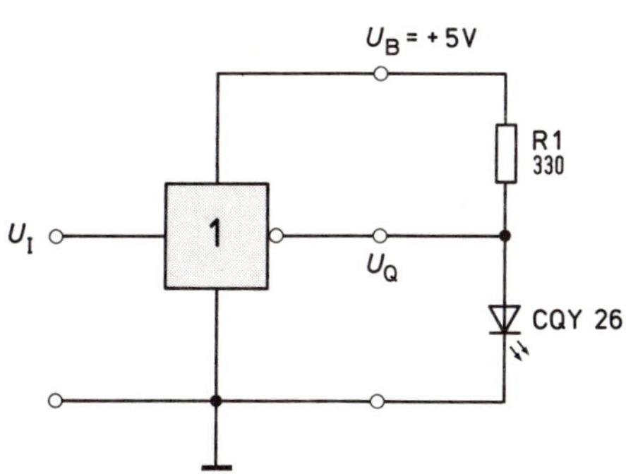

Bild 5.51 Schaltung zur Anzeige eines 1-Signals am Ausgang

Fall 1: H-Signal am Eingang ≙ L-Signal am Ausgang

Die Betriebsspannung der Leuchtdiode beträgt nur etwa 0,2 V, da $U_{QL} \approx +0{,}2\,V$. Die CQY 26 kann daher nicht leuchten. Über den Pull-up-Widerstand $R_1 = 330\,\Omega$ fließt jedoch ein Strom in den Ausgang hinein.

$$I_{QL} \approx \frac{U_B - U_{QL}}{R_1} = \frac{5\,V - 0{,}2\,V}{330\,\Omega} = 14{,}5\,mA$$

Dieser Strom ist also kleiner als der für diesen Betriebsfall zulässige Strom $I_{QL} = 16\,mA$.

Fall 2: L-Signal am Eingang ≙ H-Signal am Ausgang

Ein Teil des erforderlichen Betriebsstromes der Leuchtdiode wird über $R_1 = 330\,\Omega$ direkt der Spannungsquelle entnommen.

$$I_{R1} \approx \frac{U_B - U_F}{R_1} = \frac{5\,V - 1{,}6\,V}{330\,\Omega} = 10{,}3\,mA$$

Die Ausgangsspannung U_Q des Inverters wird jetzt aber zwangsläufig auf die Durchlaßspannung $U_F \approx 1{,}6\,V$ der LED herabgesetzt. Damit wird die Pegelgrenze $U_{QHmin} = +2{,}4\,V$ eindeutig unterschritten. Dies ist nur dann zulässig und vertretbar, wenn an dem Ausgang Q des Inverters nicht gleichzeitig auch die Eingänge weiterer Bausteine der TTL-Serie angeschlossen sind, für die das Pegelfeld unbedingt eingehalten werden muß.

Aus einer besonderen Belastungskennlinie für die TTL-Serie kann ermittelt werden, daß bei erzwungenen $U_{QH} = 1{,}6\,V$ ein Strom $-I_Q \approx 13\,mA$ aus dem Ausgang herausfließt. Dieser Wert liegt unterhalb des Ausgangskurzschlußstromes, für den 18 mA bis 55 mA angegeben wird.

Die Leuchtdiode leuchtet hell, weil ihr Strom

$$I_F = I_{R1} + I_Q \approx 10{,}3\,mA + 13\,mA \approx 23{,}3\,mA$$

beträgt und damit im Bereich des Nenn-Betriebsstromes liegt.

Schaltung zur Anzeige eines 0-Signals am Ausgang (**Bild 5.52**):

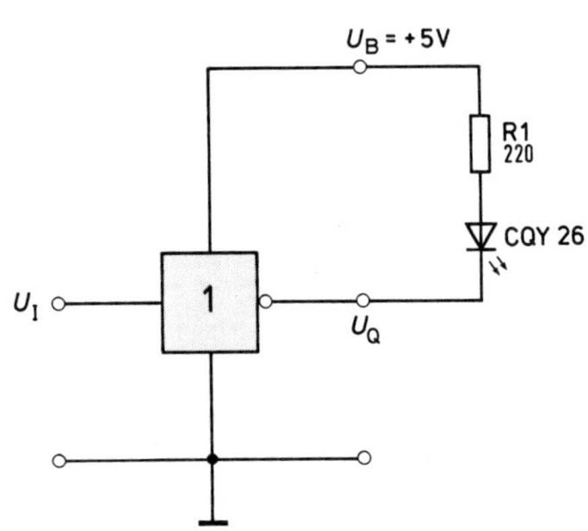

Bild 5.52 Schaltung zur Anzeige eines 0-Signals am Ausgang

Fall 1: H-Signal am Eingang ≙ L-Signal am Ausgang.

Es darf ein Strom $I_{QL} \leqq 16\,mA$ in den Ausgang hineinfließen.

$$R_1 = \frac{U_B - U_F - U_{QL}}{I_{QL}} = \frac{5\,V - 1{,}6\,V - 0{,}2\,V}{16\,mA} = 200\,\Omega$$

Gewählt: $R_1 = 200\,\Omega$

Die LED leuchtet bereits deutlich sichtbar, obwohl sie nicht im Nennbetrieb ($I_F \approx 20\,mA$ bis $25\,mA$) betrieben wird. Bei Verkleinerung von $R_1 = 220\,\Omega$ auf $R_1 = 180\,\Omega$ würde ein Strom $I_{QL} = 17{,}7\,mA$ fließen, der bereits über dem zugelassenen Wert $I_{QL} = 16\,mA$ liegt.

Fall 2: L-Signal am Eingang ≙ H-Signal am Ausgang

Bei H-Signal am Ausgang kann kein Strom in den Ausgang hineinfließen. Die LED leuchtet daher nicht.

Zusammenfassung

Eine Direktansteuerung von LEDs zur Signalanzeige durch einen Inverter 7404 ist zwar möglich, bringt aber in jedem Fall einige Probleme. So kann die Anzeige des 1-Signals nur erfolgen, wenn zugelassen wird, daß die Ausgangsspannung U_Q nicht mehr im vorgegebenen Pegelfeld liegt. Bei Anzeige des 0-Signals dagegen kann die LED nicht mehr mit Nennstrom betrieben werden.

Diese Probleme können umgangen werden, wenn entweder ein TTL-Schalter mit offenem Kollektor als Treiber eingesetzt wird (Kapitel 5.7.3) oder wie bei dem folgendem Beispiel vom Inverter 7404 ein nachgeschalteter Transistorschalter angesteuert wird, der dann als Arbeitswiderstand eine Leuchtdiode besitzt.

3. Ansteuerung eines Transistorschalters mit LED zur Signalanzeige (Bild 5.53)

I	Q	LED
L	H	leuchtet
H	L	leuchtet nicht

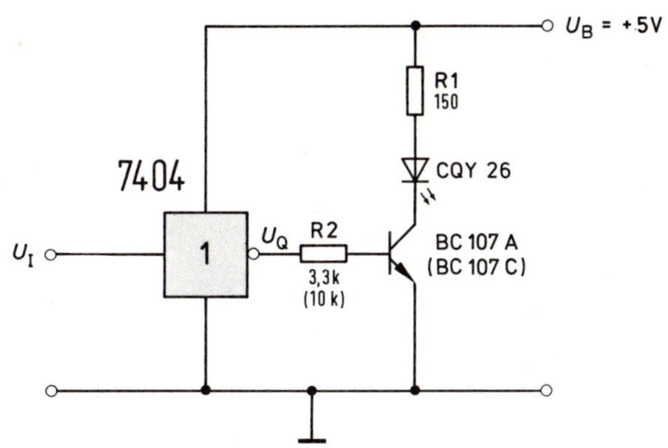

Bild 5.53 Ansteuerung eines Transistorschalters

Um die beim Beispiel 2 auftretenden Probleme zu umgehen, wird bei der Schaltung nach Bild 5.53 vom Ausgang Q eines Inverters 7404 ein Transistorschalter angesteuert, in dessen Kollektorkreis dann als Teil-Arbeitswiderstand eine Leuchtdiode zur Signalanzeige liegt.

Fall 1: L-Signal am Eingang ≙ H-Signal am Ausgang ≙ LED leuchtet.

$$I_C = I_F \approx \frac{U_B - U_F - U_{CEsat}}{R_1} = \frac{3{,}3\,V}{150\,\Omega}$$

$I_C \approx 22$ mA (entspricht Nennstrom der CQY26)

$$I'_B = \frac{I_C}{B\,(BC\,107\,A)} = \frac{22 \cdot 10^{-3}\,A}{120} = 0{,}18\,mA$$

$$I_B \approx \frac{U_{QHtyp} - U_{BE}}{R_2} = \frac{3{,}3\,V - 0{,}7\,V}{3{,}3 \cdot 10^3\,\Omega} = 0{,}8\,mA$$

$$ü = \frac{I_B}{I'_B} = \frac{0{,}8 \cdot 10^{-3}\,A}{0{,}18 \cdot 10^{-3}\,A} \approx 4{,}5$$

$ü_{min} \approx 2{,}8$ für $U_{QHmin} = 2{,}4\,V$

Bei Verwendung eines Transistors BC 107 A ($B = 120$) muß der Ausgang Q einen Strom $-I_{QH} = 0{,}8$ mA als Steuerstrom des Transistors liefern. Dieser Wert liegt über dem zulässigen Wert $-I_{QH} = 0{,}4$ mA und der Einsatz des BC 107 A ist nicht mehr möglich. Wird jedoch ein Transistor BC 107 C ($B = 400$) verwendet, so kann R2 auf $R2 = 10\,k\Omega$ erhöht werden. Damit ergeben sich dann die Werte:

$I'_B = 55 \cdot 10^{-6}\,A$; $I_B = 260 \cdot 10^{-6}\,A$
$ü \approx 4{,}7$; $ü_{min} \approx 3{,}1$

Mit dem Transistor BC107C und $R2 = 10\,k\Omega$ ist der zur Ansteuerung des Transistors erforderliche Basisstrom $I_B = 0{,}26$ mA und damit kleiner als der für den Ausgang zulässige Laststrom $-I_{QH} = 0{,}4$ mA.

Fall 2: H-Signal am Eingang ≙ L-Signal am Ausgang ≙ LED leuchtet nicht.

Am Eingang des Transistorschalters liegt eine Spannung $U_{QL} \leqq 0{,}4\,V$. Der Transistor ist gesperrt und die LED leuchtet nicht.

Zusammenfassung

Die Direktansteuerung eines Transistors, durch den dann eine LED ein- bzw. ausgeschaltet wird, ist mit dem Inverter 7404 möglich, wenn ein BC 107 C verwendet wird. Die Einhaltung der Pegel am Ausgang Q kann dann gewährleistet werden. Es könnten sogar noch drei weitere Inverter 7404 mit einem Eingangsstrom $-I_{QH} = 0{,}04$ mA an den Ausgang Q des Inverters angeschlossen werden, ohne daß der zulässige Laststrom überschritten wird.

4. Ansteuerung eines Relais

In Steuerungsanlagen kann es erforderlich sein, von der kontaktlosen Signalverarbeitung mit ICs einen Übergang auf Relais zu schaffen. Eine solche Anpassung ist mit der in **Bild 5.54** angegebenen Schaltung möglich.

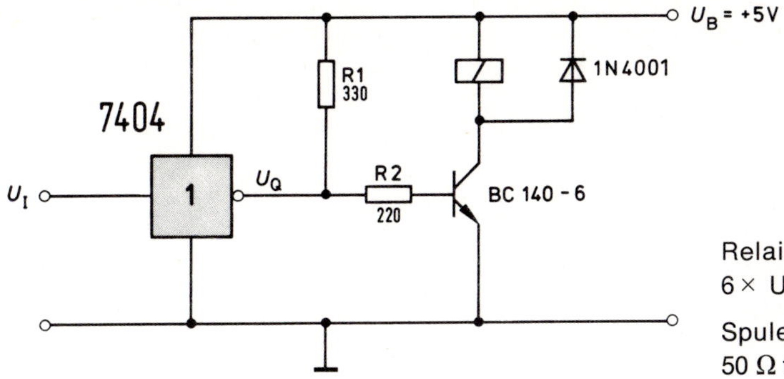

Relais SNV 23030 – C 1012
6 × Umschalter

Spule:
50 Ω für 4,2 V – 12,4 V

Bild 5.54 Ansteuerung eines Relais

Fall 1: L-Signal am Eingang ≙ H-Signal am Ausgang ≙ Relais angezogen

$$I_{C(BC\,140)} \approx \frac{U_B}{R_{Rel}} = \frac{5\,V}{50\,\Omega} = 100\,mA$$

$$I'_B = \frac{I_C}{B} = \frac{100 \cdot 10^{-3}\,A}{40} = 2{,}5\,mA$$

$$I_B = \ddot{u} \cdot I'_B = 3 \cdot 2{,}5 \cdot 10^{-3}\,A = 7{,}5\,mA$$

Diesen erforderlichen Basisstrom $I_B = 7{,}5$ mA kann der Ausgang Q des Inverters 7404 nicht liefern, wenn der H-Pegel eingehalten werden soll ($I_{QH} < 0{,}4$ mA). Abhilfe schafft in diesem Fall ein Pull-up-Widerstand R 1.

$$R_1 \approx \frac{U_B - U_{QHmin}}{I_B} = \frac{5\,V - 2{,}4\,V}{7{,}5 \cdot 10^{-3}\,A} = \frac{2{,}6\,V}{7{,}5 \cdot 10^{-3}\,A}$$

$$R_1 \approx 350\,\Omega$$

gewählt: $R_1 = 330\,\Omega$.

Kontrolle: $I_B = \dfrac{2{,}6\,V}{330\,\Omega} = 7{,}9\,mA \rightarrow \ddot{u} = 3{,}15$

$$R_2 = \frac{U_{QHmin} - U_{BE}}{I_B} = \frac{2{,}4\,V - 0{,}7\,V}{7{,}9 \cdot 10^{-3}\,A} = 215\,\Omega$$

gewählt: $R_2 = 220\,\Omega$.

Mit den Werten $R_1 = 330\,\Omega$ und $R_2 = 220\,\Omega$ kann der erforderliche Basisstrom bei Einhaltung des H-Pegels am Ausgang Q fließen.

Fall 2: H-Signal am Eingang ≙ L-Signal am Ausgang ≙ Relais nicht angezogen.

Über den Widerstand R 1 fließt ein Strom I_{QL} in den Ausgang hinein.

$$-I_{QL} = \frac{U_B - U_{QLtyp}}{R_1} = \frac{5\,V - 0{,}2\,V}{330\,\Omega} = 14{,}5\,mA$$

Dieser Strom ist kleiner als der für diesen Betriebsfall zulässige Strom $-I_{QL} < 16$ mA.

Zusammenfassung

Mit Hilfe eines Pull-up-Widerstandes (R 1) ist es möglich, vom Ausgang Q eines Inverters 7404 einen Transistorschalter, dessen Arbeitswiderstand aus einer Relaisspule besteht, direkt anzusteuern, obwohl in dem angegebenen Fall ein Strom $I_B = 7{,}5$ mA erforderlich ist. Die Diode hat die Aufgabe, die beim Abschalten des Relais auftretenden Spannungsspitzen zu unterdrücken.

Das Relais ist eingeschaltet, wenn am Eingang I der Schaltung nach Bild 5.54 ein L-Signal liegt und ausgeschaltet, wenn H-Signal anliegt. Ein umgekehrter Zusammenhang kann in einfacher Weise erreicht werden, wenn ein zusätzlicher Inverter 7404 vorgeschaltet wird.

5.7.3 Inverter und Schaltverstärker mit „offenem Kollektor"

Zum Betrieb eines Inverters oder Schaltverstärkers mit „offenem Kollektor" muß jeweils noch ein externer Kollektorwiderstand als Arbeitswiderstand angeschlossen werden. Dieser externe Arbeitswiderstand kann z. B. auch aus einer Anzeigelampe, Leuchtdiode oder einem Relais bestehen. Außerdem ist jeweils der Ausgangstransistor für eine höhere Betriebsspannung ausgelegt, so daß der externe Kollektorwiderstand nicht nur an die übliche Betriebsspannung der TTL-Serie, nämlich $U_B = +5$ V, sondern auch an eine zweite Betriebsspannung U_{Bex} angeschlossen werden kann. Damit ergibt sich dann auch die Möglichkeit, eine solche Schaltung als Pegelumsetzer einzusetzen.

Innerhalb der TTL-Serie 74xx werden mehrere Versionen von Invertern und Schaltverstärkern angeboten, und zwar als Inverter die Typen 7405 und 7405 A, 7406 und 7416 sowie als Schaltverstärker die Typen 7407 und 7417.

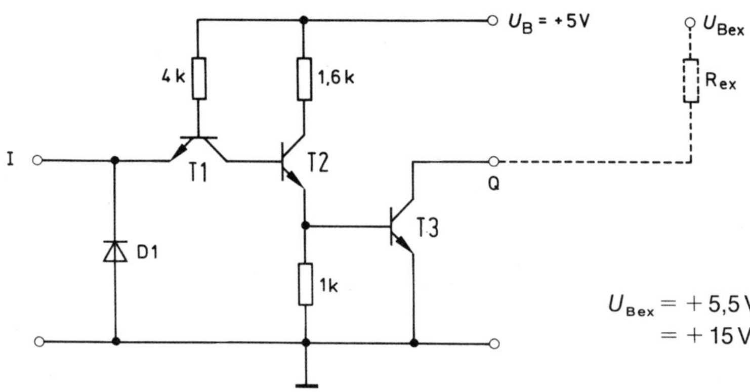

$U_{Bex} = +5{,}5$ V (7405)
$= +15$ V (7405 A)

Bild 5.55 Schaltbild der Inverter 7405 und 7405 A

Die Typen 7405 und 7405A unterscheiden sich schaltungstechnisch von der Standardausführung 7404 lediglich dadurch, daß der Transistor T3, sein Arbeitswiderstand $R = 125\,\Omega$ und die Diode D2 (entsprechend Bild 5.44) fehlen. Anstelle dieser drei Bauelemente muß ein externer Arbeitswiderstand angeschlossen werden. Der Ausgangstransistor des 7405 kann mit maximaler Betriebsspannung $U_{Bex} = +5{,}5\,V$, derjenige des 7405A jedoch mit $U_{Bex} = +15\,V$ betrieben werden. Alle übrigen Betriebsdaten stimmen überein (**Bild 5.55**).

Die Inverter 7406 und 7416 sind für eine größere Leistung und eine höhere Betriebsspannung des Ausgangstransistors ausgelegt (**Bild 5.56**).

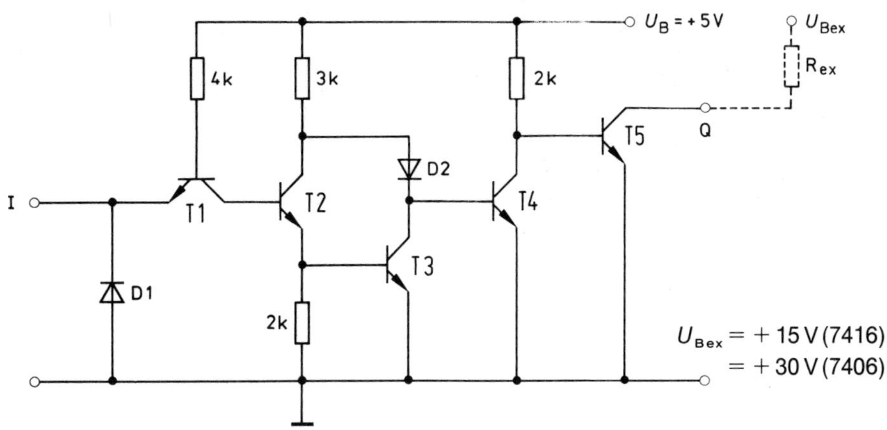

Bild 5.56 Schaltbild der Inverter 7406 und 7416

Auch die Schaltverstärker 7407 und 7417 sind für eine größere Leistung und höhere Betriebsspannungen ausgelegt (**Bild 5.57**).

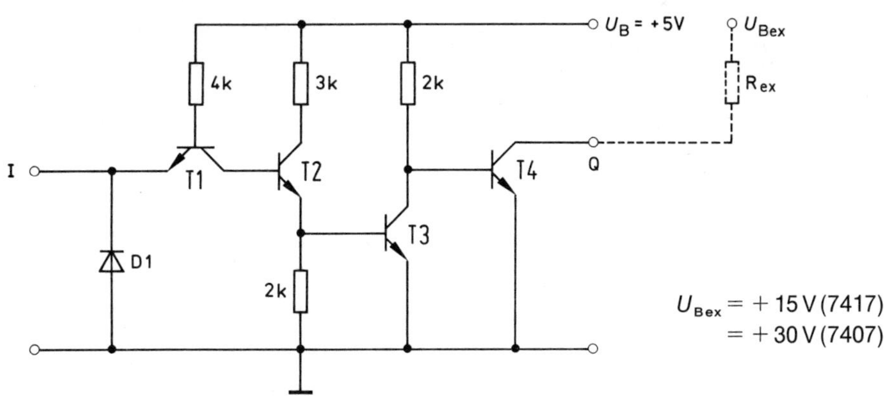

Bild 5.57 Schaltbild der Schaltverstärker 7407 und 7417

Wie bei den Standardausführungen sind auch bei den Schaltungen mit „offenem Kollektor" jeweils 6 einzelne, gleichartige Inverter oder Schaltverstärker in einem Gehäuse zusammengefaßt. Die Anschlußbilder sind bei allen Versionen gleich. Bei der symbolhaften Darstellung nach Norm wird die Besonderheit einer Ausführung mit „offenem Kollektor" nicht besonders berücksichtigt (**Bild 5.58** und **Bild 5.59**).

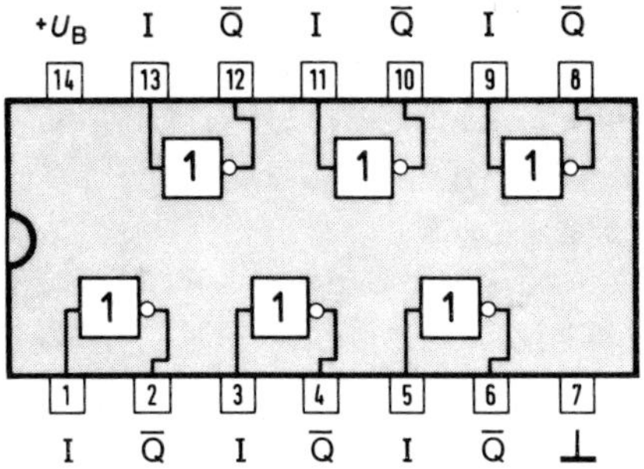

Bild 5.58 Anschlußbild (Draufsicht) für 7405, 7405A, 7406, 7416

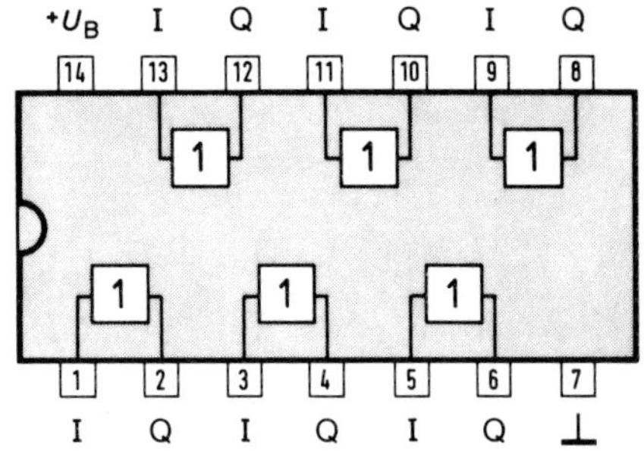

Bild 5.59 Anschlußbild (Draufsicht) für 7407 und 7417

Herausgeführt ist an die Anschlußpunkte 2, 4, 6, 8, 10 und 12 jeweils der Kollektoranschluß des Ausgangstransistors. Von diesen Anschlüssen (pin) aus muß dann noch jeweils der externe Arbeitswiderstand an die zusätzliche Betriebsspannung U_{Bex} angeschlossen werden.

5.7.3.1 Betriebsfälle für Eingang und Ausgang

Betriebsfälle am Eingang

Bezüglich der Eingangsschaltung (T 1) besteht kein Unterschied gegenüber der Standardversion. Daher gelten die gleichen Betriebswerte wie bei der Type 7404.

Fall 1: L-Signal am Eingang $\hat{=} 0\,V \leqq U_{IL} \leqq +0{,}8\,V$

Es fließt ein Strom $-I_{IL} < 1{,}6\,mA$ (bei $U_{IL} = +0{,}4\,V$) aus dem Eingang heraus.

Fall 2: H-Signal am Eingang $\hat{=} +2\,V \leqq U_{IH} \leqq +5\,V$

Es fließt ein Strom $I_{IH} < 0{,}04\,mA$ (bei $U_{IH} = +2{,}4\,V$) in den Eingang hinein.

Die Eingangsströme I_{IL} und I_{IH} sind in ihrer Größe unabhängig von der Belastung des Ausganges und der Betriebsspannung U_{Bex} des Ausgangstransistors.

Betriebsfälle am Ausgang

Fall 1: L-Signal am Ausgang $\hat{=} 0\,V \leqq U_{QL} \leqq +0{,}4\,V$ (**Bild 5.60**)

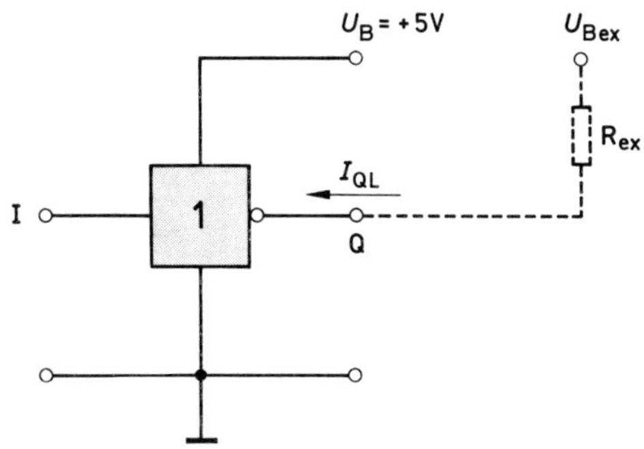

Für die Typen 7405, 7405A, 7406, 7416 und 7407 und 7417 wird einheitlich garantiert, daß $U_{QL} \leqq +0{,}4\,V$ ist, sofern $I_{QL} = 16\,mA$ nicht überschritten wird.

Bild 5.60 Betriebsfall 1 (Ausgang)

Soll also der Low-Pegel der TTL-Serie eingehalten werden, darf der externe Arbeitswiderstand in Abhängigkeit von der Betriebsspannung U_{Bex} bestimmte Werte nicht unterschreiten.

$U_{Bex} = +5{,}5\,V$ $\quad R_{ex} \geqq 330\,\Omega$ (7405)
$U_{Bex} = +15\,V$ $\quad R_{ex} \geqq 930\,\Omega$ (7405A, 7416, 7417)
$U_{Bex} = +30\,V$ $\quad R_{ex} \geqq 1900\,\Omega$ (7406, 7407)

An den Endpunkten einer Signalverarbeitung, z.B. bei einer Signalanzeige oder am Übergang auf Relais ist es aber durchaus zulässig, die allgemeingültigen Pegelgrenzen zu verlassen. Die Typen 7406, 7416, 7407 und 7417 können bis $I_{QL} = 40\,mA$ belastet werden, wobei dann von den Herstellern garantiert wird, daß $U_{QL} \leqq 0{,}7\,V$ ist. Auch dieser Wert wird von einem angesteuerten Schalter noch einwandfrei als Low-Signal erkannt, da $U_{IL} \leqq +0{,}8\,V$. Der statische Störabstand beträgt dann jedoch nur noch 0,1 V.

Mit $I_{QL} = 40\,mA$ ergeben sich folgende Werte:

$U_{Bex} = +15\,V$ $\quad R_{ex} \geqq 375\,\Omega$ (7416, 7417)
$U_{Bex} = +30\,V$ $\quad R_{ex} \geqq 750\,\Omega$ (7406, 7407)

Fall 2: H-Signal am Ausgang $\triangleq +2{,}4\,V \leqq U_{QH} \leqq +5{,}5\,V\,(+15\,V;\ +30\,V)$ (**Bild 5.61**).

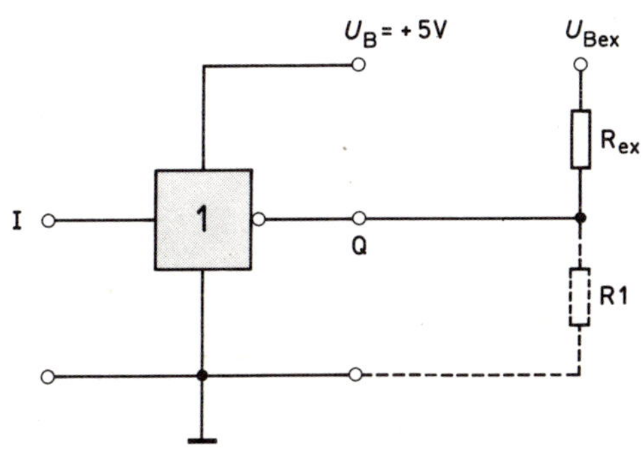

Bild 5.61 Betriebsfall 2 (Ausgang)

Der Ausgangstransistor ist gesperrt. Wegen der Schaltung mit „offenem Kollektor" kann kein Strom I_{QH} aus dem Ausgang herausfließen. Die Ausgangsspannung U_{QH} hängt daher ausschließlich von der Spannungsteilung zwischen den beiden Widerständen R_{ex} und R 1 ab. Soll die allgemeine Pegelgrenze $\geqq +2{,}4\,V$ eingehalten werden, muß das Teilerverhältnis entsprechend gewählt werden. An den Endpunkten der Signalverarbeitung kann die Pegelgrenze aber durchaus auch verlassen werden.

Zusammenfassung

Inverter und Schaltverstärker mit „offenem Kollektor" bieten in der Signalverarbeitung einige Vorteile. So kann der Kollektorstrom des Ausgangstransistors einer zweiten Spannungsquelle entnommen werden. An diese Spannungsquelle brauchen dann keine so hohen Anforderungen bezüglich Stabilität und Brummfreiheit gestellt werden wie an die Betriebsspannung der TTL-Schaltungen $U_B = +5\,V$. Weiterhin können bei einigen Typen von Invertern und Schaltverstärkern mit „offenem Kollektor" auch größere Leistungen geschaltet werden. So ist es möglich, z.B. Leuchtdioden, Lampen und Relais direkt anzusteuern und damit dann sonst zusätzlich erforderliche Transistorschalter einzusparen. Wegen der höheren Betriebsspannung U_{Bex} ist auch in einfacher Weise eine Pegelumsetzung möglich.

5.7.3.2 Anwendungsbeispiele

1. Direktansteuerung von LEDs zur Signalanzeige

Schaltung 1:

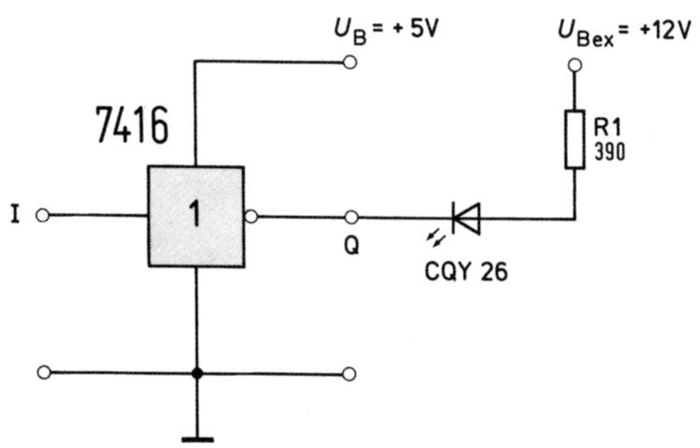

I	Q	LED
L	H	leuchtet nicht
H	L	leuchtet

Bild 5.62 Schaltung 1 mit zugehöriger Wertetabelle

Als Diodenstrom läßt sich ermitteln

$$I_F = I_{QL} \approx \frac{U_{Bex} - U_{QL} - U_F}{R_1} = \frac{12\,V - 0{,}7\,V - 1{,}6\,V}{390\,\Omega} = 24{,}8\,mA$$

Die LED wird im Nennbetrieb betrieben und leuchtet hell, wenn am Eingang des IC H-Signal liegt. Der Strom $I_{QL} \approx 24{,}8\,mA$ ist für den Inverter 7406 zulässig.

Schaltung 2:

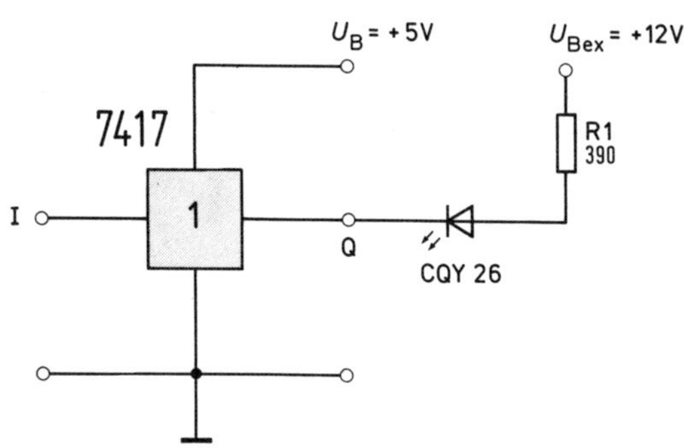

I	Q	LED
L	L	leuchtet
H	H	leuchtet nicht

Bild 5.63 Schaltung 2 mit zugehöriger Wertetabelle

Schaltung 3:

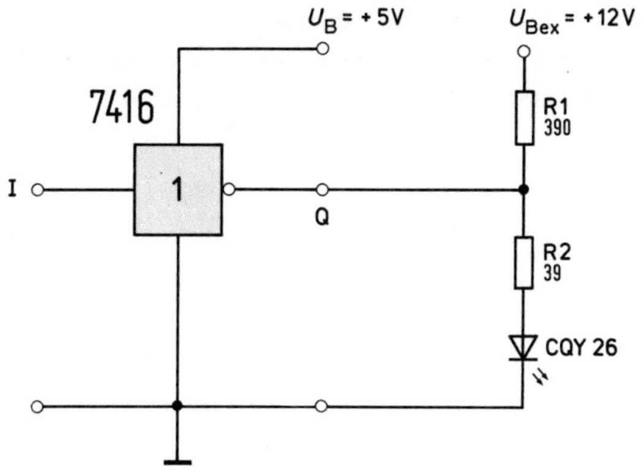

I	Q	LED
L	H	leuchtet
H	L	leuchtet nicht

Bild 5.64 Schaltung 3 mit zugehöriger Wertetabelle

Für diese Schaltung läßt sich ermitteln:

$$I_F = \frac{U_{Bex} - U_F}{R_1 + R_2} = \frac{12\,\text{V} - 1{,}6\,\text{V}}{429\,\Omega} = \frac{10{,}4\,\text{V}}{429\,\Omega} = 24{,}3\,\text{mA}$$

$$U_{QH} = U_{Bex} - R_1 \cdot I_F = 12\,\text{V} - 9{,}5\,\text{V} = 2{,}5\,\text{V}$$

$$I_{QL} = \frac{U_{Bex} - U_{QL}}{R_1} = \frac{12\,\text{V} - 0{,}7\,\text{V}}{390\,\Omega} = 29\,\text{mA}$$

Schaltung 4:

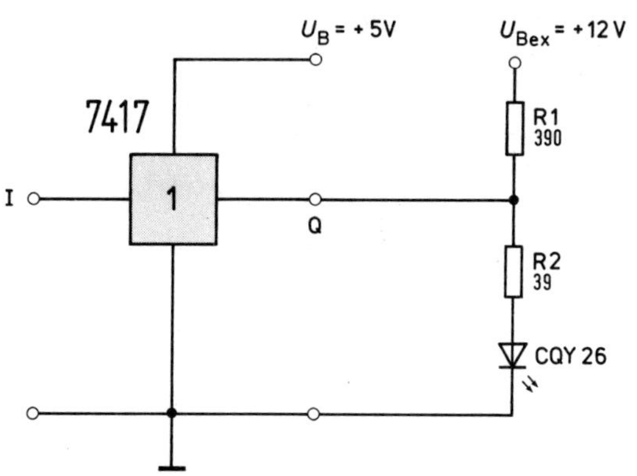

I	Q	LED
L	L	leuchtet nicht
H	H	leuchtet

Bild 5.65 Schaltung 4 mit zugehöriger Wertetabelle

Für die Schaltung 4 gelten die gleichen Werte wie für Schaltung 3.

Bei anderen Betriebsspannungen U_{Bex} müssen die Werte für R 1 und R 2 entsprechend dimensioniert werden. Bei Betriebsspannungen zwischen $U_{Bex} = +15\,\text{V}$ und $U_{Bex} = +30\,\text{V}$ müssen die Typen 7406 bzw. 7407 verwendet werden.

Zusammenfassung

Bei Verwendung der Inverter und Schaltverstärker mit „offenem Kollektor" ist eine Direktansteuerung von LEDs zur Signalanzeige möglich. Dadurch kann dann auch ein zusätzlicher Transistor als Schaltverstärker entfallen, wie er z. B. bei Verwendung eines Inverters 7404 mit Standardausgang (Kapitel 5.7.2.2) erforderlich war.

2. Direktansteuerung eines Relais

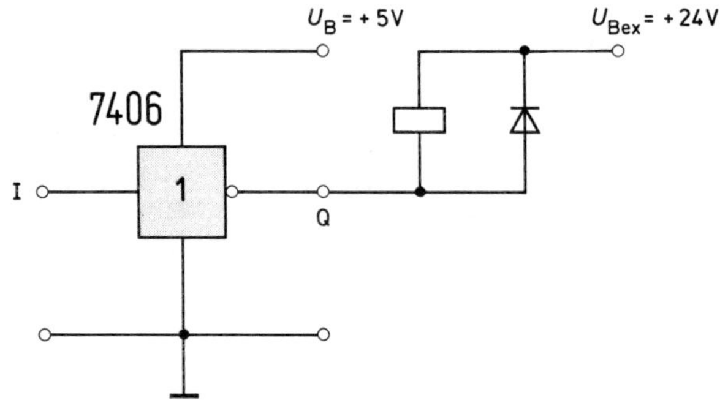

Relais SNV 23030 C 1021
6 × Umschalter

Spule:
730 Ω für 24 V.

Bild 5.66 Direktansteuerung eines Relais

Für die Schaltung gilt:

$$I_{rel} = I_{QL} = \frac{U_{Bex} - U_{QL}}{R_{rel}} = \frac{24\,\text{V} - 0{,}7\,\text{V}}{730\,\Omega} = 32\,\text{mA}$$

Das Relais zieht an, solange am Eingang I des Inverters H-Signal liegt. Ist ein umgekehrtes Verhalten erforderlich, kann anstelle des Inverters 7406 ein Schaltverstärker 7407 eingesetzt werden.

Bild 5.67 zeigt die Wertetabelle für den Inverter 7406 und den Schaltverstärker 7407

Inverter 7406

I	Q	Relais
L	H	aus
H	L	ein

Schaltverstärker 7407

I	Q	Relais
L	L	ein
H	H	aus

Bild 5.67 Wertetabelle für die Schaltung nach Bild 5.66

5.8 Elektronische Schalter der C-MOS-Serie 40xx

Feldeffekt-Transistoren können nach dem gleichen Prinzip wie die bipolaren Transistoren als elektronische Schalter betrieben werden. Ihr besonderer Vorteil besteht darin, daß sie fast leistungslos angesteuert werden können. Damit treten die Probleme einer Belastung der Ausgänge durch die Eingangsströme nachfolgender FET-Schalter nicht in dem gleichen Maße auf wie bei den Transistorschaltern. Diesem Vorteil stehen aber auch eine Reihe von Nachteilen gegenüber, z. B. die größeren Restspannungen im durchgeschalteten Zustand, die bei einigen Gruppen von FETs unterschiedliche Polarität zwischen Eingangsspannungen und Ausgangsspannung, und nicht zuletzt auch die große Empfindlichkeit der MOS-FETs gegenüber statischen Aufladungen.

Im wesentlichen werden aus diesen drei Gründen FET-Schalter in diskreter Schaltungstechnik in der Signalverarbeitung nur in besonderen Ausnahmefällen eingesetzt. In integrierter Schaltungstechnik haben dagegen die MOS-FETs als elektronische Schalter eine große Bedeutung erlangt, und zwar besonders in der C-MOS-Schaltungstechnik.

5.8.1 Sperrschicht- und MOS-FETs als elektronische Schalter

Sperrschicht-FETs werden als n-Kanal-Typen und p-Kanal-Typen gefertigt. Bei Schalterbetrieb unterscheiden sie sich jedoch im wesentlichen nur durch die Polarität der Betriebsspannungen. **Bild 5.68** zeigt die Grundschaltung eines elektronischen Schalters mit einem Sperrschicht-FET vom n-Kanal-Typ. Er besteht lediglich aus dem FET als Schaltorgan und dem Drainwiderstand R_D als Arbeitswiderstand. Die Ansteuerung des Schalters erfolgt am Gate mit der Eingangsspannung U_I.

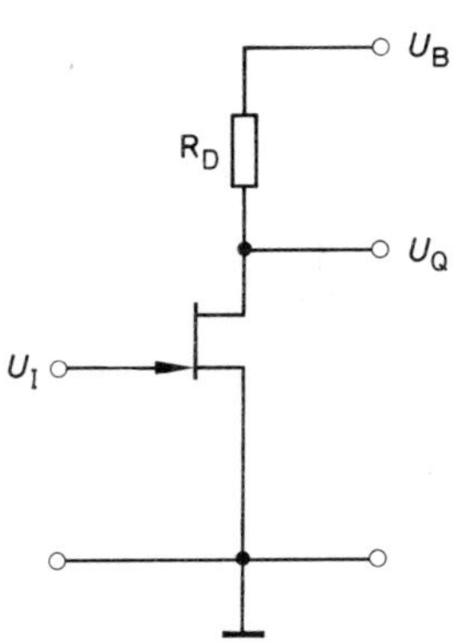

Bild 5.68 Schalter mit Sperrschicht-FET

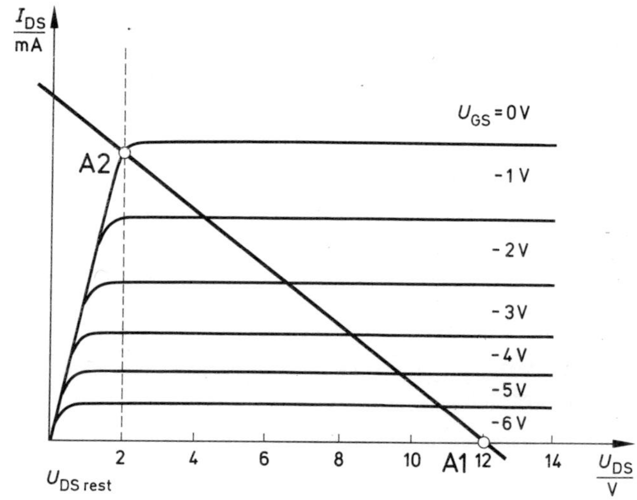

Bild 5.69 Ausgangskennlinienfeld eines Sperrschicht-FETs

In **Bild 5.69** ist das etwas idealisierte Ausgangskennlinienfeld eines n-Kanal-Sperrschicht-FETs dargestellt, in das zusätzlich die Arbeitsgerade für einen Drainwiderstand R_D eingetragen ist. Der FET wird als Schalter betrieben, wenn seine Ansteuerung so erfolgt, daß der Arbeitspunkt zwischen den angegebenen Punkten A1 und A2 springt.

Hat die Eingangsspannung den Wert $U_I = 0\,V$, so ist der FET voll leitend und er wird im Arbeitspunkt A2 betrieben. Die Ausgangsspannung U_Q ist klein und hat je nach FET-Typ und Einzelexemplar Werte zwischen etwa 0,5 V und 4 V. Wie weiterhin aus dem Kennlinienfeld zu ersehen ist, hängt diese Restspannung U_{DSrest} aber auch von der Größe des Drainwiderstandes ab. Je größer R_D, desto flacher verläuft die Arbeitsgerade und desto kleiner wird die Restspannung, die am durchgeschalteten FET verbleibt.

Hat die Eingangsspannung den Wert $U_I \geqq -6\,V$, so ist bei diesem Beispiel der FET voll gesperrt und wird im Arbeitspunkt A1 betrieben. Der Zusammenhang zwischen U_I und U_A läßt sich wiederum recht anschaulich in einer Wertetabelle und einem Signal-Zeitplan darstellen.

U_I	U_Q
0 V	+ 2 V
−6 V	+12 V

Bild 5.70 Wertetabelle

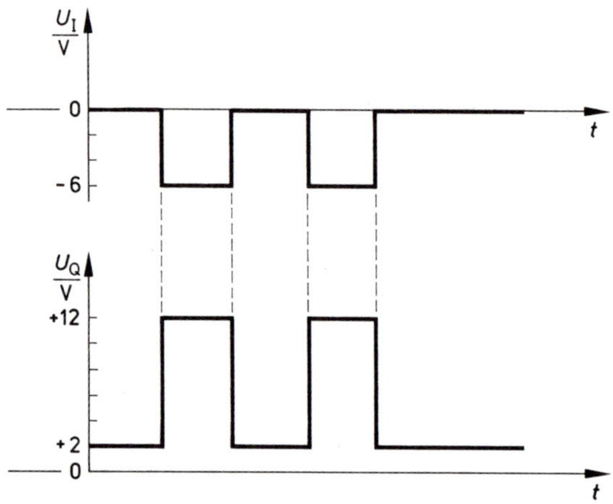

Bild 5.71 Signal-Zeitplan

Die Besonderheiten eines FET-Schalters sind aus **Bild 5.70** und **Bild 5.71** leicht zu erkennen:

1. Die Eingangsspannung U_I und die Ausgangsspannung U_Q haben eine unterschiedliche Polarität.
2. Der zum Ein- bzw. Ausschalten des FETs erforderliche Spannungssprung ΔU_I ist wesentlich größer als bei einem bipolaren Transistor mit $\Delta U_I \leqq 1\,V$.
3. Die Restspannung (U_Q im Schaltzustand „Ein") liegt mit etwa 0,5 V bis 4 V höher als beim Transistor.

Diese Eigenschaften sind in der Signalverarbeitung insgesamt nachteilig für den praktischen Einsatz eines Sperrschicht-FETs als elektronischer Schalter. Er bietet gegenüber einem bipolaren Transistor eigentlich nur dann einen Vorteil, wenn der große Eingangswiderstand des Sperrschicht-FETs ausgenutzt werden kann. Dies ist z. B. immer dann der Fall, wenn die Signalquelle wenig oder gar nicht belastet werden darf.

Die Berechnung eines Schalters mit Sperrschicht-FET erfolgt analog der Berechnung eines Transistorschalters, jedoch kann hier der Steuerstrom vernachlässigt werden. Bezüglich der Belastung des Ausganges und der Einhaltung von Pegeln gelten die gleichen Bedingungen und Voraussetzungen wie beim Transistorschalter.

Auch die vier verschiedenen Grundtypen der MOS-Technik lassen sich als elektronische Schalter betreiben. Die selbstleitenden MOS-FETs haben aber genau wie die Sperrschicht-FETs den Nachteil, daß die zum Schalten erforderliche Eingangsspannung U_I eine andere Polarität als die Betriebsspannung haben muß. Daher ist auch zwischen U_Q und U_I eine unterschiedliche Polarität vorhanden. Dies gilt sowohl für die selbstleitenden MOS-FETs in n-Kanal-Ausführung als auch in p-Kanal-Ausführung.

Bei den selbstsperrenden MOS-FETs tritt dagegen weder in der n-Kanal-Ausführung noch in der p-Kanal-Ausführung eine unterschiedliche Polarität zwischen U_I und U_Q auf. Selbstsperrende MOS-FETs haben darüber hinaus für den Schalterbetrieb noch den Vorteil, daß bei $U_I = 0\,V$ kein Drainstrom mehr fließt. Sie nehmen daher auch bei fehlender Ansteuerung eine Leistung nur aufgrund der Restströme auf. Diese liegt aber in der Größenordnung von etwa 10^{-9} W und ist daher vernachlässigbar gering.

Bild 5.72 zeigt die Grundschaltung für elektronische Schalter mit selbstsperrenden MOS-FETs.

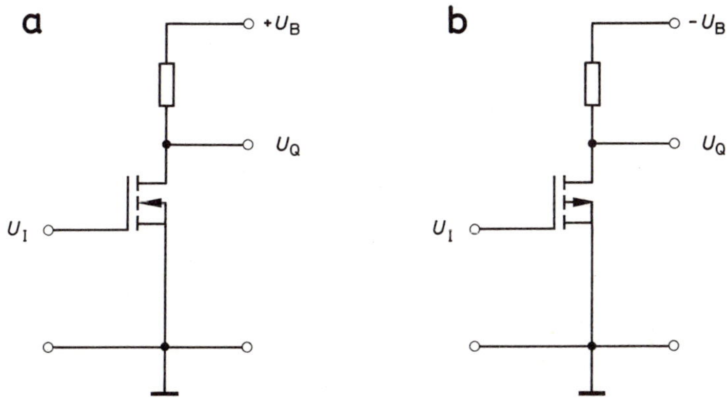

Bild 5.72 Schalter mit selbstsperrenden MOS-FETs
a) in n-Kanal-Ausführung b) in p-Kanal-Ausführung

Die Berechnung derartiger Schalter kann im Prinzip wie bei den Transistorschaltern erfolgen, wobei aber auch hier wegen der leistungslosen Ansteuerung der MOS-FETs die Berücksichtigung eines Steuerstromes entfallen kann.

Trotz guter elektrischer Eigenschaften beschränkt sich der Einsatz von MOS-FETs in diskret aufgebauten elektronischen Schaltern nur auf wenige Spezialfälle. Ursache hierfür ist die nicht ganz problemlose praktische Handhabung der MOS-FETs. Trotz Schutzdioden am Gate tritt infolge statischer Aufladungen zu leicht eine Gefährdung der MOS-FETs auf.

5.8.2 Schalter mit komplementären MOS-FETs

Als elektronische Schalter in integrierter Schaltungstechnik haben die MOS-FETs inzwischen jedoch eine große Bedeutung erlangt. Besonders verbreitet ist die C-MOS-Serie. Das „C" weist dabei auf das Zusammenwirken von „**C**omplementären"-

MOS-FETs, d. h. also auf eine Zusammenschaltung von selbstsperrenden MOS-FETs in n-Kanal-Ausführung und in p-Kanal-Ausführung hin. Daraus ergeben sich technologisch und schaltungstechnisch erhebliche Vorteile.

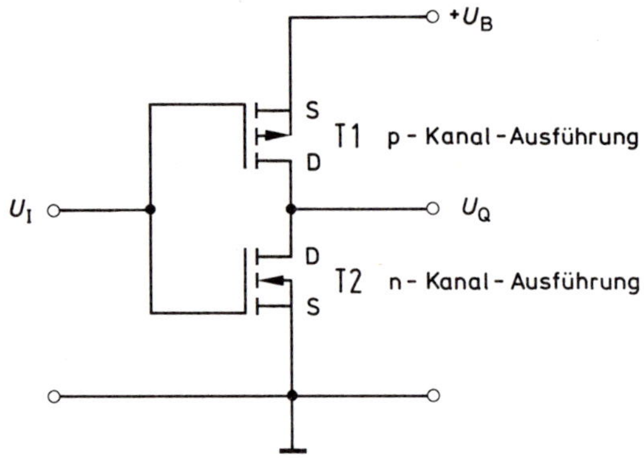

Bild 5.73 Grundprinzip eines C-MOS-Schalters

Bild 5.73 zeigt das Grundprinzip eines C-MOS-Schalters. Es handelt sich dabei um eine Reihenschaltung von 2 selbstsperrenden MOS-FETs, wobei der obere FET T1 eine Ausführung vom p-Kanal-Typ, der untere FET T2 eine Ausführung vom n-Kanal-Typ ist. Sie sind so zusammengeschaltet, daß an jedem FET eine Betriebsspannung mit der richtigen Polarität anliegt.

Ist $U_I = 0\,V$, so bedeutet dies für T2 eine Gate-Spannung $U_G = 0\,V$, d. h. T2 ist voll gesperrt. Die gleiche Eingangsspannung $U_I = 0\,V$ bedeutet aber für T1 gleichzeitig eine Gate-Spannung $U_G = -U_B$, d. h. T1 ist voll leitend. Für die Ausgangsspannung U_Q gilt dann $U_Q \approx +U_B$.

Ist dagegen $U_I = U_B$, so bedeutet dies für T2 eine Gatespannung $U_G = +U_B$, d. h. T2 ist voll leitend. $U_I = U_B$ bedeutet dann aber für T1 eine Gatespannung $U_G = 0\,V$, d. h. T1 ist voll gesperrt. Für die Ausgangsspannung U_Q gilt dann $U_Q \approx 0\,V$.

Obwohl von den Herstellern versucht wird, die beiden komplementären FETs für den Schalterbetrieb optimal aufeinander anzupassen, lassen sich technologisch bedingt keine gleichen Kennlinienverläufe erreichen. Im praktischen Einsatz als Schalter spielt diese Tatsache aber keine große Rolle. Die beiden FETs haben lediglich im durchgeschalteten Zustand unterschiedliche Restwiderstände und zwar liegt diese bei der p-Kanal-Ausführung bei etwa 700 Ω, bei der n-Kanal-Ausführung dagegen nur bei ca. 300 Ω. Dies führt zu einer unterschiedlichen zulässigen Belastung des Ausganges durch hinausfließende oder hereinfließende Lastströme.

5.8.3 C-MOS-Standard-Inverter 4049

Innerhalb der C-MOS-Serie 40xx werden unter der Typenbezeichnung 4049 integrierte Schalter als Inverter angeboten. Auch hier sind in einem Dual-in-Line-Gehäuse (TO 116) sechs gleichartige Inverter zusammengefaßt.

Ein Vergleich von **Bild 5.74** mit Bild 5.43 zeigt, daß die Anschlußbelegung des 4049 nicht mit dem TTL-Inverter 7404 übereinstimmt. Einige Hersteller liefern aber unter der Typenbezeichnung 4069 eine C-MOS-Ausführung mit der gleichen Anschlußbelegung wie beim Baustein 7404.

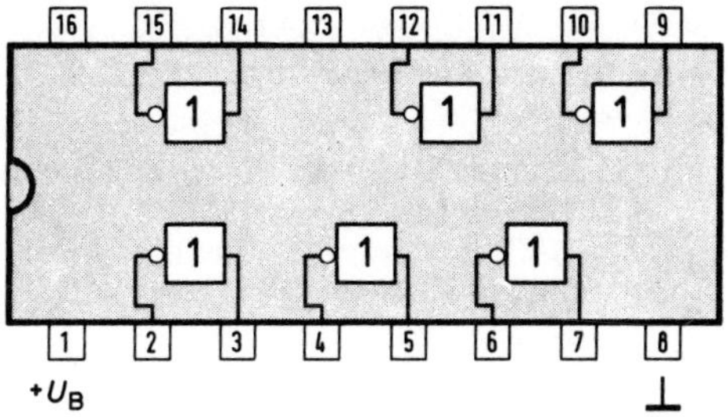

Bild 5.74 Anschlußbild (Draufsicht) Inverter 4049

Jeder der im Baustein 4049 vorhandenen Inverter ist in integrierter Schaltungstechnik völlig gleichartig aufgebaut. **Bild 5.75** zeigt das Schaltbild eines derartigen C-MOS-Inverters.

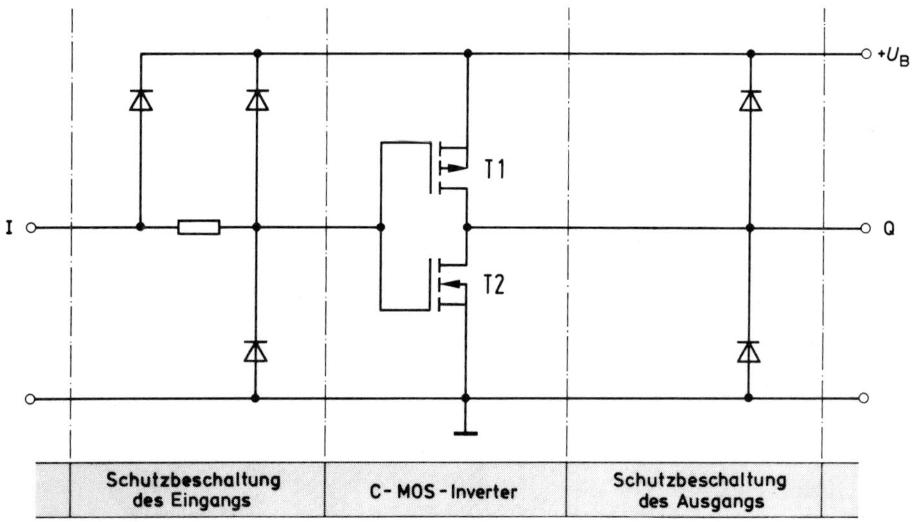

Bild 5.75 Schaltbild eines C-MOS-Inverters 4049 mit Schutzbeschaltung

Der eigentliche Inverter entspricht Bild 5.73: Er arbeitet auch in der dort beschriebenen Weise. Bei Ansteuerung mit Rechtecksignalen entsprechender Amplitude ist jeweils einer der beiden FETs voll leitend, während der andere dann voll gesperrt ist.

Charakteristisch für die C-MOS-Technik ist die Schutzbeschaltung von Eingang und Ausgang. Sämtliche Dioden sind integriert und haben die Aufgabe, den eigentlichen Inverter möglichst weitgehend vor Beschädigungen durch statische Aufladungen zu schützen. Trotz dieser Schutzdioden, die sich teilweise bei der Herstellung zwangsläufig ergeben, läßt sich jedoch kein vollständiger Schutz vor einer Beschädigung durch statische Aufladungen erreichen. Alle Bausteine der C-MOS-Serie müssen daher sehr sorgfältig und entsprechend den Herstellervorschriften behandelt werden.

Eine Gefährdung der Bausteine tritt insbesondere beim Verpacken und beim Einbau in die Schaltung auf. C-MOS-ICs werden daher in der Regel aufgesteckt auf graphitiertem Schaumstoff geliefert. Einen guten Schutz bietet auch das Eindrücken der Anschlußstifte in Aluminiumfolie mit einem Stück Styropor als Trägermaterial.

Auch der Einbau eines C-MOS-ICs erfordert besondere Vorsicht. Das Löten an den Anschlüssen sollte möglichst vermieden werden. Daher werden meistens Fassungen verwendet. Beim Bestücken einer Platine sollte der IC auch erst dann eingesteckt werden, wenn alle anderen Bauteile bereits eingelötet sind. Dabei sollte man es sich zur Gewohnheit machen, mit den Fingern zuerst die IC-Verpackung zu berühren, dann den IC herausnehmen, die Platine zu berühren und erst dann den IC in die Fassung einsetzen. In entsprechend umgekehrter Reihenfolge ist auch zu verfahren beim Ausbau oder beim Auswechseln eines C-MOS-Bausteines. Bei einer derartigen Behandlung ist dann stets ein Potentialausgleich möglich und statische Aufladungen und Potentialdifferenzen an den IC-Anschlüssen werden vermieden.

5.8.3.1 Signalpegel bei unterschiedlichen Betriebsspannungen

Für die C-MOS-Serie 40xx gilt die gleiche Signalzuordnung wie bei der TTL-Serie 74xx, und zwar: L ≙ 0-Signal; H ≙ 1-Signal.

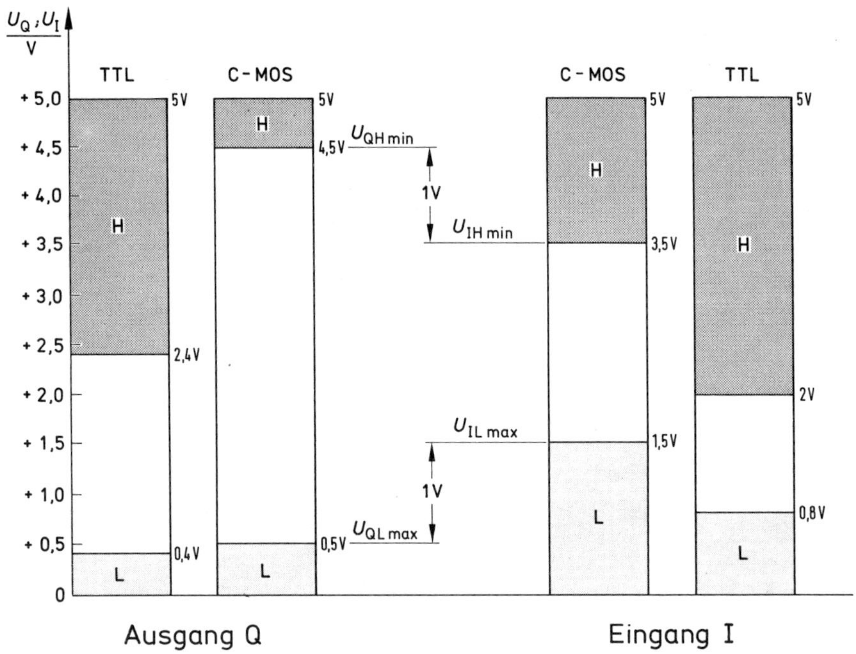

Bild 5.76 Garantierte Ausgangs- und Eingangspegel bei der TTL-Serie 74xx und der C-MOS-Serie 40xx für $U_B = +5\,V$

Waren jedoch bei der TTL-Serie 74xx die Betriebsspannungen und die Signalpegel für alle Standard-Bausteine einheitlich festgelegt, so ist das für die C-MOS-Serie 40xx nicht der Fall. Als Betriebsspannungen werden von den meisten Herstellern Spannungen zwischen $U_B = +3\,V$ und $U_B = +15\,V$ zugelassen. Technische Daten sind in der Regel für $U_B = +5\,V$ und $U_B = +10\,V$, teilweise jedoch auch für $U_B = +15\,V$ angegeben. Die übliche Betriebsspannung für die C-MOS-Serie ist jedoch $U_B = +5\,V$.

In **Bild 5.76** sind die garantierten Signalpegel für die TTL-Serie 74xx und die C-MOS-Serie 40xx gegenübergestellt, und zwar in beiden Fällen für eine Betriebsspannung $U_B = +5\,V$.

Die Eingangs- und Ausgangspegel der C-MOS-Serie 40xx und der TTL-Serie 74xx unterscheiden sich auch bei gleicher Betriebsspannung voneinander. Auch der Störspannungsabstand ist bei beiden Serien unterschiedlich, und zwar beträgt er 1 V bei der C-MOS-Serie, bei der TTL-Serie jedoch nur 0,4 V.

Die vom Hersteller garantierten Signalpegel sind in der C-MOS-Serie keine Festwerte. Sie ändern sich in Abhängigkeit von der Betriebsspannung, die zwischen $U_B = +3\,V$ und $U_B = +15\,V$ wählbar ist. **Bild 5.77** zeigt den Zusammenhang zwischen der Betriebsspannung und den Pegelfeldern in vereinfachter Form.

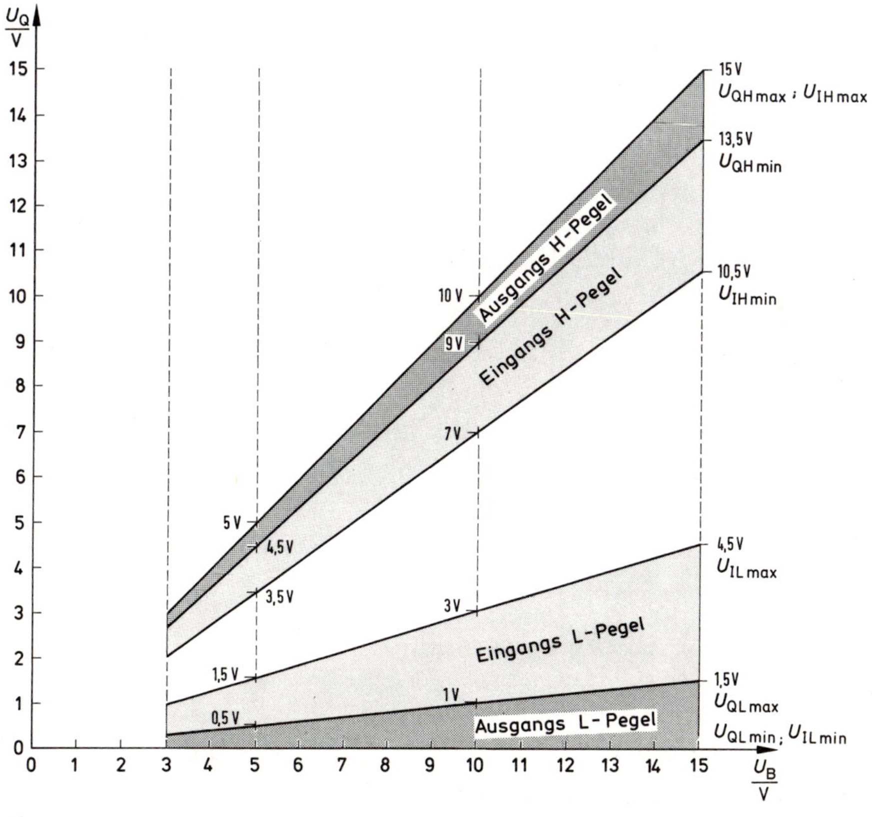

Bild 5.77 Pegelfelder als Funktion der Betriebsspannung

Aus dem Diagramm ist auch zu erkennen, daß der Störspannungsabstand ebenfalls von der Betriebsspannung abhängt. Er beträgt bei $U_B = 5\,V$ gleich 1 V, bei $U_B = 10\,V$ gleich 2 V und bei $U_B = 15\,V$ gleich 3 V.

In der C-MOS-Serie gibt es keine Schalter oder Inverter, die einer Ausführung mit offenem Kollektor der TTL-Serie entsprechen. Eine Möglichkeit zur Anpassung eines Schalters an bestimmte Schaltaufgaben bzw. bestimmte Pegel ist aber bei der C-MOS-Technik durch entsprechende Wahl der Betriebsspannung zwischen +3 V und +15 V gegeben.

Die Übertragungskennlinie $U_Q = f(U_I)$ wird in der C-MOS-Technik meistens für die drei üblichen Betriebsspannungen $U_B = +5\,V$, $U_B = +10\,V$ und $U_B = +15\,V$ angegeben. In **Bild 5.78** sind diese drei Übertragungskennlinien für den C-MOS-Inverter 4049 dargestellt.

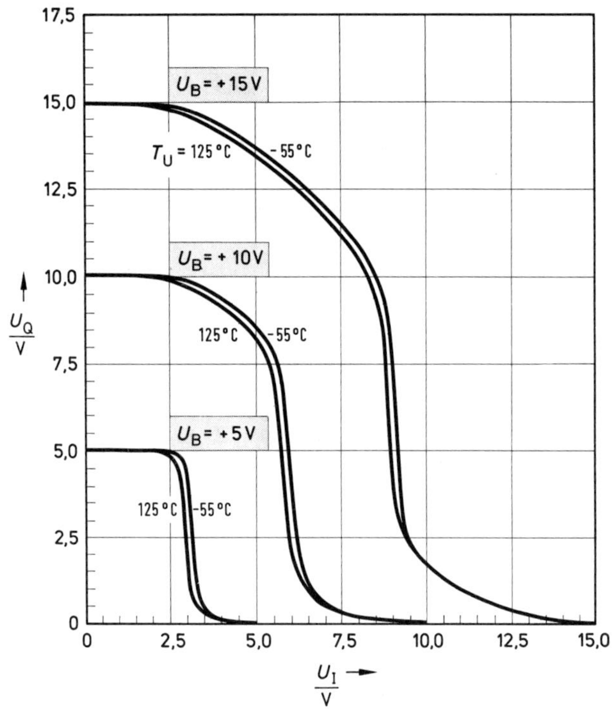

Bild 5.78 Übertragungskennlinie für den Inverter 4049 für drei verschiedene Betriebsspannungen

5.8.3.2 Betriebsfälle für Eingang und Ausgang

Betriebsfälle am Eingang

Obwohl MOS-FETs leistungslos angesteuert werden, treten bei den integrierten Schaltern in C-MOS-Technik doch geringe Eingangsströme auf. Es handelt sich dabei aber im wesentlichen nur um die Sperrströme der Schutzdioden am Eingang. Sie liegen in der Größenordnung von etwa 10^{-9} A. Von den Herstellern werden jedoch auch bei Worst-case-Bedingungen Eingangsströme $\leqq 1 \cdot 10^{-6}$ A garantiert, und zwar sowohl bei L-Signal als auch bei H-Signal am Eingang (**Bild 5.79**).

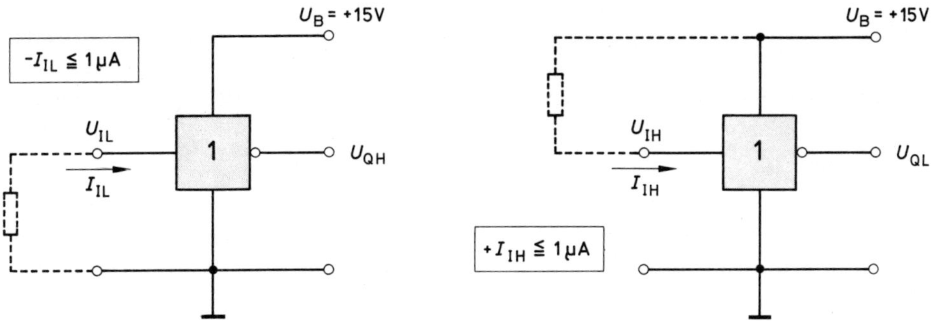

Bild 5.79 Betriebsfälle am Eingang

Betriebsfälle am Ausgang

Die zulässige Belastung des Ausganges hängt u.a. von der Betriebsspannung ab. Von den Herstellern werden hier sehr unterschiedliche Werte für die verschiedensten Meß- und Garantiebedingungen angegeben, so daß die folgenden Werte nur zur Orientierung dienen können (**Bild 5.80** und **Bild 5.81**).

Fall 1: L-Signal am Ausgang

$U_B = +\ 5\,V$; $I_{QL} \leqq 6{,}4$ mA
$U_B = +10\,V$; $I_{QL} \leqq 16$ mA
$U_B = +15\,V$; $I_{QL} \leqq 48$ mA

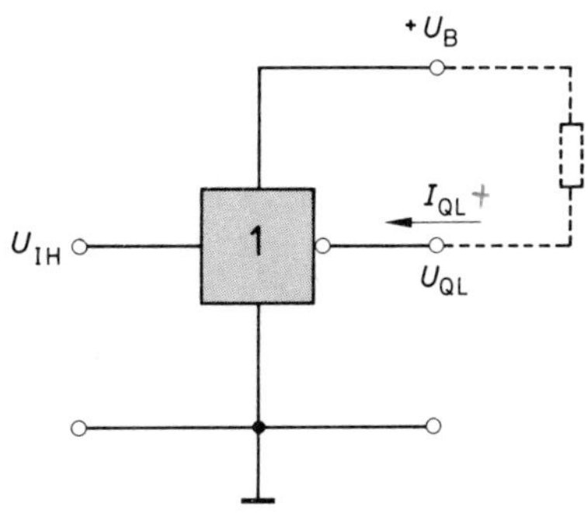

Bild 5.80 Betriebsfall 1 (Ausgang)

Fall 2: H-Signal am Ausgang

$U_B = +5\,V$; $-I_{QH} \leqq 1{,}6$ mA
$U_B = +10\,V$; $-I_{QH} \leqq 6$ mA
$U_B = +15\,V$; $-I_{QH} \leqq 12$ mA

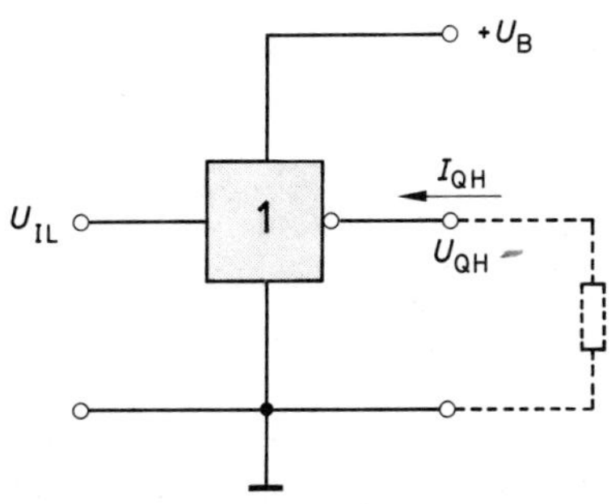

Bild 5.81 Betriebsfall 2 (Ausgang)

Zu beachten ist bei den genannten zulässigen Ausgangsströmen, daß die Angaben der verschiedenen Hersteller des Inverters 4049 stark differieren. Es ist daher zweckmäßig, die konkreten Angaben im Datenblatt eines Herstellers zu berücksichtigen.

5.8.3.3 Anwendungsbeispiele

1. Ausgangsbelastung eines Inverters 4049 durch die Eingangsströme angesteuerter Inverter 4049

Wegen der extrem kleinen Eingangsströme spielt die Belastung eines Ausganges durch die Eingangsströme nachfolgender C-MOS-Schalter – im Gegensatz zur TTL-Technik – nur eine untergeordnete Rolle. Aus den Werten in Abschnitt 5.8.3.2 ergäbe sich z.B. bei $U_B = 5\,V$ und L-Signal ein Lastfaktor $I_{QL}/I_{IL} = 6{,}4 \cdot 10^{-3}/1 \cdot 10^{-6} = 6400$, d.h. aufgrund dieser Daten könnten theoretisch vom Ausgang des 4049 6400 Eingänge nachfolgender Inverter 4049 angesteuert werden (**Bild 5.82**).

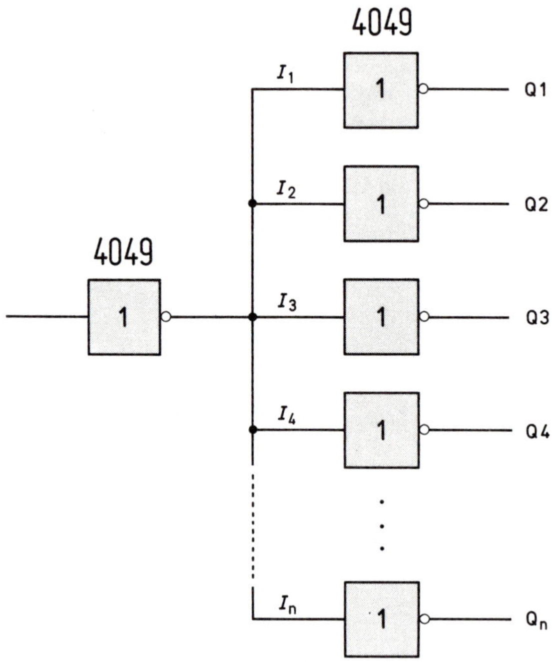

Bild 5.82 Ausgangsbelastung eines Inverters 4049

Tatsächlich garantieren die Hersteller für alle Schalter der C-MOS-Serie, daß mindestens 50 nachfolgende gleichartige Schalter von einem Ausgang angesteuert werden können. In der Praxis treten derartige Forderungen aber jedoch höchst selten auf.

2. Aufbau einer nichtinvertierenden Schaltverstärkers aus 2 Invertern 4049

Zwei Inverter 4049 lassen sich in einfacher Weise zu einem nichtinvertierenden Schaltverstärker zusammenschalten (**Bild 5.83**).

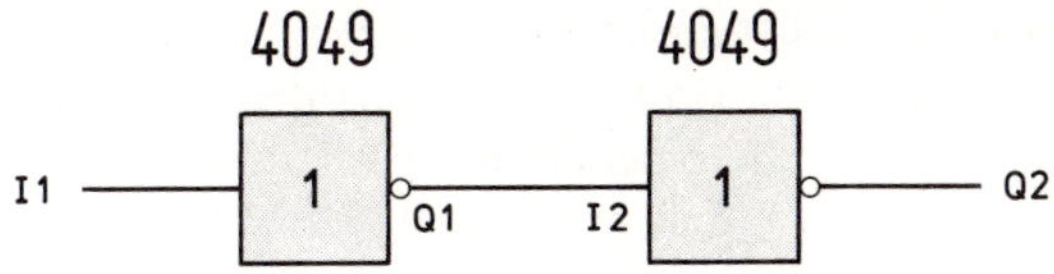

I1	Q1 = I2	Q2
L	H	L
H	L	H

Bild 5.83 Nichtinvertierender Schaltverstärker

Als besonderer Vorteil ergibt sich bei einer derartigen Hintereinanderschaltung zweier Inverter eine wesentlich steilere Übertragungskennlinie als bei einem einzelnen Inverter.

Unter Typenbezeichnung 4050 werden auch nichtinvertierende Schaltverstärker in C-MOS-Technik geliefert. Es handelt sich dabei um eine interne Zusammenschaltung von 2 Invertern 4049. 6 gleichartige Schaltverstärker sind dabei wieder in einem Dual-in-Line-Gehäuse (TO 116) zusammengefaßt. Die Anschlußbelegung des Bausteines 4050 entspricht der des Inverters 4049.

3. Interface-Schaltungen TTL-C-MOS

Die verschiedensten Arten von Anpaß- und Übergangsschaltungen werden ganz allgemein als Interface-Schaltungen bezeichnet. Man versteht darunter auch Schaltungen zum Anpassen von Pegelfeldern. Sie sind z. B. erforderlich, wenn ein Übergang von der TTL-Technik auf die C-MOS-Technik oder umgekehrt erfolgt und dabei die unterschiedlichen L- und H-Pegel berücksichtigt werden müssen (**Bild 5.84**).

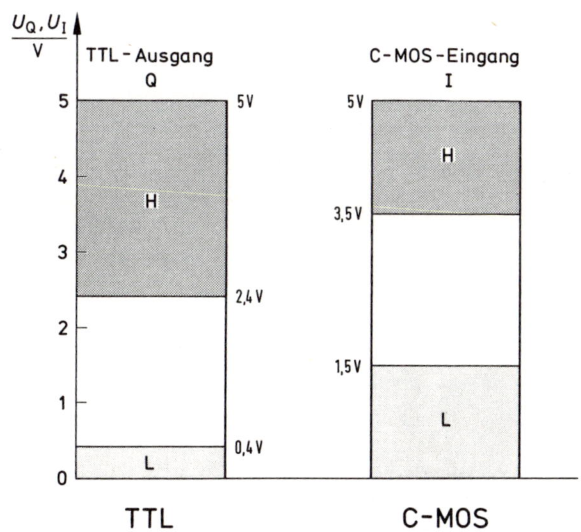

Bild 5.84 Pegelfelder TTL-Ausgang – C-MOS-Eingang

Aus der Gegenüberstellung der beiden Pegelfelder ist eindeutig zu erkennen, daß bezüglich des L-Pegels keine Schwierigkeiten auftreten können. Der C-MOS-Eingang mit $U_{ILmax} = 1{,}5\,V$ kann einwandfrei den L-Pegel des TTL-Ausganges mit $U_{QLmax} = 0{,}4\,V$ erkennen.

Für den C-MOS-Eingang liegt der H-Pegel des TTL-Ausganges bei Spannungswerten zwischen +2,4 V und +3,5 V aber innerhalb des nicht zulässigen Bereiches und kann daher nicht eindeutig erkannt werden. Mit Hilfe eines Pull-up-Widerstandes R_{ex} entsprechend **Bild 5.85** kann aber erreicht werden, daß die Ausgangsspannung des TTL-Bausteins bei H-Signal stets etwa auf das Potential der Betriebsspannung „angehoben" wird.

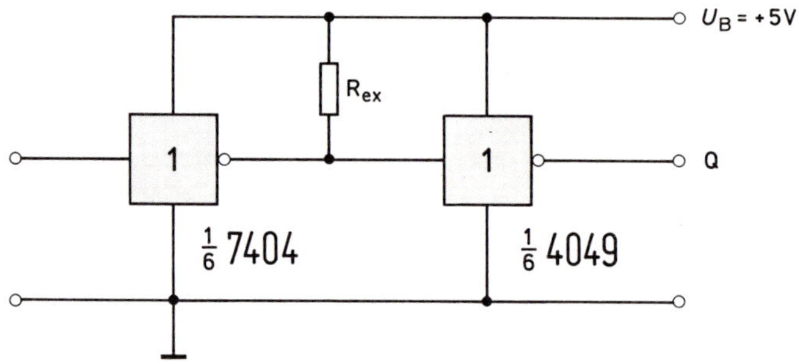

Bild 5.85 Interface-Schaltung TTL-C-MOS

Bei H-Signal am Ausgang des TTL-Inverters kann nur ein Strom I_{QH} aus dem Ausgang herausfließen ($I_{QH} \leqq 0{,}4$ mA für TTL-Standard-Ausgang) und ein Strom I_{IH} in den Eingang des C-MOS-Inverters hineinfließen ($I_{IH} \leqq 1$ µA). Die strommäßige Belastung des TTL-Ausganges durch den C-MOS-Eingang ist daher vernachlässigbar gering.

Da bei H-Signal am Ausgang des TTL-Inverters jedoch kein Strom in den Ausgang hineinfließen kann, fließt durch den Pull-up-Widerstand R_{ex} praktisch kein Strom. An R_{ex} tritt daher kein Spannungsabfall auf und somit wird $U_{QH} = U_{IH} \approx + U_B$.

Da durch R_{ex} kein, bzw. ein vernachlässigbar kleiner Strom fließt, ist sein Widerstandswert in weiten Grenzen frei wählbar. Übliche Werte liegen zwischen $R_{ex} = 2$ kΩ und $R_{ex} = 10$ kΩ.

In Richtung kleiner Widerstandswerte ist R_{ex} durch die zulässige Strombelastung des Ausganges bei L-Signal begrenzt. Hier muß sichergestellt sein, daß $I_{QLmax} = 16$ mA für den TTL-Ausgang nicht überschritten wird.

$$R_{exmin} = \frac{U_B - U_{QLmax}}{I_{QLmax}} = \frac{5\,\text{V} - 0{,}4\,\text{V}}{16\,\text{mA}} = 288\,\Omega$$

Bei Verwendung eines Normwertes muß also stets $R_{ex} \geqq 330\,\Omega$ sein. Ein Widerstandswert $330\,\Omega \leqq R_{ex} \leqq 2\,\text{k}\Omega$ ist aber ungünstig, weil die Betriebsspannungsquelle bei L-Signal völlig unnötig mit einem zu großen Strom belastet würde.

In der Praxis kommen auch Übergänge von C-MOS-Schaltern auf TTL-Schalter vor. Wie aus **Bild 5.86** zu ersehen ist, treten pegelmäßig keine Schwierigkeiten auf.

Die Ausgangsspannungen des C-MOS-Schalters liegen sowohl bei L-Signal als auch bei H-Signal stets innerhalb der für den Eingang des TTL-Schalters zulässigen Pegelgrenzen.

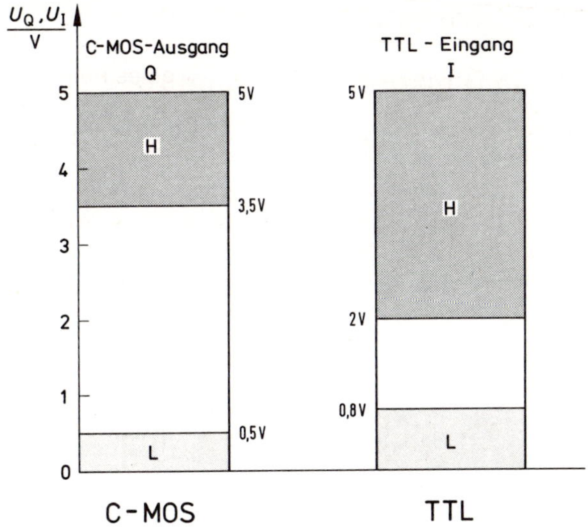

Bild 5.86 Pegelfelder C-MOS-Ausgang – TTL-Eingang

Wegen der höheren Eingangsströme der TTL-Bausteine muß aber überprüft werden, ob der Ausgang des ansteuernden C-MOS-Schalters strommäßig nicht überlastet wird. Es gilt bei $U_B = +5\,V$:

C-MOS-Ausgang: $I_{QL} \leqq 6{,}4\,mA$; $-I_{QH} \leqq 1{,}6\,mA$
TTL-Eingang: $-I_{IL} \leqq 1{,}6\,mA$; $I_{IH} \leqq 0{,}04\,mA$

Aufgrund dieser Werte wäre eine Ansteuerung von 4 parallelen TTL-Eingängen durch einen C-MOS-Ausgang möglich. Unter Berücksichtigung aller Toleranzen wird von den Herstellern aber angegeben, daß von einem C-MOS-Ausgang lediglich 2 TTL-Eingänge angesteuert werden dürfen.

6 Logische Schaltungen

6.1 Grundprinzip Digitaler Steuerungen

Das Haupteinsatzgebiet der Logischen Schaltungen ist die Digitale Steuerungstechnik. Man spricht ganz allgemein von einer Steuerung, wenn eine oder mehrere Eingangsgrößen die Ausgangsgröße eines Systems beeinflussen. Charakteristisches Kennzeichen einer *Steuerung* ist der *offene Wirkungsablauf*, d.h. die Ausgangsgröße wirkt nicht auf die Eingänge zurück. Im Gegensatz dazu steht die *Regelung*, bei der stets ein *geschlossener Wirkungsablauf* vorliegt, also die Ausgangsgröße auf die Eingänge zurückwirkt.

Die am Steuern beteiligten Elemente bilden eine Kette, die *Steuerkette*. Sie besteht aus dem Steuergerät (oder der Steuereinrichtung), dem Stellglied (oder dem Stellort) und der Steuerstrecke (**Bild 6.1**).

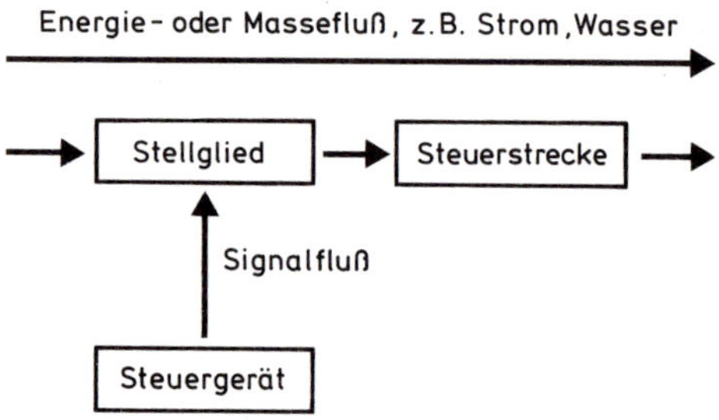

Bild 6.1 Prinzip einer Steuerung

Als *Steuerstrecke* wird der Teil der Steuerung bezeichnet, in dem die zu steuernde physikalische Größe beeinflußt wird, z.B. die Helligkeit einer Lampe, die Temperatur eines Heizkörpers, die Drehrichtung oder Drehzahl eines Motors.

Das *Stellglied* liegt am Eingang der Steuerstrecke. Es beeinflußt z.B. die Spannung an der Steuerstrecke oder den fließenden Strom. Als Stellglieder können Relais, Schütze, Schalter, Magnetventile, Transistoren, Thyristoren oder Triacs eingesetzt werden.

Das *Steuergerät* wirkt auf das Stellglied ein und ruft dadurch eine Änderung des Energieflusses hervor.

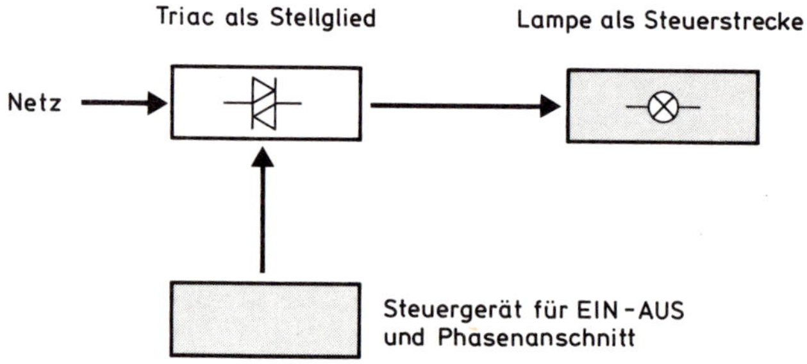

Bild 6.2 Beispiel für eine einfache Steuerung

In **Bild 6.2** ist als Beispiel für eine Steuerung ein heute fast in jedem Haushalt vorhandener Dimmer blockmäßig dargestellt. Das Steuergerät wird hier von Hand betätigt. Je nach Einstellung des Steuergerätes gehen entsprechende Signale an den Triac, der als Stellglied wirkt. Der Triac beeinflußt dann die Helligkeit der Lampe, die die Steuerstrecke darstellt.

Auch wenn in einer Steuerung nur das Steuergerät aus elektronischen Bauteilen und Baugruppen aufgebaut ist, wird bereits von einer elektronischen Steuerung gesprochen. Jedes elektronische Steuergerät läßt sich unterteilen in

einen Eingangsteil,
einen befehls- oder signalverarbeitenden Teil,
einen Ausgangsteil.

Diese drei Teile eines Steuergerätes sind häufig noch über Anpassungsschaltungen und Verstärker miteinander verbunden.

Sind in einer Steuerung mehrere Signalgeber vorhanden, so müssen die einzelnen Steuersignale zusammengeführt und zu einem Ausgangssignal verarbeitet werden. Eine solche Signalverarbeitung ist technisch aber nur dann sinnvoll gelöst, wenn zwischen den Eingangssignalen und dem Ausgangssignal feste Gesetzmäßigkeiten und folgerichtige, d.h. logische Zusammenhänge bestehen. Derartige Zusammenhänge werden als *Logische Verknüpfungen* bezeichnet. Jede Logische Verknüpfung – auch die umfangreichste und komplizierteste mit vielen Eingangsvariablen – läßt sich auf Kombinationen von nur drei verschiedenen *Logischen Grundfunktionen* zurückführen.

Die praktische Realisierung von Logischen Verknüpfungen erfolgt durch *Logische Schaltungen*. Sie stehen in mehreren *Schaltungsfamilien* in IC-Technik zur Verfügung. Innerhalb einer jeden Schaltungsfamilie werden eine Vielzahl unterschiedlicher Bausteine angeboten.

Eingangs- und Ausgangssignale von Logischen Schaltungen müssen mindestens zwei unterschiedliche Signalzustände haben. Sie werden in der theoretischen Betrachtung der Signalverarbeitung als *Eingangsvariable* und *Ausgangsvariable* (variabel = veränderlich) bezeichnet (**Bild 6.3**).

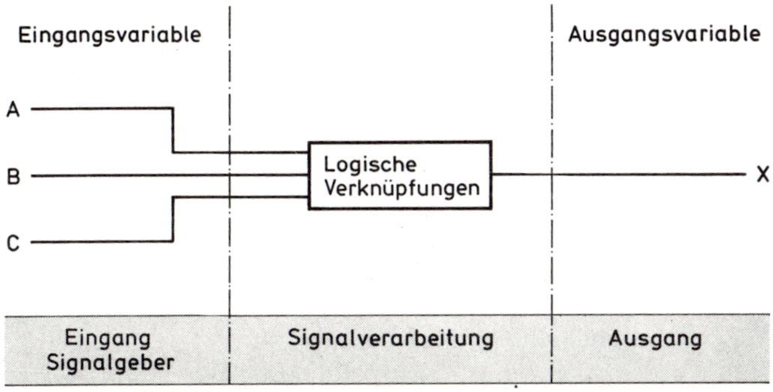

Bild 6.3 Blockschaltbild einer elektronischen Signalverarbeitung

Die Logischen Verknüpfungen im Block „Signalverarbeitung" sind der wesentliche Teil eines Steuergerätes. Hier werden die Eingangssignale aufgrund fester Gesetzmäßigkeiten zu folgerichtigen Ausgangssignalen verarbeitet. Ein *Logisches Schaltnetz* liegt vor, wenn in dem Block „Signalverarbeitung" nur Logische Verknüpfungen auftreten und damit ein konkreter und direkter zeitlicher Zusammenhang zwischen den Eingangssignalen und den Ausgangssignalen besteht. Bei einem Logischen Schaltnetz hängen also die Signalzustände an den Ausgängen ausschließlich von den Signalzuständen an den Eingängen ab.

Das Entwerfen Logischer Schaltnetze aufgrund einer vorgegebenen Aufgabenstellung wird als *Synthese Logischer Schaltnetze* bezeichnet. Werden dagegen vorgegebene Schaltnetze mit dem Ziel untersucht, den Zusammenhang zwischen der Ausgangsvariablen und den Eingangsvariablen zu bestimmen, so spricht man von der *Analyse Logischer Schaltnetze*.

Ein *Logisches Schaltwerk* liegt vor, wenn der Block „Signalverarbeitung" außer Logischen Verknüpfungsgliedern auch noch Signalspeicher enthält. Ein Logisches Schaltwerk enthält also immer ein Logisches Schaltnetz und Signalspeicher. Die Signalzustände an den Ausgängen hängen demnach nicht nur von den Signalzuständen an den Eingängen, sondern auch von den gespeicherten Signalen ab.

Können die Eingangsvariablen, die Ausgangsvariablen und die innerhalb des Blockes „Signalverarbeitung" auftretenden Signale nur zwei unterschiedliche Signalzustände annehmen, dann arbeitet ein solches System in *binärer Logik* (bi = zwei). Die beiden möglichen Signalzustände werden als Signalzustand „0" und Signalzustand „1" bezeichnet. Was technisch gesehen unter den Signalzuständen „0" und „1" verstanden werden soll, muß jeweils besonders festgelegt werden. In der Praxis ordnet man den beiden Signalzuständen keine festen Spannungswerte, sondern Spannungspegel zu.

Elektromechanische Schalter und die in Kapitel 5 behandelten elektronischen Schalter arbeiten in binärer Logik. Sie ist der Digitaltechnik zuzuordnen. Man spricht ganz allgemein von Digitaltechnik, wenn mit zwei oder auch mehreren Schaltzuständen gearbeitet wird und Zwischenwerte oder -stellungen zwischen den Schaltzuständen nicht auftreten dürfen. Unter dem Oberbegriff *„Digitale Steuerungstechnik"* wird heute jedoch im allgemeinen eine Steuerungstechnik verstanden, bei der im Steuergerät elektronische Bauteile verwendet werden, die in binärer Logik arbeiten.

6.2 Grundfunktionen der Logischen Verknüpfungen

6.2.1 Beschreibung und Darstellung von Logischen Verknüpfungen

Logische Verknüpfungen lassen sich völlig unabhängig von einer technischen Realisierung auf fünf verschiedene Arten jeweils eindeutig beschreiben oder darstellen, und zwar:

1. durch eine symbolhafte Darstellung (Schaltzeichen),
2. durch einen Signal-Zeit-Plan (Impuls-Diagramm),
3. durch eine Wahrheitstabelle (Wertetabelle, Funktionstabelle),
4. durch eine mathematische Gleichung (Funktionsgleichung),
5. durch eine Beschreibung mit Worten.

Die *symbolhafte Darstellung* erfolgt mit Hilfe von genormten Schaltzeichen nach DIN 40700, Teil 14 (Ausgabe Juli 1976).

Bei dem *Signal-Zeit-Plan* handelt es sich um eine zeichnerische Darstellung des zeitabhängigen Zusammenhanges zwischen der Ausgangsvariablen und den Eingangsvariablen.

In der *Wahrheitstabelle* wird der Wert der Ausgangsvariablen für jede mögliche Wertekombination der Eingangsvariablen in Tabellenform angegeben.

Die *mathematische Gleichung* ermöglicht eine rein rechnerische Erfassung von Logischen Verknüpfungen. Ihr liegt die „Boolsche Algebra" oder auch „Schaltalgebra" zugrunde. Sie arbeitet gegenüber der allgemeinen Algebra zum Teil mit anderen Rechenregeln und Rechensymbolen.

Die *Beschreibung mit Worten* ermöglicht es, einen konkreten Bezug zur praktischen Anwendung bzw. Aufgabenstellung herzustellen, oder aber auch einem Laien die Arbeitsweise einer Logischen Verknüpfung verständlich zu machen.

Jede dieser fünf Darstellungs- oder Beschreibungsarten einer Logischen Verknüpfung läßt sich in jede andere dieser fünf Arten umwandeln. Dabei ist es zunächst belanglos, mit welchen Bauelementen oder in welcher Schaltungstechnik die Logischen Verknüpfungen realisiert werden sollen oder können.

6.2.2 Die Grundfunktionen

Jede beliebige Logische Verknüpfung – auch die umfangreichste und komplizierteste mit vielen Eingangsvariablen – läßt sich stets auf Kombinationen von nur drei verschiedenen, sehr einfachen Logischen Verknüpfungen zurückführen. Die drei einfachsten Logischen Verknüpfungen werden *Grundfunktionen* genannt. Es sind dies:

die UND-Funktion (Konjunktion),
die ODER-Funktion (Disjunktion),
die NICHT-Funktion (Negation).

Für die Praxis von großer Bedeutung sind außer diesen drei Grundfunktionen auch noch zwei *zusammengesetzte Funktionen*, und zwar

die NAND-Funktion sowie
die NOR-Funktion.

Bei der NAND-Funktion sind eine UND-Funktion mit einer NICHT-Funktion, bei der NOR-Funktion eine ODER-Funktion mit einer NICHT-Funktion fest zusammengefaßt. Die Bezeichnungen dieser zusammengesetzten Funktionen sind der englischen Sprache entnommen:
NAND = **N**OT --- **AND** = NICHT – UND; NOR = **N**OT --- **OR** = NICHT – ODER.

6.2.2.1 Die UND-Verknüpfung (Konjunktion)

Bei der UND-Verknüpfung ist die Ausgangsvariable X nur dann gleich 1, wenn alle Eingangsvariablen $A, B \ldots$ gleich 1 sind. In allen anderen Fällen ist die Ausgangsvariable $X = 0$.

Festlegung

Eingang:	A, B	offen	$\hat{=}$ 0-Signal
	A, B	geschlossen	$\hat{=}$ 1-Signal
Ausgang:	X	offen	$\hat{=}$ 0-Signal
	X	geschlossen	$\hat{=}$ 1-Signal

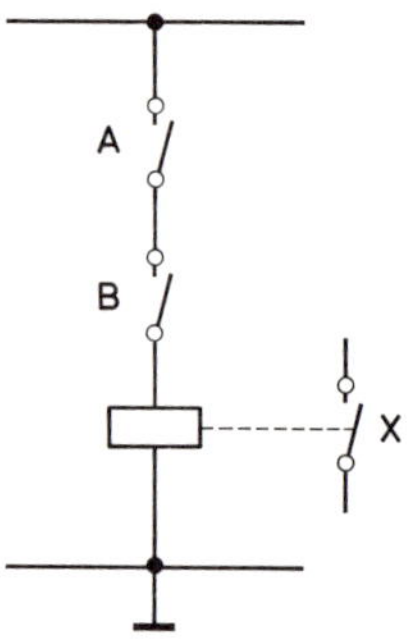

Bild 6.4 Realisierung einer UND-Verknüpfung mit Kontakten

Schaltzeichen

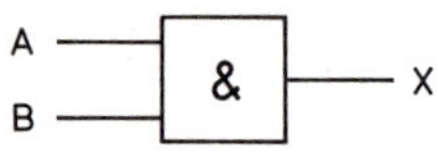

Bild 6.5 UND-Verknüpfung mit 2 Eingängen

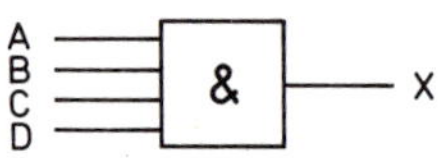

Bild 6.6 UND-Verknüpfung mit 4 Eingängen

Funktionsgleichung

Zur Kennzeichnung einer UND-Verknüpfung und als schaltalgebraisches Symbol wird das Zeichen $\wedge$ verwendet. Für 2 Eingangsvariable lautet die Funktionsgleichung einer UND-Verknüpfung damit

$$A \wedge B = X \qquad \text{sprich: } A \text{ und } B \text{ gleich } X$$

Diese Funktionsgleichung kann auf beliebig viele Eingangsvariable erweitert werden. Man schreibt dann:

$$A \wedge B \wedge C \wedge D \wedge \ldots = X$$

Wahrheitstabelle

Bei n Eingangsvariablen ergeben sich 2^n unterschiedliche Wertekombinationen dieser Eingangsvariablen und damit auch 2^n Zeilen der zugehörigen, vollständigen Wahrheitstabellen (**Bild 6.7**).

2 Eingangsvariable

B	A	X
0	0	0
0	1	0
1	0	0
1	1	1

$2^2 = 4$ Zeilen

3 Eingangsvariable

C	B	A	X
0	0	0	0
0	0	1	0
0	1	0	0
0	1	1	0
1	0	0	0
1	0	1	0
1	1	0	0
1	1	1	1

$2^3 = 8$ Zeilen

4 Eingangsvariable

D	C	B	A	X
0	0	0	0	0
0	0	0	1	0
0	0	1	0	0
0	0	1	1	0
0	1	0	0	0
0	1	0	1	0
0	1	1	0	0
0	1	1	1	0
1	0	0	0	0
1	0	0	1	0
1	0	1	0	0
1	0	1	1	0
1	1	0	0	0
1	1	0	1	0
1	1	1	0	0
1	1	1	1	1

$2^4 = 16$ Zeilen

Bild 6.7 Wahrheitstabellen für UND-Verknüpfungen mit 2, 3 und 4 Eingangsvariablen

In welcher Reihenfolge die verschiedenen Wertekombinationen der Eingangsvariablen untereinander aufgeschrieben werden, ist an sich beliebig. Es ist aber zweckmäßig, ein stets gleiches, festes Ordnungsschema zu verwenden. Üblich ist ein Ordnungsschema in der Reihenfolge der Schreibweise der Dualzahlen (siehe Kapitel 8.1.1.2).

Signal-Zeit-Plan

Eine Eindeutigkeit und damit eine vollständige Beschreibung ist nur dann gegeben, wenn in dem Signal-Zeit-Plan alle möglichen Wertekombinationen der Eingangsvariablen auftreten (**Bild 6.8**).

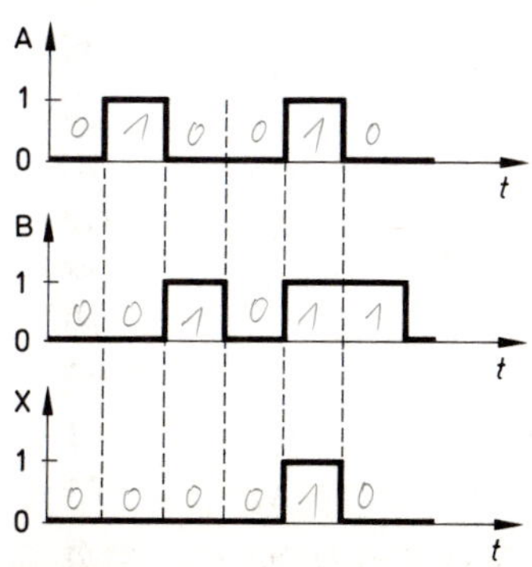

Bild 6.8 Signal-Zeit-Plan für UND-Verknüpfungen

6.2.2.2 Die ODER-Verknüpfung (Disjunktion)

Bei einer ODER-Verknüpfung ist die Ausgangsvariable X gleich 1, wenn mindestens eine Eingangsvariable gleich 1 ist. Nur wenn alle Eingangsvariablen gleich 0 sind, ist auch die Ausgangsvariable gleich 0.

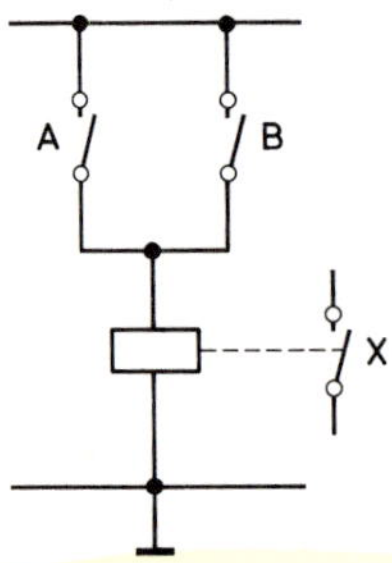

Bild 6.9 Realisierung einer ODER-Verknüpfung mit Kontakten

Schaltzeichen

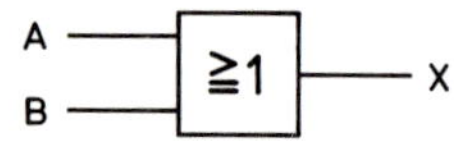

Bild 6.10 ODER-Verknüpfung mit 2 Eingängen

Funktionsgleichung

Zur Kennzeichnung einer ODER-Verknüpfung und als schaltalgebraisches Symbol wird das Zeichen $\vee$ verwendet. Für 2 Eingangsvariable lautet die Funktionsgleichung damit

$A \vee B = X$ sprich: *A* oder *B* gleich *X*

Bei beliebig vielen Eingangsvariablen kann geschrieben werden:

$A \vee B \vee C \vee D \vee \ldots = X$

Wahrheitstabelle und Signal-Zeit-Plan können auf beliebig viele Eingangsvariable erweitert werden (**Bild 6.11** und **Bild 6.12**).

Wahrheitstabelle

B	A	X
0	0	0
0	1	1
1	0	1
1	1	1

Bild 6.11 Wahrheitstabelle einer ODER-Verknüpfung

Signal-Zeit-Plan

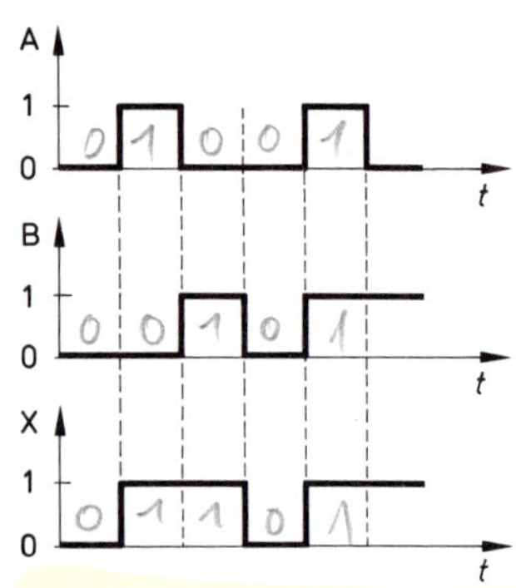

Bild 6.12 Signal-Zeit-Plan für ODER-Verknüpfungen

6.2.2.3 Die NICHT-Verknüpfung (Negation)

Bei einer NICHT-Verknüpfung ist die Ausgangsvariable *X* immer dann gleich 1, wenn die Eingangsvariable *A* gleich 0 ist und die Ausgangsvariable *X* immer dann gleich 0, wenn die Eingangsvariable *A* gleich 1 ist.

NICHT-Verknüpfungen haben stets nur eine Eingangsvariable.

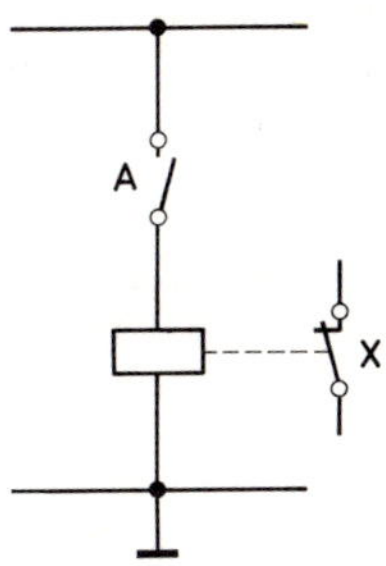

Bild 6.13 Realisierung einer NICHT-Verknüpfung mit Kontakten

Schaltzeichen

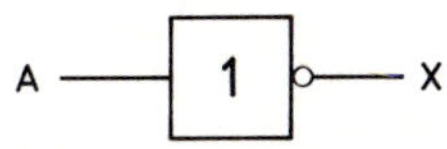

Bild 6.14 Schaltzeichen einer NICHT-Verknüpfung

Funktionsgleichung

Zur Kennzeichnung einer NICHT-Verknüpfung und als schaltalgebraisches Symbol wird die Eingangs- bzw. Ausgangsvariable mit einem darüber gesetzten Querstrich (Negationszeichen) versehen, z.B. $\bar{A}$; $\bar{X}$. Damit lautet die Funktionsgleichung einer NICHT-Verknüpfung:

$\bar{A} = X$ sprich: *A* nicht gleich *X*
oder: *A* quer gleich *X*

Wahrheitstabelle

A	X
0	1
1	0

Bild 6.15 Wahrheitstabelle einer NICHT-Verknüpfung

Signal-Zeit-Plan

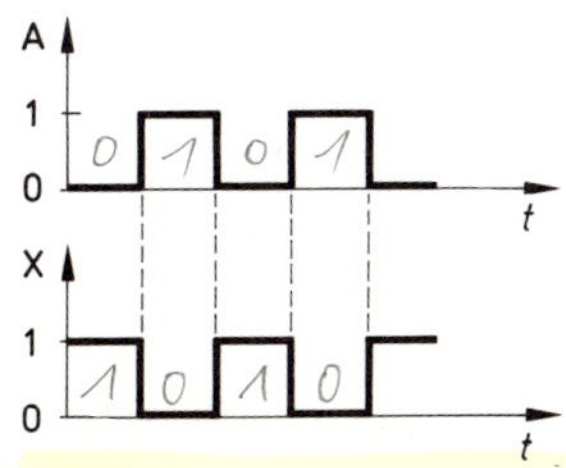

Bild 6.16 Signal-Zeit-Plan einer NICHT-Verknüpfung

6.2.2.4 Die NAND-Verknüpfung

Bei einer NAND-Verknüpfung ist die Ausgangsvariable *X* gleich 0, wenn alle Eingangsvariablen gleich 1 sind. In allen anderen Fällen ist die Ausgangsvariable *X* gleich 1.

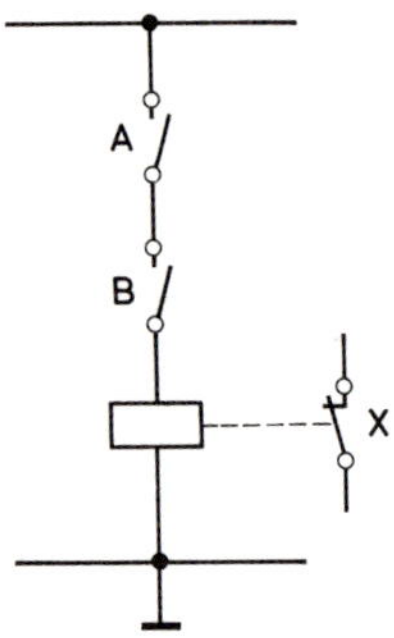

Bild 6.17 Realisierung einer NAND-Verknüpfung mit Kontakten

Schaltzeichen

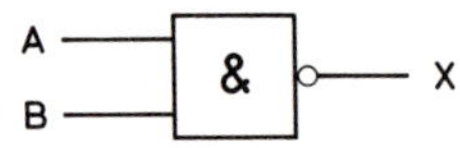

Bild 6.18 Schaltzeichen einer NAND-Verknüpfung

Funktionsgleichung

$$\overline{A \wedge B} = X \qquad \text{sprich: } A \text{ nänd } B \text{ gleich } X$$

Zur Kennzeichnung der NAND-Verknüpfung wird über die UND-Verknüpfung ein Querstrich gesetzt.

Wahrheitstabelle

B	A	X
0	0	1
0	1	1
1	0	1
1	1	0

Bild 6.19 Wahrheitstabelle einer NAND-Verknüpfung

Signal-Zeit-Plan

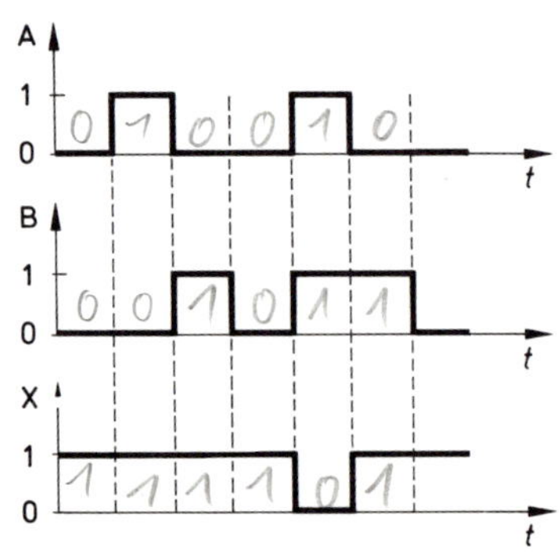

Bild 6.20 Signal-Zeit-Plan einer NAND-Verknüpfung

6.2.2.5 Die NOR-Verknüpfung

Bei einer NOR-Verknüpfung ist die Ausgangsvariable nur dann gleich 1, wenn alle Eingangsvariablen gleich 0 sind. In allen anderen Fällen ist die Ausgangsvariable *X* gleich 0.

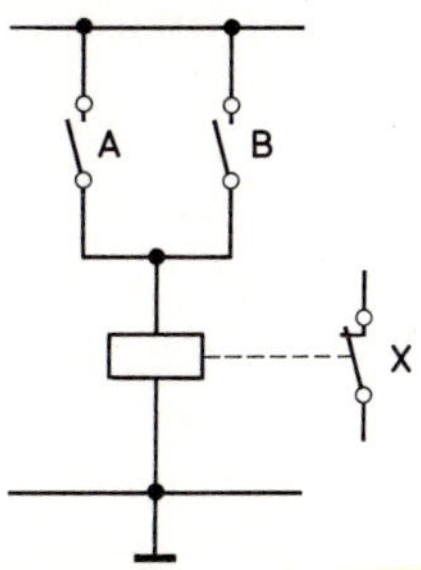

Bild 6.21 Realisierung einer NOR-Verknüpfung mit Kontakten

Schaltzeichen

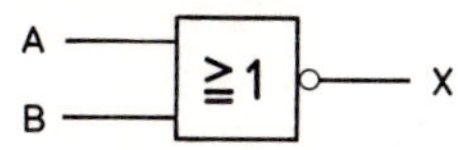

Bild 6.22 Schaltzeichen einer NOR-Verknüpfung

Funktionsgleichung

$\overline{A \vee B} = X$ sprich: *A* nor *B* gleich *X*

Zur Kennzeichnung der NOR-Verknüpfung wird über die ODER-Verknüpfung ein Querstrich gesetzt.

Wahrheitstabelle

B	A	X
0	0	1
0	1	0
1	0	0
1	1	0

Bild 6.23 Wahrheitstabelle einer NOR-Verknüpfung

Signal-Zeit-Plan

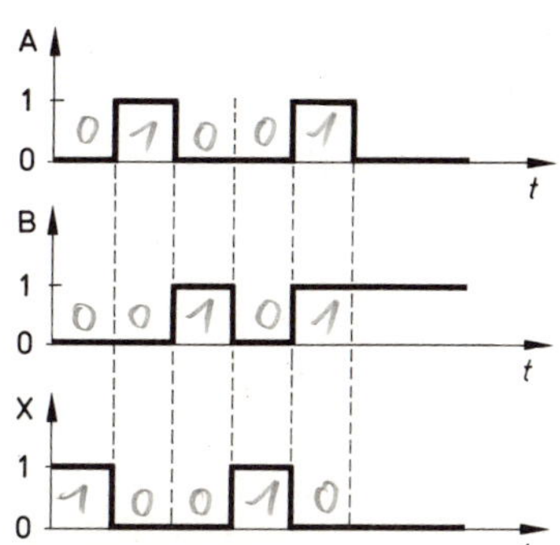

Bild 6.24 Signal-Zeit-Plan einer NOR-Verknüpfung

6.2.2.6 Anwendungsbeispiele

Beispiel für eine UND-Verknüpfung:

Aus Sicherheitsgründen darf der Motor einer Presse nur dann laufen (Ausgangsvariable $X = 1$), wenn das Schutzgitter geschlossen ist (Eingangsvariable $A = 1$) und sowohl der rechte Taster (Eingangsvariable $B = 1$) als auch der linke Taster (Eingangsvariable $C = 1$) gedrückt sind (**Bild 6.25** und **6.26**).

Funktionsgleichung: $X = A \wedge B \wedge C$

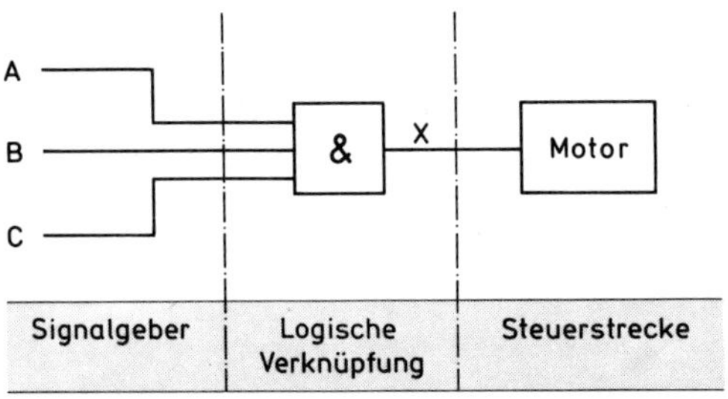

Bild 6.25 Prinzipschaltung

C	B	A	X	
0	0	0	0	
0	0	1	0	
0	1	0	0	
0	1	1	0	
1	0	0	0	
1	0	1	0	
1	1	0	0	
1	1	1	1	→ Motor läuft

Bild 6.26 Wahrheitstabelle

Beispiel für eine ODER-Verknüpfung:

Bei einer Alarmanlage soll von drei verschiedenen Stellen aus Alarm ausgelöst werden können, und zwar durch Schließen eines handbetätigten Schalters (Eingangsvariable $A = 1$), durch Öffnen eines Türkontaktes (Eingangsvariable $B = 0$) sowie durch Öffnen eines Fensterkontaktes (Eingangsvariable $C = 0$). Die Alarmhupe wird in Betrieb gesetzt, wenn am Eingang des vorgeschalteten Verstärkers 1-Signal liegt. ($X = 1$) (**Bild 6.27** und **6.28**).

Funktionsgleichung: $X = A \vee \bar{B} \vee \bar{C}$

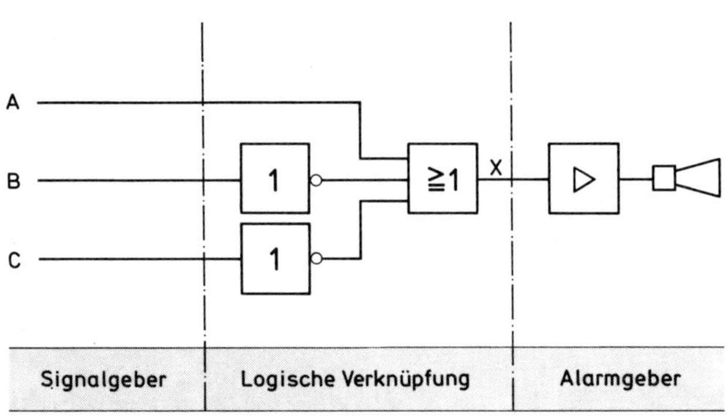

Bild 6.27 Prinzipschaltbild

C	B	A	$\overline{B}$	$\overline{C}$	X	
0	0	0	1	1	1	
0	0	1	1	1	1	
0	1	0	0	1	1	
0	1	1	0	1	1	
1	0	0	1	0	1	
1	0	1	1	0	1	
1	1	0	0	0	0	→ kein Alarm
1	1	1	0	0	1	

Bild 6.28 Wahrheitstabelle

Beispiel für eine NAND-Verknüpfung:

Eine Kontrollampe soll über eine Logische Verknüpfung angesteuert werden. Die Lampe soll leuchten, wenn sowohl Gerät 1 (Eingangsvariable $A = 1$) als auch das Gerät 2 (Eingangsvariable $B = 1$) eingeschaltet ist. Die Signallampe leuchtet, wenn am Eingang des vorgeschalteten Verstärkers 0-Signal liegt (**Bild 6.29** und **6.30**).

Funktionsgleichung: $X = \overline{A \wedge B}$

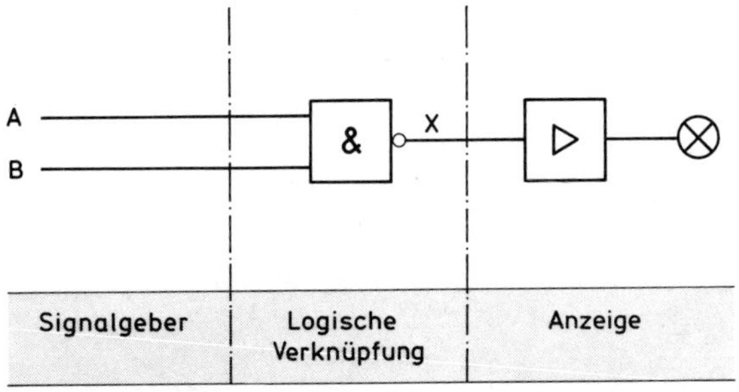

Bild 6.29 Prinzipschaltung

B	A	X	
0	0	1	
0	1	1	
1	0	1	
1	1	0	→ Lampe leuchtet

Bild 6.30 Wahrheitstabelle

Beispiel für eine NOR-Verknüpfung:

Eine Saalbeleuchtung soll von 3 verschiedenen Stellen mittels Schalter (Eingangsvariable *A*, *B* und *C*) eingeschaltet werden können. Als Stellglied ist ein Dimmer vorgesehen, der mit 0-Signal angesteuert werden muß, damit die Saalbeleuchtung brennt (**Bild 6.31** und **6.32**).

Funktionsgleichung: $X = \overline{A \vee B \vee C}$

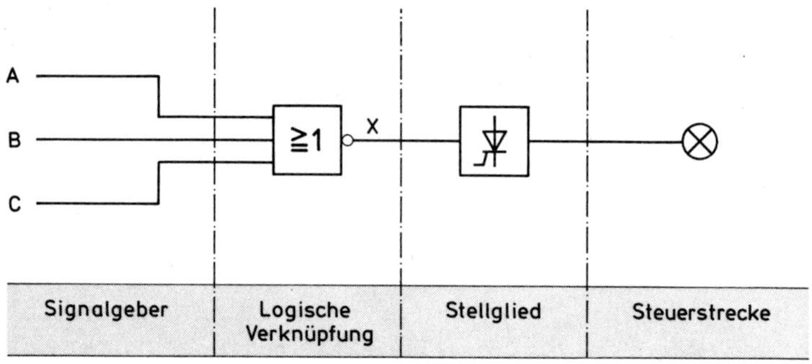

Bild 6.31 Prinzipschaltung

C	B	A	X
0	0	0	1
0	0	1	0
0	1	0	0
0	1	1	0
1	0	0	0
1	0	1	0
1	1	0	0
1	1	1	0

→ Lampen leuchten nicht

Bild 6.32 Wahrheitstabelle

6.3 Schaltungstechnik Logischer Verknüpfungsglieder

Die technische Realisierung von Logischen Verknüpfungen ist an kein bestimmtes System gebunden. Sie lassen sich nämlich auf vielfältige Weise aus elektromechanischen und elektronischen Bauelementen aufbauen. Zunächst standen Relais und Schaltschütze zur Verfügung. Sie hatten jedoch eine Reihe von Nachteilen, so z.B. den mechanischen Verschleiß, die Baugröße, das Gewicht, die Herstellungskosten und nicht zuletzt auch ihre Trägheit infolge mechanisch bewegter Teile.

Mit der Entwicklung von Halbleiterbauelementen wie Dioden und Transistoren wurde es dann möglich, Logische Verknüpfungsglieder viel kleiner, raumsparender und billiger herzustellen. Sie arbeiten kontaktlos, schalten sehr schnell und der Leistungsverbrauch ist relativ gering. Der Aufbau Logischer Verknüpfungsglieder aus einzelnen Widerständen, Dioden und Transistoren – also mit diskreten Bauelementen – war der Ausgangspunkt für die bedeutsame Entwicklung der gesamten Digitalen Steuerungstechnik.

Heute werden Logische Verknüpfungsglieder fast nur noch in integrierter Schaltungstechnik hergestellt und angeboten. Sie sind dadurch noch erheblich kleiner, billiger und universeller einsetzbar geworden. Da solche ICs sich nur dann zu einem Steuerungssystem zusammenschalten lassen, wenn ihre technischen Daten aufeinander abgestimmt sind, wurden mehrere „Schaltungsfamilien" oder „Schaltungsserien" entwickelt.

6.3.1 Schaltungstechnisches Grundprinzip

Logische Verknüpfungsglieder entstehen, wenn jeweils zwei oder auch mehrere Diodenschalter des Typs I oder des Typs II – so wie sie bereits in Kapitel 5.5 ausführlich behandelt worden sind – mit ihren Ausgängen zusammengeschaltet werden. Dann lassen sich auch die beiden Arbeitswiderstände zu einem gemeinsamen Arbeitswiderstand zusammenfassen. Durch diesen gemeinsamen Arbeitswiderstand werden die Eingangssignale dann miteinander „verknüpft".

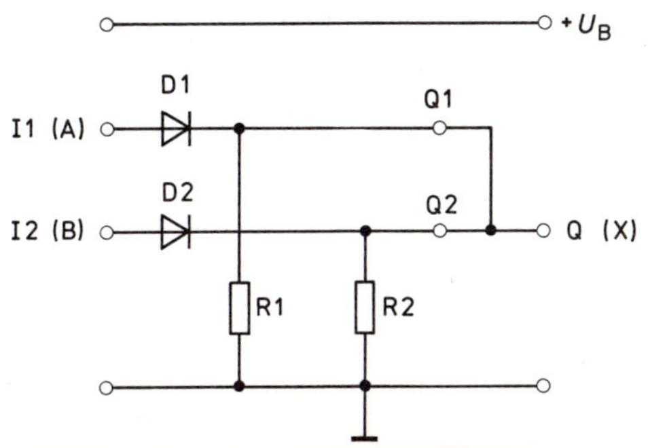

Bild 6.33 Zwei Diodenschalter (Typ I) mit einem gemeinsamen Ausgang ODER

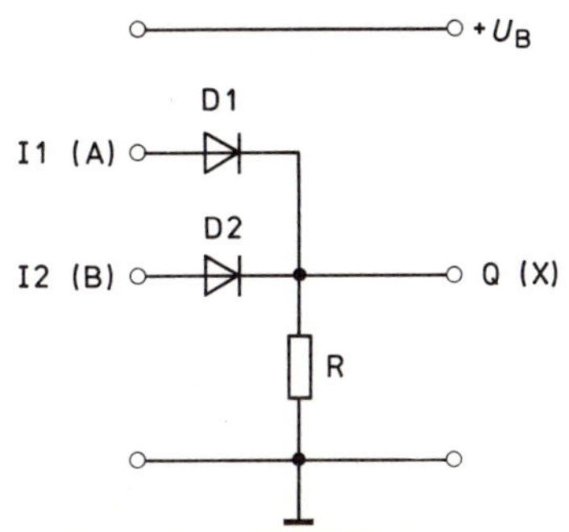

Bild 6.34 Zwei Diodenschalter (Typ I) mit einem gemeinsamen Arbeitswiderstand ODER

Werden an die Eingänge I1 und I2 der Schaltungen nach **Bild 6.33** und **Bild 6.34** gleichzeitig zwei unterschiedlich große Spannungen ($\Delta U_I \geqq 0{,}7\,\text{V}$) gelegt, so erscheint am Ausgang Q der Schaltungen jeweils die größte der beiden Eingangsspannungen, vermindert um die Flußspannung U_F der Diode dieses Einganges.

Für die Schaltung gilt daher ganz allgemein:

$$U_Q = U_{I\,max} - U_F.$$

Nur jeweils die Diode an dem Eingang I, an dem die größte Eingangsspannung liegt, ist leitend, während alle übrigen Dioden an den Eingängen mit den kleineren Eingangsspannungen gesperrt und damit ohne Einfluß auf die Ausgangsspannung sind.

Das gleiche Verhalten tritt auch auf, wenn die Eingänge nicht mit beliebigen Spannungswerten, sondern mit Spannungswerten innerhalb von L- und H-Pegeln angesteuert werden. Auch dann dominiert in jedem Fall das Signal mit dem größeren

Spannungswert, also ein H-Signal. Diese Zusammenhänge lassen sich in übersichtlicher Form in einer Wertetabelle darstellen (**Bild 6.35**).

I2	I1	Q
L	L	L
L	H	H
H	L	H
H	H	H

Bild 6.35 Wertetabelle für die Schaltungen nach Bild 6.33 und 6.34

Man spricht von einer *Wertetabelle*, wenn die Zusammenhänge zwischen den möglichen Kombinationen der Spannungswerte an den Eingängen und dem Spannungswert am Ausgang in Tabellenform angegeben werden. Das gleiche gilt auch für die Zusammenhänge zwischen den Eingangspegeln und dem Ausgangspegel.

Durch eine feste Zuordnung von Pegeln zu Logischen Signalen, bzw. Logischen Zuständen „0" und „1" kann dann auch zu der Wertetabelle nach Bild 6.35 für die theoretische Betrachtung der Schaltung eine *Wahrheitstabelle* aufgestellt werden. Hierfür wird die heute übliche Zuordnung L ≙ 0-Signal und H ≙ 1-Signal gewählt. Entsprechend der Norm werden dann bei der theoretischen Betrachtung Logischer Schaltungen die Eingangsvariablen mit Großbuchstaben *A*, *B*, *C* usw., die Ausgangsvariable mit dem Großbuchstaben *X* bezeichnet (**Bild 6.36**).

B	A	X
0	0	0
0	1	1
1	0	1
1	1	1

Bild 6.36 Wahrheitstabelle für die Schaltung nach Bild 6.34

Diese Wahrheitstabelle ist identisch mit der Wahrheitstabelle einer ODER-Verknüpfung (Bild 6.11). Eine ODER-Verknüpfung läßt sich also in einfachster Weise durch eine Zusammenschaltung von mindestens zwei Diodenschaltern des Typs I technisch realisieren.

Eine UND-Verknüpfung entsteht dagegen, wenn mindestens zwei Diodenschalter vom Typ II mit ihren Ausgängen zusammengeschaltet werden.

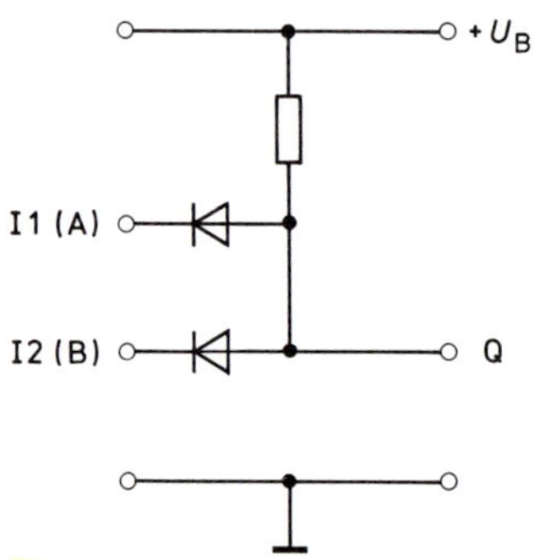

Bild 6.37 Zwei Diodenschalter (Typ II) mit gemeinsamen Arbeitswiderstand

I2	I1	Q
L	L	L
L	H	L
H	L	L
H	H	H

Bild 6.38 Wertetabelle zur Schaltung nach Bild 6.37

B	A	X
0	0	0
0	1	0
1	0	0
1	1	1

Bild 6.39 Wahrheitstabelle zur Schaltung nach Bild 6.37

Werden an die Eingänge I1 und I2 der Schaltung nach **Bild 6.37** gleichzeitig zwei unterschiedlich große Spannungen ($\Delta U_I \geqq 0{,}7\,V$) gelegt, so erscheint am Ausgang Q der Schaltung jeweils die kleinste der beiden Eingangsspannungen, erhöht um die Flußspannung U_F der Diode dieses Einganges.

$$U_Q = U_{I\,min} + U_F.$$

Hier ist immer nur die Diode am Eingang I leitend, an dem die kleinste Eingangsspannung liegt. Alle übrigen Dioden mit den größeren Eingangsspannungen sind dann jeweils gesperrt. Die größeren Eingangsspannungen haben daher keinen Einfluß auf die Ausgangsspannung. Bei dieser Schaltung dominiert also stets die kleinste Eingangsspannung.

Bild 6.38 zeigt die Wertetabelle und **Bild 6.39** die Wahrheitstabelle zu der Schaltung nach Bild 6.37. Diese Wahrheitstabelle ist identisch mit derjenigen einer UND-Verknüpfung.

Die dritte Grundverknüpfung, die NICHT-Verknüpfung, wurde bereits in Kapitel 5.6 behandelt. Sie wird schaltungstechnisch realisiert durch einen einfachen Transistorschalter, also einen Inverter. Die beiden zusammengesetzten Logischen Verknüpfungen – die NAND-Verknüpfung und die NOR-Verknüpfung – entstehen, wenn an den Ausgang einer UND-Schaltung bzw. ODER-Schaltung jeweils ein Inverter angeschlossen wird.

Die **Bilder 6.40** bis **6.44** zeigen noch einmal das schaltungstechnische Grundprinzip der drei Grundverknüpfungen sowie der 2 zusammengesetzten Verknüpfungen. Nur noch in wenigen Ausnahmen ist es heute vertretbar, Logische Schaltungen aus einzelnen Bauelementen aufzubauen. Das ist z. B. der Fall, wenn nur eine oder wenige Logische Verknüpfungen realisiert werden müssen innerhalb einer Gesamtschaltung, die im wesentlichen eine ganz andere technische Funktion erfüllt. Die Auswahl und Dimensionierung der einzelnen Bauelemente kann dann so erfolgen, daß sich die einzelnen Logischen Schaltungen optimal in das vorgegebene Konzept der Ge-

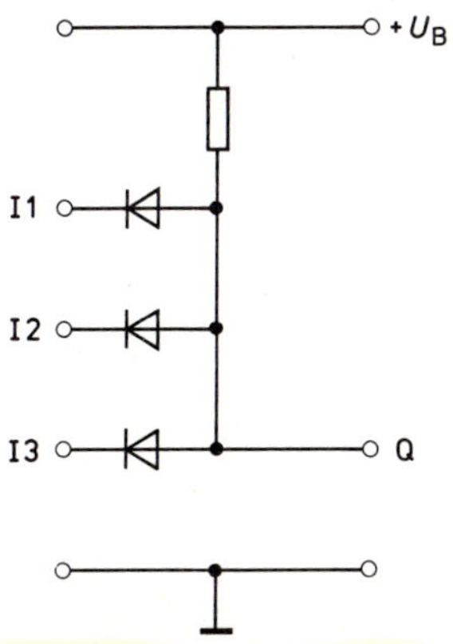

Bild 6.40 UND-Schaltung mit 3 Eingängen

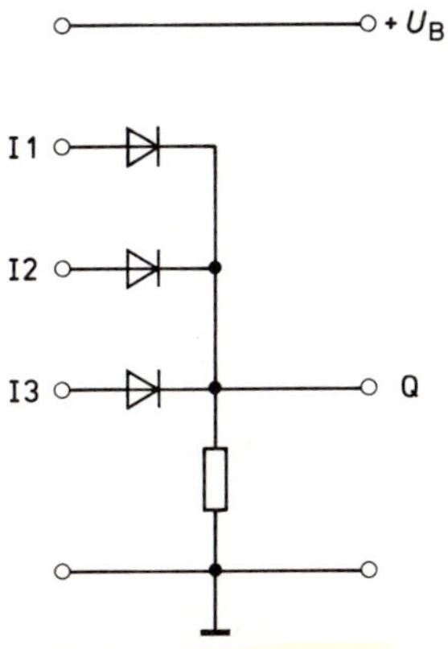

Bild 6.41 ODER-Schaltung mit 3 Eingängen

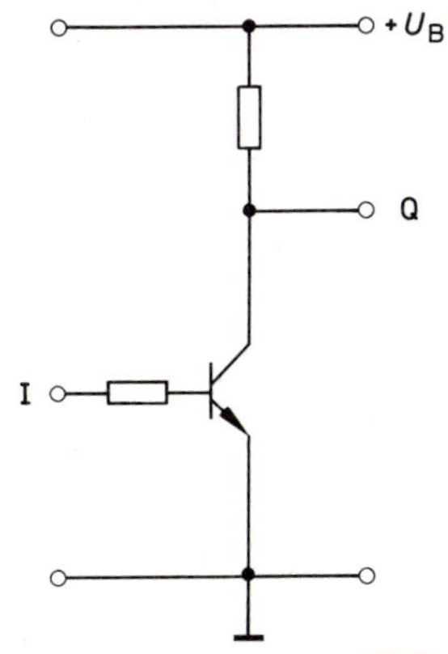

Bild 6.42 NICHT-Schaltung

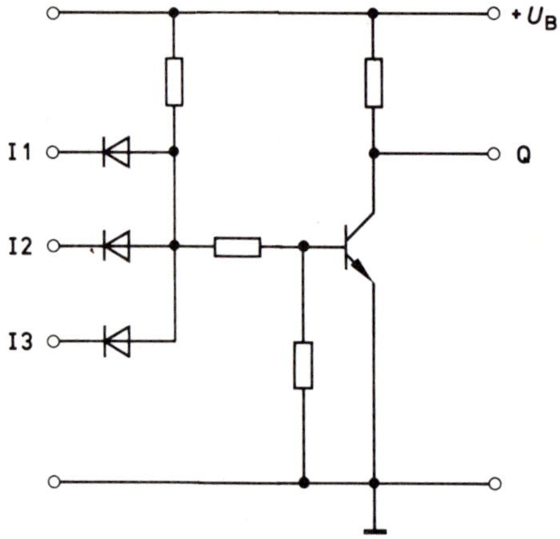

Bild 6.43 NAND-Schaltung mit 3 Eingängen

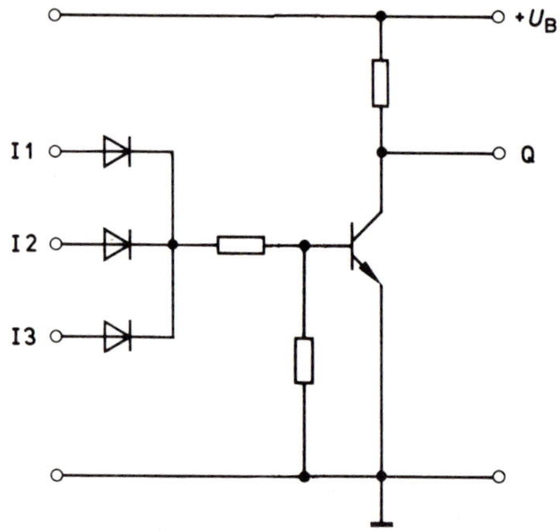

Bild 6.44 NOR-Schaltung mit 3 Eingängen

samtschaltung einpassen lassen. So ist dann eine Anpassung an die Betriebsspannung der Gesamtschaltung, an die zur Verfügung stehenden Signalspannungen dieser Schaltung oder auch an die zulässigen Belastungen von Eingängen und Ausgängen möglich.

Bei der Dimensionierung von Logischen Schaltungen mit diskreten Bauelementen kann von den Angaben und Beispielen in den Kapiteln 5.5 und 5.6 ausgegangen werden. Dies gilt in gleicher Weise auch für die Berücksichtigung der Eingangs- und Ausgangsströme sowie der zulässigen Belastung der Ausgänge. Da aber Logische Schaltungen in diskreter Schaltungstechnik heute nur noch von untergeordneter Bedeutung sind, soll hier auch nicht weiter auf die Schwierigkeiten und Probleme eingegangen werden, die bei der Dimensionierung derartiger Schaltungen auftreten können.

6.3.2 Logische Schaltungen in IC-Technik

Die technischen Daten von Logischen Schaltungen in IC-Technik werden vom Hersteller vorgegeben. Die einzelnen Logischen Schaltungen lassen sich aber nur dann zu einem Gesamtsystem zusammenschalten, wenn wesentliche technische Daten übereinstimmen. Sind Logische Schaltungen in der gleichen Technologie hergestellt und so ausgelegt, daß sie

gleiche Versorgungsspannungen,
gleiche Eingangs- und Ausgangspegel,
gleiche Größenordnungen der Schalt- und Signallaufzeit sowie
gleichen Störabstand

haben, so spricht man von einer Schaltungsfamilie. Im Kapitel 5.7 ist bereits die Familie der TTL-Schaltungen und in Kapitel 5.8 die Familie der C-MOS-Schaltungen erwähnt. Sie sind dort jeweils durch Schalter oder Inverter dargestellt.

Innerhalb einer Schaltungsfamilie werden aber stets eine größere Zahl von Bausteinen mit unterschiedlichen Funktionen angeboten, so daß sich in der Regel jede

Steuerungsaufgabe mit den Logischen Verknüpfungsgliedern aus einer Schaltungsfamilie verwirklichen läßt.

Im Laufe der Entwicklung der IC-Technik sind eine Reihe von Schaltungsfamilien entstanden und zum Einsatz gekommen. Zu ihrer Kennzeichnung werden Kurzbezeichnungen verwendet. Diese weisen meistens auf eine bestimmte Schaltungstechnik hin; manchmal aber auch auf eine charakteristische Eigenschaft einer Schaltungsfamilie hin.

In der Digitalen Steuerungstechnik haben sich mehrere Schaltungsfamilien durchgesetzt. Es sind dies:

die DTL-Familie	(**D**ioden-**T**ransistor-**L**ogik),
die TTL-Familie	(**T**ransistor-**T**ransistor-**L**ogik),
die C-MOS-Familie	(**C**omplementary-**MOS**-**FET**s).

Darüber hinaus gibt es noch eine Reihe weiterer Schaltungsfamilien, die heute keine praktische Bedeutung mehr haben (z. B. RTL-, RCTL-, DCTL-Schaltungen) oder die hauptsächlich für spezielle Aufgaben eingesetzt werden (z. B. DTLZ-, Schottky-TTL-, ECL-, CTL-, *p*-MOS-, *n*-MOS-Schaltungen).

Für Schaltungsfamilien mit besonderen Eigenschaften werden z. B. auch noch folgende Abkürzungen benutzt:

HLL-Schaltungen	(**H**igh-**L**evel-**L**ogik),
LPS-Schaltungen	(**L**ow-**P**ower-**S**chottky-Logik),
LSL-Schaltungen	(**L**angsame-**S**törsichere-**L**ogik).

Auch der Integrationsgrad einer Schaltungsfamilie wird meistens als Abkürzung angegeben. Dann bedeutet:

SSI = **S**mall-**S**cale-**I**ntegration
mit etwa 1 bis 10 Verknüpfungsgliedern je Chip,

MSI = **M**edium-**S**cale-**I**ntegration
mit etwa 10 bis 100 Verknüpfungsgliedern je Chip,

LSI = **L**arge-**S**cale-**I**ntegration
mit etwa 100 bis 1000 Verknüpfungsgliedern je Chip,

ELSI = **E**xtrem-**L**arge-**S**cale-**I**ntegration
mit über 1000 Verknüpfungsgliedern je Chip.

6.3.2.1 Schaltungstechnik der DTL-Familie

Das Grundprinzip der DTL-Familie ist bereits im Kapitel 6.3.1 als Logische Schaltungen mit diskreten Bauelementen beschrieben. Eine Diodenschaltung nimmt die Logische Verknüpfung vor. Ein nachgeschalteter Transistorschalter verstärkt das Signal und invertiert es. Die typische Schaltung der DTL-Familie ist die NAND-Verknüpfung. Hergestellt werden aber auch NOR-Glieder, Inverter und Schaltverstärker (Buffer). Die Ausgänge sind sowohl in Standardversion als auch mit offenem Kollektor ausgeführt.

Am bekanntesten sind in der DTL-Familie die Schaltungen mit der Serienkennziffer 930. Sie werden in Dual-in-Line-Gehäusen (TO 116) geliefert.

Bild 6.45 zeigt als Beispiel für ein Verknüpfungsglied in DTL-Technik das NAND-Glied 930. Zwei derartige NAND-Glieder sind dabei in einem Gehäuse zusammengefaßt.

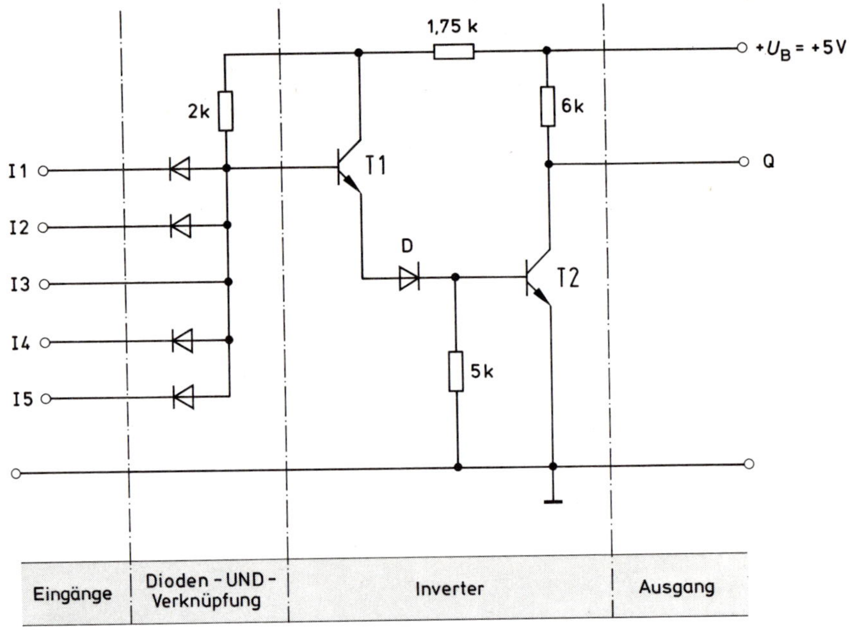

Bild 6.45 Schaltung eines NAND-Verknüpfungsgliedes vom Typ 930

In der Diodenschaltung am Eingang erfolgt die logische Verknüpfung der Eingangssignale. Der Eingang I3 ist ein Erweiterungseingang, an den zur Vergrößerung der Zahl der Eingänge noch weitere Dioden angeschlossen werden können. Liegt an allen 4 Diodeneingängen H-Signal, so liegt auch an der Basis von T1 H-Signal, T1 ist leitend und T2 ist ebenfalls leitend. Am Ausgang Q erscheint dann L-Signal. Liegt an wenigstens einem Diodeneingang L-Signal, so ist T1 gesperrt und als Folge davon auch T2. Am Ausgang erscheint H-Signal. Die Diode D wird als Hubdiode oder Potential-Schiebediode bezeichnet. Durch sie wird erreicht, daß bei den zugelassenen Signalpegeln der Transistor T2 auch unter den ungünstigsten Bedingungen gesperrt wird.

Logische Schaltungen in DTL-Technik haben sich in der Praxis zwar recht gut bewährt, werden aber heute für Neuentwicklungen nicht mehr verwendet und sind teilweise auch nicht mehr lieferbar, weil inzwischen die TTL-Familie und die C-MOS-Familie erhebliche Vorteile im praktischen Einsatz bieten. Aus diesen Gründen wird hier auch nicht mehr auf die technischen Daten und Besonderheiten der DTL-Familie näher eingegangen.

6.3.2.2 Schaltungstechnik der TTL-Familie

Charakteristisches Merkmal von Logischen Schaltungen der TTL-Familie ist der „Multi-Emitter-Transistor“ in den Eingängen. Es handelt sich dabei um eine integrierte Transistorausführung mit mehreren Emittern. Dieser Multi-Emitter-Transistor nimmt eine Logische UND-Verknüpfung der Eingangssignale vor und ersetzt von seiner Funktion her die Dioden-UND-Schaltung am Eingang von Schaltungen in DTL-Technik. Diesem Multi-Emitter-Transistor ist stets noch eine Inverter-Funktion nachgeschaltet, so daß sich als Standard-Baustein der TTL-Technik ebenfalls ein NAND-Glied ergibt (**Bild 6.46**).

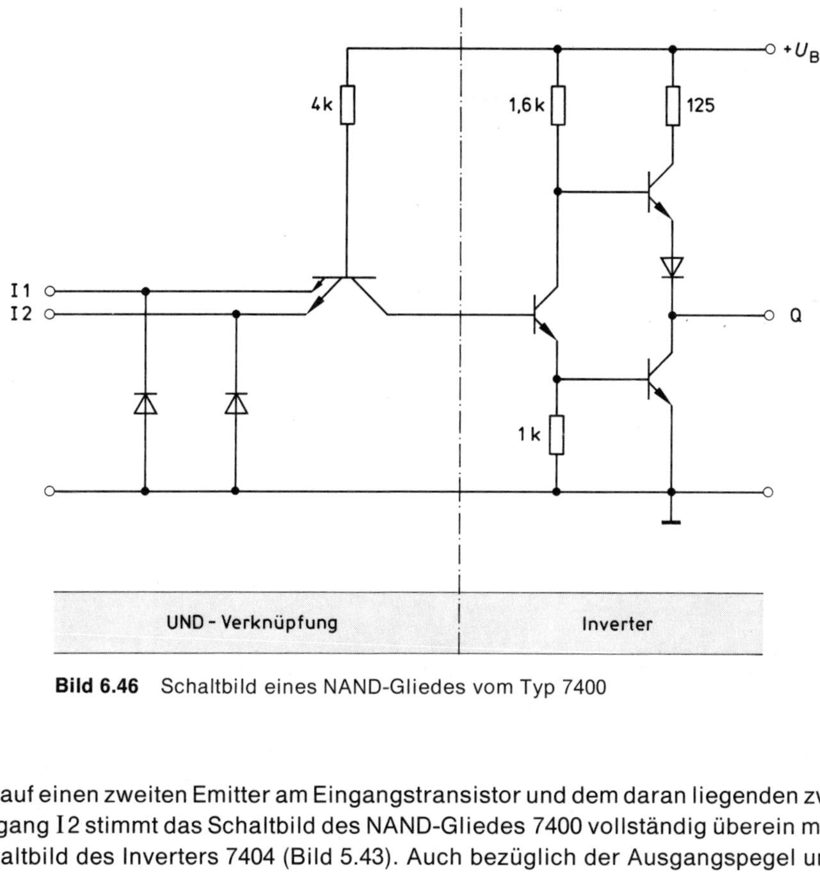

Bild 6.46 Schaltbild eines NAND-Gliedes vom Typ 7400

Bis auf einen zweiten Emitter am Eingangstransistor und dem daran liegenden zweiten Eingang I2 stimmt das Schaltbild des NAND-Gliedes 7400 vollständig überein mit dem Schaltbild des Inverters 7404 (Bild 5.43). Auch bezüglich der Ausgangspegel und der zulässigen Belastung des Ausganges bestehen keine Unterschiede. Darüber hinaus gelten aber auch für jeden einzelnen Eingang des NAND-Gliedes die gleichen technischen Daten wie für den Inverter 7404, die im Kapitel 5.7.2.1 „Betriebsfälle für Eingang und Ausgang“ näher erläutert und angegeben sind.

Für den Praktiker ist die genaue Kenntnis der Arbeitsweise des integrierten Multi-Emitter-Transistors nicht erforderlich. Es reicht vielmehr aus, zu wissen, daß durch ihn eine UND-Verknüpfung der Eingangssignale vorgenommen wird, daß bei L-Signal an einem Eingang ein Strom I_{IL} aus diesem Eingang „herausfließt“ und bei H-Signal an einem Eingang ein Strom I_{IH} in diesen Eingang „hineinfließt“.

Die für jede Logische Schaltung in TTL-Technik gültigen und charakteristischen Werte sind hier nochmals kurz zusammengefaßt:

Betriebsspannung:	$U_B = +5\,V$	
Eingangsströme:	$-I_{IL} \leqq 1{,}6\,mA$;	$I_{IH} \leqq 40\,\mu A$
Ausgangsströme:	$I_{QL} \leqq 16\,mA$;	$-I_{QH} \leqq 0{,}4\,mA$
Pegelfelder:	Siehe Bild 5.42.	

6.3.2.3 Schaltungstechnik der C-MOS-Familie

Logische Verknüpfungsschaltungen der C-MOS-Technik sind aus komplementären, selbstsperrenden MOS-Feldeffekt-Transistoren aufgebaut, d. h. es sind jeweils *p*-Kanal-MOS-FETs und *n*-Kanal-MOS-FETs zusammengeschaltet. In Kapitel 5.8.2 ist das Arbeitsprinzip eines Schalters in C-MOS-Technik bereits näher erläutert.

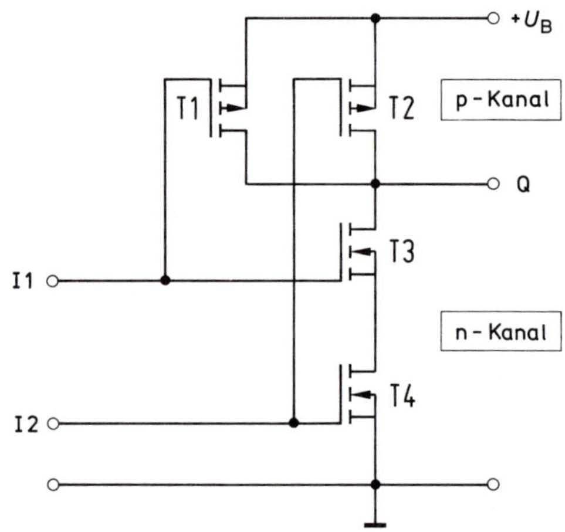

Bild 6.47 Schaltbild eines NAND-Gliedes in C-MOS-Technik

Ein NAND-Glied in C-MOS-Technik mit 2 Eingängen entsteht, wenn 2 *p*-Kanal-MOS-FETs parallel und 2 *n*-Kanal-MOS-FETs in Reihe und diese FETs dann entsprechend **6. 47** zusammengeschaltet werden.

Liegt an den beiden Eingängen I1 und I2 H-Signal, so sind alle *p*-Kanal-Transistoren gesperrt und alle *n*-Kanal-Transistoren leitend. Am Ausgang Q erscheint das L-Signal. Liegt dagegen an den Eingängen I1 oder I2 oder aber an beiden Eingängen L-Signal, so werden die zugehörigen *n*-Kanal-Transistoren gesperrt und die *p*-Kanal-Transistoren leitend. Am Ausgang erscheint dann in jedem Fall H-Signal.

Bild 6.48 zeigt ein NOR-Glied in C-MOS-Technik. Hier sind die *p*-Kanal-MOS-FETs in Reihe und die *n*-Kanal-MOS-FETs parallel geschaltet.

Liegt an einem Eingang oder an beiden Eingängen H-Signal, so sind die zugehörigen *n*-Kanal-MOS-FETs leitend und die *p*-Kanal-MOS-FETs gesperrt. Am Ausgang er-

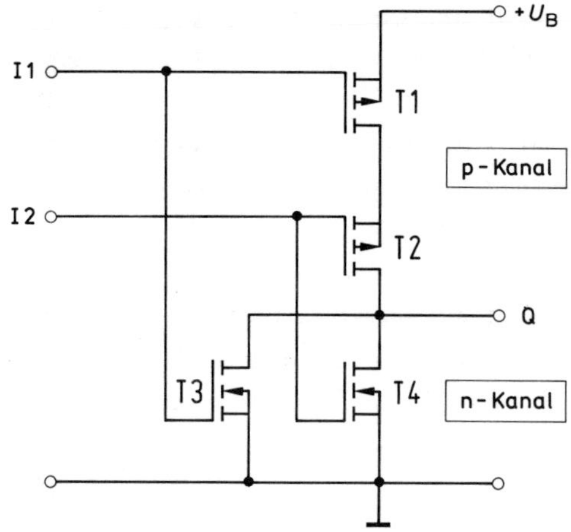

Bild 6.48 Schaltbild eines NOR-Gliedes in C-MOS-Technik

scheint dann jeweils L-Signal. Liegt dagegen an beiden Eingängen L-Signal, sind beide *p*-Kanal-MOS-FETs leitend und beide *n*-Kanal-MOS-FETs gesperrt. Am Ausgang erscheint dann H-Signal.

In gleicher Weise können NAND-Glieder und NOR-Glieder in C-MOS-Technik mit jeweils drei oder mehr Eingängen durch entsprechende Parallel- bzw. Reihenschaltung von jeweils drei oder mehr *p*-Kanal- und *n*-Kanal-Transistoren aufgebaut werden.

Alle Eingänge und Ausgänge haben eine Schutzbeschaltung mit Dioden, wie sie in Bild 5.75 näher angegeben ist.

Für die Eingänge und Ausgänge von Logischen Schaltungen in C-MOS-Technik gelten die gleichen Daten wie für die Eingänge und Ausgänge der C-MOS-Schalter (Kapitel 5.8.3.2).

Die wichtigsten Werte sind hier nochmals wiederholt:

$-I_{IL} \leqq 1\,\mu A$; $I_{IH} \leqq 1\,\mu A$

$I_{QL} \leqq 6{,}4\,mA\,(U_B = +\,5\,V)$; $-I_{QH} \leqq 1{,}6\,mA\,(U_B = +\,5\,V)$

$I_{QL} \leqq 16\,mA\,(U_B = +\,10\,V)$; $-I_{QH} \leqq 6\,mA\,(U_B = +\,10\,V)$

$I_{QL} \leqq 48\,mA\,(U_B = +\,15\,V)$; $-I_{QH} \leqq 12\,mA\,(U_B = +\,15\,V)$

6.3.3 Logische Schaltungen der TTL-Serie 74xx

Die wichtigste Serie innerhalb der TTL-Familie ist die Serie 74xx. Von deutschen Herstellern wird sie auch unter der Bezeichnung FL. . . 100 angeboten. Die einzelnen Bausteine werden in Dual-in-Line-Gehäusen (TO 116) mit 14 oder 16 Anschlüssen geliefert.

Die TTL-Serie 74xx umfaßt eine Vielzahl verschiedener Logischer Schaltungen, die von allen Herstellern mit gleichen technischen Daten produziert werden. Aus der Vielzahl dieser Bausteine sind hier nur einige häufig eingesetzte Typen ausgewählt.

7400 = FLH 101 = 4 × NAND-Glieder mit je 2 Eingängen

7402 = FLH 191 = 4 × NOR-Glieder mit je 2 Eingängen

7408 = FLH 381 = 4 × UND-Glieder mit je 2 Eingängen

7410 = FLH 111 = 3 × NAND-Glieder mit je 3 Eingängen

7420 = FLH 121 = 2 × NAND-Glieder mit je 4 Eingängen

7430 = FLH 131 = 1 × NAND-Glied mit 8 Eingängen

7451 = FLH 161 = 2 × UND-NOR-Glieder mit 2 × 2 Eingängen

7454 = FLH 181 = 1 × UND-NOR-Glieder mit 4 × 2 Eingängen

Zahlreiche weitere Typen sind in den Datenbüchern der Hersteller aufgeführt.

Beim praktischen Einsatz der TTL-Bausteine sind u. a. auch noch einige schaltungstechnische Vorschriften für unbenutzte Eingänge zu beachten.

Schaltungstechnische Vorschriften für unbenutzte Eingänge

Unbenutzte Eingänge von Logischen Schaltungen der TTL-Serie 74xx müssen grundsätzlich beschaltet werden. Für diese Beschaltung gilt:

a) *Unbenutzte Eingänge von benutzten UND- und NAND-Gliedern* können entweder direkt mit der Betriebsspannung U_B oder auch mit benutzten Eingängen desselben Gliedes verbunden werden.
Ist nicht gewährleistet, daß $U_{B\,max} \leq +5{,}5\,V$ ist, so müssen die unbenutzten Eingänge über einen Widerstand $R = 1\ k\Omega$ mit der Betriebsspannung U_B verbunden werden. Beim Zusammenschalten mehrerer Eingänge ist das Fan-out der ansteuernden Stufe zu beachten.

b) *Unbenutzte Eingänge von benutzten ODER- und NOR-Gliedern* können entweder direkt mit Masse oder auch mit benutzten Eingängen desselben Gliedes verbunden werden. Im 2. Fall ist wieder das Fan-out der ansteuernden Stufe zu beachten.

Bild 6.49 zeigt die Anschlußbilder für acht verschiedene Verknüpfungsglieder der TTL-Serie 74xx.

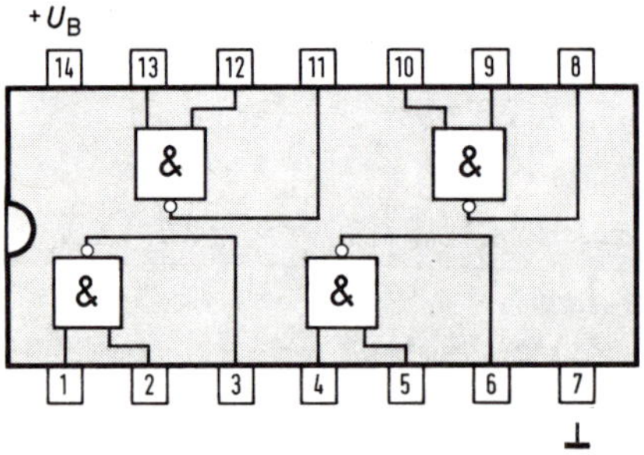

Typ 7400

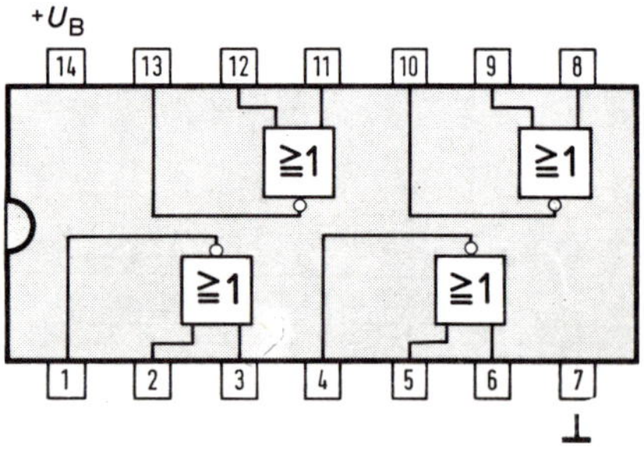

Typ 7402

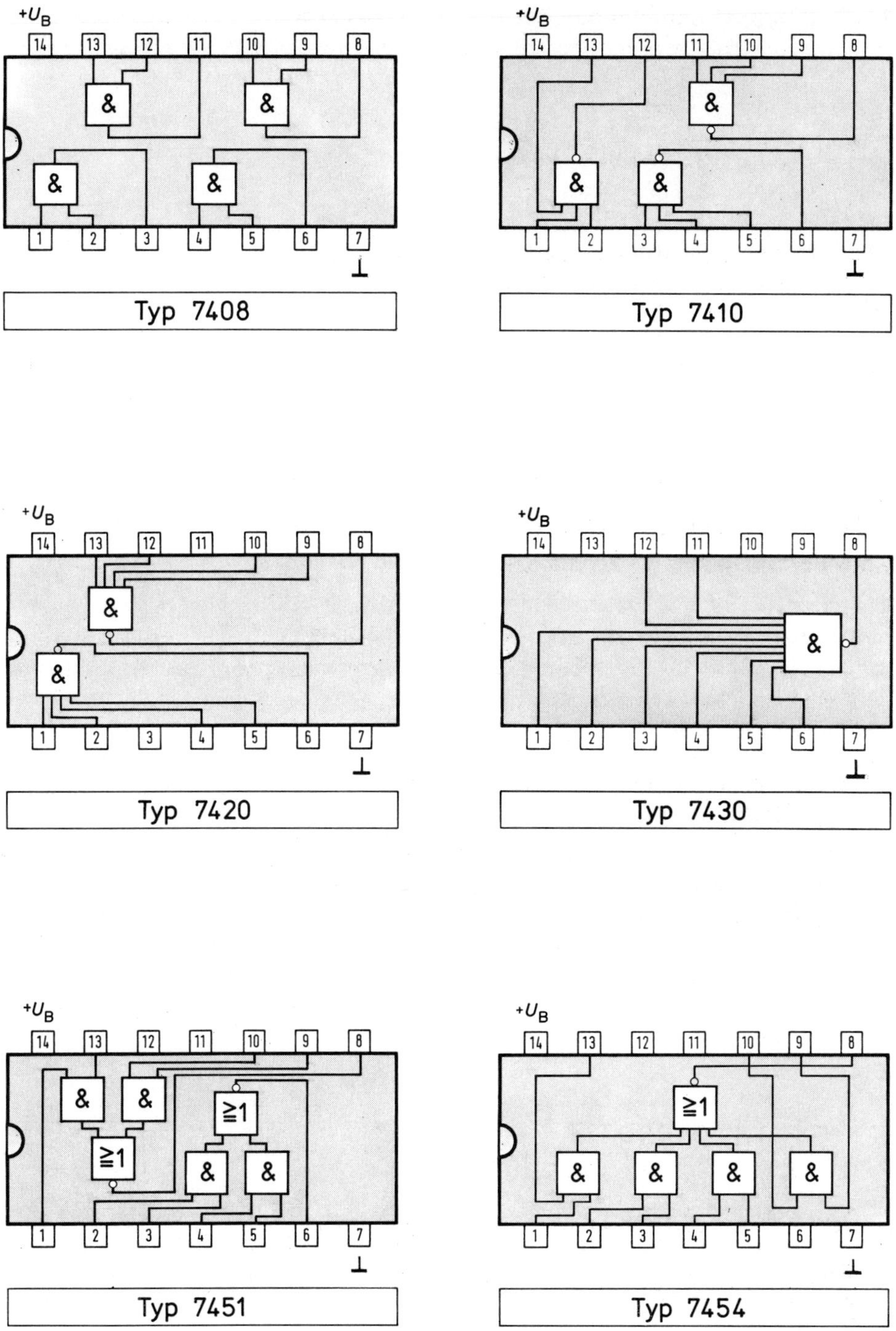

Bild 6.49 Anschlußbilder (Draufsicht) für 8 verschiedene Verknüpfungsglieder der TTL-Serie 74xx

6.3.4 Logische Schaltungen der C-MOS-Serie 40xx

Auch aus der C-MOS-Serie 40xx sind hier nur wenige Typen ausgewählt. Sie entsprechen den genannten Typen der TTL-Serie 74xx.

4001 = 4 × NOR-Glieder mit je 2 Eingängen
4011 = 4 × NAND-Glieder mit je 2 Eingängen
4012 = 2 × NAND-Glieder mit je 4 Eingängen
4023 = 3 × NAND-Glieder mit je 3 Eingängen
4068 = 1 × NAND-Glied mit 8 Eingängen
4081 = 4 × UND-Glieder mit je 2 Eingängen
4085 = 2 × UND-NOR-Glieder mit 2 × 2 Eingängen
4086 = 1 × UND-NOR-Glied mit 4 × 2 Eingängen.

Zahlreiche weitere Typen sind in den Datenbüchern der verschiedenen Hersteller aufgeführt.

Die Anschlußbelegungen der C-MOS-Bausteine entsprechen in der Regel nicht den Anschlußbelegungen der vergleichbaren TTL-Bausteine. Zu beachten sind bei der C-MOS-Serie ebenfalls schaltungstechnische Vorschriften für unbenutzte Eingänge.

Schaltungstechnische Vorschriften für unbenutzte Eingänge

Unbenutzte Eingänge von Logischen Schaltungen der C-MOS-Serie 40 xx müssen grundsätzlich beschaltet werden. Für diese Beschaltung gilt:

a) *Unbenutzte Eingänge von benutzten UND- und NAND-Gliedern* können entweder direkt an die Betriebsspannung U_B oder aber mit benutzten Eingängen desselben Gliedes verbunden werden.

b) *Unbenutzte Eingänge von benutzten ODER- oder NOR-Gliedern* können entweder direkt an Masse oder aber mit benutzten Eingängen desselben Gliedes verbunden werden.

Zusätzlich gilt noch ganz allgemein, daß zur Vermeidung von statischen Aufladungen auch die Eingänge aller nicht benutzten Glieder eines Chips über Widerstände $R = 200\ \text{k}\Omega$ an Masse zu legen sind. In **Bild 6.50** sind die Anschlußbilder von acht verschiedenen Verknüpfungsgliedern der C-MOS-Serie 40xx gezeigt.

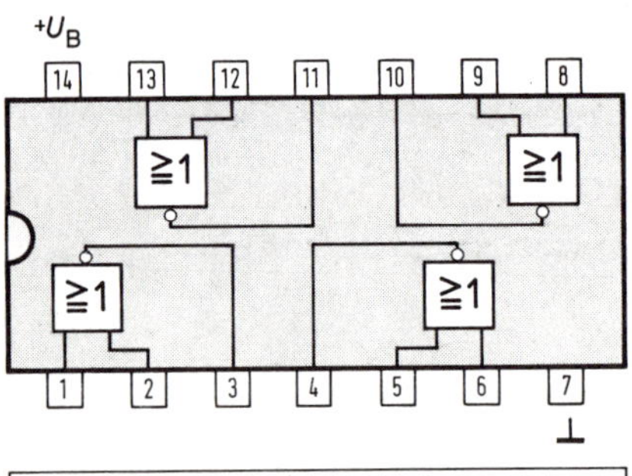

Typ 4001

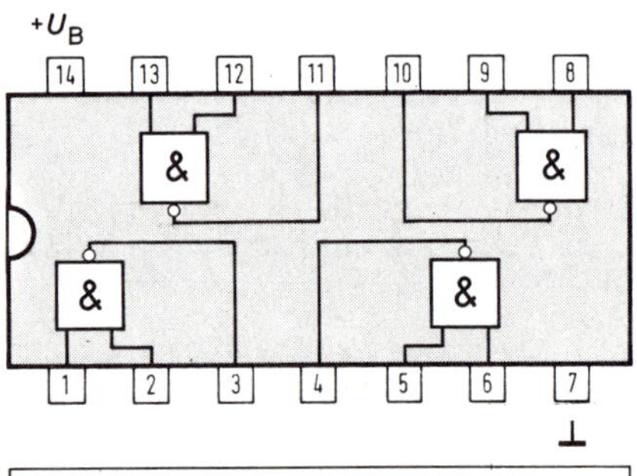

Typ 4011

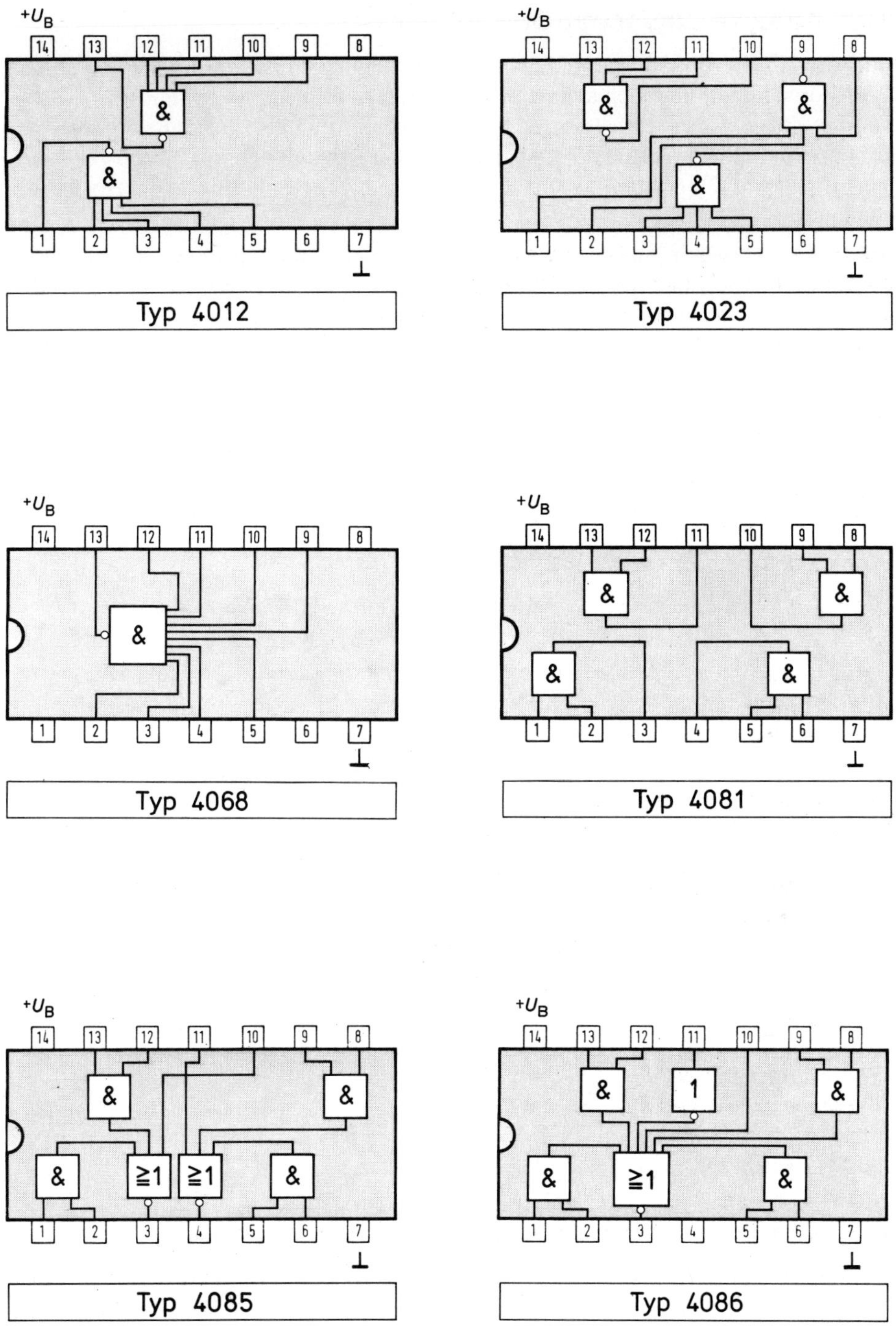

Bild 6.50 Anschlußbilder (Draufsicht) für 8 verschiedene Verknüpfungsglieder der C-MOS-Serie 40xx

6.4 Analyse Logischer Schaltnetze

Beim Zusammenwirken von mindestens zwei Logischen Grundschaltungen spricht man auch von einem Logischen Schaltnetz. Als Analyse (= Auflösung, Zergliederung) von Logischen Schaltnetzen bezeichnet man die Untersuchung vorgegebener Schaltnetze mit dem Ziel, die Funktion, d. h. den Zusammenhang zwischen der Ausgangsvariablen X und den Eingangsvariablen A, B, C... des Schaltnetzes zu bestimmen.

Bei der Analyse eines Logischen Schaltnetzes kann also stets von einer vorgegebenen, funktionsfähigen Schaltung ausgegangen werden, für die entweder ein Verdrahtungsplan oder aber bereits ein Schaltbild in symbolischer Darstellung vorliegt. Hieraus lassen sich dann schrittweise die Wahrheitstabelle, die Funktionsgleichung oder der Signal-Zeit-Plan entwickeln (**Bild 6.51**).

Ablaufplan für die Analyse Logischer Schaltnetze

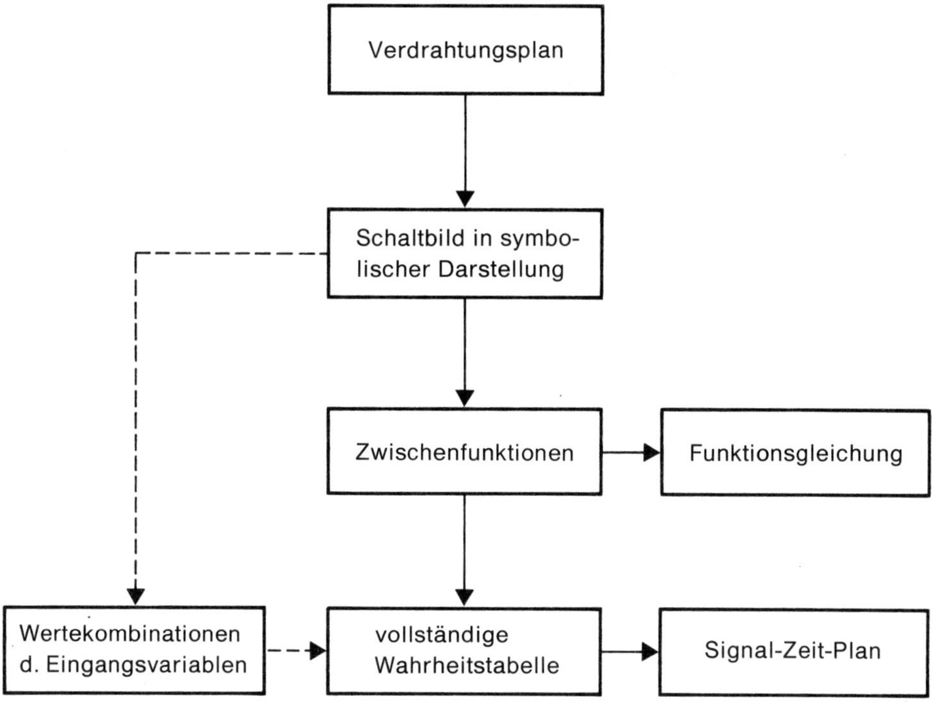

Bild 6.51 Ablaufplan für die Analyse Logischer Schaltnetze

6.4.1 Ermittlung der vollständigen Wahrheitstabelle

Solange ein Logisches Schaltnetz lediglich aus zwei oder drei Logischen Schaltungen aufgebaut ist, lassen sich die Zusammenhänge noch ohne Schwierigkeiten überblicken. Besteht ein Logisches Schaltnetz jedoch aus mehreren Logischen Schaltungen, so kann die zugehörige vollständige Wahrheitstabelle nur noch durch ein systematisches, schrittweises Vorgehen ermittelt werden.

Ausgangspunkt einer jeden vollständigen Wahrheitstabelle ist die Erfassung aller möglichen Wertekombinationen der Eingangsvariablen. Die Zahl dieser möglichen Wertekombinationen und damit auch die erforderliche Zahl der Zeilen in der Wahrheitstabelle hängt ausschließlich von der Zahl der Eingangsvariablen ab. Es gilt:

2 Eingangsvariable $\longrightarrow 2^2 = 4$ verschiedene Wertekombinationen,
3 Eingangsvariable $\longrightarrow 2^3 = 8$ verschiedene Wertekombinationen,
4 Eingangsvariable $\longrightarrow 2^4 = 16$ verschiedene Wertekombinationen.

Bei n Eingangsvariablen ergeben sich also 2^n Zeilen für die vollständige Wahrheitstabelle. Die Wertekombinationen der Eingangsvariablen sollten immer nach einem gleichbleibenden Ordnungsschema entsprechend Bild 6.8 aufgeschrieben werden.

Bei der Ermittlung der vollständigen Wahrheitstabelle wird dann folgendermaßen vorgegangen:

1. Schritt

Im Schaltbild werden die Ausgänge eines jeden einzelnen Verknüpfungsgliedes als Zwischenausgänge $Z1 \ldots Zn$ gekennzeichnet. Man beginnt dabei stets in der Nähe der Eingänge mit der laufenden Kennzeichnung.

2. Schritt

In die Wahrheitstabelle werden sämtliche möglichen Wertekombinationen der Eingangsvariablen nach dem bekannten Ordnungsschema eingetragen.

3. Schritt

Es werden sämtliche Werte der Zwischenfunktionen ermittelt und in die entsprechenden Spalten eingetragen.

4. Schritt

Aus den entsprechenden Werten der einzelnen Zwischenfunktionen $Z1 \ldots Zn$ werden stufenweise die Werte der Ausgangsvariablen ermittelt und in die Wahrheitstabelle eingetragen.

Beispiel:

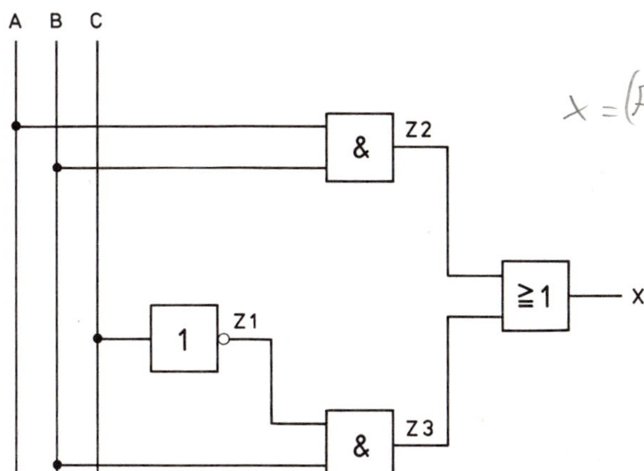

$x = (A \wedge B) \vee (\bar{C} \wedge B)$

Bild 6.52 Beispiel für ein Logisches Schaltnetz

C	B	A	$Z1 = \bar{C}$	$Z2 = A \wedge B$	$Z3 = Z1 \wedge B$	$X = Z2 \vee Z3$
0	0	0	1	0	0	0
0	0	1	1	0	0	0
0	1	0	1	0	1	1
0	1	1	1	1	1	1
1	0	0	0	0	0	0
1	0	1	0	0	0	0
1	1	0	0	0	0	0
1	1	1	0	1	0	1

Bild 6.53 Vollständige Wahrheitstabelle für das Schaltnetz nach Bild 6.52

Mit Hilfe der Zwischenfunktionen ist es also möglich, auch für umfangreichere Logische Schaltnetze zu einem vorgegebenen Schaltbild die Werte der Ausgangsvariablen X als Funktion der Eingangsvariablen A; B; C;... in Form einer vollständigen Wahrheitstabelle zu ermitteln. Man beginnt dabei stets bei den Eingangsvariablen und „arbeitet" sich dann schrittweise mit Hilfe der Zwischenfunktionen bis zur Ausgangsvariablen X vor (**Bild 6.52** und **6.53**).

6.4.2 Ermittlung der Funktionsgleichung

Solange ein Logisches Schaltnetz nur aus einigen Logischen Verknüpfungsgliedern aufgebaut ist, kann man die zugehörige Funktionsgleichung in den meisten Fällen direkt niederschreiben. Bei der Zusammenschaltung von mehreren Logischen Verknüpfungsgliedern läßt sich die zugehörige Funktionsgleichung aber nur noch mit Hilfe von Zwischenfunktionen Z und durch ganz systematisches Vorgehen – ähnlich wie bei der Aufstellung der Funktionstabelle – ermitteln. Man beginnt mit der Aufstellung der Funktionsgleichung hier jedoch am Ausgang des Schaltnetzes und „arbeitet" sich dann schrittweise bis zu den Eingängen vor.

Ohne genaue Kenntnis der Klammervorschriften für diese Funktionsgleichungen ist es erforderlich, grundsätzlich jede ersetzte Zwischenfunktion in Klammern zu setzen.

Bei der Ermittlung der Funktionsgleichung wird folgendermaßen vorgegangen:

1. Schritt

Die Ausgänge eines jeden einzelnen Verknüpfungsgliedes werden als Zwischenausgänge $Z1...Zn$ gekennzeichnet. Man beginnt stets in der Nähe der Eingänge mit der laufenden Kennzeichnung.

2. Schritt

Für alle Zwischenfunktionen $Z1...Zn$ werden die zugehörigen Funktionsgleichungen aufgeschrieben.

3. Schritt

Die einzelnen Zwischenfunktionen werden schrittweise durch die zugehörigen Funktionsgleichungen ersetzt.

Damit auch ohne Kenntnis der Klammerregeln als Ergebnis der Analyse keine falsche Funktionsgleichung für das gesamte Schaltnetz aufgestellt wird, ist es notwendig, jede ersetzte Zwischenfunktion in Klammern stehen zu lassen. Auf diese Weise können zwar mathematisch überflüssige Klammern in der Gleichung stehen, die Funktionsgleichung ist deshalb aber nicht falsch.

Beispiel:

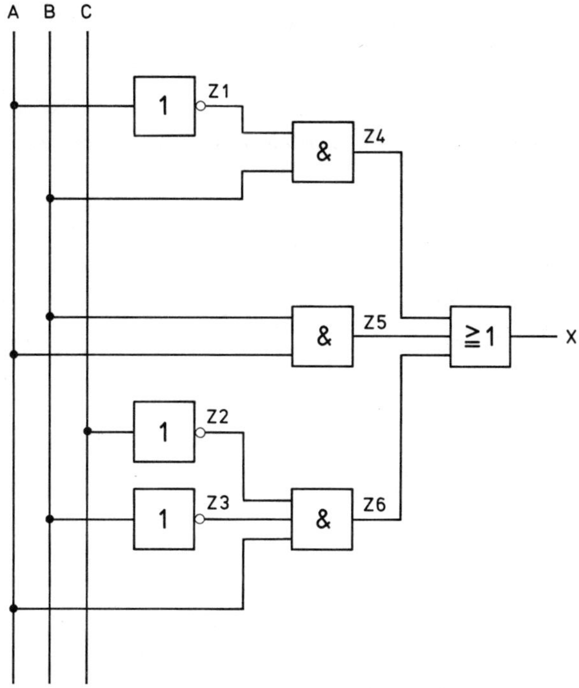

Bild 6.54 Beispiel für ein Logisches Schaltnetz

1. Schritt

Zwischenausgänge $Z1 \ldots Z6$ kennzeichnen.

2. Schritt

Gleichungen der Zwischenfunktionen $Z1 \ldots Z6$ aufstellen.

$Z1 = \bar{A}$	$Z4 = Z1 \wedge B$
$Z2 = \bar{C}$	$Z5 = A \wedge B$
$Z3 = \bar{B}$	$Z6 = Z2 \wedge Z3 \wedge A$

3. Schritt

Zwischenfunktionen ersetzen.

$X = Z4 \vee Z5 \vee Z6$	$Z4$; $Z5$; $Z6$ ersetzen
$= (Z1 \wedge B) \vee (A \wedge B) \vee (Z2 \wedge Z3 \wedge A)$	$Z1$; $Z2$; $Z3$ ersetzen
$= ((\bar{A}) \wedge B) \vee (A \wedge B) \vee ((\bar{C}) \wedge (\bar{B}) \wedge A)$	Steht in der Klammer nur 1 Ausdruck, so kann die Klammer entfallen.

$X = (\bar{A} \wedge B) \vee (A \wedge B) \vee (\bar{C} \wedge \bar{B} \wedge A)$

Damit liegt die Funktionsgleichung für das Schaltnetz nach **Bild 6.54** vor.

6.4.3 Ermittlung des Signal-Zeit-Planes

Zu jedem Logischen Schaltnetz läßt sich auch der zugehörige Signal-Zeit-Plan ermitteln. Auch hierbei ist es erforderlich, wieder ganz systematisch vorzugehen. Dies kann in folgender Weise geschehen:

1. Schritt

Aufstellen der vollständigen Wahrheitstabelle zu dem Schaltnetz. Dies erfolgt wie in Kapitel 6.4.1 beschrieben.

2. Schritt

Übertragung der Wertekombination der Eingangsvariablen, d.h. aller Zeilen der Wahrheitstabelle als Signalfolge in den Signal-Zeit-Plan. Hierbei ist es zweckmäßig, für die Eingangsvariable A ein Verhältnis $t_i = t_p$ zu wählen.

3. Schritt

Signal-Zeit-Plan der Ausgangsvariablen X als unterstes Bild aufzeichnen.

Beispiel:

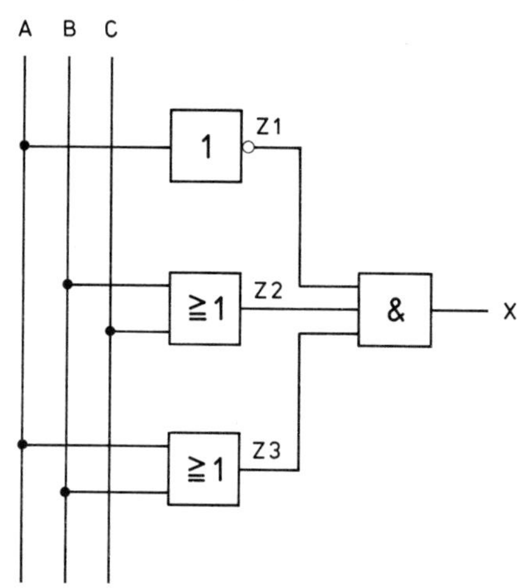

Bild 6.55 Beispiel für ein Logisches Schaltnetz

1. Schritt

Aufstellen der vollständigen Wahrheitstabelle (**Bild 6.56**).

C	B	A	$Z1 = \bar{A}$	$Z2 = B \vee C$	$Z3 = A \vee B$	$X = Z1 \wedge Z2 \wedge Z3$
0	0	0	1	0	0	0
0	0	1	0	0	1	0
0	1	0	1	1	1	1
0	1	1	0	1	1	0
1	0	0	1	1	0	0
1	0	1	0	1	1	0
1	1	0	1	1	1	1
1	1	1	0	1	1	0

Bild 6.56 Vollständige Wahrheitstabelle für Schaltnetz nach Bild 6.55

2. und 3. Schritt

Übertragung aller Zeilen in den Signal-Zeit-Plan (**Bild 6.57**).

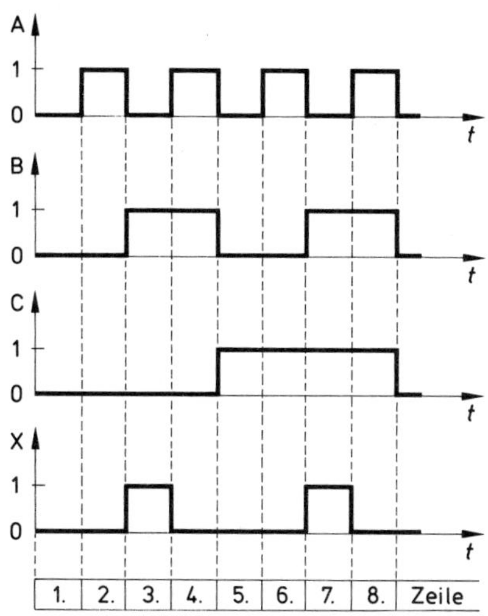

Bild 6.57 Signal-Zeit-Plan für Schaltnetz nach Bild 6.55

Oft ist es auch zweckmäßig, die Signal-Zeit-Pläne auch für alle Zwischenfunktionen aufzuzeichnen.

6.4.4 Ermittlung der symbolischen Darstellung eines Schaltnetzes aus dem Verdrahtungsplan

Oft liegt für ein Logisches Schaltnetz nur der Verdrahtungsplan vor. Dann muß für die weiteren Untersuchungen wie Ermitteln der Wahrheitstabelle, der Funktionsgleichung oder des Signal-Zeit-Planes zunächst die symbolische Darstellung des Schaltnetzes aus dem Verdrahtungsplan entwickelt werden. Dies ist jedoch nur möglich, wenn die in dem Baustein vorhandenen Verknüpfungsglieder und die Anschlußbelegungen bekannt sind (**Bild 6.58** und **Bild 6.59**).

Beispiel:

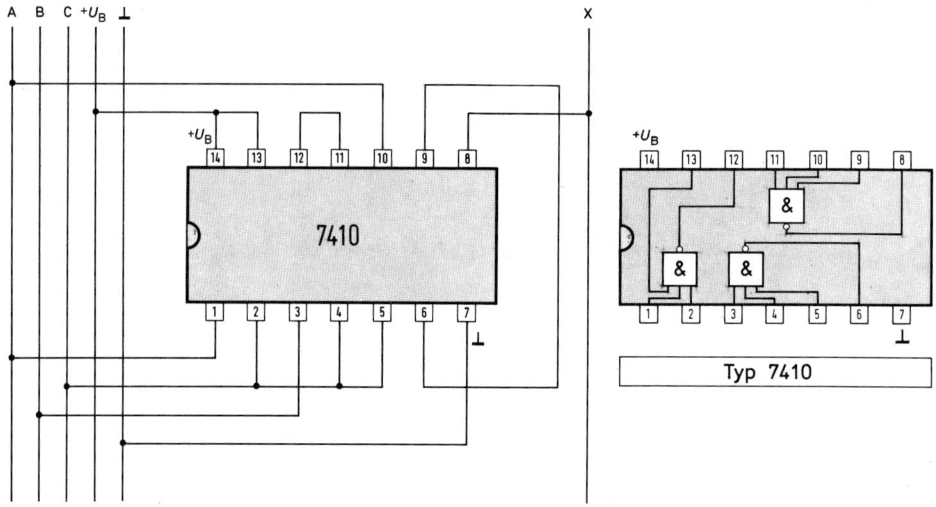

Bild 6.58 Verdrahtungsplan eines einfachen Schaltnetzes mit dem Baustein 7410

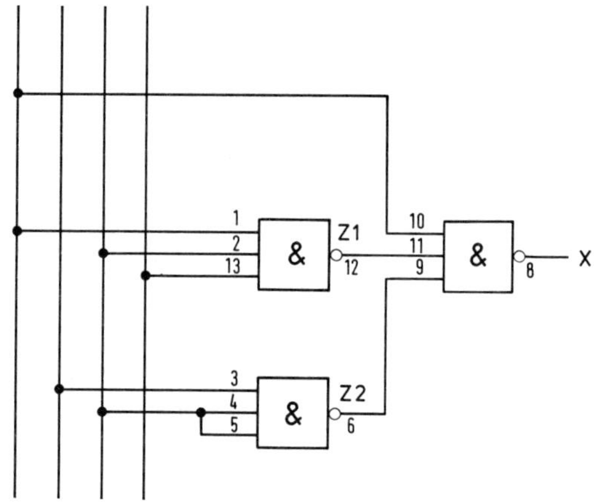

Bild 6.59 Symbolische Darstellung des Schaltnetzes zum Verdrahtungsplan nach Bild 6.58

Entsprechend Kapitel 6.4.1 läßt sich zu dem Schaltnetz nach Bild 6.59 auch die zugehörige Wahrheitstabelle aufstellen (**Bild 6.60**).

C	B	A	$Z1 = \overline{A \wedge C}$	$Z2 = \overline{B \wedge C}$	$X = \overline{A \wedge Z1 \wedge Z2}$
0	0	0	1	1	1
0	0	1	1	1	0
0	1	0	1	1	1
0	1	1	1	1	0
1	0	0	1	1	1
1	0	1	0	1	1
1	1	0	1	0	1
1	1	1	0	0	1

Bild 6.60 Wahrheitstabelle zum Schaltnetz nach Bild 6.59

Aus dem Schaltnetz nach Bild 6.59 kann dann auch entsprechend Kapitel 6.4.2 die zugehörige Funktionsgleichung ermittelt werden:

$$Z1 = \overline{A \wedge C}; \qquad Z2 = \overline{B \wedge C}$$

$$X = \overline{A \wedge Z1 \wedge Z2}$$

$$X = \overline{A \wedge (\overline{A \wedge C}) \wedge (\overline{B \wedge C})}$$

6.4.5 Umwandlung von Grundverknüpfungen in NAND- und NOR-Verknüpfungen

Die drei Grundverknüpfungen UND, ODER, NICHT lassen sich sowohl durch NAND-Verknüpfungen als auch durch NOR-Verknüpfungen vollwertig ersetzen. Hiervon wird bei der praktischen Ausführung von Logischen Schaltnetzen auch häufig Gebrauch gemacht, weil sich dann nämlich sämtliche Logischen Verknüpfungen innerhalb eines Schaltnetzes nur durch eine einzige Art von Verknüpfungsgliedern realisieren lassen. Obwohl dabei dann oft mehr einzelne NAND- bzw. NOR-Verknüpfungsglieder benötigt werden, ergeben sich doch auch Kosteneinsparungen, da einzelne Chips viel besser ausgenutzt werden können.

Die Umwandlung eines vorgegebenen Schaltnetzes läßt sich in einfacher Weise mit Hilfe einer grafischen Methode durchführen. Bild 6.61 zeigt eine Umwandlungstabelle, in der angegeben ist, in welcher Weise die Grundfunktionen durch NAND- bzw. NOR-Funktionen ersetzt werden können. Der Nachweis über die Richtigkeit und Zulässigkeit der „Ersatzschaltungen" ist jeweils in der zugehörigen Wahrheitstabelle gebracht.

Eine Umwandlung des Schaltnetzes erfolgt bei der grafischen Methode in 3 Schritten:

1. Schritt:

Anstelle des zu ersetzenden Verknüpfungsgliedes wird die entsprechende „Ersatzschaltung" nach **Bild 6.61** eingezeichnet.

2. Schritt:

Tritt der Fall ein, daß durch die Umwandlung zwei Negationsglieder unmittelbar in Reihe geschaltet sind, so können sie entfallen (zweifache Negation) und durch eine direkte Leitungsverbindung ersetzt werden.

3. Schritt:

Das Schaltnetz wird mit der gewünschten Art von Verknüpfungsgliedern neu aufgezeichnet (**Bild 6.61**).

Grundfunktionen | ersetzt durch NAND-Glieder | ersetzt durch NOR-Glieder

NICHT-Glied

Grundfunktion

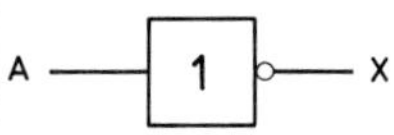

$X = \bar{A}$

A	X
0	1
1	0

ersetzt durch NAND-Glieder

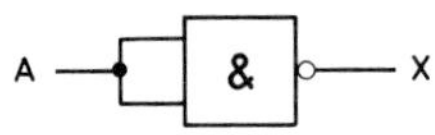

$X = \overline{A \wedge A} = \bar{A}$

A	X
0	1
1	0

ersetzt durch NOR-Glieder

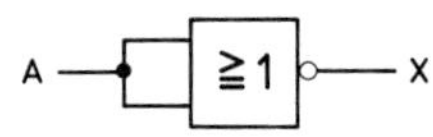

$X = \overline{A \vee A} = \bar{A}$

A	X
0	1
1	0

UND-Glied

Grundfunktion

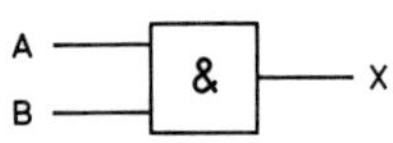

$X = A \wedge B$

B	A	X
0	0	0
0	1	0
1	0	0
1	1	1

ersetzt durch NAND-Glieder

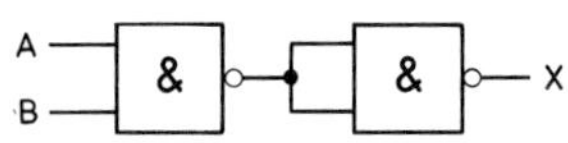

$X = \overline{\overline{A \wedge B}} = A \wedge B$

B	A	$\overline{A \wedge B}$	X
0	0	1	0
0	1	1	0
1	0	1	0
1	1	0	1

ersetzt durch NOR-Glieder

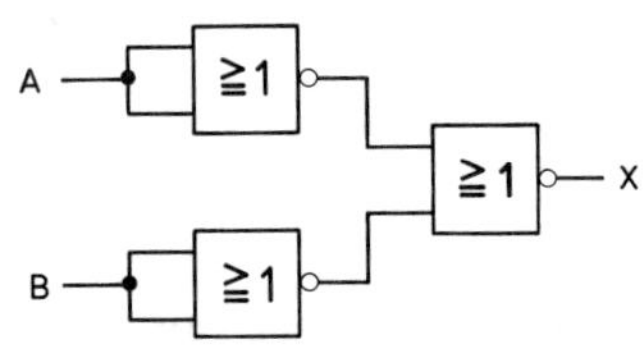

$X = \overline{\bar{A} \vee \bar{B}} = A \wedge B$

B	A	$\bar{B}$	$\bar{A}$	X
0	0	1	1	0
0	1	1	0	0
1	0	0	1	0
1	1	0	0	1

ODER-Glied

Grundfunktion

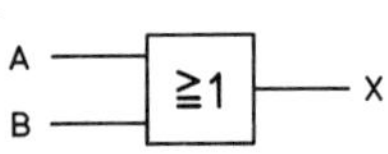

$X = A \vee B$

B	A	X
0	0	0
0	1	1
1	0	1
1	1	1

ersetzt durch NAND-Glieder

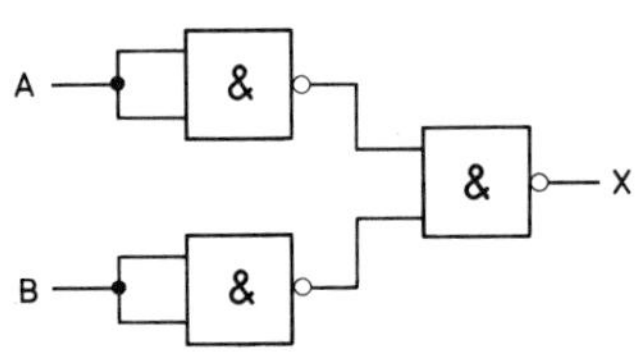

$X = \overline{\bar{A} \wedge \bar{B}} = A \vee B$

B	A	$\bar{B}$	$\bar{A}$	X
0	0	1	1	0
0	1	1	0	1
1	0	0	1	1
1	1	0	0	1

ersetzt durch NOR-Glieder

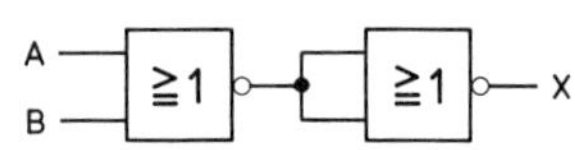

$X = \overline{\overline{A \vee B}} = A \vee B$

B	A	$\overline{A \vee B}$	X
0	0	1	0
0	1	0	1
1	0	0	1
1	1	0	1

Bild 6.61 Umwandlungstabelle für Logische Verknüpfungsglieder

Beispiel 1:

Das in **Bild 6.62** dargestellte Logische Schaltnetz enthält UND-, ODER- und NICHT-Verknüpfungen. Es soll mit Hilfe der Umwandlungstabelle nach Bild 6.61 in ein gleichwertiges Schaltnetz umgewandelt werden, das nur noch aus NAND-Verknüpfungsgliedern besteht (**Bild 6.63**).

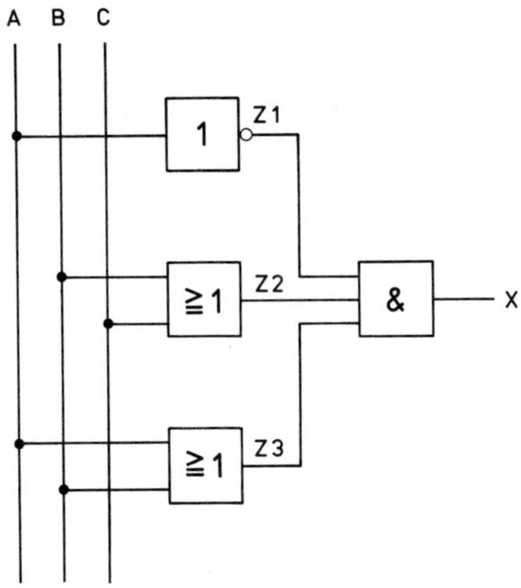

Bild 6.62 Beispiel für ein Logisches Schaltnetz

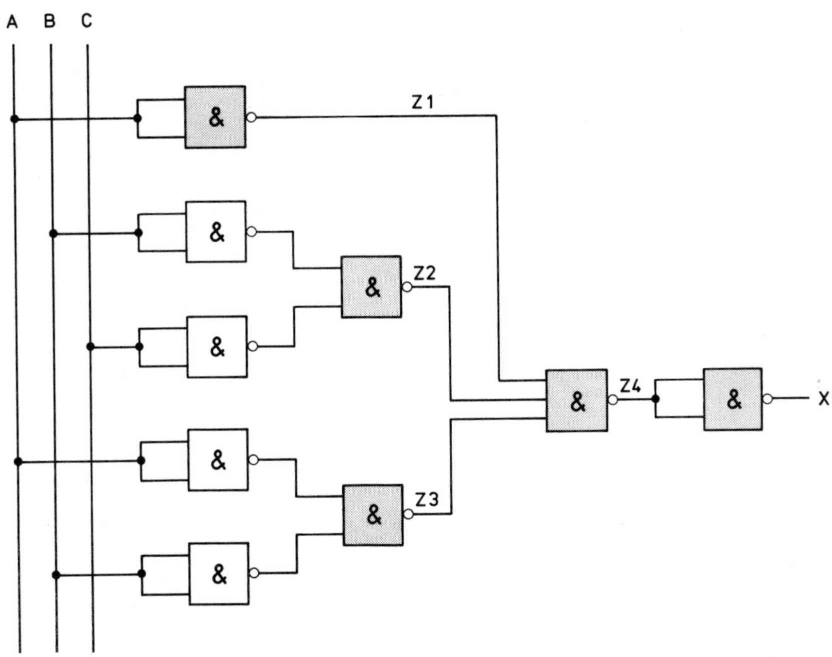

Bild 6.63 Logisches Schaltnetz nach Bild 6.62, umgewandelt in eine Ausführung nur mit NAND-Verknüpfungsgliedern

Beispiel 2:

Das Logische Schaltnetz nach Bild 6.62 soll mit Hilfe der Umwandlungstabelle nach Bild 6.61 in ein gleichwertiges Schaltnetz umgewandelt werden, das nur noch NOR-Verknüpfungsglieder enthält (**Bild 6.64**).

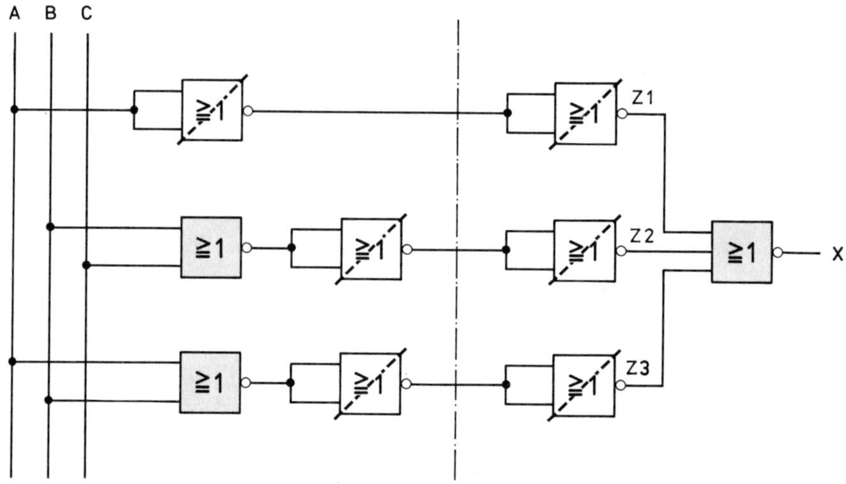

Bild 6.64 Logisches Schaltnetz nach Bild 6.62, umgewandelt in eine Ausführung, nur mit NOR-Verknüpfungsgliedern

Das Schaltnetz nach Bild 6.64 läßt sich noch erheblich vereinfachen, da 2 hintereinander geschaltete NICHT-Glieder (zweifache Negation) entfallen können.

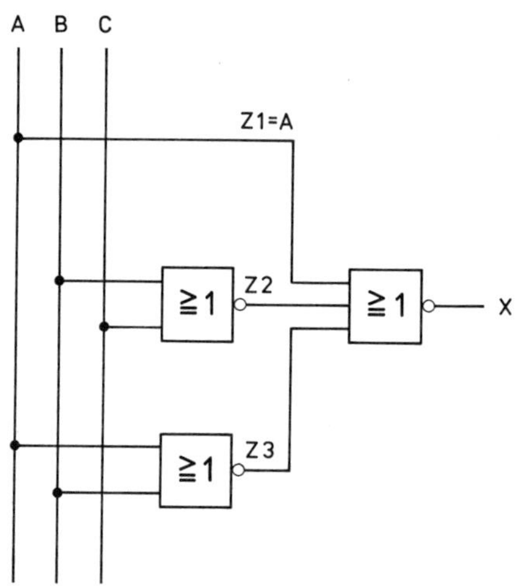

Bild 6.65 Logisches Schaltnetz nach Bild 6.62, umgewandelt in eine vereinfachte Ausführung nur mit NOR-Verknüpfungsgliedern

Für das Schaltnetz nach Bild 6.62 sind erforderlich:

1 × NICHT-Glied,
2 × ODER-Glieder mit je 2 Eingängen,
1 × UND-Glied mit 3 Eingängen.

Für das gleichwertige Schaltnetz nach Bild 6.63 werden dagegen benötigt

8 × NAND-Glieder mit je 3 Eingängen,
1 × NAND-Glied mit 3 Eingängen.

Bild 6.65 zeigt die einfachste Ausführung des Schaltnetzes. Sie enthält nur

2 × NOR-Glieder mit je 2 Eingängen,
1 × NOR-Glied mit 3 Eingängen.

Daß für die Ausführung mit NOR-Gliedern die geringste Anzahl von Verknüpfungsgliedern benötigt wird, ist hier zufällig. Für andere Schaltnetze ergeben sich bei der Umwandlung auch andere günstige Lösungen.

Der Beweis, daß die Schaltnetze nach Bild 6.62, Bild 6.63 und Bild 6.65 völlig gleichwertig sind, läßt sich in einfacher Weise durch Aufstellen der zugehörigen Wahrheitstabellen erbringen (**Bild 6.66**).

C	B	A	Z1	Z2	Z3	X	Z1	Z2	Z3	Z4	X	Z1	Z2	Z3	X
0	0	0	1	0	0	0	1	0	0	1	0	0	1	1	0
0	0	1	0	0	1	0	0	0	1	1	0	1	1	0	0
0	1	0	1	1	1	1	1	1	1	0	1	0	0	0	1
0	1	1	0	1	1	0	0	1	1	1	0	1	0	0	0
1	0	0	1	1	0	0	1	1	0	1	0	0	0	1	0
1	0	1	0	1	1	0	0	1	1	1	0	1	0	0	0
1	1	0	1	1	1	1	1	1	1	0	1	0	0	0	1
1	1	1	0	1	1	0	0	1	1	1	0	1	0	0	0
			Schaltnetz nach Bild 6.62				Schaltnetz nach Bild 6.63					Schaltnetz nach Bild 6.65			

Bild 6.66 Wahrheitstabellen für die Schaltnetze nach Bild 6.62, 6.63 und 6.65

Für die drei Schaltnetze ergeben sich laut Wahrheitstabellen trotz sehr unterschiedlicher Ausführungen jeweils die gleichen funktionalen Zusammenhänge zwischen den Wertekombinationen der Eingangsvariablen und der Ausgangsvariablen.

6.4.6 Anwendungsbeispiele

Beispiel 1:

Für das in **Bild 6.67** angegebene Schaltnetz soll die vollständige Wahrheitstabelle und die Funktionsgleichung aufgestellt werden. Anschließend ist das Schaltnetz umzuwandeln in eine gleichwertige Ausführung, die nur noch NAND-Verknüpfungsglieder enthält.

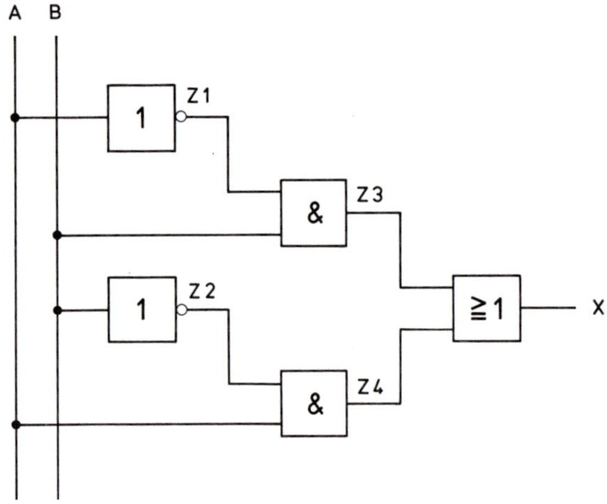

$Z1 = \bar{A}$
$Z2 = \bar{B}$
$Z3 = Z1 \wedge B$
$Z4 = Z2 \wedge A$

Bild 6.67 Logisches Schaltnetz zu Beispiel 1

B	A	Z1	Z2	Z3	Z4	X
0	0	1	1	0	0	0
0	1	0	1	0	1	1
1	0	1	0	1	0	1
1	1	0	0	0	0	0

Bild 6.68 Wahrheitstabelle zum Schaltnetz nach Bild 6.67

Funktionsgleichung

$X = Z3 \vee Z4$
$\quad = (Z1 \wedge B) \vee (Z2 \wedge A)$
$X = (\bar{A} \wedge B) \vee (\bar{B} \wedge A)$

Aus der Wahrheitstabelle nach **Bild 6.68** ist zu ersehen, daß in dem angegebenen Schaltnetz die Ausgangsvariable X nur dann gleich 1 ist, wenn die beiden Eingangsvariablen A und B nicht den gleichen Zustand haben. Bei gleichem Zustand der Eingangsvariablen ist dagegen die Ausgangsvariable $X = 0$.

Ein Logisches Schaltnetz mit einem derartigen Verhalten wird

Exklusiv-ODER-Funktion, Antivalenz-Funktion, Xor-Funktion

genannt. Die Norm enthält für diese Funktion ein eigenes Symbol (**Bild 6.69**).

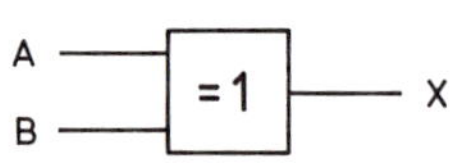

Bild 6.69 Schaltzeichen für eine Exklusiv-ODER-Verknüpfung

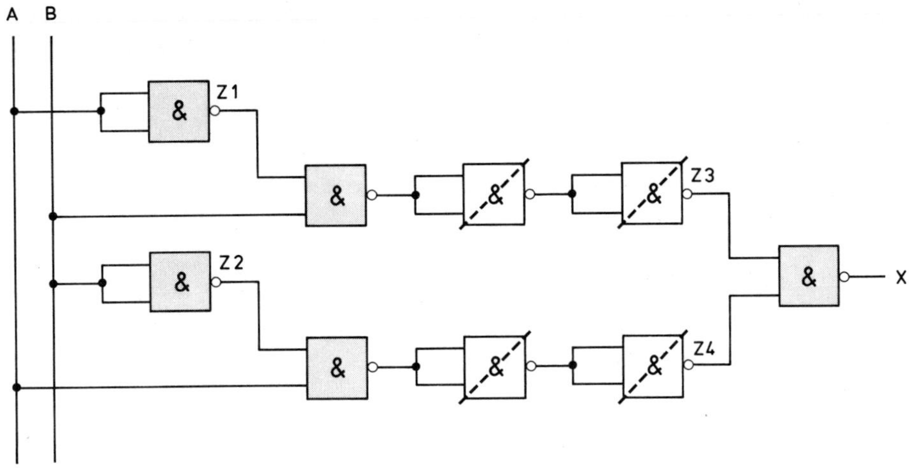

Bild 6.70 Exklusiv-ODER-Verknüpfung nur mit NAND-Gliedern

B	A	Z1	Z2	Z3	Z4	X
0	0	1	1	1	1	0
0	1	0	1	1	0	1
1	0	1	0	0	1	1
1	1	0	0	1	1	0

Bild 6.71 Wahrheitstabelle zum Schaltnetz nach Bild 6.70

Die Schaltungen nach Bild 6.67 und **Bild 6.70** liefern laut Wahrheitstabellen den gleichen funktionalen Zusammenhang zwischen der Ausgangsvariablen und den Eingangsvariablen (**Bild 6.71**).

Beispiel 2:

Für das in **Bild 6.72** angegebene Schaltnetz soll die vollständige Wahrheitstabelle (**Bild 6.73**) und die Funktionsgleichung aufgestellt werden. Anschließend ist das Schaltnetz umzuwandeln in eine gleichwertige Ausführung, die nur noch NOR-Glieder enthält.

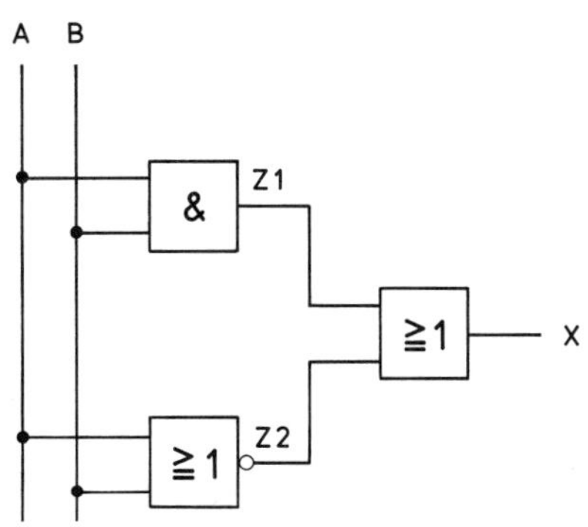

Bild 6.72 Logisches Schaltnetz zu Beispiel 2

B	A	Z1	Z2	X
0	0	0	1	1
0	1	0	0	0
1	0	0	0	0
1	1	1	0	1

Bild 6.73 Vollständige Wahrheitstabelle zu Bild 6.72

Funktionsgleichung

$X = Z1 \vee Z2$

$X = (A \wedge B) \vee (\overline{A \vee B})$

Aus der Wahrheitstabelle ist zu ersehen, daß die Ausgangsvariable *X* nur dann gleich 1 ist, wenn die Eingangsvariablen den gleichen Zustand haben. Bei unterschiedlichen Zuständen der Eingangsvariablen ist die Ausgangsvariable $X = 0$.

Ein Schaltnetz mit einem derartigen Verhalten wird

Äquivalenz-Funktion

genannt. Die Norm enthält für diese Funktion ein eigenes Symbol (**Bild 6.74**).

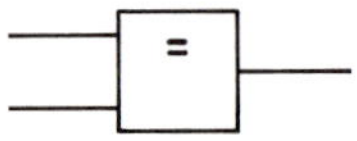

Bild 6.74 Genormtes Symbol für ein Äquivalenz-Glied

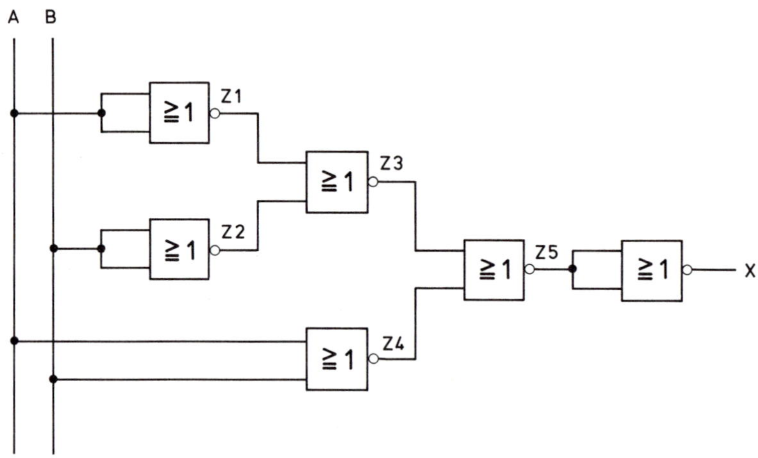

Bild 6.75 Äquivalenz-Verknüpfung mit NOR-Gliedern

B	A	Z1	Z2	Z3	Z4	Z5	X
0	0	1	1	0	1	0	1
0	1	0	1	0	0	1	0
1	0	1	0	0	0	1	0
1	1	0	0	1	0	0	1

Bild 6.76 Wahrheitstabelle zu Schaltnetz nach Bild 6.75

Die Schaltungen nach Bild 6.72 und **6.75** liefern den gleichen Zusammenhang zwischen der Ausgangsvariablen und den Eingangsvariablen.

6.5 Synthese Logischer Schaltnetze

Als Synthese (=Aufbau, Verbindung) bezeichnet man in der Digitalen Steuerungstechnik das Entwerfen von Logischen Schaltnetzen aufgrund einer vorgegebenen Aufgabenstellung, die in der Regel in einer Beschreibung mit Worten, einer Wahrheitstabelle oder einer mathematischen Gleichung vorliegt.

Die Schaltungssynthese geht also immer von einer vorliegenden Aufgabenstellung aus und liefert als Ergebnis ein Schaltnetz, mit dem sich die gestellten Forderungen realisieren lassen. (**Bild 6.77**).

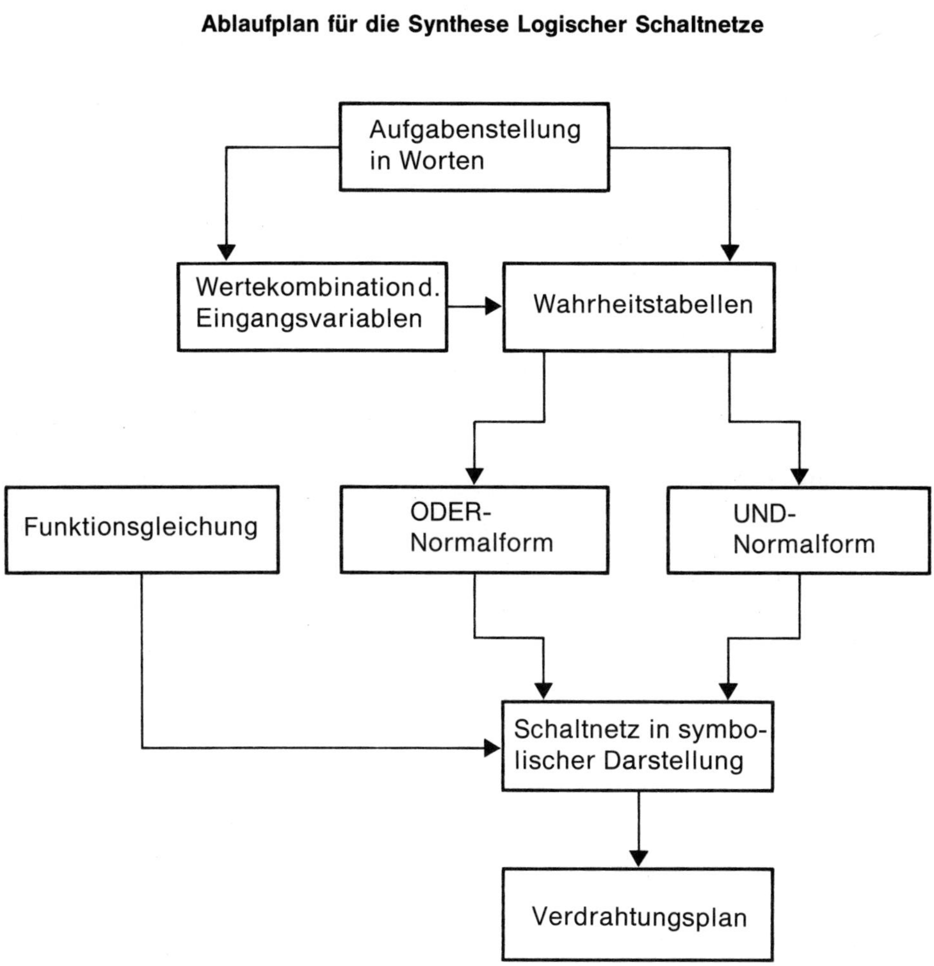

Bild 6.77 Ablaufplan für die Synthese Logischer Schaltnetze

6.5.1 Synthese aufgrund einer vorgegebenen Funktionsgleichung

Wenn die Funktionsgleichung einer Logischen Verknüpfung gegeben ist, so kann durch systematisches Umsetzen der Gleichung in Schaltsymbole ein Schaltnetz entworfen werden, mit dem sich der vorgegebene Zusammenhang zwischen den Eingangsvariablen und der Ausgangsvariablen verwirklichen läßt. Auch hier ist es stets zweckmäßig, ganz systematisch vorzugehen und mit Zwischenfunktionen zu arbeiten.

Beispiel: $X = (A \wedge \bar{B}) \vee (A \wedge C) \vee (\bar{A} \wedge B \wedge \bar{C})$.

1. Schritt:

Zwischenfunktionen einführen.

$Z1 = (A \wedge \bar{B})$; $Z2 = (A \wedge C)$; $Z3 = (\bar{A} \wedge B \wedge \bar{C})$

Damit wird

$X = Z1 \vee Z2 \vee Z3$
in Schaltsymbol umgesetzt

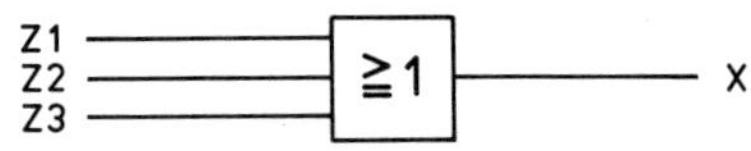

Bild 6.78 Ausgangsfunktion

2. Schritt:

Die eingeführten Zwischenfunktionen wieder ersetzen

$Z1 = (A \wedge \bar{B})$
in Schaltsymbol umgesetzt

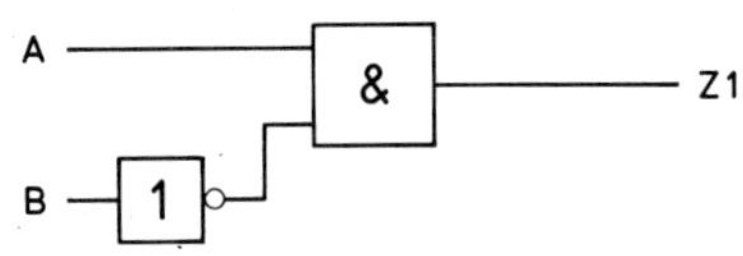

Bild 6.79 Zwischenfunktion Z 1

$Z2 = (A \wedge C)$
in Schaltsymbol umgesetzt

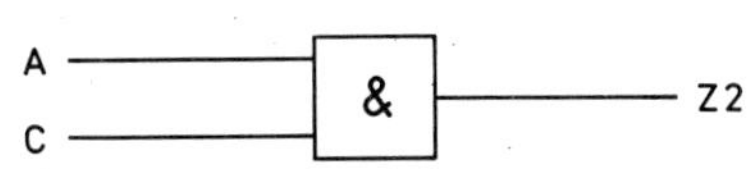

Bild 6.80 Zwischenfunktion Z 2

$Z3 = (\bar{A} \wedge B \wedge \bar{C})$
in Schaltsymbol umgesetzt

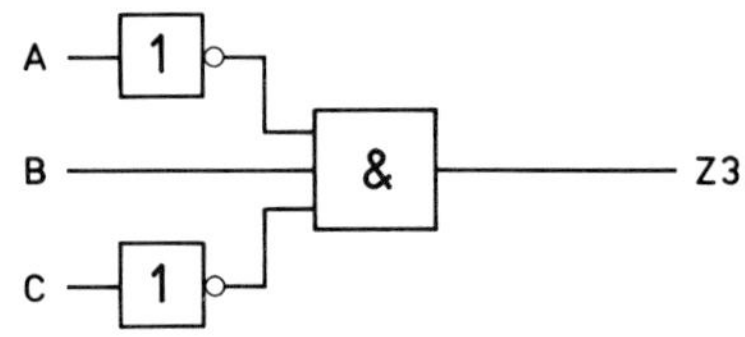

Bild 6.81 Zwischenfunktion Z 3

3. Schritt:

Zusammenfassung:

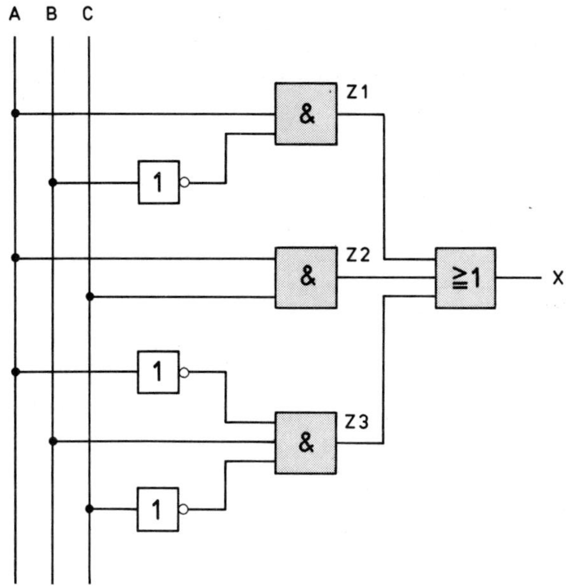

Bild 6.82 Logisches Schaltnetz für die Funktionsgleichung $X = (A \wedge \bar{B}) \vee (A \wedge C) \vee (\bar{A} \wedge B \wedge \bar{C})$

Mit dieser Methode läßt sich für *jede gegebene Funktionsgleichung* ein Schaltnetz entwickeln, das den laut Gleichung geforderten Zusammenhang zwischen den Eingangsvariablen und der Ausgangsvariablen erfüllt. Dabei ergeben sich stets Schaltnetze, bei denen jeweils maximal drei Logik-Bausteine hintereinander geschaltet sind.

Entsprechend Kapitel 6.4.1 kann dann für das ermittelte Schaltnetz (**Bild 6.82**) die vollständige Wahrheitstabelle aufgestellt werden. Sie liefert stets die übersichtlichste Aussage über das Verhalten eines Logischen Schaltnetzes (**Bild 6.83**).

C	B	A	$\bar{C}$	$\bar{B}$	$\bar{A}$	Z1	Z2	Z3	X
0	0	0	1	1	1	0	0	0	0
0	0	1	1	1	0	1	0	0	1
0	1	0	1	0	1	0	0	1	1
0	1	1	1	0	0	0	0	0	0
1	0	0	0	1	1	0	0	0	0
1	0	1	0	1	0	1	1	0	1
1	1	0	0	0	1	0	0	0	0
1	1	1	0	0	0	0	1	0	1

Bild 6.83 Vollständige Wahrheitstabelle zum Schaltznetz nach Bild 6.82

6.5.2 Synthese aufgrund einer vorgegebenen Wahrheitstabelle

Um ein Schaltnetz aufgrund einer vorgegebenen Wahrheitstabelle zu entwickeln, ist es notwendig, zunächst zu der Wahrheitstabelle eine zugehörige Funktionsgleichung aufzustellen. Hierfür gibt es 2 Methoden, und zwar:

1. Die Aufstellung der ODER-Normalform (Disjunktive Normalform) oder
2. Die Aufstellung der UND-Normalform (Konjunktive Normalform).

6.5.2.1 Aufstellen der ODER-Normalform

Die ODER-Normalform läßt sich aufstellen, wenn die vollständige Funktionstabelle eines Schaltnetzes vorliegt. Es ist dabei wiederum zweckmäßig, systematisch und schrittweise vorzugehen.

1. Schritt: **Festlegung der Zwischenfunktionen:**

Alle Zeilen der Funktionstabelle, die den Wert **X = 1** haben, werden der Reihe nach als Zwischenfunktionen $Z1 \ldots Zn$ gekennzeichnet.

2. Schritt: **Bildung der Zwischenfunktionen mit UND-Verknüpfungen:**

Alle Eingangsvariablen der Zwischenfunktionen werden durch *UND-Verknüpfungen* miteinander verknüpft, wobei alle Eingangsvariablen mit dem Wert „0“ jeweils negiert aufgeschrieben werden müssen.

3. Schritt: **Bildung der ODER-Verknüpfungen:**

Alle Zwischenfunktionen $Z1 \ldots Zn$ werden durch *ODER-Verknüpfungen* miteinander verknüpft.

4. Schritt: **Bildung der ODER-Normalform:**

In der so ermittelten Funktionsgleichung werden die Zwischenfunktionen wieder ersetzt. Damit liegt dann die ODER-Normalform des Schaltnetzes vor.

5. Schritt: **Aufzeichnen des Schaltnetzes:**

Für die ODER-Normalform wird entsprechend Kapitel 6.5.1 das Schaltnetz aufgezeichnet.

Beispiel:

				1. Schritt	**2. Schritt**
C	**B**	**A**	**X**	**Z**	
0	0	0	1	$Z1 =$	$\bar{C} \wedge \bar{B} \wedge \bar{A}$
0	0	1	1	$Z2 =$	$\bar{C} \wedge \bar{B} \wedge A$
0	1	0	0		
0	1	1	0		
1	0	0	0		
1	0	1	1	$Z3 =$	$C \wedge \bar{B} \wedge A$
1	1	0	0		
1	1	1	0		

Bild 6.84 Wahrheitstabelle für Aufstellung der der ODER-Normalform

1. und 2. Schritt: siehe Wahrheitstabelle **Bild 6.84**

3. Schritt: $X = Z1 \vee Z2 \vee Z3$

4. Schritt: $X = (\bar{C} \wedge \bar{B} \wedge \bar{A}) \vee (\bar{C} \wedge \bar{B} \wedge A) \vee (C \wedge \bar{B} \wedge A)$
ODER-Normalform

5. Schritt: Schaltung nach **Bild 6.85**

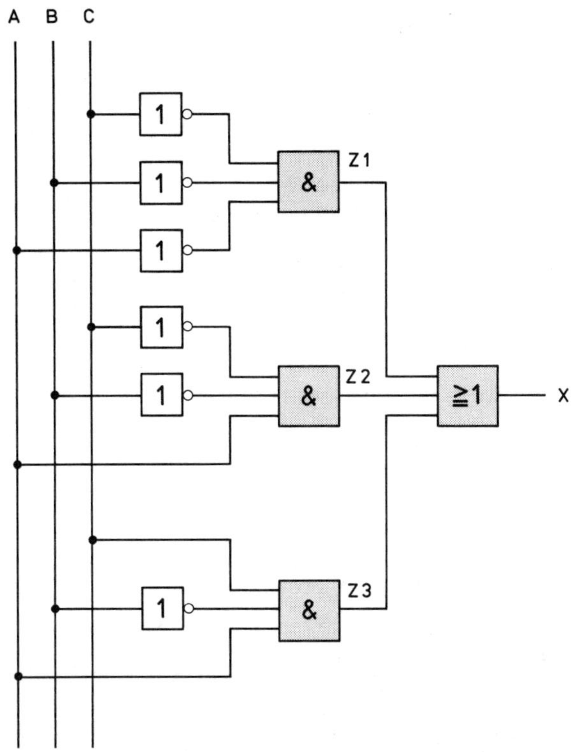

Bild 6.85 Schaltnetz zu Funktionstabelle nach Bild 6.84

Mit dieser Methode läßt sich aus jeder gegebenen vollständigen Wahrheitstabelle über die *ODER-Normalform* ein Schalternetz entwickeln, das den geforderten funktionalen Zusammenhang zwischen den Eingangsvariablen und der Ausgangsvariablen erfüllt.

Eine Kontrolle kann über die Aufstellung der vollständigen Wahrheitstabelle für das Schaltnetz nach Bild 6.85 erfolgen.

Ein Vergleich der Wahrheitstabelle nach **Bild 6.86** mit der Wahrheitstabelle nach Bild 6.84 zeigt, daß der Zusammenhang zwischen den Eingangsvariablen und der Ausgangsvariablen in beiden Tabellen identisch ist. Das entwickelte Schaltnetz nach Bild 6.85 erfüllt also den geforderten funktionalen Zusammenhang.

C	B	A	$\bar{C}$	$\bar{B}$	$\bar{A}$	Z1	Z2	Z3	X
0	0	0	1	1	1	1	0	0	1
0	0	1	1	1	0	0	1	0	1
0	1	0	1	0	1	0	0	0	0
0	1	1	1	0	0	0	0	0	0
1	0	0	0	1	1	0	0	0	0
1	0	1	0	1	0	0	0	1	1
1	1	0	0	0	1	0	0	0	0
1	1	1	0	0	0	0	0	0	0

Bild 6.86 Wahrheitstabelle zu dem Schaltnetz nach Bild 6.85

6.5.2.2 Aufstellen der UND-Normalform

Auch die UND-Normalform läßt sich aufstellen, wenn die vollständige Wahrheitstabelle eines Schaltnetzes vorliegt. Notwendig ist wiederum ein schrittweises Vorgehen.

1. Schritt: Festlegung der Zwischenfunktionen
Alle Zeilen der Wahrheitstabelle, die den Wert **X = 0** haben, werden der Reihe nach als Zwischenfunktionen $Z1 - Zn$ gekennzeichnet.

2. Schritt: Bildung der Zwischenfunktionen mit ODER-Verknüpfungen
Alle Eingangsvariablen werden durch *ODER-Verknüpfungen* miteinander verknüpft, wobei alle Eingangsvariablen mit dem Wert „1" jeweils negiert aufgeschrieben werden müssen.

3. Schritt: Bildung der UND-Verknüpfungen
Alle Zwischenfunktionen werden durch *UND-Verknüpfungen* miteinander verknüpft.

4. Schritt: Bildung der UND-Normalform
In der Funktionsgleichung werden die Zwischenfunktionen wieder ersetzt. Damit liegt dann die *UND-Normalform* vor.

5. Schritt: Aufzeichnen des Schaltnetzes
Für die UND-Normalform wird wie in Kapitel 6.5.1 das Schaltnetz aufgezeichnet.

Beispiel:

				1. Schritt	2. Schritt
C	B	A	X	Z	
0	0	0	1		
0	0	1	1		
0	1	0	0	$Z1 =$	$C \vee \bar{B} \vee A$
0	1	1	0	$Z2 =$	$C \vee \bar{B} \vee \bar{A}$
1	0	0	0	$Z3 =$	$\bar{C} \vee B \vee A$
1	0	1	1		
1	1	0	0	$Z4 =$	$\bar{C} \vee \bar{B} \vee A$
1	1	1	0	$Z5 =$	$\bar{C} \vee \bar{B} \vee \bar{A}$

Bild 6.87 Wahrheitstabelle zum Aufstellen der UND-Normalform

1. und 2. Schritt: Siehe Wahrheitstabelle nach **Bild 6.87**

3. Schritt: $X = Z1 \wedge Z2 \wedge Z3 \wedge Z4 \wedge Z5$

4. Schritt: $X = (C \vee \bar{B} \vee A) \wedge (C \vee \bar{B} \vee \bar{A}) \wedge (\bar{C} \vee B \vee A)$
$\wedge (\bar{C} \vee \bar{B} \vee A) \wedge (\bar{C} \vee \bar{B} \vee \bar{A})$

5. Schritt: Schaltung nach **Bild 6.88**

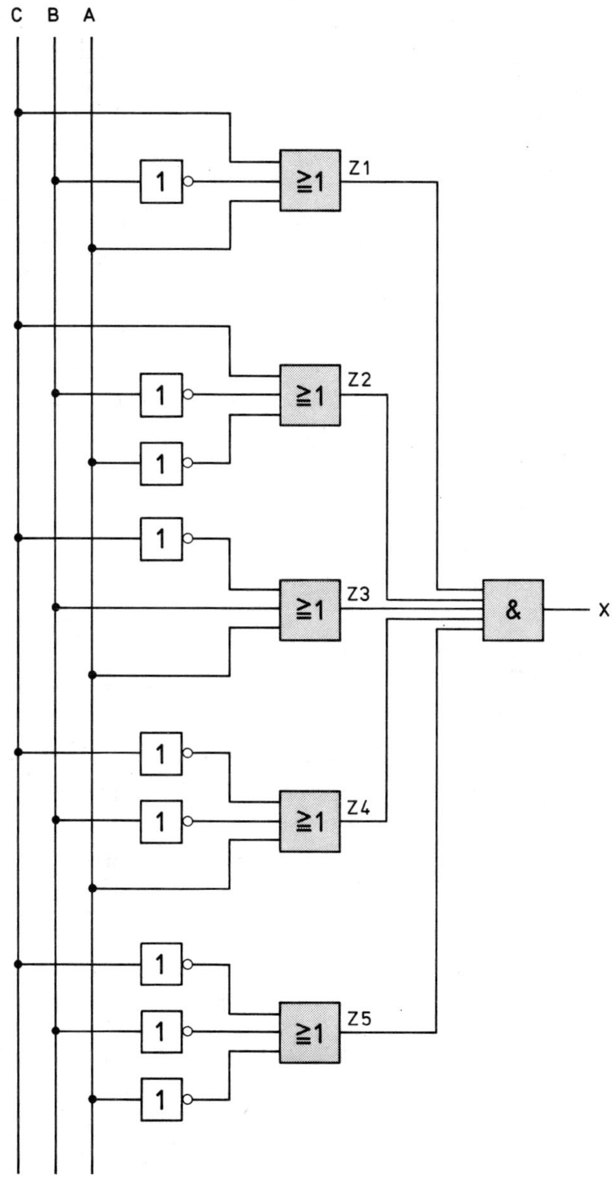

Bild 6.88 Schaltnetz zur Wahrheitstabelle nach Bild 6.87

Mit dieser Methode läßt sich aus jeder gegebenen vollständigen Wahrheitstabelle über die *UND-Normalform* ein Schaltnetz entwickeln, das den geforderten funktionalen Zusammenhang zwischen den Eingangsvariablen und der Ausgangsvariablen erfüllt.

Eine Kontrolle kann wieder durch das Aufstellen der vollständigen Wahrheitstabelle für das Schaltnetz nach Bild 6.88 erbracht werden.

6.5.2.3 Gleichwertigkeit von ODER-Normalform und UND-Normalform

Bei den Beispielen in den Kapiteln 6.5.2.1 und 6.5.2.2 wurde jeweils von der gleichen Wahrheitstabelle ausgegangen und nach den zwei verschiedenen Methoden – über die ODER-Normalform sowie die UND-Normalform – jeweils ein Schaltnetz entwickelt. Obwohl die beiden Schaltnetze sehr unterschiedlich aufgebaut sind, sind sie jedoch völlig gleichwertig und erfüllen den laut Wahrheitstabelle geforderten funktionalen Zusammenhang zwischen den Eingangsvariablen und der Ausgangsvariablen. Durch Analyse beider Schaltnetze läßt sich auch leicht nachweisen, daß die Wahrheitstabellen beider Schaltnetze identisch sind. Es ist daher im Prinzip gleichgültig, ob man ein Schaltnetz mit Hilfe der ODER-Normalform oder der UND-Normalform entwickelt.

C	**B**	**A**	**X**	**Z für ODER-Normalform**	**Z für UND-Normalform**
0	0	0	1	$Z1 = \bar{C} \wedge \bar{B} \wedge \bar{A}$	
0	0	1	1	$Z2 = \bar{C} \wedge \bar{B} \wedge A$	
0	1	0	0		$Z1 = C \vee \bar{B} \vee A$
0	1	1	0		$Z2 = C \vee \bar{B} \vee \bar{A}$
1	0	0	0		$Z3 = \bar{C} \vee B \vee A$
1	0	1	1	$Z3 = C \wedge \bar{B} \wedge A$	
1	1	0	0		$Z4 = \bar{C} \vee \bar{B} \vee A$
1	1	1	0		$Z5 = \bar{C} \vee \bar{B} \vee \bar{A}$

Bild 6.89 Wahrheitstabelle für die Beispiele in den Kapiteln 6.5.2.1 und 6.5.2.2

In **Bild 6.89** ist nochmals die gemeinsame Wahrheitstabelle für die Schaltnetze nach Bild 6.85 und 6.88 angeführt.

Die Ausgangsvariable hat in 3 Fällen den Wert $X = 1$ und in 5 Fällen den Wert $X = 0$.

Ein Vergleich der beiden zugehörigen Schaltungen zeigt, daß für die Schaltung nach der ODER-Normalform (Bild 6.85) 3 UND-Glieder, 1 ODER-Glied sowie 6 Inverter, für die Schaltung nach der UND-Normalform (Bild 6.88) dagegen 5 ODER-Glieder, 1 UND-Glied sowie 9 Inverter benötigt werden.

Um jeweils eine Schaltung mit möglichst wenig Logik-Bausteinen zu entwickeln, ist es zweckmäßig:

die *ODER-Normalform* zu wählen, wenn in der Wahrheitstabelle bei der Ausgangsvariablen der Wert $X = 1$ weniger auftritt als der Wert $X = 0$ und

die *UND-Normalform* zu wählen, wenn in der Wahrheitstabelle bei der Ausgangsvariablen der Wert $X = 0$ weniger auftritt als der Wert $X = 1$.

Unter Beachtung dieser Regel ist es also möglich, zu jeder beliebigen Wahrheitstabelle ein Schaltnetz mit einer geringsten Zahl von Logik-Bausteinen zu entwickeln. Die mit Hilfe der ODER-Normalform oder der UND-Normalform entwickelten Schaltnetze sind in der Regel aber doch noch aufwendiger als erforderlich, d. h. die gleichen Zusammenhänge lassen sich meist doch noch mit einer geringeren Zahl von Logik-Bausteinen verwirklichen.

Die Methoden zum Ermitteln eines Logischen Schaltnetzes mit einer möglichst geringen Zahl von Logik-Bausteinen nennt man Vereinfachen, Minimieren oder Optimieren von Logischen Schaltnetzen. Dies erfolgt entweder auf mathematischem Wege mit Hilfe der Schaltalgebra (Boolsche Algebra) oder mit Hilfe eines grafischen Verfahrens, den Karnaugh-Veitch-Tafeln (KV-Tafeln). Beide Verfahren werden jedoch erst im Band „Digitale Steuerungstechnik" bzw. in dem zugehörigen Lehrgang behandelt.

Für die relativ einfachen Schaltnetze mit 2, 3 oder 4 Eingangsvariablen, wie sie in diesem Kapitel behandelt werden, ist der Vorteil, der durch die mögliche Einsparung einiger Logik-Bausteine erreicht werden könnte, ohnehin recht gering.

6.5.3 Synthese aufgrund einer Beschreibung der Aufgabenstellung mit Worten

Häufig ist nur mit Worten beschrieben, welche Eigenschaften ein Logisches Schaltnetz haben soll. Um aus diesen Angaben ein Schaltnetz entwickeln zu können, muß zunächst eine vollständige Wahrheitstabelle aufgestellt werden. Daraus läßt sich dann mit Hilfe der ODER-Normalform oder der UND-Normalform ein Schaltnetz entwickeln.

Das Aufstellen der vollständigen Wahrheitstabelle aufgrund eines gegebenen Aufgabentextes bereitet in der Regel einige Schwierigkeiten. Die Aufgabenstellungen sind oft sehr unterschiedlich abgefaßt und häufig nicht ausreichend genau.

Aus dem Text muß daher zunächst einmal ermittelt werden, wieviel Eingangsvariablen überhaupt auftreten. Ist deren Zahl ermittelt, so kann die Tabelle der Eingangsvariablen in der üblichen Form aufgeschrieben werden. Dann muß aus dem Aufgabentext heraus für jeden möglichen Fall die Ausgangsvariable ermittelt werden. Eine schematische Anleitung hierfür ist nicht möglich. Das systematische Vorgehen bei der Synthese eines Schaltnetzes aufgrund einer Beschreibung mit Worten wird wieder anhand eines Beispiels gezeigt.

Aufgabenstellung: In einer Steuerungsanlage soll eine Signallampe immer nur dann leuchten, wenn von 3 Schaltern jeweils 2 beliebige Schalter geschlossen sind, der 3. aber jeweils geöffnet ist.

1. Schritt: Ermittlung der Zahl der Eingangsvariablen

In diesem Fall ist im Aufgabentext bereits genau angegeben, daß 3 Schalter vorhanden sind, deren Schaltstellung als Eingangsvariable auftreten.

Zusätzlich muß noch eine Festlegung getroffen werden, welche Schaltstellung als „0"-Signal und welche als „1"-Signal angesehen werden soll. Festlegung: Schalter geschlossen ≙ 1-Signal; Schalter offen ≙ 0-Signal.

2. Schritt: Aufstellen der Wahrheitstabelle (Eingangsvariablen)

			3. Schritt	4. Schritt	5. Schritt
C	**B**	**A**	**X**	**Z**	
0	0	0	0		
0	0	1	0		
0	1	0	0		
0	1	1	1	$Z1$	$Z1 = \bar{C} \wedge B \wedge A$
1	0	0	0		
1	0	1	1	$Z2$	$Z2 = C \wedge \bar{B} \wedge A$
1	1	0	1	$Z3$	$Z3 = C \wedge B \wedge \bar{A}$
1	1	1	0		

Bild 6.90 Wahrheitstabelle für Beispiel

3. Schritt: Ermittlung der Ausgangsvariablen

Auch hier muß zunächst wieder eine Festlegung für die Ausgangsvariable getroffen werden. Festlegung: Lampe leuchtet, wenn $X = 1$, Lampe leuchtet nicht, wenn $X = 0$.

Mit dieser Festlegung ergibt sich, daß bei drei verschiedenen Wertekombinationen der Eingangsvariablen (zwei der jeweils drei Eingangsvariablen sollen den Zustand „1" haben) die Ausgangsvariable den Wert $X = 1$ erhalten muß.

4. Schritt: Wahl der Zwischenfunktionen

In der Wahrheitstabelle tritt der Wert $X = 1$ dreimal, der Wert $X = 0$ jedoch fünfmal auf. Um das einfachste Schaltnetz zu erhalten, ist es daher zweckmäßig, die ODER-Normalform zu wählen. Die Zeilen, in denen $X = 1$ ist, werden mit den Zwischenfunktionen $Z1$, $Z2$ und $Z3$ bezeichnet.

5. Schritt: Bildung der Zwischenfunktionen mit UND-Verknüpfung

Alle Eingangsvariablen der Zwischenfunktionen werden durch UND-Verknüpfungen miteinander verknüpft, wobei alle Eingangsvariablen mit dem Wert „0" jeweils negiert aufgeschrieben werden müssen.

6. Schritt: Bildung der ODER-Verknüpfungen

Alle Zwischenfunktionen $Z1 \dots Z3$ werden durch ODER-Verknüpfungen miteinander verknüpft. Damit lautet dann die Funktionsgleichung

$$X = Z1 \vee Z2 \vee Z3$$

7. Schritt: Aufstellen der ODER-Normalform

$$X = (\bar{C} \wedge B \wedge A) \vee (C \wedge \bar{B} \wedge A) \vee (C \wedge B \wedge \bar{A}).$$

8. Schritt: Aufzeichnen des Schaltnetzes

Für die Funktionsgleichung in ODER-Normalform wird entsprechend Kapitel 6.5.1 das Schaltnetz aufgezeichnet (**Bild 6.91**).

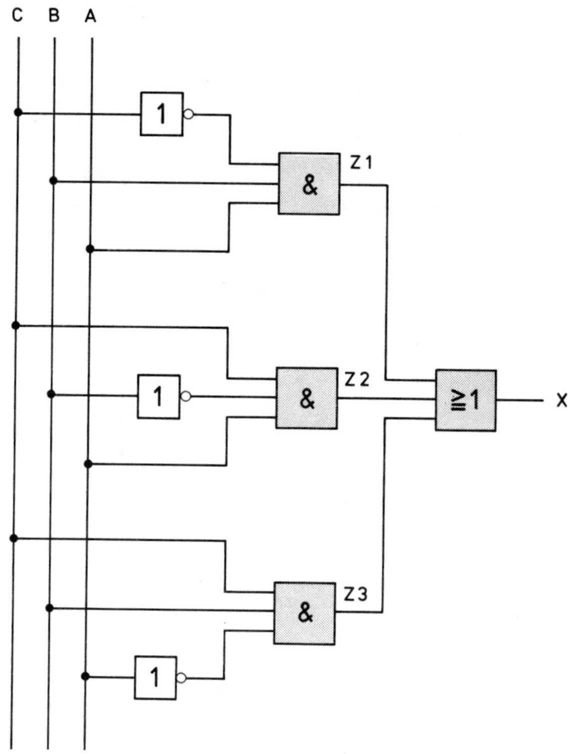

Bild 6.91 Schaltnetz zur Wahrheitstabelle nach Bild 6.90

Durch eine Analyse des Schaltnetzes nach Bild 6.91 kann der Nachweis erbracht werden, daß dieses Schaltnetz die Wahrheitstabelle nach Bild 6.90 erfüllt.

6.6 Anwendungsbeispiele

6.6.1 Anwendungsbeispiel 1

Aufgabenstellung: In einem Betrieb sind 3 Werkzeugmaschinen mit einer Leistungsaufnahme $P1 = 3$ kW, $P2 = 1$ kW und $P3 = 6$ kW installiert. Im Büro des Betriebsleiters soll durch eine rote Signallampe angezeigt werden, wenn die Leistungsaufnahme dieser drei Maschinen insgesamt 6,5 kW überschreitet.

Das Logische Schaltnetz ist in TTL-Technik und ausschließlich mit NAND-Gliedern aufzubauen, wobei nur die in Bild 6.49 aufgeführten Typen verwendet werden sollen.

Lösungsweg: Entsprechend Kapitel 6.5.3

1. Schritt: Ermittlung der Zahl der Eingangsvariablen

Es müssen die Informationen von 3 verschiedenen Motoren verarbeitet werden. Es liegen also 3 Eingangsvariable vor.

Festlegung:

Motor läuft ≙ 1-Signal
Motor läuft nicht ≙ 0-Signal
Lampe leuchtet ≙ 1-Signal
Lampe leuchtet nicht ≙ 0-Signal

Zuordnung:

Motor 1 ($P1 = 3$ kW) $= A$
Motor 2 ($P2 = 1$ kW) $= B$
Motor 3 ($P3 = 6$ kW) $= C$

2. Schritt: Aufstellen der Wahrheitstabelle (Eingangsvariable)

				3. Schritt	4. Schritt	5. Schritt
C	**B**	**A**	**P/kW**	**X**		
0	0	0	0	0		
0	0	1	3	0		
0	1	0	1	0		
0	1	1	4	0		
1	0	0	6	0		
1	0	1	9	1	$Z1$	$Z1 = C \wedge \bar{B} \wedge A$
1	1	0	7	1	$Z2$	$Z2 = C \wedge B \wedge \bar{A}$
1	1	1	10	1	$Z3$	$Z3 = C \wedge B \wedge A$

Bild 6.92 Wahrheitstabelle zu 6.6.1

3. Schritt: Ermittlung der Ausgangsvariablen

In einer Zwischenspalte wird hier die Gesamtleistung der Motoren für die jeweiligen Betriebsfälle eingetragen. In allen Fällen, in denen $P \geqq 6{,}5$ kW ist, muß die Ausgangsvariable X den Wert 1 erhalten.

4. Schritt: Wahl der Zwischenfunktionen

Da der Wert $X = 1$ dreimal, der Wert $X = 0$ jedoch fünfmal auftritt, ist es zweckmäßig, die ODER-Normalform zu wählen. Damit ergeben sich $Z1$, $Z2$ und $Z3$.

5. Schritt: Bildung der Zwischenfunktionen mit UND-Verknüpfungen

Die Zwischenfunktionen werden in Tabelle 6.92 eingetragen.

6. Schritt: Bildung der ODER-Verknüpfung

$$X = Z1 \vee Z2 \vee Z3$$
$$X = (C \wedge \bar{B} \wedge A) \vee (C \wedge B \wedge \bar{A}) \vee (C \wedge B \wedge A)$$

7. Schritt: Aufzeichnen des Schaltnetzes (Bild 6.93)

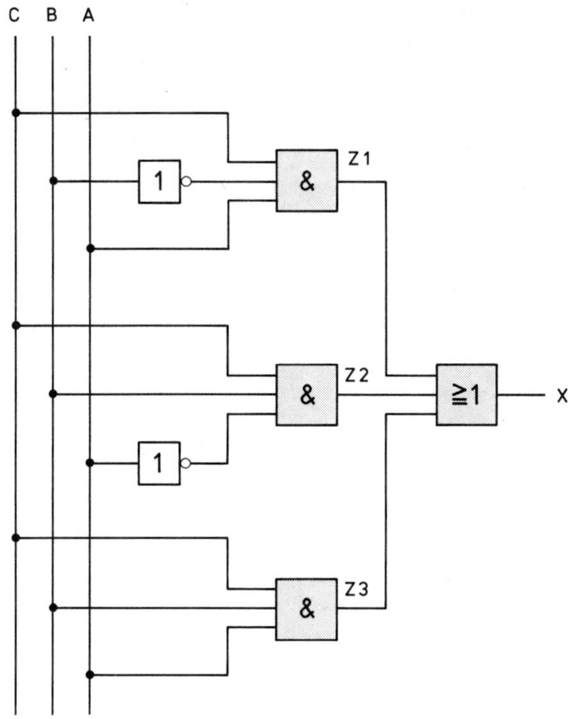

Bild 6.93 Schaltnetz zu 6.6.1

8. Schritt: Kontrolle 1

Es ist zweckmäßig, nach Aufzeichnen des Schaltnetzes stets eine Kontrolle durchzuführen, in der eine Analyse des entwickelten Schaltnetzes vorgenommen wird.

C	B	A	Z1	Z2	Z3	X
0	0	0	0	0	0	0
0	0	1	0	0	0	0
0	1	0	0	0	0	0
0	1	1	0	0	0	0
1	0	0	0	0	0	0
1	0	1	1	0	0	1
1	1	0	0	1	0	1
1	1	1	0	0	1	1

Bild 6.94 Kontroll-Wahrheitstabelle zu Schaltbild nach Bild 6.93

Ein Vergleich der **Tabelle 6.94** mit der Tabelle 6.92 zeigt, daß beide Tabellen identisch sind. Das entwickelte Schaltnetz erfüllt also die gestellten Forderungen.

9. Schritt: Umwandlung der einzelnen Verknüpfungsglieder in NAND-Glieder

Alle UND-, ODER- und NICHT-Glieder werden mit Hilfe der Tabelle 6.61 in NAND-Glieder umgewandelt (**Bild 6.95**).

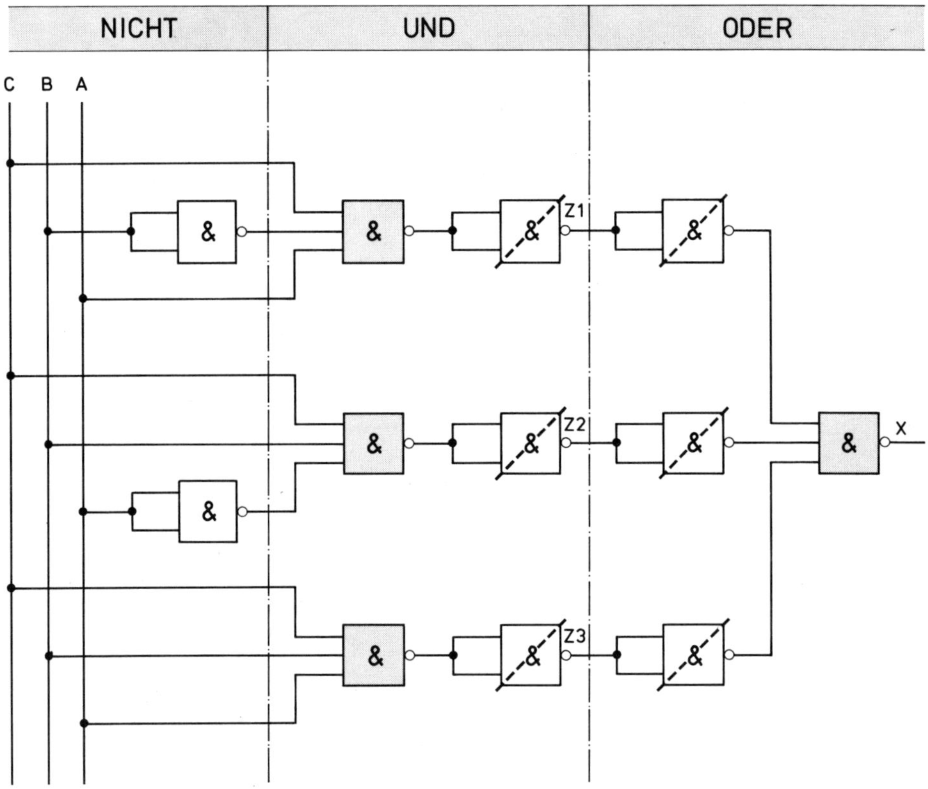

Bild 6.95 Schaltnetz nach Bild 6.93 in Ausführung mit NAND-Gliedern

10. Schritt: Kontrolle 2

Auch nach dieser Umwandlung ist es zweckmäßig, wieder eine Kontrolle mit Hilfe der Wahrheitstabelle durchzuführen (**Bild 6.96**).

C	B	A	Z1	Z2	Z3	X
0	0	0	1	1	1	0
0	0	1	1	1	1	0
0	1	0	1	1	1	0
0	1	1	1	1	1	0
1	0	0	1	1	1	0
1	0	1	0	1	1	1
1	1	0	1	0	1	1
1	1	1	1	1	0	1

Bild 6.96 Kontroll-Wahrheitstabelle zu Schaltbild nach Bild 6.95

Die jeweils unmittelbar hintereinander geschalteten NICHT-Glieder (in NAND-Ausführung) können entfallen. Damit ergibt sich das vereinfachte Schaltnetz nach **Bild 6.97**.

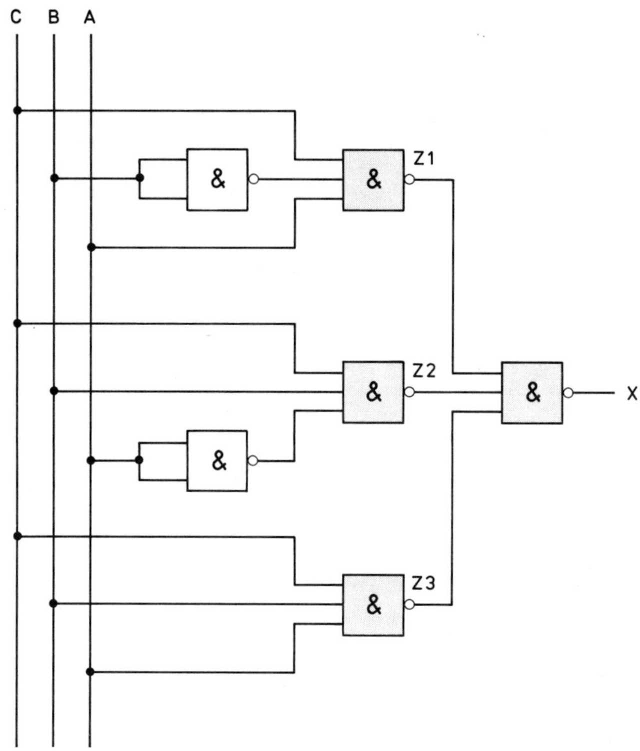

Bild 6.97 Vereinfachtes Schaltnetz zur Schaltung nach Bild 6.95

Die Wahrheitstabelle nach Bild 6.96 entspricht der Wahrheitstabelle nach Bild 6.94. Beide Schaltnetze haben das gleiche funktionale Verhalten.

11. Schritt: Auswahl der einzusetzenden TTL-Bausteine

Für die Realisierung des Schaltnetzes nach Bild 6.96 werden insgesamt 6 NAND-Glieder benötigt, und zwar

2 × NAND-Glieder mit je 2 Eingängen
4 × NAND-Glieder mit je 3 Eingängen.

Es empfiehlt sich, 2 Stück des Typs 7410 einzusetzen (siehe Bild 6.49). Der Typ 7410 enthält 3 × NAND-Glieder mit je 3 Eingängen.

Bild 6.98 zeigt das mit 2 TTL-Chips 7410 aufgebaute und verdrahtete Schaltnetz zu Aufgabe 6.6.1. Die gewählte Verdrahtung kann jedoch nur als eine von vielen Möglichkeiten angesehen werden. Sie ergibt sich in der Regel erst konkret, wenn z. B. auf einer

Platine die Anordnung der Fassungen und die gedruckten Leitungen vorgegeben sind oder hierfür eine optimale Leitungsführung ermittelt werden muß.

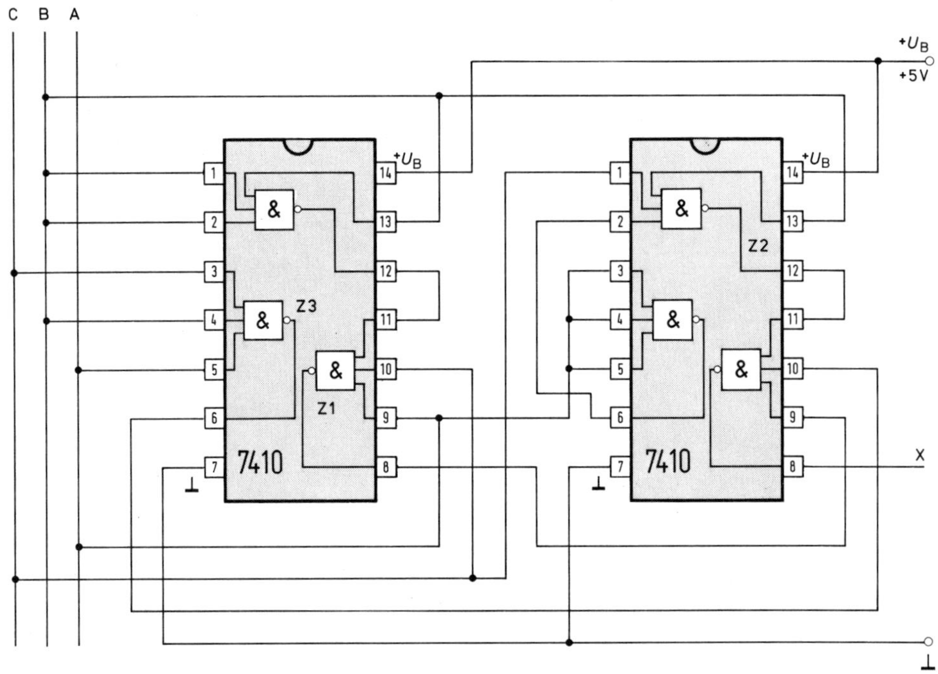

Bild 6.98 Verdrahtetes Schaltnetz zu 6.6.1

6.6.2 Anwendungsbeispiel 2

Aufgabenstellung: Ein Pumpenhaus ist nur zeitweilig mit Wartungspersonal besetzt. In der Zentrale soll Alarm ausgelöst werden, wenn der Pumpenmotor nicht läuft und gleichzeitig kein Wartungspersonal im Pumpenhaus ist oder wenn das Wartungspersonal da ist, aber einen Störungsquittierschalter nicht betätigt. Außerdem soll Alarm ausgelöst werden, wenn der Motor läuft, aber trotzdem ein fehlerhafter Störungsquittierschalter ausgelöst hat. Das Logische Schaltnetz soll in TTL-Technik mit NAND-Gliedern aufgebaut werden, wobei lediglich die in Bild 6.49 aufgeführten Typen zu verwenden sind.

Lösungsweg: Entsprechend Kapitel 6.5.3.

1. Schritt: Eingangsvariable

$A \rightarrow$ Motor; Motor läuft: $A=1$; Motor läuft nicht: $A=0$,
$B \rightarrow$ Wartungspersonal; im Pumpenhaus: $B=1$; nicht anwesend: $B=0$,
$C \rightarrow$ Störungsquittierschalter; ausgelöst: $C=1$; nicht ausgelöst: $C=0$.

Es treten also drei Eingangsvariable auf. Damit ergeben sich 8 verschiedene Wertekombinationen der Eingangsvariablen.

2. Schritt: Wahrheitstabelle

				3. Schritt	4. Schritt	5. Schritt
C	**B**	**A**	**Fall**	**X**		
0	0	0	Fall 1	1		
0	0	1	Fall 2	0	$Z1$	$Z1 = C \vee B \vee \bar{A}$
0	1	0	Fall 3	1		
0	1	1	Fall 4	0	$Z2$	$Z2 = C \vee \bar{B} \vee \bar{A}$
1	0	0	Fall 5	1		
1	0	1	Fall 6	1		
1	1	0	Fall 7	0	$Z3$	$Z3 = \bar{C} \vee \bar{B} \vee A$
1	1	1	Fall 8	1		

Bild 6.99 Wahrheitstabelle zu 6.6.2

3. Schritt: Ausgangsvariable

Festlegung: $X = 1 \triangleq$ Alarm; $X = 0 \triangleq$ kein Alarm.

Fall 1: Motor läuft nicht; Pumpenhaus nicht besetzt, Störungsquittierschalter nicht ausgelöst → Alarm

Fall 2: Motor läuft; Pumpenhaus nicht besetzt; Störungsquittierschalter nicht ausgelöst → kein Alarm

Fall 3: Motor läuft nicht; Pumpenhaus besetzt; Störungsquittierschalter nicht ausgelöst → Alarm

Fall 4: Motor läuft; Pumpenhaus besetzt; Störungsquittierschalter nicht ausgelöst → kein Alarm

Fall 5: Motor läuft nicht; Pumpenhaus nicht besetzt; Störungsquittierschalter ausgelöst → Alarm

Fall 6: Motor läuft; Pumpenhaus nicht besetzt; Störungsquittierschalter ausgelöst → Alarm

Fall 7: Motor läuft nicht; Pumpenhaus besetzt, Störungsquittierschalter ausgelöst → kein Alarm

Fall 8: Motor läuft; Pumpenhaus besetzt; Störungsquittierschalter ausgelöst → Alarm.

4. Schritt: Wahl der Zwischenfunktionen

In 5 möglichen Fällen muß Alarm ausgelöst werden, in 3 möglichen Fällen dagegen nicht. → UND-Normalform (siehe Bild 6.99).

5. Schritt: Bildung der Zwischenfunktionen

(Siehe Bild 6.99)

6. Schritt: Bildung der UND-Verknüpfung

$$X = Z1 \wedge Z2 \wedge Z3$$
$$X = (C \vee B \vee \bar{A}) \wedge (C \vee \bar{B} \vee \bar{A}) \wedge (\bar{C} \vee \bar{B} \vee A)$$

7. Schritt: Aufzeichnen des Schaltnetzes (Bild 6.100)

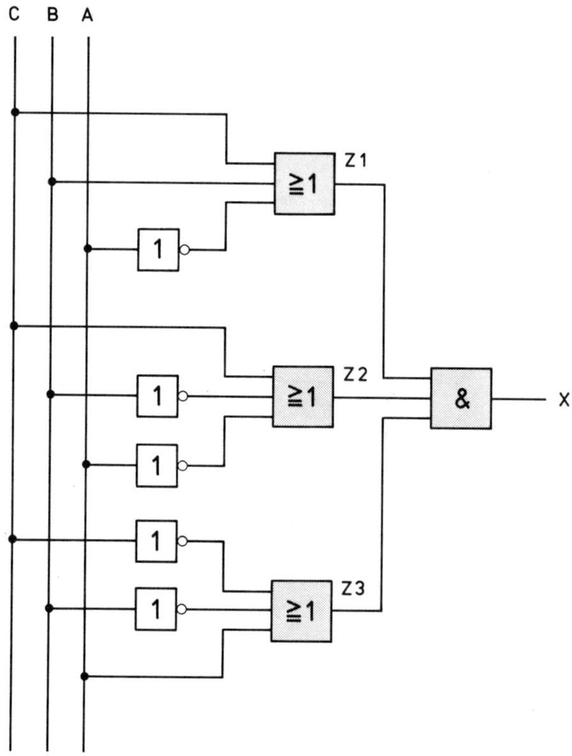

Bild 6.100 Schaltnetz zu 6.6.2

8. Schritt: Kontrolle 1

C	B	A	Z1	Z2	Z3	X
0	0	0	1	1	1	1
0	0	1	0	1	1	0
0	1	0	1	1	1	1
0	1	1	1	0	1	0
1	0	0	1	1	1	1
1	0	1	1	1	1	1
1	1	0	1	1	0	0
1	1	1	1	1	1	1

Bild 6.101 Wahrheitstabelle zu Schaltnetz nach Bild 6.100

Die Wahrheitstabelle nach **Bild 6.101** stimmt mit der Wahrheitstabelle nach Bild 6.99 überein. Das Schaltnetz liefert also den geforderten funktionalen Zusammenhang.

9. Schritt: Umwandlung in NAND-Glieder (Bild 6.102)

Die Umwandlung des Schaltnetzes nach Bild 6.100 in eine Version nur mit NAND-Gliedern erfolgt mit Hilfe der Tabelle nach Bild 6.61.

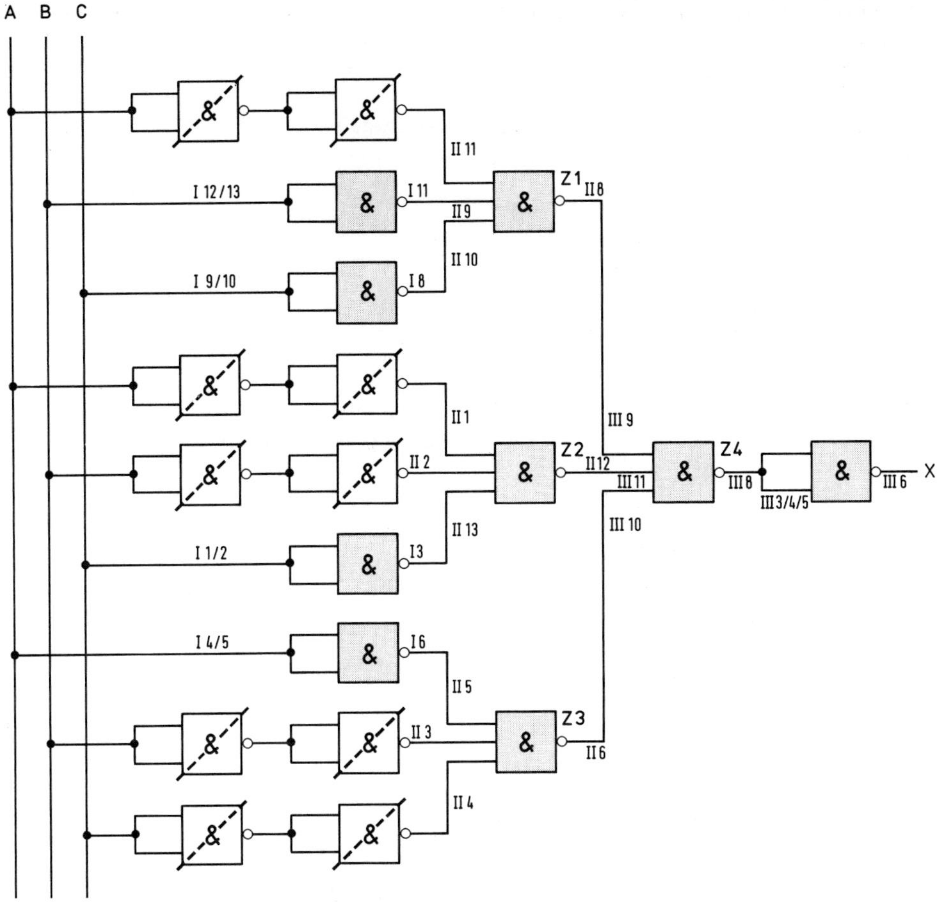

Bild 6.102 Schaltnetz nach Bild 6.100 in NAND-Version

Die zwei jeweils unmittelbar hintereinander geschalteten NICHT-Glieder (in NAND-Version) können entfallen und durch einen durchgehenden Leitungszug ersetzt werden.

10. Schritt: Kontrolle 2

C	B	A	Z1	Z2	Z3	Z4	X
0	0	0	1	1	1	0	1
0	0	1	0	1	1	1	0
0	1	0	1	1	1	0	1
0	1	1	1	0	1	1	0
1	0	0	1	1	1	0	1
1	0	1	1	1	1	0	1
1	1	0	1	1	0	1	0
1	1	1	1	1	1	0	1

Bild 6.103 Wahrheitstabelle zu Schaltnetz nach Bild 6.102

Die Wahrheitstabelle nach **Bild 6.103** stimmt mit der Wahrheitstabelle nach Bild 6.101 überein. Auch das Schaltnetz in NAND-Version liefert also den geforderten funktionalen Zusammenhang.

11. Schritt: Auswahl der einzusetzenden TTL-Bausteine

Für die Realisierung des Schaltnetzes nach Bild 6.102 werden insgesamt benötigt:

5 × NAND-Glieder mit je 2 Eingängen,
4 × NAND-Glieder mit je 3 Eingängen.

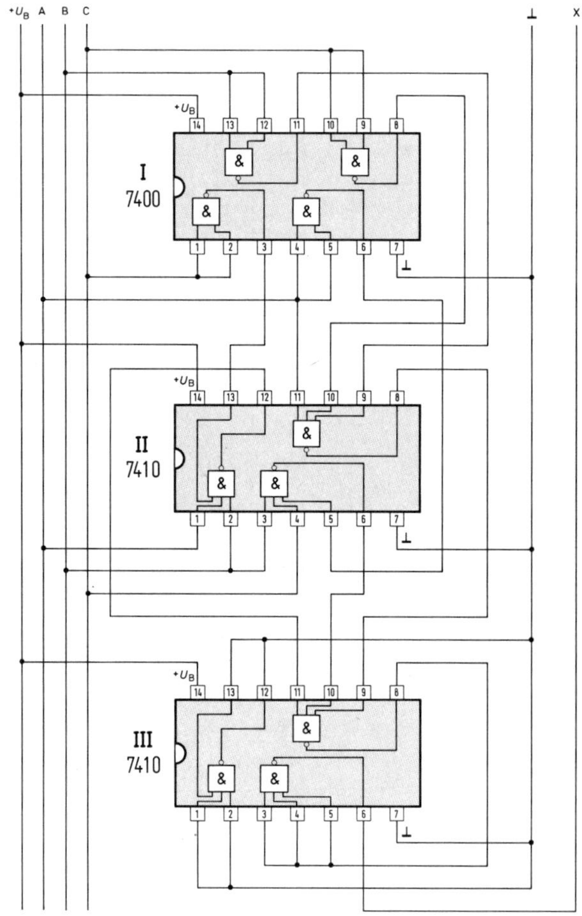

Bild 6.104 Verdrahtetes Schaltnetz zu 6.6.2

Hierfür können z.B. eingesetzt werden:

1 × 7400 (4 × NAND-Glieder mit je 2 Eingängen),
2 × 7410 je (3 × NAND-Glieder mit je 3 Eingängen).

Bild 6.104 zeigt nur eine von vielen Möglichkeiten der Verdrahtung der 3 Bausteine. In Bild 6.102 sind zur besseren Orientierung zusätzlich noch die Anschlußbelegungen für die gewählte Verdrahtung eingetragen.

7 Signalspeicher und Signalformer

7.1 Allgemeines

Bei den im Kapitel 6 behandelten Logischen Schaltungen besteht stets ein direkter zeitlicher Zusammenhang zwischen den gerade anliegenden Eingangssignalen und dem Ausgangssignal. In der Signalverarbeitung ist es jedoch sehr oft erforderlich, Signalzustände über die Dauer ihres Auftretens hinaus festzuhalten und wirksam werden zu lassen, d.h. einen Signalzustand zu speichern. Elektronische Schaltungen oder Bauelemente, die eine derartige Aufgabe erfüllen können, werden als Signalspeicher bezeichnet. Grundelemente dieser Signalspeicher sind die *Bistabilen Kippglieder*. Sie werden auch Bistabile Kippstufen oder Flipflops genannt.

Bistabile Kippstufen haben grundsätzlich zwei (bi = zwei) stabile Zustände, einen *Setzzustand* und einen *Rücksetzzustand*. **Bild 7.1** zeigt das allgemeine Schaltzeichen für ein Bistabiles Kippglied.

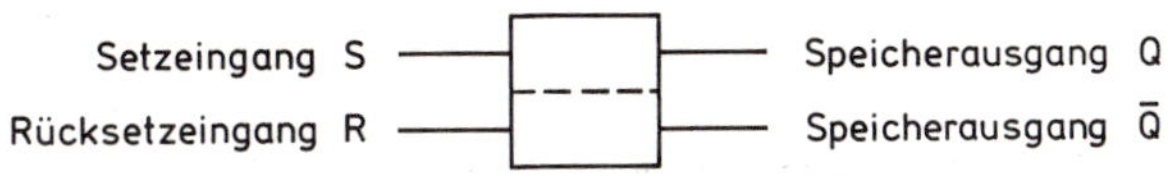

Bild 7.1 Allgemeines Schaltzeichen für ein Bistabiles Kippglied

Laut Festlegung befindet sich das Flipflop im Setzzustand, wenn am Ausgang Q 1-Signal und am komplementären Ausgang $\bar{Q}$ 0-Signal liegt. Es befindet sich dagegen im Rücksetzzustand, wenn am Ausgang Q 0-Signal und am Ausgang $\bar{Q}$ 1-Signal liegt.

Über den Setzeingang S (abgeleitet von **s**et = setzen) kann der Speicher durch ein entsprechendes Signal in den Setzzustand gebracht werden. Man bezeichnet diesen Vorgang als „Setzen“ eines Speichers. Der Setzzustand bleibt auch dann weiter erhalten, wenn das Setzsignal nicht mehr vorhanden ist. Weitere Signale am S-Eingang sind wirkungslos, da dieser Eingang „verriegelt“ wird. In den Rücksetzzustand kann das Bistabile Kippglied dann nur noch durch ein entsprechendes Signal am Rücksetzeingang R (abgeleitet von **r**eset = rücksetzen) gebracht werden. Dieser Vorgang wird als „Rücksetzen“ eines Speichers bezeichnet. Auch der Rücksetzzustand bleibt erhalten, wenn das Rücksetzsignal nicht mehr vorhanden ist.

In der Signalverarbeitung werden insbesondere drei verschiedene Ausführungen von Signalspeichern eingesetzt.

Es sind die RS-Kippglieder,
die D-Kippglieder und
die JK-Kippglieder.

Sie unterscheiden sich jedoch im wesentlichen nur durch die Art der Ansteuerung und der Auslösung des Kippvorganges von dem einen stabilen Zustand in den anderen stabilen Zustand. Jede dieser drei Ausführungen von Speichern hat seine speziellen Einsatz- und Aufgabengebiete.

Ein Bistabiles Kippglied kann nur ein einzelnes Signal speichern. Man bezeichnet den Informationsgehalt eines solchen Signals als *1 bit*. Mit einem Flipflop kann daher der Informationsgehalt 1 bit gespeichert werden.

Schaltungstechnisch und funktionsmäßig eng mit dem Bistabilen Kippglied verwandt ist das *Monostabile Kippglied* (mono = ein), das auch Monostabile Kippstufe oder Monoflop genannt wird. Es handelt sich dabei ebenfalls um einen Signalspeicher, der aber nur einen stabilen Zustand hat. Durch ein entsprechendes Signal am Setzeingang S wird das Monoflop vom stabilen Zustand in seinen instabilen Zustand gebracht. Es verbleibt dann für eine bestimmte Zeit in diesem Zustand, in der Regel unabhängig von der Dauer des Eingangssignals. Nach Ablauf dieser Zeit kippt die Stufe dann aber ohne Rücksetzsignal oder andere Steuersignale wieder in den Ruhezustand zurück.

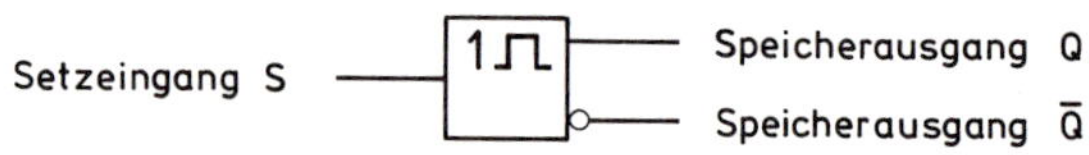

Bild 7.2 Allgemeines Schaltzeichen für ein Monostabiles Kippglied

Bild 7.2 zeigt das allgemeine Schaltzeichen für ein Monostabiles Kippglied. Es hat in seiner einfachsten Ausführung nur einen S-Eingang und die beiden komplementären Speicherausgänge Q und $\bar{Q}$. Laut Festlegung befindet es sich in seiner Grundstellung, also im stabilen Zustand, wenn am Ausgang Q 0-Signal und am Ausgang $\bar{Q}$ 1-Signal liegt. Im instabilen Zustand liegt dagegen dann am Ausgang Q 1-Signal und am Ausgang $\bar{Q}$ 0-Signal.

Das Monostabile Kippglied kann sowohl den Signalspeichern als auch den Signalformern zugerechnet werden. Als Signalspeicher ist es in der Lage, den Informationsgehalt von 1 bit zu speichern, jedoch immer nur für eine bestimmte Zeitdauer. Als Signalformer wird es dagegen auch zum Regenerieren von Rechtecksignalen eingesetzt. Man versteht darunter die Wiederherstellung eines rechteckförmigen Signals mit steilen Flanken, z.B. aus einem stark verschliffenen Signal. Weitere wichtige Aufgaben des Monoflops sind das Verkürzen, Verlängern und Verzögern von Signalen.

In der Signalverarbeitung ist es häufig auch erforderlich, von außen an ein Schaltungssystem herangebrachte Signale so umzuformen, daß sie bei der nachfolgenden Verarbeitung einwandfrei erkannt und fehlerfrei verarbeitet werden können. Hierfür werden oft *Schmitt-Trigger* eingesetzt. Schmitt-Trigger sind Schwellwertschalter. Sie haben wie das Flipflop zwei stabile Zustände. Welcher dieser beiden Zustände vorliegt, hängt aber lediglich davon ab, ob die Eingangsspannung einen spezifischen Schwellwert überschritten oder unterschritten hat. **Bild 7.3** zeigt das allgemeine Schaltzeichen für einen Schmitt-Trigger.

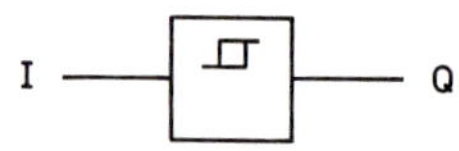

Bild 7.3 Allgemeines Schaltzeichen für einen Schmitt-Trigger

Laut Festlegung liegt am Ausgang Q 1-Signal, wenn das Eingangssignal einen spezifischen Schwellwert überschritten hat. Dieser eine stabile Zustand bleibt solange erhalten, bis das Eingangssignal wieder einen spezifischen Schwellwert unterschritten hat. In diesem stabilen Zustand liegt am Ausgang Q dann 0-Signal.

Ursprünglich wurden auch die Flipflops, Monoflops und Schmitt-Trigger aus einzelnen Bauelementen aufgebaut. Die Dimensionierung, d.h. die Berechnung der Werte der einzelnen Bauelemente, ist jedoch meistens recht schwierig und langwierig. In der integrierten Schaltungstechnik stehen diese Signalspeicher und Signalformer heute aber inzwischen in zahlreichen unterschiedlichen Ausführungen zur Verfügung. Der innere Aufbau des IC ist dann für den Praktiker ohne Bedeutung. Wichtig für ihn ist aber eine genaue Kenntnis darüber, wie die einzelnen angebotenen Typen auf bestimmte Eingangssignale, Setz- oder Rücksetzsignale reagieren oder wie diese Signale beschaffen sein müssen, damit die erwünschte Signalspeicherung oder Signalformung erfolgt.

7.2 RS-Kippglieder

Das einfachste Element zur Speicherung eines logischen Signals ist das RS-Kippglied. Es besitzt mindestens 2 Eingänge, und zwar den Setzeingang S und den Rücksetzeingang R. Der R-Eingang und der S-Eingang sind statische Eingänge. Sie reagieren also genau wie die Logischen Schaltungen auf anliegende Spannungspotentiale. Vorhanden ist weiterhin mindestens ein Speicherausgang Q, oft auch noch der zugehörige komplementäre Ausgang $\bar{Q}$.

In der Praxis ist vielfach auch eine einfache Abwandlung des RS-Kippgliedes zu finden, das $\overline{RS}$-Kippglied. Schon aus der Bezeichnung ist zu erkennen, daß es sich dabei um ein RS-Kippglied mit negierten Eingängen handelt. **Bild 7.4** zeigt das Schaltzeichen für das RS-Kippglied und **Bild 7.5** das Schaltzeichen für das $\overline{RS}$-Kippglied.

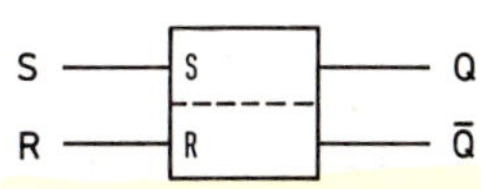

Bild 7.4 Schaltzeichen für das RS-Kippglied

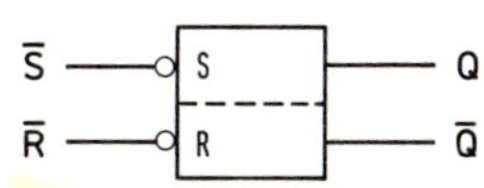

Bild 7.5 Schaltzeichen für das $\overline{RS}$-Kippglied

Das logische Verhalten des RS-Kippgliedes läßt sich in anschaulicher Weise im Signal-Zeit-Plan darstellen.

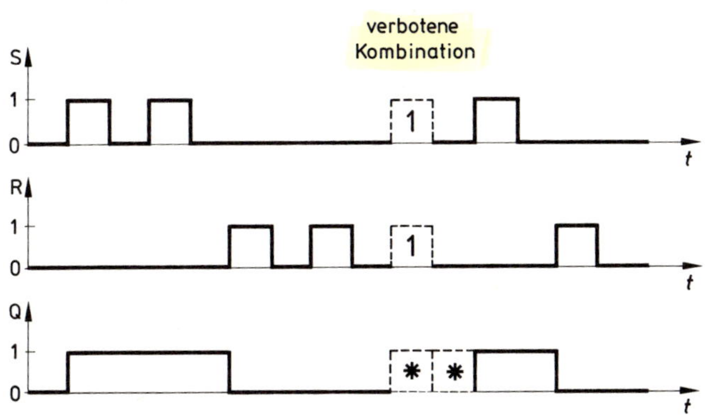

✱ ≙ 0 oder 1

Bild 7.6 Signal-Zeit-Plan für das RS-Kippglied

Bild 7.6 zeigt den Signal-Zeit-Plan für das RS-Kippglied. Eingetragen sind alle denkbar möglichen Fälle. Als Besonderheit ist hier die Wertekombination S = 1 und R = 1 zu beachten. Sie darf einerseits aus logischen Gründen nicht auftreten, weil gleichzeitige Befehle „Setzen" und „Rücksetzen" widersprüchlich sind. Andererseits ist die Eingangskombination S = 1 und R = 1 aber auch aus schaltungstechnischen Gründen verboten, weil in Abhängigkeit vom Aufbau des RS-Kippgliedes am Ausgang der Zustand Q = 0 oder 1 auftreten kann. Weiterhin tritt ebenfalls aus schaltungstechnischen Gründen ein unbestimmter Zustand ein, wenn unmittelbar nach S = 1 und R = 1 die Wertekombination S = 0 und R = 0 folgt. Das RS-Flipflop wird zwar dann in einen der beiden möglichen Zustände kippen; ob es aber der Setz- oder Rücksetzzustand ist, hängt im wesentlichen nur von zufälligen Schaltungsunsymmetrien ab, nicht aber von den Eingangsbedingungen. Aus diesen Gründen ist beim RS-Kippglied die Wertekombination der Eingangsvariablen S = 1 und R = 1 verboten.

In Bild 7.6 befindet sich das RS-Kippglied zum Zeitpunkt $t = 0$ im Rücksetzzustand, S = 0; R = 0; Q = 0. Dann wird mit einem 1-Signal am S-Eingang der Speicher gesetzt, d.h. Q = 1. Dieser Zustand bleibt weiter erhalten, auch unabhängig davon, ob danach am S-Eingang 0-Signal oder 1-Signal liegt. Weitere Signale am S-Eingang sind also wirkungslos, wenn der Speicher einmal gesetzt ist. Erst durch 1-Signal am R-Eingang kann der Speicher dann wieder zurückgesetzt werden, d.h. Q = 0. Weitere Signale am R-Eingang sind dann wirkungslos, der Speicher behält seinen Zustand bei.

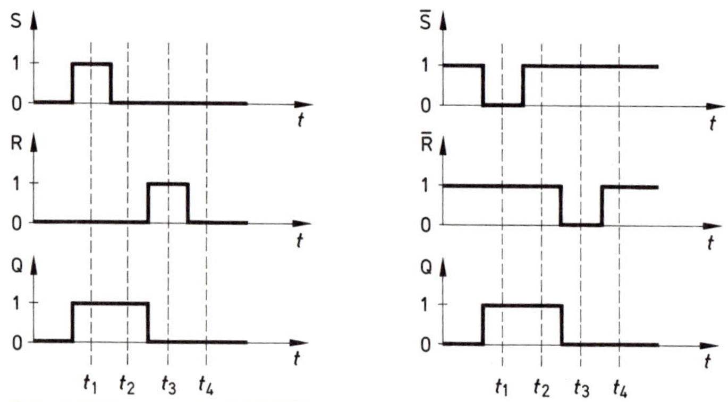

Bild 7.7 Signal-Zeit-Plan für das RS-Kippglied und das $\overline{RS}$-Kippglied

In **Bild 7.7** sind die Signal-Zeit-Pläne für das RS-Kippglied und das $\overline{RS}$-Kippglied in vereinfachter Form dargestellt. Fortgelassen sind jeweils die verbotenen Wertekombinationen für die Eingangssignale, beim RS-Kippglied die Kombination R = 1 und S = 1, beim $\overline{RS}$-Kippglied die Kombination $\bar{R} = 0$ und $\bar{S} = 0$. In dem Diagramm für das $\overline{RS}$-Kippglied ist deutlich zu erkennen, daß das Setzen und Rücksetzen des Speichers jeweils mit 0-Signal erfolgt.

Das logische Verhalten des RS-Kippgliedes läßt sich aber auch wie bei den Logischen Schaltungen in Form einer Wahrheitstabelle angeben. Berücksichtigt werden muß hier jedoch, daß wegen der Speicherwirkung bei einer bestimmten Wertekombination der Eingangsspannungen auch noch der vorhergehende Zustand des Speichers einen Einfluß hat. Man muß in diesem Fall zwei verschiedene Zeitpunkte betrachten. Sie müssen so ausgewählt sein, daß zwischen ihnen alle Schalt-, Kipp- und Übertragungsvorgänge abgeschlossen sind. In Bild 7.7 sind solche charakteristische Abfragezeitpunkte bereits eingezeichnet.

Aus dem Signal-Zeit-Plan läßt sich in einfacher Weise die Wahrheitstabelle **(Bild 7.8)** für das RS-Kippglied ermitteln.

	S	R	Q
Zeitpunkt t_1	1	0	1
Zeitpunkt t_2	0	0	1
Zeitpunkt t_3	0	1	0
Zeitpunkt t_4	0	0	0

Bild 7.8 Wahrheitstabelle zum Signal-Zeit-Plan für das RS-Kippglied nach Bild 7.7

Die Wahrheitstabelle nach Bild 7.8 gilt für die gewählte Signalfolge bei Bild 7.7. Erkennbar ist, daß bei der Wertekombination S = 0 und R = 0 am Ausgang Q sowohl 1-Signal als auch 0-Signal auftreten kann. Welches dieser beiden möglichen Signale jedoch auftritt, hängt von dem Zustand ab, den das Kippglied hatte, bevor die Wertekombination R = 0 und S = 0 eintrat. Dieser Zustand muß also bekannt sein. In Bild 7.7 tritt bei R = 0 und S = 0 zum Zeitpunkt t_2 der Wert Q = 1 auf, weil zum Zeitpunkt t_1 der Wert Q = 1 vorlag. Zum Zeitpunkt t_4 liegt ebenfalls die Kombination R = 0; S = 0 vor. Hier tritt dann aber der Wert Q = 0 auf, weil zum Zeitpunkt t_3 der Wert Q = 0 vorlag.

In den üblichen Wahrheitstabellen für Speicher werden die logischen Zusammenhänge allgemeingültiger angegeben.

S	R	Q_{tn+1}	
0	0	Q_{tn}	keine Änderung
1	0	1	Speicher gesetzt
0	1	0	Speicher nicht gesetzt
1	1	*	Zustand unbestimmt

Bild 7.9 Wahrheitstabelle für das RS-Kippglied

Q_{tn} = Zustand vor einer neuen Wertekombination der Eingangssignale.

Q_{tn+1} = Zustand nach einer neuen Wertekombination der Eingangssignale.

* = 0 oder 1

In der Wahrheitstabelle nach **Bild 7.9** sind die Zeiten t_2 und t_4 zusammengefaßt. Die Angabe Q_{tn} bedeutet hier, daß keine Änderung auftritt, also der jeweils vorher vorliegende Zustand erhalten bleibt.

In gleicher Weise kann dann auch die Wahrheitstabelle für das $\overline{RS}$-Kippglied angegeben werden **(Bild 7.10)**.

$\bar{S}$	$\bar{R}$	Q_{tn+1}
0	0	*
1	0	0
0	1	1
1	1	Q_{tn}

Bild 7.10 Wahrheitstabelle für das $\overline{RS}$-Kippglied

RS-Kippglieder wurden zunächst genau wie die Logischen Schaltungen aus einzelnen Bauelementen zusammengeschaltet. Sie lassen sich aber auch in recht einfacher Weise mittels NAND- und NOR-Gliedern realisieren. Inzwischen werden sie darüber hinaus auch in integrierter Schaltungstechnik innerhalb der TTL-Serie 74xx in verschiedenen Ausführungen angeboten.

7.2.1 RS-Kippglied mit Transistoren

Ein RS-Kippglied läßt sich durch Zusammenschalten von zwei Transistorschaltern, so wie sie in Kapitel 5.6 beschrieben sind, realisieren. Die beiden Transistorschalter müssen dabei so miteinander verbunden werden, daß jeweils der Ausgang des einen Schalters den Eingang des anderen Schalters ansteuert.

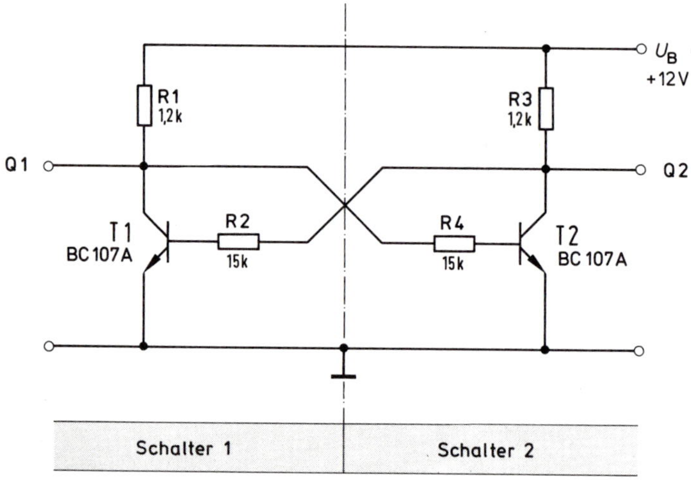

Bild 7.11 Zwei überkreuzgekoppelte Transistorschalter

Wird die Schaltung nach **Bild 7.11** an Betriebsspannung gelegt, so läuft zunächst ein Einschaltvorgang ab. Der Transistor T1 erhält seinen Basisstrom über die Widerstände R3 und R2 und der Transistor T2 über die Widerstände R1 und R4. Der Transistor mit der größeren Stromverstärkung B wird stärker durchsteuern als der andere Transistor. Dadurch fließt ein größerer Kollektorstrom, der wiederum einen größeren Spannungsabfall an seinem Kollektorwiderstand bewirkt. Da diese Kollektorspannung aber gleichzeitig die Steuerspannung des Transistors mit der kleineren Stromverstärkung ist, bewirkt die kleiner werdende Kollektorspannung ein Sperren des Transistors mit der kleineren Stromverstärkung.

Nach Ablauf dieses Einschaltvorganges ist der eine Transistor dann voll leitend, der andere voll gesperrt. Welcher der beiden Transistoren leitend bzw. gesperrt ist, hängt nur von den zufälligen unterschiedlichen Eigenschaften der beiden Transistoren ab. Für die Spannungen an den beiden Ausgängen können dann folgende Werte auftreten **(Bild 7.12).**

Q1	Q2
+ 12 V	+ 0,1 V

Q1	Q2
+ 0,1 V	+ 12 V

Bild 7.12 Wertetabelle für die Schaltung nach Bild 7.11

Über zusätzliche Anschlüsse an der Basis der Transistoren läßt sich der Zustand der Schaltung dann auch durch Steuersignale beeinflussen. **Bild 7.13** zeigt eine solche Schaltung. Es handelt sich dabei um ein voll funktionsfähiges RS-Kippglied, aufgebaut aus zwei Transistorschaltern. Die beiden Widerstände R5 und R6 haben lediglich die Aufgabe, ein sicheres Sperren des zugehörigen Transistors zu bewirken.

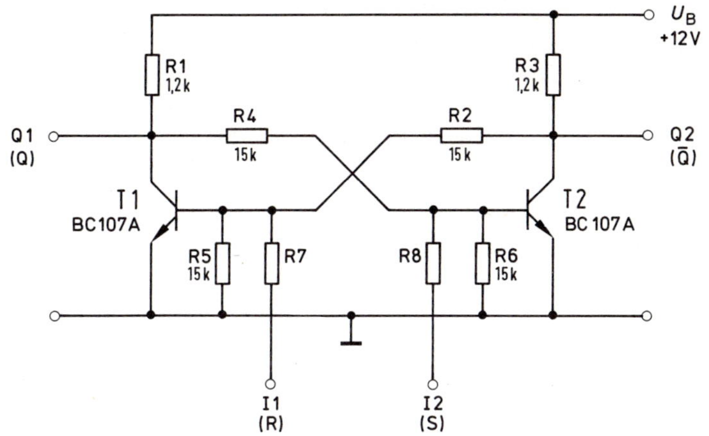

Bild 7.13 RS-Kippglied mit Transistoren

Nach Ablauf des Einschaltvorganges ist entweder T1 gesperrt und T2 leitend oder umgekehrt. Für die Betrachtung der Ansteuervorgänge sei angenommen, daß T1 voll leitend und T2 voll gesperrt ist.

Ein leitender Transistor kann aber nur gesperrt, ein gesperrter Transistor durch ein Steuersignal aber nur in den leitenden Zustand gebracht werden. Dementsprechend müssen jeweils die Steuersignale beschaffen sein. Der leitende Transistor T1 kann durch eine negative Spannung am Eingang I1 gesperrt werden. Damit steigt seine Kollektorspannung und über den Spannungsteiler R4 und R6 tritt dann eine größere positive Basisspannung für T2 auf. Sie bewirkt, daß T2 vom gesperrten in den leitenden Zustand gelangt. Dadurch sinkt die Kollektorspannung von T2 ab und bewirkt über den Spannungsteiler R2 und R5 ein Sperren des Transistors T1. Dieser Vorgang läuft sehr schnell ab und wird als „Kippen" einer Stufe bezeichnet. Auch der jetzt vorliegende Zustand, T1 gesperrt und T2 leitend, ist ein stabiler Zustand. Ein Umkippen der Stufe in den anderen stabilen Zustand kann nunmehr durch eine negative Steuerspannung am Eingang I2 bewirkt werden.

Das Kippen dieses RS-Kippgliedes läßt sich aber auch durch positive Eingangssignale erreichen. Hierbei muß dann nur ein positives Signal auf die Basis des jeweils gesperrten Transistors gegeben werden.

Ob der Eingang I1 nun als R-Eingang oder S-Eingang bezeichnet wird, ist in das Ermessen des Anwenders gestellt. Wichtig ist aber die jeweils richtige Zuordnung des Ausganges Q und Q̄, um die Zusammenhänge für ein RS-Kippglied zu erfüllen. Eine solche Zuordnung für positive Eingangssignale ist in Bild 7.13 bei den Eingängen und Ausgängen jeweils in Klammern angegeben.

Das RS-Flipflop befindet sich im Setzzustand, wenn Q = 1 und $\bar{Q}$ = 0, d.h. T1 gesperrt und T2 leitend ist. Durch ein positives Signal am R-Eingang wird T1 in den leitenden Zustand gebracht und als Folge davon T2 gesperrt. Damit liegt dann der Rücksetzzustand vor. Q = 0 und $\bar{Q}$ = 1. Verboten ist auch hier ein gleichzeitiges Auftreten von Setz- und Rücksetzsignal.

Die Notwendigkeit, ein RS-Kippglied in diskreter Schaltungstechnik, also aus einzelnen Widerständen und Transistoren aufzubauen, tritt heute in der Steuerungstechnik nur noch in seltenen Ausnahmen auf. Die Berechnung einer solchen Schaltung kann dann wie beim Transistorschalter entsprechend Kapitel 5.6.2 erfolgen.

7.2.2 RS-Kippglieder aus NOR- oder NAND-Gliedern

RS-Kippglieder lassen sich in einfacher Weise durch entsprechendes Zusammenschalten von zwei NOR-Gliedern aufbauen. **Bild 7.14** zeigt eine solche Schaltung.

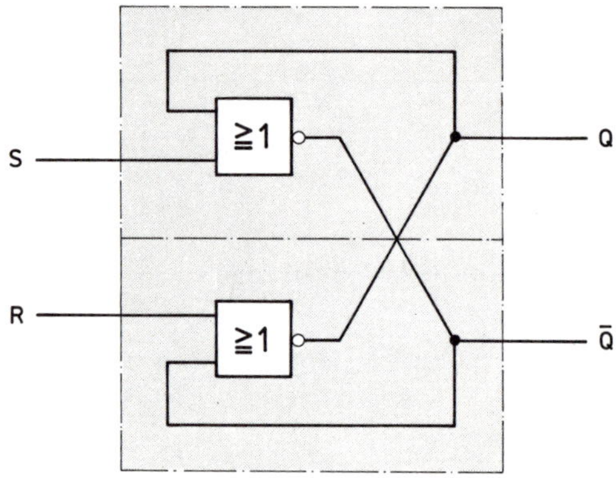

Bild 7.14 RS-Kippglied aus NOR-Gliedern

Der Nachweis, daß sich die Schaltung nach Bild 7.14 wie ein RS-Kippglied verhält, kann schrittweise erbracht werden. Betrachtet werden dabei wieder wie in Bild 7.7 vier verschiedene charakteristische Zeitpunkte **(Bilder 7.15, 7.16, 7.17, 7.18).**

Zeitpunkt t_1: S = 1; R = 0; Q = 1

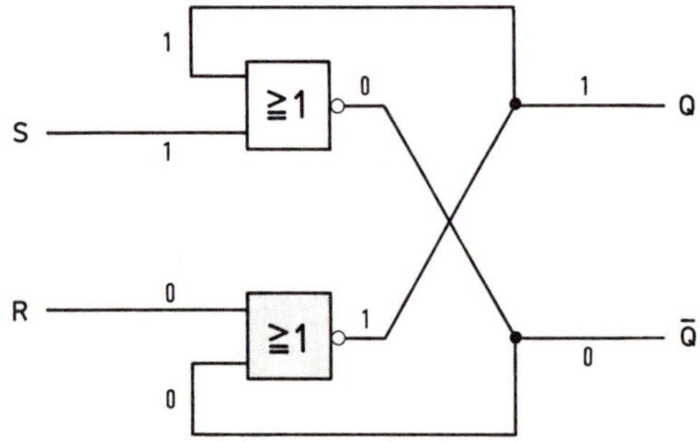

Bild 7.15 Setzen des RS-Kippgliedes

Am Ausgang eines NOR-Gliedes liegt 0-Signal, wenn an mindestens einem Eingang 1-Signal liegt. Daraus folgt, daß $\bar{Q}$ = 0, wenn S = 1. Am Eingang des unteren NOR-Gliedes liegt dann die Wertekombination R = 0 und $\bar{Q}$ = 0, d.h. Q = 1. Der Speicher wird also durch ein Signal S = 1 in den Setzzustand gebracht.

Zeitpunkt t_2: $S = 0$; $R = 0$; $Q = Q_{tn} = 1$

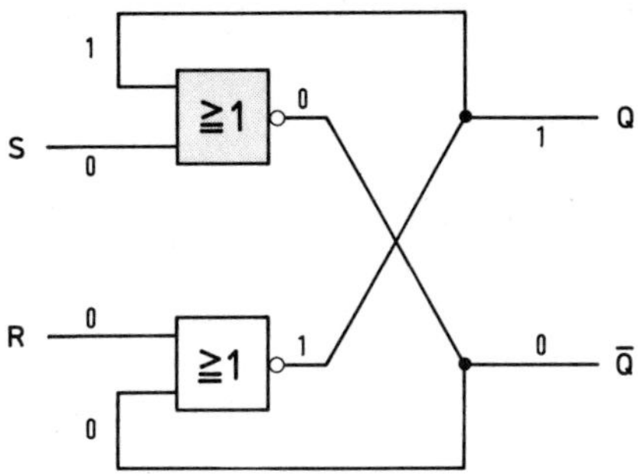

Der Speicher befindet sich im Setzzustand. Für das obere NOR-Glied gilt dann $S = 0$ und $Q = 1$. Daraus folgt, daß weiterhin $\bar{Q} = 0$. Für das untere Kippglied tritt keine Änderung ein, da $R = 0$ und $\bar{Q} = 0$, bleibt $Q = 1$.

Bild 7.16 Setzzustand des RS-Kippgliedes

Zeitpunkt t_3: $S = 0$; $R = 1$; $Q = 0$

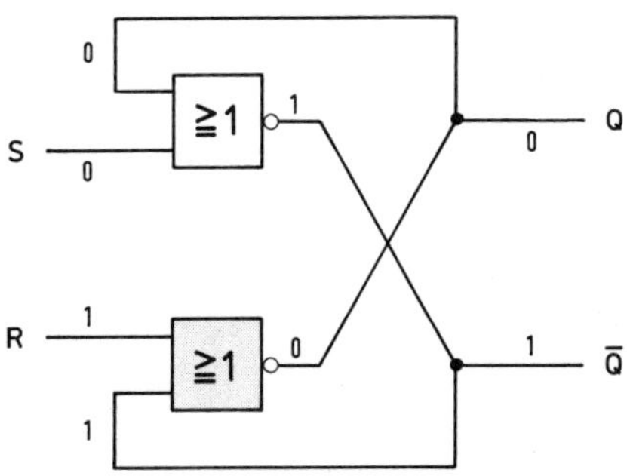

Am Eingang des unteren NOR-Gliedes liegt jetzt $R = 1$. Daraus ergibt sich $Q = 0$. Am Eingang des oberen NOR-Gliedes liegt dann $S = 0$ und $Q = 0$, d. h. $\bar{Q} = 1$. Der Speicher ist rückgesetzt.

Bild 7.17 Rücksetzen des RS-Kippgliedes

Zeitpunkt t_4: $S = 0$; $R = 0$; $Q = Q_{tn} = 0$

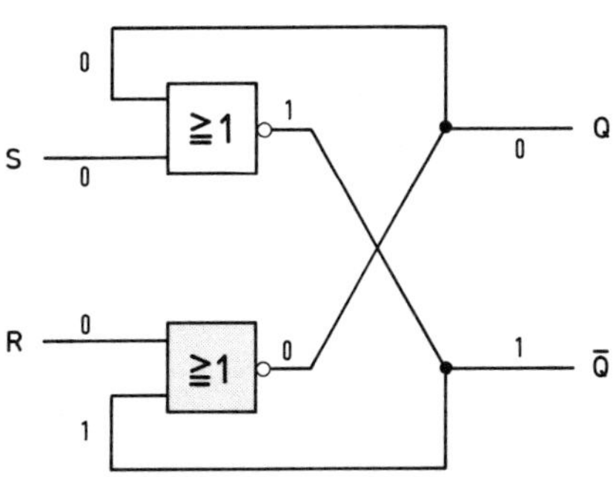

Der Speicher befindet sich im Rücksetzzustand. Für das untere NOR-Glied gilt $R = 0$ und $\bar{Q} = 1$. Daraus folgt $Q = 0$. Für das obere Kippglied tritt keine Änderung ein, da $S = 0$ und $Q = 0$ gegenüber dem vorhergehenden Zeitpunkt erhalten bleiben.

Bild 7.18 Rücksetzzustand des RS-Kippgliedes

In **Bild 7.19** ist die Wahrheitstabelle für die Schaltung nach Bild 7.14 für die vier Zeitpunkte $t_1 \ldots t_4$ angegeben.

	S	R	Q
Zeitpunkt t_1	1	0	1
Zeitpunkt t_2	0	0	1
Zeitpunkt t_3	0	1	0
Zeitpunkt t_4	0	0	0

Bild 7.19 Wahrheitstabelle für die Schaltung nach Bild 7.14

Diese Wahrheitstabelle nach Bild 7.19 stimmt überein mit der Wahrheitstabelle nach Bild 7.8. Die in Bild 7.14 angegebene Schaltung zeigt also das Verhalten eines RS-Kippgliedes. Auch hier darf die Wertekombination der Eingangssignale S = 1 und R = 1 als widersprüchlicher Befehl nicht auftreten.

Durch Invertieren der Eingangssignale kann die Schaltung nach Bild 7.14 zu einem $\overline{RS}$-Kippglied umgewandelt werden. Verwendet man für die vorzuschaltenden Inverter NOR-Glieder, so läßt sich auch das $\overline{RS}$-Kippglied nur aus NOR-Gliedern aufbauen **(Bild 7.20).**

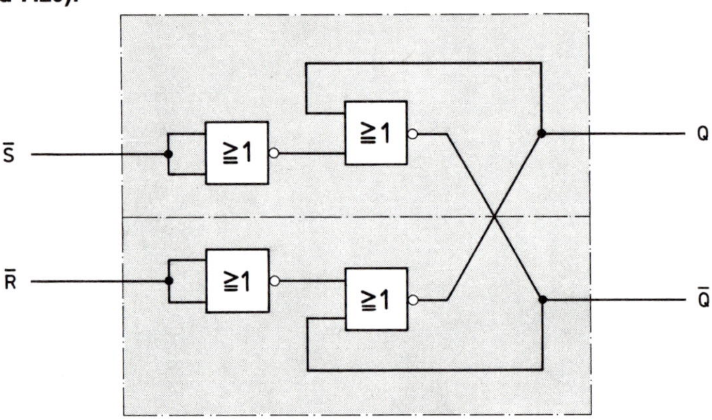

Bild 7.20 $\overline{RS}$-Kippglied aus NOR-Gliedern

In ähnlicher Weise lassen sich auch aus NAND-Gliedern RS-Kippglieder zusammenschalten (**Bild 7.21** und **Bild 7.22**). Als die einfachere Schaltung ergibt sich hier jedoch das $\overline{RS}$-Kippglied (Bild 7.21).

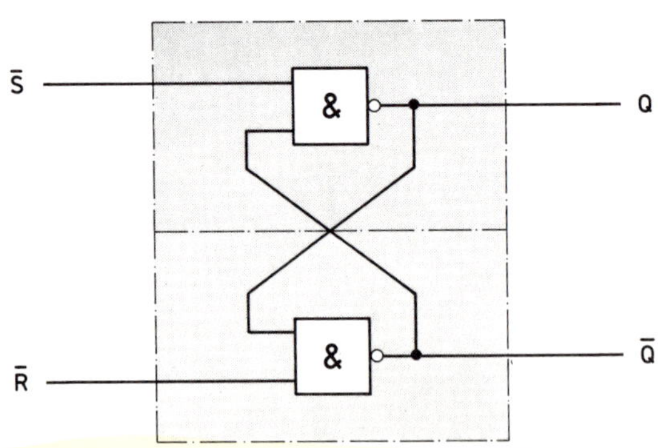

Bild 7.21 $\overline{RS}$-Kippglied aus NAND-Gliedern

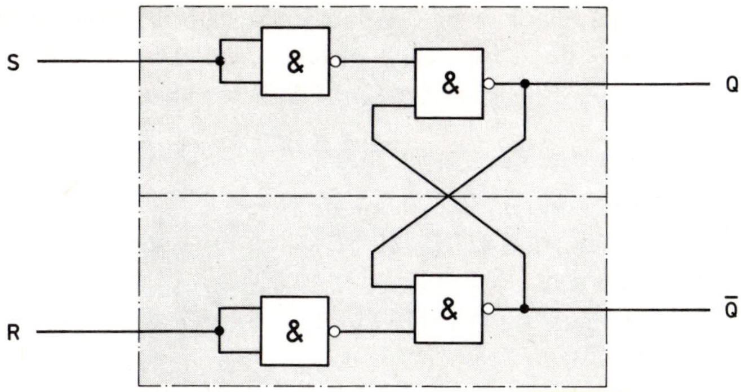

Bild 7.22 RS-Kippglied aus NAND-Gliedern

Ein Funktionsnachweis für die Flipflops entsprechend den Bildern 7.20, 7.21 und 7.22 kann in gleicher Weise wie für die Schaltung nach Bild 7.14 schrittweise erbracht werden.

Praktisch aufgebaut werden die angegebenen RS-Kippglieder aus den Logischen Bausteinen der TTL- oder C-MOS-Serie. So lassen sich z. B. mit einem Baustein 7402 (vier NOR-Glieder mit je zwei Eingängen) entweder zwei RS-Kippglieder oder ein $\overline{\text{RS}}$-Kippglied zusammenschalten. Aus einem Baustein 7400 (vier NAND-Glieder mit je 2 Eingängen) ergeben sich dann entweder zwei $\overline{\text{RS}}$-Kippglieder oder ein RS-Kippglied.

Bild 7.23 zeigt eine Zusammenschaltung der 4 NAND-Glieder des TTL-Bausteines 7400 zu zwei $\overline{\text{RS}}$-Kippgliedern als Beispiel.

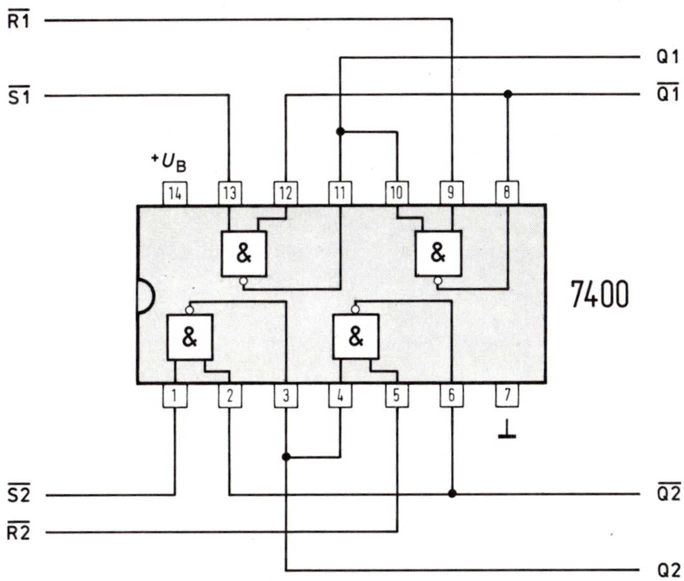

Bild 7.23 Zwei $\overline{\text{RS}}$-Kippglieder aus dem TTL-Baustein 7400

Von der Möglichkeit, RS-Flipflops bzw. $\overline{RS}$-Flipflops aus NOR- und NAND-Gliedern aufzubauen, wird immer dann Gebrauch gemacht, wenn in einer Steuerschaltung mit vielen NOR- oder NAND-Gliedern nur wenige RS-Kippglieder benötigt werden.

7.2.3 RS-Kippglieder der TTL-Serie 74xx

Aus technologischen Gründen wurde bei der Entwicklung von derartigen Kippgliedern in integrierter Schaltungstechnik auf das NAND-Glied als Grundbaustein zurückgegriffen. Wie in Bild 7.21 gezeigt, läßt sich mit nur 2 NAND-Gliedern ein $\overline{RS}$-Kippglied verwirklichen. Aus diesen Gründen enthält die TTL-Serie 74xx nur integrierte Bausteine mit $\overline{RS}$-Kippgliedern.

In dem Baustein 74118 sind 6 $\overline{RS}$-Kippglieder und in dem Baustein 74279 insgesamt 4 $\overline{RS}$-Kippglieder zusammengefaßt. **Bild 7.24** zeigt die Anschlußbelegungen der beiden Bausteine. Die Kippglieder sind hier, wie auch in den Datenblättern üblich, vereinfacht dargestellt.

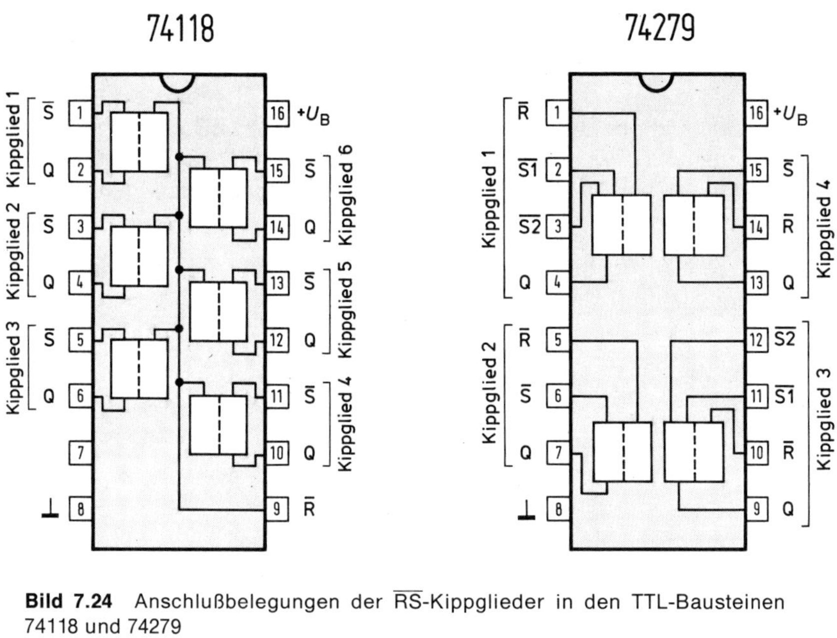

Bild 7.24 Anschlußbelegungen der $\overline{RS}$-Kippglieder in den TTL-Bausteinen 74118 und 74279

Der TTL-Baustein 74118 enthält 6 $\overline{RS}$-Kippglieder. Die $\overline{R}$-Eingänge aller 6 Kippglieder sind hier jedoch intern zusammengeschaltet und nur auf einem Anschluß herausgeführt. Es ist bei diesem Baustein also nur möglich, durch ein Rücksetzsignal am R-Eingang alle 6 Kippglieder gleichzeitig in den Rücksetzzustand zu bringen. Gesetzt werden kann dagegen jeder der 6 Speicher einzeln über den jeweiligen $\overline{S}$-Eingang.

Bei dem TTL-Baustein 74279 haben die Kippglieder 2 und 4 je einen $\overline{S}$-Eingang und einen $\overline{R}$-Eingang. Die Kippglieder 1 und 3 besitzen jedoch jeweils 2 Setzeingänge, die durch eine UND-Schaltung miteinander verknüpft sind. **Bild 7.25** zeigt das ausführliche Schaltzeichen und die Wahrheitstabelle für die Kippglieder 2 und 4.

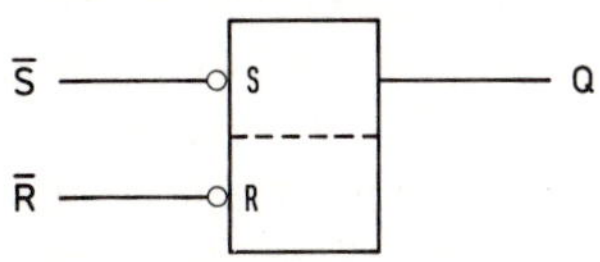

$\bar{S}$	$\bar{R}$	Q_{tn+1}
0	0	*
0	1	1
1	0	0
1	1	Q_{tn}

Bild 7.25 Schaltbild und Wahrheitstabelle für die Kippglieder 2 und 4 des TTL-Bausteines 74279

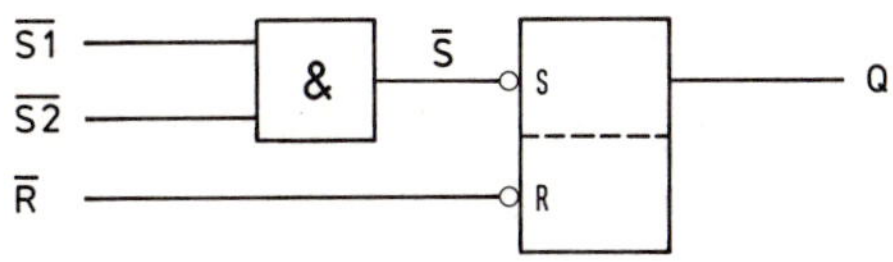

$\bar{S} = \overline{S1} \wedge \overline{S2}$	$\bar{R}$	Q_{tn+1}
0	0	*
0	1	1
1	0	0
1	1	Q_{tn}

Bild 7.26 Schaltbild und Wahrheitstabelle für die Kippglieder 1 und 3 des TTL-Bausteines 74279

Bei der Wahrheitstabelle nach **Bild 7.26** handelt es sich um eine verkürzte Form der Wahrheitstabelle, bei der die logischen Zusammenhänge zwischen $\bar{S}$, $\bar{S}1$ und $\bar{S}2$ als bekannt vorausgesetzt werden. Die vollständige Wahrheitstabelle ist in **Bild 7.27** aufgeführt.

$\overline{S1}$	$\overline{S2}$	$\bar{S}$	$\bar{R}$	Q_{tn+1}	$\bar{S}$	$\bar{R}$	Q_{tn+1}
0	0	0	0	*			
0	1	0	0	*	0	0	*
1	0	0	0	*			
0	0	0	1	1			
0	1	0	1	1	0	1	1
1	0	0	1	1			
1	1	1	0	0	1	0	0
1	1	1	1	Q_{tn}	1	1	Q_{tn}

Bild 7.27 Vollständige Wahrheitstabelle für die Kippglieder 1 und 3 des TTL-Bausteines 74279

Durch Ordnungslinien in der Wahrheitstabelle sind in Bild 7.27 diejenigen Zeilen der vollständigen Wahrheitstabelle gekennzeichnet, die in der verkürzten Form zu jeweils einer Zeile zusammengefaßt worden sind. Im allgemeinen wird nur die verkürzte Form der Wahrheitstabelle in den Datenbüchern der Hersteller angegeben.

7.2.4 Anwendungsbeispiele

Aus der Vielzahl der Einsatzmöglichkeiten für RS-Kippglieder wurden lediglich drei charakteristische Anwendungsbeispiele ausgewählt.

7.2.4.1 RS-Kippglied mit Priorität eines Eingangssignals

Für das RS-Kippglied ist die Wertekombination S = 1 und R = 1 nicht zugelassen. In der Praxis kann aber das gleichzeitige Auftreten dieser beiden Signale am Eingang eines RS-Speichers nicht immer vermieden werden. Damit aber der geforderte logische Zusammenhang zwischen Eingangs- und Ausgangssignalen erhalten bleibt, muß mit Hilfe zusätzlicher Schaltungsmaßnahmen vor dem Eingang des RS-Kippgliedes eines der beiden gleichzeitig anstehenden Signale wirkungslos gemacht werden. Dabei muß dann entschieden werden, welches der Eingangssignale bevorzugt werden, d.h. Priorität haben soll. Hierfür gibt es drei Möglichkeiten:

1. das Setzsignal hat Priorität
2. das Rücksetzsignal hat Priorität
3. das zuerst vorhandene Signal hat Priorität.

Die gewünschte Priorität eines Eingangssignals läßt sich durch ein logisches Schaltnetz vor den Eingängen des RS-Kippgliedes erreichen.

1. Priorität des Setzsignals

Bild 7.28 zeigt den Signal-Zeit-Plan für ein RS-Kippglied mit Priorität des Setzsignals.

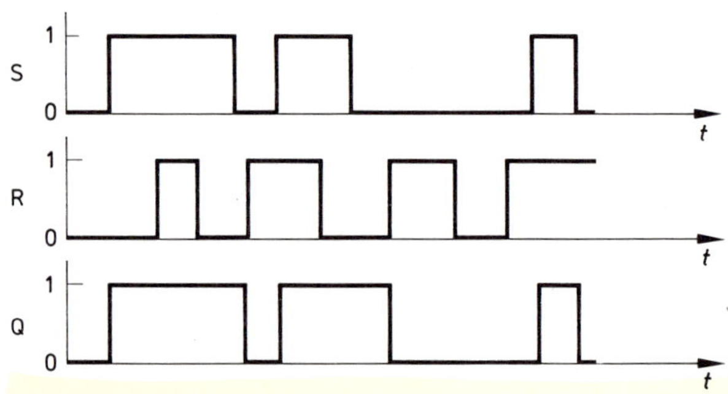

Bild 7.28 Signal-Zeit-Plan eines RS-Kippgliedes mit Priorität des Setzsignals

In dem Signal-Zeit-Plan nach Bild 7.28 ist erkennbar, daß ein Signal am R-Eingang wirkungslos ist, solange 1-Signal am S-Eingang liegt. **Bild 7.29** zeigt die Prinzipschaltung für die Bevorzugung des Setzsignals.

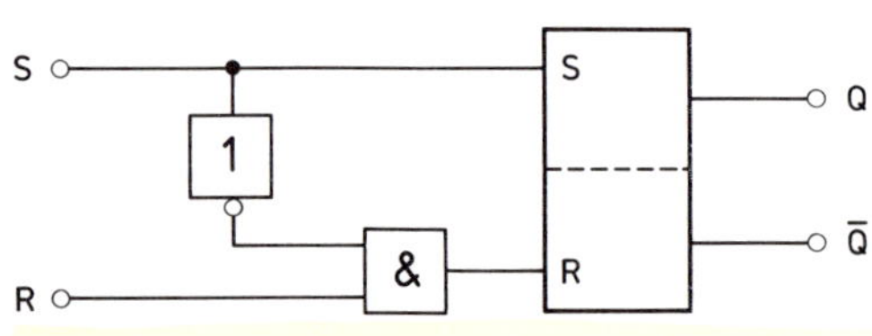

Bild 7.29 Prinzipschaltung für die Priorität des Setzsignals

Vor den R-Eingang des RS-Kippgliedes ist ein UND-Gatter geschaltet, dem das S-Signal negiert zugeführt wird. Liegt am S-Eingang 1-Signal, so liegt am R-Eingang des Kippgliedes zwangsläufig 0-Signal. Damit ist aber jedes 1-Signal am Eingang der Schaltung wirkungslos.

Das gewünschte Verhalten der Prioritätsschaltung kann mit Hilfe von Logischen Schaltungen auf verschiedene Weise erreicht werden. **Bild 7.30** zeigt das Schaltbild eines RS-Kippgliedes mit Priorität des Eingangssignals, aufgebaut aus NOR-Gliedern.

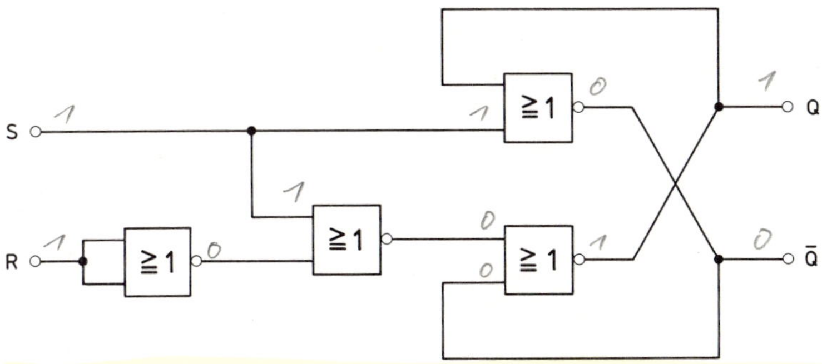

Bild 7.30 RS-Kippglied mit Priorität des Setzsignals, aufgebaut aus NOR-Gliedern

In **Bild 7.31** ist der Schaltplan für ein derartiges Kippglied angegeben, wobei ein Baustein 7402 verwendet wurde.

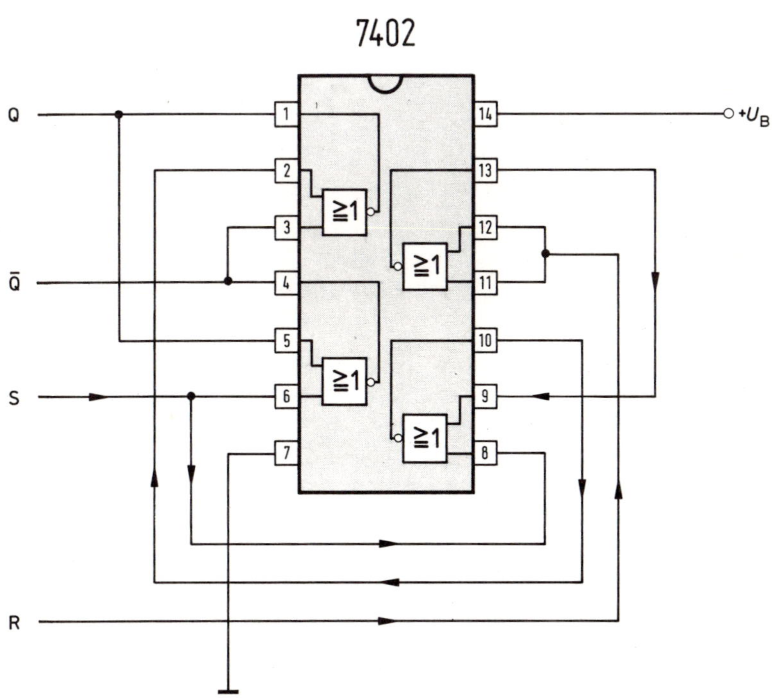

Bild 7.31 Schaltplan für das RS-Kippglied nach Bild 7.30 mit dem TTL-Baustein 7402

2. Priorität des Rücksetzsignals

Bild 7.32 zeigt den Signal-Zeit-Plan für ein RS-Kippglied mit Priorität des Rücksetzsignals. Hier ist erkennbar, daß 1-Signal am S-Eingang wirkungslos ist, solange 1-Signal am R-Eingang liegt. **Bild 7.33** zeigt die zugehörige Prinzipschaltung.

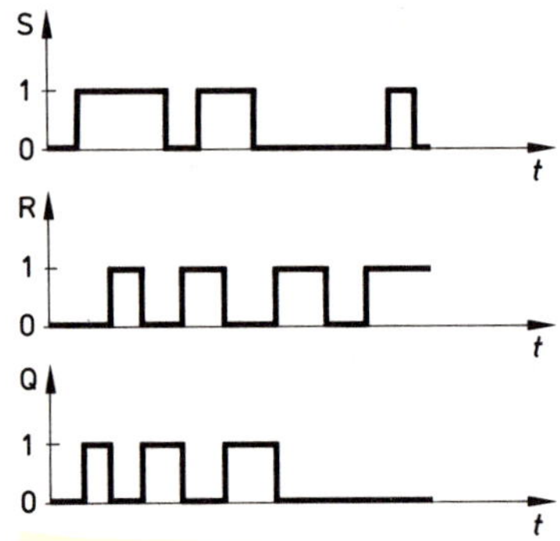

Bild 7.32 Signal-Zeit-Plan eines RS-Kippgliedes mit Priorität des Rücksetzsignals

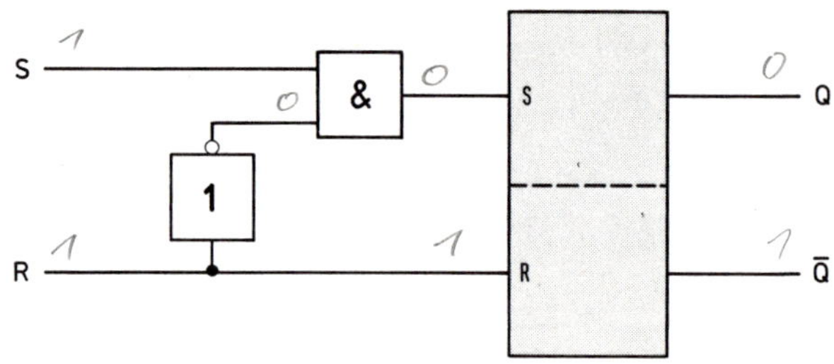

Bild 7.33 Prinzipschaltung für die Priorität eines Rücksetzsignals

Bild 7.34 zeigt eine Realisierung mit NOR-Gliedern und **Bild 7.35** den Schaltplan mit dem TTL-Baustein 7402.

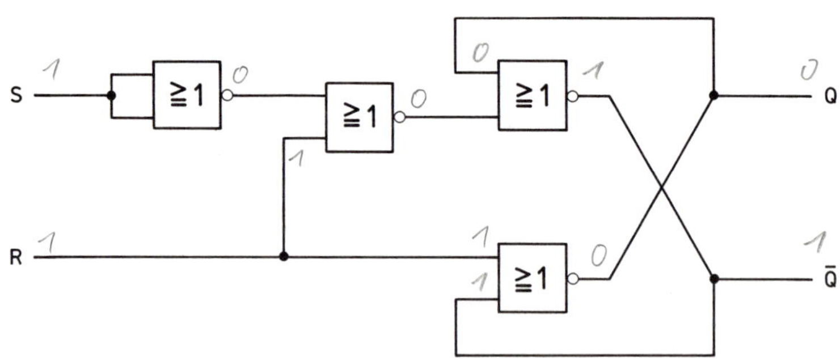

Bild 7.34 RS-Kippglied mit Priorität des Rücksetzsignals, aufgebaut aus NOR-Gliedern

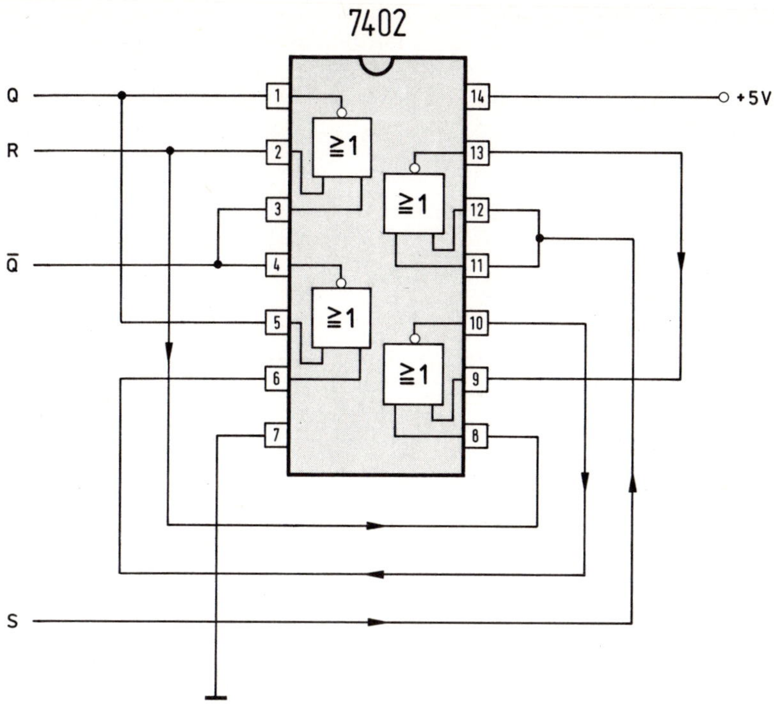

Bild 7.35 Schaltplan für ein RS-Kippglied nach Bild 7.34 mit dem TTL-Baustein 7402

3. Priorität des zuerst eintreffenden Eingangssignals

Durch eine Kombination der Eingangsschaltungen nach Bild 7.29 und Bild 7.33 läßt sich erreichen, daß das zuerst eintreffende Eingangssignal Priorität erhält. In **Bild 7.36** ist dieses Verhalten im Signal-Zeit-Plan dargestellt.

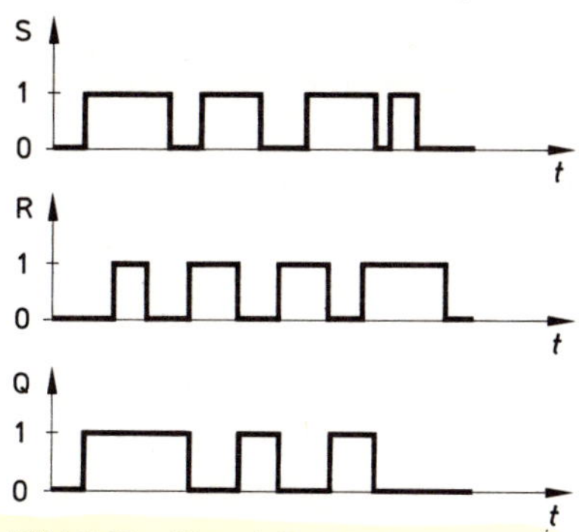

Bild 7.36 Signal-Zeit-Plan eines RS-Kippgliedes mit Priorität des zuerst eintreffenden Eingangssignals

Für die Realisierung der Schaltung nach **Bild 7.37** und **Bild 7.38** wären insgesamt 6 NOR-Glieder erforderlich. Es würden also mindestens 2 Bausteine vom Typ 7402 benötigt. Selbstverständlich ist es möglich, die Prioritätsschaltungen aus beliebigen anderen Logischen Schaltungen aufzubauen. Die Wahrheitstabelle läßt sich für die drei verschiedenen Schaltungen, wie in Kapitel 6.5 beschrieben, aufstellen und daraus dann mit Hilfe der Synthese auch die erforderliche Eingangsschaltung entwickeln. Entsprechende Prioritätsschaltungen lassen sich auch für das $\overline{RS}$-Kippglied aufbauen.

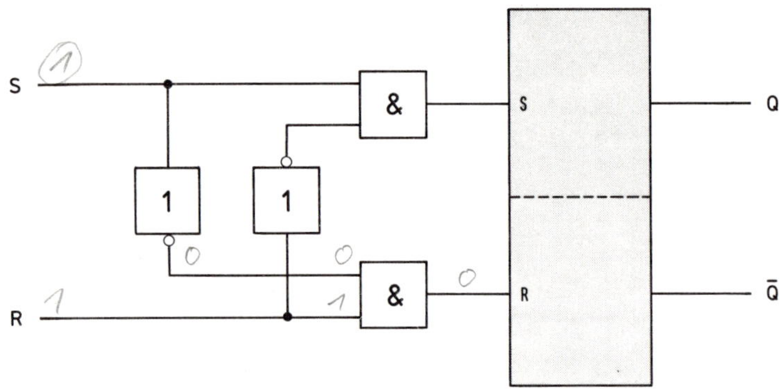

Bild 7.37 RS-Kippglied mit Priorität des zuerst eintreffenden Eingangssignals

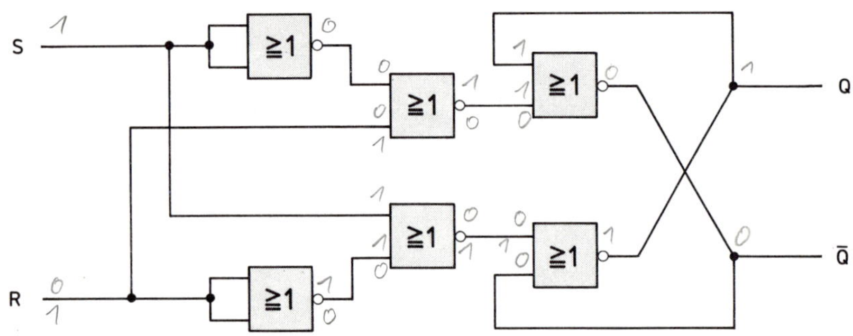

Bild 7.38 RS-Kippglied mit Priorität des zuerst eintreffenden Eingangssignals, aufgebaut aus NOR-Gliedern

Durch die Prioritätsschaltungen beim RS-Kippglied wird erreicht, daß die an sich nicht zugelassene Wertekombination R = 1 und S = 1 nicht mehr zu einem undefinierten Zustand führt. Damit ergeben sich dann für die drei angegebenen Prioritätsschaltungen die Wahrheitstabellen nach **Bild 7.39, 7.40** und **7.41.**

S	R	Q_{tn+1}
0	0	Q_{tn}
1	0	1
0	1	0
1	1	1

Bild 7.39 Wahrheitstabelle für RS-Kippglied mit Priorität des Setzsignals

S	R	Q_{tn+1}
0	0	Q_{tn}
1	0	1
0	1	0
1	1	0

Bild 7.40 Wahrheitstabelle für RS-Kippglied mit Priorität des Rücksetzsignals

S	R	Q_{tn+1}
0	0	Q_{tn}
1	0	1
0	1	0
1	1	Q_{tn}

Bild 7.41 Wahrheitstabelle für RS-Kippglied mit Priorität des zuerst eintreffenden Signals

Entsprechende Wahrheitstabellen gelten auch für das $\overline{RS}$-Kippglied.

7.2.4.2 Prellfreier Signalgeber mit RS-Kippglied

Mechanische Schaltkontakte lassen sich in Digitalen Steuerungen meistens nicht direkt einsetzen, weil ihr Kontaktprellen in der nachfolgenden Signalverarbeitung sehr leicht als Impulsfolge gewertet werden kann. Dadurch können dann falsche Steuersignale oder Fehlanzeigen ausgelöst werden. **Bild 7.42** zeigt die Prinzipschaltung zur Unterdrückung des Kontaktprellens.

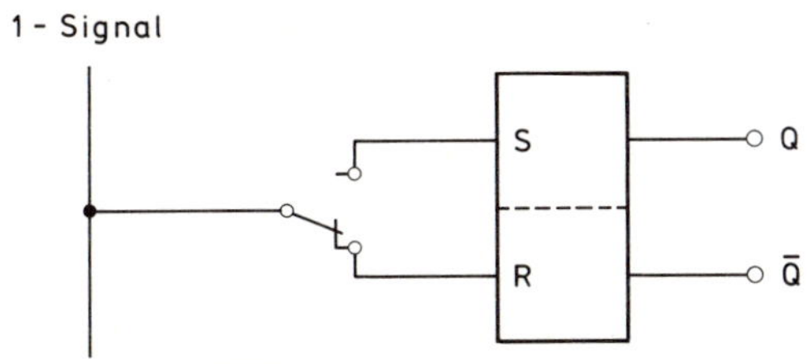

Bild 7.42 Prinzipschaltung zum Unterdrücken des Kontaktprellens mit RS-Kippglied

Erforderlich ist ein Umschaltkontakt, über den 1-Signal entweder auf den S-Eingang oder den R-Eingang geführt wird. Bei der ersten Kontaktberührung wird dann der Speicher gesetzt oder rückgesetzt. Die infolge des Kontaktprellens weiter auftretenden S- oder R-Signale sind wirkungslos. An den Ausgängen Q und $\bar{Q}$ liegen eindeutige 1- bzw. 0-Signale.

Nachteilig bei dieser Prinzipschaltung ist die Tatsache, daß während des Umschaltvorganges und des Prellvorganges die Eingänge des RS-Kippgliedes praktisch unbeschaltet sind. Dies ist bei integrierten Kippgliedern aber genauso wenig zulässig wie bei den Logischen Schaltungen.

Um diese Vorschrift einhalten zu können, ist eine Schaltung nach **Bild 7.43** erforderlich, die in diesem Fall für ein $\overline{RS}$-Kippglied angegeben ist. Hier erfolgt das Setzen und Rücksetzen jeweils durch ein 0-Signal.

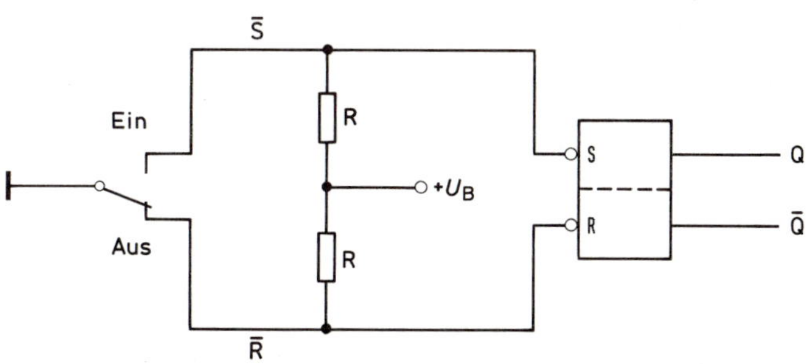

Bild 7.43 Prellfreier Signalgeber mit $\overline{RS}$-Kippglied

Befindet sich der Umschaltkontakt in Bild 7.43 in Stellung „Aus“, so liegt am $\bar{R}$-Eingang 0-Signal, d.h. der Speicher ist rückgesetzt und daher $Q=0$ sowie $\bar{Q}=1$. Während des Umschaltvorganges liegt jetzt aber infolge der beiden Widerstände an den Eingängen des Kippgliedes 1-Signal, die Eingänge sind also auch während dieser Zeit beschaltet. Bei der ersten Berührung der Kontakte in Stellung „Ein" tritt am $\bar{S}$-Eingang 0-Signal auf. Der Speicher wird gesetzt und damit Q = 1 und $\bar{Q}$ = 0. Er bleibt auch weiterhin im Setzzustand, unabhängig davon, ob infolge des Kontaktprellens am $\bar{S}$-Eingang mehrmals 0- und 1-Signale abwechseln.

Bild 7.44 zeigt das Schaltbild eines aus NAND-Gliedern aufgebauten prellfreien Signalgebers für TTL-Schaltungen und **Bild 7.45** einen möglichen Schaltplan mit dem Baustein 7400.

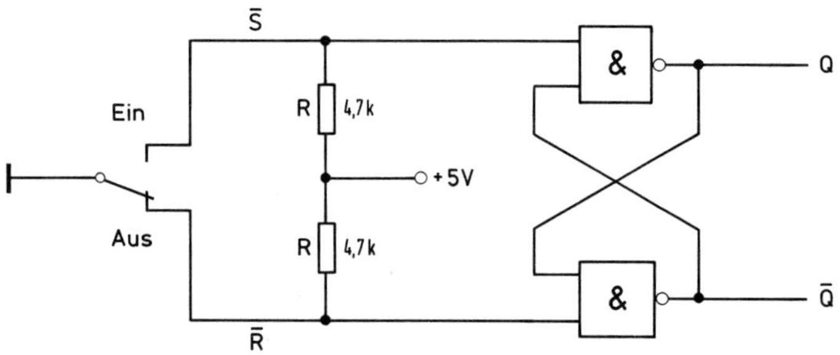

Bild 7.44 Schaltbild für prellfreien Signalgeber für TTL-Schaltungen

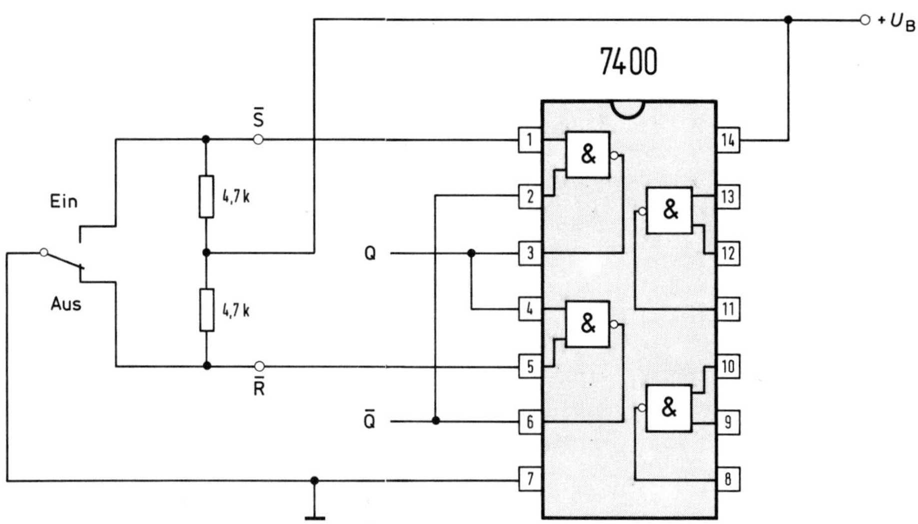

Bild 7.45 Schaltplan für prellfreien Signalgeber aus TTL-Baustein 7400

Der Wert der Widerstände R muß so gewählt werden, daß innerhalb des 1-Pegels der größtmögliche Strom I_{IH} = 0,04 mA an diesem Widerstand nur einen Spannungsabfall $U \leq 2{,}6$ V hervorruft. Daraus würde sich $R \leq 65$ kΩ ergeben. Bei 0-Signal, also bei Setzen oder Rücksetzen, fließt ein Strom durch den Widerstand R nach Masse.

Dieser soll die Spannungsversorgung nicht zu stark belasten. Als übliche Erfahrungswerte werden Widerstände $R = 4{,}7\ \text{k}\Omega$ verwendet. Damit werden die genannten Bedingungen für 0- und 1-Signal voll erfüllt.

Prellfreie Signalgeber können selbstverständlich auch aus C-MOS-Bausteinen aufgebaut werden. Da hier für die Ansteuerung nur sehr kleine Ströme erforderlich sind und die Signalpegel nahezu symmetrisch liegen, können die Widerstände R sehr viel größer werden. Übliche Werte sind hier $R = 100\ \text{k}\Omega$ **(Bilder 7.46** und **7.47).**

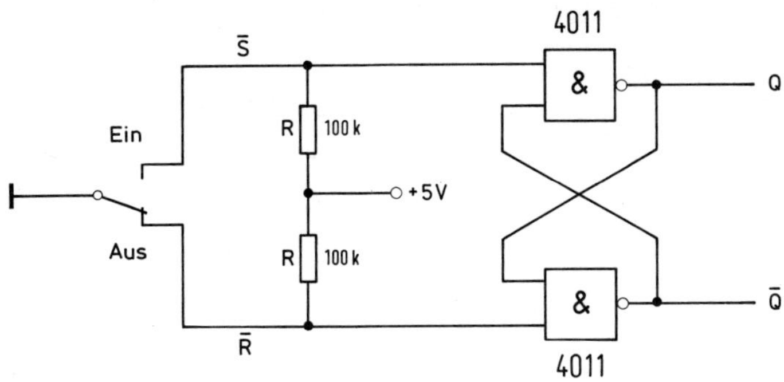

Bild 7.46 Schaltbild für prellfreien Signalgeber für C-MOS-Schaltungen

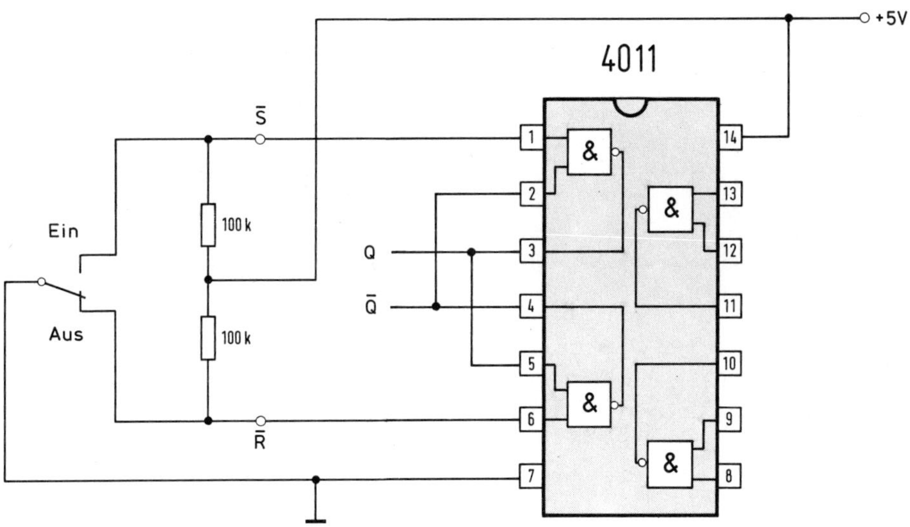

Bild 7.47 Schaltplan für prellfreien Signalgeber aus C-MOS-Baustein 4011

7.2.4.3 4-Bit-Datenspeicher mit RS-Kippglied

Unter dem Begriff „Datenspeicher“ wird im allgemeinen die Zusammenschaltung einer Anzahl von Signalspeichern verstanden. In seiner einfachsten Form besteht ein Datenspeicher aus einer Parallelschaltung mehrerer RS-Kippglieder. Sind z. B. vier

Signalspeicher zu einer schaltungstechnischen Einheit zusammengefaßt, so spricht man von einem 4-Bit-Datenspeicher. **Bild 7.48** zeigt das Schaltbild eines solchen 4-Bit-Datenspeichers.

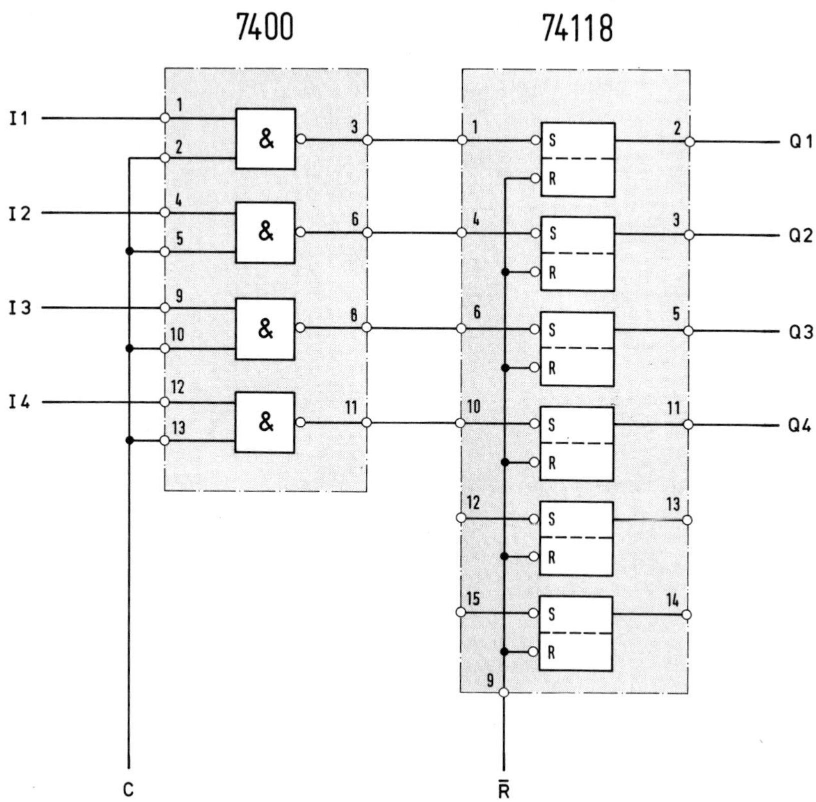

Bild 7.48 Datenspeicher mit RS-Kippgliedern in TTL-Technik

Der besseren Übersicht wegen wurde für den Schaltplan eine dem Signalfluß angepaßte Darstellung gewählt. Der verwendete TTL-Baustein 74118 ist bereits in Kapitel 7.2.3 näher beschrieben worden. Die Zahlen an den symbolischen Umgrenzungslinien geben die Sockelanschlüsse an.

Der eigentliche Datenspeicher besteht aus dem Baustein 74118. Für einen 4-Bit-Speicher werden jedoch nur 4 der 6 vorhandenen $\overline{RS}$-Kippglieder benötigt. Der Baustein 74118 besitzt einen gemeinsamen Rückstelleingang R̄, über den alle Speicher gleichzeitig in den Rücksetzzustand gebracht werden können.

Durch das vorgeschaltete Logische Schaltnetz, bestehend aus einem TTL-Baustein 7400 mit 4 NAND-Gliedern wird erreicht, daß das Setzen der Speicher gleichzeitig zu einem gewünschten Zeitpunkt erfolgt. Hierzu ist jeweils ein Eingang der NAND-Glieder zusammengeschaltet und als gemeinsamer „Freigabe-Eingang“ herausgeführt. Ein solcher Eingang wird auch als C-Eingang (abgeleitet von clock) bezeichnet.

Zunächst werden mit einem 0-Signal am $\bar{R}$-Eingang alle Speicherelemente in den Rücksetzzustand gebracht, d. h. Q1; Q2; Q3 und Q4 = 0. Damit ist der Speicher dann bereit, Signale neu einzuspeichern. Liegt am C-Eingang 0-Signal, so liegt am Ausgang eines jeden NAND-Gliedes 1-Signal, unabhängig davon, welche Signale an den Eingängen I1 bis I4 anstehen. Die Speicher erhalten also kein Setzsignal, auch wenn z. B. an den Eingängen I1 und I3 1-Signal anliegt. Erst wenn auf den C-Eingang 1-Signal gegeben wird und damit der Speichervorgang freigegeben ist, kann an den Ausgängen der zu den Eingängen I1 und I3 gehörenden NAND-Glieder 0-Signal erscheinen. Die nachfolgenden $\overline{RS}$-Kippglieder erhalten ein Setzsignal und kippen in den Setzzustand. Damit ist dann der an den Eingängen I1 bis I4 zum Zeitpunkt des Auftretens des C-Signals vorhandene Signalzustand für beliebig lange Zeit eingespeichert, d. h. registriert.

Derartige Datenspeicher (meist als Latch bezeichnet) werden in der Digitalen Steuerungstechnik und insbesondere auch bei der optischen Anzeige von Signalen vielfältig eingesetzt.

7.3 D-Kippglieder

Eine Reihe von Speicheraufgaben lassen sich mit dem RS-Kippglied weniger gut oder nur mit einem zusätzlichen Aufwand an äußerer Beschaltung der Eingänge mit Logischen Schaltungen erfüllen. Man hat daher weitere Typen von Signalspeichern in integrierter Schaltungstechnik entwickelt. Dazu gehört auch das D-Kippglied (D abgeleitet von **d**elay = verzögern). Es wird geliefert und eingesetzt als D-Kippglied mit statischer Ansteuerung und als D-Kippglied mit dynamischer Ansteuerung. Das D-Kippglied mit dynamischer Ansteuerung wird auch als D-Kippglied mit Flankensteuerung oder als D-Kippglied mit Flankentriggerung bezeichnet.

7.3.1 D-Kippglied mit statischer Ansteuerung

Das D-Kippglied mit statischer Ansteuerung hat zwei Eingänge, und zwar einen D-Eingang und einen C-Eingang. Der D-Eingang wird auch Daten-Eingang und der C-Eingang Clock-Eingang oder Takt-Eingang genannt.

Bild 7.49 zeigt das Schaltzeichen für ein D-Kippglied. Zur Kennzeichnung der Zusammengehörigkeit eines C-Einganges mit einem D-Eingang dient eine Zählnummer, im angegebenen Beispiel die Nr. 1. Diese Zählnummer wird beim D-Eingang vor das D und beim C-Eingang hinter das C gesetzt.

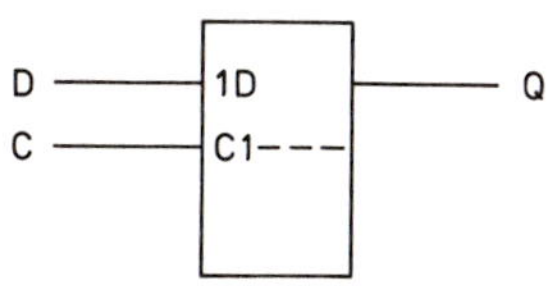

Bild 7.49 Schaltzeichen für ein D-Kippglied mit statischer Ansteuerung

Das Verhalten des D-Kippgliedes mit statischer Ansteuerung läßt sich wieder am einfachsten aus dem Signal-Zeit-Plan erkennen.

Als charakteristische Abfragepunkte sind in **Bild 7.50** die Zeitpunkte t_1 bis t_6 eingezeichnet. Hierfür läßt sich dann wieder eine zugehörige Wahrheitstabelle aufstellen.

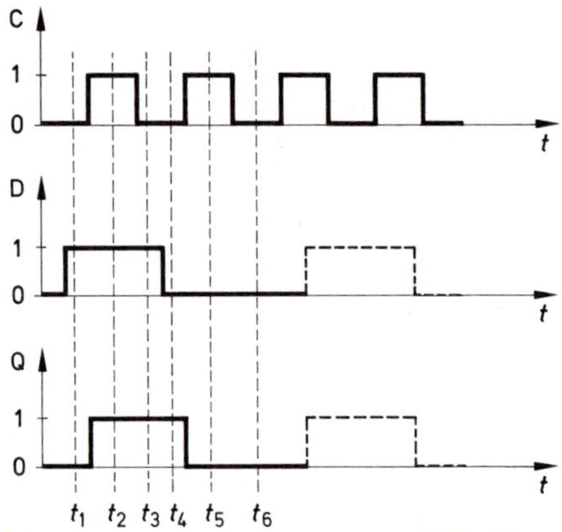

Bild 7.50 Signal-Zeit-Plan für ein D-Kippglied mit statischer Ansteuerung

	C	D	Q	
Zeitpunkt t_1	0	1	0	Q_{tn}
Zeitpunkt t_2	1	1	1	Setzen
Zeitpunkt t_3	0	1	1	Q_{tn}
Zeitpunkt t_4	0	0	1	Q_{tn}
Zeitpunkt t_5	1	0	0	Rücksetzen
Zeitpunkt t_6	0	0	0	Q_{tn}

Bild 7.51 Wahrheitstabelle zum Signal-Zeit-Plan für ein D-Kippglied nach Bild 7.50

Sowohl aus dem Signal-Zeit-Plan nach Bild 7.50 als auch aus der Wahrheitstabelle nach **Bild 7.51** ist zu erkennen, daß eine Änderung des Speicherzustandes nicht erfolgt, wenn C = 0 ist. Dies gilt für die Zeitpunkte t_1 und t_3 mit jeweils C = 0 und D = 1 sowie für t_4 und t_6 mit jeweils C = 0 und D = 0. Gesetzt wird der Speicher nur, wenn die Wertekombination C = 1 und D = 1 vorliegt. Rückgesetzt wird der Speicher dagegen immer, wenn C = 1 und D = 0.

Diese Zusammenhänge lassen sich auch in einer einfacheren Wahrheitstabelle **(Bild 7.52)** angeben, in der die Zeitpunkte t_1 und t_3 sowie t_4 und t_6 dann jeweils zusammengefaßt sind.

C	D	Q_{tn+1}
0	0	Q_{tn}
0	1	Q_{tn}
1	1	1
1	0	0

Bild 7.52 Wahrheitstabelle für ein D-Kippglied mit statischer Ansteuerung

Beim D-Kippglied mit statischer Ansteuerung werden die Setz- und Rücksetzbefehle auf den D-Eingang gegeben. Das Setzen des Speichers erfolgt durch 1-Signal, das Rücksetzen durch 0-Signal am D-Eingang. Ausgelöst wird der Setzvorgang jedoch immer erst dann, wenn am C-Eingang das nächste 1-Signal erscheint. Dieser Setzzustand bleibt weiter erhalten, auch wenn nach dem Setzen am C-Eingang wieder 0-Signal liegt. Genauso wird ein Rücksetzen des Speichers erst immer dann ausgelöst, wenn bei D = 0 am C-Eingang das nächste 1-Signal erscheint. Auch dieser Rücksetzzustand bleibt erhalten, wenn am C-Eingang wieder 0-Signal liegt.

Für ein korrektes Verhalten des D-Kippgliedes mit statischer Ansteuerung muß daher ausgeschlossen werden, daß sich das D-Signal ändert, während ein 1-Signal am C-Eingang liegt. Aus diesem Grunde sind die beiden noch möglichen Fälle im Signal-Zeit-Plan nach Bild 7.50 gestrichelt dargestellt.

In den Datenbüchern der Hersteller wird eine gegenüber Bild 7.52 noch weiter vereinfachte Wahrheitstabelle für das D-Kippglied angegeben.

t_n	t_{n+1}
D	Q
1	1
0	0

t_n = Zeitpunkt vor dem C-Impuls
t_{n+1} = Zeitpunkt nach dem C-Impuls

Bild 7.53 Vereinfachte Wahrheitstabelle für ein D-Kippglied mit statischer Ansteuerung

In der Wahrheitstabelle nach **Bild 7.53** sind gegenüber Bild 7.52 die Zeilen weggelassen, bei denen sich der Speicherzustand nicht ändert, also $Q_{tn+1} = Q_{tn}$. Weiterhin wird das C-Signal nicht mehr angegeben, da die Kenntnis vorausgesetzt wird, daß der Speicher nur gesetzt oder rückgesetzt werden kann, wenn 1-Signal am C-Eingang liegt.

7.3.2 D-Kippglied mit Flankensteuerung

Beim D-Kippglied mit statischer Ansteuerung mußte die Forderung gestellt werden, daß sich der Signalzustand am D-Eingang nicht ändert, solange am C-Eingang 1-Signal liegt. Diese Forderung zu erfüllen, bereitet in der Praxis oft Schwierigkeiten. Man hat daher versucht, die Zeit für die Informationsaufnahme, also für das Setzen und Rücksetzen von Kippgliedern zu verkürzen. Dies hat zur Entwicklung von Kippgliedern mit Flankensteuerung geführt. Hierbei wird das Setzen bzw. Rücksetzen des Kippgliedes bereits ausgelöst, wenn das Signal am C-Eingang von 0-Signal auf 1-Signal springt, also während der positiven Signalflanke. In dem Augenblick, in dem dann 1-Signal am C-Eingang liegt, ist der D-Eingang dann bereits wieder verriegelt. Änderungen des Signalzustandes am D-Eingang während der Dauer des Taktsignals bewirken daher keine Änderung des Speicherzustandes mehr. Dadurch kann dann die zusätzliche Forderung wie beim D-Kippglied mit statischer Ansteuerung entfallen.

Bild 7.54 zeigt das Schaltzeichen für ein D-Kippglied mit Flankensteuerung. Es unterscheidet sich vom Schaltzeichen des D-Kippgliedes mit statischer Ansteuerung nur durch den offenen Pfeil vor der Bezeichnung C 1 des Clock-Einganges. Der offene Pfeil gibt an, daß der Kippvorgang beim Übergang des C-Signals von 0-Signal auf 1-Signal, also bei der positiven Flanke des Taktimpulses erfolgt.

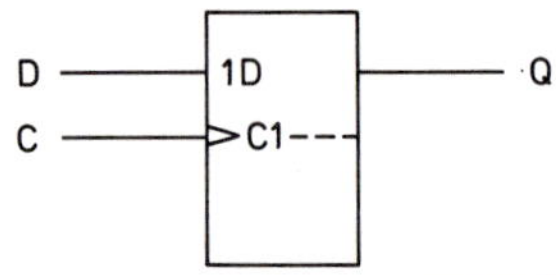

Bild 7.54 Schaltzeichen für ein D-Kippglied mit Flankensteuerung

Im Signal-Zeit-Plan wird die Flankensteuerung durch einen Pfeil auf der Flanke des auslösenden Impulses gekennzeichnet.

Bild 7.55 zeigt den Signal-Zeit-Plan für ein D-Kippglied mit Flankensteuerung. Die eingezeichneten Signalzustände für die Zeitpunkte t_1 bis t_6 unterscheiden sich in keiner Weise von den Signalzuständen beim D-Flipflop mit statischer Ansteuerung nach Bild 7.50.

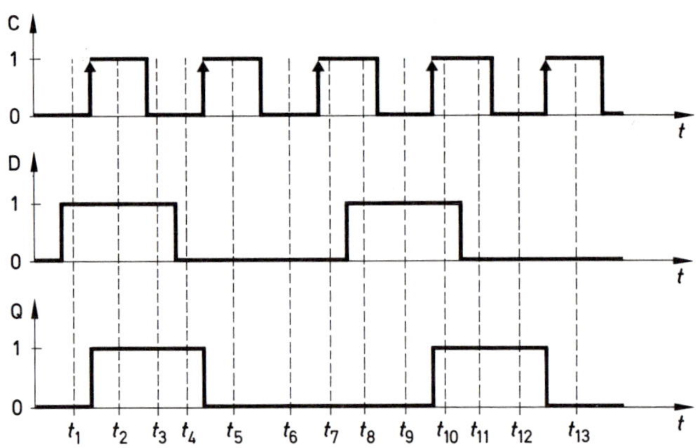

Bild 7.55 Signal-Zeit-Plan für ein D-Kippglied mit Flankensteuerung

Zwischen den Zeitpunkten t_7 und t_8 ändert sich im Signal-Zeit-Plan nach Bild 7.55 der Signalzustand am D-Eingang während der Taktimpuls anliegt. Der Speicher wird jedoch erst gesetzt, wenn die nächste positive Flanke am C-Eingang auftritt, also zwischen den Zeitpunkten t_9 und t_{10}. Auch die Signaländerung am D-Eingang zwischen den Zeitpunkten t_{10} und t_{11} führt erst bei der nächsten positiven Flanke des C-Signals zum Rücksetzen des Speichers. Ein D-Kippglied mit Flankensteuerung bietet also den Vorteil, daß der während der positiven Flanke des Taktsignals am D-Eingang liegende Signalzustand gespeichert wird. Änderungen des Signalzustandes am D-Eingang während des Taktimpulses werden nicht weiter registriert.

In der Wahrheitstabelle für das D-Kippglied mit Flankensteuerung wird der Unterschied gegenüber dem D-Kippglied mit statischer Ansteuerung nicht weiter berücksichtigt. In den Datenbüchern der Hersteller wird auch hier nur die vereinfachte Wahrheitstabelle für ein D-Kippglied wie in Bild 7.53 angegeben **(Bild 7.56).**

t_n	t_{n+1}
D	Q
1	1
0	0

t_n = Zeitpunkt vor dem C-Impuls
t_{n+1} = Zeitpunkt nach dem C-Impuls

Bild 7.56 Vereinfachte Wahrheitstabelle für ein D-Kippglied mit Flankensteuerung

7.3.3 D-Kippglied mit Flankensteuerung und R-S-Eingängen

Beim RS-Kippglied war durch den R-Eingang eine Möglichkeit gegeben, das Speicherelement in eine bestimmte Grundstellung zu bringen. Auch beim D-Kippglied kann aus technischen Gründen eine solche Grundstellung erforderlich sein. D-Flipflops haben daher in der Regel noch einen S-Eingang und einen R-Eingang bzw. einen $\bar{S}$-Eingang und einen $\bar{R}$-Eingang. Diese Eingänge werden genau wie beim RS-Kippglied statisch angesteuert.

R und S arbeiten völlig unabhängig vom D-Eingang und C-Eingang. Solange 1-Signal am S-Eingang liegt, befindet sich der Speicher im Setzzustand, und zwar unabhängig davon, welche Signale am D-Eingang und am C-Eingang anstehen. Der Speicher befindet sich dagegen im Rücksetzzustand, solange 1-Signal am R-Eingang liegt, und zwar ebenfalls unabhängig davon, welche Signale am C- und D-Eingang anliegen. Erst wenn dann am R-Eingang bzw. S-Eingang wieder 0-Signal liegt, arbeitet der Speicher wieder wie ein normales D-Flipflop. Unbenutzte R- und S-Eingänge müssen stets auf 0-Signal, unbenutzte $\bar{R}$- und $\bar{S}$-Eingänge stets auf 1-Signal gelegt werden.

Bild 7.57 zeigt das Schaltzeichen für ein D-Kippglied mit zusätzlichen R-S-Eingängen und **Bild 7.58** ein solches mit zusätzlichen $\bar{R}$-$\bar{S}$-Eingängen.

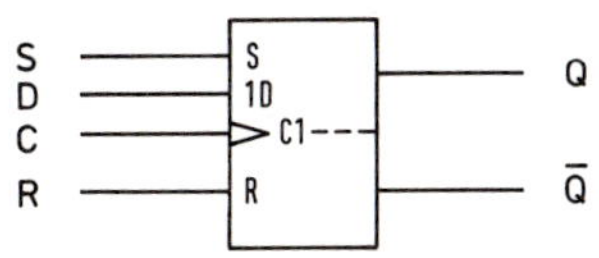

Bild 7.57 Schaltzeichen für ein D-Kippglied mit Flankensteuerung und zusätzlichen R-S-Eingängen

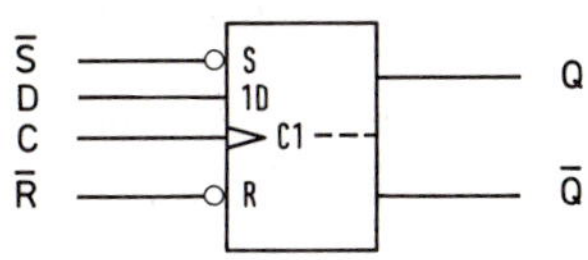

Bild 7.58 Schaltzeichen für ein D-Kippglied mit Flankensteuerung und zusätzlichen $\bar{R}$-$\bar{S}$-Eingängen

Für ein D-Kippglied mit Flankensteuerung und zusätzlichen R-S-Eingängen wird die gleiche vereinfachte Wahrheitstabelle angegeben wie beim D-Kippglied ohne R-S-Eingänge. Auch hier wird dann die Kenntnis vorausgesetzt, wie Signale am R- und S-Eingang wirken.

7.3.4 D-Kippglieder der TTL-Serie 74xx und der C-MOS-Serie 40xx

D-Kippglieder mit statischer Ansteuerung werden innerhalb der TTL-Serie 74xx unter der Typenbezeichnung 7475 angeboten. Dieser Baustein 7475 enthält vier gleich artige D-Kippglieder. Die C-Eingänge der Kippglieder 1 und 2 sowie der Kippglieder 3 und 4 sind dabei intern zusammengeschaltet und auf einem gemeinsamen Anschluß herausgeführt.

Bild 7.59 zeigt die Anschlußbelegung des Bausteins 7475. Zu beachten ist, daß dieser Chip 16 Anschlüsse hat und die Betriebsspannung $+U_B$ an den Anschluß 5 und Masse an den Anschluß 12 zu legen ist.

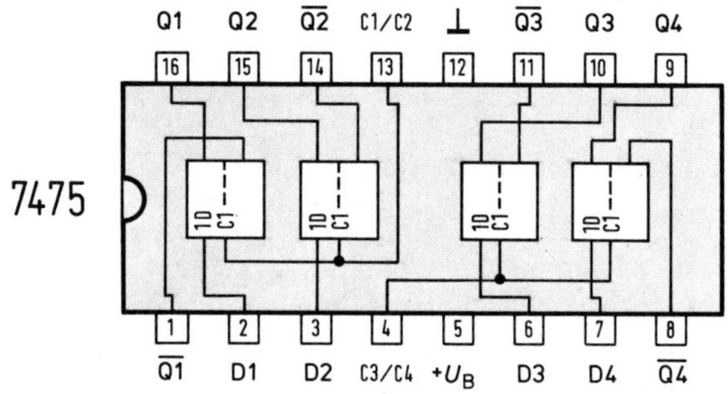

Bild 7.59 Anschlußbelegungen des TTL-Bausteines 7475 mit 4 D-Kippgliedern

Für die einwandfreie Funktion eines D-Kippgliedes ist es erforderlich, daß der Taktimpuls, d.h. 1-Signal am C-Eingang, eine Mindestdauer haben muß. Sie wird in den Datenbüchern meistens als „Taktimpulsdauer t_{PT}" angegeben. Für den Baustein 7475 gilt $t_{PT} \geqq 20$ ns.

Als weiterer Wert ist die „Vorbereitungszeit t_V" zu beachten. Sie gibt an, wie lange bereits 1-Signal am D-Eingang anliegen muß, bevor ein Taktimpuls am C-Eingang wirksam werden kann und damit ein Setzen oder Rücksetzen des D-Flipflops bewirkt. Für den Baustein 7475 wird angegeben $t_V \geqq 20$ ns.

Als *D-Kippglied mit Flankensteuerung* wird innerhalb der TTL-Serie 74xx ein Baustein mit der Typenbezeichnung 7474 angeboten. Hier sind zwei gleichartige D-Flipflops in einem Gehäuse zusammengefaßt.

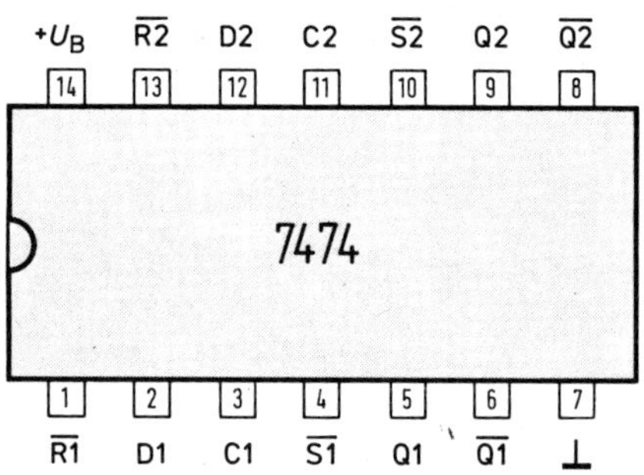

Bild 7.60 Anschlußbelegungen des TTL-Bausteines 7474 mit 2 flankengesteuerten D-Kippgliedern

Bild 7.60 zeigt die Anschlußbelegungen für den TTL-Baustein 7474. In **Bild 7.61** ist das Schaltzeichen für das Kippglied 1 angegeben.

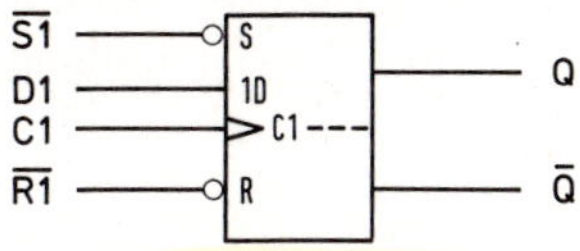

Bild 7.61 Schaltzeichen für ein D-Kippglied 7474

D-Kippglieder mit Flankensteuerung ohne R-S-Eingänge werden in integrierter Technik nicht angeboten.

Dem Baustein 7474 in TTL-Technik entspricht der Baustein 4013 in C-MOS-Technik. Auch hier sind zwei flankengesteuerte D-Kippglieder in einem Gehäuse zusammengefaßt. Im Gegensatz zum Baustein 7474 mit R̄-S̄-Eingängen sind beim Baustein 4013 R-S-Eingänge vorhanden.

Aus **Bild 7.62** ist zu erkennen, daß der Baustein 4013 eine andere Anschlußbelegung als der Baustein 7474 hat.

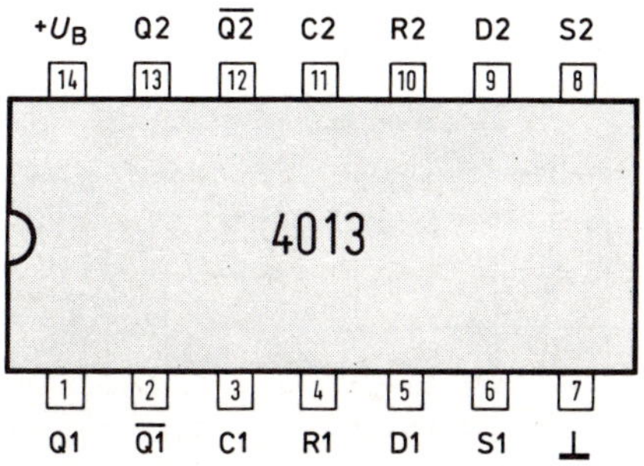

Bild 7.62 Anschlußbelegungen für den C-MOS-Baustein 4013

Für den C-MOS-Baustein 4013 wird angegeben:
Taktimpulsdauer $t_{PT} \geqq 140$ ns und
Vorbereitungszeit $t_V \geqq 50$ ns.

Diese Werte liegen beim C-MOS-Flipflop erheblich höher als beim TTL-Flipflop. Dies ist aber für den praktischen Einsatz des 4013 ohne Bedeutung, da die angegebenen Grenzwerte nur selten berücksichtigt werden müssen.

7.3.5 Anwendungsbeispiele

7.3.5.1 4-Bit-Datenregister mit D-Kippglied

In Kapitel 7.2.4.3 war ein 4-Bit-Datenspeicher mit RS-Kippglied angegeben und beschrieben. Erforderlich war dort das Vorschalten eines Logischen Schaltnetzes, aufgebaut aus 4 NAND-Gliedern. Dieses zusätzliche Logische Schaltnetz kann vollständig entfalten, wenn für den Datenspeicher D-Kippglieder verwendet werden. Der Baustein 7474 enthält 2 flankengesteuerte D-Kippglieder. Mit einem Baustein lassen sich daher zwei bit speichern. Für ein 4-Bit-Datenregister sind also zwei Bausteine 7474 erforderlich. **Bild 7.63** zeigt eine solche Schaltung.

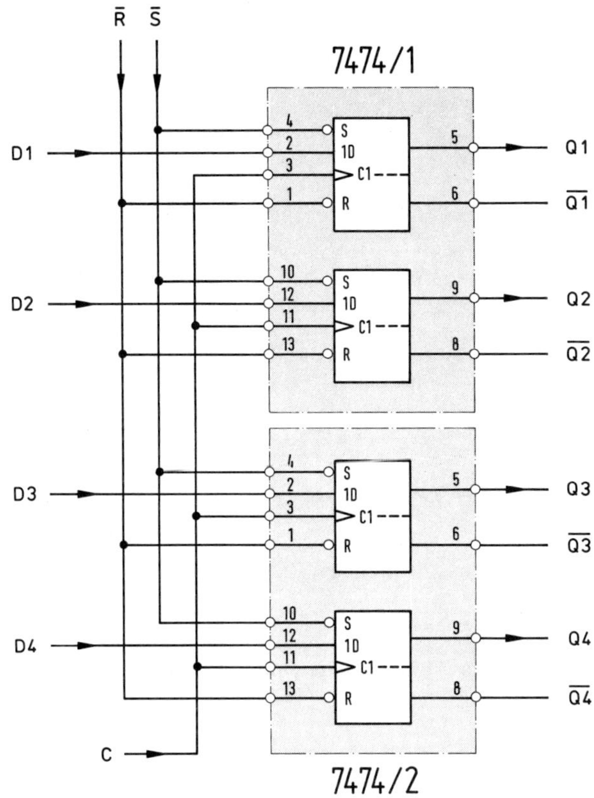

Bild 7.63 4-Bit-Datenregister mit D-Kippgliedern (2 × 7474)

Die Funktion der Schaltung nach Bild 7.63 entspricht weitgehend der Schaltung nach Bild 7.48. Über den $\bar{R}$-Eingang werden alle Speicher in den Rücksetzzustand gebracht. Der $\bar{S}$-Eingang wird an $+U_B$ gelegt und ist damit außer Funktion. Die an den Dateneingängen D1 bis D4 anliegenden Signale werden während der positiven Flanke eines C-Signals gleichzeitig auf die Ausgänge Q1 bis Q4 übertragen, d.h. registriert. Die D-Eingänge sind dann sofort wieder gesperrt, so daß sich die Signale an den D-Eingängen auch während des Taktimpulses ändern können, ohne daß die Speicher noch davon beeinflußt werden.

In genau gleicher Weise läßt sich das 4-Bit-Datenregister anstelle mit dem TTL-Baustein 7474 auch mit dem C-MOS-Baustein 4013 aufbauen. Zu beachten hierbei ist jedoch, daß die Anschlußbelegungen nicht übereinstimmen.

7.3.5.2 Prellfreie Drucktastenschaltung mit gegenseitiger Auslösung

In Kapitel 7.2.4.2 waren prellfreie Signalgeber mit RS-Kippgliedern beschrieben. Derartige Signalgeber lassen sich auch mit D-Kippgliedern aufbauen. **Bild 7.64** zeigt eine Drucktastenschaltung mit gegenseitiger Auslösung der Drucktasten zur prellfreien Ansteuerung von Digitalschaltungen. Verwendet wird der Baustein 7475 mit 4 D-Kippgliedern.

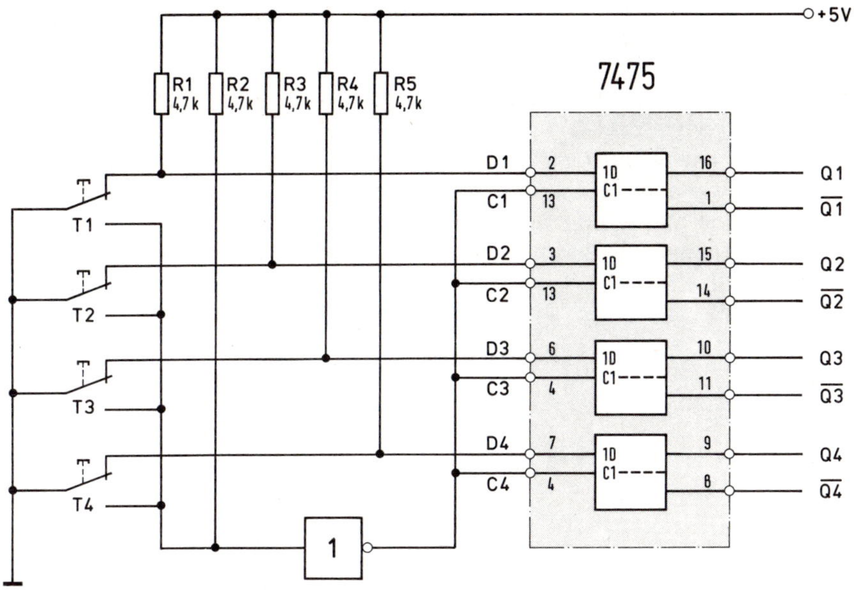

Bild 7.64 Prellfreie Drucktastenschaltung mit gegenseitiger Auslösung

Befinden sich die Taster T1 bis T4 in Ruhestellung, so liegt über die Widerstände R1, R3, R4 und R5 jeweils 0-Signal an den D-Eingängen der 4 Kippstufen. Über R2 liegt gleichzeitig 1-Signal am Eingang des Inverters und damit 0-Signal an allen C-Eingängen.

Wird jetzt z.B. der Taster T1 gedrückt, so erhält D1 über R1 ein 1-Signal. Über den Arbeitskontakt des Tasters T1 erhält der Eingang des Inverters 0-Signal und damit die C-Eingänge 1-Signal. Damit werden dann die an den D-Eingängen liegenden Signale auf die zugehörigen Ausgänge Q übertragen, also Q1 = 1; Q2 = 0; Q3 = 0; Q4 = 0. Dieser Zustand bleibt auch erhalten, wenn der Kontakt T1 prellt oder der Taster wieder in Ruhestellung kommt.

Wird anschließend z.B. T2 gedrückt, wird D2 = 1 und C = 1. Der Speicher 2 wird also gesetzt und der Speicher 1 rückgesetzt, da D1 = 0. Bei den Speichern 3 und 4 bleibt der Zustand Q = 0 unverändert erhalten. Die entsprechenden Setz- bzw. Rücksetzvorgänge erfolgen, wenn ein beliebiger anderer Taster gedrückt wird.

Die Schaltung nach Bild 7.64 arbeitet jedoch nicht mehr einwandfrei, wenn gleichzeitig zwei oder mehrere Taster gedrückt werden, weil dann keine gegenseitige Auslösung mehr erfolgen kann und somit an mehreren Ausgängen Q ein 1-Signal auftritt. Um dies zu vermeiden, wären noch weitere Logische Schaltungen erforderlich, die, wie bei den Prioritätsschaltungen in Kapitel 7.2.2.1, bestimmte Signalkombinationen ausschließen.

7.4 JK-Kippglieder

Ein weiteres Element zur Speicherung von logischen Signalen ist das JK-Kippglied. Es ist universell einsetzbar und daher auch das am meisten verwendete Kippglied. Ein JK-Flipflop hat mindestens 3 Eingänge, den schon bekannten C-Eingang als Takteingang sowie den J-Eingang und K-Eingang. Die Bezeichnungen J und K für die Eingänge sind hier willkürlich gewählt und nicht wie bei den bisher genannten Eingängen von bestimmten Begriffen abgeleitet. **Bild 7.65** zeigt das allgemeine Schaltzeichen für ein JK-Kippglied.

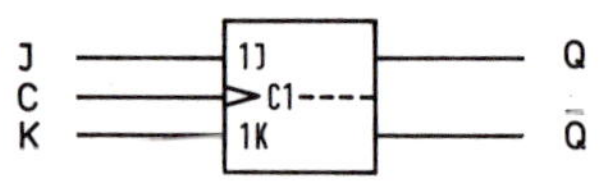

Bild 7.65 Allgemeines Schaltzeichen für ein JK-Kippglied

JK-Kippglieder sind grundsätzlich flankengesteuert, wobei zwei verschiedene Ausführungen zu unterscheiden sind, das JK-Kippglied mit Einflankensteuerung und das JK-Kippglied mit Zweiflankensteuerung. Das zweiflankengesteuerte Kippglied wird oft auch als JK-Master-Slave-Flipflop bezeichnet.

Beide Arten von JK-Kippgliedern haben in ihrer praktischen Ausführung in integrierter Schaltungstechnik meistens mehrere J- und K-Eingänge, die intern durch Logische Schaltungen verknüpft sind. Vorhanden sind oft auch zusätzlich noch ein S-Eingang und ein R-Eingang, die statisch angesteuert werden.

7.4.1 JK-Kippglied mit Einflankensteuerung

Im Signal-Zeit-Plan nach **Bild 7.66** ist die Arbeitsweise des JK-Kippgliedes mit Einflankensteuerung recht gut zu erkennen. Das Setzen und Rücksetzen des Speichers wird genau wie beim D-Kippglied mit Flankensteuerung erst immer durch die positive Flanke des nächsten 1-Signals am C-Eingang ausgelöst. 1-Signal am J-Eingang bedeutet Setzbefehl (Zeitpunkt t_1). 1-Signal am K-Eingang dagegen Rücksetzbefehl (t_3). Im Gegensatz zum RS-Kippglied ist beim JK-Kippglied das gleichzeitige Auftreten von Setz- und Rücksetzbefehl aber zulässig (Zeitpunkt t_5 bis t_8). Liegt die Wertekombination J = 1 und K = 1 vor, so wird von der ersten folgenden positiven Flanke des C-Signals der Speicher gesetzt (Zeitpunkt t_5) und von der zweiten positiven Flanke der Speicher wieder rückgesetzt (Zeitpunkt t_6). Dieser Vorgang wiederholt sich dann solange J = 1 und K = 1.

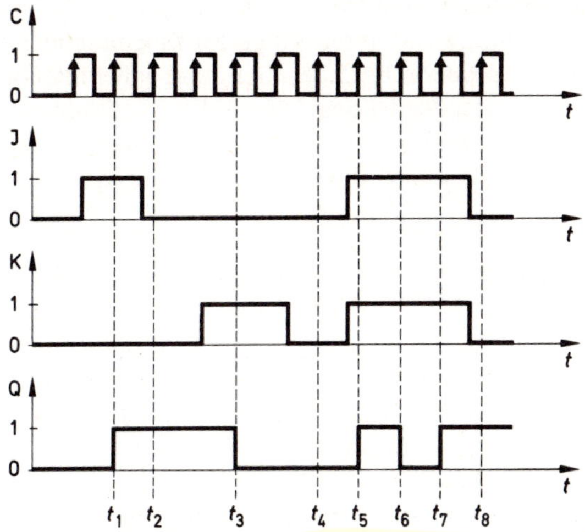

Bild 7.66 Signal-Zeit-Plan für ein JK-Kippglied mit Einflankensteuerung

Aus dem Signal-Zeit-Plan nach Bild 7.66 läßt sich wieder die zugehörige Wahrheitstabelle ableiten.

J	K	Q_{tn+1}
0	0	Q_{tn}
1	0	1
0	1	0
1	1	$\bar{Q}_{tn}$

Bild 7.67 Wahrheitstabelle für JK-Kippglied mit Einflankensteuerung

Auch bei der Wahrheitstabelle nach **Bild 7.67** handelt es sich um eine vereinfachte Form. Vorausgesetzt wird hier wieder die Kenntnis, daß nur positive Flanken am C-Eingang das Setzen und Rücksetzen auslösen können und diese Auslösung dann durch die positive Flanke des Takt-Signals erfolgt.

In der Wahrheitstabelle tritt erstmals auch die Angabe $\bar{Q}_{tn}$ auf. Damit ist dann eindeutig angegeben, daß bei der Wertekombination J = 1 und K = 1 bei jeder positiven Flanke des C-Signals der Speicherzustand jeweils wechselt (Zeitpunkte t_5 bis t_8 in Bild 7.66).

7.4.2 JK-Kippglied mit Zweiflankensteuerung

Bei den bisher behandelten Kippgliedern stand die Informationsaufnahme und das Speichern der Informationen im Vordergrund. Es gibt aber auch viele Einsatzgebiete, bei denen es zweckmäßig oder erforderlich ist, eine Information aufzunehmen und diese Information dann bei der Aufnahme einer neuen Information weiterzugeben. Grundbedingung ist dabei jedoch, daß das am Eingang neu auftretende Signal das dann am Ausgang abgehende Signal nicht beeinflussen darf. Um eine solche Beeinflussung auszuschließen, ist eine Zwischenspeicherung des Signals in einem zusätzlichen Kippglied erforderlich.

Bild 7.68 zeigt den Signal-Zeit-Plan für ein JK-Kippglied mit Zweiflankensteuerung. Für die Darstellung ist die gleiche Impulsfolge der Eingangssignale gewählt worden wie bei dem Signal-Zeit-Plan für das JK-Kippglied mit Einflankensteuerung nach Bild 7.66. Aus dem Vergleich des Bildes 7.66 mit Bild 7.68 läßt sich das unterschiedliche Verhalten der beiden JK-Kippglieder erkennen. Besonders gekennzeichnet ist bei der Zweiflankensteuerung auch die negative Flanke des C-Signals.

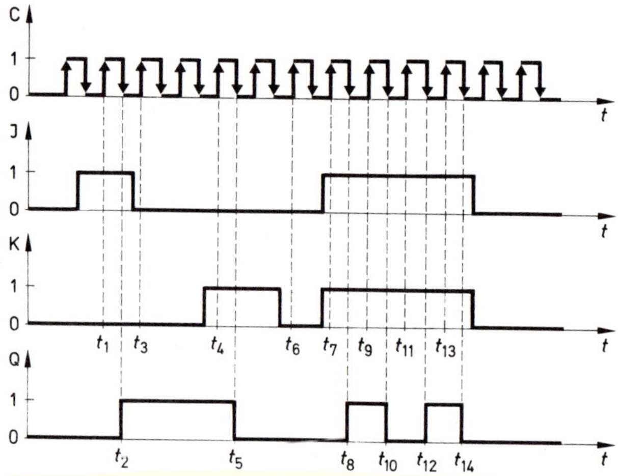

Bild 7.68 Signal-Zeit-Plan für ein JK-Kippglied mit Zweiflankensteuerung

Bei einem einflankengesteuerten JK-Kippglied wird das Eingangssignal mit der positiven Flanke des C-Signals aufgenommen und – nur um eine kleine interne Laufzeit verzögert – durch die gleiche positive Flanke des C-Signals auf den Ausgang Q übertragen (z. B. t_1 in Bild 7.66). Bei dem zweiflankengesteuerten JK-Kippglied wird zwar das Eingangssignal auch durch die positive Flanke des C-Signals aufgenommen, aber in einem Zwischenspeicher eingespeichert und dann erst durch die folgende negative Flanke des C-Signals auf den Ausgang Q übertragen (z. B. t_1 und t_2 in Bild 7.68).

Das zweiflankengesteuerte JK-Kippglied wird auch als JK-Master-Slave-Kippglied bezeichnet. Hierbei bedeutet „Master" soviel wie „Haupt-Kippglied" und „Slave" soviel wie „Folge-Kippglied". **Bild 7.69** zeigt eine von vielen Möglichkeiten, wie durch

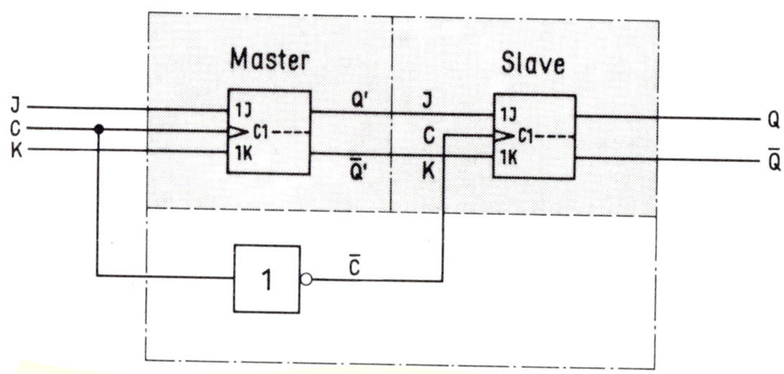

Bild 7.69 Prinzipschaltung für ein JK-Master-Slave-Kippglied

das Zusammenschalten von Kippgliedern und Logischen Schaltungen das Verhalten eines JK-Master-Slave-Kippgliedes nachgebildet werden kann.

Bild 7.69 zeigt eine Prinzipschaltung für ein JK-Master-Slave-Kippglied, das aus 2 einflankengesteuerten JK-Kippgliedern und einem Inverter besteht. Das C-Signal vom Eingang wird dem „Master" nichtinvertiert, dem „Slave" dagegen invertiert zugeführt. Die positive Flanke des Eingangs-C-Signals löst also das Einspeichern in den Master aus, während gleichzeitig der „Slave" verriegelt ist. Bei der folgenden negativen Flanke des Eingangs-C-Signals ist dagegen der „Master" verriegelt, während gleichzeitig durch die Inversion eine positive Flanke am C-Eingang des „Slave" erscheint und damit die am „Slave" anstehenden Informationen auf den Ausgang Q übertragen werden. Bei der positiven Flanke des Eingangs-C-Signals wird also die am Master anliegende Information vom Master aufgenommen und auf seine Ausgänge Q′ und $\bar{Q}'$ übertragen. Sie liegen dann als JK-Eingangssignale für den „Slave" vor und werden, sobald mit der negativen Flanke des Eingangs-C-Signals eine positive Flanke des C-Signals am „Slave" erscheint, vom „Slave" aufgenommen und auf den Ausgang Q und $\bar{Q}$ übertragen.

Der tatsächliche innere Aufbau eines JK-Kippgliedes mit Zweiflankensteuerung entspricht jedoch nicht der Prinzipschaltung nach Bild 7.69.

Bei einem JK-Kippglied mit Zweiflankensteuerung erscheinen die Signale am Ausgang also mit einer Verzögerung, die von der Dauer des C-Signals abhängt. Diese Verzögerung wird im Schaltzeichen besonders gekennzeichnet.

Bild 7.70 zeigt das Schaltzeichen für ein JK-Kippglied mit Zweiflankensteuerung. Das Zeichen ⅂ weist auf die „retardierten" Ausgänge hin (retardiert = verzögert).

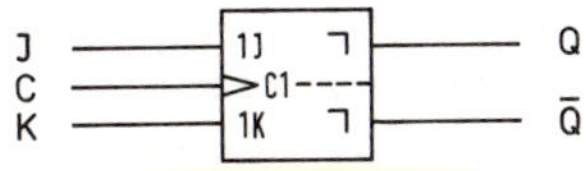

Bild 7.70 Schaltzeichen für JK-Kippglied mit Zweiflankensteuerung

Die Wahrheitstabelle des JK-Kippgliedes mit Zweiflankensteuerung (**Bild 7.71**), also des JK-Master-Slave-Kippgliedes, unterscheidet sich nicht von der Wahrheitstabelle des JK-Kippgliedes mit Einflankensteuerung.

J	K	Q_{tn+1}
0	0	Q_{tn}
1	0	1
0	1	0
1	1	$\bar{Q}_{tn}$

Bild 7.71 Wahrheitstabelle für ein JK-Master-Slave-Kippglied

Auch bei dieser vereinfachten Form der Wahrheitstabelle wird die Kenntnis des Zusammenhanges mit dem C-Signal vorausgesetzt und jetzt zusätzlich noch, daß das Ausgangssignal Q_{tn+1} immer erst mit der negativen Flanke des C-Signals erscheint.

7.4.3 JK-Kippglieder der TTL-Serie 74xx und der C-MOS-Serie 40xx

JK-Kippglieder werden von den Herstellern insbesondere innerhalb der TTL-Serie 74xx in einer relativ großen Typenvielfalt angeboten. Die verschiedenen Typen unterscheiden sich aber oft nur durch die Zahl der J- und K-Eingänge, durch zusätzliche Setz- und Rücksetzeingänge oder durch spezielle Eigenschaften der Eingänge. Aus der großen Typenzahl sind hier wieder nur einige Beispiele ausgewählt.

1. Baustein 7470

JK-Flipflop mit Einflankensteuerung und je 3 J- und K-Eingängen sowie Setz- und Rücksetzeingang.

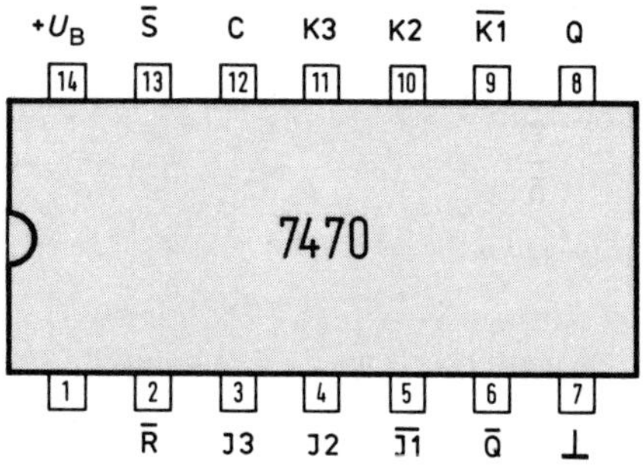

Bild 7.72 Anschlußbelegungen für den TTL-Baustein 7470

Aus den Anschlußbelegungen für den Baustein 7470 **(Bild 7.72)** ist zu erkennen, daß die 3 J-Eingänge und 3 K-Eingänge vorhanden sind. Diese mehrfachen J- und K-Eingänge sind in der Regel durch Logische Schaltungen miteinander verknüpft. Im Datenblatt wird für den Baustein 7470 zusätzlich angegeben:

$$J = \overline{J1} \wedge J2 \wedge J3$$
$$K = \overline{K1} \wedge K2 \wedge K3$$

Diese Eingänge sind also jeweils durch eine UND-Schaltung miteinander verknüpft.

Weiterhin wird noch angegeben, daß der R̄-Eingang sowie der S̄-Eingang unabhängig vom C-Signal arbeiten.

Das Schaltzeichen für ein derartiges JK-Kippglied ist entweder ebenfalls im Datenblatt angeführt oder es läßt sich auch aus den Angaben entwickeln. **Bild 7.73** zeigt, wie ein Kurz-Schaltzeichen für das JK-Kippglied 7470 entsteht.

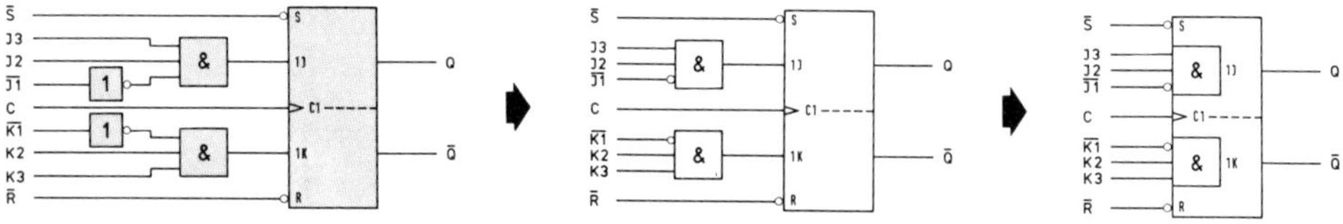

Bild 7.73 Schaltzeichen für das JK-Kippglied 7470

Wichtig für den praktischen Einsatz dieser Kippglieder mit mehrfachen J- und K-Eingängen ist, daß unbenutzte Eingänge stets zu beschalten sind. Hinweise auf die erforderliche Beschaltung unbenutzter Eingänge sind in Kapitel 6.3.3 und 6.3.4 gegeben. Wie bereits in Kapitel 7.3.3 angegeben, müssen R̄- und S̄-Eingänge an

1-Signal, R- und S-Eingänge auf 0-Signal gelegt werden.

2. Baustein 7472

JK-Master-Slave-Flipflop mit je 3 J- und K-Eingängen sowie zusätzlich Setz- und Rücksetzeingang **(Bild 7.74).**

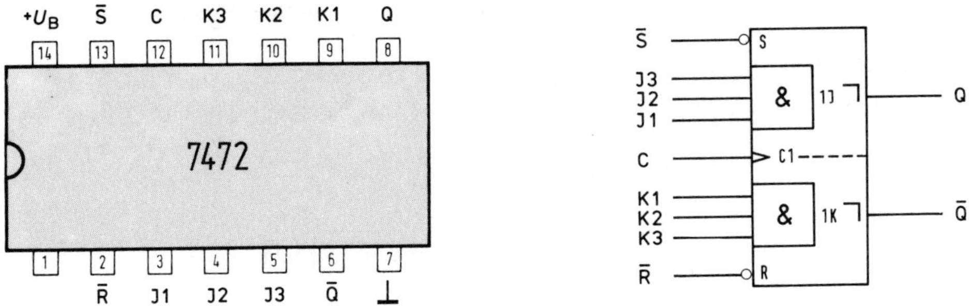

Bild 7.74 Anschlußbelegungen und Schaltzeichen für TTL-Baustein 7472

3. Baustein 7473

Zwei JK-Master-Slave-Flipflops mit Rücksetzeingang **(Bild 7.75).**

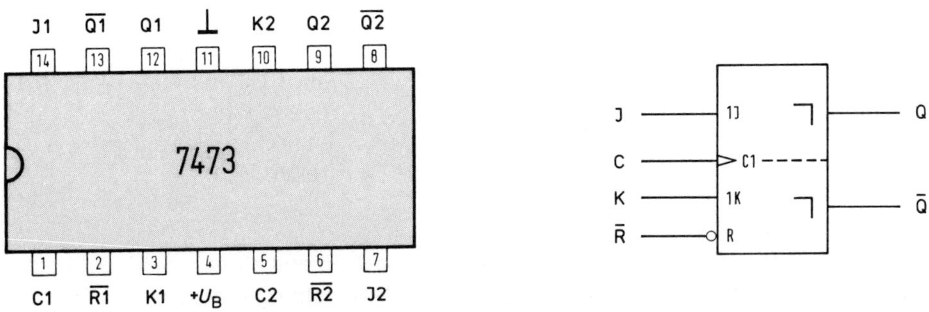

Bild 7.75 Anschlußbelegungen und Schaltzeichen für TTL-Baustein 7473

4. Baustein 7476

Zwei JK-Master-Slave-Flipflops mit Setz- und Rücksetzeingang **(Bild 7.76).**

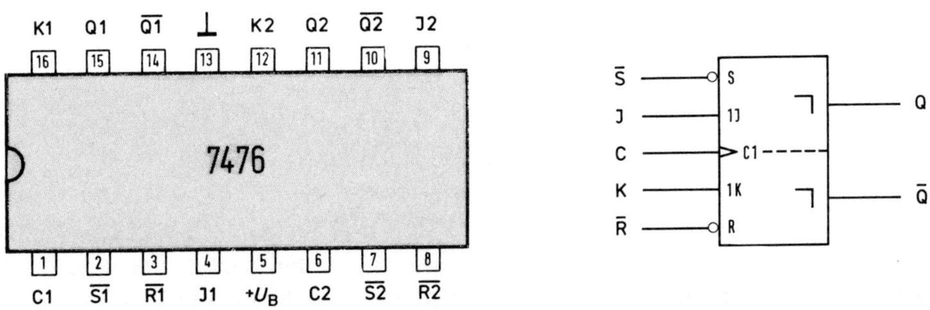

Bild 7.76 Anschlußbelegungen und Schaltzeichen für TTL-Baustein 7476

5. Baustein 4027

Zwei JK-Master-Slave-Flipflops mit Setz- und Rücksetzeingang **(Bild 7.77).**

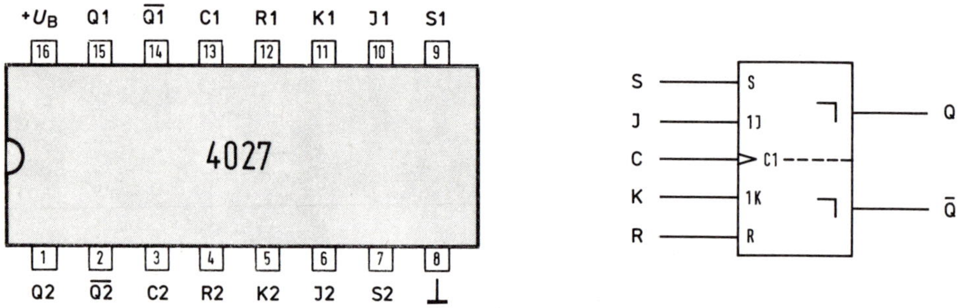

Bild 7.77 Anschlußbelegungen und Schaltzeichen für C-MOS-Baustein 4027

7.4.4 Anwendungsbeispiele

7.4.4.1 JK-Kippglied als D-Kippglied

JK-Kippglieder sind vielseitig einsetzbar. So läßt sich durch eine einfache zusätzliche Beschaltung aus einem JK-Kippglied ein D-Kippglied herstellen.

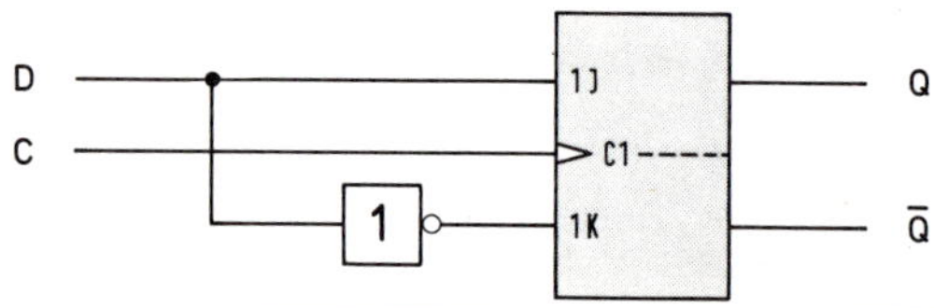

Bild 7.78 Prinzipschaltung für ein JK-Kippglied als D-Kippglied

Bild 7.78 zeigt in Prinzipschaltung, wie ein D-Kippglied aus einem JK-Kippglied entsteht. Der J-Eingang wird zum D-Eingang. Dem K-Eingang wird dann das D-Signal negiert zugeführt. Für den J-Eingang und den K-Eingang des JK-Flipflops können gleiche Signalzustände also nicht mehr auftreten. Damit reduziert sich die Wahrheitstabelle für das JK-Kippglied nur auf die Wertekombination J = 0 und K = 1 sowie J = 1 und K = 0. In **Bild 7.79** sind diese Fälle durch eine Umrahmung besonders hervorgehoben.

J	K	Q_{tn+1}
0	0	Q_{tn} nicht möglich
1	0	1
0	1	0
1	1	$\overline{Q}_{tn}$ nicht möglich

Bild 7.79 Wahrheitstabelle für JK-Kippglied bei Beschaltung als D-Kippglied

Wird in der Wahrheitstabelle nach Bild 7.79 der J-Eingang durch den D-Eingang ersetzt und der K-Eingang nicht berücksichtigt, weil das K-Signal jeweils das negierte

D-Signal sein muß, so ergibt sich daraus die Wahrheitstabelle für ein D-Kippglied.

Bild 7.80 Wahrheitstabelle für ein JK-Kippglied als D-Kippglied

t_n	t_{n+1}
D	Q
1	1
0	0

Die Wahrheitstabelle nach **Bild 7.80** ist identisch mit der Wahrheitstabelle für ein D-Kippglied entsprechend Bild 7.53.

Mit dem TTL-Baustein 7470 läßt sich ein D-Kippglied in recht einfacher Weise aufbauen, da dieses JK-Kippglied einen negierten K-Eingang hat. Wichtig ist auch hier, daß alle nicht benutzten Eingänge entsprechend beschaltet werden, damit die Erfüllung der UND-Bedingungen bei den J-Eingängen und K-Eingängen nur noch von dem einen angesteuerten Eingang abhängt. Auch die unbenutzten $\bar{S}$- und $\bar{R}$-Eingänge müssen konstant auf 1-Signal liegen. **Bild 7.81** zeigt einen entsprechenden Schaltplan.

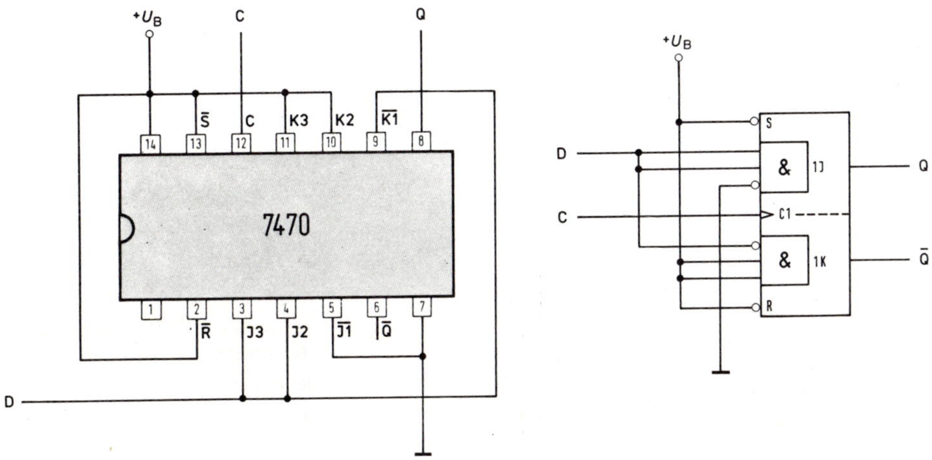

Bild 7.81 Schaltplan und Schaltbild für ein als D-Kippglied verdrahtetes JK-Kippglied 7470

Selbstverständlich kann ein D-Kippglied auch unter Verwendung eines JK-Master-Slave-Flipflops aufgebaut werden, z. B. mit dem Baustein 7472 oder 4027. In beiden Fällen wird dann aber noch ein zusätzlicher Inverter für die Invertierung des D-Signals benötigt. Zu beachten ist weiterhin, daß das Ausgangssignal wie bei allen JK-Master-Slave-Flipflops verzögert auftritt, also erst bei der negativen Flanke des C-Signals.

7.4.4.2 JK-Kippglied als Frequenzteiler

JK-Kippglieder werden sehr oft als Frequenzteiler für rechteckförmige Spannungen eingesetzt. Man nutzt hier die Eigenschaft des JK-Kippgliedes aus, daß bei der

Wertekombination J = 1 und K = 1 bei jedem Taktimpuls das Kippglied in seinen komplementären Zustand umgeschaltet wird (siehe t_8 bis t_{14} in Bild 7.68).

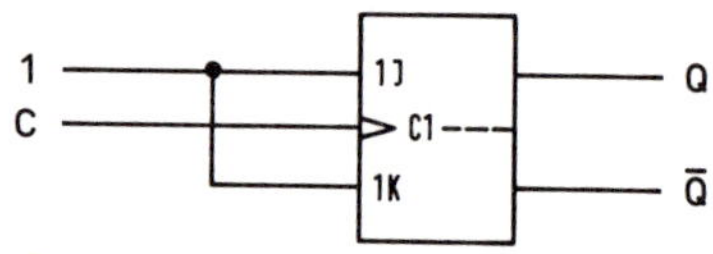

Bild 7.82 Prinzipschaltung für ein JK-Kippglied als Frequenzteiler

In **Bild 7.82** ist die Prinzipschaltung angegeben, nach der ein JK-Kippglied als Frequenzteiler eingesetzt werden kann. Es ist lediglich erforderlich, den J-Eingang und den K-Eingang zu verbinden und mit 1-Signal anzusteuern. Wird jetzt eine Rechteckspannung, d.h. ein ständiger Wechsel von 0-Signalen und 1-Signalen auf den C-Eingang gegeben, so erscheint am Ausgang Q eine Rechteckspannung mit der halben Frequenz der Eingangsspannung. Das JK-Kippglied teilt also eine Frequenz der an den C-Eingang gelegten Rechteckspannung im Verhältnis 2 : 1.

Bild 7.83 zeigt einen Schaltplan für einen 2 : 1-Frequenzteiler, aufgebaut mit einem einflankengesteuerten JK-Flipflop vom Typ 7470.

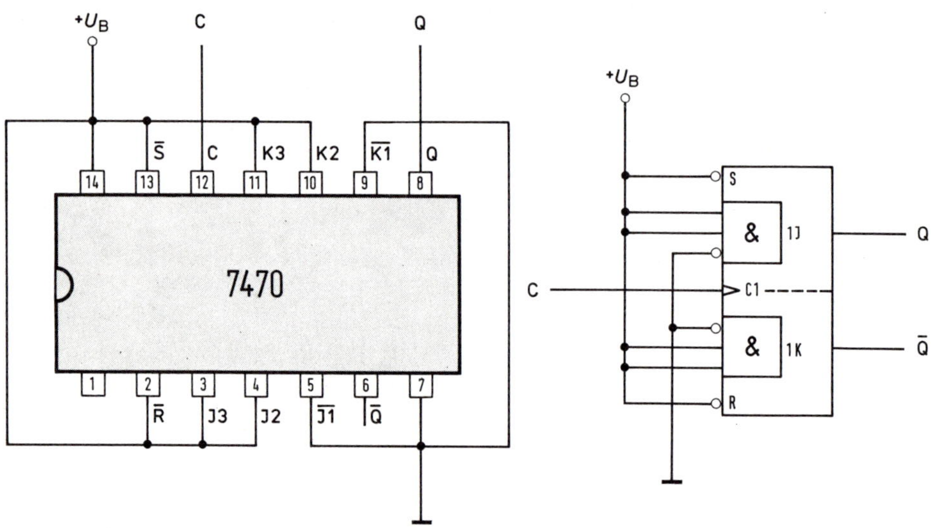

Bild 7.83 Frequenzteiler 2 : 1 mit dem TTL-Baustein 7470

Auch bei der Schaltung nach Bild 7.83 muß darauf geachtet werden, daß alle nicht benötigten Eingänge nach Vorschrift beschaltet sind. Nur dann ist eine einwandfreie Funktion gewährleistet. Da es sich bei dem Baustein 7470 um ein einflankengesteuertes JK-Kippglied handelt, treten die Änderungen des Signalzustandes am Ausgang jeweils mit den positiven Flanken des Eingangssignals auf. In **Bild 7.84** sind die Zusammenhänge der Frequenzteilung nochmals in einem Diagramm dargestellt.

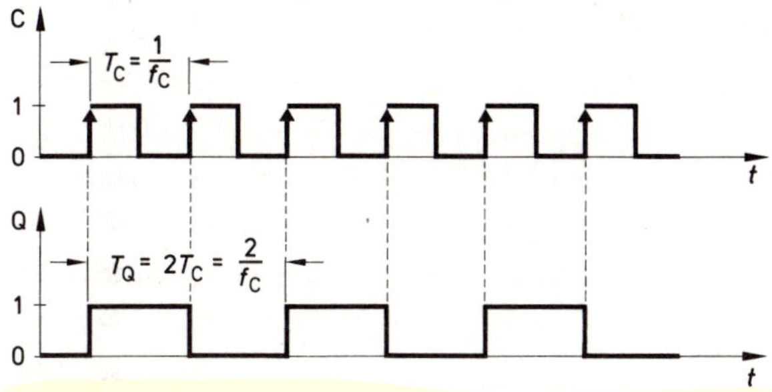

Bild 7.84 Frequenzteilung 2 : 1 mit einflankengesteuertem JK-Flipflop 7470

Selbstverständlich läßt sich auch das zweiflankengesteuerte JK-Flipflop in gleicher Weise für eine Frequenzteilung einsetzen. Zu beachten ist hier lediglich, daß der Signalwechsel am Ausgang immer mit der negativen Flanke des Eingangssignals erfolgt.

Schaltet man mehrere Frequenzteiler hintereinander, so wird die Eingangsfrequenz in jeder Stufe im Verhältnis 2 : 1 geteilt. Dabei entstehen Teilerverhältnisse entsprechend 2^n, wobei n die Zahl der hintereinandergeschalteten Teilerstufen ist. Bei 2 Teilerstufen erfolgt also eine Frequenzteilung im Verhältnis $2^2 = 4$, bei 3 Stufen $= 2^3 = 8$, bei 4 Stufen $= 2^4 = 16$.

Bild 7.85 zeigt den Schaltplan für einen Frequenzteiler mit dem Teilerverhältnis 4 : 1, aufgebaut aus einem JK-Master-Slave-Flipflop 7473.

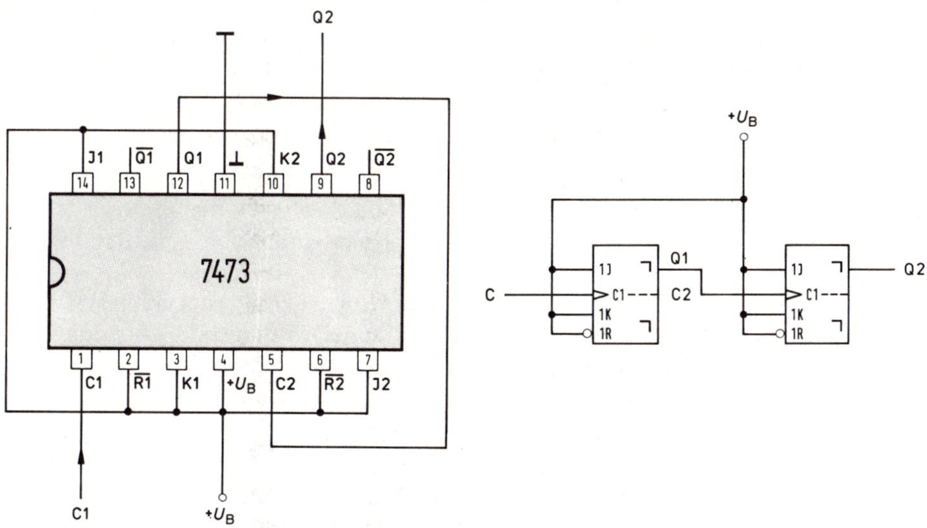

Bild 7.85 Frequenzteiler 4 : 1 mit dem TTL-Baustein 7473

In **Bild 7.86** ist die mit der Schaltung nach Bild 7.85 erzeugte 4 : 1-Frequenzteilung nochmals in einem Diagramm dargestellt.

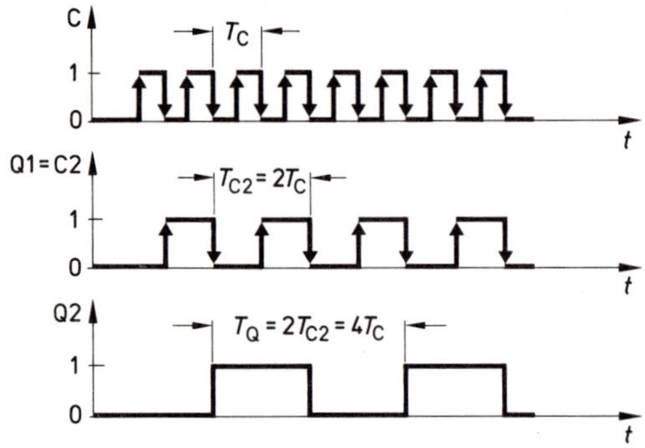

Bild 7.86 Frequenzteilung 4:1 mit zwei zweiflankengesteuerten JK-Flipflops 7473

Frequenzteilerschaltungen lassen sich in gleicher Weise auch mit dem C-MOS-Baustein 4027 aufbauen. Zu beachten ist dabei dann jedoch die andere Anschlußbelegung sowie die entsprechenden Vorschriften für die Beschaltung nicht benutzter Eingänge.

7.5 Monostabile Kippglieder

Monostabile Kippglieder werden auch Monostabile Kippstufen oder Monoflops genannt. Der Wortbestandteil „Mono" (= eins) weist darauf hin, daß diese Art von Kippgliedern nur einen stabilen Zustand haben. Dieser stabile Zustand wird beim Monoflop als „Ruhezustand" oder „Grundstellung" bezeichnet. Laut Festlegung befindet sich ein Monostabiles Kippglied im Ruhezustand, wenn an seinem Ausgang Q 0-Signal und dementsprechend an einem komplementären Ausgang $\bar{Q}$ 1-Signal liegt.

Durch ein Setzsignal kann das Monoflop in seine „Arbeitsstellung" oder seinen „Arbeitszustand" gebracht werden. Diese Arbeitsstellung ist ein instabiler Zustand, denn nach Ablauf einer schaltungstechnisch bestimmbaren Zeit kippt das Monoflop ohne ein Rücksetzsignal oder anderes Steuersignal wieder in den stabilen Zustand, also in die Grundstellung zurück.

Monostabile Kippglieder können sowohl den Signalspeichern als auch den Signalformern zugeordnet werden. Als Signalspeicher sind sie in der Lage, den Informationsgehalt von 1 bit zu speichern, jedoch immer nur für eine fest vorgegebene, begrenzte Verweilzeit. Mit dem Rückkippen in die Ruhestellung geht der Informationsgehalt dann jedoch wieder verloren. Als Signalformer wird das Monoflop in großem Umfang eingesetzt zum Regenerieren verschliffener Rechtecksignale, zum Verkürzen, Verlängern und Verzögern von Signalen oder in einer Reihe von Fällen auch als Frequenzteiler.

Bild 7.87 zeigt das allgemeine Schaltzeichen für ein Monostabiles Kippglied.

Zusätzlich eingetragen in das allgemeine Schaltzeichen nach Bild 7.87 ist als Beispiel eine Verweilzeit $t_Q = 30$ ns. Diese Angabe besagt dann, daß nach dem Setzen des Monoflops am Ausgang Q für die Zeit $t_Q = 30$ ns 1-Signal liegt.

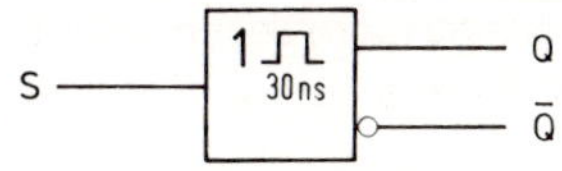

Bild 7.87 Allgemeines Schaltzeichen für ein Monostabiles Kippglied

Monostabile Kippstufen sind in der Regel flankengesteuert, wobei je nach Schaltungsauslegung sowohl eine Steuerung mit der positiven Flanke als auch mit der negativen Flanke des Setzsignals erfolgt. Welche dieser Flanken wirksam ist, wird im Schaltzeichen besonders gekennzeichnet.

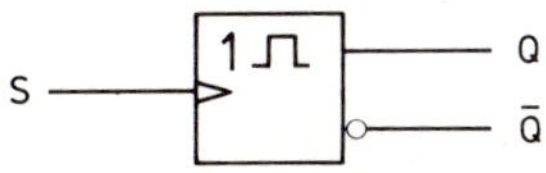

Bild 7.88 Schaltzeichen für ein Monostabiles Kippglied mit Wirksamkeit der positiven Flanke des Setzsignals

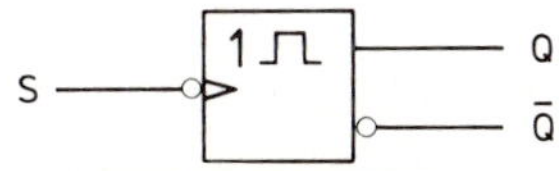

Bild 7.89 Schaltzeichen für ein Monostabiles Kippglied mit Wirksamkeit der negativen Flanke des Setzsignals

Bild 7.88 zeigt das Schaltzeichen für ein Monostabiles Kippglied, bei dem die positive Flanke des Setzsignals wirksam wird, **Bild 7.89** ein solches mit Wirksamkeit der negativen Flanke.

Die Arbeitsweise eines Monoflops läßt sich wieder in anschaulicher Weise mit Hilfe des Signal-Zeit-Planes darstellen.

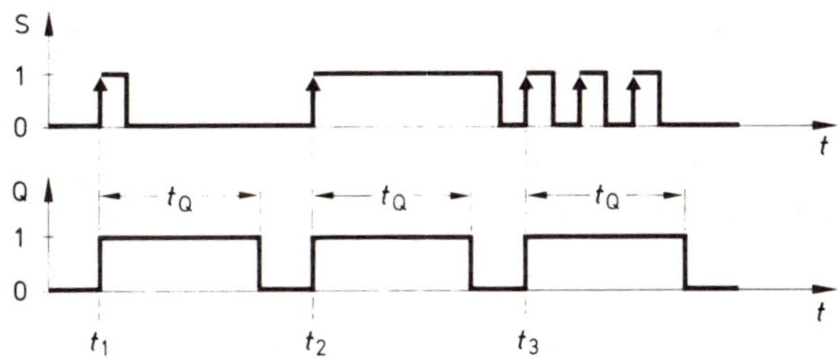

Bild 7.90 Signal-Zeit-Plan für ein Monostabiles Kippglied mit Wirksamkeit der positiven Flanke des Setzsignals

Im Signal-Zeit-Plan nach **Bild 7.90** sind drei charakteristische Fälle für das Verhalten eines mit positiver Flanke gesteuerten Monoflops dargestellt. Die Verweilzeit t_Q ist in allen drei Fällen gleich groß und fest vorgegeben. Bei t_1 wird die Kippstufe durch die positive Flanke eines kurzen Setzsignals in den Arbeitszustand gebracht. Nach Ablauf der Verweilzeit t_Q kippt die Stufe wieder in den Ruhezustand zurück. Bei t_2 wird das Monoflop durch die positive Flanke eines langen Setzsignals „getriggert". Es fällt nach Ablauf der Zeit t_Q in die Ruhestellung zurück, obwohl das Setzsignal noch am Eingang S liegt. Bei t_3 ist gezeigt, daß die Verweilzeit t_Q unbeeinflußt von den positiven Flanken weiterer Setzsignale abläuft. Bei einem derartigen Verhalten spricht man von einer „Nicht-nachtriggerbaren Monostabilen Kippstufe". In **Bild 7.91** ist dagegen der Signal-Zeit-Plan einer „Nachtriggerbaren Monostabilen Kippstufe" angegeben.

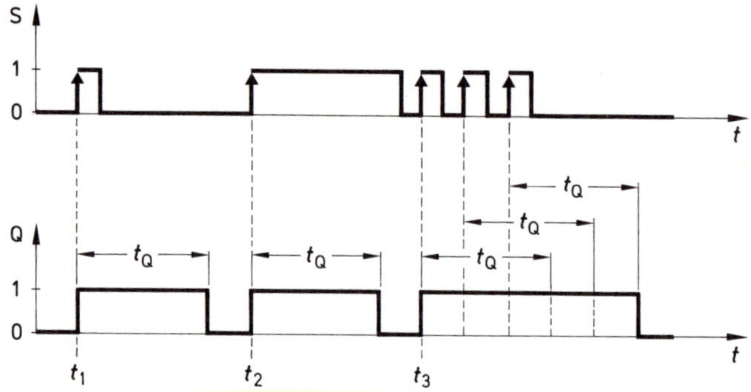

Bild 7.91 Signal-Zeit-Plan für eine nachtriggerbare Monostabile Kippstufe mit Wirksamkeit der positiven Flanke des Setzsignals

In Bild 7.91 ist zu erkennen, daß bei der nachtriggerbaren Monostabilen Kippstufe durch jeden neuen Setzimpuls eine volle neue Verweilzeit ausgelöst wird, auch wenn die erste ausgelöste Verweilzeit noch nicht abgelaufen ist. Das Zurückkippen des Monoflops in seine Grundstellung kann also bei dieser Ausführung durch periodisch auftretende Setz- oder Triggerimpulse beliebig lange verhindert werden, wenn der zeitliche Abstand der Setzimpulse kleiner als die Verweilzeit t_Q ist. Die Eigenschaft der Nachtriggerbarkeit wird im Schaltzeichen eines Monoflops nicht besonders gekennzeichnet. Sie muß gegebenenfalls in einem Schaltbild besonders vermerkt werden.

Monoflops mit Wirksamkeit der negativen Flanke des Setzsignals sind ebenfalls häufig zu finden. Zu ihnen gehört dann ein entsprechender Signal-Zeit-Plan nach **Bild 7.92.**

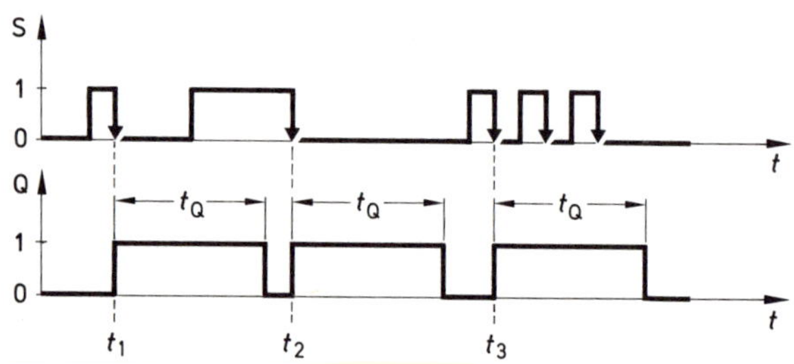

Bild 7.92 Signal-Zeit-Plan für eine nicht-nachtriggerbare Monostabile Kippstufe mit Wirksamkeit der negativen Flanke

Wegen der begrenzten Verweilzeit im Arbeitszustand kann für die Monostabile Kippstufe eine Wahrheitstabelle nicht mehr in der von der Bistabilen Kippstufe her bekannten Form angegeben werden. Es ist daher üblich, den funktionalen Zusammenhang in einer verkürzten Tabellenform anzugeben. Es werden dabei dann nur die Fälle angeführt, bei denen ein Monostabiles Kippglied getriggert wird, also in den Arbeitszustand gebracht wird.

Bild 7.93 zeigt eine solche „Triggertabelle" für ein Monostabiles Kippglied mit Wirksamkeit der positiven Flanke. Dies wird gekennzeichnet durch einen nach oben gerichteten Pfeil. In den Datenblättern einiger Hersteller wird anstelle dieses Pfeils auch das Zeichen _|¯ angegeben. Ein nach unten gerichteter Pfeil weist dementsprechend auf die Wirksamkeit der negativen Flanke hin **(Bild 7.94).** Hierfür findet man auch das Zeichen ¯|_.

S	Q
↑	_|¯|_

Bild 7.93 Triggertabelle für ein Monostabiles Kippglied mit Wirksamkeit der positiven Flanke

S	Q
↓	_|¯|_

Bild 7.94 Triggertabelle für ein Monostabiles Kippglied mit Wirksamkeit der negativen Flanke

In der Spalte Q wird durch einen positiven Impuls angedeutet, daß der Arbeitszustand, d.h. also 1-Signal am Ausgang Q, nur für eine bestimmte Verweilzeit vorliegt. Für den komplementären Ausgang $\bar{Q}$ müßte in den Triggertabellen nach Bild 7.93 und 7.94 dann ein negativer Impuls erscheinen.

Monostabile Kippstufen lassen sich in diskreter Schaltungstechnik mit Transistoren aufbauen und damit in Sonderfällen den unterschiedlichsten Betriebsbedingungen anpassen. Auch durch entsprechende Beschaltung eines Operationsverstärkers kann das Verhalten einer Monostabilen Kippstufe erreicht werden. In großem Umfang werden im praktischen Einsatz aber Monoflops in integrierter Schaltungstechnik verwendet, bei denen dann durch eine äußere Beschaltung mit einer RC-Kombination die Verweilzeit der Kippstufe meistens in weiten Bereichen geändert werden kann. Besonders bei Monostabilen Kippstufen der TTL-Serie 74xx sind auch mehrere, unterschiedlich wirksame Eingänge vorhanden, die zusätzlich durch Logische Schaltungen verknüpft sind. Dadurch ergeben sich dann auch umfangreichere Triggertabellen.

7.5.1 Monostabile Kippglieder mit Transistoren

Bei dem Bistabilen Kippglied nach Bild 7.11 waren zwei Transistorschalter so miteinander verbunden, daß jeweils der Ausgang des einen Schalters den Eingang des anderen Schalters ansteuerte. Diese Überkreuzkopplung der beiden Schalter erfolgte mit Widerständen, also gleichstrommäßig. **Bild 7.95** zeigt die Prinzipschaltung des ebenfalls aus zwei Transistorschaltern aufgebauten Monostabilen Kippgliedes.

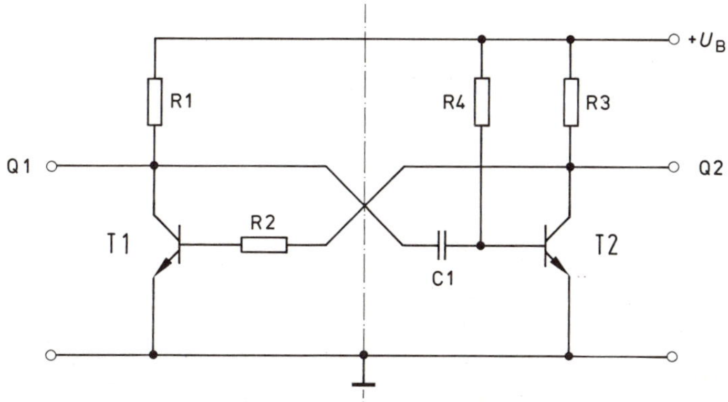

Bild 7.95 Prinzipschaltung eines Monostabilen Kippgliedes mit Transistoren

Der linke Transistorschalter in Bild 7.95 wird genau wie bei einer Bistabilen Kippstufe gleichstrommäßig über den Widerstand R2 vom Ausgang des rechten Transistorschalters angesteuert. Bei dem rechten Transistorschalter erfolgt dagegen die Ankopplung an den Ausgang des linken Transistorschalters über den Kondensator C1, also wechselstrommäßig. Die Verweilzeit t_Q der Monostabilen Kippstufe wird im wesentlichen bestimmt durch das RC-Glied, bestehend aus R4 und C1.

Wird die Schaltung nach Bild 7.95 an Betriebsspannung gelegt, so läuft zunächst wieder ein Einschaltvorgang ab. Der Transistor T1 erhält seinen Basisstrom über die Widerstände R3 und R2, der Transistor T2 jedoch über den Widerstand R4. Beide Transistoren versuchen daher durchzusteuern. Während dabei die Betriebsspannung für R2 infolge des größer werdenden Kollektorstromes von T2 immer kleiner wird, bleibt die Betriebsspannung für R4 konstant. Infolge des durch R4 fließenden Basisstromes wird daher T2 voll durchgesteuert und es wird $U_{Q2} \approx +0{,}1$ V. Damit ist dann der T1 voll gesperrt. Nach Anlegen der Betriebsspannung stellt sich also folgender Zustand ein:

T1 gesperrt $\triangleq U_{Q1} = +U_B \triangleq$ 1-Signal
T2 leitend $\triangleq U_{Q2} \approx +0{,}1\text{ V} \triangleq$ 0-Signal.

Wird nun der in Bild 7.95 angegebene Ausgang Q2 als Ausgang Q und der Ausgang Q1 als $\bar{Q}$ bezeichnet, so entspricht dies der Grundstellung eines Monostabilen Kippgliedes, also dem stabilen Zustand.

Über zusätzliche Anschlüsse an der Basis der Transistoren läßt sich das Monoflop durch ein geeignetes Steuersignal in den instabilen Zustand, seinen Arbeitszustand bringen. Da der Transistor T1 im Ruhezustand der Kippstufe gesperrt ist, kann an seiner Basis nur eine positive Steuerspannung wirksam werden und T1 in den leitenden Zustand bringen. T2 ist dagegen leitend und kann daher nur durch eine negative Steuerspannung gesperrt werden. Üblich ist jedoch die Ansteuerung des in Ruhestellung gesperrten Transistors mit einer positiven Steuerspannung.

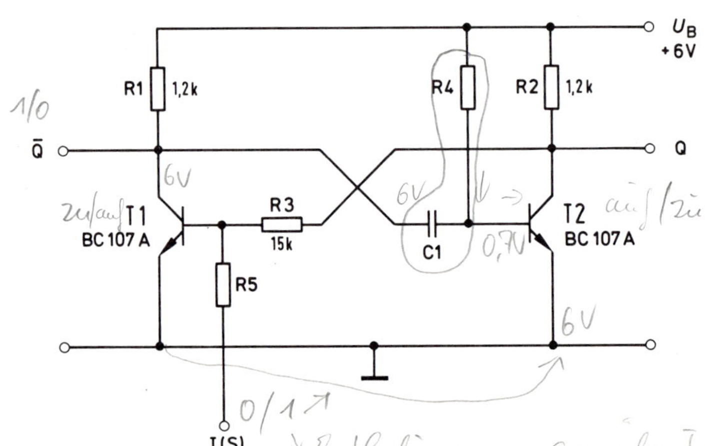

Bild 7.96 Schaltbild für ein Monostabiles Kippglied mit Transistoren

In **Bild 7.96** ist zusätzlich noch der Steuereingang I bzw. der Setzeingang S eingezeichnet. Im Ruhezustand liegt am linken Anschluß des Kondensators C1 ein Potential $U_{\bar{Q}} \approx +U_B$, am rechten Anschluß dagegen nur ein Potential $U_{BE} \approx +0{,}7$ V, also die Basisspannung des leitenden Transistors T2. Der Kondensator ist daher auf eine Spannung $U_{C1} = U_{\bar{Q}} - U_{BE2} \approx +5{,}3$ V aufgeladen, wobei der linke Anschluß der positive Pol und der rechte Anschluß der negative Pol ist.

Wird nun der Transistor T1 durch ein Setzsignal vom gesperrten in den leitenden Zustand gebracht, so springt die Spannung $U_{\bar{Q}}$ von $U_{\bar{Q}} \approx +6$ V auf $U_{\bar{Q}} \approx +0{,}1$ V. Da sich jedoch die Ladung eines Kondensators und damit auch die an ihm liegende Spannung nie sprunghaft ändern kann, wird der Spannungssprung $U_{\bar{Q}}$ auf die Basis des Transistors zunächst voll übertragen. U_{BE} springt also um die Kondensatorspannung $U_{C1} \approx 5{,}3$ V von $U_{BE} \approx +0{,}7$ V auf $U_{BE} \approx -5{,}3$ V. An der Basis von T2 liegt also eine negative Spannung und T2 wird voll gesperrt. Daher springt U_Q von $U_Q \approx +0{,}1$ auf $U_Q \approx +6$ V, also von 0-Signal auf 1-Signal. Das Monostabile Kippglied ist gesetzt und befindet sich im Arbeitszustand, seinem instabilen Zustand.

In **Bild 7.97** sind die Spannungsverläufe für das Monoflop in zeitlich richtiger Zuordnung dargestellt. Der Zeitpunkt t_1 zeigt den Augenblick des Setzens. Gestrichelt eingezeichnet und durch Pfeil gekennzeichnet ist der Wirkungsablauf beim Setzvorgang.

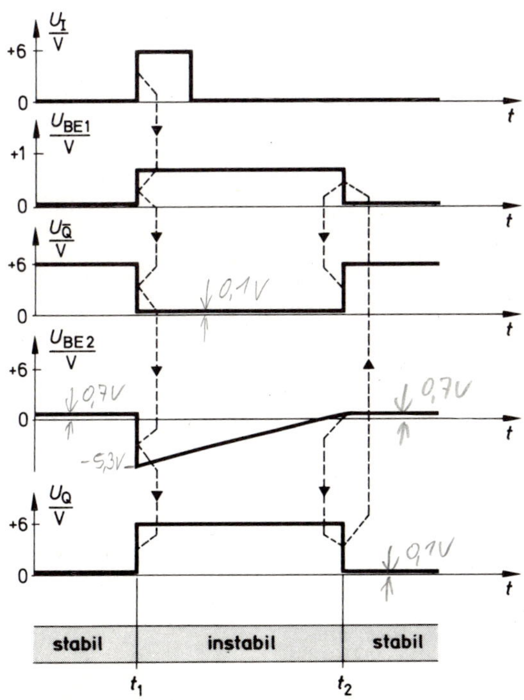

Bild 7.97 Signal-Zeit-Plan für ein Monostabiles Kippglied nach Bild 7.96

Bei t_1 beginnt der instabile Zustand. Der Kondensator C1 wird nun nach einer e-Funktion über die Widerstände R4, R_{CE1} und den kleinen Innenwiderstand R_i der Spannungsquelle entladen. Die Spannung U_{BE2} steigt dabei von $U_{BE2} \approx -5{,}3$ V wieder auf $U_{BE2} \approx +0{,}7$ V an. Da R_{BE} und R_i stets klein gegenüber R4 sind, wird die Entladezeit im wesentlichen bestimmt durch die Zeitkonstante $\tau_E = R_4 \cdot C_1$.

Zum Zeitpunkt t_2 in Bild 7.97 hat die Basisspannung von T2 wieder den Wert $U_{BE} \approx +0{,}7$ V erreicht. Damit wird T2 wieder leitend und somit $U_Q \approx +0{,}1$ V. U_{BE1} wird wieder sehr klein. T1 sperrt und $U_{\bar{Q}}$ springt wieder auf $U_{\bar{Q}} \approx +6$ V. Damit ist dann der instabile Zustand beendet, also die Verweilzeit abgelaufen und das Monoflop hat wieder den Ruhezustand eingenommen. Die Schaltung nach Bild 7.96 kippt also ohne weiteres Steuer- oder Rücksetzsignal wieder in die Grundstellung zurück.

Die Verweilzeit t_Q läßt sich mit Hilfe der Näherungsgleichung

$$t_Q \approx 0{,}7 \cdot R_4 \cdot C_1$$

ermitteln. Diese Näherungsgleichung gilt unabhängig von der Betriebsspannung.

Ein neues Triggern des Monoflops ist bei dieser Schaltung mit Transistoren erst nach Ablauf einer sog. „Erholungszeit" möglich, weil der Kondensator C1 über R1, R_{BE2} und R_i erst wieder auf eine Spannung $U_{C1} \approx +5{,}3$ V aufgeladen werden muß. Für diese Erholzeit gilt die Näherungsgleichung

$$t_{erh} \geqq 5 \cdot R_1 \cdot C_1 .$$

Für die Dimensionierung einer Monostabilen Kippstufe gelten im wesentlichen die gleichen Regeln wie für Transistorschalter. Die Zeitkonstante R4 · C1 kann aber für eine bestimmte Verweilzeit nicht mit einem beliebig großen R4 bestimmt werden. Über R4 muß nämlich der zur Übersteuerung des Transistors R2 erforderliche Basisstrom fließen können.

Ein Berechnungsbeispiel für ein Monostabiles Kippglied mit Transistoren wird in Kapitel 7.5.5.1 gebracht.

Monostabile Kippglieder werden in der Digitalen Steuerungstechnik nur noch in Ausnahmefällen mit Transistoren aufgebaut, und zwar immer nur dann, wenn Monoflops in integrierter Schaltungstechnik nicht so gut an bestimmte Spannungs- oder Signalverhältnisse einer anderen Schaltung angepaßt werden können.

7.5.2 Monostabile Kippglieder mit Operationsverstärker

Monostabile Kippglieder werden auch in der Schaltungstechnik von Operationsverstärkern (OP), also integrierten Differenzverstärkern, gefertigt. Man bezeichnet eine derartige Schaltung in der Regel als „Zeitgeberschaltung". Ein häufig verwendetes Monostabiles Kippglied dieser Art ist der Zeitgeber mit der Typenbezeichnung 555, der von den verschiedensten Herstellern angeboten wird. Dieser Zeitgeber kann je nach Ausführung bei Betriebsspannungen von +4,5 V bis +16 V oder von +4,5 V bis +18 V eingesetzt werden. Dabei hängt die Verweilzeit t_Q lediglich von der äußeren Beschaltung mit dem zeitbestimmenden RC-Glied ab, nicht aber von der Höhe der Betriebsspannung. **Bild 7.98** zeigt den Zeitgeber 555 mit seiner einfachsten Beschaltung als Monostabiles Kippglied.

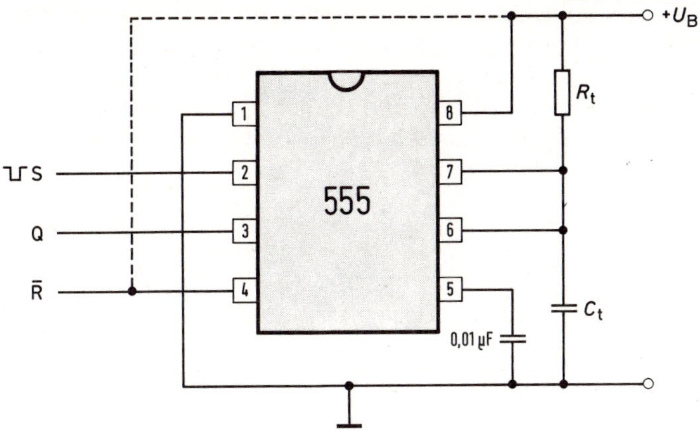

Bild 7.98 Monostabiles Kippglied mit Zeitgeber 555

Für die Verweilzeit t_Q gilt angenähert

$$t_Q \approx R_t \cdot C_t.$$

Durch entsprechende Wahl von R_t und C_t können Verweilzeiten von etwa $1 \cdot 10^{-6}$ s bis ca. 15 min erreicht werden.

Der Zeitgeber 555 ist nach dem Prinzip von Operationsverstärkern in integrierter Schaltungstechnik aufgebaut. Er enthält insgesamt 23 Transistorfunktionen. Wie diese Transistoren intern zusammenwirken, ist für den Praktiker ohne Bedeutung.

Das Setzen dieses Monoflops erfolgt über den S-Eingang, der hier meistens als Triggereingang bezeichnet wird. Wirksam ist die negative Flanke des Setzsignals, an die jedoch bezüglich der Steilheit keine strengen Anforderungen gestellt werden. Die Triggerung erfolgt vielmehr bei einer Schwellspannung, die etwa $\frac{1}{3}\,U_B$ beträgt.

Am Anschluß 5 liegt eine sog. „Kontrollspannung". Dieser Anschluß 5 muß stets mit einem Kondensator $C = 0{,}01\ \mu F$ in der angegebenen Weise beschaltet werden.

Zusätzlich zu dem Triggereingang hat der Zeitgeber 555 noch einen Rücksetzeingang $\bar{R}$ (Anschluß 4). Wird dieser $\bar{R}$-Eingang nicht benutzt, so muß er auf Betriebsspannung U_B gelegt werden. Wird $\bar{R}$ dagegen auf 0-Potential gelegt, so kippt der Zeitgeber sofort in den Ruhezustand zurück, unabhängig davon, wie weit die Verweilzeit bereits abgelaufen ist. Solange $\bar{R}$ auf 0-Potential liegt, sind Triggersignale wirkungslos.

Der Zeitgeber 555 ist nicht nachtriggerbar.

Der Ausgang Q kann sowohl gegen Masse als auch gegen Betriebsspannung mit $I_Q = 200$ mA belastet werden. Bei einer Betriebsspannung $U_B = +5$ V ist der Ausgang kompatibel, d.h. vergleichbar einem TTL-Standardausgang. In diesem Fall können TTL-Schaltungen vom Zeitgeber 555 direkt angesteuert werden.

Außer dem Baustein 555 wird auch noch der Doppel-Zeitgeber 556 **(Bild 7.99)** angeboten. Er enthält zwei baugleiche Zeitgeber vom Typ 555 in einem Gehäuse.

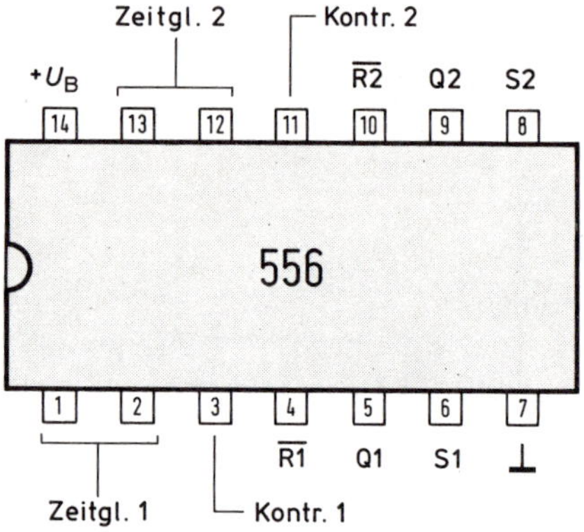

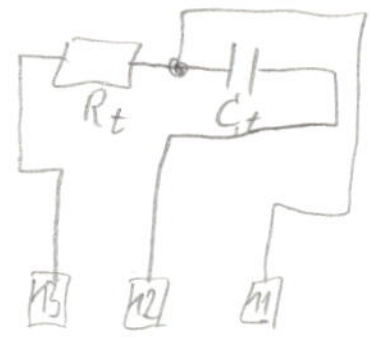

Bild 7.99 Anschlußbelegungen für den Doppel-Zeitgeber vom Typ 556

Gegenüber einem Monostabilen Kippglied mit Transistoren haben die Monostabilen Kippglieder mit Operationsverstärker ganz erhebliche Vorteile. Um eine funktionsfähige Schaltung zu erhalten, sind bei den Zeitgebern 555 und 556 lediglich noch 1 Widerstand und 2 Kondensatoren anzuschließen, deren Werte für die gewünschte Verweilzeit sehr einfach zu ermitteln sind. Sämtliche weiteren Berechnungsvorschriften entfallen. Die Zeitgeber können ohne jegliche Veränderungen für Betriebsspannungen von $U_B = +4{,}5$ V bis $U_B = +16$ V bzw. $+18$ V verwendet werden. Die Verweilzeit läßt sich lediglich durch entsprechende Dimensionierung des Zeitgliedes im Verhältnis $1:10^9$ ändern. Dies sind Verweilzeiten, die sich mit Transistor-Monoflops auch nicht im entferntesten erreichen lassen.

Ein Beispiel für eine praktische Anwendung des Zeitgebers 555 bzw. 556 wird in Kapitel 7.5.5.4 gebracht.

7.5.3 Monostabile Kippglieder der TTL-Serie 74xx

Innerhalb der TTL-Serie 74xx werden mehrere Ausführungen von Monostabilen Kippgliedern gefertigt. Sie unterscheiden sich im wesentlichen durch die verschiedenartigen Triggereingänge, die meistens noch durch Logische Schaltungen miteinander verknüpft sind. Ausgewählt sind hier die Type 74121 als nicht-nachtriggerbares Monostabiles Kippglied sowie die Typen 74122 und 74123, die nachtriggerbar sind.

Bild 7.100 zeigt die Anschlußbelegung für das nicht nachtriggerbare Monostabile Kippglied 74121. Angedeutet ist auch, an welche Anschlüsse das zeitbestimmende Glied $R_t - C_t$ gelegt werden muß.

Werden Elektrolytkondensatoren verwendet, so muß der positive Pol an Anschluß 10 gelegt werden.

Die Verweilzeit läßt sich mit der Gleichung

$$t_Q \approx 0{,}7 \cdot R_t \cdot C_t$$

ermitteln. Für R_t und C_t können jedoch nicht beliebig große Werte eingesetzt werden. Eine ordnungsgemäße Funktion wird nur garantiert, wenn folgende Grenzen eingehalten werden:

für R_t: $1{,}4\ \text{k}\Omega \leqq R_t \leqq \ 40\ \text{k}\Omega$
für C_t: $\leqq C_t \leqq 1000\ \mu\text{F}$.

Aus R_{tmax} und C_{tmax} ergibt sich, daß die größtmögliche Verweilzeit bei $t_{Qmax} \approx 28$ s liegt. Die kleinstmögliche Verweilzeit liegt bei $t_{Qmin} \approx 30 \cdot 10^{-9}$ s. Sie wird dann ausschließlich durch interne Bauelemente bestimmt, d.h. eine äußere Beschaltung mit einem RC-Glied ist dann nicht erforderlich. Die Anschlüsse 10 und 11 bleiben dabei unbeschaltet. Es muß dann jedoch der sonst unbeschaltete Anschluß 9 (Bezeichnung G) mit der Betriebsspannung U_B verbunden werden.

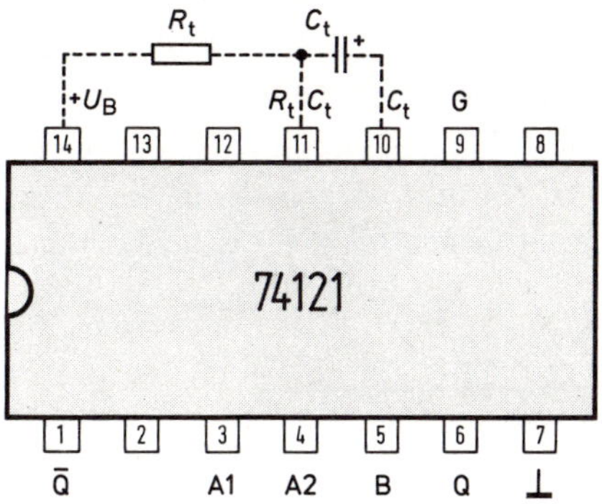

Bild 7.100 Anschlußbelegungen für das Monostabile Kippglied 74121

In Bild 7.100 sind die Anschlüsse 3, 4 und 5 mit den Buchstaben A 1, A 2 und B bezeichnet, während die sonst übliche Bezeichnung S für die Setz- bzw. Triggereingänge fehlt. Bei den Eingängen A 1 und A 2 handelt es sich um flankengesteuerte Eingänge, die nur mit TTL-Serien-gerechten Signalen angesteuert werden sollen. Wirksam ist an den Eingängen A 1 und A 2 die negative Flanke. Der B-Eingang ist ein Schmitt-Trigger-Eingang (siehe Kapitel 7.6) und für langsame Eingangsflanken bis 1 V/s geeignet. Wirksam ist am B-Eingang die positive Flanke.

Die Eingänge A 1, A 2 und B sind zusätzlich noch durch Logische Schaltungen miteinander verknüpft und triggern das eigentliche Monoflop entsprechend den sich daraus ergebenden Gesetzmäßigkeiten. Diese Zusammenhänge lassen sich sinnvoll wieder nur in einer Triggertabelle angeben **(Bild 7.101).**

A1	A2	B	Q
1	↓	1	⎍
↓	1	1	⎍
↓	↓	1	⎍
0	X	↑	⎍
X	0	↑	⎍

↑ = positive Flanke wirksam
↓ = negative Flanke wirksam
X = 0- oder 1-Signal

Bild 7.101 Triggertabelle für das Monostabile Kippglied 74121

In der Triggertabelle nach Bild 7.101 sind alle Fälle aufgeführt, in denen das Monoflop 74121 von der Ruhestellung in die Arbeitsstellung kippt. Die A-Eingänge triggern auf der negativen Flanke und sind nur wirksam, wenn am B-Eingang 1-Signal liegt. Der B-Eingang triggert auf der positiven Flanke und ist nur wirksam, wenn einer der beiden A-Eingänge auf 0-Signal liegt.

Die Ausgänge Q und $\bar{Q}$ entsprechen einem TTL-Standard-Ausgang und können in gleicher Weise belastet werden. Die Besonderheit des B-Einganges wird in der Triggertabelle nicht extra angegeben. Das Monoflop vom Typ 74121 ist nicht nachtriggerbar. Durch die Logischen Verknüpfungen der Eingänge und dem Schmitt-Trigger-Eingang B wird das Schaltzeichen für diesen Baustein schon so umfangreich und unübersichtlich, daß ein Herauslesen der dargestellten Eigenschaften kaum noch möglich ist. Aus diesem Grunde hat sich für derartigen Bausteine die Triggertabelle als viel aussagekräftiger durchgesetzt.

Die Monostabilen Kippstufen vom Typ 74122 und 74123 sind nachtriggerbar. Sie unterscheiden sich durch unterschiedliche Zahl und Art der Eingänge. Im Baustein 74123 sind zwei gleichartige Monoflops enthalten.

Bild 7.102 zeigt die Anschlußbelegungen und das externe Zeitglied. Die Schutzdiode BAY 41 am Anschluß 13 ist nur erforderlich, wenn der Rückstelleingang $\bar{R}$ bei Kapazitäten $C_t > 1\,\mu F$ benutzt wird oder wenn Elektrolytkondensatoren für C_t verwendet werden.

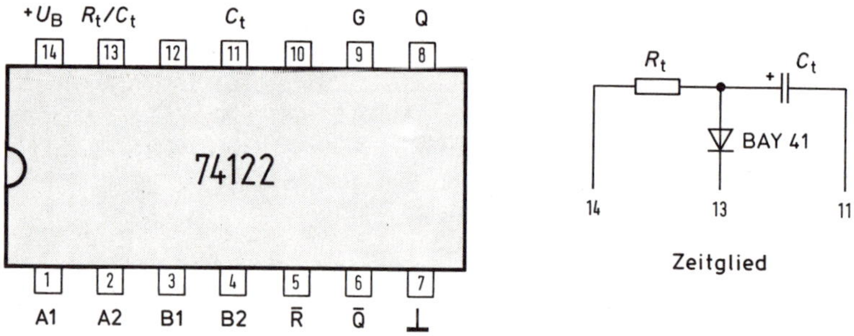

Bild 7.102 Anschlußbelegungen und externes Zeitglied für das Monostabile Kippglied 74122

Aus den Anschlußbezeichnungen ist zu erkennen, daß der Baustein 74122 zwei A-Eingänge und 2 B-Eingänge besitzt. Bei den A-Eingängen ist die negative Flanke wirksam, bei den B-Eingängen die positive Flanke. Auch bei dem Baustein 74122 handelt es sich bei den B-Eingängen um Schmitt-Trigger-Eingänge. Weiterhin ist auch noch ein $\bar{R}$-Eingang vorhanden. Die Zusammenhänge für die Wirksamkeit der Eingänge sind wieder in einer Triggertabelle angegeben **(Bild 7.103)**.

A1	A2	B1	B2	Q
0	X	↑	1	⎍
0	X	1	↑	⎍
X	0	↑	1	⎍
X	0	1	↑	⎍
1	↓	1	1	⎍
↓	↓	1	1	⎍
↓	1	1	1	⎍

x = 0 oder 1

Bild 7.103 Triggertabelle für den TTL-Baustein 74122

Auch bei diesem Monostabilen Kippglied muß ein unbenutzter $\bar{R}$-Eingang auf 1-Signal gelegt werden. Bei 0-Signal am $\bar{R}$-Eingang sind die Eingänge gesperrt und das Monoflop kippt in die Ruhestellung zurück.

Das Monoflop 74122 ist nachtriggerbar, so daß die Verweilzeit jeweils vom letzten Triggersignal bestimmt wird.

In der Grundschaltung läßt sich die Verweilzeit t_Q mit der Gleichung

$$t_Q \approx 0{,}3 \cdot R_t \cdot C_t$$

ermitteln. Werden jedoch Kondensatoren $C_t > 1\,\mu F$ oder Elektrolytkondensatoren verwendet, so gilt diese Gleichung nur noch in grober Annäherung. Sie reicht aber zur ersten überschlägigen Ermittlung der Verweilzeit aus.

Wie bereits bei dem Kippglied 74121 sind auch beim Kippglied 74122 für das RC-Glied Grenzwerte einzuhalten. So gilt

für R_t: $5\,k\Omega \leqq R_t \leqq 50\,k\Omega$, wenn $\bar{R}$ nicht benutzt wird
$5\,k\Omega \leqq R_t \leqq 30\,k\Omega$, wenn $\bar{R}$ benutzt wird
für C_t: beliebige Werte.

Die äußere Beschaltung kann vereinfacht werden, wenn ein interner Widerstand $R_t = 10\,k\Omega$ mitbenutzt wird. Der Anschluß 9 (G) ist dann an $+U_B$ zu legen. Ein weiterer äußerer Widerstand R_t kann dabei entfallen.

Das Nachtriggern kann über jeden der 4 Eingänge erfolgen. Ist aber die in Bild 7.102 angegebene Schutzdiode erforderlich, so muß die Impulspause am Ausgang Q etwa $\frac{1}{2}\,t_Q$ betragen.

Bei dem Baustein 74123 sind zwei gleichartige Monostabile Kippglieder in einem Gehäuse enthalten. **Bild 7.104** zeigt die Anschlußbelegungen.

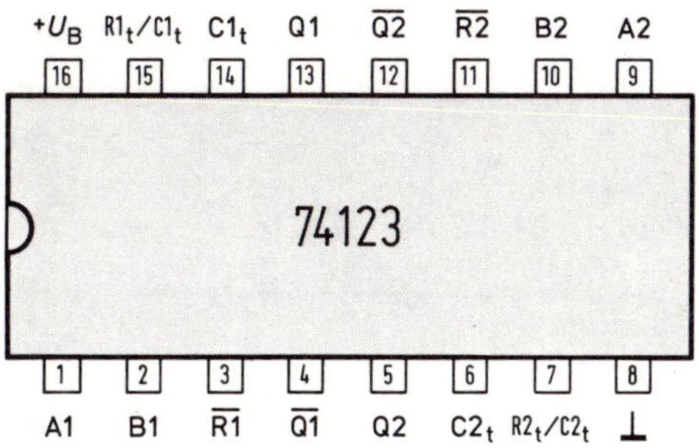

Bild 7.104 Anschlußbelegungen für das Monostabile Kippglied 74123

Da jedes der beiden Kippglieder nur einen A- und B-Eingang hat, ist die Triggertabelle recht einfach **(Bild 7.105).**

A	B	Q
0	↑	⎍
↓	1	⎍

Bild 7.105 Triggertabelle für ein Monostabiles Kippglied 74123

Alle weiteren technischen Daten und Angaben für den Baustein 74123 stimmen mit denen des Bausteins 74122 überein.

Auf die Schwierigkeiten, die unterschiedlichen Eigenschaften und Logischen Verknüpfungen für diese Monostabilen Kippstufen in einem normgerechten Schaltzeichen darzustellen, ist bereits hingewiesen worden. In den meisten Fällen reicht es aber vollständig aus, vereinfachte Schaltzeichen zu verwenden, in denen dann die besonderen Eigenschaften nicht weiter angegeben werden. Sie müssen dann gegebenenfalls unter Zuhilfenahme eines ausführlichen Datenblattes oder einer genauen Beschreibung ermittelt werden. **Bild 7.106** zeigt ein solches vereinfachtes Schaltzeichen.

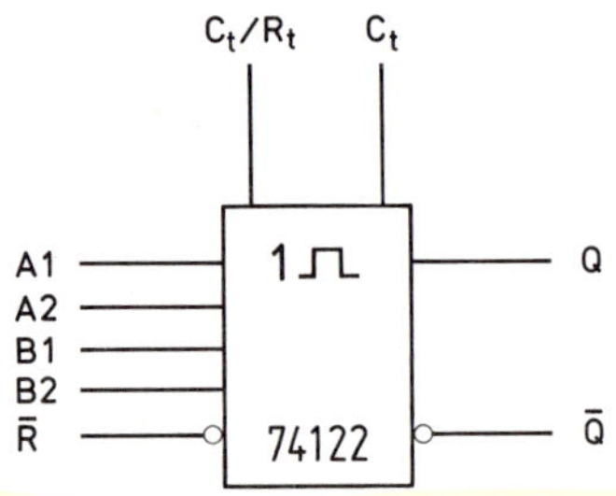

Bild 7.106 Vereinfachtes Schaltzeichen für das Monostabile Kippglied 74122

7.5.4 Monostabile Kippglieder der C-MOS-Serie 40xx

Das Monostabile Kippglied der C-MOS-Serie 40xx trägt die Bezeichnung 4047. Dieser Baustein wird jedoch nicht von allen Herstellern gefertigt. Bekannter und verbreiteter ist dagegen der Baustein 4528, der trotz seiner abweichenden Bezeichnung der Serie 40xx zuzuordnen ist. Er enthält zwei gleichartig aufgebaute Monostabile Kippglieder vom Typ 4047, deren Verweilzeit t_Q wieder durch eine äußere Beschaltung mit einem RC-Glied In weiten Grenzen verändert werden kann.

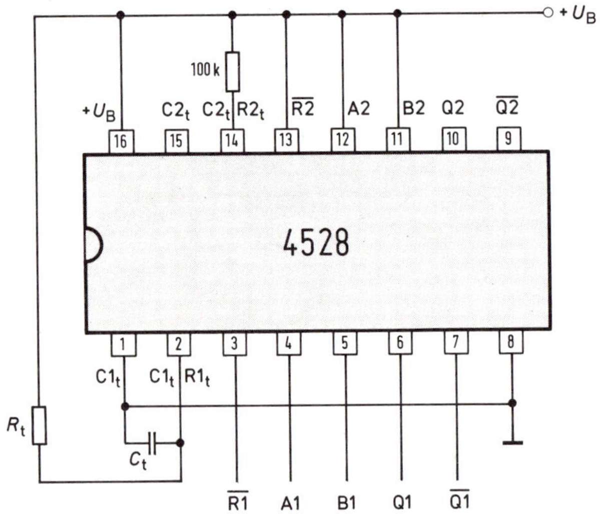

Bild 7.107 Anschlußbelegungen und Schaltbild für ein Monostabiles Kippglied vom Typ 4528

Bild 7.107 zeigt die Anschlußbelegung und das Schaltbild für ein Monostabiles Kippglied vom Typ 4528. Benutzt wird hier nur das Kippglied 1, während das Kippglied 2 als unbenutztes Kippglied entsprechend beschaltet ist.

Für die Betriebsspannung wird angegeben:

$$+3\,\text{V} \leqq U_B \leqq +15\,\text{V}.$$

Die Verweilzeit t_Q hängt im wesentlichen wieder von den zeitbestimmenden Gliedern R_t und C_t der äußeren Beschaltung ab. Da aber kein linearer Zusammenhang zwischen der Verweilzeit t_Q und der Zeitkonstanten des RC-Gliedes besteht und außerdem auch noch eine Abhängigkeit von der Größe der Betriebsspannung vorliegt, könnte t_Q eigentlich jeweils nur aus einem ausführlichen Diagramm ermittelt werden. Für eine erste überschlägige Berechnung reicht aber die Gleichung

$$t_Q \approx K \cdot R_t \cdot C_t$$

aus, wobei der Faktor K durchaus in den Grenzen von 0,2 bis 1,5 variieren kann. Es ist daher stets notwendig, für die genaue Einstellung einer Verweilzeit zusätzlich ein Potentiometer als Teilwiderstand von R_t vorzusehen. Als Grenzwerte für R_t und C_t gelten:

$$R_t\text{:}\quad 1{,}4\,\text{k}\Omega \leqq R_t \leqq 1\,\text{M}\Omega$$
$$C_t\text{:}\quad 0 \leqq C_t \leqq 1\,\mu\text{F}.$$

Damit liegt $t_{Q\max}$ bei etwa 1 s.

Wie bei allen C-MOS-Bausteinen ist es wichtig, nicht benutzte Eingänge nach Vorschrift zu beschalten, damit keine statischen Aufladungen entstehen. In Bild 7.107 ist die erforderliche Beschaltung einer nicht benutzten Kippstufe bereits angegeben. Die unbenutzten Eingänge A, B und $\bar{R}$ müssen direkt an die Betriebsspannung gelegt und der Eingang C_t/R_t über einen Widerstand $R \approx 100\,\text{k}\Omega$ an U_B angeschlossen werden.

Die Eingänge A und B sind die Triggereingänge, wobei jeweils am A-Eingang die positive Flanke und am B-Eingang die negative Flanke wirksam ist. Dies ist auch in der zugehörigen Triggertabelle erkennbar **(Bild 7.108)**.

A	B	$\bar{R}$	Q
↑	1	1	⎍
0	↓	1	⎍
X	X	0	0

Bild 7.108 Triggertabelle für das Monostabile Kippglied 4528

In der Triggertabelle nach Bild 7.108 ist als Ergänzung auch der Rücksetzeingang $\bar{R}$ mit aufgenommen. Zu erkennen ist, daß die Eingänge A und B unwirksam sind, solange $\bar{R} = 0$. Sobald $\bar{R} = 0$, wird das Kippglied aber auch sofort in die Ruhestellung gebracht, unabhängig davon, wie weit die Verweilzeit bereits abgelaufen ist. Zu erkennen ist aus der Triggertabelle ebenfalls, daß ein unbenutzter $\bar{R}$-Eingang auf 1-Signal, also hier fest an Betriebsspannung U_B gelegt werden muß.

Das Monostabile Kippglied 4528 ist in der Beschaltung nach Bild 7.107 nachtriggerbar. Wird jedoch der Ausgang $\bar{Q}$ mit dem B-Eingang verbunden, so ist das Kippglied nicht mehr nachtriggerbar. Aus der Triggertabelle nach Bild 7.108 ist abzuleiten, daß im Arbeitszustand der Stufe $\bar{Q} = 0$.

Die Bedingung B = 1 ist also im instabilen Zustand nicht erfüllbar und damit ist eine Nachtriggerung nicht möglich.

In **Bild 7.109** ist eine solche Schaltung angegeben. Sie entspricht bis auf die Brücke $\bar{Q}1 - B1$ der Schaltung nach Bild 7.107.

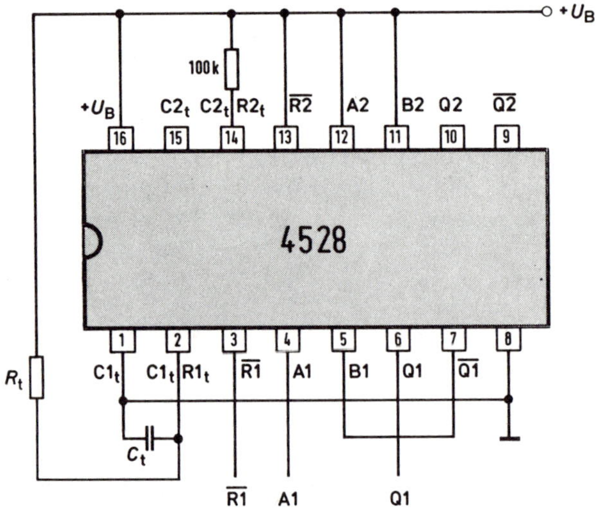

Bild 7.109 Schaltbild für ein nicht-nachtriggerbares Monostabiles Kippglied vom Typ 4528

Die Schaltung nach Bild 7.109 läßt sich nur noch über den A-Eingang ansteuern. Es kann daher nur die positive Flanke wirksam werden. Auch der $\bar{Q}$-Ausgang ist belegt und kann nicht benutzt werden.

Selbstverständlich kann die Schaltung nach Bild 7.109 auch so abgewandelt werden, daß Q1 mit A1 verbunden wird. Dann kann mit Wirksamkeit der negativen Flanke das Monoflop über den B1-Eingang getriggert werden. Eine Nachtriggerung ist dann ebenfalls nicht möglich, da die Bedingung $A = 0$ im instabilen Zustand nicht erfüllt werden kann.

Für die zulässige Belastung der Ausgänge des Bausteines 4528 gelten die für die C-MOS-Serie 40xx bekannten Werte.

7.5.5 Anwendungsbeispiele

7.5.5.1 Berechnungsbeispiel für ein Monostabiles Kippglied mit Transistoren

Bild 7.110 zeigt ein Monostabiles Kippglied mit Transistoren. Es ist ausgelegt für eine Betriebsspannung $U_B = +6$ V und eine einstellbare Verweilzeit $t_{Qmin} \approx 0{,}7$ ms bis $t_{Qmax} \approx 3$ ms. Die Schutzdiode D1 ist bei einer Betriebsspannung $U_B = +6$ V zwar nicht erforderlich, sollte jedoch bei $U_B > +6$ V stets eingesetzt werden. Sie schützt die Basis des Transistors T2 vor einer zu großen negativen Spannung, die beim Kippvorgang auftritt (Bild 7.97).

Das gestrichelt eingerahmte Netzwerk hat die Aufgabe, aus einer rechteckförmigen Steuerspannung $U_I = 2U_{ss}$ im Frequenzbereich von ca. 50 Hz bis ca. 3 kHz geeignete Triggersignale zu erzeugen.

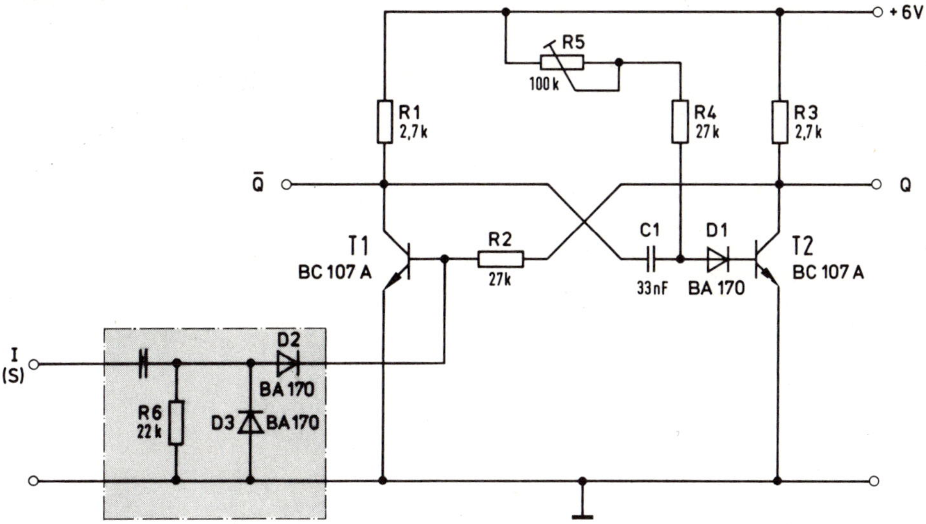

Bild 7.110 Monostabiles Kippglied mit Transistoren

Bei der Ermittlung der Werte der einzelnen Bauelemente des Monoflops kann in ähnlicher Weise wie bei einem Transistorschalter vorgegangen werden.

1. Schritt: Berechnung der Kollektorwiderstände R1 und R3

gewählt: $I_C = 2{,}5$ mA (Datenblatt)

$$R_1 = R_3 \approx \frac{U_B}{I_C} = \frac{6\ \text{V}}{2{,}5 \cdot 10^{-3}\ \text{A}} = 2{,}4 \cdot 10^3\ \Omega$$

gewählt: $R_1 = R_3 = 2{,}7\ \text{k}\Omega$ (Normreihe E 12)

Kontrolle: $I_C = \frac{U_B}{R_1} = \frac{6\ \text{V}}{2{,}7 \cdot 10^3\ \Omega} = 2{,}22$ mA

2. Schritt: Berechnung der Basiswiderstände R2 und R4

gewählt: $B_{min} = 120$ (Datenblatt)

$$I'_B = \frac{I_C}{B} = \frac{2{,}22 \cdot 10^{-3}\ \text{A}}{120} = 0{,}018 \cdot 10^{-3}\ \text{A}$$

gewählt: $ü_{max} = 10$

$$I_B = ü \cdot I'_B = 10 \cdot 0{,}018 \cdot 10^{-3}\ \text{A} = 0{,}180 \cdot 10^{-3}\ \text{A}$$

$$R_2 = \frac{U_B - U_{BE}}{I_B} = \frac{6\ \text{V} - 0{,}7\ \text{V}}{0{,}180 \cdot 10^{-3}\ \text{A}} = 29{,}4 \cdot 10^3\ \Omega$$

gewählt: $R_2 \quad = R_4 = 27\ \text{k}\Omega$

3. Schritt: Berechnung des Kondensators C1

gegeben: $t_{Q\,min} = 0{,}7\ \text{ms}$

$$t_{Q\,min} \approx 0{,}7 \cdot R_4 \cdot C_1$$

$$C_1 \quad \approx \frac{t_{Q\,min}}{0{,}7 \cdot R_4} = \frac{0{,}7 \cdot 10^{-3}\ \text{s}}{0{,}7 \cdot 27 \cdot 10^3\ \Omega} = 0{,}037 \cdot 10^{-6}\ \text{F}$$

gewählt: $C_1 \quad = 33\ \text{nF}$

Kontrolle: $t_{Q\,min} = 0{,}7 \cdot 27 \cdot 10^3 \cdot 33 \cdot 10^{-9}\ \text{s} = 0{,}62\ \text{ms}$

4. Schritt: Berechnung des Einstellwiderstandes R5

gegeben: $t_{Q\,max} \quad = 3\ \text{ms} = 0{,}7 \cdot R_{ges} \cdot C_1$

$$R_{ges} \quad = \frac{t_{Q\,max}}{0{,}7 \cdot C_1} = \frac{3 \cdot 10^{-3}\ \text{s}}{0{,}7 \cdot 33 \cdot 10^{-9}\ \text{F}} = 130 \cdot 10^3\ \Omega$$

gewählt: $R_5 \quad = 100\ \text{k}\Omega$

Kontrolle: $t_{Q\,max} \quad = 0{,}7 \cdot 127 \cdot 10^3 \cdot 33 \cdot 10^{-9}\ \text{s} = 2{,}93\ \text{ms}$

Kontrolle: $I_{B2\,min} = \dfrac{U_B - U_{BE}}{R_4 + R_5} = \dfrac{6\ \text{V} - 0{,}7\ \text{V}}{127 \cdot 10^3\ \Omega} = 0{,}042 \cdot 10^{-3}\ \text{A}$

$$\ddot{u}_{min} \quad = \frac{I_{B2\,min}}{I'_B} = \frac{0{,}042 \cdot 10^{-3}}{0{,}018 \cdot 10^{-3}}$$

$$\ddot{u}_{min} \quad = 2{,}3$$

Der Transistor T2 wird also auch bei einer Einstellung $R_5 = 100\ \text{k}\Omega$ noch ausreichend übersteuert.

Die in Bild 7.110 angegebene Schaltung hat damit rein rechnerisch folgende charakteristischen Werte:

$t_{Q\,min} \approx 0{,}62\ \text{ms}$
$t_{Q\,max} \approx 2{,}93\ \text{ms}$
$t_{erh} \quad > 5 \cdot R_1 \cdot C_1 > 0{,}45\ \text{ms}$

Alle gewählten und ermittelten Werte können nur als Näherungswerte angesehen werden. Durch Bauteiltoleranzen ergeben sich beim praktischen Aufbau z.T. erhebliche Abweichungen von den rein rechnerisch ermittelten Werten. Wenn eine ganz bestimmte Verweilzeit verlangt wird, ist daher in jedem Fall eine Einstellmöglichkeit für t_Q vorzusehen.

7.5.5.2 Einschaltverzögerungsschaltung mit Monostabilem Kippglied

In der Digitalen Steuerungstechnik ist es oft erforderlich, daß ein eintreffendes Signal nicht sofort eine Wirkung auslöst, sondern erst nach Ablauf einer bestimmten, fest vorgegebenen Zeit. Man spricht dann von einer „Einschaltverzögerungsschaltung". **Bild 7.111** zeigt den Signal-Zeit-Plan für ein solches Verhalten.

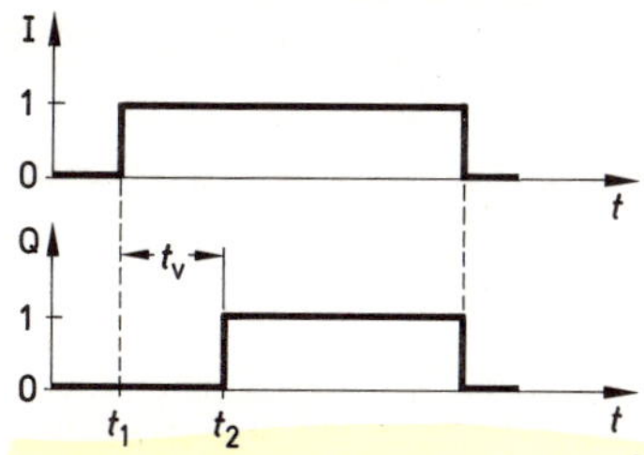

Bild 7.111 Signal-Zeit-Plan für eine Einschaltverzögerungsschaltung

Praktisch aufbauen läßt sich eine Einschaltverzögerungsschaltung mit einem Monoflop und einer Logischen Schaltung. In **Bild 7.112** ist eine Prinzipschaltung angegeben, die sich in verschiedener Weise variieren läßt.

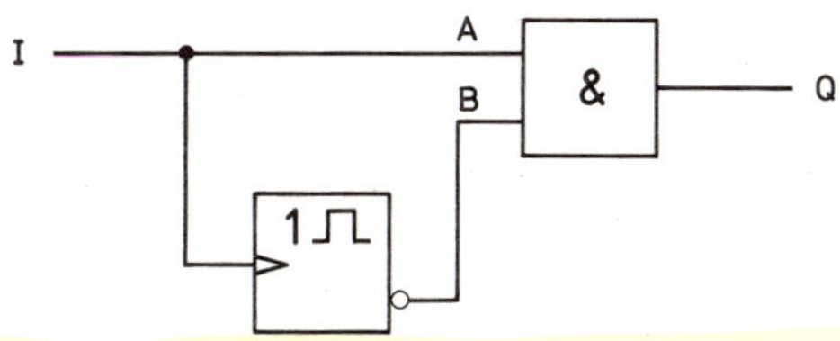

Bild 7.112 Prinzipschaltung für eine Einschaltverzögerung

Tritt am Eingang I der Schaltung nach Bild 7.112 ein 1-Signal auf, so wird die Monostabile Kippstufe getriggert. Während der Verweilzeit t_Q liegt dann am Eingang B der UND-Schaltung 0-Signal. Damit ist Q = 0. Nach Ablauf der Verweilzeit wird dann wieder B = 1 und damit erscheint am Ausgang Q = 1, so lange I = 1.

In **Bild 7.113** ist eine Einschaltverzögerungsschaltung mit einem Monostabilen Kippglied 74121 und einem UND-Glied 7408 realisiert. Ihre Wirkungsweise entspricht der Prinzipschaltung nach Bild 7.112.

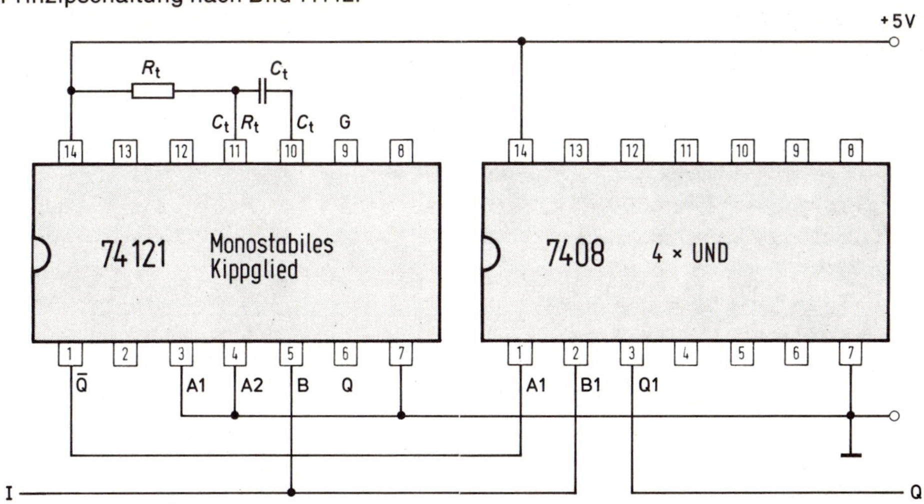

Bild 7.113 Schaltbild für eine Einschaltverzögerung mit Monoflop und UND-Glied

7.5.5.3 Ausschaltverzögerungsschaltung mit Monostabilem Kippglied

In ähnlicher Weise wie eine Einschaltverzögerung kann auch eine Ausschaltverzögerung bewirkt werden. In **Bild 7.114** ist der Signal-Zeit-Plan und in **Bild 7.115** eine Prinzipschaltung angegeben.

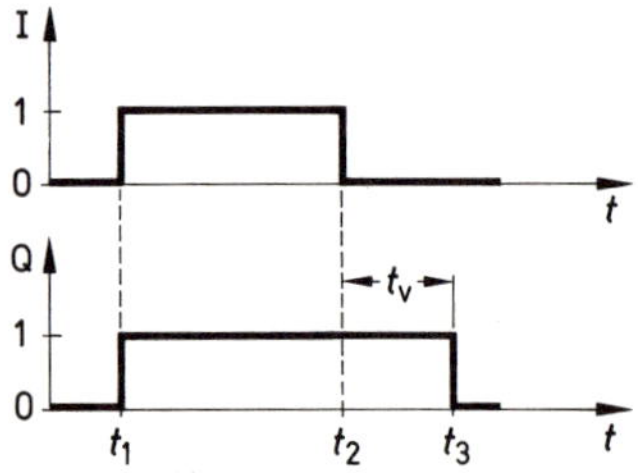

Bild 7.114 Signal-Zeit-Plan für eine Ausschaltverzögerungsschaltung

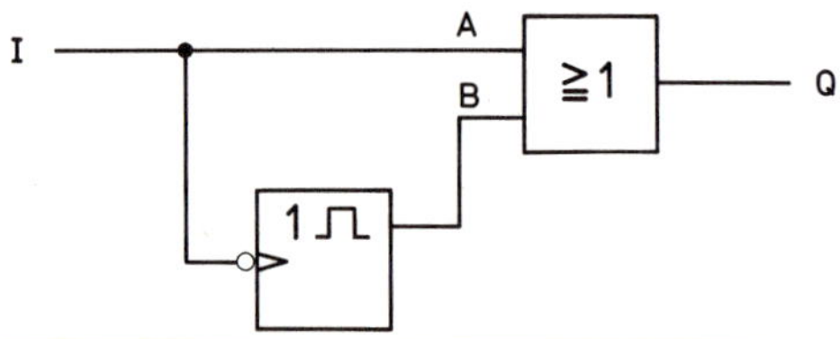

Bild 7.115 Prinzipschaltung für eine Ausschaltverzögerung

Springt das Eingangssignal von I = 1 auf I = 0, so wird das Monoflop getriggert. Dadurch liegt am Eingang B des ODER-Gliedes noch während der Verweilzeit 1-Signal und somit ist Q = 1. Ist die Verweilzeit abgelaufen, wird auch B = 0, d.h. Q = 0.

Auch diese Prinzipschaltung läßt sich auf verschiedene Weise variieren.

Eine realisierte Ausschaltverzögerungsschaltung zeigt **Bild 7.116.** Verwendet wird hier ein Monostabiles Kippglied 4528 sowie als ODER-Glied der Baustein 4001.

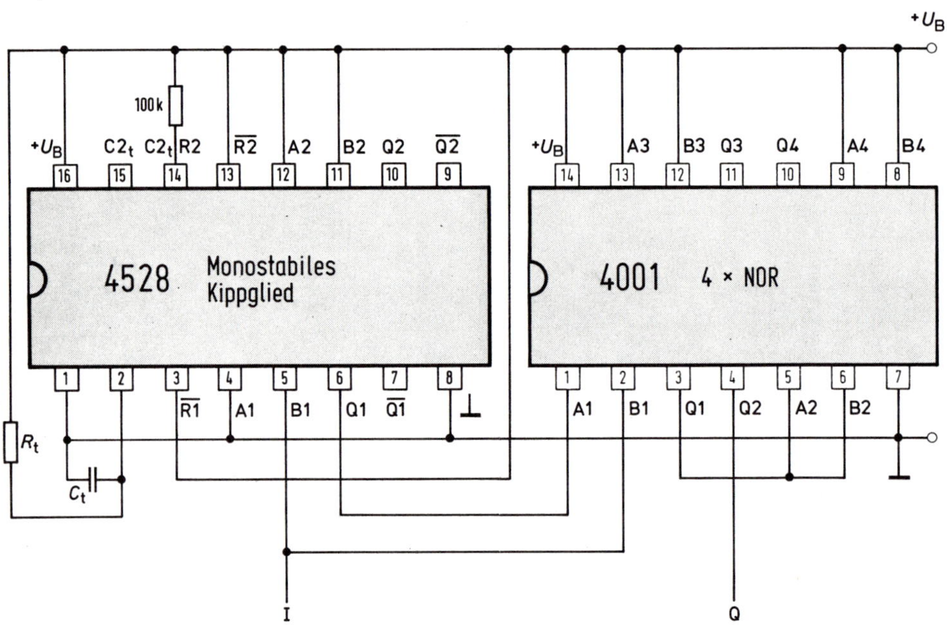

Bild 7.116 Schaltbild für eine Ausschaltverzögerungsschaltung mit Monoflop und NOR-Glied

Da in Schaltung nach Bild 7.116 als Verknüpfungsschaltung ein NOR-Glied anstelle eines ODER-Gliedes in Bild 7.115 verwendet wird, ist eine Negation des Ausgangssignals erforderlich. Daher wird vom Ausgang Q1 des Bausteins 4001 ein zweites als Negationsstufe geschaltetes NOR-Glied (A2; B2; Q2) angesteuert. Am Ausgang Q2 liegt dann das erforderliche Ausgangssignal.

7.5.5.4 Langzeit-Impulsverzögerungsschaltung

Monostabile Kippstufen mit Operationsverstärker haben u.a. den Vorteil, daß sehr große Verweilzeiten zu verwirklichen sind. So können mit dem Baustein 555 durch ein entsprechendes Zeitglied Verweilzeiten bis ca. 15 Minuten erreicht werden. Schaltet man derartige Monoflops hintereinander, so erhält man eine Art „Laufzeitkette", weil sich die Laufzeiten der einzelnen Monoflops addieren. **Bild 7.117** zeigt die Prinzipschaltung einer derartigen Langzeit-Impulsverzögerungsschaltung.

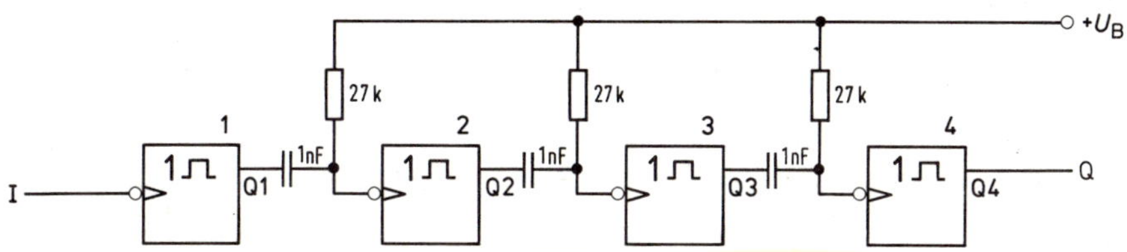

Bild 7.117 Prinzipschaltung für eine Langzeit-Impulsverzögerungsschaltung

Die Monoflops 1, 2 und 3 bestimmen die Verzögerungszeit vom Triggersignal am Eingang I bis zum Beginn des Ausgangssignals Q4 = 1. Durch die Verweilzeit des Monoflops 4 wird dann die Dauer des Ausgangssignals bestimmt. Im Signal-Zeit-Plan nach **Bild 7.118** ist das Verhalten der Schaltung erkennbar.

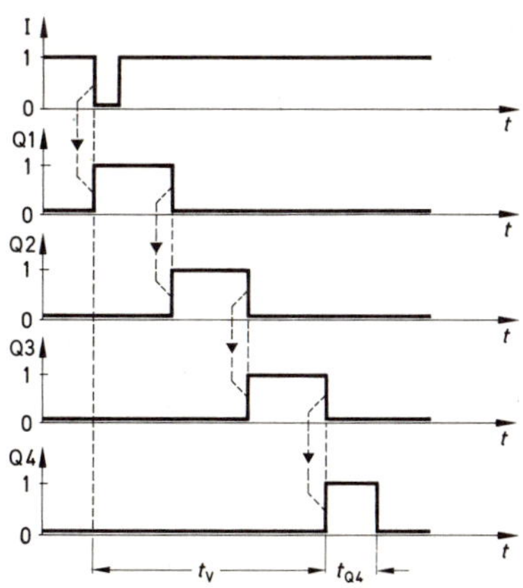

Bild 7.118 Signal-Zeit-Plan für eine Langzeit-Verzögerungsschaltung nach Bild 7.117

Eine 4stufige Langzeit-Verzögerungsschaltung nach Bild 7.118 läßt sich mit 2 Bausteinen 556 aufbauen. **Bild 7.119** zeigt eine derartige Schaltung. Bei der angegebenen Dimensionierung lassen sich stufenlos Verzögerungszeiten von $t_{Vmin} \approx 10$ min bis $t_{Vmax} \approx 100$ min einstellen. Werte für das Zeitglied des Monoflops 4 sind nicht angegeben. Durch entsprechende Dimensionierung nach Kap. 7.5.2 kann dann die Dauer des Ausgangsimpulses t_{Q4} zusätzlich in weiten Grenzen (ca. $1 \cdot 10^{-6}$ s bis ca. 15 min) variiert werden.

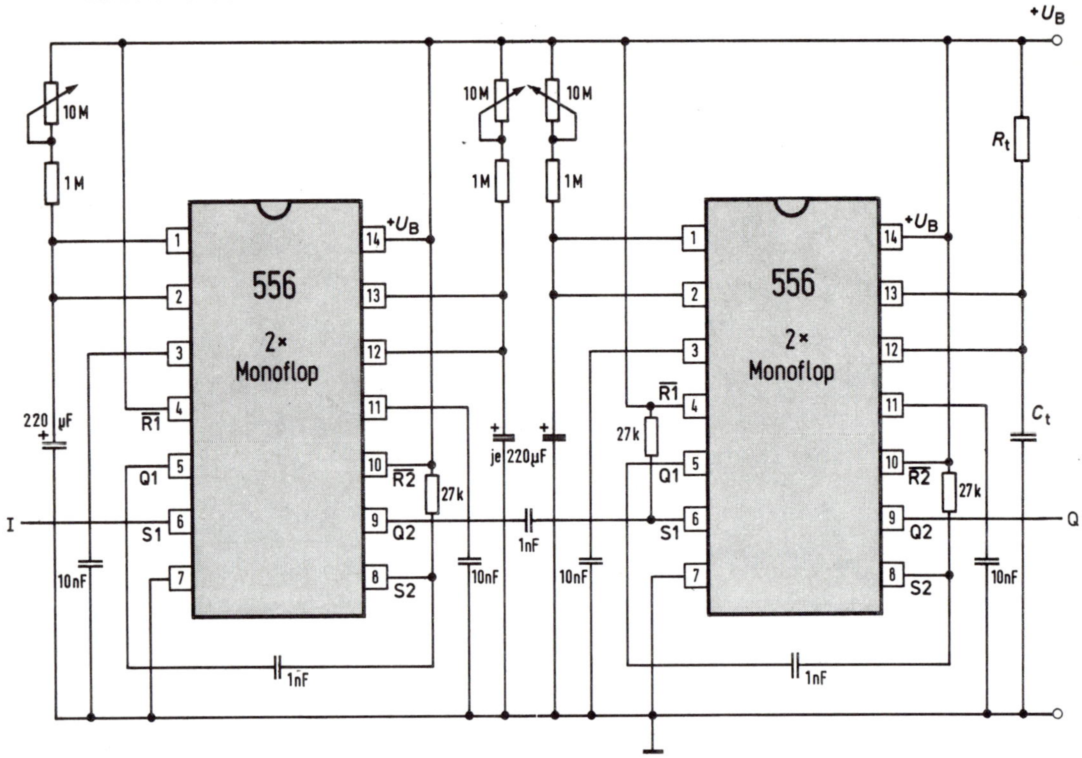

Bild 7.119 Langzeit-Verzögerungsschaltung mit zwei Doppel-Zeitgebern 556

Die einzelnen Monoflops werden über die RC-Glieder 27k/1nF angekoppelt. Die Schaltung arbeitet nur dann einwandfrei, wenn die Ansteuerung entsprechend Bild 7.118 erfolgt.

7.6 Der Schmitt-Trigger

Als Schmitt-Trigger wird eine Kippschaltung bezeichnet, die beim Überschreiten einer bestimmten Eingangsspannung U_{Iein} vom Ruhezustand in den Arbeitszustand kippt und dann erst beim Unterschreiten einer bestimmten Eingangsspannung U_{Iaus} wieder in den Ruhezustand zurückkippt. Wie bei jeder Kippschaltung erfolgt das Kippen vom Ruhezustand in den Arbeitszustand und zurück stets sprunghaft, so daß auch bei einem beliebigen Verlauf der Eingangsspannung die Ausgangsspannung eines Schmitt-Triggers immer einen rechteckförmigen Verlauf hat. Aus diesem Grunde wird der Schmitt-Trigger auch den Signalformern zugeordnet.

Bild 7.120 zeigt den Signal-Zeit-Plan für einen Schmitt-Trigger. Die Differenz zwischen den Spannungswerten U_{Iein} und U_{Iaus} wird als Schalthysterese ΔU bezeichnet. Sie ist eine weitere charakteristische Eigenschaft des Schmitt-Triggers. In einer Reihe von Anwendungsfällen ist die Schalthysterese durchaus erwünscht, in anderen dagegen von Nachteil. Die Schalthysterese läßt sich besonders gut in der Übertragungskennlinie des Schmitt-Triggers darstellen.

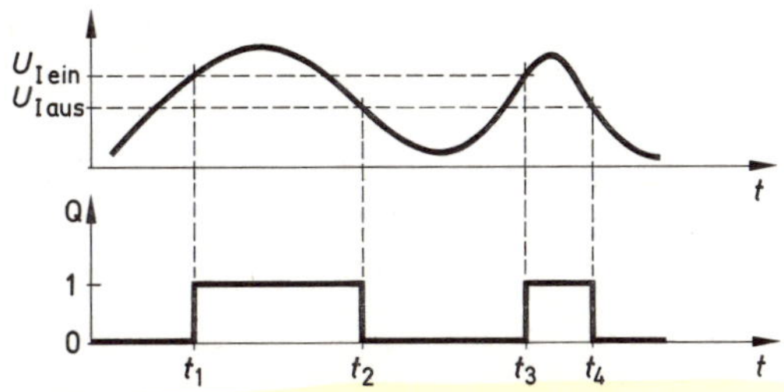

Bild 7.120 Signal-Zeit-Plan für einen Schmitt-Trigger

In **Bild 7.121** ist die idealisierte Übertragungskennlinie für den Schaltzyklus eines Schmitt-Triggers angegeben. Solange $U_I < U_{Iein}$, liegt am Ausgang 0-Signal. Wird U_{Iein} überschritten, springt die Ausgangsspannung auf 1-Signal. Der Zustand $Q = 1$ bleibt erhalten, auch wenn U_I weiter erhöht wird. Erst wenn $U_I < U_{Iaus}$, springt die Ausgangsspannung wieder auf 0-Signal. In Bild 7.121 ist ein solcher Kippzyklus mit bezifferten Pfeilen gekennzeichnet.

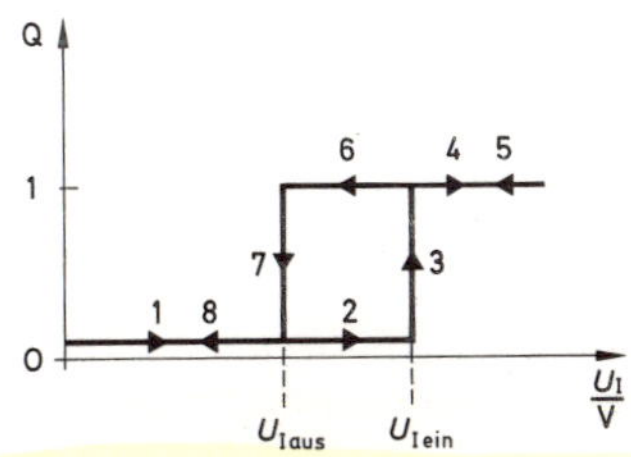

Bild 7.121 Idealisierte Übertragungskennlinie eines Schmitt-Triggers

Zu erkennen ist in der Übertragungskennlinie nach Bild 7.121, daß im Bereich der Eingangsspannungen $U_{Iaus} < U_I < U_{Iein}$ am Ausgang des Schmitt-Triggers sowohl 0-Signal als auch 1-Signal auftreten kann, also keine eindeutige Zuordnung zwischen Eingangsspannung und Ausgangssignal vorliegt. Diese Zuordnung wird erst eindeutig, wenn zusätzlich angegeben oder gekennzeichnet ist, ob sich die Eingangsspannung steigend oder fallend den Schwellwerten U_{Iein} oder U_{Iaus} genähert hat.

Im genormten Schaltzeichen wird der Schmitt-Trigger durch seine idealisierte Übertragungskennlinie gekennzeichnet **(Bild 7.122).**

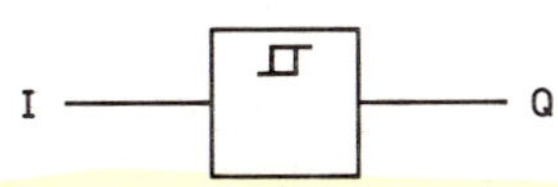

Bild 7.122 Schaltzeichen für einen Schmitt-Trigger mit binären Ausgangssignalen

Bei einem Schmitt-Trigger mit binären Ausgangssignalen ist festgelegt, daß am Ausgang das Signal Q = 1 liegt, wenn bei steigender Eingangsspannung U_I der Wert $U_{I\,ein}$ überschritten wird. Der Schmitt-Trigger befindet sich dann in seinem Arbeitszustand. Er kippt in seinen Ruhezustand zurück, d.h. Q = 0, wenn bei fallender Eingangsspannung U_I der Wert $U_{I\,aus}$ unterschritten wird.

In integrierter Schaltungstechnik werden Schmitt-Trigger auch mit negiertem Ausgang oder mit 2 komplementären Ausgängen angeboten. **Bild 7.123** zeigt das Schaltzeichen für einen Schmitt-Trigger mit negiertem Ausgang.

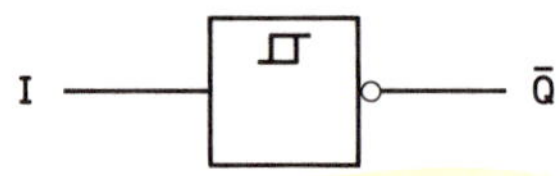

Bild 7.123 Schaltzeichen für einen Schmitt-Trigger mit negiertem Ausgang

Die Übertragungskennlinie eines Schmitt-Triggers mit negiertem Ausgang ist in **Bild 7.124** dargestellt.

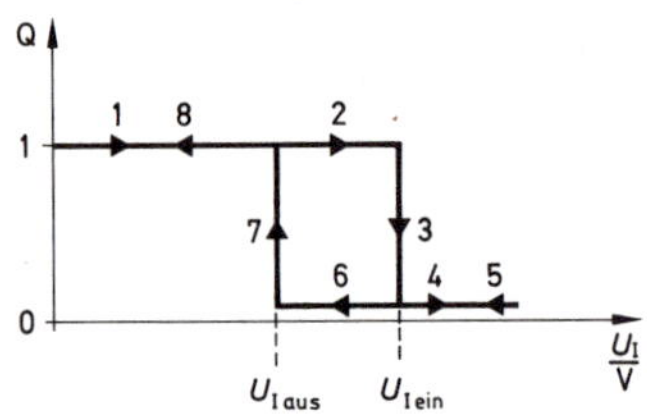

Bild 7.124 Idealisierte Übertragungskennlinie eines Schmitt-Triggers mit negiertem Ausgang

Schmitt-Trigger werden in großem Umfang als „Schwellwertschalter" eingesetzt und auch als solche bezeichnet. Als weiterer Name wird aber auch der Begriff „Grenzsignalglied" verwendet.

Ähnlich wie bei den Monostabilen Kippgliedern lassen sich Schmitt-Trigger in diskreter Schaltungstechnik mit Transistoren aufbauen und damit den unterschiedlichen Betriebsbedingungen anpassen. So lassen sich dabei durch entsprechende Dimensionierung die Triggerschwelle und die Hysterese verändern. Auch durch Beschaltung eines Operationsverstärkers kann das Verhalten eines Schmitt-Triggers erreicht werden. Weiterhin werden innerhalb der TTL- und C-MOS-Serie Schmitt-Trigger angeboten. Sie haben dann in der Regel mehrere Triggereingänge, die durch Logische Schaltungen miteinander verknüpft sind.

7.6.1 Schmitt-Trigger mit Transistoren

Bei dem Bistabilen Kippglied und beim Monostabilen Kippglied mit Transistoren sind jeweils 2 Transistorschalter in bestimmter Weise miteinander verkoppelt. Auch der Schmitt-Trigger entsteht durch eine entsprechende Zusammenschaltung von zwei Transistorschaltern. In **Bild 7.125** ist die Prinzipschaltung eines solchen Schmitt-Triggers mit Transistoren dargestellt.

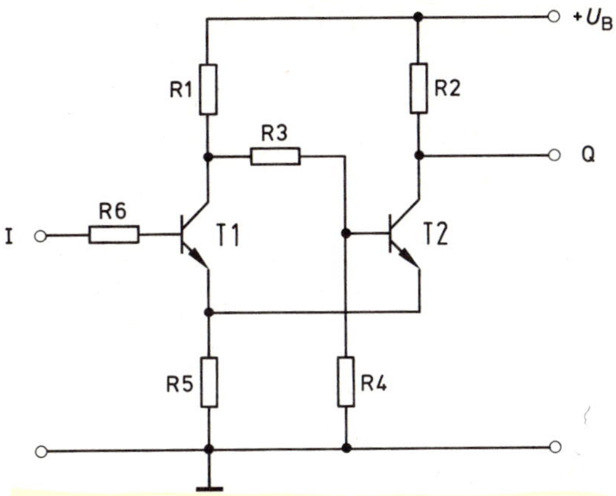

Bild 7.125 Prinzipschaltung eines Schmitt-Triggers mit Transistoren

Der rechte Transistor T2 wird gleichstrommäßig vom Ausgang des linken Transistors T1 angesteuert. Zusätzlich liegt aber über einem gemeinsamen Emitter-Widerstand R5 eine weitere gleichstrommäßige Verkopplung zwischen den beiden Transistorschaltern vor.

Wird die Schaltung nach Bild 7.125 bei fehlender Eingangsspannung U_I an die Betriebsspannung gelegt, so läuft genau wie bei den anderen Kippgliedern zunächst ein Einschaltvorgang ab. Der Transistor T2 erhält dabei über die Widerstände R1 und R3 einen Basisstrom, der ihn in den leitenden Zustand bringt. Dadurch fließt aber auch ein Strom durch den gemeinsamen Emitter-Widerstand R5 und es baut sich an ihm eine Spannung U_E auf. Der Spannungsteiler R3–R4 muß so dimensioniert sein, daß T2 auch bei der sich einstellenden Emitterspannung U_E voll durchgesteuert bleibt. Am Ausgang Q tritt eine Spannung U_{Q0} auf, die sich ergibt aus der Emitterspannung U_E und der Sättigungsspannung des Transistors T2. Wegen der Emitterspannung U_E kann die Ausgangsspannung U_{Q0} lediglich auf $U_{Q0} \approx U_E$ absinken und nicht den Wert $U_{Q0} \approx 0$ V erreichen.

Nach Anlegen der Betriebsspannung stellt sich also folgender Zustand ein:

T1 gesperrt
T2 leitend $\triangleq U_{Q0} \approx U_E + 0{,}1$ V $\triangleq$ 0-Signal.

Der Schmitt-Trigger befindet sich im Ruhezustand. Dieser Zustand ist stabil und bleibt solange erhalten, wie die Eingangsspannung U_I kleiner als die Spannung U_{Iein}, also die Schwellspannung des Schmitt-Triggers ist. Für diese Schwellspannung gilt:

$$U_{Iein} \approx U_E + 0{,}7 \text{ V}.$$

Steigt die Eingangsspannung U_I von 0 V ausgehend an, so tritt zunächst keine Änderung ein. Nähert sich U_I jedoch dem Schwellwert U_{Iein}, so beginnt T1 durchzusteuern und seine Kollektorspannung sinkt. Damit wird aber auch der Basisstrom des Transistors T2 kleiner. Wegen der Übersteuerung ändert sich aber der Kollektorstrom von T2 und daher sein Schaltzustand zunächst noch nicht. Durch R5 fließt aber ein größerer Emitterstrom, weil auch T1 leitend wird. U_E wird größer, die steuernde Basis-

Emitterspannung von T1 dadurch kleiner. Sie wirkt somit dem von der Eingangsspannung eingeleiteten Kippvorgang entgegen.

Mit weiterer Erhöhung von U_I wird T1 weiter durchgesteuert, seine Kollektorspannung wird schließlich so klein, daß T2 über R3 nicht mehr übersteuert wird und T2 beginnt zu sperren. Dabei kann die Zunahme des Kollektorstromes von T1 die Abnahme des Kollektorstromes von T2 nicht mehr kompensieren. U_E wird jetzt kleiner und vergrößert damit die Steuerspannung U_{BE} von T1. Eine derartige gleichsinnige Unterstützung eines eingeleiteten Vorganges bezeichnet man als Mitkopplung. Sie bewirkt, daß der Schmitt-Trigger nun sehr schnell vom Ruhezustand in den Arbeitszustand kippt.

Für den Arbeitszustand gilt:

T1 leitend
T2 gesperrt $\mathrel{\hat{=}} U_{Q1} = U_B \mathrel{\hat{=}}$ 1-Signal.

Dieser Arbeitszustand bleibt nun solange erhalten, wie $U_I > U_{Iaus}$.

Wird U_I nun kleiner als U_{Iaus}, so kippt der Schmitt-Trigger vom Arbeitszustand wieder in den Ruhezustand zurück, wobei jetzt ein Kippvorgang in umgekehrter Richtung, wie vorher beschrieben, abläuft. Wegen der Übersteuerung und Mitkopplung tritt dabei der Kippvorgang jedoch erst bei der kleineren Schwellspannung U_{Iaus} auf.

Bei der Dimensionierung eines Schmitt-Triggers kann weitgehend auf die Berechnungsmethoden von Transistorschaltern zurückgegriffen werden. Zusätzlich sind aber noch einige Erfahrungswerte zu berücksichtigen, weil sich die Übersteuerungs- und Mitkopplungsverhältnisse mathematisch nur äußerst schwierig erfassen lassen.

Bild 7.126 zeigt einen dimensionierten Schmitt-Trigger mit Transistoren. Er ist ausgelegt für eine Betriebsspannung $U_B = +12$ V. Die Schalthysterese beträgt $\Delta U \approx 0{,}4$ V. Dieser Schwellwertschalter kann mit Spannungen $0 \leqq U_I \leqq +12$ V angesteuert werden, wobei die Schwellwerte liegen bei

$U_{Iein} \approx +2$ V
$U_{Iaus} \approx +1{,}6$ V.

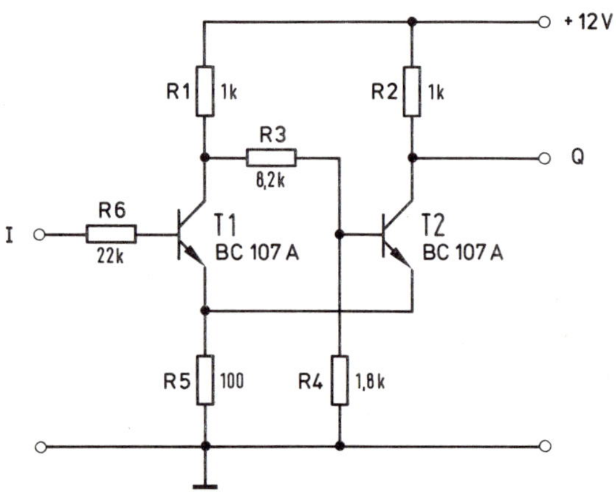

Bild 7.126 Schmitt-Trigger mit Transistoren

Durch andere Wahl der Widerstandswerte von R 2, R 4 und R 5 lassen sich die Hysterese sowie die Schwellwerte U_{Iein} und U_{Iaus} in gewissen Grenzen verändern. In Kapitel 7.6.5.1 wird als Beispiel die Berechnung des Schmitt-Triggers nach Bild 7.126 gebracht.

7.6.2 Schmitt-Trigger mit Operationsverstärker

Bei den Schmitt-Triggern mit Operationsverstärker müssen zwei Ausführungen unterschieden werden. Bei der ersten Ausführung wird ein normaler, auch für alle sonstigen Verstärkeraufgaben einsetzbarer Operationsverstärker so beschaltet, daß die Gesamtschaltung das Verhalten eines Schmitt-Triggers zeigt. Bei der zweiten Ausführung ist auch noch die Außenbeschaltung der ersten Ausführung mit integriert, so daß ein voll integrierter Schmitt-Trigger in der Schaltungstechnik von Operationsverstärkern vorliegt.

Bild 7.127 zeigt die Prinzipschaltung eines Schmitt-Triggers mit Operationsverstärker.

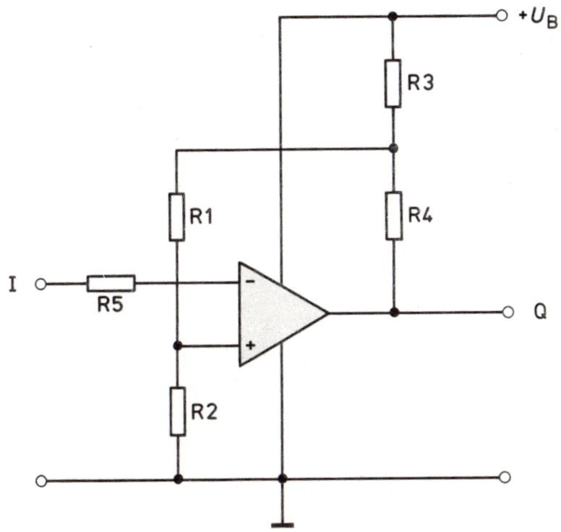

Bild 7.127 Prinzipschaltung für einen Schmitt-Trigger mit Operationsverstärker

Bei der Schaltung nach Bild 7.127 wird die Schaltschwelle im wesentlichen durch das Teilerverhältnis der Widerstände R 1–R 2 bestimmt, während die Schalthysterese im wesentlichen vom Teilerverhältnis der Widerstände R 3–R 4 abhängt. Durch Verändern dieser beiden Teilerverhältnisse ist es bei dieser Art von Schmitt-Triggern möglich, sowohl die Hysterese als auch die Schaltschwellen in weiten Grenzen zu verändern. Dadurch ist der Schmitt-Trigger mit Operationsverstärker sehr variabel und kann leicht vorgegebenen Bedingungen angepaßt werden.

Wird an die Schaltung nach Bild 7.127 bei offenem Eingang Betriebsspannung gelegt, so stellt sich am nicht invertierenden Eingang eine Spannung entsprechend dem Teilerverhältnis R3–R 1–R 2 ein. Da R 3 stets klein gegenüber R 1 und R 2 ist, kann sein Einfluß zunächst vernachlässigt werden. Am Ausgang Q stellt sich eine Spannung $U_Q \approx U_B$ ein.

Dieser Zustand bleibt auch erhalten bei $U_I = 0$ V. Wird U_I von $U_I = 0$ V ausgehend erhöht, so tritt am Ausgang Q keine Änderung ein, solange U_I kleiner als die Spannung am nichtinvertierenden Eingang des Operationsverstärkers ist. Wird dieser Wert, also die Schwellspannung von der Eingangsspannung geringfügig überschritten, so beginnt die Ausgangsspannung U_Q zu sinken und durch die Widerstände R3 und R4 fließt ein Strom. Er bewirkt einen zusätzlichen Spannungsabfall an R3, durch den über die Widerstände R1 und R2 die Spannung am nichtinvertierenden Eingang verringert wird. Durch diese Mitkopplung wird der eingeleitete Kippvorgang unterstützt, so daß U_Q auf $U_Q \approx 0$ V springt. Bei einer weiteren Vergrößerung der Eingangsspannung U_I kann nun keine Änderung von U_Q mehr eintreten.

Wird U_I nun wieder verringert, so ändert sich U_Q so lange nicht, bis U_I die bei diesem Betriebszustand am nichtinvertierenden Eingang des Operationsverstärkers liegende Spannung erreicht. Diese Spannung – sie entspricht $U_{I\,aus}$ – ist wegen des Spannungsabfalls an R3 jetzt geringer als $U_{I\,ein}$. Wird $U_I < U_{I\,aus}$, so steigt U_Q wieder an. Der Strom durch R3 und R4 wird kleiner, damit auch der Spannungsabfall an R3, so daß die Spannung am nichtinvertierenden Eingang des Operationsverstärkers wieder größer wird und den eingeleiteten Kippvorgang unterstützt. Dadurch springt U_Q von $U_Q \approx 0$ V auf $U_Q \approx +U_B$.

Die angegebene Schaltung nach Bild 7.127 zeigt also das Verhalten eines Schmitt-Triggers mit negiertem Ausgang. Wird anstelle eines Festwiderstands R3 ein Potentiometer eingesetzt, so kann die wirksame Mitkopplung und damit die Hysterese in gewissen Grenzen verändert werden. Auch die Schwellspannungen lassen sich auf einen gewünschten Wert einstellen, wenn R1 und damit das Widerstandsverhältnis R1–R2 einstellbar gemacht wird. Eine solche Schaltung zeigt Bild 7.118, bei der ein Trimmer R6 in Reihe mit R1 geschaltet ist.

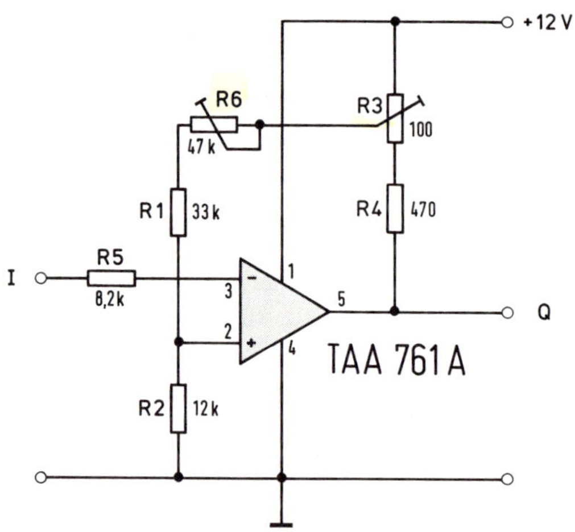

Bild 7.128 Schmitt-Trigger mit TAA 761 A

Mit dem Trimmer R6 läßt sich die Schaltschwelle etwa im Bereich von $1{,}3\ \text{V} \leqq U_{I\,ein} \leqq 3{,}5\ \text{V}$ einstellen. Mit dem Trimmer R3 kann die Hysterese im Bereich $0\ \text{V} \leqq \Delta U \leqq 0{,}6\ \text{V}$ verändert werden. Die Einstellung von Schaltschwelle und Hysterese ist aber nicht völlig unabhängig voneinander möglich, da aufgrund der Schaltungsausführung sich beide Größen gegenseitig beeinflussen.

In Kapitel 7.6.5.2 werden noch einige Hinweise zur Dimensionierung der Schaltung nach **Bild 7.128** gegeben. Verwendet wird ein Operationsverstärker vom Typ TAA 761 A, der in einem Kunststoff-Steckgehäuse mit 6 Anschlüssen geliefert wird. Die Anschlußbelegung ist in **Bild 7.129** angegeben.

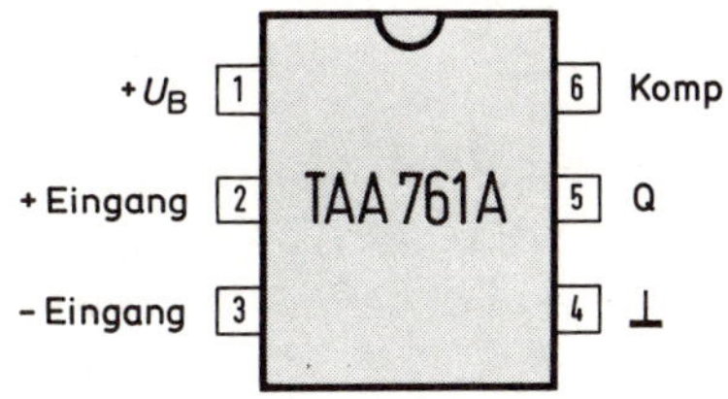

Bild 7.129 Anschlußbelegungen TAA 761 A

Der Operationsverstärker vom Typ TAA 761 A kann mit einer Betriebsspannung von $U_{Bmin} = +3$ V bis $U_{Bmax} = +36$ V betrieben und sein Ausgang darf mit einem Ausgangsstrom $I_{Qmax} = 70$ mA belastet werden.

Ein Operationsverstärker-Schmitt-Trigger in vollintegrierter Ausführung wird unter der Bezeichnung „Schwellwertschalter TCA 345 A" angeboten. Er enthält, ebenfalls integriert, einen zusätzlichen, invertierenden Ausgangsverstärker. Dieser ist durch eine Z-Diode so geschützt, daß auch induktive Lasten bis 0,5 mH ohne zusätzliche Schutzmaßnahmen angesteuert werden können. **Bild 7.130** zeigt die Anschlußbelegung des Schwellwertschalters TCA 345 A.

Bild 7.130 Anschlußbelegungen TCA 345 A

Der Schwellwertschalter TCA 345 A kann mit einer Betriebsspannung $U_{Bmin} = +2$ V bis $U_{Bmax} = +10$ V betrieben werden. Die Eingangsspannung darf die Betriebsspannung nicht überschreiten. Die Schaltschwellen und die Hysterese hängen von der Betriebsspannung ab. In **Bild 7.131** sind diese Zusammenhänge in einem Diagramm dargestellt.

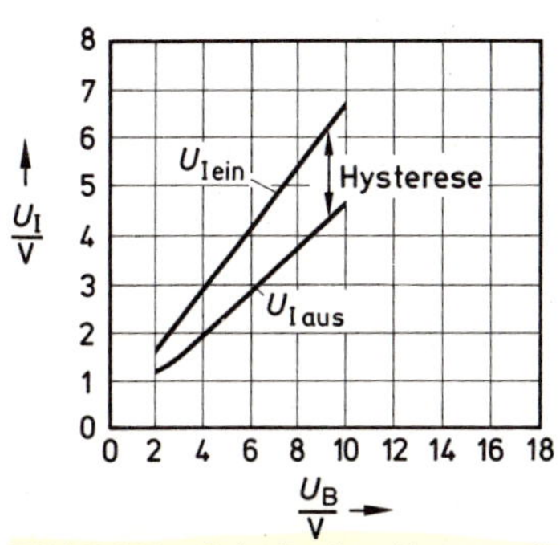

Bild 7.131 Schaltschwellen und Hysterese des TCA 345 A als Funktion der Betriebsspannung

Der maximale Strom, der in den Ausgang hineinfließen darf, beträgt $I_{Q0} = 70$ mA. Bei $U_B = +5$ V und bei einem Strom $I_{Q0} \leqq 40$ mA werden die TTL-Pegel eingehalten, so daß von TCA 345 A TTL-Bausteine direkt angesteuert werden können.

Ein Anwendungsbeispiel für den Schwellwertschalter TCA 345 A wird in Kapitel 7.6.5.3 gebracht.

7.6.3 Schmitt-Trigger der TTL-Serie 74xx

Die Schmitt-Trigger-Bausteine der TTL-Serie 74xx unterscheiden sich im wesentlichen durch die Zahl der Trigger je Chip sowie durch die Anzahl von Eingängen je Schmitt-Trigger. Die Eingänge sind dann in der Regel durch UND-Schaltungen miteinander verknüpft.

Der Baustein 7414 enthält 6 gleichartige Schmitt-Trigger mit negiertem Ausgang und einem Eingang. **Bild 7.132** zeigt das Schaltzeichen für einen dieser 6 Schmitt-Trigger und **Bild 7.133** die Anschlußbelegung.

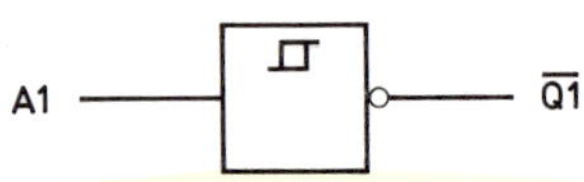

Bild 7.132 Schaltzeichen für einen Schmitt-Trigger 7414

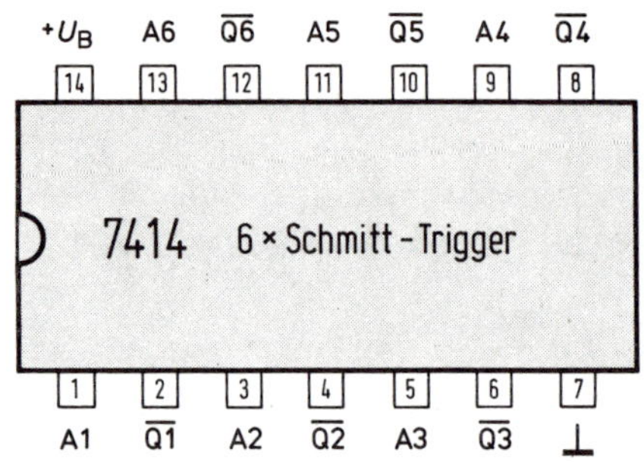

Bild 7.133 Anschlußbelegungen für den TTL-Baustein 7414

Als typische Werte für den TTL-Schmitt-Trigger werden angegeben:

$U_{Iein} = +1{,}7$ V $(+1{,}5$ V bis 2 V)
$U_{Iaus} = +0{,}9$ V $(+0{,}6$ V bis 1,1 V).

Die nachgestellten Klammerwerte geben die Streubreite der Schwellspannungen an. Diese Schwellspannungen sind fest vorgegeben und lassen sich nicht mehr wie z. B. beim Schmitt-Trigger mit Transistoren oder Operationsverstärker verändern.

Aus der Differenz der beiden Schwellspannungen ergibt sich die typische Schalthysterese des TTL-Schmitt-Triggers zu

$\Delta U = 0{,}8$ V.

Entsprechend der Streubreite der Schwellspannungen kann diese Schalthysterese allerdings variieren zwischen $\Delta U_{min} \approx 0{,}4$ V und $\Delta U_{max} \approx 1{,}6$ V.

Die Ausgangsspannungen U_{Q0} und U_{Q1} liegen selbstverständlich, wenn die für TTL-Ausgänge zulässige Belastung nicht überschritten wird, innerhalb der TTL-Signalpegel.

Alle Schmitt-Trigger der TTL-Serie haben die vorteilhafte Eigenschaft, daß sie auch mit langsamsten Eingangsflanken und unmittelbar durch Gleichspannung getriggert werden können. Sie werden daher häufig auch zur Versteilerung von nicht mehr TTL-gerechten Anstiegsflanken eingesetzt.

Der Baustein 74132 enthält 4 Schmitt-Trigger mit negiertem Ausgang und je 2 Eingängen, die jeweils durch eine UND-Schaltung miteinander verknüpft sind. **Bild 7.134** zeigt das Schaltzeichen eines derartigen Schmitt-Triggers und **Bild 7.135** die Anschlußbelegung des Bausteins 74132.

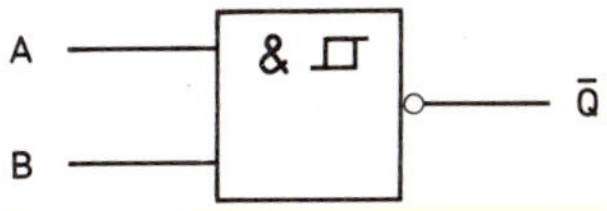

Bild 7.134 Schaltzeichen für einen Schmitt-Trigger 74132

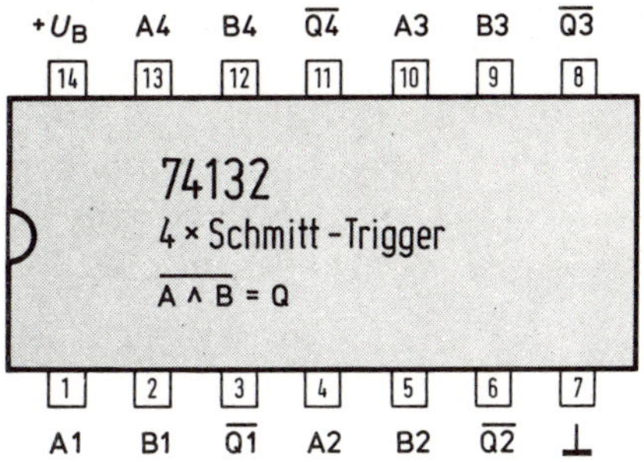

Bild 7.135 Anschlußbelegungen für den TTL-Baustein 74132

Als weiterer Schmitt-Trigger der TTL-Serie 74xx wird noch der Baustein 7413 angeboten. Er enthält 2 Schmitt-Trigger mit negiertem Ausgang und 4 Eingänge, die jeweils wieder durch eine UND-Schaltung miteinander verknüpft sind. Wegen dieser UND-Verknüpfungen und des negierten Ausganges werden die Bausteine 74132 und 7413 oft auch als NAND-Schmitt-Trigger bezeichnet.

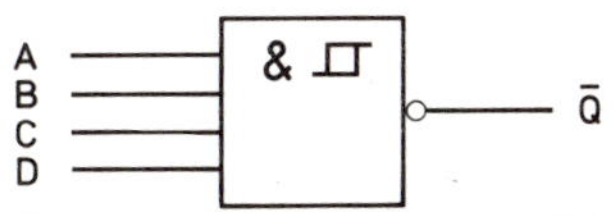

Bild 7.136 Schaltzeichen für einen Schmitt-Trigger 7413

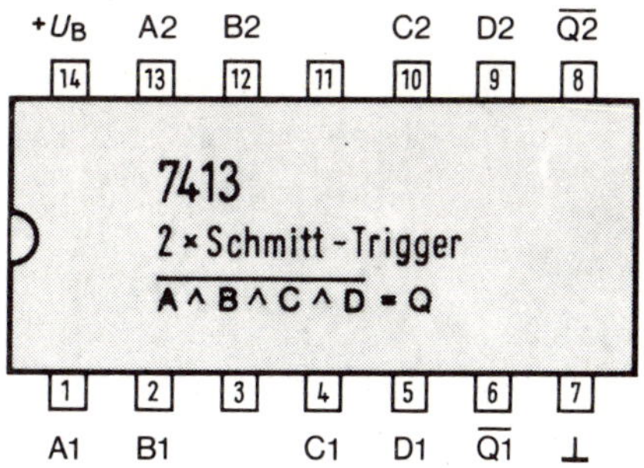

Bild 7.137 Anschlußbelegungen für den TTL-Baustein 7413

Für alle Eingänge und Ausgänge der NAND-Schmitt-Trigger 7413 und 74132 gelten die gleichen technischen Daten wie für den Baustein 7414.

Nicht benutzte Eingänge eines benutzten Schmitt-Triggers müssen, wie bei einer UND-Schaltung üblich, an die Betriebsspannung U_B oder mit benutzten Eingängen verbunden werden.

7.6.4 Schmitt-Trigger der C-MOS-Serie 40xx

Innerhalb der C-MOS-Serie 40xx wird ein Schmitt-Trigger unter der Typenbezeichnung 4093 angeboten. Dieser Baustein enthält 4 Schmitt-Trigger mit negierten Ausgängen und je zwei Eingängen, die jeweils durch eine UND-Schaltung miteinander verknüpft sind. Die Anschlußbelegung ist in **Bild 7.138** angegeben.

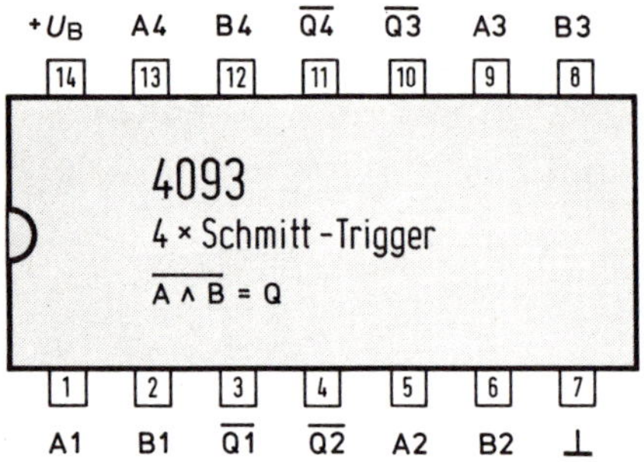

Bild 7.138 Anschlußbelegungen für den C-MOS-Baustein 4093

Der C-MOS-Schmitt-Trigger kann mit Betriebsspannungen von $U_B = +3$ V bis $U_B = +15$ V betrieben werden. Die Eingangsspannungen dürfen den Wert der Betriebsspannung nicht überschreiten. Die $\bar{Q}$-Ausgänge können wie bei allen anderen C-MOS-Bausteinen belastet werden.

Die Schwellspannungen hängen von der Betriebsspannung ab und sind wie bei allen integrierten Schaltungen fest vorgegeben. In **Bild 7.139** ist die Abhängigkeit der Schwellspannungen und der Hysterese als Funktion der Betriebsspannung dargestellt.

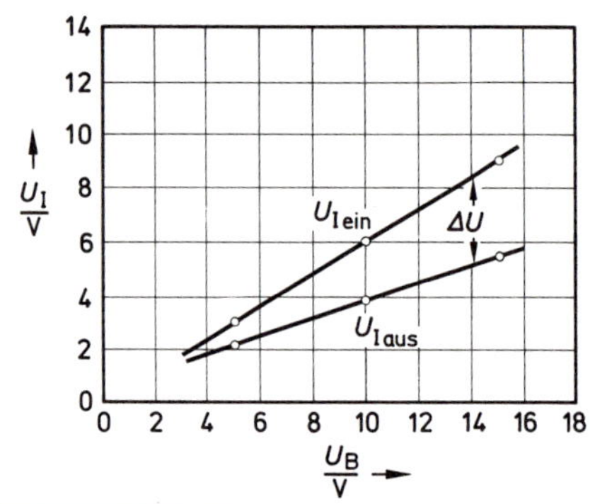

Bild 7.139 Schaltschwelle und Hysterese des C-MOS-Bausteines 4093 als Funktion der Betriebsspannung

Die in Bild 7.139 angegebenen Kennlinien sind etwas linearisiert dargestellt. Der tatsächliche Verlauf insbesondere der Kennlinie $U_{I\,aus} = f(U_B)$ ist etwas gekrümmt. Die Abweichungen sind aber so gering, daß sie hier nicht weiter berücksichtigt werden müssen.

7.6.5 Anwendungsbeispiele

7.6.5.1 Berechnungsbeispiel für einen Schmitt-Trigger mit Transistoren

Bild 7.140 zeigt einen Schmitt-Trigger mit 2 Transistoren BC 107 A, wie er bereits in Bild 7.126 angegeben war. Die Schalthysterese liegt bei $\Delta U \approx 0{,}4\,V$ und die Schwellspannungen liegen bei $U_{I\,ein} \approx +2\,V$ und $U_{I\,aus} \approx +1{,}6\,V$.

Bei der Ermittlung der Werte der einzelnen Bauelemente des Schmitt-Triggers kann wieder in ähnlicher Weise wie bei einem Transistorschalter vorgegangen werden.

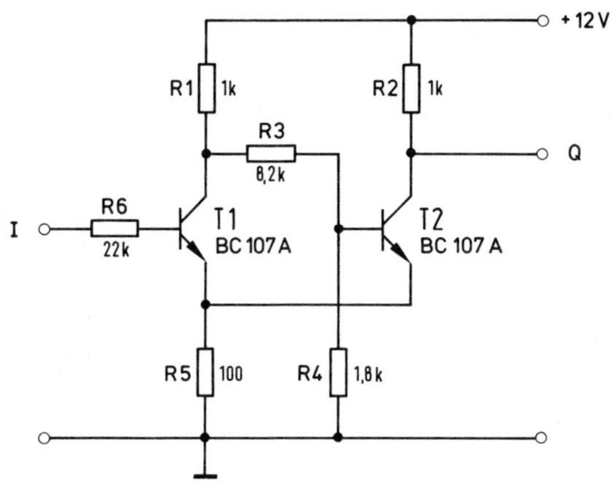

Bild 7.140 Schmitt-Trigger mit 2 Transistoren BC 107 A

1. Schritt: Berechnung der Kollektorwiderstände R1 und R2

gewählt: $I_C = 10$ mA (Datenblatt)

$$R_1 = R_2 = \frac{U_B}{I_C} = \frac{12\ V}{10 \cdot 10^{-3}\ A} = 1{,}2 \cdot 10^3\ \Omega$$

gewählt: $R_1 = R_2 = 1\ k\Omega$ (Normreihe E 12)

(Es wurde hier ein kleinerer Kollektorwiderstand gewählt, da noch der Emitterwiderstand R5 berücksichtigt werden mußte.)

2. Schritt: Berechnung des Emitterwiderstandes R5

gewählt: $R_5 \approx 0{,}1 \cdot R_1 = 0{,}1 \cdot 1 \cdot 10^3\ \Omega = 100\ \Omega$

$R_5 = 100\ \Omega$ ($R_E \approx 0{,}1 \cdot R_C$ als Erfahrungswert)

Kontrolle: $I_C \approx \dfrac{U_B}{R_2 + R_5} = \dfrac{12\ V}{1{,}1 \cdot 10^3\ \Omega} = 10{,}9 \cdot 10^{-3}\ A$

3. Schritt: Berechnung des erforderlichen Basisstromes I_{B2}

gewählt: $B_{min} = 120$ (Datenblatt)

$$I'_{B2} \approx \frac{I_C}{B} = \frac{10{,}9 \cdot 10^{-3}\,\text{A}}{120} = 0{,}09 \cdot 10^{-3}\,\text{A}$$

gewählt: $\ddot{u} = 2$

$$I_{B2} = \ddot{u} \cdot I'_{B2} = 2 \cdot 0{,}09 \cdot 10^{-3}\,\text{A} = 0{,}18 \cdot 10^{-3}\,\text{A}$$

gewählt: $I_{B2} = 0{,}2\,\text{mA}$

Kontrolle: $\ddot{u} = \dfrac{I_{B2}}{I'_{B2}} = \dfrac{0{,}2 \cdot 10^{-3}\,\text{A}}{0{,}09 \cdot 10^{-3}\,\text{A}} = 2{,}2$

4. Schritt: Berechnung des Spannungsteilers R 3–R 4

gewählt: $I_q = 5 \cdot I_{B2} = 5 \cdot 0{,}2 \cdot 10^{-3}\,\text{A} = 1 \cdot 10^{-3}\,\text{A}$

$$U_{C1} = U_B - R_1 \cdot (I_q + I_{B2})$$

$$= 12\,\text{V} - 1 \cdot 10^{+3}(1 \cdot 10^{-3} + 0{,}2 \cdot 10^{-3})\,\text{V}$$

$$= 12\,\text{V} - 1{,}2\,\text{V} = 10{,}8\,\text{V}$$

$$U_{B2} = U_{BE} + I_C \cdot R_E$$

$$= 0{,}7\,\text{V} + 10{,}9 \cdot 10^{-3} \cdot 100\,\text{V}$$

$$= 0{,}7\,\text{V} + 1{,}09\,\text{V} = 1{,}79\,\text{V}$$

$$U_{B2} \approx 1{,}8\,\text{V}$$

$$R_4 = \frac{U_{B2}}{I_q} = \frac{1{,}8\,\text{V}}{1 \cdot 10^{-3}\,\text{A}} = 1{,}8\,\text{k}\Omega$$

gewählt: $R_4 = 1{,}8\,\text{k}\Omega$ (Normreihe E 12)

$$R_3 = \frac{U_{C1} - U_{B2}}{I_q + I_{B2}} = \frac{10{,}8\,\text{V} - 1{,}8\,\text{V}}{1 \cdot 10^{-3}\,\text{A} + 0{,}2 \cdot 10^{-3}\,\text{A}}$$

$$R_3 = \frac{9\,\text{V}}{1{,}2 \cdot 10^{-3}\,\text{A}} = 7{,}5\,\text{k}\Omega$$

gewählt: $R_3 = 8{,}2\,\text{k}\Omega$ (Normreihe E 12)

5. Schritt: Berechnung von R 6 (Schutzwiderstand)

$$I'_{B1} \approx I'_{B2} = 0{,}1\,\text{mA}$$

$$R_6 \approx \frac{U_B - U_{R5} - U_{BE}}{\ddot{u} \cdot I'_{B1}} = \frac{12\,\text{V} - 1{,}1\,\text{V} - 0{,}7\,\text{V}}{5 \cdot 0{,}1 \cdot 10^{-3}\,\text{A}} = \frac{10{,}2\,\text{V}}{0{,}5 \cdot 10^{-3}\,\text{A}} \approx 20\,\text{k}\Omega$$

gewählt: $R_6 = 22\,\text{k}\Omega$ (Normreihe E 12)

Aufgrund des Spannungsabfalls von etwa 1,1 V an R 5 sowie der Basis-Emitterspannung von etwa 0,7 V an T 1 muß die Umschaltung des Schmitt-Triggers bei einer Eingangsspannung von etwa 1,8 V erfolgen. Wegen der Gegenkopplung liegt die Einschaltschwelle $U_{\mathrm{I\,ein}}$ höher und die Ausschaltschwelle $U_{\mathrm{I\,aus}}$ niedriger. Die Berechnung der beiden Schaltschwellen ist sehr schwierig und führt in der Regel zu keinen brauchbaren Ergebnissen.

Bei einem entsprechend **Bild 7.140** aufgebauten Schmitt-Trigger wurden folgende Werte gemessen:

$$U_{\mathrm{I\,ein}} = 2{,}0\,\mathrm{V}$$

$$U_{\mathrm{I\,aus}} = 1{,}6\,\mathrm{V}$$

$$\Delta U_{\mathrm{I}} = 0{,}4\,\mathrm{V}$$

Alle angenommenen oder ermittelten Werte dürfen nur als Überschlags- oder Näherungswerte angesehen werden. Wegen der Bauteiltoleranzen und den tatsächlichen Spannungs- und Stromverhältnissen in einer solchen Schaltung führen auch genauere Berechnungsmethoden zu keinen exakteren Ergebnissen.

7.6.5.2 Berechnungsbeispiel für einen Schmitt-Trigger mit Operationsverstärker

Auch für den Schmitt-Trigger mit Operationsverstärker lassen sich nur Näherungswerte ermitteln. Sie dienen aber dazu, einen ersten Überblick über die erforderlichen Widerstandswerte zu erhalten, wenn bestimmte Schaltungseigenschaften erreicht werden sollen.

Bild 7.141 zeigt einen Schmitt-Trigger mit einem Operationsverstärker vom Typ TAA 761 A, wie er bereits in Bild 7.128 angegeben war.

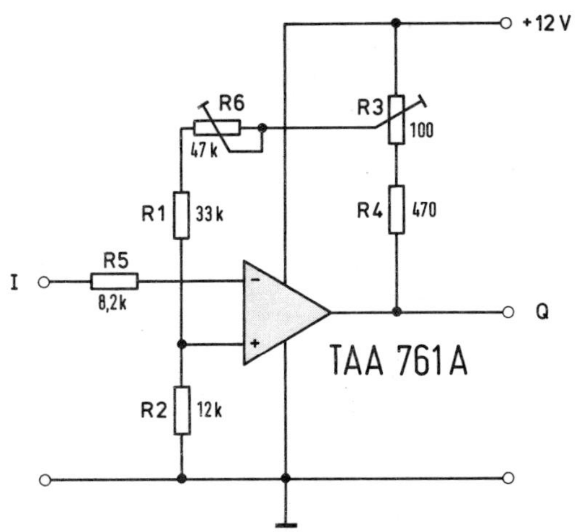

Bild 7.141 Schmitt-Trigger mit Operationsverstärker Typ TAA 761 A

1. Schritt: Berechnung der Lastwiderstände R3 und R4

gewählt: $I_Q = 20\,\text{mA}$

$$R_Q = \frac{U_B}{I_Q} = \frac{12\,\text{V}}{20 \cdot 10^{-3}\,\text{A}} = 0{,}6 \cdot 10^3\,\Omega = 600\,\Omega$$

$$R_Q = R_3 + R_4$$

gewählt: $R_3 = 0{,}2 \cdot R_Q$ (Erfahrungswert)

$$= 0{,}2 \cdot 600\,\Omega = 120\,\Omega$$

gewählt: $R_3 = 100\,\Omega$

$$R_4 = R_Q - R_3 = 600\,\Omega - 100\,\Omega = 500\,\Omega$$

gewählt: $R_4 = 470\,\Omega$ (Normreihe E 12)

Kontrolle: $I_Q = \dfrac{U_B}{R_3 + R_4} = \dfrac{12\,\text{V}}{570\,\Omega} = 21\,\text{mA}$

2. Schritt: Berechnung der Schaltschwelle U_{Iein}

(Der Einfluß von R3 kann vernachlässigt werden)

$$I_{\text{qmin}} \approx \frac{U_B}{R_1 + R_2 + R_6} = \frac{12\,\text{V}}{(33 + 12 + 47) \cdot 10^3\,\Omega}$$

$$I_{\text{qmin}} = 0{,}13 \cdot 10^{-3}\,\text{A}$$

$$U_{\text{Iein}} \approx R_2 \cdot I_{\text{qmin}} = 12 \cdot 10^3\,\Omega \cdot 0{,}13 \cdot 10^{-3}\,\text{A}$$

$U_{\text{Iein}} = 1{,}56\,\text{V}$ (Minimalwert)

$$I_{\text{qmax}} \approx \frac{U_B}{R_1 + R_2} = \frac{12\,\text{V}}{(33 + 12) \cdot 10^3\,\Omega}$$

$$I_{\text{qmax}} = 0{,}26 \cdot 10^{-3}\,\text{A}$$

$$U_{\text{Iein}} \approx R_2 \cdot I_{\text{qmax}} = 12 \cdot 10^3\,\Omega \cdot 0{,}26 \cdot 10^{-3}\,\text{A}$$

$U_{\text{Iein}} = 3{,}12\,\text{V}$ (Maximalwert)

3. Schritt: Berechnung der Schaltschwelle U_{Iaus}

Der Einfluß von R3 muß jetzt berücksichtigt werden, da an R3 ein Spannungsabfall auftritt.

gewählt: $R_3 = 100\,\Omega$

$$U_{R3} \approx R_3 \cdot I_Q = 100\,\Omega \cdot 21 \cdot 10^{-3}\,\text{A}$$

$$U_{R3} = 2{,}1\,\text{V}$$

$$I_{\text{qmin}} \approx \frac{U_B - U_{R3}}{R_1 + R_2 + R_6} = \frac{9{,}9\,\text{V}}{92 \cdot 10^3\,\Omega}$$

$$I_{qmin} = 0{,}107 \cdot 10^{-3}\,\text{A}$$

$$U_{Iaus} \approx R_2 \cdot I_{qmin} = 12 \cdot 10^3 \cdot 0{,}107 \cdot 10^{-3}\,\text{V}$$

$$U_{Iaus} = 1{,}29\,\text{V (Minimalwert)}$$

$$I_{qmax} \approx \frac{U_B - U_{R3}}{R_1 + R_2} = \frac{9{,}9\,\text{V}}{45 \cdot 10^3\,\Omega}$$

$$I_{qmax} \approx 0{,}22 \cdot 10^{-3}\,\text{A}$$

$$U_{Iaus} \approx R_2 \cdot I_{qmax} = 12 \cdot 10^3 \cdot 0{,}22 \cdot 10^{-3}\,\text{V}$$

$$U_{Iaus} = 2{,}64\,\text{V (Maximalwert)}$$

Damit ergeben sich für die Schaltung nach Bild 7.141 mit $R_3 = 100\,\Omega$ folgende Überschlagswerte:

$R_6 = 47\,\text{k}\Omega$	$U_{Iein} = 1{,}56\,\text{V}$
	$U_{Iaus} = 1{,}29\,\text{V}$
	$\Delta U = 0{,}27\,\text{V}$
$R_6 = 0\,\Omega$	$U_{Iein} = 3{,}12\,\text{V}$
	$U_{Iaus} = 2{,}64\,\text{V}$
	$\Delta U = 0{,}47\,\text{V}$

Die in der Überschlagsrechnung ermittelten Werte stimmen recht gut mit den Meßwerten für diese Schaltung überein. Der Einfluß des unterschiedlichen Spannungsabgriffs an R3 läßt sich auf gleiche Weise ermitteln, bietet aber auch nur Näherungswerte.

7.6.5.3 Dämmerungsschalter mit TCA 345 A

Mit Hilfe des Schwellwertschalters TCA 345A läßt sich in sehr einfacher Weise ein Dämmerungsschalter aufbauen. **Bild 7.142** zeigt eine solche Schaltung. Für die äußere Beschaltung sind lediglich noch ein Fotowiderstand, ein Trimmer und ein Relais erforderlich.

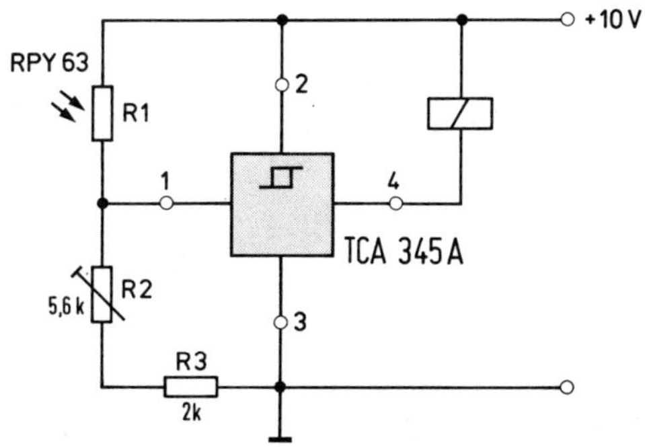

Bild 7.142 Dämmerungsschalter mit TCA 345A

Der Trimmer R2 wird so eingestellt, daß bei Tageslicht am Eingang 1 des TCA 345A eine Spannung $U_I > U_{I\,ein}$ liegt. Der Schmitt-Trigger befindet sich dann in Arbeitsstellung, d.h. $U_Q \approx +10$ V und durch das Relais fließt kein Strom. Wird die Beleuchtung des Fotowiderstandes geringer, so steigt sein Widerstand. Sobald $U_I < U_{I\,aus}$, kippt der TCA 345A in seine Ruhestellung, d.h. $U_Q \approx 0$ V. Das Relais zieht an und schaltet die Beleuchtung ein.

7.6.5.4 Erzeugung von 50-Hz- und 100-Hz-Taktsignalen

Mit Hilfe eines Schmitt-Triggers ist es recht einfach, aus einem sinusförmigen Spannungsverlauf einen rechteckförmigen Spannungsverlauf zu erzeugen. Da die Frequenz der Netzspannung sehr konstant ist, kann auf diese Weise eine Rechteckspannung gewonnen werden, deren Frequenzkonstanz für viele Aufgaben völlig ausreicht. **Bild 7.143** zeigt eine Schaltung zur Erzeugung eines 50-Hz-Taktsignals aus der Netzspannung.

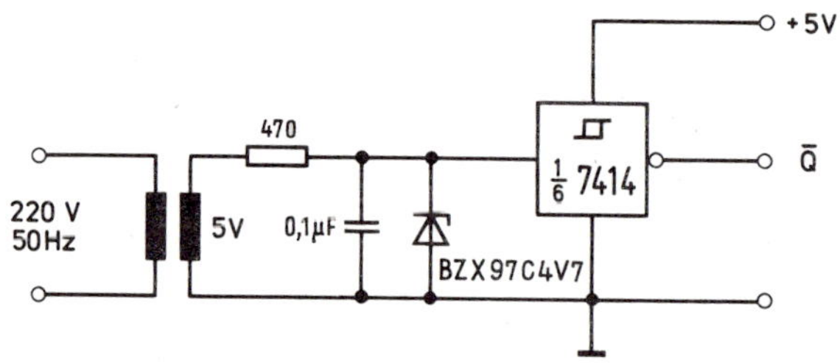

Bild 7.143 Schaltung zur Erzeugung eines 50 Hz-Taktsignals

Verwendet wird ein Schmitt-Trigger der Type 7414. Zur Ansteuerung wird die positive Halbwelle benutzt. Der Widerstand 470 Ω begrenzt den Strom durch die Z-Diode. Durch den Kondensator werden aus dem Netz kommende Störungen unterdrückt.

Wird anstelle der Einweggleichrichtung eine Brückengleichrichterschaltung benutzt, so liegt am Ausgang $\overline{Q}$ des Schmitt-Triggers eine Rechteckspannung mit einer Frequenz $f = 100$ Hz, die dann ebenfalls als sehr konstante Taktfrequenz benutzt werden kann.

8 Zähler und Codewandler

Bei den meisten Kontroll-, Meß- und Registrieraufgaben sowie in der gesamten Datenverarbeitung ist das Zählen von Vorgängen, Ereignissen oder Mengen eine unumgängliche Aufgabe. Hierfür werden heute überwiegend elektronische Zähler eingesetzt. Sie sind in vollintegrierter Bauform und inzwischen auch mit großen und größten Zählkapazitäten lieferbar.

Grundbaustein eines jeden elektronischen Zählers ist das bereits in Kapitel 7 behandelte Bistabile Kippglied. Durch unterschiedliches Zusammenschalten dieser Bistabilen Kippglieder lassen sich Zähler der verschiedensten Art mit fast beliebiger Zählkapazität aufbauen und der vorliegenden Zählaufgabe anpassen. Je nach Art der Ansteuerung der einzelnen Kippglieder unterscheidet man zwischen Asynchronzählern und Synchronzählern. Ob ein Zähler vorwärts oder rückwärts zählt, läßt sich ebenfalls durch entsprechende Verbindungen zwischen den Ein- und Ausgängen der Kippglieder erreichen.

Ein weiteres Unterscheidungsmerkmal ist auch die Art des Zahlensystems, in dem ein Zähler zählt. Man spricht dann von einem Dualzähler, BCD-Zähler oder einem Dezimalzähler. Darüber hinaus gibt es noch eine größere Zahl weiterer Zählervarianten, bei denen das Zählen nicht in Codes erfolgt, die einem Zahlensystem entsprechen. Sie haben Vorteile bei speziellen Aufgaben der Datenverarbeitung und -übertragung. Alle verschiedenen Zählerarten lassen sich aber letztlich auf das Prinzip des Dualzählers zurückführen, der im Dualen Zahlensystem arbeitet, das nur die zwei verschiedenen Ziffern 0 und 1 kennt.

Schaltungstechnisch eng verwandt mit den Zählern sind die Schieberegister. Sie sind insbesondere für die Datenspeicherung und Datenübertragung erforderlich und in der Lage, parallel vorliegende Binärinformationen in serielle oder umgekehrt umzuwandeln.

Codewandler haben die Aufgabe, die in einem bestimmten System vom verabredeten Zeichen vorliegenden Informationen in ein anderes System, d.h. einen anderen „Code" umzuwandeln. So sind Codewandler in großem Umfang erforderlich, um z.B. dual-codierte Zahlen in Dezimalzahlen oder umgekehrt umzuwandeln. Weiterhin sind Codewandler auch notwendig, wenn Zahlen mit 7-Segment-Anzeigeeinheiten angezeigt werden sollen.

8.1 Zahlensysteme

8.1.1 Allgemeines

Das bekannteste Zahlensystem ist das Dezimalsystem. Sein Aufbau und seine Gesetzmäßigkeiten sind leicht verständlich und durchschaubar. Das Dezimalsystem ist aber nur eines von vielen möglichen Zahlensystemen. So gibt es mehrere Zahlensysteme, deren Rechenregeln sehr viel einfacher als die des Dezimalsystems sind. Aus diesem Grunde wird z.B. auch das Dualsystem in der Elektronik und der Datenverarbeitung viel häufiger eingesetzt als das Dezimalsystem.

Ganz allgemein bedeutet ein Zahlensystem, daß nach einer ganz bestimmten, für das betreffende System charakteristischen Gesetzmäßigkeit Zeichengruppen gebildet werden können, um Mengen zu kennzeichnen. Man unterscheidet bei den Zahlensystemen im wesentlichen zwischen zwei verschiedenen Arten. Es sind dies:

a) Zahlensysteme, bei denen der Wert der einzelnen Zeichen eindeutig festliegt. Der bekannteste Vertreter dieser Art ist das römische Zahlensystem.

b) Zahlensysteme, bei denen der Wert der einzelnen Zeichen von der Stelle innerhalb einer Zeichengruppe abhängig ist. Hierzu gehört auch das Dezimalsystem.

Bei dem römischen Zahlensystem entspricht z. B. das Zeichen X der Dezimalzahl 10 und das Zeichen C der Dezimalzahl 100. So wird die Jahreszahl 1978 im römischen Zahlensystem als MCMLXXVIII geschrieben. Das Erkennen und Lesen solcher Zahlen ist sehr schwierig. Noch weitaus schwieriger aber ist das Rechnen mit römischen Zahlen. Derartige Zahlensysteme haben daher heute nur noch einen historischen Wert.

Alle heute gebräuchlichen und eingesetzten Zahlensysteme gehören zur Gruppe b), sind also Systeme, bei denen den Zeichen auch Stellenwerte zugeordnet werden. Im Dezimalsystem besagt z. B. die Zahl 2222, daß 2 Tausender, 2 Hunderter, 2 Zehner und 2 Einer vorhanden sind, obwohl als einziges Zeichen nur die Ziffer 2 auftritt.
Das Dezimalsystem ist auch heute noch das wichtigste und verbreitetste Zahlensystem. In der Elektronik und Datenverarbeitung werden zusätzlich aber noch das system, das Oktalsystem und das Hexadezimalsystem eingesetzt. Aber auch diese Zahlensysteme werden durch Rückbeziehung und Vergleich mit dem Dezimalsystem durchaus verständlich.

8.1.1.1 Das Dezimalsystem (Zehnersystem)

In dem Dezimalsystem (lat.: decum = 10) spielt die Zahl 10 bei dem gesetzmäßigen Aufbau eine wesentliche Rolle. So hat das Dezimalsystem 10 verschiedene Ziffern. Es sind die Ziffern 0; 1; 2; 3; 4; 5; 6; 7; 8; 9. Darüber wird aber auch jede Stelle einer Dezimalzahl mit einer Potenz von 10 bewertet. Die Zehnerpotenzen steigen dabei von Stelle zu Stelle von rechts nach links an. Die Ziffern an diesen einzelnen Stellen sind Faktoren der Stellenwerte und geben an, wie oft der Stellenwert zu multiplizieren ist.

Im Dezimalsystem ist also z. B. die Zahl 10932 folgendermaßen aufgebaut:

1 0 9 3 2

→ 1. Stelle $\hat{=} 2 \cdot 10^0 = 2 \cdot 1 = +2$

→ 2. Stelle $\hat{=} 3 \cdot 10^1 = 3 \cdot 10 = +30$

→ 3. Stelle $\hat{=} 9 \cdot 10^2 = 9 \cdot 100 = +900$

→ 4. Stelle $\hat{=} 0 \cdot 10^3 = 0 \cdot 1000 = +0$

→ 5. Stelle $\hat{=} 1 \cdot 10^4 = 1 \cdot 10000 = +10000$

$\overline{10932}$

Bei der üblichen Schreibweise einer Zahl im Dezimalsystem handelt es sich also lediglich um die Kurzform einer Potenzschreibweise:

$$\begin{aligned} 10932 &= 1 \cdot 10000 + 0 \cdot 1000 + 9 \cdot 100 + 3 \cdot 10 + 2 \cdot 1 \\ &= 1 \cdot 10^4 + 0 \cdot 10^3 + 9 \cdot 10^2 + 3 \cdot 10^1 + 2 \cdot 10^0 \\ &= 10932 \end{aligned}$$

Jede Stelle einer Zahl ist im Dezimalsystem das Vielfache einer Zehnerpotenz. Man sagt daher auch, daß das Dezimalsystem auf der Basis $B = 10$ aufgebaut ist. Zur besonderen Kennzeichnung oder zur Unterscheidung von anderen Zahlensystemen wird dann auch die Zahl 10 als Index verwendet.

Die Schreibweise $981_{(10)}$ oder $Z_{(10)} = 981$ besagt dann, daß es sich bei der Zahl 981 um eine Dezimalzahl handelt, sie also nach den Gesetzen des Dezimalsystems aufgebaut ist. Selbstverständlich sind auch die gebrochenen Zahlen, z. B. 981,081 nach den gleichen Gesetzmäßigkeiten aufgebaut. An dieser Stelle soll aber sowohl beim Dezimalsystem als auch bei den folgenden Zahlensystemen nur auf ganze, positive Zahlen eingegangen werden.

8.1.1.2 Das Dualsystem (Zweiersystem)

Das Dualsystem ist für die elektronische Signal- und Datenverarbeitung von besonderer Bedeutung. Die Bezeichnung „Dual" ist wiederum vom lateinischen Zahlwort „duo" = 2 abgeleitet. Der besondere Wert des Dualsystems für die Elektronik liegt darin, daß lediglich 2 verschiedene Ziffern erforderlich sind. So kennt das Dualsystem nur die beiden Ziffern 0 und 1.

Während beim Dezimalsystem jede Stelle einer Zahl mit einer Potenz von 10 bewertet wird, erfolgt im Dualsystem die Stellenbewertung jeweils mit einer Potenz von 2. Auch hier steigen die Zweierpotenzen wieder von rechts nach links von Stelle zu Stelle an. Die Ziffern 0 und 1 an diesen Stellen sind dann wiederum Faktoren der Stellenwerte und geben an, ob der Stellenwert mit 0 oder 1 zu multiplizieren ist:

1 0 1 0 1

$$\begin{aligned}
&\rightarrow \text{1. Stelle} \mathrel{\hat{=}} 1 \cdot 2^0 = 1 \cdot 1 = 1\\
&\rightarrow \text{2. Stelle} \mathrel{\hat{=}} 0 \cdot 2^1 = 0 \cdot 2 = +0\\
&\rightarrow \text{3. Stelle} \mathrel{\hat{=}} 1 \cdot 2^2 = 1 \cdot 4 = +4\\
&\rightarrow \text{4. Stelle} \mathrel{\hat{=}} 0 \cdot 2^3 = 0 \cdot 8 = +0\\
&\rightarrow \text{5. Stelle} \mathrel{\hat{=}} 1 \cdot 2^4 = 1 \cdot 16 = +16\\
&\qquad = +21
\end{aligned}$$

Aus dieser Darstellung ist auch bereits der direkte Zusammenhang mit dem Dezimalsystem und der gleiche Aufbau erkennbar. Auch die Schreibweise der Dualzahl 10101 ist also nur eine Kurzform der Potenzschreibweise:

$$\begin{aligned}
10101 &= 1 \cdot 2^4 + 0 \cdot 2^3 + 1 \cdot 2^2 + 0 \cdot 2^1 + 1 \cdot 2^0\\
(\text{Dual}) &= 1 \cdot 16 + 0 \cdot 8 + 1 \cdot 4 + 0 \cdot 2 + 1 \cdot 1\\
&= 21 \ (\text{Dezimal})
\end{aligned}$$

Hieraus ist auch bereits erkennbar, wie sich Dualzahlen in Dezimalzahlen umwandeln lassen und umgekehrt.

Da das Dualsystem auf Potenzen der Zahl 2 aufgebaut ist, hat es die Basis $B = 2$ als charakteristisches Kennzeichen. Zur Kennzeichnung einer Dualzahl wird daher die Zahl 2 als Index verwendet.

Die Schreibweise $10101_{(2)}$ oder $Z_{(2)} = 10101$ besagt dann, daß es sich hier um eine

Dualzahl handelt. Sie beschreibt eine Menge, die in dem geläufigerem Dezimalsystem der Menge $Z_{(10)} = 21$ oder $21_{(10)}$ entspricht. Man kann also z.B. schreiben:

$$10101_{(2)} = 21_{(10)}$$

8.1.1.3 Das Oktalsystem (Achtersystem)

Das Bildungsgesetz des Oktalsystems (lat.: okto = 8) entspricht dem Bildungsgesetz des Dezimal- und Dualsystems. Im Oktalsystem sind jedoch nur 8 Ziffern erforderlich und es werden die Ziffern 0; 1; 2; 3; 4; 5; 6; 7 verwendet. Alle Stellenwerte sind Potenzen der Zahl 8, d.h. dieses System hat die Basis $B = 8$. Daher wird eine Zahl im Oktalsystem auch durch den Index 8 gekennzeichnet.

$Z_{(8)} = 3\ 1\ 7\ 4$

$$\begin{aligned}
&\to 1.\ \text{Stelle} \mathrel{\hat{=}} 4 \cdot 8^0 = 4 \cdot 1 = && 4 \\
&\to 2.\ \text{Stelle} \mathrel{\hat{=}} 7 \cdot 8^1 = 7 \cdot 8 = && +\ 56 \\
&\to 3.\ \text{Stelle} \mathrel{\hat{=}} 1 \cdot 8^2 = 1 \cdot 64 = && +\ 64 \\
&\to 4.\ \text{Stelle} \mathrel{\hat{=}} 3 \cdot 8^3 = 3 \cdot 512 = && +\ 1536 \\
\hline
& 3174_{(8)} = && 1660_{(10)}
\end{aligned}$$

In Potenzschreibweise ergibt sich:

$$\begin{aligned}
3174_{(8)} &= 3 \cdot 8^3 + 1 \cdot 8^2 + 7 \cdot 8^1 + 4 \cdot 8^0 \\
&= 3 \cdot 512 + 1 \cdot 64 + 7 \cdot 8 + 4 \cdot 1 \\
&= 1536 + 64 + 56 + 4 \\
3174_{(8)} &= 1660_{(10)}
\end{aligned}$$

8.1.1.4 Das Hexadezimalsystem (Sechzehnersystem)

Das Hexadezimalsystem wird oft auch Sedezimalsystem genannt. Es ist aufgebaut auf der Basis $B = 16$ und wird in der Zähler- und Speichertechnik verwendet. Das Hexadezimalsystem erfordert seinem Bildungsgesetz entsprechend 16 verschiedene Ziffern. Da aus dem „Dezimalalphabet" jedoch nur 10 Ziffern (0...9) entnommen werden können, werden für die weiteren 6 erforderlichen Ziffern die ersten Buchstaben des Alphabets verwendet. So entspricht:

$A \mathrel{\hat{=}} 10$; $B \mathrel{\hat{=}} 11$; $C \mathrel{\hat{=}} 12$; $D \mathrel{\hat{=}} 13$; $E \mathrel{\hat{=}} 14$ und $F \mathrel{\hat{=}} 15$.

Damit ergeben sich im Hexadezimalsystem dann Zahlen, in denen sowohl Ziffern als auch Buchstaben auftreten.

$Z_{(16)} = 2\ A\ F\ 3$

$$\begin{aligned}
&\to 1.\ \text{Stelle} \mathrel{\hat{=}} 3 \cdot 16^0 = 3 \cdot 1 = && 3 \\
&\to 2.\ \text{Stelle} \mathrel{\hat{=}} 15 \cdot 16^1 = 15 \cdot 16 = && +\ 240 \\
&\to 3.\ \text{Stelle} \mathrel{\hat{=}} 10 \cdot 16^2 = 10 \cdot 256 = && +\ 2560 \\
&\to 4.\ \text{Stelle} \mathrel{\hat{=}} 2 \cdot 16^3 = 2 \cdot 4096 = && +\ 8192 \\
\hline
& 2AF3_{(16)} = && 10995_{(10)}
\end{aligned}$$

In Potenzschreibweise ergibt sich:

$$\begin{aligned}
Z_{(16)} = 2AF3 &= 2 \cdot 16^3 + 10 \cdot 16^2 + 15 \cdot 16^1 + 3 \cdot 16^0 \\
&= 2 \cdot 4096 + 10 \cdot 256 + 15 \cdot 16 + 3 \cdot 1 \\
2AF3_{(16)} &= 10995_{(10)}
\end{aligned}$$

Der Index 16 wird bei einer Zahl im Hexadezimalsystem häufig weggelassen, da durch die verwendeten Buchstaben keine Verwechselungsgefahr besteht.

8.1.1.5 Gegenüberstellung der vier Zahlensysteme

In Form einer Tabelle sind in **Bild 8.1** die Dezimalzahlen 1 bis 20 den gleichwertigen Zahlen der drei anderen Systeme gegenübergestellt.

$Z_{(10)}$	$Z_{(2)}$	$Z_{(8)}$	$Z_{(16)}$
0	0	0	0
1	1	1	1
2	10	2	2
3	[11]	3	3
4	100	4	4
5	101	5	5
6	110	6	6
7	111	7	7
8	1000	10	8
9	1001	[11]	9
10	1010	12	A
[11]	1011	13	B
12	1100	14	C
13	1101	15	D
14	1110	16	E
15	1111	17	F
16	10000	20	10
17	10001	21	[11]
18	10010	22	12
19	10011	23	13
20	10100	24	14

Bild 8.1 Gegenüberstellung von Zahlen $Z_{(10)}$, $Z_{(2)}$, $Z_{(8)}$, $Z_{(16)}$

In der Tabelle nach Bild 8.1 ist zu erkennen, wie wichtig die Angabe des Zahlensystems bei einer Ziffernfolge sein kann. So kennzeichnet z. B. die Ziffernfolge 11 in jedem Zahlensystem eine völlig andere Menge.

$11_{(10)} = 11_{(10)}$ $\qquad 11_{(8)} = 9_{(10)}$

$11_{(2)} = 3_{(10)}$ $\qquad 11_{(16)} = 17_{(10)}$.

8.2 Umwandlung von Zahlen

In der Signalverarbeitung ist es sehr oft erforderlich, Zahlen eines Zahlensystems in Zahlen eines anderen Zahlensystems umzuwandeln. In Kapitel 8.1 wurde das Grundprinzip einer Umwandlung bereits gezeigt.

8.2.1 Umwandlung von Dezimalzahlen in Zahlen eines anderen Systems

Dezimalzahlen können in recht einfacher Weise in Zahlen beliebiger anderer Systeme umgewandelt werden. Hierfür gibt es verschiedene mathematische Umwandlungsverfahren. Ein besonders einfaches Verfahren ist das sog. *„Resteverfahren"*. Dabei wird die umzuwandelnde Dezimalzahl fortlaufend durch die Basis des gesuchten Zahlensystems dividiert. Die dabei entstehenden Reste werden aufgeschrieben und ergeben von unten nach oben gelesen die gleichwertige Zahl in dem gesuchten Zahlensystem. Sie wird dann zweckmäßigerweise in der Reihenfolge von rechts nach links aufgeschrieben.

Beispiel 1

Umwandlung der Dezimalzahl $Z_{(10)} = 83$ in eine Dualzahl $Z_{(2)}$:

$83 : 2 = 41$ Rest 1
$41 : 2 = 20$ Rest 1
$20 : 2 = 10$ Rest 0
$10 : 2 = 5$ Rest 0
$5 : 2 = 2$ Rest 1
$2 : 2 = 1$ Rest 0
$1 : 2 = 0$ Rest 1

$83_{(10)} = 1\ 0\ 1\ 0\ 0\ 1\ 1_{(2)}$

$Z_{(10)} = 83 \mathrel{\hat{=}} Z_{(2)} = 1010011$

Probe: $1 \cdot 2^6 + 0 \cdot 2^5 + 1 \cdot 2^4 + 0 \cdot 2^3 + 0 \cdot 2^2 + 1 \cdot 2^1 + 1 \cdot 2^0$
$= 1 \cdot 64 + 0 \cdot 32 + 1 \cdot 16 + 0 \cdot 8 + 0 \cdot 4 + 1 \cdot 2 + 1 \cdot 1$
$Z_{(10)} = 83$

Beispiel 2

Umwandlung der Dezimalzahl $Z_{(10)} = 1059$ in eine Oktalzahl $Z_{(8)}$:

$1059 : 8 = 132$ Rest 3
$132 : 8 = 16$ Rest 4
$16 : 8 = 2$ Rest 0
$2 : 8 = 0$ Rest 2

$1059_{(10)} = 2\ 0\ 4\ 3_{(8)}$

$Z_{(10)} = 1059 \mathrel{\hat{=}} Z_{(8)} = 2043$

Probe: $2 \cdot 8^3 + 0 \cdot 8^2 + 4 \cdot 8^1 + 3 \cdot 8^0$
$= 2 \cdot 512 + 0 \cdot 64 + 4 \cdot 8 + 3 \cdot 1$
$= 1024 + 0 + 32 + 3$
$Z_{(10)} = 1059$

Beispiel 3

Umwandlung der Dezimalzahl $Z_{(10)} = 10846$ in eine Hexadezimalzahl $Z_{(16)}$:

$10846 : 16 = 677$ Rest 14
$677 : 16 = 42$ Rest 5
$42 : 16 = 2$ Rest 10
$2 : 16 = 0$ Rest 2

$10846_{(10)} = 2\ A\ 5\ E_{(16)}$

$Z_{(10)} = 10846 \mathrel{\hat{=}} Z_{(16)} = 2A5E$

$$
\begin{aligned}
\text{Probe: }\quad & 2 \cdot 16^3 + 10 \cdot 16^2 + 5 \cdot 16^1 + 14 \cdot 16^0 \\
&= 2 \cdot 4096 + 10 \cdot 256 + 5 \cdot 16 + 14 \\
&= 8192 + 2560 + 80 + 14 \\
Z_{(10)} &= 10846
\end{aligned}
$$

8.2.2 Umwandlung von Zahlen eines beliebigen Zahlensystems in Dezimalzahlen

Soll die Zahl eines beliebigen Zahlensystems in eine Dezimalzahl umgewandelt werden, so müssen die einzelnen Ziffern der Zahl mit dem entsprechenden Stellenwert des Zahlensystems multipliziert werden. Ihre Summe ergibt dann die Dezimalzahl. In Kapitel 8.1 ist das Grundprinzip schon erläutert.

Beispiel 1

Umwandlung der Dualzahl $Z_{(2)} = 10101010$ in eine Dezimalzahl $Z_{(10)}$:

1 0 1 0 1 0 1 0

$$
\begin{aligned}
&\rightarrow 0 \cdot 2^0 = 0 \cdot 1 = \ 0 \\
&\rightarrow 1 \cdot 2^1 = 1 \cdot 2 = +\ 2 \\
&\rightarrow 0 \cdot 2^2 = 0 \cdot 4 = +\ 0 \\
&\rightarrow 1 \cdot 2^3 = 1 \cdot 8 = +\ 8 \\
&\rightarrow 0 \cdot 2^4 = 0 \cdot 16 = +\ 0 \\
&\rightarrow 1 \cdot 2^5 = 1 \cdot 32 = +\ 32 \\
&\rightarrow 0 \cdot 2^6 = 0 \cdot 64 = +\ 0 \\
&\rightarrow 1 \cdot 2^7 = 1 \cdot 128 = +\ 128 \\
\hline
&10101010_{(2)} = 170_{(10)}
\end{aligned}
$$

$Z_{(2)} = 10101010 \mathrel{\hat{=}} Z_{(10)} = 170$

Beispiel 2

Umwandlung der Oktalzahl $Z_{(8)} = 4327$ in eine Dezimalzahl $Z_{(10)}$:

4 3 2 7

$$
\begin{aligned}
&\rightarrow 7 \cdot 8^0 = 7 \cdot 1 = \ 7 \\
&\rightarrow 2 \cdot 8^1 = 2 \cdot 8 = +\ 16 \\
&\rightarrow 3 \cdot 8^2 = 3 \cdot 64 = +\ 192 \\
&\rightarrow 4 \cdot 8^3 = 4 \cdot 512 = +\ 2048 \\
\hline
&4327_{(8)} = 2263_{(10)}
\end{aligned}
$$

$Z_{(8)} = 4327 \mathrel{\hat{=}} Z_{(10)} = 2263$

Beispiel 3

Umwandlung der Hexadezimalzahl $Z_{(16)} = \text{B3C9}$ in eine Dezimalzahl $Z_{(10)}$:

B 3 C 9

$$\begin{aligned}
9 \rightarrow\; & 9 \cdot 16^0 = 9 \cdot 1 = 9 \\
C \rightarrow\; & 12 \cdot 16^1 = 12 \cdot 16 = +\;192 \\
3 \rightarrow\; & 3 \cdot 16^2 = 3 \cdot 256 = +\;768 \\
B \rightarrow\; & 11 \cdot 16^3 = 11 \cdot 4096 = +\;45056 \\
& \text{B3C9}_{(16)} = 46025_{(10)}
\end{aligned}$$

$Z_{(16)} = \text{B3C9} \mathrel{\hat{=}} Z_{(10)} = 46025$

8.2.3 Umwandlung von Zahlen beliebiger Zahlensysteme in Zahlen anderer beliebiger Zahlensysteme

Die Umwandlung von Zahlen eines beliebigen Systems in Zahlen eines beliebigen anderen Systems wird zweckmäßigerweise in zwei Schritten vorgenommen. Zunächst wird entsprechend Kapitel 8.2.2 eine Umwandlung in eine Dezimalzahl vorgenommen und diese dann entsprechend Kapitel 8.2.1 in die Zahl des gewünschten Zahlensystems umgewandelt.

Beispiel 1

Umwandlung der Dualzahl $Z_{(2)} = 101101$ in eine Hexadezimalzahl $Z_{(16)}$:

1. Schritt:

1 0 1 1 0 1

$$\begin{aligned}
& 1 \cdot 2^0 = 1 \cdot 1 = 1 \\
& 1 \cdot 2^1 = 0 \cdot 2 = +\;0 \\
& 1 \cdot 2^2 = 1 \cdot 4 = +\;4 \\
& 1 \cdot 2^3 = 1 \cdot 8 = +\;8 \\
& 0 \cdot 2^4 = 0 \cdot 16 = +\;0 \\
& 1 \cdot 2^5 = 1 \cdot 32 = +\;32 \\
& 101101_{(2)} = 45_{(10)}
\end{aligned}$$

2. Schritt:

$45 : 16 = 2$ Rest 13

$2 : 16 = 0$ Rest 2

$45_{(10)} = 2\;D_{(16)}$

Damit ergibt sich:

$Z_{(2)} = 101101 \mathrel{\hat{=}} Z_{(16)} = 2D$

Beispiel 2

Umwandlung der Hexadezimalzahl $Z_{(16)} = 2FC$ in eine Dualzahl $Z_{(2)}$:

1. Schritt:

2 F C

$$\begin{aligned}
C \rightarrow\; & 12 \cdot 16^0 = 12 \cdot 1 = 12 \\
F \rightarrow\; & 15 \cdot 16^1 = 15 \cdot 16 = +\;240 \\
2 \rightarrow\; & 2 \cdot 16^2 = 2 \cdot 256 = +\;512 \\
& 2FC_{(16)} = 764_{(10)}
\end{aligned}$$

2. Schritt:

764 : 2 = 382 Rest 0
382 : 2 = 191 Rest 0
191 : 2 = 95 Rest 1
95 : 2 = 47 Rest 1
47 : 2 = 23 Rest 1
23 : 2 = 11 Rest 1
11 : 2 = 5 Rest 1
5 : 2 = 2 Rest 1
2 : 2 = 1 Rest 0
1 : 2 = 0 Rest 1

$764_{(10)} = 1\ 0\ 1\ 1\ 1\ 1\ 1\ 1\ 0\ 0_{(2)}$

Damit ergibt sich:

$Z_{(16)} = 2FC \mathrel{\widehat{=}} Z_{(2)} = 1011111100$

8.3 Addition und Subtraktion von Dualzahlen

Mit Dualzahlen läßt sich genauso rechnen wie mit Dezimalzahlen. So gelten für die 4 Grundrechnungsarten Addition, Subtraktion, Multiplikation und Division die gleichen Rechenregeln wie im Dezimalsystem. Da das Dualsystem nur zwei Ziffern hat, werden die Rechenregeln jedoch sehr einfach.

8.3.1 Rechenregeln

Addition von Dualzahlen

Für die Addition von Dualzahlen gelten die Rechenregeln:

$0 + 0 = 0$
$0 + 1 = 1$
$1 + 0 = 1$
$1 + 1 = 0$ / + 1 als Übertrag auf die nächst höhere Stelle
$1 + 1 + 1 = 1$ / + 1 als Übertrag auf die nächst höhere Stelle

Beispiel

Addition der Dualzahlen $Z_{(2)} = 1001$ und $Z_{(2)} = 11011$

1001	
+ 11011	
+ 11 11	(+ Überträge)
100100	Ergebnis

Probe:

$$\begin{aligned} 1001_{(2)} &= 9_{(10)} \\ +\ 11011_{(2)} &= 27_{(10)} \\ \hline 100100_{(2)} &= 36_{(10)} \end{aligned}$$

Wegen der häufig entstehenden Überträge wird die Addition von mehr als zwei Dualzahlen sehr umständlich. Es ist daher zweckmäßig, immer nur zwei Dualzahlen zu addieren und zu dem Ergebnis dann jeweils die weitere Dualzahl zu addieren.

Beispiel

Addition der Zahlen $1011_{(2)}$; $11101_{(2)}$; $1111_{(2)}$

```
   1011
+ 11101
+11111    (+Überträge)
 101000   Zwischenergebnis
+  1111
+ 1       (+Überträge)
 110111   Ergebnis
```

Probe:

$$\begin{array}{rcr} 1011_{(2)} & = & 11_{(10)} \\ +\ 11101_{(2)} & = & +29_{(10)} \\ \hline 101000_{(2)} & = & 40_{(10)} \\ +\ 1111_{(2)} & = & +15_{(10)} \\ \hline 110111_{(2)} & = & 55_{(10)} \end{array}$$

Nach dem angegebenen Verfahren lassen sich Dualzahlen in beliebigem Umfang addieren.

Subtraktion von Dualzahlen

Für die Subtraktion von Dualzahlen gelten die Rechenregeln:

$0-0=0$
$0-1=1/-1$ als Übertrag auf die nächst höhere Stelle
$1-0=1$
$1-1=0$
$0-1-1=0/-1$ als Übertrag auf die nächst höhere Stelle
$1-1-1=1/-1$ als Übertrag auf die nächst höhere Stelle

Beispiel

Subtraktion der Dualzahl $1111_{(2)}$ von der Dualzahl $11001_{(2)}$

```
 11001
-  1111
-111      (-Überträge)
 01010    Ergebnis
```

Probe:

$$\begin{array}{rcr} 11001_{(2)} & = & 25_{(10)} \\ -\ 1111_{(2)} & = & -15_{(10)} \\ \hline 1010_{(2)} & = & 10_{(10)} \end{array}$$

Sind mehrere Dualzahlen von einer Dualzahl zu subtrahieren, so erfolgt dieses schrittweise, indem immer wieder Zwischenergebnisse gebildet werden.

Beispiel

$11001_{(2)} - 1100_{(2)} - 110_{(2)} = ?$

```
 11001
-  1100
-11       (-Überträge)
 01101    Zwischenergebnis
-   110
-  11     (-Überträge)
   0111   Ergebnis
```

Probe:

$$\begin{array}{rcr} 11001_{(2)} & = & 25_{(10)} \\ 1100_{(2)} & = & -12_{(10)} \\ \hline 1101_{(2)} & = & 13_{(10)} \\ -\ 110_{(2)} & = & 6_{(10)} \\ \hline 111_{(2)} & = & 7_{(10)} \end{array}$$

Bei der Subtraktion von Dualzahlen werden hier alle Fälle ausgeschlossen, bei denen sich eine negative Dualzahl ergibt.

Die Multiplikation von Dualzahlen läßt sich genau wie bei den Dezimalzahlen auf eine wiederholte Addition und die Division auf eine wiederholte Subtraktion zurückführen.

Gegenüber den Dezimalzahlen sind die Rechenoperationen bei Dualzahlen zwar sehr viel einfacher auszuführen, erfordern aber eine viel größere Zahl von Rechenschritten. Doch gerade daraus ergibt sich der Vorteil des Dualsystems in der elektronischen Signal- und Datenverarbeitung. Die Rechenschritte des Dualsystems sind technisch leichter zu realisieren, die Vielzahl der Schritte ist aber wegen der hohen Geschwindigkeit der Signalverarbeitung von untergeordneter Bedeutung.

8.3.2 Halbaddierer und Volladdierer

Betrachtet man die Rechenregeln für die Addition von Dualzahlen, so ist ein direkter Zusammenhang mit der Wahrheitstabelle einer Logischen Schaltung leicht zu erkennen. Man spricht von einem *Halbaddierer*, wenn eine Logische Schaltung den funktionalen Zusammenhang für die Addition von zwei Dualziffern erfüllt. Ein Halbaddierer hat also einen Eingang für die Dualzahl A und einen Eingang für die Dualzahl B. Weiterhin muß der Halbaddierer 2 Ausgänge haben, und zwar einen Summenausgang Σ (Σ = Sigma = Zeichen für Summe) und einen Ausgang für den Übertrag $Ü_{n+1}$, der bei der Addition von $1 + 1$ auftritt **(Bild 8.2).** Ein Übertrag $Ü_{n+1} = 1$ muß an die nächst höhere Stelle übermittelt werden.

B	A	Σ	$Ü_{n+1}$
0	0	0	0
0	1	1	0
1	0	1	0
1	1	0	1

Bild 8.2 Wahrheitstabelle für einen Halbaddierer

Mit Hilfe der Schaltungssynthese läßt sich ein zugehöriges Logisches Schaltnetz entwickeln. In **Bild 8.3** ist ein Halbaddierer angegeben, der nur aus NAND-Gliedern aufgebaut ist.

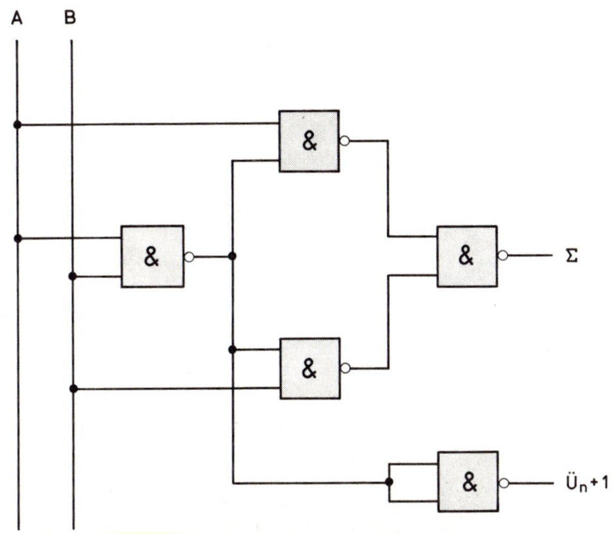

Bild 8.3 Halbaddierer mit NAND-Gliedern

Durch Analyse des in Bild 8.3 angegebenen Halbaddierers läßt sich der Nachweis erbringen, daß die Wahrheitstabelle nach Bild 8.2 erfüllt wird.

Ein solcher Halbaddierer ist aber nicht in der Lage, außer der richtigen Addition von zwei einzelnen Dualzahlen auch noch den Übertrag $Ü_{n+1} = 1$ von einer nächst niedrigen Stelle zu verarbeiten. Ein Halbaddierer kann also nur zur Addition der jeweils letzten Ziffer von zwei Dualzahlen eingesetzt werden.

Ein *Volladdierer* kann auch den Übertrag von der niedrigen Stelle verarbeiten. Er muß also 3 Eingänge haben, den Eingang A für die erste Ziffer, den Eingang B für die zweite Ziffer und den Eingang $Ü_n$ für den Übertrag von der niedrigeren Stelle. In **Bild 8.4** ist die Wahrheitstabelle für einen Volladdierer angegeben.

$Ü_n$	B	A	Σ	$Ü_{n+1}$
0	0	0	0	0
0	0	1	1	0
0	1	0	1	0
0	1	1	0	1
1	0	0	1	0
1	0	1	0	1
1	1	0	0	1
1	1	1	1	1

Bild 8.4 Wahrheitstabelle für einen Volladdierer

Auch zu der Wahrheitstabelle für einen Volladdierer läßt sich wieder mit Hilfe der Schaltungssynthese eine zugehörige Logische Schaltung finden. **Bild 8.5** zeigt eine der möglichen Schaltungen, die hier wieder nur aus NAND-Gliedern aufgebaut ist. Mit Hilfe der Analyse dieser Schaltung kann die Kontrolle durchgeführt werden, daß die Schaltung nach Bild 8.5 das von einem Volladdierer verlangte logische Verhalten zeigt.

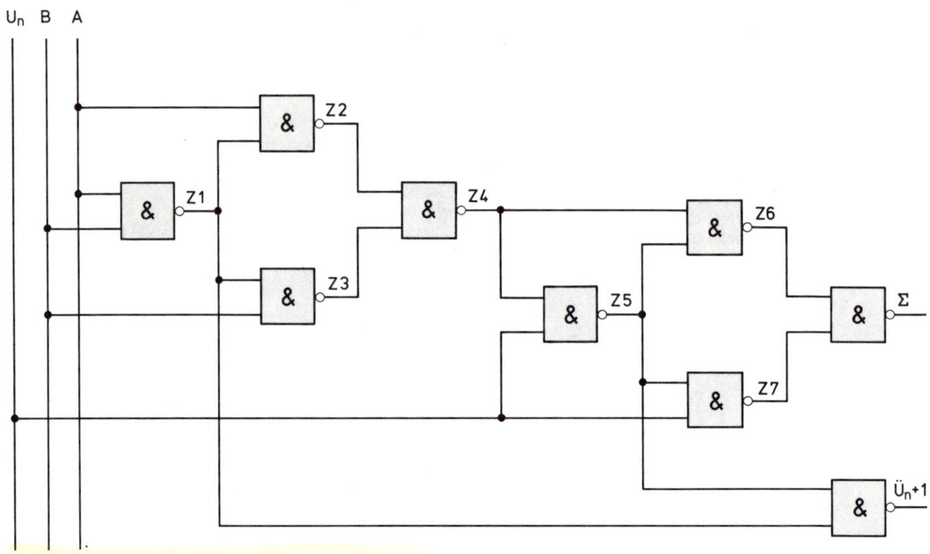

Bild 8.5 Volladdierer mit NAND-Gliedern

Mit dem Volladdierer nach Bild 8.5 können also zwei einstellige Dualzahlen addiert werden, wobei ein Übertrag von der nächst niedrigeren Stelle verarbeitet und ein Übertrag an die nächst höhere Stelle gegeben werden kann. Der technische Aufwand für diese einfache Rechenoperation ist bereits erheblich. So werden für den Volladdierer nach Bild 8.5 bereits 9 NAND-Glieder benötigt. Aus diesen Gründen werden Rechenschaltungen in hochintegrierter Schaltungstechnik ausgeführt. Sie enthalten dann eine Vielzahl von Volladdierern, die intern zusammengeschaltet sind.

Innerhalb der TTL-Serie 74xx wird aber unter der Typenbezeichnung 7482 auch ein 2-Bit-Volladdierer angeboten. Mit ihm können dann zwei zweistellige Dualzahlen unter Einbeziehung der Überträge addiert werden. **Bild 8.6** zeigt die Anschlußbelegung des 2-Bit-Volladdierers 7482.

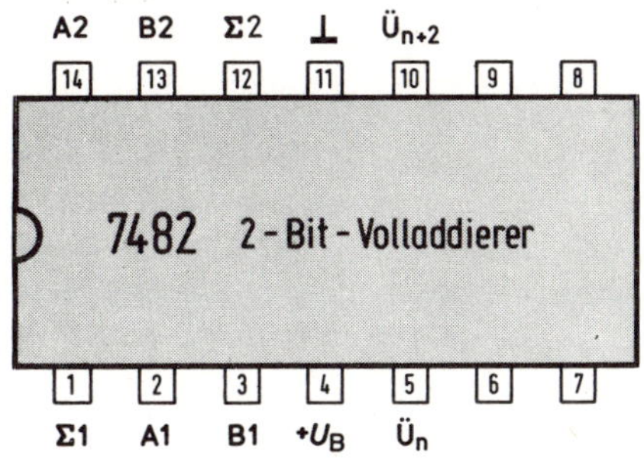

Bild 8.6 Anschlußbelegungen des 2-Bit-Volladdierers 7482

Die Bit-Summen ergeben sich an den Ausgängen Σ 1 und Σ 2. Der Übergang $Ü_{n+1}$ ist nicht herausgeführt, sondern intern mit dem 2. Addierer verbunden. Am Ausgang $Ü_{n+2}$ liegt der Übertrag für die nächst höhere Stufe.

Die Arbeitsweise dieses Addierers wird an einem Beispiel der Addition der Dualzahlen 11 und 10 näher erläutert. Hinter die Ziffern sind in Klammern jeweils die Eingänge bzw. Ausgänge gesetzt, an denen das entsprechende Signal auftritt.

1 (A 2) 1 (A 1)
+ 1 (B 2) 0 (B 1)
1 ($Ü_{n+2}$) 0 ($Ü_{n+1}$) 0 ($Ü_n$) Überträge
0 (Σ 2) 1 (Σ 1) nächst niedrige Stelle

Nach diesem Prinzip arbeiten sämtliche elektronischen Rechner, wobei auch alle Subtraktionen, Multiplikationen und Divisionen nach mathematischen Gesetzmäßigkeiten stets auf Additionen zurückgeführt werden.

8.4 Dualzähler

Unter dem Begriff „Zählen" wird im allgemeinen ein fortlaufendes Addieren und Speichern von Zähleinheiten verstanden. Elektronische Zähler haben die Aufgabe, Spannungsimpulse zu zählen. Die Spannungsimpulse, die dem Elektronischen Zähler zugeführt werden, sind häufig vorher aus den unterschiedlichsten Ereignissen oder Vorgängen in elektrische, vom Zähler verarbeitbare Signale umgewandelt worden.

Bei jedem Zählschritt muß eine Einheit zu einer schon gespeicherten Summe addiert und diese Summe dann wieder gespeichert werden. Auch jeder Elektronische Zähler muß daher die zwei grundlegenden Forderungen erfüllen:

1. Addition jeweils *einer* Einheit und
2. Speichern einer Summe.

Grundbaustein eines jeden Elektronischen Zählers ist das Bistabile Kippglied. Als Signalspeicher ist es in der Lage, den Informationsgehalt von 1 bit zu speichern. Bei Verwendung von z.B. 10 Bistabilen Kippgliedern kann dann auch eine Information von 10 bit gespeichert werden. Durch entsprechendes Zusammenschalten der Bistabilen Kippglieder ist die Gesamtschaltung jedoch auch in der Lage, jeweils eine Zähleinheit zu addieren und danach die Summe der Eingangssignale, also der Zähleinheiten, wieder zu speichern. Für das Zusammenschalten von Flipflops zu Elektronischen Zählern gibt es eine Vielzahl von Möglichkeiten.

Man unterscheidet dabei

nach Art der Ansteuerung
zwischen *Asynchronzählern* und *Synchronzählern*,

nach Art der Zählrichtung
zwischen *Vorwärtszählern* und *Rückwärtszählern*,

nach Art der Zahlensysteme
zwischen *Dualzählern*, *Dezimalzählern* usw., wobei jedoch alle Zähler als eine spezielle Form oder Abwandlung des Dualzählers anzusehen sind.

Bezüglich dieser drei Unterscheidungsmerkmale von Zählern können beliebige Mischformen auftreten, z.B. Asynchrone, rückwärtszählende Dualzähler oder Synchrone, vorwärtszählende Dezimalzähler.

Bei den *Synchronzählern* (synchron = gleichzeitig) wird das Eingangssignal allen Stufen des Zählers gemeinsam und gleichzeitig zugeführt.

Bei den *Asynchronzählern* (asynchron = nicht gleichzeitig) wird das Eingangssignal dagegen nur der ersten Stufe, also dem ersten Bistabilen Kippglied zugeführt. Die weiteren Zählstufen werden dann jeweils von der vorhergehenden Stufe angesteuert.

Die *Vorwärtszähler* beginnen in ihrer Nullstellung stets mit der kleinsten vorkommenden Ziffer, also der Ziffer 0 und zählen dann vorwärts bzw. aufwärts bis zur höchsten Stufe: 0, 1, 2, 3 usw.

Die *Rückwärtszähler* beginnen dagegen in ihrer Nullstellung stets mit der höchsten vorkommenden Ziffer und zählen dann rückwärts bzw. abwärts: 3, 2, 1, 0.

Bei einer Reihe von Zählaufgaben reicht es in der Praxis durchaus aus, wenn der Zähler nach dem Zählen einer festgelegten Anzahl von Impulsen an seinem Ausgang ein Signal abgibt, dabei automatisch wieder in die Nullstellung zurückspringt und beim Eintreffen weiterer Impulse mit einem neuen Zählvorgang beginnt. Ein solcher Zähler kann z.B. eingesetzt werden, wenn eine stets gleichbleibende Anzahl von Flaschen, Päckchen oder anderen zu zählenden Einheiten zu größeren Verpackungseinheiten abgezählt werden müssen. Der Ausgangsimpuls nach Zählung von beispielsweise 6 Flaschen löst dann jeweils den Verpackungsvorgang oder Weitertransport aus. Es ist hierbei nicht unbedingt erforderlich, daß die Zwischenzustände des Zählers direkt erkennbar oder ablesbar sind.

Häufig ist aber auch gerade die Anzeige der gezählten Impulse zweckmäßig oder gefordert. Dann muß von einer zusätzlichen Anzeigeeinrichtung der Speicherzustand aller Zählstufen fortlaufend angezeigt werden. Diese Anzeige des Speicherzustandes der einzelnen Zählstufen kann in seiner einfachsten Form mit Leuchtdioden erfolgen. Heute werden aber meistens Ziffernanzeigen der verschiedensten Ausführungen für die Anzeige des Speicherzustandes eines Elektronischen Zählers verwendet.

8.4.1 Asynchrone Dualzähler

8.4.1.1 Grundprinzip Asynchroner Dualzähler

Im Kapitel 7.4.4.2 wurde ein 4 : 1 Frequenzteiler behandelt, der aus zwei JK-Kippgliedern mit Zweiflankensteuerung aufgebaut war. In **Bild 8.7** ist diese Frequenzteilerschaltung nochmals in leicht abgeänderter Form wiedergegeben. Es handelt sich bei diesem Frequenzteiler bereits um die einfachste Ausführung eines zweistufigen, asynchronen vorwärtszählenden Dualzählers.

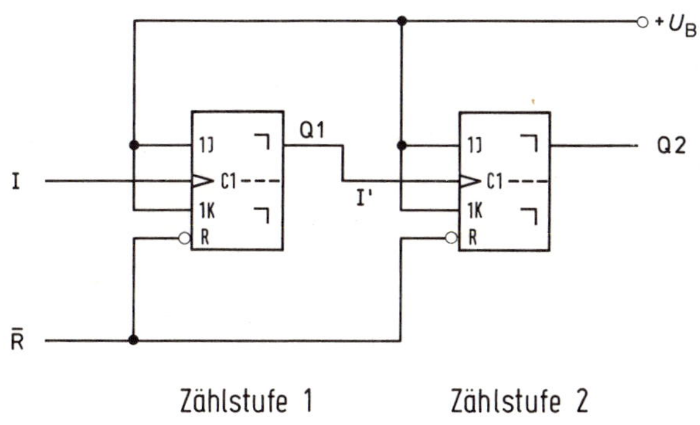

Bild 8.7 Zweistufiger, asynchroner, vorwärtszählender Dualzähler

Über den gemeinsamen Rücksetzeingang kann der Zähler mit $\bar{R} = 0$ zu jedem beliebigen Zeitpunkt in seine Nullstellung gebracht werden, d.h. Q 1 = 0 und Q 2 = 0. Die J- und K-Eingänge beider Stufen sind an $+U_B$, also an 1-Signal gelegt, so daß die beiden Kippglieder mit jeder negativen Flanke an ihren C-Eingängen ihren Speicherzustand ändern. Der Q-Ausgang der ersten Stufe ist direkt mit dem C-Eingang der zweiten Stufe verbunden.

Bild 8.8 zeigt den Signal-Zeit-Plan zu dem Zähler nach Bild 8.7. Zusätzlich eingetragen ist der Wirkungsablauf für das Setzen und Rücksetzen der Master-Slave-Flipflops. Deutlich erkennbar ist, daß jeweils nur die negative Flanke am Ausgang der Stufe 1 ein Kippen der Stufe 2 bewirkt. Dargestellt ist auch, daß die Eingangsimpulse an I in beliebiger zeitlicher Folge und mit unterschiedlicher Impulsbreite auftreten können.

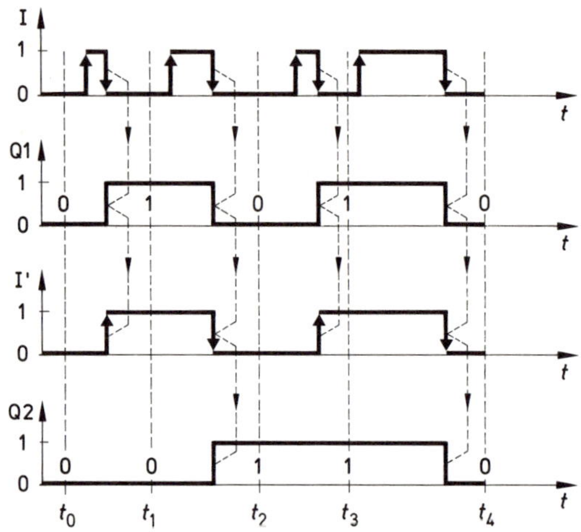

Bild 8.8 Signal-Zeit-Plan für den zweistufigen Zähler nach Bild 8.7

Ordnet man nun den Ausgängen Q 1 und Q 2 der beiden Bistabilen Kippglieder Stellenwerte von Ziffern des Dualen Zahlensystems zu, und zwar:

1. Zählstufe, Ausgang Q 1 ≙ Stellenwert 2^0
2. Zählstufe, Ausgang Q 2 ≙ Stellenwert 2^1,

so läßt sich die Tabelle nach **Bild 8.9** aufstellen.

Zeit-punkt	**Anzahl d. Impulse an I**	**Wertigkeit d. Ausgänge 2**	**1**	**Dual-Zahl**	**Dezimal-zahl**
		Q 2	**Q 1**		
t_0	0	0	0	00	0
t_1	1	0	1	01	1
t_2	2	1	0	10	2
t_3	3	1	1	11	3
$t_4 = t_0$	4	0	0	00	0

Bild 8.9 Zuordnung der Signalzustände an Q1 und Q2 zum dualen Zahlensystem

Bei der vorgenommenen Zuordnung der Ausgänge Q 1 und Q 2 zu Stellenwerten von Ziffern im Dualen Zahlensystem ergibt sich, daß die Anzahl der am I-Eingang eingetroffenen Impulse jeweils an den Ausgängen Q 1 und Q 2 als Dualzahl abgelesen werden kann. Die entsprechenden Ziffern sind auch in das Bild 8.8 für die Zeitpunkte t_0 bis t_4 zusätzlich eingetragen.

Eine Frequenzteilerschaltung aus 2 JK-Kippgliedern mit Zweiflankensteuerung kann also auch als Elektronischer Zähler, und zwar als zweistufiger, asynchroner, vorwärtszählender Dualzähler bezeichnet werden. Er springt jeweils nach 4 Zählimpulsen wieder in die Nullstellung zurück.

Beim Umspringen in die Nullstellung tritt eine negative Flanke am Ausgang Q 2 auf. Sie kann ein weiteres gleichartiges JK-Kippglied ansteuern, so daß die Zählerschaltung nach Bild 8.7 beliebig erweitert werden kann. **Bild 8.10** zeigt das Schaltbild für einen vierstufigen asynchronen Dualzähler.

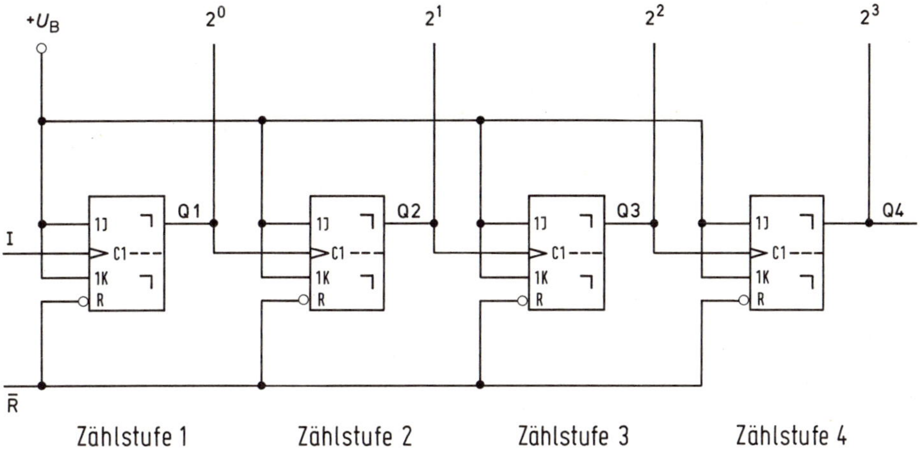

Bild 8.10 Vierstufiger, asynchroner, vorwärtszählender Dualzähler

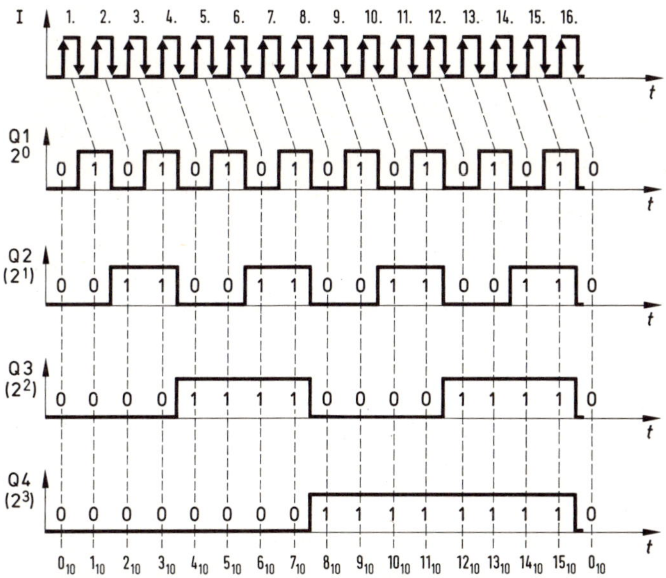

Bild 8.11 Signal-Zeit-Plan für den vierstufigen Vorwärtszähler nach Bild 8.10

In **Bild 8.11** ist der Signal-Zeit-Plan für den 4stufigen Dualzähler nach Bild 8.10 dargestellt. Zusätzlich zu den Spannungsverläufen an den Ausgängen Q 1, Q 2, Q 3 und Q 4 sind noch die Signalzustände 0 und 1 als Dualziffern eingetragen. Sie ergeben jeweils von unten nach oben gelesen die Anzahl der vom Zähler gezählten Impulse im Dualen Zahlensystem.

Eine Anzeige des jeweiligen Zählerzustandes könnte in recht einfacher Weise erfolgen, indem unter Beachtung der Belastungsmöglichkeit der Q-Ausgänge an jedem Ausgang eine Leuchtdiode angeschlossen wird. Zu beachten ist hierbei dann aber, daß der Stellenwert der einzelnen Ausgänge in Bild 8.10 von links nach rechts ansteigt, bei der Angabe einer Dualzahl aber stets von rechts nach links zunimmt.

Bei vielen Anwendungen in der Steuerungstechnik ist es notwendig, nicht nur vorwärts, sondern auch rückwärts zu zählen. Ein solcher Rückwärtszähler beginnt dann in Nullstellung mit dem höchsten Zählerstand und zählt rückwärts bis zum niedrigsten Zählerstand. **Bild 8.12** zeigt das Schaltbild für einen vierstufigen, asynchronen, rückwärtszählenden Dualzähler.

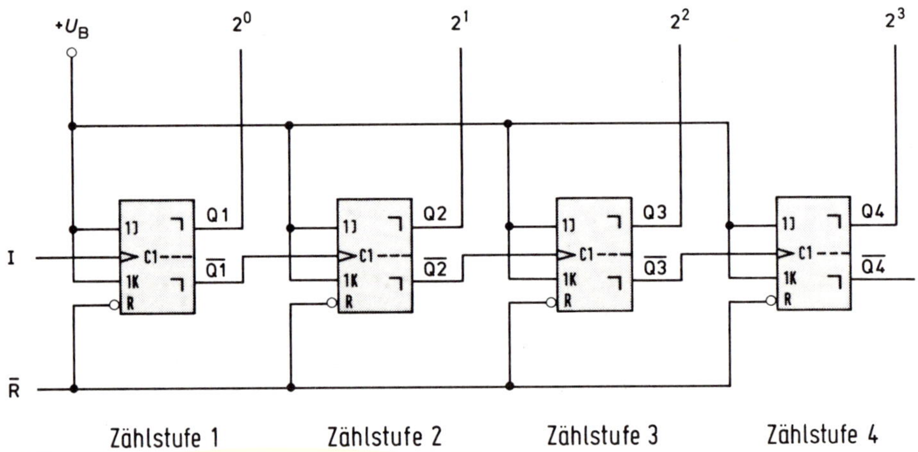

Bild 8.12 Vierstufiger, asynchroner, rückwärtszählender Dualzähler

Der Unterschied zwischen dem Vorwärtszähler nach Bild 8.10 und dem Rückwärtszähler nach Bild 8.12 besteht nur in der anderen Ansteuerung der jeweils nachfolgenden Bistabilen Kippstufe. Bei dem Rückwärtszähler wird die nachfolgende Stufe jeweils vom $\bar{Q}$-Ausgang der vorhergehenden Stufe angesteuert. **Bild 8.13** zeigt den Signal-Zeit-Plan für den 4-Bit-Rückwärtszähler nach Bild 8.12. Auch hier sind zusätzlich zu den Spannungsverläufen an den Ausgängen Q 1, Q 2, Q 3 und Q 4 noch die Signalzustände 0 und 1 als Dualziffern eingetragen. Sie ergeben hier ebenfalls, jeweils von unten nach oben gelesen, den Zählerstand, der jedoch bei jedem gezählten Impuls um „eins" niedriger wird.

In dem Signal-Zeit-Plan nach Bild 8.13 sind die $\bar{Q}$-Ausgänge, von denen die Ansteuerung der nachfolgenden Stufe erfolgt, nicht dargestellt. Dies ist bei der Betrachtung des Signal-Zeit-Planes zu beachten, weil sich bei dieser Darstellung der Signalzustand am Ausgang Q der nachfolgenden Stufe immer dann ändert, wenn am Ausgang Q der vorhergehenden Stufe eine positive Flanke auftritt. Dies bedeutet

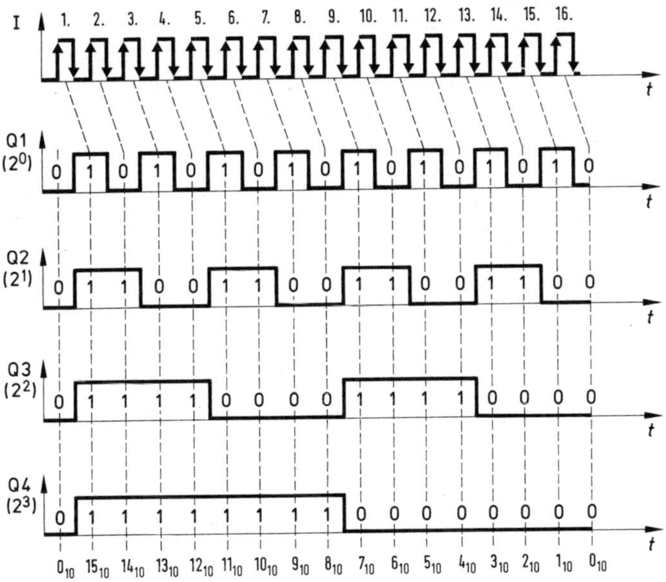

Bild 8.13 Signal-Zeit-Plan für einen vierstufigen Rückwärtszähler nach Bild 8.12

ja, daß am komplementären Ausgang $\bar{Q}$ dieser Stufe eine negative Flanke vorkommt, die beim JK-Flipflop mit Zweiflankensteuerung einen Signalwechsel am Ausgang Q der nachfolgenden Stufe bewirkt.

Um einen asynchronen Dualzähler sowohl zum Vorwärts- als auch zum Rückwärtszählen auszunutzen, wäre lediglich eine Umschaltung der Ansteuerung der jeweils nachfolgenden Stufe vom Ausgang Q oder $\bar{Q}$ der vorhergehenden Stufe erforderlich. Eine derartige Umschaltung kann selbstverständlich auch mit Hilfe von Logischen Schaltungen erfolgen. **Bild 8.14** zeigt eine derartige Prinzipschaltung.

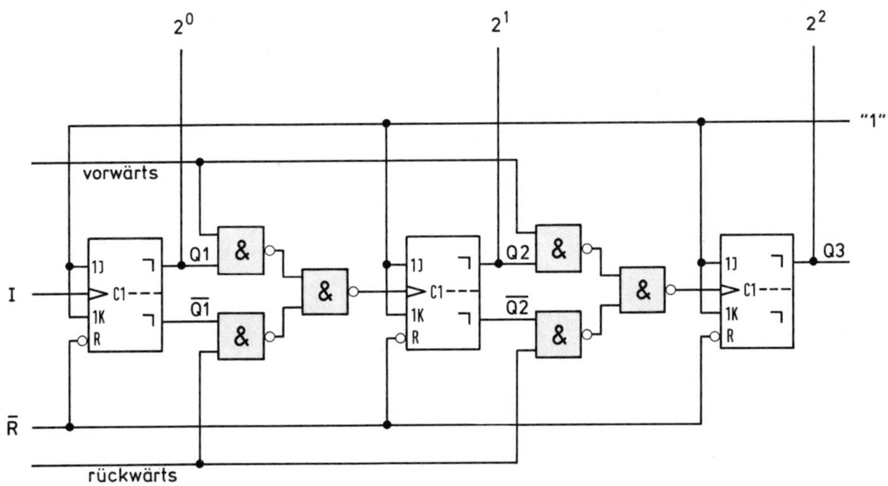

Bild 8.14 Prinzipschaltung eines asynchronen Vor-Rückwärtszählers

Liegt an der Steuerleitung „Vorwärts“ 1-Signal und an der Steuerleitung „Rückwärts“ 0-Signal, so treten an den nachfolgenden C 1-Eingängen die Signale der Q-Ausgänge auf. Bei „Vorwärts“ ≙ 0-Signal und „Rückwärts“ ≙ 1-Signal werden dagegen die Signalzustände an den $\bar{Q}$-Ausgängen weitergegeben. Damit wäre es dann in einfacher Weise möglich, die Zählrichtung umzuschalten.

In der Praxis gibt es aber beim Aufbau eines derartigen Vorwärts-Rückwärtszählers erhebliche Schwierigkeiten. Die Flanken der Steuersignale „Vorwärts“ bzw. „Rückwärts“ können nämlich vom Zähler selbst als Zählbefehle gewertet werden, wodurch sich dann im Zählerstand Fehler ergeben können. Durch zusätzliche Maßnahmen bei den Umsteuersignalen und den J-K-Eingängen lassen sich diese Nachteile zwar grundsätzlich beseitigen, es sind dann aber noch eine Reihe weiterer Gatter und Kippstufen erforderlich. Aus diesem Grunde werden asynchrone Vorwärts-Rückwärts-Zähler in der Praxis nur in Ausnahmefällen eingesetzt.

8.4.1.2 Grundprinzip asynchroner Modulo-Zähler

Die Zählkapazität eines Dualzählers steht in einem direkten Zusammenhang mit den Gesetzmäßigkeiten des Dualen Zahlensystems. So springt – jeweils von der Nullstellung ausgehend – ein 2-stufiger Zähler beim 4. Zählimpuls, ein 3-stufiger Zähler beim 8. Zählimpuls und ein 4-stufiger Zähler beim 16. Zählimpuls automatisch wieder in seine Nullstellung zurück. Die Zählkapazität ist immer dann voll ausgeschöpft, wenn sich alle Zählstufen, also alle Bistabilen Kippglieder, in ihrer Arbeitsstellung befinden. Der Zusammenhang zwischen der Anzahl der Zählstufen und der Zählkapazität ist in der Tabelle nach **Bild 8.15** dargestellt.

Anzahl der Zählstufen	**Anzahl der Zählzustände**	**Stellenwert der Ausgänge**	**Zählkapazität**
1	$2^1 = 2$	1	1
2	$2^2 = 4$	1, 2	3
3	$2^3 = 8$	1, 2, 4	7
4	$2^4 = 16$	1, 2, 4, 8	15
---	-----	------	--
n	2^n	1, 2, 4, 8---2^n	$2^n - 1$

Bild 8.15 Zählkapazität von Dualzählern

In der Digitaltechnik werden aber meistens Zähler mit einer Zählkapazität verlangt, die nicht mit der sich aufgrund der Anzahl der Zählstufen ergebenden Zählkapazität übereinstimmt. So kann verlangt werden, daß ein Zähler z.B. bis 7, bis 10, bis 60 oder jeder beliebigen anderen Zahl zählt, danach wieder in seine Nullstellung springt und mit einem neuen Zählvorgang beginnt.

Mit Hilfe einer recht einfachen zusätzlichen Gatterschaltung ist es jedoch möglich, den Zählvorgang bei jeder beliebigen Zahl abzubrechen und den Zähler in seine Nullstellung zurückzusetzen. Dieses Rücksetzen erfolgt in der Regel über den bei allen integrierten JK-Flipflops vorhandenen $\bar{R}$-Eingang. In **Bild 8.16** ist das Schaltbild eines 3-stufigen Zählers angegeben, der durch den 6. Zählimpuls wieder in seine Nullstellung zurückgestellt wird, also eine Zählkapazität von 5 Ereignissen hat. Man spricht dann von einem Modulo-6-Zähler.

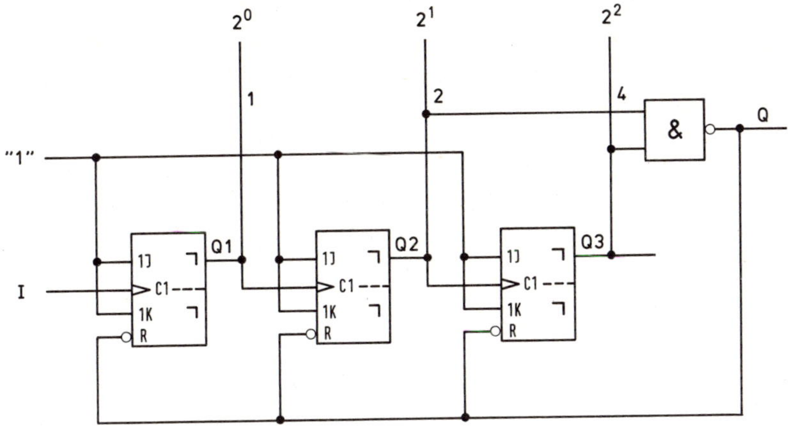

Bild 8.16 Asynchroner Modulo-6-Zähler

Solange an den Ausgängen Q 2 und Q 3 nicht gleichzeitig 1-Signal auftritt, liegt am Ausgang Q des NAND-Gatters 1-Signal. Mit $Q = \bar{R} = 1$ ist aber die normale Betriebsbedingung für das JK-Flipflop erfüllt. Von seiner Nullstellung ausgehend kann der Zähler wie üblich die nächsten 5 Impulse zählen. Beim 6. Zählimpuls wird jedoch $Q\,2 = 1$ und $Q\,3 = 1$ und damit $\bar{R} = 0$. Die drei Zählstufen werden dadurch in Nullstellung zurückgesetzt. Weil dann wieder $Q = \bar{R} = 1$, kann ein neuer Zählvorgang beginnen.

Wenn von einem Zähler eine bestimmten Zählkapazität verlangt wird, so lassen sich die für die Schaltung erforderlichen Informationen aus der Modulo-Zahl ermitteln, wenn sie als Dualzahl aufgeschrieben wird. So läßt sich aus der Anzahl der Ziffern der Dualzahl die Zahl der erforderlichen Zählstufen ablesen. Bei richtiger Zuordnung der Stellenwerte zu den Ausgängen Q_n des Zählers ist dann auch sofort erkennbar, an welchen Ausgängen das Rücksetzgatter angeschlossen werden muß, damit der Zähler bei der vorgegebenen Zahl den Zählvorgang abbricht.

So werden z.B. für einen Modulo-10-Zähler 4 Zählstufen benötigt und das Rücksetzgatter muß an die Ausgänge Q 2 und Q 4 angeschlossen werden.

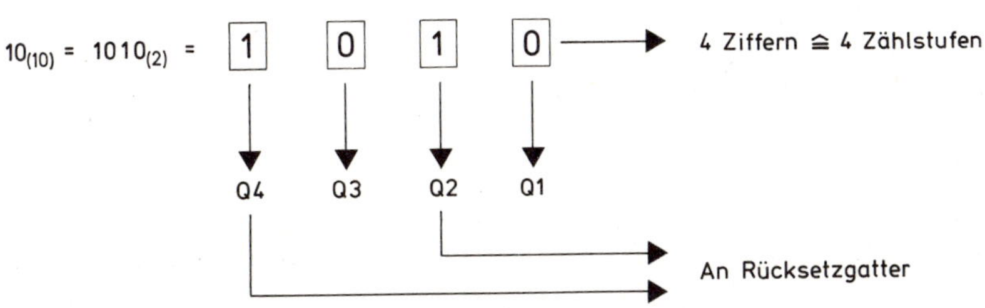

Das **Bild 8.17** zeigt einen nach diesem Prinzip aufgebauten Modulo-10-Zähler.

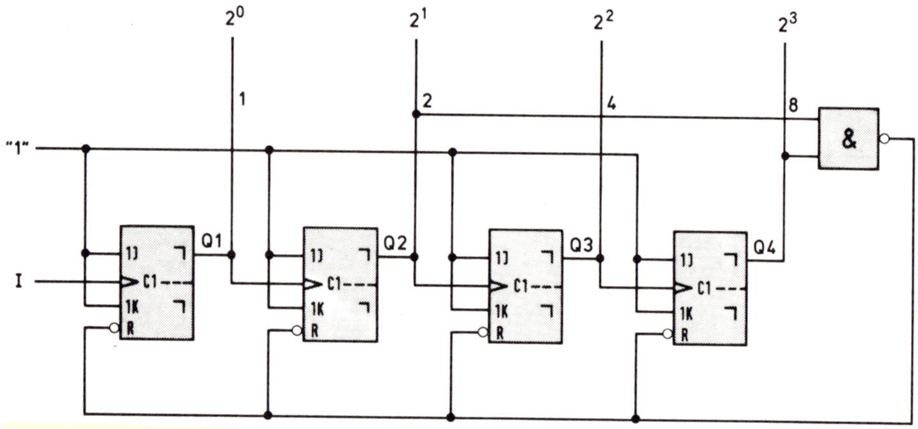

Bild 8.17 Asynchroner Modulo-10-Zähler

Ein Modulo-10-Zähler wird auch als Dezimalzähler bezeichnet. Er zählt von 0 bis 9 und springt dann in die Nullstellung zurück. Dieses Verhalten stimmt mit dem Dezimalsystem überein, das ja auch innerhalb eines jeden Stellenwertes die Ziffern 0 bis 9 verwendet.

Nach dem gezeigten Grundprinzip lassen sich aus JK-Master-Slave-Kippgliedern Zähler mit beliebiger Zählkapazität aufbauen. Dabei können dann jedoch eine Reihe von Schwierigkeiten auftreten, die bei den integrierten Zählerbausteinen z.T. durch andere interne Schaltungstechniken umgangen oder beseitigt werden.

8.4.1.3 Grundprinzip asynchroner Zähldekaden

Die bisher betrachteten Zähler erfassen die Zählimpulse im Dualcode. Bei größeren Zählkapazitäten wird es jedoch etwas schwierig, jeweils die Signalzustände der einzelnen Q-Ausgänge herauszulesen und daraus die allgemein verständlicheren Dezimalzahlen zu bilden. Daher arbeiten viele Zähler nicht als reine Dualzähler, sondern als **b**inär **c**odierte **D**ezimalzähler *(BCD-Zähler)*. Baustein derartiger BCD-Zähler ist die Zähldekade. Man versteht darunter einen 4-Bit-Dualzähler, der nur bis $9_{(10)} = 1001_{(2)}$ zählt und beim Eintreffen des 10. Impulses dann wieder in die Nullstellung geht. Eine solche Zähldekade ist in Bild 8.17 als Modulo-10-Zähler dargestellt.

Bei einem aus Zähldekaden aufgebauten Dezimalzähler wird jedem Stellenwert einer Dezimalzahl eine Zähldekade zugeordnet. Ein Zähler bis $99_{(10)}$ erfordert also eine Zähldekade für die Einer und eine Zähldekade für die Zehner, also 2 Zähldekaden. Für eine Zählkapazität bis $999_{(10)}$ sind demnach 3 Zähldekaden erforderlich. In **Bild 8.18** ist ein derartiger 3-stelliger BCD-Zähler in vereinfachter Weise dargestellt. Jede der 3 Dekaden besteht aus einem Modulo-10-Zähler nach Bild 8.17.

Von seiner Nullstellung ausgehend wird zunächst in die „Einer-Dekade" wie bei einem Modulo-10-Zähler im Dualcode bis 9 gezählt. Der 10. Impuls setzt diese „Einer-Dekade" dann über das NAND-Glied wieder in seine Nullstellung zurück. Gleichzeitig

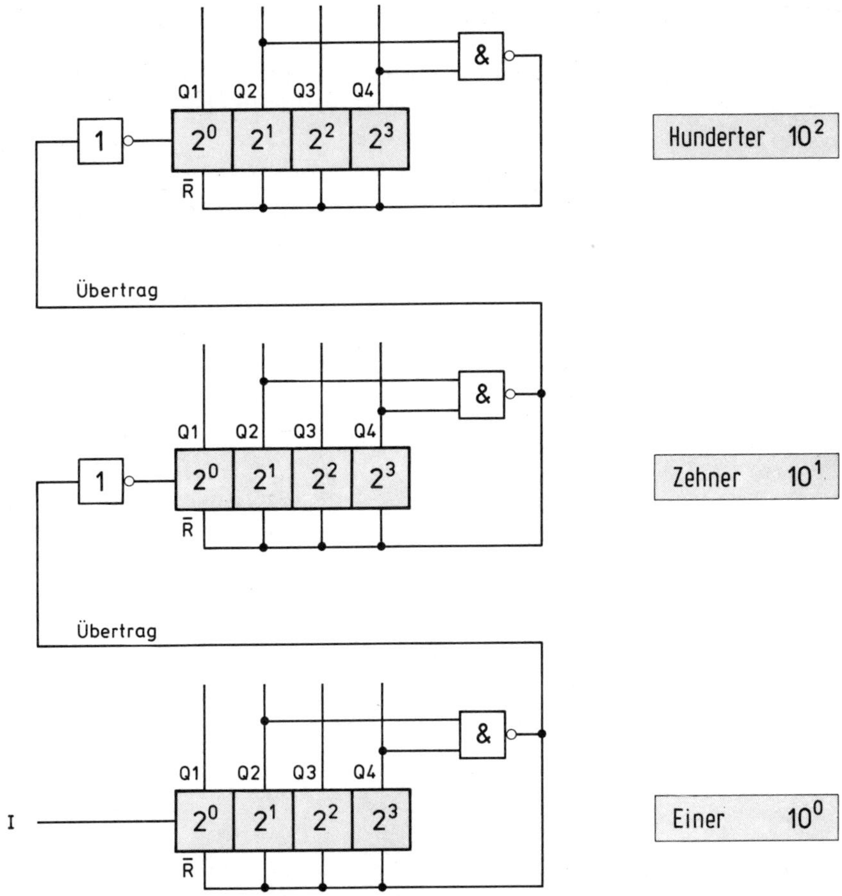

Bild 8.18 Dreistelliger BCD-Zähler

wird aber auch auf den Eingang der „Zehner-Dekade" ein Zählimpuls als Übertrag gegeben, die dann den Zählerinhalt 1 anzeigt. Der Zähler enthält dann den Zählerinhalt 010 als Dezimalzahl. Die weiteren 9 Impulse werden danach wieder von der „Einer-Dekade" gezählt. Beim 20. Impuls erfolgt wieder die Rückstellung der „Einer-Dekade" und der Übertrag an die „Zehner-Dekade". Beim 100. Impuls erfolgt dann ein Übertrag auf die „Hunderter-Dekade". Auf diese Weise kann der Zähler nach Bild 8.18 bis zur Dezimalzahl 999 zählen und springt beim 1000. Impuls in allen drei Dekaden in die Nullstellung zurück.

Bei dieser Art von Zählern ist es im Grunde nur noch erforderlich, die Dualzahlen von 0 bis 9 zu kennen, sie in eine Dezimalzahl umsetzen zu können und diese Dezimalzahlen dann entsprechend ihrem Stellenwert aufzuschreiben oder anzuzeigen. Eine solche Umsetzung erfolgt in der Regel dann durch einen Codewandler, wie er in Kapitel 8.6 noch näher beschrieben wird. Der besondere Vorteil dieses BCD-Zählers liegt noch darin, daß für alle Zähldekaden dieser Art stets die gleichen Codewandler eingesetzt werden können.

Bei den bisher behandelten Modulo-Zählern und BCD-Zählern handelt es sich jeweils nur um eines von vielen möglichen und angewandten Verfahren der Ausgabe des Zählerstandes und des Rücksetzens bei einer bestimmten Zählerstellung. Auf die zahlreichen und unterschiedlichen Arten oder Abwandlungen der Zählcodes wird jedoch erst in dem Band IV D „Digitale Steuerungstechnik" eingegangen.

8.4.1.4 Asynchrone Dualzähler der TTL-Serie 74xx und der C-MOS-Serie 40xx

Zähler werden heute nur noch in Ausnahmefällen aus einzelnen JK-Master-Slave-Kippgliedern zusammengeschaltet. So gibt es innerhalb der TTL-Serie 74xx und der C-MOS-Serie 40xx bereits eine größere Zahl asynchroner Zähler mit den unterschiedlichsten Zählkapazitäten. Ausgewählt und in ihrer Funktion kurz beschrieben werden hier nur einige dieser integrierten Asynchronzähler, und zwar die Bausteine 7490, 7492, 7493, 4020, 4024 und 4040.

Auf eine Einzeldarstellung der integrierten Flipflops und Gatter sowie ihrer internen Zusammenschaltung wird zugunsten einer für den Praktiker ausreichenden Blockdarstellung verzichtet.

Baustein 7493: Asynchroner 4-Bit-Dualzähler

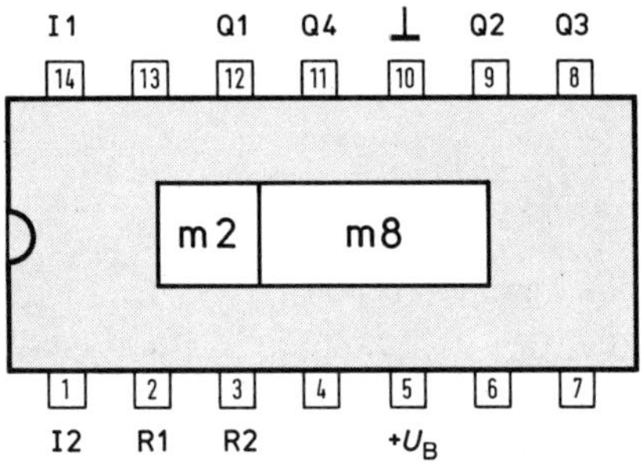

Bild 8.19 Anschlußbelegungen des 4-Bit-Dualzählers 7493

Der Dualzähler 7493 **(Bild 8.19)** enthält 4 JK-Master-Slave-Kippglieder. Die internen Verbindungen ergeben einen Modulo-2-Zähler sowie einen Modulo-8-Zähler. Beide Zähler haben eine gemeinsame Rücksetzleitung. Das Rücksetzen erfolgt, wenn an beiden Rücksetzeingängen R 1 und R 2 gleichzeitig 1-Signal auftritt. Der Baustein 7493 bietet folgende Möglichkeiten:

1. Modulo-2-Zähler:
   Eingang: I 1; Ausgang Q 1
2. Modulo-8-Zähler:
   Eingang: I 2; Ausgänge: Q 2, Q 3 und Q 4
3. Modulo-16-Zähler:
   Eingang: I 1; Ausgang Q 1 muß extern mit Eingang I 2 verbunden werden.
   Ausgänge: Q 1, Q 2, Q 3 und Q 4.

Baustein 7492: Asynchroner 4-Bit-Dualzähler

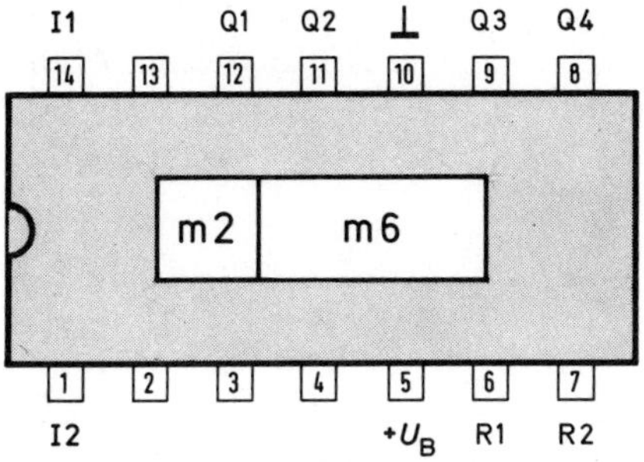

Bild 8.20 Anschlußbelegungen des TTL-Bausteines 7492

Der Dualzähler 7492 **(Bild 8.20)** enthält 4 JK-Master-Slave-Kippglieder. Die internen Verbindungen ergeben einen Modulo-2-Zähler sowie einen Modulo-6-Zähler. Beide Zähler haben eine gemeinsame Rücksetzleitung. Das Rücksetzen erfolgt, wenn an beiden Rücksetzleitungen R 1 und R 2 gleichzeitig 1-Signal auftritt.

Der Baustein 7492 bietet folgende Möglichkeiten:

1. Modulo-2-Zähler:
   Eingang: I 1; Ausgang Q 1
2. Modulo-6-Zähler:
   Eingang: I 2; Ausgänge: Q 2, Q 3 und Q 4
3. Modulo-12-Zähler:
   Eingang: I 1; Ausgang Q 1 muß extern mit Eingang I 2 verbunden werden. Ausgänge: Q 1, Q 2, Q 3, Q 4. Zu beachten ist hierbei jedoch, daß der Zählerstand an den Ausgängen nicht in reinem Dualcode auftritt.

Baustein 7490: Dezimalzähler

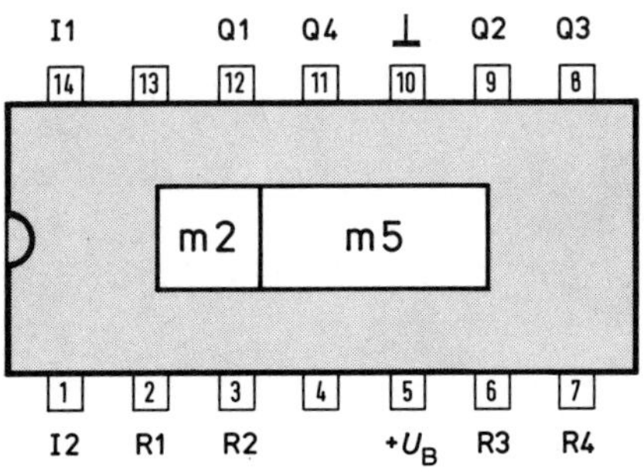

Bild 8.21 Anschlußbelegungen des TTL-Bausteines 7490

Der Dezimalzähler 7490 **(Bild 8.21)** enthält 4 JK-Master-Slave-Kippglieder. Die internen Verbindungen ergeben einen Modulo-2-Zähler sowie einen Modulo-5-Zähler.

Beide Zähler haben zwei gemeinsame Rücksetzleitungen, deren Funktionen sich in einer Wahrheitstabelle angeben lassen **(Bild 8.22).**

R1	R2	R3	R4	Q1	Q2	Q3	Q4
1	1	0	X	0	0	0	0
1	1	X	0	0	0	0	0
X	X	1	1	1	0	0	1
X	0	X	0	zählen			
0	X	0	X	zählen			
0	X	X	0	zählen			
X	0	0	X	zählen			

Bild 8.22 Rücksetztabelle für den TTL-Baustein 7490

Der Baustein 7490 bietet folgende Möglichkeiten:

1. Modulo-2-Zähler:
   Eingang: I 1; Ausgang: Q 1
2. Modulo-5-Zähler:
   Eingang: I 2; Ausgang: Q 2, Q 3 und Q 4
3. Modulo-10-Zähler; Dezimalzähler; Zähldekade:
   Eingang: I 1; Ausgang Q 1 muß extern mit Eingang I 2 verbunden werden. Ausgänge: Q 1, Q 2, Q 3 und Q 4. Der Zählerstand tritt an den Ausgängen Q 1...Q 4 in reinem Dualcode auf.

Baustein 4020: 14-Bit-Dualzähler

Der Baustein 4020 **(Bild 8.23)** enthält 14 Bistabile Kippstufen, die intern zu einem asynchronen 14-Bit-Zähler zusammengeschaltet sind. Die Ausgänge Q 2 und Q 3 sind nicht auf Anschlüsse herausgeführt. Alle Stufen haben eine gemeinsame Rücksetzleitung. Die Rücksetzung erfolgt durch $R = 1$.

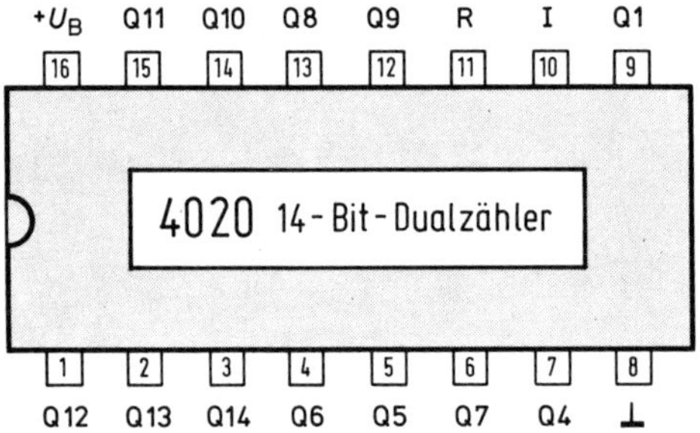

Bild 8.23 Anschlußbelegungen des C-MOS-Bausteines 4020

Baustein 4040: 12-Bit-Dualzähler

Der Baustein 4040 **(Bild 8.24)** enthält 12 Bistabile Kippstufen, die intern zu einem asynchronen 12-Bit-Zähler zusammengeschaltet sind. Die Ausgänge der 12 Stufen sind auf Anschlüsse herausgeführt. Die Rücksetzung erfolgt durch R = 1 über eine gemeinsame Rücksetzleitung.

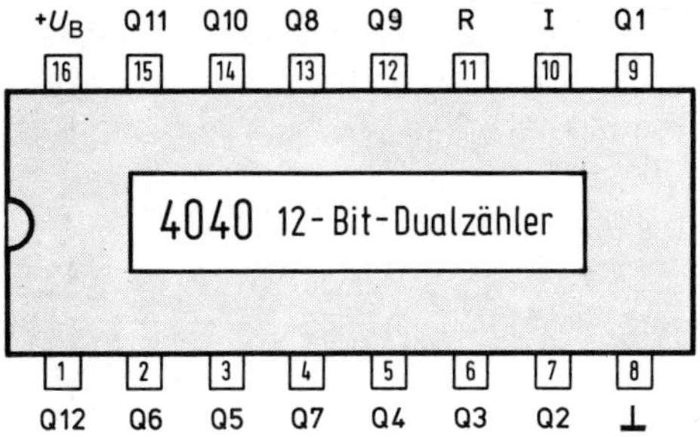

Bild 8.24 Anschlußbelegungen des C-MOS-Bausteines 4040

Baustein 4024: 7-Bit-Dualzähler

Der Baustein 4024 **(Bild 8.25)** enthält 7 Bistabile Kippstufen, die intern zu einem asynchronen 7-Bit-Zähler zusammengeschaltet sind. Die Ausgänge der 7 Stufen sind auf Anschlüsse herausgeführt. Die Rücksetzung erfolgt durch R = 1 über eine gemeinsame Rücksetzleitung.

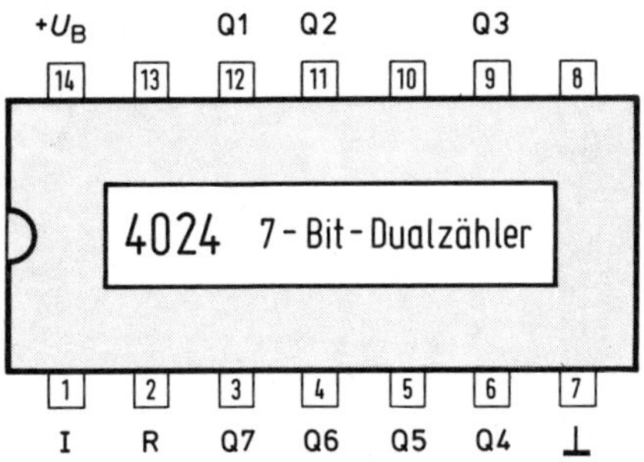

Bild 8.25 Anschlußbelegungen des C-MOS-Bausteines 4024

8.4.1.5 Anwendungsbeispiele

1. Erzeugung eines 1-Hz-Taktsignals

Aus der Netzspannung läßt sich ein sehr frequenzkonstantes 1-Hz-Taktsignal, d.h. also ein Signal im 1-Sekunden-Takt erzeugen. **Bild 8.26** zeigt das Blockschaltbild einer derartigen Schaltung. Mit Hilfe eines Schmitt-Triggers wird aus der sinusförmigen 50 Hz-Netzfrequenz eine 50 Hz-Taktfrequenz mit rechteckförmigem Spannungsverlauf erzeugt. Eine derartige Schaltung ist bereits in Kapitel 7.6.5.4 (Bild 7.143) beschrieben. Diese 50 Hz-Taktfrequenz wird anschließend auf einen Modulo-50-Zähler gegeben, an dessen Ausgang dann Impulse im Abstand von jeweils 1 Sekunde auftreten.

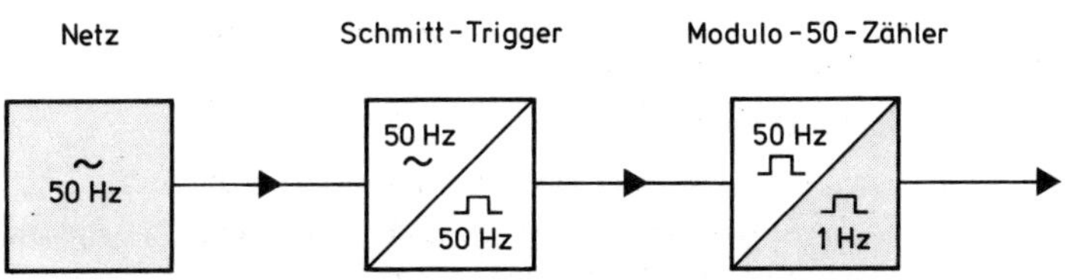

Bild 8.26 Blockschaltbild zur Erzeugung eines 1-Hz-Taktsignals

Der Modulo-50-Zähler läßt sich aufbauen aus zwei Bausteinen 7493, die dann zusammen eine Zählkapazität von $2^8 - 1 = 255$ haben sowie aus zwei NAND-Gattern. **Bild 8.27** zeigt das Blockschaltbild eines derartigen Modulo-50-Zählers.

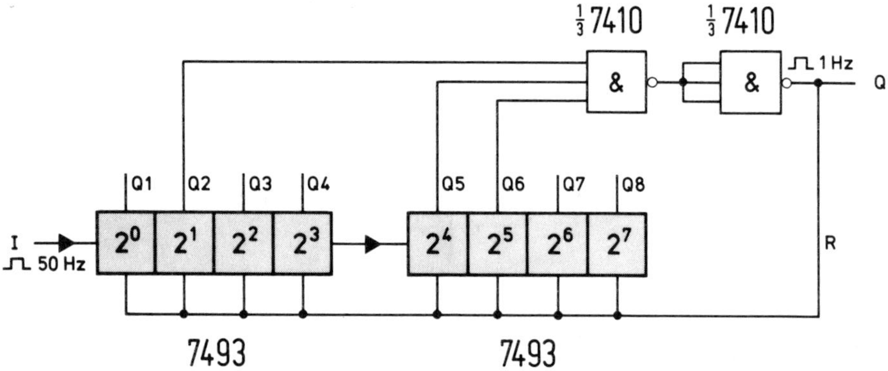

Bild 8.27 Blockschaltbild eines Modulo-50-Zählers

Weil die Zähler 7493 durch 1-Signal an den R-Eingängen zurückgesetzt werden, muß hinter das Rücksetzgatter noch ein Negationsglied geschaltet werden. Da am Ausgang Q nur ein sehr kurzzeitiger Impuls im Abstand von 1 Sekunde auftritt, ist es meistens erforderlich, zur Verlängerung dieses Impulses noch ein Monostabiles Kippglied nachzuschalten.

Die angegebene Schaltung kann als 1-Hz-Taktgenerator für elektronische Uhren oder als 1-Hz-Taktgenerator für Frequenzmessungen und ähnliche Aufgaben eingesetzt werden.

2. Sekundenzähler im BCD-Code

Bei einer elektronischen Uhr müssen die Sekundentakte nach Sekunden, Minuten und Stunden gezählt werden. Wegen der erforderlichen Anzeige ist es zweckmäßig, dabei im BCD-Code zu arbeiten, also Zähldekaden einzusetzen. Der Sekundenzähler muß 2-stellig sein und von 0 bis 59 zählen. Das gleiche gilt für den Minutenzähler. Auch der Stundenzähler muß 2-stellig sein, darf aber nur von 0 bis 23 zählen.

Ein Modulo-60-Zähler als Sekundenzähler läßt sich aus zwei Dezimalzählern 7490 aufbauen. Die EINER-Dekade zählt von 0 bis 9 und springt dann automatisch in die Nullstellung zurück. Die ZEHNER-Dekade muß dagegen über ein Rücksetzgatter zurückgesetzt werden, sobald die Zahl 6 auftritt. Entsprechend der Rücksetztabelle nach Bild 8.22 kann das Rücksetzen über die Eingänge R 1 und R 2 erfolgen, so daß kein weiteres Gatter erforderlich ist. In **Bild 8.28** ist das Blockschaltbild für einen Modulo-60-Zähler in BCD-Code angegeben.

Der in Bild 8.28 angegebene Zähler zählt bis 59 und springt dann in seine Nullstellung zurück. Vom Ausgang Q 3 der ZEHNER-Dekade wird dann ein Zählimpuls für einen eventuell nachgeschalteten, gleichartig aufgebauten Minutenzähler abgegeben. Auf diese Weise läßt sich aus 4 Dezimalzählern 7490 eine elektronische Uhr aufbauen. Eine zugehörige Ziffernanzeige wird noch in Kapitel 8.6 angegeben.
Die Ansteuerung dieses Sekundenzählers kann mit dem 1-Hz-Taktsignal erfolgen, das entsprechend Bild 8.26 aus der Netzfrequenz abgeleitet wird.

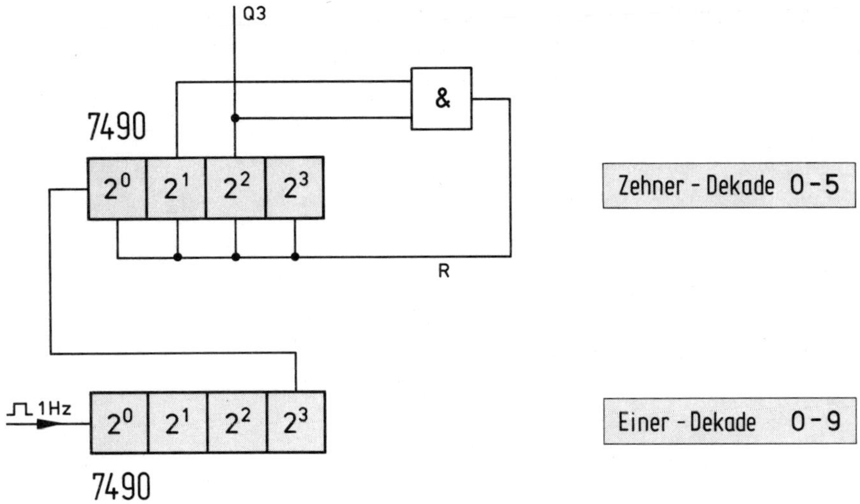

Bild 8.28 Blockschaltbild für einen Modulo-60-Zähler im BCD-Code

Bild 8.29 zeigt das Schaltbild für den Sekundenzähler, aufgebaut aus 2 Dezimalzählern 7490. Die gleiche Schaltung kann auch für einen nachgeschalteten Minutenzähler verwendet werden. Bei dem nach dem gleichen Prinzip aufgebauten Stundenzähler sind lediglich die Rücksetzgatter der EINER-Dekade und der ZEHNER-Dekade entsprechend anzuschließen.

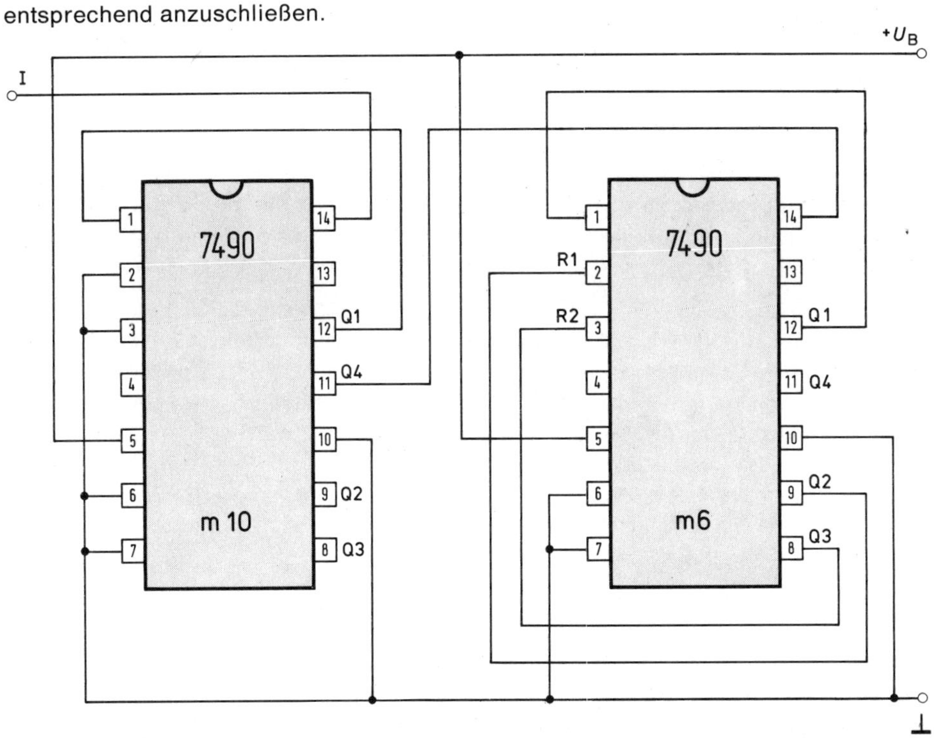

Bild 8.29 Schaltbild für einen Sekundenzähler im BCD-Code

8.4.2 Synchrone Dualzähler

Bei den Asynchronen Dualzählern wird das zu zählende Signal stets nur auf den Eingang der *ersten Stufe* des Zählers gegeben. Alle weiteren Zählstufen werden dann nur noch von der jeweils vorhergehenden Stufe angesteuert. Beides gilt als das charakteristische Merkmal Asynchroner Dualzähler. Im Gegensatz dazu steht der Synchrone Dualzähler. Hierbei wird das zu zählende Eingangssignal *allen Stufen* des Zählers gemeinsam und gleichzeitig zugeführt. Durch eine entsprechende, meistens recht aufwendige Schaltungstechnik mit zusätzlichen Verknüpfungsgliedern muß dann jedoch sichergestellt sein, daß der Zähl- und Speichervorgang trotz gleichzeitiger Ansteuerung aller Zählerstufen ordnungsgemäß abläuft.

Asynchronzähler und Synchronzähler erfüllen den gleichen Zweck und das Ergebnis von beiden – das Zählen von Impulsen – ist bei beiden Zählerarten das gleiche. Jeder der beiden Zählerarten hat jedoch seine besonderen Vor- und Nachteile.

8.4.2.1 Vor- und Nachteile von Asynchronzählern und Synchronzählern

Ein Vorteil des Asynchronzählers liegt in seinem einfachen Aufbau. Es werden nur Bausteine der gleichen Art benötigt, die dann durch wenige Verbindungen zu einem Zähler zusammengeschaltet werden können. Asynchrone Zähler lassen sich daher relativ einfach auch noch aus einzelnen Kippstufen aufbauen.

Jede Kippstufe hat jedoch eine Signallaufzeit. Sie liegt bei den JK-Master-Slave-Kippgliedern in der Größenordnung von etwa 20 ns bis 50 ns. Da beim Asynchronzähler die einzelnen Kippglieder nacheinander angesteuert werden, ergibt sich als Nachteil, daß sich die Signallaufzeiten der hintereinandergeschalteten Kippglieder zu einer Gesamt-Signallaufzeit addieren. Der Zählvorgang ist nämlich erst abgeschlossen, wenn das Steuersignal auch die letzte Stufe erreicht und diese gegebenenfalls beeinflußt hat. Erst danach stehen an den Ausgängen aller Stufen die zusammengehörigen richtigen Informationen an. Während der Gesamt-Signallaufzeit können dabei auch kurzfristig falsche Informationen an den Ausgängen anstehen.

Falschinformationen im Zählerstand können aber auch zusätzlich auftreten, wenn die Zählimpulse in einem zu geringen zeitlichen Abstand aufeinander folgen. Dann kann z. B. der Fall eintreten, daß die letzten Zählstufen noch nicht umgeschaltet haben, während in den ersten Stufen bereits der nächste Zählimpuls verarbeitet wird. Je mehr Zählerstufen hintereinander geschaltet sind, desto größer wird die Gesamt-Signallaufzeit. Bei einem Zähler wird daher als charakteristisches Merkmal die maximale Zählfrequenz angegeben. Für den Asynchronzähler gilt die Beziehung

$$f_{max} \approx \frac{1}{n \cdot t_p} \quad \text{(Asynchronzähler)},$$

mit n = Anzahl der Zählstufen und t_p = Signallaufzeit eines Kippgliedes. Für einen aus 4 JK-Master-Slave-Kippgliedern aufgebauten Asynchronzähler ergibt sich dann im ungünstigsten Fall z. B. eine maximale Zählfrequenz von etwa 5 MHz. Typische Werte liegen jedoch bei ca. 10 bis 15 MHz.

Bei einem Synchronzähler werden alle Zählstufen gleichzeitig angesteuert und schalten daher auch gleichzeitig. Aus diesem Grunde tritt als Gesamt-Signallaufzeit nur noch die Laufzeit eines einzelnen Flipflops auf und es gilt

$$f_{max} \approx \frac{1}{t_p} \quad \text{(Synchronzähler).}$$

Die maximale Zählfrequenz von Synchronzählern liegt daher höher als bei Asynchronzählern gleicher Zählkapazität. Falschinformationen während des Zählvorganges können nur bei Asynchronzählern, nicht aber beim Synchronzähler auftreten. Der weitaus größere Schaltungsaufwand beim Synchronzähler gegenüber dem Asynchronzähler ist durch die integrierte Schaltungstechnik inzwischen jedoch ohne wesentliche Bedeutung.

8.4.2.2 Grundprinzip Synchroner Dualzähler

Bei den Synchronzählern werden alle vorhandenen Zählstufen von jedem Zählimpuls gleichzeitig angesteuert. Durch zusätzliche Logische Schaltungen und bzw. oder eine entsprechende Ansteuerung der J- und K-Eingänge muß dann aber erreicht werden, daß nur jeweils diejenigen Zählstufen ihren Zustand ändern, an deren Ausgang aufgrund des Fortzählens eine Zustandsänderung erforderlich ist. **Bild 8.30** zeigt als Beispiel einen Synchronen Modulo-3-Zähler, bei dem die J- und K-Eingänge so beschaltet sind, daß ein Zählen im Dual-Code erfolgt und der Zähler durch jeden dritten Impuls – jeweils von der Nullstellung ausgehend – wieder in seine Nullstellung zurückspringt.

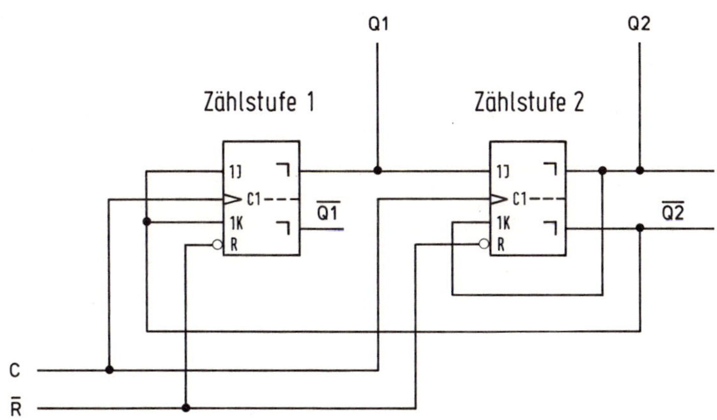

Bild 8.30 Synchroner Modulo-3-Zähler

Bei der Zählerschaltung nach Bild 8.30 sind die JK-Eingänge der 1. Zählstufe zusammengeschaltet und werden vom Ausgang $\overline{Q\,2}$ der 2. Zählstufe angesteuert. Der J-Eingang der 2. Stufe wird vom Q 1-Ausgang der 1. Stufe und der K-Eingang der 2. Stufe vom Q 2-Ausgang der 2. Stufe angesteuert. Das zu zählende Eingangssignal wird beiden Zählstufen gleichzeitig zugeführt. In **Bild 8.31** sind die sich aus dieser Schaltung ergebenden Zusammenhänge nochmals in einer Tabelle dargestellt.

	Zählstufe 1 (2^0)				Zählstufe 2 (2^1)				
	J1	K1	Q1	$\overline{Q1}$	J2	K2	Q2	$\overline{Q2}$	
Nullstellung			0	1			0	1	Nullstellung
	1	1			0	0			JK-Vorbereitung für 01
1. Impuls			1	0			0	1	Zählerstand 01
	1	1			1	0			JK-Vorbereitung für 10
2. Impuls			0	1			1	0	Zählerstand 10
	0	0			0	1			JK-Vorbereitung für 00
3. Impuls			0	1			0	1	Nullstellung 00
	1	1			0	0			JK-Vorbereitung für 01

Bild 8.31 Wirkungsablauf für den Synchronen Modulo-3-Zähler nach Bild 8.30

Die Betrachtung des Wirkungsablaufes beginnt bei Nullstellung des Zählers. Dann liegt an den Ausgängen Q 1 und Q 2 0-Signal und damit wird auch J 2 = 0 und K 2 = 0. Die 2. Zählstufe reagiert also auf einen Steuerimpuls an ihrem C-Eingang nicht. Da $\overline{Q\,2} = 1$, liegt an den Eingängen der 1. Zählstufe J 1 = 1 und K 1 = 1. Diese Stufe wird also durch den nächsten Zählimpuls in Arbeitsstellung springen, wodurch dann ein Zählerstand 01, wie gewünscht, auftritt.

In Bild 8.31 sind die Zusammenhänge der Vorbereitung des Zählers für den jeweils nächsten Impuls durch Wirkungspfeile besonders gekennzeichnet. Auf diese Weise läßt sich das Verhalten des angegebenen Modulo-3-Zählers bei den einzelnen Zählimpulsen gut verfolgen. Ähnliche Tabellen lassen sich für jeden Synchronen Zähler aufstellen.

Als weiteres Beispiel für die Beschaltung der JK-Eingänge ist in **Bild 8.32** noch ein Synchroner Modulo-5-Zähler angegeben. Hier ist bei der 3. Zählstufe vor dem J-Eingang bereits ein zusätzliches Gatter erforderlich.

Der Wirkungsablauf des Zählers nach Bild 8.32 läßt sich wieder in einer Tabelle ermitteln oder nachweisen.

Der Modulo-5-Zähler nach Bild 8.32 kann aus 3 JK-Master-Slave-Kippgliedern vom Typ 7473 sowie einem zusätzlichen UND-Gatter aufgebaut werden. Dieses UND-Gatter läßt sich jedoch einsparen, wenn für die 3. Zählstufe z.B. ein Baustein 7472 verwendet wird, weil bei dieser Ausführung mehrere J-Eingänge und K-Eingänge vorhanden sind, die intern bereits durch ein UND-Gatter miteinander verknüpft sind.

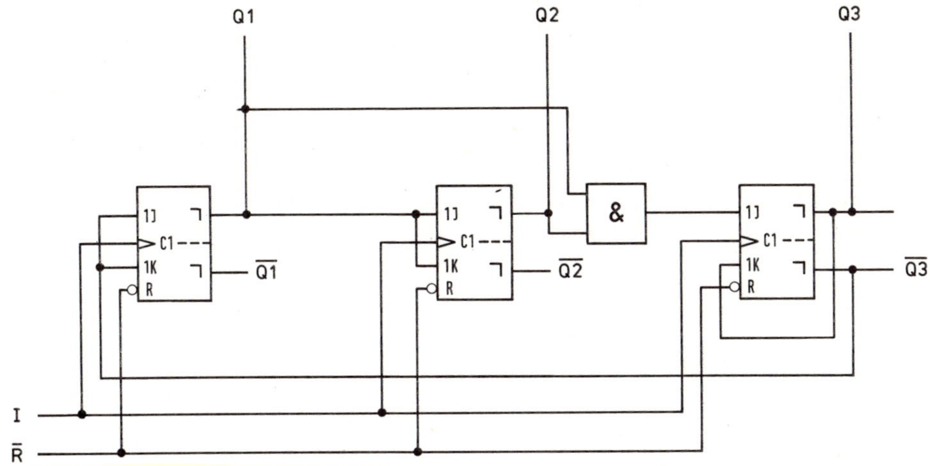

Bild 8.32 Synchroner Modulo-5-Zähler

Bild 8.33 zeigt einen Verdrahtungsplan für den Modulo-5-Zähler, aufgebaut aus einem Baustein 7473 (2 JK-MS-Kippglieder) und einem Baustein 7472.

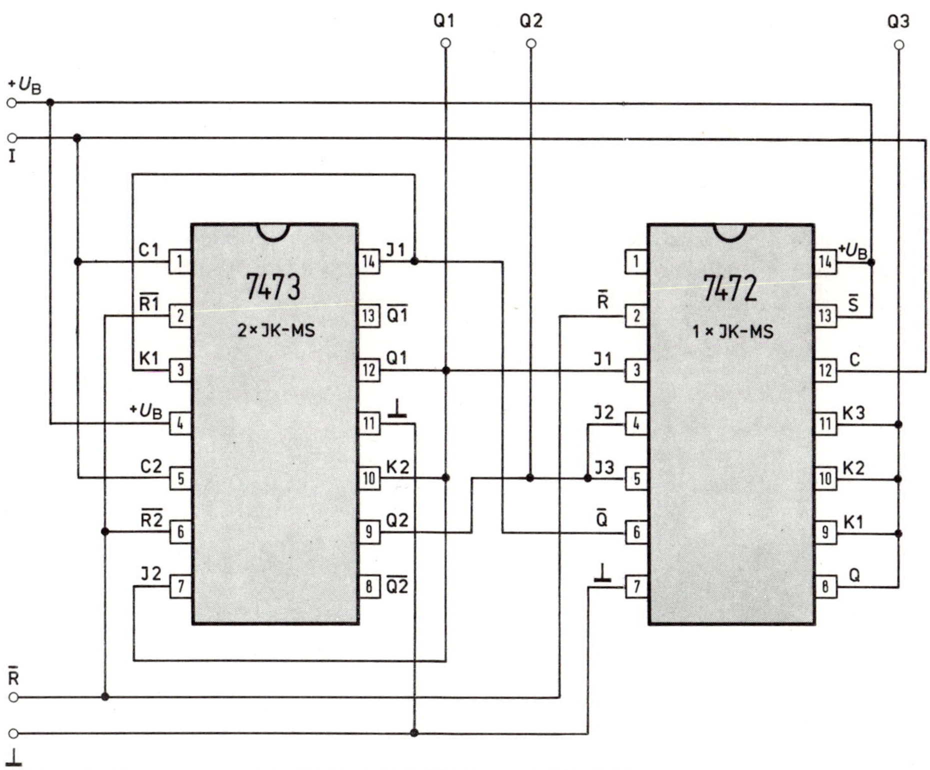

Bild 8.33 Verdrahtungsplan für Modulo-5-Zähler nach Bild 8.32

Je größer die Modulo-Zahl, desto größer wird bei einem Synchronzähler zwangsläufig auch die Zahl der erforderlichen zusätzlichen Gatter und der erforderlichen Verbindungen zwischen den einzelnen Bausteinen. In welcher Weise die Eingänge und Ausgänge der einzelnen Zählstufen miteinander verknüpft und verbunden werden müssen, läßt sich nur noch durch umfangreiche systematische Berechnungen und Schaltungssynthesen ermitteln. Diese sind heute aber weitgehend überflüssig, da Synchrone Mehrbit-Zähler als integrierte Bausteine in den unterschiedlichsten Ausführungen hergestellt und angeboten werden.

Um die Einsatz- und Anwendungsmöglichkeiten dieser Zähler noch wesentlich zu erweitern, sind bei diesen Bausteinen aber noch weitere Steuerfunktionen und zusätzliche Eingänge integriert. Aus diesem Grunde wird auf diese „Programmierbaren Zähler" erst in Band IV D „Digitale Steuerungstechnik" näher eingegangen.

8.5 Schieberegister

In der Signalverarbeitung wird unter einem Register im allgemeinen ein Mehrbit-Speicher verstanden, in dem Binärinformationen für eine kurze Zeitdauer gespeichert werden. Für jede gleichzeitig zu speichernde Information muß dabei ein Speicherbaustein mit einer Speicherkapazität von 1 bit vorhanden sein. Lassen sich auf besonderen Befehl hin die im Register gespeicherten Informationen auch von einem Speicherplatz auf einen benachbarten Speicherplatz verschieben, spricht man von einem Schieberegister. In der Steuerungstechnik werden Schieberegister als Kurzzeitspeicher in großem Umfang benötigt und eingesetzt.

8.5.1 Grundprinzip von Schieberegistern

Zwischen Schieberegistern und Dualzählern besteht eine enge schaltungstechnische Verwandschaft. Auch Schieberegister sind aus Bistabilen Kippgliedern aufgebaut, die so hintereinandergeschaltet sind, daß die Eingänge des nachfolgenden Kippgliedes jeweils von den Ausgängen des vorhergehenden Kippgliedes angesteuert werden. In **Bild 8.34** ist die Grundschaltung eines 4-Bit-Schieberegisters dargestellt, für das 4 JK-Master-Slave-Kippglieder verwendet werden.

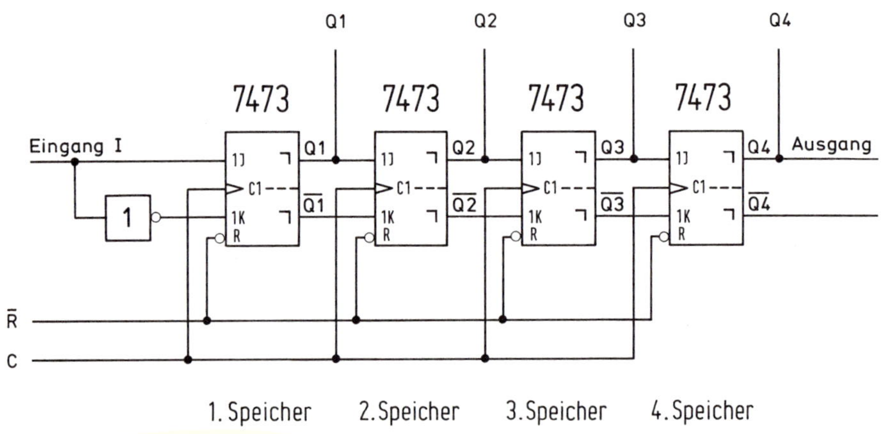

Bild 8.34 Grundschaltung eines 4-Bit-Schieberegisters, aufgebaut aus 2 × 7473

Bei der Schaltung nach Bild 8.34 wird der Schiebetakt den C-Eingängen aller Kippglieder synchron zugeführt. Durch $\bar{R} = 0$ lassen sich alle Speicher in den Ruhestand bringen. Das Eingangssignal wird dem J-Eingang der 1. Stufe direkt, dem K-Eingang dieser Stufe jedoch über einen Inverter zugeführt. Dadurch liegen am J-Eingang und K-Eingang dieser ersten Speicherstufe stets komplementäre Signale.

Aufgrund der Zusammenschaltung der weiteren Stufen können an den J-Eingängen und K-Eingängen aber ebenfalls nur komplementäre Signale und damit auch nur 2 der insgesamt 4 möglichen Betriebsfälle für die Eingänge von JK-Flipflops auftreten. Entsprechend der Wahrheitstabelle für ein JK-Master-Slave-Kippglied nach Bild 7.71 kippt dieses Flipflop bei $J = 1$ (und demnach $K = 0$) von der Ruhestellung in die Arbeitsstellung und bei $J = 0$ (und demnach $K = 1$) von der Arbeitsstellung in die Ruhestellung, sobald der nächste Taktimpuls auftritt. Dieses funktionale Verhalten eines JK-Kippgliedes stimmt mit dem Verhalten eines D-Kippgliedes überein. In Kapitel 7.4.4.1 ist bereits näher darauf eingegangen.

Bei dem Schieberegister nach Bild 8.34 wird durch die angegebene Verbindung von Ausgängen und Eingängen der benachbarten Speicher erreicht, daß bei jedem Taktimpuls der Signalzustand der vorhergehenden Speicherstufe auf die nachfolgende Speicherstufe übertragen, d.h. weitergeschoben wird.

In **Bild 8.35** ist dieses Weiterschieben der am Eingang auftretenden Signale in Form einer Tabelle dargestellt.

	I	Q1	J2	Q2	J3	Q3	J4	Q4	
Rückstellung		0		0		0		0	→ 0
Vorbereitung	1		0		0		0		
Nach 1. Takt-Impuls		1		0		0		0	→ 0
Vorbereitung	0		1		0		0		
Nach 2. Takt-Impuls		0		1		0		0	→ 0
Vorbereitung	0		0		1		0		
Nach 3. Takt-Impuls		0		0		1		0	→ 0
Vorbereitung	1		0		0		1		
Nach 4. Takt-Impuls		1		0		0		1	→ 1
Vorbereitung	0		1		0		0		
Nach 5. Takt-Impuls		0		1		0		0	→ 0
Vorbereitung	0		0		1		0		
Nach 6. Takt-Impuls		0		0		1		0	→ 0
Vorbereitung	0		0		0		1		
Nach 7. Takt-Impuls		0		0		0		1	→ 1
Vorbereitung	0		0		0		0		
Nach 8. Takt-Impuls		0		0		0		0	→ 0

Bild 8.35 Wirkungsablauf für ein 4-Bit-Schieberegister nach Bild 8.34

Die Betrachtung des Wirkungsablaufs beginnt bei der Rückstellung des Schieberegisters. An den 4 Q-Ausgängen liegt 0-Signal. Tritt nun am Eingang I (J 1) des Schieberegisters 1-Signal auf, so sind die Kippglieder wie in Zeile 2 angegeben, vorbereitet. Mit dem 1. Taktimpuls kippt aufgrund der Eingangsvorbereitung nur das erste Flipflop. Das Signal I = 1 ist also auf Q = 1 übertragen, während die Signalzustände Q 2 = Q 3 = Q 4 = 0 erhalten bleiben. Damit liegt dann aber die in der 4. Zeile angegebene Vorbereitung der Kippglieder vor, die dazu führt, daß durch den 2. Taktimpuls die Signalzustände Q 1 = 0; Q 2 = 1; Q 3 = 0; Q 4 = 0 auftreten.

Mit jedem Taktimpuls wandert also die Binärinformation vom Q-Ausgang eines Speichers auf den Q-Ausgang des nachfolgenden Speichers weiter. Das 1-Signal am Eingang I erscheint bei einem 4-Bit-Schieberegister nach 4 Taktimpulsen am Ausgang Q 4. Wird, wie z.B. in Bild 8.35, nacheinander die Signalfolge 1 – 0 – 0 – 1 auf den Eingang I gegeben, so kann diese Information nach dem 4. Taktimpuls an den Q-Ausgängen abgelesen werden. Die gesamte Signalfolge ist also in das Schieberegister „eingetaktet", d.h. eingespeichert. Mit jedem weiteren Taktimpuls wird die Signalfolge 1 – 0 – 0 – 1 dann jedoch aus dem Ausgang Q 4 schrittweise wieder „ausgetaktet". Nach dem 8. Taktimpuls ist das Austakten der Signalfolge 1 – 0 – 0 – 1 abgeschlossen. Bezüglich der Signaleingabe und der Signalausgabe unterscheidet man bei den Schieberegistern vier verschiedene Betriebsarten, und zwar:

1. Serielle Eingabe – Serielle Ausgabe
2. Serielle Eingabe – Parallele Ausgabe
3. Parallele Eingabe – Serielle Ausgabe
4. Parallele Eingabe – Parallele Ausgabe.

In **Bild 8.36** sind diese 4 Betriebsarten in Form von Prinzipschaltbildern dargestellt.

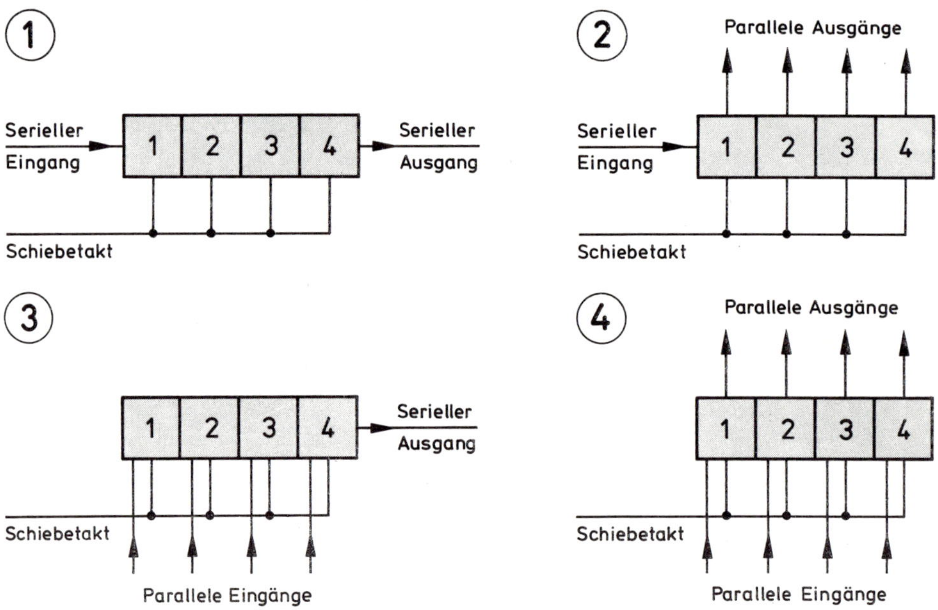

Bild 8.36 Prinzipschaltbilder für die vier Betriebsarten von Schieberegistern

Die Betriebsarten „Serieller Eingang – Serieller Ausgang" und „Serieller Eingang – Paralleler Ausgang" lassen sich mit der Schaltung nach Bild 8.34 realisieren, wenn

als Kippglieder z. B. 2 Bausteine 7473 verwendet werden. Dieser enthält zwei gleichartige JK-Master-Slave-Kippglieder mit Rücksetzeingang, bei dem alle Anschlüsse herausgeführt sind. Beim praktischen Betrieb dieser Schaltung nach Bild 8.34 muß jedoch noch beachtet werden, daß die Information am Eingang nur geändert werden darf, wenn das Taktsignal C = 0 ist, weil sonst Fehltriggerungen auftreten können.
Verwendet man den Baustein 7476, so lassen sich auch die Betriebsarten „Paralleler Eingang – Serieller Ausgang" und „Paralleler Eingang – Paralleler Ausgang" verwirklichen, weil jedem Kippglied vom Typ 7476 außer dem Rücksetzeingang $\bar{R}$ auch noch einen Setzeingang $\bar{S}$ besitzt. Über diese $\bar{S}$-Eingänge der 4 Speicherstufen können die einzelnen Kippglieder dann statisch gesetzt werden. Man spricht dabei auch vom „Laden" eines Schieberegisters. **Bild 8.37** zeigt ein solches Schieberegister, das parallel und unabhängig vom Taktimpuls geladen werden kann.

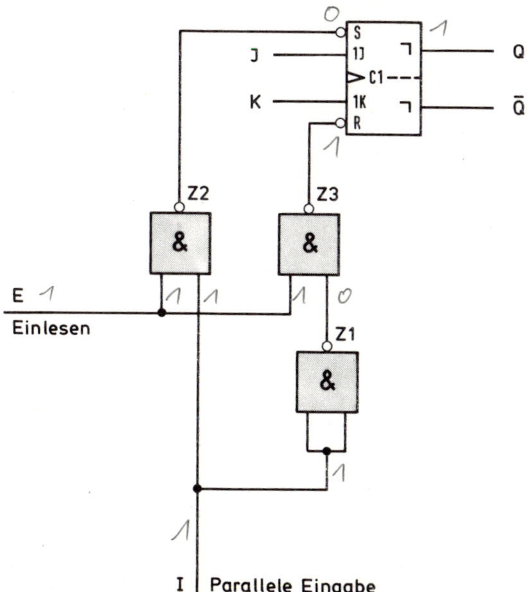

Bild 8.37 Logische Verknüpfung für Paralleleingabe

Für die parallele Eingabe der Daten in ein Schieberegister ist ein zusätzliches Logisches Schaltnetz erforderlich. In Bild 8.37 ist diese Logische Verknüpfung für eine Speicherstufe und in **Bild 8.38** die zugehörige Wahrheitstabelle angegeben.

E	I	Z1	$\bar{S}$ (Z2)	$\bar{R}$ (Z3)	
0	0	1	1	1	Keine parallele Eingabe
0	1	0	1	1	Keine parallele Eingabe
1	0	1	1	0	Rücksetzen
1	1	0	0	1	Setzen

Bild 8.38 Wahrheitstabelle für Schaltung nach Bild 8.37

Die Paralleleingabe erfolgt über den statischen $\bar{S}$- und $\bar{R}$-Eingang. Liegt an der Steuerleitung E „Einlesen" 0-Signal, so treten an den Eingängen die Signale $\bar{S}=1$ und $\bar{R}=1$ auf, unabhängig davon, welches Signal am Dateneingang I liegt. Eine Dateneingabe ist daher nicht möglich.

Liegt an der Steuerleitung E jedoch 1-Signal, so wird das Flipflop gesetzt, wenn $I=1$ und rückgesetzt, wenn $I=0$. Am Ausgang Q der Kippstufe tritt daher nach dem „Einlesen" stets der Signalzustand auf, der zum Zeitpunkt des Einlesens am Eingang I lag.

Werden für den Aufbau von Schieberegistern JK-Master-Slave-Kippglieder mit Setz- und Rücksetzeingängen verwendet und alle diese $\bar{S}$- und $\bar{R}$-Eingänge entsprechend Bild 8.37 beschaltet, so entstehen Schieberegister für Paralleleingabe. Durch Kombination mit der Grundschaltung eines Schieberegisters nach Bild 8.34 kann dann auch ein Universal-Schieberegister für alle 4 Betriebsarten aufgebaut werden.

Oft ist es erforderlich, die in einem Schieberegister gespeicherten Informationen, ein sog. Bit-Muster, fortlaufend zu wiederholen. Dies ist leicht möglich, wenn die Ausgänge Q und $\bar{Q}$ der letzten Speicherstufe mit den Eingängen J und K der ersten Speicherstufe verbunden werden. Das Bit-Muster wandert dann immer wieder vom Ausgang des Schieberegisters in den Eingang hinein. Eine derartige Schaltung wird

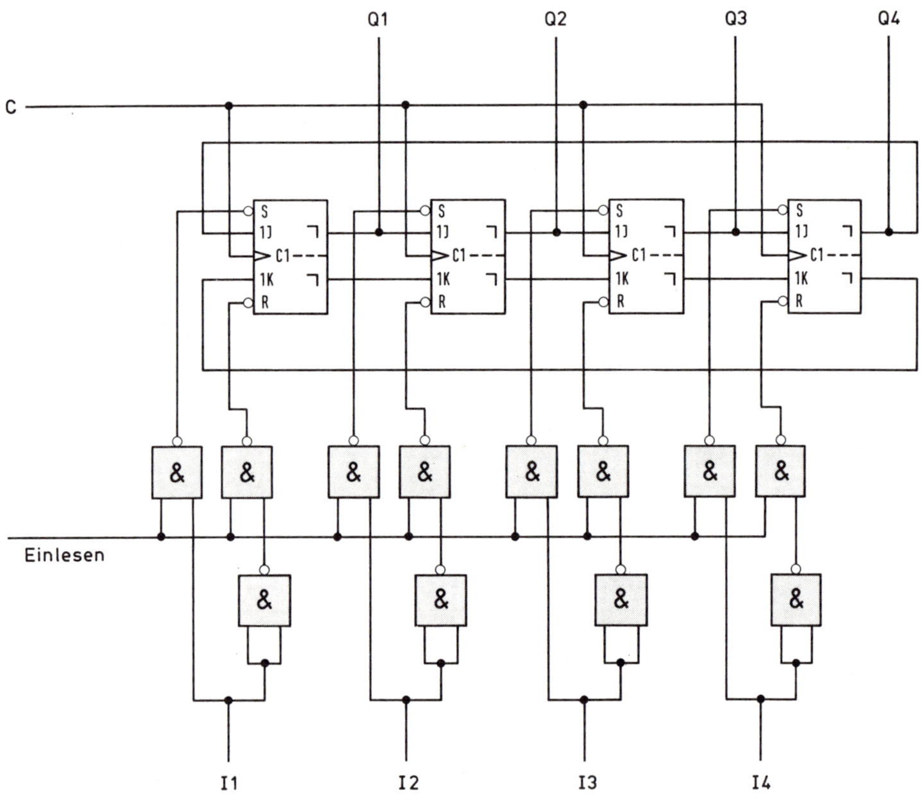

Bild 8.39 4-Bit-Ringregister

als Ringregister oder Ringspeicher bezeichnet. Das Einspeichern von Informationen kann dann jedoch nur noch durch eine Parallel-Eingabe erfolgen. In **Bild 8.39** ist ein 4-Bit-Ringregister mit paralleler Eingabe und paralleler Ausgabe angegeben.

8.5.2 Schieberegister der TTL-Serie 74xx und der C-MOS-Serie 40xx

Auch Schieberegister werden heute nur noch in Ausnahmefällen aus einzelnen Kippgliedern – wie in Kapitel 8.5.1 dargestellt – zusammengeschaltet. So gibt es innerhalb der TTL-Serie 74xx und der C-MOS-Serie 40xx eine große Zahl von Schieberegistern mit unterschiedlichen Bit-Zahlen sowie mit seriellen und parallelen Eingängen und Ausgängen. Für den praktischen Betrieb dieser Schieberegister ist es dann auch ohne Bedeutung, daß die Register in der integrierten Technik meistens nicht aus JK-Master-Slave-Kippgliedern, sondern aus anderen Ausführungen von Kippgliedern aufgebaut sind. Aus der Vielzahl angebotener Typen sind hier wieder nur einige einfachere Ausführungen ausgewählt, und zwar die Bausteine 7491, 7494 und 4015.

Baustein 7491: 8-Bit-Serienschieberegister

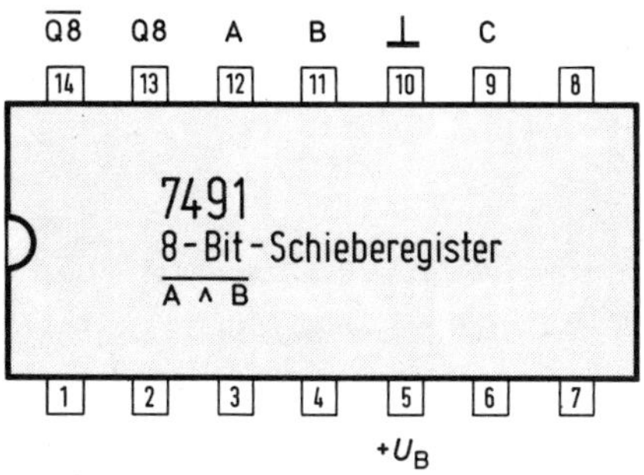

Bild 8.40 Anschlußbelegungen des TTL-Bausteines 7491

Der Baustein 7491 **(Bild 8.40)** ist ein 8-Bit-Schieberegister für serielle Eingabe und serielle Ausgabe. Auf Anschlüsse herausgeführt sind nur die Ausgänge Q 8 und $\overline{Q\,8}$ des letzten Speichers. Die Eingänge A und B sind durch ein NAND-Gatter miteinander verknüpft. Die Informationen werden jeweils an der positiven Flanke des Taktimpulses auf den Ausgang der jeweiligen Kippstufe geschoben.

Baustein 7494: 4-Bit-Schieberegister mit paralleler Eingabe

Bild 8.41 Anschlußbelegungen des TTL-Bausteines 7494

Der Baustein 7494 **(Bild 8.41)** ist ein 4-Bit-Schieberegister, das außer einem seriellen Eingang I_S auch 2 × 4 Eingänge für parallele Eingabe hat. Die 4 Kippglieder können entweder durch die Stelleingänge S 1 oder S 2 gesetzt werden. Die Eingänge A 1, B 1, C 1 und D 1 sind betriebsbereit, wenn S 1 = 1 und S 2 = 0. Die Eingänge A 2, B 2, C 2 und D 2 sind dagegen betriebsbereit, wenn S 1 = 0 und S 2 = 1.

Durch R = 1 werden alle Kippglieder in Ruhestellung gebracht, also rückgesetzt, und zwar unabhängig vom Takteingang. Bei Taktbeginn müssen jedoch entweder S 1 oder S 2 und der Rückstelleingang R auf 0-Signal liegen. Die Stelleingänge sind von den Signalen an dem Takt- und Rückstelleingang unabhängig.

Die Informationen werden jeweils an der negativen Flanke des Taktimpulses auf den Ausgang der jeweiligen Kippstufe geschoben.

Baustein 4015: 2 × 4-Bit-Schieberegister mit serieller Eingabe und paralleler Ausgabe

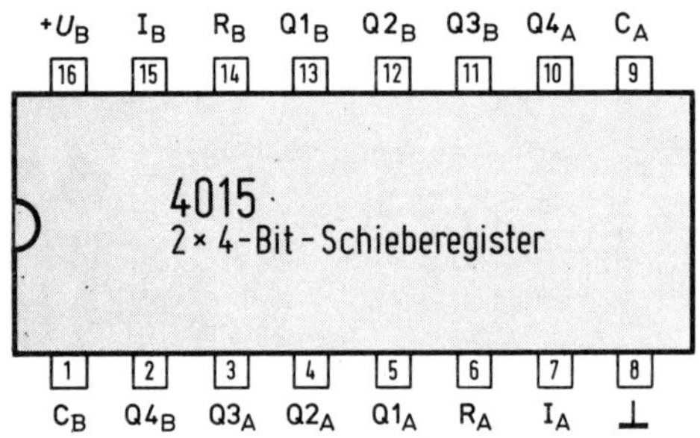

Bild 8.42 Anschlußbelegungen des C-MOS-Bausteines 4015

Der Baustein 4015 **(Bild 8.42)** enthält zwei voneinander unabhängige 4-Bit-Schieberegister (A und B) mit jeweils seriellem Eingang I und den parallelen Ausgängen Q 1 bis Q 4. Die Rücksetzung erfolgt durch R = 1. Die Informationen werden an der positiven Flanke des Taktimpulses auf den Ausgang der jeweiligen Kippstufe geschoben.

8.5.3 Anwendungsbeispiele

1. Parallel-Serienwandler

Bei den Dualzählern kann der Zählerinhalt in Form von Binärinformationen an den Q-Ausgängen abgelesen werden. Es handelt sich dabei um eine parallele Ausgabe von Informationen über den Zählerinhalt. Für die Weiterverarbeitung dieser Daten ist aber häufig eine serielle Ausgabe des Zählerstandes erforderlich. Eine solche Umwandlung von parallel vorliegenden Daten in seriell auftretende Binärinformationen kann mit Hilfe von Schieberegistern erfolgen. Man bezeichnet ein für diese Aufgabe eingesetztes Schieberegister auch als Parallel-Serienwandler. **Bild 8.43** zeigt eine Schaltung, bei der der Zählerstand seriell z.B. auf eine Übertragungsleitung ausgetaktet wird.

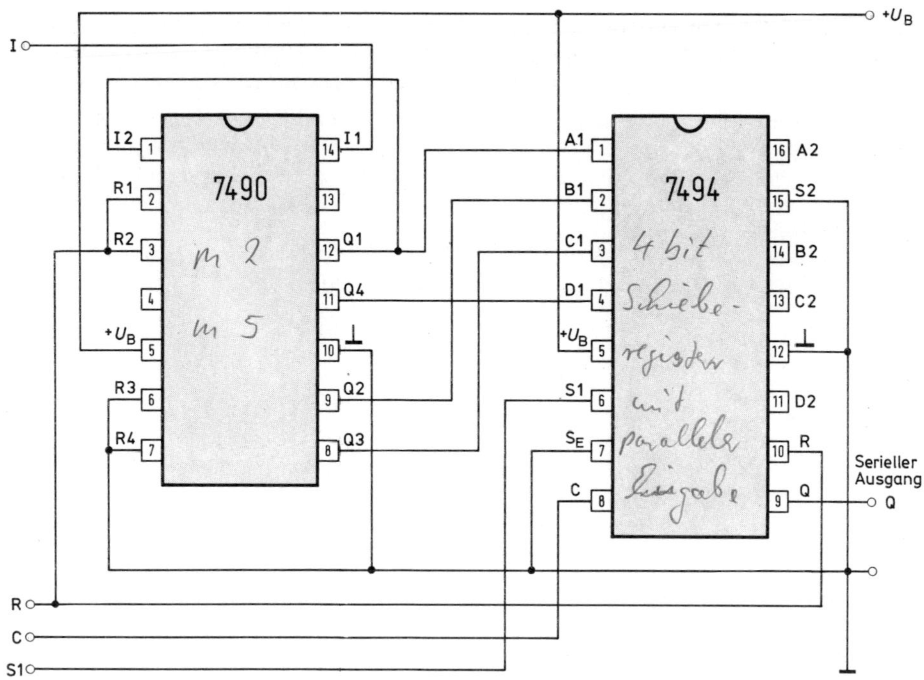

Bild 8.43 Parallel-Serienumsetzung mit Schieberegister

Durch R = 1 lassen sich bei der Schaltung nach Bild 8.43 der Zähler (7490) und das Schieberegister (7494) gleichzeitig in die Nullstellung bringen. Danach können dann bei R = 0, C 0 und S 1 = 0 die zu zählenden Impulse auf den Eingang I gegeben werden. Der Baustein 7490 ist hier als Modulo-10-Zähler geschaltet, so daß an seinen Ausgängen Q 1 bis Q 4 entsprechend der gezählten Impulse die Zahlen 0 bis 9 im Dual-Code auftreten können.

Das „Einlesen" des Zählerstandes in das Schieberegister erfolgt durch S 1 = 1. Soll der Zählerinhalt zu einem bestimmten Zeitpunkt eingelesen werden, so muß sichergestellt sein, daß sich während der Dauer des Stellsignals S 1 = 1 der Zählerstand nicht ändert und gleichzeitig C = 0 ist.

Das serielle Austakten erfolgt dann anschließend durch die Taktsignale C = 1.

Die erforderlichen funktionalen Bedingungen zwischen den Signalen I, R, C und S 1 lassen sich selbstverständlich noch durch zusätzliche Logische Verknüpfungen erreichen und gewährleisten. Im Interesse der Übersichtlichkeit der Schaltung wird hier jedoch nicht näher darauf eingegangen.

2. Serien-Parallelwandler

Mit Hilfe von Schieberegistern lassen sich auch seriell auftretende Binärinformationen in parallel anstehende Binärinformationen umwandeln. Ein für diese Aufgabe eingesetztes Schieberegister wird dann als Serien-Parallelwandler bezeichnet. Selbstverständlich können für diese Aufgabe nur Schieberegister eingesetzt werden, die einen seriellen Eingang und auf Anschlüsse herausgeführte Q-Ausgänge der einzelnen Kippglieder haben. In **Bild 8.44** ist ein solcher Serien-Parallelwandler dargestellt, für den ein C-MOS-Baustein 4015 verwendet wird. Alle Eingänge der zwei voneinander unabhängigen Schieberegister sind hier zusammengeschaltet, so daß die eingetaktete Binärinformation in gleicher Form an den Ausgängen der beiden 4-Bit-Schieberegister auftritt.

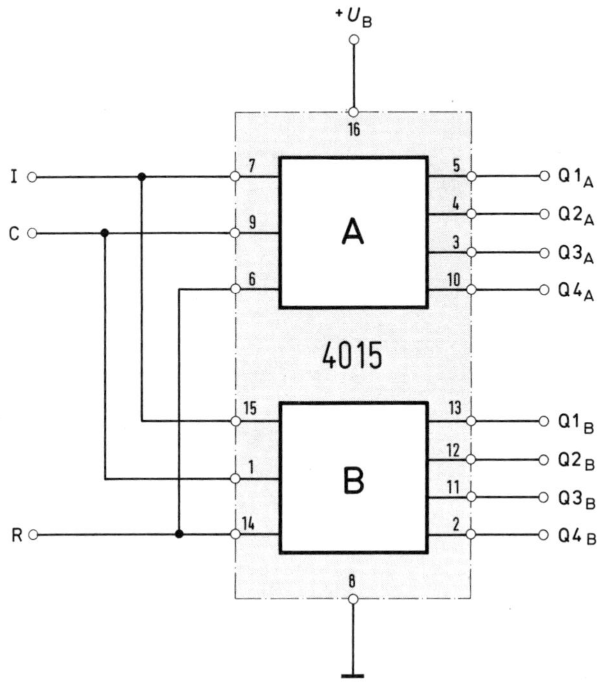

Bild 8.44 Serien-Parallel-Umsetzung mit Schieberegister

8.6 Codewandler

Unter dem Begriff „Code" wird in der Technik im allgemeinen ein System von verabredeten Zeichen für eine Information verstanden. So können z.B. auch die verschiedenen Zahlensysteme als Codes bezeichnet werden, weil bei ihnen nach fest vorgegebenen Gesetzmäßigkeiten Zeichengruppen gebildet werden, um Mengen zu beschreiben.

Von einer Codewandlung spricht man, wenn die in einem bestimmten Code vorliegenden Informationen in einen anderen Code umgewandelt werden. Dies ist in etwa vergleichbar mit der Übersetzung eines Textes von einer Sprache in eine andere, ohne dabei den Informationsgehalt zu verändern.

In der Digitaltechnik ist die Codewandlung von großer Bedeutung. So kann mit ihrer Hilfe jede vorliegende Information immer in eine Form gebracht werden, in der sie sich am besten weiterverarbeiten läßt. In Kapitel 8.2 wurden bereits Codewandlungen beschrieben. Diese Codewandlungen wurden aber ausschließlich auf mathematischem Wege vorgenommen. So ist z.B. die Umwandlung einer Dezimalzahl in eine Dualzahl oder umgekehrt als eine Codewandlung anzusehen.

Erfolgt eine Codewandlung unter Einsatz technischer Hilfsmittel, so bezeichnet man eine solche Einrichtung oder Schaltung als Codewandler. Hierfür werden oft auch die Bezeichnungen „Coder" oder „Decoder" verwendet, je nachdem, welcher der beiden Codes als Bezugssystem angesehen wird.

Die in der Signalverarbeitung eingesetzten Codewandler sind in der Regel aus Logischen Schaltungen aufgebaut. Von besonderer Bedeutung sind Codewandler, die dual-codierte oder BCD-codierte Zahlen in Dezimalzahlen umwandeln oder umgekehrt. In großem Umfang eingesetzt werden auch Codewandler, die Informationen im BCD-Code in den 7-Segment-Code für die Ziffernanzeige umsetzen.

8.6.1 Grundprinzip von Codewandlern

Soll eine Dezimalziffer 0 – 9 in eine Dualzahl umgewandelt werden, so läßt sich dieser logische Zusammenhang sofort mit Hilfe der zugehörigen Wahrheitstabelle erkennen.

Dezimalziffer										Dualzahl			
(0) I0	(1) I1	(2) I2	(3) I3	(4) I4	(5) I5	(6) I6	(7) I7	(8) I8	(9) I9	(2^3) Q4	(2^2) Q3	(2^1) Q2	(2^0) Q1
1	0	0	0	0	0	0	0	0	0	0	0	0	0
0	1	0	0	0	0	0	0	0	0	0	0	0	1
0	0	1	0	0	0	0	0	0	0	0	0	1	0
0	0	0	1	0	0	0	0	0	0	0	0	1	1
0	0	0	0	1	0	0	0	0	0	0	1	0	0
0	0	0	0	0	1	0	0	0	0	0	1	0	1
0	0	0	0	0	0	1	0	0	0	0	1	1	0
0	0	0	0	0	0	0	1	0	0	0	1	1	1
0	0	0	0	0	0	0	0	1	0	1	0	0	0
0	0	0	0	0	0	0	0	0	1	1	0	0	1

Bild 8.45 Wahrheitstabelle für einen Dezimal-Dual-Wandler

Bild 8.45 zeigt die Wahrheitstabelle für einen Dezimal-Dual-Wandler, durch den die Dezimalziffer 0 bis 9 in eine vierstellige Dualzahl umgewandelt wird. Ein derartiger Codewandler muß 10 Eingänge und 4 Ausgänge haben. In **Bild 8.46** ist das Schaltzeichen für einen Dezimal-Dual-Wandler angegeben.

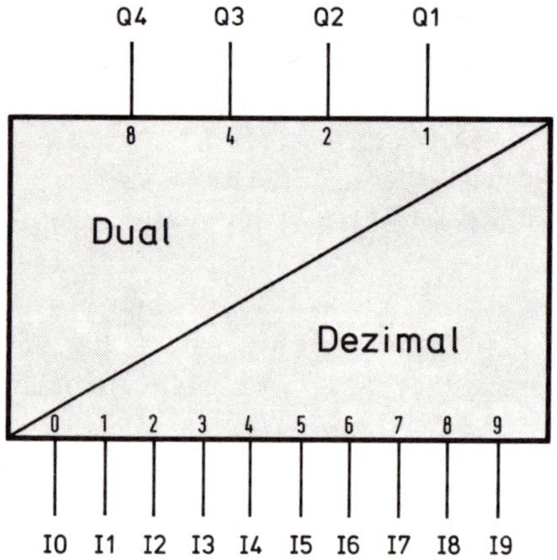

Bild 8.46 Schaltzeichen für einen Dezimal-Dual-Wandler

Dezimal-Dual-Wandler lassen sich auf unterschiedliche Weise aus Logischen Schaltungen aufbauen. **Bild 8.47** zeigt eine mögliche Schaltung, bei der ODER-Gatter verwendet werden.

Die Schaltung nach Bild 8.47 ist nach Art eines Kreuzschienenverteilers aufgebaut. Durch 1-Signal z.B. am Eingang I7 wird die Dezimalziffer 7 repräsentiert. Bei I7 = 1

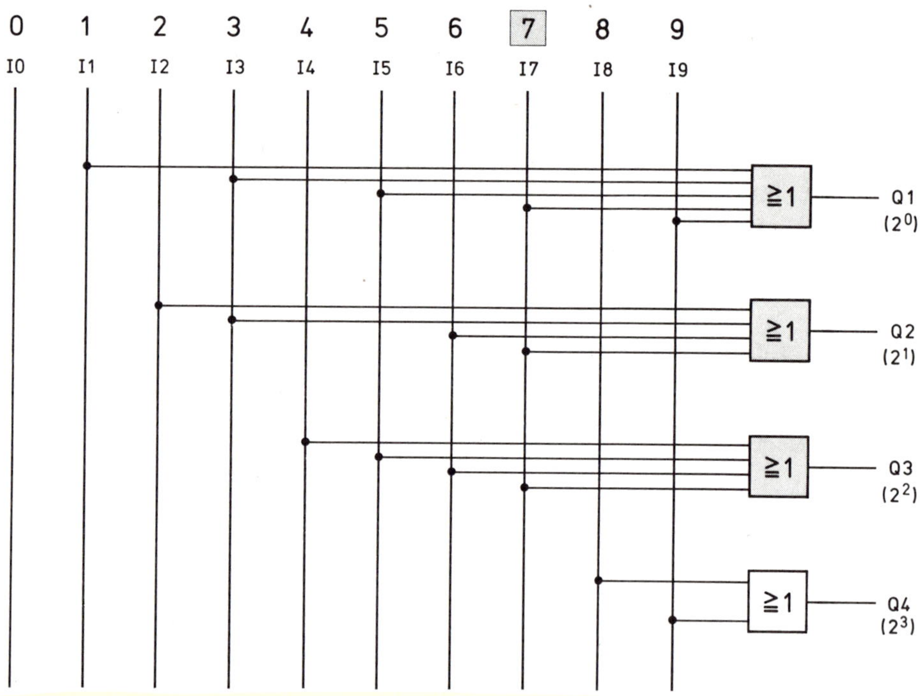

Bild 8.47 Prinzipschaltung für einen Dezimal-Dual-Wandler

erscheint dann an den Ausgängen Q 1, Q 2 und Q 3 ebenfalls 1-Signal. Damit liegt laut Wahrheitstabelle die Dezimalzahl 7 im Dualcode vor. Selbstverständlich muß aber bei dieser Schaltung auch sichergestellt sein, daß stets nur eine Dezimalziffer an den 10 Eingängen als 1-Signal auftritt.

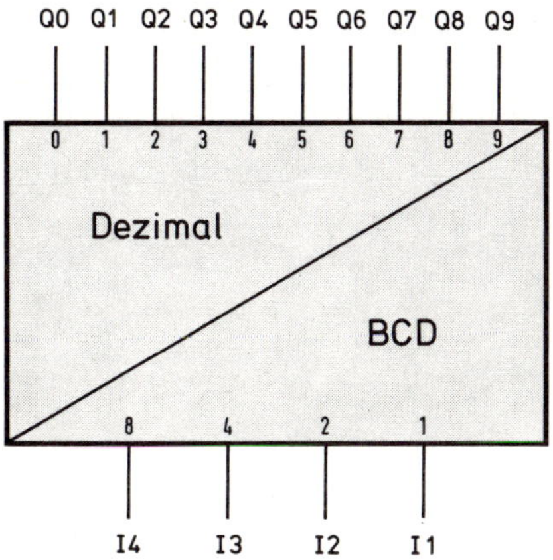

Bild 8.48 Schaltzeichen für einen BCD-Dezimal-Wandler

Die Wahrheitstabelle gilt auch für den BCD-Dezimal-Wandler, wenn die Eingangsvariablen und Ausgangsvariablen vertauscht werden, also die 4 Eingänge als I 1, I 2, I 3 und I 4 und die 10 Ausgänge als Q 0 bis Q 9 bezeichnet werden. In **Bild 8.48** ist das Schaltzeichen für einen BCD-Dezimal-Wandler angegeben.

Auch der BCD-Dezimal-Wandler läßt sich nach Art eines Kreuzschienenverteilers und mit verschiedenen Gattern verwirklichen. In **Bild 8.49** ist eine Schaltung angegeben, bei der UND-Gatter verwendet werden. Da die dualen Signale sowohl in negierter als auch in nicht negierter Form benötigt werden, sind zusätzlich noch 4 NICHT-Glieder erforderlich. Sie können jedoch entfallen, wenn z.B. bei einem Zähler die Q- und $\bar{Q}$-Ausgänge der Kippglieder mit ihren komplementären Signalen zur Ansteuerung des Wandlers benutzt werden.

Liegen an den Ausgängen z.B. die Signale I 4 = 0; I 3 = 1; I 2 = 1 und I 1 = 0, so entspricht dies der Dualzahl 0110. Da $0110_{(2)} = 6_{(10)}$ ist, muß am Ausgang Q6 ein Signal Q 6 = 1 auftreten. Dies ist der Fall, da aufgrund der Zusammenschaltung an den Eingängen des entsprechenden UND-Gliedes die Signale $\overline{I4} = 1$, I 3 = 1, I 2 = 1 und $\overline{I1} = 1$ anstehen und damit Q 6 = 1. An allen übrigen Ausgängen liegt aufgrund der anderen Eingangsvariablen dann 0-Signal.

Durch die Schaltung nach Bild 8.49 wird also jede Dualzahl $0000_{(2)}$ bis $1001_{(2)}$ in die entsprechende Dezimalziffer 0 bis 9 umgewandelt, wobei diese Dezimalziffer dann durch 1-Signal an dem entsprechenden Ausgang repräsentiert wird, während dann an allen anderen Ausgängen gleichzeitig 0-Signal liegt. Verwendet man jedoch anstelle der UND-Gatter NAND-Gatter, so wird die Dezimalziffer durch 0-Signal am zugehörigen Ausgang und 1-Signal an allen übrigen Ausgängen gekennzeichnet. Eine solche Zuordnung ist meistens bei dem integrierten Codewandler anzutreffen.

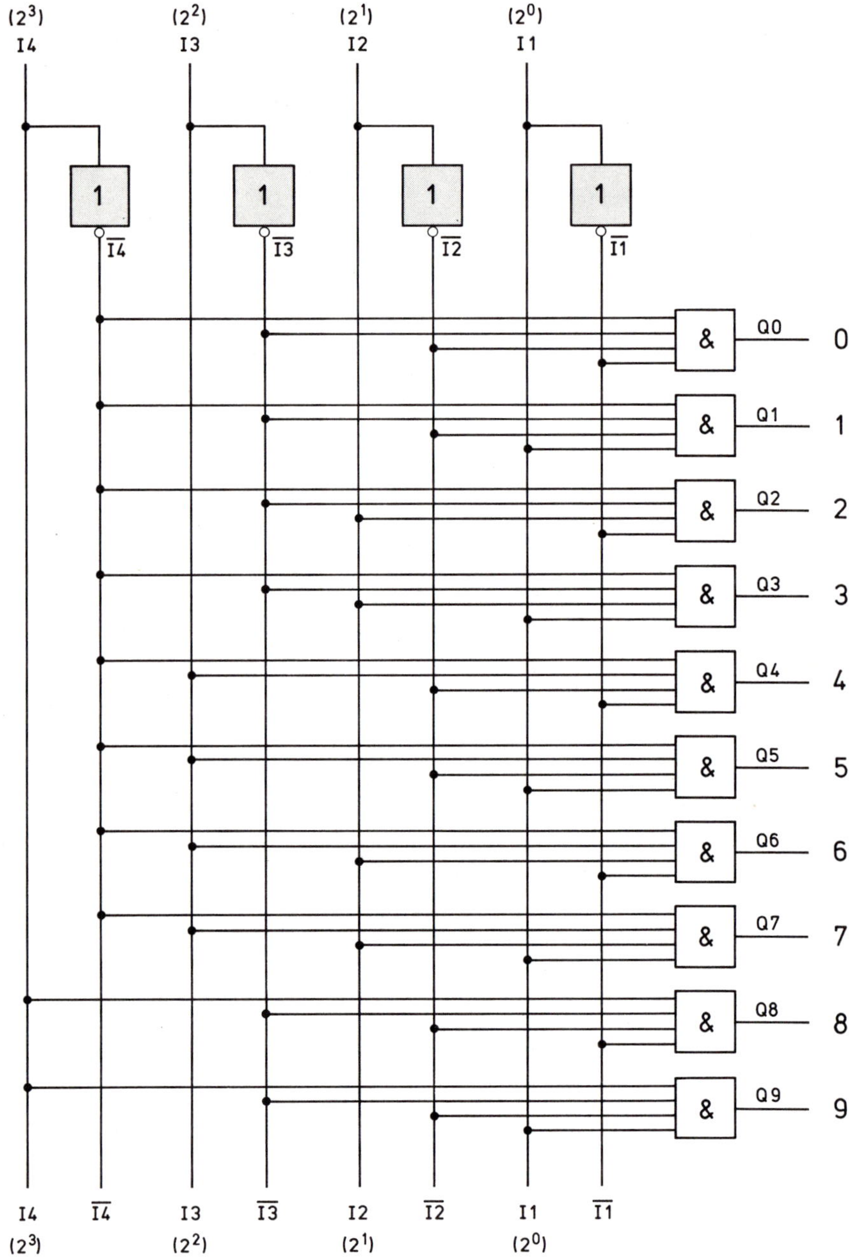

Bild 8.49 Prinzipschaltung für einen BCD-Dezimal-Wandler

Zur optischen Anzeige von Dezimalziffern werden heute in großem Umfang 7-Segment-Anzeigeeinheiten mit Leuchtdioden eingesetzt, wobei durch entsprechende Ansteuerung der 7 LEDs die 10 Ziffern 0 bis 9 sowie einige weitere Zeichen gebildet werden. In **Bild 8.50** ist die Segment-Identifizierung dargestellt.

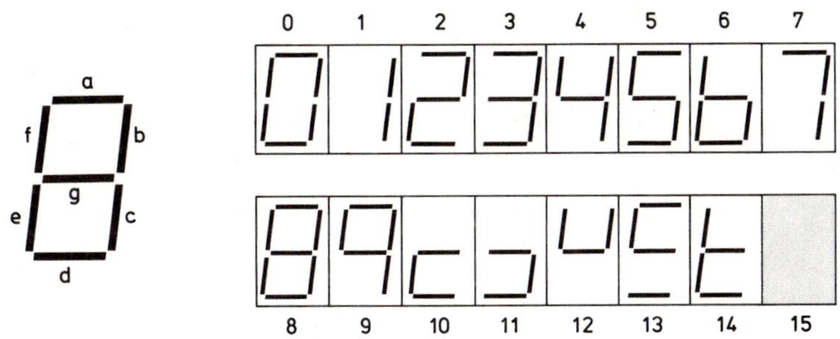

Bild 8.50 Segment-Identifizierung für die 7-Segment-Anzeige

Ein Dezimal-7-Segment-Wandler entsprechend Bild 8.50 müßte mindestens 16 Eingänge (für die Ziffern 0 – 9 und die Zeichen 10 bis 15) und 7 Ausgänge haben. Auch diese einzelnen funktionalen Zusammenhänge ließen sich wieder mit Logischen Schaltungen realisieren. Der Aufwand an einzelnen Gattern wäre hier aber schon ganz beträchtlich.

Da Zahlen in der Signalverarbeitung jedoch meistens im BCD-Code vorliegen, ist zwischen der Ausgabestelle (z. B. Zählerausgang) und der Anzeigeeinheit zunächst eine Umwandlung vom BCD-Code in den Dezimal-Code und in einer weiteren Stufe dann noch eine Umwandlung vom Dezimalcode in den 7-Segment-Code erforderlich.

In der Praxis erfolgt aber stets eine direkte Codewandlung vom BCD-Code in den 7-Segment-Code **(Bild 8.51).** Hierfür stehen auch integrierte Codewandler in verschiedenen Ausführungen zur Verfügung.

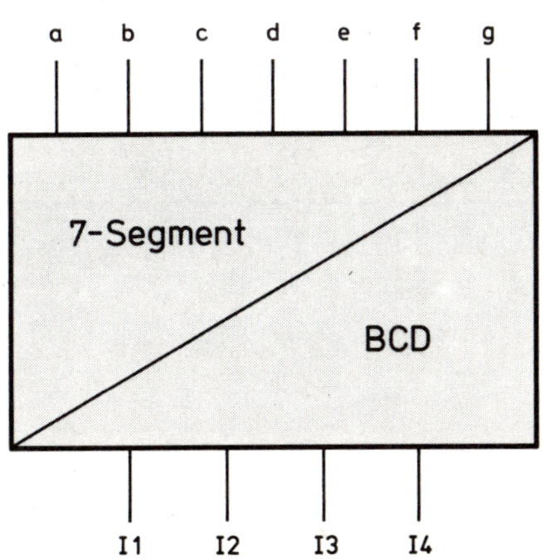

Bild 8.51 Schaltzeichen für BCD-7-Segment-Wandler

Mit Hilfe von Logischen Schaltungen und einer Schaltungssynthese nach Kapitel 6.5 läßt sich aber praktisch jeder vorgegebene Code in einen anderen Code umwandeln. Ein Aufbau aus einzelnen Gattern kann dabei aber leicht einen so großen schaltungstechnischen Umfang annehmen, daß er sowohl von den Kosten als auch von der Baugröße und dem Zeitaufwand nicht mehr vertretbar ist. Aus diesem Grunde werden die wichtigsten Code-Wandler, also BCD-Dezimal, Dezimal-BCD, BCD-7-Segment sowie noch verschiedene andere Codewandler nur noch in vollintegrierter Bauform eingesetzt.

8.6.2 Codewandler der TTL-Serie 74xx und der C-MOS-Serie 40xx

Baustein 7442: BCD-Dezimal-Wandler

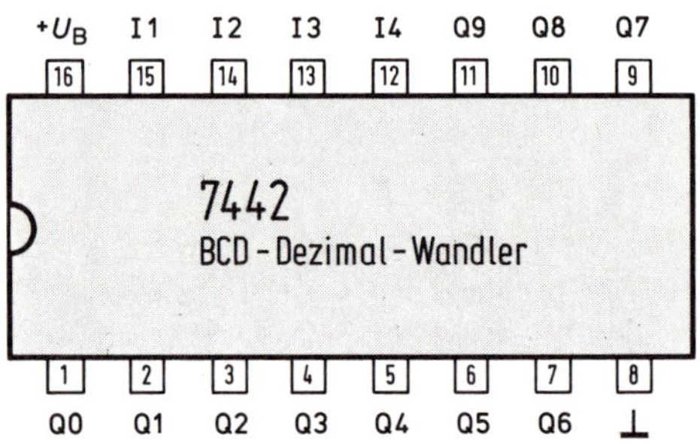

Bild 8.52 Anschlußbelegungen des TTL-Bausteines 7442

Der Baustein 7442 **(Bild 8.52)** wandelt im BCD-Code vorliegende Zahlen in Dezimalzahlen um. Die Eingänge I1, I2, I3 und I4 können direkt an die Ausgänge aller TTL-Dezimal-Zähler angeschlossen werden, wobei I1 mit Q1 des Zählers, I2 mit Q2 des Zählers usw. zu verbinden sind.

Die Dezimalziffer wird durch 0-Signal am entsprechenden Ausgang repräsentiert. Alle übrigen Ausgänge haben dann 1-Signal. Werden Dualzahlen größer 1001, also größer $9_{(10)}$ auf die Eingänge gegeben, tritt an allen Ausgängen 1-Signal auf.

Baustein 74147: Dezimal-BCD-Wandler

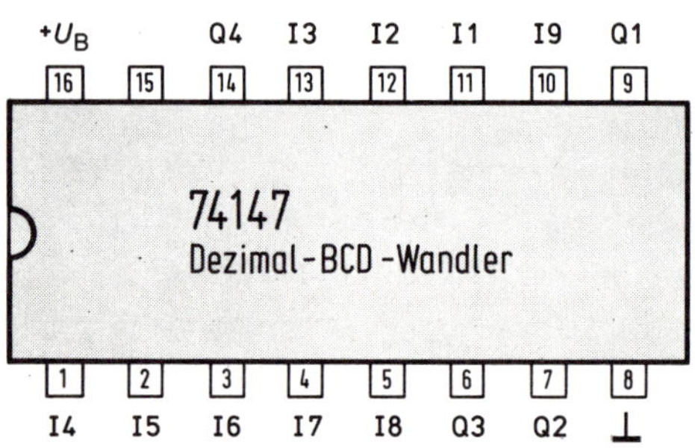

Bild 8.53 Anschlußbelegungen des TTL-Bausteines 74147

Der Baustein 74147 **(Bild 8.53)** wandelt die mit 0-Signal an den Eingängen I1 bis I9 liegenden Dezimalziffern in BCD-codierte Zahlen um, wobei an den Ausgängen

Q1 bis Q4 die komplementären Signale auftreten. Bei I5 = 0 liegt also an den Ausgängen Q1 = 0 und Q3 = 0 und an den Ausgängen Q2 = 1 und Q4 = 1.

Baustein 4028: BCD-Dezimal-Wandler

Bild 8.54 Anschlußbelegungen des C-MOS-Bausteines 4028

Der Baustein 4028 **(Bild 8.54)** wandelt die mit 1-Signal im BCD-Code an den Eingängen I1 bis I4 liegenden Signale in Dezimalziffer 0 bis 9 um, wobei diese als 1-Signal an den entsprechenden Q-Ausgängen auftreten. Werden Dualzahlen größer 1001 auf die Eingänge gegeben, so wird entweder die Ziffer 8 oder 9 angezeigt, d.h. die Codewandlung entspricht nicht mehr der geforderten Gesetzmäßigkeit.

Baustein 7447: BCD-7-Segment-Wandler

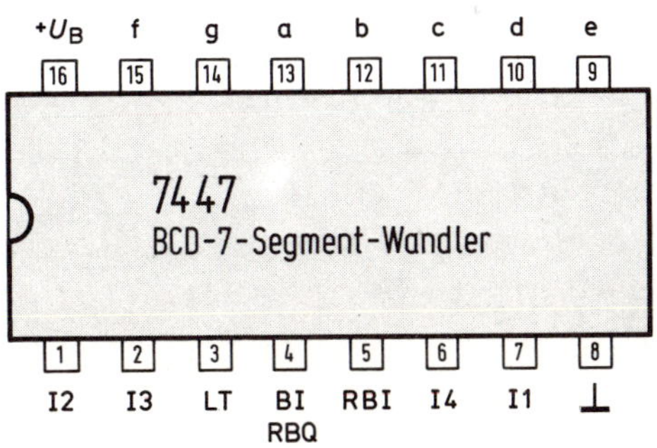

Bild 8.55 Anschlußbelegungen des TTL-Bausteines 7447

Der Baustein 7447 **(Bild 8.55)** wandelt BCD-codierte Zahlen in Abhängigkeit von den Bedingungseingängen BI, RBI und LT in den 7-Segment-Code um. Die Ausgänge a bis g haben Transistorschalter mit offenem Kollektorausgang für $U_B = +15\,V$ und $I_Q = 40\,mA$, so daß LED-Anzeigesysteme direkt angesteuert werden können. Zur Strombegrenzung sind lediglich kleine Widerstände (68 Ω) vorzusehen. Wenn BI = 0, erhalten alle Segment-Ausgänge a bis g 1-Signal, und zwar unabhängig von den Eingangssignalen an I1 bis I4. Ein Anzeigetest (Lampentest) erfolgt, wenn LT = 0. An allen Segmentausgängen a bis g liegt dann 0-Signal (Helltastung) sofern gleichzeitig an BI/RBQ 1-Signal liegt. Der Eingang RBI wird als Übertragungseingang zur Nullausblendung bezeichnet. Ist RBI = 0, so wird a bis g = 1 und an RBQ entsteht

0-Signal, sofern I1 bis I4 = 0. Unter dieser Voraussetzung wird dann die Nullanzeige unterdrückt. Von den Herstellern wird noch eine größere Zahl weiterer Codewandler geliefert, die z.B. auch für spezielle Aufgaben oder bestimmte Anzeigeeinheiten vorgesehen sind.

8.6.3 Anwendungsbeispiele

1. Anzeige des Zählerinhaltes einer Zähldekade mit 7-Segment-Anzeigeeinheit

In der Regel soll der Zählerinhalt einer Zähldekade als Dezimalziffer angezeigt werden. Hierzu ist an die 4 Q-Ausgänge der Zähldekade ein BCD-7-Segment-Wandler anzuschließen, der dann eine 7-Segment-Anzeigeeinheit ansteuert. **Bild 8.56** zeigt eine Schaltung, die aus einem Modulo-10-Zähler mit dem Baustein 7490, einem BCD-7-Segment-Wandler mit dem Baustein 7447 und einer 7-Segment-LED-Anzeigeeinheit TIL 303 aufgebaut ist.

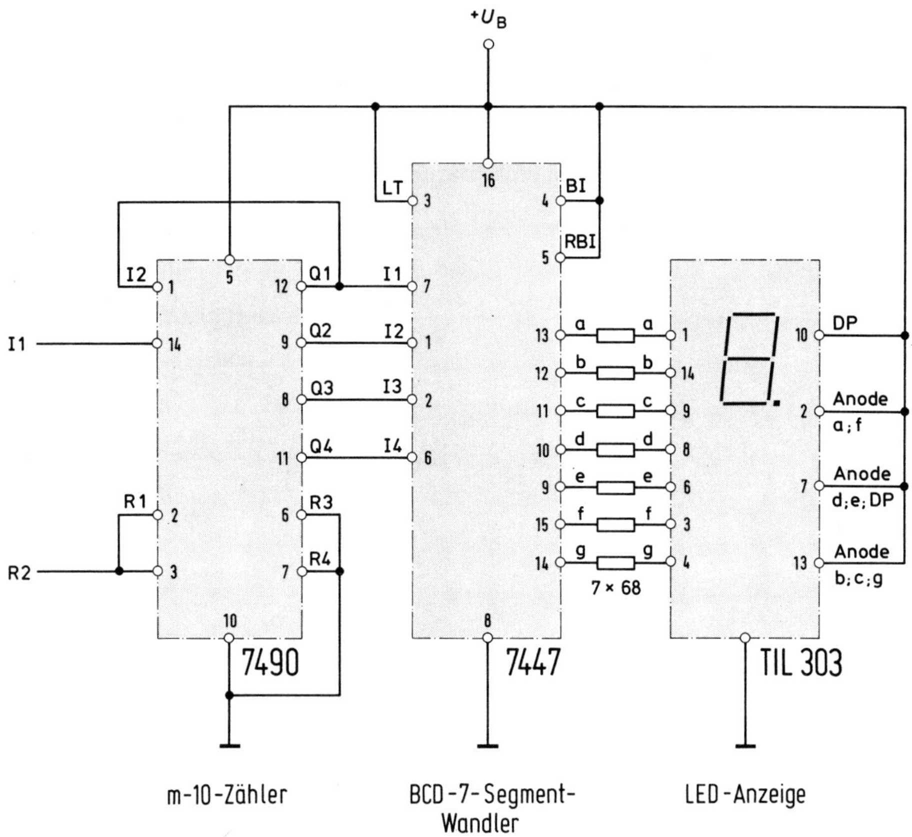

Bild 8.56 Schaltung zur Anzeige des Zählerstandes einer Zähldekade

2. Anzeige für einen Sekundenzähler

In Bild 8.29 ist das Schaltbild eines Sekundenzählers (m-60-Zähler) angegeben. Dieser Zähler ist aufgebaut aus 2 Bausteinen 7490, von denen einer als m-10-Zähler geschaltet ist und die „Einer" zählt, während der andere Baustein als m-6-Zähler die „Zehner" zählt. Wird jeder Zähldekade ein BCD-7-Segment-Wandler und eine LED-Anzeigeeinheit nachgeschaltet, so werden die Sekunden 0 bis 59 als Dezimalzahl optisch angezeigt.

Die erforderliche 1-Hz-Taktfrequenz läßt sich mit ausreichender Genauigkeit aus der 50 Hz-Netzfrequenz gewinnen. In **Bild 8.57** ist ein derartiger Sekundenzähler als Blockschaltbild angegeben. Er kann als Sekunden-Baustein einer Digitaluhr eingesetzt werden.

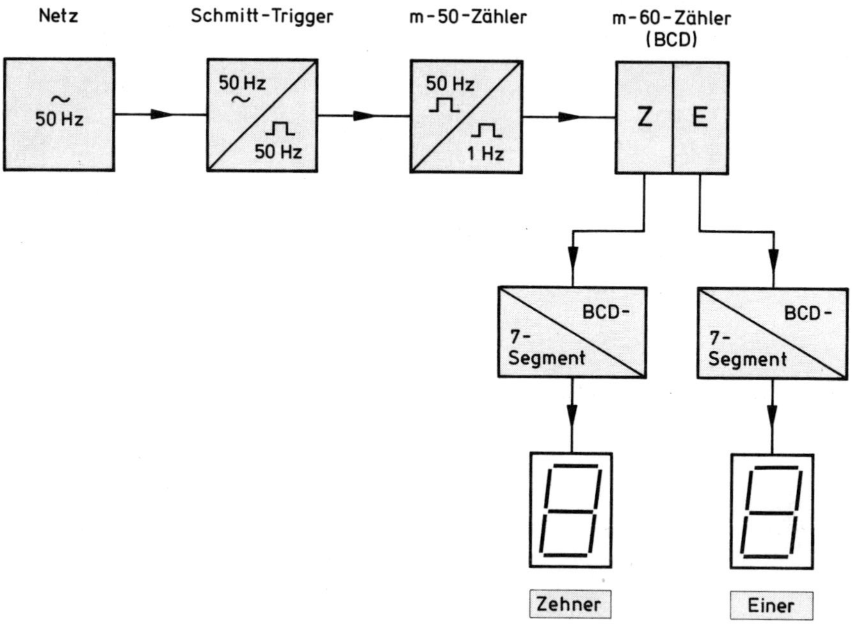

Bild 8.57 Blockschaltbild eines Sekundenzählers mit Ziffernanzeige

9 Signalgeneratoren

9.1 Allgemeines

Als Signalgeneratoren werden in der Elektronik Schaltungen bezeichnet, die nach Anlegen der Betriebsspannung eine periodische Wechselspannung erzeugen. Diese Wechselspannung steht dann an einem oder mehreren Ausgängen zur Ansteuerung nachfolgender Stufen oder zur weiteren Verarbeitung zur Verfügung. Entsprechend der Schaltung der Generatoren können die erzeugten Wechselspannungen sehr unterschiedliche Kurvenverläufe haben und dabei als reine Wechselspannungen symmetrisch zum Nullpotential liegen. Sie können aber auch einer Gleichspannung überlagert sein und dann als Mischspannung unsymmetrisch zum Nullpotential erzeugt werden.

In der Digitaltechnik haben Wechselspannungen mit einem rechteckförmigen Verlauf als Takt- und Steuersignale eine ganz wesentliche Bedeutung. Wechselspannungen mit einem dreieckförmigen oder sägezahnförmigen Verlauf werden dagegen häufiger in der Meßtechnik benötigt und Wechselspannungen mit einem sinusförmigen Verlauf haben ihr Hauptanwendungsgebiet in der Hoch- und Niederfrequenztechnik. Diese vier charakteristischen Kurvenformen sind in den **Bildern 9.1, 9.2, 9.3, 9.4** dargestellt. Durch verschiedenartige Verformungen können aus diesen vier charakteristischen Kurvenverläufen fast alle beliebigen anderen Kurvenformen gewonnen werden.

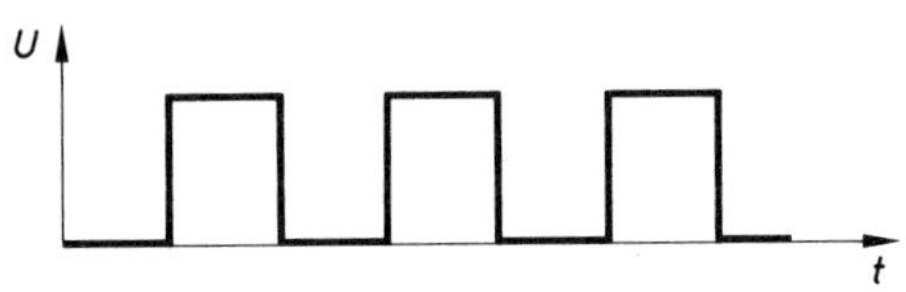

Bild 9.1 Rechteckspannung

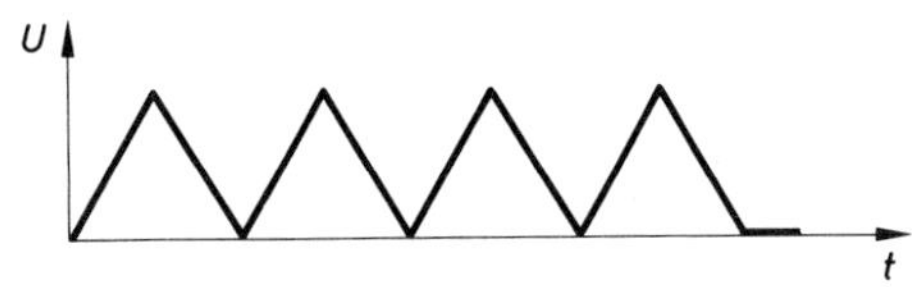

Bild 9.2 Dreieckspannung

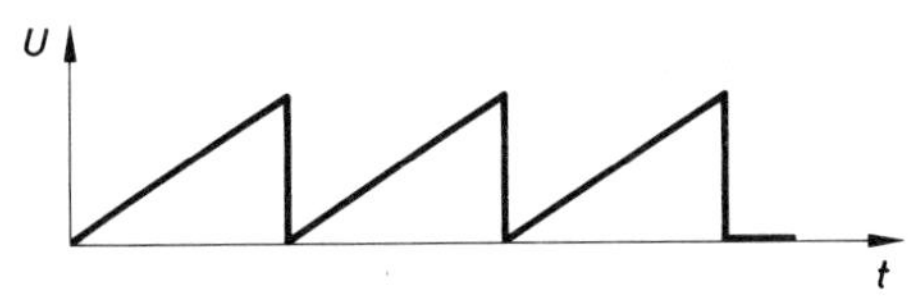

Bild 9.3 Sägezahnspannung

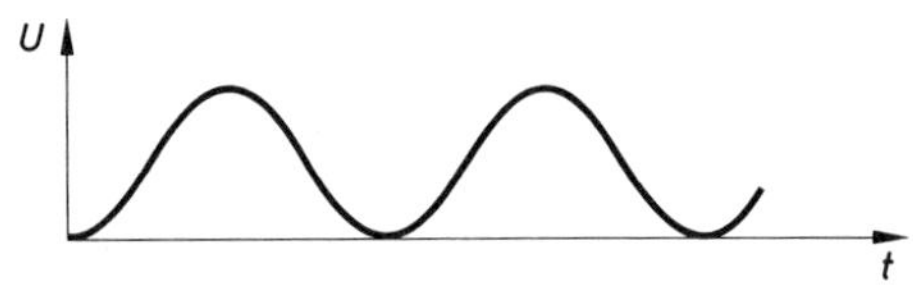

Bild 9.4 Sinusspannung

Entsprechend ihrer erzeugten Kurvenform werden die Generatorschaltungen dann als Reckteckgeneratoren, Dreieckgeneratoren, Sägezahngeneratoren oder Sinusgeneratoren bezeichnet. Anstelle des Begriffes „Sinusgenerator" wird häufig auch die Bezeichnung „Oszillator“ verwendet. Liefert ein Signalgenerator zwei oder mehrere der genannten Kurvenformen, so spricht man von einem Funktionsgenerator.

In den **Bildern 9.5, 9.6** und **9.7** sind die genormten Schaltzeichen für drei verschiedene Signalgeneratoren angegeben. Sie enthalten Angaben über Kurvenform und Frequenz der erzeugten Wechselspannung sowie einen Hinweis auf einen einstellbaren Frequenzbereich.

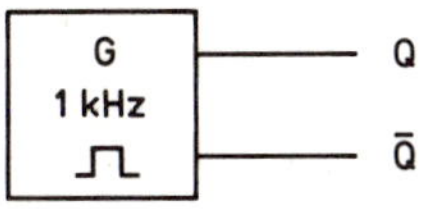

Bild 9.5 Schaltzeichen für einen Rechteckgenerator mit f = 1 kHz

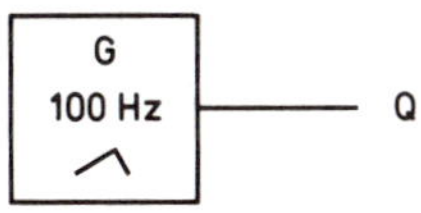

Bild 9.6 Schaltzeichen für einen Sägezahngenerator mit f = 100 Hz

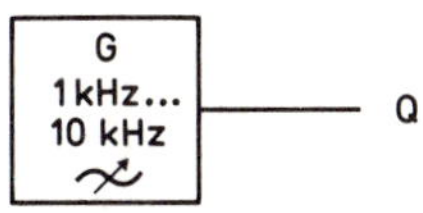

Bild 9.7 Schaltzeichen für einen Sinusgenerator mit einstellbarer Frequenz von 1 kHz – 10 kHz

Die vier genannten Kurvenformen lassen sich mit Schaltungen in diskreter Aufbautechnik, also mit einzelnen Transistoren, Widerständen, Kondensatoren und Spulen, erzeugen. Dies hat in der Vergangenheit zu einer unübersehbaren Vielzahl von Generatorschaltungen mit teilweise ganz erheblichen schaltungstechnischen Aufwand geführt. Das Grundprinzip einer solchen Generatorschaltung war dann kaum noch zu erkennen. Heute werden für den Aufbau von Signalgeneratoren fast nur noch integrierte Bausteine verwendet. So lassen sich z. B. Rechteckgeneratoren relativ einfach mit integrierten Monoflops, Schmitt-Triggern oder OP-Verstärkern aufbauen. Bei den Sinus- und Dreieckgeneratoren werden überwiegend OP-Verstärker eingesetzt. Lediglich bei den Sägezahngeneratoren hat sich der Unijunction-Transistor (UJT) als diskretes Halbleiter-Bauelement noch einen Einsatzbereich erhalten.

Die in Kapitel 9 beschriebenen Signalgeneratoren lassen sich von ihrer Arbeitsweise her in drei Grundtypen unterteilen. Sie werden hier als Typ A, Typ B und Typ C bezeichnet.

Generatoren vom *Typ A* sind aus zwei elektronischen Schaltern aufgebaut, zu denen jeweils ein RC-Glied als zeit- und frequenzbestimmendes Glied gehört. Beide Schaltereinheiten sind dann so zusammengeschaltet, daß sie sich jeweils nach Ablauf ihrer durch das RC-Glied bestimmten Verweildauer gegenseitig triggern. An den Ausgängen der Schalter kann die erzeugte Rechteckspannung abgegriffen werden. Durch entsprechende Dimensionierung der beiden RC-Glieder läßt sich dann das Impuls-Pausenverhältnis zum Teil in weiten Grenzen variieren. Die in den Kapiteln 9.2.1 und 9.2.2 beschriebenen Rechteckgeneratoren mit 2 Transistoren und zwei Monoflops arbeiten nach dem Prinzip der Generatoren des Typs A. Eng verwandt ist hiermit auch die Schaltung des in Kapitel 9.2.5 beschriebenen Rechteckgenerators mit Quarzstabilisierung. Anstelle der beiden RC-Glieder wird hier ein Schwingquarz als frequenzbestimmendes Glied eingesetzt.

Generatoren vom *Typ B* haben nur ein RC-Glied als zeit- und frequenzbestimmendes Glied. Weiterhin ist auch nur ein elektronischer Schalter erforderlich. Er wird von der Kondensatorspannung gesteuert. Zeitglied und elektronischer Schalter sind so zusammengeschaltet, daß jeweils die Aufladung des Kondensators bei einem oberen Spannungswert abgebrochen wird und danach eine Entladung des Kondensators erfolgt. Hat U_C dann einen unteren Spannungswert erreicht, so wird die Entladung abgebrochen und wieder auf eine Aufladung umgeschaltet. Dieser Vorgang wiederholt sich fortlaufend. **Bild 9.8** zeigt das Grundprinzip eines Generators vom Typ B. Die beiden Umschalter S1 und S2 werden von der Ladespannung U_C des Kondensators gesteuert. Am Ausgang Q1 kann eine Spannung mit rechteckförmigem Verlauf und am Ausgang Q2 eine Spannung mit angenähert dreieckförmigem Verlauf abgegriffen werden.

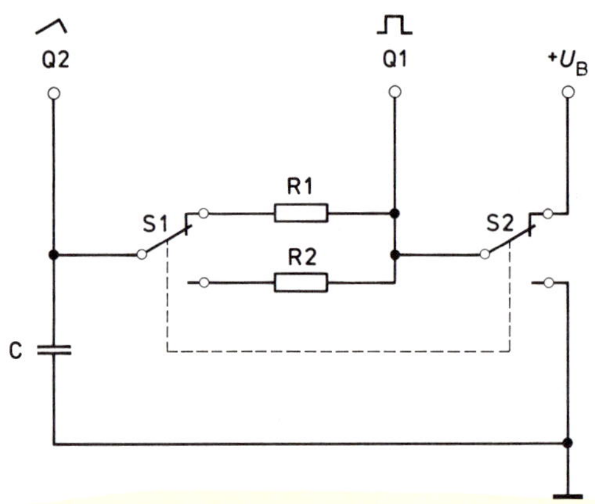

Bild 9.8 Grundprinzip eines Generators vom Typ B

Die in den Kapiteln 9.2.3 und 9.2.4 beschriebenen Rechteckgeneratoren mit Schmitt-Triggern und OP-Verstärkern arbeiten nach dem Prinzip eines Generators vom Typ B. Eine Rechteckspannung mit $t_i = t_p$ entsteht an Q1, wenn untere und obere Schaltschwellen symmetrisch zu 1/2 U_B liegen sowie der Ladewiderstand R1 und der Entladewiderstand R2 gleich groß sind. Jede Abweichung von diesen beiden Bedingungen führt zu einem anderen Impuls-Pausenverhältnis.

Wird die Generatorspannung nicht am Ausgang Q1, sondern als Kondensatorspannung U_C am Ausgang Q2 abgegriffen, so hat die erzeugte Wechselspannung angenähert einen dreieckförmigen Verlauf, wenn $R_1 \approx R_2$. Ist jedoch $R_2 \ll R_1$ oder $R_1 \ll R_2$, entsteht ein sägezahnförmiger Verlauf. Die in Kapitel 9.3 beschriebenen Dreieck- und Sägezahngeneratoren arbeiten nach diesem Grundprinzip des Generators vom Typ B.

Generatoren vom *Typ C* unterscheiden sich in Aufbau und Funktion wesentlich von Generatoren der Typen A und B. Der Typ C enthält nämlich keine elektronischen Schalter, sondern als Schaltungseinheiten einen Verstärker, ein frequenzbestimmendes Glied, eine Amplitudenbegrenzung sowie einen Mitkopplungszweig. In **Bild 9.9** ist ein Generator vom Typ C als Blockschaltbild dargestellt.

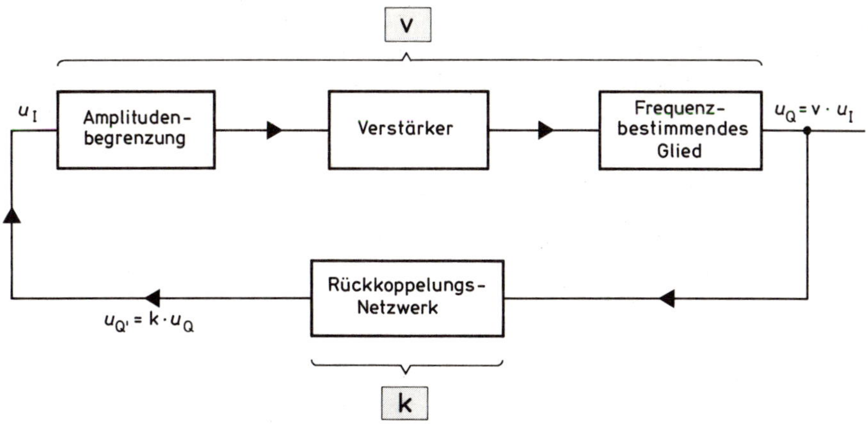

Bild 9.9 Blockschaltbild eines Generators vom Typ C

Alle in Kapitel 9.4 beschriebenen Sinusgeneratoren arbeiten nach dem in Bild 9.9 angegebenen Blockschaltbild. Ein derartiger Generator „schwingt" nur, wenn die Bedingung $k \cdot v = 1$ erfüllt ist, also das Produkt aus dem Verstärkungsfaktor v und dem Rückkopplungsfaktor k gleich 1 ist. Weiterhin muß die Phasenverschiebung bei einem Ringdurchlauf 360° bzw. 0° betragen. Infolge der Arbeitsweise des frequenzbestimmenden Gliedes tritt eine derartige Phasenverschiebung nur für eine Frequenz ein, so daß der Generator eine sinusförmige Spannung mit einer bestimmten Frequenz erzeugt. Als frequenzbestimmende Glieder werden Schwingkreise, Schwingquarze und RC-Glieder eingesetzt.

9.2 Rechteckgeneratoren

9.2.1 Rechteckgeneratoren mit Transistoren

Bei einem Bistabilen Kippglied mit Transistoren nach Bild 7.11 sind zwei Transistorschalter so miteinander verbunden, daß jeweils der Ausgang des einen Schalters den Eingang des anderen Schalters ansteuert. Diese gegenseitige Ansteuerung der beiden Schalter erfolgt gleichstrommäßig über Widerstände. Bedingt durch diese in beiden Fällen gleichstrommäßige Ankopplung hat die Schaltung zwei stabile Zustände. Auch das Monostabile Kippglied, nach Bild 7.95, besteht aus zwei miteinander verkoppelten Transistorschaltern, wobei jetzt aber nur noch ein Schalter gleichstrommäßig, der zweite jedoch über einen Kondensator wechselstrommäßig vom Ausgang des anderen Schalters angesteuert wird. Durch diese unterschiedliche Ansteuerung bedingt, hat eine solche Schaltung dann sowohl einen stabilen als auch einen instabilen Zustand. Die Dauer des instabilen Zustandes wird im wesentlichen durch die Zeitkonstante des RC-Gliedes bestimmt.

Rechteckgeneratoren mit Transistoren haben schaltungstechnisch eine enge Verwandschaft mit den Bistabilen und Monostabilen Kippgliedern und werden daher auch als Astabile Kippglieder bezeichnet. Sie arbeiten nach dem Grundprinzip eines Generators vom Typ A und bestehen aus zwei gleichartig aufgebauten Transistorschaltern mit jeweils einem RC-Glied. Beide Schaltereinheiten sind so zusammengeschaltet, daß sie sich jeweils nach Ablauf der durch die Zeitglieder bestimmten Verweilzeiten gegenseitig triggern. Da beide Schalter nur noch über Kondensatoren wechselstrommäßig miteinander verkoppelt sind, hat die Schaltung zwei instabile Zustände. Sie kippt daher fortlaufend von einem instabilen Zustand in den anderen und erzeugt dabei eine Ausgangsspannung mit einem kontinuierlichen, rechteckförmigen Verlauf. In **Bild 9.10** ist die Grundschaltung eines solchen Rechteckgenerators mit Transistoren dargestellt.

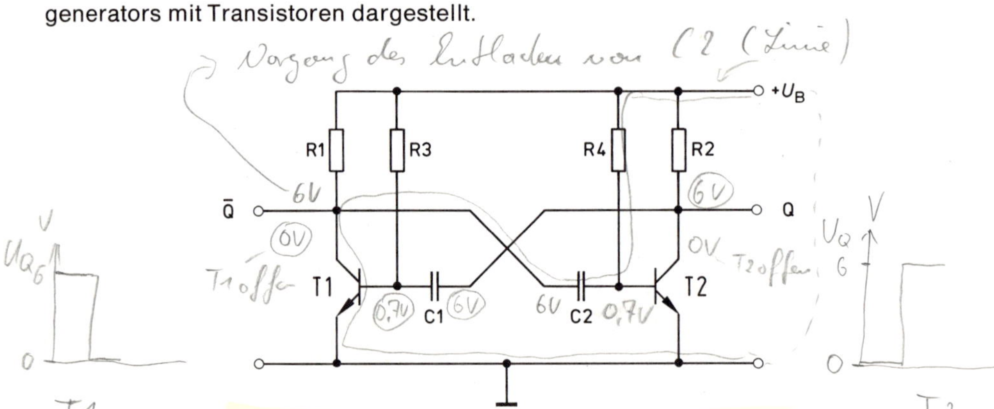

Bild 9.10 Grundschaltung eines Rechteckgenerators mit Transistoren

Alle in der Praxis noch anzutreffenden Rechteckgeneratoren mit Transistoren lassen sich sowohl schaltungstechnisch als auch von ihrer Funktionsweise her auf die Grundschaltung nach Bild 9.10 zurückführen. Die beiden gleichartig aufgebauten Transistorschalter sind wechselstrommäßig über Kondensatoren miteinander verkoppelt. Gleichstrommäßig sind beide Transistorschalter so ausgelegt, daß sie bei fehlenden Kondensatoren voll leiten würden. Die Frequenz der rechteckförmigen Ausgangsspannung sowie das Impuls-Pausen-Verhältnis hängen im wesentlichen von den Zeitkonstanten der beiden RC-Glieder $R_3 \cdot C_1$ und $R_4 \cdot C_2$ ab.

Wird ein Rechteckgenerator nach Bild 9.10 an Betriebsspannung, z.B. $U_B = +6\,V$, gelegt, so läuft zunächst ein kurzer Einschwingvorgang ab. Er führt dazu, daß der eine Transistorschalter voll gesperrt, der andere dagegen voll leitend ist. In **Bild 9.11** sind die Spannungsverläufe in zeitlich richtiger Zuordnung nach Ablauf des Einschwingvorganges dargestellt. Der Zeitpunkt t_1 ist dabei willkürlich gewählt. Gestrichelt eingezeichnet und durch Pfeile gekennzeichnet ist der Wirkungsablauf bei diesem Rechteckgenerator mit Transistoren.

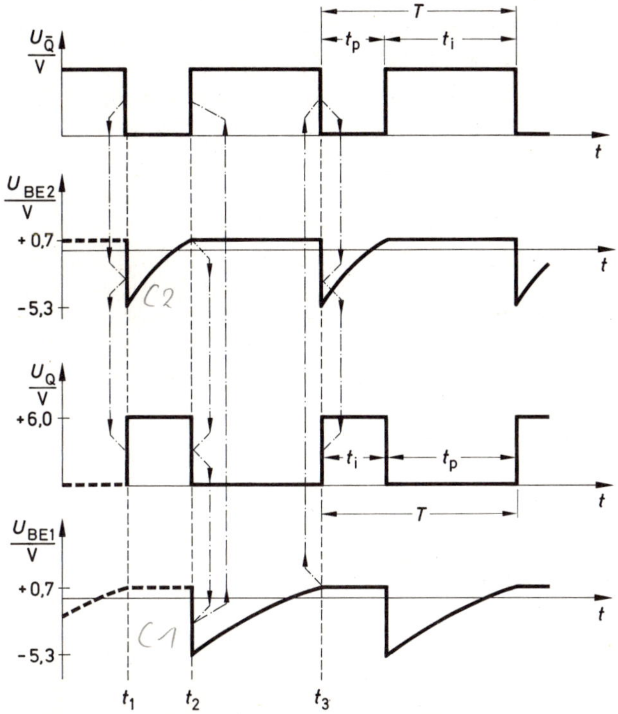

Bild 9.11 Signal-Zeit-Plan für einen Rechteckgenerator nach Bild 9.10

Unmittelbar vor dem Zeitpunkt t_1 ist $U_{\bar{Q}} = +6\,V$ und $U_Q \approx +0{,}1\,V$. Zum Zeitpunkt t_1 springt $U_{\bar{Q}}$ von $U_{\bar{Q}} = +6\,V$ auf $U_{\bar{Q}} \approx +0{,}1\,V$. Dieser Spannungssprung wird über C2 voll auf die Basis von T2 übertragen. Die Basisspannung U_{BE2} springt daher von $U_{BE2} \approx +0{,}7\,V$ auf $U_{BE2} \approx -5{,}3\,V$. Infolge dieser negativen Basisspannung wird T2 sofort gesperrt und U_Q springt von $U_Q \approx +0{,}1\,V$ auf $U_Q = +6\,V$.

Vom Zeitpunkt t_1 ab wird der Kondensator C2 nach einer e-Funktion über die Widerstände R4, R_{CE1} und den kleinen Innenwiderstand R_i der Spannungsquelle entladen. Die Basisspannung von T2 steigt daher von $U_{BE2} \approx -5{,}3\,V$ wieder auf $U_{BE2} \approx +0{,}7\,V$ an. Die Zeit zwischen t_1 und t_2 wird im wesentlichen durch die Zeitkonstante aus $R_4 \cdot C_2$ bestimmt.

Sobald zum Zeitpunkt t_2 die Basisspannung $U_{BE2} \approx +0{,}7\,V$ ist, wird T2 wieder leitend und daher auch $U_Q \approx +0{,}1\,V$. Dieser Spannungssprung wird nun über C1 auf die Basis von T1 übertragen. T1 sperrt, wodurch $U_{\bar{Q}}$ von $U_{\bar{Q}} \approx +0{,}1\,V$ auf $U_{\bar{Q}} = +6\,V$ springt.

Vom Zeitpunkt t_2 ab entlädt sich der Kondensator C1 nach einer e-Funktion über R_3, R_{CE2} und R_i. Die Zeit zwischen t_2 und t_3 wird jetzt im wesentlichen durch die Zeitkonstante $R_3 \cdot C_1$ bestimmt. Sobald zum Zeitpunkt t_3 die Basisspannung $U_{BE1} \approx +0{,}7\,V$ erreicht hat, leitet T1 wieder und $U_{\bar{Q}}$ springt von $U_{\bar{Q}} = +6\,V$ auf $U_{\bar{Q}} \approx +0{,}1\,V$. Dieser Spannungssprung wird wieder auf die Basis von T2 übertragen. Damit sind beide instabilen Zustände durchlaufen und es beginnt eine neue Periode im Verlauf der komplementären Ausgangsspannungen U_Q und $U_{\bar{Q}}$.

In der Tabelle nach **Bild 9.12** sind die wesentlichen Kenngrößen für einen Rechteckgenerator mit Transistoren entsprechend der Grundschaltung in Bild 9.10 zusammengefaßt.

Periodendauer von U_Q und $U_{\bar{Q}}$	$T \approx 0{,}7 \cdot (R_3 \cdot C_1 + R_4 \cdot C_2)$
Frequenz von U_Q und $U_{\bar{Q}}$	$f \approx \frac{1}{0{,}7 \cdot (R_3 \cdot C_1 + R_4 \cdot C_2)}$
Impuls-Pausen-Verhältnis von U_Q	$\frac{t_i}{t_p} \approx \frac{R_4 \cdot C_2}{R_3 \cdot C_1}$
Impuls-Pausen-Verhältnis von $U_{\bar{Q}}$	$\frac{t_i}{t_p} \approx \frac{R_3 \cdot C_1}{R_4 \cdot C_2}$

Bild 9.12 Wichtige Kenngrößen für einen Rechteckgenerator nach Bild 9.10

Bei der Dimensionierung einzelner Bauelemente eines Rechteckgenerators mit Transistoren kann in ähnlicher Weise wie bei der Dimensionierung einer Monostabilen Kippstufe in Kapitel 7.5.5.1 vorgegangen werden. Wegen der Bauteiletoleranzen handelt es sich bei allen ermittelten Größen aber nur um Näherungswerte.

Bild 9.13 zeigt einen einfachen Rechteckgenerator, bei dem durch einen Trimmer das Impuls-Pausen-Verhältnis der Ausgangsspannungen U_Q und $U_{\bar{Q}}$ verändert werden kann. Bei der angegebenen Schaltung verändert sich dabei jedoch auch die Frequenz der Ausgangsspannung. Die Dioden haben wie beim Monoflop die Aufgabe, bei $U_Q > +6\,V$ jeweils die Basis der Transistoren vor zu großen negativen Spannungen, die beim Kippvorgang auftreten können, zu schützen.

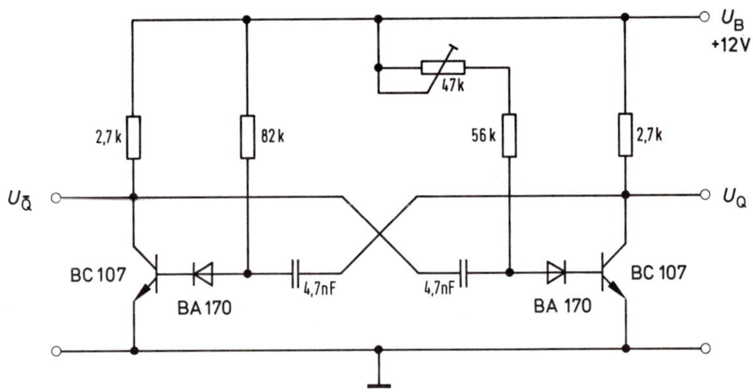

Bild 9.13 Rechteckgenerator mit einstellbarem Impuls-Pausen-Verhältnis

Rechteckgeneratoren mit Transistoren werden noch häufig als Blinkschaltungen verwendet. Anstelle der ohmschen Arbeitswiderstände werden dann Glühlampen oder LEDs eingesetzt. **Bild 9.14** zeigt eine solche Blinkschaltung mit LEDs.

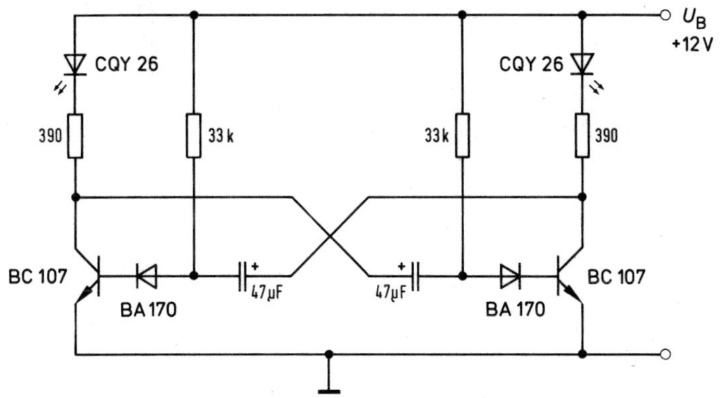

Bild 9.14 Blinkschaltung mit LEDs

Bei der angegebenen Dimensionierung blinken die beiden Leuchtdioden fortlaufend mit einer Frequenz $f \approx 0{,}5$ Hz.

9.2.2 Rechteckgeneratoren mit Monostabilen Kippgliedern

Monostabile Kippglieder der TTL-Serie 74xx und der C-MOS-Serie 40xx wurden bereits in Kapitel 7.5 behandelt. Aus jeweils zwei derartigen Monoflops in integrierter Schaltungstechnik lassen sich durch entsprechendes Zusammenschalten Signalgeneratoren mit einem rechteckförmigen Verlauf der Ausgangsspannung aufbauen. Dabei ist zwischen zwei Typen von Grundschaltungen zu unterscheiden. Sie werden hier als Astabile Kippschaltung Typ I und Astabile Kippschaltung Typ II bezeichnet. Beide lassen sich durch Ausnutzen der verknüpften Triggereingänge ohne zusätzlichen Aufwand auch mit einer Start-Stopp-Möglichkeit versehen, d.h. der Generator kann durch ein Steuersignal gestartet und gestoppt werden. Dies ist eine Forderung, die insbesondere in der Digitaltechnik oft gestellt wird. Rechteckgeneratoren, die diese Start-Stopp-Schaltung nicht haben, werden auch als freilaufende Rechteckgeneratoren bezeichnet.

Rechteckgeneratoren mit Monostabilen Kippgliedern arbeiten nach dem Prinzip der Generatoren vom Typ A.

9.2.2.1 Astabile Kippschaltung Typ I

Eine Astabile Kippschaltung Typ I läßt sich mit zwei Monoflops und einem UND-Gatter aufbauen. **Bild 9.15** zeigt eine Prinzipschaltung. Das Steuersignal für Start und Stopp des Generators wird als 0-1-Signal an den Eingang A des UND-Gatters gegeben. Das Signal am Ausgang $\overline{Q2}$ wird an den Eingang B des Gatters zurückgekoppelt.

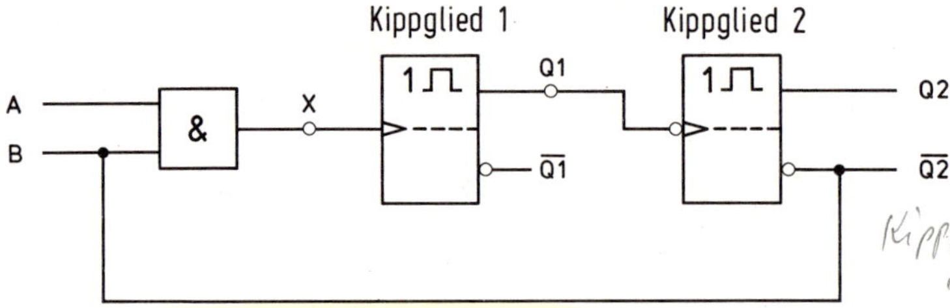

Bild 9.15 Prinzipschaltbild einer Astabilen Kippschaltung Typ I

Der Funktionsablauf bei der Schaltung nach Bild 9.15 läßt sich wieder in einfacher Weise im zugehörigen Signal-Zeit-Plan erkennen. In **Bild 9.16** sind die charakteristischen Spannungsverläufe in zeitlich richtiger Zuordnung dargestellt. Zu unterscheiden sind bei diesem Rechteckgenerator ein Ruhezustand, eine Start-Phase, ein Betriebszustand sowie eine Stopp-Phase.

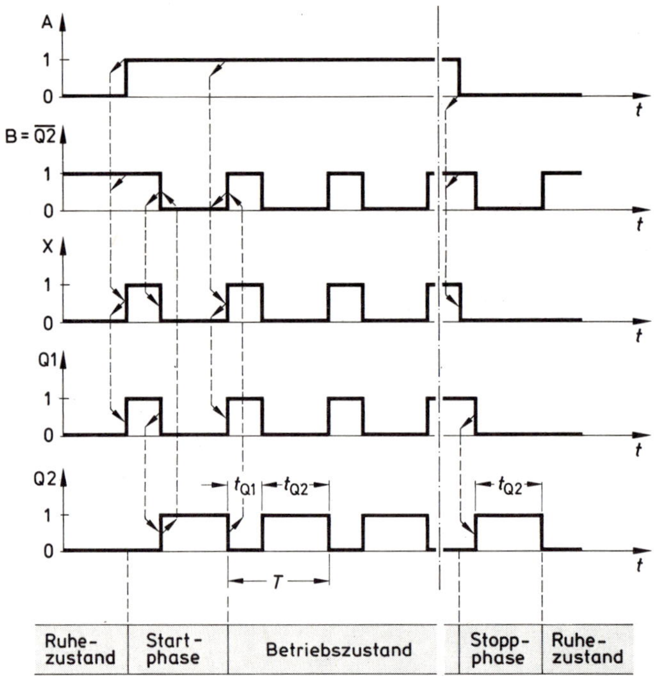

Bild 9.16 Signal-Zeit-Plan für die Generatorschaltung nach Bild 9.15

Der Wirkungsablauf ist wieder durch gestrichelte Linien und Pfeile besonders hervorgehoben.

Ruhezustand: Wird bei A = 0 die Betriebsspannung angelegt, so gehen die beiden Monoflops in den Ruhezustand, d. h. Q1 = Q2 = 0 und $\overline{Q1} = \overline{Q2} = 1$. Über die Rückführung wird $\overline{Q2}$ = B = 1. Wegen A = 0 und B = 1 wird X = 0. Die Schaltung bleibt in diesem Zustand solange unverändert, bis ein Startbefehl A = 1 kommt.

Start-Phase: Der Generator wird mit dem Startbefehl A = 1 gestartet. Mit A = 1 und B = 1 wird auch X = 1, d.h. an X tritt ein 0-1-Sprung, also eine positive Flanke auf. Durch sie wird das Monoflop 1 getriggert und somit Q1 = 1. Nach Ablauf der Verweildauer t_{Q1} kippt die Stufe 1 wieder in die Ruhelage zurück. Dadurch tritt an Q1 ein 1-0-Sprung, also eine negative Flanke auf. Sie triggert Monoflop 2 und die Verweilzeit t_{Q2} läuft ab. Am benutzten Ausgang Q2 erscheint als erster Impuls ein Impuls mit der Verweildauer t_{Q2}.

Betriebszustand: Nach Ablauf von t_{Q2} wird Q2 = 0 und $\overline{Q2}$ = 1. Mit $\overline{Q2}$ = 1 ist aber wieder die UND-Bedingung am UND-Gatter erfüllt. An X tritt eine neue positive Flanke auf und Monoflop 1 wird erneut getriggert. Der weitere Ablauf vollzieht sich dann wie in der Start-Phase. Am Ausgang Q2 tritt eine Rechteckspannung auf mit $T = t_{Q1} + t_{Q2}$, wobei t_{Q1} die Pause und t_{Q2} den Impuls darstellt. Wird der Ausgang $\overline{Q2}$ benutzt, so sind Impuls und Pause vertauscht. Solange A = 1, bleibt der Betriebszustand erhalten.

Stopp-Phase: Durch den Befehl A = 0 wird die Stopp-Phase eingeleitet. Unabhängig davon, zu welchem Zeitpunkt innerhalb einer Periode der Stopp-Befehl eintrifft, läuft die begonnene Periode noch zu Ende. Da nach Ablauf von t_{Q2} jedoch A = 0 und B = 1, kann an X keine neue positive Flanke zum Triggern des Monoflops 1 mehr auftreten und der Generator verbleibt im Ruhezustand, bis ein neuer Start-Befehl eintrifft.

Die praktische Realisierung der Generatorschaltung nach Bild 9.16 mit Monoflops in IC-Technik ist auf verschiedene Weise möglich, solange das dargestellte Grundprinzip dieser Schaltung beibehalten wird. So kann z.B. das zweite Kippglied auch von $\overline{Q1}$ angesteuert werden, wenn die Triggerung durch die positive Flanke erfolgt oder anstelle des UND-Gliedes kann ein NAND-Glied eingesetzt werden, sofern beim Monoflop 1 eine Triggerung durch die negative Flanke erfolgt. Bei entsprechender Abänderung der Schaltung ist es auch durchaus möglich, den Generator mit A = 0 zu starten und mit A = 1 zu stoppen. Weiterhin ist es auch nicht zwingend notwendig, die Rechteckspannung an den Ausgängen des Monoflops 2 abzunehmen. Sie kann genauso gut an den Ausgängen des Monoflops 1 abgegriffen werden. Bei jeder Abwandlung der Grundschaltung nach Bild 9.15 wird jedoch ein etwas veränderter Signal-Zeit-Plan und Wirkungsablauf auftreten.

Mit dem TTL-Baustein 74123 läßt sich bei sehr geringem schaltungstechnischen Aufwand ein Rechteckgenerator nach dem Grundprinzip vom Typ I entsprechend Bild 9.15 aufbauen. Der Baustein 74123 enthält zwei Monostabile Kippglieder mit je zwei verknüpften Eingängen A und B. **Bild 9.17** zeigt nochmals die Triggertabelle der beiden Kippglieder 74123.

A	B	Q	$\overline{Q}$
0	↑	⎍	⊔
↓	1	⎍	⊔

Bild 9.17 Triggertabelle für ein Monostabiles Kippglied 74123

Da bei dem Baustein 74123 die Eingänge A und B entsprechend der Triggertabelle in Bild 9.17 verknüpft sind, ist ein zusätzliches Start-Stopp-Gatter nicht mehr erforderlich. Den vollständigen Schaltplan eines Rechteckgenerators vom Typ I mit dem Baustein 74123 zeigt **Bild 9.18.**

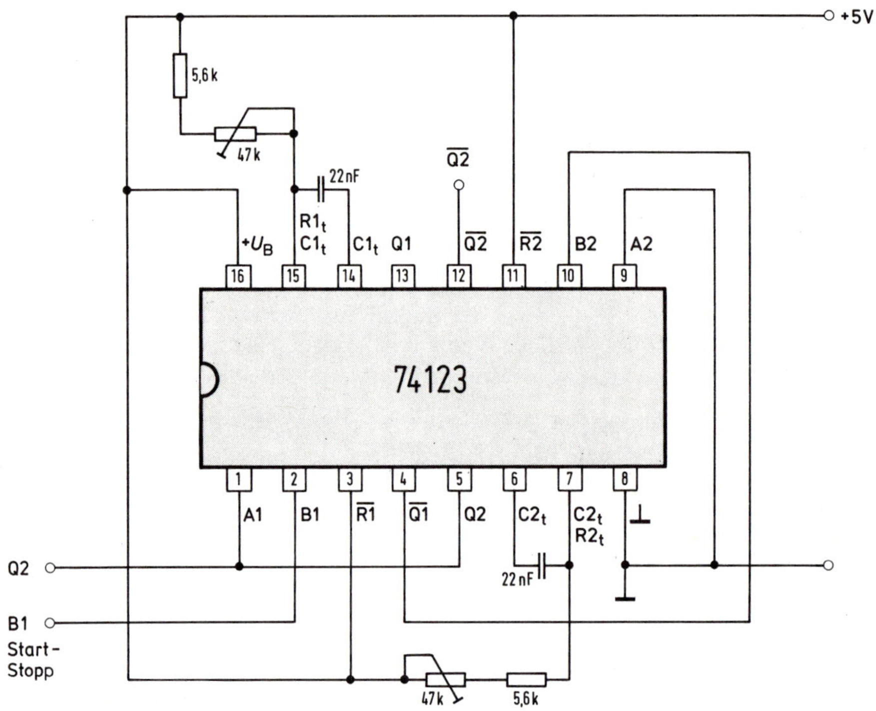

Bild 9.18 Astabile Kippschaltung Typ I mit TTL-Baustein 74123

Die Verweildauer des Monoflops 74123 läßt sich mit der Näherungsgleichung $t_Q \approx 0{,}3 \cdot R_t \cdot C_t$ ermitteln. Damit wird die Periodendauer der Schaltung nach Bild 9.18

$$T \approx 0{,}3 \cdot (R_{1t} \cdot C_{1t} + R_{2t} \cdot C_{2t}).$$

Weitere Einzelheiten, z.B. bezüglich der RC-Glieder, sind für den Baustein 74123 in Kapitel 7.5.3 angegeben. Bei einem praktischen Aufbau werden die frequenzbestimmenden Widerstände in der Regel in einen Festwiderstand und einen Trimmer aufgeteilt. Dadurch besteht die Möglichkeit, die Periodendauer und das Impuls-Pausen-Verhältnis in bestimmten Grenzen zu verändern oder auf genau vorgegebene Werte einzustellen. Nachteilig bei der Astabilen Kippschaltung Typ I ist die Tatsache, daß sich bei Veränderung des Impuls-Pausen-Verhältnisses zwangsläufig auch die Periodendauer mit ändert oder umgekehrt.

Bei den in Bild 9.18 angegebenen Werten für die RC-Glieder läßt sich die Frequenz des Generators etwa im Bereich $f_{min} \approx 1{,}4$ kHz und $f_{max} \approx 13$ kHz einstellen. Insbesondere an den Bereichsgrenzen ist dann aber die Einstellmöglichkeit des Impuls-Pausen-Verhältnisses stark beschränkt.

Wird bei einem Generator dieser Art die Start-Stopp-Einrichtung nicht benötigt, so kann der Steuereingang auf 0- oder 1-Signal gelegt werden, je nachdem, welches Signal für den Betriebszustand erforderlich ist. Unter ungünstigen Umständen kann dann aber der Fall eintreten, daß der Generator bei Anlegen der Betriebsspannung nicht automatisch anschwingt.

9.2.2.2 Astabile Kippschaltung Typ II

Die Astabile Kippschaltung vom Typ II hat schaltungstechnisch große Ähnlichkeit mit derjenigen vom Typ I. Auch der Typ II besteht aus zwei hintereinandergeschalteten Monoflops, einem Start-Stopp-Gatter sowie einer Rückführung. **Bild 9.19** zeigt das Prinzipschaltbild einer Astabilen Kippschaltung Typ II und **Bild 9.20** den Funktionsablauf.

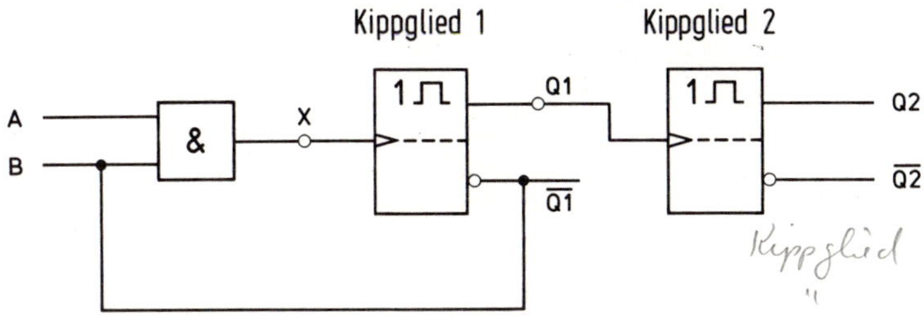

Kippglied 1 Frequenz
" 2 Impulszeit

Bild 9.19 Prinzipschaltbild einer Astabilen Kippschaltung Typ II

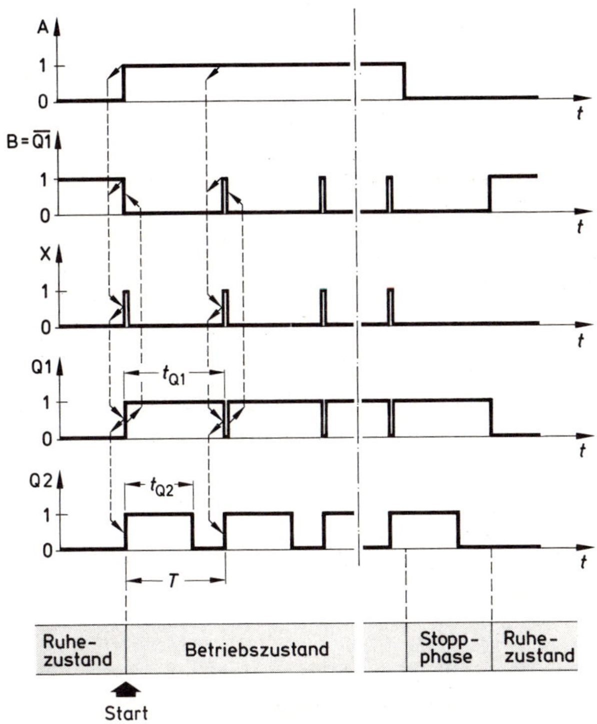

Bild 9.20 Signal-Zeit-Plan für die Generatorschaltung nach Bild 9.19

Bei dem Typ II wird das Ausgangssignal vom Monoflop 1 auf das Start-Stopp-Gatter zurückgeführt und nicht wie beim Typ I vom Monoflop 2. Weiterhin wird bei Schaltung nach 9.19 das Monoflop 2 mit einer positiven Flanke getriggert. Der Funktionsablauf für das Astabile Kippglied Typ II ist in Bild 9.20 dargestellt. Er unterscheidet sich wesentlich von dem des Typs I.

Der Wirkungsablauf ist durch gestrichelte Linien und Pfeile besonders hervorgehoben. Zu unterscheiden sind wiederum ein Betriebszustand, ein Ruhezustand sowie eine Start- und Stopp-Phase. Die Schaltung kann nur einwandfrei arbeiten, wenn die Bedingung erfüllt ist, daß die Verweildauer t_{Q2} des Monoflops 2 kleiner als die Verweildauer t_{Q1} des Monoflops 1 ist.

Ruhezustand: Wird bei A = 0 die Betriebsspannung angelegt, so gehen die beiden Monostabilen Kippglieder in den Ruhezustand, d.h. Q1 = Q2 = 0. Über die Rückführung wird $B = \overline{Q1} = 1$. Wegen A = 0 und B = 1 wird X = 0. Die Schaltung bleibt in diesem Ruhezustand solange unverändert, bis ein Startbefehl A = 1 kommt.

Start-Phase: Die Start-Phase ist beim Typ II sehr kurz. Sie liegt in der Größenordnung von nur 30 bis 50 ns und ist in Bild 9.20 nicht besonders berücksichtigt. Mit A = 1 wird der Generator gestartet. Bei A = 1 und B = 1 wird X = 1. Durch den 0-1-Sprung an X wird das Monoflop 1 getriggert und somit Q1 = 1. Nur durch die geringe Laufzeit vom Monoflop 1 verzögert, tritt an Q1 ein positiver Sprung auf, durch den Monoflop 2 getriggert wird, wodurch dann auch Q2 = 1.

Betriebszustand: Nach Ablauf der Verweildauer t_{Q1} kippt das Monoflop 1 wieder in den Ruhestand zurück. Damit wird $\overline{Q1} = 1$ und die UND-Bedingung für das Start-Stopp-Gatter ist wieder erfüllt. Über die Rückführung triggert sich das Monoflop 1 dann immer wieder selbst. Dies ist nur möglich, weil Gatter und Monoflop eine interne Signallaufzeit haben, die z.B. bei den TTL-Bausteinen zwischen etwa 10 bis 30 ns liegt. In Bild 9.20 ist die Pausendauer von Q1 bzw. $\overline{Q1}$ übertrieben breit dargestellt. Mit t_{Q1} ist also die Periodendauer festgelegt.

Da die Verweildauer t_{Q2} kleiner als t_{Q1} ist, kippt das Monoflop 2 jeweils früher als das Monoflop 1 in den Ruhezustand zurück. Dadurch wird das Impuls-Pausen-Verhältnis von Q2 bzw. $\overline{Q2}$ bestimmt. Solange A = 1, bleibt der Betriebszustand erhalten.

Stopp-Phase: Durch den Befehl A = 0 wird die Stopp-Phase eingeleitet. Unabhängig davon, zu welchem Zeitpunkt innerhalb einer Periode A = 0 wird, läuft die Verweildauer t_{Q1} noch bis zum Ende ab. Da jetzt A = 0 und B = 1 ist, bleibt nunmehr X = 0 und das Monoflop 1 wird nicht mehr getriggert. Folglich wird auch das Monoflop 2 nicht mehr getriggert und der Generator verbleibt im Ruhezustand, bis ein neuer Startbefehl eintrifft.

Auch der Generator vom Typ II läßt sich auf verschiedene Weise mit integrierten Monoflops aufbauen. Wichtig ist dabei nur, daß das Grundprinzip der Schaltung nach Bild 9.19 beibehalten wird. Die Ausgangsspannung kann beim Typ II nur an den Ausgängen des Monoflops 2 abgegriffen werden. Ein Vorteil des Typs II liegt darin, daß allein mit der Verweildauer t_{Q1} die Periodendauer festgelegt bzw. verändert werden kann. Das Impuls-Pausen-Verhältnis läßt sich dagegen mit der Verweildauer t_{Q2} festlegen bzw. variieren. **Bild 9.21** zeigt den Schaltplan eines Rechteckgenerators vom Typ II, für den ebenfalls der TTL-Baustein 74123 verwendet wurde. Auch hier ist die Verknüpfung der Eingänge A und B für den Start-Stopp-Betrieb ausgenutzt.

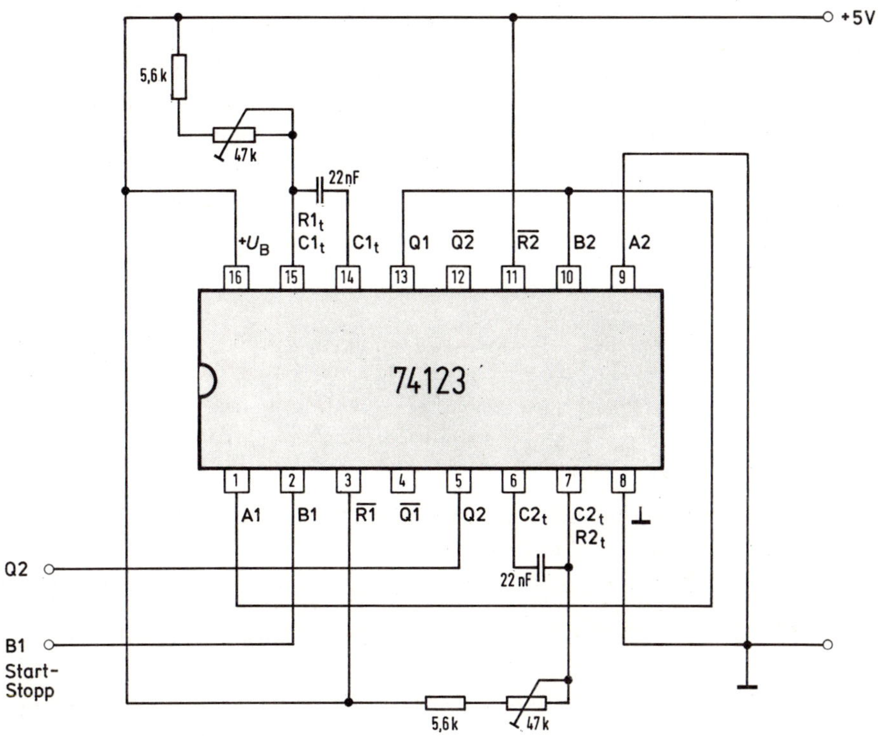

Bild 9.21 Astabile Kippschaltung Typ II mit TTL-Baustein 74123

Für die Periodendauer der Schaltung nach Bild 9.21 gilt:

$$T = t_{Q1} \approx 0{,}3 \cdot R_{1t} \cdot C_{1t}.$$

Für das Impuls-Pausen-Verhältnis (Ausgang Q2) gilt:

$$\frac{t_i}{t_p} \approx \frac{t_{Q2}}{t_{Q1} - t_{Q2}}.$$

Mit den angegebenen Werten für das RC-Glied des Monoflops 1 in der Schaltung nach Bild 9.21, läßt sich die Frequenz der Ausgangsspannung des Generators etwa im Bereich von $f_{min} \approx 2{,}8$ kHz bis $f_{max} \approx 26$ kHz einstellen. Durch das RC-Glied des Monoflops 2 ist eine Veränderung des Impuls-Pausen-Verhältnisses in weiten Grenzen möglich. Dabei ist jedoch zu beachten, daß t_{Q2} stets kleiner als t_{Q1} bleibt. Da es sich bei dem Baustein 74123 um ein nachtriggerbares Monoflop handelt, würde sonst ein fortlaufendes Nachtriggern erfolgen, so daß dann Monoflop 2 ständig im Arbeitszustand verharren müßte. Eine Rechteckspannung könnte dann nicht mehr erzeugt werden.

Selbstverständlich können auch sämtliche anderen Monostabilen Kippglieder der TTL-Serie 74xx für den Aufbau eines Rechteckgenerators vom Typ I oder Typ II verwendet werden. Die unterschiedlichen Triggertabellen der Monoflops müssen dabei unbedingt beachtet werden.

Auch mit zwei Monostabilen Kippgliedern 4528 der C-MOS-Serie läßt sich ein Rechteckgenerator aufbauen. Erforderlich ist hier wieder lediglich eine Beschaltung mit den beiden, die Verweildauer bestimmenden RC-Gliedern. In **Bild 9.22** ist die Prinzipschaltung eines freilaufenden Rechteckgenerators dargestellt, der mit dem C-MOS-Baustein 4528 aufgebaut ist und nach der Grundschaltung vom Typ II arbeitet.

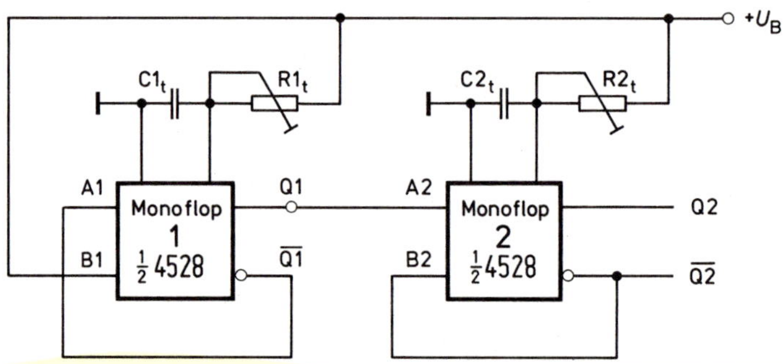

Bild 9.22 Prinzipschaltung eines freilaufenden Rechteckgenerators mit dem C-MOS-Baustein 4528

Die wichtigsten technischen Daten des Monoflops 4528 sind in Kapitel 7.5.4 angegeben. Eine Berechnung der für eine bestimmte Verweildauer erforderlichen RC-Glieder kann nur in grober Näherung erfolgen.

Bei der Schaltung nach Bild 9.22 ist auf eine Start-Stopp-Schaltung verzichtet. Ist sie erwünscht, so ist noch ein zusätzliches Gatter erforderlich, weil es wegen der Verknüpfungsart der Eingänge A und B (Triggertabelle 7.108) nicht möglich ist, die vorhandenen Triggereingänge für die Start-Stopp-Schaltung auszunutzen. Der Generator schwingt aber in der Regel bei Anlegen der Betriebsspannung sofort an. Bei dem Kippglied 2 ist der Ausgang $\overline{Q2}$ mit dem Eingang B2 verbunden. Bei einer solchen Beschaltung ist dieses Monostabile Kippglied nicht nachtriggerbar.

Bei der angegebenen Dimensionierung erzeugt der Generator nach **Bild 9.23** eine Rechteckspannung mit einer Periodendauer $T \approx 1$ ms, d.h. einer Frequenz $f \approx 1$ kHz. Das Impuls-Pausen-Verhältnis läßt sich dabei in einem sehr weiten Bereich variieren. Ist die Forderung gestellt, daß der Generator eine fest vorgegebene Frequenz erzeugt, so ist in jedem Fall für den zeitbestimmenden Widerstand beim Monoflop 1 eine Nachstellmöglichkeit vorzusehen. Soll der Generator jedoch in einem größeren Frequenzbereich einstellbar sein, so gelten die gleichen schaltungstechnischen Überlegungen wie bei dem Rechteckgenerator mit dem TTL-Baustein 74123 nach Bild 9.21.

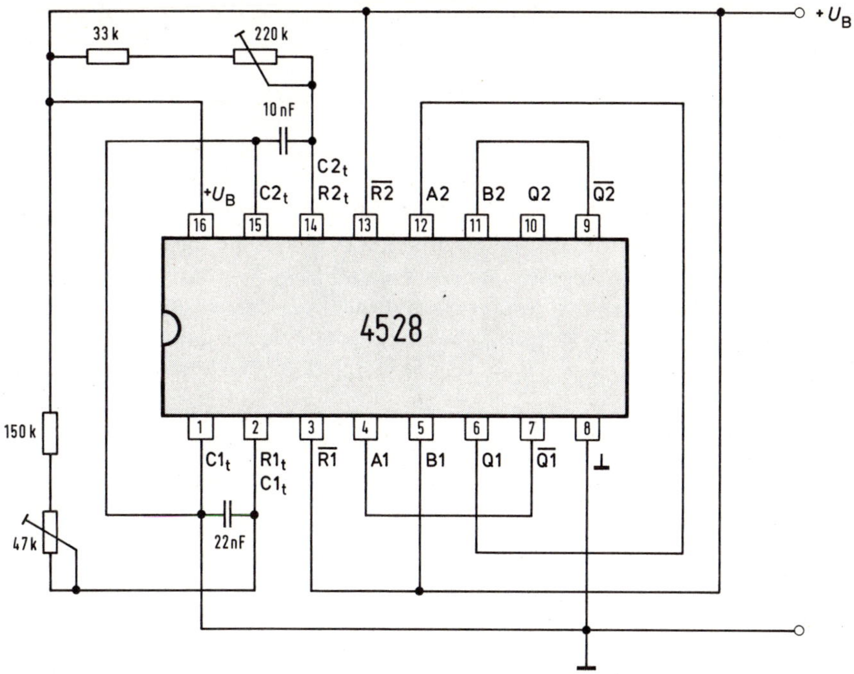

Bild 9.23 Schaltbild für den Rechteckgenerator nach Bild 9.22

9.2.3 Rechteckgeneratoren mit Schmitt-Triggern

Mit integrierten Schmitt-Triggern der TTL-Serie 74xx oder der C-MOS-Serie lassen sich schaltungstechnisch recht einfache Rechteckgeneratoren aufbauen. Die Schmitt-Trigger-Bausteine brauchen dabei lediglich noch mit einem externen RC-Glied beschaltet zu werden. **Bild 9.24** zeigt das Prinzipschaltbild eines freilaufenden Rechteckgenerators mit Schmitt-Trigger.

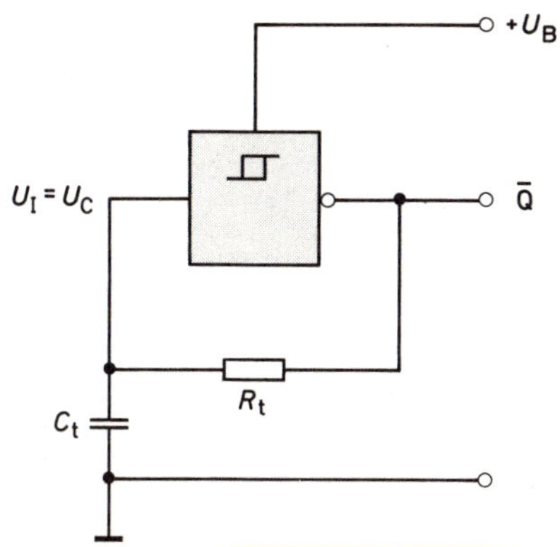

Bild 9.24 Prinzipschaltung eines freilaufenden Rechteckgenerators mit Schmitt-Trigger

Alle Rechteckgeneratoren mit Schmitt-Trigger arbeiten nach dem Grundprinzip der Generatoren vom Typ B.

Bei dem in Bild 9.24 dargestellten Generator muß ein Schmitt-Trigger mit negiertem Ausgang verwendet werden. In **Bild 9.25** sind die charakteristischen Spannungsverläufe in vereinfachter Form dargestellt. Im Augenblick des Einschaltens der Betriebsspannung ist der Kondensator C_t noch ungeladen und damit $U_I \approx 0\,V$. Da $U_I \leqq U_{I\,ein}$, geht der Schmitt-Trigger in Ruhestellung, d.h. $\bar{Q} = 1$. Der Kondensator wird dann vom Ausgang $Q\,(U_Q \approx +U_B)$ über den Widerstand R_t aufgeladen und $U_C = U_I$ steigt nach einer e-Funktion an. Wird dabei $U_I \geqq U_{I\,ein}$, so kippt der Schmitt-Trigger in den Arbeitszustand, d.h. $\bar{Q} = 0\,(U_{\bar{Q}} \approx 0\,V)$. Daher wird der Kondensator über R_t wieder entladen, bis $U_I \leqq U_{I\,aus}$, wodurch der Trigger dann zurück in seine Ruhestellung kippt. Damit ist ein Zyklus durchlaufen und die Aufladung des Kondensators beginnt von neuem.

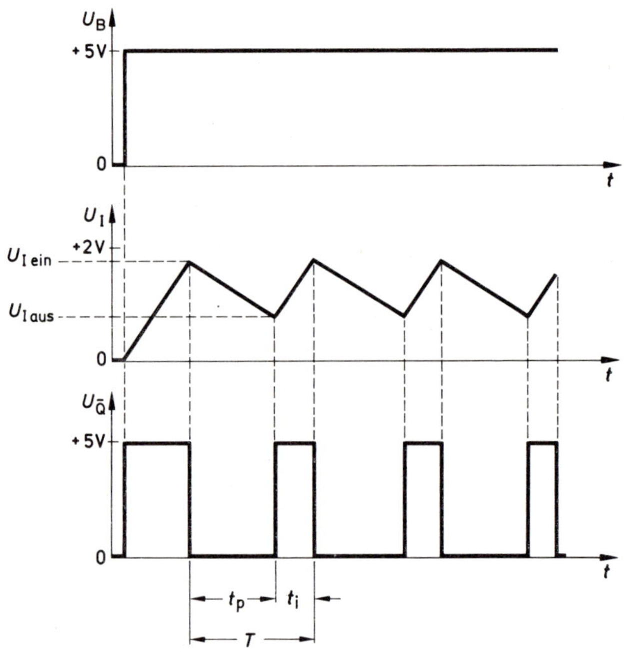

Bild 9.25 Signal-Zeit-Plan der Schaltung nach Bild 9.24

In Bild 9.25 ist zu erkennen, daß der erste Impuls nach Anlegen der Betriebsspannung etwas breiter ist als die dann nachfolgenden Impulse. Der Kondensator muß ja zunächst von $U_C \approx 0\,V$ auf $U_C \approx U_{I\,ein}$ aufgeladen werden, während bei allen weiteren Impulsen der Kondensator nur jeweils von $U_{I\,aus}$ bis $U_{I\,ein}$ aufgeladen werden muß. Das Impuls-Pausen-Verhältnis ist bei dieser Schaltung durch den Verlauf der Lade- und Entladekurven der Kondensatorspannung sowie durch die Hysterese des Schmitt-Triggers (bei TTL-Schmitt-Triggern $U_{I\,ein} \approx 1{,}7\,V$, $U_{I\,aus} \approx 0{,}9\,V$) fest vorgegeben und nicht veränderbar. Es liegt in grober Näherung bei $t_i/t_p \approx 1:2$. Die Frequenz der erzeugten Rechteckspannung hängt dagegen von der Zeitkonstanten des RC-Gliedes ab.

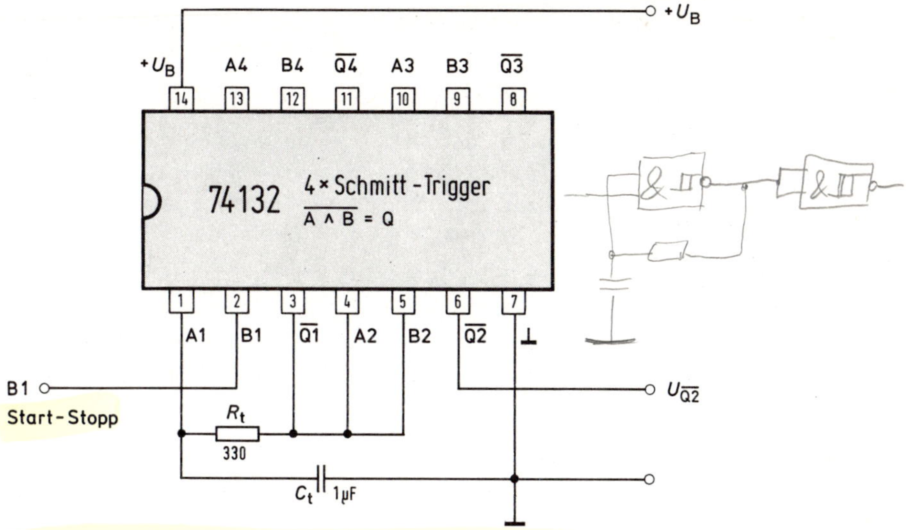

Bild 9.26 Rechteckgenerator mit Schmitt-Trigger 74132

Bild 9.26 zeigt einen Rechteckgenerator mit dem Schmitt-Trigger 74132. Dieser enthält vier gleichartige Trigger, deren Eingänge A und B jeweils durch ein UND-Gatter miteinander verknüpft sind. Es ist daher auch bei dieser Schaltung leicht möglich, eine Start-Stopp-Einrichtung zu verwirklichen. Aufgrund der Eigenschaften der Ein- und Ausgänge des 74132 darf als Rückkopplungswiderstand nur ein Widerstand mit dem Wert $R_t = 330\ \Omega$ verwendet werden. Daher kann bei dieser Schaltung nur noch die Kapazität des Kondensators frei gewählt werden, wenn eine bestimmte Frequenz erzeugt werden soll. Zulässig sind hierbei aber Werte im Bereich von $C_t \approx 100$ pF bis $C_t \approx 1000\ \mu$F. Die Frequenz der erzeugten Rechteckspannung läßt sich näherungsweise mit Hilfe der Gleichung

$$f \approx \frac{0{,}8}{R_t \cdot C_t}$$

ermitteln. Für die Schaltung nach Bild 9.26 ergibt sich daher bei den angegebenen Werten eine Frequenz $f \approx 2{,}4$ kHz.

Die Ausgangsimpulse des Schmitt-Triggers 1 sind wegen der hohen Belastung mit dem kleinen Widerstand $R_t = 330\ \Omega$ stark „verschliffen". Um jedoch eine Rechteckspannung mit ausreichend steilen Flanken zu erhalten, ist es zweckmäßig bzw. notwendig, einen zweiten Schmitt-Trigger nachzuschalten und an dessen Ausgang die Rechteckspannung auszukoppeln.

Wegen des fest vorgegebenen Wertes für R_t fehlt bei dem Rechteckgenerator nach Bild 9.26 eine einfache Möglichkeit, die Frequenz der Ausgangsspannung auf einen bestimmten Wert nachzustellen. Auch an die Frequenzkonstanz eines Rechteckgenerators mit Schmitt-Trigger können keine besonderen Anforderungen gestellt werden. Von Vorteil ist dagegen der große zulässige Kapazitätsbereich von $C_t \approx 100$ pF bis $C_t \approx 1000\ \mu$F, so daß es möglich ist, mit dieser Schaltung Rechteckspannungen mit Frequenzen im Bereich von etwa $f \approx 3$ Hz bis $f \approx 30$ MHz in recht einfacher Weise zu erzeugen.

Der kleine Rückkopplungswiderstand $R_t = 330\,\Omega$ bei Verwendung des Bausteins 74132 – der gleiche Wert gilt auch für die anderen in Kapitel 7.6.3 genannten Schmitt-Trigger – ist ein erheblicher Nachteil. Wird jedoch der NAND-Schmitt-Trigger 74135 verwendet, so darf der Rückkopplungswiderstand bis auf $R_t \approx 6\,k\Omega$ vergrößert werden. Daher ist es dann z. B. auch möglich, diesen Widerstand aufzuteilen in einen Festwiderstand $R_V = 330\,\Omega$ und einen Trimmer $R_{Tr} = 5{,}6\,k\Omega$. Damit ist auch die Möglichkeit gegeben, bei dieser Schaltung die Frequenz zumindest in einem kleinen Bereich zu variieren. Der Schmitt-Trigger 74135 hat den gleichen Aufbau und die gleiche Anschlußbelegung wie der Baustein 74132, jedoch hochohmigere Eingänge, so daß ein größerer Rückkopplungswiderstand zulässig ist.

Wird zum Aufbau des Rechteckgenerators ein Schmitt-Trigger der C-MOS-Familie verwendet, dann entfallen wegen der hochohmigen Eingänge einige bei den TTL-Bausteinen auftretende Nachteile. Bei dem Schmitt-Trigger 4093 darf nämlich der Rückkopplungswiderstand R_t in den Grenzen $50\,k\Omega \leqq R_t \leqq 1\,M\Omega$ liegen. Dadurch ist mit Hilfe eines veränderbaren Widerstandes eine einfache Nachstellmöglichkeit oder auch eine Frequenzvariation in einem großen Bereich möglich. Verwendet werden dürfen in dieser Schaltung mit dem Baustein 4093 Kondensatoren im Bereich $100\,pF \leqq C_t \leqq 1\,\mu F$.

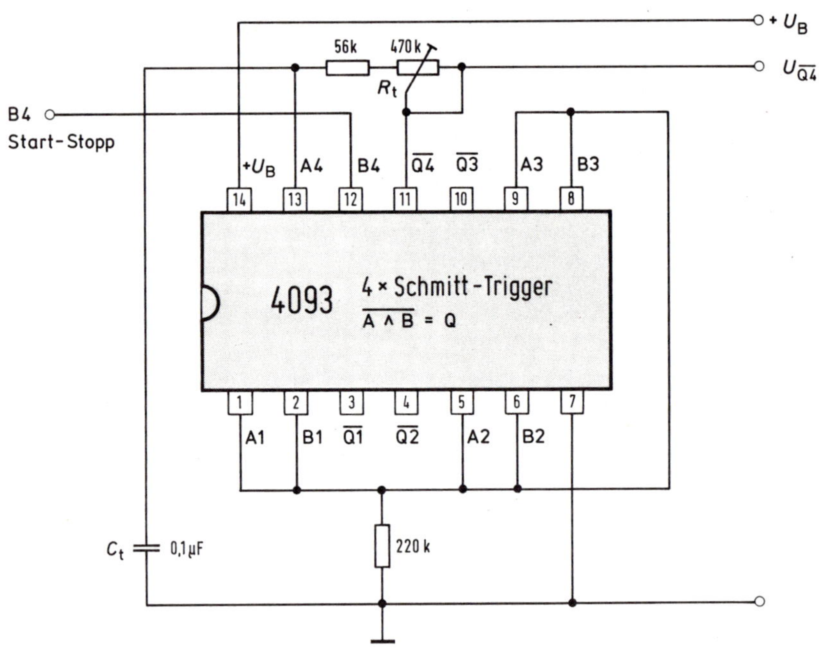

Bild 9.27 Rechteckgenerator mit Schmitt-Trigger 4093

Das **Bild 9.27** zeigt einen Rechteckgenerator, der mit dem Schmitt-Trigger 4093 aufgebaut ist. Wegen des hochohmigen Rückkopplungswiderstandes ist die Belastung des Ausganges gering und das Nachschalten eines weiteren Schmitt-Triggers zur

Impulsformung ist nicht erforderlich. Die Frequenz der erzeugten Rechteckspannung läßt sich in Näherung nach der Gleichung

$$f \approx \frac{1{,}25}{R_t \cdot C_t}$$

berechnen. Der Faktor 1,25 hängt u.a. auch von dem Verhältnis U_{Iein} zu U_{Iaus} ab und damit entsprechend Bild 7.139 auch in gewissen Grenzen von der Betriebsspannung. In Näherung kann der Faktor 1,25 im gesamten Bereich der zulässigen Betriebsspannung als ausreichend konstant angesehen werden. Mit den in Bild 9.27 angegebenen Werten für R_t und C_t ergibt sich ein einstellbarer Frequenzbereich von $f_{min} \approx 20$ Hz bis $f_{max} \approx 220$ Hz. Zu beachten ist noch, daß zur Vermeidung von statischen Aufladungen die Eingänge der nicht benutzten Glieder eines C-MOS-Bausteines über einen Widerstand $R = 220$ kΩ an Masse gelegt werden müssen.

9.2.4 Rechteckgeneratoren mit OP

Rechteckgeneratoren lassen sich relativ einfach auch mit Operationsverstärkern (OP-Verstärkern) aufbauen. Sie ähneln dann in ihrer Arbeitsweise den in Kapitel 9.2.3 beschriebenen Rechteckgeneratoren mit Schmitt-Triggern. Bei beiden Schaltungen wird nämlich abwechselnd die Aufladung eines Kondensators an einer oberen Schaltschwelle und dann die sich anschließende Entladung des Kondensators an einer unteren Schaltschwelle abgebrochen. Auch die Rechteckgeneratoren mit OP arbeiten daher nach dem Grundprinzip der Generatoren vom Typ B.

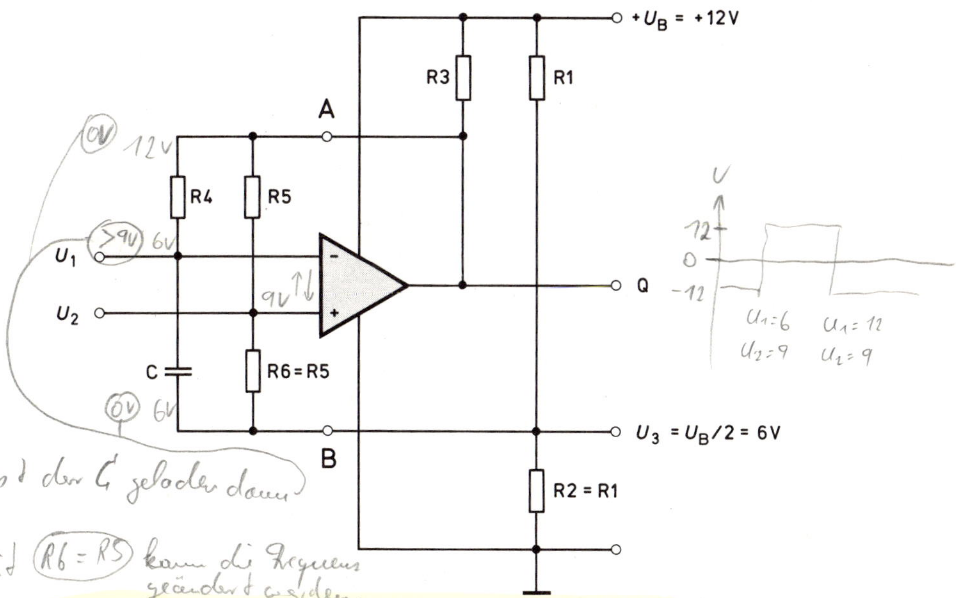

Bild 9.28 Grundschaltung eines Rechteckgenerators mit OP

Bild 9.28 zeigt die Grundschaltung eines Rechteckgenerators mit Operationsverstärker. Sie besteht aus einem OP, dessen Ausgangsspannung als Betriebsspannung einer aus drei Widerständen und einem Kondensator bestehenden Brückenschaltung zugeführt wird. Der Fußpunkt dieser Brückenschaltung ist über das Nullpotential angehoben. Die Brückenspannung der Brückenschaltung wird als Eingangsspannung den Differenzeingängen des OP-Verstärkers zugeführt.

Die Frequenz der rechteckförmigen Ausgangsspannung hängt einerseits von der Zeitkonstanten des einen Brückenzweiges (R4, C), andererseits aber auch ganz wesentlich vom Widerstandsverhältnis des anderen Brückenzweiges (R5, R6) ab. Das Impuls-Pausen-Verhältnis wird dagegen hauptsächlich durch die Spannung bestimmt, um die der Fußpunkt der Brückenschaltung gegenüber dem Nullpotential angehoben ist (R1, R2).

Zur Vereinfachung der Funktionsbeschreibung wird angenommen, daß die Betriebsspannung $U_B = +12\,V$ und die Fußpunktspannung $U_3 = +6\,V$ ($R_1 = R_2$) beträgt. Weiterhin wird davon ausgegangen, daß die Ausgangsspannung U_Q zwischen den Werten $U_Q = +12\,V$ und $U_Q \approx 0\,V$ springt und $R_5 = R_6$ ist.

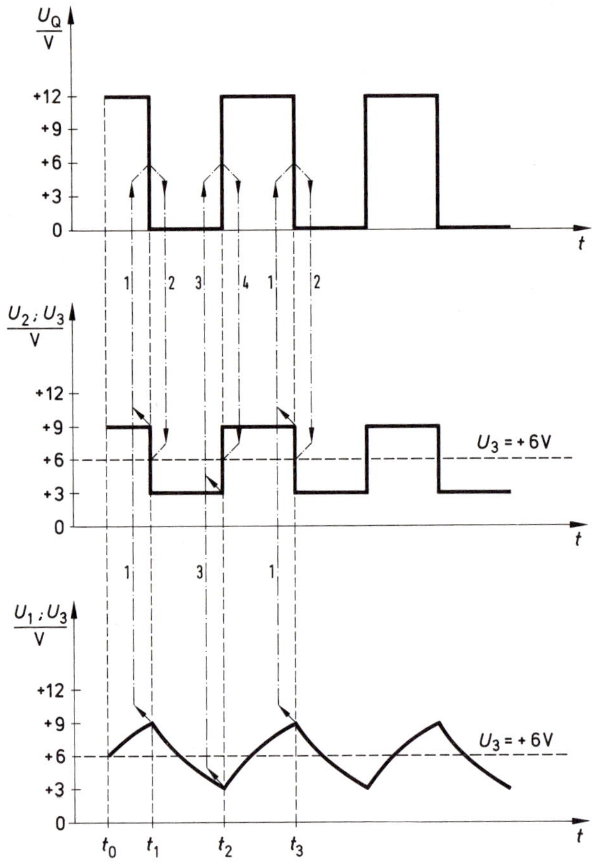

Bild 9.29 Signal-Zeit-Plan für die Generatorschaltung nach Bild 9.28

In **Bild 9.29** ist der Signal-Zeit-Plan in etwas idealisierter Form dargestellt. Wird zum Zeitpunkt t_0 die Betriebsspannung eingeschaltet, so stellt sich unter den vorher genannten Voraussetzungen infolge der Spannungsteilung an den Widerständen R1 und R2 eine Fußpunktspannung der Brücke $U_3 = +6\,V$ ein. Aufgestockt auf diese Fußpunktspannung tritt auch ein Spannungsabfall an den Widerständen R5 und R6 auf (R3 ist vernachlässigbar klein), so daß die Spannung am nichtinvertierenden Eingang des OPs $U_2 = +9\,V$ beträgt (bezogen auf Masse).

Da der Kondensator im Augenblick des Einschaltens noch ungeladen ist, ist $U_C \approx 0\,V$. Damit liegt am invertierenden Eingang die Spannung $U_1 = U_3 + U_C = +6\,V$. Da also $U_1 < U_2$, beträgt die Ausgangsspannung $U_Q = +12\,V$. Während der Zeitdauer t_0 bis t_1 wird der Kondensator über den Widerstand R4 aufgeladen. Dadurch steigt U_C und damit auch die Spannung U_1 von $U_1 = +6\,V$ nach einer e-Funktion an.

Zum Zeitpunkt t_1 ist infolge der Aufladung des Kondensators die Spannung etwas größer als die Spannung $U_2 = +9\,V$ geworden. Damit ist aber $U_1 > U_2$ und U_Q springt von $U_Q = +12\,V$ auf $U_Q \approx 0\,V$. Damit wird aber auch die Betriebsspannung der Brückenschaltung umgepolt. Infolge der Spannungsteilung an R5 und R6 springt die Spannung am nichtinvertierenden Eingang von $U_2 = +9\,V$ auf $U_2 = +3\,V$. Die Spannung $U_1 \approx +9\,V$ bleibt aber wegen der Kondensatorladung im Augenblick des Umspringens von U_Q noch erhalten.

Während der Zeitdauer t_1 bis t_2 wird der Kondensator über den Widerstand R4 entladen. Dadurch sinkt die Spannung U_1, von $U_1 \approx +9\,V$ beginnend, nach einer e-Funktion ab.

Zum Zeitpunkt t_2 ist die Spannung U_1 infolge der Entladung des Kondensators etwas kleiner als $U_2 = +3\,V$ geworden. Da jetzt $U_1 < U_2$ ist, springt U_Q von $U_Q \approx 0\,V$ auf $U_Q = +12\,V$. Somit wird die Betriebsspannung der Brückenschaltung wieder umgepolt und U_2 springt sofort von $U_2 = +3\,V$ auf $U_2 = +9\,V$. Die Spannung $U_1 = +3\,V$ bleibt aber wegen der Kondensatorladung im Augenblick des Umspringens der Ausgangsspannung noch erhalten.

Während der Zeitdauer t_2 bis t_3 wird der Kondensator über den Widerstand R4 wieder aufgeladen und die Spannung U_1 steigt, von $U_1 = +3\,V$ beginnend, nach einer e-Funktion an.

Zum Zeitpunkt t_3 ist infolge der Kondensatoraufladung U_1 wieder größer als $U_2 = +9\,V$ geworden. Da aber jetzt $U_1 > U_2$ ist, springt U_Q von $U_Q = +12\,V$ auf $U_Q \approx 0\,V$. Damit aber ist ein vollständiger Zyklus durchlaufen, $t_3 = t_1$. Die nächste Periode der Ausgangsspannung beginnt.

Die Ausgangsspannung U_Q springt also jeweils, wenn infolge der Aufladung oder Entladung des Kondensators die Spannung U_1 am invertierenden Eingang größer bzw. kleiner als die Spannung U_2 am nichtinvertierenden Eingang des OPs wird, wobei jedoch U_2 in Abhängigkeit vom Teilerverhältnis der Widerstände R5 und R6 jeweils zwischen zwei verschiedenen Spannungswerten springt.

Die Schaltzeiten werden demnach einerseits durch die Zeitkonstante τ des RC-Gliedes bestimmt, andererseits aber auch ganz wesentlich von den Spannungen, zwischen denen die Spannung am nichtinvertierenden Eingang des OPs infolge der Spannungsteilung an den Widerständen R5 und R6 springen kann. Bei dem Rechteckgenerator mit OP entsprechend Bild 9.29 gibt es zwei Möglichkeiten, die Frequenz der Ausgangsspannung zu verändern, und zwar durch Verändern der Zeitkonstanten im RC-Brückenzweig und durch Verändern der Spannungsteilung im RR-Brückenzweig. Das Impuls-Pausen-Verhältnis läßt sich dagegen ebenfalls recht einfach durch Ändern der Fußpunktspannung der Brückenschaltung in weiten Grenzen variieren. **Bild 9.30** zeigt eine Schaltung, bei der sowohl die Frequenz als auch das Impuls-Pausen-Verhältnis unabhängig voneinander einstellbar ist.

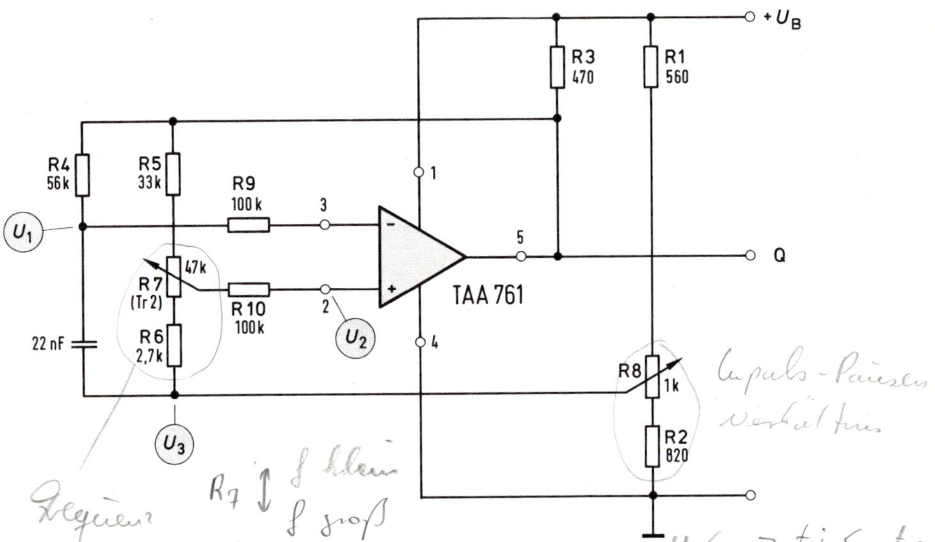

Bild 9.30 Rechteckgenerator mit OP

Bei der Schaltung nach Bild 9.30 läßt sich die Frequenz mit Hilfe des Trimmers $R = 47\ \text{k}\Omega$ verändern. Je nach Einstellung dieses Trimmers springt die Spannung am nichtinvertierenden Eingang zwischen unterschiedlichen Spannungswerten. Steht der Trimmer am oberen Anschlag, so sind die Spannungssprünge am größten, beim unteren Anschlag am kleinsten. Entsprechend dieser unterschiedlich großen Spannungssprünge werden unterschiedliche Zeiten der Ladekurve herausgeschnitten. Davon hängt ganz wesentlich die Frequenz der Ausgangsspannung bzw. die Periodendauer ab.

In **Bild 9.31** ist deutlich zu erkennen, in welcher Weise die Periodendauer und damit auch die Frequenz der Rechteckspannung U_Q von den Spannungswerten U_{2max} und U_{2min} am nichtinvertierenden Eingang des OPs abhängt. Diese Spannungssprünge werden lediglich durch das Teilerverhältnis des RR-Brückenzweiges bestimmt. Je kleiner ΔU ist, desto kleiner wird die Periodendauer T und desto größer die Frequenz der Rechteckspannung am Ausgang Q und umgekehrt. Durch entsprechende Änderung des Teilerverhältnisses kann also die Frequenz der Rechteckspannung in einem weiten Bereich verändert werden.

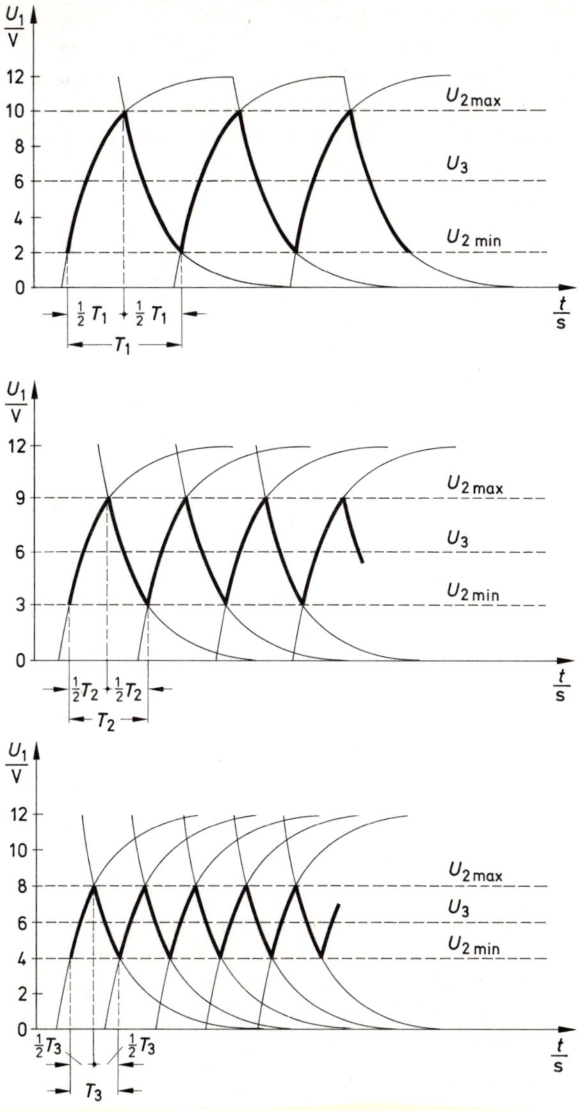

Bild 9.31 Grundprinzip der Frequenzänderung beim Rechteckgenerator nach Bild 9.30

Zusätzlich läßt sich die Frequenz aber auch durch Verändern der Zeitkonstante τ des RC-Brückenzweiges verändern, indem entweder anstelle des Festwiderstandes ein Trimmer eingesetzt wird oder Kondensatoren mit anderen Kapazitätswerten eingesetzt werden. Die Lade- und Entladekurven des Kondensators verlaufen dann gegenüber den Kurven in Bild 9.31 flacher oder steiler, wodurch sich die Periodendauer ändert. Da sich die Einflüsse bei den Variationsmöglichkeiten multiplizieren, ist es bei diesem Rechteckgenerator mit OP auf einfache Weise möglich, die Frequenz in einem sehr weiten Bereich zu ändern.

Auch das Impuls-Pausen-Verhältnis läßt sich bei diesem Generator in sehr einfacher Weise durch Ändern der Fußpunktspannung der Brückenschaltung variieren. Dies geschieht in der Schaltung nach Bild 9.30 durch den Trimmer $R_8 = 1\ \mathrm{k\Omega}$. Durch Verändern der Fußpunktspannung U_3 wird der Arbeitsbereich der Brückenschaltung auf die Lade- und Entladekurve des Kondensators verschoben. **Bild 9.32** zeigt die Wirkungsweise.

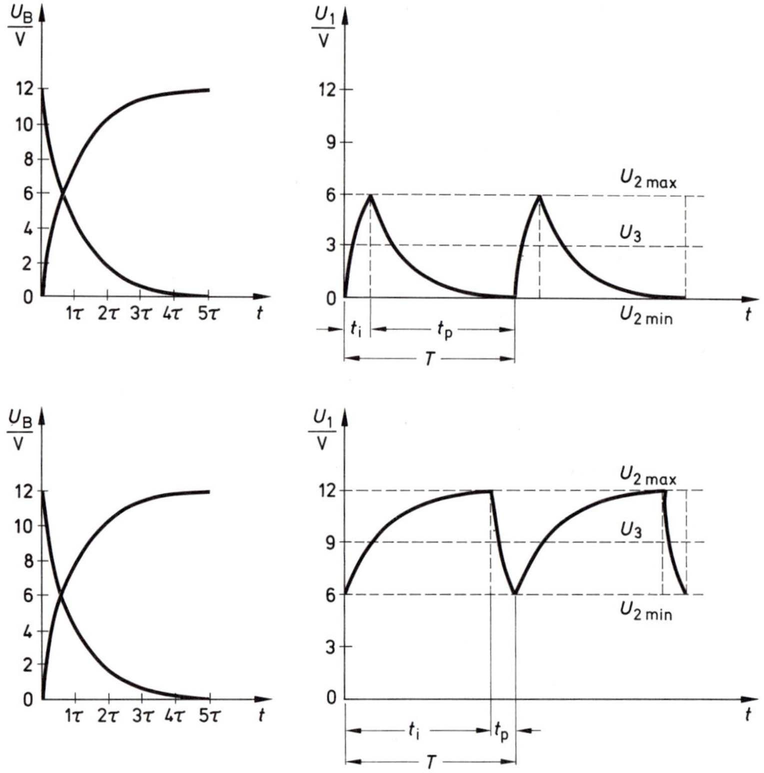

Bild 9.32 Grundprinzip der Änderung des Impuls-Pausen-Verhältnisses beim Rechteckgenerator nach Bild 9.30

Wie aus Bild 9.32 zu erkennen ist, wird z.B. bei $U_3 = 3\,\mathrm{V}$ der steilere Teil der Ladekurve und der flachere Teil der Entladekurve ausgenutzt. Aus diesem Grunde wird t_i kleiner als t_p. Bei einer Fußpunktspannung von z.B. $U_3 = +9\,\mathrm{V}$ wird dagegen der flachere Teil der Ladekurve und der steilere Teil der Entladekurve ausgenutzt. Daher wird t_i größer t_p. Ganz allgemein gilt:

$$U_3 < \frac{1}{2} U_B \qquad t_i/t_p < 1$$

$$U_3 = \frac{1}{2} U_B \qquad t_i/t_p = 1$$

$$U_3 > \frac{1}{2} U_B \qquad t_i/t_p > 1$$

Da hier Ausschnitte von e-Funktionen eine wesentliche Rolle spielen, ist eine Ermittlung von t_i/t_p als Funktion der Fußpunktspannung U_3 nur mit Hilfe der Höheren Mathematik möglich. Aber auch hier weichen die theoretisch ermittelten Werte infolge der nicht voll erfaßbaren Eigenschaften des OP-Verstärkers und der Schaltungstoleranzen teilweise erheblich von den praktisch ermittelten Werten ab.

Das Gleiche gilt auch für die theoretische Ermittlung der Frequenz, weil hier ebenfalls Ausschnitte von e-Funktionen eine wesentliche Bedeutung haben. So lassen sich bei diesem Generator ohne erheblichen mathematischen Aufwand nicht einmal Näherungsgleichungen für die Berechnung der Frequenz und des Impuls-Pausen-Verhältnisses angeben, die einen Anspruch auf Brauchbarkeit in der Praxis hätten. Beim Aufbau eines Rechteckgenerators mit OP ist es daher notwendig, sich durch praktische Versuche an die gewünschten Werte heranzutasten und Einstellmöglichkeiten mit Hilfe von veränderbaren Widerständen vorzusehen.

Für die Schaltung nach Bild 9.30 wurden folgende Werte ermittelt:

$U_{Qmax} = +12\,V$; $U_{Qmin} = +1\,V$

$f_{max} = 5{,}55\,kHz$; $f_{min} = 312\,Hz$

$t_i/t_{pmax} = 2/1$; $t_i/t_{pmin} = 1/2$

Die Werte der Widerstände R1 und R2 sowie R5 und R6 wurden durch praktische Versuche ermittelt. Sie begrenzen die Einstellbereiche der Trimmer und verhindern, daß der Generator in nicht mehr zulässigen Grenzbereichen betrieben werden kann. Die beiden Widerstände R9 und R10 dienen zur Entkopplung der Eingänge des OPs. Um Verzerrungen der Eingangsspannungen zu vermeiden, sollten sie nicht kleiner als 100 kΩ sein.

Weitere Möglichkeiten, Rechteckgeneratoren mit OP-Verstärkern aufzubauen, bieten die integrierten Bausteine 555 und 556. Sie sind bereits in Kapitel 7.5.2 in einer Beschaltung als Monostabile Kippglieder, Zeitgeberschaltung oder Timer behandelt worden. In einer Beschaltung nach **Bild 9.33** wird der Typ 555 als Astabiles Kippglied, d.h. Rechteckgenerator betrieben.

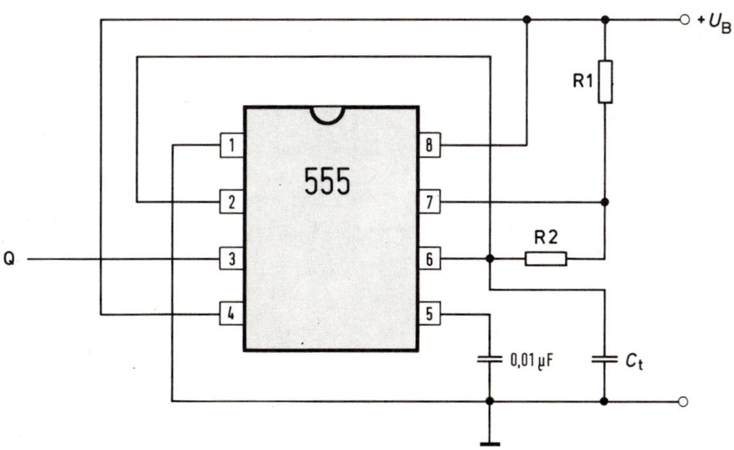

Bild 9.33 Rechteckgenerator mit Baustein 555

Der Baustein 555 enthält insgesamt 23 Transistorfunktionen. Wie diese bei einer Beschaltung nach Bild 9.33 intern zusammenwirken, ist für den Praktiker ohne Bedeutung. Die Schaltung arbeitet aber nach einem ähnlichen Grundprinzip wie Rechteckgeneratoren mit Schmitt-Triggern. Nach Anlegen der Betriebsspannung wird der Kondensator über die Widerstände R1 und R2 aufgeladen. Wird die Kondensatorspannung $U_C = \frac{2}{3} U_B$, so springt die Ausgangsspannung von $U_Q = +U_B$ auf $U_Q \approx 0\,V$. Dann wird der Kondensator über R2 bis $U_C = \frac{1}{3} U_B$ wieder entladen und U_Q springt von $U_Q \approx 0\,V$ wieder auf $U_Q = +12\,V$. Es folgt dann ein ständiger Wechsel von Aufladung und Entladung des Kondensators in den angegebenen Grenzen.

Die Periodendauer der am Ausgang Q liegenden Rechteckspannung läßt sich bei der Schaltung nach Bild 9.33 mit der Näherungsgleichung

$$T \approx 0{,}7 \cdot (R_1 + 2 \cdot R_2) \cdot C_t$$

ermitteln.

Das Impuls-Pausen-Verhältnis ergibt sich aus dem Verhältnis der Aufladezeit zur Entladezeit:

$$\frac{t_i}{t_p} \approx \frac{R_1 + R_2}{R_2}.$$

Die Wahl der Widerstandswerte für R1 und R2 ist weitgehend frei. Auch die Kapazität des Kondensators kann in weiten Grenzen gewählt werden, so daß der Generator in einem sehr großen Frequenzbereich arbeiten kann. Wird der Widerstand R1 oder R2 einstellbar gemacht, so kann damit die Frequenz variiert bzw. nachgestellt werden. Damit ergibt sich aber zwangsläufig auch eine Änderung des Impuls-Pausen-Verhältnisses. Von Nachteil kann bei dieser Schaltung jedoch auch sein, daß ein Verhältnis $t_i/t_p \leqq 1$ nicht möglich ist.

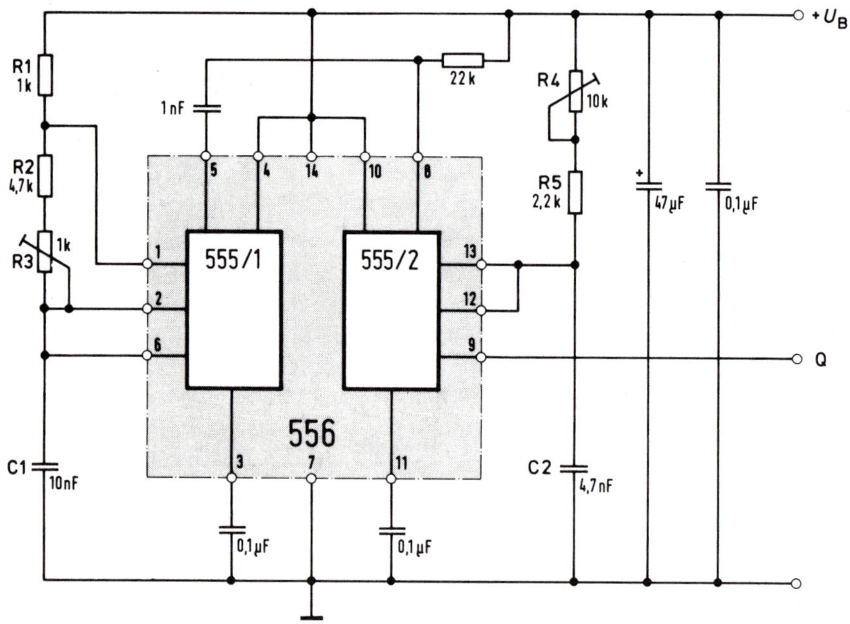

Bild 9.34 Rechteckgenerator mit Baustein 556

Bild 9.34 zeigt einen Rechteckgenerator, aufgebaut mit dem Baustein 556, der zwei Einheiten vom Typ 555 in einem Chip enthält. Die Beschaltung ist so dimensioniert, daß eine Rechteckspannung mit der Frequenz $f = 1$ kHz erzeugt wird. Die Einheit 555/1 ist entsprechend Schaltbild 9.33 als Astabiles Kippglied aufgebaut. Über ein RC-Glied wird die Einheit 555/2 angesteuert, die als Monostabiles Kippglied beschaltet ist. Mit dem Trimmer R 4 läßt sich die Verweildauer dieser Stufe und damit das Impuls-Pausen-Verhältnis im Bereich von $t_i/t_p \approx 4/1$ bis etwa $t_i/t_p \approx 1/4$ verändern.

9.2.5 Rechteckgeneratoren mit Quarzstabilisierung

Bei allen Rechteckgeneratoren kann die Frequenz der erzeugten Wechselspannung von der eigentlich gewünschten, fest eingestellten Frequenz mehr oder weniger stark abweichen. Solche Abweichungen von der Sollfrequenz treten z.B. infolge einer Änderung der Umgebungstemperatur, der Alterung der verwendeten Bauteile, einer Belastung des Ausganges oder Änderung der Betriebsspannung auf. Eine charakteristische Angabe für die Qualität eines Generators ist daher u. a. die Konstanz seiner Sollfrequenz. Sie wird auch als Frequenzstabilität bezeichnet und ist festgelegt als $\Delta f/f_{soll}$, also als Frequenzabweichung bezogen auf die Sollfrequenz.

$$\text{Frequenzkonstanz} = \frac{\Delta f}{f_{soll}}.$$

Je kleiner der Wert $\Delta f/f_{soll}$ ist, desto besser ist die Frequenzstabilität. Sie kann für die verschiedensten Abhängigkeiten angegeben werden, z.B. für die Temperatur, die Betriebsspannung oder ähnliche Einflußfaktoren.

Die Frequenzkonstanz der in den Kapiteln 9.2.1 bis 9.2.4 behandelten Rechteckgeneratoren liegt etwa in den Größenordnungen von $\pm 1 \cdot 10^{-2}$ bis $\pm 1 \cdot 10^{-4}$. Ein solcher Generator kann also im ungünstigen Fall z.B. um ± 100 Hz von seiner Sollfrequenz $f_{soll} = 10$ kHz abweichen. Für zahlreiche Einsatzgebiete von Rechteckgeneratoren reicht eine solche Frequenzkonstanz völlig aus.

Es gibt aber auch eine große Zahl von elektronischen Geräten und Anlagen, deren ordnungsgemäße Funktion und Qualität ganz wesentlich von der Frequenzkonstanz eines Rechteckgenerators abhängt. Dies ist z.B. der Fall bei elektronischen Uhren oder ganz allgemein bei jeder elektronischen Zeit- und Frequenzmessung.

Sind besonders hohe Anforderungen an die Frequenzkonstanz von Rechteckgeneratoren gestellt, so werden Schwingquarze als frequenzbestimmende Glieder in den Generatorschaltungen eingesetzt. Die Frequenz, mit der ein solcher Generator schwingt, wird dann fast ausschließlich durch die mechanischen Abmessungen des Quarzes bestimmt, und sie kann nur ganz unwesentlich oder überhaupt nicht verändert werden. Es ist also nicht möglich, einen Quarzgenerator innerhalb eines Frequenzbereiches nachzustimmen. Diesem Nachteil steht aber der für bestimmte Einsatzgebiete vorhandene Vorteil gegenüber, daß Schwingquarze einen sehr kleinen Temperaturkoeffizienten haben. Dadurch ist es möglich, Rechteckgeneratoren mit einer Frequenzkonstanz aufzubauen, die in der Größenordnung von ca. $\pm 1 \cdot 10^{-6}/°K$ liegt. Ein solcher Generator kann also von einer Sollfrequenz beispielsweise $f_{soll} = 1$ MHz höchstens um 1 Hz/°K abweichen. Wird darüber hinaus die Umgebungstemperatur des Quarzes noch mit einem Thermostat geregelt, so läßt sich durchaus eine Frequenzkonstanz bis zu $\pm 1 \cdot 10^{-9}/°K$ bei einem Rechteckgenerator erreichen. Bei einem solchen Generator würde die Frequenz z.B. nur noch um $1 \cdot 10^{-3}$ Hz/°K von einer Sollfrequenz $f_{soll} = 1$ MHz abweichen.

In der Vergangenheit mußten Rechteckgeneratoren mit Quarzstabilisierung stets in diskreter Schaltungstechnik aufgebaut werden. Hierfür sind die verschiedensten Generatorschaltungen entwickelt worden, die in der Regel bei Aufbau und Inbetriebnahme einige Schwierigkeiten bereiteten. Heute gibt es aber auch bereits vollintegrierte Rechteckgeneratoren mit Quarzstabilisierung, durch die dann viele der früher aufgetretenen Probleme entfallen sind. Eine Familie von vollintegrierten Rechteckgeneratoren mit Quarzstabilisierung wird z.B. unter der Typenbezeichnung QO 52 (Werksbezeichnung Siemens) angeboten. Innerhalb dieser Familie werden Bausteine mit Festfrequenzen im Bereich von ca. 1 MHz bis 26 MHz gefertigt.

Die relativ hohen Schwingfrequenzen der Quarze haben den Vorteil, daß die sehr kleinen mechanischen Abmessungen des Schwingers auch kleine Abmessungen des IC ermöglichen. Die Frequenz der erzeugten Rechteckspannungen läßt sich ohne Schwierigkeiten mit Hilfe integrierter Frequenzteilerschaltungen auf gewünschte Frequenzwerte herunterteilen. So enthält jeder Baustein der Quarzgenerator-Familie QO 52 einen quarzgesteuerten Rechteckgenerator, der nach einer etwas abgewandelten Schaltung im Prinzip wie der in Bild 9.10 angegebene Rechteckgenerator mit Transistoren arbeitet. Weiterhin enthalten alle Generator-Bausteine QO 52 eine integrierte Spannungsversorgung, integrierte Anpassungsschaltungen und soweit vorgesehen, auch integrierte Frequenzteiler. **Bild 9.35** zeigt die Blockschaltbilder der drei lieferbaren Ausführungsformen.

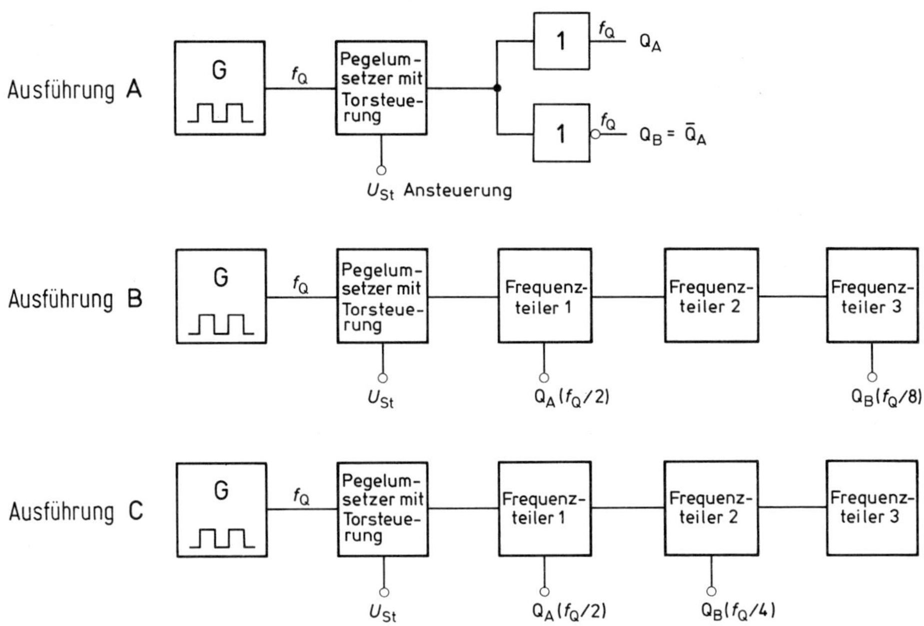

Bild 9.35 Blockschaltbilder der Quarzgenerator-Bausteine QO 52

Alle drei Ausführungsformen haben einen freilaufenden Quarzgenerator, dem jeweils ein Pegelumsetzer mit einer Torsteuerung nachgeschaltet ist. Bei der Ausführung A werden vom Pegelumsetzer zwei Ausgangsverstärker angesteuert. An den beiden Ausgängen Q_A und Q_B liegen komplementäre Rechteckspannungen mit der Quarzfrequenz f_Q, wenn die Steuerspannung $U_{St} \leqq +0{,}5\,V$ ist. Bei $U_{St} = +5\,V$ sind die Ausgangsverstärker vom Quarzgenerator abgekoppelt.

Bei den Ausführungen B und C sind den Pegelumsetzern mit Torsteuerung jeweils drei Frequenzteilerstufen nachgeschaltet. Bei der Ausführung B liegen an den herausgeführten Ausgängen Q_A und Q_B Rechtecksignale mit der Frequenz $f_Q/2$ und $f_Q/8$, während bei der Ausführung C die Spannungen mit $f_Q/2$ und $f_Q/4$ herausgeführt sind. Auch bei den Ausführungen B und C kann durch eine Steuerspannung U_{St} der Generator von den Frequenzteilern abgetrennt werden. Bei $U_{St} \leqq +0{,}5\,V$ wird die vom Generator erzeugte Rechteckspannung auf die Teilerstufen durchgeschaltet. Bei $U_{St} \geqq +2{,}4\,V$ erfolgt die Sperrung und die Ausgänge bleiben auf dem jeweiligen Zustand stehen.

Die wichtigsten technischen Daten von Rechteckgeneratoren mit Quarzstabilisierung der Familie QO 52 sind:

Betriebsspannung:	$+5\,V \pm 10\%$
Ausgangslastfaktor:	$F_Q = 10$ TTL-Lasteinheiten
Ausgangsspannungen:	$U_{QH} > 2{,}4\,V$; $U_{QL} \leqq 0{,}5\,V$
Anstiegszeit:	t_r $< 10\,ns$
Abfallzeit:	t_d $< 10\,ns$

Für den Einsatz dieser Quarzgeneratoren von besonderer Bedeutung ist die Eigenschaft, daß TTL-Bausteine direkt, d.h. ohne besondere Pegelumsetzer oder Impulsformer von den Generatorausgängen angesteuert werden können. Dadurch ist eine einfache Möglichkeit gegeben, bei Bedarf in Digitalschaltungen Rechteckgeneratoren mit einer sehr großen Frequenzkonstanz einzusetzen. **Bild 9.36** zeigt die Anschlußbelegungen der Quarzgeneratoren der Familie QO 52.

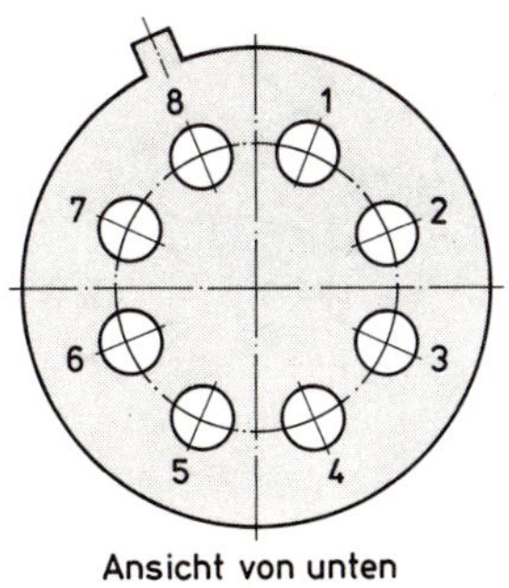

Stiftbelegung:

1 Generatorsperre
2 interne Verbindung
3 Ausgang Q_A
4 ⊥
5 Ausgang Q_B
6 interne Verbindung
7 interne Verbindung
8 $+U_B$

Bild 9.36 Anschlußbelegungen der Quarzgeneratoren der Familie QO 52

Innerhalb der Generatorfamilie QO 52 werden eine Reihe von Bausteinen mit Vorzugsfrequenzen angeboten, z.B. mit $f_Q = 1\,MHz$; 1,050 MHz; 4 MHz; 4,224 MHz;

4,9152 MHz; 9,8304 MHz; 10 MHz; 15,5520 MHz; 20 MHz und 22,1184 MHz. Durch Nachschalten weiterer Frequenzteiler läßt sich die Frequenz der Ausgangsspannungen beliebig weiter herunterteilen.

9.3 Dreieck- und Sägezahngeneratoren

Als dreieckförmig werden Spannungsverläufe bezeichnet, bei denen die Spannung zwischen zwei Grenzwerten möglichst linear ansteigt und wieder abfällt. Es ist dabei in keiner Weise erforderlich, daß die Anstiegszeiten t_1 und die Abfallzeiten t_2 gleich groß sind. Ist das Verhältnis $t_1 : t_2 > 10$ oder $t_1 : t_2 < 0,1$, so wird eine Dreieckspannung auch als Sägezahnspannung bezeichnet. Da die Grenze zwischen den beiden Bezeichnungen sehr fließend ist, sind die genannten Verhältnisse jedoch nur als ungefähre Richtwerte anzusehen. In **Bild 9.37** sind verschiedene Beispiele für Dreieck- und Sägezahnspannungen angegeben.

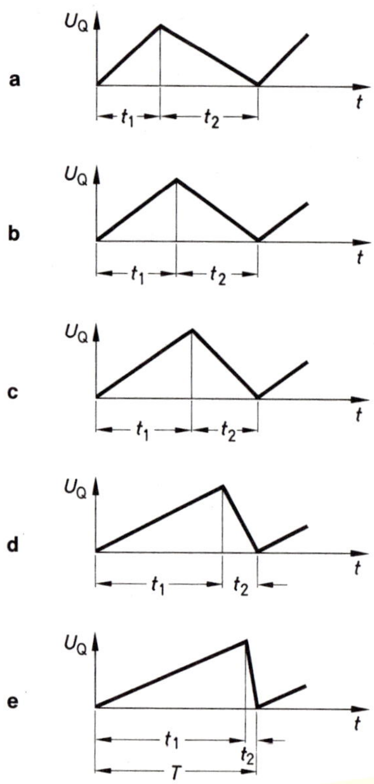

Bild 9.37 Beispiele für Dreieck- und Sägezahnspannungen (a–e)

Während Dreieckspannungen mit gleichen oder weitgehend gleichen Anstiegs- und Abfallzeiten nur für ganz spezielle Aufgaben benötigt werden, haben Sägezahnspannungen für die verschiedensten Aufgaben in der Meßtechnik eine ganz erhebliche Bedeutung. So erfolgt z. B. die horizontale Ablenkung des Elektronenstrahles in einer

Oszillografenröhre mit Hilfe von Sägezahnspannungen. Auch bei den Analog-Digital-Wandlern, auf die jedoch erst im Band ELEKTRONIK IV B – Meß- und Regelungstechnik sowie IV D – Digitale Steuerungstechnik – eingegangen wird, werden Sägezahnspannungen benötigt. Die Genauigkeit dieser Wandler hängt dabei wesentlich von der Linearität der ansteigenden Spannung ab.

Entsprechend den erzeugten Spannungsverläufen werden die Generatoren als Dreieckgeneratoren oder Sägezahngeneratoren bezeichnet. In letzter Zeit ist jedoch anstelle des Ausdrucks Sägezahngenerator auch immer häufiger die Bezeichnung Rampengenerator zu finden. Neben den freilaufenden Sägezahngeneratoren werden in der Meßtechnik in größerem Umfang auch triggerbare Sägezahngeneratoren benötigt. Bei ihnen wird durch ein Triggersignal jeweils nur der Ablauf einer Periode ausgelöst. Diese zusätzlichen Triggerschaltungen sind z.T. recht aufwendig und in der Regel für bestimmte Triggerfunktionen ausgelegt.

Dreieck- und Sägezahngeneratoren arbeiten nach dem Grundprinzip eines Generators vom Typ B, so wie er in Bild 9.8 angegeben ist. Die Umschalter S1 und S2 werden von der Kondensatorspannung U_C gesteuert. Diese Kondensatorspannung wird aber auch als erzeugte Dreieck- oder Sägezahnspannung über den Ausgang Q2 ausgekoppelt. Sind Ladewiderstand R1 und Entladewiderstand R2 gleich groß, so entsteht eine gleichschenklige Dreieckspannung. Je größer R1 gegenüber R2 wird, oder umgekehrt, desto stärker weicht die erzeugte Spannung von einem gleichschenkligen, dreieckförmigen Spannungsverlauf ab. Wenn etwa $R_1 \geqq 10 \cdot R_2$ ist, dann hat die Spannung an Q2 einen sägezahnförmigen Verlauf.

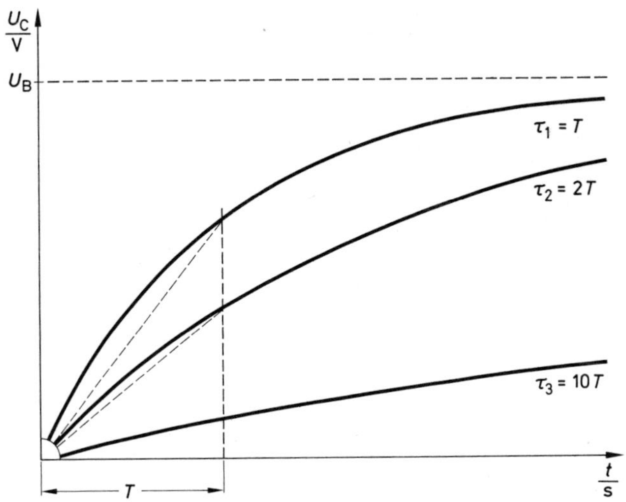

Bild 9.38 Ladekurven für verschiedene Zeitkonstanten

Angestrebt wird in jedem Fall ein linearer Anstieg und ein linearer Abfall der Spannung. Wird jedoch ein Kondensator über einen ohmschen Widerstand aufgeladen oder entladen, so ändert sich seine Spannung stets nach einer e-Funktion. Wenn jedoch nur ein relativ kleiner Ausschnitt der gesamten Lade- oder Entladekurve ausgenutzt wird, so kann innerhalb eines solchen Abschnittes die Spannungsänderung näherungsweise als linear angesehen werden. Je größer also die Zeitkonstante eines RC-Gliedes und je kleiner der genutzte Ausschnitt aus der e-Funktion ist, desto mehr nähert sich der Spannungsverlauf der erwünschten Geraden. In **Bild 9.38** sind drei Ladekurven mit den unterschiedlichen Zeitkonstanten τ_1, τ_2 und τ_3 dargestellt. Es ist deutlich zu erkennen, daß, bezogen auf die Zeit T, der Spannungsanstieg für die Kennlinie $\tau_3 = 10\,T$ bereits sehr linear verläuft, während die Kennlinien für $\tau_1 = T$ und $\tau_2 = 2\,T$ noch erheblich von einer Geraden abweichen. Das gleiche gilt sinngemäß auch für die Entladekurven eines Kondensators.

Sollen also Anstieg und Abfall bei einer Dreieck- oder Sägezahnspannung möglichst linear verlaufen, so ist eine möglichst große Zeitkonstante erforderlich. Dies kann erreicht werden, indem entweder der Widerstand R oder der Kondensator C oder auch beide Bauelemente des RC-Gliedes möglichst groß gewählt werden. Einer beliebigen Vergrößerung sind jedoch von den Bauelementen her sehr schnell Grenzen gesetzt.

Besonders große Ladewiderstände können aber z.B. durch Konstantstromquellen simuliert werden. Erfolgt dann die Aufladung des Kondensators nicht über einen ohmschen Widerstand, sondern über eine Konstantstromquelle mit $R_i \rightarrow \infty$, so wird auch der Ladewiderstand $R \rightarrow \infty$ und die Kondensatorspannung steigt in diesem Idealfall dann linear an. Andererseits ist es aber auch möglich, durch eine Integratorschaltung Kondensatoren mit sehr großen Kapazitäten zu simulieren. Hier wird dann im Idealfall $C \rightarrow \infty$, so daß ebenfalls ein linearer Anstieg der Kondensatorspannung auftritt. Sowohl bei einer Schaltung mit Konstantstromquelle als auch mit der Integratorschaltung läßt sich erreichen, daß der ausgenutzte Zeitraum $T < 0{,}01\,\tau$ wird. Dabei ist dann die maximale Abweichung des auftretenden Spannungsverlaufes von dem idealen, linearen Verlauf bereits kleiner 1%.

9.3.1 Dreieckgeneratoren

Dreieckgeneratoren arbeiten nach dem Grundprinzip der Generatoren vom Typ B. Dabei muß dann schaltungstechnisch oder durch die verwendeten Bauteile gewährleistet sein, daß die tatsächlich auftretenden Lade- und Entladewiderstände sich höchstens um den Faktor 10 unterscheiden dürfen. Nur dann kann die getroffene Abgrenzung zwischen Dreieckspannungen und Sägezahnspannungen eingehalten werden. Bei $R_1 = R_2$ wird $t_1 = t_2$. Die erzeugte Spannung hat in diesem Fall gleiche Anstiegs- und Abfallzeiten, also einen dreieckförmigen gleichschenkligen Verlauf.

9.3.1.1 Dreieckgeneratoren mit OP

In Kapitel 9.2.4 ist ein Rechteckgenerator mit OP beschrieben, der ohne schaltungstechnische Änderungen auch als Dreieckgenerator verwendet werden kann. Es ist lediglich nicht die Spannung am Ausgang Q1 des OP-Verstärkers, sondern die Spannung am Kondensator als die erzeugte Spannung zu betrachten und auszukoppeln. In **Bild 9.39** ist die Gesamtschaltung nochmals angegeben.

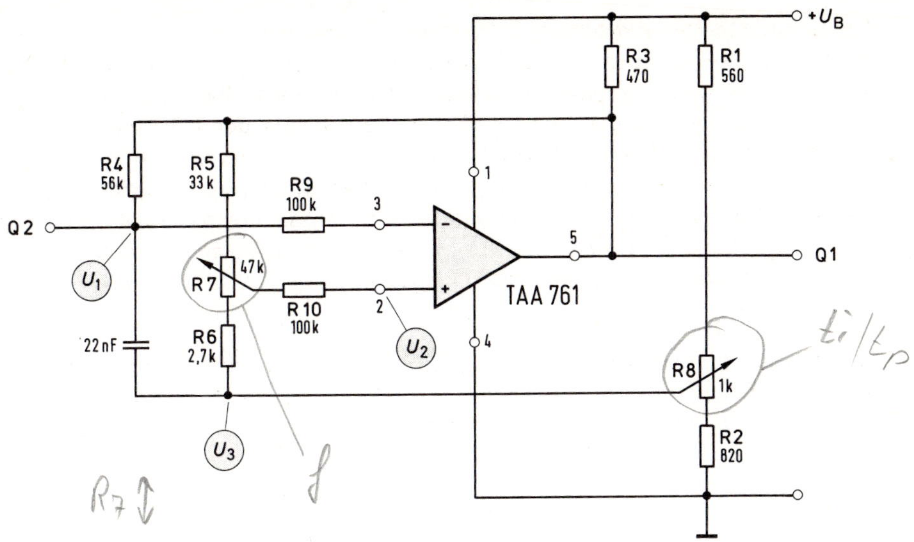

Bild 9.39 Dreieckgenerator mit OP

Die Wirkungsweise des Generators nach Bild 9.39 ist bereits in Kapitel 9.2.4 näher beschrieben. In dem dort angegebenen Bild 9.31 ist auch dargestellt, welcher Zusammenhang zwischen den beiden Umschaltpunkten U_{2max} und U_{2min} am nichtinvertierenden Eingang und der Periodendauer der erzeugten Dreieckspannung besteht. Zu erkennen ist in dieser Darstellung auch, daß die erzeugte Dreieckspannung um so linearer erscheint, je kleiner die auf den Lade- und Entladekurven ausgenutzten Abschnitte der e-Funktionen sind.

Um die Linearität des ansteigenden und abfallenden Verlaufes der Dreieckspannung zu verbessern, gibt es bei der Schaltung nach Bild 9.39 drei Möglichkeiten:

a) Einstellen der Spannung U_3 auf $U_B/2$ mit Hilfe des Trimmers R8.
b) Einstellen einer möglichst kleinen Hysterese $\Delta U = U_{2max} - U_{2min}$ mit Hilfe des Trimmers R7.
c) Wahl einer möglichst großen Zeitkonstanten für $R_4 \cdot C$.

Durch a) wird erreicht, daß die Anstiegszeit t_1 und die Abfallzeit t_2 gleich groß werden und wegen der dann gleichen Kurvenabschnitte gleiche Linearität besitzen. Jede Abweichung von $U_B/2$ verändert das Verhältnis von t_1 zu t_2. Eine Verbesserung der Linearität der ansteigenden Spannung führt zwangsläufig zu einer Verschlechterung der Linearität der abfallenden Spannung und umgekehrt. Durch R8 ist aber in bestimmten Grenzen die Möglichkeit gegeben, den Verlauf der erzeugten Dreieckspannung zu verändern. In Bild 9.32 sind diese Zusammenhänge dargestellt.

Durch b) wird erreicht, daß die ausgenutzten Abschnitte der Lade- und Entladekurve möglichst klein werden und dadurch der Verlauf von U_C linear erscheint.

Der Möglichkeit c), die Zeitkonstante $R_4 \cdot C$ zu vergrößern, sind durch die Bauelemente Grenzen gesetzt.

Für den praktischen Einsatz als Dreieckgenerator hat die Schaltung nach Bild 9.39 eine Reihe von Nachteilen. So bewirkt jede Maßnahme zur Verbesserung der Linearität gleichzeitig auch eine Änderung der Periodendauer und damit der Frequenz der erzeugten Dreieckspannung. Der Ausgang des Generators darf auch nur sehr gering belastet werden, da jede Belastung den Verlauf von Lade- und Entladekurve ändert. Damit ist aber die erzeugte Frequenz von der Belastung des Ausganges abhängig. Es ist daher in der Regel erforderlich, die Dreieckspannung über einen Verstärker mit hochohmigen Eingang, z. B. einer FET-Verstärkerstufe auszukoppeln. Weiterhin kann der Widerstand R4 nicht durch eine einfache Konstantstromquelle ersetzt werden, da in dieser Schaltung R4 sowohl Lade- als auch Entladewiderstand ist und somit ein Strom in beiden Richtungen fließen können muß.

Werden daher bei einem Dreieckgenerator höhere Anforderungen bezüglich Linearität, Frequenzkonstanz, Unabhängigkeit der Frequenz von der Belastung des Ausganges und Einstellbereich der Frequenz gestellt, so sind die in den Kapiteln 9.3.2 und 9.5 angegebenen Schaltungen zu bevorzugen.

9.3.1.2 Dreieckgeneratoren mit Integrator

Dreieckgeneratoren lassen sich auch durch Zusammenschalten eines Integrators mit einem elektronischen Schalter aufbauen. **Bild 9.40** zeigt einen Integrator mit OP.

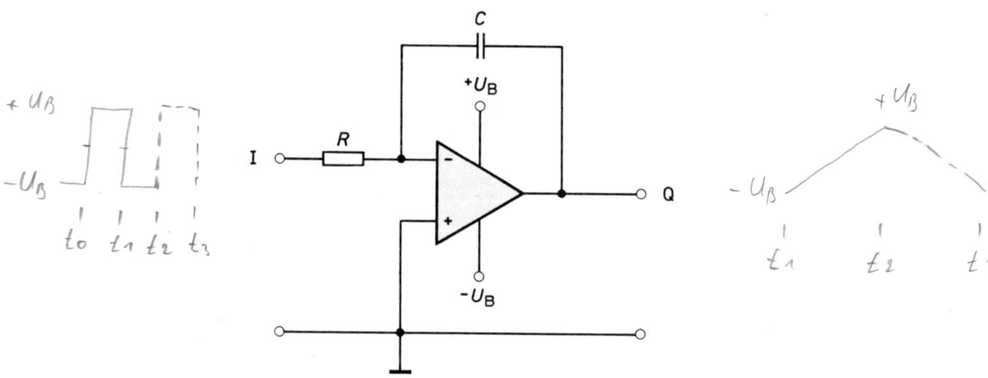

Bild 9.40 Integrator mit OP

Der Integrator nach Bild 9.40 besteht aus einem OP-Verstärker, der als invertierender Verstärker beschaltet ist. Dabei ist jedoch der für einen invertierenden Verstärker sonst übliche ohmsche Gegenkopplungswiderstand zwischen Ausgang und invertierendem Eingang des OPs durch einen kapazitiven Widerstand ersetzt. Wird auf den Eingang eines solchen Integrators ein Spannungssprung gegeben, so kann sich die Spannung am Ausgang Q infolge des Kondensators in der Gegenkopplung nicht mehr sprunghaft ändern. Sie kann je nach Polarität der Eingangsspannung U_I nur noch kontinuierlich und linear ansteigen oder abfallen. Wegen der invertierenden Eigenschaft der Schaltung steigt U_Q an, wenn U_I negativ ist und U_Q fällt ab, wenn U_I positiv ist. Hat die Ausgangsspannung U_Q dabei den Wert $+U_B$ oder $-U_B$ erreicht, so wird der lineare Anstieg oder Abfall zwangsläufig abgebrochen.

Wie schnell jedoch die Spannung ansteigt oder abfällt, hängt von zwei Faktoren ab, und zwar:

1. von der Zeitkonstanten $R \cdot C$ sowie
2. von der Größe der Eingangsspannung U_I.

Je *größer* $R \cdot C$, desto *langsamer* erfolgt die lineare Änderung von U_Q. Mathematisch ausgedrückt läßt sich dafür sagen, daß die Steigung der Ausgangsspannung $\Delta U_Q/\Delta t$ konstant und umgekehrt proportional der Zeitkonstante $R \cdot C$ ist. Durch entsprechende Wahl der Zeitkonstanten kann also die Steigung von U_Q beeinflußt werden.

Die Steigung von U_Q hängt aber auch von der Größe der Eingangsspannung U_I ab, und zwar besteht ein direkter proportionaler Zusammenhang zwischen U_I und U_Q. Je *größer* also U_I, desto *schneller* erfolgt die lineare Änderung von U_Q und umgekehrt. Da die Zeitkonstante $R \cdot C$ bei einer konkreten Schaltung fest vorgegeben ist, besteht mit Hilfe von U_I eine einfachere Möglichkeit, die Steigung von U_Q zu verändern.

Wird bei einem Integrator die Eingangsspannung U_I genau immer in dem Augenblick umgepolt, in dem U_Q seine Maximalwerte, d. h. $U_Q \approx \pm U_B$, erreicht hat, so tritt an Q ein kontinuierlicher, dreieckförmiger Verlauf der Ausgangsspannung auf. Unter der genannten Voraussetzung ist es also möglich, mit Hilfe eines Integrators aus einer rechteckförmigen Eingangsspannung U_I eine dreieckförmige Ausgangsspannung U_Q zu erzeugen. In **Bild 9.41** sind die Zusammenhänge bei konstantem $R \cdot C$ für zwei verschiedene Amplituden von U_I dargestellt.

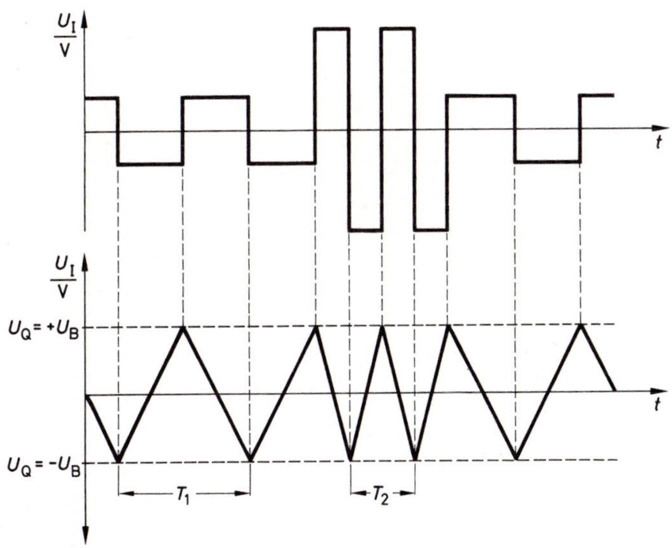

Bild 9.41 U_Q als Funktion U_I bei spannungsgesteuerter Umschaltung von U_I

In Bild 9.41 ist zu erkennen, daß bei kleiner Amplitude von U_I die Periodendauer T1 von U_Q größer, bei größerer Amplitude von U_I die Periodendauer T2 und U_Q jedoch kleiner ist. Der angegebene Verlauf von U_Q kann nur auftreten, wenn U_I genau immer in dem Augenblick umgeschaltet wird, in dem $U_Q = \pm U_B$. Eine solche Umschaltung ist mit einem spannungsgesteuerten elektronischen Schalter, also einem Schmitt-Trigger möglich. Eine solche Zusammenschaltung von Integrator und Schmitt-Trigger ist in **Bild 9.42** angegeben.

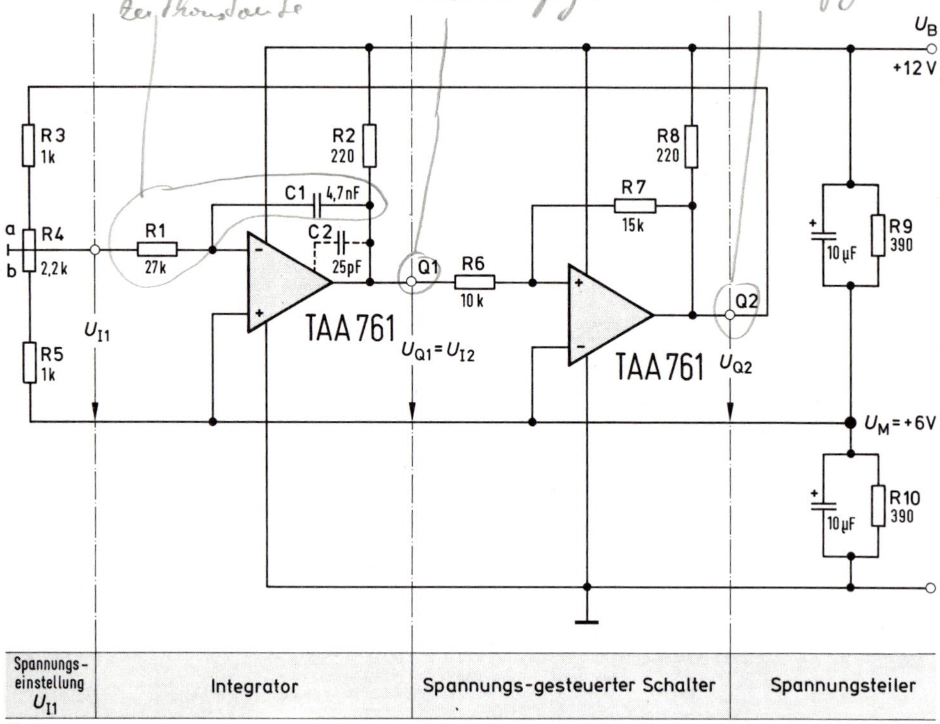

Bild 9.42 Dreieckgenerator mit Integrator

Die Schaltung ist so ausgelegt, daß sie mit einer unsymmetrischen Betriebsspannung $U_B = +12$ V betrieben werden kann. Durch einen Spannungsteiler mit den Widerständen $R_9 = R_{10} = 390\ \Omega$ wird bei $U_M = +6$ V ein künstlicher Nullpunkt für den Betrieb des OP-Verstärkers geschaffen. Die beiden parallelgeschalteten Kondensatoren haben lediglich die Aufgabe, die Mittelpunktspannung $U_M = +6$ V auch bei den auftretenden sprunghaften Belastungen konstant zu halten.

Der Integrator arbeitet wie vorher beschrieben. Seine Zeitkonstante wird gebildet aus $R_1 = 27$ kΩ und $C_1 = 4{,}7$ nF. An dem Ausgang U_{Q1} des Integrators ist ein Schmitt-Trigger als spannungsgesteuerter Schalter angeschlossen. Es handelt sich hierbei um eine nichtinvertierende Ausführung, die außerdem für eine sehr große Hysterese von $\Delta U \approx 8$ V ausgelegt ist. Bei der angegebenen Dimensionierung betragen seine Schwellwerte $U_{I\text{ein}} \approx +10$ V und $U_{I\text{aus}} \approx +2$ V, jeweils bezogen auf Masse.

Wird z.B. infolge ansteigender Ausgangsspannung des Integrators $U_{Q1} = U_{I2\text{ein}} \approx +10$ V überschritten, springt die Ausgangsspannung des Schmitt-Triggers von $U_{Q2} \approx 0$ V auf $U_{Q2} \approx +12$ V. Die Spannung $U_{Q2} \approx +12$ V wird durch den Spannungsteiler aus R3 − R4 − R5 auf einen gewünschten Wert heruntergeteilt und als positive Steuerspannung U_{I1}, d.h. hier $U_{I1} > +6$ V, dem invertierenden Eingang des Integrators zugeführt. Dadurch wird der Anstieg von U_{Q1} abgebrochen und ein lineares Absinken von U_{Q1} eingeleitet. Wird dann $U_{Q1} = U_{I2aus} \approx +2$ V, so springt U_{Q2} von $U_{Q2} \approx +12$ V auf $U_{Q2} \approx 0$ V. Dadurch liegt dann am invertierenden Eingang des Integrators eine negative Spannung, d. h. $U_{I_1} < +6$ V, und U_{Q1} steigt nun wieder linear an. Damit ist eine Periode durchlaufen.

Die Periodendauer der Dreieckspannung kann durch den Trimmer R4 in einem bestimmten Bereich verändert werden. Bei Verstellung des Trimmers in Richtung des Anschlages a wird U_{I_1} größer und damit auch die Frequenz der Dreieckspannung. Wird dagegen der Trimmer in Richtung des Anschlages b verstellt, wird U_{I_1} kleiner und die Frequenz ebenfalls. Bei der angegebenen Dimensionierung der Schaltung nach Bild 9.42 läßt sich die Frequenz im Bereich von $f_{min} \approx 400$ Hz bis $f_{max} \approx 1{,}5$ kHz einstellen.

Soll der Generator in einem anderen Frequenzbereich arbeiten, so muß die Zeitkonstante des Integrators $R_1 \cdot C_1$ geändert werden. Eine weitere Änderungsmöglichkeit besteht darin, die Hysterese des Schmitt-Triggers zu ändern. Liegen die Schwellspannungen U_{I2ein} und U_{I2aus} symmetrisch zu $U_M = {}^1/_2 U_B$, so entsteht ein gleichschenkliger, dreieckförmiger Spannungsverlauf am Ausgang des Integrators. Die Dreieckspannung kann vom Ausgang Q1 des Integrators ausgekoppelt werden. Bezüglich der Belastung dieses Ausganges gelten die für den TAA 761 gültigen Werte. Am Ausgang Q2 des Schmitt-Triggers tritt gleichzeitig aber auch eine Rechteckspannung auf, die ebenfalls ausgenutzt und weiterverarbeitet werden kann.

Obwohl nicht direkt erkennbar, arbeitet auch der Dreieckgenerator mit Integrator entsprechend Bild 9.40 nach dem Grundprinzip eines Generators vom Typ B. Der Integrator kann hier nämlich als ein RC-Glied mit sehr großem Kondensator ($C \rightarrow \infty$) betrachtet werden, weil seine Ausgangsspannung sich hier so verhält wie die Lade- bzw. Entladespannung bei einem sehr großen Kondensator, d.h. also sehr linear verläuft.

9.3.2 Sägezahngeneratoren

Ein sägezahnförmiger Verlauf der Ausgangsspannung entsteht, wenn sich Lade- und Entladewiderstand bei einem Generator vom Typ B mindestens um den Faktor 10 unterscheiden. Meistens ist bei einem Sägezahngenerator der Unterschied zwischen diesen beiden Widerständen jedoch sehr viel größer und erreicht durchaus Werte von 100 bis 1000. In der Regel wird lediglich der möglichst linear ansteigende Verlauf der Spannung ausgenutzt oder weiterverarbeitet. Bezüglich der Linearität der schnell abfallenden Spannung werden dagegen seltener besondere Anforderungen gestellt.

Recht einfach lassen sich Sägezahngeneratoren aufbauen, wenn als Entladewiderstand kein ohmscher Widerstand, sondern ein Bauelement mit einem Bereich negativen Widerstandes eingesetzt wird. Derartige Bauelemente sind zum Beispiel Glimmlampen, Vierschichtdioden, Diacs und Unijunction-Transistoren (UJTs). Sie haben bis zu einer für das betreffende Bauelement charakteristischen Schwellspannung einen sehr großen Widerstand. Wird diese Schwellspannung jedoch überschritten, so wird der Widerstand fast sprungartig sehr klein. **Bild 9.43** zeigt die Prinzipschaltung eines derartigen Sägezahngenerators.

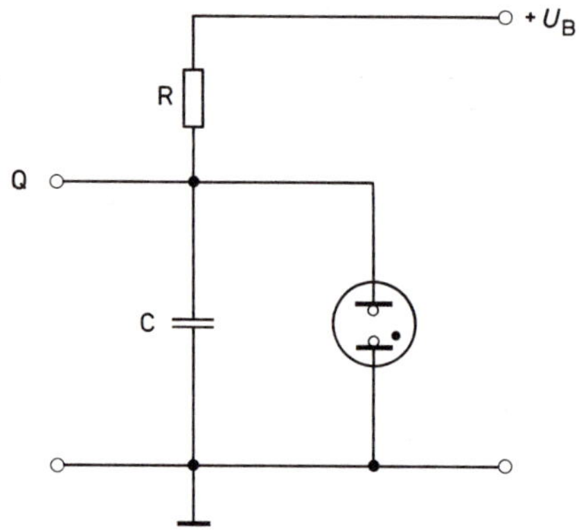

Bild 9.43 Sägezahngenerator mit Glimmlampe

Nach der gleichen Prinzipschaltung wie in Bild 9.43 lassen sich auch Sägezahngeneratoren mit Vierschichtdioden oder Diacs aufbauen, die kleinere Zündspannungen haben. Allen diesen Schaltungen gemeinsam ist, daß die Schwellspannungen durch das Bauelement bzw. dessen Type festgelegt sind und nicht oder nur unwesentlich geändert werden können.

Ein Sägezahngenerator mit Glimmlampe entsprechend Bild 9.43 ist für einen Einsatz in modernen elektronischen Geräten jedoch nur noch wenig geeignet, weil die Zündspannungen von Glimmlampen ca. 70 V und mehr betragen. Damit liegen dann sowohl die Betriebsspannung für den Generator als auch die Amplitude der erzeugten Sägezahnspannung wesentlich über den heute üblichen oder erforderlichen Werten.

Gegenüber dem Grundprinzip eines Generators vom Typ B entsprechend Bild 9.8 besteht bei diesen Sägezahngeneratoren der Unterschied, daß der Ladewiderstand R 1 ständig an der Betriebsspannung U_B und am Kondensator angeschlossen bleibt und lediglich der Entladewiderstand jeweils an Masse gelegt wird. Aus diesen Gründen können mit derartigen Generatorschaltungen auch nicht gleichzeitig Rechteckspannungen erzeugt werden.

9.3.2.1 Sägezahngeneratoren mit Unijunction-Transistoren

Wegen ihres einfachen Aufbaus und der zusätzlichen Möglichkeit, gleichzeitig auch noch einen sehr kurzen Impuls zu erzeugen, werden Sägezahngeneratoren mit UJTs relativ häufig eingesetzt. **Bild 9.44** zeigt die Prinzipschaltung eines Sägezahngenerators mit UJT.

Die Aufladung des Kondensators erfolgt über den Ladewiderstand R 1. Dadurch steigt die Spannung am Ausgang Q nach einer e-Funktion an. Solange die Kondensatorspannung noch kleiner als die Höckerspannung des UJTs ist, ist die E-B 1-Strecke sehr hochohmig und beeinflußt den Ladevorgang nicht. Wird die Höckerspannung jedoch überschritten, so wird die E-B 1-Strecke sehr schnell niederohmig und damit voll leitend. Der Kondensator wird über den UJT und den zur Strombegrenzung erforderlichen Widerstand R2 schnell entladen. Der gesamte Entladewiderstand ist dabei so klein, daß die Kondensatorspannung trotz einer ständigen Nachladung über R1 in kürzester Zeit unter die untere Schwellspannung absinkt. R1 muß dabei aber so dimensioniert sein, daß auf jeden Fall auch der Haltestrom des UJTs unterschritten wird. Der UJT kippt dann wieder in den hochohmigen Zustand und es beginnt ein neuer Aufladevorgang des Kondensators.

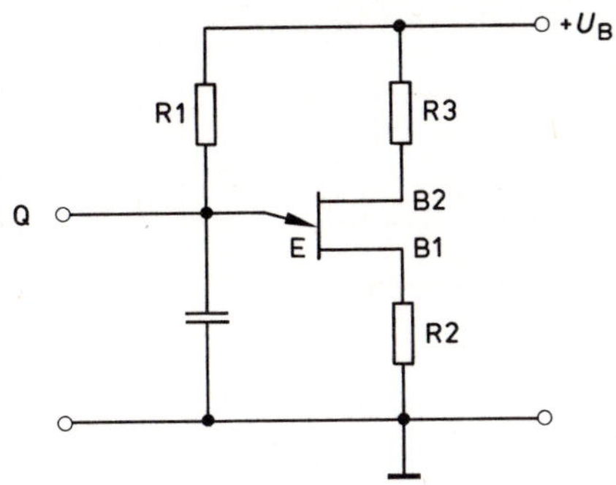

Bild 9.44 Prinzipschaltung eines Sägezahngenerators mit UJT

Bild 9.45 zeigt einen Sägezahngenerator mit UJT. Er ist so dimensioniert, daß die Frequenz der Sägezahnspannung an Q im Bereich von $f_{min} \approx 45$ Hz bis $f_{max} \approx 270$ Hz eingestellt werden kann. Es ist bei diesem Sägezahngenerator immer zweckmäßig, einen Trimmer mit einem ausreichend großen Stellbereich zu verwenden. Wegen des Verlaufes der Ladespannung nach einer e-Funktion und des starken Streubereiches der Höckerspannung der UJT würde eine Berechnung auch mit größerem mathematischen Aufwand nur grobe Anhaltswerte liefern. Durch $R_1 = 22$ k ist bei dieser Schaltung sichergestellt, daß bei der Entladung des Kondensators der Haltestrom des UJT sicher unterschritten wird.

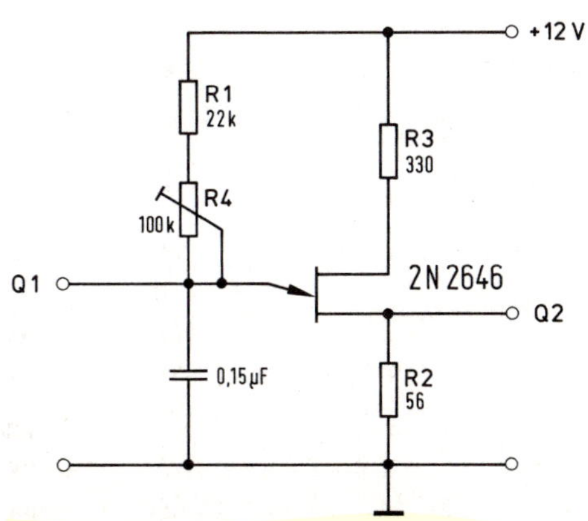

Bild 9.45 Sägezahngenerator mit UJT

Von Vorteil bei der Prinzipschaltung nach Bild 9.44 ist, daß der Ladewiderstand R1 nur unwesentlich am Verlauf des Entladevorganges beteiligt ist. Daher ist es möglich, R1 durch eine Konstantstromquelle mit ihrem hohen R_i zu ersetzen und damit die Linearität der ansteigenden Spannung entscheidend zu verbessern. **Bild 9.46** zeigt eine derartige Schaltung.

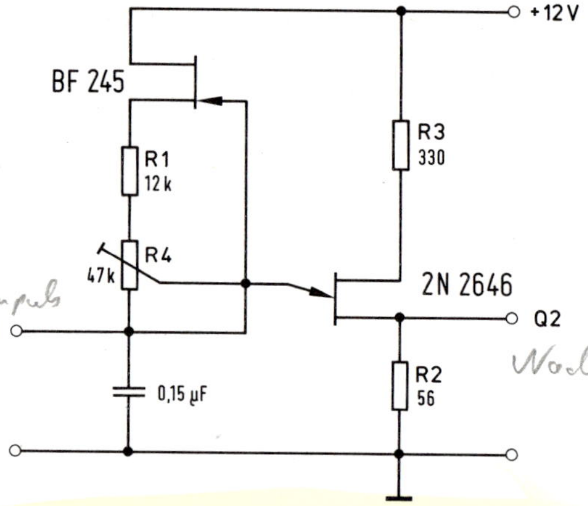

Bild 9.46 Sägezahngenerator mit UJT und Konstantstromquelle

Der Sägezahngenerator nach Bild 9.46 arbeitet bei der angegebenen Dimensionierung im Frequenzbereich von $f_{min} \approx 100\,\text{Hz}$ bis $f_{max} \approx 330\,\text{Hz}$. Dieser Bereich variiert jedoch in Abhängigkeit von den jeweils eingesetzten Exemplaren der Feldeffekt- und Unijunction-Transistoren an den Grenzen ganz erheblich.

Eine Konstantstromquelle hat eine sehr großen Innenwiderstand R_i und liefert daher weitgehend unabhängig von der Belastung einen konstanten Strom. Wird ein Kondensator mit konstantem Strom, also von einer Konstantstromquelle aufgeladen, so entsteht ein Ladevorgang mit einer sehr großen Zeitkonstanten $\tau = R_i \cdot C$. Die Kondensatorspannung steigt daher nahezu linear an und es gilt die Gleichung

$$U_C = \frac{I \cdot t}{C}.$$

Als konstanter Ladestrom ergibt sich für die Schaltung nach Bild 9.46:

$$I_C = I_D = \frac{U_S}{R_S} = \frac{-U_{GS}}{R_1 + R_4}.$$

Die Zusammenhänge zwischen I_D, $-U_{GS}$ und R_S können aus dem Kennlinienfeld des Feldeffekttransistors ermittelt werden.

Mit den angegebenen bzw. aus dem Kennlinienfeld des FET ermittelten Werten lassen sich dann die Periodendauer und die Frequenz der erzeugten Sägezahnspannung in Näherung ermitteln:

$$T \approx \frac{U_H \cdot C}{I}; \quad f \approx \frac{I}{U_H \cdot C}.$$

Die sehr kurze Entladezeit kann hierbei vernachlässigt werden. Dies gilt auch für die untere Schwellspannung des UJT, die bei $U_{aus} \approx +0{,}7\,V$ liegt. Die obere Schwellspannung (Höckerspannung) $U_{ein} = U_H$ streut bei den UJTs von Exemplar zu Exemplar sehr stark und liegt etwa zwischen $0{,}4 \cdot U_{B2B1}$ bis $0{,}9 \cdot U_{B2B1}$. Bei diesem großen Streubereich können die angegebenen Gleichungen für T und f nur ganz grobe Anhaltswerte liefern. Beim Entwurf eines Sägezahngenerators mit UJT, der eine bestimmte Frequenz erzeugen soll, ist daher immer ein ausreichend großer Stellwiderstand (R 4) vorzusehen.

Die beiden Sägezahngeneratoren nach Bild 9.45 und 9.46 lassen sich gleichzeitig auch als Impulsgeneratoren verwenden. Während des Entladevorganges fließt über die E-B 1-Strecke und den Widerstand $R_2 = 56\ \Omega$ der Entladestrom und er erzeugt an R 2 kurzzeitig einen Spannungsabfall, der als schmaler, positiver Impuls an Q 2 abgegriffen werden kann.

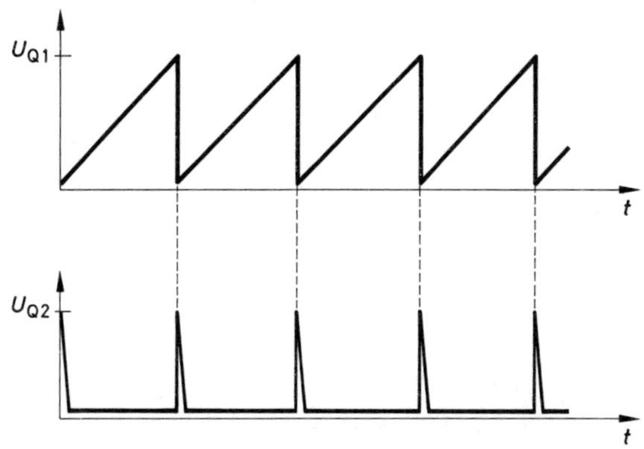

Bild 9.47 Verlauf der Ausgangsspannungen U_{Q1} und U_{Q2} bei einem Sägezahngenerator nach Bild 9.46

Diese gleichzeitig erzeugten und in **Bild 9.47** dargestellten Spannungsimpulse werden oft zur Ansteuerung von Thyristoren verwendet. In Abhängigkeit von der Periodendauer des Sägezahngenerators können daher Thyristoren in vorgegebenen Zeitabständen immer wieder gezündet werden, wobei die Zündzeitpunkte in einfacher Weise variiert werden können. Ein Anwendungsbeispiel wird bei einer Dimmerschaltung in Kapitel 10.5 gebracht.

9.3.2.2 Sägezahngenerator mit OP

Der Dreieckgenerator nach Bild 9.39 läßt sich in einfacher Weise auch zu einem Sägezahngenerator verändern. Es muß dabei lediglich dem Widerstand R 4 eine Diode – gegebenenfalls mit einem zusätzlichen Begrenzungswiderstand – parallel geschaltet werden.

Bei der Schaltung nach **Bild 9.48** ist die Diode so gepolt, daß die Aufladung des Kondensators $C = 22\,nF$ nur über den Widerstand $R_4 = 56\,k\Omega$ erfolgt, da die Diode dann in Sperrichtung betrieben wird. Springt aber bei $U_1 \geqq U_2$ die Spannung von

$U_{Q1} \approx +12\,V$ auf $U_{Q1} \approx 0\,V$ um, so wird die Diode in Durchlaßrichtung betrieben. Die Entladung des Kondensators erfolgt nun nicht mehr allein über $R_4 = 56\,k\Omega$, sondern im wesentlichen über den viel kleineren, parallelgeschalteten Durchlaßwiderstand der Diode. Da Lade- und Entladewiderstand nunmehr sehr unterschiedlich sind, entsteht eine Sägezahnspannung. Anstiegszeit t_1 und Abfallzeit t_2 stehen bei der angegebenen Schaltung dann etwa im Verhältnis 1000 : 1. Die Abfallzeit ist also sehr kurz bezogen auf die Anstiegszeit und kann bei der Ermittlung der Periodendauer vernachlässigt werden.

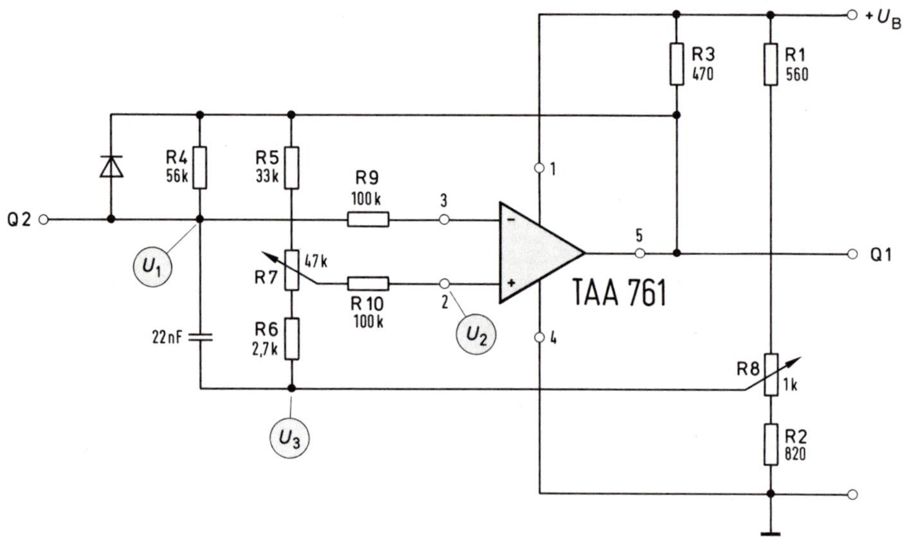

Bild 9.48 Sägezahngenerator mit OP

Wird die Diode umgepolt, so wirkt der kleine Durchlaßwiderstand der Diode als Ladewiderstand und $R_4 = 56\,k\Omega$ als Entladewiderstand. Die an Q2 auftretende Sägezahnspannung hat dann eine sehr kleine Anstiegszeit und eine entsprechend lange Abfallzeit.

Im übrigen gelten für diesen Sägezahngenerator alle bereits in Kapitel 9.3 angeführten Nachteile bezüglich Linearität, Frequenzkonstanz, Abhängigkeit der Frequenz von der Belastung und Einstellbereich der Frequenz. Weiterhin läßt sich bei der Dimensionierung dieses Generators die Frequenz bzw. Periodendauer nur noch mit hohem mathematischen Aufwand berechnen. Soll daher dieser Generator für eine bestimmte Frequenz aufgebaut werden, so ist es erforderlich, sich schrittweise durch Ändern der Zeitkonstanten $R_4 \cdot C$ und der Widerstände R5, R6 und R7 an den gewünschten Wert „heranzutasten".

9.4 Sinusgeneratoren

Signalgeneratoren zur Erzeugung sinusförmiger Spannungen arbeiten nach dem Grundprinzip der Generatoren vom Typ C. Im Gegensatz zu den Generatortypen A und B enthält der Typ C keine elektronischen Schalter als wesentliche Funktionseinheiten, sondern ein Verstärkerelement, ein frequenzbestimmendes Glied, ein Rückkopplungsnetzwerk sowie eine Amplitudenbegrenzung. In **Bild 9.49** ist das Grundprinzip eines Sinusgenerators nochmals dargestellt.

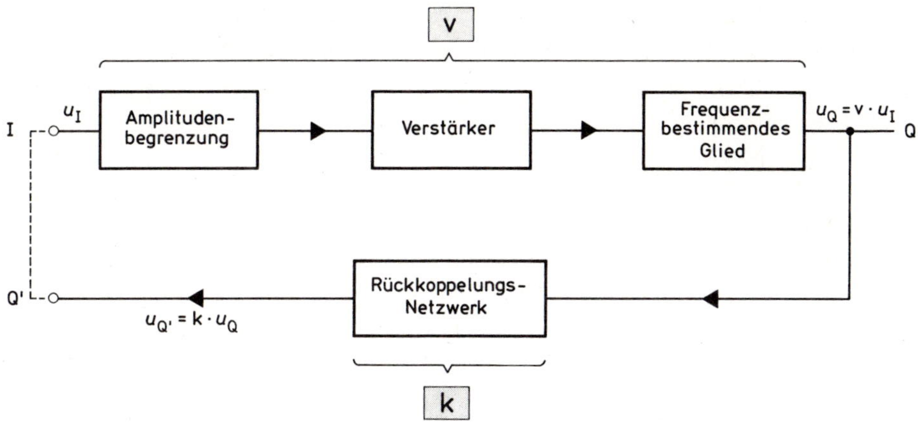

Bild 9.49 Blockschaltbild eines Sinusgenerators

Wird eine nach dem Prinzip von Bild 9.49 aufgebaute, funktionsfähige Schaltung an Betriebsspannung gelegt, so läuft zunächst ein Anschwingvorgang ab. Dabei „schaukelt" sich infolge einer Selbsterregung eine sinusförmige Spannung auf, deren Frequenz im wesentlichen von dem frequenzbestimmenden Glied abhängt. Nach Ablauf des Anschwingvorganges wird dann eine kontinuierliche, sinusförmige Spannung mit bestimmter Frequenz und Amplitude erzeugt. Voraussetzung hierfür ist jedoch, daß zwei wichtige Bedingungen eingehalten werden:

1. Die Amplitudenbedingung: $k \cdot v = 1$ und
2. Die Phasenbedingung: $\varphi = 0°$ bzw. $360°$.

Die Amplitudenbedingung besagt, daß das Produkt aus dem Verstärkerfaktor v und dem Abschwächungsfaktor k gleich 1 sein muß. Zur Verdeutlichung dieser Aussage wurde in Bild 9.49 die vorhandene Verbindung zwischen Q' und I aufgetrennt und nur gestrichelt dargestellt. Wird nun an den Eingang I eine sinusförmige Spannung u_I gelegt, so tritt sie nach Durchlaufen der Funktionsblöcke Amplitudenbegrenzung, Verstärker und frequenzbestimmendes Glied um den Faktor v verstärkt als $u_Q = v \cdot u_I$ am Ausgang Q auf. Diese Ausgangsspannung u_Q wird abgegriffen, durch das Rückkopplungsnetzwerk um den Faktor k abgeschwächt und steht dann am Ausgang Q' als $u_{Q'} = k \cdot u_Q$ zur Verfügung. Sofern die Bedingung $k \cdot v = 1$ eingehalten wird, liegt an Q' genau die Spannung, die am Eingang I zur Aufrechterhaltung der Schwingungen erforderlich ist.

Die Übereinstimmung von u_I und $u_{Q'}$ muß für jeden Augenblick des Schwingungsablaufes gewährleistet bleiben. Das ist nur möglich, wenn die Phasenverschiebung zwischen u_I und $u_{Q'}$ stets $\varphi = 0$ bzw. 360° beträgt. Dies besagt die Phasenbedingung.

Bei einem funktionsfähigen Sinusgenerator wird die Amplituden- und die Phasenbedingung nur für eine ganz bestimmte Frequenz, nämlich die Schwingfrequenz eingehalten. Dies läßt sich erreichen, indem als frequenzbestimmende Glieder Hochpässe, Tiefpässe, Schwingkreise oder Schwingquarze eingesetzt werden. Bei ihnen hängt die Amplitude und die Phasenverschiebung der Ausgangsspannung jeweils von der Frequenz der Eingangsspannung ab.

Sinusgeneratoren werden häufig auch als Oszillatoren bezeichnet. Ihre Einteilung erfolgt entsprechend der verwendeten frequenzbestimmenden Glieder in drei Gruppen:

1. LC-Oszillatoren
2. RC-Oszillatoren
3. Quarz-Oszillatoren.

LC-Oszillatoren haben eine große Bedeutung in der Nachrichtentechnik, also zur Erzeugung höherer Frequenzen. RC-Oszillatoren können dagegen recht gut auch für den Bereich der Niederfrequenz eingesetzt werden. Wird eine besondere hohe Frequenzkonstanz verlangt, so müssen Quarz-Oszillatoren verwendet werden.

9.4.1 Sinusgeneratoren mit LC-Gliedern

Bei den Sinusgeneratoren mit LC-Gliedern werden Schwingkreise als frequenzbestimmende Glieder eingesetzt. **Bild 9.50** zeigt die Prinzipschaltungen der drei typischen Grundschaltungen. Sie stammen bereits aus der Schaltungstechnik mit Röhren und werden auch heute noch nach ihren ursprünglichen Entwicklern als Meißner-Oszillator, Hartley-Oszillator und Colpitts-Oszillator bezeichnet.

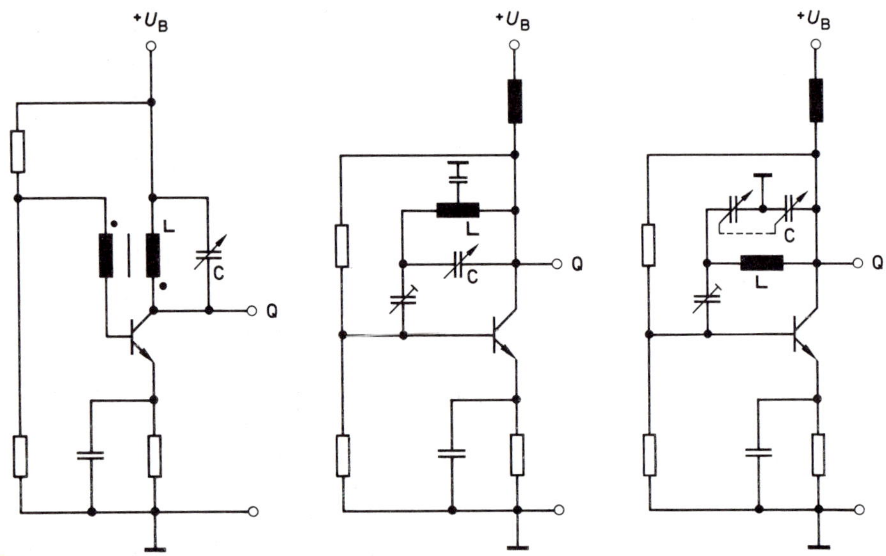

Bild 9.50 Prinzipschaltungen von Sinusgeneratoren mit LC-Gliedern

Zu diesen drei Grundschaltungen gibt es noch eine größere Zahl von Varianten, die jeweils besondere Eigenschaften haben und daher für spezielle Aufgaben eingesetzt werden. Bei allen LC-Oszillatoren in diskreter Schaltungstechnik ist es jedoch nur schwer möglich, eine exakte Gliederung in Funktionsblöcke entsprechend dem Grundprinzip der Generatoren vom Typ C vorzunehmen, weil Teile des Schwingkreises gleichzeitig als Teile des Arbeitswiderstandes und bzw. oder auch als Teil des Rückkopplungsnetzwerkes wirksam sind.

In Bild 9.50 ist jedoch erkennbar, daß beim Meißner-Oszillator die Rückkopplung mit Hilfe eines Übertragers erfolgt. Beim Hartley-Oszillator wird dagegen ein angezapfter Übertrager benutzt. Wegen der drei Anschlüsse des Spartransformators wird diese Schaltung auch als „Induktive Dreipunktschaltung" bezeichnet. Beim Colpitts-Oszillator wird die Rückkopplungsspannung durch eine kapazitive Spannungsteilung gewonnen. Daraus ist auch die Bezeichnung „Kapazitive Dreipunktschaltung" für den Colpitts-Oszillator abgeleitet. Auf die genauen Amplituden- und Phasenverhältnisse bei den LC-Oszillatoren sowie auf die Dimensionierung dieser Sinusgeneratoren wird hier nicht näher eingegangen. Allen LC-Oszillatoren ist jedoch gemeinsam, daß die Schwingfrequenz durch die Resonanzfrequenz des Schwingkreises bestimmt wird. Daher gilt für diese Sinusgeneratoren:

$$f_0 = \frac{1}{2\pi\sqrt{L \cdot C}}.$$

Quarz-Oszillatoren wurden aus den LC-Oszillatoren weiterentwickelt. Dabei ist dann der LC-Schwingkreis ganz oder teilweise durch einen Schwingquarz ersetzt worden.

Eingesetzt werden heute Signalgeneratoren mit LC-Gliedern fast nur noch in der Nachrichtentechnik zur Erzeugung hoher und höchster Frequenzen. Sie sind zwar grundsätzlich auch für den niederfrequenten Bereich der Elektronik geeignet, es entstehen dann aber z.B. wegen der recht großen Abmessungen der erforderlichen Induktivitäten zusätzliche Schwierigkeiten. Es ist daher günstiger, im Bereich bis etwa $f \approx 100\,\text{kHz}$ die in Kapitel 9.4.2 beschriebenen RC-Generatoren einzusetzen. Auch die neuesten Entwicklungen der Digitaltechnik haben zu einem Rückgang der Bedeutung von LC-Oszillatoren in der Elektronik geführt. So stehen heute integrierte Rechteckgeneratoren mit hoher Frequenzkonstanz zur Verfügung, aus denen dann mit Hilfe vollintegrierter Signalformer Sinusschwingungen gewonnen werden. Ein Beispiel hierfür wird in Kapitel 9.5 beschrieben.

9.4.2 Sinusgeneratoren mit RC-Gliedern

Bei Sinusgeneratoren mit RC-Gliedern wird die Frequenz durch Hochpässe oder Tiefpässe, bei einigen Schaltungsvarianten auch durch Bandpässe bestimmt. Die genannten Filterschaltungen sind dabei jeweils aus Widerständen und Kondensatoren aufgebaut. Ihre Wirkungsweise bei diesen Oszillatoren beruht im wesentlichen darauf, daß bei RC-Gliedern die Amplitude und Phasenverschiebung der Ausgangsspannung gegenüber der Eingangsspannung von der Frequenz der Eingangsspannung abhängt. Als Verstärker werden heute fast nur noch OP-Verstärker eingesetzt. Dadurch entsprechen die Sinusgeneratoren mit RC-Gliedern weitgehend dem Blockschaltbild eines Generators vom Typ C nach Bild 9.49.

9.4.2.1 Sinusgeneratoren mit Phasenschieber

In **Bild 9.51** ist das Grundprinzip eines Sinusgenerators mit Phasenschieber dargestellt. Die Verstärkung ist durch die Widerstände R1 und R2 festgelegt mit $v = R_2/R_1$. Zusammengefaßt sind hier auch die Blöcke Rückkopplungsnetzwerk und frequenzbestimmendes Glied.

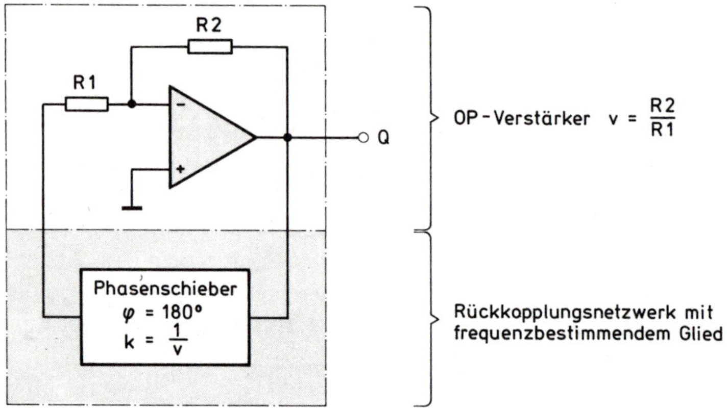

Bild 9.51 Grundprinzip eines Sinusgenerators mit Phasenschieber

Der Phasenschieber läßt sich sowohl mit einer Hochpaßkette als auch mit einer Tiefpaßkette aufbauen. In **Bild 9.52** sind die beiden Ausführungen angegeben. Damit eine Phasenverschiebung $\varphi = 180°$ möglich wird, ist die Hintereinanderschaltung von mindestens drei Gliedern erforderlich. In der Regel werden diese drei Glieder stets gleichartig dimensioniert, so daß je Glied eine Phasenverschiebung $\varphi = 60°$ bewirkt wird.

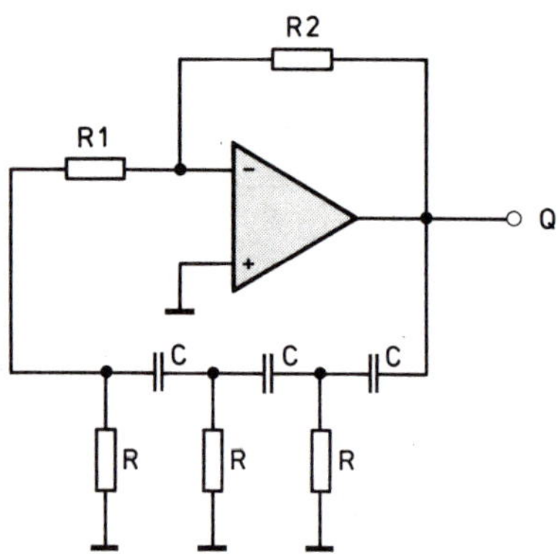

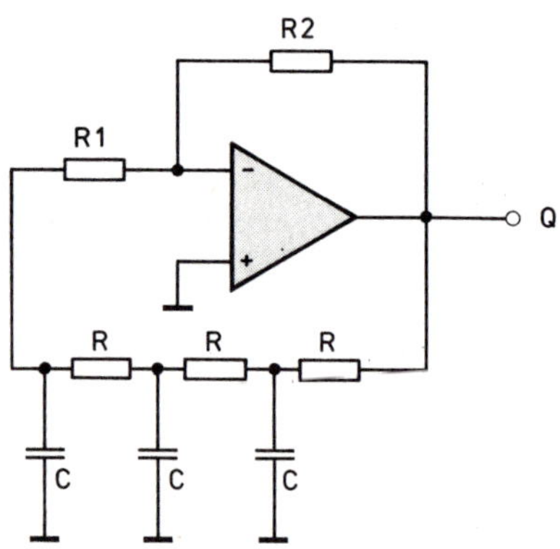

Bild 9.52 Prinzipschaltung mit Hochpaß- und Tiefpaßkette (links Hochpaß, rechts Tiefpaß)

Für beide in Bild 9.52 angegebenen Generatoren tritt Selbsterregung für diejenige Frequenz ein, bei der sowohl die Amplitudenbedingung $k \cdot v = 1$ als auch die Phasenbedingung $\varphi = 0°$ bzw. 360° erfüllt ist.

Dies ist der Fall:

beim Generator mit 3gliedriger Hochpaßkette für $f_0 = \frac{1}{15{,}4 \cdot R \cdot C}$ und

beim Generator mit 3gliedriger Tießpaßkette für $f_0 = \frac{1}{2{,}5 \cdot R \cdot C}$.

Die unterschiedlichen Faktoren treten auf, weil ein Generator mit Hochpaßkette unterhalb und ein Generator mit Tiefpaßkette oberhalb der Grenzfrequenz eines Gliedes schwingt, für die ja gilt:

$$f_{\text{Grenz}} = \frac{1}{2\pi \cdot R \cdot C} = \frac{1}{6{,}28 \cdot R \cdot C}.$$

Bei beiden Generatorfrequenzen beträgt der Rückkopplungsfaktor $k \approx 1/29$. Die Verstärkung des OPs muß daher auf $v \approx 29$ eingestellt werden, damit $k \cdot v = 1$.

In **Bild 9.53** sind die amplitudenmäßigen und phasenmäßigen Zusammenhänge für einen Hochpaß und einen Tiefpaß noch einmal in Form eines Zeigerdiagramms dargestellt, und zwar für den Fall, daß $f_\text{I} = f_\text{grenz}$. Dabei tritt dann bei einem Hochpaß ein Phasenwinkel zwischen U_Q bezogen auf U_I von $\varphi = +45°$ ein. Beim Tiefpaß beträgt im gleichen Fall $\varphi = -45°$.

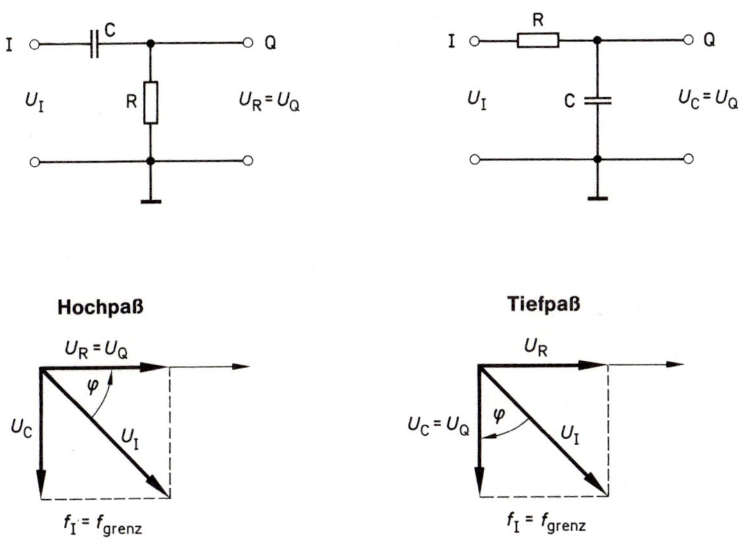

Bild 9.53 Schaltbild und Zeigerdiagramm für Hoch- und Tiefpaß

In Abhängigkeit von der Frequenz der Eingangsspannung U_I ändern sich sowohl die Amplitude als auch die Phasenverschiebung der Ausgangsspannung U_Q bezogen auf U_I. Da sich in der Praxis mit einem RC-Glied nicht die theoretisch mögliche Phasenverschiebung von 90° erreichen läßt, müssen mindestens drei Glieder zusammengeschaltet werden, damit eine Phasenverschiebung $\varphi = \pm 180°$ möglich wird. In **Bild 9.54** sind die Zusammenhänge in Form einer Tabelle angegeben.

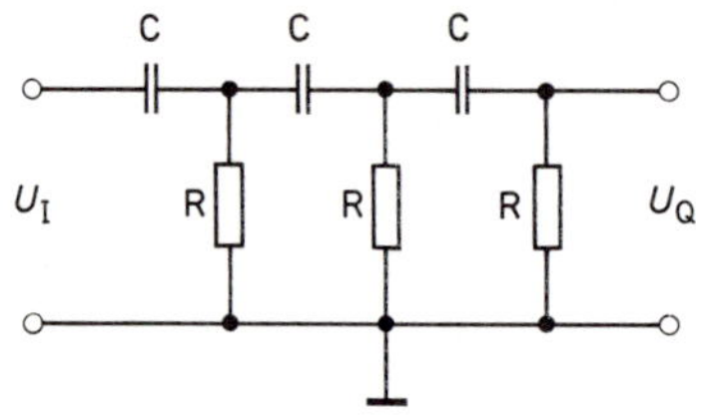

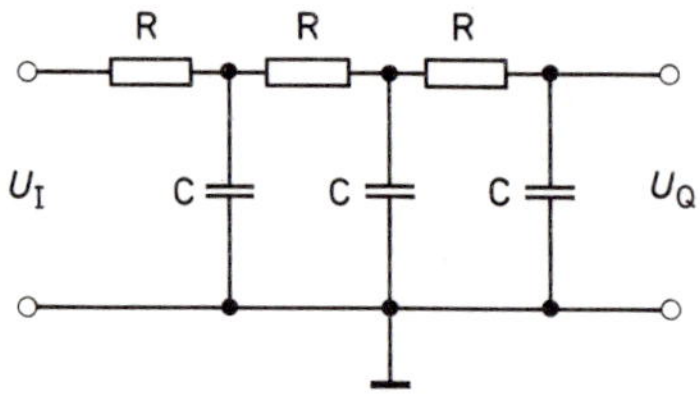

f_0	φ	k	v
$f_0 \approx \frac{1}{15{,}4 \cdot R \cdot C}$	$\varphi = +180°$	$k = \frac{1}{29}$	$v = 29$
$f_0 \approx \frac{1}{2{,}5 \cdot R \cdot C}$	$\varphi = -180°$	$k = \frac{1}{29}$	$v = 29$

Bild 9.54 Zusammenhänge zwischen f_0; φ; k und v bei dem Phasenschiebergeneratoren nach Bild 9.52

Der praktische Aufbau von Sinusgeneratoren mit Phasenschieber bringt keine besonderen Schwierigkeiten, sofern als Verstärkerelemente OPs eingesetzt werden. Der Verlauf der erzeugten Spannung ist dem gewünschten sinusförmigen Verlauf auch ohne besondere Amplitudenbegrenzung bereits weitestgehend angenähert. Die Dimensionierung der Schaltung kann entsprechend den Angaben in Bild 9.54 erfolgen. Zweckmäßig ist es jedoch, den Widerstand R1 oder R2 in einen Festwiderstand und einem Trimmer aufzuteilen. Damit besteht dann die Möglichkeit, aufgrund eines Regelungsvorganges die Amplitude der Ausgangsspannung in einem relativ großen Bereich zu verändern, ohne daß dadurch der sinusförmige Verlauf beeinflußt wird. Bei der Schaltung mit Hochpaßkette entsprechend Bild 9.52 wird $R_1 = R$ gewählt. Dann kann der Widerstand R des dritten Hochpaßgliedes entfallen.

Bild 9.55 zeigt einen Sinusgenerator mit 3gliedriger Hochpaßkette. Er ist so dimensioniert, daß eine Generatorspannung mit der Frequenz $f \approx 1$ kHz erzeugt wird. Die Reihenschaltung des Widerstandes $R = 3{,}3$ MΩ mit den beiden parallelgeschalteten Dioden 1N4148 hat die Aufgabe, die Amplitude der Ausgangsspannung zu begrenzen und zu stabilisieren. Dies erfolgt, indem bei wachsender Amplitude jeweils in der positiven und negativen Halbwelle der Durchlaßwiderstand einer Diode kleiner und dadurch auch die Verstärkung kleiner wird.

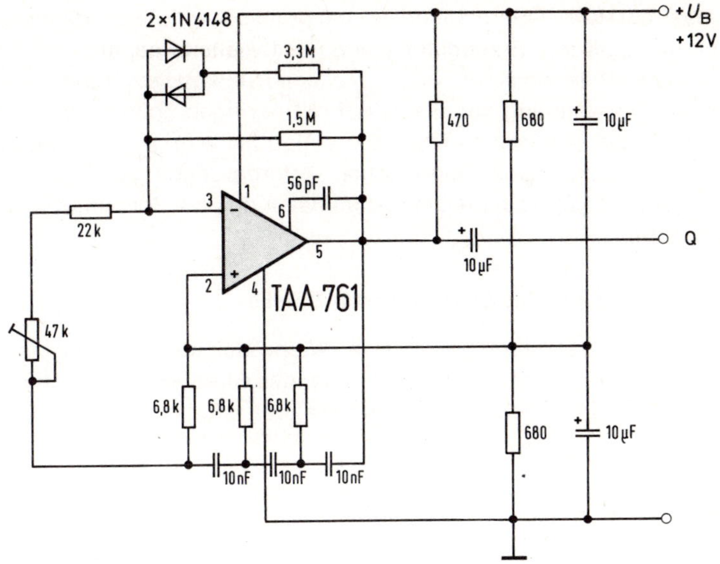

Bild 9.55 Oszillator mit Hochpaßkette

Der Generator nach **Bild 9.56** ist so dimensioniert, daß er bei einer Frequenz $f_0 \approx 5{,}8$ kHz schwingt.

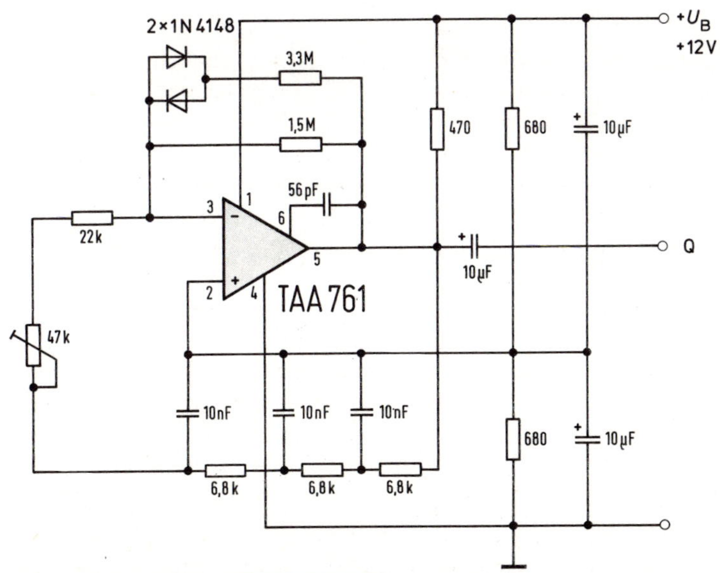

Bild 9.56 Oszillator mit Tiefpaßkette

Phasenschieber mit RC-Gliedern haben für den praktischen Einsatz einige Nachteile. Sie sind nur geeignet zur Erzeugung einer Festfrequenz, da für eine Frequenzänderung Dreifach-Potentiometer oder Dreifach-Drehkondensatoren erforderlich wären. Auch bei Verwendung von Bauteilen mit geringen Toleranzen bereitet das Nachjustieren auf die gewünschte Frequenz einige Schwierigkeiten. Weiterhin können an die Frequenzkonstanz keine hohen Anforderungen gestellt werden. Bei unzweckmäßigem Aufbau treten leicht Instabilitäten auf, die den sinusförmigen Verlauf verschlechtern.

9.4.2.2 Sinusgeneratoren mit Wien-Robinson-Brücke

Beim Wien-Robinson-Oszillator wird eine Wien-Robinson-Brückenschaltung als Rückkopplungsnetzwerk und frequenzbestimmendes Glied eingesetzt. **Bild 9.57** zeigt die Prinzipschaltung eines solchen Sinusgenerators.

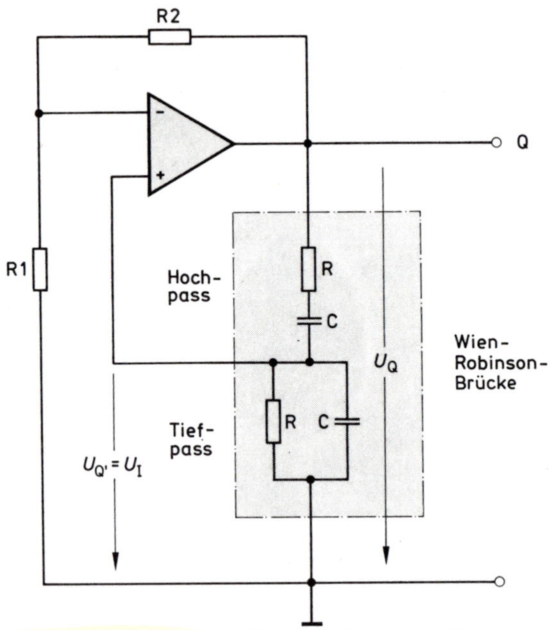

Bild 9.57 Prinzipschaltung eines Sinusgenerators mit Wien-Robinson-Brücke

Bei der Wien-Robinson-Brücke sind ein Hochpaß und ein Tiefpaß zusammengeschaltet. Die beiden Widerstände R und die beiden Kondensatoren C müssen gleiche Werte haben. Hochpaß und Tiefpaß haben daher auch die gleiche Grenzfrequenz. Bei dieser gemeinsamen Grenzfrequenz beträgt beim Hochpaß die Phasenverschiebung $\varphi = +45°$ und beim Tiefpaß $\varphi = -45°$. Diese beiden Phasenverschiebungen heben sich bei der Wien-Robinson-Brücke auf, wenn die Eingangsfrequenz gleich der Grenzfrequenz ist.

Zwischen $U_{Q'} = U_I$ und U_Q der Brücke besteht in diesem Fall die Phasenverschiebung $\varphi = 0°$. Damit $\varphi = 0°$ als Phasenbedingung des Generators erhalten bleibt, muß mit der Ausgangsspannung $U_{Q'}$ der Brücke der nichtinvertierende Eingang des OPs angesteuert werden. Selbsterregung des Generators kann also nur bei der Grenzfrequenz des Hochpasses bzw. des Tiefpasses eintreten. Bei der Grenzfrequenz tritt aber gleichzeitig eine Spannungsteilung $U_{Q'} = \frac{1}{3} U_Q$ ein, d.h. $k = \frac{1}{3}$. Um daher auch die Amplitudenbedingung zu erfüllen, muß der Verstärkungsfaktor $v = 3$ betragen. Daher gelten für den Wien-Robinson-Generator folgende Gleichungen:

$$f_0 = \frac{1}{2\pi \cdot R \cdot C}; \quad k = \frac{1}{3}; \quad v = 3.$$

Bild 9.58 zeigt einen Wien-Robinson-Generator, der für einen Frequenzbereich von $f_{min} \approx 130\,\text{Hz}$ bis $f_{max} \approx 900\,\text{Hz}$ dimensioniert wurde. Durch die Widerstände 8,2 kΩ, 15 kΩ und den Trimmer Tr 3 = 10 kΩ kann der Verstärkungsfaktor auf $v = 3$ eingestellt werden. Die im Rückkopplungsweg liegende Reihenschaltung eines Widerstandes $R = 100\,\text{k}\Omega$ mit den beiden Dioden BA170 hat wie bei den Generatorschaltungen nach Bild 9.55 und 9.56 die Aufgabe, die Amplitude der Ausgangsspannung U_Q zu begrenzen und zu stabilisieren.

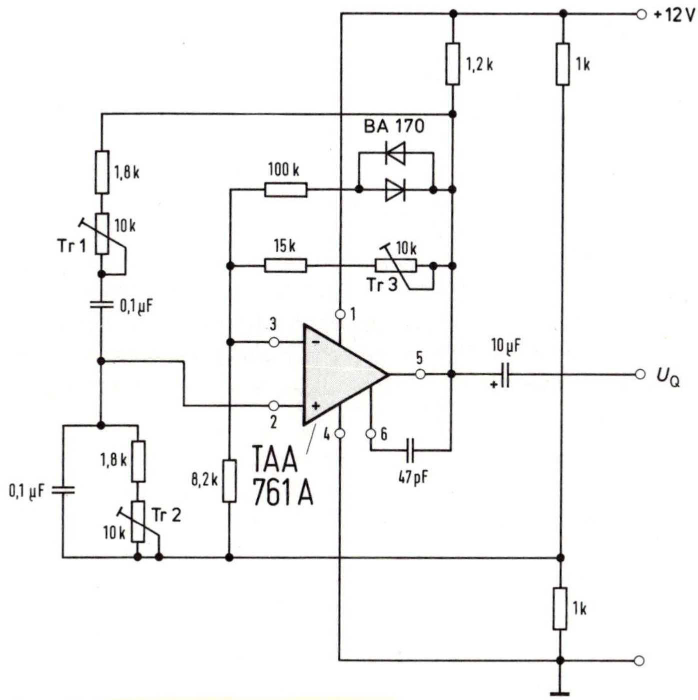

Bild 9.58 Wien-Robinson-Generator

Die Frequenz läßt sich bei dem Generator nach Bild 9.58 durch die Trimmer Tr 1 und Tr 2 verändern. Sie müssen jeweils auf gleiche Werte eingestellt werden, damit die beiden Schwingbedingungen erhalten bleiben. Es ist daher üblich, anstelle dieser beiden Trimmer ein Doppelpotentiometer vorzusehen. Werden Doppelpotentiometer mit größeren Widerstandswerten verwendet, so läßt sich der einstellbare Frequenzbereich erheblich erweitern. Es müssen dann aber Doppelpotentiometer mit einem großen Gleichlauf im gesamten Widerstandsbereich eingesetzt werden. Selbstverständlich kann bei dieser Schaltung zur Frequenzänderung auch ein Doppel-Drehkondensator verwendet werden, der aber nicht nur erheblich größer, sondern auch erheblich teurer als ein Doppelpotentiometer ist.

Der Generator nach Bild 9.58 wird mit $U_B = +12\,V$ betrieben. Durch einen Spannungsteiler ($1\,k\Omega - 1\,k\Omega$) wird eine Mittelpunktspannung $U_M = +6\,V$ geschaffen. Um diesen Gleichspannungsanteil vom Ausgang Q abzutrennen, liegt ein Kondensator $C = 10\,\mu F$ zwischen dem Ausgang des OPs und dem Ausgang der Schaltung.

Der Wien-Robinson-Generator schwingt sehr sicher an. Sofern nicht besonders hohe Anforderungen gestellt werden, ist der Verlauf ausreichend genau sinusförmig. Da bezüglich der Wahl der Widerstands- und Kapazitätswerte der Brückenschaltung keine Beschränkung besteht, kann der Wien-Robinson-Generator zur Erzeugung von Frequenzen im Bereich von wenigen Hertz bis ca. 200 kHz ohne besondere Schwierigkeiten eingesetzt werden.

9.5 Funktionsgeneratoren

Als Funktionsgeneratoren werden Signalgeneratoren bezeichnet, die mindestens zwei verschiedene Ausgangsspannungen mit jeweils unterschiedlichem Verlauf erzeugen. Sie werden in der Regel als kompakte Geräte angeboten und den Meßgeräten zugeordnet. Einfachere Ausführungen liefern Sinusspannungen und Rechteckspannungen mit $t_i/t_p = 1$. Bei höherwertigen Generatoren kann das Impuls-Pausen-Verhältnis sowie die Anstiegs- und Abfallzeit einer Dreieckspannung zusätzlich variiert werden. Der meistens größere Frequenzbereich ist sowohl in Stufen als auch kontinuierlich einstellbar. Die technische Konzeption dieser bereits recht aufwendigen und teuren Meßgeräte unterscheidet sich von Hersteller zu Hersteller erheblich.

Zum Aufbau von Funktionsgeneratoren stehen heute aber auch bereits integrierte Bausteine zur Verfügung, die gleichzeitig Sinus-, Rechteck- und Dreieckspannungen erzeugen. Erforderlich ist dafür nur noch eine einfache externe Beschaltung mit wenigen Widerständen und Kondensatoren als zeitbestimmende Glieder. Ein Baustein dieser Art ist z. B. der integrierte Funktionsgenerator mit der Baureihenbezeichnung 8038 (Fa. Intersil).

9.5.1 Funktionsgenerator 8038

Der Funktionsgenerator 8038 wird in einem 14poligen Dual-in-line-Gehäuse geliefert. Die Anschlußbelegung ist in **Bild 9.59** angegeben.

Der Baustein 8038 kann mit einer Betriebsspannung $U_B = +10\,V$ bis $U_B = +30\,V$ betrieben werden. Es ist jedoch auch eine symmetrische Spannungsversorgung mit $U_B = \pm 5\,V$ bis $U_B = \pm 15\,V$ möglich. Die Frequenz der erzeugten Spannungen läßt sich durch eine externe Beschaltung der Anschlüsse 4, 5 und 10 im Bereich von ca. 0,001 Hz bis ca. 1 MHz einstellen. Die Frequenz ist sehr stabil über einen weiten Temperatur- und Spannungsbereich. Die erzeugte Sinusspannung liegt an Anschluß 2, die Rechteckspannung an Anschluß 9 und die Dreieckspannung an Anschluß 3.

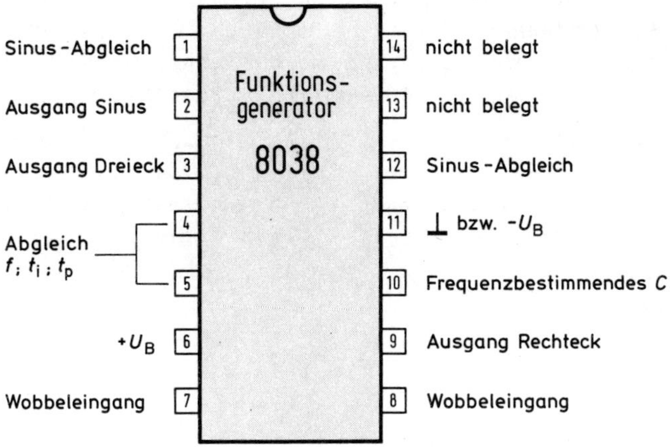

Bild 9.59 Anschlußbelegungen des Funktionsgenerators 8038

Der Funktionsgenerator 8038 enthält insgesamt 51 Transistorfunktionen, 4 Dioden sowie zahlreiche integrierte Widerstände. Wie diese intern zusammenarbeiten, ist für den Praktiker ohne Bedeutung. Erzeugt wird zunächst eine sehr lineare Dreieckspannung, indem ein extern anzuschließender Kondensator (Anschluß 10) über Konstantstromquellen aufgeladen und entladen wird. Die Umschaltung erfolgt durch zwei Komparatoren, die hier als spannungsgesteuerte Schalter die gleiche Funktion erfüllen wie der Schmitt-Trigger bei den in Kapitel 9.2.3 beschriebenen Generatoren. Die erzeugte Dreieckspannung wird über einen Treiber verstärkt an den Anschluß 3 geführt. Durch ein Sinusfunktions-Netzwerk, auf das hier nicht näher eingegangen wird, wird die Dreieckspannung dann in eine Sinusspannung umgeformt. Diese liegt an Anschluß 2. Die Rechteckspannung wird durch ein bistabiles Kippglied erzeugt, das von den Komparatoren angesteuert wird. Ebenfalls über einen Treiber steht die Rechteckspannung dann an Anschluß 9 zur Verfügung.

Obwohl an den drei Ausgängen stets gleichzeitig eine dreieckförmige, eine sinusförmige und rechteckförmige Spannung mit gleicher Frequenz liegt, gibt es unterschiedliche Möglichkeiten bei der externen Beschaltung, um eine dieser erzeugten Spannungen bestimmten Forderungen optimal anzupassen.

9.5.2 Baustein 8038 als Rechteckgenerator

Bei einem Rechteckgenerator kann z. B. die Forderung bestehen, daß das Impuls-Pausen-Verhältnis unabhängig von der eingestellten Frequenz konstant bleibt.

Andererseits kann es aber auch erwünscht sein, das Impuls-Pausen-Verhältnis in einem weiten Bereich zu ändern. **Bild 9.60** zeigt zwei mögliche Ausführungen einer Beschaltung des Funktionsgenerators 8038.

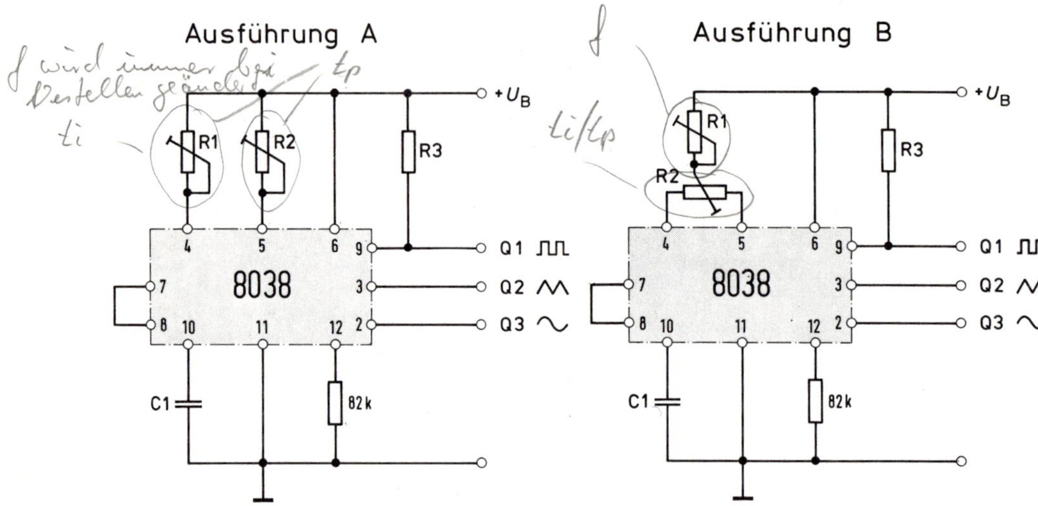

Bild 9.60 Externe Beschaltung des Funktionsgenerators 8038

Bei beiden Schaltungsausführungen wird die Frequenz der erzeugten Spannungen durch die Widerstände R 1 und R 2 sowie durch den Kondensator C 1 bestimmt. Bei der Ausführung A hängt die Anstiegszeit der Dreieckspannung von der Einstellung des Widerstandes R 1 ab. Die Abfallzeit wird dagegen sowohl von der Einstellung des R 2 als auch des R 1 bestimmt. Da die Rechteckspannung aus der Dreieckspannung gewonnen wird, kann mit R 1 die Impulsdauer t_i und mit R 1 und R 2 die Impulspause t_p eingestellt werden. Jede Veränderung der Einstellung, schon eines der beiden Widerstände, führt daher zwangsläufig sowohl zu einer Änderung des Impuls-Pausen-Verhältnisses als auch der erzeugten Frequenz.

Aufgrund der internen Spannungs- und Stromverhältnisse ergibt sich eine recht umfangreiche Gleichung für die Berechnung der erzeugten Frequenz. Sie vereinfacht sich jedoch ganz erheblich für den Fall, daß R 1 und R 2 auf gleiche Werte eingestellt sind. Für diesen Fall gilt dann

$$f_0 \approx \frac{0{,}3}{R \cdot C} \quad \text{(für Ausführung A)},$$

wobei $R = R_1 = R_2$ gesetzt werden muß. Das Impuls-Pausen-Verhältnis liegt dann bei der Einstellung $R_1 = R_2$ etwa bei $t_i/t_p \approx 1$.

Mit der Annahme $R_1 = R_2$ und der dabei geltenden Gleichung können die R- und C-Werte für eine gewünschte Frequenz überschlägig ermittelt werden. Die genaue Dimensionierung für einen vorgegebenen Frequenzbereich muß aufgrund praktischer Versuche erfolgen.

Bei der Ausführung B lassen sich die Frequenz und das Impuls-Pausen-Verhältnis weitgehend unabhängig voreinander einstellen, sofern $R_2 \ll R_1$. Mit R1 wird die Frequenz und mit R2 das Impuls-Pausen-Verhältnis verändert. In der Regel dient R2 aber nur zu einem Feinabgleich auf $t_i/t_p = 1$ und wird dementsprechend klein gegenüber R1 gewählt.

Sofern R2 gegenüber R1 vernachlässigbar klein ist, gilt die Gleichung:

$$f_0 \approx \frac{0{,}15}{R_1 \cdot C}.$$

Soll das Verhältnis t_i/t_p bei der Ausführung B in einem größeren Bereich verändert werden können, so muß R2 größer im Verhältnis zu R1 werden. Dann gilt jedoch die angegebene Gleichung nicht mehr. Es ist daher auch bei der Ausführung B zweckmäßig, die für einen bestimmten Frequenzbereich und eine bestimmte Variation von t_i/t_p erforderlichen Widerstandswerte durch praktische Versuche zu ermitteln.

Bild 9.61 zeigt einen Rechteckgenerator mit dem Baustein 8038, der entsprechend Ausführung A beschaltet wurde.

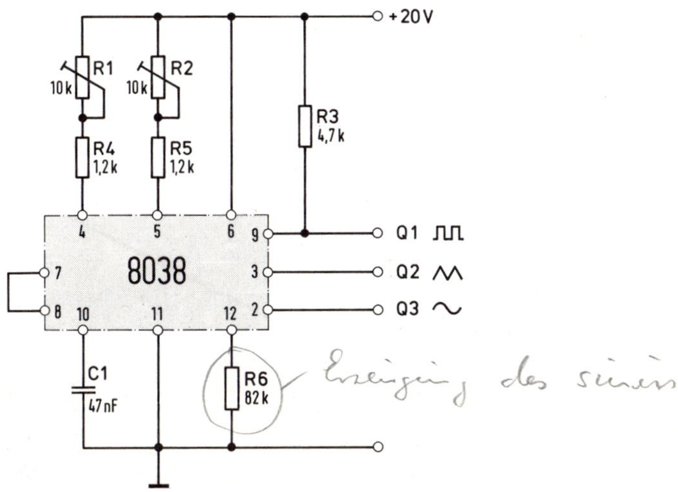

Bild 9.61 Rechteckgenerator mit Baustein 8038

Der Generator nach Bild 9.61 ist so dimensioniert, daß sich bei $R_1 = R_2 = 0\,\Omega$ eine Frequenz $f_{max} \approx 5$ kHz und bei $R_1 = R_2 = 10$ kΩ eine Frequenz $f_{min} \approx 550$ Hz einstellt. Der jeweils mögliche Einstellbereich für t_i/t_p hängt von der eingestellten Frequenz ab. Im Grenzbereich kann t_p so groß werden, daß die Schwingung völlig aussetzt.

Die am Ausgang Q1 (Anschluß 9) auftretende Rechteckspannung hat eine Amplitude, die stets etwas geringer als die Betriebsspannung U_B ist. Als Lastwiderstand wurde mit $R_3 = 4{,}7$ kΩ ein mittlerer Wert gewählt. Der Widerstand $R_6 = 82$ kΩ ist lediglich für die Erzeugung der Sinusspannung erforderlich.

Von Vorteil kann bei dem Baustein 8038 sein, daß der Rechteckausgang (9) auch an eine getrennte Betriebsspannung gelegt werden kann. Dann können bei $U_{B\,(9)} = +5$V und entsprechender Dimensionierung von R3, TTL-Schaltungen direkt vom Ausgang Q1 angesteuert werden.

Selbstverständlich liegt beim Einsatz des Bausteines 8038 als Rechteckgenerator an dem Ausgang Q2 eine Dreieckspannung, deren Verlauf von der Einstellung der Widerstände R1 und R2 abhängt. Am Ausgang Q3 tritt aber nur unter ganz bestimmten Voraussetzungen eine Spannung auf, deren Verlauf als sinusförmig bezeichnet werden kann.

9.5.3 Baustein 8038 als Dreieckgenerator

Bei der Beschaltung des Bausteines 8038 entsprechend Bild 9.61, kann auch die am Ausgang Q2 auftretende Dreieckspannung voll genutzt werden. Mit R1 wird die Anstiegszeit t_1 und mit R1 und R2 die Abfallzeit t_2 eingestellt. Bei $R_1 = R_2$ ist auch $t_1 = t_2$. Es liegt dann also ein gleichschenkliger, dreieckförmiger Verlauf vor. Je unterschiedlicher die eingestellten Widerstandswerte von R1 und R2 sind, desto mehr nähert sich die Ausgangsspannung U_{Q2} einer Sägezahnspannung.

Am Ausgang Q2 tritt eine Mischspannung auf. Die Dreieckspannung ist dabei einer Gleichspannung überlagert, die jeweils $U_B/2$ beträgt. Durch Anschluß eines Kondensators ausreichender Größe an Q2 kann dieser Gleichspannungsanteil jedoch in einfacher Weise abgetrennt werden, ohne daß dadurch der Kurvenverlauf wesentlich beeinflußt wird. Die erzeugte Amplitude der Dreieckspannung liegt bei etwa $U_{SS} \approx 1/3\, U_B$.

Obwohl der Baustein zur Erzeugung von Frequenzen bis 1 MHz eingesetzt werden kann, treten bei Frequenzen ab etwa 100 kHz doch deutlich sichtbare Unlinearitäten beim Verlauf der Dreieckspannungen auf.

9.5.4 Baustein 8038 als Sinusgenerator

Bei dem Baustein 8038 wird die Sinusspannung durch ein internes Sinusfunktionsnetzwerk aus der erzeugten Dreieckspannung gewonnen. Ein sinusförmiger Verlauf kann daher nur auftreten, wenn die Dreieckspannung auf $t_1 = t_2$ bzw. die Rechteckspannung auf $t_i = t_p$ eingestellt wird. Es ist daher in jedem Fall ein Feinabgleich erforderlich, der bei einer Beschaltung des Bausteines entsprechend der Ausführung B in Bild 9.60 möglich ist. In **Bild 9.62** ist ein Generator dargestellt, der zur Erreichung eines möglichst sinusförmigen Verlaufs der Ausgangsspannung beschaltet ist.

Der Sinusgenerator hat zwei Frequenzbereiche, die durch den Schalter S1 umgeschaltet werden. Innerhalb dieser Bereiche erfolgt die Frequenzeinstellung durch R1.

Bereich 1:	(S1 offen)	$f_{min} \approx 550$ Hz bis $f_{max} \approx 50$ kHz
Bereich 2:	(S1 geschlossen)	$f_{min} \approx 10$ Hz bis $f_{max} \approx 950$ Hz

Die einstellbaren Widerstände R6 und R7 wirken auf das interne Sinusfunktionsnetzwerk. Durch Abgleich läßt sich der sinusförmige Verlauf im oberen und unteren Bereich verbessern. Zur optimalen Einstellung des sinusförmigen Verlaufes muß zunächst der Trimmer R2 so eingestellt werden, daß am Ausgang Q1 das Impuls-Pausen-Verhältnis $t_i/t_p = 1$ wird. Selbstverständlich kann aber auch die Dreieckspannung am Ausgang Q2 für diese Einstellung herangezogen werden, in dem $t_1 = t_2$ eingestellt wird. Danach läßt sich der sinusförmige Verlauf der Ausgangsspannung an Q3 mit Hilfe der Trimmer R6 und R7 weiter verbessern. Diese optimale Einstellung verschlechtert sich aber wieder etwas, wenn die Frequenz verändert wird.

Diese Verschlechterung ist aber meistens so gering, daß sie auf dem Bildschirm kaum sichtbar ist.

Die erzeugte Sinusspannung hat eine Amplitude, die in der Regel geringfügig kleiner als $U_{ss} \approx \frac{1}{4} U_B$ ist. Sie liegt bei $U_B = +20\,V$ etwa bei $U_{ss} = 4{,}6\,V$ bzw. $U_{eff} = 1{,}6\,V$. Diese Wechselspannung ist dann jedoch einer Gleichspannung $U_B/2$ überlagert. Dieser Gleichspannungsanteil kann wieder durch einen Kondensator ausreichender Größe am Ausgang Q3 abgetrennt werden.

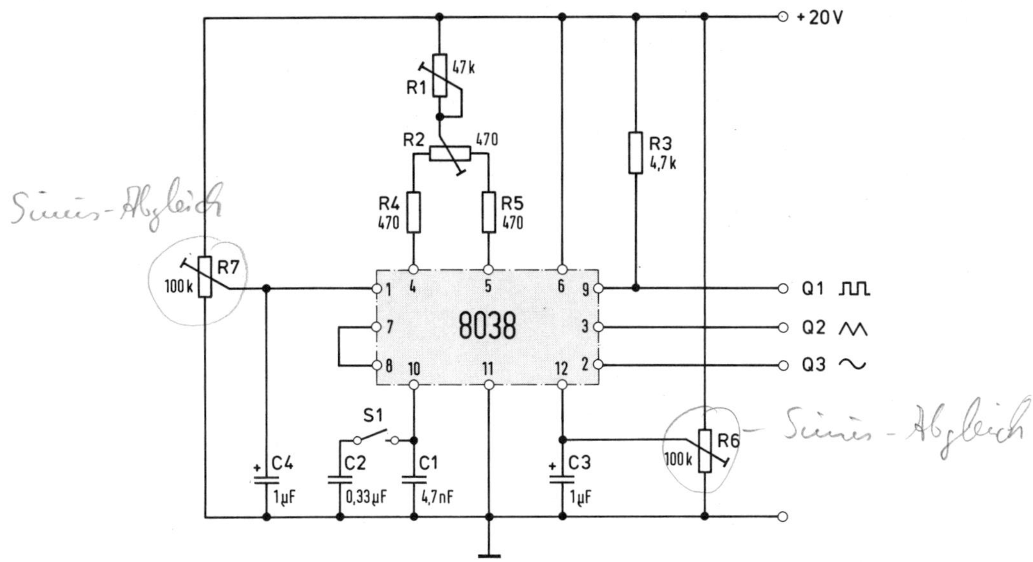

Bild 9.62 Sinusgenerator mit Baustein 8038

Gegenüber den in Kapitel 9.4 beschriebenen Sinusgeneratoren, zeichnet sich ein Sinusgenerator mit dem Baustein 8038 durch seinen unkomplizierten Aufbau und die Möglichkeit der Frequenzvariation in einem großen Bereich durch nur einen veränderbaren Widerstand aus. Bei hohen Anforderungen an den sinusförmigen Verlauf tritt jedoch der Nachteil auf, daß die Ausgangsspannung durch zusätzlichen Abgleich mehrerer Trimmer der idealen Sinusform zwar angenähert, aber nie vollkommen erreicht werden kann. Bei sorgfältigem Abgleich sind die Abweichungen jedoch so gering, daß sie sich bei den meisten Anwendungsfällen nicht negativ bemerkbar machen.

10 Leistungsschalter

10.1 Allgemeines

In Kapitel 5 sind bereits Elektronische Schalter behandelt worden. Dort war es Hauptaufgabe der Schalter, im Zusammenhang mit einer elektronischen Signalverarbeitung eindeutige Informationen über den eigenen Schaltzustand an nachfolgende Elektronische Schalter oder Signaleinrichtungen weiterzugeben. Eine solche Information lieferte die am Schalter liegende Spannung. Sie ist 0 V bzw. sehr klein, wenn der Schaltzustand „geschlossen" vorliegt und sie ist groß bzw. hat den Wert der Betriebsspannung U_B, wenn der Schaltzustand „offen" vorliegt. Eingesetzt werden als Elektronische Schalter in der Signalverarbeitung Dioden und Transistoren. Obwohl auch hier stets ein Arbeitswiderstand mit dem Schalter in Reihe liegt, ist die im Arbeitswiderstand umgesetzte Leistung beim Einsatz von Schaltern in der Signalverarbeitung von untergeordneter Bedeutung.

Unter dem Begriff „Leistungsschalter" werden im Kapitel 10 dagegen Elektronische Schalter behandelt, deren Hauptaufgabe es ist, Arbeitswiderstände ein- und auszuschalten. In diesen Arbeitswiderständen wird dann jeweils elektrische Energie in eine andere Energieart umgewandelt. Ob dabei die umgesetzte Leistung 1 Watt, 1 Kilowatt oder auch wesentlich mehr beträgt, soll im Kapitel 10 für den Begriff „Leistungsschalter" ohne Bedeutung sein.

Darüberhinaus wird im Kapitel 10 unter dem Begriff „Leistungsschalter" stets eine komplette funktionsfähige Schaltung verstanden. Sie besteht in der Regel aus zwei direkt zusammenwirkenden Teilen, und zwar dem eigentlichen *Leistungsteil* sowie einer *Ansteuerschaltung*, die bei der Ansteuerung von Thyristoren und Triacs auch als Zündschaltung bezeichnet wird.

In dem Leistungsteil sind stets ein Elektronischer Schalter und ein Arbeitswiderstand in Reihe geschaltet. Als rein ohmsche Arbeitswiderstände können Glühlampen oder Heizwiderstände auftreten. Magnetspulen und Motoren stellen induktive Arbeitswiderstände dar. Beim Einschalten z.B. von Übertragungskabeln können dagegen auch kapazitive Arbeitswiderstände auftreten. In der Regel muß daher bei der Auswahl bzw. dem Aufbau sowohl beim Elektronischen Schalter als auch bei der Ansteuerschaltung berücksichtigt werden, ob es sich um einen ohmschen, induktiven oder kapazitiven Lastwiderstand handelt.

Wird der Leistungsteil eines Leistungsschalters mit Wechselspannung betrieben, so werden als Elektronische Schalter überwiegend Thyristoren (laut Normbezeichnung: Einrichtungs-Thyristortrioden) oder Triacs (laut Normbezeichnung: Zweirichtungs-Thyristortrioden) eingesetzt. Gemeinsam bei beiden Schaltern ist, daß sie durch einen entsprechenden Steuerimpuls vom gesperrten Zustand in den leitenden Zustand gebracht werden können, also vom Schaltzustand „Aus" in den Schaltzustand „Ein". Bei Betrieb an Wechselspannung erfolgt dann das Umschalten vom leitenden in den gesperrten Zustand jeweils auch ohne Steuerimpuls in der Nähe des Nulldurchganges der Netzspannung, weil dabei der Haltestrom unterschritten wird. In jeder Halbwelle ist daher ein erneutes „Zünden" des Schalters erforderlich.

Je nach Ausführung der Ansteuerschaltung und dem Zeitpunkt des Zündens von Thyristor oder Triac kann der Leistungsschalter recht unterschiedliche Aufgaben erfüllen. So wird ein Leistungsschalter als *Nullspannungschalter* bezeichnet, wenn der Thyristor oder Triac stets nur in der Nähe des Nulldurchganges der Netzspannung einen Zündungsimpuls erhält, und zwar ganz unabhängig davon, bei welchem Phasenwinkel ein auslösender Befehl gegeben wurde. Zur verlustlosen Änderung der Leistung von elektrischen Heizungen und Öfen wird die *Schwingungspaketsteuerung* eingesetzt. Es handelt sich hierbei um Leistungsschalter, bei denen der Verbraucher abwechselnd für eine bestimmte Anzahl von Perioden ein- und ausgeschaltet wird. Das Ein- und Ausschalten erfolgt dann wie beim Nullspannungsschalter jeweils in der Nähe des Nulldurchganges der Netzspannung.

Von erheblicher Bedeutung ist auch die *Phasenanschnittsteuerung*. Hierbei wird der Arbeitswiderstand in jeder Halbwelle erst bei einem bestimmten Phasenwinkel eingeschaltet.

Durch Änderung des Phasenwinkels läßt sich dann die im Arbeitswiderstand umgesetzte Leistung wie bei der Schwingungspaketsteuerung verlustlos ändern. Eingesetzt wird die Phasenanschnittsteuerung in großem Umfang als Dimmer zur Änderung der Helligkeit von Glühlampen oder zur Drehzahlsteuerung von Motoren in Haushaltsgeräten oder kleineren Werkzeugmaschinen.

Bei der Wahl des Elektronischen Schalters im Leistungsteil muß im wesentlichen die Größe der zu schaltenden Leistung berücksichtigt werden, gegebenenfalls auch die Art des Lastwiderstandes. Der gleiche Leistungsteil kann sowohl im Nullspannungsschalter als auch bei der Schwingungspaketsteuerung oder der Phasenanschnittsteuerung eingesetzt werden. Sehr unterschiedlich sind dagegen die Ansteuer- bzw. Zündschaltungen bei den drei verschiedenen Arten von Leistungsschaltern aufgebaut. In erheblichem Umfang sind hier noch Schaltungen mit diskreten Bauteilen zu finden. In zunehmendem Maße werden inzwischen aber auch integrierte Bausteine angeboten und eingesetzt. Sie sind dann in der Regel so konzipiert, daß der gleiche IC lediglich durch eine andere externe Beschaltung sowohl beim Nullspannungsschalter als auch bei der Schwingungspaketsteuerung oder bei der Phasenanschnittschaltung verwendet werden kann.

Bei Betrieb von Verbrauchern an Gleichspannung werden vorzugsweise Transistoren als Elektronische Schalter eingesetzt. Diese *Leistungstransistoren* werden dann mit Rechteckspannungen angesteuert, die entweder von einer besonderen Ansteuerschaltung, z.B. einem Rechteckgenerator, oder aber von einer Digitalen Steuerung geliefert werden. Als Arbeitswiderstände treten ohmsche Widerstände wie Glühlampen und Heizwiderstände oder induktive Widerstände in Form von Relais, Schaltschützen oder Motorwicklungen auf. Diese unterschiedlichen Belastungsarten müssen beim Leistungstransistor unbedingt berücksichtigt werden.

Zum Schalten größerer Leistungen werden zunehmend Leistungstransistoren in Darlingtonschaltung oder Darlingtontransistoren eingesetzt. Sie bestehen aus zwei zusammengeschalteten Transistorschaltern, integriert in einem Gehäuse. Durch diese Beschaltung ergibt sich im Betrieb eine hohe Stromverstärkung. Daher sind zum Schalten großer Kellektorströme nur noch sehr geringe Steuerströme erforderlich.

10.2 Thyristoren und Triacs als Elektronische Schalter

Thyristoren und Triacs werden in großem Umfang in Leistungsschaltern als Elektronische Schalter eingesetzt. Arbeitswiderstand und Schalter sind dabei stets in Reihe geschaltet. **Bild 10.1** zeigt die drei Prinzipschaltungen für den Betrieb mit Wechselspannung.

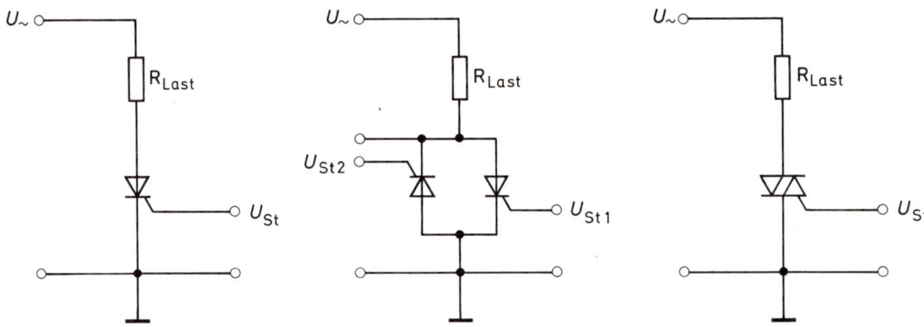

Bild 10.1 Prinzipschaltungen für Thyristoren und Triacs als Elektronische Schalter

Bei der Schaltung nach Bild 10.1 mit einem Thyristor kann nur jeweils die positive Halbwelle der Wechselspannung ausgenutzt werden. Als maximale Leistung tritt dann die halbe Nennleistung auf. Man spricht bei dieser Schaltung auch vom Halbwellenbetrieb. Durch Antiparallelschaltung von zwei Thyristoren und eine entsprechende Ansteuerung können jedoch auch beide Halbwellen ausgenutzt werden. Es ist also ein Vollwellenbetrieb möglich. Dies ist auch bei der Schaltung mit Triac möglich, da es sich beim Triac im Prinzip um eine interne Antiparallelschaltung zweier Thyristoren mit einem gemeinsamen Gate handelt.

10.2.1 Zündmethoden

Es gibt drei verschiedene Methoden, Thyristoren und Triacs zu zünden, und zwar

1. Das Zünden mit einer Gleichspannung,
2. Das Zünden mit einer Wechselspannung,
3. Das Zünden mit Impulsen.

Welche der drei Methoden angewendet wird, hängt sowohl von der Art der Schaltung als auch von dem vertretbaren Schaltungsaufwand bei der Ansteuerschaltung ab. Das Zünden mit Impulsen erfordert zwar den größten Schaltungsaufwand, bietet aber auch die größten Variationsmöglichkeiten. Daher werden Thyristoren und Triacs in Leistungsschaltern überwiegend mit Impulsen gezündet.

10.2.1.1 Gleichspannungs-Zündung

Bei der Gleichspannungs-Zündung wird eine Gleichspannung über einen Schalter an das Gate gelegt. Ein Widerstand R_G dient dabei zur Begrenzung des Gatestromes. **Bild 10.2** zeigt das Grundprinzip der Gleichspannungs-Zündung.

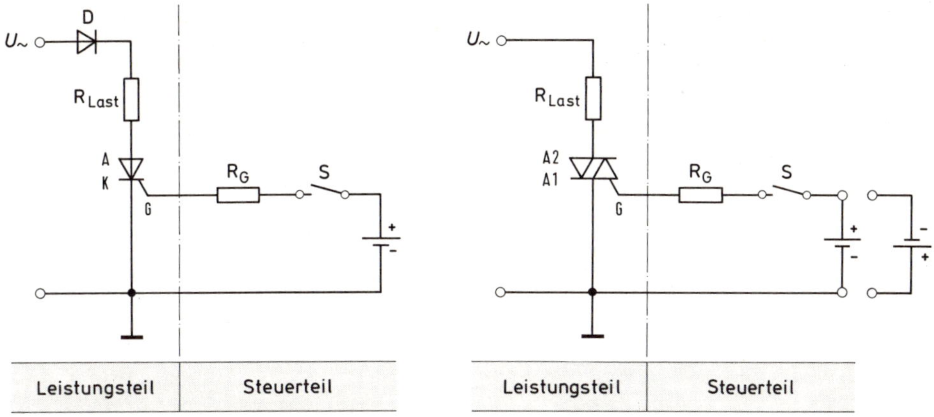

Bild 10.2 Grundprinzip der Gleichspannungs-Zündung

Wird bei der Schaltung mit Thyristor nach Bild 10.2 der Schalter S geschlossen, so fließt ein Gatestrom über den Strombegrenzungswiderstand R_G und der Thyristor zündet immer, sobald die positive Halbwelle der Betriebsspannung beginnt. Er löscht wieder, wenn beim nächsten Nulldurchgang der Wechselspannung sein Haltestrom unterschritten wird. Die Diode D hat hier die Aufgabe, eine negative Spannung an A zu verhindern. Dies ist erforderlich, weil die positive Gatespannung ständig anliegt und ein Sperrstrom in der Sperrphase des Thyristors vermieden werden muß.

Der Lastwiderstand wird bei dieser Thyristorschaltung von Halbwellen durchflossen. Die maximale Leistungsaufnahme beträgt $\frac{1}{2} P_{Nenn}$. Wird der Schalter S wieder geöffnet, so erfolgt nach dem nächsten positiven Nulldurchgang keine erneute Zündung des Thyristors mehr und der Thyristor bleibt gesperrt.

Bei der Schaltung mit Triac nach Bild 10.2 erfolgt die Zündung zu Beginn einer jeden Halbwelle, solange der Schalter S geschlossen ist. Der Triac löscht am Ende jeder Halbwelle, sobald sein Haltestrom unterschritten wird.

Da ein Triac sowohl mit positiver als auch mit negativer Gatespannung gezündet werden kann, ist die Polarität der Gatespannung an sich beliebig. Zu beachten ist dabei aber, daß bei einem Betrieb im 2. Quadranten (A2 negativ gegenüber A1; U_G positiv) ein größerer Steuerstrom als in den anderen Quadranten notwendig ist. Aus diesem Grund kann es zweckmäßiger sein, mit einer negativen Gatespannung zu zünden, also im 4. Quadranten (A2 positiv gegenüber A1; U_G negativ) und im 3. Quadranten (A2 negativ gegenüber A1; U_G negativ) zu arbeiten.

Die beiden Schaltungen nach Bild 10.2 werden z. B. eingesetzt, wenn ein an Wechselspannung betriebener Verbraucher direkt von einem TTL- oder C-MOS-Ausgang aus geschaltet werden soll.

10.2.1.2 Wechselspannungs-Zündung

Bei der Wechselspannungs-Zündung von Thyristoren und Triacs wird die Gatespannung über einen Strombegrenzungswiderstand und eine Diode direkt aus der Betriebsspannung gewonnen. Die Ansteuerschaltung wird dadurch besonders einfach. In **Bild 10.3** ist das Grundprinzip der Wechselspannungs-Zündung dargestellt.

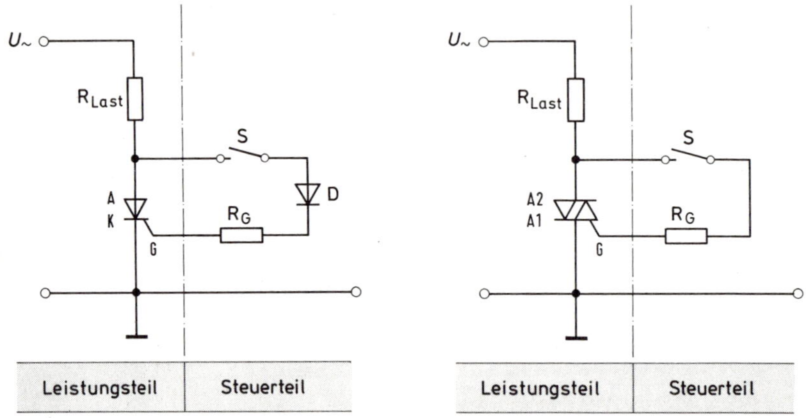

Bild 10.3 Grundprinzip der Wechselspannungs-Zündung

Bei der Schaltung mit Thyristor nach Bild 10.3 verhindert die Diode, daß in der negativen Halbwelle eine Steuerspannung an das Gate gelangt. Solange der Schalter S geschlossen ist, wird der Thyristor zu Beginn einer jeden positiven Halbwelle gezündet. Er löscht wieder am Ende jeder positiven Halbwelle. Da eine Zündung in der negativen Halbwelle nicht möglich ist, liegt bei dieser Schaltung Halbwellenbetrieb vor. Die Schaltung mit Triac nach Bild 10.3 arbeitet dagegen im Vollwellenbetrieb. Der Triac wird jeweils im 1. Quadranten (A2 positiv gegenüber A1; U_G positiv) und 3. Quadranten (A2 negativ gegenüber A1; U_G negativ) gezündet.

Da die Gatespannung hinter dem Lastwiderstand R_{Last} abgegriffen wird, besteht bereits eine feste Synchronisation der Steuerspannung mit der Betriebsspannung. Eine Gatespannung wird nämlich nur erzeugt, solange Thyristor oder Triac nicht gezündet sind. Ist die Zündung erfolgt, sinkt das Potential von A bzw. A2 auf die Durchlaßspannung ab.

10.2.1.3 Impuls-Zündung

Die Impuls-Zündung hat den großen Vorteil, daß der Zündzeitpunkt genau festgelegt werden oder aber auch beliebig verschoben werden kann. Aus diesen Gründen erfolgt die Zündung von Thyristoren und Triacs in Leistungsschaltern heute überwiegend mit Impulsen. **Bild 10.4** zeigt das Grundprinzip der Impuls-Zündung.

Der Impulsgenerator wird von der Betriebsspannung, in der Regel also der Netzspannung, synchronisiert. Dadurch ist es dann möglich, den Zündimpuls stets mit einer konstanten Phasenverschiebung gegenüber der Netzspannung zu erzeugen

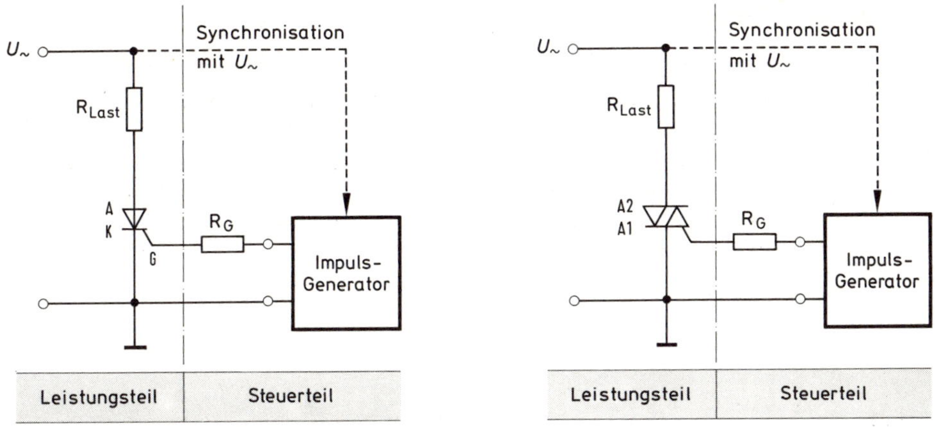

Bild 10.4 Grundprinzip der Impuls-Zündung

und den Elektronischen Schalter damit zu zünden. Je nach Ausführung der Ansteuerschaltung, d. h. des Impulsgenerators kann der Leistungsschalter dann als normaler Ein-Aus-Schalter, als Nullspannungsschalter, als Schwingungspaketsteuerung oder als Phasenanschnittsteuerung arbeiten. Auf diese Ansteuerschaltungen wird in den Kapiteln 10.3, 10.4 und 10.5 näher eingegangen.

10.2.2 Kenn- und Grenzwerte von Thyristoren und Triacs

Thyristoren und Triacs müssen innerhalb der vom Hersteller festgelegten Grenzdaten betrieben werden, weil nur dann eine hohe Zuverlässigkeit und Lebensdauer erreicht wird. Außerdem werden in den Datenblättern auch die wichtigsten Kenndaten der einzelnen Typen angegeben. Einige dieser Grenz- und Kennwerte sind für die Entscheidung, welche Thyristor- oder Triactype für eine bestimmte Aufgabe geeignet ist, von wesentlicher Bedeutung.

Grenzwerte

Periodische Spitzensperrspannung U_{DRM} und U_{RRM}:

Die positive Spitzensperrspannung U_{DRM} und die negative Spitzensperrspannung U_{RRM} sind die höchstzulässigen Augenblickswerte von periodischen Sperrspannungen. Beide Werte sind in der Regel gleich groß. Die Auswahl der Spannungsklassen von Thyristoren und Triacs erfolgt nach den Werten von U_{DRM} und U_{RRM}. Üblicherweise wird aber noch ein Sicherheitsfaktor von ca. 1,5 bis 3 berücksichtigt. Nach Herstellerangaben sind für einen Betrieb an 220 V Thyristoren mit $U_{DRM} = U_{RRM} \approx 600\,\text{V}$ und Triacs mit $U_{DRM} = U_{RRM} \approx 400\,\text{V}$ erforderlich.

Höchstzulässige Stoßspitzenspannung U_{RSM}:

Die negative Stoßspitzenspannung U_{RSM} ist der höchstzulässige Augenblickswert einer nicht periodischen Spannungsspitze, die in Sperrichtung anliegen darf. Solche Spannungsspitzen treten oft als Folge von Schaltvorgängen im Netz auf.

Dauergrenzstrom I_{TAV}:

Der Dauergrenzstrom I_{TAV} ist der arithmetische Mittelwert des höchsten dauernd zulässigen Durchlaßstromes.

Höchster periodischer Spitzenstrom I_{TRM}:

Als I_{TRM} wird der höchstzulässige Spitzenwert des Durchlaßstromes während einer Periode angegeben.

Höchstzulässiger Durchlaßstrom I_{TRMS}:

Als I_{TRMS} wird der höchstzulässige Effektivwert des Durchlaßstromes angegeben.

Kennwerte

Nennstrom I_N:

Der Nennstrom I_N ist der arithmethische Mittelwert des dauernd zulässigen Durchlaßstromes. (Nur bezogen auf vom Hersteller festgelegte Bedingungen.)

Haltestrom I_H:

Der Haltestrom ist der kleinste Wert des Durchlaßstromes. Wird dieser Haltestrom unterschritten, kippen Thyristor und Triac in den hochohmigen Zustand zurück.

Zündstrom I_{GT}:

Als Zündstrom I_{GT} wird der Wert des Gatestromes angegeben, der erforderlich ist, um den Thyristor oder Triac zu zünden.

Sperrströme I_D und I_R:

Für die Blockierrichtung wird ein positiver Sperrstrom I_D und für die Sperrichtung ein negativer Sperrstrom I_R angegeben. Beide Sperrströme sind etwa gleich groß.

Durchlaßspannung U_T:

Als Durchlaßspannung U_T wird die im Durchlaßzustand zwischen den Hauptanschlüssen A und K bzw. A2 und A1 auftretende Spannung bezeichnet.

Zündspannung U_{GT}:

Die Zündspannung U_{GT} ist die Spannung, die beim Fließen des Zündstromes zwischen Gate und K bzw. A1 auftritt.

Über die hier angeführten Grenz- und Kennwerte hinaus werden in den Datenblättern noch eine größere Zahl weiterer Werte angegeben. Sie müssen von Fall zu Fall unbedingt mit berücksichtigt oder beachtet werden.

Thyristoren oder Triacs werden von den verschiedenen Herstellern meistens in Baureihen hergestellt und angeboten. Charakteristische Klassifikationsmerkmale sind dann die periodischen Spitzenspannungen U_{DRM} und U_{RRM} sowie der periodische Spitzenstrom I_{TRM}. Aus der Vielzahl von Baureihen der verschiedensten Hersteller wird hier nur eine kleine Auswahl von Typen getroffen **(Bild 10.5)**. Es handelt sich dabei ausschließlich um Thyristoren und Triacs für relativ kleine Ströme, so wie sie für einfache Nullspannungsschalter, Schwingungspaketsteuerungen und Phasenanschnittsteuerungen kleiner Leistungen in den folgenden Kapiteln eingesetzt werden können. Auf Ausführungen für große Ströme bzw. Schaltleistungen wird erst in Band IV A eingegangen.

Typ	U_{DRM} (V)	I_{TRMS} (A)	I_{TRM} (A)	I_{GT} (mA)	Hersteller	Gehäuse
Thyristoren						
S 122 M	600	8	85	25	RCA	TO-220AB
S 122 S	700	8	85	25	RCA	TO-220AB
S 2800 M	600	10	85	15	RCA	TO-220AB
S 2800 S	700	10	85	15	RCA	TO-220AB
TIC 116 M	600	8	80	20	TI	TO-220
TIC 116 S	700	8	80	20	TI	TO-220
TIC 126 M	600	12	100	20	TI	TO-220
TIC 126 S	700	12	100	20	TI	TO-220
Triacs						
T 2800 D	400	8	85	25	RCA	TO-220AB
T 2800 M	600	8	85	25	RCA	TO-220AB
T 2806 D	400	8	85	45	RCA	TO-220AB
T 2806 M	600	8	85	45	RCA	TO-220AB
TIC 225 D	400	8	70	5	TI	TO-220
TIC 225 M	600	8	70	5	TI	TO-220
TIC 226 D	400	8	70	50	TI	TO-220
TIC 226 M	600	8	70	50	TI	TO-220

Bild 10.5 Charakteristische Grenzwerte für einige ausgewählte Thyristor- und Triactypen

Bild 10.6 zeigt die Gehäuseform und die Anschlußbelegung für TO 220 AB- und TO 220-Gehäuse.

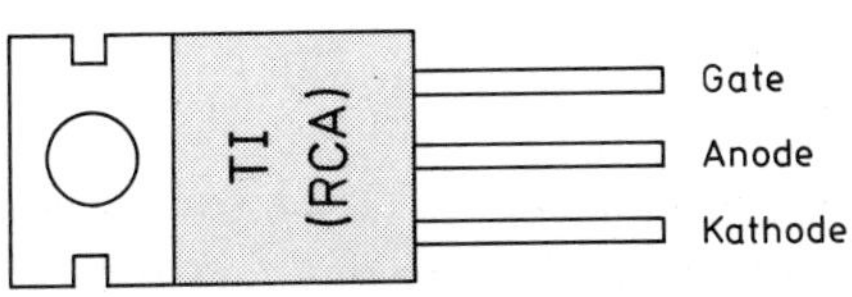

Bild 10.6 Gehäuseform und Anschlüsse für TO-220 AB und TO-220 (Draufsicht)

10.2.3 Schutzmaßnahmen

Thyristoren und Triacs müssen gegen Überspannungen, Kurzschlußströme und Überlastung geschützt werden. Sie sollten daher nur mit entsprechenden Schutzmaßnahmen betrieben werden.

10.2.3.1 Überspannungsschutz

Thyristoren und Triacs sind sehr empfindlich gegen Überspannungen. Hierunter werden kurzzeitig auftretende Spannungsspitzen verstanden, deren Werte größer als die periodischen Stoßspitzensperrspannungen sind. Bei der Entstehung von Überspannungen ist zu unterscheiden zwischen

Überspannungen, die durch den Betrieb des Thyristors oder Triacs selbst entstehen sowie
Überspannungen, die aus dem Netz oder der Anlage kommen.

Überspannungen durch den Betrieb des Thyristors oder Triacs entstehen durch den Trägerstaueffekt, der beim Übergang vom leitenden in den sperrenden Zustand auftritt. Hierbei muß der mittlere PN-Übergang von Ladungsträgern geräumt werden. Dies geschieht aufgrund der Trägerlebensdauer mit einer Verzögerung, so daß der Thyristor oder Triac unmittelbar nach dem Nulldurchgang des Stromes noch nicht sperren kann. Es fließt also zunächst noch ein Strom weiter, der schlagartig abreißt, sobald die mittlere Sperrschicht dann von Ladungsträgern geräumt ist. Diese steilen Stromänderungen können an einer im Stromkreis liegenden Induktivität große Selbstinduktionsspannungen erzeugen. Sie überlagern sich als Spannungsspitzen der anliegenden Sperrspannung, so daß eine Gefährdung des schaltenden Thyristors oder Triacs auftreten kann.

Zur Begrenzung der so erzeugten Überspannungen wird ein RC-Glied parallel zum Thyristor oder Triac geschaltet. Sie wird als *TSE-Beschaltung* (**T**räger**st**au**e**ffekt-Beschaltung) bezeichnet. Übliche Werte bei $U_B = 220\,V\sim$ und Lastströmen bis ca. 10 A sind $R = 27\,\Omega/1\,W$ und $C = 0{,}1\,\mu F/400\,V$.

Im Netz können Überspannungen durch Schaltvorgänge auftreten. Diese gelegentlich auftretenden Überspannungsspitzen können durch eine zusätzliche Spannungsbegrenzung unschädlich gemacht werden. Hierzu wird in der Regel ein *spannungsabhängiger Widerstand*, ein Varistor, parallel zum Thyristor oder Triac geschaltet. Er begrenzt die Spannungsspitzen ohne Zeitverzögerung. Bei Betrieb an 220 V und einer Spitzensperrspannung von 600 V des Thyristors oder Triacs soll eine Begrenzung der Überspannungen auf etwa 340 V bis 600 V erfolgen.

10.2.3.2 Überstromschutz

Die Überstrom-Schutzeinrichtungen sollen Thyristor und Triac vor unzulässig großen Strömen in der Durchlaßphase schützen. Zu unterscheiden ist dabei zwischen einem reinen Kurzschlußstrom im Zeitbereich $t < 10\,ms$ und einem länger andauernden Überstrom.

Für den *Kurzschlußschutz* werden *superflinke Schmelzsicherungen* eingesetzt. Sie sind entsprechend DIN durch einen gelben Ring und die Abkürzung FF gekennzeichnet. Die Auswahl der Kurzschlußsicherung kann durch einen Vergleich der Überlastkennlinie der Sicherung mit der Grenzstromkennlinie der Thyristor- und Triactypen erfolgen. In der Regel reicht es aus, eine superflinke Sicherung zu wählen, deren Nennstrom I_{Nenn} gleich oder etwas kleiner als der Nennstrom I_N des Thyristors ist.

Die superflinke Sicherung als Kurzschlußschutz schützt das Halbleiter-Bauelement in der Regel auch gegen länger andauernden Überstrom. Für Thyristoren und Triacs mit höhen Nennströmen werden jedoch auch Schnellschalter sowie thermische und magnetische Überstromauslöser eingesetzt.

In **Bild 10.7** sind die erforderlichen Schutzmaßnahmen bei Betrieb von Thyristoren und Triacs am 220 V-Netz zusammenhängend dargestellt.

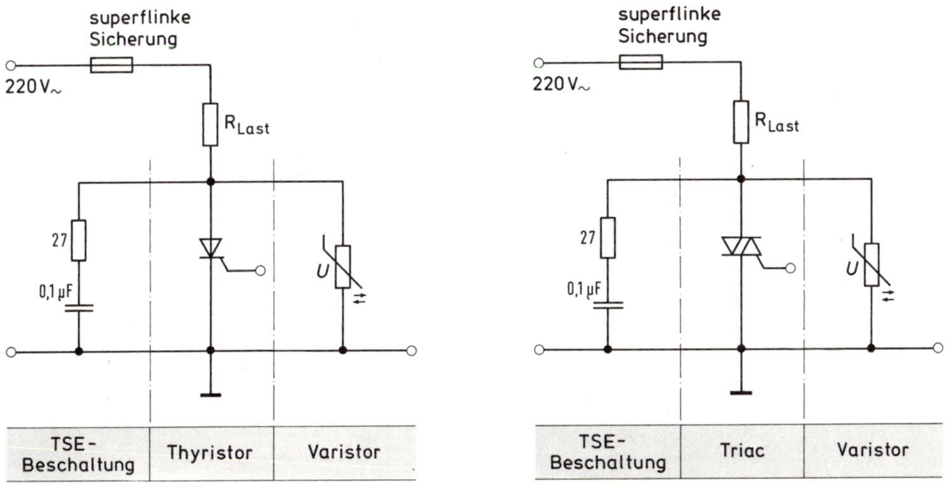

Bild 10.7 Schutzmaßnahmen gegen Überspannungen und Überströme

10.3 Nullspannungsschalter

Werden Verbraucher durch mechanische Schalter, Schaltschütze oder Elektronische Schalter direkt eingeschaltet und damit an Netzspannung gelegt, so erfolgt dieses vom Zufall abhängig bei jedem beliebigen Phasenwinkel der Netzspannung. Wird z.B. eine ohmsche Last bei $\varphi = 90°$ eingeschaltet, so muß der Laststrom in extrem kurzer Zeit von $I_{Last} = 0$ A auf $I_{Last} = I_{max}$ ansteigen. Infolge dieser kurzen Stromanstiegszeiten treten dann erhebliche Einschaltströme auf, die sowohl für den Verbraucher als auch für das Netz nachteilig sein können. Darüber hinaus verursachen die kurzen Stromanstiegszeiten auch Hochfrequenzstörungen, die sich gegebenenfalls recht störend beim Empfang von Rundfunksendungen bemerkbar machen können.

Die genannten Nachteile lassen sich jedoch vermeiden, wenn der Verbraucher unabhängig von dem Zeitpunkt der Betätigung eines Einschalters stets erst beim nächsten Nulldurchgang an die Netzspannung gelegt wird. Der Laststrom beginnt dann zwar ebenfalls mit $I_{Last} = 0$ A, steigt dann aber nicht sprunghaft, sondern wie im Dauerbetrieb sinusförmig an. Daher können keine Einschaltströme mit ihren sehr kurzen Stromanstiegszeiten auftreten. Elektronische Schalter, die das Einschalten einer Last stets im Nulldurchgang der Netzspannung bewirken, werden als Nullspannungsschalter bezeichnet.

10.3.1 Grundprinzip des Nullspannungsschalters

In **Bild 10.8** sind die Zusammenhänge zwischen der Betätigung eines Einschalters und dem direkten Einschalten einer Last sowie dem Einschalten einer Last mit Nullspannungsschalter dargestellt.

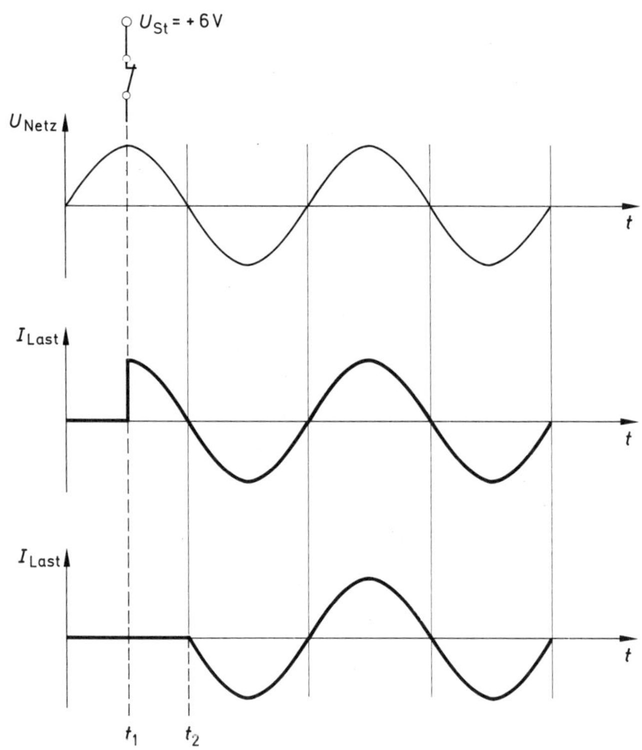

Bild 10.8 Einschalten einer Last mit und ohne Nullspannungsschalter

Ein Nullspannungsschalter läßt sich technisch sinnvoll mit elektronischen Bauelementen realisieren. Als Leistungsschalter werden Thyristoren und Triacs verwendet. Ihre Zündung darf grundsätzlich immer erst unmittelbar nach einem Nulldurchgang der Netzspannung erfolgen. Die Zündschaltungen können dabei sehr unterschiedlich aufgebaut sein.

Die Ansteuerung erfolgt mit Gleichspannung oder mit Impulsen. In zunehmendem Maße werden heute integrierte Ansteuerschaltungen eingesetzt. Sie sind dann jedoch häufig so konzipiert, daß sie bei anderer äußerer Beschaltung auch zur Schwingungspaketsteuerung und Phasenanschnittsteuerung eingesetzt werden können.

Bild 10.9 zeigt als Beispiel einen einfachen Nullspannungsschalter mit Gleichspannungszündung. Bei geschlossenem Schalter S kann die Steuerspannung $U_{st} = +6\,V$ nur dann am Gate wirksam werden, wenn der Transistor gesperrt ist. Bei leitendem Transistor wird dagegen die Gatespannung kurzgeschlossen. U_{st} ist dann unwirksam und der Thyristor wird trotz geschlossenem Schalter S nicht gezündet.

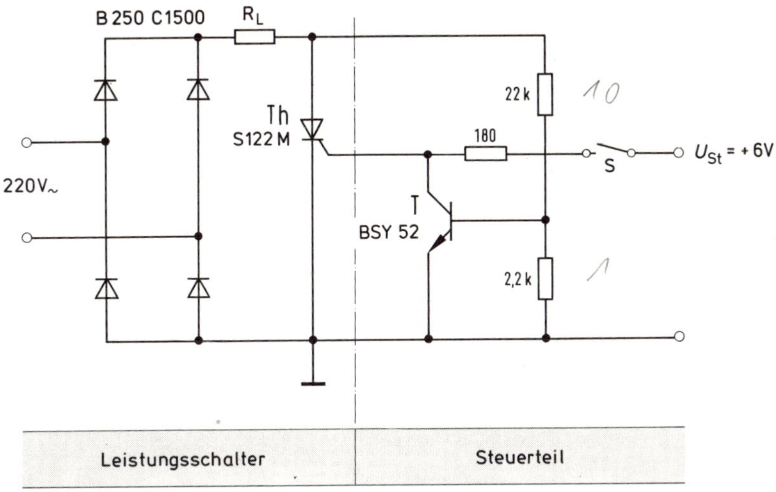

Bild 10.9 Nullspannungsschalter mit Gleichspannungszündung

Die Basisspannung für den Transistor wird durch einen Spannungsteiler aus der am Thyristor liegenden Spannung U_{Th} gewonnen. Ist der Thyristor gesperrt, so liegen bei der Schaltung nach Bild 10.9 an ihm positive Halbwellen mit $f = 100\,Hz$. U_{BE} hat den gleichen Verlauf, ist aber im Verhältnis $\approx 10:1$ kleiner als U_{Th}.

Der Transistor ist nur gesperrt, solange $U_{Th} \leqq +7\,V$ und damit $U_{BE} \leqq 0{,}7\,V$ ist. Dies ist aber nur der Fall kurz vor oder nach einem Nulldurchgang der Netzspannung. Wird also der Schalter S zu einem beliebigen Zeitpunkt geschlossen, so kann die Steuerspannung immer erst in der Nähe des nächsten Nulldurchganges als Gatespannung wirksam werden. Der Thyristor wird also nach dem Schließen des Schalters S erst nach dem nächsten Nulldurchgang gezündet. Die Zündung erfolgt dann in jeder Halbwelle zu dem gleichen Zeitpunkt, solange S geschlossen ist.

Die relativ einfache Ansteuerschaltung entsprechend Bild 10.9 hat den Nachteil, daß die Steuerspannungsquelle ständig belastet wird, solange S geschlossen ist, und zwar entweder mit dem Gatestrom oder mit dem Kollektorstrom des Transistors. Es gibt aber noch eine Reihe weiterer Schaltungen in diskreter Schaltungstechnik, die diesen Nachteil vermeiden. In **Bild 10.10** ist als Beispiel eine Brückenschaltung dargestellt, mit der Impulse während des Nulldurchganges der Netzspannung erzeugt werden können.

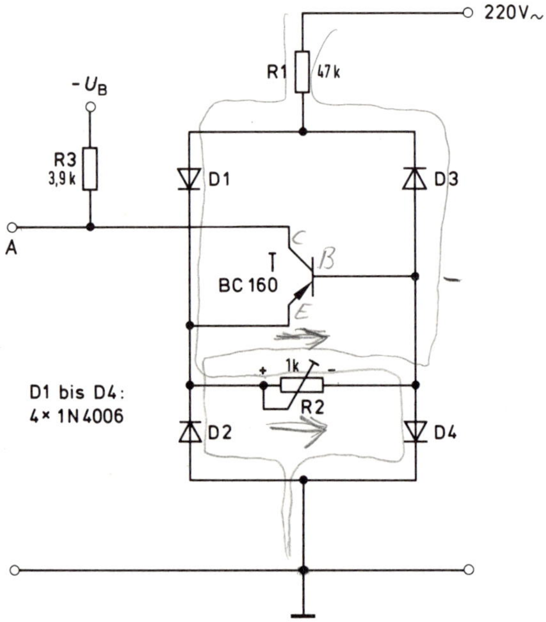

Bild 10.10 Ansteuerschaltung für einen Nullspannungsschalter

In jeder positiven Halbwelle fließt ein Strom durch R1 – D1 – R2 – D4, in der negativen Halbwelle dagegen durch D2 – R2 – D3 – R1. An dem Brückenwiderstand R2 wird dabei in jeder Halbwelle eine negative Basisspannung für den Transistor erzeugt. Der Transistor ist leitend, wenn $U_{BE} \geqq -0{,}7\,V$ ist. In der Nähe des Nulldurchganges der Netzspannung wird $U_{BE} \leqq -0{,}7\,V$, der Transistor ist dann gesperrt und damit $U_A \approx -U_B$. Am Ausgang A treten während des Nulldurchganges kurze negative Impulse auf, die – nach entsprechender weiterer Verarbeitung – als Zündimpulse am Gate eines Triacs wirksam werden können.

Heute werden immer mehr Nullspannungsschalter in integrierter Form eingesetzt.

10.3.2 Nullspannungsschalter mit Solid-State-Relais

Elektronische Leistungsschalter werden oft als Solid-State-Relais bezeichnet, wenn sie die Funktion eines Relais oder Schaltschützes ersetzen. Ein solches Solid-State-Relais in integrierter Form mit der Eigenschaft eines Nullspannungsschalters ist z. B. der Typ 642-2H (Teledyne-Relays). Er wird in einem 16poligen Dual-in-Line-Gehäuse geliefert und enthält einen Optokoppler, die gesamte Ansteuerschaltung sowie ebenfalls integriert einen Triac mit einer Spitzensperrspannung von 600 V.

Der Laststrom beträgt $I_N = 1{,}5\,A$ mit zusätzlicher Wärmeableitung und $I_N = 1\,A$ ohne Wärmeableitung bei Betrieb an 220 V~. Die Ansteuerung des Bausteines kann mit einer Gleichspannung $3\,V \leqq U_{st} \leqq 32\,V$ erfolgen. **Bild 10.11** zeigt die Anschlußbelegung und die äußere Beschaltung.

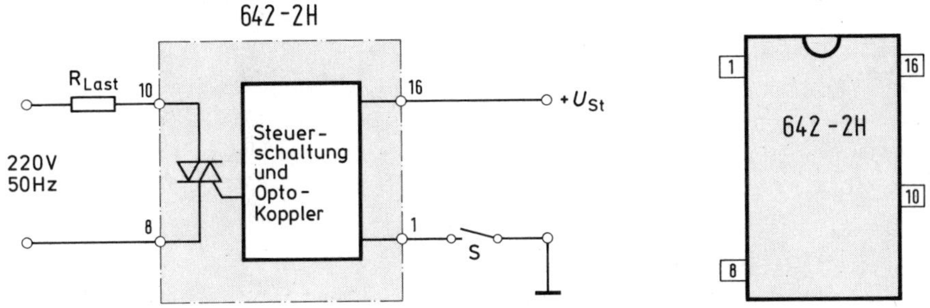

Bild 10.11 Beschaltung und Anschlußbelegungen des Nullspannungsschalters 642-2H

Bei $U_{st} = +5\,V$ kann dieser Nullspannungsschalter auch direkt von einem TTL-Schalter angesteuert werden, dessen Ausgang dann an Anschluß 1 gelegt werden muß. Durch den Optokoppler besteht eine völlige Potentialtrennung zwischen dem Steuerstromkreis und dem Laststromkreis. Dies kann für viele Einsatzgebiete von wesentlicher Bedeutung sein. Bei induktiver Last ist es erforderlich, den Triac mit einer RC-Kombination zu beschalten. Es ist dann eine Reihenschaltung $R = 100\,\Omega$ und $C = 0{,}05\,\mu F$ zwischen den Anschlüssen 8 und 10 anzuschließen.

Eine weitere Typenreihe von Solid-State-Relais wird unter der Bezeichnung V 23100 S 0302 (Siemens) geliefert (**Bild 10.12**). Sie werden für höhere Ströme in einem Epoxidharzgehäuse in Blockform mit Schraubenanschlüssen geliefert. Ein 3-A-Typ ist dagegen auch für Leiterplatteneinbau dimensioniert. Sämtliche Typen enthalten einen Optokoppler, die gesamte Steuerschaltung sowie ebenfalls integriert einen Triac mit einer Spitzensperrspannung von 600 V einschließlich der erforderlichen Schutzbeschaltungen. Der Typ A 303 ist für $I_N = 3\,A$, der Typ A 210 für $I_N = 10\,A$ und der Typ A 225 für $I_N = 25\,A$ ausgelegt. Die gängigsten Anwendungen liegen bei Wechselspannungen von 220 V/50 Hz. Die Ansteuerung ist für Gleichspannungen von 3 V bis 32 V ausgelegt und damit TTL-kompatibel. Der maximale Steuerstrom beträgt 12 mA.

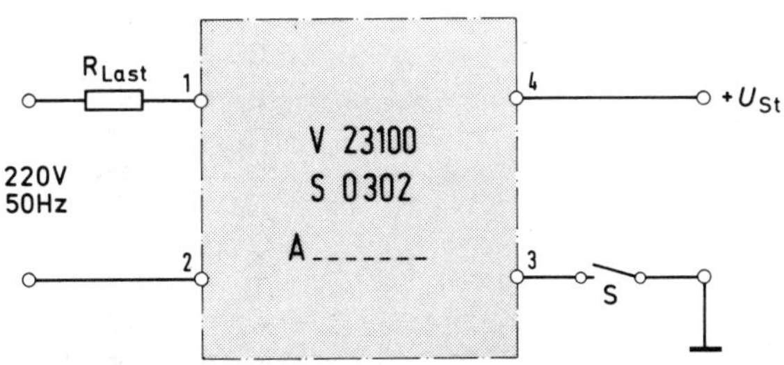

Bild 10.12 Beschaltung und Anschlußbelegungen bei der Typenreihe V 23100 S 0302

Nullspannungsschalter mit Solid-State-Relais finden heute immer mehr Anwendung. Sie schalten stets beim Nulldurchgang der Spannung, vermeiden aber Einschaltströme und erzeugen nur geringe Funkstörungen. Die integrierte Bauform vereinfacht ihren Einsatz ganz erheblich. Sie lassen sich von TTL-Ausgängen direkt ansteuern und bieten durch den Einsatz von Optokopplern eine völlige Potentialtrennung zwischen Steuerstromkreis und Laststromkreis. Wie alle Elektronischen Leistungsschalter haben sie eine praktisch unbegrenzte Lebensdauer, sind unempfindlich gegen Umweltbedingungen und arbeiten völlig geräuschlos. Diese und noch einige andere Vorteile haben dazu geführt, daß ihr Einsatzgebiet trotz eines höheren Preises gegenüber mechanischen Schaltern oder elektromechanischen Schützen ständig größer wird.

10.3.3 Nullspannungsschalter mit ICs

Ein Nullspannungsschalter läßt sich auch mit dem integrierten Baustein U 106 BS (AEG-Telefunken) aufbauen. **Bild 10.13** zeigt die Anschlußbelegung und die Beschaltung des Bausteines für den Betrieb als Nullspannungsschalter.

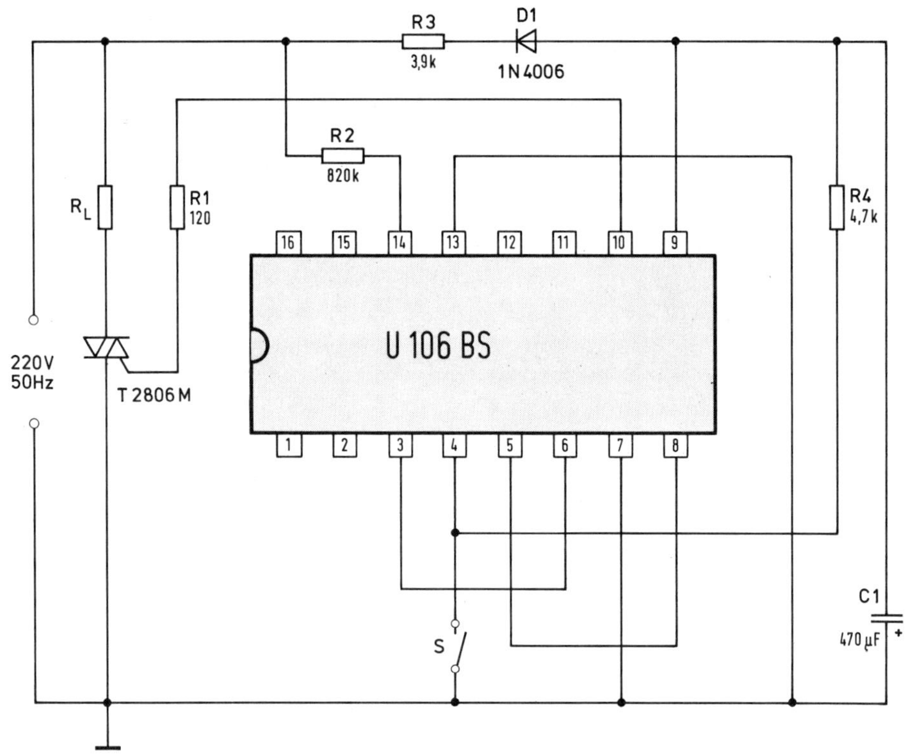

Bild 10.13 Nullspannungsschalter mit dem Baustein U 106 BS

Der Baustein U 106 BS enthält etwa 60 Transistorfunktionen sowie zahlreiche Dioden und Widerstände. Er ist so konzipiert, daß er mit einer anderen äußeren Beschaltung auch für andere Aufgaben eingesetzt werden kann.

Die zur Spannungsversorgung des Bausteins erforderliche Gleichspannung am Anschluß 9 wird mit Hilfe der Diode 1N4006, dem Vorwiderstand $R_3 = 3{,}9\,k\Omega$ und dem Ladekondensator $C_1 = 470\,\mu F$ aus der Netzspannung gewonnen. Der Masseanschluß liegt am Abschluß 13, die Synchronisierung mit der Netzspannung erfolgt über $R_2 = 820\,k\Omega$ an Anschluß 14. Mit dem Schalter S wird der Einschaltvorgang gestartet, indem das Potential an Anschluß 4 auf Masse gelegt wird. Vom nächsten Nulldurchgang an werden dann an Anschluß 10 jeweils im Nulldurchgang fortlaufend negative Impulse ausreichender Amplitude und Dauer abgegeben, die über den Begrenzungswiderstand R 1 dem Gate zugeführt werden. Der Triac wird also kurz nach jedem Nulldurchgang neu gezündet, solange der Schalter S geschlossen ist. Mit dem angegebenen Triac-Typ läßt sich ein Strom $I_{max} \approx 8$ A, also bei Betrieb am 220 V-Netz eine Leistung $P_{max} \approx 1700$ W schalten.

Ein weiterer IC, der für den Betrieb als Nullspannungsschalter beschaltet werden kann, ist der Baustein TCA 280 A (Valvo). **Bild 10.14** zeigt die Anschlußbelegung dieses Bausteines und seine Beschaltung als Nullspannungsschalter.

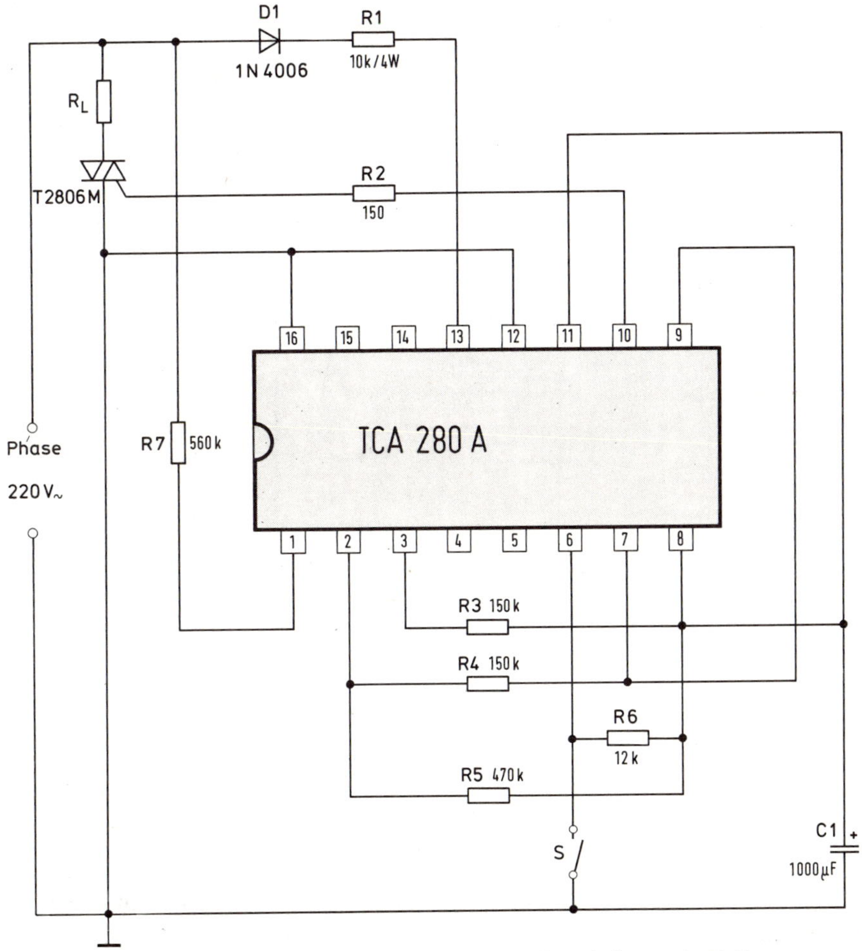

Bild 10.14 Anschlußbelegungen des TCA 280 A mit Beschaltung als Nullspannungsschalter

Auch der TCA 280 A wird in einem 16poligen Dual-in-Line-Gehäuse geliefert. Der Anschluß 16 ist der gemeinsame Bezugspunkt für die Betriebs-, Ausgangs- und Steuerspannung. Die erforderliche Betriebsgleichspannung wird über R 1 und interne Dioden zwischen den Anschlüssen 13 und 11 erzeugt. C 1 arbeitet dabei als Ladekondensator. Die Diode D 1 hat hier nur die Aufgabe, die Verlustleistung von R 1 durch Halbwellenbetrieb auf die Hälfte zu verringern. Die Synchronisierung erfolgt über den Anschluß 1.

Solange der Schalter S geöffnet ist, liegt an Anschluß 6 die erzeugte Betriebs-Gleichspannung und es werden keine Zündimpulse abgegeben. Wird der Schalter S geschlossen, dann liegt an Anschluß 6 Masse-Potential und an Anschluß 10 werden jeweils während des Nulldurchganges der Netzspannung positive Impulse ausreichender Amplitude und Dauer abgegeben. Sie werden über den Begrenzungswiderstand R 2 dem Gate zugeführt. Das Ein- und Ausschalten kann auch mit einer externen Gleichspannung $+2\,V \leqq U_{st} \leqq +7\,V$ an Anschluß 6 erfolgen. Die Verbindung des Schalters mit dem Anschluß 8 entfällt dann.

In zunehmendem Maße werden zum Ein- und Ausschalten von Verbrauchern Sensorschalter eingesetzt. Sie arbeiten vollelektronisch und bieten daher auch die Möglichkeit, als Nullspannungsschalter verwendet zu werden. Ein solcher sensorgesteuerter Nullspannungsschalter ist der integrierte Baustein U 112 BA (AEG-Telefunken). **Bild 10.15** zeigt die Anschlußbelegung und die hierfür erforderliche Beschaltung des Bausteins U 112 BA.

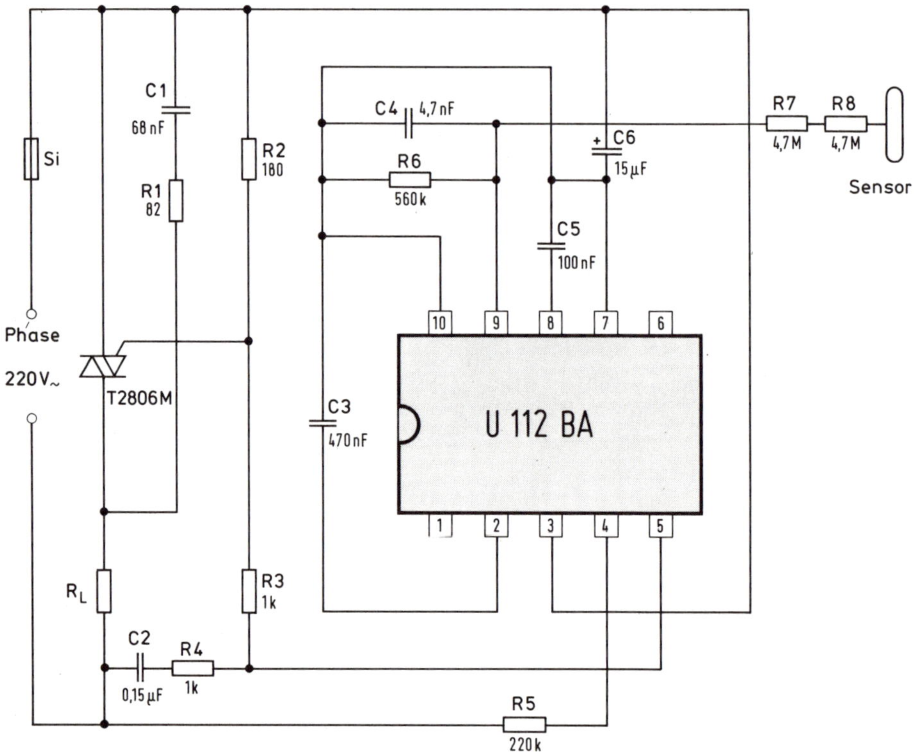

Bild 10.15 Anschlußbelegungen des Bausteines U 112 BA mit Nullspannungsschalter

Bei der Schaltung nach Bild 10.15 ist es erforderlich, daß der Anschluß 3 an Phase liegt. Die Gleichspannungsversorgung des ICs erfolgt über den Widerstand R5. Der Kondensator C6 dient zur Glättung der mit internen Dioden in Einweggleichrichtung gewonnenen Betriebsspannung für den Baustein. Durch C3 wird hier sichergestellt, daß bei Anschluß der Schaltung an das Netz stets die Vorzugslage – Aus – gewährleistet ist. Die gleiche Wirkung tritt auch ein, wenn bei ständigem Anschluß der Schaltung an das Netz ein längerer Netzausfall auftritt. Bei Netzunterbrechungen kürzer als 1 s bleibt der jeweilige Schaltzustand jedoch gespeichert. Der Kondensator C5 dient zum Entprellen des Sensoreinganges. Mit R6 und C4 wird die Empfindlichkeit des Sensoreinganges vorgegeben. R7 und R8 sind als Schutzmaßnahme notwendig.

Der Nullspannungsschalter wird durch Berühren des Sensors gestartet. Der Triac wird dann vom nächsten Nulldurchgang an ständig im Nulldurchgang gezündet. Durch nochmaliges Berühren des Sensors wird dann erreicht, daß der Triac vom nächsten Nulldurchgang an nicht mehr gezündet wird. Damit bleibt der Lastwiderstand abgeschaltet.

Eine Sensor-Fernbedienung des Nullspannungsschalters U 112 BA ist mit Hilfe von zusätzlichen IC-Bausteinen U 113 B (AEG-Telefunken) möglich, von denen beliebig viele Einheiten parallel geschaltet werden können. **Bild 10.16** zeigt diesen Zusatzbaustein U 113 B.

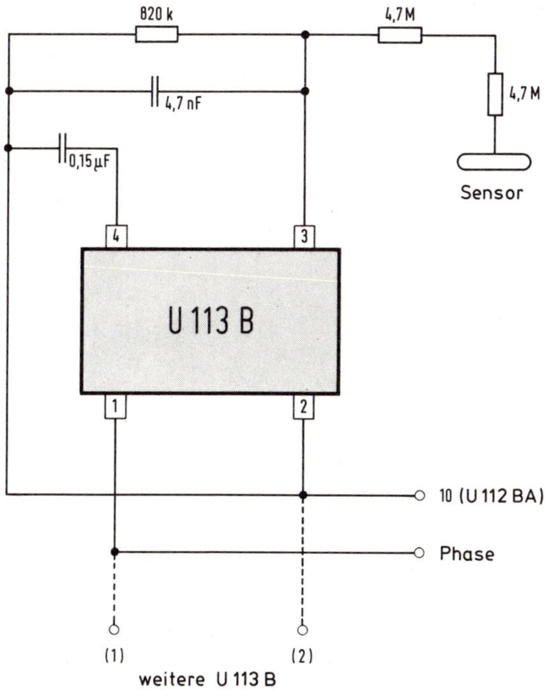

Bild 10.16 Anschlußbelegungen des Bausteines U 113 B mit Beschaltung als Fernbedienung für den Baustein U 112 BA

Der Anschluß der Fernbedienung U 113 B erfolgt am Anschluß 10 des Bausteines U 112 BA. Die in Bild 10.15 angegebene Verbindung ist dann aufzutrennen.

10.4 Schwingungspaketsteuerung

Elektrische Heizungen und Öfen werden in der Regel mit Netzspannung betrieben. Bei direktem Anschluß des Verbrauchers an das 220 V-Netz wird die maximal mögliche Leistung in Wärme umgesetzt. Sie ist vom Widerstand der Heizwendeln oder Heizstäbe abhängig und ist als $P = P_{max} \mathrel{\hat{=}} 100\%$ anzusetzen. Oft ist es aber zweckmäßig, die erzeugte Temperatur, d.h. also die umgesetzte Leistung feinstufig oder kontinuierlich zu verändern. Da die Netzspannung und der Lastwiderstand R_{Last} fest vorgegeben sind, kann die Leistung P nur durch eine Änderung des durch den Lastwiderstand fließenden Effektivstromes I_{eff} verändert werden, denn es gilt ganz allgemein:

$$P = I_{eff}^2 \cdot R_{Last}$$

Mit der Schwingungspaketsteuerung ist eine nahezu verlustlose Änderung der Leistung P möglich.

10.4.1 Grundprinzip der Schwingungspaketsteuerung

Unter dem Begriff „Schwingungspaketsteuerung" wird eine Steuerung verstanden, bei der ein Verbraucher abwechselnd für eine bestimmte Anzahl von Perioden ein- und ausgeschaltet wird, wobei das Ein- und Ausschalten jeweils im Nulldurchgang der Netzspannung erfolgt. Aufbauen läßt sich daher eine Schwingungspaketsteuerung aus einem Nullspannungsschalter entsprechend Kapitel 10.3 und einem Rechteckgenerator mit konstanter Periodendauer, aber in weiten Grenzen veränderlichem Impuls-Pausen-Verhältnis. **Bild 10.17** zeigt das Grundprinzip einer Schwingungspaketsteuerung.

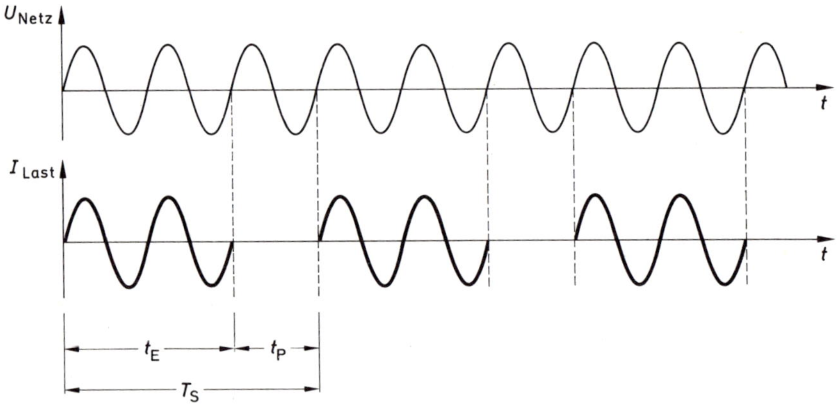

Bild 10.17 Grundprinzip der Schwingungspaketsteuerung

In Bild 10.17 ist als Beispiel die Dauer der Schaltperiode mit $T_S = 60$ ms dargestellt. Die Last ist bei diesem Beispiel jeweils für $t_E = 40$ ms eingeschaltet und für $t_p = 20$ ms ausgeschaltet. Aus dem Verhältnis t_E/T_S läßt sich direkt ermitteln, um welchen

Faktor die Leistung infolge der Schwingungspaketsteuerung kleiner als $P_{max} \mathrel{\hat{=}} 100\%$ ist.

$$P = \frac{t_E}{T_s} \cdot P_{max}.$$

Für den in Bild 10.17 dargestellten Fall ergibt sich $P = {}^{2}/_{3}\, P_{max}$, d.h. gleich 66% von P_{max}.

Die Dauer der Schaltperiode T_s muß nach der thermischen Zeitkonstanten der gesteuerten Heizung bestimmt werden. T_s soll stets mehrere Sekunden betragen, damit auch bei kürzester Einschaltzeit t_E – also kleinster Leistung – die Last immer noch mehrere Perioden lang eingeschaltet bleibt. Andererseits soll auch bei kürzester Ausschaltdauer t_p – also bei größter Leistung – die Last auch mehrere Perioden lang ausgeschaltet bleiben.

10.4.2 Schwingungspaketsteuerung mit Solid-State-Relais

Eine Schwingungspaketsteuerung läßt sich aufbauen mit dem Solid-State-Relais V 23100 S 0302, das bereits in Kapitel 10.3.2 beschrieben ist, und dem Timer 556, der in Kapitel 7.5.2 behandelt worden ist. **Bild 10.18** zeigt die Zusammenschaltung der beiden Funktionseinheiten zu einer Schwingungspaketsteuerung.

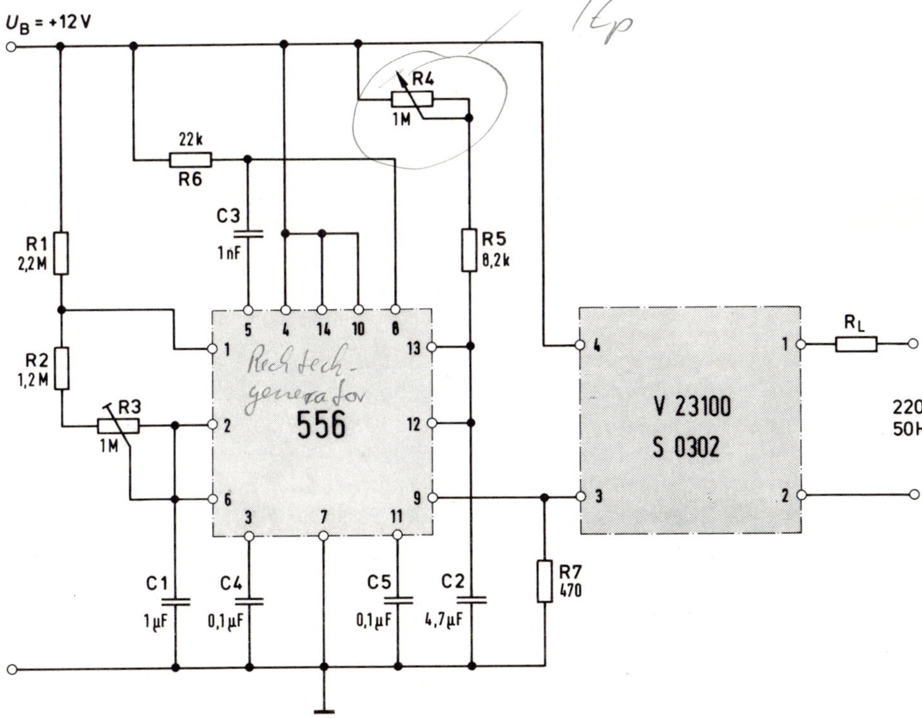

Bild 10.18 Schwingungspaketsteuerung mit den Bausteinen V 23100 S 0302 und 556

Soll die Leistung von $P \approx 1\%$ bis $P \approx 99\%$ kontinuierlich verändert werden, so muß z.B. bei einer Schaltperiode $T_s = 4\,s \hat{=} 200$ Schwingungen die kleinste Einschaltzeit $t_{Emin} \approx 40$ ms und die größte Einschaltzeit $t_{Emax} \approx 3960$ ms betragen. Zur Ansteuerung des Solid-State-Relais V 23100 S 0302 ist daher ein Rechteckgenerator erforderlich, dessen Impuls- oder Pausendauer sich von 40 ms bis 3960 ms kontinuierlich verändern läßt, wobei jedoch die Periodendauer des Rechteckgenerators gleich $T_s = 4$ s konstant bleiben soll. In Bild 10.18 ist der Zeitgeber 556 entsprechend beschaltet. Einzelheiten zu dieser Schaltung wurden in Zusammenhang mit Bild 9.34 behandelt.

Die Schaltung nach Bild 10.18 läßt sich zur Temperatursteuerung, z.B. von Lötkolben, Aquarienheizungen oder anderen elektrischen Heizungen bis $P_{max} \approx 1700$ Watt verwenden. Die umgesetzte Leistung läßt sich dabei von etwa 0% bis 100% kontinuierlich verlustlos verändern. Durch Ergänzung eines temperaturabhängigen Widerstandes zu den Widerständen R4 – R5, durch die der Einstellbereich des Impuls-Pausen-Verhältnisses festgelegt ist, kann die angegebene Schaltung zu einer Schwingungspaketregelung erweitert werden.

Auch das in Kapitel 10.3.2 angegebene Solid-State-Relais 642-2H kann in gleicher Weise wie das Relais V 23100 S 0302 in Bild 10.18 eingesetzt und angesteuert werden.

10.4.3 Schwingungspaketsteuerung mit ICs

Noch einfacher läßt sich eine Schwingungspaketsteuerung realisieren, wenn der schon bekannte Baustein TCA 280 A verwendet wird. **Bild 10.19** zeigt diesen Baustein in der Beschaltung zur Schwingungspaketsteuerung.

Der Baustein TCA 280 A arbeitet in der Beschaltung zur Schwingungspaketsteuerung im wesentlichen wie der Nullspannungsschalter entsprechend Bild 10.14. Hinzu kommt noch das periodische Ein- und Ausschalten des Laststromes durch Einstellen der gewünschten Einschaltdauer t_E bzw. Ausschaltdauer t_P. Dies geschieht durch Änderung der Steuergleichspannung am Anschluß 6. Sie kann z.B. auch durch einen Spannungsteiler aus der an Anschluß 11 liegenden Betriebsspannung gewonnen werden. Durch Variation der Steuerspannung an Anschluß 6 von $U_{St} = +1{,}5$ V bis $U_{St} = +8{,}5$ V läßt sich die Leistung im Verbraucher von etwa 0% bis 100% verändern.

Bei manchen Anwendungsgebieten kann es erforderlich sein, daß jedes Schwingungspaket mit einer Halbwelle einer Polarität beginnt und mit einer Halbwelle der anderen Polarität enden muß. Dies kann erreicht werden, wenn der Ladewiderstand $R_3 = 470$ k nicht direkt an die Plusleitung, sondern über eine Diode an den Anschluß 14 gelegt wird. Es fließt dann nur in der positiven Halbwelle ein Ladestrom in den Kondensator $C_3 = 2\,\mu$F. Dadurch wird bewirkt, daß jedes Schwingungspaket mit einer negativen Halbwelle beginnt und mit einer positiven Halbwelle endet.

Die Schwingungspaketsteuerung ist praktisch nur für die Temperatursteuerung von elektrischen Heizungen geeignet, wobei aber je nach Auslegung des Leistungsteiles auch große Leistungen verlustlos gesteuert werden können. Dabei werden dann wegen der Arbeitsweise als Nullspannungsschalter auch Einschaltströme mit kurzen Anstiegszeiten vermieden. Es treten daher keine Funkstörungen auf, so daß besondere Entstörfilter nicht erforderlich sind.

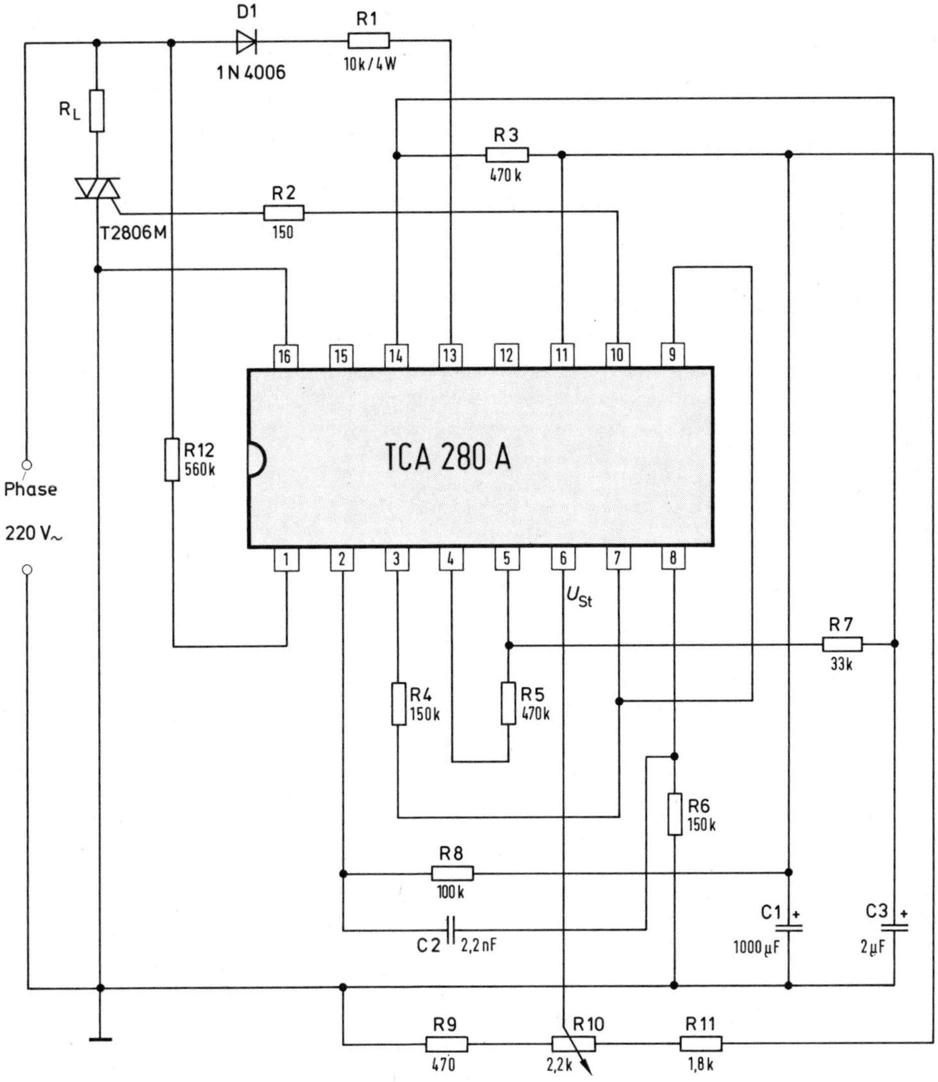

Bild 10.19 Schwingungspaketsteuerung mit dem Baustein TCA 280 A

Für die Steuerung der Helligkeit von Glühlampen ist die Schwingungspaketsteuerung jedoch nicht einsetzbar, weil die Lampen deutlich sichtbar flackern würden.

Es gibt noch eine Reihe weiterer integrierter Bausteine zur Ansteuerung von Thyristoren und Triacs nach dem Prinzip der Schwingungspaketsteuerung. Auch sie sind meistens so konzipiert, daß sie bei entsprechender Beschaltung auch als Zeitgeber, Impulsgenerator oder zur Phasenanschnittsteuerung eingesetzt werden können. Wegen dieser beabsichtigten Vielseitigkeit der fraglichen ICs ist ihr innerer Schaltungsaufbau sehr kompliziert und die jeweils erforderliche äußere Beschaltung in ihrer Wirkungsweise nur noch schwer verständlich. Für den Praktiker ist dies aber ohne Bedeutung.

10.5 Phasenanschnittsteuerung

Eine weitere Möglichkeit, die in einem Verbraucher umgesetzte Leistung nahezu verlustlos von etwa 0% bis 100% kontinuierlich zu verändern, bietet die Phasenanschnittsteuerung.

10.5.1 Grundprinzip der Phasenanschnittsteuerung

Bei der Phasenanschnittsteuerung wird der Laststrom in jeder Periode immer erst mit einer bestimmten Phasenverschiebung gegenüber der Sinushalbwelle eingeschaltet. Als Leistungsschalter werden in diesen Schaltungen heute nur noch Thyristoren und Triacs verwendet. Die Zündung erfolgt stets mit Impulsen. Damit eine Änderung des Effektivwertes des Laststromes möglich ist, müssen diese Steuerimpulse in ihrer Phasenlage zur Netzwechselspannung verschiebbar sein. In **Bild 10.20** ist das Grundprinzip der Phasenanschnittsteuerung dargestellt.

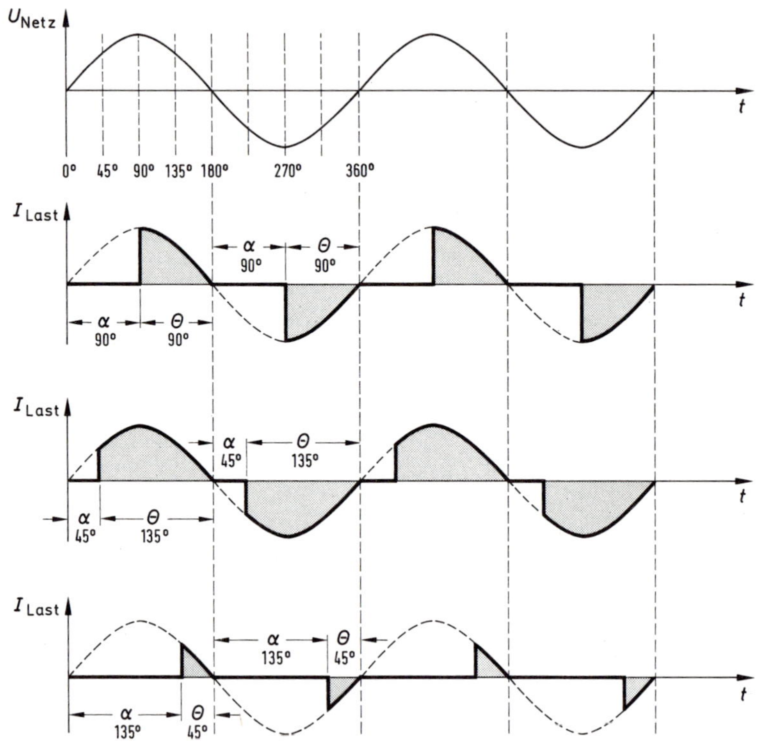

Bild 10.20 Grundprinzip der Phasenanschnittsteuerung

Die Verschiebung des Steuerimpulses gegenüber einem Nulldurchgang der Wechselspannung und damit auch der Zündung des Leistungsschalters wird als Zündverzögerungswinkel α angegeben. Als Stromflußwinkel θ wird dagegen der Phasenwinkel bezeichnet, während dem Strom durch den Verbraucher fließt. Da Thyristoren und Triacs bei jedem Nulldurchgang der Betriebsspannung wieder in den Sperrzustand zurückkippen, muß die Zündung in jeder Halbwelle neu erfolgen.

Um die Leistung von etwa 0% bis 100% verändern zu können, ist es erforderlich, den Stromflußwinkel in den Grenzen von $0 \leqq \theta \leqq 180°$ zu verändern. Das gleiche gilt auch für den Zündverzögerungswinkel α. Zündverzögerungswinkel und Stromflußwinkel ergänzen sich stets zu 180°. Es gilt daher

$$\alpha + \theta = 180°.$$

In Bild 10.20 sind drei Fälle des Phasenanschnitts dargestellt, und zwar für $\alpha = 90°$, $\alpha = 45°$ und $\alpha = 135°$. Je größer α ist, desto kleiner ist θ und damit auch I_{eff}.
Der Zusammenhang zwischen α, θ und der im Verbraucher umgesetzten Leistung läßt sich mathematisch nur mit erheblichem Aufwand ermitteln. Er ist daher in Bild 10.21 als Diagramm $P\,[\%] = f(\alpha)$ bzw. $f(\theta)$ angegeben. Die Werte $\alpha = 0° \mathrel{\hat{=}} P = 100\%$; $\alpha = 90° \mathrel{\hat{=}} P = 50\%$ sowie $\alpha = 180° \mathrel{\hat{=}} P = 0\%$ lassen sich leicht aus der Zeichnung entsprechend Bild 10.20 ableiten. Die Zwischenwerte können mit ausreichender Genauigkeit aus dem Diagramm entsprechend **Bild 10.21** abgelesen werden.

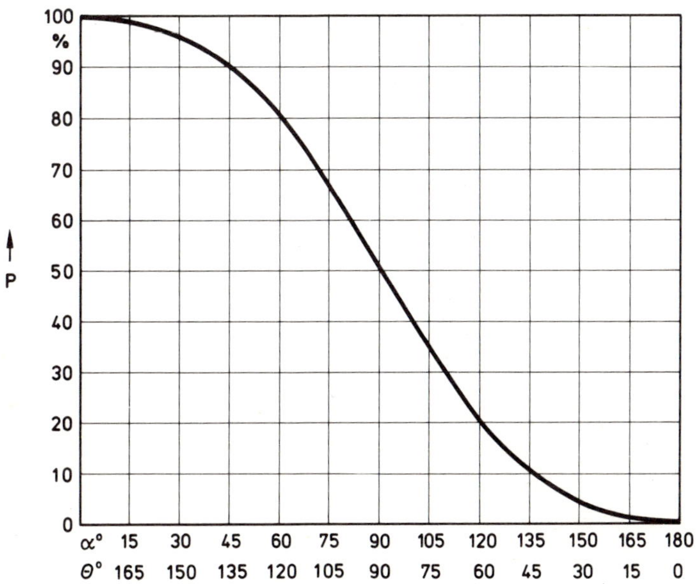

Bild 10.21 Zusammenhang zwischen P [%] und α bzw. θ bei Phasenanschnittsteuerungen

Die Grenzbereiche, etwa von $0 \leqq \alpha \leqq 15°$ und $165° \leqq \alpha \leqq 180°$, lassen sich aus schaltungstechnischen und bauteilebedingten Gründen mit einfachen Ansteuerschaltungen kaum erreichen. Das gilt auch für die zu diesem Bereich gehörenden Leistungen.

Damit die einmal eingestellte Leistung konstant bleibt, muß der Zündverzögerungswinkel konstant bleiben. Dies ist nur möglich, wenn der zur Phasenanschnittsteuerung gehörende Impulsgenerator mit der Netzspannung synchronisiert ist.

In **Bild 10.22** sind die 5 wichtigsten Schaltungen für den Leistungsteil von Phasenanschnittsteuerungen mit den zugehörigen Impuls- und Laststromdiagrammen dargestellt und zwar einheitlich für $\alpha = 90°$.

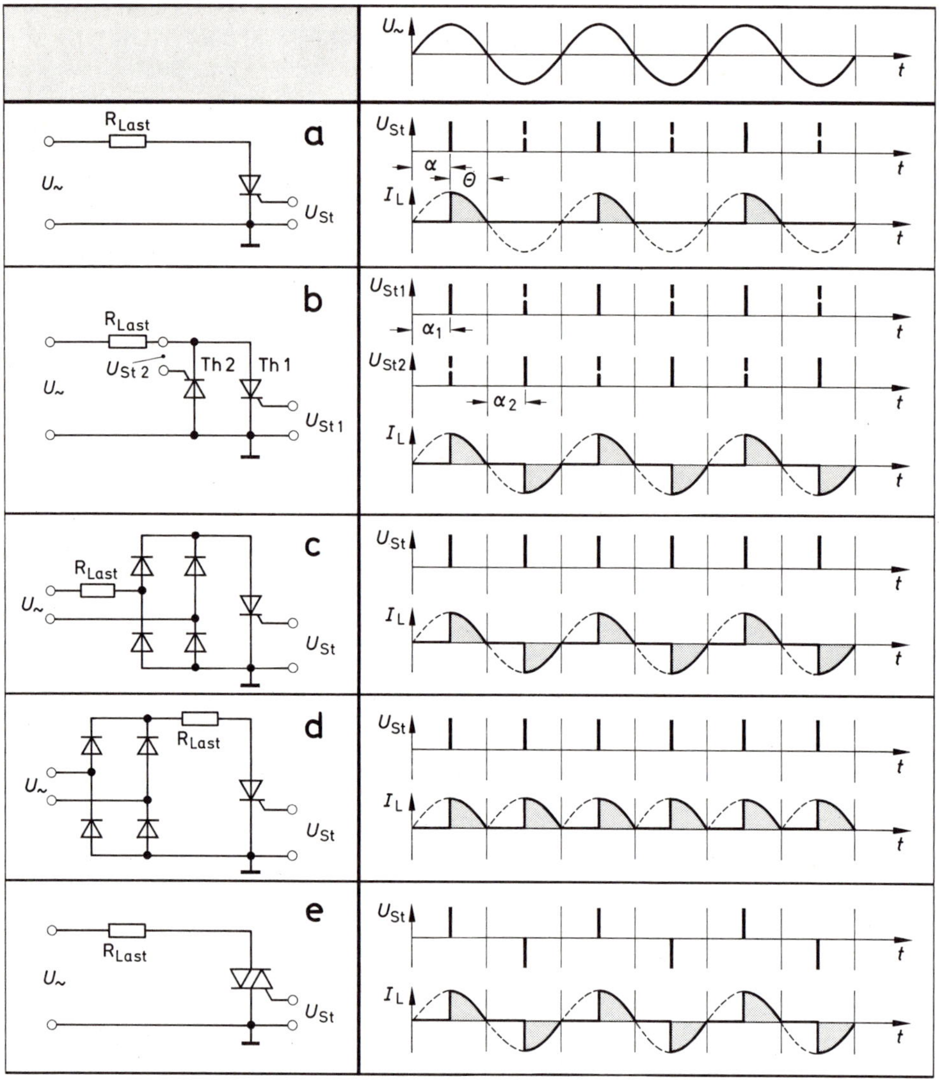

Bild 10.22 Fünf verschiedene Leistungsteile von Phasenanschnittsteuerungen mit Impuls- und Laststromdiagrammen für $\alpha = 90°$

Bei der Schaltung nach Bild 10.22a kann der Thyristor jeweils nur in der positiven Halbwelle gezündet werden. Aus diesem Grund läßt sich die Leistung auch nur von etwa 0% bis 50% verändern. Diese Einwegschaltung wird nur noch in Ausnahmefällen eingesetzt.

Bei der Schaltung nach Bild 10.22b arbeiten die beiden Thyristoren in Antiparallelschaltung. Der Thyristor Th1 wird in der positiven Halbwelle, Th2 in der negativen Halbwelle gezündet. Die Steuerspannungen U_{St1} und U_{St2} müssen auf unterschiedliche Potentiale bezogen werden. Dies wird in der Regel durch Impulsübertrager oder Optokoppler erreicht. Weiterhin muß gewährleistet sein, daß $\alpha_1 = \alpha_2$ ist und zwischen ihnen stets eine Phasenverschiebung von 180° besteht.

Die Schaltung 10.22c enthält zusätzlich eine Gleichrichter-Brückenschaltung. Daher liegt am Thyristor stets eine positiv gerichtete Halbwellenspannung und eine Zündung kann in jeder Halbwelle erfolgen. Die Leistung läßt sich daher bei dieser Schaltung ebenfalls von 0% bis 100% verändern und der Nachteil von Schaltung a tritt nicht mehr auf. Zusätzlich erforderlich sind 4 Dioden, die für den Laststrom dimensioniert sein müssen. Der Lastwiderstand liegt bei dieser Schaltung im Wechselstromkreis, er wird also von einem Wechselstrom durchflossen.
Bei der Schaltung nach Bild 10.22d liegt der Lastwiderstand dagegen im Gleichstromkreis. Leistungsmäßig tritt dadurch aber kein Unterschied gegenüber der Schaltung nach Bild 10.22c auf.
Die Schaltung nach Bild 10.22e wird bei der Phasenanschnittsteuerung am häufigsten verwendet, sofern nicht wie in der Leistungselektronik besonders große Ströme geschaltet werden müssen. Durch Verwendung eines Triacs besteht gegenüber der Schaltung a der Vorteil, daß beide Halbwellen angeschnitten werden können. Gegenüber den Schaltungen c und d können dagegen 4 Dioden eingespart werden. Auch gegenüber der Schaltung b besteht der Vorteil, daß die Ansteuerschaltung für den Triac einfacher aufzubauen und keine Potentialtrennung erforderlich ist.
Jede Phasenanschnittsteuerung besteht aus einem Leistungsteil und einer Ansteuerschaltung, die häufig auch als Zündschaltung bezeichnet wird. Es handelt sich dabei um einen Impulsgenerator, der mit einstellbarem Zündverzögerungswinkel und synchronisiert mit der Netzspannung in jeder Halbwelle einen Zündimpuls ausreichender Größe an den Leistungsschalter abgibt. Diese Impulsgeneratoren werden wegen ihrer relativ einfachen Realisierungsmöglichkeit noch überwiegend in diskreter Schaltungstechnik aufgebaut. Lieferbar und in größerem Umfang eingesetzt sind inzwischen aber auch integrierte Ansteuerschaltungen. Sie sind dann in der Regel so konzipiert, daß sie sich außer zur Phasenanschnittsteuerung auch mit einer anderen äußeren Beschaltung zur Schwingungspaketsteuerung oder als Nullspannungsschalter einsetzen lassen.

10.5.2 Phasenanschnittsteuerung mit Triac und Diac

Recht einfach und billig lassen sich Phasenanschnittsteuerungen mit einem Triac und einem Diac aufbauen. Der Triac wird dabei als Leistungsschalter eingesetzt, während der Diac zusammen mit einem zeitbestimmenden RC-Glied als Impulsgenerator arbeitet. **Bild 10.23** zeigt das Grundprinzip einer derartigen Phasenanschnittsteuerung.

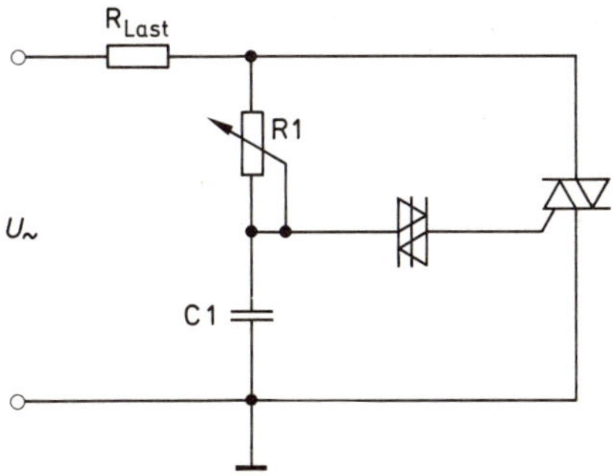

Bild 10.23 Grundprinzip einer Phasenanschnittsteuerung mit Triac und Diac

Bei jedem Nulldurchgang der Betriebsspannung sperrt der Triac und wird damit hochohmig. Daher liegt zu Beginn einer jeden Halbwelle sowohl am Triac als auch am RC-Glied die sinusförmige Betriebsspannung und der Kondensator C1 wird über R1 aufgeladen. Sobald U_{C1} die Durchbruchspannung des Diacs überschritten hat, erfolgt eine Entladung des Kondensators über den Diac und das Gate des Triacs. Der Triac wird dadurch gezündet und bleibt bis zum Ende der Halbwelle in diesem Zustand. Lade- und Zündvorgang wiederholen sich in jeder positiven und negativen Halbwelle, wobei in der positiven Halbwelle ein positiver und in der negativen Halbwelle ein negativer Zündimpuls erzeugt wird. Der Triac wird also jeweils im 1. und 3. Quadranten gezündet.

Die Ladezeit des Kondensators C1 bis zum Erreichen der Durchbruchspannung des Diac hängt sowohl von der Größe der Durchbruchspannung als auch von der Zeitkonstanten $\tau = R_1 \cdot C_1$ ab. Die Durchbruchspannung ist vom verwendeten Diac-Typ abhängig und schaltungstechnisch nicht beeinflußbar, so daß der Zündverzögerungswinkel nur durch Veränderung der Zeitkonstanten verändert werden kann. Weil die Aufladung des Kondensators hier aber nicht mit einer konstanten Spannung, sondern mit einer sinusförmigen Spannung erfolgt, lassen sich die für einen bestimmten Zündverzögerungswinkel α erforderlichen Werte von R1 und C1 nur mit Hilfe der höheren Mathematik ermitteln. In der Praxis greift man daher bei der Wahl geeigneter Werte für C1 und R1 auf Erfahrungswerte zurück und optimiert diese dann durch praktische Versuche.

Soll die in R_{Last} umgesetzte Leistung im Bereich von $P \approx 0\%$ bis $P \approx 100\%$ einstellbar sein, so muß sich der Zündverzögerungswinkel in den Grenzen von $0° \leqq \alpha \leqq 180\%$ verändern lassen. Bei einer Betriebsspannung mit $f = 50$ Hz wäre daher eine Einstellung der Ladezeit von $t = 0$ bis $t = 10$ ms erforderlich. Diese Grenzwerte lassen sich jedoch schaltungstechnisch nicht erreichen.

Die Synchronisierung des Impulsgenerators mit der Netzspannung erfolgt bei dieser Schaltung dadurch, daß die Ladespannung hinter dem Lastwiderstand abgegriffen wird. Solange der Triac leitet, ist die Ladespannung etwa 0V. Erst wenn der Triac beim nächsten Nulldurchgang sperrt, kann die Aufladung von C1 erfolgen. Der Ladevorgang beginnt also jeweils bei einem Nulldurchgang.

Wird in der Schaltung nach Bild 10.23 der wirksame Widerstand R1 verkleinert, so erfolgt die Aufladung von C1 schneller, der Zündverzögerungswinkel wird kleiner und P damit größer. Die umgekehrten Verhältnisse treten ein, wenn der wirksame Widerstand von R1 vergrößert wird.

Eine nach Bild 10.23 aufgebaute Schaltung arbeitet bereits einwandfrei als Phasenanschnittsteuerung. Sie hat aber noch den Nachteil, daß eine erhebliche Hysterese auftritt. Diese macht sich dadurch bemerkbar, daß das Potentiometer R1 zunächst von 0% bis etwa 40% seines Widerstandsbereiches verstellt werden muß, bis der Triac erstmalig zündet. Ist aber diese erstmalige Zündung erfolgt, so kann das Potentiometer wieder bis auf etwa 5% seines Widerstandswertes zurückgestellt werden, ehe der Triac nicht mehr zündet. Wird als Lastwiderstand z.B. eine Glühlampe verwendet, so kann diese wegen der Hysterese nicht mit geringster Helligkeit eingeschaltet werden. Sie wird sofort mit der Helligkeit leuchten, die der Potistellung beim erstmaligen Zünden entspricht. Ursache für diese Hysterese ist der gegenüber dem Dauerbetrieb etwas unterschiedliche Lade- und Entladevorgang in der ersten Halbwelle nach dem Anlegen der Betriebsspannung.

Diese unerwünschte Hysterese kann erheblich verkleinert werden, wenn noch ein zweites RC-Glied nachgeschaltet wird. **Bild 10.24** zeigt eine solche verbesserte Phasenanschnittsteuerung.

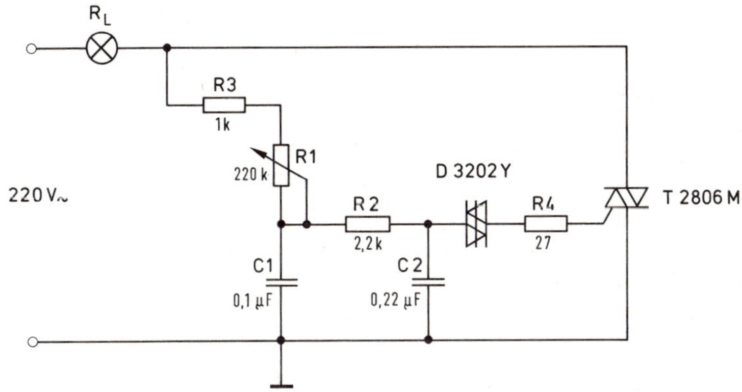

Bild 10.24 Phasenanschnittsteuerung mit kleiner Hysterese

Wird bei der Schaltung nach Bild 10.24 eine Glühlampe als Lastwiderstand verwendet, so wird eine solche Phasenanschnittsteuerung auch als Dimmer bezeichnet. Die angegebene Schaltung ist so dimensioniert, daß Glühlampen bis zu $P \leqq 1700\,\text{W}$ verwendet werden können.

Der Zündverzögerungswinkel α hängt bei einer Schaltung nach Bild 10.24 vom Zusammenwirken mehrerer Komponenten ab, und zwar von den Ladewiderständen R 1, R2 und R3, von den Ladekondensatoren C1 und C2 sowie von der Durchbruchspannung des verwendeten Diacs. Dadurch kann sehr leicht der Fall eintreten, daß bei einem Aufbau der Schaltung nicht der gesamte Stellbereich von R1 wirksam ist, sondern der Einschaltpunkt z.B. zur Mitte hin verschoben ist. Zum Ausgleich der auftretenden Toleranzen wird daher dem Potentiometer R1 oft noch ein hochohmiger Trimmer parallel geschaltet. Durch ihn ist es möglich, den Einstellpunkt für die Beleuchtungsstärke Null an das zuständige Ende des Potis zu verschieben.

Die heute in großem Umfang verwendeten Dimmer, die anstelle eines einfachen Lichtschalters in Unterputzdosen eingesetzt werden, arbeiten überwiegend nach dem Prinzip der Schaltung entsprechend Bild 10.24. Je nach Hersteller werden die verschiedensten Abwandlungen für den Impulsgenerator verwendet.

Da der Triac in wenigen Mikrosekunden durchzündet, muß auch der Strom in dieser sehr kurzen Zeit jeweils von $I = 0$ A auf jeden Wert ansteigen, den die Last zum Zündzeitpunkt erfordert. Derartig kurze Stromanstiegszeiten verursachen jedoch – wie bereits in Kapitel 10.3 erwähnt – Hochfrequenzstörungen, die sich besonders im Kurz-, Mittel- und Langwellenbereich bemerkbar machen. Bei jeder Phasenanschnittsteuerung ist daher ein Entstörfilter erforderlich. **Bild 10.25** zeigt zwei mögliche Ausführungen.

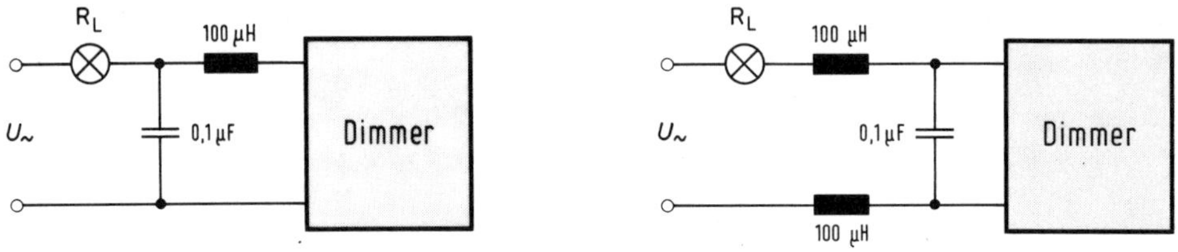

Bild 10.25 Entstörfilter für Dimmer

Die in Bild 10.25 angegebenen Entstörfilter reichen in der Regel aus, die von einem Dimmer erzeugten HF-Störungen weitgehend zu unterdrücken. Die Spulen müssen dabei selbstverständlich für den maximal fließenden Laststrom ausgelegt sein.

10.5.3 Phasenanschnittsteuerung mit Thyristor und UJT

Sehr einfach lassen sich Phasenanschnittsteuerungen auch mit einem Thyristor und einem UJT aufbauen. Der Leistungsteil entspricht der Schaltungen nach Bild 10.22c oder 10.22d. Sie unterscheiden sich nur dadurch, daß der Lastwiderstand bei der erstgenannten Schaltung im Wechselstromkreis, bei der zweiten im Gleichstromkreis liegt. Angesteuert wird der Thyristor von einem Impulsgenerator mit UJT. Dieser ist nach dem Prinzip eines Sägezahngenerators entsprechend Bild 9.45 aufgebaut. **Bild 10.26** zeigt eine Phasenanschnittsteuerung mit Thyristor und UJT.

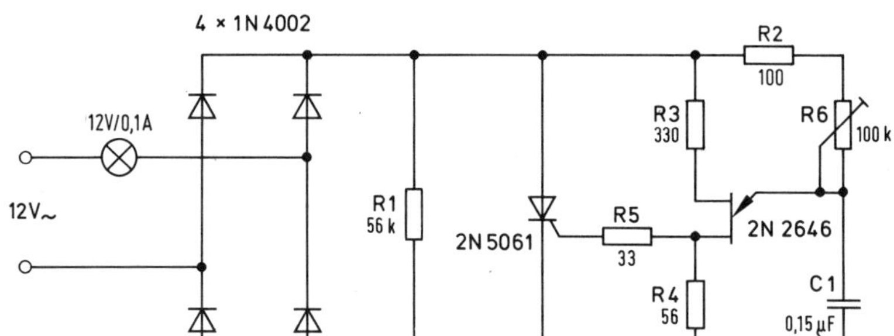

Bild 10.26 Phasenanschnittsteuerung mit Thyristor und UJT, Last im Wechselstromkreis

Hat die Kondensatorspannung U_{C1} die Höcker- oder Zündspannung des UJT überschritten, so folgt ein Entladevorgang, bei dem ein Entladestrom über die E-B1-Strecke und R4 fließt. Er erzeugt an R4 einen kurzzeitigen Spannungsabfall, der als nadelförmiger Impuls abgegriffen und über den Strombegrenzungswiderstand R5 dem Gate zugeführt wird.

Die Schaltung nach Bild 10.26 ist als Versuchsschaltung ausgelegt und wird aus Sicherheitsgründen nur mit einer Wechselspannung $U_{eff} = 12$ V betrieben. Die Last liegt im Wechselstromkreis R1 dient als Grundlast für die Brückenschaltung. Das zeitbestimmende RC-Glied aus R2, R6 und C1 ist so ausgelegt, daß das Lämpchen von der Helligkeit Null bis zur maximalen Helligkeit gesteuert werden kann. **Bild 10.27** zeigt die gleiche Dimmerschaltung, bei der jetzt aber die Last im Gleichstromkreis liegt.

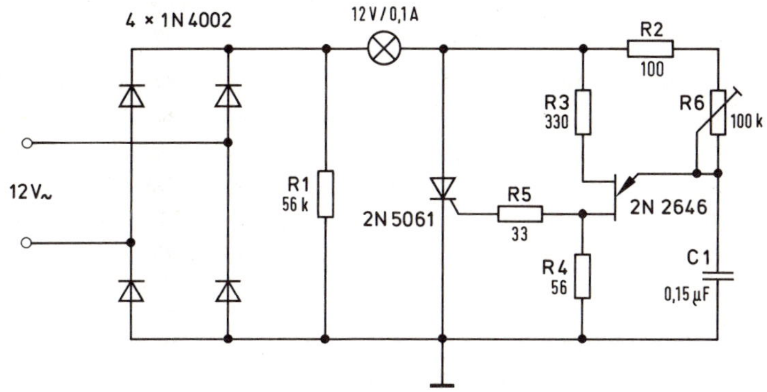

Bild 10.27 Phasenanschnittsteuerung mit Thyristor und UJT, Last im Gleichstromkreis

Bei der Verwendung anderer Bauelemente können die Schaltungen nach Bild 10.26 und 10.27 auch am 220V-Netz betrieben werden. Die Betriebsspannung für den Impulsgenerator muß dann auf 12V bis 15V begrenzt werden. Dies ist leicht möglich, indem mit Hilfe eines Vorwiderstandes und einer Z-Diode die Amplitude der Halbwellen begrenzt wird. Die Synchronisierung des Impulsgenerators mit der Netzfrequenz bleibt dabei erhalten. **Bild 10.28** zeigt das Prinzip einer derartigen Schaltung für den Betrieb am 220V-Netz.

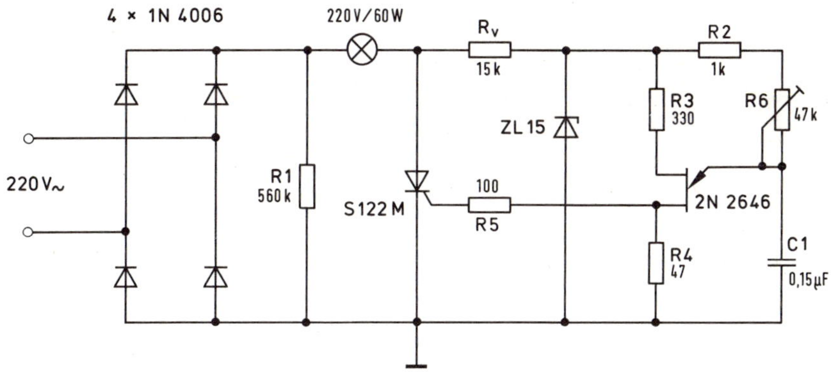

Bild 10.28 Phasenanschnittsteuerung mit Thyristor und UJT für Netzbetrieb

Da die Aufladung des Kondensators bei der Schaltung nach Bild 10.28 nicht mehr mit einer sinusförmigen, sondern näherungsweise mit Gleichspannung erfolgt, muß das RC-Glied anders dimensioniert werden.

Phasenanschnittsteuerungen mit Thyristor und UJT werden insbesondere in der Leistungselektronik, z.B. zum Steuern größerer Motoren eingesetzt. Anstelle von Triacs werden dann in der Regel jeweils 2 Thyristoren in Antiparallelschaltung verwendet, die dann vom UJT-Generator über einen Impulsübertrager oder über Optokoppler potentialfrei angesteuert werden. Hierauf und auf die vielfältigen Variationen bei den Zündgeneratoren in diskreter Schaltungstechnik wird erst im Band IVA „Leistungselektronik" näher eingegangen.

10.5.4 Phasenanschnittsteuerung mit ICs

In zunehmendem Maße werden bei der Phasenanschnittsteuerung größerer Leistungen integrierte Bausteine als Zündschaltungen eingesetzt. Einige dieser ICs sind bereits in Kapitel 10.3 mit einer äußeren Beschaltung als Nullspannungsschalter oder in Kapitel 10.4 in einer Beschaltung für die Schwingungspaketsteuerung behandelt. Wegen dieser vielseitigen Einsatz- und Beschaltungsmöglichkeiten ist ihr innerer Aufbau recht umfangreich und kompliziert mit bis zu 60 Transistorfunktionen.

Ein solcher Baustein ist z. B. der Typ U 112 BA (AEG-Telefunken), der in Kapitel 10.3.3 bereits näher beschrieben und in Bild 10.15 mit einer äußeren Beschaltung als Nullspannungsschalter gezeigt worden ist. **Bild 10.29** zeigt den Baustein U 112 BA mit einer Beschaltung für die Phasenanschnittsteuerung. Das Einschalten des Verbrauchers erfolgt auch hier über eine Sensortaste. Bei Anschluß von Fernbedienungs-

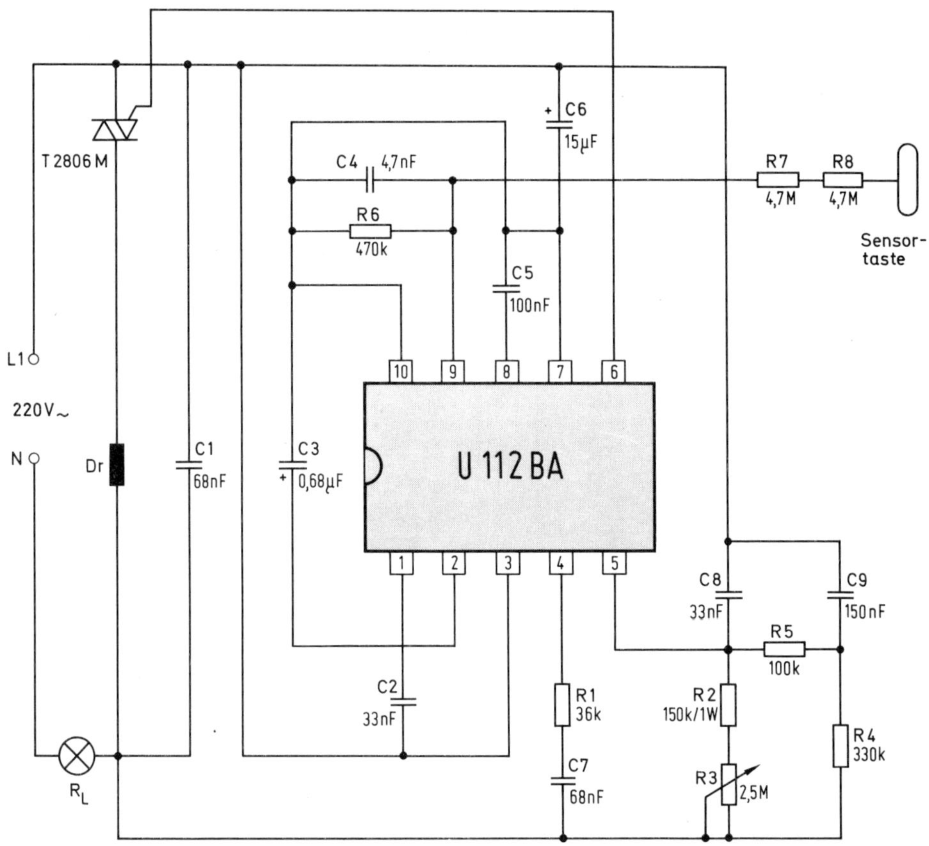

Bild 10.29 Baustein U 112 BA, beschaltet für die Phasenanschnittsteuerung

bausteinen U 113 B entsprechend Bild 10.16 ist das Einschalten der Last mit einer Sensor-Fernbedienung möglich. Der Zündverzögerungswinkel muß dann aber stets an dem Baustein U 112 BA eingestellt werden.

Das Einschalten erfolgt über die Sensortaste oder über die Fernbedienung U 113 B, die an Anschluß 10 in beliebiger Zahl angeschlossen werden können. Der Zündverzögerungswinkel α und damit die Helligkeit der Lampe wird mit dem Potentiometer $R = 2{,}5\ \mathrm{M\Omega}$ eingestellt. Mit dem angegebenen Triac läßt sich eine Leistung $P_{max} \approx 1700\ \mathrm{W}$ steuern. Auch bei dieser Schaltung ist es erforderlich, daß der Anschluß 3 an Phase liegt. Weitere Einzelheiten zu der Schaltung sind bereits bei Bild 10.15 angegeben.

Ein ebenfalls sehr aufwendiger, aber auch vielseitig einsetzbarer Baustein für die Phasenanschnittsteuerung ist der Typ TCA 280 A (Valvo). **Bild 10.30** zeigt diesen Baustein in der Beschaltung zur Phasenanschnittsteuerung.

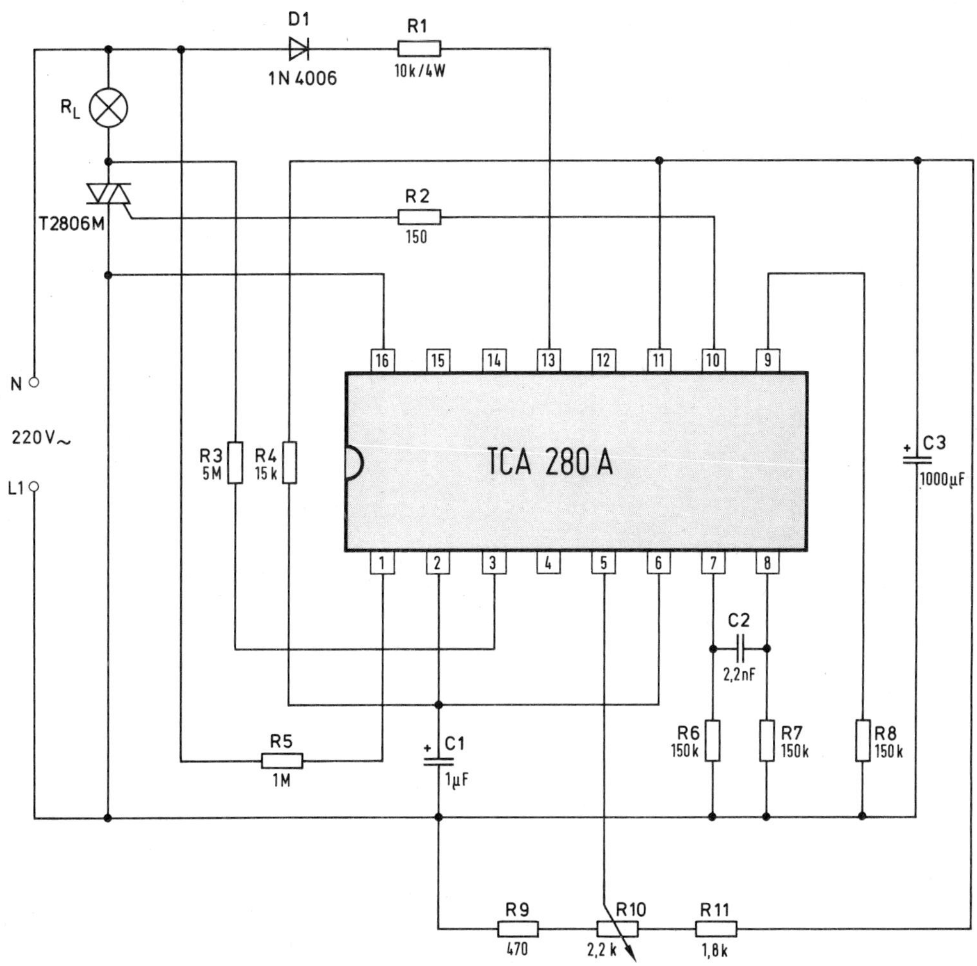

Bild 10.30 Baustein TCA 280 A, beschaltet für die Phasenanschnittsteuerung

Gemeinsamer Bezugspunkt für die Betriebs-, Ausgangs- und Steuerspannung ist hier auch der Anschluß 16. Die Erzeugung der erforderlichen Betriebsgleichspannung ist bereits bei Bild 10.14 näher beschrieben. Der Zündverzögerungswinkel kann im Bereich von $0° \leqq \alpha \leqq 180°$ durch die Steuerspannung U_{st} an Anschluß 5 verändert werden. Bei der Schaltung nach Bild 10.30 wird diese Steuerspannung durch einen Spannungsteiler aus der erzeugten Betriebsspannung am Anschluß 11 gewonnen. Als Steuerspannung kann aber auch eine externe Gleichspannung verwendet werden, die im Bereich $+2\ \text{V} \leqq U_{st} \leqq +7\ \text{V}$ einstellbar sein muß. Die Breite der an Anschluß 10 abgegebenen Zündimpulse beträgt etwa 200 µs.

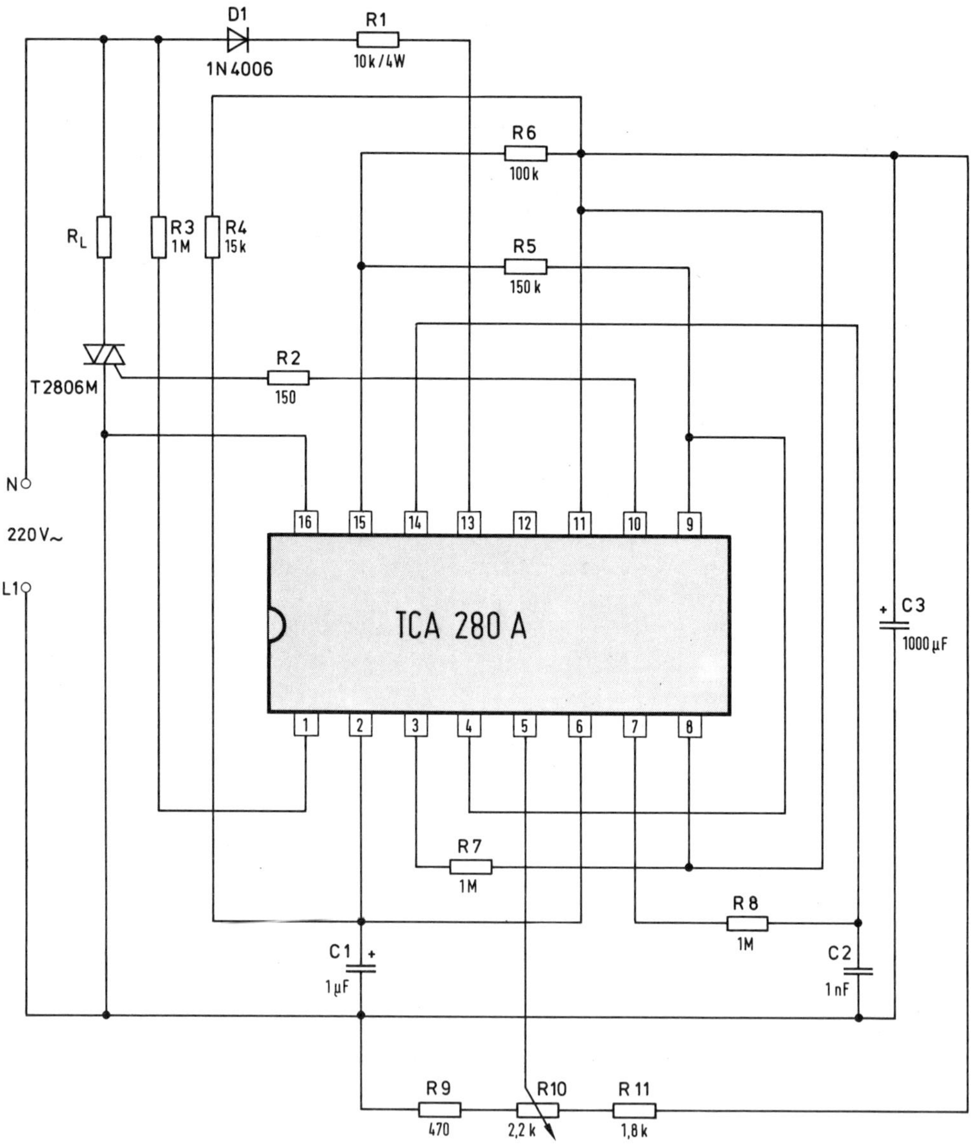

Bild 10.31 Baustein TCA 280 A, beschaltet für die Phasenanschnittsteuerung mit Impulsserien

Alle bisher beschriebenen Phasenanschnittsteuerungen arbeiten nach dem Prinzip, daß in jeder Halbwelle nur ein einziger Impuls mit dem eingestellten Zündverzögerungswinkel erzeugt wird. Dieser Impuls muß dann jeweils eine Mindestbreite haben, damit der angesteuerte Triac sicher zündet. Eine andere Methode besteht darin, daß nach Überschreiten des eingestellten Zündverzögerungswinkels fortlaufend kurze Impulse zur Ansteuerung des Gates erzeugt werden. Diese Zündimpulserzeugung dauert dann jeweils bis zum nächsten Nulldurchgang an. Die Frequenz dieser Zündimpulse liegt etwa zwischen 1 kHz und 2 kHz. Falls z. B. der erste Impuls noch keine Zündung bewirkt haben sollte, so erfolgt dies durch den zweiten oder dritten Impuls. Diese Methode hat besondere Vorteile bei induktiven Lastwiderständen, auf die in Kapitel 10.5.5 noch eingegangen wird.

Bild 10.31 zeigt die Phasenanschnittsteuerung mit dem Baustein TCA 280 A in der Beschaltung für die Ansteuerung mit Impulsserien.

Es gibt von verschiedenen Herstellern noch eine Reihe weiterer ICs, die als Zündschaltung für die Phasenanschnittsteuerung eingesetzt werden können. Der interne Schaltungsaufwand ist zum Teil erheblich und nur noch für Spezialisten verständlich. Für den Einsatz dieser ICs reicht es jedoch völlig aus, die erforderlichen externen Beschaltungen zu kennen um sie bei auftretenden Fehlern systematisch überprüfen zu können. Die an den einzelnen Anschlüssen liegenden Betriebs-, Impuls- oder Sägezahnspannungen werden in den Datenblättern der Hersteller nur in Ausnahmefällen angegeben oder näher beschrieben.

10.5.5 Phasenanschnittsteuerung bei induktiver Last

Alle bisher beschriebenen Schaltungen für die Phasenanschnittsteuerung waren für ohmsche Verbraucher, also Glühlampen, Heizstäbe usw. ausgelegt. Zwischen Netzspannung und Laststrom tritt dabei keine Phasenverschiebung auf. Die Zündimpulse brauchen nur eine relativ geringe Dauer zu haben, weil sofort nach der Zündung der Laststrom auf den Wert springt, der aufgrund der Phasenlage der Netzspannung gerade fließen muß. Dieser Strom ist in der Regel größer als der Haltestrom, Triac oder Thyristor zünden sofort und bleiben auch für den Rest der Halbwelle gezündet. Die erforderliche Zündimpulsdauer hängt im wesentlichen vom Haltestrom, dem Lastwiderstand, der Durchlaßspannung und der Netzspannung ab. Bei üblichen Schaltungen beträgt $t_{z_{min}} \approx 100\ \mu s$ bis $500\ \mu s$.

Hat jedoch der Lastwiderstand einen induktiven Anteil, sind Spannung und Strom nicht mehr in Phase, und zwar eilt der Strom nach. Daher kann der Fall eintreten, daß während der Dauer des Zündimpulses der Strom noch nicht den Haltestromwert überschritten hat. Der Thyristor oder Triac wird dann zwar kurzzeitig gezündet, kippt dann aber bei Ende des Zündimpulses sofort wieder in den Sperrzustand zurück.

Abhilfe kann mit drei verschiedenen Methoden geschaffen werden, und zwar

1. durch eine Verbreiterung des Zündimpulses,
2. durch Impulsserien oder
3. durch eine RC-Beschaltung.

Eine Verbreiterung des Zündimpulses hat den Nachteil, daß aufwendigere Steuerschaltungen mit größerer Steuerleistung erforderlich sind. Außerdem bringt eine zu große Impulsdauer Schwierigkeiten bei großen Zündverzögerungswinkeln. Die Zündimpulse können bei großem α dann noch über den nächsten Nulldurchgang hinaus anstehen und bereits zu einer erneuten Zündung bei kleinem α führen. Die Schaltung arbeitet dann nicht mehr einwandfrei.

Eine Phasenanschnittsteuerung, die mit Impulsserien arbeitet, ist bereits in Bild 10.31 dargestellt. Sie ist vom Aufwand her nur vertretbar bei Einsatz von ICs. Die angegebene Schaltung mit dem Baustein TCA 280 A liefert Impulsserien, sobald der eingestellte Zündverzögerungswinkel überschritten ist. Sollte wegen des verzögerten Stromanstiegs während der Dauer des 1. Impulses der Haltestrom noch nicht überschritten worden sein, so wird dieser Fall mit Sicherheit bei einem der nächsten nachfolgenden Impulse eintreten.

Bei nicht zu großer Induktivität kann aber auch ein sicheres Zünden durch eine RC-Beschaltung von Thyristor oder Triac erreicht werden. Sie ist schaltungstechnisch identisch mit der bereits in Kapitel 10.2.3.1 angegebenen TSE-Beschaltung. In **Bild 10.32** ist die RC-Beschaltung bei einer Phasenanschnittsteuerung mit induktiver Last dargestellt.

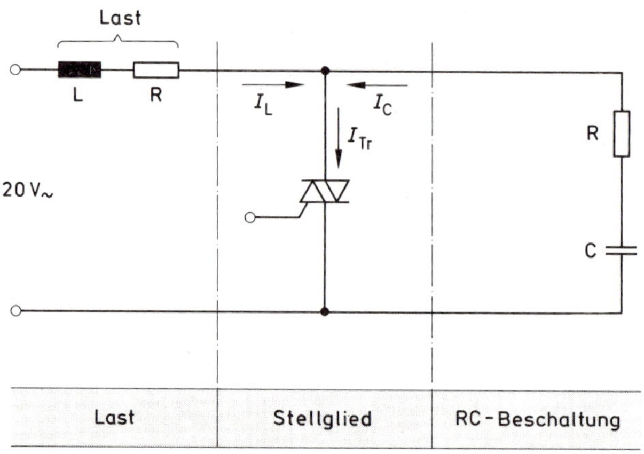

Bild 10.32 RC-Beschaltung bei induktiver Last

Bei nicht zu großer Induktivität kann die im Kondensator gespeicherte Ladung als Entladestrom I_C den im ersten Moment des Zündens noch nicht ausreichenden Laststrom I_L vergrößern, so daß der Haltestrom überschritten wird. Das RC-Glied muß daher so dimensioniert werden, daß die Summe von I_L und I_C nach erfolgter Zündung nicht kleiner als der Haltestrom ist. Um diese Bedingung immer zu erfüllen, muß der Kondensator vorher ausreichend aufgeladen sein. Deshalb darf ein kleinster Zündverzögerungswinkel nicht unterschritten werden.

Die RC-Beschaltung muß hier also bewirken, daß der Strom durch den Thyristor zunächst mindestens etwas über den Wert des Haltestromes springt und dadurch der Triac trotz des verzögerten Auftretens des Laststromes sicher gezündet bleibt, wenn der Zündimpuls nicht mehr vorhanden ist. In **Bild 10.33** sind die Zusammenhänge nochmals in einem Liniendiagramm dargestellt.

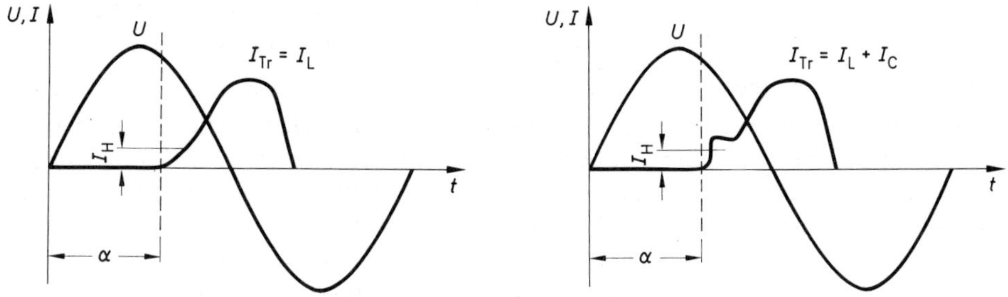

Bild 10.33 Einfluß der RC-Beschaltung

Mit Hilfe einer RC-Beschaltung ist es also möglich, die Phasenanschnittsteuerung auch für die verlustlose Drehzahlsteuerung von Motoren einzusetzen, die als Lastwiderstände mit induktiver Komponente anzusehen sind. In der Drehzahl steuern lassen sich z. B. Reihenschluß-Kollektormotoren – sogenannte Universalmotoren – wie sie in großer Zahl in Haushaltsgeräten, Handbohrmaschinen oder kleinen Pumpen eingebaut sind. Angeschlossen werden können aber auch Einphasen-Kurzschlußläufermotoren – sogenannte Kondensatormotoren. Sie werden häufig als Lüftermotoren verwendet. Zu beachten ist aber, daß bei beiden Motorarten aufgrund ihrer Kennlinien kein linearer Zusammenhang zwischen dem Zündverzögerungswinkel α und der Motordrehzahl besteht.

In **Bild 10.34** ist eine Phasenanschnittsteuerung mit RC-Beschaltung dargestellt, wie sie in großer Zahl für die Drehzahlsteuerung von Handbohrmaschinen eingesetzt

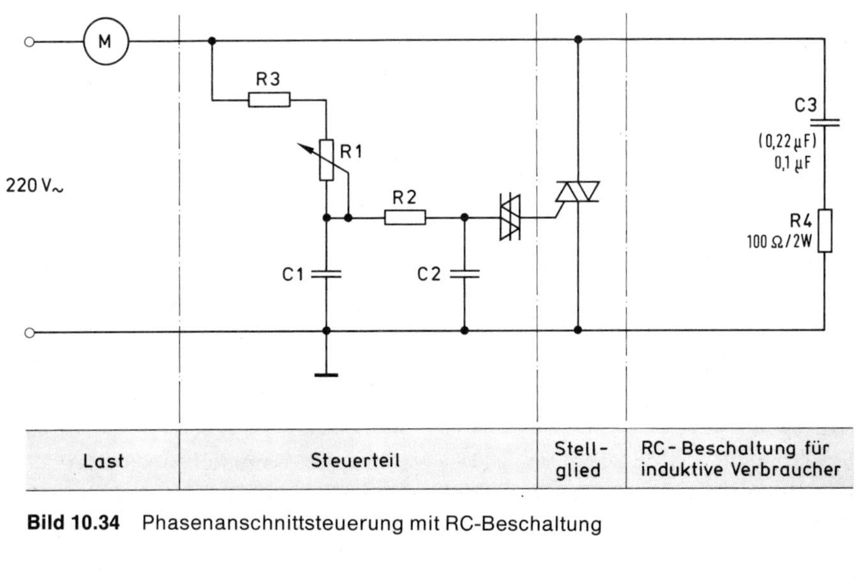

Bild 10.34 Phasenanschnittsteuerung mit RC-Beschaltung

ist. Die angegebenen Werte für C3 und R4 können hier nur als Richtwerte angesehen werden. Sie müssen je nach induktiver Komponente des Laststromes gegebenenfalls geändert und optimiert werden. Dies ist dann im Einzelfall nur mit Hilfe des Oszillografen möglich. Wegen der vielen zu berücksichtigenden Faktoren wäre eine Berechnung von R und C zu aufwendig und würde nur zu fragwürdigen Werten führen.

Die Werte für C3 und R4 liegen in der gleichen Größenordnung wie die Werte für die bereits in Kapitel 10.2.3.1 erwähnte TSE-Beschaltung. Die RC-Kombination erfüllt daher in der Praxis beide Aufgaben gleichzeitig. Der Einsatz der RC-Beschaltung ist aber keineswegs auf die Phasenanschnittsteuerung mit induktiver Last beschränkt. Sie wird auch beim Nullspannungsschalter eingesetzt, wenn der Lastwiderstand einen induktiven Anteil enthält, es sich z. B. um ein Relais oder Schaltschütz handelt. So wird für das Solid-State-Relais (Kapitel 10.3.2) 642-2H bei induktiver Last eine RC-Beschaltung mit $R = 100\ \Omega$ und $C = 0{,}05\ \mu\text{F}$ vorgeschrieben. Auch bei dem Nullspannungsschalter mit dem Baustein U112BA ist in Bild 10.15 eine Beschaltung mit $R = 82\ \Omega$ und $C = 68$ nF angegeben.

10.6 Transistoren und ICs als Leistungsschalter

Laut Festlegung liegt der Lastwiderstand R_{Last} beim Betrieb von Transistoren und ICs als Leistungsschalter stets in Reihe mit der Emitter-Kollektorstrecke. Eine zusätzliche Belastung des Leistungsschalters gegen Masse oder gegen die Betriebsspannung, wie sie beim Transistorschalter in der Signalverarbeitung in der Regel vorliegt, tritt nicht auf. Der Begriff „Leistungsschalter" wird in Kapitel 10.6 daher unabhängig von der Größe der im Lastwiderstand umgesetzten elektrischen Leistung verwendet.

Während Thyristoren und Triacs überwiegend mit Netzspannung betrieben werden, ist für die Leistungsschalter mit Transistoren und ICs eine Gleichspannung als Betriebsspannung erforderlich. Gegenüber Thyristoren und Triacs haben Transistorschalter jedoch den Vorteil, daß sie mit einer Steuerspannung nicht nur eingeschaltet, sondern zu jedem beliebigen Zeitpunkt wieder ausgeschaltet werden können. Das Ein- und Ausschalten erfolgt dann wie beim Transistorschalter in der Signalverarbeitung mit einer rechteckförmigen Steuerspannung.

10.6.1 Grundprinzip des Leistungsschalters mit Transistoren

Das Grundprinzip des Transistorschalters ist bereits in Kapitel 5.6.1 behandelt. Auch beim Leistungsschalter mit Transistoren sind 3 verschiedene Betriebsbereiche zu unterscheiden, und zwar der Sperrbereich I, der Übergangsbereich II und der Sättigungs- oder Übersteuerungsbereich III. Der statische Arbeitspunkt „Ein" liegt im Bereich III und der statische Arbeitspunkt „Aus" im Bereich I. Ihre Lage ist jeweils bestimmt durch den ohmschen Anteil des Lastwiderstandes und den eingeprägten Steuerstrom.

Der Übergangsbereich II muß beim Umschalten möglichst schnell durchlaufen werden. Auf welcher Arbeits-Kennlinie der Arbeitspunkt den Übergangsbereich aber jeweils durchläuft, hängt im wesentlichen davon ab, ob es sich um einen ohmschen, um einen kapazitiven oder um einen induktiven Lastwiderstand handelt. Als ohmsche

Lastwiderstände treten in der Praxis Glühlampen oder Heizwiderstände auf. Relais, Hubmagnete oder Motoren haben einen überwiegend induktiven Anteil. Lastwiderstände mit einem überwiegend kapazitiven Anteil treten in der Praxis dagegen nur in Sonderfällen auf.

10.6.1.1 Transistorschalter mit ohmschem Lastwiderstand

Bild 10.35 zeigt die Prinzipschaltung eines Leistungsschalters mit ohmschem Lastwiderstand. In **Bild 10.36** ist das zugehörige, idealisierte Kennlinienfeld dargestellt. Diese Bilder entsprechen Bild 5.21 bzw. Bild 5.22.

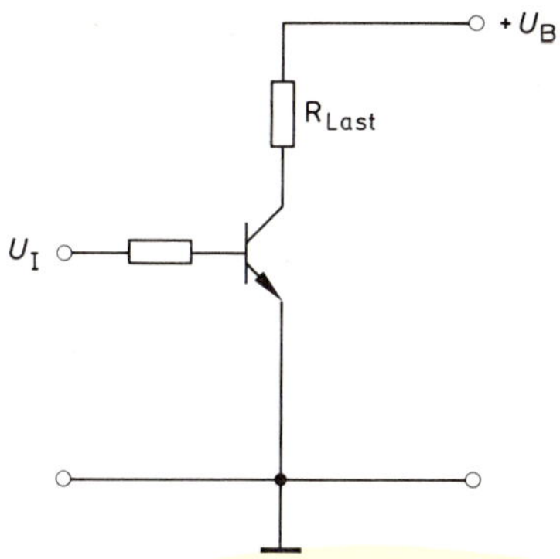

Bild 10.35 Transistorschalter mit ohmschem Lastwiderstand

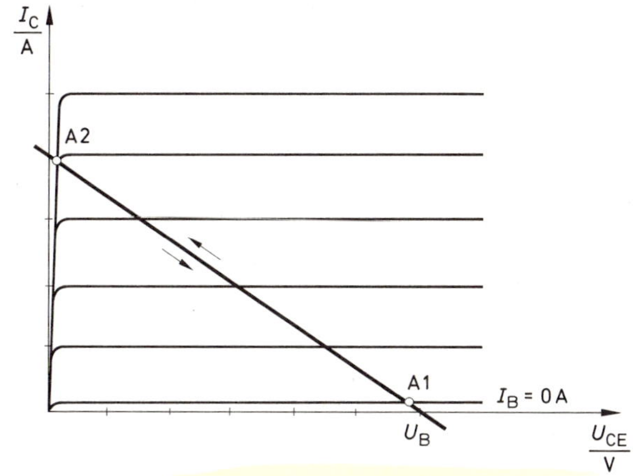

Bild 10.36 Kennlinienfeld des Transistorschalters nach Bild 10.35

Die Steigung der in Bild 10.36 eingezeichneten Arbeitsgeraden ist durch die Größe des Lastwiderstandes bestimmt. Im Arbeitspunkt A 1 ($I_B = 0$ A) ist der Transistor gesperrt, im Arbeitspunkt A2 dagegen leitend. Der Transistor ist hier in der Regel übersteuert und die Restspannung U_{CEsat} entsprechend klein. Sowohl beim Einschalten als auch beim Ausschalten wandert der Arbeitspunkt des Leistungsschalters zwischen den beiden Arbeitspunkten stets auf der durch den ohmschen Lastwiderstand festgelegten Arbeitsgeraden entlang.

10.6.1.2 Transistorschalter mit kapazitivem Lastwiderstand

Bild 10.37 zeigt die Prinzipschaltung eines Transistorschalters mit kapazitivem Lastwiderstand und in **Bild 10.38** ist das zugehörige Kennlinienfeld dargestellt. Der parallelgeschaltete ohmsche Widerstand R_{Last} ist erforderlich, da sonst ein statischer Betrieb im Arbeitspunkt A 2 nicht möglich wäre.

In Bild 10.38 ist die Arbeitsgerade, die sich aus dem ohmschen Anteil des Lastwiderstandes ergibt, gestrichelt eingetragen. Zur besseren Verständlichkeit ist R_{Last} hier in der gleichen Größe wie in Bild 10.36 gewählt. Die statischen Arbeitspunkte A1 und A2 liegen auf dieser durch R_{Last} bestimmten Arbeitsgeraden. Beim Umschalten wandert der Arbeitspunkt im Übergangsbereich aber nicht auf dieser Arbeitsgeraden entlang, sondern auf den mit Pfeilen versehenen Kennlinien, wobei durch die Pfeile die Wanderungsrichtung des Arbeitspunktes gekennzeichnet ist.

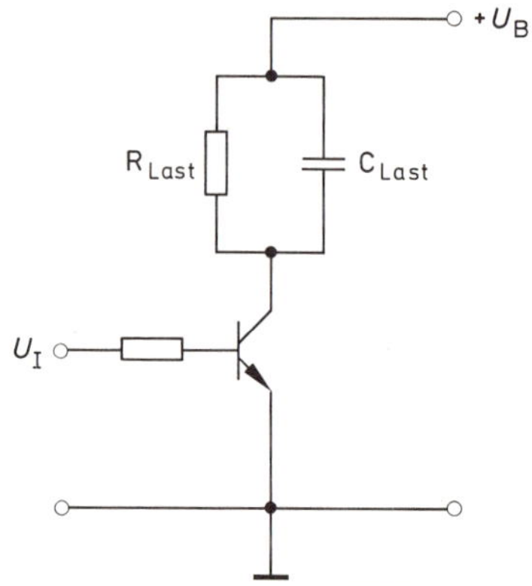

Bild 10.37 Transistorschalter mit kapazitivem Lastwiderstand

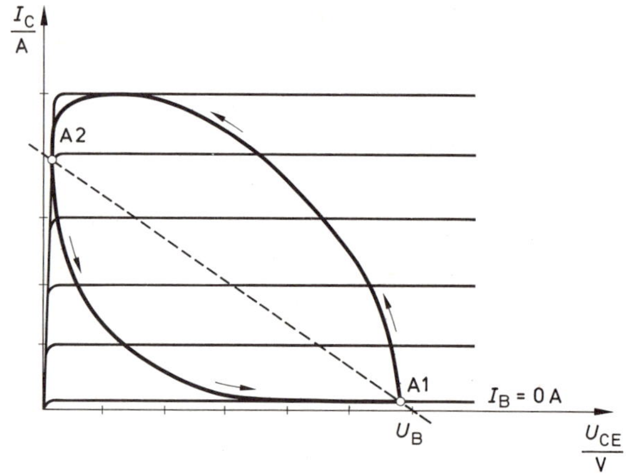

Bild 10.38 Kennlinienfeld des Transistorschalters nach Bild 10.37

Im Arbeitspunkt A2 ist der Transistor leitend. Der Kondensator C_{Last} ist nahezu auf die Betriebsspannung aufgeladen. Der Kollektorstrom fließt ausschließlich über den ohmschen Widerstand R_{Last}. Wird nun der Transistor gesperrt, so kann sich der Kondensator über R_{Last} – und solange der Transistor noch nicht voll gesperrt ist auch über den Transistor – entladen. Die Spannung an R_{Last} sinkt daher etwa nach einer e-Funktion ab. Daher ändert sich auch U_{CE} nicht mehr linear wie bei einem rein ohmschen Lastwiderstand. Der Arbeitspunkt wandert vielmehr auf der durch Pfeile gekennzeichneten Kennlinie von A2 nach A1 entlang. Je kleiner das Verhältnis von C_{Last} zur R_{Last} ist, desto mehr nähert sich die Übergangskennlinie der gestrichelten Arbeitsgeraden.

Im Arbeitspunkt A1 ist der Transistor gesperrt. Der Kondensator C_{Last} ist ungeladen und an ihm liegt die Spannung $U_C = 0\,V$. Wird nun im Augenblick des Einschaltens der erforderliche Basisstrom I_B eingespeist, so muß der Kondensator vom Kollektorstrom aufgeladen werden. Die Spannung an R_{Last} kann daher nicht wie in Bild 10.36 linear mit dem Kollektorstrom ansteigen. Als Folge davon wandert der Arbeitspunkt beim Einschalten des Leistungsschalters im Übergangsgebiet auf der mit Pfeilrichtung gekennzeichneten Kennlinie zum statischen Arbeitspunkt A2. Je kleiner C_{Last} ist, desto mehr nähert sich die Übergangskennlinie der gestrichelten Arbeitsgeraden.

Zu beachten ist, daß der Arbeitspunkt beim Umschalten die beiden Übergangskennlinien sehr schnell durchläuft. Weiterhin ist die Wanderungsgeschwindigkeit des Arbeitspunktes auf diesen Kennlinien nicht konstant. Sie ist zunächst sehr groß, wird dann aber in der Nähe des jeweils anderen Arbeitspunktes immer kleiner.

Zu erkennen ist in dem Kennlinienfeld nach Bild 10.38 auch, daß beim Einschalten eines kapazitiven Lastwiderstandes eine Stromüberhöhung auftreten kann. Sie hängt im wesentlichen vom Übersteuerungsfaktor des Transistorschalters, von der Anstiegsgeschwindigkeit des Steuersignals und der Größe des Kondensators ab. Diese Stromüberhöhung muß durch Wahl eines Transistors mit einem genügend großen I_{Cmax} berücksichtigt werden.

10.6.1.3 Transistorschalter mit induktivem Lastwiderstand

In **Bild 10.39** ist die Prinzipschaltung eines Transistorschalters mit einem induktiven Lastwiderstand, der sich zusammensetzt aus einer Induktivität und dem ohmschen Spulenwiderstand, dargestellt. Bild 10.40 zeigt das zugehörige Kennlinienfeld.

Auch in **Bild 10.40** ist die Arbeitsgerade, die sich aus dem ohmschen Anteil des Lastwiderstandes ergibt, gestrichelt eingetragen. Auf ihr liegen die statischen Arbeitspunkte A 1 und A 2. R_{Last} ist in der Darstellung wieder so gewählt, daß die Arbeitsgerade die gleiche Steigung wie in den Bildern 10.38 und 10.36 hat.

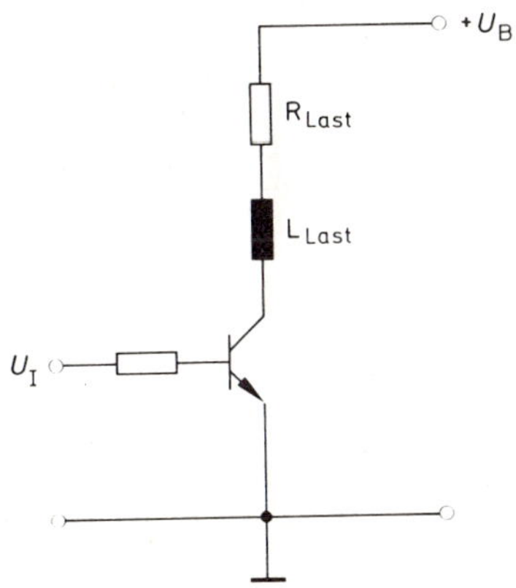

Bild 10.39 Transistorschalter mit induktivem Lastwiderstand

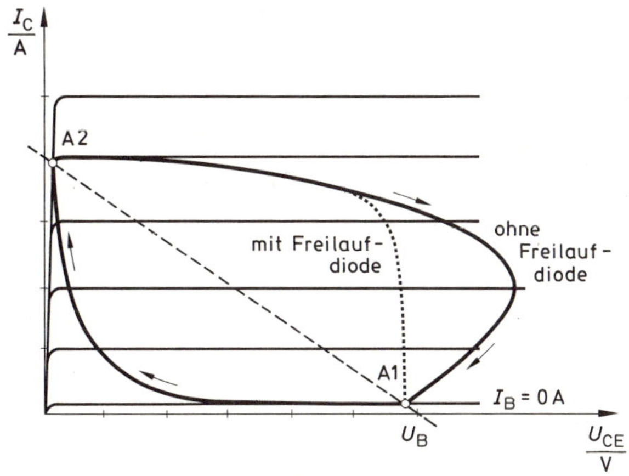

Bild 10.40 Kennlinienfeld des Transistorschalters nach Bild 10.39

Im Arbeitspunkt A 1 ist der Transistor gesperrt. Durch R_{Last} und L_{Last} fließt kein Strom und in der Spule ist auch keine magnetische Energie gespeichert. Wird nun im Augenblick des Einschaltens der erforderliche Basisstrom eingespeist, so entsteht in der Spule eine Selbstinduktionsspannung, die zu Beginn etwas kleiner als die Betriebsspannung U_B ist und sich dann verringert. Sie wirkt dem Strom entgegen und bewirkt, daß der Kollektorstrom zunächst nur wenig ansteigen kann. Der Arbeitspunkt wandert daher im Übergangsbereich auf der unteren Kennlinie in Pfeilrichtung entlang zum Arbeitspunkt A 2.

Im Arbeitspunkt A 2 ist der Transistor leitend. Der durch R_{Last} bestimmte Kollektorstrom fließt durch R_{Last} und L_{Last}. In dem Magnetfeld der Spule ist Energie gespeichert. Wird nun im Augenblick des Ausschaltens der Transistor gesperrt, so kommt es zu einem schnellen Zusammenbruch des Magnetfeldes und die gespeicherte Energie wird frei. Es entsteht eine hohe Selbstinduktionsspannung U_L, die so gepolt ist, daß sie als positive Kollektorspannung auftritt. Die Größe dieser Selbstinduktionsspannung hängt von der gespeicherten Energie und der Schnelligkeit des Abschaltvorganges ab. Der Arbeitspunkt wandert daher im Übergangsbereich auf der Kennlinie in Richtung der Pfeile zum Arbeitspunkt A 1.

Durch die Selbstinduktion kann beim Ausschaltvorgang als wirksame Kollektorspannung auch eine Überspannung auftreten, die größer als die Betriebsspannung ist. Sie kann Werte erreichen, durch die der Transistor zerstört wird. Aus diesem Grunde muß der Transistorschalter bei Betrieb mit induktivem Lastwiderstand vor möglichen Überspannungen, die beim Ausschaltvorgang auftreten, geschützt werden. **Bild 10.41** zeigt einen Transistorschalter mit induktivem Lastwiderstand und einer Schutzbeschaltung mit Freilaufdiode D_S und Vorwiderstand R_S.

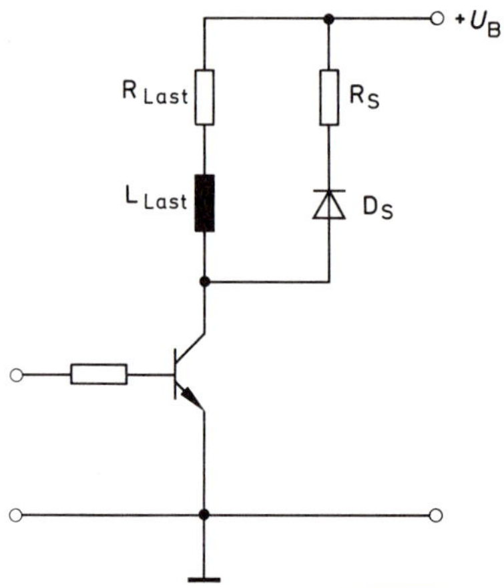

Bild 10.41 Transistorschalter mit induktiver Last- und Freilaufdiode

Im Arbeitspunkt A1 ist die Diode gesperrt und daher ist die Schutzbeschaltung ohne Einfluß. Das gilt auch beim Einschaltvorgang im gesamten Übergangsgebiet und im Arbeitspunkt A1. Sobald dann aber beim Ausschaltvorgang die Selbstinduktionsspannung und damit die Kollektorspannung größer als die Betriebsspannung U_B wird, wird die Freilaufdiode in Durchlaßrichtung betrieben. Es fließt dann durch die Reihenschaltung von D_S und R_S ein Strom I_F, durch den die Energie des Magnetfeldes so schnell abgebaut wird, daß keine Überspannung mehr auftritt. In Bild 10.40 ist die Kennlinie für den Betrieb mit Freilaufdiode bereits gestrichelt dargestellt.

Die Wirksamkeit der Freilaufdiode läßt sich in einfacher Weise nachweisen, wenn anstelle einer Gleichrichterdiode eine Leuchtdiode eingesetzt wird. Sie leuchtet dann bei entsprechender Dimensionierung von R_S beim Ausschalten kurzzeitig auf.

Der Verlauf der Kennlinien im Übergangsbereich hängt im wesentlichen von dem Verhältnis L_{Last} zu R_{Last} ab. Je kleiner das Verhältnis L_{Last} zu R_{Last}, desto mehr nähern sich die Übergangskennlinien der gestrichelten Arbeitsgeraden zwischen A1 und A2 und desto geringer wird auch die Überspannung. Der Schutzwiderstand R_S hat die Aufgabe, die magnetische Energie möglichst schnell in Wärmeenergie umzuwandeln. R_S muß stets kleiner U_{CE}/I_C gewählt werden. R_S kann in den meisten Fällen aber entfallen.

10.6.1.4 Verlustleistung des Leistungsschalters

Die gesamte Verlustleistung P_{ges} eines Transistors im Schaltbetrieb ergibt sich aus der Summe der Verlustleistungen im Sperrzustand P_{Sperr}, der Verlustleistung im Durchlaßzustand P_D und der Verlustleistung während des Umschaltens P_{Sch}. Es gilt daher ganz allgemein:

$$P_{ges} = P_D + P_{Sperr} + P_{Sch}.$$

Die Sperrverluste $P_{Sperr} = U_{CE} \cdot I_{CBO}$ sind sehr klein gegenüber den Durchlaßverlusten und können daher vernachlässigt werden. Damit gilt dann:

$$P_{ges} \approx P_D + P_{Sch}.$$

Die Durchlaßverluste lassen sich meßtechnisch und rechnerisch recht einfach mit Hilfe der Gleichung

$$P_D = U_{CEsat} \cdot I_C$$

ermitteln.

Eine genaue Erfassung der Umschaltverluste ist dagegen sehr schwierig, weil sich während der gesamten Umschaltzeit die Werte für den Kollektorstrom und die Spannung am Transistor ständig ändern. In **Bild 10.42** sind I_C sowie die bei den verschiedenen Lastwiderständen beim Ein- und Ausschalten auftretenden Umschaltverluste vereinfacht dargestellt.

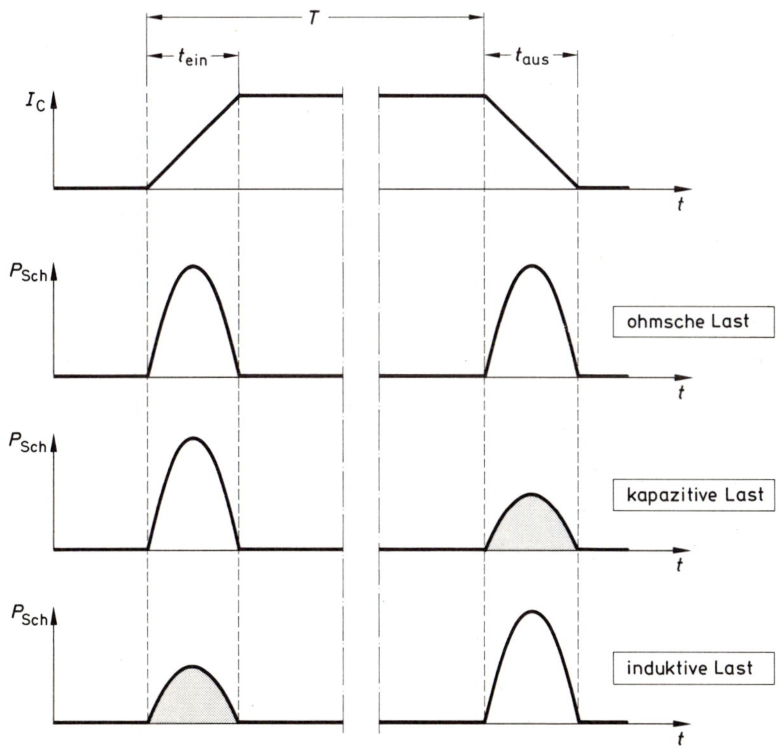

Bild 10.42 Umschaltverluste bei den verschiedenen Lastarten

Wenn $t_{ein} = t_{aus}$, dann sind bei einem Transistorschalter mit ohmschem Lastwiderstand die Umschaltverluste P_{Sch} beim Einschalten und Ausschalten gleich groß.

Bei einem Schalter mit kapazitivem Lastwiderstand sind dagegen wegen des unterschiedlichen Verlaufes der Kennlinien im Übergangsbereich die Einschaltverluste wesentlich größer als die Ausschaltverluste. Beim Schalter mit induktivem Lastwiderstand liegt der umgekehrte Fall vor. Hier sind die Ausschaltverluste wesentlich größer als die Einschaltverluste.

Die Ermittlung der in einem realen Fall tatsächlich auftretenden Umschaltverluste ist sehr schwierig und langwierig. Für eine überschlägige Berechnung kann aber für alle 3 Fälle in grober Vereinfachung angesetzt werden:

$$P_{Sch} \approx U_{CE} \cdot I_C \cdot \frac{(t_{ein} + t_{aus})}{T}.$$

In dieser Gleichung sind $U_{CE} = U_B$, $I_C = I_{Cmax}$ und T = Dauer des Schaltzyklus einzusetzen. Die Zeiten t_{ein} und t_{aus} liegen auch bei Leistungstransistoren nur in der Größenordnung von etwa 1 bis 3 Mikrosekunden. Bei einer Beschränkung auf Glühlampen, Heizwiderstände, Relais, Hubmagnete und Motoren als Lastwiderstände von Transistorschaltern können aber auch die Umschaltverluste in der Leistungsbilanz meistens völlig vernachlässigt werden, da die genannten Lastwiderstände jeweils nur in größeren Zeitabständen ein- und ausgeschaltet werden. Bei $T \gg (t_{ein} + t_{aus})$ läßt sich somit in weiterer Vereinfachung angeben:

$$P_{ges} \approx P_D = U_{CEsat} \cdot I_C.$$

Unter der Voraussetzung, daß die Dauer des Schaltzyklus T sehr viel größer als $t_{ein} + t_{aus}$ ist, ergibt sich daher als mittlere Verlustleistung:

$$P_m \approx U_{CEsat} \cdot I_C.$$

Von den Herstellern wird für Transistoren in der Regel die totale Verlustleistung P_{tot} angegeben. Mit diesem Wert läßt sich dann zu jeder Spannung U_{CE} der maximal zulässige Strom I_C ermitteln. In **Bild 10.43** ist die sich daraus ergebende Verlustleistungshyperbel für den Fall, daß $P_{tot} = 20$ W beträgt, eingetragen.

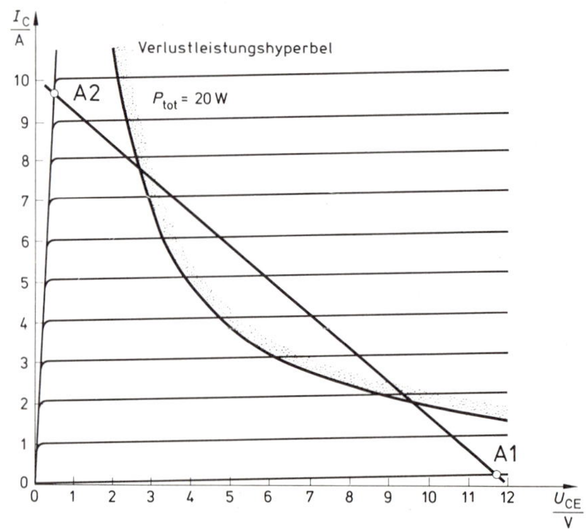

Bild 10.43 Idealisiertes Kennlinienfeld mit Verlustleistungshyperbel und statischen Arbeitspunkten

Beim Transistorschalter ist es durchaus zulässig, daß der Arbeitspunkt beim Ein- und Ausschalten eines ohmschen Widerstandes das „verbotene Gebiet“ oberhalb der Verlustleistungshyperbel durchläuft. Dies gilt auch für das Einschalten eines kapazitiven und das Ausschalten eines induktiven Lastwiderstandes. Voraussetzung hierfür ist, daß t_{ein} und t_{aus} jeweils in der Größenordnung von wenigen Mikrosekunden liegt und die Dauer des Schaltzyklus demgegenüber sehr groß ist.

In der Praxis werden Transistoren für den Betrieb als Leistungsschalter bezüglich ihrer Verlustleistung meistens recht großzügig ausgewählt. Bei Kleinleistungstransistoren ist die erzeugte Verlustleistung wegen der sehr geringen Sättigungsspannung U_{CEsat} bei Übersteuerung in der Regel sehr gering. U_{CEsat} kann aber bei Leistungstransistoren mit großem Kollektorstrom durchaus Werte von 2 bis 3 V annehmen. Dann können die Durchgangsverluste Werte erreichen, die in der Größe der zulässigen Verlustleistung liegen. Wie bei jedem anderen Elektronischen Bauelement muß auch beim Betrieb des Transistors als Leistungsschalter die Gesamtverlustleistung an die Umgebungsluft abgeführt werden. Gelingt dieses nicht in einem ausreichenden Maße, so wird der Transistor durch eine unzulässig hohe Kritalltemperatur zerstört. Zu beachten ist aber außerdem auch, daß beim Transistorschalter die in den Datenblättern angegebene maximal zulässige Kollektorspannung U_{CEmax} und der maximal zulässige Kollektorstrom I_{Cmax} in keinem Fall überschritten werden darf. Dies ist insbesondere wegen des kleinen Kaltwiderstandes beim Einschalten von Glühlampen und wegen des hohen Anlaufstromes beim Einschalten von Motoren unbedingt zu berücksichtigen.

10.6.2 Ansteuerung von Relais mit Kleinleistungstransistoren

In Kapitel 5.7.2.2 wurde bereits eine Schaltung zur Ansteuerung eines Relais beschrieben. In dieser Schaltung ist der Kleinleistungstransistor BC 140-6 als Leistungsschalter mit einem Relais SNV 23030-C 1012 als Lastwiderstand eingesetzt. Der Schalttransistor wird dabei vom Ausgang eines Inverters 7404 angesteuert. Die Einhaltung des H-Pegels an seinem Ausgang konnte nur durch einen zusätzlichen Pull-up-Widerstand R 1 gewährleistet werden. **Bild 10.44** zeigt eine Schaltung entsprechend Bild 5.54, die jetzt aber für ein Relais SNV 23043 ausgelegt ist.

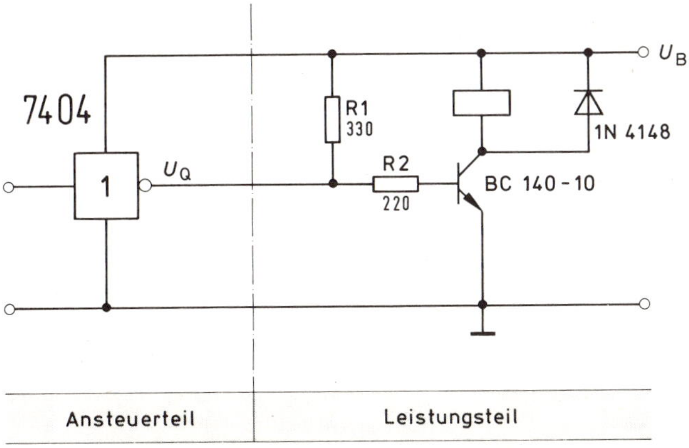

Schaltrelais SNV 23043
2 × Einschalter
Schaltleistung:
3500 VA
$U_{max} = 250\,V \sim$
$I_{max} = 25\,A$
Spule 30 Ω für 5 V₋

Bild 10.44 Ansteuerung eines Relais mit BC 140–10

Wegen des geringen Widerstandes der Spulenwicklung (30 Ω) des Relais SNV 23043 muß bei der Schaltung nach Bild 10.44 der Transistor BC 140-10 eingesetzt werden. Für diesen Typ wird eine minimale Stromverstärkung von $B = 60$ garantiert, so daß trotz des erforderlichen höheren Kollektorstromes der Basiswiderstand R 2 und der Pull-up-Widerstand R 1 nicht geändert werden brauchen (die Freilaufdiode kann auch in der Schaltung nach Bild 10.44 ohne Schutzwiderstand R_s betrieben werden). Für die Dimensionierung von Schaltungen zur Ansteuerung von Relais mit Kleinleistungstransistoren sind in Kapitel 5.7.2.2 mehrere Beispiele gezeigt worden.

10.6.3 Ansteuerung von Zugmagneten mit V-MOS-Leistungs-Feldeffekttransistoren

Zur Umsetzung von elektrischen Signalen in mechanische Betätigungen werden in großem Umfang Zugmagnete eingesetzt. **Bild 10.45** zeigt eine Zusammenstellung typischer Daten von Zugmagneten. Sie müssen oft von den Ausgängen Digitaler Steuerungen, die in TTL- oder C-MOS-Technik aufgebaut sind, angesteuert werden.

Zugmagnet	I	II
Betriebsspannung	24 V_	24 V_
Spulenwiderstand	150 Ω	190 Ω
Zugkraft	3 N	1 N
Zugweg	10 mm	15 mm

Bild 10.45 Typische Daten von Zugmagneten

Wegen der höheren Arbeitsströme lassen sich die in Bild 10.45 beschriebenen Zugmagnete von einem TTL-Standardausgang über einen Kleinleistungstransistor vom Typ BC 140 nicht mehr ansteuern. Dies ist aber doch leicht möglich, wenn als Treiber ein V-MOS-Leistungs-FET eingesetzt wird. V-MOS-Leistungs-FETs sind erst seit wenigen Jahren auf dem Markt und inzwischen auch preislich durchaus interessant. Der Eingang ist bei den neueren Typen auch stets durch Z-Dioden gegen statische Aufladungen geschützt.

Bild 10.46 zeigt eine Schaltung, bei der ein Zugmagnet vom Typ I über ein V-MOS-Leistungs-FET 2 N 6656 von einem Standard-TTL-Ausgang angesteuert wird. Die

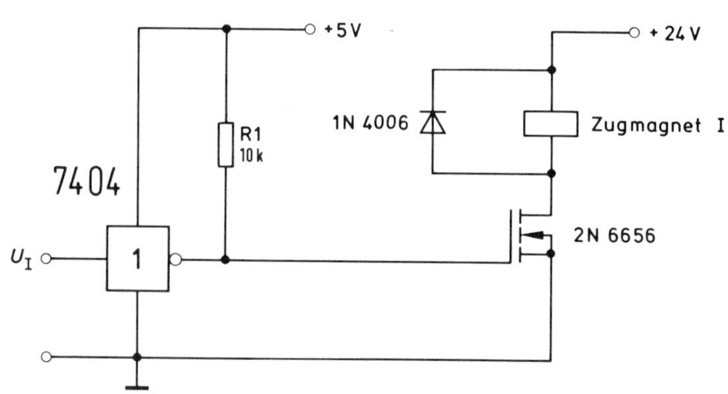

Bild 10.46 Ansteuerung eines Zugmagneten Typ I mit V-MOS-Leistungs-FET 2 N 6656 und TTL-Baustein 7404

maximale Betriebsspannung liegt bei diesem FET bei $U_{DSmax} = +35\,V$ und der maximale Strom beträgt $I_{DSmax} = 3\,A$.

Ein Steuerstrom ist zur Ansteuerung des Leistungs-FETs nicht erforderlich. Damit entfällt auch die Belastung des TTL-Ausganges. Um jedoch die für einen höheren Strom erforderliche Niederohmigkeit der Drain-Source-Strecke zu erreichen, muß die Steuerspannung möglichst 5 V haben. Dies wird in der Schaltung nach Bild 10.46 durch einen Pull-up-Widerstand $R_1 = 10\,k\Omega$ erreicht. Er stellt sicher, daß die Steuerspannung des FET in jedem Fall bei +5 V liegt.

Bild 10.47 zeigt eine Schaltung, bei der ein Zugmagnet vom Typ II über den FET 2 N 6656 direkt vom Ausgang eines C-MOS-Bausteines 4081 angesteuert wird. Dies ist beim FET 2 N 6656 bis zu Strömen von 0,5 A möglich.

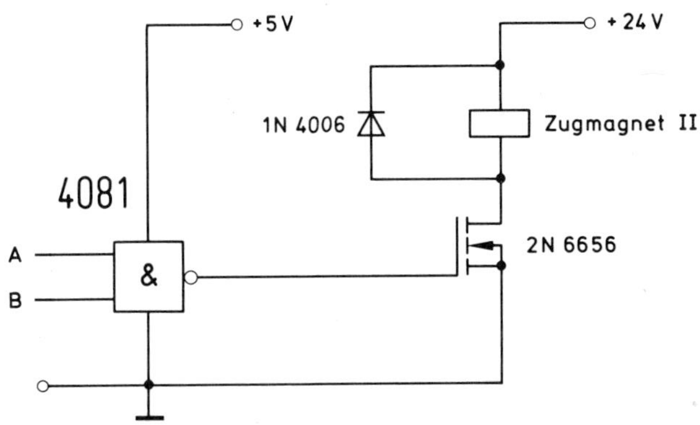

Bild 10.47 Ansteuerung eines Zugmagneten Typ II mit V-MOS-Leistungs-FET 2 N 6656 und C-MOS-Baustein 4081

Werden höhere Ströme als 0,5 A benötigt, so muß die Steuerspannung U_{GS} beim 2N6655 mehr als 5 V betragen. Dies läßt sich erreichen, indem die Betriebsspannung des C-MOS-Bausteines 4081 z. B. auf $U_B = +10$ V gesetzt wird. Auch die Ansteuerung des 2N6656 von einem TTL-Baustein ist bei $I_{DS} > 0{,}5\,A$ möglich, wenn ein TTL-Glied mit Open-Kollektor-Ausgang und einer Betriebsspannung $U_{Bex} = +10\,V$ eingesetzt wird.

10.6.4 Ansteuerung von Magnetventilen mit Leistungstransistoren

In der Steuerungstechnik arbeiten elektronische Verknüpfungsglieder häufig mit pneumatischen oder hydraulischen Steuersystemen zusammen. Schnittstellen zwischen der Elektronik und der Pneumatik bzw. Hydraulik sind dann Magnetventile. Als Betriebsspannung für diese Magnetventile ist $U_B = 24\,V_-$ weit verbreitet. Kleinere Pneumatik-Magnetventile haben häufig eine Leistungsaufnahme $P = 12\,W$, während bei größeren Pneumatik- und Hydraulik-Magnetventilen die Leistungsaufnahme etwa bei $P = 50$ W bis $P = 80$ W liegt.

Die kleineren Magnetventile können ohne elektro-mechanische Zwischenglieder über Leistungstransistoren von TTL-Ausgängen angesteuert werden. Wegen der höheren Versorgungsspannung werden dann aber TTL-Treiber mit Open-Kollektor eingesetzt, z.B. der Baustein 7406, der für $U_{Bex} = +30\,V$ ausgelegt ist. **Bild 10.48** zeigt eine Schaltung, bei der die Magnetspule eines Magnetventils ($P = 12\,W$) von einem Inverter 7406 über einen Leistungstransistor BD 135-16 angesteuert wird.

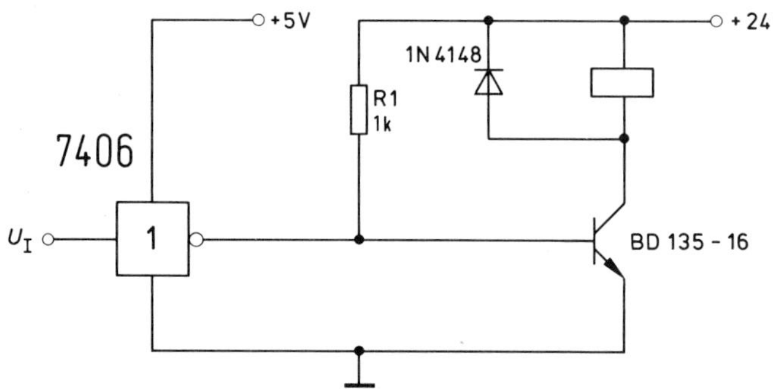

Bild 10.48 Ansteuerung eines Magnetventils mit BD 135-16 und TTL-Baustein 7406

Bei einer Leistungsaufnahme des Magnetventils von $P = 12\,W$ ist ein Kollektorstrom $I_C = 0{,}5\,A$ erforderlich. Wenn $B_{min} = 60$ und $ü \approx 3$ angesetzt wird, ergibt sich ein Basisstrom $I_B \approx 25\,mA$. Daraus kann dann ermittelt werden, daß $R_{ex} \approx 1\,k\Omega$ betragen muß. Damit ist dann auch sichergestellt, daß $I_{Q0} < 40\,mA$, wie für den Baustein 7406 zugelassen wird.

Magnetventile mit einer Leistungsaufnahme $P > 12\,W$ lassen sich kaum noch über einen einzigen Leistungstransistor von einem TTL-Ausgang aus ansteuern, weil die Stromverstärkung B der Leistungstransistoren mit wachsendem I_C immer kleiner wird. Dann ist es erforderlich, einen V-MOS-Leistungs-FET entsprechend Kapitel 10.6.3 einzusetzen oder aber einen Darlingtontransistor zu verwenden, auf den in Kapitel 10.6.5 näher eingegangen wird.

10.6.5 Ansteuerung von Kleinmotoren mit Darlington-Transistoren

Bild 10.49 zeigt eine Schaltung zur Ansteuerung eines Kleinmotors mit einem Darlington-Transistor.

Bei der Schaltung nach Bild 10.49 wird der Motor durch Taster ein- und ausgeschaltet. Das RS-Kippglied sorgt für die Aufrechterhaltung des gewünschten Zustandes. Die vorgeschalteten Logischen Schaltungen bewirken eine Priorität des Rücksetzsignals, also des „Aus-Signals" für den Motor. Diese Ansteuerschaltung ist bereits in Kapitel 7.2.4.1 beschrieben. Die Bilder 7.34 und 7.35 zeigen eine Möglichkeit der Realisierung mit einem TTL-Baustein 7402, der vier NOR-Gatter enthält.

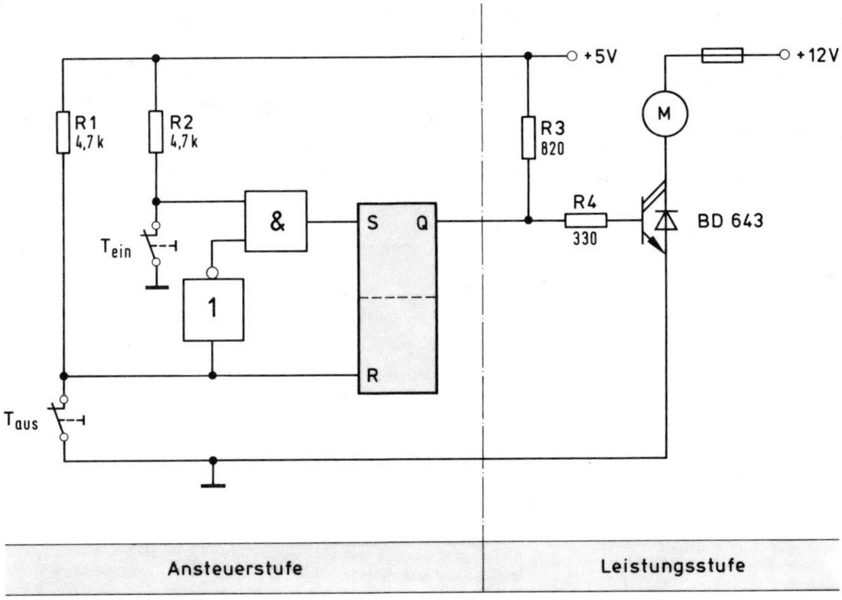

Bild 10.49 Ansteuerung eines Kleinmotors mit Darlington-Transistor

Der Motor ist ein induktiver Lastwiderstand für den Darlington-Transistor. Beim Abschalten tritt eine Induktionsenergie auf, die abgeleitet werden muß. Dies erfolgt meistens durch eine dem Darlington-Transistor antiparallelgeschaltete Z-Diode. Beim Einschalten eines Motors muß aber noch zusätzlich beachtet werden, daß ganz erhebliche Einschaltströme auftreten können. Hierfür muß der Schalttransistor ausgelegt sein.

Für einen handelsüblichen Gleichstrom-Kleinmotor werden z.B. folgende Werte angegeben:

Betriebsspannung:	12 V
Leerlaufstrom:	≈ 100 mA
Max. zul. Strom:	≈ 1,5 A
Anlaufstrom:	≈ 7,5 A

Der Anlaufstrom ist also um den Faktor 5 größer als der max. zulässige Strom und dieser wiederum etwa 15 mal größer als der Leerlaufstrom. In dem angegebenen Fall muß der Schalttransistor nach dem Anlaufstrom von 7,5 A ausgewählt werden. Der Darlington-Transistor BD 643 hat einen max. Kollektorstrom $I_{Cmax} = 12$ A.

Soll der Motor mit maximal zulässiger Leistung betrieben werden, so ist ein Strom $I_C = 1{,}5$ A erforderlich. Da für den BD 643 ein $B_{min} \approx 750$ angegeben ist, ergibt sich $I_B \approx 2$ mA. Hierbei kann überschlägig davon ausgegangen werden, daß durch den Ansatz von B_{min} ein zusätzlicher Übersteuerungsfaktor nicht mehr berücksichtigt werden braucht. Die Berechnung der Werte für R3 und R4 erfolgt mit dem Ansatz $U_{QH} = 3{,}3$ V, da wegen des Aufbaus des RS-Kippgliedes aus NOR-Gliedern der TTL-Pegel unbedingt eingehalten werden muß. Da die typische Stromverstärkung des BD 643 bei $B \approx 3700$ liegt, steht auch für den Anlauf genügend Strom zur Verfügung.

10.6.6 Ansteuerung von Großanzeigen mit Leistungs-ICs

Die an den Ausgängen von TTL- oder C-MOS-Bausteinen zur Verfügung stehenden Steuerleistungen sind gering und reichen zur direkten Steuerung von Glühlampen oder größeren LED-Anzeigen in der Regel nicht aus. Sind mehrere Anzeigeeinheiten erforderlich, so ist ein Aufbau der Treiber in diskreter Schaltungstechnik recht aufwendig. Hier bietet sich jedoch der Einsatz von Mehrfach-Treiberstufen in IC-Technik an. Universell einsetzbar sind z. B. die Bausteine 2001 bis 2004, die von verschiedenen Herstellern angeboten werden. Sie enthalten jeweils 7 Darlington-Transistoren mit einem gemeinsamen Emitteranschluß. Die einzelnen Typen unterscheiden sich nur durch unterschiedliche Eingangsbeschaltungen. Sie können aber alle direkt von den Ausgängen von TTL- oder C-MOS-Bausteinen angesteuert werden. **Bild 10.50** zeigt die Anschlußbelegung der Bausteine vom Typ 2001 bis 2004.

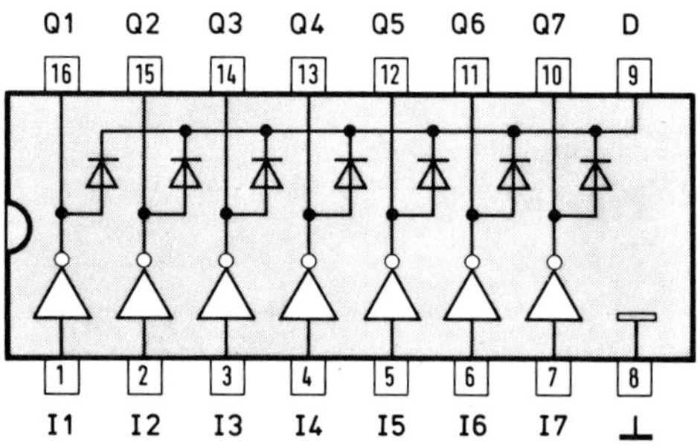

Bild 10.50 Anschlußbelegung der Mehrfach-Treiberstufen 2001 bis 2004

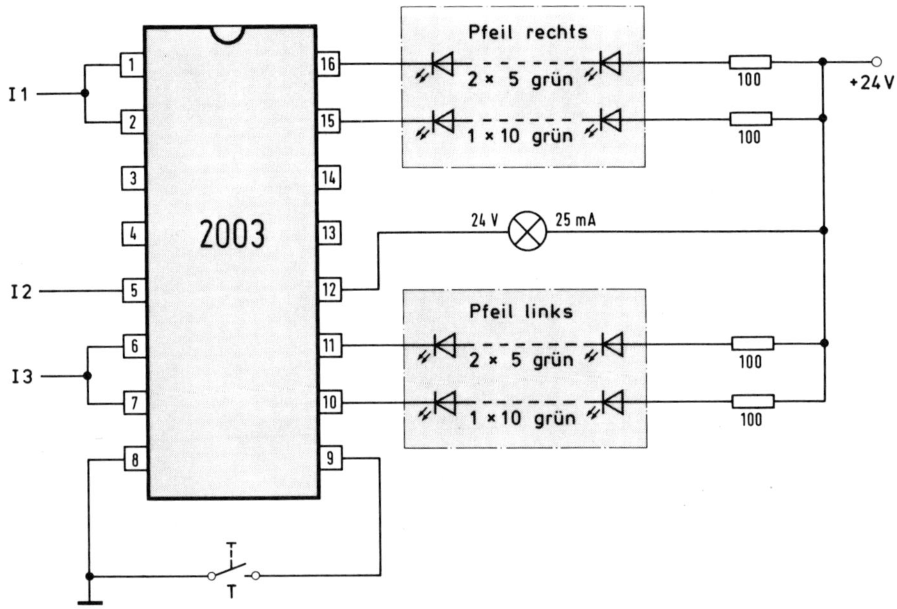

Bild 10.51 Großanzeige mit LEDs und Glühlampe

Die Grenzwerte der Typenreihe 2001 bis 2004 liegen bei $U_{Bmax} = 50$ V und $I_{Cmax} = 500$ mA je Treiberstufe. Die Grenzwerte anderer Typenreihen liegen z. B. bei $U_{Bmax} = 50$ V und $I_{Cmax} = 600$ mA oder $U_{Bmax} = 100$ V und $I_{Cmax} = 500$ mA.

Bild 10.51 zeigt eine Schaltung, bei der ein Leistungs-IC vom Typ 2003 zur Ansteuerung einer Großanzeige mit LEDs und Glühlampe eingesetzt ist.

Mit der Schaltung nach Bild 10.51 wird ein nach rechts oder links gerichteter Lichtpfeil mit Leuchtdioden betrieben. Die Ansteuerung erfolgt entsprechend der Tabelle nach **Bild 10.52**.

Eingang I1	Eingang I2	Eingang I3	Anzeige
1	0	0	Pfeil rechts leuchtet
0	1	0	Lampe leuchtet
0	0	1	Pfeil links leuchtet

Bild 10.52 Vereinfachte Wahrheitstabelle für die Schaltung nach Bild 10.51

Falls erforderlich, läßt sich durch eine zusätzliche Logische Schaltung vor den Eingängen erreichen, daß an den 3 Eingängen gleichzeitig nur ein 1-Signal auftreten kann, ein bestimmter Eingang eine Priorität erhält oder die Eingänge I1 und I3 gegeneinander verriegelt sind.

Bild 10.53 zeigt den mechanischen Aufbau bzw. die Aneinanderreihung der einzelnen Leuchtdioden, durch die sich die gewünschte Anzeige ergibt.

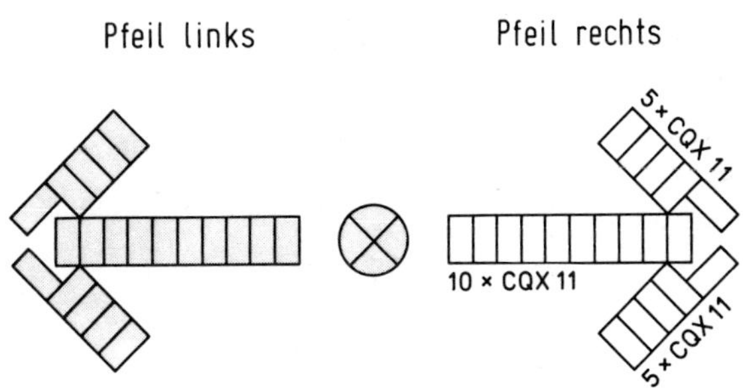

Bild 10.53 Anordnung der Leuchtdioden zur Schaltung nach Bild 10.51

Der Taster T in Bild 10.51 erlaubt das kurzfristige Einschalten aller LEDs und der Lampe für einen Anzeigetest.

Sachwortverzeichnis

Informationen über die bundeseinheitlichen Elektronik-Lehrgänge

Das bundeseinheitliche Elektronik-Schulungsprogramm ist stufenweise nach dem Baukastenprinzip aufgebaut. Es besteht aus den 3 Grundlehrgängen:

I. Elektrotechnische Grundlagen der Elektronik
II. Bauelemente der Elektronik
III. Grundschaltungen der Elektronik

sowie den Fachlehrgängen

IV A Leistungselektronik
IV B Meß- und Regelungstechnik
IV C Mikrocomputer
IV D Digitale Steuerungstechnik

Zum Abschluß eines jeden Lehrganges kann der Teilnehmer freiwillig eine Prüfung ablegen. Die Durchführung der Prüfung erfolgt ebenfalls nach einheitlichen Richtlinien. Die bestandene Abschlußprüfung nach dem Lehrgang III ist Voraussetzung für die Teilnahme an den verschiedenen Fachlehrgängen, die sich dann mit den unterschiedlichsten Spezialgebieten befassen.

Mit diesem Schulungsprogramm werden in erster Linie Gesellen, Facharbeiter und Meister aus allen elektronikanwendenden Wirtschaftsbereichen angesprochen. Die Lehrgänge sind also bevorzugt auf den Praktiker ausgerichtet und werden daher praxisnah gestaltet. Es wird keine „Kreide-Elektronik" oder „Demonstrationselektronik" betrieben. Der theoretische Teil ist auf das notwendige Maß beschränkt und jeder Teilnehmer muß selbständig elektronische Schaltungen meßtechnisch untersuchen und die Meßergebnisse auswerten.

Auf diese Weise werden praktische Erfahrungen auch im Umgang mit dem Oszilloskop und anderen Meß- und Prüfgeräten gesammelt. Die „Anerkannten Elektronik-Schulungsstätten" sind entsprechend ausgestattet.

Nur in diesen „Anerkannten Elektronik-Schulungsstätten" kann der „Elektronik-Teil des Berufsbildungspasses" als Qualifikationsnachweis erworben werden. Er besteht aus einer blauen Umschlaghülle im Format DIN A 6 mit dem Aufdruck „Berufsbildungspaß", in die eine Stammkarte mit den Personalien des Inhabers eingeschoben wird. In diese Paßhülle können die einzelnen Teilnahme- und Prüfungsbescheinigungen sowie die Maßnahmeblätter eingeheftet werden. Für jeden Lehrgang ist ein eigenes Maßnahmeblatt vorgesehen. Es enthält den Rahmenlehrplan für den jeweiligen Lehrgang, sowie Angaben über dessen Dauer. Auf der Rückseite befindet sich eine vorgedruckte Bescheinigung über die Ablegung der entsprechenden Prüfung.

Das Verzeichnis der „Anerkannten Elektronik-Schulungsstätten" kann bei der Leitstelle, Heinz-Piest-Institut, 3 Hannover 1, Wilhelm-Busch-Straße 18, Telefon 70155-15 kostenlos angefordert werden.

Aufbau des Schulungsprogramms

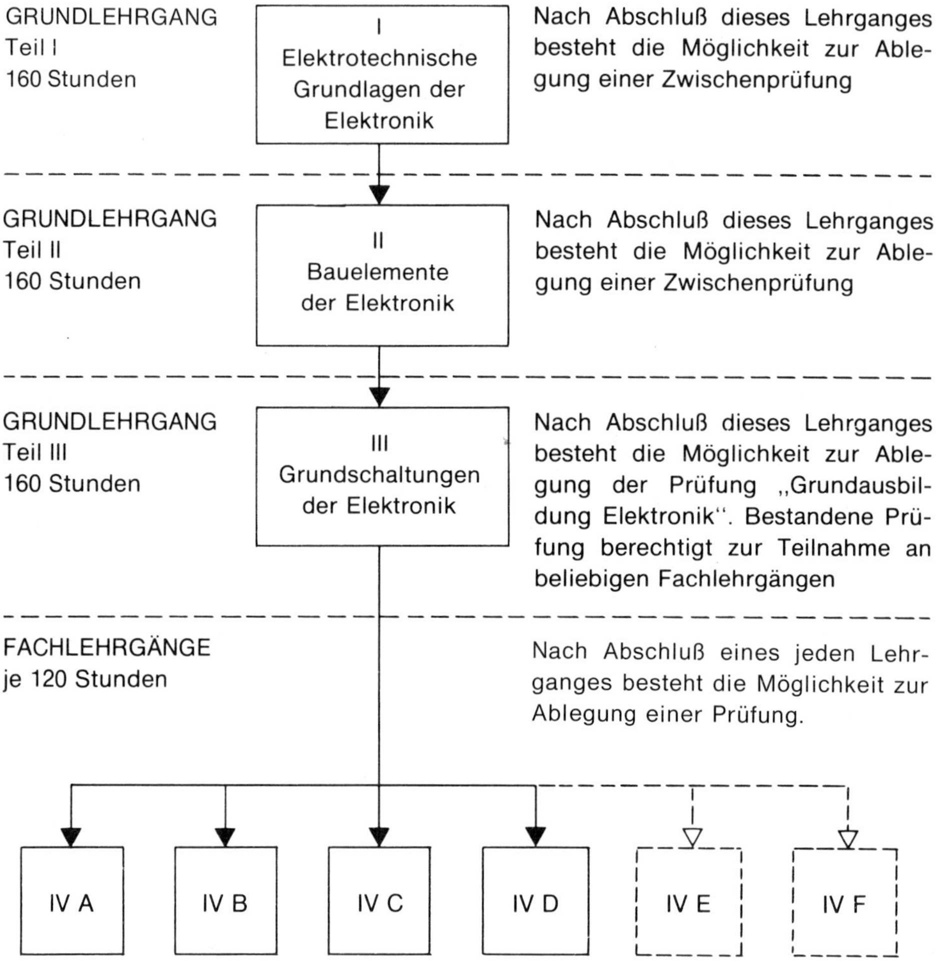

IV A Leistungselektronik
IV B Meß- und Regelungstechnik
IV C Mikrocomputer
IV D Digitale Steuerungstechnik

(Die Reihe der Fachlehrgänge wird noch erweitert und auf andere Gebiete ausgedehnt. Die Lehrgänge laufen parallel.)